采　矿　手　册

第 3 卷

《采矿手册》编辑委员会　编

北　京
冶　金　工　业　出　版　社
2008

图书在版编目(CIP)数据

采矿手册. 第3卷/《采矿手册》编辑委员会编. —北京:冶金工业出版社, 1991.5 (2008.8重印)

ISBN 978-7-5024-0762-9

Ⅰ. 采… Ⅱ. 采… Ⅲ. 矿山开采-技术手册 Ⅳ. TD8-62

中国版本图书馆CIP数据核字(2008)第026627号

出 版 人 曹胜利
地　　址 北京北河沿大街嵩祝院北巷39号, 邮编100009
电　　话 (010) 64027926 电子信箱 postmaster@cnmip.com.cn
责任编辑 杨秋奎 王之光 美术编辑 王耀忠 版式设计 张 青
责任校对 刘 倩 李文彦 责任印制 丁小晶
ISBN 978-7-5024-0762-9
北京百善印刷厂印刷; 冶金工业出版社发行; 各地新华书店经销
1991年5月第1版, 2008年8月第6次印刷
787mm×1092mm 1/16; 47.5印张; 1插页; 1155千字; 745页; 9001-12000册
155.00元

冶金工业出版社发行部 电话: (010) 64044283 传真: (010) 64027893
冶金书店 地址: 北京东四西大街46号 (100711) 电话: (010) 65289081
(本书如有印装质量问题, 本社发行部负责退换)

《采矿手册》第三卷编写人员

（按章节顺序排列）

主　编　李宝祥

副主编　祝玉学　孙盛湘　张志泗　周君才

编写人员

第十二章　李宝祥　邹佩麟　陈富生　包曼林　刘　琦　陈　遵　杜永锡
刘凯寿　何正忠　林启太　牛成俊　苏文贤　张桂秋　翁　棣
潘节文　张德聪

第十三章　祝玉学　周叔举　张绪珍　徐桂兴　黄德荣　卢世宗　杜竟中
熊传治　王国中

第十四章　孙盛湘　翁　棣　文先保　彭续承　朴东光
第十五章　张志泗　饶敦朴　王西文　王守明　王方强
第十六章　周君才　黄立民　孙盛湘　艾万铸

《采矿手册》第三卷审稿人员

（按姓氏笔画排列）

丁亦敏　牛光临　（第十二章主审）　邓洪贵　王国发　王　云　尹健生
孙玉科　冯泽林　冯福贤　孙盛湘　艾万铸　孙继承　刘凯寿　朱　烨
李宝祥　苏　浩　杨永光　邹佩麟　陈尚文　张勤卿　周　航　金嗣桐
张启宇　张明黔　吴统顺　周君才　张志泗　骆中洲　胡天毅　祝玉学
莫家泉　陆兆溱　徐敦锡　黄启庚　黄立明　章寿梧　熊国华　曹燮明
裘家联　穆　毅

《采矿手册》总目录

第 1 卷

第 2 卷

第 3 卷

第 4 卷

第 5 卷

第 6 卷

第 7 卷

目　录

CONTENTS

第12章 露天开采

12.1 概 述

为了满足我国国民经济迅速发展的需要，当矿床赋存条件对开采方式不限时，应首先采用露天开采。露天开采比地下开采更易于应用大型生产设备，从而可扩大企业的生产能力，提高劳动生产率，缩短基建时间，降低开采成本，提高经济效益。

本世纪以来，国内外露天开采得到了迅速发展。1985年对世界1310座矿山进行的统计结果，露天开采的产量占总产量的比重是：磁铁矿占78%，褐铁矿占84%，锰矿占86%，铜矿占90%，铝土矿占91%，镍矿占45%，铀矿占30%，磷酸盐占87.5%，石棉矿占75%，建筑材料近100%，沥青煤占25%，其他占40%。

我国近年来露天开采的产量比重：铁矿石占90%，有色金属矿石占52%，化工原料占70.7%，建筑材料近100%。

目前，国外一些露天矿以扩大生产规模，提高露天矿生产能力来加快采掘工业的发展速度。已经投产或正在建设的年产矿石1000万吨以上的大型露天矿有60~70座，其中年产矿石4000万吨的特大型露天矿约有20座。矿山工程年下降速度达12~20m，个别矿山达25~30m。我国大型露天矿如南芬铁矿目前实际矿石年生产能力为830万吨，水厂铁矿和齐大山铁矿矿石年生产能力分别为870万吨和590万吨。矿山工程年下降速度，除白银露天矿为20m左右外，一般均在6~8m。上述我国三个大型露天矿的分层矿量为1500~3000万吨，若采用相应的大型设备，合理的开采工艺，较高的操作技术水平和生产管理水平，可使矿石年生产能力提高到1800~2500万吨，矿山工程年下降速度达12m左右。中小型露天矿虽然规模小，但生产的矿山数量多，它们对钢铁、有色金属加工、化工以及建筑等工业的发展起着重要的作用。这些矿山在合理的服务年限范围内，也可适当地扩大开采规模，提高露天矿生产能力。

同属一个企业且相距很近的几个露天采场，在满足企业生产能力的条件下，可采取扩大生产能力的办法，集中强化开采，减少同时生产的采场数。如此开发矿山可有以下好处：

(1) 露天开采特别是剥采比大的露天矿，需占大量土地，且加重了环境污染。采用集中强化开采，采完的露天坑作为废石场，将其他采场剥离的废石排卸至废坑内，既减少占地，又减轻污染。

(2) 几个露天采场同时开采，使管理复杂。集中开采，有利于生产管理和充分使用设备，提高生产率。

(3) 集中强化开采，可缩短一个露天采场的服务年限，有利于提高露天矿最终边坡角及减少边坡维护费用，一次的基建投资少。

露天矿的装备水平，在国外大型露天矿基本上采用牙轮钻机穿孔。孔径，铁矿多为310~380mm，有色金属矿多为250~310mm。台年效率，美制牙轮钻机一般为5~6万米，最高达8~10万米；苏制牙轮钻机一般为3~3.6万米，最高达4~5万米。

我国许多大型露天矿也采用了牙轮钻机穿孔。孔径为250~310mm，台年效率达3~4万米，最高可达5万米。我国制造的孔径为250mm的YZ-35型牙轮钻机，各项指标基本上达到国外同类牙轮钻机水平。

潜孔钻机在国内外大型露天矿多用于辅助工程，而在中小型露天矿却是主要穿孔设备，孔径为150~200mm。此外，中小型矿山还有用孔径为120~150mm的牙轮钻。

在国内外仍以采用正向挖掘的单斗挖掘机为主要装载设备。随着大型露天矿的发展和运输设备的大型化，挖掘机斗容也在增大。目前，国外大型露天矿常采用斗容为7.6~15.2m^3的挖掘机乃至23m^3，尤以9.2~15.2m^3为多；苏联则用8~12.5m^3的挖掘机。

我国南芬铁矿、大孤山铁矿、德兴铜矿和水厂铁矿使用的挖掘机斗容已分别达到11.5m^3、12m^3、13m^3和16.8m^3。有的露天矿还少量地使用了6~8m^3的挖掘机。在某些大型露天矿，仍沿用4~4.6m^3的挖掘机，它与大型矿的发展不相适应。

挖掘机斗容不是任意增大的，应依矿山规模和装载的矿岩性质进行恰当的选择。同时，必须与汽车的承载容量合理匹配。

我国中小型露天矿使用的挖掘机，其斗容均为4.6m^3以下。结合矿山具体条件，适当增大铲斗容积，有利于提高矿山生产能力和经济效益。

挖掘机台年效率，美制斗容9.2~11.5m^3挖掘机为500~600万吨，最高达800万吨；斗容12.5~15.2m^3挖掘机为700~800万吨，最高达900万吨。苏制斗容8m^3挖掘机为400~490万吨。我国斗容13m^3挖掘机，按作业率70%计，为600万吨，斗容为7.6m^3挖掘机为325万吨，最高达360万吨；斗容为4~4.6m^3挖掘机，与汽车运输配合一般为200万吨，最高达330万吨，与铁路运输配合为110~140万吨。

液压传动的挖掘机比同斗容机械传动的挖掘机重量轻35%~40%，节省钢材，传动平稳，可消除冲击和振动，操作灵活，易实现自动控制，行走速度快。但由于液压系统较复杂，高压系统元件使用寿命短，维修较困难，故目前多在岩质比较松软的煤矿、化工矿山、采石场和表土中作业，金属矿山很少使用[1]。

前装机可完成铲装、运输、卸载以及其他辅助作业，是一种多功能的机械设备。且自重轻，走行快，机动灵活，爬坡能力大。故在露天矿，特别是在中小型露天矿作为装载设备具有广阔的前景。

铲运机也是可完成铲装、运输、卸载的一机多能的设备。铲运机生产工艺简单，作业灵活，投资少，经营费低，在松软岩土中装运将有发展前途。

目前汽车运输在国内外得到了广泛应用。它机动灵活，对采剥工艺的变化适应性强，既可作为单一运输方式，又可与其他运输方式联合使用。

世界金属露天矿约有80%~90%的矿岩量采用汽车运输，其载重吨位，在大型露天矿已普遍采用了135~154t电动轮汽车。180~270t的电动轮汽车，在少数特大型露天矿或在一些大型露天矿上部水平剥离作业中应用。高强度大型液力变矩器的改进，将会使机械传动的大型汽车得到发展。中小型露天矿继续使用27~54t及27t以下的汽车[1]。

我国一些大型露天矿采用了108t和154t电动轮汽车。国内制造的100t电动轮汽车，经生产试验，其性能基本良好。中小型露天矿多为27t以下的汽车。

配车方法，采用定铲定车易出现汽车待装和挖掘机待车现象。电子计算机动态配车时，可提高挖掘机和汽车的装运效率（生产能力增加约7%~10%）。

为节约柴油，国外一些露天矿又恢复应用柴油—架线式电动轮汽车运输。在采矿场工作面和排土场用柴油—电力驱动，以保持汽车行驶的灵活性。在运输干线上则采用架线辅助系统驱动汽车行驶，这样可使柴油消耗量减少70%～80%。

汽车超载，将使零部件加快损坏，降低汽车使用寿命，增加生产成本。为此，应研究在汽车上设内装式信息系统测量装置，以控制汽车的合理装载量。国外已进行此项研究试验工作，并取得了良好效果。

汽车运输台年效率：在国外，当运距为2～3km时，108t电动轮汽车为80～120万吨，154t电动轮汽车为150～200万吨（均按在册台数计算）[1]。在我国，当运距为2km以内时，108t电动轮汽车为90～130万吨（单台）。

铁路运输在国外金属和非金属露天矿很少应用，唯我国和苏联仍占一定比重。我国和苏联露天铁矿分别约有60%和40%的矿岩量采用铁路运输[1]。

由于汽车运输和带式输送机运输的发展，今后铁路运输的比重将会减少。但因铁路运输费用低，吨·公里仅0.08～0.12元，而汽车的运输费用则达0.5～0.7元/（吨·公里）；铁路运输设备坚固、可靠，在适宜条件下采用铁路运输仍认为是合理的。我国铁路运输的大型露天矿，使用粘重为80～150t的电机车和载重为60～100t的翻斗车。苏联则用100～150t电机车和100～105t的翻斗车以及粘重为360t的牵引机组，该机组可在坡度为60‰的线路上行驶，已在萨尔拜依露天矿试验成功。由于坡度的加大，牵引能力的提高，铁路运输的合理开采深度可达300m。

铁路运输的列车运行作业可以用电子计算机自动控制，线路的拆铺和检修将全面实现综合机械化。

正使用铁路运输的矿山进入深部开采时，汽车－铁路联合运输具有发展前途。其转载设施可用同时供几台汽车卸载的装车漏斗，并通过振动给料机将矿岩装入翻斗车，整个给料和装车过程将实现自动控制。

铁路运输台年效率：在东鞍山铁矿，平均运距7公里时，150t电机车牵引10个翻斗车，台年为735万吨·公里，105万吨；100t电机车牵引9个翻斗车，台年为671万吨·公里，95.9万吨；80t电机车牵引7个翻斗车，台年为484万吨·公里，69.2万吨。

由于带式输送机运输能力大，爬坡能力强，运距短，故运输成本比汽车运输低。带式运输有利于实现自动控制、改善环境卫生和安全条件。在大型深露天矿中使用带式运输，可获得显著的经济效益。国外大型金属露天矿采用的带式输送机，带宽一般为1600～2000mm，带速为3.5～4.5m/s，运送的矿岩块度300～400mm[1]。

当前，带式运输多采用“汽车－破碎站－带式输送机”系统，以充分发挥汽车运输的灵活性和带式运输的上述优越性。

破碎站有固定式、半固定式和移动式。固定破碎站常与斜井带式运输配合使用；半固定式破碎站设在采场端帮；移动式破碎机设在工作台阶上。前两种破碎站基建工程量较大，基建时间较长。随着移动式破碎机移设条件的改善和工作可靠性的提高，移动式破碎机将会得到推广使用。大孤山铁矿采用汽车（铁路）－端帮破碎站－斜井带式输送机运输。

目前露天矿使用较多的排土设备有：汽车运输时，采用汽车－推土机排土；铁路运输时，多为挖掘机排土，有时用排土犁排土，此外，还可用前装机排土和推土机排土。

我国多数露天矿排土量大，占地面积多，如金属露天矿排土场为矿山总占地面积的

39% ~55%。随着露天开采技术的进步，开采深度的加大，排土量及占地面积将继续增多，使农业生产受到很大影响，生态将遭到更大破坏。

为了解决上述问题，其方法之一，就是加大堆置高度，增加单位面积的排土容量，减少排土场占地。与之相适应，采用高效率的排土工艺，提高排土强度。目前，国内外正在大力发展带式输送机－排土机连续化排土工艺，大型排土机其卸载高度可达65m，在平地卸载时，排土场高度约100~150m。

确定排土场高度时，需考虑废石的物理力学性质及其自身重量、排土场基底和运输排土设备条件。

采用带式输送机－排土机排土可缩短运距，其废石的运输费用比汽车运输减少30%~50%。可进行高台阶排土，减少占地面积。故带式输送机－排土机排土具有广阔的发展前途。我国石人沟铁矿试用已获成功。

随着爆破技术的改善和轮斗挖掘机结构强度的提高及其结构形式的改进，连续装、运、卸工艺有可能在坚硬矿岩的露天矿中得到应用。

采用内部排土场时，可用大型索斗铲倒堆，或直接排弃到采空区。索斗铲挖掘及排土工艺简单，可获得较好的经济效益，故在国外露天矿挖掘软岩得到了广泛应用。

陡帮开采是一种新的采剥方法，在国外露天矿中已广泛应用。在我国露天矿使用陡帮开采也取得了明显的效果。这一新工艺的优越性表现在：由于部分剥岩量的推迟，使基建工程量和基建投资少，基建时间短；初期生产剥采比小，生产成本低，剥离洪峰出现较晚，最终边坡也因之暴露较晚，使边坡的维护工作量及维护费用减少。因此，有条件的矿山可采用陡帮开采方法。

辅助作业机械化对保证矿山顺利进行生产，提高主体设备作业效率，降低生产成本是十分重要的不可缺少的工艺环节。国内外露天矿，有的采用了装在吊车上的落锤破碎大块，装药车装药，填塞机或前装机填塞炮孔，推土机或前装机清扫爆破的散石、平整作业场地、修筑公路和排土，以及清扫边坡、清除积雪等。为使汽车运输道路处于良好状态，专门配置平路机和压路机进行修筑和养护。此外，还有吊车、水车、油车以及运送人员和材料等车辆，这也是现代化矿山不可缺少的辅助作业设备。

但是，目前在我国露天矿上述设备尚不配套，使用范围还不广，今后需进一步扩大辅助作业机械设备的使用范围，并予以配套。

当前，电子计算机已成功地用于露天矿设计和生产管理，进行露天开采境界确定、采剥进度计划编制、生产工艺过程等优化，从而将露天开采技术推向了新的发展阶段。

随着采掘工业的发展，特别是露天开采的比例不断增加，在我国每年要继续占用和破坏大量土地。采掘工业的发展，不仅大量占用土地，而且破坏生态平衡，污染环境，如排土场滑坡，排土场酸性水的渗流，污染农田和水域等，危及人民的身体健康。

我们必须重视和加强土地恢复和复垦工作，进行环境治理，保持生态平衡，并将复垦费用计入矿石成本。

今后露天开采的主要技术发展方向是：生产设备相对大型化、工作连续化、操作自动化、生产过程最优化以及管理现代化。

本章主要内容包括：露天开采境界确定、露天矿床开拓、露天矿采剥方法及陡帮开采、露天采矿场装载及辅助作业设备、露天采矿场装运工艺、露天矿排土工程、露天矿生产能力及采剥进度计划、饰面石材开采等。穿孔爆破、露天矿运输、矿山复垦、系统工程在露天开采中的应用等，已分别在第二卷、第五卷、第六卷及第七卷介绍，本章不再重述。

12.2 露天开采境界确定

12.2.1 确定露天开采境界的原则[2]

在矿床开采设计中，根据矿床的自然因素，可能遇到如下三种情况：

(1) 矿床全部宜用地下开采；

(2) 矿床上部宜用露天开采，而下部只能用地下开采；

(3) 矿床全部宜用露天开采，或上部用露天开采而剩余部分暂不宜开采。

对于后两种情况，需要确定合理露天开采境界，包括确定合理开采深度，露天采场底部平面周界及露天矿最终边坡角。

露天开采境界的确定，实质上是剥采比大小的控制。因为随着露天开采境界的延深和扩大，可采储量增加了，但剥离岩量也相应地增大。合理的露天开采境界，就是指所控制的剥采比不超过经济上合理的剥采比。

在露天矿境界设计中，需要控制的剥采比有平均剥采比、境界剥采比及生产剥采比等。剥采比的单位可用 m^3/m^3 、m^3/t 或 t/t 表示。

(1) 平均剥采比（n_p），是指露天开采境界内岩石总量与矿石总量之比值。

(2) 境界剥采比（n_j），是指露天开采境界每增加一个单位深度所引起岩石增量与矿石增量之比值。

(3) 生产剥采比（n_s），是指露天矿某一时期内所剥离的岩石量与所采出的矿石量之比值。按若干分期进行了均衡的生产剥采比，称均衡生产剥采比，其值在某一均衡期内被认为是固定的。

(4) 经济合理剥采比（n_{jH}），是指露天开采在经济上最大允许的剥采比。它是一个理论上的极限值，是确定露天矿最终境界的重要技术经济依据。

目前，关于确定经济合理剥采比的方法较多，归纳起来主要有两类：一类是比较法，它是以露天开采和地下开采的经济效果作比较来计算的，用以划分矿床露天开采和地下开采的界线，如原矿成本比较法、产品成本比较法、储量盈利比较法、折算费用比较法等；另一类是价格法，它是用露天开采成本和矿石价格作比较来计算的，在矿床只宜露天开采的场合，用以划分矿床露天开采部分和暂不宜开采部分的界线，如最低利润比较法、最高成本比较法，回收投资比较法等。它们的计算方法、各自的优缺点及适用条件，见第七卷第38章。

影响露天开采境界的主要因素有：

(1) 自然因素。包括矿床赋存条件，如矿体形态、大小、厚度、倾角等，矿石种类及品位，矿石和围岩性质，地形、矿区附近的河流、工程和水文地质等。

(2) 技术组织因素。包括露天和地下开采技术水平、装备水平，矿山附近的铁路，主要建筑物和构筑物等。

(3) 经济因素。包括基建投资、基建时间和达产时间，矿石的开采成本和销售价格，开采过程矿石的贫化和损失，以及国民经济发展水平等。

上述因素，对不同矿床条件，其影响程度是不同的，在确定露天开采境界时应综合考虑。

确定露天开采境界有如下几种主要原则：

12.2.1.1 境界剥采比不大于经济合理剥采比

这一原则是 $n_j \leqslant n_{jH}$，其实质是在开采境界内边界层矿石的露天开采费用不超过地下开采费用，使整个矿床用露天和地下联合开采的总费用最小或总盈利最大，此原则在应用上简单方便，已为国内外露天矿设计普遍采用。其最大的缺点，是所确定的露天开采境界，不能直接控制露天矿的投资和生产成本（生产剥采比）。例如，对某些不连续的矿床或上薄下厚的矿床、或覆盖层很厚或地形复杂（如境界内有孤立山头等）的矿床，在应用该原则确定境界时，可能出现境界剥采比符合要求，而初期剥采比超过允许值的现象。为了防止出现虚假结论，一般需要用平均剥采比不大于经济合理剥采比，即 $n_p \leqslant n_{jH}$ 的原则进行校验。

12.2.1.2 平均剥采比不大于经济合理剥采比

平均剥采比不大于经济合理剥采比，即 $n_p \leqslant n_{jH}$。这一原则的实质，是使露天开采境界内全部储量用露天开采的总费用小于或等于地下开采该部分储量的总费用。用这一原则圈定的露天开采境界，较用 $n_j \leqslant n_{jH}$ 原则所圈定的要大，可能引起基建剥离量大、投资多、基建时间长，还可能使露天开采过程中某一时期生产剥采比超过允许值，使企业长期处于亏损状态。对某些贵重的有色、稀有金属矿床等，为了扩大露天开采以减少矿石的损失和贫化，可以采用这一原则来圈定露天开采境界，借以扩大露天开采储量。对近于水平的矿体或鸡窝状矿体也可采用此原则确定露天开采境界。

12.2.1.3 生产剥采比不大于经济合理剥采比

生产剥采比不大于经济合理剥采比，即 $n_s \leqslant n_{jH}$。这一原则的实质，是露天矿任一生产时期按正常作业的工作帮坡角进行生产时，其生产剥采比不超过经济合理剥采比，它反映了露天开采的生产剥采比的变化规律。用该原则圈定的露天开采境界，较用 $n_j \leqslant n_{jH}$ 原则圈定的要大，较 $n_p \leqslant n_{jH}$ 原则圈定的要小，能较好地反映露天开采的优越性。但是生产剥采比通常只能在圈定了露天开采境界，并且相应地确定了开拓方式和开采程序之后才能确定，因此，最大生产剥采比出现的时间、地点、数值及其变化规律都有很大的不确定性，给开采境界的确定带来一定的困难。

12.2.1.4 根据对矿石的需要量和勘探程度确定露天开采境界

这一原则一般适用于石灰石、白云石等剥离量小而储量大的非金属矿床及特厚延深大的铁矿床。

应该指出，确定露天开采境界的诸原则，都是以经济合理剥采比为依据的，而经济合理剥采比与国民经济和科学技术水平密切相关，其值是变化的。因此，设计中圈定的露天开采境界，只是在一定时期，一定条件下的合理值。随着科学技术的进步和国民经济的不断发展，露天开采经济效益不断改善，经济合理剥采比趋向增大，原来设计的露天开采境界也往往会随之扩大和延深。一些服务年限较长的露天矿经常在开采后期需要扩帮延深或者进行二期开采，如大冶铁矿、铜录山铜铁矿等就出现这种情况，如表 12-1 所示。

12.2.2 境界剥采比的确定

12.2.2.1 用地质横剖面图法确定境界剥采比

走向长度较大且厚度变化较小的倾斜、急倾斜矿体，地质横剖面图能较充分地反映其

表 12－1 大冶铁矿东露天采场、铜录山铜铁矿一、二期采场几何尺寸

项 目	单 位	大冶铁矿东露天采场		铜录山铜铁矿	
		原设计	二期扩建	原设计	二期扩建
采场最大深度标高	m	－96	－168	－100	－185
采场上口长度	m	2200	2300	620	1500～1600
采场上口宽度	m	450	550	480	500～600
采场底部长度	m	100	110	265	300
采场底部宽度	m	40	100	60	50～80

赋存特征，设计中常用地质横剖面图法来计算境界剥采比。其具体计算方法有面积比法和线段比法。

A 面积比法

如图 12－1 所示，在地质横剖面图上按选定的台阶高度绘出表示各水平标高的横线，然后从各该横线上位于矿体内的采场最小宽度的两个端点，按照选定的边坡角 β 和 γ 绘出各开采水平的边坡线，例如 AB、CD、$A'B'$、$C'D'$，从而得到开采深度为 $H+\Delta H$ 时的采场境界 $ABCD$ 和开采深度为 H 时的采场境界 $A'B'C'D'$。用求积仪或计算机计算出开采深度为 H 延深至 $H+\Delta H$ 时的矿石增量 ΔP 和岩石增量 ΔV（用面积 S_p 和 S_v 表示），此时开采深度 $H+\Delta H$ 的境界剥采比可用面积表示为：

$$n_j=\frac{\Delta V}{\Delta P}=\frac{S_v}{S_p} \qquad (12-1)$$

式中 n_j——境界剥采比，m^3/m^3。

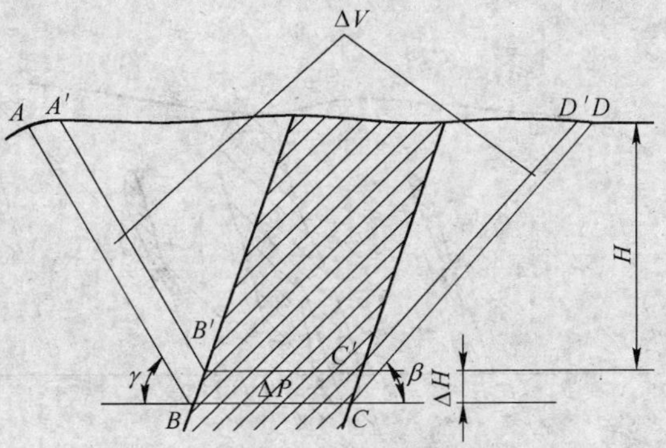

图 12－1 求 n_j 的面积比法

面积比法求算面积的工作繁琐，为简化计算过程，可用线段比法来计算境界剥采比。

B 线段比法

a 用线段比法计算倾斜、急倾斜矿床的境界剥采比

（1）单一矿体的境界剥采比 n_j 计算。如图 12－2 所示，在地质横剖面图上，确定开采深度从 H 下降到 $H+\Delta H$（取 ΔH 等于台阶高度或其整数倍）。通过 H 和 $H+\Delta H$ 分别作水平线交矿体于 EF 和 BC，连接 EB。

按照确定的露天采场底宽和顶、底盘边坡角，确定底宽 BC，并作两帮的边坡线 AB、

CD，交地表于 A、D 点。

通过 A、D、E、F 点，作平行于 EB 的线段 AA'、DD'、FF'。

$$n_j = \frac{A'B + F'D'}{BC + CF'} \tag{12-2}$$

（2）主矿体有夹层和顶、底盘有小矿体时境界剥采比 n_j 计算如图 12－3 所示，作图方法与单一矿体相同，境界剥采比计算式如式（12－3）：

$$n_j = \frac{A'G' + I'B + KQ + F'H' + J'D'}{BK + QC + CF + G'I' + J'H'} \tag{12-3}$$

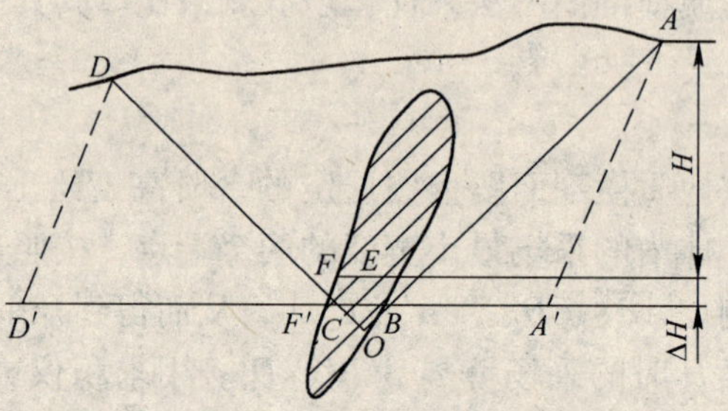

图 12－2　求 n_j 的线段比法

b　用线段比法计算缓倾斜或近似水平矿体的境界剥采比

如图 12－4 所示，其计算公式如式（12－4）：

$$n_j = \frac{AB}{BC} = \frac{H\sin(\alpha + \gamma)}{m\sin\gamma} - 1 \tag{12-4}$$

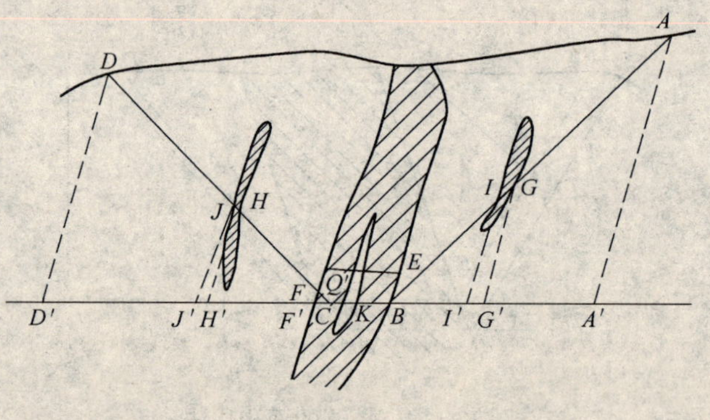

图 12－3　主矿体有夹层和顶、底盘有小矿体求 n_j 的线段比法

12.2.2.2　用平面图法确定境界剥采比

走向长度不大的急倾斜矿体，端部矿岩量占总矿岩量的比例较大，用地质横剖面法确定境界剥采比往往误差甚大，通常采用平面图法把采场作为一个整体，在平面图上确定总的境界剥采比，其计算步骤如下：

（1）选择几个可能的开采深度，绘制每个开采深度的平面图，按平面图上的矿体形状，根据运输线路要求，初步确定露天矿底平面周界。

（2）在平面图上确定地面境界线，在可利用的地质剖面图上绘制出开采境界，并将边帮上矿岩界线和地表境界线投到平面图上。

（3）无地质剖面图可利用的区段，在平面图上选有代表性的各点，作垂直于底平面周界的辅助剖面，如图 12－5 中的Ⅰ、Ⅱ、Ⅲ、……。

（4）根据已知的境界深度和边帮坡面的水平投影距离，确定各辅助剖面的地表境界点，如图 12－5 中Ⅰ剖面的点 1。

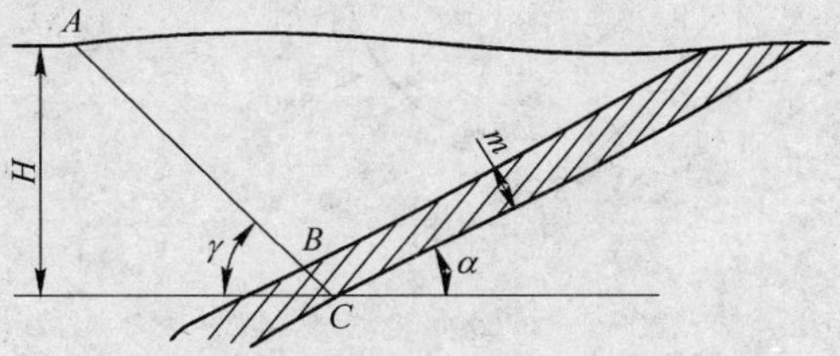

图 12－4　缓倾斜矿体求 n_j 的线段比法

（5）连接平面图上各剖面的地表境界点 1、2、3、……，得出地表境界线；

（6）在平面图上用求积仪分别量出地表境界线内矿岩总面积和矿石总面积，计算境界剥采比。

$$n_j = \frac{S - S_p}{S_p} \tag{12-5}$$

式中　S ——露天采场地表境界内矿岩水平投影总面积，m^2；

S_p——露天采场底和边坡上矿石水平投影面积，m^2；

n_j——境界剥采比，m^3/m^3。

12.2.3　露天采场境界的确定

目前我国的露天开采设计中，广泛采用着 $n_j \leqslant n_{jH}$ 原则来确定境界，其基本要素是矿石成本（经济合理剥采比），境界剥采比和选取的边坡角。确定合理采场境界的步骤概述如下。

12.2.3.1　确定采场最小底宽及位置

露天采场底部宽度不应小于开段沟宽度，其最小宽度根据采装、运输设备规格及线路布置的有关计算结果来确定，可参考表 12－2。

露天采场最小底宽的计算公式，可参照本章掘沟部分。

视矿体水平厚度不同，露天采场底的位置可能有三种情况：当矿体水平厚度小于最小底宽时，露天矿底平面按最小宽度绘制；当矿体水平厚度等于或略大于最小底宽时，露天采场底宽取矿体水平厚度；若矿体水平厚度远大于露天矿最小底宽时，则按最小底宽绘制底平面。其位置应能满足可采矿石量最多、剥离岩石量最少、采出矿石质量最好等于经济效益最大的原则。

12.2.3.2　选取采场最终边坡角

随着采场开采深度的增加和边坡角的减缓，剥岩量将急剧增加，从经济效果看，边坡角应尽可能加大。然而，陡边坡虽然可带来较好的经济效益，但往往会导致严重的滑坡事故，乃至破坏生产。从安全角度来考虑，应尽可能减缓边坡角。因此，综合考虑经济与安全因素，是合理选取边坡角的基本原则。

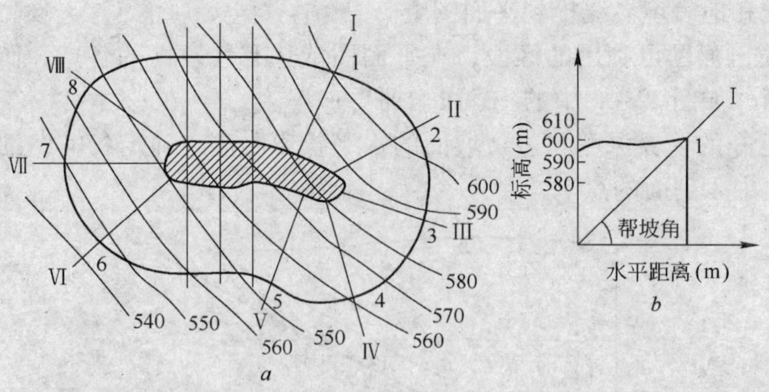

图 12-5 短露天开采深度的确定

表 12-2 露天采场底部最小宽度

运输方式	装 载 设 备	运 输 设 备	最小底宽(m)
铁道运输	$1m^3$ 以下挖掘机	窄轨机车(600mm 轨距)	10
	$1m^3$ 挖掘机	窄轨机车(762mm，900mm 轨距)	12
	$4m^3$ 挖掘机	准轨机车	16
	$6\sim12m^3$ 挖掘机	准轨机车	20
公路运输	$1m^3$ 挖掘机	7t 汽车	16
	$4m^3$ 挖掘机	10~32t 汽车	20
	$6\sim12m^3$ 挖掘机	100~154t 汽车	30

露天矿最终边帮由台阶坡面和安全平台、清扫平台、运输平台组成。最终边坡角是露天采场最下一个台阶的坡底线和最上一个台阶坡顶线构成的假想斜面与水平面的夹角，如图 12-6 所示。

选择最终边坡角时，应充分考虑组成边坡的岩石物理力学性质、地质构造和水文地质等因素。具体确定方法见本卷第 13 章。表 12-3 为我国部分露天矿最终边坡组成，表 12-4和表 12-5 分别为按边坡稳定性进行岩石分类和露天采场边坡角概略值、台阶坡面角参考值。

安全平台宽度一般大于 4m。一般设计规定每隔 2~3 个台阶设一清扫平台（最终台阶并段时，可不设安全平台）。清扫平台宽度根据拟采用的平台清扫手段决定。如平台上设置排水沟时，其宽度应考虑排水沟的技术要求。

运输平台位置，由开拓系统的运输线路而定，其宽度和坡度取决于运输设备类型、规格及线路数目，如表 12-6、表 12-7 及表 12-8 所示。

12.2.3.3 确定开采深度

采场外观，可因矿体赋存条件特别是沿走向长度的不同分为长采场和短采场。采场的长宽比大于 4∶1 的称长采场，其端帮矿岩量占总矿岩量的比例相对比较小，设计中手工计算时一般可以不单独考虑端帮矿岩量；采场的长宽比小于 4∶1 的称短采场，其端帮矿岩量占总矿岩量的 15% ~20% 以上，设计时必须考虑这部分矿岩量。

A 长采场合理开采深度的确定

长采场合理开采深度的确定，通常在地质横剖面图上用方案分析法和图解法进行。

方案分析法确定合理开采深度的主要步骤如下：

（1）如图12－7所示，在地质横剖面图上确定若干个境界深度方案，通过各深度绘出各方案底所在水平线，矿床埋藏条件简单时，方案可少取一些，反之，则应多取一些，在境界剥采比变化显著的区段要增加一些方案。

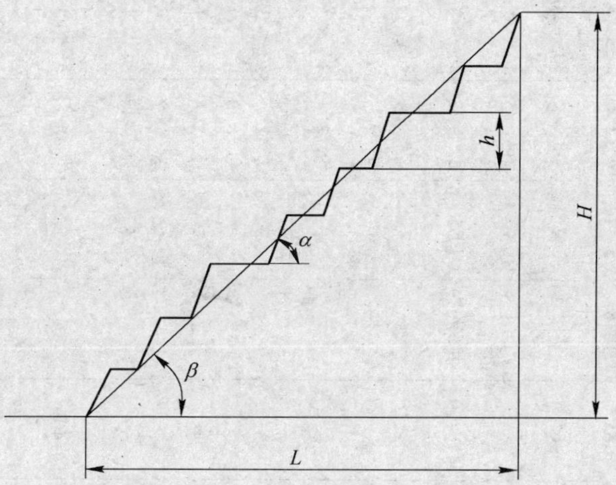

图12－6　露天矿的边坡组成

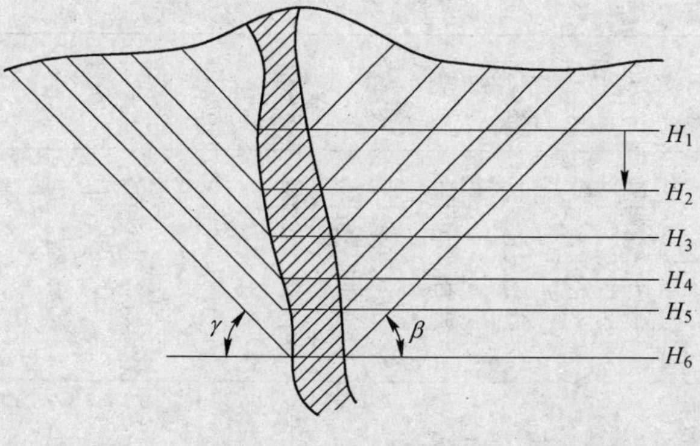

图12－7　绘有若干个境界深度方案的横剖面图

（2）在横剖面图上确定各个深度方案的底宽及位置，并根据选取的最终边坡角，绘出顶底帮最终边坡线，当地质横剖面与边坡走向不垂直时，应对边坡角进行换算：

$$\mathrm{tg}\beta' = \cos\phi\,\mathrm{tg}\beta \tag{12-6}$$

式中　β'——非正交横剖面的边坡伪倾角，（°）；

表 12－3 我国部分露天矿最终边帮组成[3]

矿山名称	围岩种类		坚固性系数 f		最终台阶坡面角(°)		平台宽度（m）		最终边坡角		台阶高度（m）	运输方式
	上 盘	下 盘	上盘	下盘	上盘	下盘	安全	清扫	上盘	下盘		
大冶铁矿	闪长岩	大理岩	10～12	6～8	60～65	60～65	7～7.5	7～7.5	48°～52°30′	42°～45°	12	准轨电机车
南芬铁矿	石英片岩、混合岩	角闪岩	8～12	8～12	65	35～43	5	13	48°	38°	12	汽车—溜井
大孤山铁矿	石英片岩、千枚岩	混合岩	8～10	10～12	65	65	12.5	7.5～12.5	32°	32°	12	准轨电机车
大石河铁矿	斜长片麻岩	片麻岩、花岗岩	8～10	8～10	65	65	4	7	48°30′	30°～50°	12	准轨电机车
水厂铁矿	片麻岩	片麻岩	8～10	8～10	60	60	3～10.5	10.5～14	40°～45°	40°～45°	15	汽车
白银露天矿1号采场	凝灰岩	凝灰岩	5～7	5～7	54～65	47～59	并段12	并段5～8	32°～42°	45°～47°	12	汽车
金川镍矿	大理岩、橄榄岩	片麻岩、角闪岩	6～8	6～8	45	55			41°～44°	50°	12	上部机车、下部汽车
德兴铜矿	闪长斑岩变质千枚岩	闪长斑岩、变质千枚岩	6～8	6～8	60	60			40°～42°	40°～42°	12	汽车—溜井
弓长岭铁矿独木采场	角闪岩，混合岩	角闪岩、混合岩	8～12	8～12	65	55	5	7	42°	30°～39°	12	汽车
石人沟铁矿	角闪片麻岩	角闪片麻岩	6～10	6～10	65	65	6～8	12～15	43°～45°	43°～45°	10	汽车
云浮硫铁矿	砂岩、千枚岩	砂岩、千枚岩			65	65	3	8	37°～47°	34°～42°	12	汽车
甘井子石灰石矿	石灰岩	石灰岩	6～8	6～8	70	40	7	9	40°	50°		窄轨机车
昆阳磷矿	砂岩	灰岩	3～7	3～7	60	60	7.1	7.5	45°	45°	矿5，岩10	汽车
海南铁矿	硅化透辉岩，角闪灰岩	硅化透辉岩、角闪灰岩	8～10	8～10	45～65	45～65	5～6	8～12	32°～42°	32°～42°	11～12	上部机车、下部汽车
大宝山铁矿	石灰岩、流纹斑岩	石灰岩、流纹斑岩	8～14、11～15	8～14、11～15	55～60	55～60	4～8	10.5～12	40°～43°	40°～43°	12	汽车
黑旺铁矿	石灰岩	泥质灰岩	5～6	3	57	64	4	6	47°30′	41°43′		汽车

表 12-4 按边坡稳固性进行的岩石分类和露天采场边坡角概略值[8]

岩石类别	本类岩石的一般特点	确定边坡稳固性的基本要素和岩石稳定性指标	地质条件	边坡角（°）
Ⅰ	坚硬（基岩）岩石：火山岩和变质岩，石英砂岩，石灰岩和硅质砾岩 样品抗压强度：$\sigma \geqslant 7848 \times 10^4 Pa$	弱面（断层破坏层理、长度很大的构造节理等等）的方向很不利	具有弱裂缝的硬岩，没有方向不利的弱面，弱面对开挖面的倾角是急倾斜（>60°）或缓倾斜（<15°）的	小于 55
			地质条件同上，但岩石具有裂缝	40~45
			具有弱裂缝或节理的硬岩，弱面对开挖面的倾角为 35°~55°	30~45
			具有弱裂缝的硬岩、弱面对开挖面的倾角为 20°~30°	20~30
Ⅱ	中硬石：风化程度不同的火山岩与变质岩、黏土质、砂质-黏土质页岩、黏土质砂岩、泥板岩、粉砂岩、泥灰岩等 样品抗压强度：$\sigma = 785 \sim 7848 \times 10^4 Pa$	样品岩石的强度、弱面的方向不利、岩石的风化趋势	斜坡的岩石相对稳固，没有方向不利的弱面，或有对开挖面呈急倾斜（>60°）或缓倾斜（<15°）的弱面	小于 40
			同上，有对开挖面呈 35°~55°的弱面	30~40
			边坡的岩石强裂风化（泥质岩、黏土质砂岩、黏土质页岩等等）以及容易碎散和剥落的岩石	
			弱面对开挖面呈 20°~30°倾角的所有岩类	20~30
Ⅲ	软岩（黏土质与砂质-黏土质岩石） 样品抗压强度：$\sigma \leqslant 785 \times 10^4 Pa$	对于黏结性（黏土质）岩石为：样品强度，弱面（软弱夹层、层间接触面）方向不利。 对于非黏结性岩石为：力学特性动水压力、渗透速度	没有塑性黏土，古老滑面，层间的软弱接触面和其他弱面	20~30
			在边坡的中部或下部有弱面	15~20

表 12-5 台阶坡面角参考资料

岩石坚固性系数	15~20	8~14	3~7	1~2
台阶坡面角（°）	75~85	70~75	60~65	45~60

表 12-6 准轨铁路运输平台最小宽度（m）

线路平面情况	单　线	双　线	三　线
区间直线	7.5	12.5	17.5
区间曲线	8.0	12.0	18.0

ϕ——非正交横剖面与正交横剖面在平面上的夹角，(°)；

β——设计的露天采场边坡角，(°)。

(3) 计算各方案的境界剥采比，并将计算结果列于表 12-9。

(4) 绘制境界剥采比及经济合理剥采比与深度的关系曲线 $n_j = f(H)$ 及 $n_{jH} = f(H)$，如图 12-8 所示，两曲线交点相对应的横坐标 H_i 即为露天开采的合理深度。

表12-7　窄轨铁路运输平台最小宽度（m）

机车类型	车辆最大宽度（m）	单线			双线		
		600mm轨距	762mm轨距	900mm轨距	600mm轨距	762mm轨距	900mm轨距
电机车	2.4~2.8		6.0	6.1		10.5	10.5
	1.9~2.3		5.7	5.8		9.5	9.5
	1.4~1.8	5.3	5.5	5.6	8.5	8.5	8.5
	≤1.3	5.1			7.5		
蒸气机车	2.4~2.8					9.0	9.2
	1.9~2.3					8.5	8.7
	1.4~1.8	5.2	5.5	5.7	7.7	8.0	8.2
	≤1.3				7.2		

表12-8　汽车运输平台最小宽度

车宽分类		一	二	三	四	五	六
车身计算宽度（m）		2.5	3.0	3.5	5.0	6.0	7.0
载重量（t）		7	20	32	68	100	154
运输平台宽度（m）	单线	8	9	10	12	15	18
	双线	11.5	13	14.5	17.5	22.5	26

表12-9　各境界深度方案的境界剥采比

境界深度方案	H_1	H_2	H_3	H_4	H_5	H_6
境界剥采比 n_j（m^3/m^3）	n_1	n_2	n_3	n_4	n_5	n_6

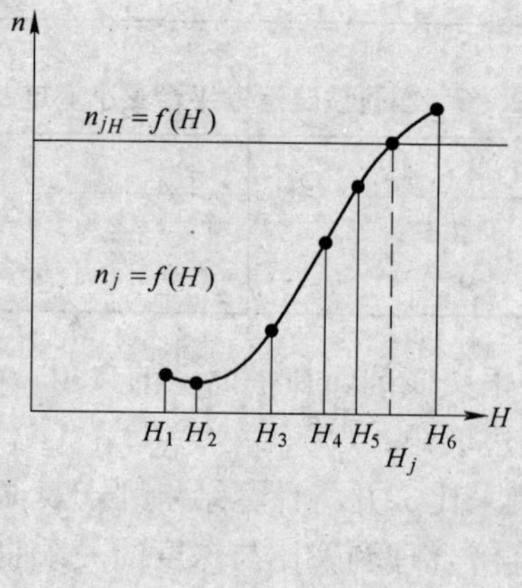

图12-8　$n_{jH}=f(H)$ 及 $n_j=f(H)$ 曲线

图解法确定合理开采深度在露天矿境界设计中应用较广，它是根据所选择的确定开采境界的原则、经济合理剥采比及最终边坡角直接在横剖面图上确定露天开采合理深度。如图 12－9 所示，为按境界剥采比等于经济合理剥采比的原则，用图解法确定倾斜和缓倾斜

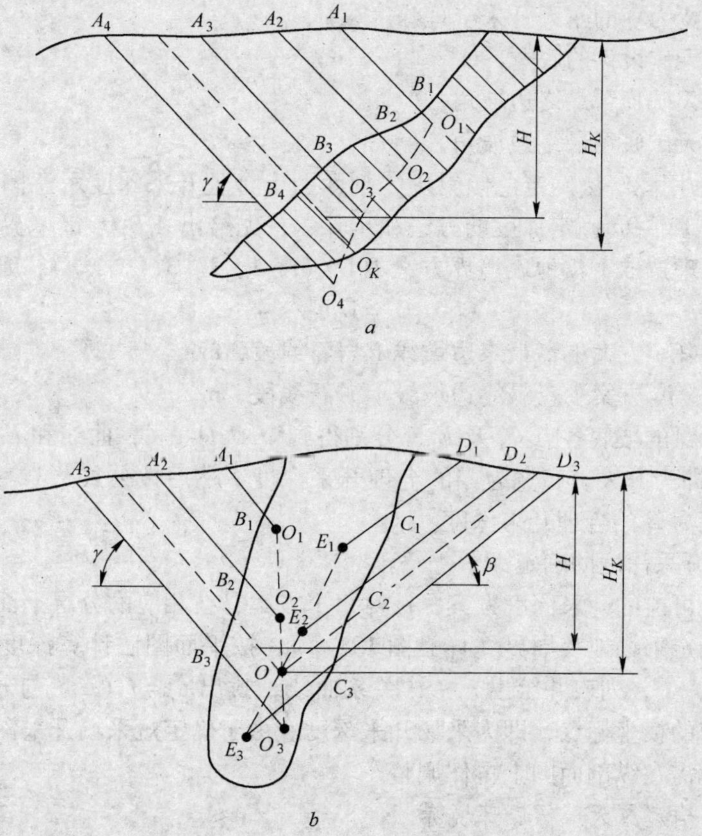

图 12－9　用图解法确定露天开采深度

矿体的合理开采深度示意图。其主要步骤如下：

（1）如图 12－9*a* 所示，在缓倾斜矿体上盘地表取若干个方案的地表境界点 A_1、A_2、A_3…；

（2）通过 A_1、A_2、A_3…按最终边坡角作境界边坡线交上盘矿岩接触线 B_1、B_2、B_3…；

（3）延深 A_1B_1、A_2B_2、A_3B_3…，使

$$B_iO_i = A_iB_i/n_{jH} \qquad (12-7)$$

式中　B_iO_i ——第 i 境界方案要求的矿石线段长度，m；

A_iB_i ——第 i 境界方案边坡上的岩石线段长度，m；

i ——境界方案，$i=1, 2, 3, \cdots, n$；

n_{jH} ——经济合理剥采比，m^3/m^3。

由公式（12－7）可求得 O_i 诸点，但第 n 点 O_i 必须落在矿体下盘。

（4）连接 O_1、O_2、O_3…诸点，使该曲线与矿体下盘矿岩接触线相交，其交点 O_K 即

为露天矿底宽为零的合理开采深度。

（5）按露天矿底宽为 B 确定设计开采深度

$$H = H_K - B/(\text{ctg}\gamma + \text{ctg}\beta) \tag{12-8}$$

式中 H——露天矿设计深度，m；

H_K——底宽为零的露天开采合理深度，m；

B——露天矿设计的底宽，m；

γ——露天矿顶帮最终边坡角，(°)；

β——露天矿底帮最终边坡角，(°)。

图 12-9b 为用图解法确定急倾斜矿体剖面图上合理开采深度示意图。根据选取的最终边坡角，按图 12-9a 确定深度的方法和步骤，首先给出 $A_iB_iO_i$ 诸境界方案的最终边坡线，并按同样原理选取下盘地表境界方案 D_iC_i（$i=1, 2, 3, \cdots, n$），延长 D_iC_i，使

$$C_iE_i = D_iC_i/n_{jH} \tag{12-9}$$

式中 D_iC_i——第 i 方案下盘最终边坡线上岩石线段，m；

C_iE_i——第 i 方案下盘最终边坡线上矿石线段，m。

连接上、下盘的坡底各点 O_i 及 E_i，分别得到 $O_1O_2O_3\cdots O_m$ 曲线和 $E_1E_2E_3\cdots E_n$ 曲线。两曲线交点 O_K 即为露天矿底宽为零的合理开采深度。然后按公式（12-8）即可计算设计的露天矿底宽为 B 的合理开采深度。

B 短采场开采深度的确定

选定若干个可能的开采深度方案，针对每个方案，在相应的分层平面图上确定采场底部周界，然后确定采场地表周界（详见图 12-5），按平面图法计算深度方案的境界剥采比 n_{j1}，n_{j2}，n_{j3}，…，列表并绘出 n_j-H 关系曲线，找出 $n_j=f(H)$ 与 $n_{jH}=f(H)$ 的交点，该点所对应的横坐标点，即为采场开采深度。由于确定短采场开采深度就是设计采场的开采深度，无需在纵剖面图上再作调整。

12.2.3.4 确定露天采场底部境界

A 调整露天矿纵向底平面标高

采用平面图解法确定的短采场底平面标高一般不需另行调整。但对长采场的纵向底平面标高则需要进行调整。其具体作法是，将各地质剖面图上确定的露天开采合理深度投影

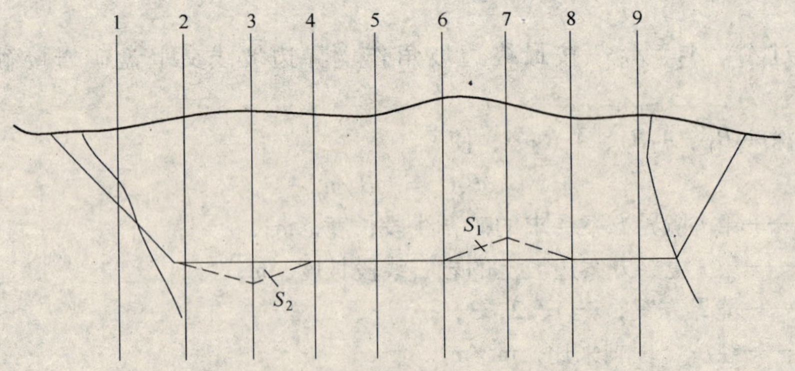

图 12-10 在纵剖面图上修正开采深度

到纵剖面图上，如图 12－10 所示，连接各点得露天矿底纵剖面的理论深度。各纵剖面的理论深度相差不大时，纵剖面可设计为同一标高。当矿体埋藏深度沿走向变化较大时，底平面可调整成阶梯形。调整后最低的底平面纵向长度应满足设置运输线路的要求。调整原则是，调整后的全矿境界剥采比等于或接近于经济合理剥采比，近似地可按纵剖面调整后底的上部面积与下部面积相等。

B 圈定露天矿底平面周界

首先按调整后的采场开采深度，绘制该水平的地质分层平面图；按调整后的开采深度修正各横剖面境界，并将各横剖面底的位置投影到上述的地质分层平面图上，分别连接上盘和下盘坡底各点得出底的理论周界。修正的原则是，底部周界要平直，弯曲部分要满足运输线路曲线半径的要求；底部长度要满足设置运输线路的需要。修正后的周界即为设计周界，如图 12－11 所示。

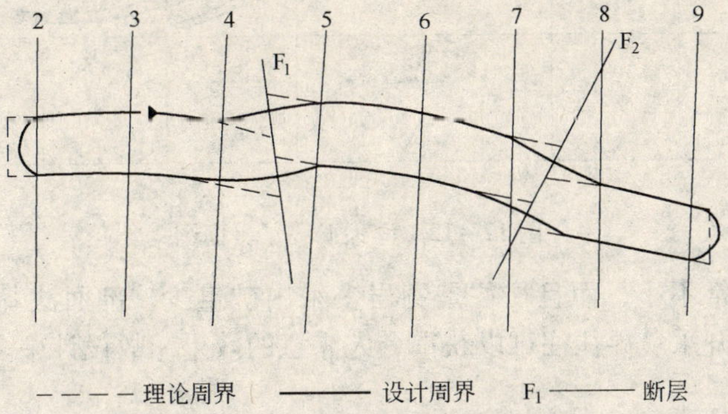

图 12－11 露天矿底部周界的确定

12.2.3.5 绘制采场终了平面图

按所确定的开拓运输系统、最终边帮组成要素、露天矿底平面周界，绘制露天矿终了平面图，其步骤如下：

（1）将设计的底部周界绘在透明纸上。

（2）将透明纸覆盖在地形图上，按最终边帮组成要素（台阶高度、坡面角、平台宽度），从底部周界开始由内向外（标高是由下而上）依次绘出各台阶坡底线、坡顶线和平台宽度，如图 12－12 所示。

（3）在图上布置运输线路。绘制线路时，要注意倾斜线路与各台阶的连接。

（4）检查与修正上述露天开采境界。绘制完露天采场终了平面图后，以此平面图为准，修正各横剖面图的境界，使平面图与横剖面图一致。个别情况下，由于布置开拓运输线路后，边帮变化较大时，应检查最终确定的合理性，即境界剥采比是否超过经济合理剥采比，并作必要的修正。

上述选用若干地质剖面图来模拟矿体，然后在剖面图上确定开采深度并据此圈定露天开采境界的方法，由于所选剖面并不一定垂直露天矿边坡走向；每一个剖面与露天矿边坡走向的交角也并不一定一致，上部交角与深部交角不一，上盘交角与下盘交角不一的现象也很常见。所以用剖面上矿岩面积相比来模拟真正剥采比，有时会产生较大的误差。此

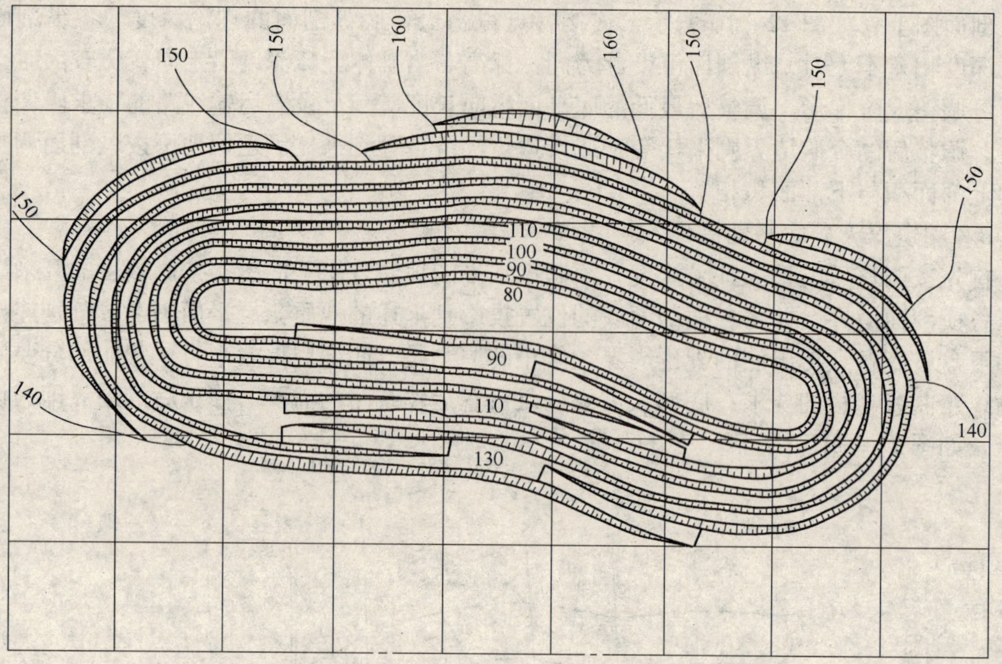

图 12-12 露天矿终了平面图

外，端部工程量通常不小，而且往往是剥岩多采出矿量少，剖面法却对此难以反映。因此，所确定的露天开采境界往往难以获得令人满意的效果。故设计中多用平面图法来确定开采境界。

目前，国内外已应用电子计算机来确定露天开采境界，并获得了较好的效果。其方法很多，概而言之，大致可分为两大类：第一类是模拟法，如剖面图法、平面投影法、浮动圆锥法属于这一类；第二类是数学优化法，包括线性规划法、图论法、三维动态规划法、网络流法等。近年来，国内有关设计部门主要采用了浮动圆锥法、三维动态规划法、网络流法、平面投影法等。详见本手册第七卷第39章，本章不予介绍。

12.3 露天矿床开拓

12.3.1 露天矿床开拓分类

露天矿床的开拓方式与运输方式有密切联系。露天矿床开拓分类主要按运输方式来确定，按运输干线的布线形式和固定性作为进一步分类的依据。露天矿床开拓按运输方式可分为：

（1）公路运输开拓。

（2）铁路运输开拓。

（3）联合运输开拓。

1）公路-铁路联合运输开拓；

2）公路（铁路）-破碎站-带式输送机联合运输开拓；

3）公路（铁路）-箕斗联合运输开拓；

4）公路（铁路）-平硐溜井联合运输开拓。

表 12-10 不同开拓运输方式的应用条件[6]

露天矿床开拓方式	露天矿参数					适用条件	主要优缺点
	面积	深度或比高（m）	运距（km）	坡度（%）	曲线半径（m）		
公路运输开拓	受限	<150（普通自卸汽车） <250（电动轮汽车）	<2~3（普通自卸汽车） 4~5（电动轮汽车）	≤8 特殊情况短距离可达12	≥15（小吨位汽车） ≥30（大吨位汽车）	任意地形条件的露天矿；运距不超过露天矿参数中的限值；修建铁路不经济；要求分采分运的露天矿	优点：机动灵活，转弯半径小，爬坡能力大；线路工程量小，基建时间短，基建投资少；便于采用分期、分区开采；有利于采用移动坑线开拓和分散的排土场；掘沟方法较铁路运输掘沟方法简单，掘沟速度及延深速度快 缺点：易受气候条件影响；燃油、轮胎消耗量及道路养护工作量大，运输成本高，每延深100m运输成本增加50%~60%，故经济合理运距短；汽车噪声和废气污染较大
准轨铁路运输开拓	面积大	100~150，牵引机组达250~300	>4	2~4	≥120	地形不复杂，矿体形态应满足线路平面、纵剖面要求的大型露天矿	优点：运输量大；运输成本低（0.08~0.12元/吨·公里），经济合理运距长；气候条件的影响较公路运输小；运输设备坚固 缺点：线路工程量大，基建时间长，基建投资多；采场和排土场的线路移设工作量大；运行组织管理工作复杂；要求采场尺寸大；铁路运输掘沟时，掘沟速度慢，新水平准备时间长，延深速度慢
窄轨铁路运输开拓			约3			中小型露天矿	优点：投资少，见效快，占地少，设备简单等 缺点：运量少，运输成本高，生产效率低
带式输送机运输开拓	不限	>80	>3	35<（16°~18°）		深度大、运距长、运量大的露天矿，工作面设移动式破碎机	优点：爬坡能力大，运输距离短，基建工程量小；运输能力大；运输成本低，每延深100m，运输成本只增加5%~6%；操作简便，自动化程度高；设备容易维修 缺点：带式输送机发生故障时，将影响全矿生产；不适于输送黏性大的岩土；一次投资多；胶带磨损大

续表 12－10

露天矿床开拓方式	露天矿参数					适用条件	主要优缺点
	面积	深度或比高（m）	运距（km）	坡度（%）	曲线半径（m）		
铁路—公路联合运输开拓	不限	80～250 或更大	汽车 1～1.5			铁路运输开拓部分，矿体形态能满足线路平面、纵剖面要求，不分采分运；公路运输开拓部分，平面尺寸小，不适于铁路运输，对载重 40t 以下的自卸汽车运距在 1～1.5km 以内，对电动轮自卸汽车运距不大于 3km	优点：可充分发挥汽车运输和铁路运输的优越性，提高运营效果 缺点：需设转载站或倒装站；增加了最终边坡的扩帮量
公路—带式输送机联合运输开拓	不限	>80	汽车 1～1.5；带式输送机 >3	公路≤8；带式输送机 ≤35		在采深大于 150～300m 的露天矿，当运量大，采用单一汽车或铁路运输不能满足要求和不经济时，采用此联合运输开拓方式	优点：能充分发挥汽车和带式输送机的特长 缺点：破碎站移设工作复杂 其他优缺点同带式输送机运输开拓
公路（窄轨铁路）—箕斗联合运输开拓	受限	80＜300～400	汽车 1～1.5；铁路≤3	公路≤8		适用于深凹露天矿和高差大的山坡露天矿	优点：提升斜坡道角度大，运输距离短，基建工程量小；投资少；运营费用低 缺点：采场内和地表均需转载，生产能力受到限制；转载站移设和延深工程量较大；箕斗提升系统形成后，扩大露天矿生产能力较困难，故在大型露天矿使用较少
公路（铁路）—平硐溜井联合运输开拓		>120		溜井 55°～90°		矿山规模不限的山坡露天矿；不适用于粉矿多、黏性大的矿石	优点：基建工程量和所需设备少，节省投资；生产能力大；能源消耗少；经营费用低；有一定贮矿能力，可调节生产 缺点：放矿管理工作要求严格，否则易发生堵塞和跑矿事故

表 12－11 我国部分露天矿开拓运输方式

矿山名称	生产能力（万吨/年）		采场地表尺寸（m）		设计开采深度（垂高）（m）	开拓运输方式
	矿石	矿岩	长度	宽度		
南芬铁矿	830	2855	2560	1480	527（一期）	公路－平硐溜井联合运输开拓
			3500	1900	712（二期）	
东鞍山铁矿	586	1802	2200	720	392	铁路运输开拓（＋40m 水平以上）；公路－带式输送机联合运输开拓
歪头山铁矿	436.6	1955			352	铁路运输开拓
眼前山铁矿	255.5	717	1400	600～700	289	铁路运输开拓
南山铁矿	623.3	1510	1100	880	305	铁路－公路联合运输开拓
海南铁矿	417.6	1490.15	1650	950	510	铁路运输开拓；公路运输开拓
齐大山铁矿	591.8	1488	4500	1700～1800	555（一期）	公路－平硐溜井联合运输开拓
					648（二期）	
水厂铁矿	873	3321	3600	900～1600	336	铁路运输开拓；公路运输开拓
大石河铁矿	898	3593	1740	340	120	铁路运输开拓；公路运输开拓
大冶铁矿	192	1312	2200	450	360	铁路－公路联合运输开拓
兰尖铁矿	621.3	1347.4	1100	950	570 兰家火山	公路－平硐溜井联合运输开拓
			400	360	435 尖包包	
朱家包包铁矿	153	816.7	2100	900	583	铁路－公路联合运输开拓
大孤山铁矿	400	1633	1600	1050	489	上部铁路运输开拓；深部公路－带式输送机联合运输开拓
峨口铁矿	311	851	1600	800	983	公路－斜坡箕斗联合运输开拓
大宝山铁矿	194	440	2000	660～990	480	公路－斜坡箕斗联合运输开拓
德兴铜矿			2400	2300	570	公路－平硐溜井联合运输开拓；深部公路－带式输送机联合运输开拓
永平铜矿			1700	600	480	公路运输开拓
					156（封闭圈以下）	
石录铜矿			1600	650	144（封闭圈以下）	公路运输开拓
金堆城钼矿			2200（一期）	600～800（一期）	306（封闭圈以下）	铁路－公路联合运输开拓
金川镍矿					310	铁路－公路联合运输开拓
白银露天矿			1 号采场 1320	600	282	
			2 号采场 1030	560	263	公路运输开拓
云浮硫铁矿	300	1020	1830	820	474	公路运输开拓
昆阳磷矿	160	1280	5100	800～1200	250	公路－带式输送机联合运输开拓
把关河石灰石矿			1300	900	300	公路运输开拓
南墅石墨矿	38	150	835	620	204	公路运输开拓

表 12-12 国外一些露天矿开拓运输方式

矿山名称	国名	矿石类型	生产能力（万吨/年）		地面尺寸（m）		开采深度（m）		开拓运输方式
			矿	岩	长	宽	实际	设计	
鹰山铁矿	美国	铁	1250	4350				231	公路运输开拓
共和铁矿	美国	铁	750	500			110	300	公路运输开拓，后期用公路，溜井，竖井、箕斗开拓
启诺铜矿	美国	铜			1370	1275	720	300	铁路－公路联合运输开拓
宾汉姆铜矿	美国	铜	10.8 万吨/日	27 万吨/日	4000	2500	800		公路、铁路并行及联合运输开拓（矿石用铁路）
双峰铜矿	美国	铜	11 万吨/日	13 万吨/日	2400	1600	250	550	公路－带式输送机联合运输开拓
西雅里塔铜钼矿	美国	铜							公路－带式输送机联合运输开拓
陡岩明铁矿	加拿大	铁	5300						公路运输开拓
拉克珍妮铁矿	加拿大	铁	2000	1100	2600	810	220	290	公路运输开拓
杰赛铜矿	加拿大	铜	549	32.7	720	570	240	315	公路运输开拓
卡纳尼亚铜矿	墨西哥	铜	2.4 万吨/日		1219	915	244		公路－溜井－带式输送机联合运输开拓
托格帕拉铜矿	秘鲁	铜	5.1 万吨/日	17.5 万吨/日	2000	1500	270		铁路－公路联合运输开拓
埃克索的加铜矿	智利	铜	2.8 万吨/日				183		公路－破碎机－带式输送机联合运输开拓
丘基卡马塔铜矿	智利	铜	10.6	7 万吨/日			122		公路－破碎机－带式输送机联合运输开拓
惠尔巴克山铁矿	澳大利亚	铁	500	500	2288	671	305		公路运输开拓
摩根山铜矿	澳大利亚	铜	134	220	910	610	268		公路运输开拓
列别金斯克铁矿	苏联	铁	3000	3950	1900	1600	135	400	公路、铁路并用开拓（矿石）；轮斗－带式输送机开拓（岩石）
米哈依诺夫铁矿	苏联	铁	1000	7000	6500	2500	125	300	公路－带式输送机联合运输开拓
新克里沃罗格铁矿	苏联	铁	1260	2200	1700	1000	122	300	公路－铁路－带式输送机联合运输开拓
英古列茨铁矿	苏联	铁	3000	5100	1800	1400	115	415	公路－带式输送机联合运输开拓
索科洛夫铁矿	苏联	铁	950	5750	3200	1400	200	468	铁路－公路联合运输开拓
萨尔拜依铁矿	苏联	铁	1800	8400	3100	2300	180	630	铁路－公路联合运输开拓；深部斜井－带式输送机开拓
奥列涅戈尔斯克铁矿	苏联	铁	1350	1550	3200	1050		450	铁路、公路并行运输开拓

表 12－10 为不同开拓方式的应用条件。表 12－11 为我国部分露天矿开拓方式。表 12－12为国外一些露天矿开拓方式。

我国的化工、建材等非金属矿山和核工业部的露天矿，多数是中小型矿山，以采用公路运输开拓为主。有色金属的露天矿山绝大多数也采用公路开拓，黑色金属露天矿山中，大约 60% 的产量是用铁路运输开拓开采的，30% 多的产量是用公路运输开拓[4,5]。

12.3.1.1　影响开拓方式的主要因素

A　矿体赋存的地质地形条件对开拓方式的影响

按矿体赋存条件可能有一种或几种不同的开拓方式和方案。赋存较浅，平面尺寸较大的矿体，可采用公路运输开拓或铁路运输开拓。对于赋存较深的矿体、开采深度较大的露天矿，可采用公路－带式输送机运输开拓或斜坡箕斗提升开拓。当矿体赋存较深、平面尺寸较大时，除能用公路－带式输送机联合运输开拓和斜坡箕斗提升开拓外，还可用铁路－公路联合运输开拓。矿体赋存条件复杂、分散、平面尺寸和高差不大的山坡露天矿或开采深度不大的凹陷露天矿，采用公路运输开拓更为适宜。矿体赋存在地形高差很大、坡陡的山峰，采用平硐溜井开拓被认为是技术上可行、经济上合理的开拓方式。

B　露天矿生产能力对开拓方式的影响

露天矿生产能力的大小，影响着采掘运输设备的选型，而运输设备类型的不同，开拓方式亦各异。如生产能力大的带式输送机运输与生产能力小的斜坡箕斗提升，其开拓方式是不同的。若在露天矿场最终边帮布置沟道，前者倾角一般不大于 18°，斜交最终边帮倾向布置沟道；斜坡箕斗提升是沿着最终边帮倾向布置沟道，且在集运水平设转载栈桥。

C　基建工程量和基建期限对开拓方式和方案的要求

为减少基建工程量、缩短建设期限和减少基建投资，可靠近矿体布置移动坑线开拓，矿体倾角小时采用底帮固定坑线开拓，以及采用横向布置开段沟进行开拓。

D　矿石损失与贫化对开拓方式和方案的要求

矿石损失与贫化直接影响着矿产资源的利用程度和生产的经济效益。在选择开拓方式和方案时，要考虑有利于降低矿石损失与贫化，这对开采矿石价值高的矿体更为重要。开采有岩石夹层的矿体，采用汽车运输开拓和采场内采用汽车运输的部分联合开拓方案，有利于进行分采，以减少矿石损失与贫化。采用工作线由顶帮向底帮推进的固定坑线开拓和靠近矿体上盘的移动坑线开拓，均可减少矿岩接触带处的矿石损失与贫化。

E　地下开拓方式的利用

根据矿体赋存条件，上部用露天开采深部用地下开采。当先进行地下开采，后转露天开采时，若地下开拓系统能满足露天矿矿石生产能力要求，且经济合理，可利用地下开拓系统运输露天矿采出的矿石。

12.3.1.2　选择开拓方式的主要原则

矿山开拓方式选择的主要原则是在满足国家要求的前提下，选择生产工艺简单可靠，基建工程量小，基建投资少，生产经营费用低，占地少，投产早，达产快，且静态和动态投资回收期短，投资收益率高的开拓运输系统。

因为露天矿开拓方式直接影响着基建工程量、基建时间和基建投资。不同的开拓方式，矿岩运输成本及能耗亦各异，运输成本一般占矿岩生产成本的 40%～60%（例如云浮硫铁矿运输成本占总成本的 53%）[37]；运输能耗占总能耗的 40%～70%。因此，需根据矿体的赋存条件，综合考虑各影响因素，经全面分析比较后，选出技术上可行、经济上合理的开拓方式。

12.3.1.3 开拓方式的评价方法

参见第七卷第38章矿山技术经济研究和评价。

12.3.2 公路运输开拓

12.3.2.1 公路运输开拓的适用条件及主要优缺点

其适用条件及主要优缺点见表12－10。

12.3.2.2 公路运输开拓坑线的布置形式

表12－13 公路运输开拓坑线的主要布置形式及其适用条件

坑线布置形式	图 示	适用条件及特点
	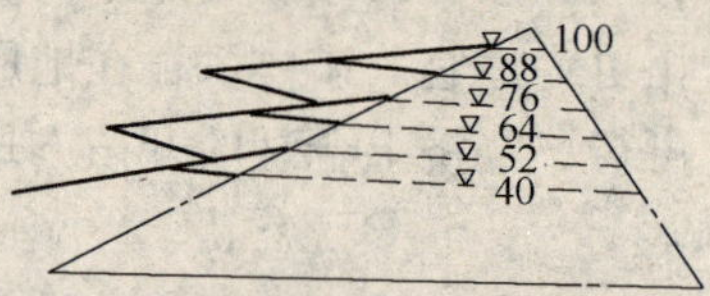坑线布置在采场境界外端部	适用于长度不大的山坡地形露天矿，开拓干线从下往上一次形成
回返坑线	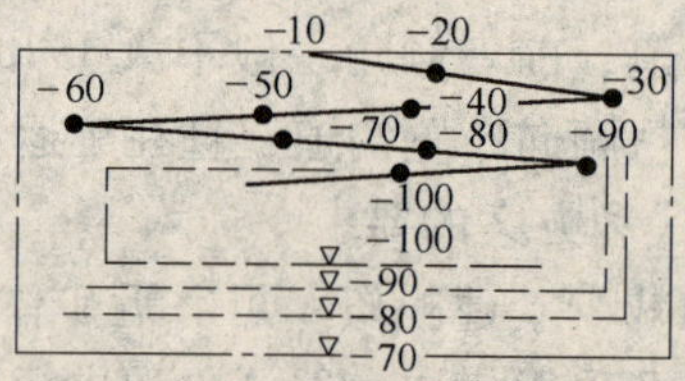单侧布置坑线	适用于长度不大的凹陷露天矿，在非工作帮和端帮上布置固定坑线。为了减少基建工程量，缩短基建时间，可将坑线布置在矿体上、下盘接触线处，形成移动坑线
	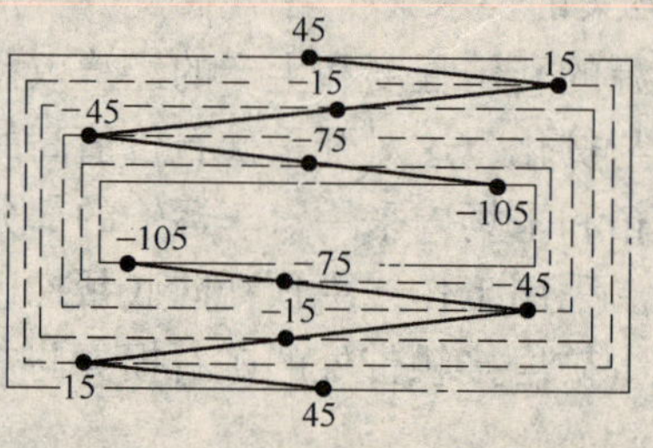	适用于长度较大、生产规模较大的凹陷露天矿。双坑线布置可缩短运距，提高运输能力。可用固定坑线或移动坑线开拓
螺旋坑线	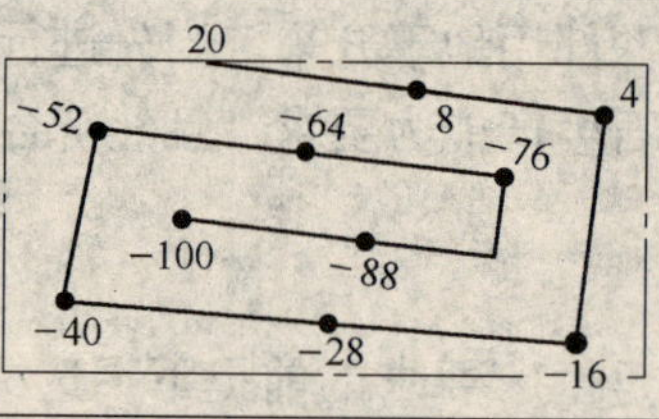	适用于长、宽相差不大、同时开采的台阶数少的凹陷露天矿。坑线沿四周边帮布置
回返坑线与螺旋坑线联合布置	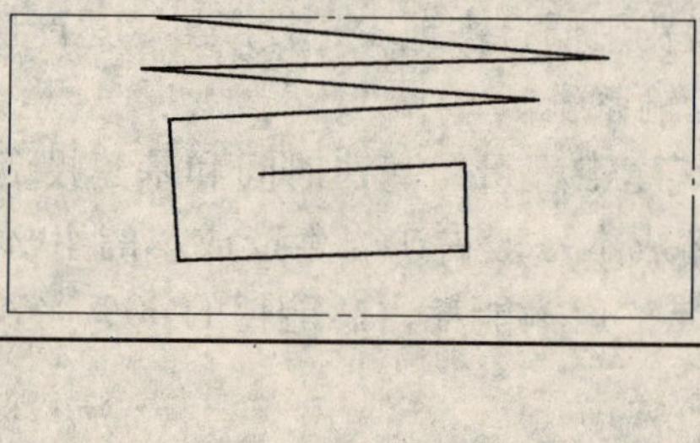	采场上部用回返坑线开拓，随着开采深度下降采场平面尺寸减小，当汽车不能回返运行时，改用螺旋坑线开拓

根据露天矿的地形条件、采场平面尺寸和开采深度，公路运输开拓坑线的布置形式及其适用条件列于表12－13，按照采矿工艺要求及地形状况，单独采用，或联合使用。

公路运输开拓除前述几种坑线布置形式外，还有直进式坑线开拓和地下斜坡道开拓。前者是用于长度很大的单侧山坡地形和开采深度不大、走向很长的凹陷露天矿，后者（如图12－13所示）是在露天采场境界外设置地下斜坡道，并在相应标高处设有出入口通往各开采水平，汽车自采场经出入口、斜坡道至地表。

地下斜坡道开拓坑线布置形式有螺旋式斜坡道（图12－13*a*）和回返式斜坡道（图12－13*b*）。螺旋式斜坡道是在露天采场境界外绕四周边帮呈螺旋式向下延深。回返式斜坡道设在露天边帮的一侧。

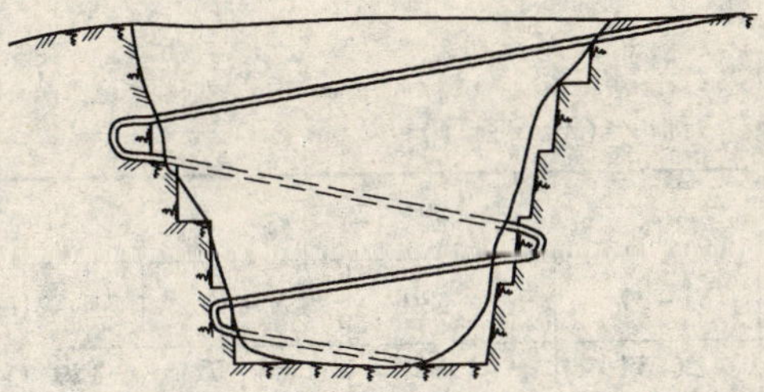

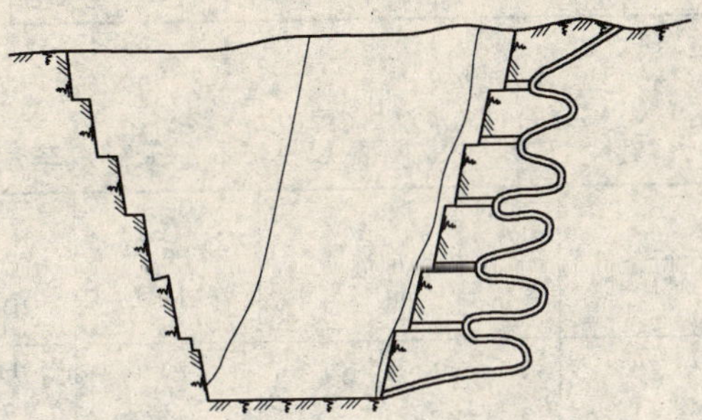

图12－13 地下斜坡道汽车运输开拓
a—螺旋式斜坡道开拓；*b*—回返式斜坡道开拓

地下斜坡道开拓有如下优点：

（1）不在露天边帮上设置运输坑线，消除了因设露天开拓坑线而引起的附加剥岩量。

（2）地下斜坡道比露天沟道的岩石风化作用小，维护工作量及维护费用少。

（3）地下斜坡道不受雨、雪、冰的影响，还可避免因边坡的稳定性问题而影响运输工作。

地下斜坡道开拓的缺点是单位体积掘进费用比掘进露天沟道的费用高，但它可从减少的那部分剥岩量而得到一定的弥补；斜坡道掘进速度比掘进露天沟道慢；生产能力受到一定限制，故适用于开采中小型露天矿。

12.3.2.3 公路运输开拓的合理深度

随着露天矿开采深度的增加，运距加长，汽车运输综合效率下降，根据统计表明：露天矿每延深100m，汽车运输效率下降25%～27%。表12－14中列出不同运距和坑线纵坡的汽车运输综合效率的百分比。表中以1km的运距的综合效率为100%作基准进行比较。

从此表中看出，在相同的纵坡条件下，运距从0.5km增加到3km时，平均每增加1km，汽车运输效率下降20%～25%左右。在表12－15中列出了国产五种车型运距为1～5km时汽车的台年生产能力[7]。

不同运输条件下，自卸汽车的经济运距见图12－14。从图12－14可知，经济合理的开采深度：普通自卸汽车不大于120m；电动轮自卸汽车不大于250m。

12.3.2.4 实例

实例1 密云铁矿单侧回返坑线开拓（见图12－15）

表 12－14 汽车运输在不同条件下的综合效率（相对百分比,%）

汽车载重(t)	道路坡度(%) 4				6				8			
	运输距离(km)											
	0.5	1.0	2.0	3.0	0.5	1.0	2.0	3.0	0.5	1.0	2.0	3.0
27	128	100	69.0	49.6	127	100	66.7	48	129	100	66.7	45.6
40	126	100	64.5	49.3	120	100	62.07	44.8	129.6	100	62.0	46.2
75	121.25	100	69	52.0	119	100	68.04	50.25	116.7	100	64.4	47.2
108	121.00	100	69.40	52.63	119.66	100	66.89	51.03	121.27	100	66.79	51.49

表 12－15 露天矿汽车生产能力（万吨/（台·年））[7]

运行条件	矿岩种类	运距(km)	汽车型号 QD－352	BJ－371	SH－380A	LN－392	SF－3100
重车下坡空车上坡	矿石 容重 $\gamma=3.3t/m^3$	1	11.70	26.54	41.78	86.27	129.75
		2	7.93	17.93	28.03	58.83	89.48
		3	6.00	13.54	21.08	44.63	68.26
		4	4.82	10.88	16.89	35.94	55.18
		5	4.03	9.09	14.10	30.10	46.32
	岩石 容重 $\gamma=2.7t/m^3$	1	9.57	23.86	34.18	79.56	118.22
		2	6.48	16.69	22.93	56.10	84.47
		3	4.90	12.84	17.24	43.41	65.68
		4	3.94	10.43	13.82	35.39	53.75
		5	3.29	8.78	11.53	29.86	45.47
	岩石 容重 $\gamma=2.3t/m^3$	1	8.15	22.27	29.12	74.40	103.73
		2	5.52	15.58	19.53	52.58	74.02
		3	4.18	11.98	14.69	40.64	57.51
		4	3.36	9.73	11.77	33.14	47.05
		5	2.80	8.19	9.82	27.97	39.79
重车上坡空车下坡	矿石 容重 $\gamma=3.3t/m^3$	1	11.30	24.57	38.66	80.23	120.93
		2	7.39	15.92	24.86	52.47	79.96
		3	5.49	11.77	18.31	38.98	59.74
		4	4.37	9.34	14.50	31.00	47.69
		5	3.63	7.64	12.00	25.75	39.66
	岩石 容重 $\gamma=2.7t/m^3$	1	9.24	24.57	30.61	76.04	113.23
		2	6.04	15.34	20.35	51.69	77.90
		3	4.49	11.56	15.24	39.15	59.37
		4	3.57	9.27	12.18	31.50	47.97
		5	2.97	7.74	10.15	26.36	40.23
	岩石 容重 $\gamma=2.3t/m^3$	1	7.87	21.32	34.33	71.37	99.72
		2	5.15	14.36	22.97	48.54	68.55
		3	3.82	10.82	17.26	36.78	52.23
		4	3.04	8.68	13.82	29.62	42.18
		5	2.53	7.25	11.53	24.78	35.39

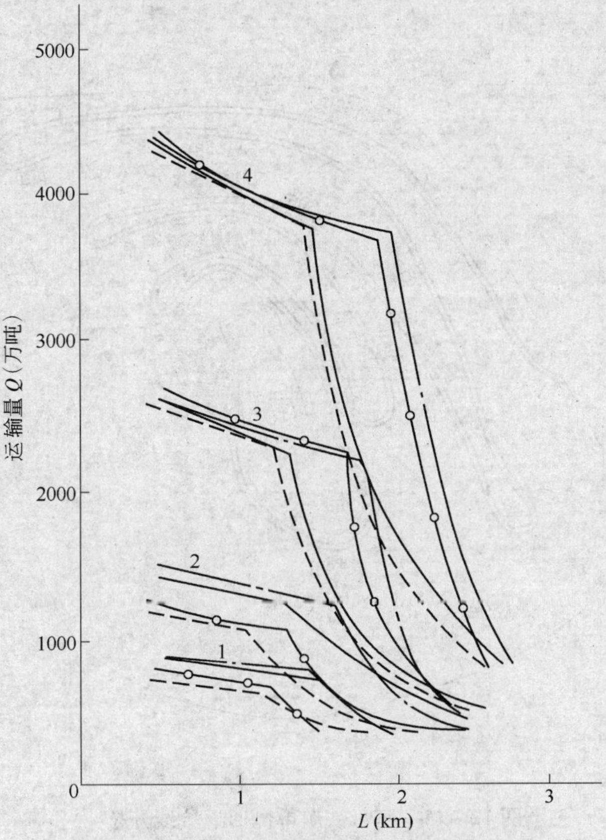

图 12－14　汽车经济运输距离曲线图

1—BJ371；2—SH－380A；3—LN－392；4—SF－3100

——山坡露天矿矿石经济合理运距；

------山坡露天矿岩石经济合理运距；

—·—深凹露天矿矿石经济合理运距；

—○—深凹露天矿岩石经济合理运距

密云铁矿沙厂矿区有四个矿带，本文介绍的是Ⅱ、Ⅲ矿带北端的铁山头露天采场。一期开采的设计规模为100万吨/年。设计露天底部标高为－4m；地表境界尺寸为630m×450m，露天采场底部尺寸为250m×40m。176m以下为凹陷露天开采，开采深度为180m。采用底帮和端帮固定回返坑线开拓，公路坡度为6%。

实例2　德兴铜矿双侧开拓运输系统（见图12－16）

德兴铜矿为斑岩型铜矿床。矿体走向长度2300m，平均厚度120m，倾角平均35°，矿体延伸为＋367～－600m以下。上、下盘岩石为蚀变千枚岩和花岗闪长斑岩。

目前采用公路－破碎站－平硐溜井开拓，平硐为窄轨铁路运输。1987年矿石生产能力为591万吨，矿岩总量为1375万吨。

该矿三期工程初步设计，采场封闭圈标高为＋125m，其上口境界尺寸2400m×2300m，露天底部标高为－220m（北山）和－160m（南山），开采深度（不含山坡部分）为285～345m。矿石生产能力为2970万吨/年，矿岩总量为7425～8019万吨/年。开拓运

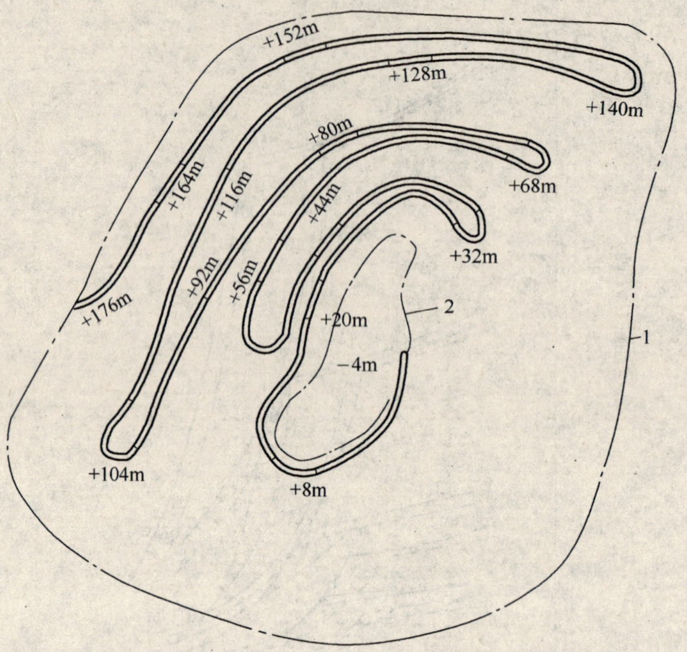

图 12－15　密云铁矿单侧回返坑线开拓
1—露天采场地表境界；2—露天采场底部境界

输方式，采用公路－破碎站－窄轨铁路（前期）及公路－破碎站－带式输送机运输矿石；岩石运输，前期为公路运输，后期为公路－破碎站－带式输送机运输。

实例3　铜录山铜铁矿开拓运输系统（见图 12－17）

该矿由大小不等的 11 个矿体组成，露天矿主要开采Ⅰ、Ⅱ号矿体。Ⅰ号矿体位于矿区南端，主矿体走向长度400m，厚度40～60m，倾角70°～80°，延深280m左右。Ⅱ号矿体位于Ⅰ号矿体上盘，二者相距25～110m，长度240m，厚度34～76m，倾角80°～85°，最大延深108m。

露天矿设计生产能力66万吨/年。采场上部境界尺寸为620m×480m，底部境界尺寸为265m×65m，自封闭圈标高+35m以下至－100m，开采深度为135m。

露天采场形状似椭圆形，设计采用螺旋坑线开拓，+16m以上在东西两帮分别设置出入沟，+16m以下为单一的螺旋坑线开拓。

实例4　铜录山露天矿回返—螺旋坑线开拓（见图 12－18）

该矿露天采场上口境界尺寸为450m×420m，开采深度153～198m。在+10m以上采用回返坑线开拓，+10m至－103m采用螺旋坑线开拓。从+10m至－27.5m为移动坑线，直至最终边帮固定；－40m以下为固定坑线开拓。

12.3.3　铁路运输开拓

12.3.3.1　铁路运输开拓的适用条件及主要优缺点（见表 12－7）

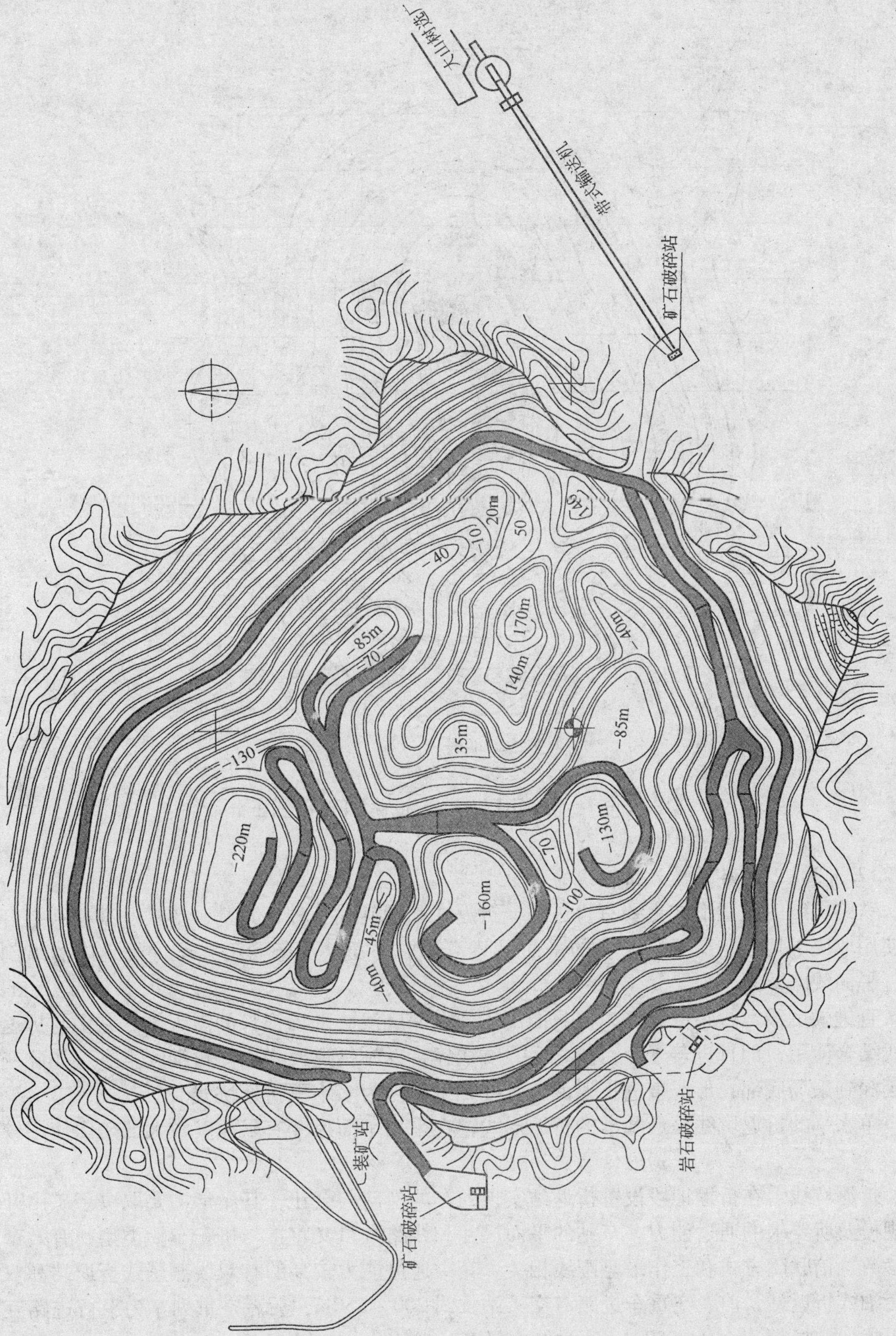

图 12－16　德兴铜矿铜厂矿区三期工程初步设计开拓系统示意图

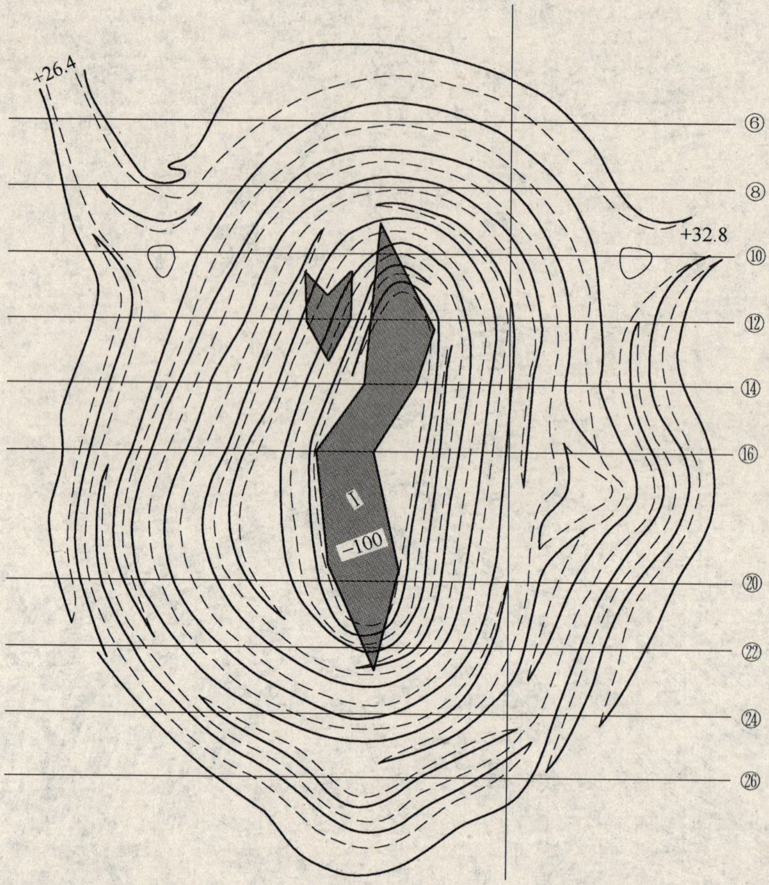

图12-17 铜录山铜铁矿螺旋坑线开拓示意图

12.3.3.2 铁路运输开拓坑线的布置形式

铁路坑线的布置形式主要有直进式、折返式和螺旋式三种，其基本形式及其相互组合的使用取决于地形、露天采矿场的平面尺寸、开采深度以及车辆正常运行所允许的纵剖面、平面线路要素。

直进式坑线运行条件最好，但只能用于开采深度浅，采场很长的露天矿。它多与折返坑线结合使用，即直进若干个台阶之后，坑线经折返站折返改变方向再继续直进。如此变换延深到采场底部，形成直进折返混合坑线，或称之为多水平折返坑线。

单水平的折返坑线是最基本的折返形式，在采场平面尺寸有限深度较大的矿山使用较广。

折返坑线需在折返地段设置折返站实现列车的换向与会让，其站形主要取决于矿山开采规模及所要求的通过能力。车站的平面尺寸和线路数目又直接与机车车辆类型、有效牵引参数、信联闭方式和工作平盘配线相关。其中通过能力较高的有双线燕尾式折返站和双线套袖式折返站，前者空重车进路有交叉站长约200~250m，后者空重列车为平行进路互无干扰，站场长达440~550m，通过能力最高。

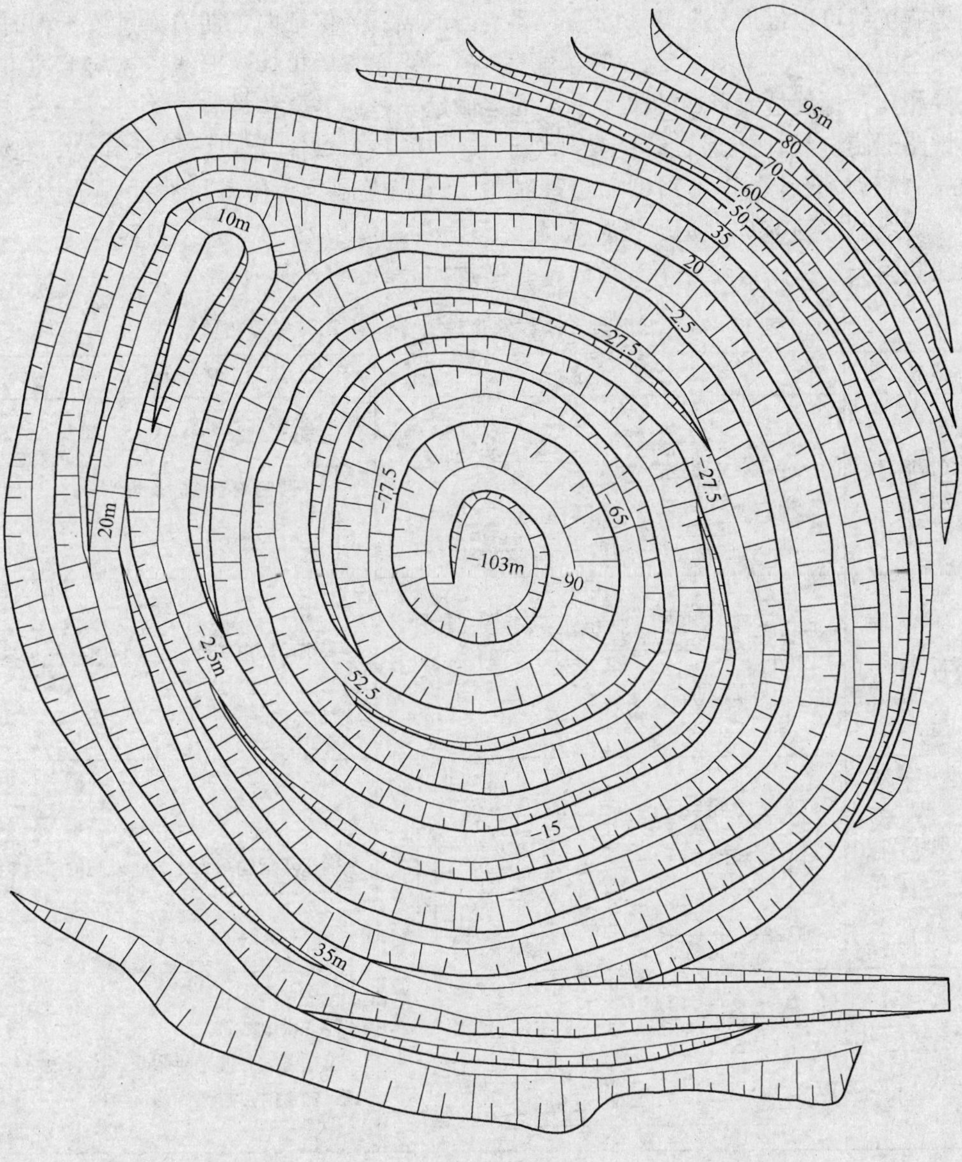

图 12－18　铜录山露天矿回返螺旋坑线开拓示意图

折返坑线由于折返站的设置增大了铁道线路长度，停车换向、会让，降低了运输效率，增加了运行周期，故应尽量减少折返次数。

折返站是折返坑线的组成部分，限于铁路展线长度的要求，在凹陷露天矿中只能沿采场的长轴方向布置在底帮或顶帮上。

螺旋坑线与公路运输螺旋坑线开拓一样，沿采场四周的非工作帮设置，只有当采场形成最终边坡时才具备形成螺旋坑线条件。所以在多数情况下经常是在折返坑线基础上，将上部已形成最终边坡的几个台阶改造成螺旋坑线，其下部未到境界的台阶仍使用折返坑线，组成螺旋—折返坑线开拓。

采取分期开采铁路运输开拓的大型露天矿，有条件应将分期开采与螺旋坑线结合考虑。螺旋坑线可以借助分期开采的临时固定帮形成。为保证向二期境界过渡扩帮时螺旋坑线的安全生产，可预留有一定的安全宽度，当新线通车后再拆除旧线，这与上述不分期开采条件相比，螺旋坑线形成的早，承担的运输量多，但需要移设。

铁路螺旋坑线比折返坑线的使用条件要严格，大型露天矿境界长和宽一般要大于1.5km，坑线的形成与正常采剥和过渡扩帮工作相互制约。但其坑线通过能力可提高约30%，坑线缩短约16%，运输设备数量及运输费用也相应减少。

凹陷露天矿铁路运输开拓坑线的布置形式如表12-16所示。

表12-16 凹陷露天矿铁路运输开拓坑线几种主要布置形式

布线形式	图示	适用条件
单线折返双侧交替进车	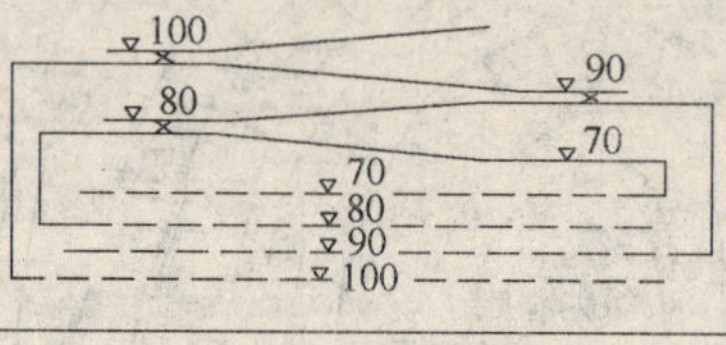	适于两侧端部有进车条件
单线折返环行	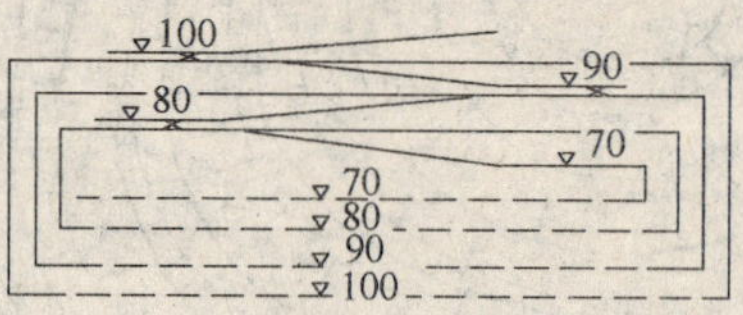	每个阶段电铲数量≥2台时，尽量采用环行运输
双线环行燕尾式折返站	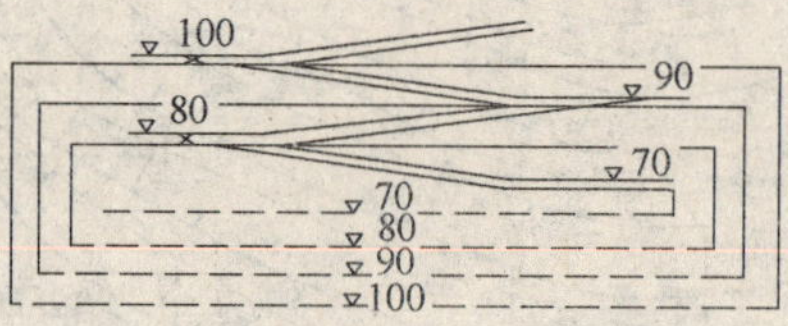	适于年运输量大于700万吨的露天矿
螺旋坑线	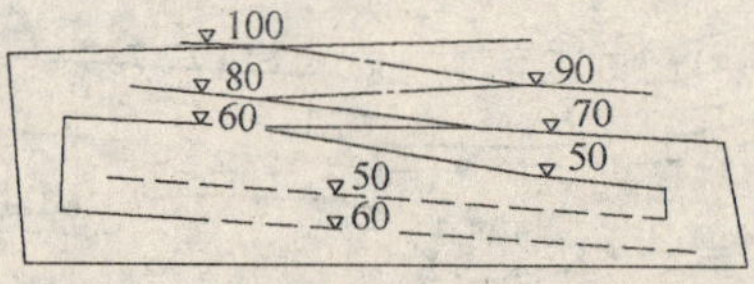	需二次改线； 运输量大，开采年限长，当折返坑线不能完成运输量时可过渡到螺旋坑线

山坡露天矿的地形、开采空间和技术条件不同于凹陷露天矿。坑线的布置形式受自然地形影响较为突出。坑线布置形式如表12-17所示。

山坡露天矿具有单侧山坡和孤立山峰两种基本地形。单侧山坡时，为避免坑线的移动，多将坑线设在采场境界外的端部，以外部折返坑线连通各开采台阶和地面选矿厂，并利用地形高差采用多出口就近建立排土场。其坑线数目取决于矿岩运输量、流向及排土场的位置。

当地处孤立山峰时，开拓坑线多布置在工作帮的背面一侧，以免采剥作业对坑线造成不安全与断路问题。坑线沿地形折返由端部绕到各个工作台阶。当曲线半径不能满足坑线的绕行要求时，则由相应水平折返站引出联络线（如图12-19中的*AB*段），通过双壁路堑与工作面上的采掘线连通。

表 12－17 山坡露天矿铁路运输开拓坑线几种布线形式

布线形式	图 示	适 用 条 件
单线折返双侧交替进车	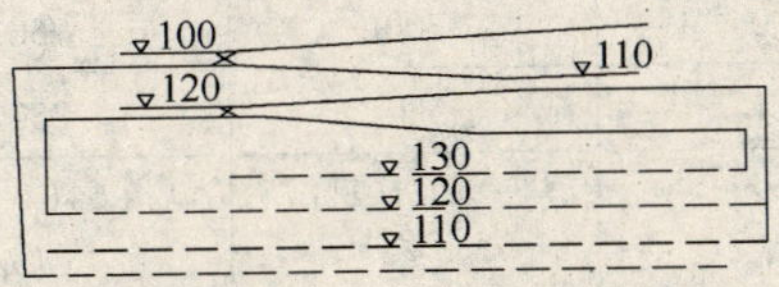	地形为孤立山峰；两侧地形有入车条件；每个台阶电铲少于两台
单线折返单侧进车	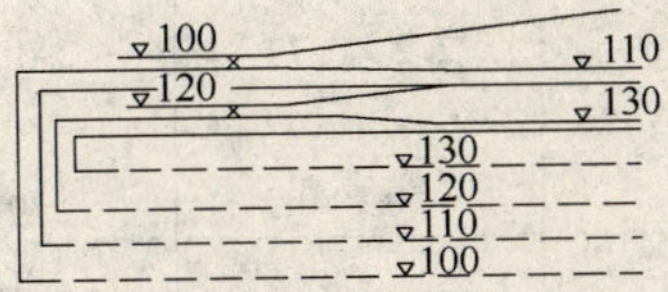	地形为孤立山峰；仅一侧地形有入车条件
单线折返环行	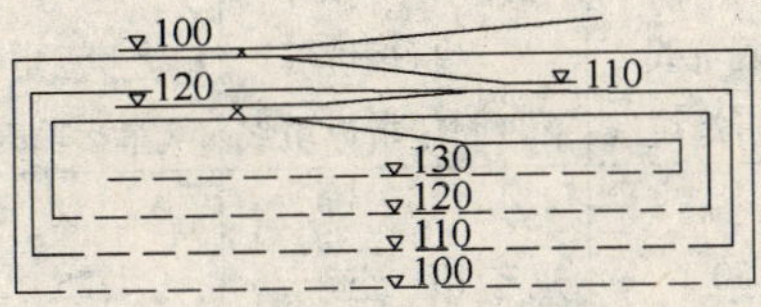	地形为孤立山峰；每个台阶电铲大于或等于两台
端部折返一侧进车	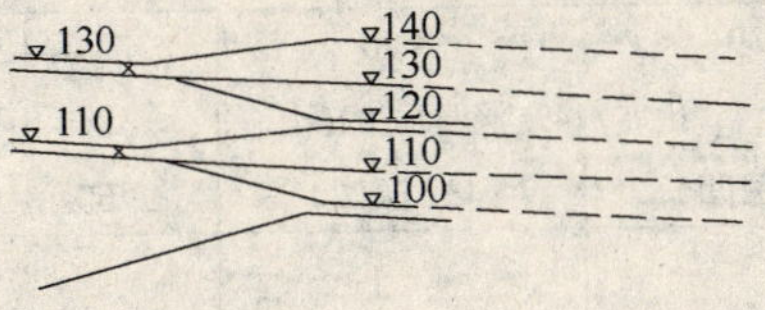	采场附近地形为单侧山坡；仅一侧地形有入车条件；每个台阶电铲少于两台

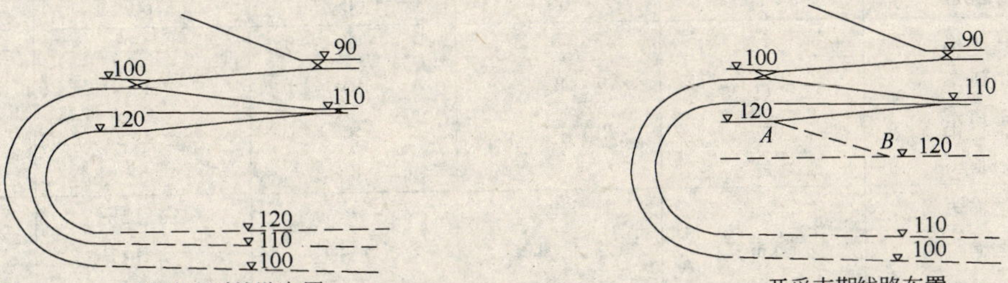

正常生产时线路布置　　　　开采末期线路布置

图 12－19 台阶开采末期线路的布置

开拓坑线按其固定性分为固定坑线和移动坑线开拓，通常多采用固定坑线开拓。铁路运输移动坑线开拓线路移设工作量很大，线路质量差，开采三角台阶的设备效率低，故在生产实际中已很少使用。

12.3.3.3 铁路运输开拓的合理深度

由于铁路运输多为折返坑线开拓，随着开采深度的下降，列车在折返站因停车换向而使运行周期增加，尤其开采深度大时，因运行周期长而运输效率明显下降。按单位矿岩运输费用考虑，对凹陷露天矿单一铁路运输开拓的经济合理开采深度约为 120～150m，当采用牵引机组运输时，可将线路坡度提高到 60‰，开采深度最大可达 300m。对山坡露天矿在地形比高一般不超过 150～200m 的条件下，可取得理想的经济效果。故单一铁路运输开拓的合理使用范围在地表上下可达 300～350m（不含牵引机组运输）。

表12-18　铁路运输开拓主要技术经济指标

项　　目	单　位	眼前山铁矿	东鞍山铁矿	水厂铁矿	海南铁矿
设计矿石开采规模	万吨/年	300	700	750	460
实际达到矿石生产能力	万吨/年	271	580	850	408
设计最低开采标高	m	-109	-90(一期)	+64(一期)	±0
采场封闭标高	m	+105	+53	+124	+168
开采台阶高度	m	12	12~14	12	11~12
采场地表尺寸(长×宽)	km	1.8×1.0	2.2×0.72	2.5×0.65	1.54×0.96
矿体厚度	m	平均133	平均203	平均100	35~430
矿体倾角	(°)	70~85	50~80	70~85	10~60
铁路运输矿岩总量	万吨/年	823	1608	1420	1132
开拓坑线布置方式:					
山坡部分		端部双侧坑线	上盘折返坑线	下盘半固定折返坑线	端部折返坑线
深凹部分		下盘固定折返坑线	下盘固定折返坑线	汽车运输开拓坑线	汽车螺旋坑线
铁路干线数目:		双　轨	双　轨	双　轨	双　轨
坡　度	‰	25~30	重车18　空车35	25~27	30~35
最小曲线半径	m	180	150	150	120
铁路设计铺设标高	m	-39	-90	+124	+250
开拓深度	m	144(深凹),45(山坡)	143(深凹),209(山坡)	84(山坡)	150(山坡)
露天采场设计深度	m	214(深凹)	143(深凹)	60(深凹)	168(深凹)
铁路运输设备:					
机车粘重	t	150,100	150,100,80	150,100,80	100,80
翻斗车载重	t	60	60	60	60
机车牵引矿车数:					
150t电机车	台	8	10	8	
100t电机车	台	5	9	6	8
80t电机车	台		8	5	7
铁路矿岩运输距离	km		7	4.12	
矿石运输距离	km	7	7.5	4.13	
岩石运输距离	km	11	6.7	4.07	6
机车综合效率	万吨/(台·年)	41.5		82.0	78.54
	万吨·公里/(台·年)	400.3	527.8		501.0
150t电机车	万吨/(台·年)	51.4		90.9	
	万吨·公里/(台·年)	507.6	527.8		
100t电机车	万吨/(台·年)	32.6		74.4	93.52
	万吨·公里/(台·年)	303.7			561.4
80t电机车	万吨/(台·年)		493.5	82.7	70.6
	万吨·公里/(台·年)		454.3		469.0
列车运行周期	分/次		253		
运矿周期	分/次	210	290		
运岩周期	分/次	240	244		
铁路运输费用	元/(吨·公里)	0.062		0.049	
	元/吨		0.34		0.521

12.3.3.4　实例

几个矿的铁路运输开拓的主要技术经济指标列入表 12－18。

实例 1　眼前山铁矿的铁路运输开拓

眼前山铁矿属沉积变质矿床，走向长度 1747m，倾角 70°～80°，平均厚度 133m。矿石为磁铁矿，上盘岩石为千枚岩，下盘多为混合岩。采场境界上部为 1400m×1000m，底部标高－109m。设计的矿石生产规模为 300 万吨/年。＋81m 以上为山坡露天矿，采用端部铁路运输开拓（见图 12－20）。露天矿深部采用底帮固定折返坑线铁路运输开拓（见图 12－21）。

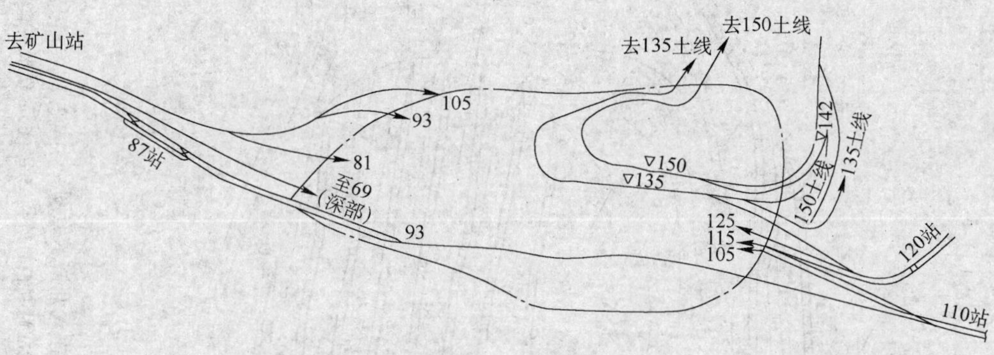

图 12－20　眼前山铁矿山坡部分开拓示意图

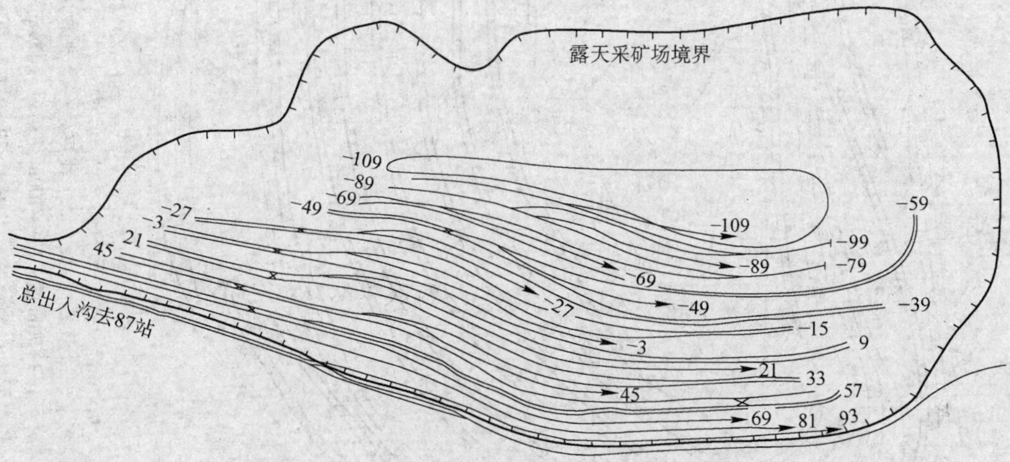

图 12－21　眼前山铁矿深凹部分开拓示意图

实例 2　东鞍山铁矿的铁路运输开拓

东鞍山铁矿矿体为条带状含铁石英岩，走向长 1845m，平均厚度 203m，地表出露水平厚度 70～420m，倾角 45°～50°。矿体上盘为灰色千枚岩，下盘为混合岩。

第一期开采境界：开采深度为－90m；地面境界长度 2200m、宽度 720m；底部境界长度 1680m、宽度 150m。设计生产规模：矿石 700 万吨/年；矿岩总量 2100 万吨/年。采用

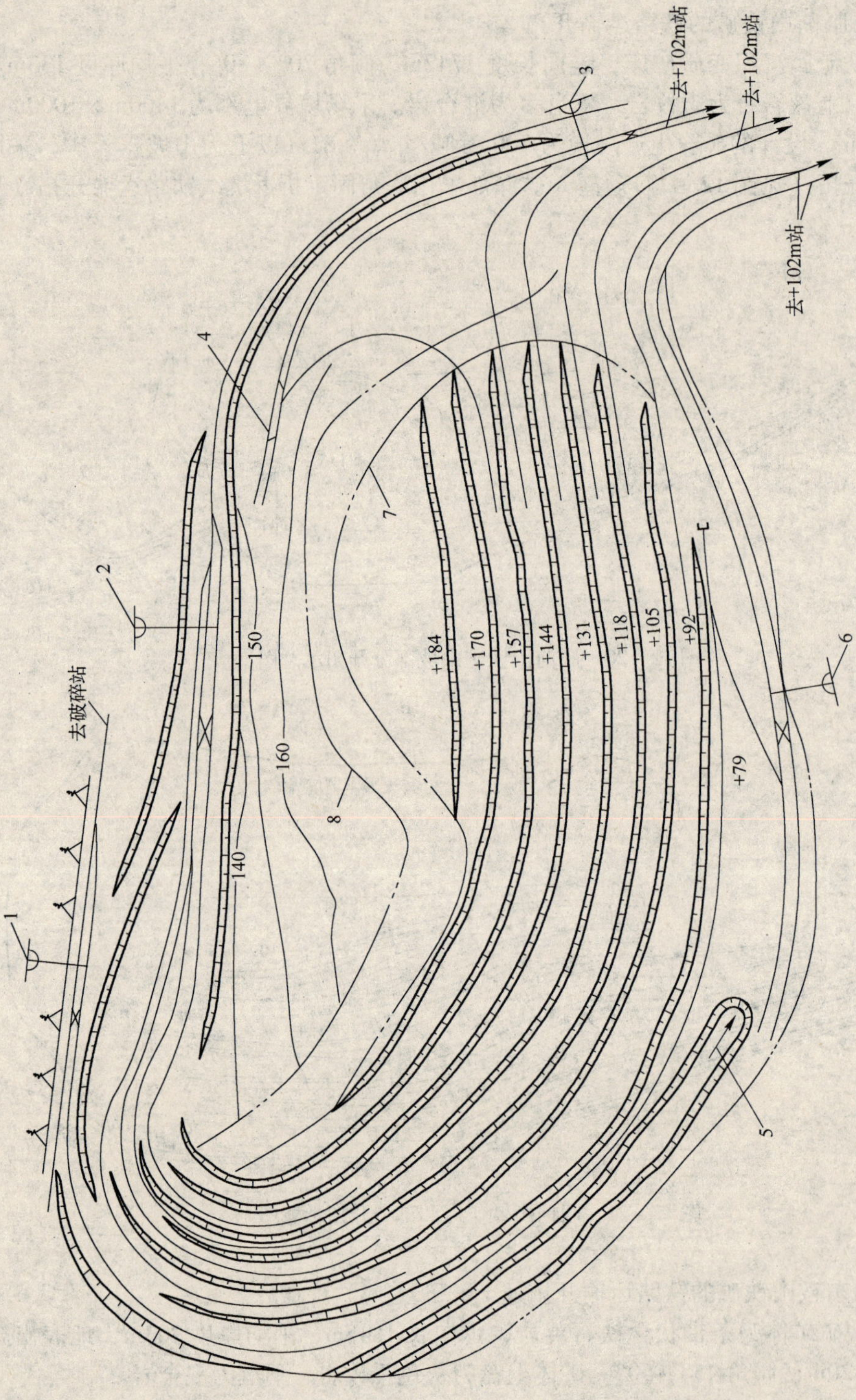

图12－22 东鞍山铁矿山坡露天开拓示意图

1—＋78m站；2—＋100m站；3—＋136m站；4—＋152m站（信号所）；5—＋66m新水平准备；
6—＋79m站；7—第一期开采境界；8—最终开采境界

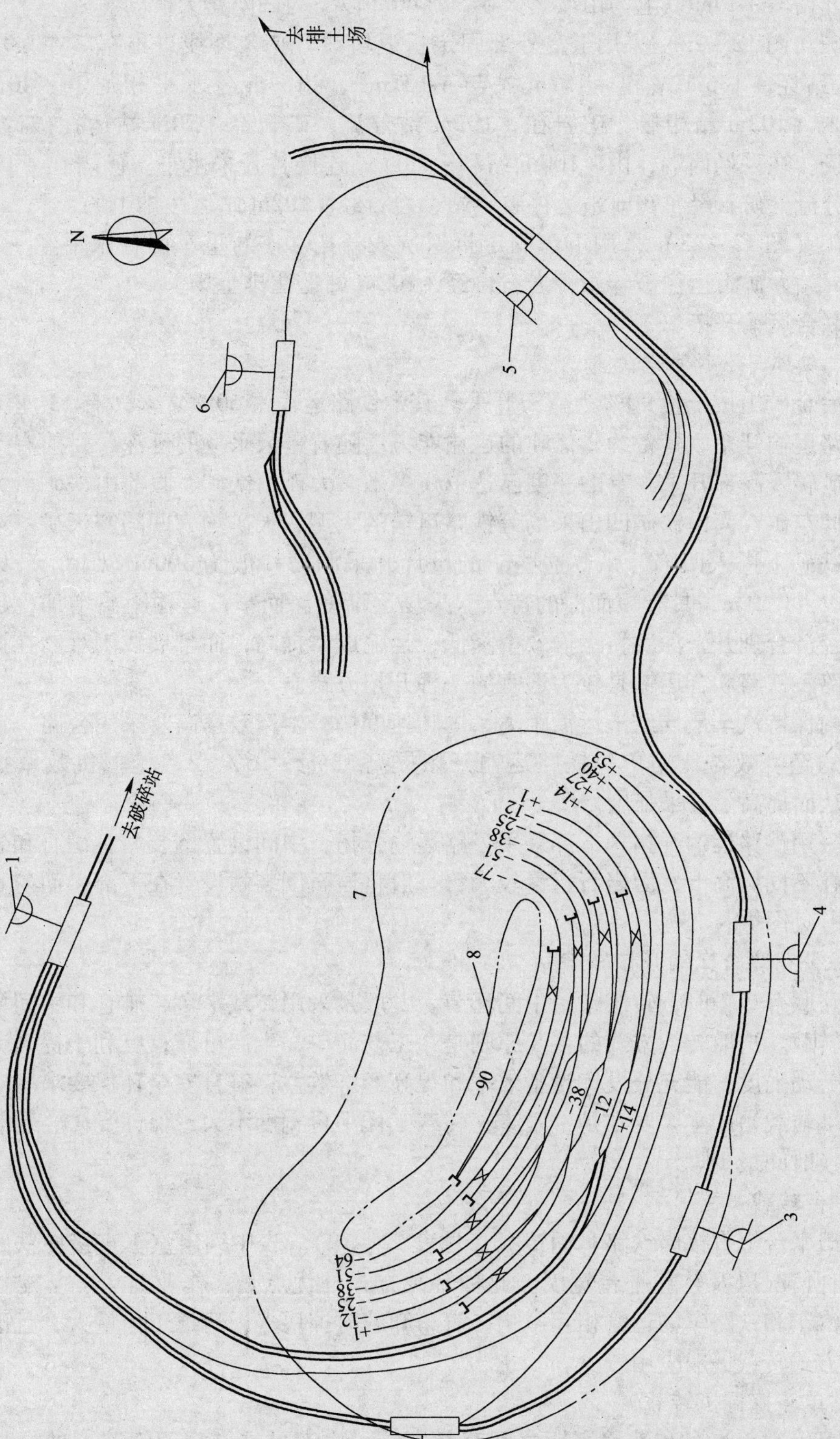

图 12-23 东鞍山铁矿凹陷露天开拓示意图

1—+42m 矿山站；2—+53m 站；3—+66m 站；4—+79m 站；5—+102m 站；
6—+100m 站；7—地表开采境界；8—底部开采境界

准轨铁路运输开拓。+40m 以上为山坡露天矿，+40m 以下为凹陷露天矿。

山坡露天矿（图 12-22）采用上盘外部固定折返坑线开拓，环线进出车。在采场东端，由 +102m 站经 +136m 站和 +152m 站与 +131m ~ +157m 各水平相通。+40m ~ +118m各水平与 +102m 站相接。矿岩在 +102m 站分流，矿石经 +70m 站运往破碎站，岩石运往排土场。在采场西端，由 +100m 站和 +78m 站连接各开采水平。矿岩在 +100m 站和 +78m 站分流，矿石经 +70m 站运往破碎站，岩石经 +102m 站运往排土场。

凹陷露天矿（图 12-23）采用下盘固定折返坑线开拓。矿岩重车由各水平经 +14m 中间站、+42m 站，矿石运往破碎站，岩石再经 +102m 站运往排土场。

12.3.4　联合运输开拓

12.3.4.1　铁路—公路联合运输开拓

我国黑色冶金矿山按产量 90% 为露天开采。其中铁路运输占 60% 之多，有 13 座大型露天矿采用铁路运输开拓，具备约 2 亿吨的运输能力。随着露天采场的延深，目前有十多个大中型露天矿转入深部开采，有的深度已达 100 多米。大孤山铁矿、眼前山铁矿、大冶铁矿、白云鄂博东矿、南山铁矿凹山采场等铁路运输的大型露天矿均为凹陷露天矿。东鞍山铁矿、水厂铁矿正进入凹陷开采，这些矿的设计开采深度一般为 300m 以上，采场长 1 ~2km，宽 0.7 ~1.2km，具有短而深的特点。采场逐渐变深而窄，运输距离增加，超过单一铁路运输经济合理开采深度，运输效率降低，运输成本提高，而且展线困难。在该条件下，采用公路—铁路联合运输是较为适宜的一种开拓方式。

由于采场内保持汽车最佳经济运输距离，周转速度快，生产效率高。采用公路—铁路联合运输开拓的经济效益比用单一铁路运输开拓提高 13% ~16%[6]，挖掘机效率提高 20% ~25%，从而提高了开采强度。

采场上部采用铁路运输开拓，下部采用公路运输开拓，中间设置倒装站，矿石和岩石倒装站分别设在不同标高上，因岩石运量较大，一般将岩石倒装站设置在下部，而矿石倒装站在其上部，见图 12-25。

A　铁路—公路联合运输开拓转载站

公路—铁路联合运输时，转载站是中间环节。一般是采用转载平台、矿仓和中间堆场三种方式进行转载。选取转载方式的主要原则是：工艺简单，生产可靠；有利于提高劳动生产率和减轻劳动强度；能充分发挥设备效率和提高经济效益；符合安全环保要求。对于设在露天矿深部转载站的主要要求是：紧凑，转载工作平台宽度不大，保证受矿、装载和转载车辆的入换时间最少。

a　转载平台转载

汽车在转载平台上直接向铁路车辆转载（见表 12-19）。表中列出汽车直接向铁路车辆内转载的三种情况以及转载平台宽度。此种转载方式的优点是：作业简单、基建投资少；其缺点是汽车和铁路车辆运输相互影响，汽车卸载时掉块多，清道工作量大，且砸车严重等。这种方式转载一般应用较少。

b　倒装站单斗挖掘机转载

其优点是可以避免汽车和铁路车辆之间互相影响，生产可靠，清理铁路上的掉块量少；一般堆存矿量多，利于调节生产均衡性。白云露天矿、金川镍矿等矿在实践中都将转载平台转载改为倒装站挖掘机转载，倒装站设在采场内时可利用上下的台阶高差进行布

表 12-19 转载平台宽度

进车方式	图示	计算公式
单侧转载左面进车	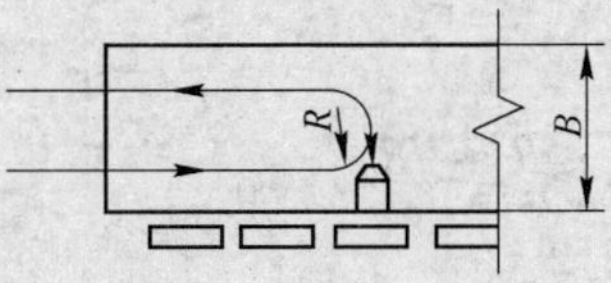	$B=R+S+C$
单侧转载右面进车	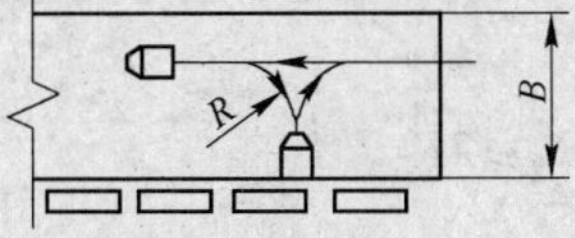	$B=R+S+C$
	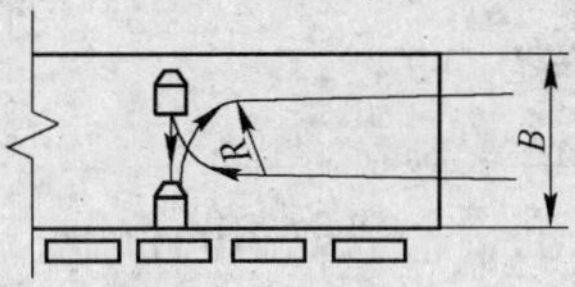	$B=R+S+C$
双侧转载右面进车	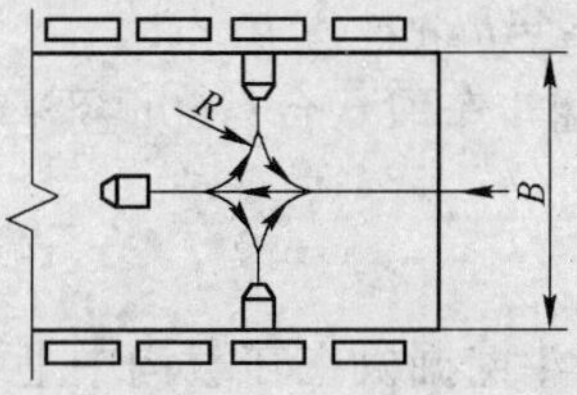	$B=2(R+C)$

注：B—转载平台宽度，m；R—汽车转弯半径，m；S—汽车轴距加停车游动范围，一般取一个车长，m；C—汽车运行中心线至平台边缘距离，可为1/2车宽加1.5m。

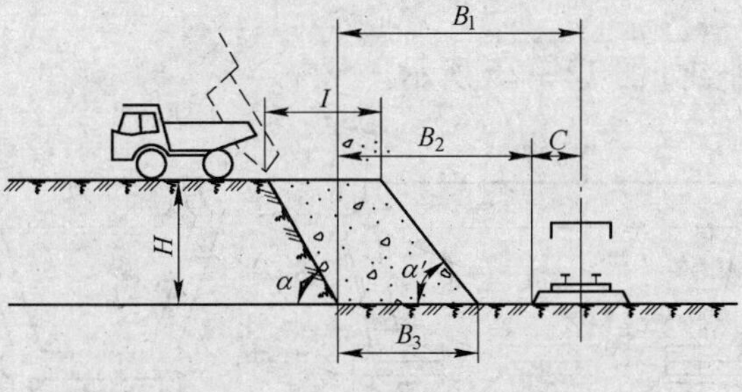

图 12-24 挖掘机转载示意图

B_1—挖掘机装车平台宽度，m；

B_2—挖掘机最小工作宽度，m；

C—线路中心至挖掘机尾部安全距离，m；

B_3—矿（岩）堆底宽，m；

H—转载台阶高度，m；

I—贮矿（岩）堆上宽，m；

α'—贮矿（岩）堆坡面角，(°)；

α—台阶坡面角，(°)

置，如图12-24所示。倒装站的缺点是经营费用高。

（1）转载矿（岩）堆高度按挖掘机最大挖掘高度 H_{max} 来定。在采场内其高度与采场工作面台阶高度一致。

（2）挖掘机装车平台宽度（B_1）

$$B_1 \leqslant R_1 + fR_2 \tag{12-10}$$

式中　R_1——挖掘机站立水平挖掘半径，m；

R_2——挖掘机最大卸载半径，m；

f——铲杆长度利用系数，$f=0.8\sim0.9$。

（3）挖掘机倒装最小工作宽度（B_2）

$$B_2 \geqslant 2R_3 \tag{12-11}$$

式中　R_3——挖掘回转半径，m。

（4）倒装线长度（L）

$$L = L_1 + L_2 \tag{12-12}$$

式中　L_1——贮矿场长度，一般为 $3L_3$，m；

L_3——卸矿、装车时待装的最小长度，一般取40m；

L_2——装车线长度，m；

$$L_2 = nl + c$$

n——翻斗车辆数，载重100t的翻斗车取6台；60t翻斗车取8台；

l——翻斗车长度，m；

c——附加长度，一般取5m。

当汽车卸载和铁路在同一标高时，单斗挖掘机在转载沟中上装车作业。这种形式适用于场地狭窄不需贮矿（岩）或贮矿（岩）少的条件。

c　矿（岩）仓转载

它具有装卸迅速，生产率高，成本低等优点。但构筑费用较高，需控制大块，否则易堵塞，一般应用较少。

（1）矿（岩）仓结构如图12-25所示。

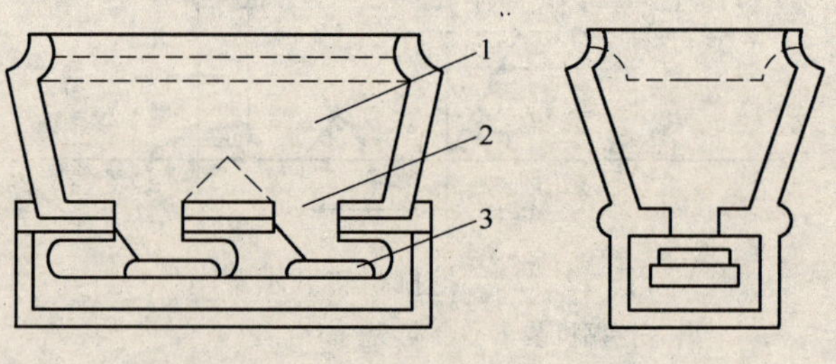

图12-25　矿（岩）仓转载示意图

1—贮矿（岩）仓；2—漏矿（岩）口；3—重型板式给矿机

（2）转载能力。重型板式给矿机理论生产能力很大，但受调车等因素影响，其实际生产能力应按理论值50%～60%选取。

（3）转载矿仓数量按年产量和矿种来定。

（4）转载矿仓平台布置，见图 12 - 26。受矿口 *a*、*b* 的尺寸应与选用的转载矿仓设备规格相适应，转载平台宽度 *B* 依调车法和在平台上的转载方式确定；两矿仓的间距依铁路车辆宽度和允许的线路最小间距决定。

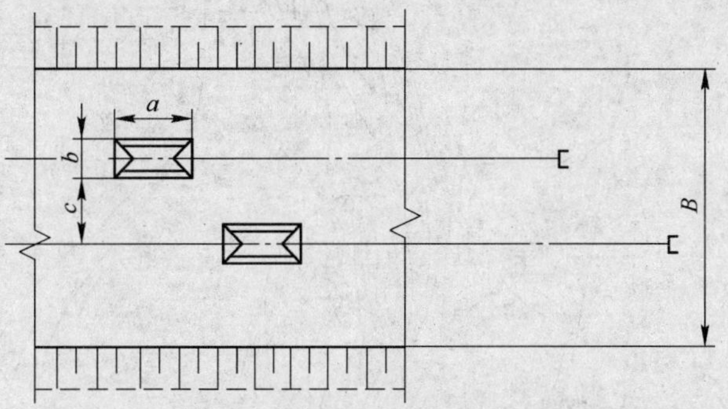

图 12 - 26　矿仓上部转载平台示意图

a—受矿口长度，m；*b*—受矿口宽度，m；*c*—两受矿口中心线间距，m；
B—转载平台宽度，m

B　实例[8]

大冶铁矿东露天采场设计采用公路—铁路联合运输开拓。±0m 以上用准轨铁路运输，±0m 以下用汽车运输。

该矿矿石历年产量 200 万吨左右，1973 年达 471 万吨，矿岩量 1573 万吨/年。到 1979 年底，原设计露天采场只剩矿石 1366 万吨。1980 年做了扩建设计，将最终露天底由原 -96m 延深至 -168m。扩建后的开拓方式为上部，深部用公路运输，中部用铁路运输的联合运输开拓（见图 12 - 27）。

采场由底帮向顶帮推进，在象鼻山 +48m 水平设有矿石倒装站，有效装车线长度 220m，贮矿高度 12m，有效倒装矿量 11.5 万吨，该站生产能力 250 万吨/年。采场 ±0m 水平为废石倒装站，设有两条铁路装车线，两台斗容 $4m^3$ 挖掘机，有效装车线长度各为 120m，废石倒装高度 11m，倒装站生产能力为 500 万吨/年。

12.3.4.2　公路 - 破碎站 - 带式输送机运输开拓

该开拓方式是借助于设在露天采场内或者设置在露天开采境界外的斜井带式输送机，把矿岩从露天采场运出。采场内主要采用公路运输。对于原为铁路运输开拓的露天矿，也可用铁路运输向破碎站运送矿岩，并逐步向公路 - 破碎站 - 带式输送机运输开拓过渡。

A　公路 - 破碎站 - 带式输送机运输开拓适用条件及优缺点（见表 12 - 10）

该开拓方式可缩短汽车运距，使其保持在经济运距范围内，减少挖掘机待车时间，其生产率比采用单一公路运输开拓提高 20% ~25% 以上[6]。

B　公路 - 破碎站 - 带式输送机联合运输的坑线布置

深露天矿采用公路 - 破碎站 - 带式输送机运输时，常用的主要开拓方式有：堑沟开拓和斜井（溜井）开拓。用堑沟开拓时，破碎站为半固定和移动的；用斜井（溜井）开拓

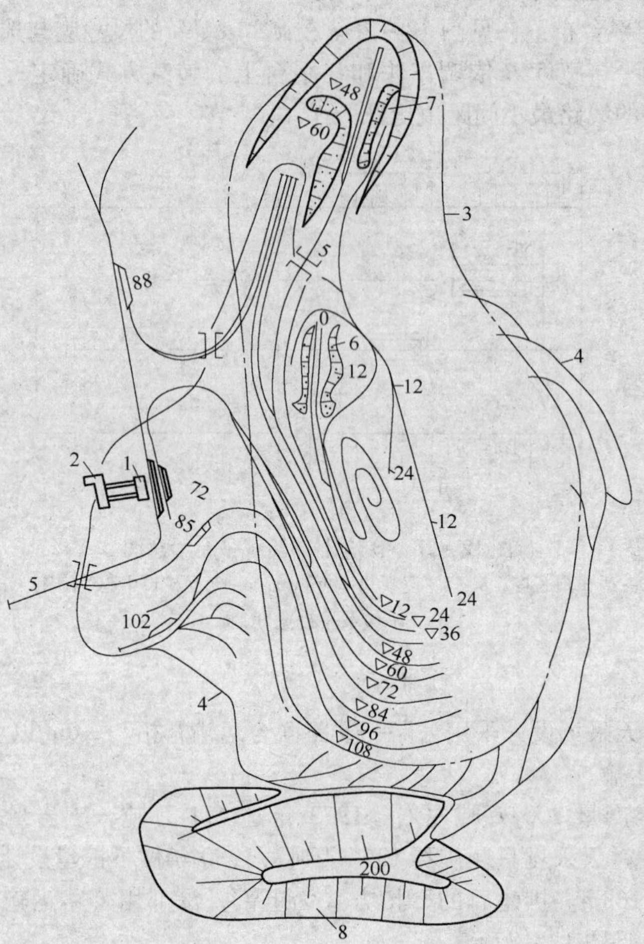

图 12－27 大冶铁矿东露天采场铁路－公路联合运输开拓示意图（设计资料）

1—选矿厂粗碎；2—选矿厂中碎；3—露天开采境界；4—公路；5—铁路；

6—±0m 水平岩石转载站；7—＋48m 水平矿石转载站；8—排土场

时，破碎站可以是固定的，也可以是半固定的。

a 公路－破碎站－带式输送机堑沟开拓

在使用堑沟开拓深水平时，带式输送机的线路设置在边帮上（见图 12－28）。根据露天矿平面尺寸和边坡角大小，有直交式和斜交式布置。如果边坡角等于或小于带式输送机允许的坡度，带式输送机线路可用直交方式布置在露天矿最终边帮上。此种堑沟的基建工程量最小。当露天矿边坡角超过带式输送机允许的角度时，应采用斜交式布置。带式输送机在边帮上的布置，必须保证汽车到破碎站的运距和基建工程量最小。破碎站一般多布置在端帮上。

当破碎机安置在工作台阶上时，随采掘工作面的推进破碎机也随之移动，形成移动式破碎站。其开拓运输系统只有单一的带式输送机运输。在该情况下，不属联合运输开拓。

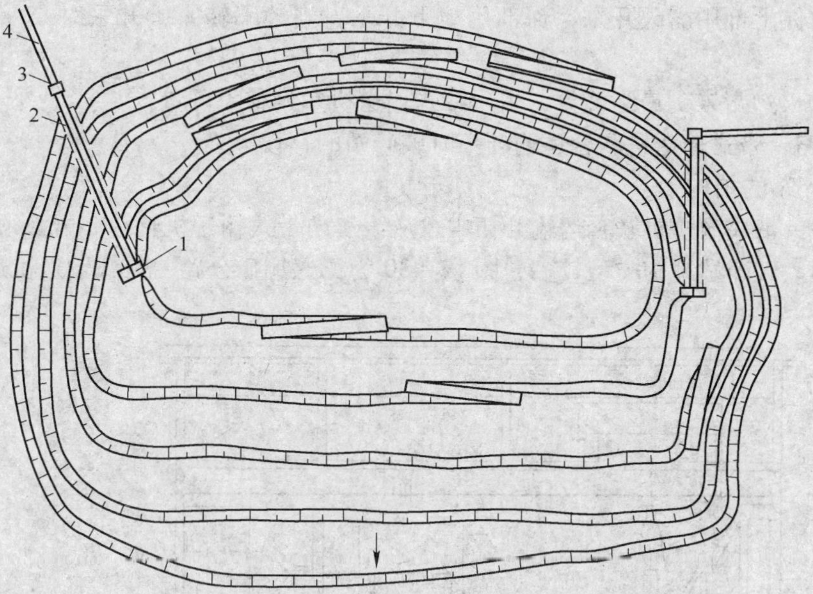

图 12－28 公路－破碎站－带式输送机堑沟开拓

1—破碎站；2—边帮带式输送机；3—带式输送机转载点；4—地面带式输送机

b 公路－破碎站－带式输送机运输斜井开拓

该开拓方式的斜井是布置在开采境界的最终边帮的外部，带式输送机安装在斜井内，其建设工作不受矿山工程发展的影响，避免了带式输送机道与公路的交叉。半固定破碎站位置要与斜井位置的确定一并考虑。矿石和岩石也是分别经两条运输系统运出。在确定斜井位置时，要使其距卸载点近、穿过的岩层较稳固、不影响采场内生产（图 12－29）。矿岩在破碎站破碎后直接或经溜井转送到带式输送机上运出。固定破碎站是设在斜井的底部，采场内的矿岩经溜井进入破碎机后由带式输送机运出。

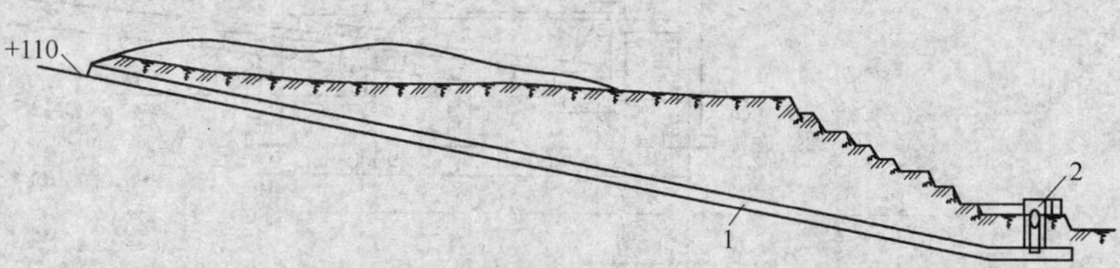

图 12－29 公路－破碎站－带式输送机运输斜井开拓

1—斜井；2—破碎站

这种开拓方式井巷掘进工程量大，投资多，建设周期长。据苏联资料统计，1m 斜井的基建费用超过 1m 堑沟基建费用的 8～9 倍。带式输送机堑沟开拓投产期限比斜井开拓少 6/7～9/10。

公路－破碎站－带式输送机运输斜井开拓的适用条件[8]：

（1）露天最终边坡岩石不稳固，用带式输送机作业不安全，而采场境界外岩石稳固，地质条件好；

（2）多雨和严寒地区，粉矿（岩）易黏结胶带，影响正常运输；

（3）矿体上部用露天开采，深部用地下开采，当地下转露天开采时，可用已有的斜井运输。

（4）露天边帮未到最终境界，采用带式输送机堑沟移设困难。

C 公路－带式输送机联合运输开拓时破碎站的移设

a 破碎站的结构

在公路－带式输送机联合运输开拓中，从汽车向带式输送机转载矿岩必须经破碎站的破碎机破碎。破碎站结构类型较多，图12－30为德兴铜矿公路－带式输送机运输破碎站。

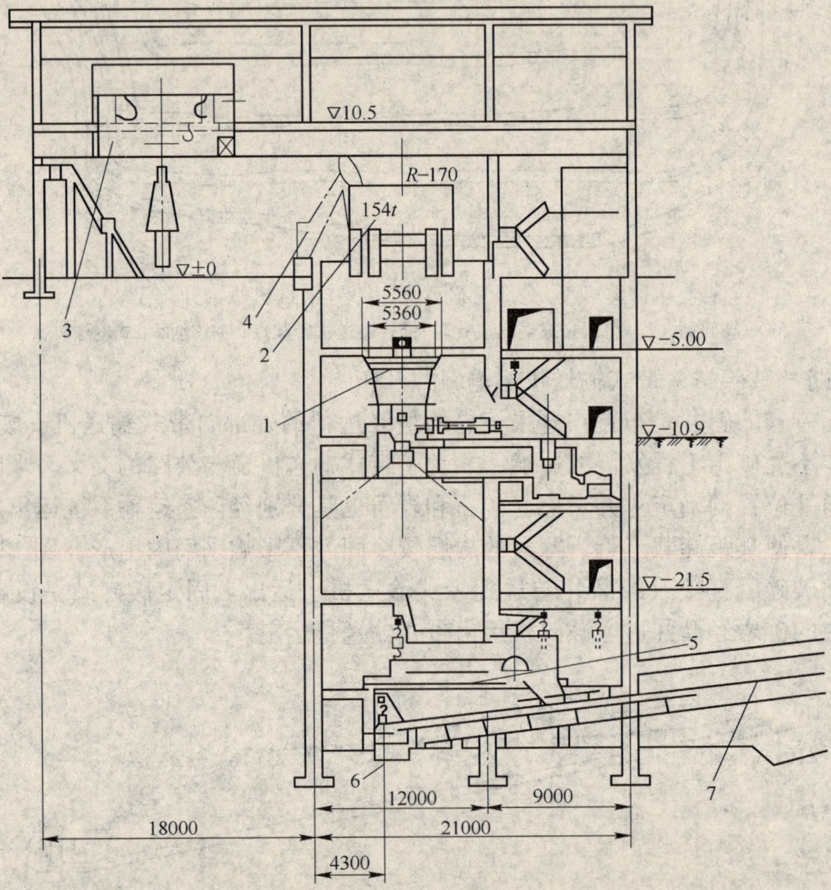

图12－30 德兴铜矿公路－带式输送机运输破碎站结构示意图

1—1200mm液压旋回式破碎机；2—载重154t电动轮自卸汽车；3—100/20t跨度16m桥式起重机；4—PSB－514型二次破碎器；5—2400mm×8000mm重型板式给料机；6—带式输送机尾部中心线；7—宽1400mm的带式输送机

现代破碎站，一般是由旋回式破碎机和液压操纵器、吊车及操纵台组成，如图12－31所示。

b 半固定破碎站合理移设步距的确定

在公路－带式输送机联合运输开拓中，半固定式破碎站的移设步距是一个重要的技术

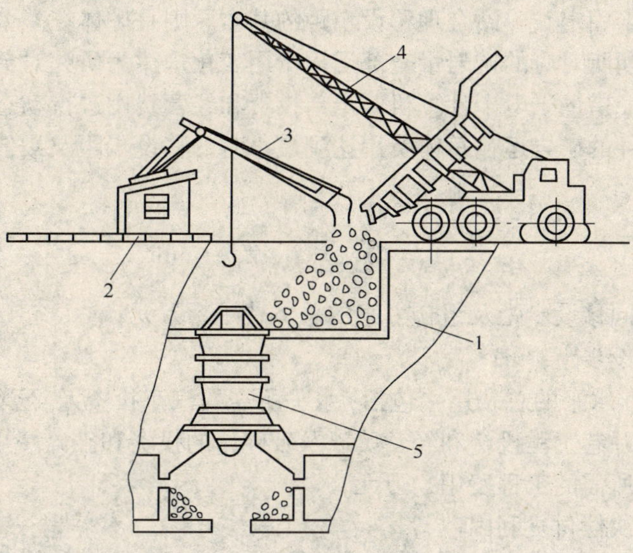

图 12－31　露天矿的破碎站

1—矿（岩）缓冲垫层；2—操纵台；3—液压操纵器；4—吊车；5—旋回式破碎机

参数，确定移设步距的影响因素很多，如矿山开采规模，开采设备类型，矿山工程为设置破碎站提供位置的可能性，需增加的各项工程费用，设备投资及运营费等。现介绍几种理论确定方法供读者参考。

（1）单位费用最小法。通过分析矿岩单位总费用的变化确定移设步距，以单位总费用最小时移设步距视为合理的移设步距。按此原则其计算公式为：

$$H=(2C_Yi/C_QS\gamma K)^{\frac{1}{2}} \qquad (12-13)$$

式中　H——移设步距，m；

C_Y——破碎机移设的拆卸、建筑安装、设备费用，元；

i——道路坡度，‰；

C_Q——汽车运输成本，元/（吨·公里）；

K——道路展线系数；

S——两个半固定破碎站之间的台阶加权平均面积，m^2；

γ——矿岩容重，t/m^3。

此计算原则简单明了，但是未从总体上考虑移设步距与开采深度的关系，下层矿岩量变化对移设步距的影响、破碎站移设对作业的影响和带式输送机、斜井的投资和经营费因素的影响等。此方法适用于汽车和带式输送机的吨·公里运输费用相差不大的情况。当两者差别较大时，可利用式（12－14）计算，即两种运输方式的费用差额等于破碎站的移设费用：

$$H=\sqrt{C_Y/\{[(C_QK/i)-C_j/i']S\gamma\}} \qquad (12-14)$$

式中　C_j——带式输送机吨·公里运费，元；

i'——带式输送机运输坡度，‰；

其余符号同前。

（2）总体费用最小法

该种方法确定半固定破碎站合理移设步距的基本原则是矿体在整个开采期间，以各开采水平、各开采时期所对应的矿岩量全部运输费用变化规律为研究对象，列出不同的移设步距及其组合方案，借助于电子计算机对全部投资和经营费用进行动态分析计算，从中求出满足一定约束条件的矿岩运输总体费用达到最小时的移设步距及最佳组合值。

1）目标函数

$$F_{(H_i)} = \sum_{i=1}^{n}\sum_{j=1}^{n} F_j/M_j \to \min \tag{12-15}$$

式中 $F_{(H_i)}$——不同移设步距及组合方案的总体费用，万元；

H_i——移设步距，m；

F_j——第 j 水平的总费用：包括 j 水平所需的汽车投资及经营费，该水平输送机及井巷工程投资和经营费以及破碎站的投资和破碎费用加上 j 水平扩帮剥岩所需的工程费用，万元；

M_j——一次偿付复利因数，%。

2）约束条件应满足以下几点：

$$\sum_{i=1}^{n} H_i = H_o \tag{12-16}$$

这表示移动步距总和应与露天开采深度（H）和应用汽车—带式输送机联合开拓时的标高之差（H_o）相等。

$$N_i(1+K_N) = N_{i-1} \tag{12-17}$$

式中 N_i——将矿（岩）运至第 i 号破碎站所需的最多汽车数；

K_N——受工艺影响的汽车数量波动系数；

N_{i-1}——将矿（岩）运至第 $i-1$ 号破碎站所需的最多汽车数。

$$T_i \geqslant T_m \tag{12-18}$$

此约束条件考虑到各个破碎站的服务时间（T_i）均应大于破碎站移设、建筑安装及试生产等所需的最短时间（T_m）。并应和采场年下降速度、破碎机、井巷施工条件相适应，以保证破碎站顺利向下移设，又保证生产连续可靠。

$$T_o = \sum_{i=1}^{n} T_i \tag{12-19}$$

式中 T_o——采用公路－破碎站－带式输送机运输开拓后，露天矿全部服务时间，年。

总费用最小法各项费用的计算是用现值法考虑各项费用的时间价值，在计算各项费用时，考虑到该项费用支出时间。将该年的费用支出均贴现到计算基准年（取破碎站开始使用的第一年为计算基准年）。

总体费用最小法考虑因素全面，但计算工作量大。

不论用哪种方法，其计算工作均比较复杂，故目前在设计中多取经验值。一般认为4～6个台阶移设一次为宜，即移设步距为60～70m。

实例

白云鄂博铁矿东矿矿体呈西窄东宽，西宽50～110m，东宽350m，出露地表东西长1200m向南倾斜，倾角50°～60°，矿体最大延深800m，矿体上盘岩石为硅质板岩和白云

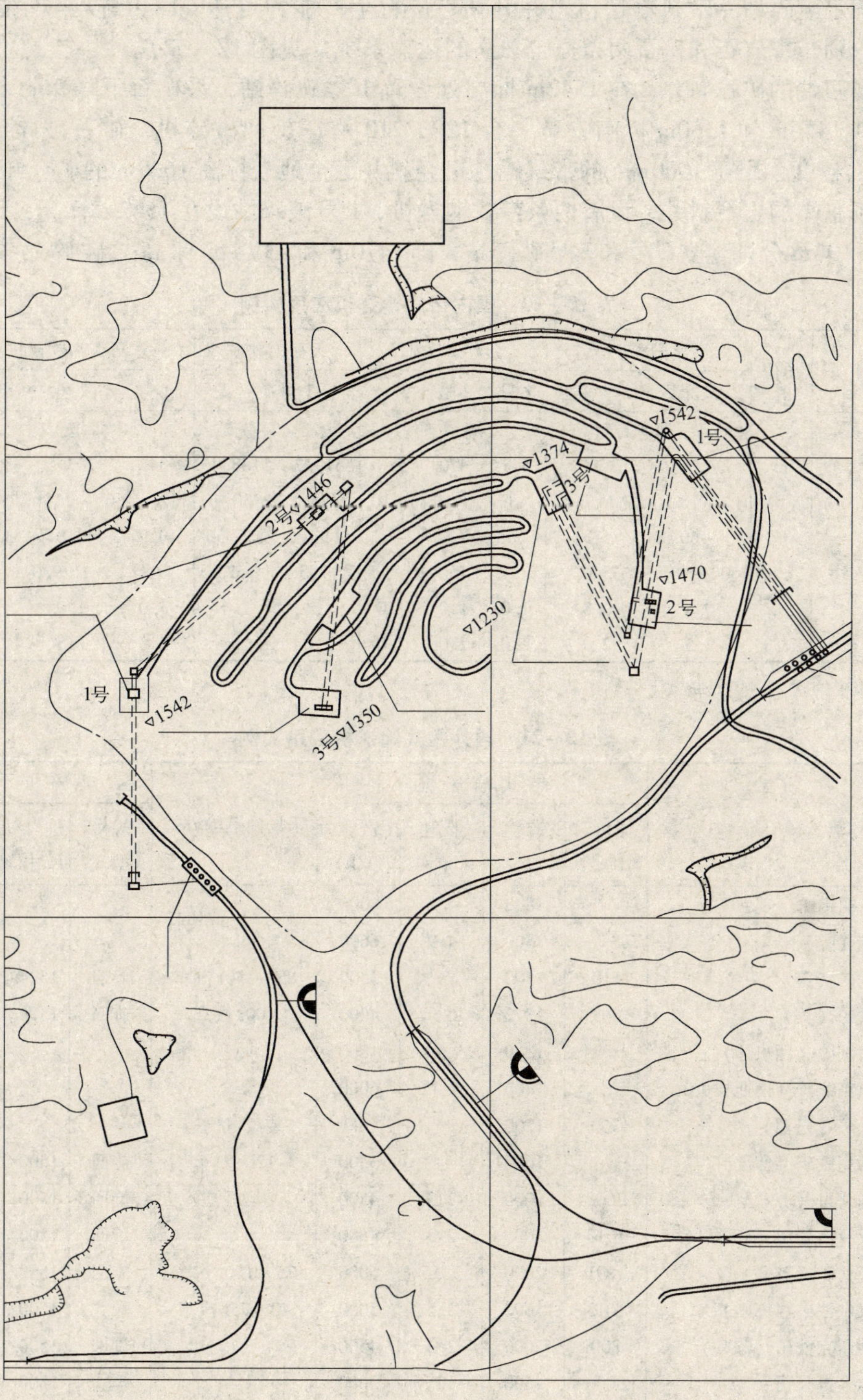

图 12－32　白云鄂博铁矿东矿公路－半固定破碎站－带式输送机斜井开拓设计方案

岩，下盘为稀土白云岩。

该矿目前采用铁路运输开拓，为一期开采。从分期过渡到二期开采结束，设计拟用公路－半固定破碎站－带式输送机斜井开拓。矿石生产能力可达600万吨/年。在采场东、西端部分别布置岩石和矿石两条完全独立的运输系统（见图12－32）。

采场西端的矿石斜井，在1542m标高处设置1号破碎站，采矿每下降96m设一个破碎站，即1446m和1350m标高安装一台1200/210液压旋回破碎机，矿石破碎成不大于350mm的粒度，用宽1000mm的带式输送机经斜井运至地表标高1620m的矿仓卸载。

采场东端的岩石斜井，设有两条带式输送机，1号破碎站设在1542m标高，采矿每下降72m和96m分别建立2号和3号破碎站，即1470m和1374m标高，破碎站安装两台

表12－20　国内带式输送机应用实例

项　目	单位	昆阳磷矿		云浮硫铁矿			大孤山铁矿		石人沟铁矿排土场			
		1、2采区	3、4采区	1号	2号	3号	岩石1号	矿石2号	1号	2号	3号	4号
运输物料		磷矿石		硫铁矿			废石	铁矿	废　石			
带式输送机长度	m	429	1260	447	470	538	519.2	1183.45	342	703.5	391.4	600
提升角度	(°)	－12	－11°34′	－13	－10	－10	最大12°30′		12～0	6°～2°11′	5°12′	0
提升高度	m	－60	－132	－45	－58	－22	94	125.36	49.97	46.84	33.95	0
生产能力	t/h	600～900	540	750			1795	1323	930			
带　宽	m	0.8	0.8	1.0	1.0	1.0	1.4	1.4	1.0	1.0	1.0	1.0
带　速	m/s	2.5	2.0	2.0	2.0	2.0	2.0	2.0	2.5	2.5	2.5	2.5

注：表中的“－”值是重载下坡输送。

表12－21　国外带式输送机应用实例

主要参数	带式输送机				采场内运输方式	破碎机		提升高度(m)
	总长(m)	带宽(m)	带速(m/s)	生产能力(t/h)		规格型式	进口/出口尺寸(mm)	
西雅里塔铜钼矿（美）		1800	4.2	8000				133
双峰铜矿（美）		1500	4.9	6600				330
巴比特铁矿（美）	610	1500		3500	85－150t汽车	旋回	1524/220	
巴特勒铁矿（美）	863	1372	2.54	4000	100t汽车	旋回	1524/152	
马克萨多铁矿（西班牙）		1200	5	1800				
马伊丹佩克铜矿（南斯拉夫）		1800	4.42	6000				
萨马科铁矿（巴西）	360	1200		500	装载机倒运			
库德雷穆克铁矿（印度）		1600		3500	120t汽车	旋回	1600/178	
南方采选公司（苏联）	2600	2000	2.3	4500		旋回	1500/180	200
新克里沃罗格公司（苏联）	1013	2000	2.3	4500		旋回	1500/180	200
英古列茨铁矿（苏联）	1691	2000	3.15	6000	75～100t汽车	旋回	1500/180	115
奥列涅果尔铁矿（苏联）	1013	1600	2.5	3000	40～75t汽车	颚式	1500/180	118
波尔塔夫斯克铁矿（苏联）	800	2000	2.3	4500		旋回	1500/180	152
果夫达尔采选公司（苏联）	3000	1600	3	3000		颚式	1500/180	161
斯托依林公司（苏联）	6375	2000	1.6	4000		旋回	1500/180	140
卡恰尔采选公司（苏联）	1755	2000	3.15	4300		颚式	1500/180	100

1200/210 液压旋回破碎机。破碎后的岩石经宽 1200mm 的带式输送机运至地表岩仓卸载。

采场内矿石和岩石均用载重 60t 自卸汽车分别运至矿石和岩石破碎站破碎。

表 12－20 和表 12－21 分别为国内和国外带式输送机应用实例。

12.3.4.3 斜坡箕斗提升联合开拓

该开拓方法以箕斗为运输容器，由装载站、斜坡沟道、地面卸载站和提升机装置等四个基本部分组成（图 12－33）。按照采场处于深凹或山坡的不同条件，相应采取重载箕斗提升或下放运行的不同方式。其采场内部需用汽车或铁路与之建立运输联系，形成以箕斗斜坡沟道为开拓中心环节，包括采场内部运输与转载、地面运输与转载等多环节的联合开拓运输系统，其中采场内部使用汽车运输的最为广泛。

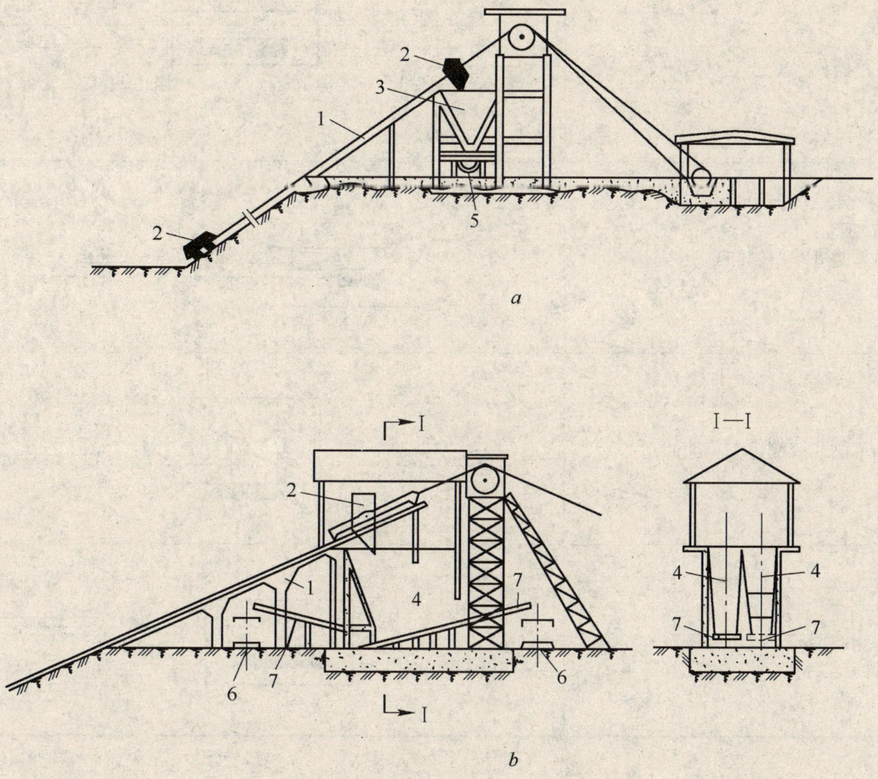

图 12－33 地面箕斗卸载站

a—设有转载漏斗的地面箕斗卸载站；*b*—设有矿仓的地面箕斗卸载站

1—倾斜栈桥；2—箕斗；3—转载漏斗；4—矿仓；5—带式输送机；

6—铁路；7—板式给矿机

A 斜坡箕斗提升联合开拓的适用条件及主要优缺点（见表 12－10）

由于在采场内和地表多次转载，转载站的移设和箕斗道的延伸，使露天矿的生产能力受到限制；箕斗提升系统形成后，再扩大生产能力很困难。故目前使用斜坡箕斗提升开拓的矿山不多，今后也不会继续发展。

B 采场内部运输与转载

各开采台阶采用汽车运输有利于简化转载设施，汽车在箕斗装载站完成矿岩的转载作业，其形式为跨线式栈桥。栈桥结构有金属组件构件、钢筋混凝土或混合式三种。栈桥下多设置与箕斗容积相匹配的计量漏斗，汽车在栈桥上的调车转载方式如表12－22所示。

表12－22 转载栈桥上的调车方式

运输作业条件	图 示
汽车运输单侧进车双侧卸车	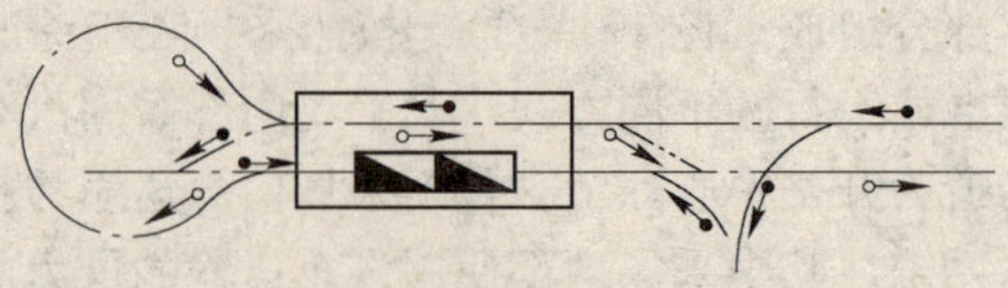
汽车运输单侧或双侧进车双侧卸车	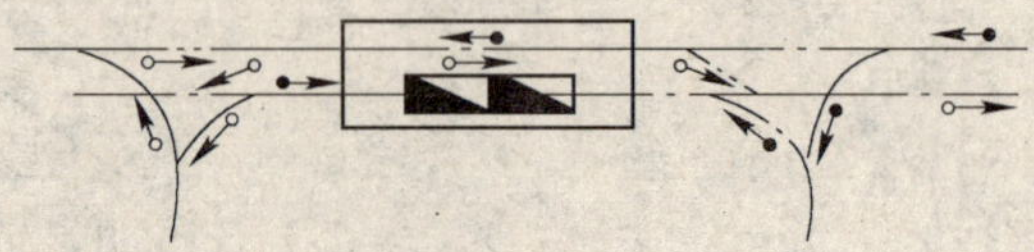
汽车运输单侧进车单侧卸车	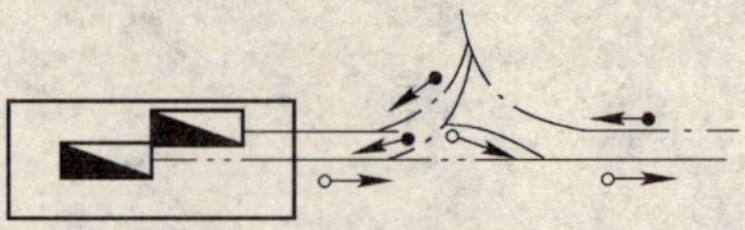
汽车运输单侧或双侧进车正面卸车	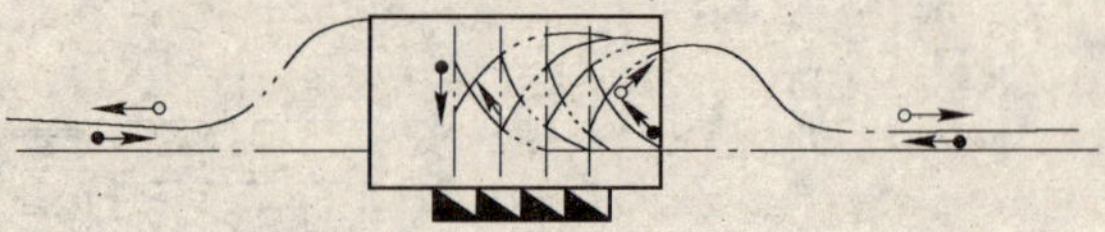
铁路运输侧卸翻斗车栈桥外调车	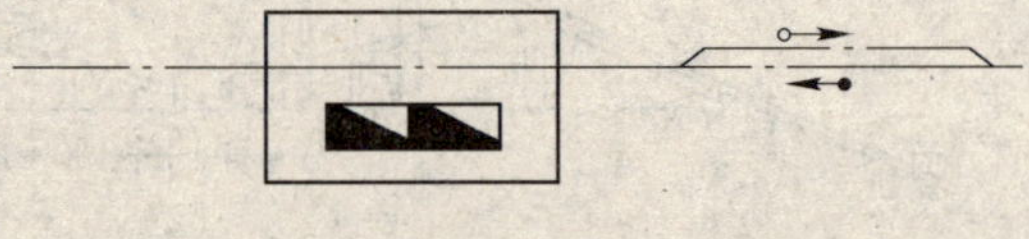

无漏斗的转载站结构简单栈桥较矮，但箕斗的作业率较低，一般不超过65%。转载站形式如图12－34所示。

转载站设在集运水平上，一般每隔3～4个台阶设一个集运水平，其所服务的台阶数取决于箕斗与汽车的总提升运输费用和箕斗提升效率。

一般载重超过30t的箕斗使用计量漏斗时，其转载站的重量和造价较高，向深部水平延深移设的时间和费用增大。而在深凹露天矿使用载重不足10t的箕斗提升时，在转载站设计量漏斗转载才是经济的。

C 斜坡沟道的布置

斜坡沟道的倾角与其所处的深凹采场边坡或山坡自然地形有关，多为20°～40°，其布置形式如表12－23所示。

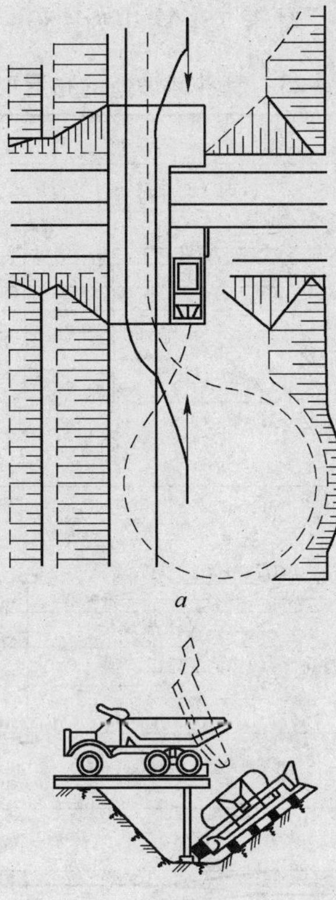

图 12－34　箕斗装载站的布置形式

a—跨线式；*b*—尽头式

沟道位置的选择直接关系到开拓系统的合理性，应综合考虑下述基本原则：

（1）沟道应设在深凹采场的非工作帮或端帮上，山坡采场宜设在开采境界之外，其所处岩石稳定。

（2）沟道同其他运输线路及管线的交叉点少。

（3）使地面卸载站与选矿厂或排土场之间的矿岩运距短。

（4）沟道位置能使地面运输、箕斗提升（或下放）以及采场内部运输的总费用趋于最少。由于采场内部运输比地面运输的工艺联系更为严格，故在比较时要首先保证采场内部工作面运输与箕斗提升（或下放）运输费 c 为最小，即：

$$c = E(G_a + G_c) + (S_a + S_c) \rightarrow \min \qquad (12-20)$$

式中　E——投资效果系数；

G_a、G_c——采场工作面运输和箕斗提升的基建费用；

S_a、S_c——采场工作面运输和箕斗提升的生产费用。

D　影响箕斗提升能力的主要因素

（1）箕斗提升能力随深凹采场深度增加而下降。以载重 75t 箕斗为例由图 12－35 可见，当提升高度从 100m 增加到 300m 时，提升能力约下降 50%。箕斗转载站的移设间距即为提升高度的增长步距，故箕斗提升能力是分时期的呈渐减变化。提升高度的合理范围取决于提升机类型和开采技术条件。苏联斯维尔德洛夫矿业学院的研究资料认为，对于载重40t箕斗提升高度为100～400m，对于75t箕斗为150～500m。

表12－23 箕斗斜坡道的布置形式

布 置 形 式	图 示	特 点
山坡露天矿采场内为铁路运输	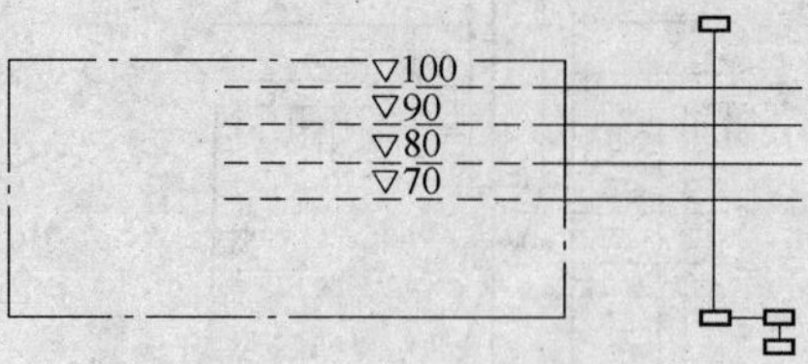	箕斗道布置在采场外一侧；每个工作水平设转载栈桥
山坡露天矿采场内为汽车运输	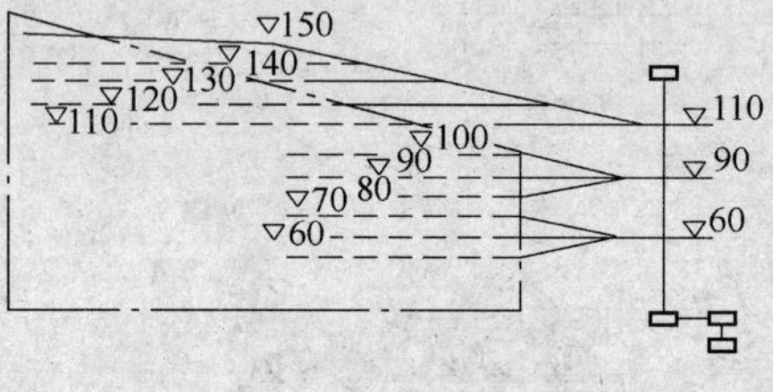	箕斗道布置在采场外一侧；约三个工作水平设一个转载栈桥；若上部矿量少时，第一个栈桥负担的水平数可多些
深凹露天矿上部为铁路运输，下部工作面为汽车运输	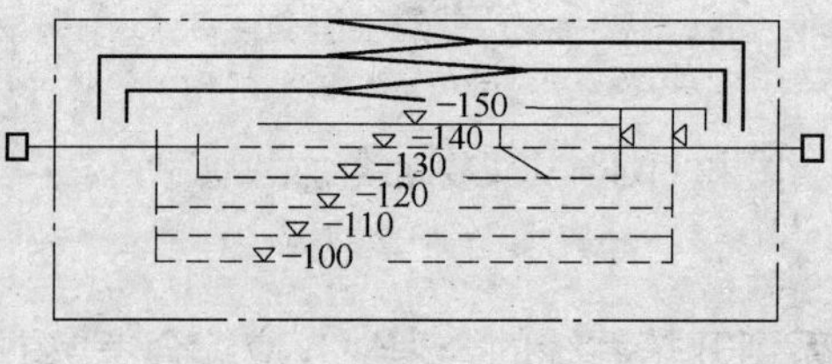	箕斗道最好布置在端部

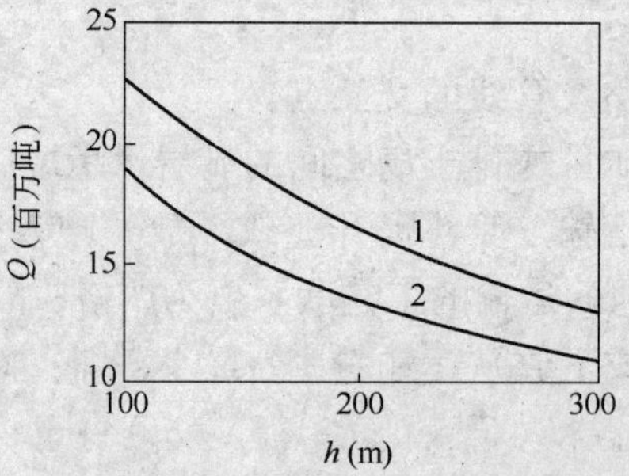

图12－35 载重75t箕斗的生产能力与提升高度 h 的关系

1—理论生产能力；2—使用生产能力

（2）新水平延深准备的及时程度。提升沟道的延深是新水平准备的核心且与相应水平的采剥工作有一定制约。依靠停止提升机工作去移设箕斗转载站将严重影响提升机的生产能力和作业率，且随着箕斗和转载站的大型化，提升机能力的影响更为突出。

为保证提升机的正常工作，每一个提升沟道上至少要设置两个转载站，其中一个进行矿岩转载，另一个结束工作进行拆迁并在新集运水平上安装。在进行正常工作的转载站栈桥下方的沟道中预留临时保护岩柱或安置特殊构造的缓冲器，可使沟道的延深与新转载站的安置工作不受上部箕斗提升工作的影响，但在拆除保护岩柱时，箕斗必须停止工作。新水平的准备时间随转载站结构的大型化、复杂化而增加。提升沟道延深程序如图12－36所示。

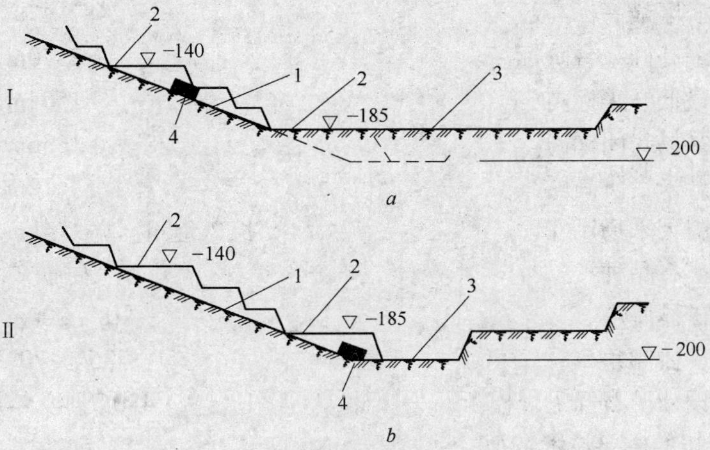

图 12－36 提升沟道延深程序示意图

1—提升沟道；2—集运水平；3—开段沟；4—缓冲器或保护岩柱；

Ⅰ、Ⅱ—沟道延深过程

(3) 缩短采场内部汽车运输距离有利于提高提升机的作业率和能力。大型深凹露天矿为使生产可靠，多采用两个提升系统交替延深沟道和移设转载站，此时将各开采台阶按提升机的数量及位置划分成单个的开采分区比全面开采会大幅度缩短汽车运距，各采区的汽车可以较短的运输距离到达各自的箕斗转载站，如图 12－37 所示。

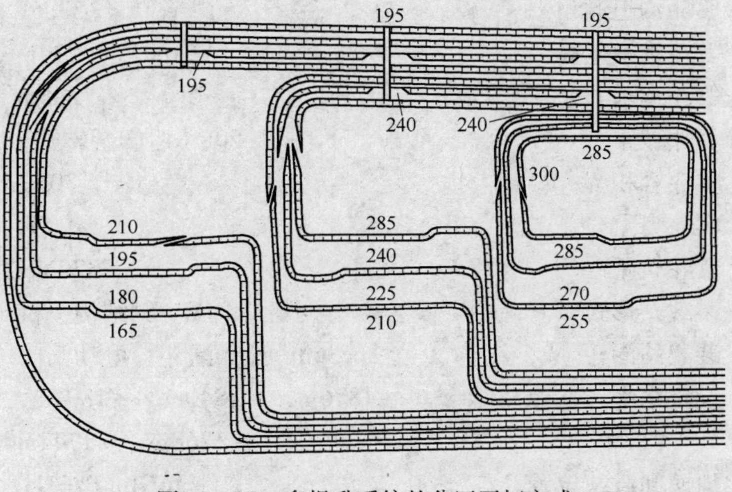

图 12－37 多提升系统的分区开拓方式

除上述影响因素外，箕斗提升能力还取决于整个提升运输系统的完好状况。

E 实例

实例1 峨口铁矿

峨口铁矿是山坡露天矿。采场内使用斗容4.6m^{3}电铲，载重27t汽车。箕斗斜坡沟道设在开采境界外，其倾角33.5°。采用载重50t双箕斗下放矿石直达+1654m水平的破碎厂。开采台阶高12m，随采场的下延而使用不同集运水平的装载站且运距随之缩短。

（1）露天采场的技术特征

矿区最高标高	+2487.47m
最高开采台阶标高	+2170m
最低开采标高	+1504m
采场封闭标高	+1636m
开采台阶高度	12m
露天采场尺寸	长2.2km，宽1.4km
矿石品种	磁铁矿
矿体厚度	18~300m
矿体倾角	35°~70°
设计矿石开采规模	480万吨/年

（2）箕斗开拓的主要技术特征

实际达到的提升能力	300万吨/年
提升矿岩块度	≤1000mm
提升机规格	2JK×6×2.4
功率	2×1000kW
速度	6.7m/s
箕斗沟道位置	采场外端部
箕斗沟道数量	一条（双轨）
箕斗沟道倾角	33.5°
箕斗沟道垂高	234m
箕斗沟道斜长	390m
箕斗载重	50t（后卸翻转式）
箕斗容积	30m^3
箕斗自重	57t
箕斗轨距	3320mm
装载站形式	钢结构栈桥
装载站漏斗	2×36m^{3}计量漏斗，电动闸门
设置水平	+1876m，+1840m，+1804m，+1768m，+1744m
地面卸载站位置	+1654m破碎厂
采场内部运输方式	载重27t汽车

（3）矿石作业成本构成情况，见表12-24。

（4）斜坡箕斗运输开拓布置如图12-38所示。

表12－24　峨口铁矿矿石作业成本构成

作业项目	1984年		1985年	
	元/吨	百分比（%）	元/吨	百分比（%）
穿孔爆破	0.52	32.3	0.60	33.15
电铲铲装	0.27	16.77	0.29	16.02
汽车运输	0.35	14.91	0.45	19.89
箕斗提升	0.45	27.95	0.41	22.65
工　务	0.13	8.07	0.15	8.29
合　计	1.61	100	1.81	100

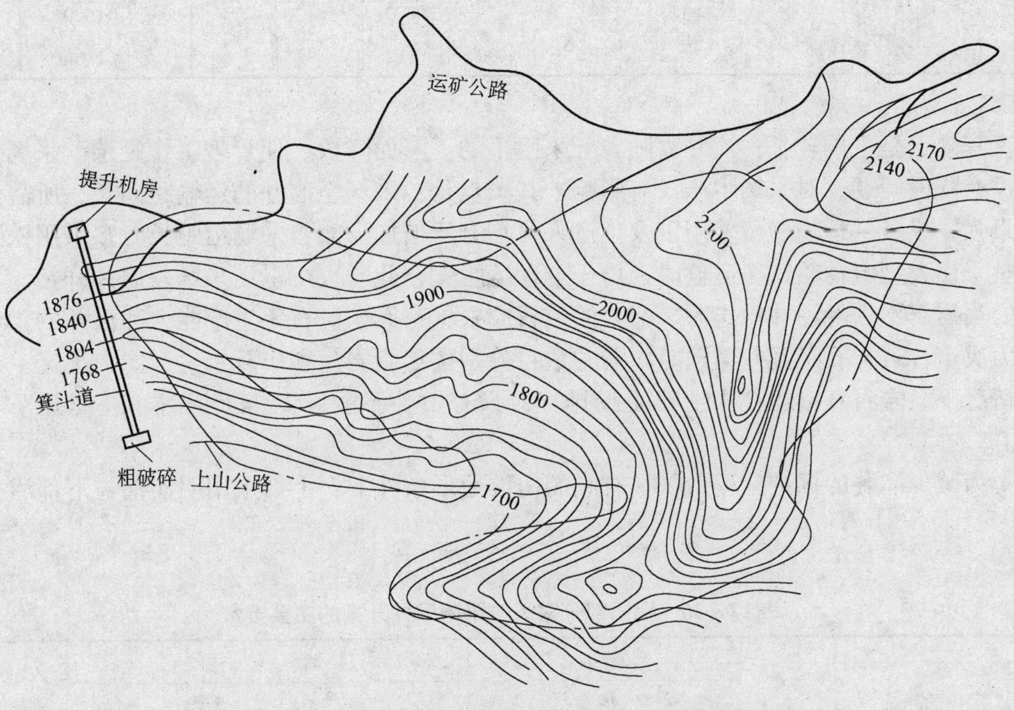

图12－38　峨口铁矿斜坡箕斗运输开拓示意图

实例2　部分露天矿斜坡箕斗提升主要技术参数（见表12－25）

12.3.4.4　公路（铁路）—平硐溜井开拓

A　平硐溜井开拓的适用条件及主要优缺点（见表12－10）

B　平硐溜井位置的确定

溜井位置应根据矿床埋藏特点，以采场和平硐的运输功最小，平硐长度小，平硐口至选矿厂的距离最短为原则；溜井布置在稳固的岩层中，避开大的断层破碎带，使溜井系统位于工程地质条件好的地层。平硐顶板至采场的最终底部应保持最小安全距离，一般不小于20m。

溜井的位置分采场内溜井和采场外溜井。采场内溜井的优点是：运输距离小，可减少汽车数量、基建投资、运输经营费用以及生产人员。如兰尖铁矿设计平硐溜井开拓时，采场内溜井比采场外溜井节省投资578.7万元，年经营费用节省190万元，生产人员减少32

表12－25　部分露天矿斜坡箕斗提升主要技术参数[8]

矿山名称	年提升能力（10^4t）	线　路		提升物料		提升方式	箕斗载重量（t）	提升速度（m/s）	提升机型号	轨型（kg/m）
		倾角（°）	斜长（m）	品种	最大块度（mm）					
大宝山铁矿	230（设计）	9；13°27′	720	铁矿石	1200	下放	25	6.75	XKT2×3.5×1.7	
耀县水泥厂	120	10°20′；15	436	石灰石	1000	下放	15	5.6	2ЬМ $\frac{3000}{1520}$	38
昆明水泥厂	38	5°7′；12°4′	838	石灰石	600	下放	10		2ЬМ $\frac{3000}{1530}$	38
湘乡水泥厂	60	18；17	504	石灰石	800	下放		5.64	2ЬМ $\frac{3000}{1520}$	38
七宝山铁矿	50（设计）	21；8	128	铁矿石	400	下放			双筒1.6m	

人。其缺点是平硐较长；溜井需随着开采水平的下降而降段，使管理工作复杂。采场外溜井没有降段问题，对采场生产没有影响。其缺点是：采场至溜井的运输距离长，所需汽车数量多，投资、运输经营费用以及生产人员均有所增加。故当采场运距长时多采用铁路运输。采用大型电动轮汽车运输时，由于合理运距大，此时也可采用采场外溜井开拓。

当岩石不需经溜井输送时，溜井的数目应根据露天矿矿石年生产能力和溜井的年生产能力决定；若岩石经溜井输送时，溜井数目分别按年剥岩量和矿石年生产能力决定。在一般情况下，岩石直接运往山上排土场排弃，只有山上不能设置排土场时才经溜井平硐运出。

为减少溜井的掘进工程量，在有利的山坡地形条件下，上部采用明溜槽与下部溜井相接。

表12－26　我国部分露天矿平硐溜井开拓的主要参数

矿山名称	规模（万吨/年）	平　硐		数量	溜　井				溜井位置
		断面（m^2）	长度（m）	个	形状	规格（m）	深度（m）	倾角（°）	
兰尖铁矿	650	4.6×7.3	2616	5	圆形 矩形	φ5 4×3	447	90 55	采场外
南芬铁矿	750	5×5.5	1680	2	矩形	3.8×2.4 （溜井）	332	45～50	采场内
齐大山铁矿	190	5×6.7	308	1	方形	6×6	64	90	采场内
德兴铜矿	150	10.0	991	3	圆形	φ5.7	180	90	采场内
把关河石灰石矿	250	16.6	789	2	圆形	φ4 φ5	352	90	采场外
西沟石灰石矿	180	10.1	1146	2	圆形	φ6	330	90	
永登石灰石矿	80	15.0	405	1	圆形	φ3.0	140	90	
口泉石灰石矿	30	15.0	328	1	圆形	φ3.0	90	90	
龙门山石灰石矿	300			2	圆形	φ3.0	90	110.9	采场内

采用多溜井开拓时，采场内溜井间距应保持 80～100m 左右，使卸矿和溜井降段时互不影响。当采用多个溜井时，应注意工程之间的衔接，采场外多溜井开拓时，溜井采用横向布置，其位置应考虑运输方便，并能延长使用时间。

我国应用平硐溜井开拓的主要参数如表 12－26 所示。

C 溜井主要结构参数

溜井由井口、井筒、集矿部分（贮矿段）及放矿口装置等组成。

a 溜井直径

溜放非黏性物料时，溜井的直径应为破碎矿石最大块度的三倍以上。为增大生产的可靠性，一般溜井直径应满足：

$$D=\frac{4\times10^{-4}C}{\gamma}H\sin\varphi \qquad (12-21)$$

式中 C——松散物料的黏结力，Pa；

γ——松散物料容重，t/m^3；

φ——松散物料的内摩擦角，(°)。

b 溜井倾角

溜井倾角取决于物料的力学性质、黏结性、粒度组成、粉矿含量、含泥量及含水量等因素。溜井倾角 α 可按式（12－22）确定：

$$\alpha=\mathrm{tg}^{-1}f+(5°\sim10°) \qquad (12-22)$$

式中 f——溜放物料与溜井壁的摩擦系数，一般 $f=0.5\sim1$。

如兰尖铁矿斜溜井坡度为 55°。实践证明：在溜放块状物料时，贮满矿的斜溜井倾角为 60°～70°；溜放粉状物料时，应在 75°以上，溜放含泥、含粉并带一定黏性物料时，应设计成 90°。

c 溜井下部放矿口结构参数和所选物料的粒度组成、湿度、自然堆积角、黏结程度，以及运输方式及转载部件的额定生产能力有关，溜井放矿口是溜井系统的关键部位，其结构合理与否，对溜井的作业率、生产能力有极大影响。

放矿口参数根据所放物料块度的平均直径确定，一般取平均块度的 2.5～3 倍作为孔口尺寸（图 12－39）。孔口多为矩形。图中，高度 H_o 与宽度 B 之间的关系为：$H_o=(0.6\sim0.9)B$（m）放矿堆积角 β 应大于溜井倾角 α（即 $\beta>\alpha$）；而 β 一般在 60°～75°，或用公式：$\beta\geqslant45°+\Psi/2$ 计算（Ψ 为物料的自然安息角）；放矿口顶板倾角 β_1 应大于 β；放矿口有效高度 $H_o'\geqslant3CL_{max}$（m）：排放物料堆置角起始点至溜口底板起始点距离为 L_o。

根据兰尖铁矿实测，得如图 12－40 所示曲线 $L_o=f(\alpha)$ 的关系。

溜井放矿口尺寸（见图 12－39），按以下步骤确定：

（1）按物料溜放确定放矿口底板坡度 α；

（2）按 $L_o=f(\alpha)$ 曲线确定 L_o；

（3）在 L_o 端点 O 上，放矿堆置角 β 作 OM 线；按放矿口有效高度 H_o' 和放矿口顶板倾角 β_1 作放矿口顶板线；至此放矿口全部结构即可确定。

如兰尖铁矿两条溜井的下部放矿口，分别采用横向和顺向装车，放矿结构按上述方法确定，并总结出以下经验：考虑了放矿堆置角的存在，相应增大放矿顶底板倾角（均为

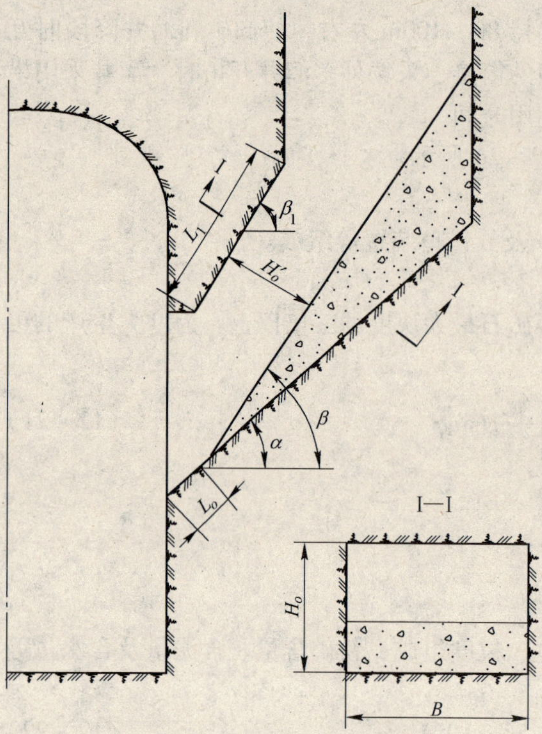

图 12－39　溜井放矿口示意图

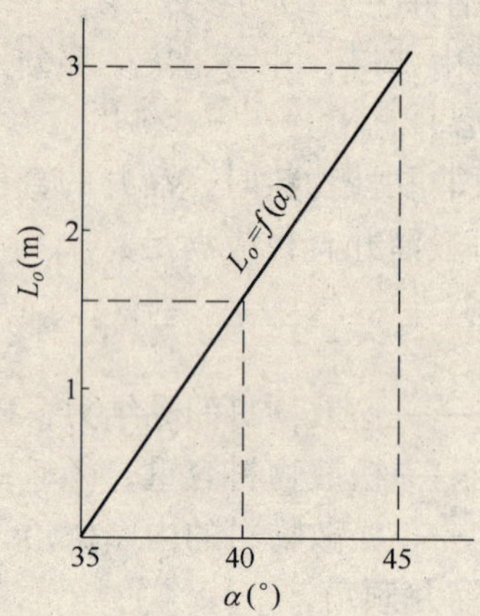

图 12－40　溜井放矿口处 L_o 与溜井倾角的关系

75°)；增加放矿口设计断面，其横向装车为3.1m×3.1m，顺向装车为4.0m×3.1m，减小了放矿口斜颈长度，使矿石容易溜放；在放矿口上部扩大为贮矿仓，其断面为8m×8m，高度30m，使进入放矿口的矿石预先再次松散，有利于防止结拱堵塞；对横向装车形式的放矿口，加大了紧接板式给矿机的底板坡度，有利于减少溜放矿石的堵塞，提高作业率。

D　溜井降段方法

a　贮矿爆破降段法

在投产初期，溜井降段一般用贮矿爆破降段法。首先在溜井周围不影响卸矿道路的部位穿孔，并使溜井停止放矿，加速运矿将溜井贮满。然后在溜井卸矿通路补孔，爆破后，先挖掘井口矿石爆堆，露出井口后，溜井放出矿石，此时溜井恢复正常生产。

b　直接爆破降段法

溜井投入生产使用几年后，由于井壁磨损使溜井断面增大，井内贮存矿量增多，此时采用贮矿爆破降段法有一定困难，而多采用直接爆破降段法。该降段方法的核心问题是控制直接落井的矿岩块度，以防止大块堵塞溜井。措施是："钻密孔，多装药"。爆破孔网参数比正常条件爆破孔网参数减小60%左右，爆破药量比正常条件下增加40%～70%，为使溜井下部给矿设备、矿仓底部结构免受高速下降矿流的冲击，井内要有一定高度的贮矿"保护层"。一般降段15m高时，贮矿高度需35m。如果降段高度大，进入溜井矿量多，下部没有与外界相通的施工平巷和检查巷道等排气孔时，贮矿高度应增加，否则可能造成跑矿事故。如兰家火山采场2号溜井堵塞区大爆破，一次降段64m，落井矿量30万吨，井内贮矿高度47m，爆破时造成跑矿1500多吨。

直接爆破降段法在兰尖铁矿已使用30多次（贮矿爆破降段法仅用过两次），均未发生过降段爆破堵塞溜井问题。停产时间也短，仅3~5天。虽爆破费用增加一些，但省去铲装和运输费用，因而降段总费用降低，据兰尖铁矿统计仅为贮矿爆破降段法的1/3左右。此法可保持采场与溜井均衡生产，从而克服了贮矿爆破降段法影响10~20天生产的弊端，且为实现多台阶汽车水平卸矿提供了条件，每条溜井一般均可保持上、下台阶同时卸矿，下台阶实现汽车水平运输，减少运距，收到较好的经济效果。

图12-41为德兴铜矿溜井降段示意图。

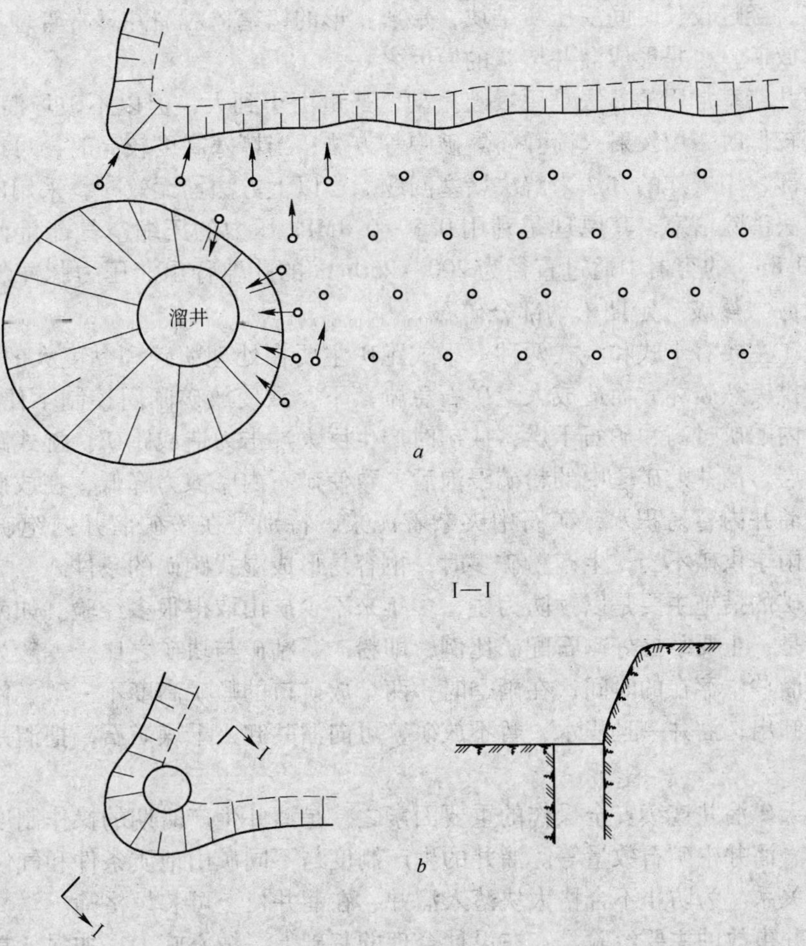

图12-41　德兴铜矿溜井降段示意图

a—溜井降段的钻孔布置；*b*—溜井降段一半后的示意图

用YQ-150A型潜孔钻机进行深孔微差爆破降段。钻孔布置如图12-41*a*所示，靠近溜井口的钻孔较密，装药量增加10%左右。图中箭头为钻孔倾斜方向。采用两步骤降段方法，如图12-41*b*所示，先降靠外侧的一半，以便上、下两台阶都能向溜井卸矿，待上部台阶大量出矿阶段结束，再降另一半。这种降段方法只有一个溜井生产和生产能力不很大时是有效的。

E　溜井事故及预防措施

溜井中最常见的事故主要是堵塞、跑矿、或在冬天的井壁上、受料槽或放矿设备上形成挂料。挂料的主要原因有：矿石冻结、动力压实、大块卡住。

溜井堵塞的原因如下：溜井基建施工未达到设计要求：即未按设计尺寸开凿溜井，致使井口或溜井直径过小，而造成大块堵塞，如铜官山铜矿溜井直径为2m时经常堵塞，而直径扩到3m时就解决了堵塞问题；或给矿口尺寸不合要求，基建施工完成后，溜井中的构筑物如井圈、钢材等未全部拆除，因而影响正常生产造成溜井堵塞；溜井井筒穿过不稳定岩层，在生产中井壁造成片帮，落下大块而堵塞；当溜放含水或黏性物料、粉状较多时，产生沉降压力使之压实、结块、放矿时产生自然拱形，或者是矿山停产检修时，溜井内矿石过多，经过较长时间后压实结块，形成拱形的堵塞；对溜井日常管理不严格，不按照放矿规律放矿，也是形成溜井堵塞的原因之一。

处理溜井堵塞常用的方法是用爆破振动，药量由小到大，但以不破坏溜井设施为限。在堵塞高度较低时，用发射火箭弹、爆破弹等方法；当堵塞高度较高时，可用氢气球带炸药包升向上部，用爆炸的方法来解决堵塞问题。当以上方法均无效时，采用向溜井中注入高压水的方法消除堵塞，其原理是利用0.5～0.8MPa压力的压缩空气能量，压缩空气从容积0.6～0.8m^3的容器中通过直径为200～250mm的孔隙释出。压力脉冲装置为遥控操纵。定向脉冲“爆破”定期松动部分矿石。

溜井跑矿主要有干式和湿式两种。干式跑矿主要在处理粉碎和黏度大的矿石堵塞时，因自然平衡拱突然破坏，而造成大量矿石急剧落下，致使放矿闸门控制不住形成的跑矿，或者当溜井内贮矿过高、矿石干燥，放矿时产生巨大冲击力造成跑矿。湿式跑矿是由于溜井穿过渗水层，溜井贮矿段中的粉矿浸泡后，致使矿石内摩擦力降低，在放矿时易产生跑矿，在雨季溜井内容易积水，矿石中夹杂着泥浆，特别是在粉矿溜井内跑矿的可能性更大；如果在雨季供矿不当，生产粉矿多时，也容易形成湿式跑矿的条件。

防止跑矿的措施主要是以预防为主，多年来不少矿山取得很多经验。如南芬铁矿防止跑矿的经验是：主要掌握好矿石配矿比例，即粉矿、粘矿与块矿之比，一般为1∶3或1∶4；减少矿石在溜井中存在的时间；在雨季时，两个放矿口的贮矿高度不一致，使雨水从贮矿低的放矿口卸出；溜井一旦积水，暂不放矿，可向溜井卸入干燥矿石，把溜井水从检查巷道排出。

保证露天矿溜井连续安全操作的重要因素之一是溜井生产时期的操作制度、装载和放矿时间间隔、溜井中矿石数量等。溜井的生产制度与不同矿山地质条件和气候条件的生产特性有很大关系。为防止不合格大块落入溜井，在溜井口上可装设格筛。

防止溜井事故的主要经验是：在设计合理的基础上，精心施工，加强日常管理，在投产初期要防止不合格的大块和黏性粉矿入井，并适当地控制放矿贮矿高度。溜井生产一段时间后，再按块矿和粉矿适当的比例卸入溜井内，此时贮矿高度最好达井筒的三分之二以上，以免溜井过分受到冲击而片帮。

F　南芬铁矿平硐溜井开拓实例

南芬露天铁矿1984年矿石产量已达750万吨。岩石采用汽车运输，矿石采用汽车—平硐溜井联合运输。

采场内设有南北两套溜井系统。北部溜井为主溜井，南部溜井为备用溜井，现已报废（从略）。目前生产只使用北部溜井，其运输能力达700～800万吨/年。

北部溜井由明溜槽、贮矿仓、破碎系统及五条暗溜井构成；在290m水平沿矿体走向开凿一条运输平硐；与南北两条溜井系统相连，矿石由电机车运至选矿厂。随着开采水平的下降，其明溜槽于1985年已消失。

a 平硐溜井位置

南芬铁矿的矿石是含铁量为30%左右的贫矿，矿石组织致密、坚硬、节理不发育，无大的破碎带及明显的断层，渗水性较好。

北部溜井位于三层矿体北端较厚的地段（见图12-42），高差为540m，明溜槽开凿在矿体露头，自然坡度为40°~50°的坡峰地带。

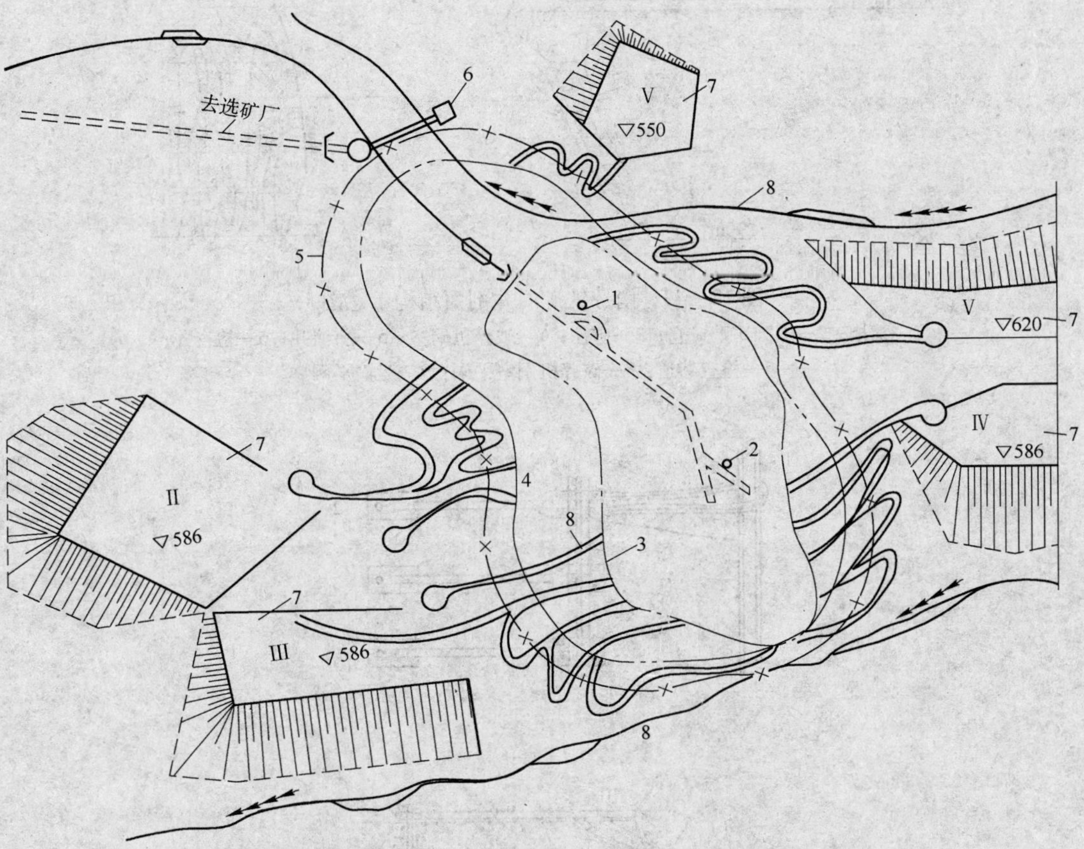

图12-42 南芬铁矿平硐溜井开拓运输系统示意图

1—北部溜井；2—南部溜井；3—标高190m露天开采境界；4—标高-2m露天开采境界；5—爆破安全界限；6—粗破碎；7—排土场；8—小河

b 溜井结构

南芬铁矿北部溜井为多段、分支斜溜井。图12-43为北部溜井结构系统图。

1）卸矿平台：溜井投产时期，卸矿平台建于标高为622m水平上，卸矿平台一般设置在明溜槽正面或侧面帮上。在同一水平上设置1~2个卸矿平台，也可以在不同台阶上设置卸矿平台。卸矿平台的挡墙长度为5~10m（现采用5m），高为0.65m，调车场最小转弯半径为15m。

卸矿平台为钢结构，如图12-44所示。

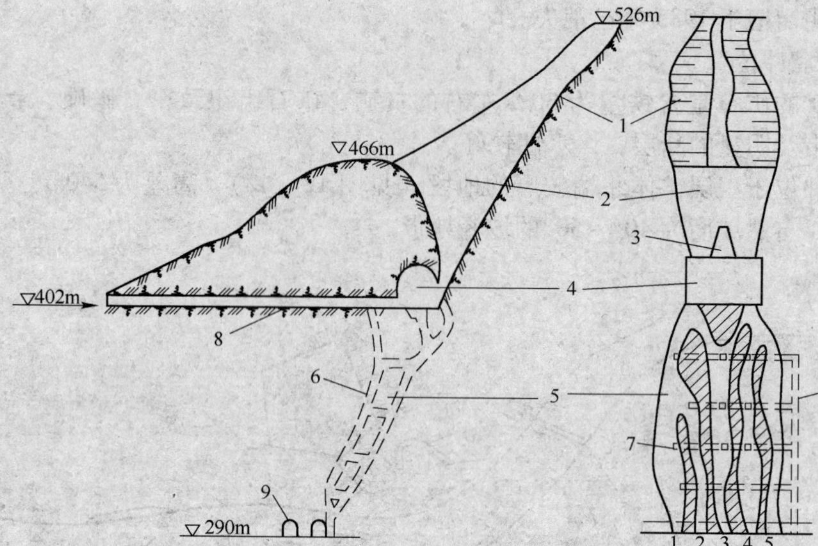

图 12-43　南芬铁矿溜井剖面结构示意图

1—溜槽；2—露天矿贮矿仓；3—矿柱；4—破碎机硐室；5—斜溜井；6—检查井；7—检查巷道；8—破碎机硐室平硐；9—运输平硐

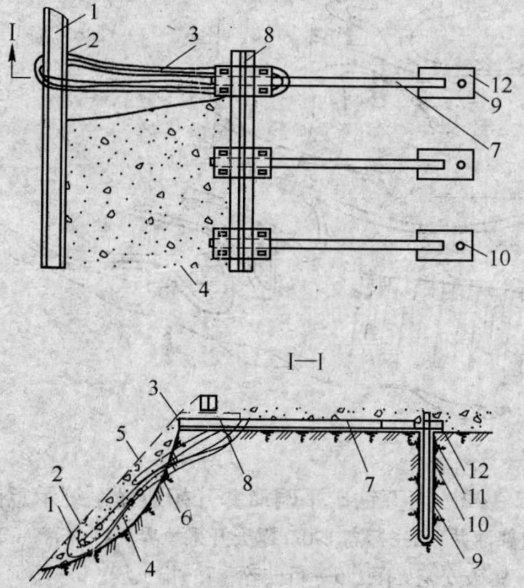

图 12-44　钢结构卸矿平台及卸矿挡墙下方柔性加固图

1—拦堵粉矿的挡墙；2—圆木 ϕ100~150mm；3—钢丝绳 ϕ30mm；4—粉矿；5—理想粉矿堆积线；6—磨损后溜井底板线；7—固定挡墙的拉杆（圆钢 ϕ200mm）；8—卸矿挡墙，高 0.65m，厚 360mm（两根 $4m^3$ 电铲铲杆立放，上加一根 ϕ200mm 的圆钢）；9—ϕ200mm 圆钢；10—钻孔深 5m；11—焊接点；12—固定板

卸矿平台必须设在基岩上。在卸矿平台挡墙下部的溜井底板上设有柔性假底板，假底板长度 $L=15\sim16$m；挡墙和假底板斜长为 4.2~4.3m，倾角为 39°~41°。

2）明溜槽：明溜槽的垂直高度为156m，斜长为210m，坡度为45°～55°，宽为4～5m，深3～5m，在明溜槽底部开凿一个排水巷道，但效果不佳。

3）贮矿仓及给矿口：贮矿仓标高为466m，开凿直径为40m，贮矿量为3万多吨；在标高为430～418m之间有12m高矿柱，将矿槽分成两个给矿口，图12－45为贮矿仓及放矿口剖面图。

放矿口标高410m，底板倾角为45°～46°，内坡段长为3.3m，外坡段长为2.9m。顶板倾角75°；给矿口断面为2.2m×2.1m，真高1.5m，垂直高2.1m，允许矿石块度为1m。

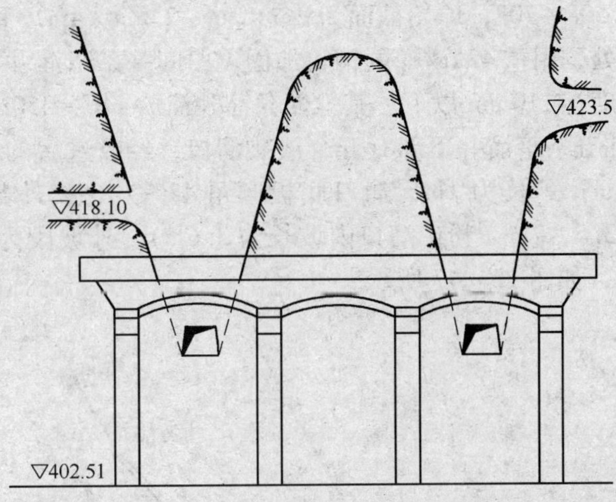

图12－45 贮矿仓及402m水平给矿口剖面图

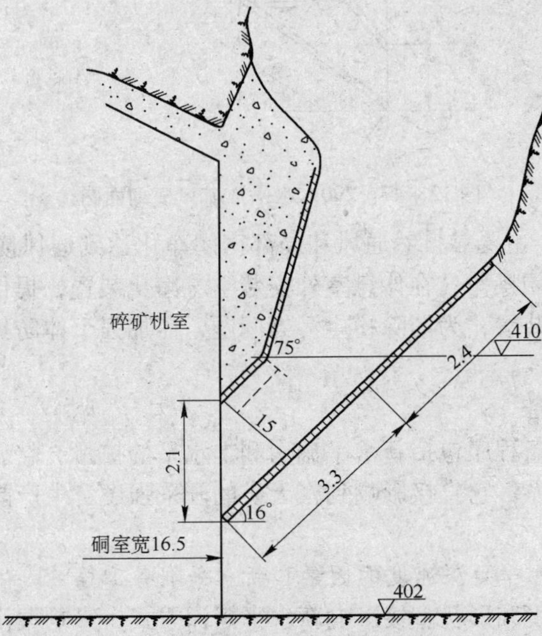

图12－46 102m水平放矿口剖面图

30年来实践证明，给矿口断面尺寸偏小，推荐为3m×4m为宜。图12－46为给矿口横剖面图。

4）破碎系统：在贮矿仓下部，标高为402m处开凿一个15m高、15m宽、30m长、顶部为三心拱的破碎机室，安装两台规格为2.4m×4m，能力为1050～1020t/h板式给矿机，两台1500mm×2100mm颚式破碎机。入口矿石块度为1m以下，出口块度为250～300mm以下，现为190～240mm，设计生产能力为400～500t/h，实际生产能力为1000～1200t/h，破碎机室内安装一台50t/15t桥式吊车。

5）暗溜井：在破碎机下面有三个系统五条分支暗溜井，暗溜井垂直高度为112m（290～402），倾角为50°～70°，原始截面为2m×3m～2.5m×4m。溜井井壁一般未加固，只是在有绿泥石夹层处，用重43kg/m的钢轨加固。中间一条暗溜井溜放从两台破碎机格棒筛筛下的粉矿，块度在110mm以下。其他四条溜井溜放110～350mm的块矿。

6）放矿溜口：在五条暗溜井下部有五个放矿溜口，经改进后的溜口尺寸为高1.1m，宽1.3m，真高为0.9m，颈长为1m，溜口底板倾角43°～46°，外部活溜槽底板倾角为35°～40°。内坡段为3.5～7m（粉矿溜口内坡长为3.6m），外坡段为3m。全部改用50～120mm厚锰钢板加固，如图12－47所示。

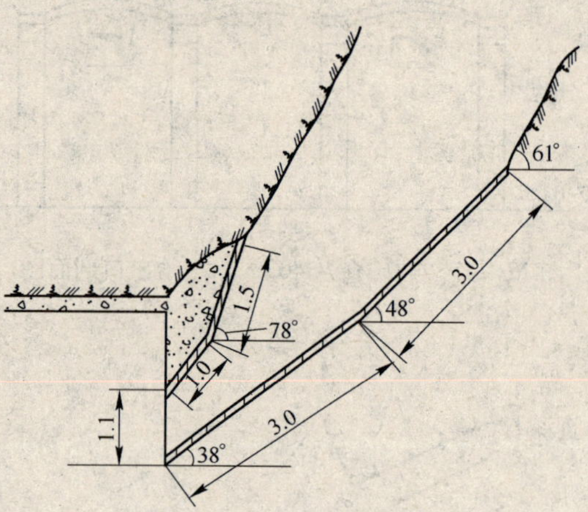

图12－47　290m水平放矿口横剖面图

7）通风防尘系统：主要靠自然通风和局部密闭净化达到通风防尘目的。采取的防尘措施有：实现远距离密闭操作；在休息室外安装空气净化装置，提供新鲜空气；在溜口装车线上部安装喷雾洒水装置，为消除粉尘污染问题，需加强个体防护；贮矿仓设喷雾洒水装置，消除粉尘。

12.3.5　新水平准备

新水平的延深和准备程序包括新水平掘沟和上水平的扩帮。它表示露天矿不断延深时时间和空间上的相互关系。它直接影响到露天矿的开采强度、生产能力以及新水平准备的工程量和准备速度。

12.3.5.1　影响新水平延深速度的因素和新水平准备工程量

露天采场的走向长度和形状直接影响新水平延深方式，影响掘沟方法和露天矿生产能力，所用的采掘运输设备类型与掘沟速度及水平推进强度有密切关系。沟的位置影响着新水平的准备工程量和延深速度。

新水平延深的准备工作量。包括出入沟和开段沟的工程量以及新水平掘沟所需上水平最小宽度的扩帮量的总和，采用联合运输开拓时，新水平准备工程量还包括转载站的工程量。

A 出入沟工程量（V）[2]

a 双壁沟

$$V_1 = \frac{h^2}{i}\left(\frac{b_1}{2} + \frac{h}{3\tan\alpha}\right) + \frac{h^2}{\tan\alpha}\left(\frac{b_1}{2} + \frac{2h}{3\tan\alpha}\right) \tag{12-23}$$

式中 V_1——双壁出入沟工程量，m^3；

h——延深一个新水平的深度，一般为台阶高度，m；

i——出入沟平均坡度,‰；

b_1——出入沟沟底宽度，m；

α——沟帮坡面角，(°)。

当纵向坡度小于40‰时，端部沟量可忽略不计。即

$$V_1 = \frac{h^2}{i}\left(\frac{b_1}{2} + \frac{h}{3\tan\alpha}\right), \mathrm{m}^3 \tag{12-24}$$

b 单壁沟

$$V_1' = \frac{\psi b_1^2}{2i}\left[h - \frac{\psi b_1}{3}\left(1 - \frac{i}{\tan\alpha}\right)\right] \tag{12-25}$$

式中 V_1'——单壁出入沟工程量，m^3；

$$\psi = \frac{1}{\mathrm{ctg}\beta - \mathrm{ctg}\alpha}$$

β——地形坡角，(°)。

当纵向坡度小于40‰时，端部沟量也忽略不计。即

$$V_1' = \frac{\psi b_1^2}{2i}\left(h - \frac{\psi b_1}{3}\right), \mathrm{m}^3 \tag{12-26}$$

B 开段沟工程量（V_2）

a 双壁沟

$$V_2 = (b_2 + h\mathrm{ctan}\alpha)hL \tag{12-27}$$

式中 b_2——开段沟底宽，m；

L——开段沟长度，m；

V_2——双壁开段沟工程量，m^3。

b 单壁沟

$$V_2' = \frac{\psi b_2^2}{2}L \tag{12-28}$$

式中 V_2'——单壁开段沟工程量，m^3。

C 扩帮工程量（V_3）

它主要取决于扩帮宽度和采剥程序，扩帮宽度（b_{3k}）应保证下一水平能正常掘进出入沟、开段沟和扩帮水平能正常进行采剥工作的最小宽度。扩帮工程量

$$V_3 = b_{3k}L_{3k}h, \mathrm{m}^3 \tag{12-29}$$

式中 L_{3k}——所需扩帮长度，m；

b_{3k}——扩帮宽度，m。

D 转载站年分摊工程量

应根据露天矿的实际情况，如新水平准备工程的位置、掘沟和扩帮设备的技术规格和掘沟方法而定，没有简单的公式来计算。

12.3.5.2 沟的位置选择及其延深方向

A 沟的位置选择

考虑露天矿周围的地形状况及矿体赋存条件，当露天矿为山坡和凹陷两部分组成时，应考虑到上部和深部开拓的相互衔接，应使其与选矿厂、机修厂、排土场等距离较近。

B 开段沟位置和延深方向

开段沟的位置和延深方向尽量接近矿体，以使基建剥离量最小并加快建设速度；尽量减少矿石贫化损失；缩短运距，有利于工作线推进方向的发展，并结合开拓延深工程的发展程序，保证最大可能的延深速度。

沟的延深方向有四种情况：沿顶帮境界延深（图 12－48a）；沿矿体上盘延深（图 12－48b）；沿矿体下盘延深（图 12－48c）；沿底帮境界延深（图 12－48d）。

以上四种延深方向比较如下：

按初期剥岩量大小和见矿快慢比较其顺序：b、c 初期剥岩少，见矿快；a 初期剥岩量最大。

按矿石损失贫化指标比较其顺序是：b、a 比 c、d 为好。

各种延深方向技术经济指标比较见表 12－27。

12.3.5.3 掘沟方法

表 12－28 为部分掘沟方法。

在表 12－28 图中，当汽车运输掘沟时，以挖掘机同时供两台汽车的方式（表 12－28 中的（1）之 3）掘沟速度最快。

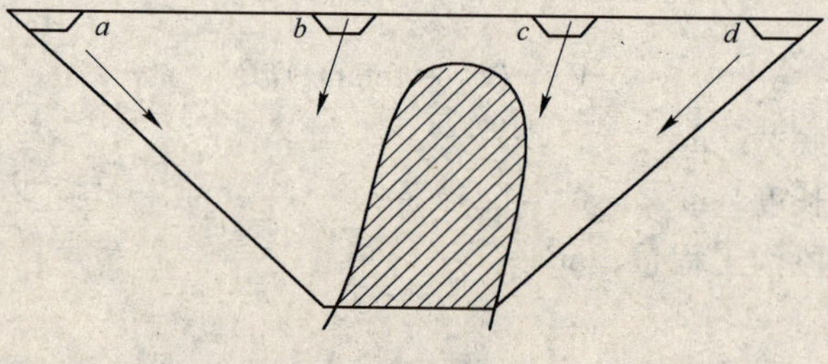

图 12－48 开段沟位置及延深方向示意图

铁路运输全断面掘沟时，采用长臂铲上装车的掘沟方法（表 12－28 中的 1（2）之 2）中图），掘沟速度较平装车快。当露天矿要求的年延深，速度不大时，可用普通规格电铲进行平装车（表 12－28 中的 1（2）之 1）中图）。大孤山铁矿和眼前山铁矿成功地应用了斗容 6.1m^3 的长臂铲进行上装车全断面掘沟；大冶铁矿用 W－4 型电铲改制一台半

表 12－27 各种延深方向技术经济比较

延深方式	年产量（万吨）	达产时间（年）	达产深度（m）	生产剥采比（m^3/m^3）	经济效果（%）
沿顶帮境界延深	550	13.5	108	2.18	100
沿矿体上盘延深	580	2.0	24	2.72	180
沿矿体下盘延深	510	2.9	24	2.03	139
沿底帮境界延深	530	10.6	84	2.66	112

长臂铲，进行双铲联合分层掘沟；甘井子石灰石矿采用$3m^3$的电铲进行分层高度2.5～3m的上装车掘沟，都取得了很好的效果。兰尖铁矿采用“宽爆窄出”的方法，以便最大限度地发挥设备效率。在大于双壁沟宽度的全断面上进行穿孔爆破，即“宽爆”，而“窄出”是指在满足汽车最小转弯半径和安全作业的技术条件下，尽量缩小挖掘宽度，加快掘沟速度。待双壁沟掘通后，再返回沟内挖掘留存矿岩爆堆。实践证明了该方法优点如下：避免了扩帮时，因穿爆工序堵塞沟道所造成的二次清沟引起的停产损失：由于掘沟断面减小，减少了运输车辆；简化了生产管理和组织环节，协调了穿孔、爆破、装载、运输之间的关系，保证了生产持续进行，加快了掘沟速度。该工艺如图 12－49 所示。其掘沟参数见表12－29。

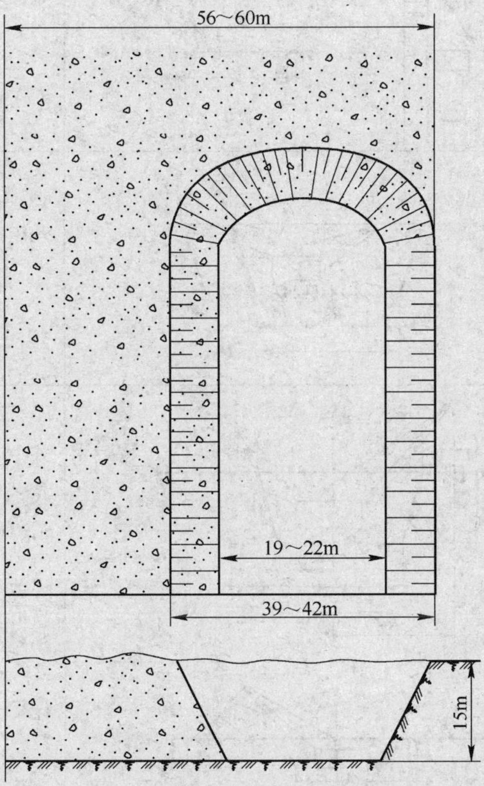

图 12－49 兰尖铁矿“宽爆窄出”挖掘工艺示意图

表12－28　部分掘沟方法图表

掘沟方法	图　示	沟底最小宽度（m）
1. 全断面掘沟 （1）汽车运输掘沟 1）环形调车	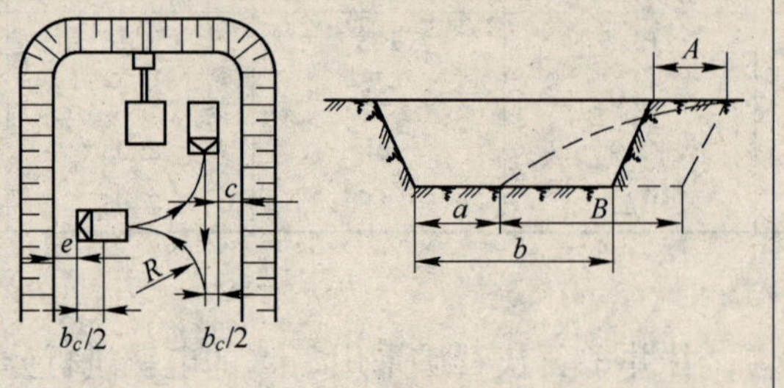	$b=B+a-A$ $b_{min}=2\left(R_{min}+\frac{b_c}{2}+e\right)$ 式中　B——爆堆宽度； a——道路宽度； A——爆破带宽度； R_{min}——汽车最小转弯半径； b_c——汽车宽度； e——安全间隙
2）单折返调车	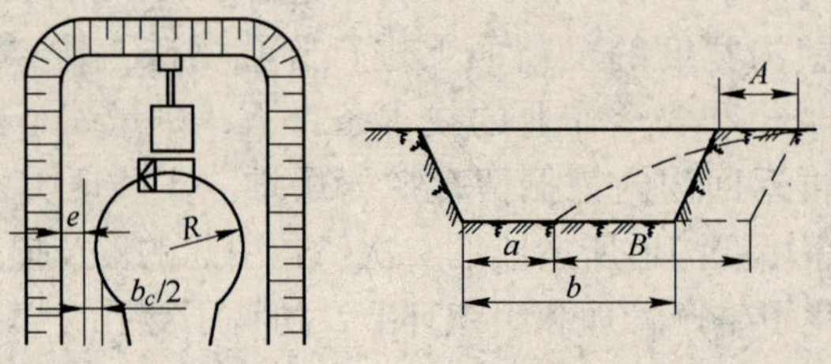	$b_{min}=R_{min}+\frac{b_c}{2}+\frac{l_c}{2}+2e$ 式中　l_c——汽车长度； 其余符号同上式
3）双折返调车	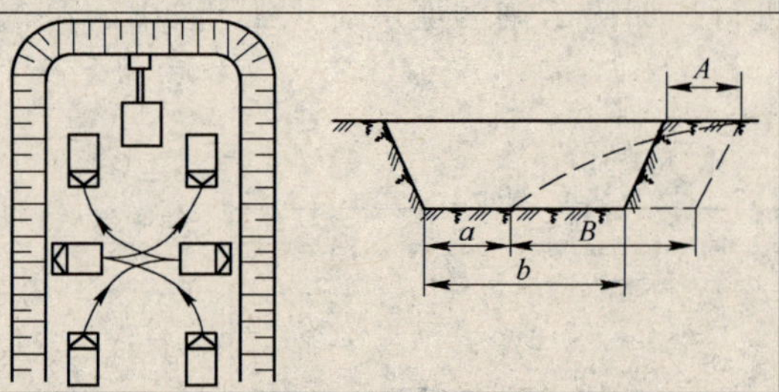	
（2）铁路运输掘沟 1）平装车	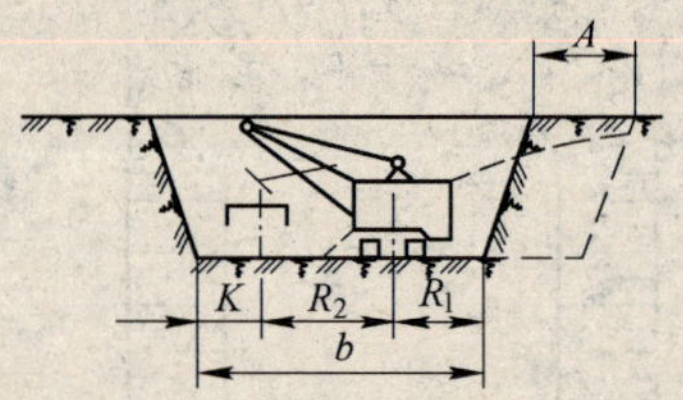	$b_{min}=R_1+R_2+K$ 式中　R_1——站立水平挖掘半径； R_2——卸载半径； K——铁路线路中心至沟帮底线距离
2）上装车	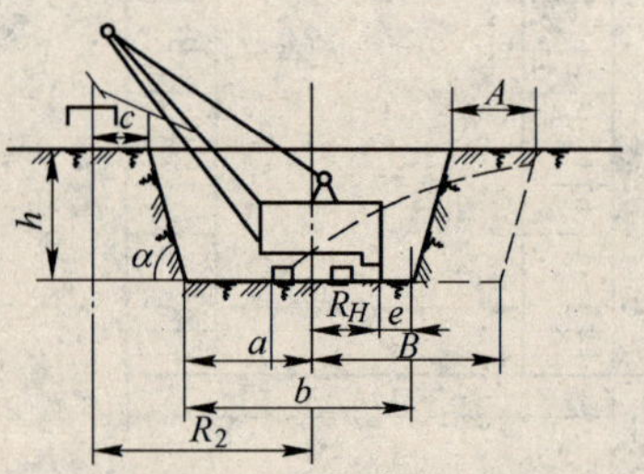	$b_{min}=R_H+R_2-c-h\text{ctg}\alpha+e$ 式中　R_H——挖掘机回转半径； c——线路中心至坡顶线距离； h——台阶高度； α——沟帮坡面角； 其余符号同上式
3）无运输掘沟 ①长臂铲掘沟	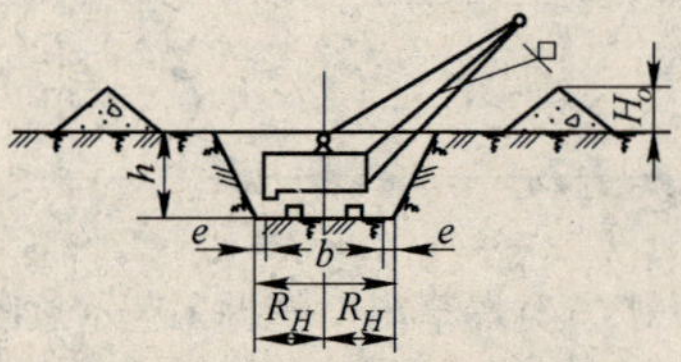	$b_{min}=2（R_H+e）$

续表 12-28

掘沟方法	图 示	沟底最小宽度（m）
②索斗铲掘沟	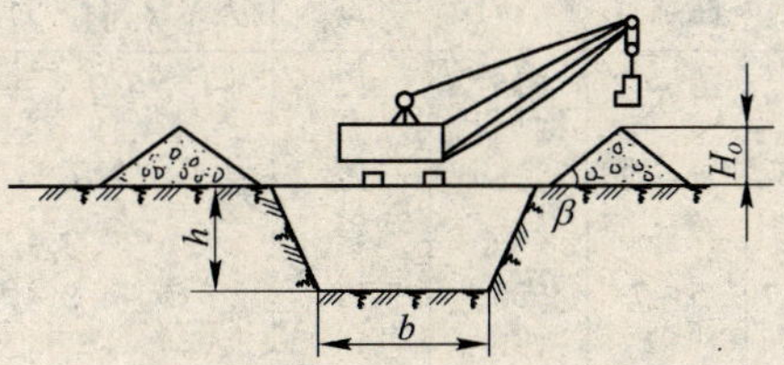	
2. 分层掘沟 1）单侧分层上装车掘沟	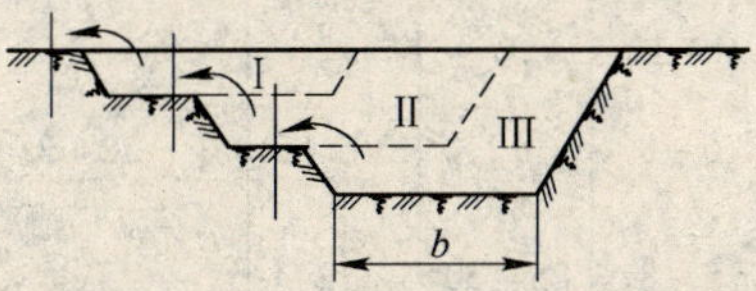	
2）交错分层上装车掘沟	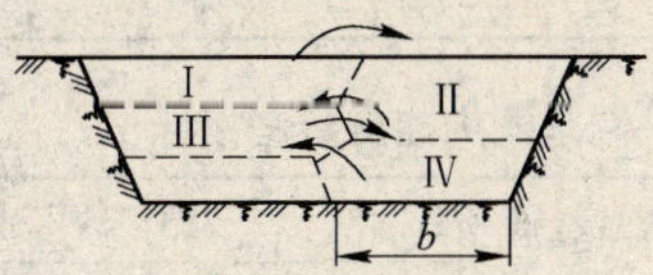	
3）上分层为上装车、下分层为平装车掘沟	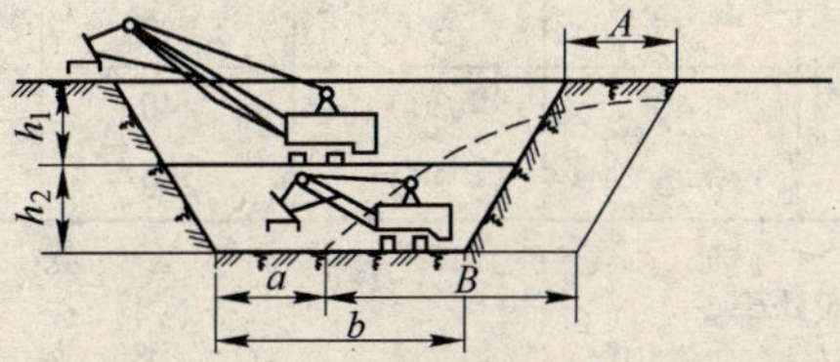	

表 12-29 宽爆窄出掘沟工艺横断面规格

断面规格	上宽（m）	底宽（m）	断面积（m^2）
穿爆尺寸	56～60	41～45	728～778
采装尺寸	39～42	19～22	458

12.3.5.4 我国部分露天矿掘沟方法及实际指标

我国部分露天矿掘沟方法及实际指标，见表 12-30。

汽车运输掘沟速度参考指标，见表 12-31。

12.3.5.5 新水平准备时间和延深速度

新水平准备时间是指上一水平开始准备到下一水平开始准备，或下水平掘沟时间与上水平为掘沟进行扩帮所需时间之和。

延深速度表示露天矿每一年可能延深的垂直高度。用 h_y 表示，即：

$$h_y = 12h/T_o \tag{12-30}$$

式中 h——台阶高度，m；

T_o——新水平准备时间，月；

表 12-30　我国部分露天矿掘沟方法及实际指标

矿山名称	掘沟方法及装运工艺	岩石坚固性系数	沟底宽度(m)	沟深(m)	电铲效率(万米^3/(台·月))	掘沟速度(米/月)	延深速度(m/a)
大孤山铁矿	长臂铲上装车	10~12	35	12	6.0	60.78	6~6.3
南芬铁矿	汽车运输、尽头式折返调车或环形调车	8~12	35	12	14~16	150~200	8~10
白银铜矿1号采场	汽车运输、尽头式折返调车	5~7	30	12	5~6.3	100~150	10.10
眼前山铁矿	铁路运输、长臂铲上装车	8~10	27~33	12	6.6	254	12
大冶铁矿	汽车运输、环形调车方式	8~12	37	12		308	16
昆阳磷矿	汽车运输、分层掘沟、单侧折返	6~8	12	10(5+5)	2.03	240	12
德兴铜矿	汽车运输、全断面平装车、折返	5~8	25~30	12			12
铜官山露天矿	汽车运输、全断面平装车、折返	8~10	20	12	3	157米/半月	12

表 12-31　汽车掘沟速度参考指标

掘沟方法	斗容(m^3)	汽车载重吨位(t)	掘沟速度（米/月）			
			$h=10m$	$h=12m$	$h=15m$	$h=20m$
尽头式折返调车	4.6	40	245	190	150	
$b=25\sim27m$	8.0	75	310	240	200	130
环形调车	4.6	40	300	240	180	
$b=35m$	8.0	75	350	290	220	130

h_y——年延深的垂直高度，米/年。

新水平准备时间有多种确定方法，这里介绍一种公式计算法，供参考。

$$T_o=l_o\left(\frac{1}{v_o}+\frac{1}{v}\right)+\frac{V_1}{KQ}(1+m)+\left(\frac{1}{v_o}-\frac{1}{v}\right)\left[L_p\left(1-\frac{3}{K}-l_o\right)\right] \tag{12-31}$$

式中 l_o——掘沟电铲与扩帮电铲之间允许的最短距离，m；

v_o——扩帮速度，米/月；

v——开段沟掘进速度，米/月；

V_1——为保证下一水平的准备而在本水平的扩帮量，m^3；

K——本水平的扩帮工作面数；

Q——扩帮电铲的生产能力，米^3/月；

m——在一个水平上同时扩帮的电铲数，台；

L_p——本水平的开段沟长度，m；

T_o——新水平准备时间，月。

延深速度和推进速度，两者之间关系如下：

$$v_T=h_y(\text{ctg}\varphi\pm\text{ctg}\beta) \tag{12-32}$$

式中 v_T——工作帮推进速度，m/a；

h_y——延深速度，m/a；

φ ——工作帮坡面角，(°)。

露天矿延深速度取决于设备类型，新水平准备方法和延深工作的组织状况。在我国目前条件下，铁路运输山坡露天矿延深最大可达 8～12m/a，而汽车延深速度最大可达 20～25m/a。在此考虑相邻工作台阶配合发展的限制条件：

$$v_{Ti} \geqslant v_{Ti+1} - (B_i - B_{i\min})/T \tag{12-33}$$

式中 v_{Ti}、v_{Ti+1}——第 i 台阶和第 $i+1$ 台阶的水平推进速度，m/a；

B_i——第 i 台阶工作平盘宽度，m；

$B_{i\min}$——最小工作平盘宽度，m；

T——新水平准备时间，月。

当工作平盘宽度相等时，则推进速度一致，即

$$B_i = B_{i\min}\text{时，则 } v_{Ti} = v_{Ti+1}$$

每个工作帮的水平推进速度应满足下列条件：

$$nQ/hL \geqslant v_T \tag{12-34}$$

式中 Q——挖掘机效率，m^3/a；

h 台阶高度，m；

L——采场工作线总长度，m；

n——工作帮上所配置的电铲数，台；

v_T——工作台阶完成生产能力所必需的推进速度，m/a。

12.3.5.6 缩短新水平准备时间的途径

除前述提高掘沟速度的掘沟方法外，还采用了横向采剥、纵向推进、短段沟或无段沟来加速新水平准备。如：白银露天矿、铜录山铜铁矿、金堆城钼矿等都采用横向采剥方法，铜山露天矿、石录铜矿采用无段沟来加速新水平准备工作。在出入沟终端建立开拓基坑，其平面尺寸约为 50m×50m，以保证投入第二台采装设备，如图 12-50 所示。无段沟开拓简化了扩帮工程，当工作平盘形成后，用多台电铲扇形工作线作业，发挥了汽车运输的灵活性，使新水平准备工作量由 30 万米^3 减少到 10 万米^3 以下，从而使准备新水平时间由一年减至半年。

铜录山铜铁矿在矿体上盘处开掘临时出入沟（约 15～20 天）和 40～50m 的短段沟后即可开始采矿，再逐步和固定坑线相连。这样既可降低矿石贫化损失，又可加速新水平准备。用此工艺掘沟一般只用 3 个月时间即可准备出一个新水平。

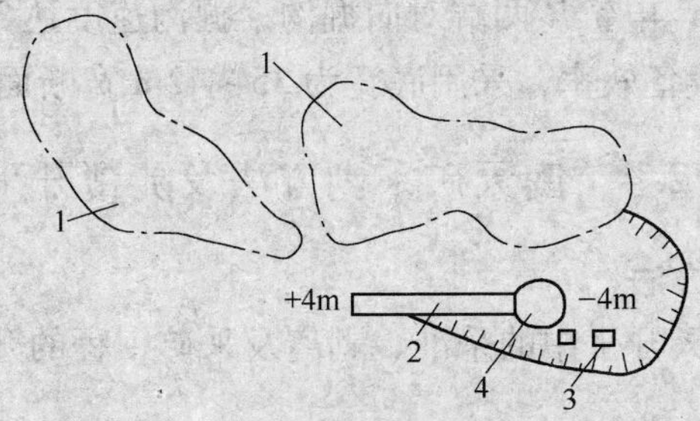

图 12-50 石录铜矿无段沟开拓示意图

1—矿体；2—永久路堑；3—水池和泵房；4—基坑

如铜山露天矿掘沟中采取5～10排微差爆破，采用排水能力为500吨/时的水泵在沟内移动排水，在组织上采取集中优势力量的办法，创造了15天完成一条157m长的双壁出入沟的掘沟纪录。

12.3.5.7 实例

实例1 峨口铁矿

该矿是山坡露天矿，采用斗容$4m^3$电铲和载重27t的汽车掘单壁沟。台阶高度为12m，沟底宽度为20m，采用双折返调车，掘沟电铲效率为7万吨/月，掘沟速度为100米/月。年下降速度为12.2m。

实例2 昆阳磷矿

昆阳磷矿为缓倾斜（倾角10°～30°）矿体，采用汽车分层掘开段沟（即10m高的剥离台阶分成两次形成），沿矿体上盘先掘第一分层，深度5m。再掘第二分层，形成最终开段沟，采用多排孔微差挤压爆破。调车方式为单侧折返式。掘沟参数：分层沟深5m，沟底宽12m，长度300m，纵坡小于3%，外沟帮坡面角75°，内沟帮坡面与矿体层面一致，最终开段沟深为10m，其他参数同第一分层。下降速度为10米/年，开段沟电铲效率为2万$米^3$/月，掘沟速度200米/月。

实例3 南芬铁矿

（1）出入沟：由于南芬铁矿有上下盘、南北端四条运岩系统和排土场，所以在新水平准备时必须首先考虑采场四条运岩公路主干线相连的采场内倾斜沟道的修筑。其沟道受地形条件等方面因素的影响，有单壁沟和双壁沟两种。出入沟纵坡为8%的长度为300m；纵坡为3%的长度为80m。沟的路基宽为25～27m，路面宽为20m。

（2）开段沟：设在矿体上盘沿矿岩接触线的岩石中。开段沟长度视矿体长度而定，一般为1000～1400m。沟底宽35m（有时为42m），为排水方便，沟的中部略高于两侧。

（3）溜井降段和卸矿口的建立：为减少运距和避免矿石上坡运行，采场延深时必须预先进行相应的溜井降段，同时要建新的卸矿口。

（4）主要掘沟工艺：

1）穿孔爆破。采用60R和45R牙轮钻机，钻凿ϕ250mm和ϕ310mm直孔。钻孔每排6～7个孔，孔距5～7m。采用微差爆破或挤压爆破，一次爆破量为10万吨以上。基本是横向爆破。

2）装载和运输。该矿用斗容$7.6m^3$电铲和载重108t电动轮汽车进行侧装车掘沟。南芬铁矿用两台$7.6m^3$电铲从两端对向掘沟，掘沟速度达300米/月。

3）为充分发挥装运设备效率，采用底宽为35～42m宽断面掘沟。

12.4 露天矿采剥方法及陡帮开采

12.4.1 露天矿采剥方法

采剥方法主要研究露天开采中的采准、剥离及采矿工程的开采顺序以及它们之间的时空关系等问题。

采剥方法按工作线的布置形式可分为：

（1）纵向采剥方法；（2）横向采剥方法；（3）扇形采剥方法；（4）环形采剥方法。

12.4.1.1 纵向采剥方法

纵向采剥时，露天矿的采剥工作线沿矿体走向布置，横向推进。当露天矿采用固定坑线开拓时，工作线由顶帮向底帮推进，也可由底帮向顶帮推进，但一般多采用底帮固定坑线开拓，如大冶铁矿、眼前山铁矿等均采用底帮固定坑线开拓。也可以采用移动坑线开拓，此时开段沟布置在矿体的上盘、下盘接触线或矿体中间。工作线由中间向顶帮和底帮推进。大孤山铁矿曾设计采用下盘移动坑线开拓，工作帮向顶帮和底帮推进。

A 工作面主要参数

工作面主要参数有：台阶高度、采区长度及最小工作平盘宽度等。台阶高度及采区长度，分别列入表 12－32 和表 12－33。

表 12－32 台阶高度

挖掘机斗容（m^3）	台阶高度（m^3）
1～2	10～12
4～4.6	12～13
>6	14～16

表 12－33 采区长度

挖掘机斗容（m^3）	台阶高度（m）	挖掘机采区最小长度（m）	
		铁路运输	汽车运输
1	<10	200	150
2	<10	300	200
4	10	450	250
4	12	450	300
8～10	15		350
16	≥15		400

工作平盘宽度：对于剥岩台阶，不小于最小工作平盘宽度 B_{min}。对于采矿台阶，工作平盘宽度 B 为

$$B = B_{min} + B_p \tag{12-35}$$

式中 B——工作平盘宽度，m；

B_{min}——最小工作平盘宽度，m；

B_p——备采矿量平盘宽度，m

$$B_p = \frac{A_p t_p}{Lh}; \tag{12-36}$$

A_p——露天矿的实体矿石生产能力，m^3/a；

t_p——备采矿量开采时间，a；

L——采矿工作线总长度，m；

h——台阶高度，m。

纵向采剥时工作帮坡角 φ 值为

$$\operatorname{ctg}\varphi = \frac{B_1 + B_2 + B_3 + \cdots + B_n + (h_1 + h_2 + h_3 + \cdots + h_n)\operatorname{ctg}\alpha}{h_1 + h_2 + h_3 + \cdots + h_n} \tag{12-37}$$

式中 B_1、B_2、B_3、$\cdots B_n$ ——工作平盘宽度，m；

h_1、h_2、h_3、$\cdots h_n$ ——台阶高度，m；

α ——台阶坡面角，(°)。

当 $h_1 = h_2 = h_3 = h_n = h$，$B_1 = B_2 = B_3 = B_n = B$ 时，公式（12－37）可写成：

$$\text{ctg}\varphi = \frac{B + h\text{ctg}\alpha}{h} \tag{12-38}$$

B 纵向采剥方法的主要优缺点

其主要优点是：

（1）纵向开采时，工作线是平行推进的，所以沿工作线上的采掘带宽度基本上是相等的，因而能充分利用工作线，有利于管理工作。

（2）开段沟可以布置在矿体的上盘或顶帮，工作线垂直走向推进，因而有利于减少矿石的损失和贫化。

纵向采剥方法的主要缺点是：在一定的矿山技术条件下，矿岩内部运输距离较大（与横向采剥方法相比）；当工作线从底帮向顶帮推进时，矿石损失和贫化较大；当矿体为倾斜和急倾斜时，基建剥岩量较大；纵向采剥方法不灵活，对矿石品种和品位波动较大的矿山不利于分采。

C 纵向采剥方法适用条件

（1）铁路运输的露天矿；

（2）长宽比接近于1的汽车运输露天矿；

（3）有特殊要求的汽车运输矿山。

D 实例

大冶铁矿东露天采场。大冶铁矿东露天采场原设计的矿石生产能力为290万吨/年（历年的产量为200万吨/年）。设计的坑底标高是：象鼻山为±0m，狮子山为－36m，尖山为－96m，坑底长390m，宽20～50m，封闭圈标高为＋72m。顶帮最终边坡角为47°～50°，底帮最终边坡角为42°～44°。＋180～±0m之间采用准轨铁路运输、底帮固定折返坑线开拓，限制坡度 $i = 35‰$，±0m以下采用公路运输。＋180m至－96m形成了铁路—公路联合运输。采场主要参数为：台阶高度为12m，工作平盘宽度为30～50m，备采矿量为2～2.5个月。开段沟的底宽为24m，靠露天矿的底帮布置、沿矿体走向掘沟、工作线从底帮向顶帮推进。

采场用斗容3～4m^3挖掘机装车，粘着重量为80t和150t电机车及载重60t自翻车运输，潜孔钻机穿孔。

采场挖掘机效率一般为100～140万吨/(台·年)，单机曾达176.4万吨/(台·年)；潜孔钻机效率约为2万米/(台·年)，单机曾达2.43万米/(台·年)；电机车的效率通常为60～70万吨/(台·年)，单机曾达90.5万吨/(台·年)。

12.4.1.2 横向采剥方法

横向采剥方法系指露天矿采剥工作线横交矿体走向布置，沿矿体走向推进，如图12－51所示。开段沟可以布置在露天矿的端部或者境界中的任何一个地方，并垂直矿体走向掘沟，形成初始工作线，从一端向另一端，或从中间向两端推进。

A 横向采剥工作面主要参数

横向采剥工作面主要参数包括台阶高度、工作平盘宽度、工作帮坡角等。这些参数的

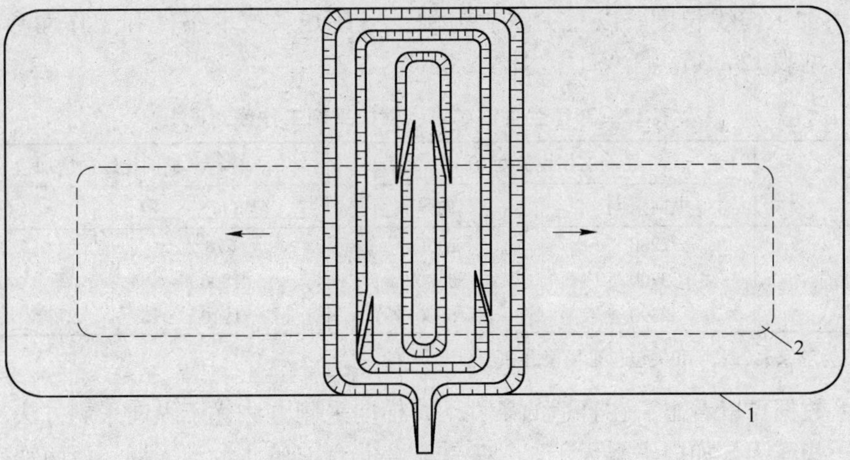

图 12-51 横向采剥法

1—露天开采境界；2—矿体

取值和计算方法等均与纵向采剥方法相同或者近似。

B 横向采剥方法的优缺点

（1）减少基建工程量。研究表明，采场不同长宽比的基建工程量见表 12-34。

表 12-34 采场不同长宽比的基建工程量

采场尺寸（m）			基建工程量（万米³）		$\frac{V_2}{V_1}\times 100\%$
长（L）	宽（B）	$\left(\frac{L}{B}\right)$	纵采（V_1）	横采（V_2）	
1000	1000	1.0	1428.6	1408.1	98.6
1500	1000	1.5	2142.9	1408.1	65.7
2000	1000	2.0	2857.2	1408.1	42.3
2500	1000	2.5	3571.5	1408.1	39.4

（2）减少采场内部运输距离。以兰尖铁矿为例，纵、横向采剥方法汽车运输距离对比见表 12-35，以纵向采剥为 100%。（该矿采用平硐溜井开拓）。

表 12-35 兰尖铁矿纵、横向采剥方法运输距离对比

采场	开采部位	纵向采剥				横向采剥			
		矿石		岩石		矿石		岩石	
		平均运距（m）	%	平均运距（m）	%	平均运距（m）	%	平均运距（m）	%
兰家火山	上	450	100	900	100	200	45	350	39
	中	290	100	1400	100	200	69	700	50
	下	300	100	500	100	200	66.7	200	40
尖包包	上	200	100	1200	100	150	75	500	42
	中	400	100	1050	100	200	50	650	62
	下	400	100	1050	100	200	50	650	62

（3）减少开段沟工程量。当采用长段沟开拓并且采场的长宽比为 1.5~2.0 时，横向采剥时的开段沟工程量比纵向采剥减少 35%~50%。

（4）增加工作线长度。以兰尖铁矿为例，当其开采技术条件和工作面参数相同时，工作线长度见表12－36。

表12－36 兰尖铁矿纵、横向采剥工作线对比①

采场部位	采剥工作线长度（m）		横向比纵向增加值	
	纵向采剥	横向采剥	（m）	（%）
上	2280	2950	670	29.4
中	3700	5500	1800	48.7
下	4390	6300	1910	43.5

①表中值为兰家火山采场和尖包包采场值之和。

从以上数据可以看出，在合适的条件下，横向采剥方法优于纵向采剥方法。

我国一些露天矿如白银露天矿、兰尖铁矿、北台铁矿北台沟采场、海南铁矿北一采场等，采用横向采剥方法。其中海南铁矿北一采场用铁路运输。下面以白银露天矿为例，简要说明如下：

白银露天矿开采的矿体属典型的黄铁矿型矿床。矿体产状与围岩片理基本一致，走向东西，倾向南，倾角50°～80°。露天矿分为腰山矿区（一采场）和火焰山矿区（二采场），前者位于矿区北部，后者位于南部，两者近于平行，相距500m。

原设计采用汽车运输，下盘固定回返坑线开拓。一采场出入沟口位于采场东南方的白银厂沟，标高为1853m，二采场出入沟口位于采场东北的金矾沟，标高为1873m。

图12－52 白银露天矿一采场采用横向采剥方法图

原设计采用纵向采剥方法，长段沟进行新水平准备，工作线由上盘向下盘推进。投产后改用横向采剥方法、短段沟进行新水平准备，如图 12－52 所示。

白银露天矿改用横向采剥方法及其他技术措施后，取得了较好的技术经济指标，例如：

（1）减少基建工程量。原设计的基建剥岩量为 1992.3 万米^3，而实际达到投产标准时的基建工程量仅为 1707.1 万米^3，即减少 285.2 万米^3。

（2）降低露天矿前期生产剥采比。原设计前 5 年的平均生产剥采比为 8.56t/t，而实际的平均生产剥采比为 6.22t/t，即少 2.34t/t。

（3）减少采场内部运输距离 62.5%。

（4）有利于降低矿石的损失及贫化。损失率由原设计的 7% 降到 1% 左右，贫化率由原设计的 10% 降到 3% ~4%。

横向采剥方法的主要缺点是：采场作业台阶多，设备上下调动频繁，影响其生产能力；生产组织和管理比较复杂，容易因计划不周而造成采场的采剥失调等。此外，在山坡地形的条件下，横向采剥的生产剥采比较纵向采剥（工作线从上盘向下盘推进）时为大，如图 12－53 所示。

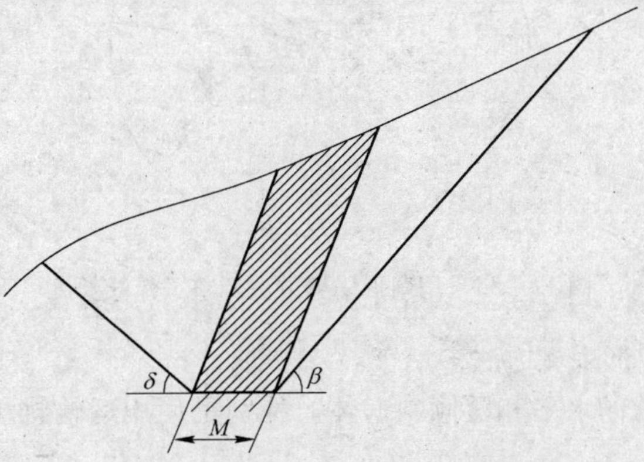

图 12－53　地形条件对横向采剥方法的影响

横向采剥方法主要适用于汽车运输的露天矿，因为汽车运输机动灵活，对工作线长度要求比较短，能适应各种不同的矿体埋藏条件和品位的空间分布。此外，长宽比大的露天矿，在其他条件相同时，采用横向采剥方法较为有利。

12.4.1.3　扇形采剥方法

扇形采剥方法如图 12－54 所示。

从图 12－54 可以看出，扇形采剥时，工作线上每个点的推进速度是不同的，工作线的推进方向也是变化的，因而生产组织管理复杂，各开采水平之间影响较大，新水平准备时间较长，且同时开采台阶数少。

沟道线路与工作面线路可以直接连接，无需设连接平台，因而可以减少运距，有利于提高露天开采的经济效益。在开采水平或缓倾斜矿体时，通过调整回转中枢的位置，可使露天矿的工作线长度基本保持不变，如图 12－55 所示。

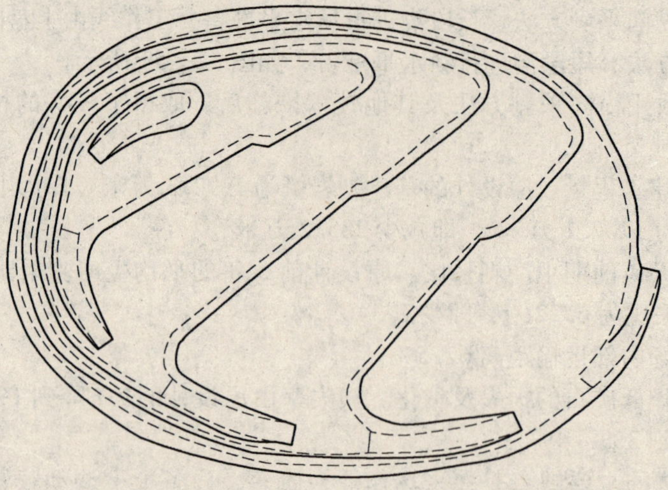

图 12-54 螺旋坑线开拓时的扇形采剥方法

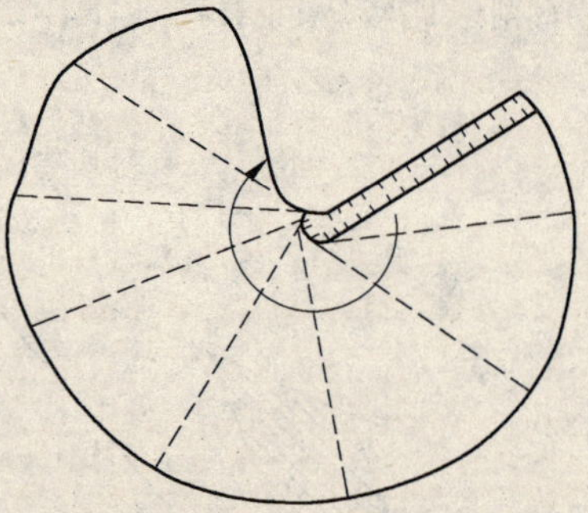

图 12-55 用扇形采剥方法调整工作线长度

根据上述特点，扇形采剥方法多用于：

（1）矿岩比较松软的水平和缓倾斜矿体。特别是使用运输排土桥和带式输送机的露天矿。

（2）用螺旋坑线开拓的露天矿，使用扇形采剥方法。

我国铜录山铜铁矿采用螺旋坑线开拓和扇形工作线采剥。

12.4.1.4 环形采剥方法

A 采剥工程发展

环形采剥时，采场工作线向四周发展。当开采凹陷露天矿时，工作线自里向外扩展，如图 12-56*a* 所示；当开采孤立山峰型露天矿时，工作线自外向里发展，如图 12-56*b* 所示。

采用这种方法时，一般先在矿体中间掘一个圆坑，其直径约为 50～200m，依采掘运输设备的规格而定，然后向四周发展。此时露天矿的发展像一个截头圆锥沿矿体的倾斜方向下移，如图 12-57 所示。

从图 12-57 可以看出，环形采剥时圆形工作线上各点的推进速度是不同的，依矿体倾角及主推进方向而定，沿推进方向的工作线推进速度最大，逆推进方向的工作线推进速度最小。此时多采用移动坑线开拓，并且坑线多沿圆坑的周边布置。

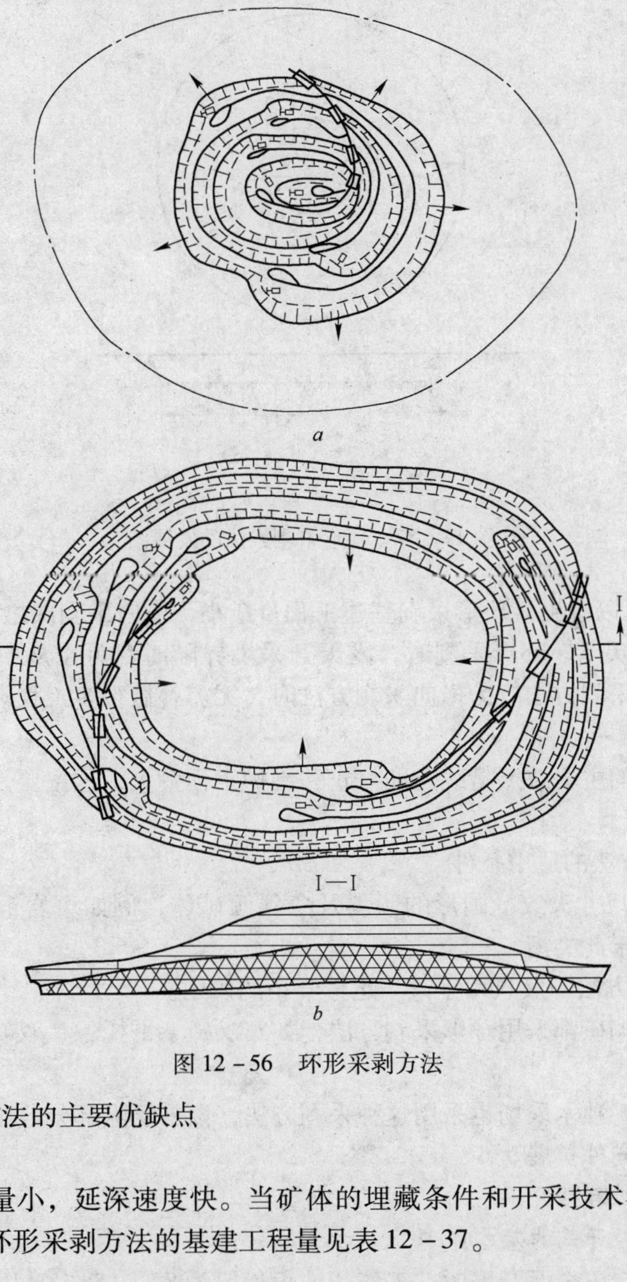

图 12－56　环形采剥方法

B　环形采剥方法的主要优缺点

主要优点：

（1）基建工程量小，延深速度快。当矿体的埋藏条件和开采技术参数相同时，纵向采剥、横向采剥及环形采剥方法的基建工程量见表 12－37。

表 12－37　三种采剥方法的基建工程量比较

采场尺寸（m）			基建工程量（万米^3）		
L（长）	B（宽）	L/B	纵向采剥	横向采剥	环形采剥
1000	1000	1	1408.6	1408.2	983.4
1500	1000	1.5	2142.9	1408.2	983.4
2000	1000	2.0	2857.2	1408.2	983.4
2500	1000	2.5	3571.5	1408.2	983.4

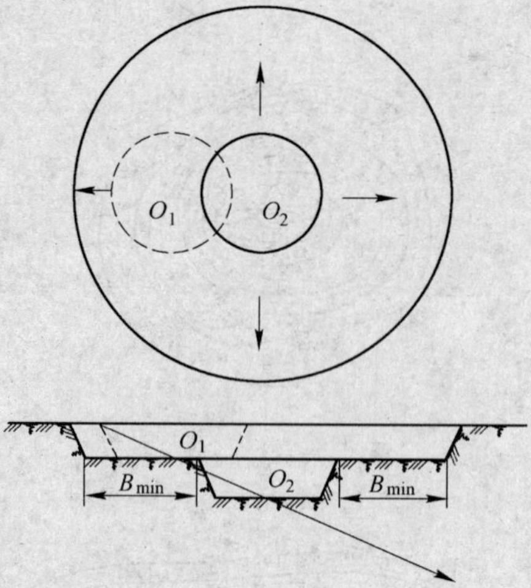

图 12－57 环形采剥方法的发展图

从表 12－37 可以看出，环形采剥基建工程量最小，横向采剥次之，纵向采剥最大。

（2）使用比较灵活。环形采剥时，露天开采境界随时都可以从中央向四周扩大而不影响生产。若环形采剥方法改为横向采剥方法时，无需补做很多工程。

主要缺点：

环形采剥方法的主要缺点是线路的修筑和维护工程量大，这主要是由于大量使用移动坑线所引起的。

C 环形采剥方法的适用条件

（1）矿体平面尺寸大致呈圆形的倾斜及急斜倾矿体，例如斑岩铜矿型矿体，我国的富家坞铜矿就是属于此类型。

（2）环形采剥方法一般只用于汽车运输开拓的矿山。

世界很多斑岩铜矿都采用环形采剥方法，如宾汉姆、平托谷、双峰、碧玛等铜矿以及西雅里塔铜钼矿。

我国弓长岭铁矿独木采场也采用这种采剥方法，该采场除部分地段已到达境界外，其余大部分地段都在向外扩展。

12.4.2 露天矿陡帮开采

12.4.2.1 陡帮开采的基本原理

采用缓帮，即台阶全面开采时，工作帮坡角一般为 8°～15°；采用陡帮，即台阶轮流开采时，工作帮坡角可达 25°～35°，有时还更大，接近最终边坡角。

陡帮开采时，工作帮上不是每个台阶布置挖掘机，即不是每个台阶都处于作业状态，其中一部分台阶是作业台阶，另一部分台阶则是暂不作业台阶。作业台阶和暂不作业台阶轮流开采，如图 12－58 所示。

作业台阶保留最小工作平盘宽度，暂不作业台阶只保留很窄的平台。其值在弓长岭独木采场取 15m，浏阳磷矿山田湾采场取 10m。还可两个台阶并段。

为了实施陡帮开采，加陡工作帮坡角，还可以采取其他一些技术措施，例如：

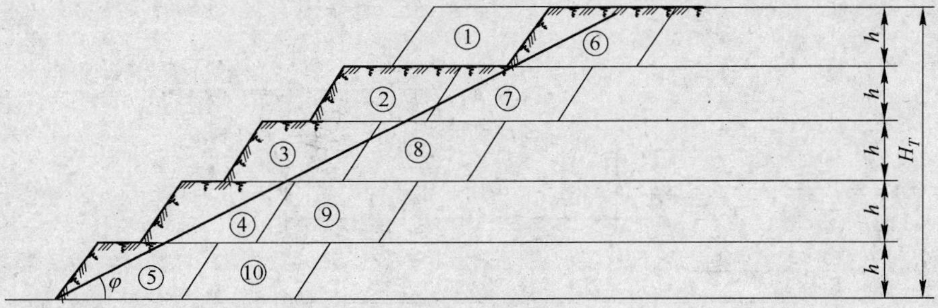

图 12－58　台阶轮流开采法

（1）横向采掘。陡帮开采时实体采掘带宽度即爆破进尺比较大，其值从几十米到上百米，大大超过挖掘机一次可能采掘的宽度。为了充分利用采掘后作业空间进行调车和其他作业，挖掘机有时做横向采掘，如图 12－59 所示。此时挖掘机的采掘方向与采掘带垂直。

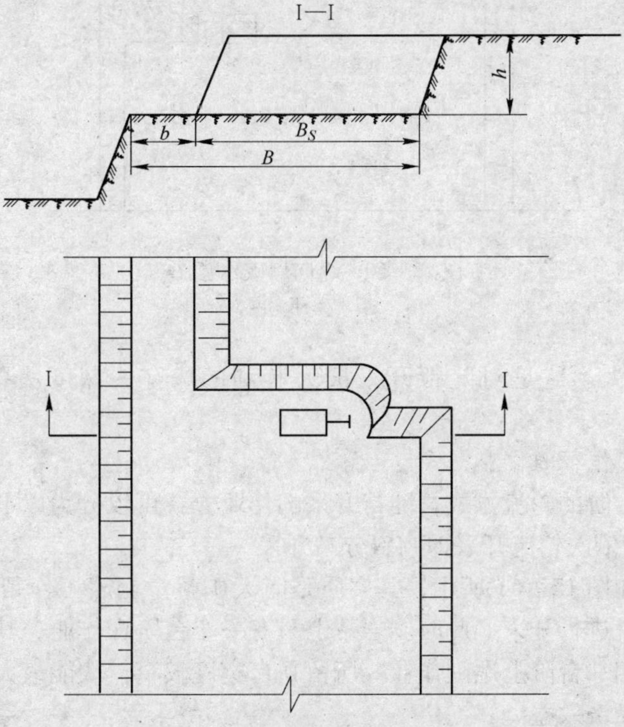

图 12－59　挖掘机横向采掘

B—工作平盘宽度；B_S—爆破进尺；b—暂不作业平台宽度；h—台阶高度

（2）纵向爆破。缓帮开采时，一般实行横向爆破，爆堆在平盘中所占的宽度很大，因而增加了工作平盘宽度。为了减少工作平盘宽度，实行纵向爆破，爆堆亦纵向布置。

根据弓长岭铁矿独木采场的经验，采用纵向爆破旁冲在 10～13m 之间，如图 12－60 所示。

（3）采用深度法设置备采矿量。备采矿量的设置方法可以分为宽度法、长度法和深度法。当采用深度法设置备采矿量时，剥岩帮坡角越陡，备采矿量越大；采矿工作帮坡角

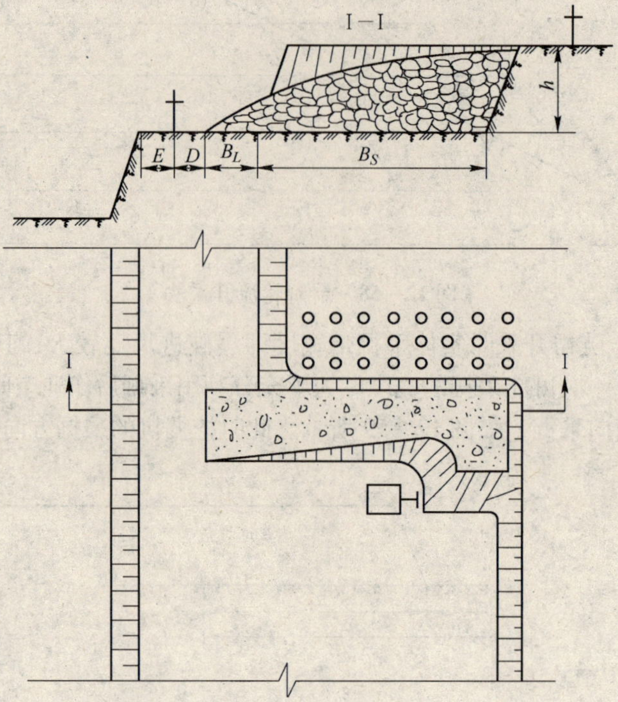

图12－60　纵向爆破示意图

B_L 一爆堆旁冲宽度，m

越缓，备采矿量越大。这是对陡帮开采极为有利的。有关深度法备采矿量的论述见12.4.6.3。

12.4.2.2　陡工作帮的作业方式

根据工作帮上台阶的轮流方式，陡帮开采的作业方式可以分为以下几种方式。

A　工作帮台阶依次轮流开采即倾斜分条开采

这种作业方式如图12－61所示，其实质是露天矿整个剥岩工作帮由一台或两台挖掘机从上而下依次轮流进行开采，此时剥岩帮上只有一个台阶在作业，其余台阶均处于暂不作业状态。也可在相邻台阶上尾随作业。所留平台宽度较窄，故能最大限度地加陡工作帮坡角，获得较好的经济效益。

当两台挖掘机进行采掘时，它们在同一个台阶上作业，一前一后，互相间隔一定的距离。美国的平托谷铜矿的作业平盘宽度约120m，最小为91.5m，两台电铲作业，一前一后各占60m，彼此间隔约100m，工作面横向布置，纵向爆破，一次爆破全宽。台阶高度为13.7m，两相邻台阶坡顶线之间的水平距离为15m。

采用此种作业方式时，工作帮坡角可以加陡到25°～35°或更大，但必须保持以下条件：

$$Q \geqslant B_S H_T L'/T' = B_S n h L'/T' \qquad (12-39)$$

式中　Q ——一台或两台挖掘机的生产能力，m^3/a；

B_S——剥岩条带宽度（爆破进尺），m；

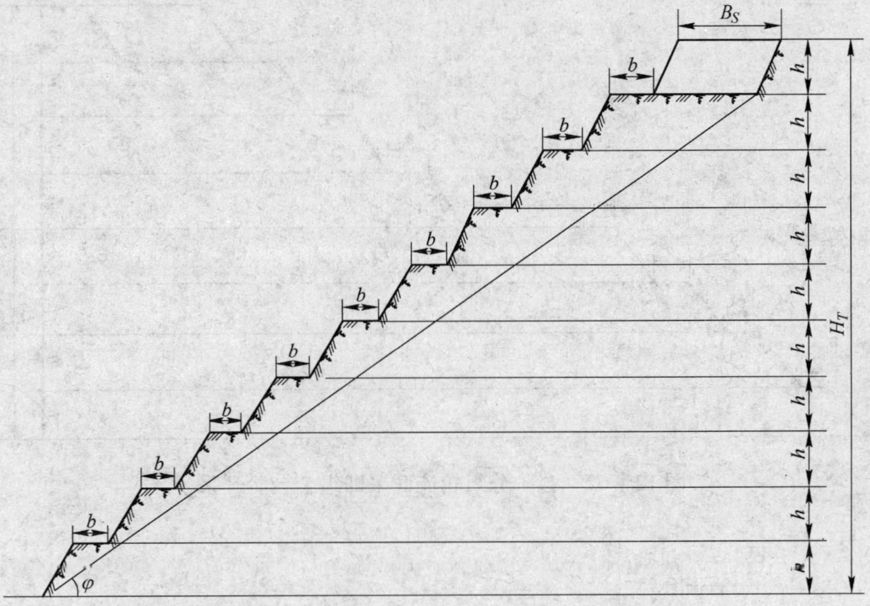

图 12-61 工作帮台阶依次轮流开采即倾斜分条开采

L'——露天矿的走向长度或剥岩区长度，m；

n——剥岩帮上的台阶数目，个；

h——台阶高度，m；

H_T——剥岩帮高度，m；

T'——剥岩周期，a。

工作帮台阶依次轮流开采方式得到了广泛应用。我国浏阳磷矿山田湾采场采用这种作业方式，并取得了较好的技术经济指标。

B 工作帮台阶分组轮流开采即组合台阶开采

台阶分组轮流开采如图 12-62 所示。其实质是将工作帮上的台阶划分为 2~3 组，每组 2~5 个台阶，每组台阶由一台挖掘机开采，挖掘机在组内从上而下逐个台阶进行开采，当挖掘机采完组内最后一个台阶后就返回第一个台阶作业，剥离下一个岩石条带。此时，组内除正在作业的台阶外，其余台阶均处于暂不作业状态，工作帮坡角比台阶依次轮流开采方式小。

台阶分组轮流开采时，只要相邻组的挖掘机之间保持一定的水平距离，就可以避免安全事故。非相邻组之间的挖掘机由一个或多个 30~50m 或更宽的作业平台隔开，挖掘机即使在同一条垂线上作业，也可以保证安全生产。

我国弓长岭铁矿独木采场采用这种作业方式，取得了很好的经济效益。

C 并段爆破，分段采装作业

此法的实质是工作台阶并段进行穿孔爆破，然后在爆堆上分段进行采装，它是靠增大高度和减少爆堆占用的宽度来加陡工作帮坡角的作业方式，如图 12-63 所示。此法在钻机的穿孔深度得到保证才能使用。

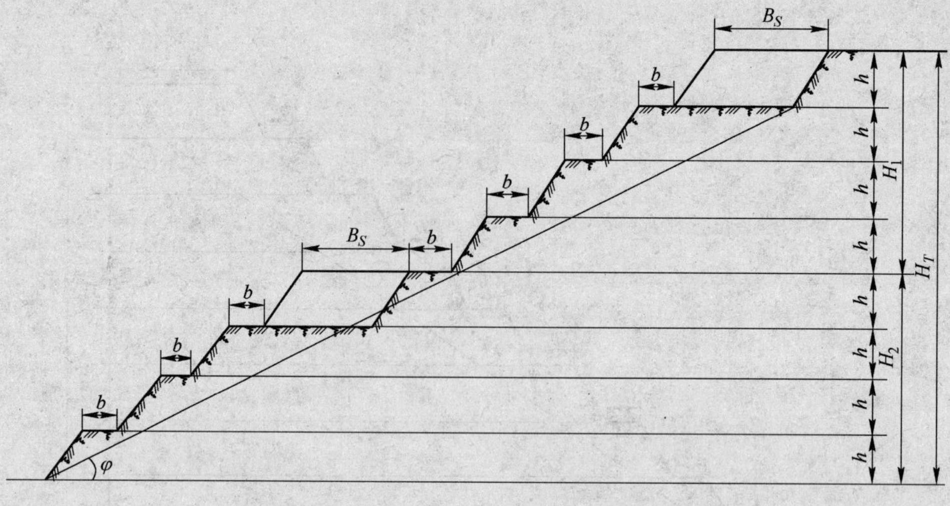

图 12-62　台阶分组轮流开采即组合台阶开采

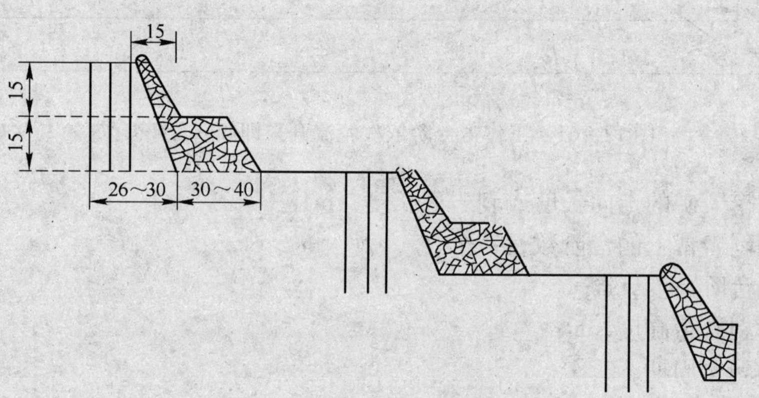

图 12-63　并段穿爆，分段采装的作业

D　台阶尾随开采

台阶尾随开采就是一台挖掘机尾随另一台挖掘机向前推进，如图 12-64 所示。组内有若干台挖掘机同时作业。

从图 12-64 可以看出，当采用台阶尾随开采方式时，在工作帮任何一个垂直剖面上，组内只有一个台阶在作业，它保留工作平盘宽度，而其他台阶只留运输平台，故可以加陡工作帮坡角，实现陡帮开采。高村铁矿和厂坝铅锌矿的设计均采用这种作业方式。

尾随挖掘机之间的间距与运输道路的布置、调车方式、爆堆宽度、一次爆破矿量及岩量的长度、道路的移设周期、挖掘机之间作业不平衡及安全技术条件等因素有关，可按以下两种情况确定。

a　当台阶与台阶之间不设运输连接平台（图 12-65a）时，尾随挖掘机之间的间距 L 为：

$$L = \frac{tQ}{12T'B_S h}K + \frac{100h}{i} + R \tag{12-40}$$

式中　t——一次爆破量能满足挖掘机装载作业的时间，月，一般取 $t = 0.5$ 个月；

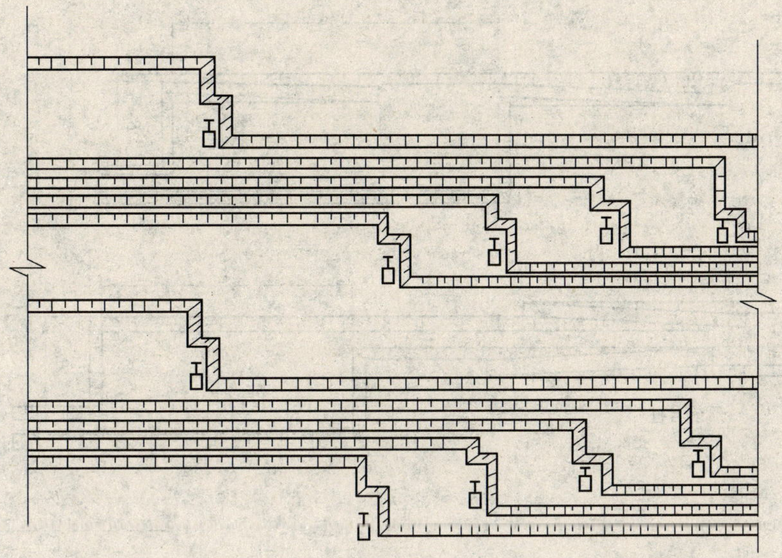

图 12－64　台阶（挖掘机）尾随开采

Q——挖掘机的生产能力，m^3/a；

B_S——剥岩带的平均宽度，m；

T'——剥岩周期，a；

K——尾随挖掘机之间的工作面推进和道路移设不均衡的影响系数，$K=1.5\sim2.0$；

i——运输道路坡度；

R——汽车运输的转弯半径，m；

L——尾随挖掘机之间的间距，m。

b　当台阶与台阶之间设置运输连接平台（图 12－65*c*）或设临时岩柱状回转平台（图 12－65*b*），作业区不设出入沟时，L（m）值为：

$$L=\frac{tQ}{12T'B_Sh}K+2R+1.5h \tag{12-41}$$

式中的符号与式（12－40）相同。

组内可以布置的挖掘机数目 n 为：

$$n=\frac{L'}{L} \tag{12-42}$$

式中　L'——露天矿的走向长度，m；

L——尾随挖掘机之间的间距，m，其值不应小于 100m；

n——挖掘机数目，台。

台阶尾随开采方式利用规格小的采运设备也能加陡工作帮坡角，有一定的经济效益，这是它的主要优点。其主要缺点是每个台阶要求布置一台挖掘机，并且上下台阶互相尾随，它们之间容易互相干扰，降低挖掘机的生产能力，因而对提高陡帮开采的经济效益不利。

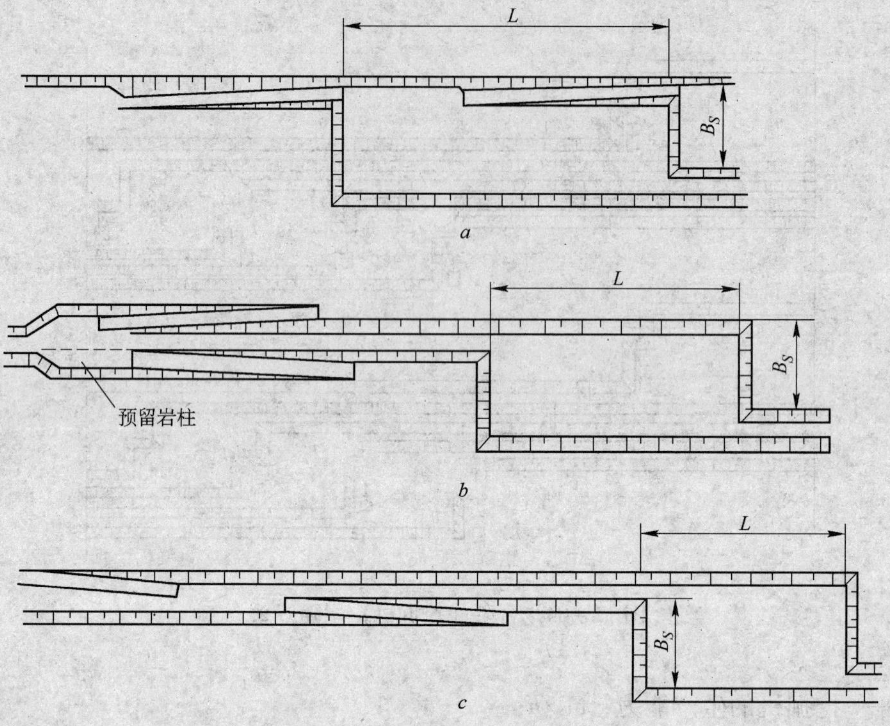

图 12－65　挖掘机作业区布置图

12.4.2.3　采剥工作线的布置形式

露天矿工作线的布置形式与所采用的采剥方法有关，与前相同，主要分为纵向布置、横向布置、扇形布置和环形布置。

陡帮开采时，露天矿分剥岩帮与采矿帮，它们相互独立、互不干扰，因而可以有自己独立的工作线布置形式。例如剥岩帮的工作线可以纵向布置，而采矿帮的工作线可以横向布置，因而整个露天矿的工作线既有纵向布置，又有横向布置，属纵横向布置。因此，陡帮开采时根据剥岩帮和采矿帮相互的匹配关系，露天矿可能的工作线布置形式很多，表 12－38 列举了几种主要的工作线布置形式。

根据国内外的使用情况，主要介绍以下几种采剥工作线布置形式。

A　工作线纵横向布置形式

这是陡帮开采中使用最广泛的一种工作线布置形式，其实质是剥岩帮的工作线沿矿体走向布置，横交矿体走向推进，而采矿帮的工作线却横交矿体走向布置，沿矿体走向推进。

图 12－66 是浏阳磷矿山田湾采场剥岩帮工作线布置图，图 12－67 是采矿工作线布置图。

这种工作线布置形式的主要优点是：

（1）剥岩帮工作线纵向布置，可以将矿体沿走向长度一次拉开，并揭露出来，使揭露的矿石面积最大，因而有利于增加露天矿的备采矿量。

表 12-38　陡帮开采时的工作线布置形式

剥岩帮	纵向	纵向	横向	横向	环形	扇形	纵横向	纵横向
采矿帮	纵向	横向	纵向	横向	环形	扇形	纵向	横向
露天矿	纵向	纵横向	横纵向	横向	环形	扇形	纵横纵向	横纵横向

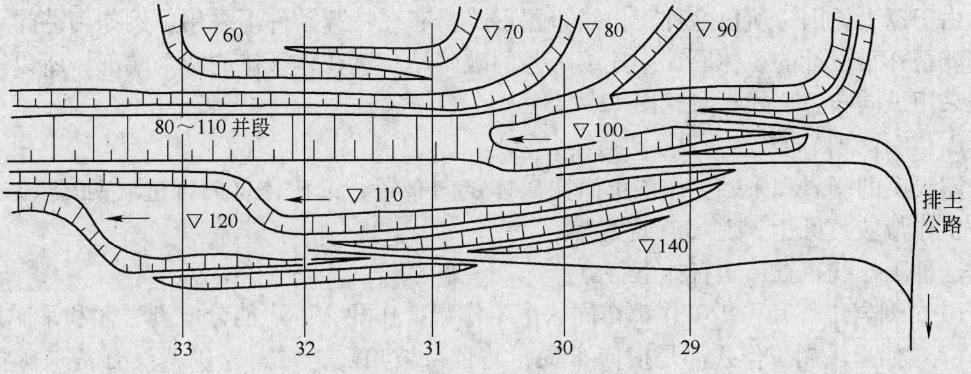

图 12-66　剥岩帮工作线布置图

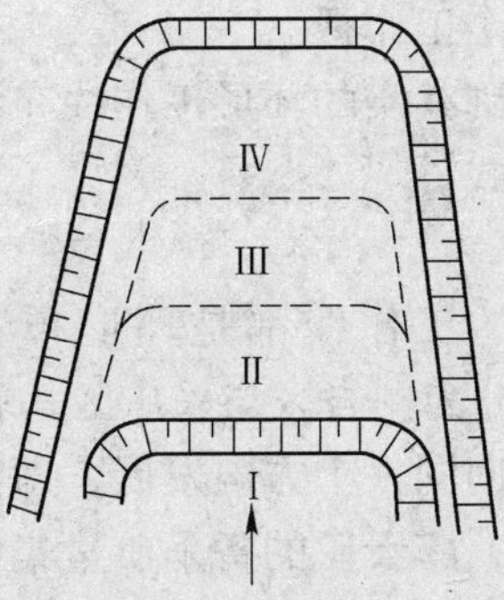

图 12-67　采矿工作线布置图

(2) 采矿工作线横向布置有利于配矿和质量中和。因为露天矿的走向长度一般都比较大，当采矿工作线横向布置并且工作帮坡角相同时，可布置更多的采矿台阶，揭露出更多品级的矿石，因而有利于矿石配矿和质量中和。

(3) 剥岩帮与采矿帮互不干扰。当采用这种工作线布置时，只要保持一定的坑底宽度，而剥岩又能周期性的进行，这时坑底就能保持有足够的备采矿量。

(4) 剥岩工作线纵向布置，有利于实现分区作业，可以选择矿体厚度大、剥采比小、矿石质量好、开采技术条件优的地方实现优先开采。有利于提高陡帮开采的经济效益。

这种工作线布置形式主要适用于走向长度比较大的倾斜及急倾斜层状和似层状矿体。

B 工作线纵向布置形式

露天矿采用这种工作线布置形式时，剥岩帮与采矿帮的工作线均纵向布置，横向推进，参见图 12－152。

剥岩工作线纵向布置，可以实现分区分条带剥岩，实行优化开采；可以揭露较大的矿体面积，增加备采矿量等。

此时采矿工作线亦纵向布置，横向爆破，所占的平盘宽度大，工作帮坡角缓，可能布置的采矿台阶少，备采矿量少，不利于进行配矿、矿石的质量中和以及缓帮采矿。

由于以上原因，所以这种工作线布置形式只有在特殊条件下采用。例如南芬露天铁矿深部陡帮开采设计的矿体厚，半连续工艺的破碎站布置在露天矿的两个端部，所以采矿工作线采用纵向布置形式，参见图 12－78。

C 工作线横向布置形式

露天矿的剥岩和采矿工作线都横交矿体走向布置，沿矿体走向推进（见图 12－51）。此时工作帮坡角可达 25°～35°或更大。

这种工作线布置形式有如下特点：

（1）剥岩工作和采矿工作都在同一个工作帮上作业，不可能分成剥岩区和采矿区。

（2）如果采剥工作线都是横向布置，并且帮坡角陡，则露天矿就没有备采矿量，或备采矿量很少，更难形成按深度法设置的备采矿量。

（3）如果将两个工作帮的距离拉开，从而在采场底部形成所需要的备采矿量区，这时会出现顶、底帮，因而形成四个工作帮。

工作线向四周发展，这是名副其实的环形工作线布置形式，或者端帮是横向、顶帮和底帮是纵向的工作线混合布置形式。

D 工作线环形布置形式

露天矿的剥岩帮和采矿帮的工作线都是环形布置，工作线由里向外发展，如图 12－56*a* 所示。这时露天矿仍可分为剥岩区与采矿区，剥岩区的工作帮坡角陡，采矿区的工作帮坡角缓，剥岩和采矿帮都向同一个方向发展，即向露天矿四周发展。

采用这种工作线布置形式时，露天矿的备采矿量集中在坑底采矿区。在露天矿上部四周进行剥岩，在下部坑底采矿，上部工作帮坡角陡，下部工作帮坡角缓，上下同时作业，互不干扰。

这种工作线布置形式用得比较多。我国弓长岭铁矿的独木采场就采用这种布置形式，如图 12－74 所示。国外很多斑岩铜矿如宾汉铜矿、双峰铜矿、平托谷铜矿、碧玛铜矿等，都采用这种布置形式。

E 工作线混合布置形式

采矿帮工作线一般都采用单一的布置形式，而剥岩帮工作线有时采用单一的布置形式，有时采用混合的布置形式，端帮是横向、顶帮和底帮是纵向的工作线混合布置形式。

攀枝花朱家包包铁矿的设计是另一种混合布置形式[9]。该矿 1315～1390m 水平已铺设准轨铁路，它负担上部岩石的运输任务，故剥岩帮上部工作线是纵向布置形式。而 1300m 水平以下采用汽车运输，其工作线却是横向布置，纵向推进，如图 12－68 所示。

独木采场剥岩帮工作线的布置也是一种混合形式，上部采用铁路运输，下部采用汽车

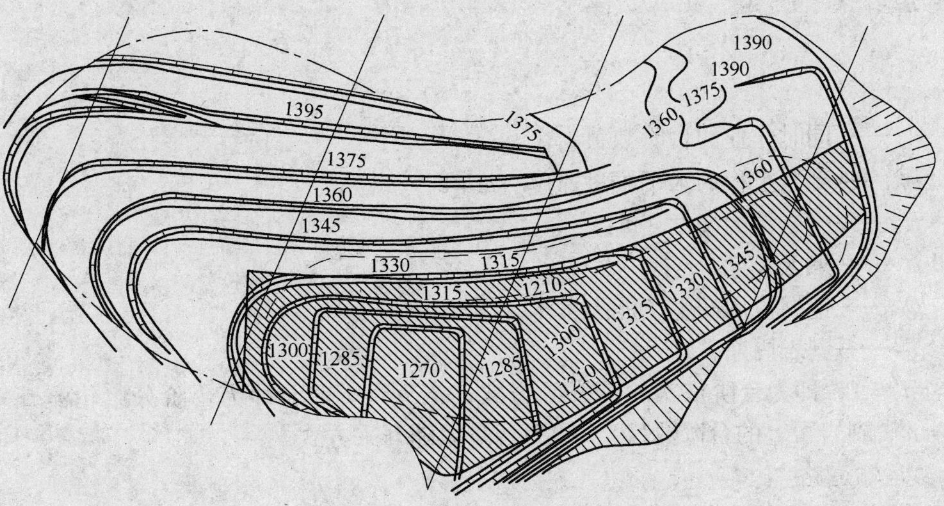

图 12－68　朱家包包采场陡帮开采布置图

运输。

12.4.2.4　陡工作帮开采参数

A　工作帮及工作帮坡角

陡帮开采时，工作帮由三个部分组成，即：作业台阶、运输道路及暂不作业台阶，如图 12－69 所示。

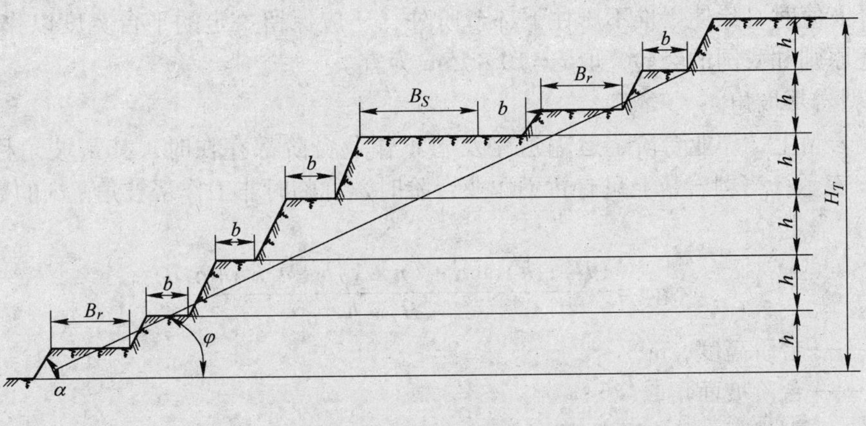

图 12－69　工作帮的组成

a　作业台阶

推进中的剥岩帮都有作业台阶，暂不推进的剥岩帮则没有作业台阶，恢复推进时就从最上一个台阶剥离一个岩石条带，即开辟新的作业台阶。作业台阶的平盘宽度由剥岩条带宽度 B_S 值和暂不作业平台宽度 b 值组成。

作业台阶最小工作平盘宽度取决于挖掘机和汽车作业所要求的空间，对于斗容 13m^3 挖掘机配载重 108t 汽车或更大型设备时，作业台阶最小平盘宽度不小于 46m。

剥岩帮内同时作业的台阶数目与挖掘机的生产能力、剥岩帮高度、采区长度等因素有关，其值为：

$$n_y = \frac{T' v_T H_T L}{Q} \tag{12-43}$$

式中　n_y——同时作业的台阶数目，个；

v_T——剥岩工程的水平推进速度，m^3/a；

H_T——剥岩帮的高度，m；

L——采区长度，m；

Q——挖掘机周期生产能力，米^3/周期；

T'——剥岩周期，a。

当 $n_y=1$，即为台阶依次轮流开采方式，当 $n_y>1$ 时，即为台阶分组轮流开采方式；当 $n_y=n$（剥岩帮上的台阶数目），即为台阶尾随开采方式。

b　运输道路

运输道路主要指运输干线，其宽度和数目影响工作帮坡角。运输道路的数目与开拓运输系统有关，只能根据具体情况而定。运输道路的宽度可根据手册选取。

c　暂不作业台阶

因为剥岩帮上大多数台阶是暂不作业台阶，其所构成的帮坡对剥岩帮坡角影响较大。暂不作业台阶除个别台阶保留运输平台外，只留暂不作业平台或者并段，其宽度：

$$b \geqslant 0 \tag{12-44}$$

式中　b——暂不作业平台宽度，m。

当 $b=0$ 时，即台阶实行并段，这时的工作帮坡角最陡。

选择 b 值时，除使爆堆不压住下部台阶外，还应保留一定的平台宽度以作联络之用。根据上述原则和我国的经验，取 $b=10\sim15$m 为宜。

d　剥岩帮坡角

当剥岩帮上，作业台阶、运输道路及暂不作业台阶都存在时，其帮坡角称剥岩帮坡角，用 φ 表示；当剥岩帮上只有暂不作业台阶时，称临时非工作帮坡角。φ 的数值可由式（12-45）确定：

$$\text{ctg}\varphi = \frac{(H_T - h)\,\text{ctg}\alpha + (n-1)b + n_y B_S + n_1 B_r}{H_T - h} \tag{12-45}$$

式中　h——台阶高度，m；

α——台阶坡面角，(°)；

n——剥岩帮上的台阶数目，个；

n_1——剖面上运输道路的数目，条；

B_r——运输道路的宽度，m；

其余符号同前。

e　剥岩带宽度

剥岩带宽度 B_S 值是陡帮开采中非常重要的参数之一。B_S 值越小，陡帮开采推迟的剥岩量越多，生产剥采比就越小，经济效果就越优。但是，B_S 值越小，采掘设备上下调动的次数将增加，对于铁路运输，线路移动频繁，移道工作量将增加，经济效益降低。

B_S 值越大，剥岩周期就长，所需的备采矿量就多，推迟的剥岩量就小，经济效益就差。表12－39是南芬铁矿剥岩周期与生产剥采比。表12－40为国内外部分露天矿剥岩带宽度。

表12－39　南芬铁矿不同剥岩周期的生产剥采比

项　目	单　位	剥岩周期（年）		
		一	二	三
生产剥采比	t/t	4.25	4.31	4.44

表12－40　国内外部分露天矿设计和生产的剥岩带宽度

矿山名称	剥岩带宽度（m）	备　注
南芬铁矿	60	可行性研究
齐大山铁矿	60～80	上盘80m，下盘60m，可行性研究
德兴铜矿	50	概念设计
司家营铁矿	44	最小值，可行性研究
西雅里塔铜钼矿（美国）	150	
双峰铜矿（美国）	40～150	
巴格达德铜矿（美国）	100	
卡西厄石棉矿（加拿大）	91.4	
博尔铜矿（南斯拉夫）	50	
马伊丹佩克铜矿（南斯拉夫）	50	

剥岩带的最小宽度 $B_{S_{\min}}$ 值必须满足以下要求：

$$B_{S_{\min}} = B_{\min} - b \tag{12-46}$$

$$B_{S_{\min(i)}} = T'v_{T(i)} = T'v_{y(i)}(\mathrm{ctg}\varphi_{c(i)} \pm \mathrm{ctg}\delta) \tag{12-47}$$

式中　$B_{S_{\min}}$——剥岩带最小宽度，m；

$B_{S_{\min(i)}}$——本期（第 i 期）的推进量，m；

$v_{T(i)}$——第 i 期的工作线水平推进速度，m/a；

$v_{y(i)}$——第 i 期的采矿工程年延深速度，m/a；

δ——采矿工程延深角，(°)（上盘取“＋”，下盘取“－”）；

$\varphi_{c(i)}$——第 i 期的工作帮坡角，(°)；

其余符号同前。

表12－41为国内外部分露天矿陡帮开采工作面参数。

B　采区长度

陡帮开采时，露天矿一般都是分区分条带剥岩，条带宽度即为剥岩带宽度 B_S。

当剥岩帮高度、条带宽度及挖掘机规格一定时，采区长度越大，剥岩周期就越长，所需的备采矿量越大，坑底采矿区的尺寸也相应地加大，因而影响陡帮开采的经济效益。但 L 值越小，剥岩周期越短，采掘设备上下调动频繁，公路工程量大，也会降低陡帮开采的经济效益。

采区的合理长度主要是与挖掘机的规格有关，铲大 L 值也大，铲小 L 值也小。弓长岭独木采场用斗容 $4m^3$ 的挖掘机，采区长度为350～400m。若采用斗容 $10m^3$ 以上的大铲，

表 12-41 国外部分露天矿陡帮开采工作面参数

矿山名称	矿石类型	台阶高度(m)	工作平盘宽度(m)	工作帮坡角(°)	采用的主要装运设备
碧玛铜矿(美国)	黄铜矿 辉铜矿	7.5(表土) 12(矿岩)	60~75	21.8;26.6; 33.7	电铲 6.1~21.4m^3 汽车 100~200t
宾汉铜矿(美国)	斑岩铜矿	12	33	26	电铲 5.4~11.5m^3 汽车 100t
伯克利铜矿(美国)	斑岩铜矿	12	36~105	约30	电铲 P&H2300;BE280;BE270 汽车 100~170t
托格帕拉铜矿(秘鲁)	斑岩铜矿	15	>34	26.6 30	电铲 P&H1800(6.9m^3) 汽车 85~100t
丘基卡马塔铜矿(智利)	斑岩铜矿	13	>24	24~28	电铲 6.1~21.4m^3 汽车 100~250t
马伊丹佩克铜矿(南斯拉夫)	斑岩铜矿	15	>50	20~30	电铲 4.6~11m^3 汽车 65~150t
博尔铜矿(南斯拉夫)	斑岩铜矿	15	>50	20~30	电铲 4.6~11m^3 汽车 120~170t
帕拉博尔铜矿(南非)		12	>37	26.6~30	电铲 4.9~13.8m^3 汽车 100~170t

注:表中汽车载重量为短吨。

采区长度可达500~1000m。

C 采场坑底参数

陡帮开采时,备采矿量的准备是周期性的。每剥完一个岩石条带,坑底就增加一定的备采矿量,但在剥岩期间又采出一定的矿量,为了保证露天矿能持续生产,备采矿量的保有期限应等于或略大于剥岩周期,即:

$$t_p \geqslant T' \tag{12-48}$$

式中 t_p——备采矿量保有期限,a。

确定采场坑底尺寸,应符合如下原则:

(1)当最小工作平盘宽度一定时,采场坑底尺寸直接影响陡帮开采的备采矿量。因此,所确定的采场坑底尺寸,应满足式(12-47)的要求。

(2)坑底采矿区的水平面积是有限的,应保证电铲有足够的作业空间,否则其生产能力将受影响。坑底采矿区可以同时工作的挖掘机台数 n_y 为:

$$n_y = \frac{S_p}{S_p'} K_1 K_2 K_3 \tag{12-49}$$

式中 S_p——坑底采矿区的水平投影面积,m^2;

S_p'——每台挖掘机应有的作业面积,m^2;

K_1——考虑到台阶坡面投影面积的系数;

$$K_1 = 0.85 \sim 0.93;$$

K_2——考虑到备用作业面积的系数，

$$K_2 = 0.75 \sim 0.8;$$

K_3——作业面积的利用系数，

$$K_3 = 0.7 \sim 0.9;$$

$$S_p' = \frac{S_p}{n_y} \times K_y \qquad (12-50)$$

式中 $K_y = K_1 K_2 K_3$；

$$n_y = \frac{A}{Q}$$

A ——坑底采矿区的矿石产量，t/a；

Q ——挖掘机生产能力，t/a。

为了保证挖掘机正常工作，它必须拥有一定的作业面积。根据鞍钢矿山的经验，斗容 $4 \sim 4.6m^3$ 的挖掘机，$S_p' = 0.4$ 万米^2。苏联的文献资料认为，$S_p' \geqslant 0.3 \sim 1.5$ 万米^2，这些显然适用于 $4.6m^3$ 挖掘机。

12.4.2.5 开拓运输特点

陡帮开采时，露天矿多使用汽车运输。

如果露天矿的开采深度较大，运输距离较长，可采用联合运输。最常见的是汽车—破碎机—带式输送机系统。

对于采用陡帮开采的凹陷露天矿，其开拓运输的一个特点是大量使用移动坑线，并且坑线穿过整个工作帮，有时露天矿上盘和下盘都设置移动坑线。我国浏阳磷矿山田湾采场和弓长岭铁矿独木采场采用上下盘移动坑线。由于采场大量使用移动坑线，所以采场公路的修筑、维护和保养的工作量很大。

陡帮开采时，露天矿分为两个区。剥岩区不断向外扩展，位置不断改变，工作帮坡角又陡，而且又大量使用移动坑线，线路的位置不断改变，还经常受到工作面爆破工艺的影响和干扰。坑底采矿区为正常作业区，从中采出的矿石不断通过剥岩区往外运输，这就形成了极其复杂的开拓运输系统。它既要保证该运输系统安全可靠和畅通无阻，又要保证运输合理，经济效益高。这是陡帮开采需要解决的重大课题。

其解决办法有：

（1）建立两套完整的独立的开拓运输系统。陡帮开采时，最好为上部剥岩区和下部采矿区建立两套完整的独立运输系统。它们各自独立，单独为各自的采区服务，但又用联络道将它们互相连接起来，即建立两套或多套既各自独立，又相互联系，相互补充的开拓运输系统，确保矿山运输畅通无阻。

南芬铁矿深部陡帮开采设计采用了这种开拓系统，参见图 12－151。

浏阳磷矿山田湾采场也建立了两套独立的运输系统，通过上盘移动坑线将剥岩区的岩石运往排土场。下盘回返坑线为下部采矿区服务，通过它将矿石运到矿仓。这两套运输系统在采场上部用端环线连接起来，并互为备用。

（2）在下盘建立一条安全可靠、畅通无阻的运输干线。当矿体倾角比较缓，下盘的剥岩量不大时，可以在下盘实行缓帮开采，此时工作平盘较宽，在此工作帮上建立一条通向选矿厂（或矿仓）和排土场的通道是完全可靠的，这就解决了坑底采矿区的运输和安全问题。南芬露天矿深部陡帮开采是在下盘布置了两条通向矿石破碎站的移动干线，参见图12－152。

浏阳磷矿山田湾采场利用该矿矿体倾角较缓、下盘剥岩量不大的特点，在下盘进行缓帮开采，并在工作帮上建立一条通向矿仓和排土场的运输干线。

（3）其他措施。适当地分流，保持露天矿合理的货流方向，避免某个区间负荷过大。还可以用端环线将上下盘的干线连接起来，确保每个工作面有几个出口，从而保证露天矿的运输安全可靠和畅通无阻。

12.4.2.6 评价及适用条件

A 陡帮开采的优缺点

a 陡帮开采的优点

（1）基建剥岩量少、基建投资少、基建期短、投产和达产快；可以缓剥大量岩石，降低露天矿前期生产剥采比。从表12－42可以看出，独木采场缓帮开采时生产剥采比大，改为陡帮开采后，三年共多出矿200万吨，少剥岩200万吨，获得了较好的经济效益。

（2）均衡生产剥采比的潜力大，可以降低露天矿前期生产剥采比。浏阳磷矿山田湾采场1971～1980年十年平均的生产剥采比为1.98m^3/t，仅为平均剥采比的1.15倍，并且顺利地通过了剥离洪峰期。独木采场三年的平均生产剥采比为1.9t/t，仅为平均剥采比的1.22倍。

（3）推迟最终边坡的暴露时间，因而有利于增加露天矿的边坡稳定，减少最终边坡的清理工作量和清理费用，在一定的条件下，还可以加大最终边坡角，减少剥岩量。这在浏阳磷矿山田湾采场取得了明显的效果。

b 陡帮开采的缺点

（1）采掘设备上下调动频繁，影响采掘设备的利用，降低其生产能力。

（2）陡帮开采时露天矿一般都使用移动坑线。当一个剥岩条带采完以后，公路干线需要向前移动，修筑新的公路干线，公路的修筑和维护的工作量大，费用高。

（3）采场辅助工程量大。陡帮开采时，采场内的供风管、给排水管及供电线路移设次数增加，因而费用增加。

由于陡帮开采存在上述几个问题，所以陡帮开采的剥岩成本有所增加。

（4）管理工作复杂。陡帮开采时，上下台阶之间的配合要协调，在编制年采剥进度计划时，每年的采剥量不但要数量平衡，而且要部位平衡，这种要求比缓帮开采要严格得多。所以陡帮开采对采剥进度计划的制定和实施，以及对采场的管理要求很严。

B 陡帮开采的适用条件

实践表明，缓帮开采与陡帮开采进行比较时，基建剥岩量差额越大，生产剥采比的差额越大，则陡帮开采的经济效益就越优，因此陡帮开采合理的应用条件是：

（1）倾角大的矿体，即应用于倾斜和急倾斜矿体；

（2）表土厚度大的矿体；

（3）倾斜地形的矿体；

（4）上小下大的矿体；

（5）尽可能采用大型设备。

12.4.2.7　实例

弓长岭铁矿独木采场、老岭采场、浏阳磷矿山田湾采场、辽宁镁矿公司桦子峪采场均采用陡帮开采。齐大山铁矿、司家营铁矿、德兴铜矿、富家坞铜矿等设计也推荐陡帮开采。

下面介绍浏阳磷矿山田湾采场和弓长岭铁矿独木采场的实例

实例1　浏阳磷矿山田湾采场

浏阳磷矿山田湾采场所开采的矿体长1600m，矿体中间厚达62m，两端薄仅15～20m；倾角中间缓，两端陡（60°），基本上属狭长形矿体。图12－70是该采矿场30号勘探线剖面图。

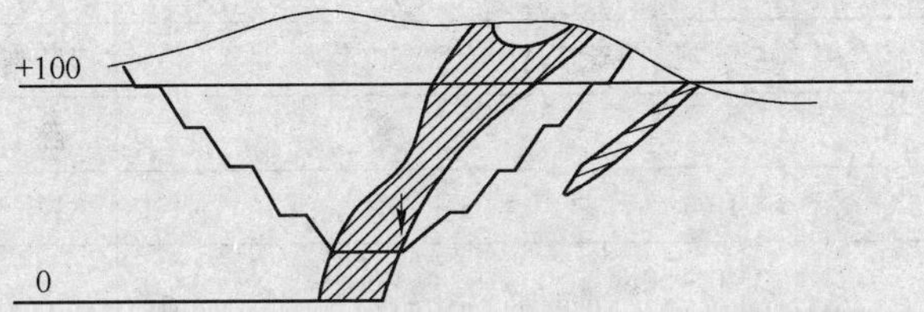

图12－70　浏阳磷矿山田湾采场30号线剖面图

该采场于1965年开始建设，1967年投产，1968年达产，年采剥总量为150万米^3。1970年转入凹陷露天矿后，由于某些因素的影响，加之剥岩欠帐，当采到+90m时，工作平盘宽度仅10m左右，并局部并段，此时的工作帮坡角已达20°～24°。在这种不利的情况下，采场被迫于1973年改为陡帮开采。图12－71是该采场32线1978年开采状态图。图12－72是32线剥岩条带划分图。

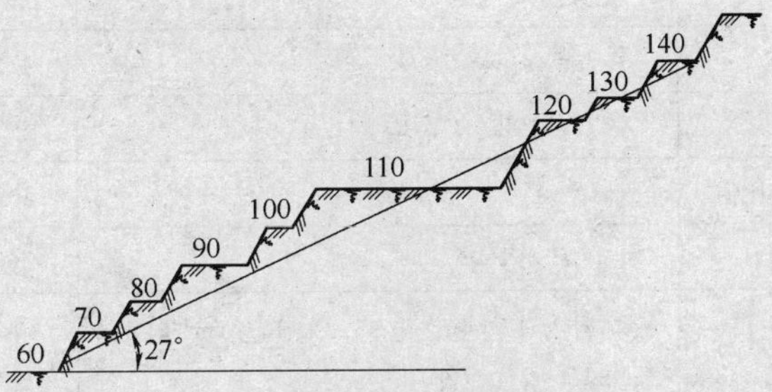

图12－71　采场32线剖面图

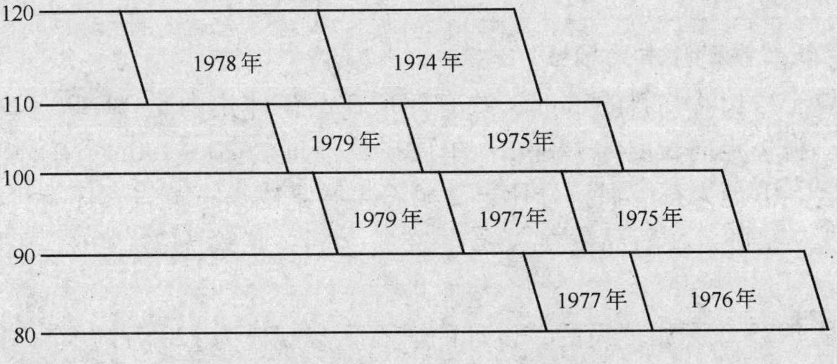

图12－72　采场32线剥岩条带划分图

采场改为陡帮开采以后，共剥离了三个岩石条带，即1974年开始剥离第一个岩石条带，1978年开始剥离第二个岩石条带，1982年开始剥离第三个岩石条带，如图12－72所示。

采场采用纵横向采剥方法，即剥岩帮工作线纵向布置、横向推进，采矿帮工作线横向布置、纵向推进。采场主要开采技术参数见表12－42。

表12－42　山田湾采场和独木采场主要开采技术参数

项　目	山田湾采场	独木采场
矿体形状	狭长形	近似圆形
矿体倾角	0°～60°	上陡下缓，20°～45°
矿岩坚固性系数	矿石$f=1\sim8$；岩石$f=3\sim8$；表土$f=1\sim2$	矿石$f=12\sim14$；岩石$f=8\sim12$
剥岩方法	陡帮条带剥岩（纵采）	陡帮条带剥岩（环采）
剥岩部位	上　盘	除上盘部分地段外四周
台阶高度	10m	12m
剥岩条带宽度	40～50m	30～80m
最小工作平盘宽度	40m	45m
暂不作业平台宽度	10m	15m
工作帮坡角	25°，最大为30°～35°	约20°，最大28°
剥岩周期	3～4年	2～31月
剥岩帮开拓方法	上盘移动坑线	螺旋移动坑线
坑底采矿方法	缓帮横采	缓帮环采
设计的平均剥采比	1.7m^3/t	1.55t/t
生产剥采比	1971～1980年平均为1.98m^3/t	三年平均为1.9t/t
生产剥采比与平均剥采比的比值	1.15	1.22
矿岩生产能力	150万米^3/年	360万t/a
主要设备	剥岩为斗容4m^{3}电铲，采矿为1m^{3}电铲；载重15～27t汽车	斗容4m^{3}电铲；载重20～27t汽车

该采场改为陡帮开采以后，采场状态良好，备采矿量符合要求，取得了较好的技术经济指标。

实例2　弓长岭铁矿独木采场

独木采场位于弓长岭背斜的轴部，共有四层矿，矿体走向是NE40°～50°、倾向SE、倾角20°～45°。矿体走向长度约1400m，单层矿体厚度为20～130m。矿体上盘为混合岩及云母石英片岩。下盘为石榴绢云母片岩。矿石主要是磁铁石英岩，还有少量的假象赤铁矿，总储量为3.7亿吨。矿石品位在30%～35%之间，平均为32.99%，图12－73是该采场横剖面图。

独木采场是1973年开始建设的，设计的矿石生产规模为120万吨/年，1979年4月以前为缓帮开采，工作帮坡角为16°～18°，采场呈采剥失调状态。根据有关单位计算，采场欠

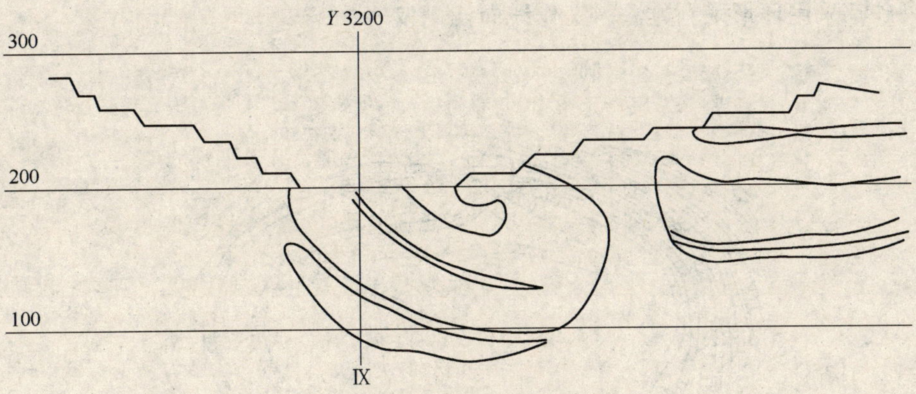

图 12-73 独木采场横剖面图

剥量达 539 万吨。1979 年 4 月被迫改为陡帮开采，表 12-43 是独木采场历年生产状况。

表 12-43 独木采场历年生产状况

开采方式	年 度	矿 石（万吨）	岩 石（万吨）	矿岩总量（万吨）	生产剥采比（t/t）
缓帮开采	1973	54.3	324.9	379.2	6
	1974	57.1	337.7	394.8	5.9
	1975	76	301.6	377.6	3.97
	1976	60	172.6	232.6	2.88
	1977	46	142.4	188.4	3.10
	1978	55.5	153.9	206.4	2.77
	合计	348.9	1443.1	1782	4.11
陡帮开采	1979	112.1	246.2	358.3	2.2
	1980	133.2	261	394.2	1.96
	1981	113.2	174.1	287.3	1.54
	1982	128.5	219	347.5	1.72
	合计	487	900.3	1387.3	1.85

独木采场自 1979 年 4 月改用陡帮开采以后，逐年达到矿石设计生产能力。图 12-74 是独木采场 1980 年年末状态图。

12.4.2.8 我国陡帮开采的基本经验

我国的陡帮开采，通过十多年采的试验和研究工作，通过大量的生产实践，积累了一些经验，其中主要经验有：

A 因地制宜地实施陡帮开采

各个矿山的具体情况不同，矿体埋藏条件不同，开采技术条件不同，因而各个矿山不可能按统一的固定的模式实施陡帮开采，而必须结合各个矿山具体情况和特点实施陡帮开采，例如：

（1）浏阳磷矿山田湾采场，该采场所开采的矿体属狭长形，倾角两端陡，中间缓，下盘剥岩量不大，故只在上盘实施陡帮剥岩，采矿采用缓帮横采。

（2）弓长岭铁矿独木采场，该采场开采的矿体近似圆形，倾角上陡下缓，为 20°~45°，故剥岩和采矿都采用环形采剥方法，工作线向四周发展。

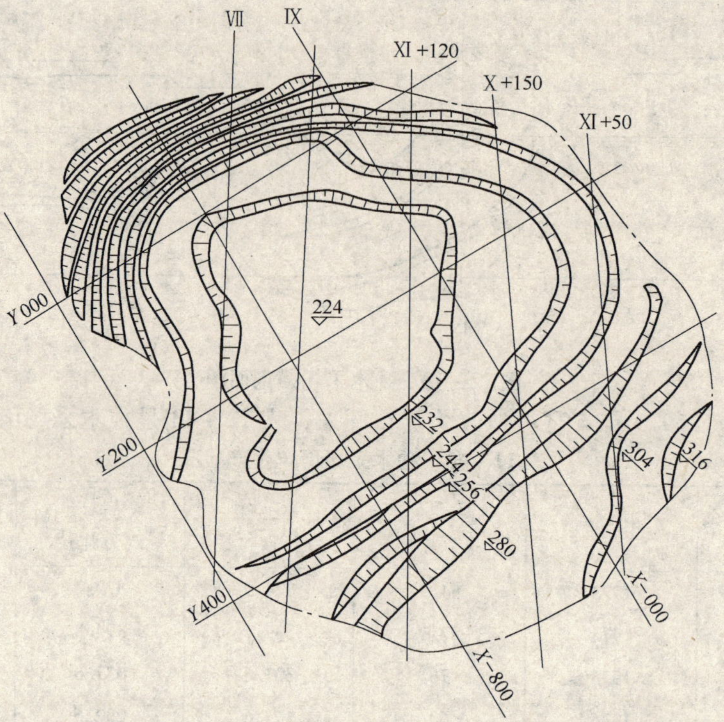

图12-74 独木采场1980年年末状态图

（3）辽宁镁矿公司桦子峪采场，该采场所开采的矿体长3000m，平均厚度为174m，倾角为58°~80°，属狭长形急倾斜矿体，故上下盘都实行陡帮剥岩。而采矿则用纵采，因为横采时矿石贫化太大，使矿石的品级及质量受到严重影响。

（4）南芬露天矿，该矿体的倾角为40°~50°，属狭长倾斜矿体，剥岩量主要集中在上盘，约占70%，故在露天矿的上盘实施陡帮剥岩。

B 分区分条带剥岩

该方法是在剥岩段内沿工作线长度方向上分区，在宽度方向上分条带。整个剥岩帮分区分条带地向前推进，并最终到达露天矿开采境界。

在剥岩过程中，首先是分区，利用工作帮上各区高度不一，剥采比不同，工作帮坡角不同的客观情况，选择易于揭露、剥采比小的区首先降下来，以达到最大限度地推迟剥岩、降低生产剥采比的目的。这就是分区择优开采原则。

在各个剥岩区内，台阶不是一次推到最终境界，而是分条带地向前推进，每次只剥离一个从几十米到一百多米宽的岩石条带，以增加工作帮坡角，推迟剥岩。

独木采场共分四个区，各长350~400m，剥岩带宽度为30~80m。

C 大量使用移动坑线

陡帮开采时，露天矿一般使用移动坑线，而且其移动坑线往往穿过整个工作帮，从而形成整个工作帮的大区移动坑线。这有利于缩短采场内部运输距离，有利于分区分条带剥岩。

由于大量采用移动坑线，公路的修筑、移设及维护工作量很大。为了保证公路的质量，矿山必须组织专门队伍，并配备各种修路、筑路设备及器材。

D 均衡生产剥采比有利于提高露天开采的经济效益

为了进一步提高露天开采的经济效益，生产剥采比宜分期均衡。在主要采运设备的服务年限缩短，折旧率提高的情况下，均衡期不宜过长，以6年左右比较适宜。

陡帮开采也应以均衡生产剥采比为主，以推迟剥岩为辅，在均衡中求推迟，不应过分强调加陡工作帮坡角推迟剥岩和过分追求陡帮开采的经济效益。为此，露天矿前期的工作帮坡角宜缓一些，中期陡一些，后期又缓一些，因生产剥采比有所下降，即露天矿在整个工作期间工作帮坡角是变化的。

浏阳磷矿山田湾采场通过改变工作帮坡角来均衡生产剥采比，使采场的生产剥采比从1971年到1980年十年间基本保持不变，平均为1.98m^3/t，为平均剥采比的1.15倍，并且顺利通过了剥离洪峰期，使露天矿长期稳产。

E 加强采场管理

由于工作帮坡角陡，暂不作业平台窄，所以要求露天矿上下台阶的配合十分和谐，要求采剥关系不但数量要平衡，而且部位也要平衡，因此对采场的管理要求十分严格，为此必须加强采场管理。

12.4.2.9 陡帮开采在国内外的应用情况

表12－44列举了使用陡帮开采的一些露天矿及其帮坡角。

12.4.3 采剥方法的选择

采剥方法对露天矿的经济效益影响较大，确定时必须慎重考虑。影响采剥方法选择的主要因素有：

（1）矿体埋藏条件，如矿体的长度、厚度、倾角、表土厚度、矿体的平面形状和尺寸、矿石质量及矿石品位的空间分布、地形条件、矿岩物理力学性质等；

（2）露天矿的装备水平，如所使用的穿孔、采装、运输设备的型号及规格、运输方式、辅助设备的类型等；

（3）所用的开拓方式，如固定坑线或移动坑线开拓，螺旋坑线或回返坑线开拓等。

选择采剥方法时，需根据矿体埋藏条件和开采技术条件经过技术分析和经济比较才能确定。比较的内容有：基建工程量、投产及达产时间、生产剥采比、矿石损失和贫化指标、矿岩内部运输距离、矿岩开采成本及露天开采的经济效益等，然后择优选用。

进行方案比较时，宜采用动态方法。

12.4.4 露天矿分期开采

12.4.4.1 分期开采的目的

露天矿分期开采是在矿山储量较大，开采年限较长时，选择矿石多，岩石少，开采条件较好的地段作为第一期开采，以较少的基建投资，较低的矿石成本生产，使矿山早日投产和达产，把大量岩石推迟到以后剥离。矿体上部覆盖层很厚的矿山，采用分期开采效果最好。

分期开采有两种情况：一种是按设计安排在露天矿最终境界范围内划分几期小境界，例如南芬铁矿、峨口铁矿、密云铁矿、北台铁矿，苏联克里玛琪尔铜－钼矿，中部采选公司No.1露天矿等都采用分期开采，图12－75是桦子峪露天矿划分三期开采的情况。

表12-44　国内外一些露天矿的工作帮坡角

矿山名称	工作帮坡角（°）	备　注
西雅里塔铜钼矿	南帮35、西帮45、北帮38	最终边坡角为45°
双峰铜矿	南帮37、北帮45	
平托谷铜矿	42	
碧玛铜矿	36	
宾汉姆铜矿	汽车运输区39、全矿23～27	上部为汽车运输区，中部为铁路运输区，下部为汽车运输区
卡西厄石棉矿	40～50	
惠尔巴克山铁矿	25～40	
伯克利铜矿	37	
帕拉搏拉铜矿	30	
科利维尔铜矿	40～45	
雷依铜矿	30	最终边坡角为30°
巴格达得铜矿	30～40	最终边坡角为45°
纽曼山铁矿	25	最终边坡角为40°～45°
鹰山铁矿	38	最终边坡角为38°～45°
布干维尔铜矿	22°20′～33°41′	
弓长岭铁矿独木采区	约20、最大为28	
浏阳磷矿山田湾采场	约25、最大为30～35	
齐大山铁矿（设计）	25～30	
德兴铜矿（设计）	25	
司家营铁矿（设计）	35	

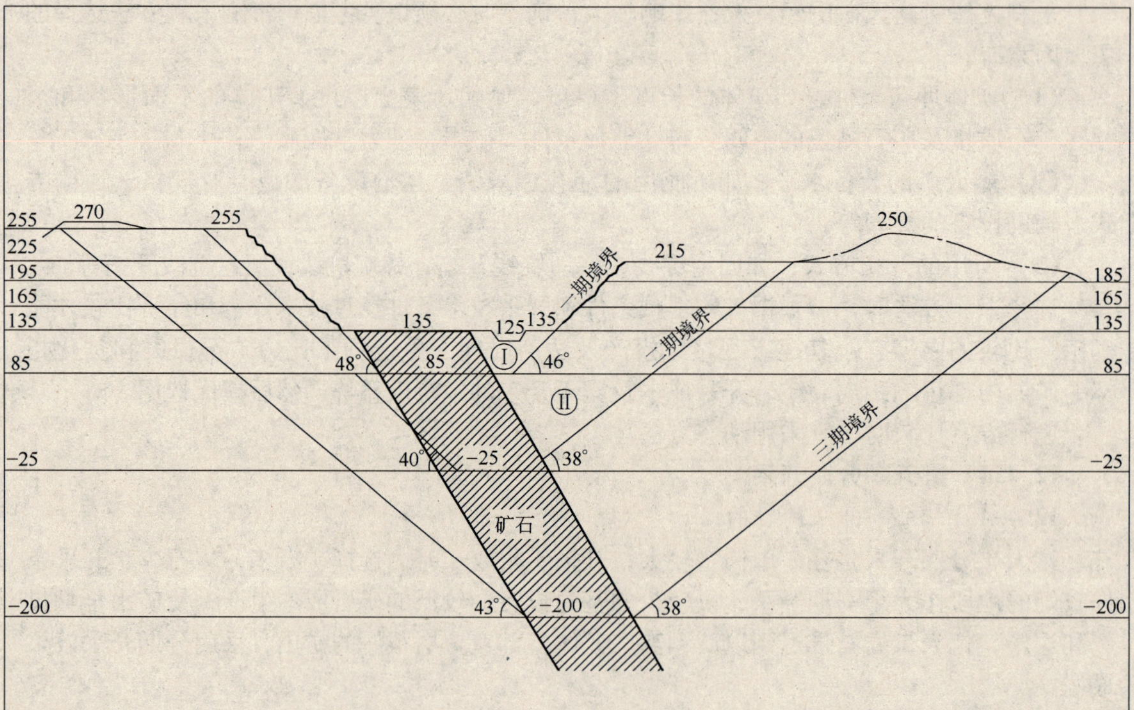

图12-75　桦子峪露天矿东采区分三期开采方案

另一种情况是非预见性的，由于探明了新的储量或技术经济效益的改善，矿石边界品位降低，生产矿山将原设计的最终境界加以扩大，如大冶铁矿等。

12.4.4.2 分期开采的原则

对倾斜和急倾斜矿体延续较深、厚度较大时，可在深度上划分几个时期，从上而下分期开采，金属矿山常采用这种形式。

对缓倾斜和水平矿体沿走向较长，覆盖岩层厚度、矿体厚度及质量变化较大时，可沿走向方向划为若干个开采区域，按一定顺序先后开采；应优先在覆盖岩层较薄，矿量多，矿石品位高，开采条件好的区段先开采，这种方式亦称分区开采。金堆城钼矿、峨口铁矿采用分区开采。

（1）分期开采时，第一期小境界的正常生产年限应在10年以上。

（2）第一期生产的排土场应设在后期最终境界以外，以免排土场二次倒排。在特殊情况下，排土场也有放在后期最终境界内的，待将来再转排，但需进行技术经济比较后确定。

（3）圈定第一期小境界时，应考虑第一、二期开采工艺的有机联系。例如有一些位于最终开采境界内的孤立山峰可趁第一期开拓运输系统之便剥离掉。

（4）扩帮过渡时间不宜太短，否则每年安排的过渡工程量很大，使剥采比过大且过渡后设备不能充分利用。大型矿山过渡期应在10年左右。

（5）采场内有需要迁移的地表河流和重要交通线路，有需要搬迁的重要建筑物等，为了推迟它们的搬迁，尽可能把它们圈定在第一期生产境界之外。如眼前山铁矿的河道即位于第一期境界之外，当向第二期境界扩帮过渡时才搬迁。铜绿山铜铁矿附近的古代矿冶遗址文物展览馆也圈在第一期开采境界之外。

（6）第一期小境界的边坡可按两种方式决定：

1）按最终开采境界的条件来决定；

2）每隔一定高度预留接碴平台，以准备扩帮过渡。

按第一种方式决定前期小境界时，过渡开始时，为避免上部扩帮对下部生产的影响，应在下部设立25～30m宽的接碴平台。

扩帮区段的爆破宜采用压碴爆破，以减少滚石对下部生产的影响。

扩帮区段扩帮时，争取采用大型挖掘机与汽车运输，以保证有较大的下降速度。若没有大型挖掘机亦可采用相邻台阶同时尾随式作业采剥法，布置多台挖掘机同时工作。

12.4.4.3 过渡开始时间的确定

（1）过渡开始时间若定得很早便会失去分期开采的意义，若确定得很晚，一期小境界的矿量已采完而扩帮岩量尚未采完，将使矿山停产、减产。图12－76是分期开采横剖面示意图，图中*ABCD*为第一期开采的临时境界，开采深度为H_1，*A′B′C′D′*为最终开采境界，开采深度为H_2，*AHIJD*为由第一期开采向第二期开采过渡时的第一期开采状态，开采深度为H_0，*AH*为第一期小境界的临时边坡，开采深度由H_0降到H_1为由第一期向下一期开采的过渡期，过渡结束时的工作状态为*CBK*，过渡期的采剥量为*AHIJCBKA′*，*AHMA′*为分期开采与不分期开采在开采到H_0深度时缓剥的岩量，它应在过渡期内剥除，上述各参数之间互相联系，可近似确立以下关系：

$$H_1 = v_1 T_1 \qquad (12-51)$$

式中 H_1——第一期临时境界的开采深度，m；

v_1——按产量要求的采矿下降速度，m/a；

T_1——第一期境界开采的总时间，a。

$$H_0 = v_1 T_0 \tag{12-52}$$

式中 H_0——第一期正常生产（开始过渡时）的开采深度，m；

T_0——第一期正常生产时间，a。

过渡时期采矿的下降深度

$$H_1 - H_0 = v_1 (T_1 - T_0) \tag{12-53}$$

过渡时期的剥离扩帮下降深度

$$H_1 = v_2 (T_1 - T_0) \tag{12-54}$$

式中 v_2——扩帮下降速度，m/a。

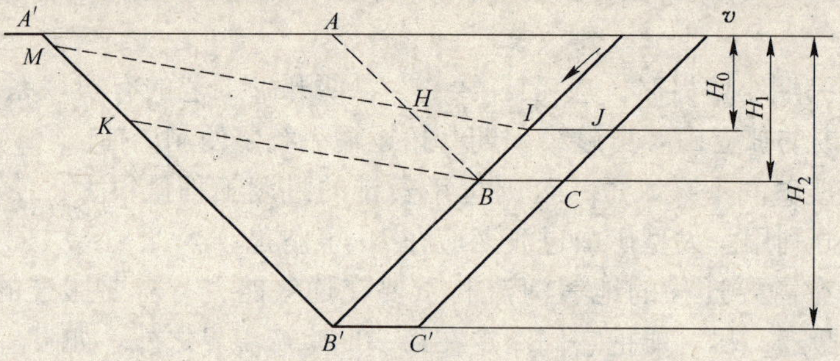

图 12－76 分期开采示意图

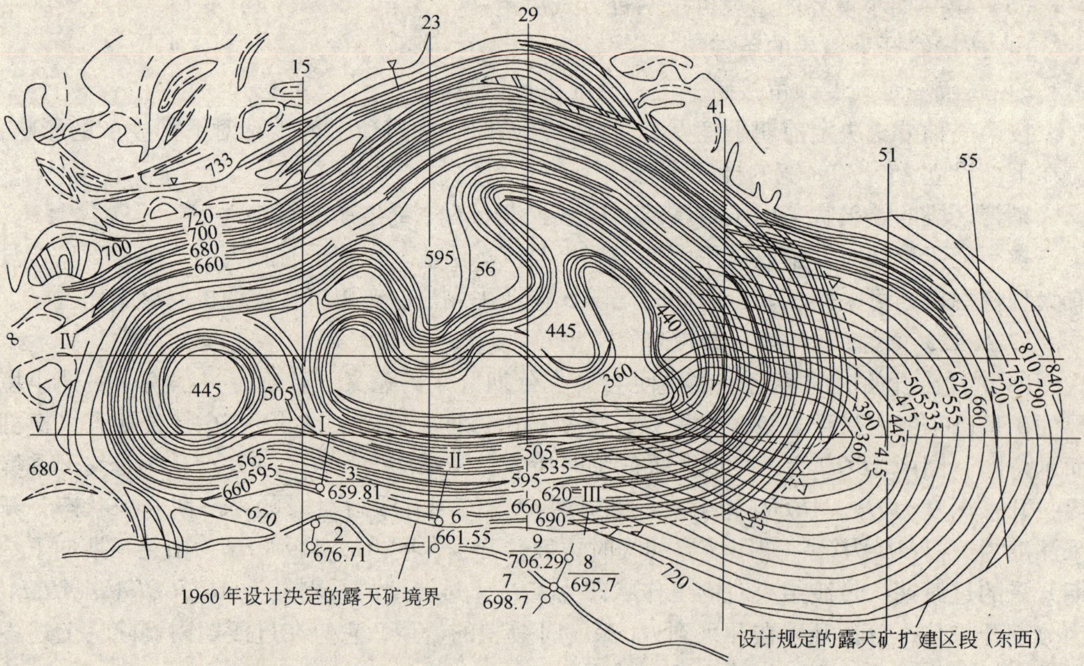

图 12－77 苏联克里玛琪尔铜－钼露天矿东区分期开采

过渡开始时间应及时，要保证过渡完了时形成第二期的正常工作状态。应有

$$\frac{H_1 - H_0}{v_1} = \frac{H_1}{v_2} \tag{12-55}$$

式中 v_1 是产量要求的下降速度，矿山规模确定后是一个已知数，H_1、H_0、v_2 为未知数，可用方案法比较几个方案，以确定合理的过渡开始时间。

（2）过渡开始时间尽量安排在第一期生产剥离高峰以后，以便把第一期开采范围内空出的设备用于过渡的扩帮工作。

12.4.4.4　实例

实例 1　沿走向分期

苏联克里玛琪尔露天矿是一个大型铜－钼矿床，矿床分东西两部分，西部平均剥采比较小，约为 $1m^3/m^3$，东部剥采比较大，高达 $2.4m^3/m^3$，因此东部可留待第二期开采，如图 12－77 所示，东西部之间保留临时的非工作帮，边坡角约 45°，延缓剥离量 0.7 亿米^3。

实例 2　沿深度分期

南芬铁矿矿体出露标高 400 余米，矿体走向近南北，向西倾斜，倾角 40°～50°，共有三层矿，总厚度约 200m，矿体延深在－200m 以下，储量很大，故设计安排分期开采。第一期境界底部标高为 190m，第二期境界底部标高确定为－2m，如图 12－78 所示。一期境界顶帮及端部边坡角为 48°～50°，台阶坡面角 65°，底帮边坡角 36°～38°，台阶坡面角 48°，安全平台宽 5m，清扫平台宽 13m，并段台阶高 24m，目前已开采到 430m 标高，顶帮高差 160m，底帮高差 230m。

从目前一期境界顶、底帮向二期境界扩帮，就是过渡期扩帮。过渡时若采用缓工作帮并一次推到二期境界，称为缓帮过渡。过渡时采用斗容 11.5～16.8m^3 电铲，采用 22～36m/a 的扩帮下降速度，预计在 18 年内过渡完毕，在 274m 处扩帮区与下部正常采剥区连在一起。形成一个工作帮，过渡时全矿的生产剥采比高达 5.4t/t，过渡时上部在扩帮，下部在采剥，中间是很陡的固定帮，为了确保下部采剥工作的正常进行，设接滚石的安全平台，以拦截扩帮可能发生的滚石。

实例 3　非预见性分期扩帮

非预见性扩帮是在原采矿场非工作帮上没有预留扩帮平台的情况下进行的。

大冶铁矿东露天采场原设计尖山区段露天采场的底部标高为－96m，狮子山区段为－36m，后经生产勘探，下部矿体增大，故决定延深采场的底部标高，尖山区延深至－168m，狮子山区延深至－48m，如图 12－79 所示。延深扩大部分有矿石 1546 万吨，岩石 10469 万吨，剥采比 6.77t/t，可延长服务年限 10 年。

矿山要延深和边帮扩帮，这是非预见性的，早期形成的固定帮没有留下任何可以恢复的工作平台，扩帮工作较困难。顶帮扩帮从 276m 开始，底帮从 193m 开始，扩帮年下降速度约 48m，顶帮和东端平均扩宽 140m，长 1810m，底帮扩宽 55m，长 750m，扩帮是在顶帮为 47°50′、底帮为 42°～44°的终了边帮上进行的。

扩帮区段采用 9 台 ϕ200 潜孔钻，一台 KY－310 牙轮钻，一台 45R 牙轮钻及 10 台斗容 3～4m^3 电铲，采用汽车及电机车运输。

广泛采用留碴挤压爆破和多段顺序起爆，以减少爆堆旁冲宽度及飞散的岩石。

下部生产采场留有 30～45m 的安全平台，以拦截上部扩帮带滚落的岩石。

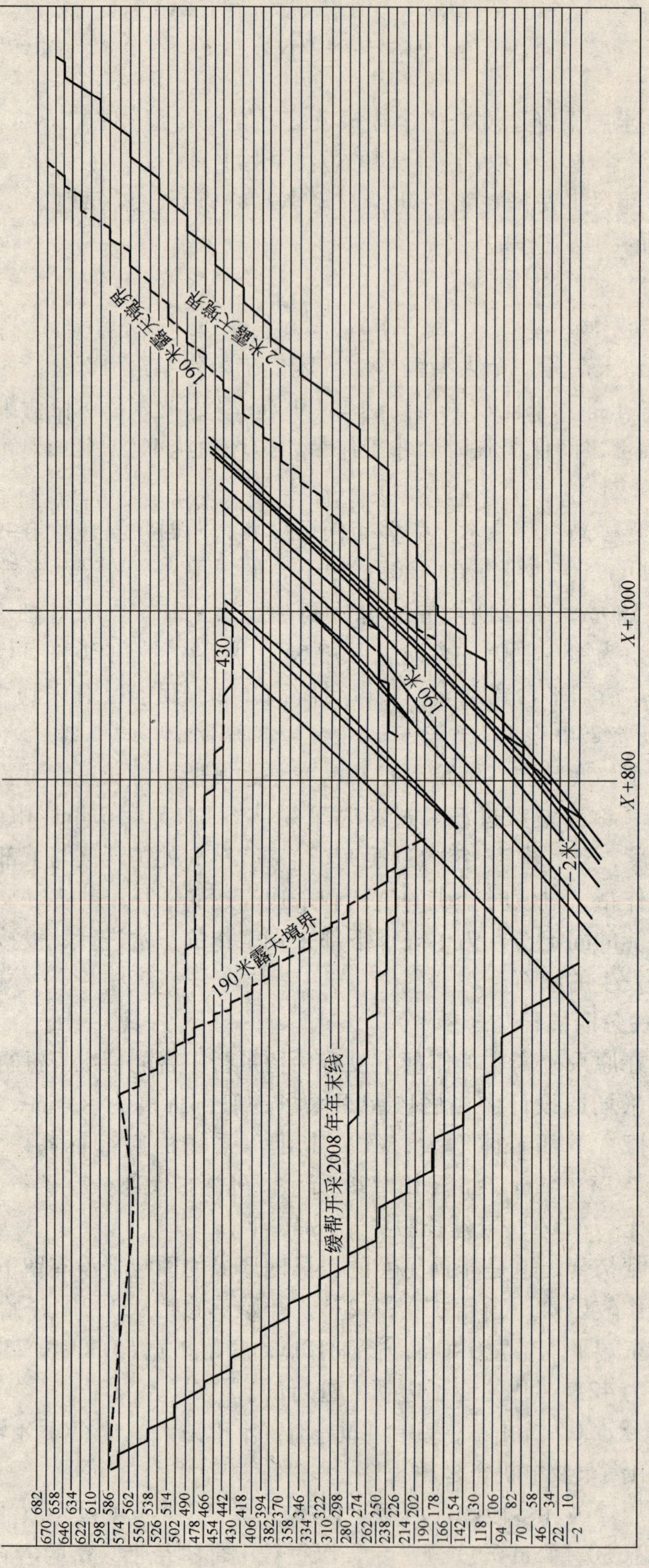

图 12-78 南芬铁矿分期开采示意图

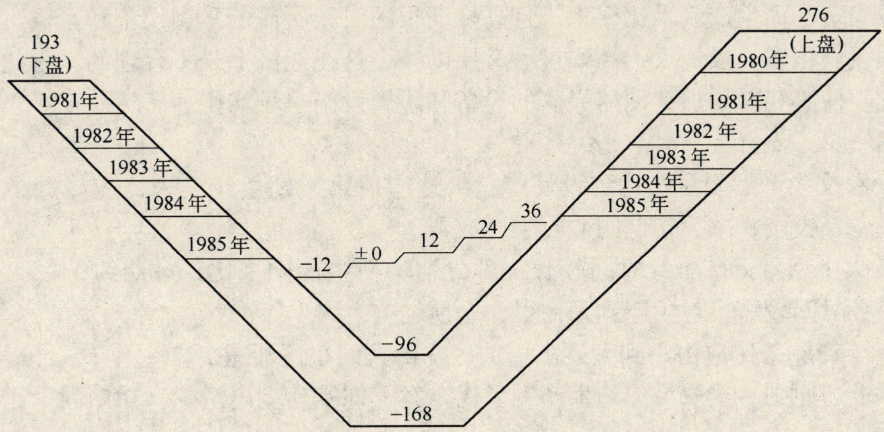

图 12-79 大冶铁矿东露天采场尖山区扩帮示意图

扩帮一次推到最终境界，电铲效率：装汽车为150万吨/（台·年），装翻斗车为110~120万吨/（台·年）。

矿山从1981年开始扩帮，至1985年12月已完成扩帮延深工程。

12.4.4.5 分期开采与不分期开采的比较

部分矿山分期开采与不分期开采的比较列于表12-45。

表12-45 分期开采与不分期开采比较

指 标	单 位	峨口铁矿		密云铁矿	
		不分期	第一期	不分期	第一期
矿石年产量	万吨	480	480	50	50
服务年限	a	68	49①	80	18①
平均剥采比	t/t	1.43	1.09	1.5	0.7
生产剥采比	t/t	2.9	1.6	3.0	0.8
基建工程量	万米^3	764	316	35	26.2
基建投资	万元	5150	2965	430	308
投产时间	a	3	2	2.5	2
达产时间	a	7	4	5	4
斗容4m^{3}电铲数	台	9	7	6	3
载重25t自卸汽车数	台	91	60		
前期年经营费差额	万元	624	0	70	0
开始过渡时刻	a		第17		第18
过渡终了时刻	a		第62		第22

①露天矿小境界的服务年限。

从表12-45中可以看出，分期开采与不分期开采相比，基建投资少，投产、达产快。前期年经营费少，矿石成本低。

12.4.5 露天矿生产剥采比的调整和均衡

12.4.5.1 调整和均衡生产剥采比的意义

露天矿的矿岩产量决定着露天矿采剥设备及附属设施，决定着矿山的基建投资。若矿石产量较稳定，而生产剥采比很大，且高峰期很短时，所需的采剥设备和运输、排土设备及其附属设施很多，投资大，高峰过后又要削减，这在经济上是不合理的。为此要调整生产剥采比，使其相对均衡，使露天矿的设备和附属设施也较均衡。

12.4.5.2 均衡生产剥采比的原则

（1）移交生产后要尽快达到设计产量，达产后第一期生产剥采比应尽量小，以减少初期的设备及投资，减少初期的矿石生产成本。

（2）大中型露天矿服务时间较长，可分期均衡生产剥采比，一期约5~15年。小型露天矿服务时间较短，对生产剥采比可作全期均衡。

（3）生产剥采比应由小到大逐次增加，并由大到小逐渐减少。

根据上述原则，选取最优的生产剥采比方案，即基建剥离量少，初期剥采比小的分期均衡方案。

12.4.5.3 均衡生产剥采比的方法

A 采用矿岩变化曲线 $V=f(P)$ 图均衡生产剥采比

矿山工程发展过程中，矿山每延深一个台阶即采出一定的矿石和岩石量，如图12-80所示。当矿山工程发展程序及最小工作平盘宽度确定后，可以利用剖面或平面图计算出延深至各水平时相应的矿岩量。以延深至各水平的剥岩累计量（V）作为纵坐标，延深至各水平的矿石累计量（P）作为横坐标，在直角坐标系中，作出按最小工作平盘宽度进行采掘，即按最大工作帮坡角（$\varphi=\varphi_{max}$）进行采掘的曲线。同理，若矿山工程只在一个台阶上进行采掘，采完一个水平后再降到下一个水平，即工作平盘宽度达到最大值，工作帮坡角可视为零，可作出 $\varphi=0$ 的曲线。

露天矿可能在这两种极限条件范围内，即在最大工作帮坡角（$\varphi=\varphi_{max}$）和最小工作帮坡角（$\varphi=0$）两条曲线内进行生产，图中曲线的斜率即为剥采比，可在两条极限曲线之内均衡生产剥采比，如图12-81所示。在两条极限曲线之间，技术上可能的均衡生产剥采比的数值很多，因为所确定的生产剥采比与基建工程量，投产和达产时间，矿山的投资和成本等许多指标有关，要综合分析研究，从中选出最优的生产剥采比方案。

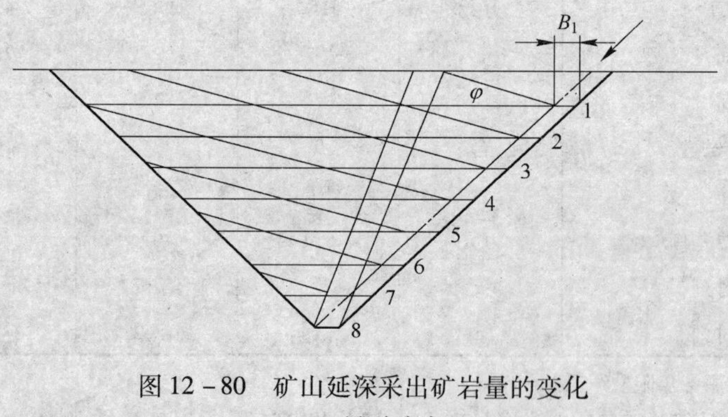

图12-80 矿山延深采出矿岩量的变化

B_1—开段沟底宽

B 参照分层平均剥采比均衡矿山各时期的生产剥采比

用分层平均剥采比均衡生产剥采比要通过编制采剥进度计划加以验证、核实。

当矿山采用缓工作帮开采时，同时工作台阶不多，生产剥采比很接近分层剥采比，可

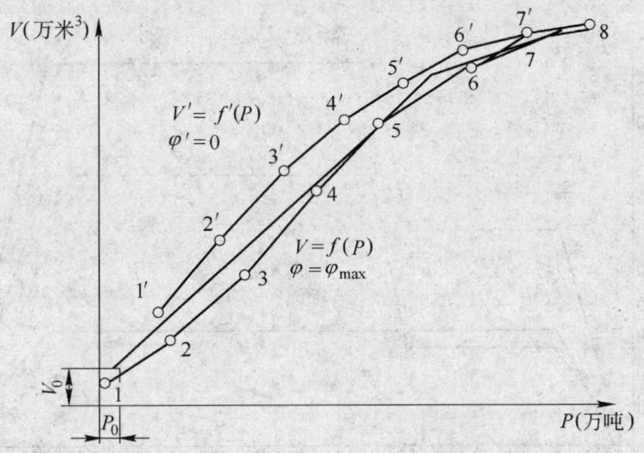

图 12-81　$V=f(P)$ 曲线图

把若干个台阶构成一个开采时期，第一时期的生产剥采比参照此时期内各台阶的分层剥采比值来决定，计算经验公式如下：

$$n=\frac{\sum V}{\sum A} \tag{12-56}$$

式中　n——每一时期的生产剥采比，t/t；

$\sum V$——该时期内各台阶的总岩量，t；

$\sum A$——该时期内各台阶的总矿量，t。

按上式确定的生产剥采比应在编制采剥进度计划时加以验证和核实，同时，在编制进度计划时，还可以通过改变工作平盘宽度、改变工作线的布置和开段沟长度等办法来调整、均衡生产剥采比。有时候可以把部分剥岩量留下来，矿山工程暂时不推到最终境界，以减少初期剥岩量，待矿山工程往下延深，分层剥采比减少后再把留下的岩石采出，以达到调整和均衡剥采比的目的。

C　实例

歪头山铁矿矿体出露标高在350m，倾角为25°～50°，矿体延深到－40m以下，圈入露天采场内总矿量为19763.3万吨，矿山在185m以上为山坡露天矿，分层剥采比0.80～0.90t/t，在185m以下为凹陷露天矿，分层剥采比为2.2～2.33t/t。根据分层剥采比的情况，通过进度计划的编排，生产剥采比按两期均衡，如图12-82所示。第一期生产剥采比较少，为0.86t/t，历时8年；第二期生产剥采比较大，为2.32t/t，历时17年。

12.4.6　生产矿量保有期的确定

12.4.6.1　储备生产矿量的目的

露天矿山生产环节很多，各环节常会发生一些意外事故，影响矿山的正常生产工作，为了保证矿山连续稳产，需保持一定的生产矿量。但是生产矿量在生产中总是变动的，例如开拓矿量，刚开拓出一个水平时，开拓矿量最多，而下一个水平开拓工程即将完成而尚未完成的时刻，开拓矿量最少。

生产矿量保有时间过长，意味着过早进行开拓和剥离工作，积压资金；保有时间过短，则起不到储备的作用。

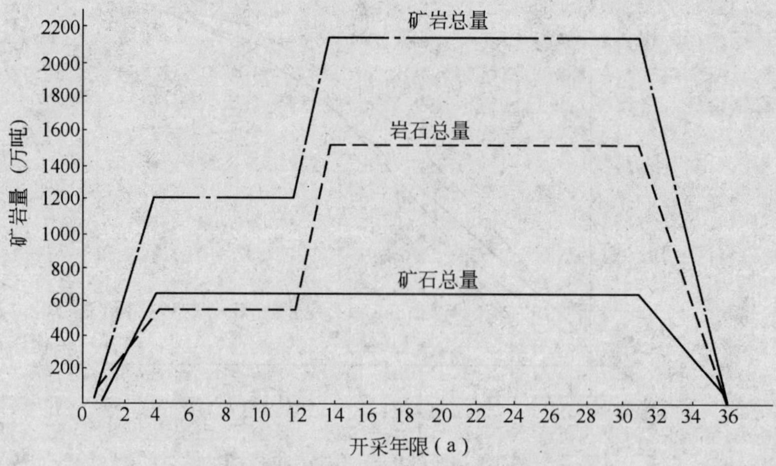

图12-82 逐年产量发展曲线

各矿山应根据其地形条件、矿体厚度、开拓方式，制定各矿的生产矿量标准并贯彻执行。例如同一个矿山（图12-83），若采用顶帮固定坑线开拓时，开拓矿量较多，开拓矿量的保有期较长，而采用底帮固定坑线开拓时，开拓矿量较少，开拓矿量的保有期较短。

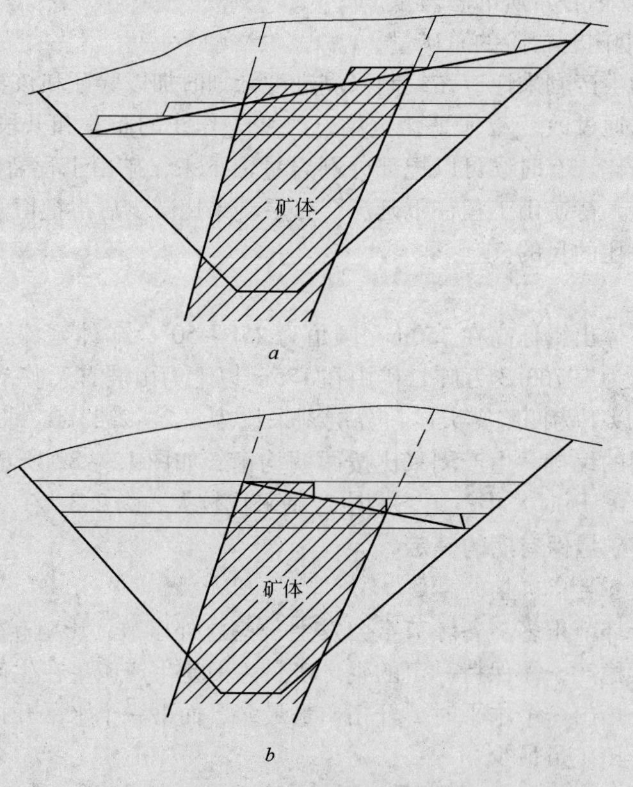

图12-83 开拓矿量变化图

a—顶帮固定坑线开拓；*b*—底帮固定坑线开拓

上述两个方案可不必用一个开拓矿量的保有期，各矿山可在其合理的工艺条件、空间状态下制定各自的储备矿量的保有期。

12.4.6.2 生产矿量保有期限

A 开拓矿量和备采矿量（见图 12－84）

a 开拓矿量

开拓矿量是工业矿量的一部分，是按设计要求已全部或部分完成开拓工程和达到 *B*＋*C* 级（Ⅰ、Ⅱ类型矿床）或 *C* 级（Ⅲ、Ⅳ类型矿床）勘探程度的开拓水平以上的相应工业矿量。露天矿开拓工程是指具备开拓下一水平的必要空间和运输与辅助工程。

b 备采矿量

备采矿量是按开采顺序矿体上部和侧面已揭露，最小工作平盘以外的可采矿量。开拓矿量和备采矿量的划分如下：

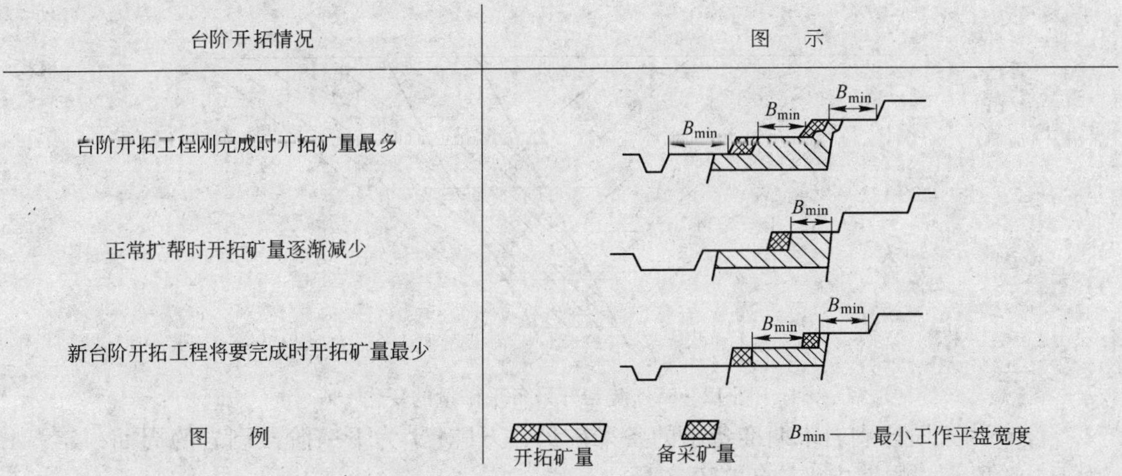

图 12－84 开拓矿量和备采矿量示意图

B 五个部、总公司对本系统矿山规定的生产矿量保有期限

其规定的生产矿量保有期限见表 12－46。

12.4.6.3 陡帮开采的备采矿量

对于陡帮开采的矿山，建议采用深度法计算备采矿量。陡帮开采不考虑开拓矿量，只考虑备采矿量。

备采矿量的定义是露天矿工作帮自然延深到露天矿底部最小工作宽度时所包含的矿石量，即不需扩帮就能采出的矿石量。如图 12－85 所示。

在图中，顶、底帮第一阶段的岩石 1 剥离后，就准备出备采矿量 1′，此时备采矿量最大。露天矿剥离顶、底帮第二阶段的岩石时，备采矿量 1′不断被采出而不断减少，当第二阶段的岩石即将剥离完时，此时备采矿量最小；第二阶段的岩石剥离完了后，备采矿量又达到最大值，这是深度法备采矿量的变化规律。显然，为了保证露天矿的正常生产，第一阶段剥岩所准备的备采矿量 1′的保有期，必须大于或等于第二阶段剥岩的时间，否则就会停产或减产，即第一阶段剥岩所准备的备采矿量要与第二阶段剥岩的周期及周期内平均年矿石产量相适应。同理，第二阶段剥岩所准备的备采矿量要与第三阶段剥岩的周期及周期内平均年矿石产量相适应。

表 12－46　生产矿量保有期限

工业部门	开拓矿量	备采矿量	备　注
黑色冶金矿山	2～3年	1～3个月	冶金工业部1988年8月“关于颁发试行《黑色冶金矿山采矿及选矿设计若干原则规定》的通知”
有色冶金矿山	1年	6个月	中国有色金属工业总公司1986年《关于加强矿山正规开采及合理利用资源若干问题的暂行规定》
化工原料矿山	1年	6个月	化学工业部
建材矿山	1年以上	6个月以上	1972年非金属矿山年度采掘计划管理办法
核工业部矿山（原第二机械工业部）			1981年4月第二机械工业部《矿冶企业设计若干问题规定》

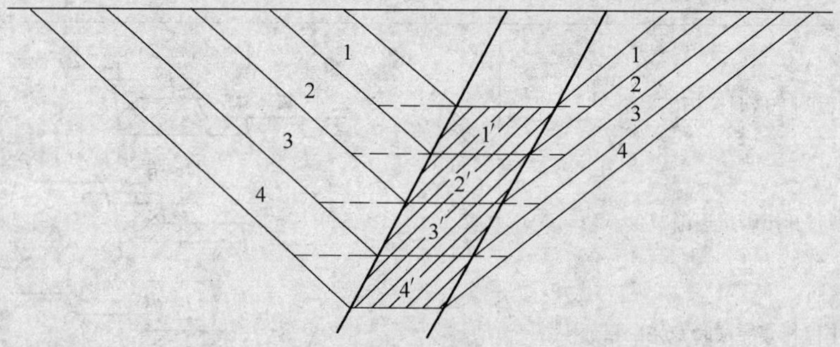

图 12－85　陡帮开采备采矿量的变化

设 Q 为某阶段剥岩末期准备出的备采矿量，万吨；t 为下一阶段剥岩的周期，年；A 为下一阶段剥岩周期内平均年矿石产量，万吨；

则

$$Q \geqslant A \cdot t$$

按上述原则设置备采矿量，陡帮生产就不会停产，减产，保证生产顺利进行。国外设计工作常按此法设置备采矿量，其保有期为一年。

12.4.7　露天法回采地下矿柱和残矿

12.4.7.1　用露天法回采地下矿柱和残矿的应用条件及其优越性

在正常情况下，凡埋藏接近地表的矿体，一般上部为露天法开采，深部转为地下法开采。但是，由于历史上和其他种种原因，使许多适于露天法开采的矿体，已经使用地下法开采了。随着露天开采技术的发展，装备水平的提高，许多已经用地下法开采或正在用地下法开采的矿体，有可能转为露天法开采，用露天法来回采地下矿柱和残矿。由地下开采过渡为露天法开采，在经济合理剥采比允许的条件下，大体有以下几种情况：

（1）本来适于露天法开采的矿床，因为缺乏投资或露天装备条件而被迫改为地下开采。后来，随着国家工业化水平的提高，拥有了露天开采的装备能力和资金，为提高矿山产量，降低成本，提高劳动生产率，充分利用资源和改善劳动条件等等原因，而将地下开采改为露天法开采；

（2）地下法开采中，由于种种原因造成采空区中留有大量不规则的矿柱、残矿和未开采的低品位矿石以及其他伴生有用矿物，继续用地下法开采，技术上复杂，安全上不可靠，资源回收率很低时，而被迫改为露天法开采；

(3) 地下法开采预留的矿柱，发生了错动、倒塌，或者是含硫自然发火严重，地下法难以继续进行。当经济合理剥采比允许时，可改用露天法开采；

(4) 同一矿床用地下、露天联合开采的矿山，过去用矿石成本法相等的原则确定的露天开采境界偏小时，为充分发挥露天开采的优越性，往往采取延深露天开采境界或向走向两端扩大露天开采境界，用露天法来回采地下法预留的矿柱，以扩大露天开采的比重；

(5) 一个大型或特大型露天矿，其矿床品位分布不均，上部低深部高，或者是上部矿石氧化程度大，选矿技术尚未过关。为了满足国家急需并缓和投资、技术等矛盾，可以先用地下法在露天境界内的深部回采矿房，以后待投资、技术等条件具备时，再停止地下开采，恢复自上而下的露天矿的建设和开采。这样，地下开采预留的矿柱，就需要用露天法来开采。

由于上述种种情况，苏联有十几个地下开采的矿山转为露天开采，采矿成本普遍降低30%～50%，劳动生产率提高十几倍，而且大大提高了矿山的生产能力。我国解放以来，由地下转露天开采的矿山已不断增多，煤炭系统有海州、抚顺、新丘等露天煤矿；黑色系统有弓长岭铁矿；有色系统有铜官山露天矿、铜山露天矿、前山露天矿、白银的火焰山露天矿、德兴露天矿的北山、金川露天矿向端部地下开采区域扩大，铜绿山铜铁矿向深部原地下开采的范围延深扩大等等。以上是我国由地下开采转为露天开采的矿山，有的开采结束，有的正在进行开采，有的即将进行开采。从开采结束的矿山来看，都取得了良好的效果。

现以铜山露天矿的实例来说明地下转露天即用露天法回采矿柱的优越性。该矿原用地下阶段强制崩落法开采，采完了0m、-40m两个阶段的全部矿房和一部分矿柱，共采出矿石112万吨，后改为露天法开采，回采矿柱和损失的残矿，以及-40～-100m的原生矿石，露天开采已于1979年顺利结束。经实践检验，露天开采较地下开采具有以下主要优点：

(1) 生产能力大。地下开采从1959年底投产到1965年为止，共生产六年时间，露天开采从1970年10月1日投产到1979年结束，共生产九年零三个月时间。平均年出矿量：地下开采为17.92万吨，露天开采为49.2万吨，比地下开采增长1.75倍；平均年产精铜矿量：地下开采为1422吨，露天开采为3655.5吨，比地下开采增长1.57倍；

(2) 资源回收多。露天开采不仅充分回采了矿柱，也回收了原地下开采损失的矿量和勘探工作未控制的小矿体储量，再加上露天实际开采深度比原露天设计超挖了23m深，因此，露天实际采出矿量比设计超过46%，含铜量比设计超过17.5%。原地下开采矿房的损失率为28%，露天境界内的储量，如果继续用地下法回采，仍按28%的损失率计算，地下法比露天法要少回收含铜量12852.6t，相当于总储量的35%；

(3) 劳动生产率高。以出矿量计算，露天开采全员为493吨/(人·年)，而原地下开采全员为76.5吨/(人·年)，只为露天全员劳动生产率的15.5%，也就是说，露天开采一个人的产量相当于地下开采6.44个人产量的总和；

(4) 安全事故少。该矿的矿岩性质属于中等稳固，一部分还属于不稳固的角页岩和风化闪长岩，这种矿岩性质对露天高效率开采是有利的，而对地下开采是个很大的不安全隐患。实践结果，在同一矿床、同一地点，先期用地下法开采8年，后期露天开采14年

（均包括基建期），平均每年发生的事故对比为：死亡事故露天开采为地下开采的5.7%；重伤事故露天开采为地下开采的18.3%；轻伤事故露天开采为地下开采的60.3%。在这一点上露天开采突出的优于地下开采；

（5）生产成本低、利润多。露天开采平均精铜成本（按1970年不变价格）比1966年以前地下开采的精铜成本（按1960年不变价格）低216.1元，再加上露天开采多回收资源的利润，总共露天开采多获利1877万元，相当于每吨铜金属储量多获利600元。

国内外由地下开采转露天开采的实践说明，用露天法回采地下矿柱和残矿，在技术上是可行的。对地下空区只要处理得彻底，施工作业中措施落实，安全作业也是可靠的。经济效益上，虽然有矿量少、剥采比高（因地下已采出很大一部分矿石）、生产技术条件复杂以及生产效率较低等等不利因素，与开采原生矿体的露天矿比较，效益要差，但与地下法回采矿柱和残矿对比，只要在经济合理剥采比的范围内，露天开采仍然是优越的，特别在回收资源上，优点尤为突出。所以，凡是由于历史原因应该用露天开采而改为地下开采的矿山，凡是地下开采遇到困难难以开采的矿山，以及贵重稀有金属地下法回采矿柱损失很大的矿山，在今天露天开采技术较发达的条件下，只要在经济合理剥采比范围内，改为露天开采仍然是有利的。

12.4.7.2　确定露天开采境界的特点

用露天法回采地下矿柱和残矿，其开采境界的确定，需因地制宜，根据矿柱和残矿的有关特点确定。

A　开采深度的确定

a　经济合理剥采比的计算法

（1）当地下矿柱和残矿为极不规则、破坏严重或因高温发火等等原因，使地下法无法进行开采，欲转为露天法开采时，其经济合理剥采比的计算法，用露天开采与地下开采矿石成本对比法计算，已无实际意义，应改为价格法计算，即用矿石价格或经选、冶加工后的金属价格计算。

（2）当地下矿柱和残矿用露天法和地下法回采技术上都可行时，如用地下法回采，其突出的缺点是矿石贫化、损失大，资源回收少，如用露天法开采，则能充分回收资源，对于贵重、稀缺金属尤为重要。为此，露天开采经济合理剥采比的计算法，应以地质储量盈利法计算为最好。

（3）当矿床上部为地下矿柱和残矿，而深部为原生矿体适于露天开采，所占开采比重又大时，其经济合理剥采比的计算法，一般可按常规方法进行。

b　开采深度的确定原则

（1）当客观存在的矿柱开采深度无选择余地时，只能用露天开采的平均剥采比小于或等于经济合理剥采比的原则进行验证（或是用露天开采总成本小于或等于露天开采总销售额的原则），确定是否适于露天法开采。例如前山露天矿，-40m、0m两个阶段全为地下崩落法的矿柱和残矿，后因矿柱错动、高温发火等原因，不能用地下法进行开采，客观条件上要求-40m以上改为露天法开采，露天开采深度无选择余地。设计中，就是用露天平均剥采比（11.7m^3/m^3）小于或等于经济合理剥采比（12m^3/m^3）来验证这个深度的。又如凤凰山铜矿-40m以上两个阶段，残留了大量矿石和铜金属量，地下法已无法进行开采，为了回收资源，要求-40m以上改为露天法开采，其开采深度也无选择余地

（因 -40m 以下用地下充填法已采完了两个阶段）。-40m 以上平均剥采比为 13.7m^3/m^3，该矿的矿石含铜品位高，而且伴生有硫、铁、金、银等有用成分，计算准确的经济合理剥采比较为困难。因此，设计中采用露天开采总成本与露天总销售额（包括伴生元素收入）对比的方法，最终还能获得总利税 5000 万元，从而验证了 -40m 以上适合于露天开采。

（2）当露天开采深度有选择的余地时，一般仍用境界剥采比小于或等于经济合理剥采比的原则，并用露天平均剥采比小于或等于经济合理剥采比进行验证的方法确定开采深度。例如铜山露天矿，-40m 以上两个阶段全为崩落法留下的矿柱和残矿，而 -40m 以下为未开采的原生矿体，适于露天开采，设计时采用该方法确定露天开采深度为 -100m。

B 底部周界确定

对回采矿柱和残矿的露天矿，其底部周界的大小和位置除满足采剥工艺和设备规格的需要以外，还要使露天非工作帮上不留或少残留地下采空区，以利于边坡的稳定。因此。当露天矿全部回采矿柱时，其底部周界一般应偏大一些，甚至为矿体全厚度，其位置要有利于非工作帮上不留或少留采空区；当露天上部回采矿柱深部回采原生矿体时，其底部周界大小和位置，一般可按常规的方法和原则确定。

C 总边坡角的确定

回采矿柱和残矿露天矿的总边坡角选取的影响因素、结构和方法，基本上与通常的露天矿一致，只是在以下两个方面要区别对待：一是当露天矿与相邻地下矿联合开采时，相毗邻边坡处的边坡角选取，一般要偏小。在露天深部与地下联合开采交界处，为利于边坡稳定和减轻上、下联合作业的相互影响，最好留一个相当地下阶段高度的水平矿柱；二是当边坡上残留有大的采空区时，应采取措施护坡，并填塞空区或对空区周围边坡岩石进行深孔锚索加固，以增强边坡的稳定性。

12.4.7.3 露天开拓方法选择的特点

露天开拓方法的选择，除遵循常规的原则、方法外，还必须适应回采矿柱和残矿的一些特点，主要有：

（1）不论是回采充填法矿柱还是崩落法矿柱和残矿，它们共同的特点是矿块不连续，均为原地下采空区把矿体分割成大小不等、形状不一的矿柱和残矿，它们又与围岩、充填料交错在一起，因此，在开采中势必要分采分运，和矿岩交错采剥。为适应这种开采特点，诸多的开拓方法中，唯有汽车公路运输开拓法最为适宜。

（2）回采充填法矿柱，为降低矿石的贫化、损失，最优的工作线方向为垂直于间柱布置（即为纵向工作线），其最优的推进方向为自上盘至下盘，其次为自下盘至上盘推进。为适应这一特点，开拓坑线位置最优方案是设置在上盘非工作帮上，其次是下盘非工作帮上。但是顶帮固定坑线开拓，基建剥离量大、投资多、投产慢，为此，在基建和露天矿生产前期应采用上盘移动坑线开拓，待移动坑线按正常推进速度推进到顶帮固定坑线位置时才形成固定坑线。这样，既利于回采矿柱，又克服了顶帮固定坑线的诸多缺点。

（3）回采矿柱的露天矿山，其矿石运输的开拓，一般可利用原地下开采时的井巷运输开拓系统，这样可加快露天矿基建速度并节约露天开采投资。但设计中必须对原井巷运输开拓系统进行验证和必要的改造：一是要验证其生产能力是否与露天生产能力相适应。一般说来，转为露天开采后，其生产能力比原地下开采能力大，必须权衡井巷提运能力是否适应，否则需更换设备，增大能力；二是当露天开采的矿石坚硬爆破块度大时，要详细从技术上论证原地下开采时的溜井系统是否适于露天生产工艺要求。一般说原地下开采时的溜井位置都设在矿体之中，而且规格偏小，大块矿石难以通过，这会严重影响露天生产能力的提高。例如回采矿柱的铜官山露天矿，矿石坚硬，爆破后大于400mm的大块占64%；采场内设有6个溜井，直径为2m，限制400mm以上的大块入溜井，其结果露天矿生产能力达不到设计要求。后来采取把大于400mm的大块，用汽车运输平堆在溜井台阶上，每班集中用20～30台凿岩机钻孔爆破后，再用推土机或电铲把爆碎后的矿石装入溜井，这样才达到了露天矿设计能力。又如回采矿柱的铜山露天矿，也是利用原地下开采时的采场内溜井，直径为2m，400mm以上的大块不能入溜井，该矿每天爆破2000多个大块，特别是后期，露天开采深了，采场范围缩小，二次爆破（裸露爆破法）的空气冲击波和飞石严重损坏了电铲、钻机等设备。在这种情况下，被迫在露天采场以外选厂的山脚下，增设一条斜坡道，安装一台900×1200mm的颚式破碎机，专门处理露天矿400mm以上的大块，这样才比较彻底地解决了这个问题。根据这些经验，如果利用原地下开采的溜井必须扩大，井巷运输容器也需相应增大，以适应露天生产的需要。另一种方法，就是不利用原井下的溜井，而在露天非工作帮处新掘一个大规格溜井，在溜井上口处安装一台粗碎机，破碎以后下溜井。这样，原地下运输巷道、设备，都可原封不动的利用。这种方案比较简单、比较彻底地解决问题。

12.4.7.4　对地下采空区的处理

用露天法回采地下矿柱，主要有两种类型的矿柱：一是回采地下充填法矿柱；二是回采地下空场法或崩落法矿柱和残矿。前者地下的空区只有硐室、巷道、天井、漏斗、人道等小型空场；后者除具有这些小型空场外，尚有大量采空的矿房存在。改为露天开采后，为保证露天设备、人员作业的安全，在露天采剥建设之前，首先要处理地下矿房开采遗留的大型空场。对于小型空场，可以在露天采剥作业过程中结合日常的穿爆工作进行处理。

对于矿房这类大型空场的处理方法，国内经验主要是利用原地下开采的井巷设施和工艺，对间柱、顶底柱掘凿深孔或药室，用爆破法把矿柱崩落填实空间，并导致覆盖岩石自然崩落，填实空区。如认为矿柱崩落后不足以促使覆盖岩石自然崩落，那么，在处理矿柱崩落的同时，对覆盖岩石也要进行爆破强制崩落处理。对处理后的陷落区外形，要进行观察分析，认为崩落不完全的可疑之处，待露天第一台阶挖掘形成平台后，应该用钻机打深孔探测，必要时进行装药爆破辅助处理；另一种方法是利用在露天采场剥离的岩土充填地下空场。

对于硐室、巷道、天井、漏斗、人道这类小型空场的处理方法，首先对天井要特别重视，应把所有接近露天作业台阶面的高天井，由测量人员把位罩标志在现场，打一个单行钻孔爆破处理，以避免人员掉入天井。其他小型空场，当其接近露天作业台阶面15～20m时，结合台阶日常爆破，在空场处打超深钻孔爆破处理。

处理小型空场的钻孔位置，一般应布置在空场两侧的非空场处，按正常参数原则装药爆破。如空场较宽，在两侧布孔的孔距过大，为保证爆破质量，减少大块率，可以在空场上方增加辅助钻孔，但其深度要保持与空区有1～2m的距离，以利于装药爆破。

为了及时处理空场和管理好空场处的安全作业，矿山应指定1～2名技术人员兼职或专职行使对空场的管理职能。其主要任务是：在每个月的采剥计划范围内，把影响作业安全的大小空区，在现场明显标志出来，让人人心中有数，同时要根据具体情况，提出处理空区的措施意见，并经常深入现场，检查督促处理措施的落实。

对地下残留的大小空区，只要充分掌握资料，及时进行处理，是可以保证露天设备和人员作业安全的。以铜陵有色金属公司三个地下回采矿柱的露天矿，都没有因为空区问题而发生重大事故。

12.4.7.5 露天台阶高度和空间位置的确定

对回采矿柱，特别是回采充填法矿柱的露天矿来说，确定台阶高度和空间位置，除考虑影响台阶高度的通常因素外，还必须重点考虑以下两个因素：

（1）地下开采时的阶段高度，顶、底柱厚度和所在的空间位置（标高），这个因素往往是确定台阶高度和空间位置的决定性因素。例如，铜官山露天矿是回采充填法矿柱的，开始确定台阶高度时，没有考虑到回采矿柱的特殊性，按通常因素确定台阶高度为10m，其空间位置自上而下顺序划分为：85m、75m、65m、55m、45m、35m、25m…等台阶，而65m、35m、5m是原地下开采的阶段位置，其顶、底柱厚均为5m，结果，65m、55m、35m、25m…等台阶，既有一半是矿石，又有一半为充填料，给露天采矿工作带来了很大的困难，不仅矿石贫化、损失大，而且开采强度显著下降。后来，根据矿柱的这些特点和采矿场充填料的实际位置，把台阶高度和空间位置修改为：80m、70m、58m、50m、40m、28m、20m…等。这样，58m、28m、5m等三个台阶全是矿石（为顶、底柱合成），其标高位置比顶柱标高还低2m，因为采场充填时未接好顶以及充填料压实的结果，所以空了2m左右，台阶位置选择在充填料的实际位置上，有利于顶底柱台阶爆破后，矿石能全部挖掘出来。

从以上实例可见，具体确定台阶高度和空间位置，可以按以下步骤进行：

第一步，将所有的剖面图上顶、底柱的实际标高和顶柱下面矿房中的充填料的实际标高，用加权平均法绘制一张加权平均断面图；

第二步，把所有的相邻的顶、底柱都合并为一个开采台阶，即在加权平均剖面图上，把底柱的顶高定为该台阶的上平盘标高，把其相邻的顶柱下面充填料的实际标高定为该台阶的下平盘标高，其高度是多少就是多少，即为顶、底柱的台阶高度；

第三步，根据阶段的高度，减去顶、底柱台阶的高度，剩下的高程，按正常因素偏低划分为若干个相等或不相等的台阶，其空间位置无特殊要求，按自然排列的标高而定。

（2）非顶、底柱台阶的高度，尽可能偏低一些，以利于间柱回采的穿爆工作。因为间柱的宽度小，坡面角又大（接近90°），台阶越高，穿孔作业越不安全；二是台阶越高，爆破的后冲作用带下来的充填料越多，增大了矿石贫化率，所以，台阶高度尽可能偏低一些为好。

12.4.7.6 合理的工作线布置及推进方向

露天法回采矿柱，其工作线布置主要有垂直于间柱方向布置（一般相当于沿走向布置）和平行于间柱方向布置（一般相当于横向布置）两种。其推进方向，前者有自顶帮至底帮和自底帮至顶帮两种；后者只有沿走向推进。

以铜官山露天矿的实例来分析以上各种工作线布置和推进方向。

铜官山露天矿是回采充填法矿柱的，如下面纵剖面图12－86和平面图12－87所示。矿区东部1～8号剖面处，矿体厚度大，平均为85m，采用垂直间柱方向布置工作线（即为纵

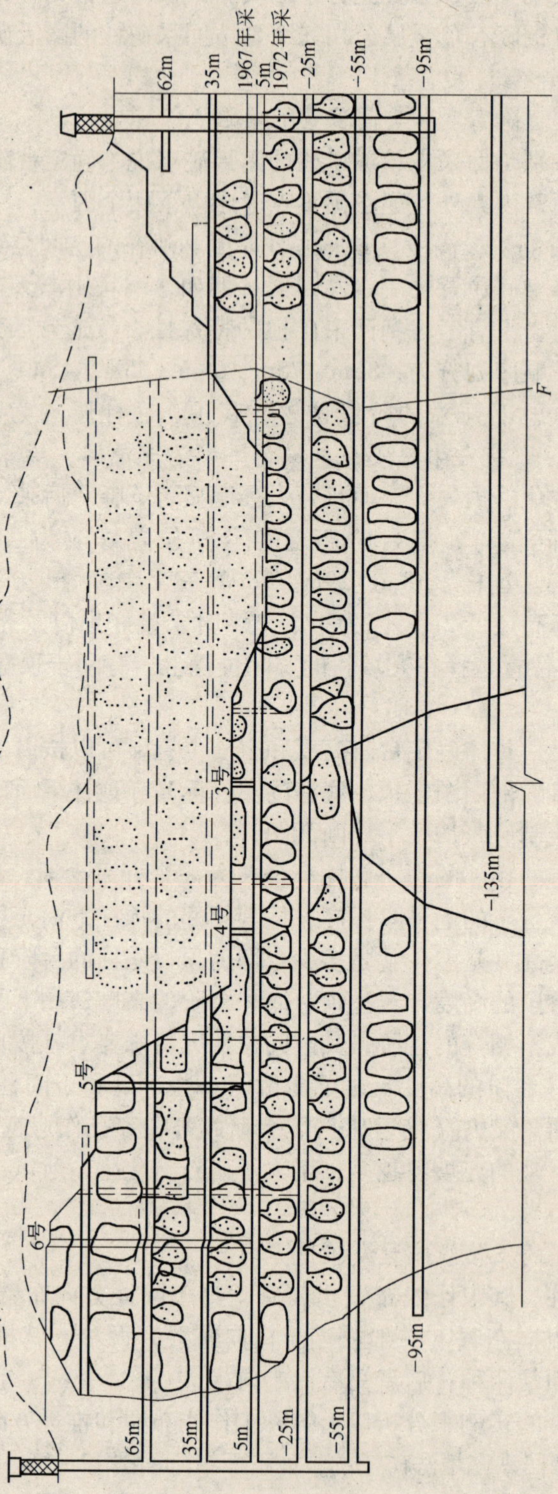

图 12-86 铜官山露天矿纵剖面图

向工作线），在靠下盘的矿体中掘开段沟，推进方向为自底帮向顶帮进行；矿区西部 3 ~ 18 号剖面处，矿体厚度小，平均为 30m 左右，开段沟设在矿体中，开段沟的宽度扩大为矿体的全厚度，实质是无段沟采矿，把采矿工作线改为平行于间柱方向（即为横向布置），推进方向沿矿体走向自东而西进行。这两种工作线的布置和推进方向，经过十几年的生产实践检验，它们的优缺点为：

（1）8 ~ 18 号剖面处横向布置采矿工作线，推进方向沿走向方案的优缺点：

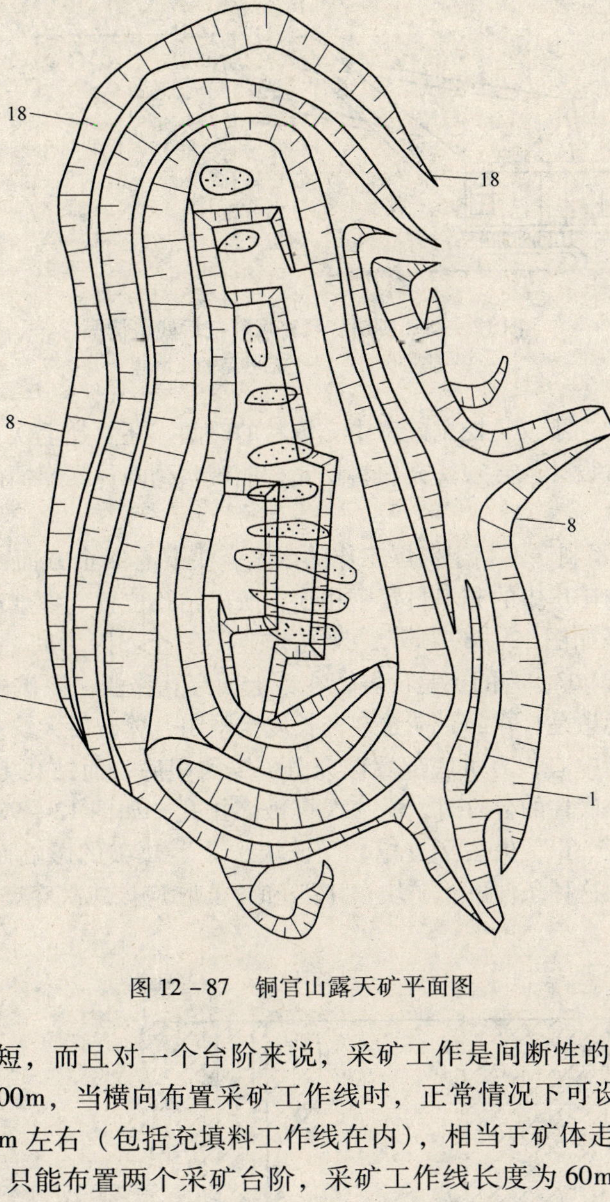

图 12 - 87　铜官山露天矿平面图

1）采矿工作线短，而且对一个台阶来说，采矿工作是间断性的。8 ~ 18 号剖面处，矿体沿走向总长为 200m，当横向布置采矿工作线时，正常情况下可设三个采矿台阶，采矿工作线总长为 100m 左右（包括充填料工作线在内），相当于矿体走向长度的 50%；露天开采延到深部后，只能布置两个采矿台阶，采矿工作线长度为 60m 左右。因此，工作线短，降低了露天矿的生产能力。

这种采矿工作线方向的布置，不仅采矿工作线短，而且对一个台阶来说，采矿工作是间断性的。因为一条间柱采完之后，下一道工序是采装矿房中的充填料，一般需要 3 ~ 4 天时间，条件困难时，需 10 ~ 15 天也是常有之事。其主要原因有二：一是间柱穿爆时，有一面与矿房充填料紧密相连，间柱的形状不清，容易造成靠矿房充填料处残留根底，需要浅孔爆破一次或多次处理这些根底，电铲方能进入矿房中挖充填料；二是如图 12－88 所示，充填料残留在底帮坡面上，需辅以爆破或人工撬下来，方能挖净。

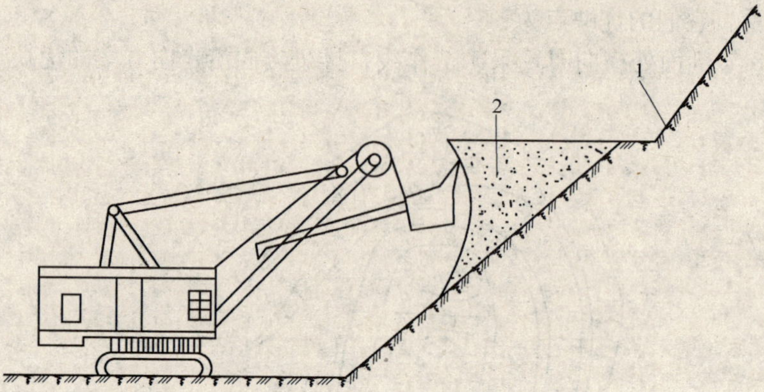

图 12－88 矿房底帮充填料挖后残留情况

1—非工作帮；2—挖后残留的充填料

中断采矿的时间，不仅是挖掘矿房中充填料的时间，还要加上次一条间柱穿孔爆破的时间。因为钻孔位置设计，必须待充填料挖完，能观察到间柱暴露面的形状尺寸之后才能进行。

2）对穿爆工作不利。不利于穿爆工作的因素，主要有四个方面：一是进行穿爆工作时，间柱尚有一面与矿房中的充填料紧密相连，所以钻孔位置、参数难以符合实际，爆破容易残留根底；二是如图 12－89 所示，穿孔作业不安全。因为间柱宽度只有 8m 左右，而且坡面角陡，接近 90°，有的还是反坡，在其上面穿孔作业，该矿虽未发生过钻机塌落事故，但不安全的隐患是存在的；三是装药长度受限制，爆破后大块多。因为底盘抵抗线很小，只能降低装药中心，力争底部爆破充分，少留根底，而钻孔上部往往产生大量大块；四是在回采顶、底柱的台阶时，需一次爆破多排孔，如图 12－90 所示。如果单独爆破矿块“Ⅰ”，矿块“Ⅱ”失去了支撑，受矿块“Ⅰ”爆破的影响而冒落下来，均为特大的矿块。因此，在这种条件下，矿块“Ⅰ”和“Ⅱ”应该二次穿爆为宜。

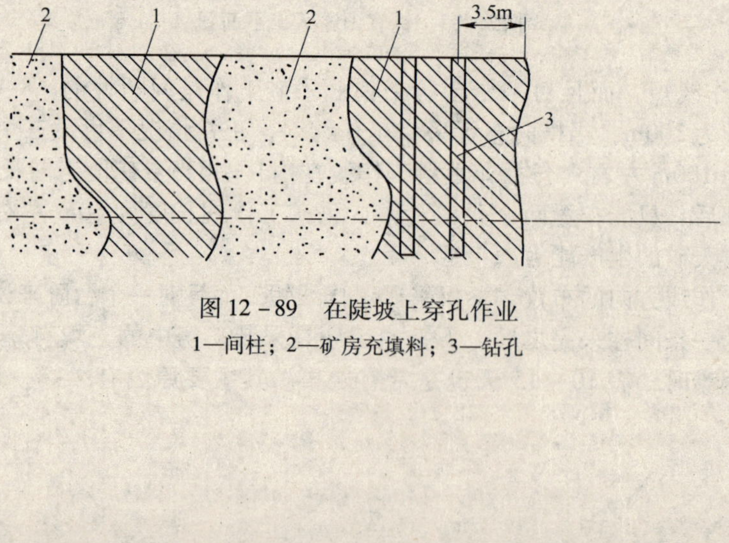

图 12－89 在陡坡上穿孔作业

1—间柱；2—矿房充填料；3—钻孔

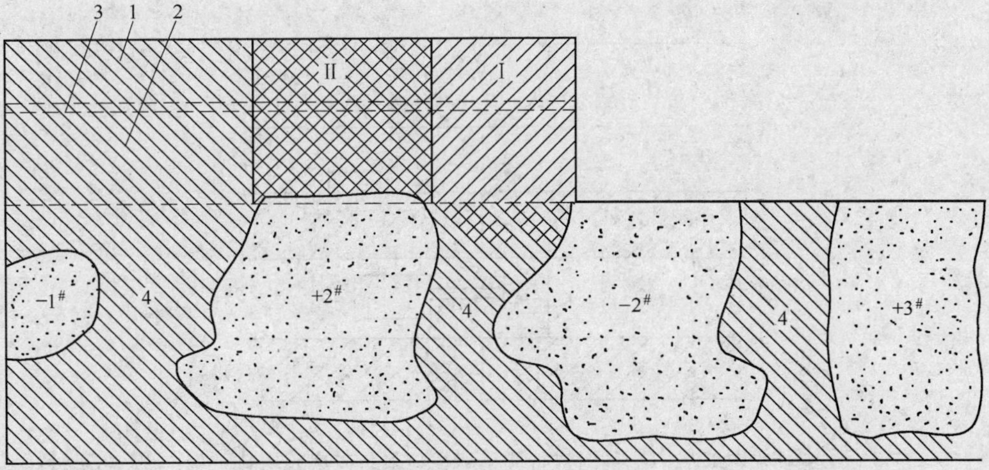

图 12－90 顶、底柱一次爆破

Ⅰ—与间柱对应的顶底柱；Ⅱ—与矿房对应的顶底柱；

1—底柱；2—顶柱；3—阶段巷道；4—间柱

3）矿石贫化、损失大。由于采矿工作线沿走向推进，间柱爆破时不可避免地把矿房中的充填料带到爆堆中，增加了贫化率；其次是该矿床倾角缓，在矿床上盘矿岩接触处的矿石贫化损失都较大。该矿在这种工作线推进方式下，进行过贫化损失率试算，贫化率达到 19%，损失率达到 15%，远远超过了露天开采正常贫化、损失指标。

（2）1～8 号剖面处，纵向布置采矿工作线，推进方向由底而顶方案的优缺点：

1）采矿工作线较长，采矿工作不间断，生产能力大。1～8 号剖面处，矿体走向总长为 160m，可以同时布置两个台阶采矿，其工作线总长度为 320m（包括矿房充填料工作线在内），相当于矿体走向长度的 2 倍，比 8～18 号剖面处采矿工作线长得多，因此生产能力大。而且这种工作线的布置和推进方向，使采矿工作不间断，如图 12－91 所示。因为间柱的穿孔可以与挖矿同时进行，每爆破一次，采装矿房中的充填料较少，爆破前用 1～2 个作业班的时间就可挖完，所以采矿工作不间断。

2）穿爆工作较为有利。因为间柱的形状尺寸在布孔之前可以掌握，孔位设计容易切合实际，爆破时残留根底少；穿孔作业比较安全，因为间柱暴露面小，坡面角也小（系爆破自然形成的坡面角），而且穿孔时两侧矿房中充填料未挖去。此外，在回采顶、底柱台阶时，其穿爆工作不限于要把“Ⅰ”、“Ⅱ”两矿块一次穿爆，仍可用单排或双排孔爆破，不会导致矿块“Ⅱ”自然冒落，因为矿房宽度小，两边有间柱支撑。

（3）矿石贫化损失率低，因为爆破前间柱两侧矿房中的充填料已挖净。

总之，1～18 号比 8～18 号剖面处采矿工作线的布置和推进方向具有明显的优点，但是也不完善，如采矿开段沟设在矿体中沿走向推进，就有 8～18 号剖面处推进方向的全部缺点；其次，推进方向自底向顶进行，在上盘矿岩混杂处矿石贫化损失很大。所以对回采充填法矿柱的露天矿来说，合理的采矿工作线方向应为垂直于间柱方向布置，开段沟应设置在紧靠矿体上盘的废石中进行，采矿工作实行自顶向底推进。对于回采空场法和崩落法矿柱的露天矿，其工作线布置和推进方向，可按通常的原则和方法确定。

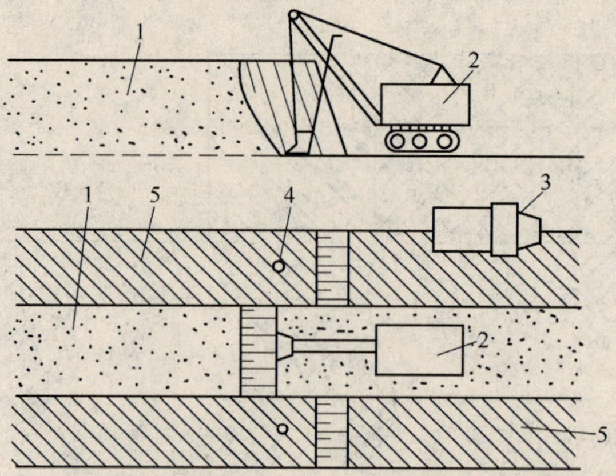

图12－91　同时进行回采间柱与采装矿房充填料

1—矿房充填料；2—电铲；3—汽车；4—钻孔；5—间柱

12.4.7.7　回采矿柱的穿爆工作

回采矿柱的穿爆参数和要求与通常的露天矿穿爆工作对比，有许多不同之处，现就间柱和顶、底柱台阶的穿爆工作分述于下：

（1）回采间柱的穿爆工作。

1）当采矿工作线平行于间柱方向时的穿爆参数如图12－92所示，因间柱宽度小，又与矿房中充填料紧密相接，因而对穿爆工作提出了两点要求：一是间柱的全宽应一次穿爆；

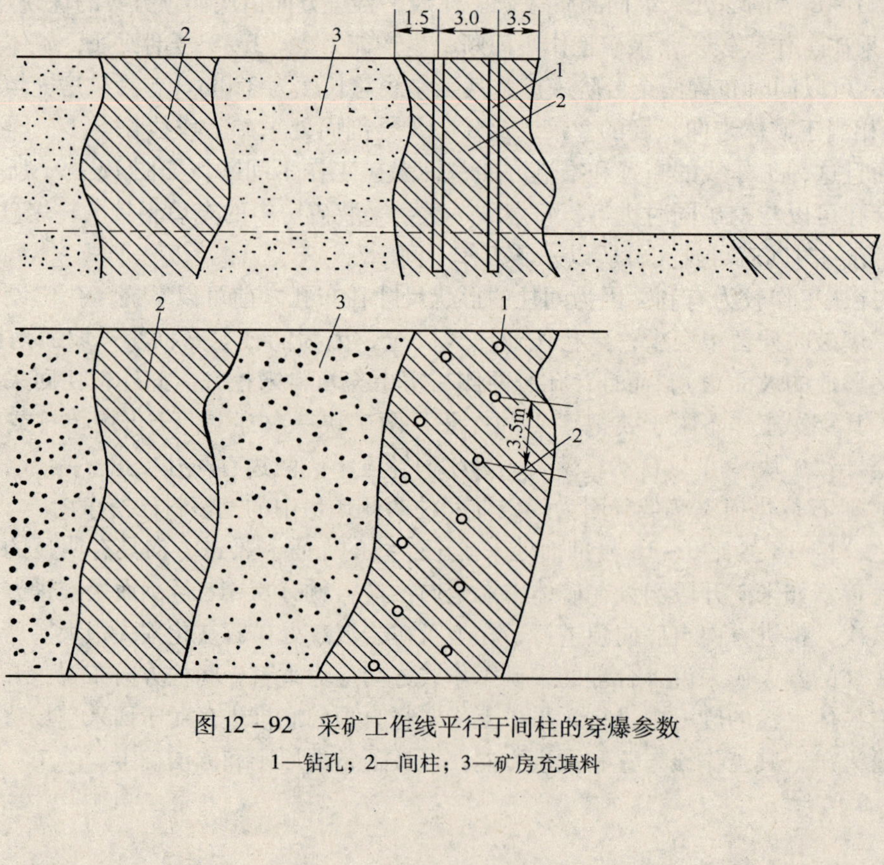

图12－92　采矿工作线平行于间柱的穿爆参数

1—钻孔；2—间柱；3—矿房充填料

二是尽可能减少后冲作用，以免使矿房中充填料少混入到矿石中。根据这个要求和间柱的赋存特点，铜官山露天矿曾采用了两种穿爆参数，一是用单排孔爆破一条间柱，二是用双排孔爆破一条间柱，其具体参数如表 12 - 47 所示。

表 12 - 47 铜官山矿回采间柱的穿爆参数

穿爆方法		台阶高度（m）	台阶坡面角（°）	间柱宽度（m）	底盘抵抗线（m）	孔距（m）	排距（m）	超深（m）	装药方法	单位炸药消耗量（kg/m^3）
单排孔爆破		10	90	2	6 ~ 6.5	4 ~ 4.5		2.0	分段	0.6
双排孔爆破	第一排	10	90	3	3.5	3.5 ~ 4.0		0.5 ~ 1.0	分段	0.6
	第二排	10	90	3	3.0	3.5	3.0	1.5 ~ 2.0	分段	0.6

以上两种穿爆参数，各有优缺点。单排孔爆破，穿孔量少，穿孔作业较安全，但爆破块度大，残留根底的可能性大；双排孔爆破，能改善爆破质量，提高采装效率。因此，当间柱稳固、裂缝节理不发育时，采用小直径的双排孔爆破比较有利。否则，采用单排孔爆破，有利于穿爆作业的安全。

2）当采矿工作线垂直于间柱方向时的穿爆参数如图 12 - 93 所示，在这种采掘方式中，

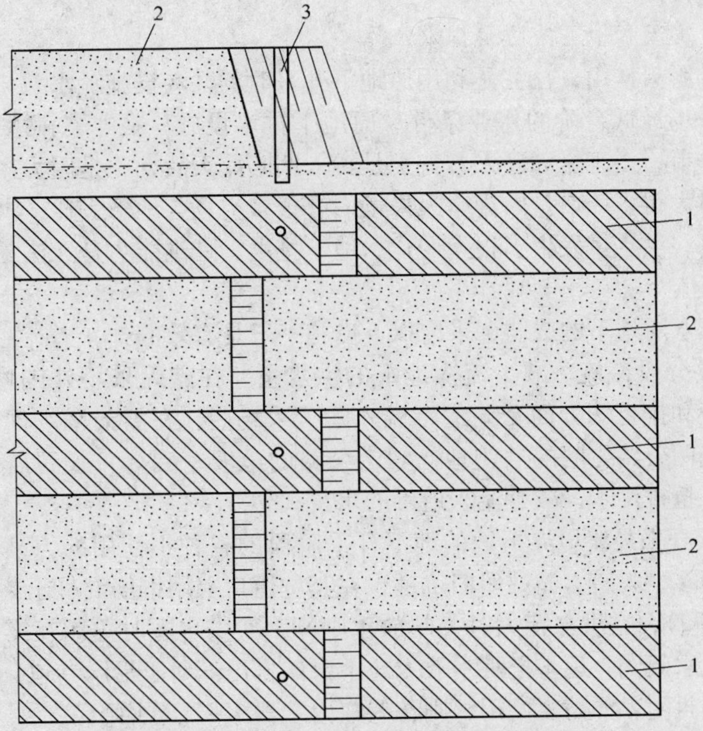

图 12 - 93 采矿工作线垂直于间柱的穿爆参数

1—间柱；2—矿房充填料；3—钻孔

间柱的穿爆工作简单得多，每条间柱的爆破，只采用单排、单孔爆破，每个孔有四个自由面，爆破条件好，而且单孔爆破每次进尺7m左右，这样，在爆破前电铲可以很方便地挖出爆破影响范围内矿房中的充填料，为优质开采创造了良好条件。

（2）回采顶、底柱台阶的穿爆工作。回采顶、底柱台阶与回采间柱的台阶的穿爆工作不同，因为它全为矿石，而且在该台阶下面有未接好顶的矿房空间存在，在台阶的中间又有小型空场，如沿脉和穿脉巷道、人道、漏斗，等等。根据这些特点，如何选择穿爆方式和参数，简述如下：

1）当采矿工作线平行于间柱方向布置，沿走向推进时，需采用多排钻孔一次爆破图12－93中所示的“Ⅰ”、“Ⅱ”两个矿块；

2）在图12－93中所示的矿块“Ⅱ”上面穿孔时，孔深要严格掌握，钻孔底至采场顶的距离要保持1～2m，以利于装药爆破；

3）当台阶中有小型空场时，视空场的大小、形状确定穿爆参数。如台阶中有水平巷道存在时，钻孔应在巷道两侧布置，避开巷道。如果万一钻孔打在巷道之中，钻孔在巷道底板以下要多超深，实行分段装药，在巷道底板以下的钻孔装防水炸药，在巷道顶板以上的钻孔，要先堵孔后装少量炸药。如果台阶中间空场尺寸比较大，如地下硐室、十字巷道交叉处、小巷道逐渐塌陷后形成的较大空场等，在这种情况下，穿孔装药都很困难，对此，可能采取的措施为：扩大孔距，避开钻孔通过空场，其超深值加大到5～6m，以增大装药量；在空场底板下面的钻孔扩成药壶，集中装药，然后以大量的充填料充填空场，变深孔为硐室药包爆破。

12.4.7.8　露天和地下的防洪排水工作

回采矿柱的露天矿山，往往是利用原地下开采时的井巷设施疏水、排水，可以节省投资，改善露天采场最低台阶的作业条件。原地下排水设施，在非暴雨季节一般是能适应的，但在暴雨季节，由于露天开采，特别是转入凹陷露天后，一是因为露天采场受水面积比原地下开采时大得多，二是因为露天采场内有很多空场与地下贯通，洪水可以在短时间内突然涌入地下，洪水量发生了很大变化，地下排洪、贮洪能力是无法承受的，有受淹危险。

为了缓和洪水对地下的威胁，采取以下措施一般是有效的：

（1）露天要分段截流，减少流入地下的洪水量。在露天采场外围修建永久截洪沟，确保露天采场外和排土场方面受雨量不流入露天采场内；在露天采场内，因地制宜（如公路回头曲线处两公路之间的空闲地，固定公路的边坡一侧等）设置若干个固定的或半固定的排洪站，抢排洪水，减少流入地下的水量；

（2）对露天开采最终境界下面的地下开采阶段的各种不使用的、又与露天水源相通的穿脉巷道、漏斗、人道、溜井等旧坑道，在其坑道口上用钢筋混凝土封闭（但要留1～2个放水管和闸阀），在洪水特大时关闭放水闸阀，使洪水暂时关闭在露天采场内，然后有计划的打开放水闸阀，逐步把洪水放入地下泵站排出。对于沿脉巷道，如不使用，亦应同上所述在两端封闭，如需要使用，则在巷道内装置1～2道水闸门；

（3）露天采场内采用内部溜井放矿时，应避免洪水期溜井位于露天最低台阶上；

（4）原地下排水站应适当增加排洪泵和管路，以增大地下排洪能力。

12.4.7.9 露天与地下同时作业的相互影响

由地下开采转为露天开采，在露天开采的建设期间，为了维持矿山一定的生产能力，同时也为了使原地下开采的人力、物力能继续发挥作用，往往是在矿床的深部（即露天开采境界以下），或是露天开采境界以外矿床走向的两端，仍用地下法开采，从而形成坑露联合作业的局面。坑露联合作业，往往产生一些彼此有害的影响，主要有以下两个方面：

（1）地下采空场对露天作业的影响。地下有空场存在，地压失去了平衡，视空场大小，就有可能因岩石移动而影响露天设备和人员的安全以及边坡的稳定。例如铜官山露天矿的5m阶段，于1960年在7号脉采矿留下一个4000m^3的空区，空区顶距露天作业台阶为50m，岩性为风化闪长岩，在1961年秋冒通地表作业台阶面，形成一个12m^2的陷落坑，险些造成一台斗容3m^3电铲倾倒。

铜官山矿是地下与露天联合作业比较典型的一个实例。该矿区的老庙基山5m以上为露天法回采矿柱，5m以下为地下干式充填法回采矿房，与露天同时作业期间，采完了-25m、-55m、-95m三个阶段的全部矿房。露天东西两端的松树山和小铜官山矿区均为地下崩落法开采。该矿露天、地下同时作业十几年，没有因为相互影响而导致不安全事故。根据该矿的经验，为防止地下空场对露天作业的影响，应采取以下措施：

1）露天最终境界以下与地下开采交界处，应留一个较厚的水平矿柱。

该矿露天最终境界5m标高以下，实际只留了一个5m厚的顶柱（即-25m阶段的顶柱），连同5m阶段5m厚的底柱在内，起水平矿柱作用的厚度总共也只有10m。在十几年的生产实践中，没有出现什么问题，说明在技术上还是可行的。但由于矿床和围岩结构、赋存条件很复杂，尚不能准确计算其受力情况。为了更有把握，在条件允许的情况下，最好是留一个较厚的水平矿柱，相当于地下开采的一个阶段高度。这样有很多好处：一是厚度大安全可靠性高；二是当露天开采即将结束时，可预先作好该水平矿柱的矿房采准工作，提前生产，调剂露天开采结束时生产能力的下降和露天转地下生产能力的接替；三是可以隔水，防止露天大面积受雨量突然涌入地下作业区。

2）在露天开采境界以下的地下采空区，必须搞好充填的接顶工作，尤其是矿体厚度大时，更应如此。要达到充填接顶致密，靠人工干式充填难以实现，最好改用水砂、尾砂充填接顶。

3）露天与相邻两翼地下开采同时作业时，彼此延深速度要相互配合好。露天作业应超前于地下先延深，确保由地下开采引起相邻露天范围的矿岩量，在移动之前露天提前采完，以免发生移动后，露天设备、人员不能进入移动区内采掘。此外，对该处的边坡角应适当放缓。

4）露天固定坑线开拓位置的选择，必须考虑与相邻地下的关系。尽可能选择在地下开采移动范围之外，不受其影响。如果不能避开，可将影响开拓坑线不安全的那部分地下采区，改为充填法开采，或将这部分采区暂不开采，留作保护露天开拓坑线的临时矿柱用。

（2）露天爆破对地下采空区的破坏作用。根据露天爆破地点距地下作业区的距离，适当限制一次爆破药量，特别是采用多排孔、多段微差爆破，减少每段起爆药量，能克服对地下空场的破坏作用。如果爆破方式和一次爆破的药量确定不当，将会引起地下采矿场顶板和巷道的破坏。现举两个矿山的实例。

实例1 铜官山露天矿与地下同时作业有十几年的时间，露天矿先后进行了两千多次大中爆破，最大一次硐室药包爆破炸药量为130t，30～50t的爆破也不少，一般是2～10t的爆破，而且这些爆破都是齐发和秒差爆破。爆破地点距地下作业区为70～100m左右，介质中等稳固。诸多爆破的实践检验，地下作业区的巷道未发生倒塌和大量片帮现象；对大面积采矿场，有时有局部片帮、大小块矿石剥落现象，但未影响安全和正常采矿工作的进行。现将该矿靠近5m主运输道的几次爆破情况列于表12－48。

表12－48 铜官山露天矿靠近5m主运输道的爆破情况

爆破地点标高（m）	至5m主运输道的距离（m）	一次齐发爆破的药量（kg）	地震波影响计算半径（m）	巷道明显破坏情况	备 注
28～40	20	2302	66	无	巷道规格：3.5m×2.8m
28～40	18	2381	67	无	支护：间隔式水泥棚子
28～40	21	1480	57	无	
28～46	32	1803	61	无	

实例2 由原地下崩落法开采转为露天回采矿柱的铜山露天矿，利用原－40m阶段作为露天矿的主运输巷道，其中，一部分位于露天采场之内，一部分位于露天边界旁。当露天延深，接近该巷道的几次爆破情况如图12－94所示，一部分主运输巷道在露天采场底之内，在－15m台阶中进行露天爆破时（距巷道顶板高度为22m左右），经常使用3～5t有时10～12t炸药的多排孔微差爆破，巷道来发生冒顶和严重开裂现象，后来在－27.5m台阶，为下降一个新溜井的开段沟时，中爆破钻孔装药处距巷道顶板只有10m左右，一次齐发爆破2.5t炸药，结果有20m长的巷道冒落，停产一天才恢复。以后，采取钻孔不超深，一次爆破药量控制在2t以下，并分4～5段微差起爆，爆破前正下方的巷道中心用顶柱临时加固。这样连续进行了十几次爆破，巷道再未发生塌落，只出现了较严重的开裂现象。又如图12－95所示的在巷道旁侧进行露天爆破的情况。这段巷道位于风化的矽卡岩和闪长岩之中，很不稳固，钻孔底至巷道顶的距离为12m左右。同样采用了钻孔不超深，分段微差起爆的办法，甚至分孔微差起爆，每段药量最多不超过500kg，爆破结果，巷道只有开裂现象，未发生塌落而影响生产。

由以上两个实例可见，露天爆破对地下作业面的严重破坏作用，完全可以人为控制，使其不影响地下开采的正常作业。但是，露天爆破时，在计算地震波影响范围内的地下工作人员，一般要撤到安全地点；爆破后，安全工、撬顶工先进入工作面检查、撬好顶板浮石，然后再恢复作业。这是一条确保人员安全的有效措施。

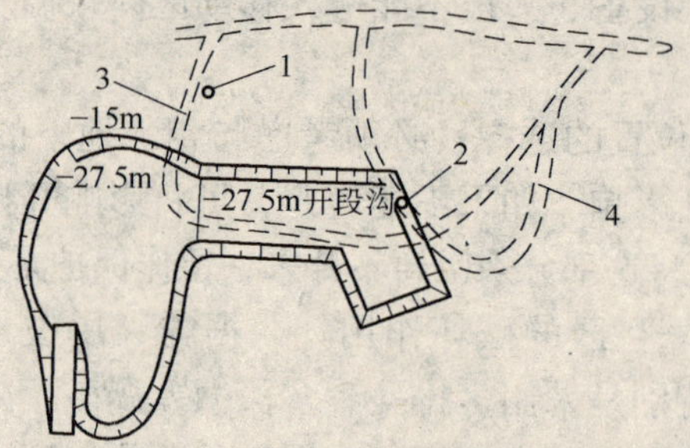

图12－94 部分主运输巷道在露天采场底之内进行爆破

1—原2号溜井；2—新溜井；3—原2号溜井绕道；4—新溜井绕道

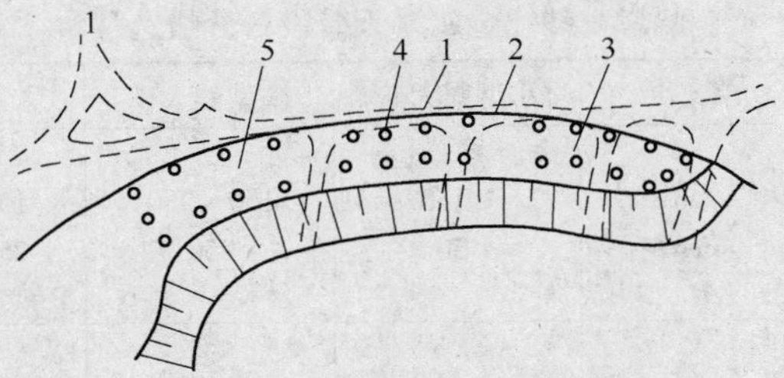

图 12－95　在巷道旁侧进行露天爆破

1—－40m 运输巷道；2—－27.5m 边界线；3—一爆的钻孔布置；
4—二爆的钻孔布置；5—三爆的钻孔布置

12.5　露天采场装载及辅助作业设备

12.5.1　露天矿设备配套

为加快露天矿的建设速度，迅速扩大开采规模和改善开采的经济效果，需要依靠和应用增大规格、不断改进性能的各种大型设备。

世界上大型和特大型金属露天矿现今所用的主要生产设备是孔径 310～380mm、甚至 440mm 的牙轮钻机，斗容 9～11.5m^3、乃至 20～23m^3 的电铲，斗容 22m^3 以内的各种液压铲，斗容 13～18m^3 以至 22m^3 的前装机，载重量 108～154t 甚至 180～230t 的自卸汽车（还制造出了载重 315t 的汽车），粘重 360t 的牵引机组，载重 80～165t 的自卸翻斗车，高强度带式输送机等。在辅助设备方面，按不同开采工艺方式，对工作面的辅助作业、道路维修、移道、现场维修、起重运搬，以及其他工程与生产供应等方面，都应用了相应的成套设备，其中应用较普遍的是斗容 5～10m^3 的前装机、功率 224～373kW 的推土机、大型平地机、振动式压路机、高效率多功能的炸药混装设备、（2～3）$\times 10^4$J 的液压碎石机具等等。

我国露天矿，特别是大中型露天矿采装运主要作业工序和部分辅助作业都实现了机械化。70 年代以来，露天矿山设备的研制得到很大发展，不仅能成批生产中小型设备，装备中小型露天矿山，而且试制出了大型露天矿主要作业设备及多数辅助作业设备，这些设备可以装备几百万吨乃至一千万吨级的大型和特大型露天矿。

我国金属露天矿今后的发展方向是，以 16～23m^3 电铲为主，配用 250～380mm 大型、特大型牙轮钻机、100～180t 自卸汽车，373～746kW 推土机、10～18m^3 前装机等。

露天矿设备的分级主要以矿山规模为基础，矿山产量大小决定了设备等级大小。我国露天矿山主要有金属矿（铁矿、有色金属矿）、煤矿、化工原料矿、建材原料矿等，各种露天矿山的规模划分方法不同，如金属露天矿（铁矿）按年采剥总量计算，分四种规模：年采剥总量 300 万吨以下为小型矿，300～1000 万吨为中型矿，1000～3000 万吨为大型矿，3000 万吨以上为特大型矿。金属露天矿按规模选择设备型号、规格方案列于表 12－49。化工和建材露天矿多为中小型矿山，可在各类露天矿山主要设备分级选型表中进行选择[9]。

金属露天矿采装运工艺设备的组合配套方案实例列于表 12－50。

由于本手册 7.2 节已对穿孔设备进行了介绍，第 25 章将对运输设备作介绍，因此，本

表12-49　金属露天矿设备分级选型

设备名称	单位	小型露天矿	中型露天矿	大型露天矿	特大型露天矿
一、穿孔设备					
1. 潜孔钻机（孔径）	mm	≤150	150~200	150~200	
2. 牙轮钻机（孔径）	mm	150	250	250~310	310~380（硬岩） 250~310（软岩）
二、挖掘设备					
1. 单斗挖掘机（斗容）	m^3	1~2	1~4	4~10	≥10
2. 前装机（斗容）	m^3	≤3	3~5	5~8	8~13
三、运输设备					
1. 自卸汽车（载重）	t	≤15	<50	50~100	>100
2. 电机车（粘重）	t	<14	10~20	100~150	150
翻斗车		<4m^3	4~6m^3	60~100t	100t
3. 钢绳芯带式输送机（带宽）	mm	800~1000	1000~1200	1400~1600	1800~2000
四、辅助设备					
1. 履带推土机	kW	75	135~165	165~240	240~308
2. 轮胎推土机	kW			75~120	120~165
3. 炸药混装设备	t	8	8	12、15	15、24
4. 平地机	kW		75~135	75~150	165~240
5. 振动式压路机	t			14~19	14~19
6. 汽车吊	t	<25	25	40	100
7. 洒水车	t	4~8	8~10	8~10 20~30	10、20~30
8. 破碎机（旋回移动）	mm			1200~1500	1200~1500
9. 液压碎石器	J		$(1.5\sim3)\times10^4$	$(1.5\sim3)\times10^4$	$(1.5\sim3)\times10^4$

表12-50　金属露天矿工艺设备组合配套方案实例

矿山规模	方案	配套主体设备	配套辅助设备	主要使用条件	矿山实例
小型	Ⅰ	φ80~120潜孔钻机，0.6m^3柴油铲或1m^3电铲，3~7t电机车。10t以下矿车，斜坡提升或8t以下汽车	60~75kW推土机，8t装药车，4~8t洒水车，25t以下汽车吊	采剥总量50万吨以下中等深度的或100万吨左右露天矿	祥山铁矿
	Ⅱ	φ150潜孔钻，φ150牙轮钻，1~2m^3电铲，8~15t汽车		采剥总量100~200万吨露天矿	可可托海一矿
	Ⅲ	φ150潜孔钻，3~5m^3前装机装运作业或配20t以下汽车		岩石运距在3km以内露天矿	山西铝土矿
	Ⅳ	φ150~200潜孔钻，2~4m^3电铲，15~32t汽车		采剥总量300~500万吨露天矿	雅满苏铁矿
中型	Ⅰ	φ200潜孔钻或φ250牙轮，4m^3电铲或5m^3前装机，20~32t汽车	75~165kW推土机，8t装药车，8~10t洒水车，25t汽车吊，$(1\sim3)\times10^4$J液压碎石器或φ0.8~2m电动破碎机	一般开采深度中型露天矿	金堆城钼矿、密云铁矿
	Ⅱ	φ200潜孔钻或φ250牙轮钻，4m^3电铲，100t电机车或内燃机车，60t侧卸翻斗式		深度不大的中型露天矿	大冶铁矿上部扩帮，大连甘井子石灰石矿
	Ⅲ	φ250牙轮钻，4~6m^3电铲，60t以下汽车，破碎站，1000~1200mm钢绳芯带式输送机		深度较大的露天矿	

续表 12-50

矿山规模	方案	配套主体设备	配套辅助设备	主要使用条件	矿山实例
大型 特大型	Ⅰ	φ250～380 牙轮钻或 φ250 潜孔钻，4～11.5m^3 电铲，32～60t 汽车和 108～154t 电动轮汽车	165kW 以上履带式推土机，120kW 以上轮式推土机，12t 以上装药车，135kW 以上平地机，14t 以上振动式压路机，40t 以上汽车，10t 以上洒水车，(1.5～3)×10^4J 液压碎石器	大型、特大型露天矿	南芬铁矿
	Ⅱ	φ310、380、410 牙轮钻，10～21m^3 电铲，73、108、136、154t 电动轮汽车		特大型露天矿	智利丘基卡马塔铜矿
	Ⅲ	φ250～380 牙轮钻，8～15m^3 电铲，100～150t 电机车或联动机车组，100t 侧卸翻斗车		大型、特大型露天矿	苏联南部采选公司露天铁矿 美国西雅里塔铜钼矿
	Ⅳ	φ250 以上牙轮钻，8m^3 以上电铲 90t 以上汽车，1200×2000mm 破碎机，1200mm 以上钢绳芯带式输送机		大型、特大型露天矿	

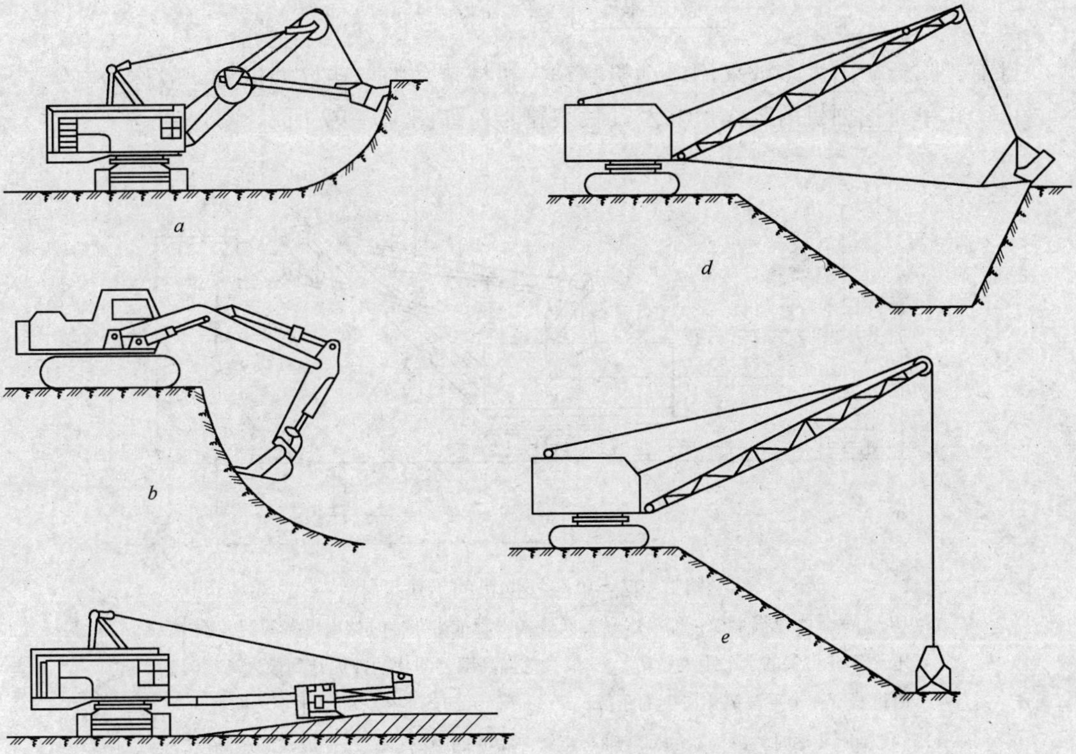

图 12-96　单斗挖掘机主要型式

a—正铲；*b*—反铲；*c*—刨铲；*d*—拉铲；*e*—抓铲

节仅介绍露天矿装载及辅助作业设备。

12.5.2　挖掘与装载设备

除煤矿外，露天矿山所使用的挖掘与装载设备主要是单斗挖掘机，并以电铲为主。

12.5.2.1　单斗挖掘机

单斗挖掘机型式很多，其主要型式如图 12－96 所示。

单斗挖掘机按其各种装置的不同，分类如下[10,11]：

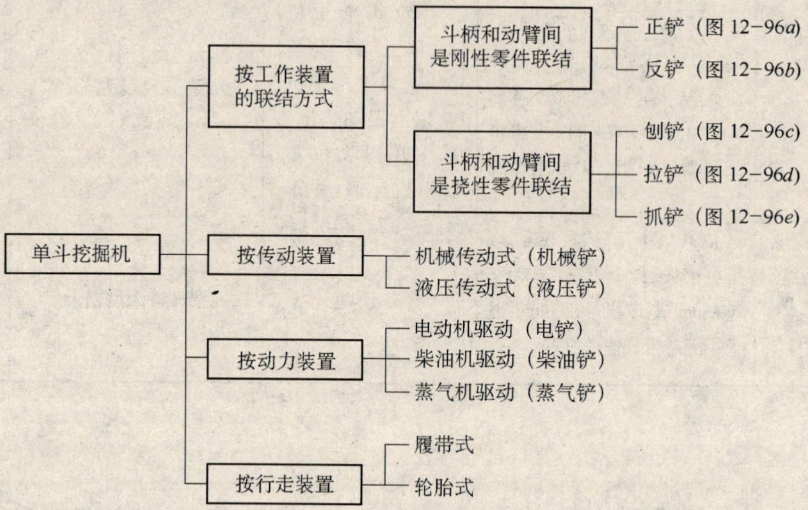

目前，露天矿山大多数采用电动机驱动、机械传动的单斗挖掘机，一般称为电铲。

正铲式单斗挖掘机的工作尺寸及其代表符号，如图 12－97 所示[13]。

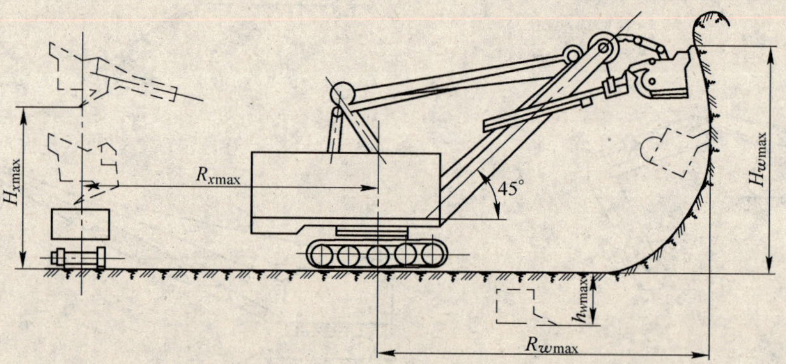

图 12－97　单斗挖掘机的工作尺寸

$R_{w\max}$—最大挖掘半径，即沿水平方向最大限度推出斗柄时，由机器的回转轴中心至铲斗齿尖的水平距离；$H_{w\max}$—最大挖掘高度，即斗柄被提升到最大高度时，由机器所在水平至铲斗齿尖的距离；$R_{x\max}$—最大卸载半径，即沿水平方向最大限度推出斗柄时，由机器的回转轴心至铲斗中心的距离；$H_{x\max}$—最大卸载高度，即铲斗被提升到最大高度时，由机器所在水平至铲斗斗底下落后最下端间的距离；$h_{w\max}$—最大挖掘深度，即将斗柄垂直地面推压到终点时，由机器所在水平面至铲斗齿尖的距离

A 单斗电铲（简称电铲）

a 使用条件

电铲是露天矿最广泛使用的铲装设备。它结构坚固，由于使用电动机和可控硅电力控制，其效率和可靠性都很高。主要电力控制设备位于司机室内，操作条件优于其他装载设备。电铲的重量、牵引力、提升力和推压力大，因此它对硬岩有很大的持续挖掘能力，几乎适用于各种坚硬岩石的作业，具有很好的适应能力。但是，电铲的机动性差，受到外部电源条件的限制。

b 结构特点和技术参数

电铲结构和各部件名称如图 12－98 所示。

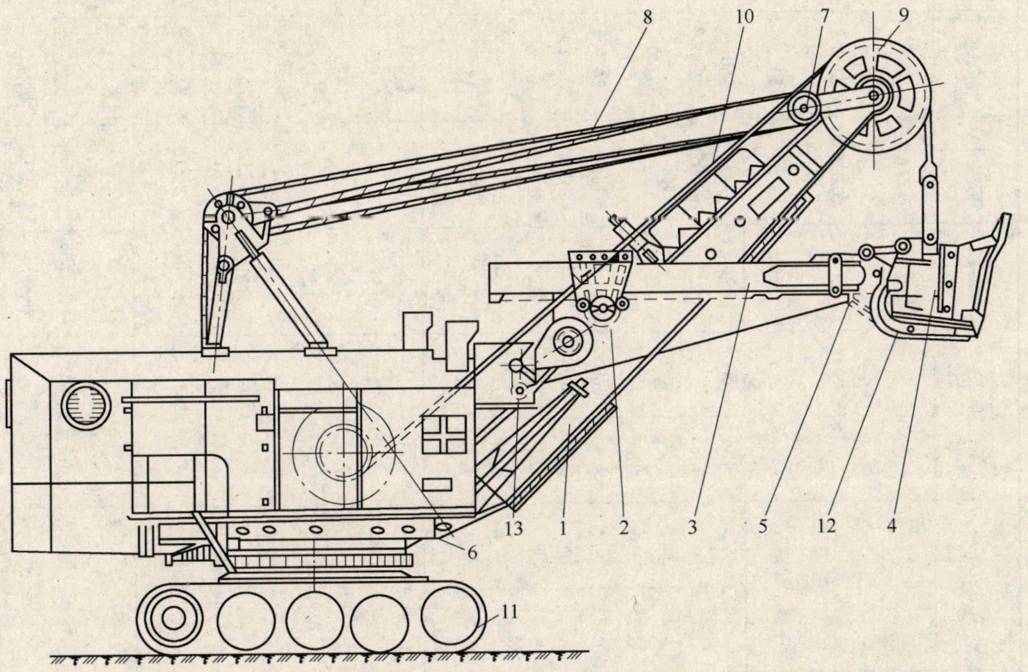

图 12－98 电铲结构和各部件名称

1—动臂；2—推压机构；3—斗柄；4—铲斗；5—开斗机构；6—回转平台；7—绷绳滑轮；8—绷绳；9—天轮；10—提升钢绳；11—履带行走装置；12—斗底门；13—开斗电动机

电铲行走机构的特点是多采用刚性少支点双履带式结构，这种结构对任何工作条件几乎都能适应，履带的承载面积较大，所以在松软岩层上能顺利移动，稳定性能也好，此外对猛烈铲掘时所产生的冲击动载，双履带装置也具有强大的抗衡作用和很好的稳定性能。这种双履带装置尤其适用于工作面底板不平并伴有尖利石块的情况，而且它与电铲的大小和重量也正相适应。因为采矿工作要求电铲尽量减少在相距较远的作业场地之间高速和频繁转移。电铲一般只有一种行走速度（0.75～2km/h），最大爬坡为 15°～20°，对土壤的平均比压为 0.12～0.23MPa。

电铲工作装置的特点是：多数采用单梁动臂、双梁外斗柄、单滑轮提升、齿轮-齿条推压，还有双梁动臂、单梁内斗柄、双滑轮提升、钢绳推压，也有采用内方斗柄、齿轮-齿条推压。采矿型电铲为专用正铲工作装置，一般不配可更换的工作装置。平均提升速度为

表12－51 国产正铲式电铲型号和主要技术参数

参数名称	W_1－06		W－1002		W－1002A		WK－2	WK－4A	WP－4	WK－10A	WD－1200	P&H 2300XP	P&H 2800XP
标准斗容量（m^3）	0.6		1		1		2	4.6	4	8/10	10/12	16	23
动臂长度（m）	5.2		6.8		6.3		9	10.5	23.3	13	15.3	15.25	17
斗柄长度（m）	4.3		4.9		4.9		5.9	7.29	13.3	9	11.1	9.7	10.36
工作尺寸(m) 动臂倾角（°）	45	60	45	60	45	60	50	45	50	45	45		
工作尺寸(m) 站立水平以下最大挖掘深度	2.05	1.65	2	1	1.8	1.3	2.2	2.92	2.9	3.2	2.6		
工作尺寸(m) 站立水平最大挖掘半径	3.96	3.4	6.4	5.7	6.25	5.7	5.6	8.23					
工作尺寸(m) 站立水平最小挖掘半径	2.5	2.6	3.3	3.6	2.85	2.75							
工作尺寸(m) 最大挖掘半径	7.7	7.2	9.8	9	9.4	8.95	11.6	14.4	24.9	18.9	19	21.08	23.30
工作尺寸(m) 最大挖掘高度	5.85	7.45	8	9	6.9	8.6	9.5	10.1	22.1	13.63	13.5	14.33	16.03
工作尺寸(m) 最大卸载半径	6.9	6.5	8.7	8	8.1	7.45	10.1	12.65	23.35	16.65	17	8.99	10.16
工作尺寸(m) 最大卸载半径时的卸载高度	1.95	2.35	3.3	3.7	2.5	3.0	3.5						
工作尺寸(m) 最大卸载高度	3.85	5.05	5.5	6.8	4.7	6.15	6.7	6.3	18.3	8.6	8.3		
工作尺寸(m) 最大卸载高度时的卸载半径			8	7	7.7	6.35	8.7						
铲斗滑轮提升速度（m/s）	0.512		0.496		0.432		0.62	0.67	1.455	1	1.08		
斗柄推压返回速度（推压/返回）（m/s）	0.435/0.655		0.404/0.88		0.43/0.75		0.51/	0.45/	0.462	0.65/	0.90/		
铲斗提升力（kN）	118		160		160		265	450	420	1050	1150		
斗柄作用力（推压/返回）（kN）	130/80		146.3/97		170/95		128	230/	240/	650/	690/		
转向100°时每分钟的挖掘次数	3～4		3				2～3	2～3	～2	～2	～2		
挖掘机工作重量（t）	22.7		41		34.5		84	185	338	440/443	465	717～750	870.4
行走速度（km/h）	1.4～3.3		1.5				1.22	0.45	0.65	0.69	1.22	1.05	1.06
移动时对地平均比压（Pa）	0.88×10^5		0.91×10^5		0.94×10^5		1.25×10^5	2.2×10^5	2.24×10^5	2.3×10^5	2.76×10^5	$(2.6\sim3.8)\times10^5$	3.4×10^5
最大爬坡角度（°）	20		20				15	12	10	13	20		
制造厂	合肥矿山机器厂		抚顺挖掘机厂		长江挖掘机厂		杭州重型机械厂	太原重型机械厂	太原重型机械厂	太原重型机械厂	抚顺挖掘机厂	太原重型机械厂（与美国合作制造）	第一重型机器厂（与美国合作制造）

表 12 – 52 国外正铲式电铲的型号和主要技术参数

制造厂	型号	标准斗容 (m^3)	斗容范围 (m^3)	电机总功率 (kW)	工作重量 (t)	电压 (V)
布赛路斯 – 伊利 (简称 B – E) (Bucyrus – Erie)	155 – B	8.4	6.9 ~ 14.5	597	258	2400/4160
	155 – B①	9.9	9.9	336	255	2400/4160
	280 – B	11.5	6.1 ~ 16.8	522	439	2400/4160
	195 – B1	12.2	9.9 ~ 21.4	448	353	4160/7200
	195 – B①	13.8	13.8	448	381	2400/4160
	290 – B1	15.3	11.5 ~ 26	597	464	4160/7200
	295 – B1	20.6	15.3 ~ 34	932.5②	667	4160/7200
	395 – B	26	19 ~ 45.9	1119②	822	4160/7200
马利昂 (Marion)	151 – M	7.6	5.4 ~ 9.1	336	213	4160
	151 – M①	8.4	5.4 ~ 9.1	373	227	4160
	191 – M – HR	11.5	9.1 ~ 16.8	597	460	
	181 – M①	12.2	6.1 ~ 12.2	448	335	
	182 – M	12.2	12.2	448	338	
	201 – M	15.3	12.2 ~ 30.6	780	578	
	204 – M	24.5	15.3 ~ 30.6	780	622	
哈尼斯弗格 (Harnischfger)	1600	4.6	4.6 ~ 10.7		224	
	1900 – AL	9.2	7.6 ~ 19.1	448	365	2400/4160
	2100 – BL	13.0	13 ~ 19.1	559.5	494	4160/7200
	2300	16.8	13.8 ~ 30.6	835.5②	639	4160/7200
	2800	22.9	18.3 ~ 38.2	1044②	851	4160/7200
	5700	38.2	38.2 ~ 57	2089②	1519	14400

制造厂	动力传动型式	最大行走速度 (km/h)	回转速度 (r/min)	最大挖掘半径 (m)	最大挖掘高度 (m)	最大卸载半径 (m)	最大卸载高度 (m)	机棚尾部回转半径 (m)
布赛路斯 – 伊利 (简称 B – E) (Bucyrus – Erie)	直流/电动发电机组	1.6	3.3	15.2	11.4	12.7	6.8	
	发电机组	1.76	3.2	18.9	14.3	16.6	10.1	
	发电机组	1.76	3.0	19.0	13.3	16.5	8.2	
	发电机组	1.45	3.1	17.0	12.8	14.8	8.1	6.02
	发电机组	1.45	3.1	20.0	15.4	18.1	11.1	
	发电机组	1.28	3.0	19.1	15.0	16.6	8.8	
	静态交流	1.45	3.1	19.8	13.8	16.9	8.5	6.44
	静态交流	1.45		23.6	17.8	20.4	11.1	
马利昂 (Marion)	直流/电动发电机组	2.1	3.6	15.5	10.8	13.3	6.8	5.49 ~ 6.66
	发电机组	1.76	3.0	17.3	14.6	15.4	10.3	
	静态直流	2.25	3.0	19.4	13.8	16.5	8.5	
	直流/电动发电机组	1.6	3.0	20.6	16.9	18.4	12.6	7.01
	发电机组	1.6	3.0	20.6	16.9	18.4	12.6	
	静态直流	1.28	3.0	20.5	15.8	17.6	10.2	
	静态直流	1.28	2.6	20.5	15.3	16.8	13.3	

续表 12－52

制 造 厂	动力传动型式	最大行走速度（km/h）	回转速度（r/min）	最大挖掘半径（m）	最大挖掘高度（m）	最大卸载半径（m）	最大卸载高度（m）	机棚尾部回转半径（m）
哈尼斯弗格（Harnischfger）	直流/电动			14.8	10.8	13.0	7.0	5.49
	发电机组	1.6	3.0	17.8	12.9	16.2	8.2	6.33～7.0
	发电机组	1.45	3.2	20.1	14.6	17.5	9.5	7.01
	静态直流	1.6		21.5	14.3	18.7	9.2	7.47
	静态直流	1.13	3.6	23.2	15.7	21	10.2	7.93
	静态直流	1.28		26.8	19.5	23.6	13.1	

①装备采煤用铲斗时的参数；②系提升电动机的功率。

0.65～1.10m/s（大斗容取上限）。

推压机构有齿轮—齿条推压式（如 WK－10 型）和钢绳推压（如 WD－1200 型）等结构型式。

回转机构通常放置在回转平台的前部，采用立式双电机驱动，回转平台的回转速度为 2.75～4r/min（对于小斗容取上限）。

动力装置的特点是：大多数采用柴油机和交流电动机为主发动机的发电机－电动机系统，以多台直流电动机作分别驱动，各机构是独立的。此外还有静态交流转换直流系统（又称静态直流系统）和静态交流变频调速系统（又称静态交流系统）。静态直流系统没有电动机－发动机组，因此维修工作量少且无噪音，其反应较快而无机械惯性，它大大减少了机器启动时所产生的高峰电流，其总效率比电动机－发动机组系统增加了 12%～15%。静态交流系统功率因数可保持恒定，并可减少设备作业的动力费用。

国内外一些代表性的正铲式电铲的型号和技术参数分别列于表 12－51 和表 12－52。

B 单斗液压挖掘机（简称液压铲）

a 使用条件

液压铲由于在动力装置和工作装置之间采用容积式液压传动，靠液体的压力进行工作，因此，与机械传动相比有许多优点：能无级调速且调速范围大；能得到较低的稳定转速；传动平稳，结构简单、紧凑，可消除冲击和振动；操纵省力，易实现自动化控制。由于液压传动具有上述优点，故液压铲大大改善了单斗挖掘机的技术性能，它挖掘力大、牵引力大、机器重量轻、作业率高。

液压铲兼有前装机和电铲的一些优点：它比前装机的生产能力高，并可用于前装机达不到的高台阶工作面；作业比同斗容电铲轻 35%～40%，挖掘力高 30% 左右（如斗容 10m³ 的液压铲斗齿切削力为 120～150kN，而同级电铲只有 100kN 左右）；机动灵活，下铲准确，特别适于选别回采。但是，液压铲对液压元件制造精度要求高，维修困难，液压系统易漏油、发热，以及总效率较低等。因此还有待于进一步研究解决这些问题。

液压铲斗容较小，而且比较轻，目前尚未在硬岩金属矿山使用，主要用于装载松软矿岩。

70 年代末期和 80 年代初期，国外液压铲发展的重要特点之一是向大型化发展，其斗容 10～17.5m³。目前斗容 7.5～14m³ 的液压铲在国外矿山及其他施工中应用较普遍。

我国生产的液压铲斗容为 1.0～7.5m³，有些品种已投入批量生产。目前我国正在研制斗容 8 ~ $14m^3$ 的液压铲。

b 结构特点和技术参数

液压铲的特点之一是可以换装多种作业机具，以扩大挖掘机的使用范围。正铲斗用在站立水平以上进行挖掘作业，反铲斗则是液压挖掘机最常用的作业机具，通常用于站立水平以下的挖掘作业。液压铲外形结构如图 12 －99 所示。

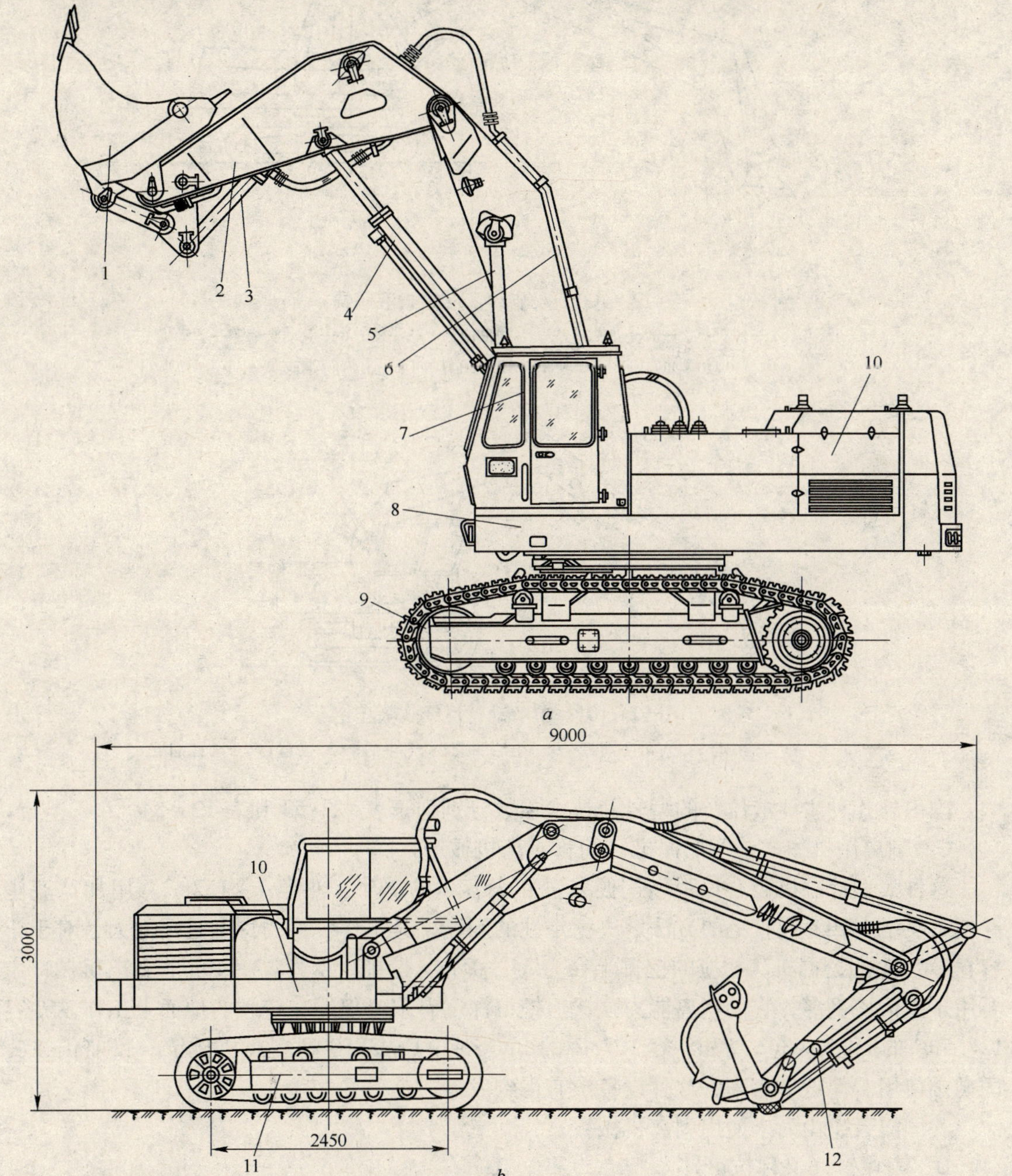

图 12 －99 单斗液压铲

1—铲斗；2—斗柄；3—铲斗油缸；4—斗柄油缸；5—动臂油缸；6—动臂；7—操纵系统；8—回转机构；9—行走机构；10—转台上部机构；11—底架及行走系统；12—工作装置

反铲式液压铲通常又分为双节动臂和单节动臂及伸缩式动臂三种。双节动臂型使用较多[12,13]。

双节动臂反铲式液压铲结构和各部件名称如图12－100所示。

单节动臂反铲式液压铲结构和各部件名称如图12－101所示。

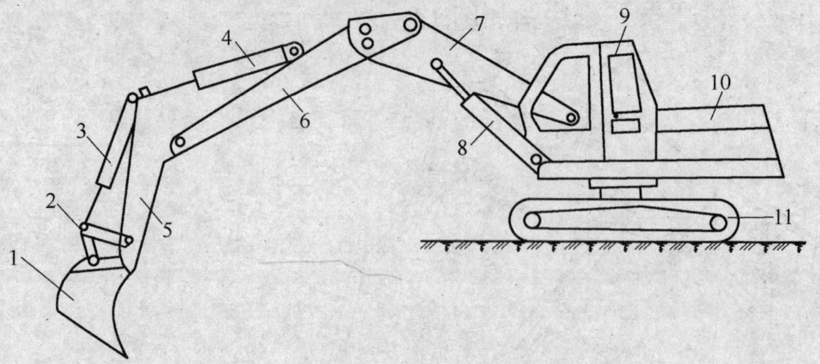

图12－100　双节动臂反铲式液压铲

1—铲斗；2—拉杆；3—铲斗油缸；4—斗柄油缸；5—斗柄；6—上动臂；7—下动臂；8—动臂油缸；9—驾驶室；10—机箱；11—履带行走车架

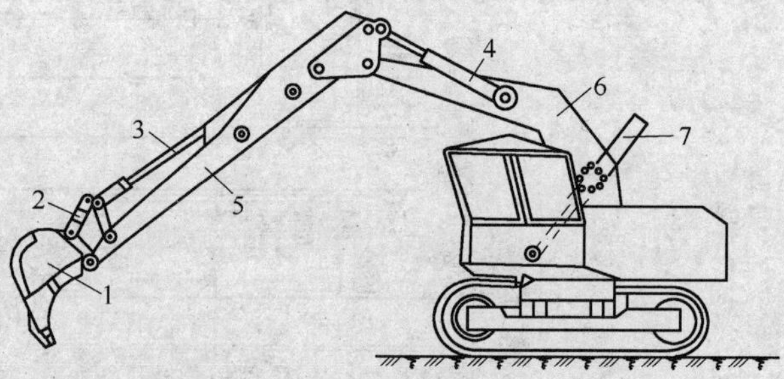

图12－101　单节动臂反铲式液压铲

1—铲斗；2—拉杆；3—铲斗油缸；4—斗柄油缸；5—斗柄；6—动臂；7—动臂油缸

国内外几种主要液压铲的型号和技术参数分别列于表12－53和表12－54。

C　剥离用机械式单斗挖掘机（简称剥离机械铲）

这种大型挖掘机装有长距离挖掘装置和大容积的铲斗，斗容4～152m^3。用加宽底座并使其支承在四对履带上的方法解决稳定性的问题，其工作装置的特点是尺寸大，对于斗容6～45m^3的挖掘机，相应的挖掘半径为34～45m，挖掘高度为27～40m。剥离机械铲主要用于露天矿剥离，它的剥离能力强，但挖掘深度有限，仅能在较硬的地面上工作。斗容137.5m^3的Marion6363型和斗容107m^3的Bucyrus－Erie3850型剥离机械铲，目前仍在美国矿山使用。但近十年来，这种设备没有得到发展[14]。

我国露天矿山尚未使用剥离机械铲。

D　索斗铲（又称拉铲）

a　迈步式索斗铲（迈式拉铲）

这种挖掘机的底座为巨大的圆筒，因此具有高度的稳定性，允许采用长悬臂和大铲斗，适用的前端装置有多种多样，由于挖掘机的底座很大，承载的压强很低，比压为

表 12－53　国产履带式液压挖掘机型号和技术参数

参数名称	W2－100	W2－200	R962	R972	R982	WY－160	WY－250	H55	H85
正铲斗容（m^3）		2.0	2.8～3.4	3.1～3.8	4.3～5.1	1.6～2.5	2.5	3.3；2.7	7.5；4.2
反铲斗容（m^3）	1.0		0.85～3.6	0.85～3.6	1.05～5.6	0.8～2.5		3.0；1.7	5；1.8
平台最大回转速度（r/min）	8.0	6.0				7.6	5.35	7.4	5.8
液压系统最大压力（Pa）	320	300				300		300	300
最大行走速度（km/h）	1.7；3.4	1.8				1.8	2.0	2.2	2.2
最大爬坡能力（%）	45	45				70		80	80
平均对地比压（Pa）	0.52×10^5	1.06×10^5						1.2×10^5	1.6×10^5
发动机额定功率（kW）	98	180	192	233	252	129～156	225	188	328
机重（t）	25	56	54.9～56.6	63～63.7	85.6～88.3	38～38.5	60	55	85
制造厂	杭州重型机械厂	杭州重型机械厂	长江挖掘机厂	长江挖掘机厂	长江挖掘机厂	长江挖掘机厂	杭州重型机械厂	杭州重型机械厂	杭州重型机械厂

$(0.8\sim1.5)\times10^5$Pa，因此它能在松软的岩层面上运行和工作。迈步式索斗铲设计成能沿高边坡或在平地上使用，有时也可铲装索斗铲所在位置以上的岩土。

迈步式索斗铲其挖掘深度可达臂长的0.5～0.6倍，一般挖的土壤都在周围堆弃，挖完一段工作面后，机器转动0.2～0.4倍的臂长距离，再开始挖新工作段。索斗铲工作装置由于是挠性连接，其工作精度较低，但挖掘的深度和半径都大，在矿山主要用于剥离表土。

当覆盖层厚度超过30m时，迈步式索斗铲的作业费用较剥离机械铲为低。与剥离机械铲相比，迈步式索斗铲挖掘阻力小，迈步式装置保养费低。迈步式在挖掘和堆放土壤的灵活性方面，也能满足回土复田的要求。

迈步式索斗铲的斗容量，目前76.5m^3已够用，但仍向较长的动臂、大斗容量方向发展。最大的斗容已达到220m^3，臂长300～400m，动臂用硬铝合金制造。

由于索斗铲斗容量加大，机器重量增加很多，原来履带行走装置的索斗铲受允许接地比压的限制，逐渐为迈步式索斗铲所取代[14,15]。

国内目前生产的索斗铲斗容为0.5～4m^3。为了满足我国露天矿的需要，太原重型机械厂正生产斗容分别为5m^3、15m^3、40m^3的WB－5/45、WB－15/90、WB－40/85型迈步式索斗铲。

迈步式索斗铲结构和各部件名称见图12－102。其型号和技术参数见表12－55。

国外几种迈步式索斗铲的型号和技术参数列于表12－56。

b　履带式索斗铲（履带式拉铲）

这种挖掘设备在采矿和剥离作业中应用很广。一般为双履带式。其悬臂长度和铲斗容积的配比有一定限制，连接部件较少，反应较快，因此动作迅速，它能在狭窄地区有效地工作，并能横越崎岖不平的地带，因此对许多采矿作业来说是一种理想的挖掘机械。

12.5.2.2　多斗挖掘机

A　适用条件

多斗挖掘机是一种有多个铲斗连续进行挖掘作业的挖掘机械，由于露天开采技术的发展，使用于剥离、采矿及转载作业的多斗挖掘机得到了迅速发展。

表12－54 国外单斗液压挖掘

国别		联邦德国 奥－科（ORENSTEIN KOPPEL）公司				联邦德国 德马克（DEMAG）公司			
参数名称		RH40C	RH75C	RH300	RH120C	H85	H121	H185	H241
铲斗容量	正铲（m^3）	3.6～5.3	5.5～12.0	8.0～34	8.5～13.0	4.2～7.5	5.5～10.5	7.5～15	9.0～21
	反铲（m^3）	1.8～5.0	4.5～9.0		5.0～13.0	2.0～5.4	2.0～10.5	7.0～15	5.0～21
最大挖掘高度（m）		8.3	8.5	11.2	12.8	11.2	13		15.5
反铲最大挖掘深度（m）		12.1	11.8	15.8	9.0～14	7.0～12.2	8.5～15	8.0	8.0～14.5
正铲最大挖掘半径（m）		17.0	17.4	28.4	12.8	10	11.8	13.4	14.5
最大卸载高度（m）		11.6	12.0	24.2		6.5	8.0		11.2
最大满斗重量（t）									
最大挖掘力	正铲（kN）	400	600	2000	900	400	470	700	910
	反铲（kN）	330	400	1000	750	210	500	620	850
铲斗转角（°）									
机器工作重量（t）		84.6～87.4	129.3～145.8	480	182	86.5	112	188	287
对地比压（$\times 10^5$Pa）		0.9～1.2	1.2～1.5	2.2	1.45～1.70	0.8～1.0	0.9～1.1		1.0～1.3
液压系统工作压力（Pa）		300	300	300	300	300	300	300	300
工作装置种类		正、反铲	正、反铲	正、反铲	正、反铲	正、反铲	正、反铲	正、反铲	正、反铲
行走速度（km/h）		2.4	2.0	2.7	2.64	2.2	2.2	2.35	2.5
最大爬坡能力（‰）		75	75	75		80	70	55	60
履带接地长度（m）		4.5	4.8	6.5	5.72			4.9	6.2
尾部回转半径（m）		4.2	5.4	7.3	6.0	4.0		4.7	6.2
平台底部距地高度（m）		1.6	1.8	2.7	2.31	1.7		1.8	2.7
履带板宽度（m）		0.7～1.0	0.8～1.0	1.5	0.8～1.0	0.7～0.8	0.8～1.0		1.45
履带轨距（m）		3.8	3.8	5.6	4.5	3.5	3.9		5.1
机器高度（m）		3.9	5.6	7.1	6.26	4.0	5.6		6.5
机器长度（m）		9.8	11.7	16.2		9.7	1.7		15.2
机器宽度（m）		4.9	5.8	7.6	6.4	3.3	4.5		6.2
最小离地间隙（m）		0.71	0.813	1.013	1.15	0.6	0.71		0.9
发动机型号		BF12L 413F	NTA－885－C	KTA2300C－1200					
发动机台数（台）		1	2	2	2				
发动机总功率（kW）		300	522	1763	900	342	551	788	788
发动机转速（r/min）		2100	1950			2100	1000		1900

机型号及技术参数

法国 波克兰（POCLAIN）公司			法国 兰勃尔（LIEBHERR）公司		美国 哈尔斯费格（P&H）公司		美国凯宁（KOEHR-ING）公司	日 本	
400	600	1000	R982LC R982HD	R991	1200	2200	1166E	UH30	UH80
3.4~5.5	5.5~7.5	7.0~15.3	4.3~5.1	5.2~12.3	8.3~13.3	16.3~30.6	4.2~6.9	3.7	8.4~12
2.2~3.7	2.5~4.7	5.0~10.0	1.1~5.6	2.7~11.5				3.0	
11.4	12.9	13.8	10.5	11.0	13.7	18.1	11.3	11.3	13.7
8.6	4.1	4.1	10.0	9.0	2.9 （正铲）	4.1 （正铲）	3.4 （正铲）	4.9（正铲） 10.7	5.4 （正铲）
9.8	11.3	12.4	15.0	16.0	12	17.5	10.5	10.2	12.4
10.0	12.6	12.9	9.8	11.0	9.6	13.3	8.5	8.3	10.4
17.6	30.9	50.0		30.0	15.9	43.7	17.2		
44	605	820	415	550	630	2000	308		620
305	365	523	310	590				380	
45	45	45	165	165	90	90	91	105	145
78.7	107	190	67.5 84.6	163.6	177	463	834	73	157
0.8~1.3	1.1~1.6	1.5~2.6	0.9~1.6	1.5	1.2~1.4	1.8~2.3	0.9	1.0	1.7
400	400	400	300	280	282	300	207~380	230	250
正、反铲	正、反铲	正、反铲	正、反铲	正、反铲	正 铲	正 铲	正 铲	正、反铲	正 铲
2.9	2.7	1.8	1.8 2.4	2.1	1.0	1.6	3.1	2.0	2.5
60	61	53	90	60	70	55	70	60	58
4.4	4.9	5.0	4.6	6.2	6.1	7.5	5.5	4.4	5.3
4.5	4.5	5.6	3.8	6.0	5.6	7.4	4.3	4.3	5.8
1.8	1.9	2.0	1.4 1.6	2.1	1.9	2.7	1.6	1.6	2.0
4.4	4.9	5.0	0.5~0.7 0.5~0.6	0.8	0.864~1.0	1.22~1.52	0.813	0.7	0.8
4.5	4.5	5.6	3.7 3.8	4.5	4.6	6.6	3.4	3.3	4.2
3.7	4.1	5.6	3.9 4.5	5.3	7.1	8.6	3.9	3.6	5.9
13.8	15.7	17.9	7.8	12.6	12.9	18.3	10.4	10.5	13.4
4.3	5.0	5.3	3.9	5.5	5.6	7.8	3.9	3.2	5.3
0.67	0.82	0.65	0.62 0.815	0.763	0.853	1.1	0.55	0.67	0.79
BF12L 413F	F12L 413	KT 1500	NT855 -C360	NTA 855-C	KT-1150 C-450	KT-2300 -1200	12V71N	E120	KT1150- C450
1	2	2	1	2	2	2	1	1	2
186	463	677	257	540	684	1787	316	300	600
2150	2150	1950	2100	2100	1800	2000	2100	2000	1800

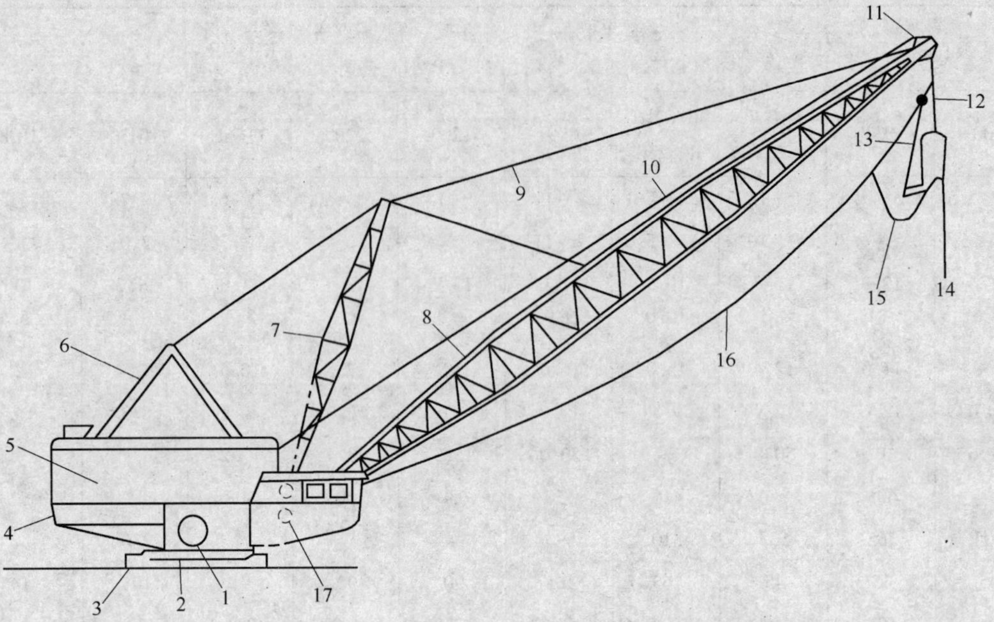

图 12－102　迈步式索斗铲结构和各部件名称

1—迈步偏心轮；2—迈步履板；3—底座；4—回转架；5—机棚；6—A 型架；7—支臂；8—动臂；9—上棚绳；10—提升钢绳；11—天轮；12—提升链；13—卸载钢绳；14—铲斗；15—拖曳链；16—拖曳钢绳；17—引出管

表 12－55　国内几种索斗铲的型号和技术参数

参数名称	$W-50\frac{1}{2}$				$W_1-100\frac{1}{2}$				$W_1-100\frac{1}{2}A$				$W_1-200\frac{1}{2}$						$WB\frac{4}{40}$
斗容量（m^3）	0.5				1.0				1.2				2.0		1.5		1.0		4
动臂长度（m）	10		13		13		16		12.5		15		15		20		25		10
动臂倾角（°）	30	35	30	45	30	45	30	45	30	45	30	45	30	45	30	45	30	45	25～30
最大卸载高度（m）	3.5	5.5	5.3	8.0	4.2	6.9	5.7	9.0	3.38	5.97	4.63	7.74	4.8	7.9	8.0	12.2	10.8	15.9	19.4
最大卸载半径（m）	10	8.3	12.5	10.4	12.8	10.8	15.4	12.9	12.13	10.1	14.3	11.9	15.1	12.7	19.4	16.3	23.8	19.8	39
最大挖掘半径（m）	11.1	10.2	14.3	13.2	14.4	13.2	17.5	16.2	14.6	12.6	16.8	14.4	17.4	15.8	22.8	20.3	27.4	25.3	45
挖掘机工作重量（t）	20.5		21.7		43.6		44.12		31				77.8						184
循环时间（s）																			46
移动时对地的平均比压（Pa）	0.67×10^5		0.70×10^5		0.95×10^5		0.96×10^5		0.88×10^5				1.25×10^5						1.05×10^5

多斗挖掘机按工作装置不同，可以分为链斗式挖掘机（简称链斗铲）和轮斗式挖掘机（简称轮斗铲）两大类。

多斗挖掘机适用于挖掘松散物料、干黏土、褐煤及软岩等，并可进行装载及短途运输。

同单斗挖掘机相比较，多斗挖掘机有如下优点：

（1）生产效率高，在同样功率的动力设备条件下，多斗挖掘机的生产率比单斗挖掘机高1.5～2.5倍。

（2）在同样生产率条件下，多斗挖掘机的机重是单斗挖掘机的50%～60%。

表12－56 国外几种迈步式索斗铲的型号和技术参数

项　目	ЭШ－5/45	ЭШ－15/90	ЭШ－40/85	W700	W1300	W3000
国　别	苏　联	苏　联	苏　联	英　国	英　国	英　国
制造厂家	HKM3	Y3TM	Y3TM	RaPier	RaPier	RaPier
标准斗容（m^3）	5	15	40	7.6～13	168～268	43～54
起重臂长（m）	45	90	85	43～57.8	61.3～91.4	90.5～105.5
工作重量（t）	200	1400～1600	3100	462～510	1275～1315	2987～3240
最大挖掘半径（m）	46	87		41.5～54.5	58.2～84.4	88～101
最大卸载半径（m）	50	82	82	37～48.5	55.5～80.2	81～93
最大挖掘深度（m）	30	41	40	22～42	38.1～53.3	47～56
最大卸装高度（m）	20	36	32	12～29.2	23.2～44.8	31～51
理论生产率（m^3/h）	300	700	1200			

（3）动力消耗少，挖掘1m^3土壤消耗的功率：单斗挖掘机为0.5～0.7kW/m^3；链斗式挖掘机为0.4～0.6kW/m^3；轮斗式挖掘机为0.3～0.5kW/m^3。

（4）机器使用寿命长，操作比较简单，司机劳动强度低。

（5）多斗挖掘机挖掘深度较大，挖掘的台阶较宽，边坡较稳定，工作面比较整齐，还可以进行分层及选别开采。

（6）场地较宽敞，便于自行式设备的运行。

（7）较宽的台阶可获得更多的储备矿量。

（8）堆排剥离物较易，花费也较少。

（9）能装运工作水平上下的岩石，可以向高处或深部挖掘。

多斗挖掘机的缺点是：

（1）挖掘能力小，只能用于没有夹石和大块的土壤，对于有夹石或需要预先松动的岩石及冻土或较湿的黏土等不适用。

（2）多斗挖掘机是专用性很强的设备，不能更换工作装置，对于工作条件比较复杂的情况，适应性较差。

（3）对于小规模开采，初期设备投资较高。

目前，世界上已有联邦德国、美国、德意志民主共和国、苏联、日本、英国、法国、捷克斯洛伐克等十多个国家生产和使用轮斗式挖掘机。其斗容0.07～8.6m^3，理论生产率70～19100m^3/h；挖掘比阻力$(2～19)\times10^5$Pa；轮斗直径1.9～22m，轮斗臂长5～105m，安装功率45～14300kW，机重17.5～13000t。

近几年来，我国已开始试制生产了多斗挖掘机，有在矿山生产中适用于开采页岩的轮斗式挖掘机；有大型露天煤矿使用的轮斗式挖掘机等。今后，可以探索在铝土矿剥离和采矿中使用轮斗式挖掘机。

B　结构特点和技术参数

链斗式挖掘机是在两条封闭链上均匀地装有多个铲斗，封闭链沿着具有一定形状的斗架移动，铲斗在封闭链的带动下挖掘土壤，然后运送到卸载地点卸载。

链斗式挖掘机结构和各部件名称见图12－103。

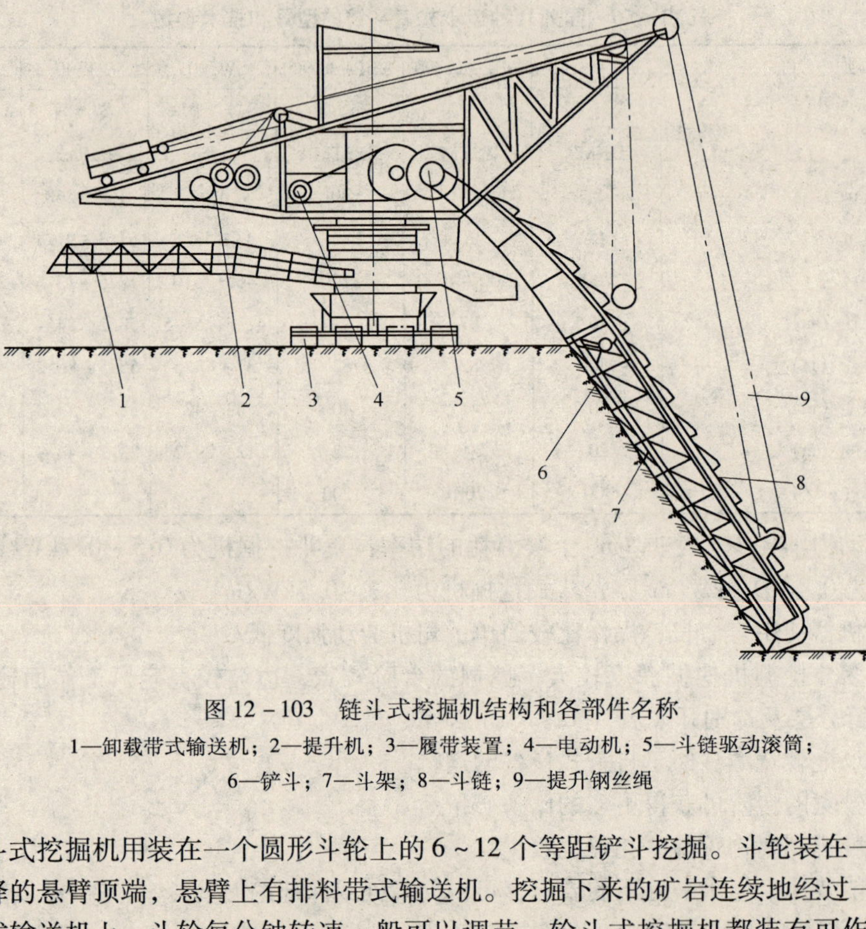

图12－103　链斗式挖掘机结构和各部件名称

1—卸载带式输送机；2—提升机；3—履带装置；4—电动机；5—斗链驱动滚筒；6—铲斗；7—斗架；8—斗链；9—提升钢丝绳

轮斗式挖掘机用装在一个圆形斗轮上的6～12个等距铲斗挖掘。斗轮装在一个可回转和可升降的悬臂顶端，悬臂上有排料带式输送机。挖掘下来的矿岩连续地经过一个转载点卸到带式输送机上。斗轮每分钟转速一般可以调节。轮斗式挖掘机都装有可作360°回转的平台和上部结构。

轮斗式挖掘机可在轨道上移动或用履带自行，履带式在矿山中应用较普遍。履带分单梁式或转向架式两种，而大型轮斗式挖掘机均采用三支点履带支撑系统。

轮斗式挖掘机的结构和各部件名称见图12－104。

轮斗式挖掘机除了向大型化和巨型发展以外，在“紧凑型”轮斗式挖掘机方面，也有很大的发展。“紧凑型”轮斗式挖掘机的特点是：线性尺寸小、生产效率高、切割力大、重量轻、重心低和机器刚性好。其国外代表型产品见表12－57。

国内生产的轮斗式挖掘机的型号和技术参数见表12－58。

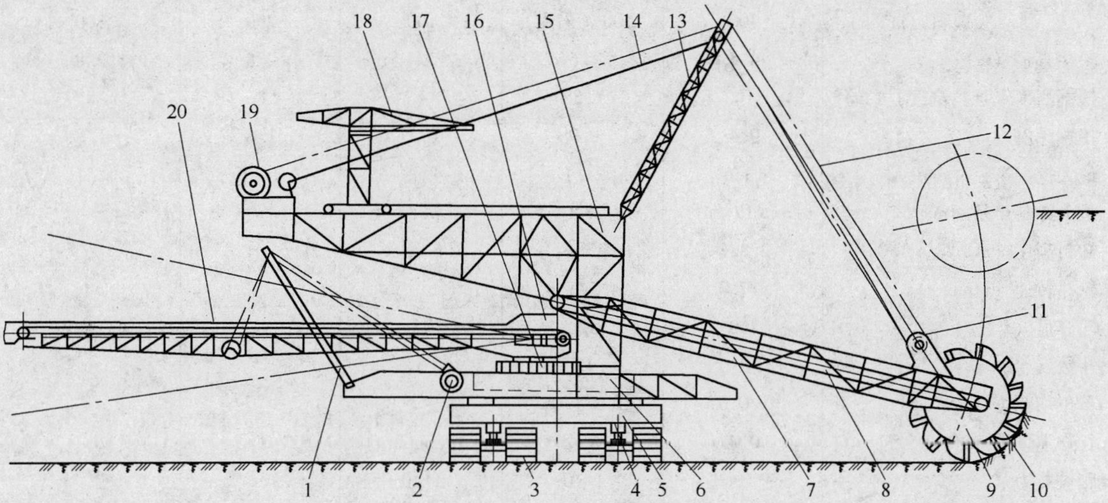

图 12－104 轮斗铲结构和各部件名称

1—支架；2—提升机；3—履带装置；4—立柱；5—底架；6—平台；7—斗轮臂；8—受料带式输送机；9—斗轮体；10—铲斗；11—滑轮；12—钢丝绳；13—支架；14—悬绳；15—钢架；16—料斗；17—回转装置；18—起重机；19—提升机；20—卸载带式输送机

表 12－57 国外几种“紧凑型”轮斗式挖掘机型号和技术参数

国家	联邦德国				美国 B－E 公司	苏联顿涅茨工厂	日本神户制钢所
生产厂家	克虏伯	吕贝克		德马克			
型号	C－500	SH－630	SchRS · $\frac{2450}{1.5}$18	1940	1910 $\frac{12.2}{0}$	ЗРГВ－2500	KE－2000
斗轮直径（m）	7.8	8.0	12.5	9.0	9.15	8.0	5.2
理论生产率(m^3/h)	2100	3000	7865	4400	2300～9200	2500	2400
挖掘高度（m）	10.0	15.0	18	14.0	12.2	14.5	10.0
工作重量（t）	332	332	1900	600	735	750	180
总功率（kW）	846	800	3000	1050	1150	1800	440/527
斗轮功率（kW）	360±45	315	2×500	2×300 D·C	470		

表12－58 国产轮斗式挖掘机（堆取料机）型号和技术参数

主 要 参 数	WVD400/700型轮斗挖掘机	WD $\frac{520}{0.9}$15型轮斗挖掘机	DZ－45型轮斗装载机	DQL200/450－20型轮斗式堆取料机	DQLK300/450－20型轮斗式堆取料机
理论生产率 堆料（m^3/h）	700	2000（剥离时）	200	450	450
取料（m^3/h）	400	1500（采煤）	100	200	300
轮斗直径（m）	4.5	7.6	2.4	2.8	2.8
挖掘高度（堆料高度）（m）	10	15	4	8	8
挖掘深度（m）	0.4	0.9	0.2	1.8	1.8
最大挖掘半径（m）	13.6	21.1	4.73		
最大卸料半径（m）	17	27.0	7.5		
卸料高度（m）	2.8/8	13.6	1.6～3.6		
轮斗转速（r/min）	5/7.3	4.5/5.8			
斗容量（L）	200	520	45		
斗数（个）	8	12	6		
单位切割力（kN/cm）	1/0.6	1.2/1.05			
行走速度（km/h）	0.4	0.4	20（m/min）		
爬坡能力（°）	10	1∶10	1∶10		
对地平均比压（Pa）	1.13×10^5		1×10^5		
总装机功率（kW）	340	1225	68.4	78.1	86.1
总重（t）	150	500	22	100	110
外形尺寸（长×宽×高）（m）	32.35×7.1×6.5	51.5×12×13.5	13.4×3.26×3.45	40.94×6.6×14.3	42.4×6.6×14.3
行走方式	履带式	履带式	履带式	轨道式	轨道式
制 造 厂	杭州重型机器厂	杭州重型机器厂	长沙重型机器厂	长沙重型机器厂	长沙重型机器厂

主 要 参 数	DQL400/630－25型轮斗式堆取料机	DQLK600/1000－25型轮斗式堆取料机	DQL630/1000－30型轮斗式堆取料机
理论生产率 堆料（m^3/h）	630	1000	1000
取料（m^3/h）	400	600	630
轮斗直径（m）	4.1	4.5	4.8
挖掘高度（堆料高度）（m）	10	10	10
挖掘深度（m）	1.8	2.0	1.8
最大挖掘半径（m）			
最大卸料半径（m）			
卸料高度（m）			
轮斗转速（r/min）			10
斗容量（L）			185
斗 数（个）			8
单位切割力（kN/cm）			
行走速度（km/h）			
爬坡能力（°）			
对地平均比压（Pa）			
总装机功率（kW）	170	224.5	192.2
总 重（t）	175	250	200
外形尺寸（长×宽×高）（m）	48.9×9×18.4	49.8×9×18.6	53.8×9×18.6
行走方式	轨道式	轨道式	轨道式
制 造 厂	长沙重型机器厂	长沙重型机器厂	长沙重型机器厂

续表 12－58

主要参数	DQL $\frac{1000}{1200}$－30 型轮斗式堆取料机	DQL $\frac{1500}{1800}$－30 型轮斗式堆取料机	DQL1800 $\frac{1200}{1600}$－30 型轮斗式堆取料机
理论生产率 堆料（m^3/h）	1200	1800	1600
取料（m^3/h）	1000	1500	800～1200
轮斗直径（m）			
挖掘高度（堆料高度）（m）	11.5	12	11.5
挖掘深度（m）	2.0	2.0	2.0
最大挖掘半径（m）			
最大卸料半径（m）			
卸料高度（m）			
轮斗转速（r/min）			
斗容量（L）			
斗数（个）			
单位切割力（kN/cm）			
行走速度（km/h）			
爬坡能力（°）			
平均接地比压（Pa）			
总装机功率（kW）	287.5	400	340
总重（t）			
外形尺寸（长×宽×高）（m）	63.7×9.1×15.65	67.48×10.94×16.83	63.7×11.1×15.65
行走方式	轨道式	轨道式	轨道式
制造厂	哈尔滨重型机器厂	哈尔滨重型机器厂	哈尔滨重型机器厂

12.5.2.3 前装机

A 结构特点和使用范围

矿用前装机有两种：履带式前装机和轮胎式前装机。履带式前装机实质上是一种挖掘机，它用于单纯的挖掘作业或需要稳定性较高和对地比压较小的作业地点，在欧洲和日本的非金属矿，由于气候及地面条件，履带式前装机成了一种理想的设备，而在世界大多数地区，其用途则受到限制。

轮胎式前装机由于重量轻、行走速度快、机动灵活、一机多能等优点，在露天矿使用的越来越多。目前使用最广泛的是斗容为4.6～12m^3 的轮胎式前装机，最大的斗容达18.4m^3。在中小型露天矿已作为主要装载设备，在大型露天矿配合电铲作业，以提高电铲效率，并兼作多种辅助作业，如清理工作面、修路、填塞钻孔、排土、清理边坡、运输重型零部件、在贮矿场进行装载工作、松散土岩及清除积雪等。

近年来，一些新产品，如斗容13m^3 的L－1000型电动轮前装机、斗容13m^3 的TCL－1000型拖曳电缆式前装机、斗容10.6m^3 的475C型带涡轮变速箱的前装机、斗容9.9m^3 的992C型带双泵轮液力变矩器的前装机和遥控前装机等相继出现，使前装机的应用范围进一步扩大，并已取代了一部分3～4.6m^3 电铲。

我国生产的前装机斗容0.25～5m^3，其中斗容4.6～5m^3 的比较适于矿山作业。它们在大型露天矿山可与电铲配合作业，在中小型矿山，当矿石破碎较好时，则可作为铲装设备与载重量15～32t的自卸汽车配合工作，在运输距离不大时（小于300m），还可以作为铲装运设备使用[16]。

与普通电铲相比，轮胎式前装机有下列优点：

（1）前装机自重仅为同斗容电铲的1/6～1/7。

（2）轮胎式前装机行走速度快，一般为电铲的30～90倍，机动、灵活，可作露天矿的装载设备，还可以在一定的距离内作为运输设备。其合理运距随前装机载重量和年运输量而变，其范围为65～1330m。斗容越大，年运输量越小，则合理运距越大。如斗容5m^{3}前装机在年运输量100万吨以上的露天矿使用时，其合理运距为347～384m。

（3）因机动灵活，有利于开采多品种矿石，进行分别回采。

（4）前装机爬坡能力强，一般可爬20°～25°左右的坡度，因此可在较大坡度的工作面进行铲装或铲装运作业。

但是，轮胎式前装机也有下列缺点：

（1）前装机工作机构的尺寸比电铲要小，因此，在台阶高度较小的露天矿用它作为主要铲装设备时，才较电铲效率高。

（2）对爆堆质量要求比较严格。

前装机工作机构和其他部件的结构都要比电铲单薄得多，加之铲斗较宽，故挖掘能力不如电铲。因此，必须提高爆破质量，使矿石破碎充分，大块少，从而有利于充分发挥设备的效率。

考虑到爆破效果，故矿石硬度较高的矿山不宜使用前装机为主铲，而可作为辅助设备配合电铲作业。

（3）轮胎磨损较快，特别在挖掘坚硬的岩石时，轮胎使用寿命不长，使生产费用增加。可在轮胎上加装保护链环和履带板等，以减少磨损，降低生产费用。

综上所述可知，轮胎式前装机在条件适宜的矿山，可以代替电铲作为主要铲装设备使用，并取得较好的经济技术指标。它还可以完成电铲所难以完成的某些作业，如台阶端部装车、短距离自铲自运、缺电时作业、清理工作面、采场路面养护、装运石料等。

所谓条件适宜，是指矿岩硬度不大、破碎较好、料堆高度不大、爆堆无根底等。只有在这种条件下，轮胎式前装机才可以代替电铲作为主铲使用。而在一些矿岩硬度较大的矿山，特别是大型金属露天矿山，电铲仍然是一种较为有效的铲装设备[17,18]。

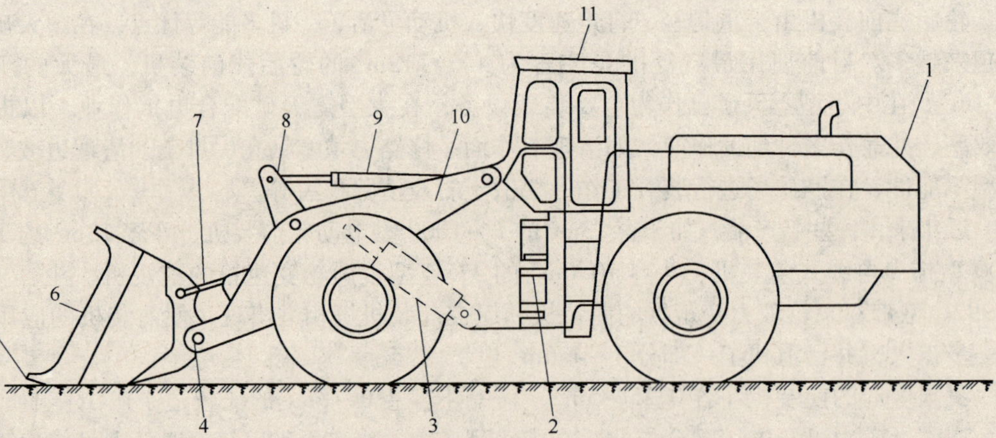

图12－105　轮胎式前装机各部件名称

1—发动机；2—铰接销轴；3—动臂油缸；4—铲斗销轴；5—铲斗斗齿（斗刃）；6—铲斗；7—铲斗连杆；8—连杆；9—转斗油缸；10—动臂；11—司机室

B 各部件名称和技术参数

典型的轮胎式前装机的结构和各部件名称见图 12－105。

国内外一些主要型号的轮胎式前装机的技术参数分别见表 12－59 和表 12－60。

表 12－59 国产轮胎式前装机的型号和技术参数

参数名称	型号								
	ZLM10	ZL10	ZL20	ZL30	ZL40（原 Z4－4）	ZL50（原 Z450）	ZL90（原 Z490）	QJ－5	FL460
额定斗容（m^3）	0.5	0.5	1	1.5	2	3	4.5	5	4.6
额定载重量（t）	1.0	1.0	2	3	3.6	4	9	10	9.3
发动机总功率（kW）	41	41	56	74.6	101	164	298	298	224
最大卸载高度（m）	2.32	3.25	2.6	2.7	2.8	2.85	3.32	3.6	3.3
最大卸载距离（m）	0.87	0.8		1.45	1.58	1.60	1.77	1.6	1.44
最大牵引力（kN）	39.1		55	72	105	160	285	288	230
最大转弯半径（m）	4.67	4.48	4.50	5.06	5.95	6.50	8.33	7.48	7.11
机重（t）	5.2	4.2	7	9.2	11.5	16.8	35	37	28.5
外型尺寸（m）长	5.16	4.45	5.68	6.0	6.44	6.76	9.16	9.36	9.06
宽	1.89	1.8	2.15	2.35	2.50	2.85	3.40	3.66	3.15
高	2.66	2.61	2.70	2.80	3.17	3.7	3.90	3.90	3.80
爬坡能力（°）			25	25	28～30	30	30	25	
最高行驶速度（km/h）	22.8	28	30	32	35	35	32	31	33
最小离地间隙（m）				0.4	0.45	0.3	0.52	0.55	0.415
制造厂	常州林业机械厂	烟台等工程机械厂	成都、厦门等工程机械厂	宜春、厦门等工程机械厂	厦门、柳州等工程机械厂	柳州工程机械厂	柳州工程机械厂	沈阳矿山机器厂	沈阳矿山机器厂

12.5.2.4 铲运机

A 分类和使用条件

铲运机按牵引车与铲斗的组装方式，可分为自行式与拖式两种，自行式铲运机的牵引车与铲斗具有统一底盘，分开后不能独立运行。反之，则称为拖式铲运机。一般它由履带拖拉机牵引，运行速度低，总长度大而转向不灵活，多用于运输距离小于 600～700m 的土方工程中。自行式铲运机运行速度高，运输距离长。

露天采矿用的自行式铲运机有两种基本类型：轮胎自行式铲运机和履带自行式铲运机。轮胎自行式铲运机合理运输距离较长，运行速度和生产率较高，因此近年来在露天矿应用较广，履带自行式铲运机一般在短距离和松软地面的小规模剥离作业中作短期或定期之用。轮胎自行式铲运机广泛地用于覆盖层的剥离作业，有时也用来给选矿厂装运矿石，其他次要作业是修坝、筑路和修路等[14]。

轮胎自行式铲运机又分为四种类型，每一种各有其适用条件。

三轴式适于在良好的平路上以高速作固定的长距离铲运作业。

两轴式用于中等运距，有一定坡度和底板条件适中的散装铲运作业。

串接动力式铲运机，有两轴和三轴的。三轴串接动力式铲运机通常是一种大装载量的设备，适于在坡度适中的较好道路上作长距离铲运。两轴串接动力式铲运机主要用于极恶劣的条件——坡度较陡、底板条件和路面较差等情况下的短途到中距离运送。它们在适宜条件下都能自行装载[13,15]。

表 12-60 国外主要型号的大中型轮胎式前装机型号和技术参数

国别	厂家与型号	额定斗容(SAE)(m^3)	发动机有效功率(SAE)(kW)	完全转向时的倾翻载荷(t)	操作重量(t)	在45°卸载角时的卸载高度(m)	在卸载高度时的卸载距离(m)	铲取力(kN)	转弯半径(铲斗外缘)(m)	最大前进速度(km/h)	铰接角(每边)(°)
美国	卡特匹勒 988B	5.4~6.0	280	20.3	42.5	3.2	2.1	259.3	8.6	36.0	35
	992C	9.6	515	43.9	89.9	4.16	2.31	472	9.98	21.1	35
	密执安 275B	5.0~6.1	268	21.9	36.0	3.9	1.4	214.5	8.3	34.8	35
	475B	7.6~16.8	471	41.1	70.0	4.2	1.9	439.9	10.3	29.5	35
	675B	18.4~27.5	982	75.1	176.2	5.4	2.2	674.5	13.3	29.0	35
	达特 D600C①	11.5	500~641	43.1	79.2~87.4	4.5	2.2	529.3	10.1	24.1	40
	DE620	11.5	500~641	43.1	89.4	4.5	2.2	529.3	10.1	24.1	40
	阿勒斯 945B	4.6~6.5	250	17.5	29.5	3.3	1.2	213	6.9	32.0	45
	国际 560	5.7~7.1	211	20.8	36.0	3.7	1.5	253.7	8.65	35.7	35
	H400C	8.4	432	34.6	5.7	4.2	1.8	364.3	9.1	36.2	40
	勒·托尼 580	16.8	802	76.8	131.1	5.4	2.0	856.0	12.4	28.7	40
	L800①	7.6~22.9	641	52.6	84.1	5.1	2.1	831.9	9.9	24.1	45
	L1000①	13.0	597	61.2	49.8	5.5	2.4	613.6	10.4	19.2	45
	L1200①	16.8	895	87.5	148.3	5.9	2.5~2.8	729.4	12.1	19.3	43.5
	特雷克斯 72-71B	5.7~6.1	290	23.9	38.5	3.6	1.4	286.5	8.3	24.3	24+16
	72-81	6.9	324	30.7	52.8	4.0	1.6	275	8.7	24.1	26+14

续表 12-60

国别	厂家与型号	额定斗容（SAE）（m^3）	发动机有效功率（SAE）（kW）	完全转向时的倾翻载荷（t）	操作重量（t）	在45°卸载角时的卸载高度（m）	在卸载高度时的卸载距离（m）	铲取力（kN）	转弯半径（铲斗外缘）（m）	最大前进速度（km/h）	铰接角（每边）（°）
日本	川崎 KSS85Z	3.1	158	10.9	17.8	2.9	1.0	150	6.2	34	36
	KSS95Z	4.5	228	15.4	25.7	3.1	1.4	180	6.6	34	36
	KSS110Z	5.6	280	21.5	37.9	3.5	1.6	210	7.2	28	36
	小松 W120	3.1	149	11.5	16.3	2.96	1.1	123.1	6.9	30	35
	W170	3.5	177.5	12.9	19.1	2.95	1.24	153.5	7.2	40	33.5
	古河 FL320	3.2	115	13.5	17.5	3.1	9.1	166.7	6.6	38	38
	O&KL40	4.3~4.7	247DIN	17	30.0	3.4	1.4	295	6.9	35	40
联邦德国	F3500②	6.2	311DIN	24.3	34.9	3.5	1.45	263	8.7	32.2	40
	SL25③	3.0~8.0	201	14.6	23.1	3.1	1.5	290	7.7	45	40
	77C④	4.0~7.2	192	13.4	23.4	3.2	1.3	156.9	6.5	37	40
苏联	Д-660⑤	4	149		16	3.3	1.18		6.2	40	
	Д-584⑥	5	179		21	3.35	1.34		7.5	40	
英国	WXL024⑦	3.44~5.34	157	16.4	24.7	2.9	1.5	145.9	7.0	37	40
	JCB428	2.9~4.6	133.5	10.0	15.3	3.0	1.1	118.4	6.1	31	40
瑞典	11641⑧	3.3~11	131	10.7	17.0	3.8	1.2	122.6	6.3	45	37.5

①为电动轮驱动；②Faun - Frish；③Kaelbe · Gmeinder；④Hanomag，⑤别尔特扬斯基筑路机械厂；⑥莫吉里夫斯基汽车厂；⑦Aveling Barford；⑧Vol vo BM。

升运式铲运机用于适中的条件下短途铲运各种矿岩。它可以完全自行装载。

铲运机的最大用途是铲装非固结性矿岩。这些矿岩在铲装前不需松动或只需略微松动。但铲运机在铲运那些需要松动或是先爆破后松动的矿岩方面应用范围正日益扩大[20]。

在某些条件下，如露天矿较深而不规则，不能进行倒堆排土，这时常常要装载和运输矿岩，适合这种条件的设备可有多种方案，其中铲运机的装载费用最低，在中短距离运送时，运输费用也比较适当。

在开采散装矿物又需连续运行时，通常选用普通的两轴自行式铲运机（单机式或串接动力式）。在大多数情况下，采用1～2台大小相称的履带式拖拉机进行推装，也可用松土机助推，可以达到最好的效果和最低的费用[14]。

目前世界各国对铲运机的设计制造是向大容量自行式、多发动机自行助铲或链板铲装方向发展。此外还生产了双斗串联的自行式铲运机。美国生产的自行式铲运机堆装斗容7.3～41.3m^3，几何斗容5～30.6m^3。而露天矿常使用的铲运机几何斗容为10～25m^3。我国生产的自行式铲运机铲斗斗容7～9m^3，系非矿用产品。郑州工程机械厂正在生产斗容16～23m^3的自行式铲运机，以满足我国露天矿的需要。

B　各部件名称和技术参数

典型的轮胎自行式铲运机的结构和各部件名称见图12－106。

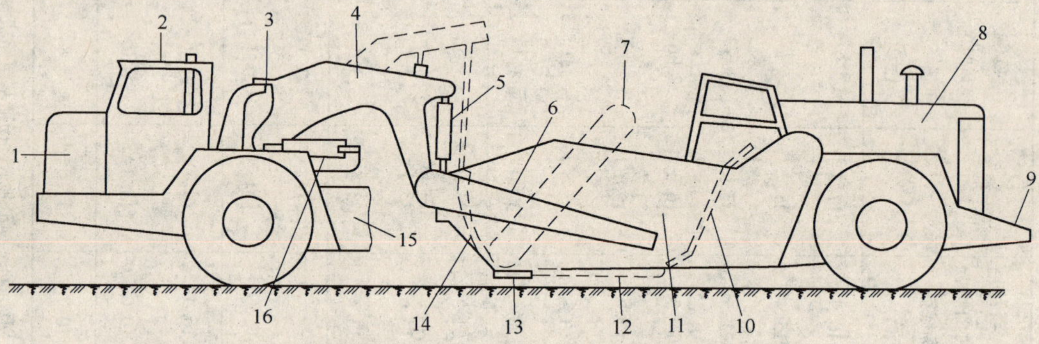

图12－106　轮胎自行式铲运机的结构和各部件名称

1—前发动机；2—司机室；3—转向枢架；4—拱架；5—铲斗油缸；6—拖臂；7—升运机；8—后发动机；9—缓冲器；10—卸料器；11—铲斗；12—滑动底板；13—切土刀片；14—斗门；15—变速箱；16—转向油缸

国产铲运机的型号和技术参数见表12－61。

国外一些主要型号的轮胎自行式铲运机的技术参数见表12－62。

12.5.3　露天矿辅助作业设备

露天矿辅助作业，如工作面清理、边坡处理、修筑道路、钻孔装药与填塞、大块二次破碎、重型部件的起吊和运输等，不仅劳动强度大、占用的工人多、劳动生产率低，而且直接影响主体设备生产能力的发挥。因此，露天矿辅助作业实现机械化是不可忽视的重要环节。我国露天矿辅助作业设备近年来有了较大的发展。

12.5.3.1　推土机和松土机

推土机是露天矿山重要的辅助设备之一，对矿山的正常生产和采装运主体设备的使用效果影响很大，一般露天矿山每台电铲应配有推土机。虽然近二十年来前装机的发展能取代

表 12－61 国产铲运机型号和技术参数

项目	单位	C3－6 拖式	CT－6 拖式	CT－6 拖式	CTX9 液压拖式	CL－7 自行车
拖拉机或发动机型号		东方红 100	6135 QD	红旗 100	征山 200	6135 QD
功率	kW	75	120	75	150	120
铲斗容量 平装	m^3	6	8	6	9	7
堆装	m^3	8	8	8	11.5	9
铲刀宽度	mm	2600	2600	2600	2800	2700
最大铲土深度	mm	300	300	300	300	300
最大积土厚度	mm	380	380	380	380	400
轮胎规格		前 14.0～20 后 18.0～24	21.0～24 18.0～24	14.0～20 18.0～24	16.0～20 18.0～24	21.0～24
轮距 前		1400	2080	1400	1400	2100
后	mm	1980	1929	1980	2140	
轴距	mm	4840	5840	4840	5570	5800
行走速度 前进	km/h	4.2	4.2～2.8	4.2		4.0
后退	km/h	4.8	4.8	4.8		
外形尺寸 长	mm	8770			9220	10025
宽	mm	3120			3252	3222
高	mm	2540			2650	3000
机重 满载	t	7.3	25.5		25.9	29.0
空载			14.0		9.6	16.0
转弯半径	m	3.75		3.75		6.7
参考价格	元	70000		71000		
制造厂		山东推土机总厂	郑州工程机械厂	沈阳矿山机器厂	沈阳桥梁工厂	郑州工程机械厂

很大一部分从前由推土机所完成的工作量，但目前推土机在国内外矿山的使用仍很广泛。

推土机分履带式和轮胎式两种类型。履带式推土机对地比压小，牵引力大，但运行速度较慢，主要用于矿山基建、剥离、筑路和排土场；轮胎式推土机运行速度快，机动灵活，多用于钻机及电铲周围平整场地和清理工作面、养护道路等作业。

推土机后部装上松土器后即成为松土机。松土机在露天矿的使用范围也较广，如在“松土机－铲运机”露天开采工艺中，松土机是主要设备之一。首先用大型松土机松散破碎岩体，然后才用铲运机进行“剥片式”开采。我国孝义铝矿在此新工艺中使用了日本生产的带有松土器的功率为306kW 的 D355A－3 型推土机松散岩体。收到了良好的效果。

推土机的选择要考虑用途、使用场地、工作量、气温条件等因素，对湿地、水下、窄工作面、高温、高粉尘等不同作业条件，要选用不同的推土机。

露天矿推土机的配比，直接与穿孔钻机和电铲工作台数有关。国外电铲和钻机与推土机台数之比，一般为 1∶0.8～1.4，最大为 1∶2.4。国内露天矿电铲、钻机和推土机配比要比国外小些，一般为 1∶0.5～1.0。

我国生产的履带式推土机型号和技术参数见表 12－63[19]

12.5.3.2 压路机

压路机是用来压实路基、路面、广场和其他各类工程的地基，使之达到足够的承载力和平整的表面。压路机有静压压路机和振动压路机等几种类型。

随着电动轮汽车等大型露天设备在矿山的广泛应用，这样对矿山道路的压实要求大大提高，矿山原有道路已远远不能适应矿山设备大型化的需要。为了提高行车速度，减少轮

表12-62　国外一些主要型号轮胎自行式铲运机型号和技术参数

制造厂家	型号	斗容		最大铲装		机重（t）		功率（kW）		最大速度
				深度	宽度	重载	空载	前	后	（km/h）
		（m^3）	（t）	（mm）	（mm）					
升运式铲运机										
卡特皮勒	633B	26	34	419	3500	81.6	47.5	336		35
菲亚特阿利斯	261B	17.6	24	240	3213	52.5	28.5	240		55
卡特皮勒	623B	16.8	22.7	330	3150	55.2	32.5	246		50
卡特皮勒	615	12.2	17.4	414	2890	40.5	23.4	186		47
约翰迪尔	862B	12.2						198		46
菲亚特阿利斯	161	11.5	17	300	2700	37.8	20.3	175		51
卡特皮勒	613C	8.4	12	160	2350	26.6	14.7	131		45
德雷斯	412B	8.4	11.9	230	2440	27	15.2	125		46
约翰迪尔	762B	8.4	11.9					134		46
敞斗式铲运机										
卡特皮勒	657E	33.7	47.2	440	3680	116	68.7	410	298	55
	651E					106.6	59.4	410		
特雷克斯	TS24C	26	37	483	3390	87.7	50.7	226	226	51
	S24C					82.9	45.9	358		
	WS23					81.2	47.2	272	272	
小松	WS23S	24	34	900	3400	79.2	45.7	327		
	637E					84.9	50.8	336	186	
卡特皮勒	631E	23.7	34	437	3490	77.9	43.9	336		55
小松	WS16	16	22	650	3030	55.6	33.6	157	157	
	WS16S	16	22			52.8	30.8	272		
卡特皮勒	627E	15.3	21.8	340	3030	56.4	34.6	168	168	
	621E	15.3	21.8			52	30.2	246		
菲亚特阿利斯	262B	16.1		230	3140		30.8	247	150	
	260B	16.1		280	3140		26.5	240		
特雷克斯	TS14B	15.3	21.3	355	3000	47.1	25.8	107	107	37
特雷克斯	TS8	8.9	10.9	270	2400	26.6	15.7	69	69	47

胎及零部件的损耗，节约燃料，必须使用大型快速的压路机对地面进行修建维护，普通滚动压路机已不能满足当前矿山的需要。自行式轮胎驱动铰接振动压路机发展速度很快，80年代中期已发展到50多个品种，出现了取代普通滚动压路机的趋势。目前振动压路机已朝着大型化、液压铰接式、自行式、全轮驱动、调频调幅、多用途的方向发展。世界上最大的振动压路机是美国的英格索尔·兰德公司制造的SP-60D/D型振动压路机，其机重19.3t，激振力272kN，功率157kW，振频1800次/分。

振动压路机的压实原理是利用机械高频率的振动，使材料微粒产生共振和相对位移、互相楔紧使密实度大大增加。

振动压路机之所以能得到迅速的发展，其主要原因是：

（1）振动压路机压实效果好，压实深度大，可达1~2m深。生产效率高，不但可以压实非黏性材料，还可以用来压实沥青磨蚀层。

表 12-63 国产履带式推土机型号和技术参数

项目		单位	T-60	上海-120	T-140	T-180	T_2-100	D85A-18	T-140-1	TS140（湿地）	T-220
总重		t	6.2	15.5	16.8		13.43	23.83	17.0	17.5	
最大牵引力		kN	36.6	122	140.2	188	90	450	140.2	130	240
推土能力		米^3/班	300		120m^3/h		360				
推土板	宽	mm	2280	3760	3762	4200	3030	4365	3762	4000	4365　3725
	高	mm	788	1000	1049	1100	1100	1050	1037	960	1055　1315
	提升高度	mm	625	1000	1000	1260	900	1290	1000	1000	1290　1210
	切土深度	mm	290	350	410	530	180	535	400	400	535　500
发动机功率		kW	45	90	105	135	75	165	115	105	165
行走速度	前进	km/h	3.44~8.47	2.32~10.63	2.47~10.4	2.43~10.12	2.36~10.13	1.00~11.20	2.47~10.40	2.67~11.23	2.50~9.90
	后退	km/h	3.29~5.25	2.78~9.16	3.45~10.3	3.16~9.77	2.79~7.63	1.00~13.20	3.45~10.30	3.73~11.12	3.00~9.40
外形尺寸	长	mm	4214	5340	5261	7176	5000	6060	5846	5015	7100　6790
	宽	mm	2280	3760	3762	4200	3030	4365	3762	4000	4365　3725
	高	mm	2300	3100	2842	3091	2992	3395	2755	2883	3575　3575
两履带中心间距		mm		1880	1880	2000				2300	2000
履带板宽度		mm		500	560	560		560		1060	560
履带接地长度		mm			2730	2730		2730	2570	2920	2730
爬坡能力		(°)		30	纵30 横25	30		30	纵30 横25	纵30 横25	30
对地平均比压		Pa		0.65×10^5	0.633×10^5	0.64×10^5			0.611×10^5	0.28×10^5	0.92×10^5
参考价格		元	17500	80000	100000	200000	49000	31000	105000	130000	250000
制造厂			山东推土机总厂	上海彭浦机器厂	宣化工程机械厂	黄河工程机械厂	山东推土机总厂	山东推土机总厂	宣化工程机械厂	宣化工程机械厂	黄河工程机械厂

续表12-63

项目	单位	T-120	TY100	东方红-75	红旗-100	红旗-120	上海-320
总重	t	14.7	16.0	6.2	11.55	12.70	40.78
最大牵引力	kN	120	90				650
推土能力	米³/班		75~80 m²/h				
推土板 宽	mm	3760	3810	2280	3810	3810	4130
高	mm	1100	860	788	860	860	1590
提升高度	mm	1000	800	625	800	800	1560
切土深度	mm	300	600	290	600	600	560
发动机功率	kW	90	75	56	75	90	240
行走速度 前进	km/h	2.70~10.44	2.36~6.45		2.35	2.36	3.7~11.8
后退	km/h	2.73~8.99	2.79~5.33		2.75	2.75	4.5~13.7
外形尺寸 长	mm	6506	6900	4214	4260	4400	8560
宽	mm	3760	3810	2280	2460	2472	4130
高	mm	2875	3060	2300	2992	2990	3640
两履带中心间距	mm	1880	1880		1880	1880	2140
履带板宽度	mm	500	500		500	500	560
履带接地长度	mm	2475			2370	2515	
爬坡能力	(°)	30	30		30	30	
对地平均比压	Pa	0.59×10^5	$0.68\sim10^5$		0.50×10^5	0.524×10^5	1.16×10^5
参考价格	元		63000		53000	65000	400000
制造厂		四川省建筑机械制造厂	长春工程机械厂	长春工程机械厂	鞍山红旗拖拉机厂	鞍山红旗拖拉机厂	上海彭浦机器厂

表 12－64 国产压路机的型号和技术参数

项目	单位	两轮压路机 2Y8－10A（2Y8－10）	三轮压路机 3Y10－12（3Y10－12A）	三轮压路机 3Y12－15（3Y12－15A）	振动压路机 YZ45	铰接式振动压路机 YZJ10	铰接式振动压路机 YZJ10A	铰接式振动压路机 YZJ－12A	摆振动压路机 YZB8A	拖式振动压路机 YZT14	轮胎压路机 Y9－16	铰接式振动压路机 YZ18	铰接式振动压路机 YZJ－19A
重量 不加载	t	8	10	12	4.5	10	10	12	8	14	8	18	19
加载	t	10	12	15					振动轮数 8		16		
压轮直径 前	mm	1020	1020	1120	700	振动轮直径 1524	1524	1524	800	1800	轮数前 4	1600	1524
后	mm	1320	1500	1750	950	振动轮宽度 2134	2100	2100	1000	2000	后 5		
压轮宽度	mm	1270	530×2	530×2	1100				碾压宽度 2000			2100	2540
轴距	mm	3150（3100）	3330（2450）	3640（2800）	2400	2860	2850	2850	1136				
离地间隙	mm	285	315	315	290	355	355	355	130				
最小转弯半径	mm	6200	7300（5300）	8350（5900）	4000	5200	5200	5200	原地回转		7000	6000	7000
最大爬坡度		1:5	1:5	1:5	1:5	1:4	1:4	1:5	振动时 1:4 不振动时 1:2.5			32%	1:4
振动频率	次/分				2800	1700	1790	1790	2070	1800		25/28 赫兹	25 赫兹
激振力	kN				45	150	172	172	200	290		295	270
单位线压力	N/cm				静线压力 270	215	219	219		700			430（静）

续表 12-64

项目	单位	两轮压路机 2Y8-10A (2Y8-10)	三轮压路机 3Y10-12 (3Y10-12A)	三轮压路机 3Y12-15 (3Y12-15A)	振动压路机 YZ45	铰接式振动压路机 YZJ10	铰接式振动压路机 YZJ10A	铰接式振动压路机 YZJ-12	摆振动压路机 YZB8A	拖式振动压路机 YZT14	轮胎压路机 Y9-16	铰接式振动压路机 YZ18	铰接式振动压路机 YZJ-19A
前轮 不加载	N/cm	254	260	315	动线压力 270	726	819.	819		1450			1700(动)
前轮 加载	N/cm	385	322	393	总线压力 679	940	1038	1038		2150			
后轮 不加载	N/cm	378	632	754									
后轮 加载	N/cm	472	745	943									
发动机型号		495A (2135)	2135	4135	485	4135	4135	4135	4120FTi	6120F	4135C-1	6135K-12C	6VE108K
行走速度 一速	km/h	2.8(2.0)	1.6	2.2	1.9	0~4.43	2.6	2.6	1.52		3.0	5.5	7
行走速度 二速	km/h	5.6(4.0)	3.2	4.5	4.0	0~8.95	5.3	5.3	3.2			9.5	10.5
行走速度 三速	km/h		5.4	7.5	8.5	0~17.8	16.2	16.2	6.4		24.0		
功率	kW	37 (30)	30	60	26	75	75	75	60	90	60	134	157
转速	r/min	2000 (1500)	1500	1500	2000	1500	1500	1500	1800			2100	1875
外形尺寸 长	mm	4320 (4440)	4920 (4080)	5275 (4430)	3350	5370	5415	5415	2200	5535	2200	6520	6166
外形尺寸 宽	mm	1560	2155 (2155)	2155 (2155)	1470	2440	2440	2440	2775	2490	2775	2635	2930
外形尺寸 高	mm	22440	2115 (2890)	2155 (2890)	1750	2300	2500	2590	2498	1975	2498	2950	3300
参考价格	元	20000 (19000)	32000 (24000)	30000 (31000)	19000	60000	52000	47000	48000	53000	59000		
制造厂		洛阳建筑机械厂	洛阳建筑机械厂	洛阳建筑机械厂	洛阳建筑机械厂	洛阳建筑机械厂	洛阳建筑机械厂	洛阳建筑机械厂	洛阳建筑机械厂	洛阳建筑机械厂	洛阳建筑机械厂	洛阳建筑机械厂	温州冶金机械厂

（2）使用振动压路机可以大大节省能源，实践证明，使用振动压路机的能源消耗仅为普通滚动压路机的1/2。

（3）重量轻，由于振动压路机是利用振动力和静压力的综合作用来压实材料，因此可适当减轻机械重量，这样既节约钢材，又便于远距离装运。

振动压路机的缺点是对于黏土及黏性较强的土壤压实效果较差。此外，振动压路机所产生的高频振动，在作业时容易使操作人员疲劳，产生职业病。近年来，由于新型结构及良好隔振材料的出现，这个缺点正在逐步克服中。

我国生产的压路机型号和技术参数见表12－64。

12.5.3.3 平地机

平地机是土方工程中进行整型和平整作业的主要机械。

露天矿使用平地机对汽车道路进行维护，也可用于平整采场工作面和废石场，还可将其刮板倾斜提起清理露天矿边坡。国外露天矿山配备平地机较普遍，国内露天矿配备平地机较少，特别是中小型矿山很少使用平地机。

平地机主要用自行式。自行式的有机械操纵式和液压操纵式两种，根据车轮数目，又分四轮与六轮两种。当前国内外新生产的自行式平地机以六轮的为多。

国外生产的平地机采用了全轮驱动，全轮转向，铰接式车架，液压操纵，液力机械传动，同时在平地机前还可装推土板，后边装松土器。有的还采用自动化系统与仪表来控制平地机铲刀的液压缸工作和用激光来控制工作平面。这样不但提高了工效，改进了质量，减轻了劳动强度，同时也降低了作业成本。

表12－65 国产平地机的型号和技术参数

项目		单位	P_2-90	P_1-160	PY160A	16G
机重		t	13.7	15.2	14.7	24.5
铲刀长度		mm	3700	3960	3705	
铲刀高度		mm	540	630		
铲刀最大提升高度		mm	400	410		
铲刀切削深度		mm	200	530		
铲刀切削速度	前进	km/h	3.9～28.48	4.26～34.77	4.3～35.1	3.9～42.6
	后退	km/h	4.13～5.8	4.33～14.9	4.4～15.1	
最小转弯半径		m	16	11	8	
轴距		mm	5800	6000	6000	
轮距		mm	2000	2200	2200	
轮胎规格			14.00～20	14.00～24	14.00～24	
外形尺寸	长	mm	8200	8130	8094～8146	9960
	宽	mm	8400	2000	2575	
	高	mm	3300	3215	3232～3258	
发动机功率		kW	67	120	120	205
制造厂			天津工程机械厂	天津工程机械厂	天津工程机械厂	天津工程机械厂

美国卡特皮勒公司生产G系列平地机，功率为93～205kW。其设计特点是：采用组装式结构，任何部件都可以迅速更换，湿式盘式制动器是封闭式的。能延长使用寿命。该公司生产的16G平地机，功率为205kW，是目前世界上较大型的平地机。我国德兴铜矿、南芬铁矿等矿山已使用这种平地机。

我国生产的平地机型号和技术参数见表12－65。

12.5.3.4 炸药混装设备

露天矿山使用混装车或装药车来完成装药作业，可以增加装药密度，提高装药质量，减少作业人员，降低生产成本。

根据被装送炸药种类的不同，混装车可分为铵油炸药混装车、浆状炸药混装车和乳化炸药混装车。虽然各种混装车的组成和结构特点有所差异，但混装工艺和配套设备的工作原理及功用仍有其共性，一般由运载设备、药箱、混药装置、输药机构、计量装置、操作控制系统等几大部分组成。车上设备的驱动，通常有电动、液压或气动几种形式。

各种混装车的技术特性是：可根据不同矿岩选用不同能量的炸药，达到炸药品种与矿岩爆破性能相匹配；可按爆破装药要求自动控制和调整各种炸药组分的配比或改变装药的品种；自动收放装药软管的卷筒转速可调，以保证装药的高效率和均匀连续性；运输和混装作业比较安全，各种炸药组分单独贮存，车上没有爆炸材料等。

我国德兴铜矿已采用1100系列SMSPP－189型乳化炸药混装车。其载重量11.34t，装药效率200～280kg/min，自动装药误差不大于2%，现场环境温度－40～＋50℃左右，溶液罐容量7.48m^3，燃料仓及氧化剂仓容积分别为3.2m^3和3.14m^3，底盘型号为福特Ll－9000型，功率为201kW。整机自重约10t，整机长8.2m，宽2.4m，高3.6m。该车价格为36.5万美元。其地面加工厂具有年散装乳化炸药25000t，约为4台混装车进行正常生产的制备能力。

SMSPP－189型乳化炸药混装车外形见图12－107。

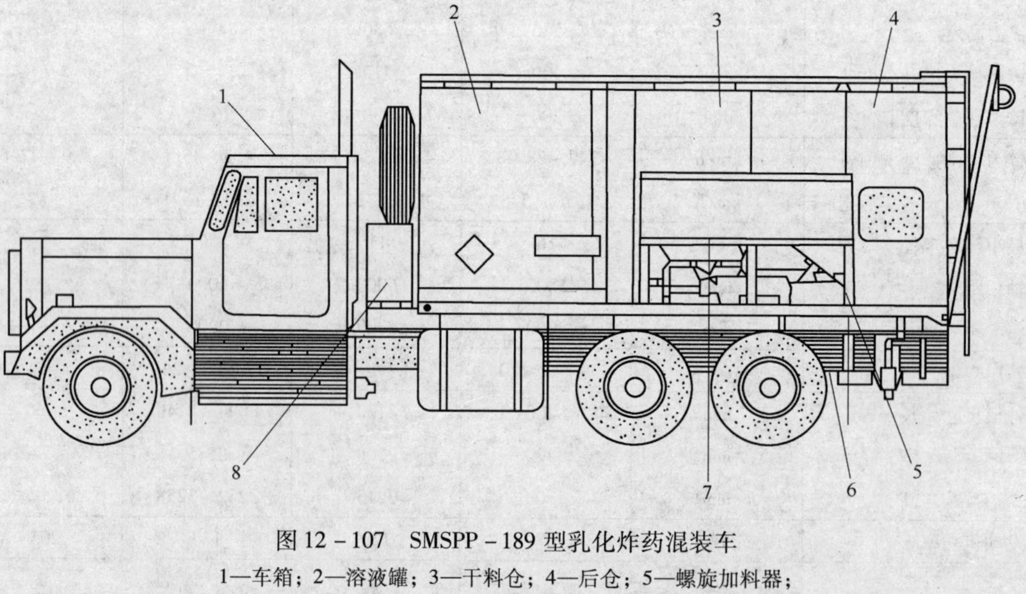

图12－107 SMSPP－189型乳化炸药混装车

1—车箱；2—溶液罐；3—干料仓；4—后仓；5—螺旋加料器；
6—底盘；7—储气罐；8—液压油箱

我国生产的各种混装车和装药车的型号及技术参数分别见表 12－66、表 12－67 和表 12－68。

表 12－66　我国铵油炸药混装车的型号和技术参数

项　　目	设　备　型　号		
	南芬 18 吨型	GBC－8 型	BC－8 型
载重量（t）	18	8	8
装药效率（kg/min）	370	240/480	360
输药气压（MPa）	0.2～0.3	0.15～0.2	0.15
装药计量误差（%）	≤4	≤5	≤7
铵油混合比	96:4	96:4	96:4
压风机排量（m^3/min）	8	6	0
螺旋输送机转速（r/min）	23		18
星形阀转速（r/min）	17.5	16	18
炸药品种	多孔粒状铵油炸药	多孔粒状铵油炸药	粉状或粒状铵油炸药
外形尺寸（mm）			9000×2500×3340
研制单位	马鞍山矿山研究院	马鞍山矿山研究院	长治矿山机器厂

表 12－67　我国浆状炸药装药车和运药车的型号及技术参数

项　　目	设　备　型　号		
	CY－8 型	ZYC－8 型	YYC－6 型①
载重量（t）	15	5	6
装药效率（kg/min）	110～150	130～150	
生产效率（t/h）	6～8	>8 ≤±5	
装药计量误差（%）	≤±5	≤±5	
输药方式	泵　　送	泵　　送	泵送或压气
输药软管（内径×长度）（mm）	38×35000	38×35000	50×5000
卷管速度（r/min）		0～30	
压风机型号	3W－0.9/7	3W－0.9/7	
发动机功率（kW）	30	20	
爬坡能力（%）	40	28	23
外形尺寸（mm）	8142×2612×3250	8150×2500×3150	76000×2400×2550
特　　点	承担运药和混装	只能现场混装	只运药，无混装能力
研制单位	长沙矿山研究院	长沙矿山研究院	长沙矿山研究院

①YYC－6 型运药车与 ZYC－8 型混装车配套使用。

12.5.3.5　钻孔填塞机

大型露天矿钻孔填塞需要耗费大量人力，劳动强度大，效率很低，人工填塞钻孔时间约占总爆破作业时间的 50%，这与露天矿的穿孔、采装、运输的机械化装备很不相称。

TS 型露天矿钻孔填塞机是由马鞍山矿山研究院在 CC－20 型装载机的基础上研制成功

表12-68　我国乳化炸药混装车的型号和技术参数

项　　目	设 备 型 号	
	RHC 型混装车	可泵送混装车
载重最（t）	7.8	7
装药效率（kg/min）	110~130	200
生产效率（t/h）	6~8	6
装药计量误差（%）	≤±5	≤±3
输药方式	泵　送	泵　送
输药软管（内径×长度）（mm）	50×30000	65×20000
卷管速度（m/s）	0.17	0.73
发泡剂泵流量	100mL/r	100L/h
发电机功率（kW）	40	64
爬坡能力（%）	28	
外形尺寸（mm）	9500×2600×3360	9100×2640×3423
研 制 单 位	长沙矿山研究院	包钢矿山研究所

的一种产品，它在一分钟内就可以填塞一个 ϕ250~380mm 的钻孔，为人工的4~6倍。

马鞍山矿山研究院还研制了可用于矿堆冻结严重的北方寒冷地区的新型钻孔填塞机。这种钻孔填塞机在爆区作业安全可靠、移动灵活、操作简单、作业率高、有较高的生产率。在钻孔渣堆冻结期平均每填一个钻孔的时间为59s，在非冻结期平均每填一个钻孔的时间为20s，平均填塞两孔之间的辅助时间为44s。该机不仅适用于大、中型露天矿直径250mm 以上钻孔的填塞，而且可做平路、清扫散石等辅助作业。

钻孔填塞机与装药车配合形成爆破装填机械化，可大幅度地提高爆破技术生产能力为大区爆破创造条件。

12.5.3.6　二次破碎机械设备

风动碎石器和液压碎石器是露天矿进行大块二次破碎的主要工具。国外20世纪60年代采用风动碎石器进行大块二次破碎颇为盛行，70年代液压碎石器已有取代风动碎石器之势。但目前主要用粗碎机处理大块，或在采石场和其它非金属矿破碎大块，大型金属矿尚少使用。

我国从70年代中期开始研制大块二次破碎设备。武汉安全环保研究院于1980年研制出 DP-2 型大块工频电破碎车，其对破碎对象选择性强。一些中小型露天矿在格筛上常使用(1~3) $\times10^3$J 风动冲击器破碎 1m^3 以下的大块，其中支臂式的效果较好，而悬臂式的效果较差。

液压碎石器分钢对钢式液压碎石器和液垫式液压碎石器。我国生产的各种液压碎石器的型号和技术参数见表12-69。

各种液压碎石器可装在经过改装的液压挖掘机上，也可装在专用固定支臂装置上。如SYD-400 型液力碎石器可装在经过改装的 WK-100 型全液压反铲或其它移动式设备的工作臂上，而 SYD－3000 型液压碎石器可装在经过改装的 WY－1200ZHR942 型全液压反铲或其它专用固定支臂上。

表 12－69　我国液压碎石器型号和规格

项　目	设备型号							
	液垫式高能液压碎石器				钢对钢直接冲击式液压碎石器			
	SYD－400	SYD－1500	SYD－2000	SYD－3000	SYG－70	SYG－100	SYG－300	YS－5000
单次冲击能（J）	$(3\sim5)\times10^3$		$(17\sim22)\times10^3$	$(27\sim30)\times10^3$	$(0.6\sim0.7)\times10^3$	1×10^3	$(2.5\sim3)\times10^3$	5×10^3
冲击频率（次/分）	30～45	20～25	10～15	13～17	500～600	700	400～500	150～200
工作流量（m^3/min）	0.12～0.18	0.15～0.18	0.16～0.18	0.20	0.065～0.075	0.10～0.12	0.125～0.16	0.10～0.30
工作油压（MPa）	12～16	13～16	13～16	17～19	14～16	15	11～13	12～15
蓄能器氮气预充压力（MPa）	5～7	6～7	6～7	8～9	2.5～2.7	7	2.7	
重量（包括凿杆）（kg）	490	980	1460	2000	220	380	1082	1300
外形尺寸（长×宽×高）（mm）	1450×440×460	1890×505×542	2238×560×580	2520×600×620	1230×260×290	1685×210×430	2295×300×480	1480×660×530
研制单位	长沙矿山研究院嘉兴冶金机械厂	长沙矿山研究院嘉兴冶金机械厂	长沙矿山研究院嘉兴冶金机械厂	长沙矿山研究院嘉兴冶金机械厂	长沙矿山研究院嘉兴冶金机械厂	长沙矿山研究院嘉兴冶金机械厂	长沙矿山研究院嘉兴冶金机械厂	北京钢铁学院宣化风动机械厂

12.6　露天采场装运工艺

12.6.1　挖掘机－汽车运输工艺[8]

12.6.1.1　工艺特点及工作面参数

挖掘机－汽车运输工艺的特点如下：

（1）由于具有高度机动性的汽车与挖掘机配合装运矿岩，能较充分发挥挖掘机的效率；

（2）挖掘机在工作面的自由度比较大，有利于选别回采和分运；

（3）能适用各种开采程序的要求；

（4）属于间断作业的开采工艺，整个工艺系统效率的发挥，受各生产环节的制约。

挖掘机－汽车运输工艺的工作面参数包括台阶高度、采掘带宽度、工作平盘宽度及采区长度。

A　台阶高度（h）

台阶高度主要决定于挖掘机工作参数、矿岩埋藏条件及矿岩性质、运输条件等。具体考虑的因素如下：

a 挖掘机工作参数对台阶高度的影响

挖掘机－汽车运输工艺的采装方式一般均为平装车。

对于不需要爆破直接挖掘的软岩工作面，为了保证满斗，台阶高度不应小于挖掘机推压轴高度的2/3；为了保证安全，台阶高度不应大于挖掘机最大挖掘高度，即

$$h \geqslant \frac{2}{3} H_t \tag{12-57}$$

$$h \leqslant H_{w \cdot \max} \tag{12-58}$$

式中 h——台阶高度，m；

H_t——挖掘机推压轴高度，m；

$H_{w \cdot \max}$——挖掘机最大挖掘高度，m。

在采掘坚硬矿岩的爆堆时，爆堆的高度一般不应大于挖掘机最大挖掘高度。但当爆破后的矿岩破碎而较均匀、无黏结性且不需要分别采掘时，爆堆高度可以是挖掘机最大挖掘高度的1.2～1.3倍。

台阶高度与爆堆高度之间的关系，与被爆破矿岩的性质和爆破方法等有关，通常可用经验公式（12－59）表示：

$$h = K_B h' \leqslant K_B H_{w \cdot \max} \tag{12-59}$$

式中 h'——爆堆高度，m；

K_B——与矿岩性质和爆堆性质有关的系数，K_B 值如表12－70所示；

h——台阶高度，m。

表12－70 K_B 值

爆堆性质	K_B
松动爆破的爆堆	1.1～1.5
有一定抛掷的爆堆	1.2～1.5
无大块且均匀松散的爆堆	2.5～2.7
挤压爆破时的爆堆	可能出现小于1

b 其他因素对台阶高度的影响

（1）矿岩埋藏条件及矿岩性质。合理的台阶高度必须保证台阶的稳定性，以确保安全生产，对于松软岩石不宜采用过大的台阶高度。

在确定台阶高度及其标高时，应尽量使每个台阶由相同性质的岩石组成。即台阶上、下平盘的标高尽可能与矿岩接触面一致，以利于采掘和减少矿石的损失贫化。

（2）矿山工程发展速度。当台阶高度增大时，工作线推进速度随之会降低，矿山工程延深速度也会降低。因此，在矿山建设期间，可适当减小台阶高度，以利于加快矿山工程延深速度，尽快投入生产。

（3）运输条件。增大台阶高度，在开采深度一定的条件下，可以减少露天采场的台阶总数，简化开拓运输系统，减少运输线路、管线、供电等工程量及其移设和维修工作量。

（4）矿石损失与贫化。开采矿岩接触带时，由于矿岩混杂而引起矿石的损失与贫化。在矿体倾角与工作线推进方向一致时，矿岩混采的宽度随台阶高度的增大而增加，矿石的

损失与贫化也将随之而增大，这对于赋存条件复杂的有色金属矿床尤为突出。

综上所述，在确定台阶高度时，挖掘机的工作参数固然是应该考虑的主要因素，但必须根据矿床具体条件，全面分析各项因素，以期确定出较优的台阶高度。根据我国露天矿的实践表明，当采用铲斗容积为 3～4m^3 的挖掘机采装时，台阶高度以 10～12m 为宜；当采用更大型的挖掘机采装时，台阶高度以 15m 左右为宜。表 12－71 为台阶高度参考值，表 12－72 为我国部分露天矿的实际台阶高度。

表 12－71　台阶高度参考值

挖掘机铲斗容积（m^3）	台 阶 高 度 （m）	
	需要爆破的矿岩	松 软 矿 岩
0.5～0.6	8～10	8
1～2	10～12	8～10
3～4	12	10～12
8	12～13	10～12
8～13	13～16	12

表 12－72　我国部分露天矿采场的实际台阶高度

矿山名称	铲斗容积（m^3）	运输方式	矿岩坚固性系数（*f*）	矿体倾角（°）	台阶高度（m）
兰尖铁矿	4	汽　车	矿石 10～16；岩石 8～18	40～60	12～15
南芬铁矿	3、4、7.6	汽　车	矿石 12～16；岩石 8～12	30～45	12
白银露天矿	3、4	汽　车	矿石 8～12；岩石 6～8	65～75	12
大宝山铁矿	4	汽　车	矿石 7；岩石 4	10～40	12
德兴铜矿	4、13	汽　车	矿石 5～8；岩石 5～7	13～45	+245m 水平以上 12 +245m 水平以下 15

B　采掘带宽度（*A*）

a　松软矿岩采掘带宽度

在采掘松软矿岩时，不需进行爆破，采掘带宽度可按式（12－60）确定：

$$A = (1.0 \sim 1.7)\ R_{wz} \qquad (12-60)$$

式中　R_{wz}——挖掘机站立水平挖掘半径，m；

A——采掘带宽度，m。

表 12－73 所示为不同型号的挖掘机在端工作面采掘松软矿岩时采掘带宽度参考值：

表 12－73　几种挖掘机采掘带宽度参考值

挖掘机斗容（m^3）	最大挖掘半径（m）	台阶高度（m）	采掘带宽度（m）	挖掘机中心线位置（m）	
				距坡底线	距坡顶线
3～4.6	14.5	10	12	6.1	6.9
5	15.0	10.5	14	6.6	7.4
8	17.5	12.5	17.5	8.3	9.0
12.5	22.5	15.5	22	9.0	13.0

b　坚硬矿岩采掘带宽度

在采掘经爆破的矿岩时，若采掘带过小，会使挖掘机移动频繁，作业时间减少，从而使挖掘机生产效率降低；若采掘带过宽，挖掘机不作横向移动时会使采掘带边缘满斗程度降低，残留矿(岩)增多。由于挖掘机和汽车的相对位置比较灵活，故采掘带宽度可根据实际情况适当变化。例如采用铲斗容积为3～4m^3的挖掘机时，挖掘机采掘带宽度最小可取5～9m，一般为12m左右。为了采掘宽采掘带，挖掘机可作“之”字形移动。当增大矿(岩)一次爆破量，使采掘带宽度达40～60m或更大时，挖掘机可横向采掘。

C　最小工作平盘宽度（B_{min}）

台阶工作平盘是进行采装运输作业的场地。保持必要的工作平盘宽度，是保证上下台阶之间正常进行开采工作的必要条件。工作平盘宽度取决于爆堆宽度、运输设备规格和调车方式以及动力管线的配置方式等。

最小工作平盘宽度，是指布置采掘运输设备和正常作业的最小宽度。

（1）直进运输最小工作平盘宽度如图12－108所示。

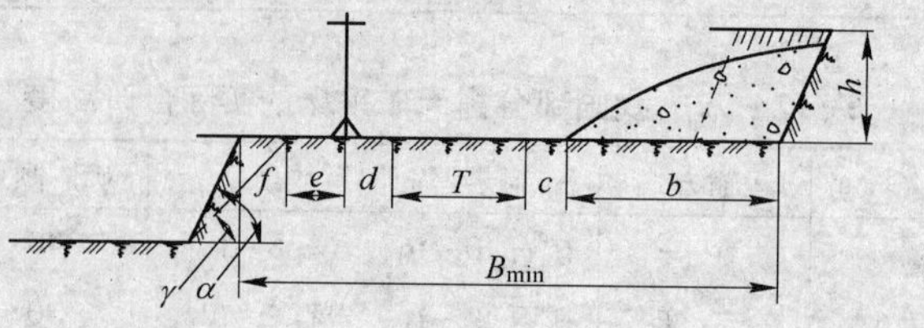

图12－108　直进运输最小工作平盘宽度

$$B_{min}=b+c+T+d+e+f \tag{12-61}$$

式中　B_{min}——工作平盘最小宽度，m；

b——爆堆宽度，m；

c——爆堆坡底线至道路内侧边缘距离，一般取$c=1\sim2$m；

d——道路外侧边缘至动力电杆的距离，取$d=4\sim5$m；

e——动力电杆至台阶稳定边界线的距离，一般取$e=3\sim4$m；

f——安全宽度，m；

$$f=h(\mathrm{ctg}\gamma-\mathrm{ctg}\alpha),\mathrm{m}$$

α——台阶坡面角，(°)；

γ——台阶稳定坡面角，(°)；

T——车辆的运行道宽度，m，

$$T=2b_c+2,\ \mathrm{m}$$

b_c——汽车车体宽度，m。

（2）在挖掘机后部环形调车工作平盘最小宽度如图12－109所示。

$$B_{min}=2R_a+b_c+z+d+e \tag{12-62}$$

式中　R_a——汽车最小转弯半径，m；

b_c——汽车宽度，m；

z——动力电杆至台阶坡顶线距离，m；

d——道路外侧至动力电杆距离，m；

e ——台阶坡底线至内侧道路边缘距离，m；

B_{min} ——工作平盘最小宽度，m。

（3）在挖掘机后部折返调车，工作平盘最小宽度如图 12－110 所示。

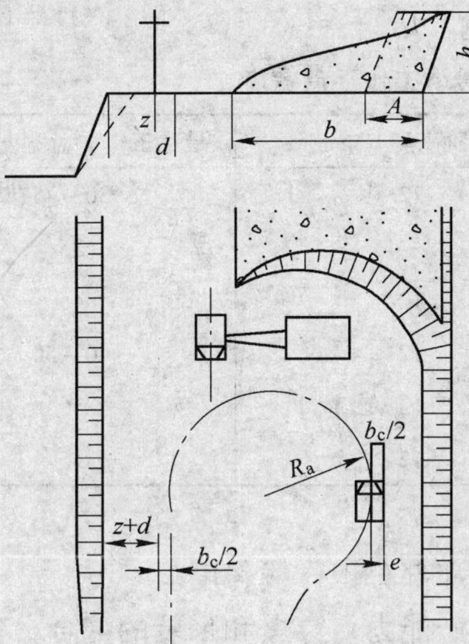

图 12－109 汽车在挖掘机后部环形调车的最小工作平盘宽度

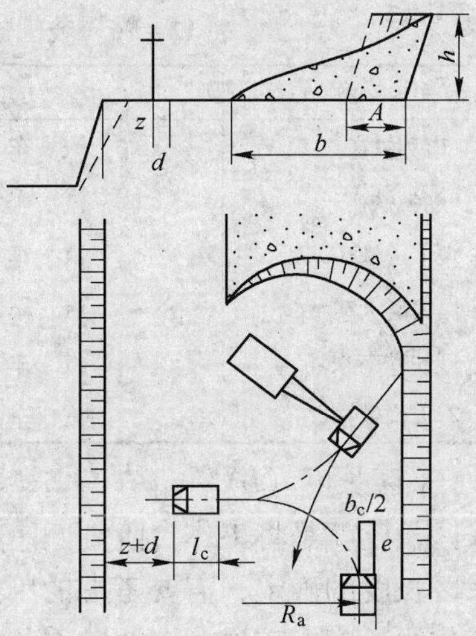

图 12－110 汽车在挖掘机后部折返调车的最小工作平盘宽度

表 12－74 采用 SH－380 型汽车时不同调车方法的最小工作平盘宽度

调车方法	调车所需工作平盘宽度（m）	最小工作平盘宽度（m）
在挖掘机后部环行调车	21.35	40.10
在挖掘机后部折返调车	16.40	36.55

表 12－75 汽车运输最小工作平盘宽度（m）

矿岩坚固性系数 f	台阶高度（m）		
	10	12	16
>12	34	39	49
6～12	31	35	43
<6	28	31	37

$$B_{min} = R_a + l_c + z + d + \frac{b_c}{2} + e \tag{12-63}$$

式中 l_c ——汽车长度，m；

B_{min}——工作平盘最小宽度，m；

其余符号同前。

表12－74为采用SH－380汽车时，在不同调车方法下的最小工作平盘宽度计算值：

在不同岩性及不同台阶高度条件下，采用汽车运输的最小工作平盘宽度见表12－75。

我国部分露天矿实际的最小工作平盘宽度见表12－76。

表12－76　我国部分露天矿实际的最小工作平盘宽度

矿山名称	运输方式	台阶高度（m）	最小工作平盘宽度（m）
南芬铁矿	汽　车	12	30～45
兰尖铁矿	汽　车	12～15	35
大宝山铁矿	汽　车	12	45
白银露天矿	汽　车	12	40～50
水厂铁矿南采场	汽　车	12	50
石人沟铁矿	汽　车	12	45

D　采区长度（L）

采区长度就是将工作台阶划归一台挖掘机作业的那部分工作线长度。

采区长度的确定，需要考虑的因素有挖掘机的生产能力，穿爆和采装的配合，各台阶水平工作线长度，矿岩分布及矿石品级变化，台阶的计划开采强度以及运输方式等。其最小长度应满足挖掘机的正常作业，并且使爆破区段的一次爆破量保证挖掘机有5～10昼夜的装载量，且要满足运输调车的要求。

由于汽车运输时各生产工艺环节之间配合灵活，采区长度可以缩短，每个工作台阶的挖掘机工作台数可达2～3台。但国内外大中型露天矿的实践中，除了加强某一水平的开采强度而多设置挖掘机外，一般在一个台阶上只配置1～2台挖掘机作业。采区的最小长度为150～250m乃至100～150m。表12－77为我国部分露天矿挖掘机的实际工作线长度。

表12－77　我国部分露天矿挖掘机工作线长度

矿山名称	运输方式	挖掘机工作线长度（m）	每个台阶配置挖掘机台数
南芬铁矿	汽　车	300～500	掘沟2；采剥1
白银露天矿	汽　车	100～150	1～2
兰尖铁矿	汽　车	150～300	2～3
大宝山铁矿	汽　车	300～500	1～2

12.6.1.2　设备效率，车铲合理匹配

A　挖掘机生产能力

挖掘机的生产能力，可用台班生产能力和台年生产能力表示。

a　挖掘机台班生产能力

根据挖掘机作业条件，其台班生产能力可用式（12－64）计算：

$$Q_B = \frac{3600TEK_m\eta}{tK_s} \tag{12-64}$$

式中 Q_B ——挖掘机台班生产能力，米^3/台班；

T ——每班作业小时数，h；

E ——铲斗容积，m^3；

K_m ——铲斗装满系数，参考表 12－78 选取；

K_s ——物料在铲斗中的松散系数，一般可按表 12－78 选取；

t ——挖掘机装车的一次循环时间，s，t 值可参考表 12－79；

η ——挖掘机工作时间利用系数。同汽车配合作业的挖掘机工作时间利用系数，在我国目前平均为 0.5～0.55。

$$\eta = \frac{T_z}{T}$$

T_z ——每班用于装载作业的时间，h。

表 12－78 挖掘机铲斗装满系数及矿岩松散系数

项 目	矿岩坚固性系数 f				
	<4	4～6	8～10	12～14	15～20
矿岩容重（t/m^3）	2	2.4	2.6	2.7	2.8
松散系数	1.4	1.4	1.5	1.5	1.6
满斗系数	0.95	0.90	0.85	0.80	0.75

表 12－79 挖掘机装车循环时间（s）

铲斗容积（m^3）	矿岩坚固性系数 f				
	<4	4～6	3～10	13～14	15～20
0.5	31	33	35	37	39
1.0	32	34	36	38	40
2.0	35	37	40	42	45
4.0	36	38	42	45	48
6.0	39	42	45	48	51
8.0	41	44	47	51	53

b 挖掘机台年生产能力

挖掘机的台年生产能力可按式（12－65）计算：

$$Q_n = \frac{Q_B n N}{10000} \tag{12-65}$$

式中 Q_n ——挖掘机台年生产能力，万米^3/（台·年）；

n ——日工作班数，班/日；

N ——年工作日数。

B 汽车运输能力

a 汽车台班运输能力

汽车台班运输能力按式（12－66）计算：

$$P_B = \frac{60Tq}{t_{xq}} K_r \tag{12-66}$$

式中 P_B——自卸汽车台班运输能力，米³（吨）/（台·班）；

T——班作业时间，其值由班日历时间乘以作业率求得。通常一班作业时间的作业率为0.9，二班作业率为0.8，三班作业率为0.75；

q——汽车容量（载重量），m^3（t）；

t_{xq}——汽车运行周期，min；

K_r——容积（载重量）利用系数。

b 汽车台年运输能力

汽车台年运输能力为：

$$P_n = T_n P_B \tag{12-67}$$

式中 P_n——汽车台年运输能力，米³（吨）/（台·年）；

T_n——汽车年工作班数，按年日历时间减去节假日、气候影响和检修时间乘以每天的工作班数确定。

汽车的工作台数 N_g 和在籍台数 N_z 用公式（12-67）、（12-68）确定：

$$N_g = \frac{KA_B}{P_B} \tag{12-68}$$

$$N_z = \frac{N_g}{K_c} \tag{12-69}$$

式中 K——产量波动系数，$K = 1.15 \sim 1.20$；

A_B——露天矿班生产能力，米³（吨）/班；

K_c——汽车出动率，为0.50~0.80。它主要取决于汽车的故障、修理时间和检修保养制度、管理水平等。K_c 值因矿而异，计算中应在调研基础上慎重选择。

C 挖掘机斗容与汽车容积的合理匹配

工艺上和生产组织上用一个货流联系在一起的穿孔、采装、运输、排土和辅助设备，称为货流的配套系列设备。

按数量和型号规格组成的配套设备，首先取决于被开采矿岩的物理力学性质和生产规模。配套设备应该是按其技术可能性、小时生产能力和功率相匹配的机械设备。因此，应该保证它们的利用程度接近于设备说明书的指标，即是说，保证设备尽可能地达到高的经济效益。所选择的配套设备应具有工艺上的一致性和整体性。配套设备中，单个机械的有效生产能力，应该与货流的总计划生产能力完全一致。

当汽车与挖掘机配合时，其有效载重量应和挖掘机的铲斗容积保持一定的比例关系。根据国内外多年的实践，普遍认为5铲斗左右装满一车的铲车容量配合比为合理。由于各国技术条件和管理水平不同，所推荐采用的具体数据略有差异。美国、加拿大、日本推荐为4~6；捷克斯洛伐克、苏联认为3~8；我国长春汽车制造厂调查认为3~5为合理。

在计算过程中用每车铲装次数来校核，其校核公式如下：

$$\frac{Q}{q_d} \geqslant Z \geqslant \frac{V}{V_1} \tag{12-70}$$

式中 Q——自卸汽车载重量，t；

q_d——铲斗内矿岩的重量，t；

Z——每车可装铲斗数，取整数；

V——自卸汽车的车箱容积，m^3；

V_1——铲斗内矿岩的松散体积，m^3。

铲斗内矿岩的重量用式（12－71）求得：

$$q_d = \frac{E\gamma K_m}{K_s} \tag{12-71}$$

式中 q_d——铲斗内矿岩的重量，t；

E——铲斗容积，m^3；

γ——矿岩容重，t/m^3；

K_m——铲斗的装满系数；

K_s——铲斗内矿岩松散系数。

这种以铲、车容量配合比确定汽车载重量的方法，虽然考虑了合理经济地发挥挖掘机和汽车的效率，但大多数是经验统计的结果。下面介绍用经济计算确定汽车载重量的方法。

当目标函数为保证生产费用最低时

汽车载重量为：

$$q = \frac{(t_s b_2 + t_e b_4)\ Q_{ws}}{b_3} \tag{12-72}$$

式中 q——自卸汽车的载重量，t；

b_3——汽车的可变费用；

b_2、b_4——分别为挖掘机及汽车的固定费用；

t_s——挖掘机装载的间歇时间，h；

t_e——汽车运转周期中除装车以外的时间，h；

Q_{ws}——挖掘机小时技术生产能力，t/h。

根据上式，正确定出挖掘机生产能力和汽车运输各项费用指标，就能确定汽车载重量的合理范围。

铲斗的挖掘量与汽车载重之比在具体设计时可以通过多种方案比较并选取总经营费最低的方案。以我国司家营铁矿的设计为例，对岩石运输共用五种汽车组合25种配套方案如表12－80所示。

表12－80 司家营铁矿设计用五种汽车组合25种配套方案的经营费用比较

汽车载重（t）	挖 掘 机 斗 容 （m^3）				
	11.5	13.8	16.8	22.9	38.2
	装 运 综 合 费 用（美元/吨）				
108	0.39	0.38	0.39	0.37	0.44
154	0.35	0.36	0.35	0.35	0.41
180	0.40	0.39	0.38	0.39	0.42
213	0.40	0.39	0.40	0.37	0.44
317	0.41	0.40	0.40	0.37	0.43

D 装运设备数量的合理匹配

设计中应寻求合理的运输设备（汽车）和铲装设备（挖掘机）数量之比，可按闭路循环（固定配合）或开路循环（不固定配合）网络。

从表12－80可知，154t电动轮汽车配斗容11.5m^3和16.8m^3的挖掘机综合生产费用最低，为0.35美元/吨。

当采用闭路循环时，每台挖掘机在每个班中，要固定配备一定数量的汽车，即挖掘机有固定的汽车与之配合。尽管闭路循环网络不是很合理，但目前国内外仍在使用。实践证明，挖掘机采掘工作面的欠车时间和汽车等待装车时间与车铲比值的关系不是线性的，影响车铲比的主要因素有：

（1）汽车运距；

（2）汽车容积与挖掘机斗容的比值；

（3）采掘工作面配车形式；

（4）矿岩的穿爆质量；

（5）道路布置系统及其质量；

（6）排卸地点的调配情况。

因此，合理的车铲比值，在不同条件是不尽相同的，而且具有如下的一般规律：

（1）当汽车运距加大时，车铲比也应加大；

（2）当汽车运输单位费用相对于挖掘机单位费用增大时，如采用大型的汽车，车铲比有所减小；

（3）爆破质量好些，大块二次破碎量减少，车铲比值有所增大。

在一般情况下，采用不同铲斗容积的挖掘机和不同载重量的汽车，其车铲比的概略值可参考新疆有色冶金设计院推荐的表12－81。

当采用开路循环时，在每个班中，根据挖掘机的位置和道路工况，汽车服务于所有挖掘机。当汽车进入露天采场时，向时间损耗最小的装载工作面配车，即挖掘机与汽车机动配合，能提高挖掘机工作时间利用系数和生产能力，但生产调度复杂。

现将定铲配车和不定铲配车时的车铲比计算方法分述如下：

a　定铲配车

（1）按保证足够的车辆不断地向挖掘机供应空车，以发挥挖掘机效率，其车铲比为：

$$Y_Z = \frac{T_g}{t_z} \tag{12-73}$$

式中　T_g——汽车运行周期，

$$T_g = t_z + t_y + t_x + t_d$$

t_z——装车时间；

t_y——往返运行时间；

t_x——卸载时间；

t_d——汽车等待、停歇及入换时间。

（2）按车铲比应满足以下目标函数：

$$\sum_{i=1}^{n} C_o + C_w \rightarrow \min \tag{12-74}$$

车铲比计算公式为：

$$Y_Z = 10.56 - 1.13\frac{V}{E} + 1.08L \tag{12-75}$$

式中 C_o ——一台汽车的停机价值损失；

C_w ——一台挖掘机的停机价值损失；

V ——汽车容积，m^3；

E ——挖掘机铲斗容积，m^3；

L ——运距，km。

表 12－81 车铲比（Y_z）

铲斗容积 (m^3)	汽车载重 (t)	运输距离 (km)				
		1.0	1.5	2.0	2.5	3.0
0.5	3.5	3.0～3.5	3.5～4.0	4.0～4.5	4.5～5.0	5.0～5.5
	5	2.5～3.0	2.5～3.0	3.0～3.5	3.5～4.0	4.0～4.5
1.0	7	3.0～3.5	3.5～4.0	4.0～4.5	4.5～5.0	5.0～5.5
	10	2.5～3.0	2.5～3.0	3.0～3.5	3.5～4.0	4.0～4.5
2.0	15	2.5～3.0	3.0～3.5	3.5～4.0	4.0～4.5	4.5～5.0
	20	2.0～2.5	2.5～3.0	3.0～3.5	3.5～4.0	4.0～4.5
4.0	25	3.0～3.5	3.5～4.0	4.0～4.5	4.5～5.0	5.0～5.5
	32	2.5～3.0	3.0～3.5	3.5～4.0	4.0～4.5	4.5～5.0
6.0	40	3.0～3.5	3.5～4.0	4.0～4.5	4.5～5.0	5.0～5.5
	60	2.5～3.0	3.0～3.5	3.5～4.0	4.0～4.5	4.5～5.0
8.0	60	2.5～3.0	3.0～3.5	3.5～4.0	4.0～4.5	4.5～5.0
	80	2.0～2.5	2.5～3.0	3.0～3.5	3.5～4.0	4.0～4.5
10	80	2.0～2.5	2.5～3.0	3.0～3.5	3.5～4.0	4.0～4.5
	100	2.0～2.5	2.0～2.5	2.5～3.0	3.0～3.5	3.5～4.0
12	100	2.0～2.5	2.0～2.5	2.5～3.0	3.0～3.5	3.5～4.0
	120	2.0～2.5	2.0～2.5	2.5～3.0	2.5～3.0	3.0～4.0

（3）利用排队论原理，建立随机数学模型，求合理车铲比：

$$Y_Z=\frac{1}{\sqrt{\beta}+1}\left(rT'_{zq}+\frac{1}{\sqrt{\beta}}\right) \tag{12-76}$$

式中 β ——$\beta C_o/C_w$；

T'_{zq} ——不包括等待的运行周期，

$$T'_{zq}=t_z+t_r+\frac{2L}{v}+t_x+t'_r$$

t_r——汽车在工作面的入换时间，h；

t'_r——汽车在卸载点的入换时间，h；

v ——平均运行速度，km/h；

r ——工作面装车强度，车/时，

$$r=\frac{1}{t_z+t_r}$$

b 不定铲配车

不定铲配车的车铲比可按以下方法计算：

配车数

$$m_o = 5.82 - 12.1\frac{V}{E} + 9.91L + 13.52m \qquad (12-77)$$

$$(9 \geqslant m \geqslant 5、8 \geqslant L \geqslant 4)$$

$$Y_Z = \frac{1}{m}\left(5.82 - 12.1\frac{V}{E} + 9.91L\right) + 13.52$$

式中 m——系统中工作面数；

其他符号同前。

12.6.1.3 工作水平的道路修筑

为了提高汽车运输效率和轮胎行驶里程，一般应在采场的移动道路上铺筑整平层。

当移动道路位于 $f>4$ 的未风化或中等风化的岩石基础上时，一般可采用岩石加工成的碎石或等外矿粉作整平层。

当移动道路位于 $f>4$ 的矿石基础上时，为减少矿石贫化，一般可采用矿石加工成的碎石或等外矿粉作整平层。

国内部分矿山移动道路整平层结构见表 12-82。

表 12-82 我国部分矿山移动道路整平层结构

矿山名称	汽车载重（t）	路面结构（整平层厚度）
青山怀镁矿	10；12	15cm 碎石及等外矿粉
桦子峪镁矿	10；12	15cm 碎石及等外矿粉
昆阳磷矿	29	磨耗层 5cm（爪子石）；15cm 泥结碎石
南芬铁矿	27	10cm 碎石；8~13cm 碎（块）石整平层
	108	15cm 碎石；30cm 块（碎）石整平层
本钢石灰石矿	27	20cm 碎石
牛毛岭石灰石矿	35；10	8cm 碎石

12.6.1.4 挖掘机-汽车运输工艺作业成本分析

设计中对既定工艺系统的成本计算，首先要分别计算组成系统的各道工序中所消耗的各项费用。装运工艺每班的总费用分别为 Z_w、Z_a。挖掘机-汽车运输工艺作业每班的总经营费用为：

$$Z = Z_w + Z_a$$

其中

$$Z_w = N_w C_w$$

$$Z_a = N_a C_a$$

式中 N_w——露天矿每班所需的挖掘机数量，台；

N_a——露天矿每班所需的自卸汽车数量，台；

C_w——挖掘机的台班使用费；

C_a——汽车的台班使用费。

南芬铁矿是我国的大型露天矿，采用挖掘机-汽车运输工艺系统开采鞍山式沉积变质矿体。年采剥总量已达 2658 万吨，其中矿石 723 万吨，岩石 1935 万吨。该矿生产中本着 4~4.6m^3 电铲装贝拉斯汽车、7.6~11.5m^3 电铲装 120C 型电动轮汽车的原则进行设备配置。共有4m³电铲8台，7.6m³电铲2台，贝拉斯汽车46台，120C电动轮汽车10台，推土机23台。

铲装设备效率和汽车运输效率见表12－83和表12－84（1983年资料）。

表12－83 铲装设备效率

型号	斗容（m³）	效率（t）			作业率（%）实际作业台日
		台年效率	台月效率	台日效率	日历台日
ЭКГ－4	4	2295930	191327	6477	97.12
195B	7.6	3244812	282158	10709	86.57

表12－84 汽车运输设备效率

设备型号	载重量（t）	效率						
		吨·公里/(台·年)	吨/(台·年)	吨·公里/(台·月)	吨/(台·月)	吨（矿）/(台·班)	吨（岩）/(台·班)	出车率（%）实际出车台日/日历台日
Белаз540	27	495453	308649	40543	25257	455	391	79.43
WABCO120C	108	1948076	829367	196775	83774		1243	85.15

挖掘机－汽车运输工艺的作业成本见表12－85（1983年资料）。

南芬铁矿的各项技术经济指标在我国是比较好的，就其成功经验，及有待提高方面，可得出以下几点启示：

（1）不仅要保证采掘运输设备有良好的技术状态，还要保证有充足的数量，在生产中应坚持按计划检修的制度，使设备经常处于完好状态。

（2）必须重视矿岩爆破质量的改善，以提高挖掘机的铲装效率，即使在爆破环节上增加了炸药的单耗，但应着眼于全矿综合技术经济效果的改善。

（3）优化汽车运输组织管理，以使整个生产过程实现高效率。例如南芬铁矿采用分散排土，缩短了汽车运输距离；重视车铲比，平均达到5左右，基本趋向合理；重视路面质量和实现养路机械化，该矿养路费用占运输成本的7.2%。

（4）应合理选用车型。南芬铁矿有多种型号的汽车，其技术经济指标各不相同。例如中小型汽车的运输成本和燃油单耗分别为载重108t大型汽车的1.8倍和1.95倍。

12.6.2 挖掘机－铁路运输工艺

12.6.2.1 工艺特点及工作面参数

A 工艺特点

（1）挖掘机在工作面上的自由度极小，受铁路的严格限制；

（2）台阶以采掘带的形式开采，采掘带是与铁路平行，并在多数情况下是纵向布置的；

（3）划归一台挖掘机开采的工作线，最小长度不能小于2倍列车长，通常为一个台阶工作线的长度。当工作线较长，要求强化开采时，一个台阶可配置多台电铲作业，但最

表 12－85 实际作业成本

项目	计量单位	铲装作业（作业计算单位：万吨；实际铲装量：2657.9647）					运输作业（作业计算单位：万吨·公里；实际运输量：4871.2463）				
		单位用量/（万吨）	单位成本/（万吨）	%	总用量	总成本	单位用量/（t/km）	单位成本/（万 t/km）	%	总用量	总成本
一、主要定额材料											
（一）汽车材料消耗								1964. 84	35. 4	2352160	9571219. 50
1. 108T 柴油	kg						0. 048287	194. 17		39287	945849. 89
机油	kg						0. 000807	20. 51		111	99909. 26
轮胎	条						0. 00002	501. 31		4580332	2442004. 40
2. 27T 柴油	kg						0. 094028	382. 78		346560	1864615. 60
机油	kg						0. 007114	141. 83		728	690888. 86
轮胎	条						0. 000015	580. 12		602	2825907. 40
反新胎	条						0. 000012	144. 12			702044. 01
（二）电铲材料消耗			426. 22	22. 05		1132877. 7					
钢丝绳	kg	44. 3704	96. 93		11793. 5	257636. 51					
铲 齿	个	0. 46126	76. 85		1. 226	204264. 58					
铲 杆	个	0. 00301	18. 05		8	47976. 26					
铲 斗	个	0. 00414	66. 97		11	178003. 89					
（三）润擦材料			167. 42			444996. 45					
二、动 力	元		172. 46	8. 92		458392. 59		26. 89	0. 48		130987. 81
养路费	元							400	7. 2		1948498. 50
三、生产工人工资	元		38. 41	1. 987		102092. 42		43. 07	0. 77		209804. 57
四、提取的福利基金	元		4. 23	0. 22		11243. 19		4. 74	0. 085		23089. 71
五、车间经费	元		1291. 23	66. 8		3432043. 70		3112. 72	56. 1		15162825. 78
合 计	元		1932. 55	100. 00		5136649. 60		5552. 26	100. 00		27046425. 60
吨成本	元/吨		0. 1933					0. 555			

多不超过3台。

（4）属于多层次的循环作业工艺，表现为采装的循环，空、重列车的驶入驶出循环，以及采掘移道的循环。

B 挖掘机－铁路运输工作面参数

采掘带宽度（b_c）；台阶高度（h）；采区长度（L）；工作平盘宽度（B）。

铁路运输主要采用纵向工作线布置，其平装车台阶高度的确定同12.6.1。平装车的爆破带宽度随爆破的钻孔排数而异。图12－111为典型的一爆两采一移道的工作面参数。

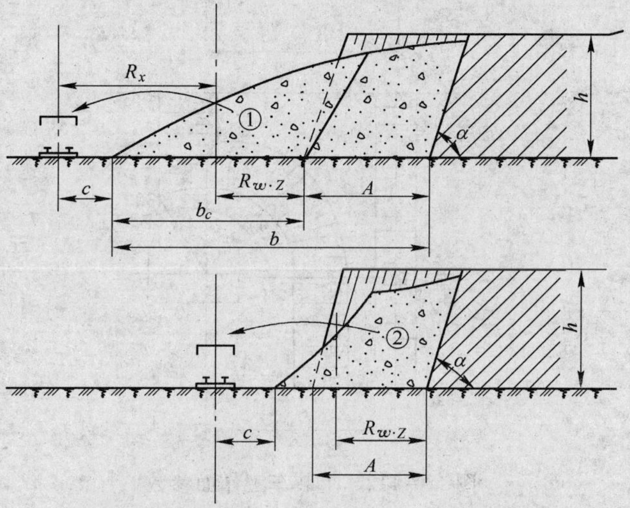

图12－111 一爆两采一移道参数

挖掘机一次挖掘的采掘带宽度（b_c）为：

$$b_c = (1.5 \sim 1.7) R_{w \cdot Z} \tag{12-78}$$

或

$$b_c = R_{w \cdot Z} + fR_{x \cdot \max} - c, \text{ m} \tag{12-79}$$

式中 b_c ——挖掘机一次挖掘的采掘带宽度，m；

$R_{w \cdot Z}$ ——挖掘机站立水平挖掘半径，m；

$R_{x \cdot \max}$——挖掘机最大卸载半径，m；

f ——挖掘机斗柄利用系数，$f \leqslant 0.9$；

c ——爆堆坡底线至铁路中心线间距，m。

为了减少铁路在工作台阶上的移设次数，在挖掘机待车时，挖掘机可按“之”字形移动，将里侧的矿岩倒至外侧和前方，以增大铁路移设步距。

上装车工作面参数见图12－112。

$$b_c \leqslant R_{x \cdot \max} - c_1 - h_c \text{tg}\alpha + \frac{1}{2} R_{w \cdot Z}, \text{ m} \tag{12-80}$$

$$h \leqslant (R_{x \cdot \max} - R_{w \cdot Z} - c_1) \text{tg}\alpha, \text{ m} \tag{12-81}$$

$$h \leqslant H_{x \cdot \max} - h_c - e_x, \text{ m} \tag{12-82}$$

式（12－80）和（12－81）取其中小值。

式中 c_1 ——铁路中心线至台阶坡顶线的间距，m；

α ——台阶坡面角，(°)；

h_c ——台阶上部平盘至翻斗车顶部的高度，m；

e_x ——挖掘机斗门下缘至车辆顶部的间隙，m；

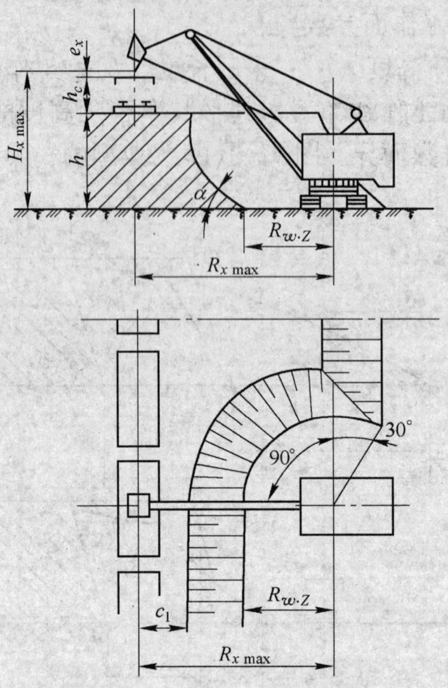

图 12－112 上装车工作面参数

其余符号同前。

实践证明，在铁路运输时，受列车入换条件的限制，在一个台阶上布置两台以上挖掘机时，挖掘机效率往往很低，因而很少应用。铁路运输时，挖掘机工作平盘宽度受平盘上铁路布线数和爆堆宽度的制约，最小工作平盘宽度 B_{min} 可按图 12－113 确定：

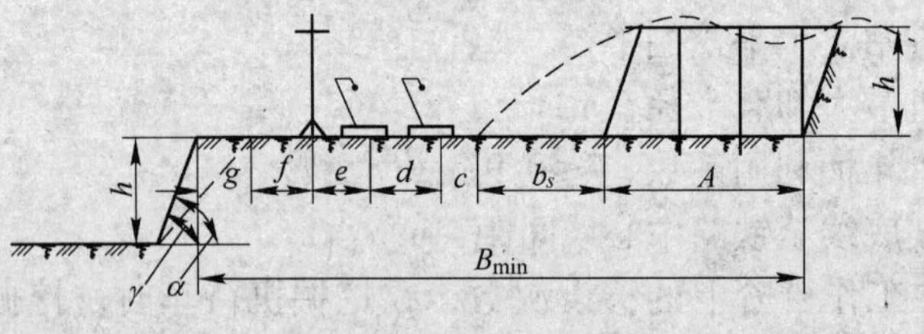

图 12－113 铁路运输最小工作平盘宽度

$$B_{min}=A+b_s+c+d+e+f+g \tag{12-83}$$

式中 A ——爆破带宽度，m；

b_s——爆堆前冲距离，m；

c ——装载铁路中心线到爆堆坡底线的距离，m；

d ——两条线路中心线间距离，m；

e ——最外侧铁路中心线至动力电杆的间距，m；

f ——动力电杆到下部台阶稳定的边界线间距离，m；

g ——稳定的边界线到下部台阶的坡顶线间距离，m；

B_{min}——最小工作平盘宽度，m。

爆堆前冲的距离受爆破炸药单耗量、岩石性质、起爆顺序、外侧孔的底盘抵抗线大小等因素影响，在清渣爆破时，根据经验可以取为台阶高度的2～2.5倍；若按经验公式计算有式（12－84）可资借鉴[21]：

$$b_s = K_1 K_2 \sqrt{q} h K_3 - W \tag{12-84}$$

式中 K_1——岩石的可爆性系数，$K_1=2\sim3.5$，难爆岩石取小值；

K_2——钻孔倾角影响系数，

$$K_2 = 1 + \frac{1}{2}\sin2\left(\frac{\pi}{2} - \beta\right)$$

q ——炸药单耗量，kg/m^3；

a ——台阶高度，m；

β ——炮孔对水平面的倾角，(°)；

K_3 ——岩石抛掷距离系数，受孔间微差间隔时间（τ）的影响，取下列值：

τ	0	10	25	50	75
K_3	1.0	0.95	0.90	0.85	0.80

W ——底盘抵抗线，m；

b_s ——爆堆前冲距离，m。

在台阶坡面上有压渣时，爆破时爆堆前冲距离减少，其减少值 b（m）与压渣厚度有关，按下列经验公式确定：

$$b = \frac{K_1 K_2 K'_p \sqrt{q}}{K'_p W + b_y} h \tag{12-85}$$

式中 K'_p——压渣的松散系数，$K'_p=1.05\sim1.10$；

b_y ——压渣的底盘宽度（厚度），m；

q ——爆破的炸药单耗量，kg/m^3；

其余符号同前。

12.6.2.2 设备效率、车铲合理匹配

在挖掘机－铁路运输工艺中，车铲合理匹配可以取得好的经济效果。

挖掘机效率取决于挖掘－卸载的周期和工作时间的利用系数。前者取决于岩石的可挖性、挖掘－卸载的回转角度、卸载条件和操作者的熟练程度；后者受设备完好状况和工作面准备程度以及空车供应的及时性等影响。

挖掘机效率可分为台时效率、台班效率和台年效率三种，挖掘机台时效率反映设备在给定条件下连续工作所达到的效率；台班效率则包含了空车供应的影响和其它故障所致停工影响；台年效率是以台日效率为基础并考虑日历时间利用系数。故台时效率是基础。台时效率按式（12－86）确定：

$$Q = \frac{3600 E K_m}{t K_s} K_2 \tag{12-86}$$

式中 E——铲斗容积，m^3；

t——挖掘循环时间，s；（见表12-86、表12-87、表12-88）

K_m——挖掘机满斗系数（见表12-89、表12-91）；

K_s——矿岩在铲斗中的松散系数（见表12-89、表12-91）；

K_2——由工艺原因所致工作时间变化的影响系数（表12-90）；

Q——挖掘机台时效率，m^3/h。

表12-86 挖掘时间

铲斗容积（m^3）	矿岩的平均块度 d_p 为下列值（cm）时挖掘时间（s）①					
	15	25	35	45	55	65
2	4.7	8.5	14.3	22.1	31.8	35.0
4	5.0	6.9	9.8	13.7	18.5	24.4
6	5.5	6.8	8.7	11.3	14.5	18.4
8	6.0	6.9	8.4	10.3	12.7	15.7
10	6.3	7.0	8.3	9.8	11.8	14.0
12	6.6	7.3	8.2	9.5	11.2	13.1
14	6.8	7.4	8.2	9.3	10.7	12.4
16	7.0	7.5	8.3	9.2	10.4	12.0

①挖掘时间按经验公式计算得出：$t_w = \frac{194d_p^2}{E} + \frac{E}{0.11E+0.8}$，s；加长悬臂和铲杆时挖掘机的挖掘时间比相应标准挖掘机增加4~5s[21]。

表12-87 回转时间

铲 型	标 准 挖 掘 机				加长悬臂挖掘机		
斗容（m^3）	<2	3~5	8~12.5	16~20	<2	3~5	6~8
回转时间（s）①	14	15~16	19~22	22	14~16	16~19	19~22

①按回转角为90°计算，若角度增减则按比例修正之。

表12-88 卸载时间

挖掘机铲斗容积（m^3）	卸 载 时 间 （s）			关铲斗底门时间（s）
	$d_p \leqslant 0.4^3\sqrt{E}$ 松散岩石	$d_p > 0.4^3\sqrt{E}$ 中等含泥岩石	泥质胶结岩石	
<2.5	0.6	1.3	4~4.5	0.9~1.1
3~8	0.8	1.6	4.3~5.0	1.4~1.6
>12	1.0	1.9	5.3~5.8	1.7~1.9

挖掘机的台班效率，在台时效率的基础上主要取决于车铲的匹配。在铁路运输时，车铲匹配系指下列各概念的总和：

（1）挖掘机铲斗容积和翻斗车载重的匹配；

（2）挖掘机的生产能力和列车牵引定额的匹配；

表 12-89 满斗系数（K_m）和松散系数（K_s）

岩石类型	K_s	K_m
砂、软泥	1.08~1.17	1.1~1.0
非致密岩石，软岩，小于 15mm	1.15~1.3	1.0~0.9
的砾石		1.0~0.8
压实的软岩和砾石	1.25~1.35	0.85~0.75
强度不大的致密岩石	1.3~1.4	0.8~0.7
中等强度的致密岩石	1.35~1.45	0.8~0.7
坚固的致密岩石	1.4~1.5	0.75~0.65

表 12-90 工作时间变化影响系数

爆破孔排数	在下列平均块度 d_p（cm）时的系数 $K_2$①		
	<35	35~60	>60
1	0.90	0.7~0.8	0.6~0.7
2~3	0.93	0.73~0.83	0.63~0.73
4~5	0.95	0.75~0.85	0.65~0.75
6~9	0.97	0.77~0.87	0.67~0.77

①当 $E<4\sim12m^3$ 时取表中小值，反之取大值。

表 12-91 松散系数/满斗系数

挖掘机斗容（m^3）	在下列平均块度 d_p（cm）时的 K_s/K_m						
	10	15	25	35	45	55	65
4	1.35	1.40/1.15	1.53/1.08	1.65/0.93	1.82/0.91	1.95/0.45	2.0/0.22
6	1.34	1.38/1.17	1.48/1.12	1.60/1.10	1.75/0.82	1.86/0.60	1.95/0.40
8	1.33	1.36/1.18	1.43/1.15	1.53/1.08	1.65/0.92	1.78/0.73	1.90/0.53
10	1.32	1.35/1.18	1.42/1.15	1.50/1.08	1.60/0.98	1.72/0.82	1.83/0.63
12	1.31	1.34/1.18	1.40/1.16	1.46/1.09	1.55/1.00	1.66/0.38	1.74/0.72
16	1.30	1.33/1.18	1.39/1.16	1.44/1.10	1.25/1.03	1.63/0.35	1.74/0.80
20		1.32/1.19	1.37/1.17	1.42/1.11	1.49/1.06	1.58/1.0	1.68/0.90

（3）服务于一台挖掘机的列车数，即车铲比；

（4）挖掘机的空车供应率。

列车中的翻斗车数（或列车的牵引定额），是露天矿铁路运输工艺的重要参数，列车的牵引定额并非简单的牵引计算所能决定的，而是依着矿山生产能力、整个运输系统以及挖掘机和机车车辆的生产费用最低来确定。

由于列车从入换站到卸载点的往返运行时间是露天矿开采深度的函数，故最优牵引定数 n_o 随深度而变，其规律性可归结为如下几点：

（1）列车的最优牵引定数随开采深度而变的幅度没有开采深度变化那样大，深度增加10倍：n_o值仅增加2.25倍。因此在露天开采深度变化不大时，露天矿可以采用统一的列车牵引定数，对挖掘机和列车的利用率及费用影响不大。

（2）当露天矿深度较大时，服务于深部水平的列车牵引定数n_o必须增大才能满足采装设备效率，即深部和浅部的牵引定数应当不同。

（3）采装运输设备大型化是降低开采成本的有效途径（参见图12－114）。

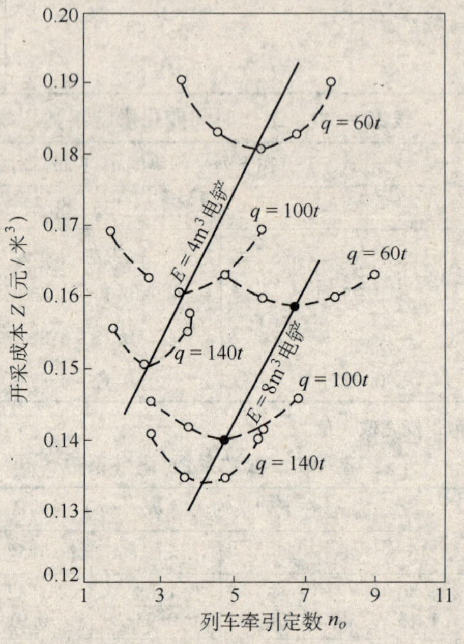

图12－114　列车牵引定数与开采成本的关系

车铲比是根据全矿挖掘机生产能力和列车生产能力的平衡条件所确定的。理论的车铲比用式（12－87）确定：

$$\gamma=\frac{n_o}{N_w}=\frac{t_z+t_r+t_y+t_{tz}+t_x}{t_z+t_r+t_q} \tag{12-87}$$

式中　t_z——挖掘机装一列车的时间，h；

t_r——列车在装载工作面的入换时间，h；

t_y——列车由入换站到卸载点的往返运行时间，h；

t_x——列车卸载时间，h；

t_{tz}——列车在一个运行周期内的停站时间，h；

t_q——挖掘机的欠车时间，h。

挖掘机的欠车时间和列车停站时间具有随机性，在特定的条件下，可以通过统计方法求得，统计的关系有很大的局限性。利用排队理论可以较可靠地求出挖掘机的欠车时间和列车的停站时间，当前用计算机模拟采装－运输系统能相当准确地考虑生产过程的各种随机因素，因而可以较好地确定t_q、t_{tz}。

露天矿车铲比，应当保证挖掘机欠车和列车停站时间损失最小。考虑到挖掘机和列车的小时维持费不等价，合理的车铲比应满足下列关系：

$$t_q + y_z\beta t_{tz} \to \min \tag{12-88}$$

式中 y_z——车铲比；

β——列车小时维持费用与挖掘机小时维持费用之比。

我国抚顺西露天煤矿是大规模应用挖掘机—铁路运输工艺的露天矿，根据该矿的统计资料回归的 t_q、t_{tz}与 y_z 的关系如下：

$$t_q = \frac{174}{y_z^{1.48}} \tag{12-89}$$

$$t_{tz} = 16.7y_z^{0.55} \tag{12-90}$$

$$y_z = 2.13\beta^{\frac{1}{3.03}} \tag{12-91}$$

抚顺西露天矿的经验回归关系，具体地指出了车铲比对挖掘机欠车时间和对列车停站时间的影响，以及β值越大车铲比也越大的规律。

空车供应率是挖掘机—铁路运输工艺特有的工艺配合参数，用 K 反映工作面线路对列车入换的影响。在数值上，空车供应等于列车装载时间与相邻两次装车间隔时间的比值，即

$$\eta = \frac{t_z}{t_z + t_r} \tag{12-92}$$

在其它条件不变时，改善列车入换条件可以提高空车供应率，所以工作面线路布设有重要意义。我国的实践表明，入换站应尽量靠近工作面，并采用向工作面双向配车的环线系统能提高空车供应率，对提高采装和运输设备效率非常有益。

12.6.2.3 工作台阶铁路拆铺及建筑

在挖掘机—铁路运输工艺中，随着工作线的推进，或者每一个采掘带开采完了后，都必须把装载铁路向前移设一个采掘带宽的距离，以便开采下一个采掘带时装车。移设铁路是工艺循环中的组成部分。

在工作水平上拆铺铁路通常用吊车成节的进行。开采坚硬矿岩时，在爆破前要拆除铁路，爆破后再铺上。为避炮而临时拆下的轨节用平板车运到安全地带，爆破后挖掘机清扫线路的爆破散石后，用吊车成节地再铺上。我国露天矿的工作面装载用铁路通常不铺道碴，常用300~400mm 的岩块铺垫和充填轨枕的枕木下，用以固定和托平铁路。前苏联大规模地采用铁路运输，在工作面铁路线上普遍使用道碴，这对铁路的维护、列车的运行，都极为有利。显然，实现普遍的铺道碴要求铁路工作全面机械化。

应用铁路吊车拆铺铁路的工艺大致有五种（参看图 12-115）[21]。

- 移道工艺
  - 单吊车移道
    - 后退式移道
    - 前进式移道
    - 两次拆铺式移道
  - 双吊车移道
    - 后退式移道
    - 混合式移道

所谓前进或后退以装载铁路和连络线路的交点为准，远离交点者为前进，反之为后退。每种工艺的适用性取决于移道距离，拥有的设备规格、数量，以及生产对恢复线路要求的紧迫性。

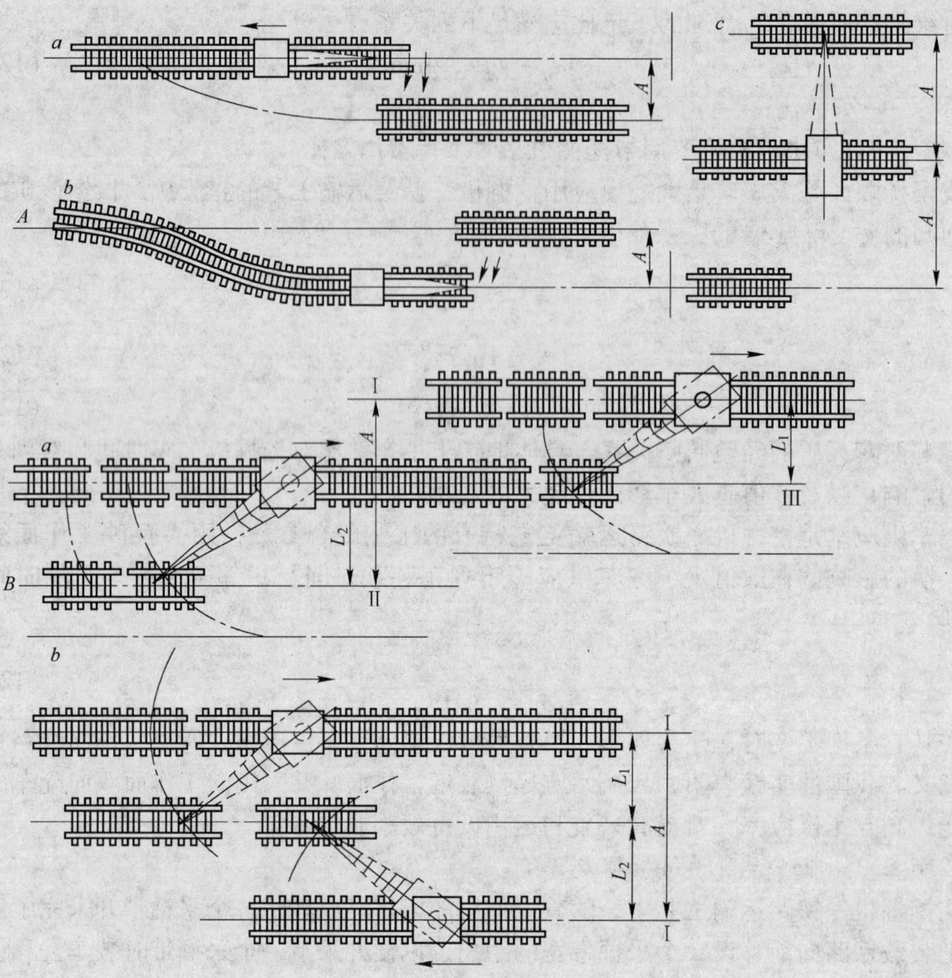

图12－115 吊车拆铺铁路的工艺

在工作水平的装载铁路，由于不铺道碴，又频繁移设，经常发生列车脱轨，枕道损坏。据统计，我国东鞍山铁矿工作水平上的装载铁路每公里铺枕木1600根，有效工作线长10km，年平均移道570次（包括爆破前拆道），年采剥矿岩总量1720万吨，平均每年损坏枕木12200根，折合8.5根/万吨，或每万吨耗损0.78m^{3}木材；列车发生脱轨次数平均每年87次。

12.6.2.4 挖掘机—铁路运输工艺作业成本分析

挖掘机—铁路运输工艺的作业成本由三部分组成：挖掘机作业费，机车车辆作业费和线路维持费。表12－92为东鞍山铁矿的成本构成。

表12－92中工资包括检修人员、车间管理人员工资。线路材料费包括枕木费用13.85万元，约占线路总费用的9%。机车车辆费是按开动台数计算的，全矿24台机车，生产机车15台，零活包乘4台，其单位成本系指矿岩成本按矿岩总重折算的。

从运输费的构成，折旧、修理、工资三项占71.4%，其中折旧修理费占56.4%，可见降低运输成本的关键在于减少设备故障，提高设备的效率。因此应当力求提高线路质量（线路铺道碴是一项重要措施），让列车多拉快跑，减少机车车辆的总需求量，减少设备

表 12－92 东鞍山铁矿成本构成

项 目	挖掘机作业		机车车辆作业		线 路	
	费用(万元/(台·年))	(%)	费用(万元/(台·年))	(%)	费用(万元/年)	(%)
燃料材料费	3.20	10.6	1.43	6.2	34.85	22.9
工人工资	2.98	10.0	2.83	12.3	35.3	23.1
电 费	4.88	16.2	3.43	14.8	0.85	0.6
其他费用	0.68	2.3	0.47	2.1	1.4	1.0
备件费	13.60	45.0	1.37	6.0	14.49	9.5
折旧费	4.40	14.5	6.16	26.7	65.7	43.1
修理费	0.49	1.6	7.40	32.0	—	—
合 计	30.00	100.0	23.10	100.0	152.59	100.0
单位成本	0.228 元/吨		0.323 元/吨		0.089 元/吨	

的损坏。

挖掘费用中的备件费占45%，是成本中的最大项目，降低备件费用最主要的途径是降低磨损件的消耗和提高矿岩的可挖性。经验表明，在坚硬矿岩的挖掘中，提高爆破质量，消除根底，降低和消灭不合格大块可以降低磨损件的消耗，减少设备的修理和故障停工损失。因此，在一定条件下，为改善矿岩爆破质量而使穿孔和爆破费用少许增加在经济上是有利的。

12.6.2.5 实例及其评价

东鞍山铁矿开采鞍山式铁矿体，采用挖掘机—铁路运输工艺，铁路运输以前主要是重载下行，近年来开始向深部过渡，已出现货载上坡运输。全矿共有 4.6m^3 挖掘机 13 台，在册机车 28 台，出动 24 台，生产用 15 台，杂作业 4 台，参加效率计算的为 20 台（不包括杂作业机车），在册机车中黏重 80t 的机车 18 台，100t 机车 4 台，150t 机车 6 台，年采剥矿岩总量 1720 万吨（1975 年）。

工作面参数：（见图 12－116）台阶高度 11～15m，采区长度 700～720m，工作平盘的标准宽度（按单线铁路计），单排孔爆破时 49m，双排孔爆破时 59m，三排孔爆破时为 64m（爆破带宽度分别为 9m、16.5m、24m）。

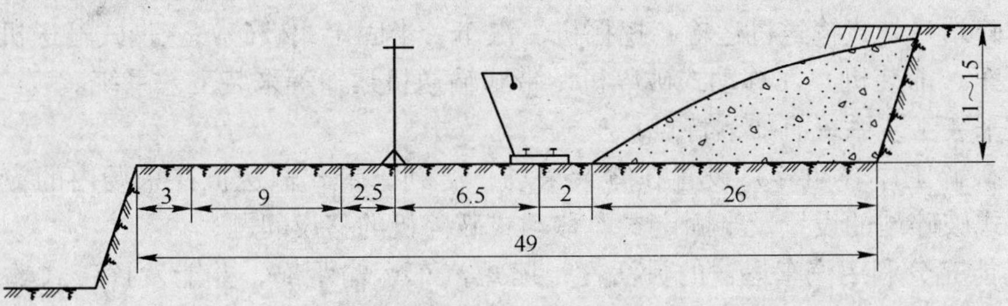

图 12－116 工作面参数

挖掘机装车效率：装载循环时间 25～50s，平均 34s；装满 60t 铁路翻斗车的时间为 4～10 分钟，平均 5 分钟；列车装车时间依列车车辆数为 8、9、10 辆时分别为 40min、

46min、50min。装矿台日效率为4806t，装岩效率为4417t，矿岩综合的台日效率为4538t，台年装矿效率153万t，装岩效率为132.1万t，台年综合效率为144万t。

挖掘机的时间利用系数如下：

作业时间：40.8%，其中装载占31.9%，倒堆、挖根底、扫道占9%；

非作业时间：2.7%，其中场外移动升降段占0.9%，待线路占1.8%；

内部休止时间：48.9%，其中交接班、注油2.6%，待车避炮35%，检收占11.3%；

外部休止时间：7.6%，其中气候影响、无货占7.6%。

机车车辆或列车的效率和时间利用系数：运输距离：矿石6.47km，岩石7.92km，平均7.0km；

列车运行周期：运矿230min，运岩215min，平均225min。其中装车时间46min（按9辆车计），重车运行22min，空车运行20min，卸车时间矿石为35min，岩石为20min，会让时间26min，列检时间10min，待卸14min，待装7min，待线12min，交接班、脱轨、检修50min。

三类机车的运输效率如下：

粘　重	150t	100t	80t
台年综合（万吨）	105	95.9	69.2
台年综合（万吨·公里）	740	671	484
台日综合（t）	3519	3188	2842
台日运矿（t）	3714	3448	2991
台日运岩（t）	3459	3027	2748

东鞍山铁矿的设备作业率只有41.7%，可见设备效率的潜力是大的。从工时分析可以指出提高设备效率的主要方面是：

(1) 提高爆破质量，减少装载循环时间，减少挖掘机的无效作业时间，减轻设备的磨损，从而清除计划外故障检修的停工损失；

(2) 确定合理的车铲比，把挖掘机待车和列车待装的时间控制在合理的范围之内；

(3) 改变当前的人工调度为计算机调度，使列车会让、待装、待卸的时间达到最少。

12.6.3 挖掘机－破碎站－带式输送机运输工艺

12.6.3.1 工艺特点[8]

挖掘机－破碎站－带式输送机运输工艺（即半连续开采工艺），包括挖掘机－汽车－固定式破碎站－带式输送机运输、挖掘机－汽车－半固定式破碎站－带式输送机运输、挖掘机（汽车、前装机）－移动式破碎机－带式输送机运输等采装工艺系统。

这类采装工艺系统有如下特点：

(1) 破碎工序（粗碎）设置在露天采场，有利于带式输送机在采场内的应用，但却存在固定式破碎站的设置及半固定式、移动式破碎机的移设问题；

(2) 能充分利用汽车运输的灵活性，缩短汽车运输距离，并能发挥带式输送机连续运输的优越性，从而能有效地提高采装运输效率；

(3) 工艺系统的环节较多，容易因各工艺环节配合不当而影响整个系统的正常作业；

(4) 该工艺属半连续工艺系统，采掘为间断工艺，而转载后的运输为连续工艺。

12.6.3.2 破碎站的位置及移设

A　半固定式和固定式破碎站

半固定式破碎站和固定式破碎站的位置及半固定破碎站的移设，见 12.3.4.2。

B　移动式破碎机

开采台阶不多，工作线较平直，工作面矿石不需要进行配矿、中和作业，在采场内设置的带式输送机不会干扰钻机等其它设备的移动时，移动式破碎机可布置在工作面。一般情况下，每台单斗挖掘机配有单独的移动式破碎机，如图 12－117 所示，破碎机一般布置在距回采工作面（或剥离工作面）10～20m 处，直接用挖掘机供料，并随着挖掘机的推进而移动，因此移动频繁。在生产中为了减少工作面带式输送机的移动次数，一般都在移动式破碎机和带式输送机之间设置一台自行式带式转载机，转载距离为 40～50m。

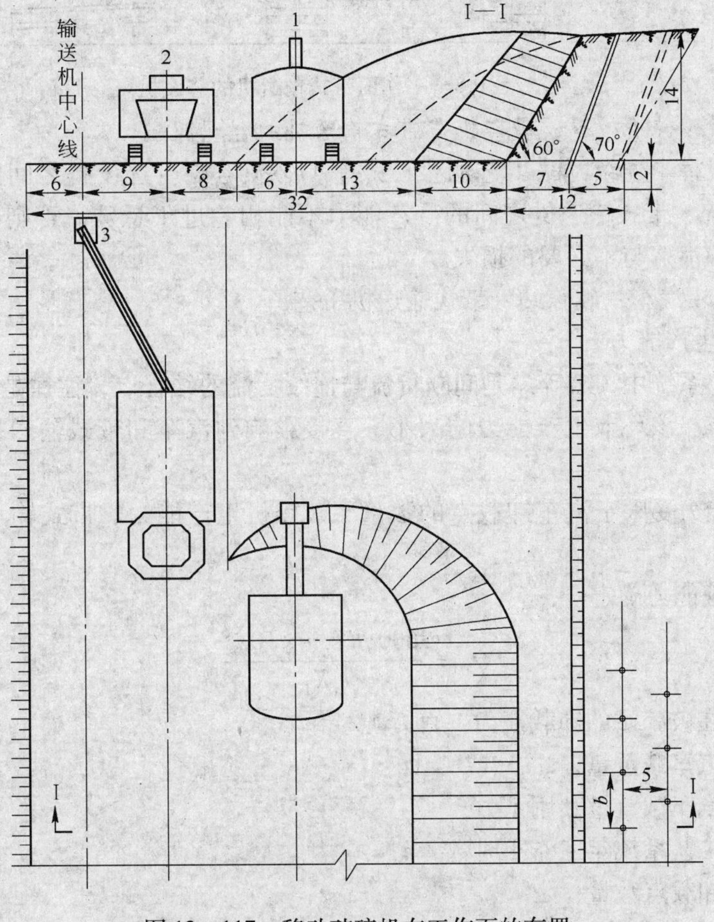

图 12－117　移动破碎机在工作面的布置

1—电铲；2—破碎机；3—转载漏斗

除用挖掘机直接向破碎机供料外，还可采用前装机或汽车在卸载平台上向破碎机供料。

工作面带式输送机按整机方式逐个步距地移设时，可以采用移设机（图 12－118）。移设机的效率一般为 8000 米^2/班。带式输送机的机头与带式输送机同步移动，驱动机头无自备动力时，直接利用移设机拖动，自重大的驱动机头可安装在行走装置（履带式，迈步式，或轨道式）上，依靠自备动力移动。

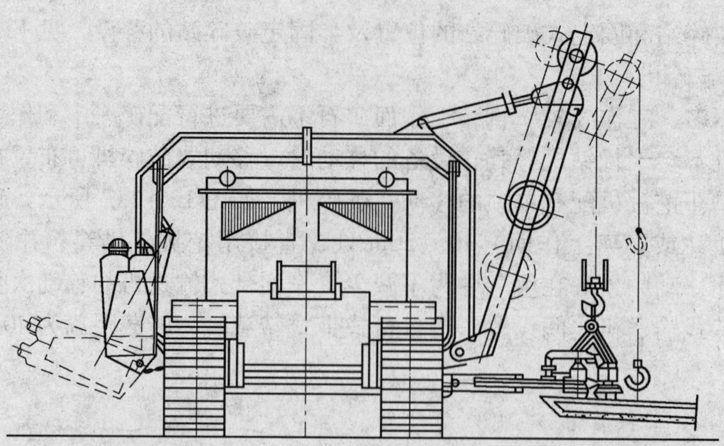

图 12－118 工作面带式输送机的移设机

12.6.3.3 破碎机效率，破碎机与带式输送机的合理匹配

为了充分发挥半连续开采工艺的生产效率，必须考虑所选设备之间的匹配，使装载（或运输）、破碎、带式输送机之间的生产能力不能相差过于悬殊，否则，会造成其中某一种设备能力的浪费与不必要的损失。

A 挖掘机－汽车－破碎站－带式输送机工艺

a 破碎站生产能力

半连续工艺系统中，破碎站是间断货流与连续货流的结合点，往往是工艺系统中限制生产能力的环节。该环节生产能力的大小，直接影响到汽车和带式输送机生产能力的发挥。

破碎站的能力受限于汽车卸载点的数量、破碎机生产能力、带式输送机的生产能力等。

（1）年卸载能力确定

$$Q_1 = \frac{3600qKT_n n \times 10^{-6}}{t_x K_1} \tag{12-93}$$

式中 Q_1——在破碎站的卸载能力，百万吨/年；

q——汽车载重量，t；

K——汽车载重量利用系数；

T_n——工艺系统年工作小时数，h；

n——卸载点数量；

t_x——包括调车时间在内的汽车在破碎站上的卸载时间，取 $t_x = 80 \sim 120$s；

K_1——汽车到达不均衡系数，可取 $K_1 = 1.15$。

（2）破碎机生产能力

破碎机破碎能力的计算方法与一般破碎机相似。排矿（岩）口宽度一定时，入口物料块度的变动对破碎机的生产能力影响较小；而排矿口宽度改变对破碎机能力影响却很大。因此，存在着一个排矿块度的优化问题。为调节块度尺寸，可考虑在破碎机上装备出口调节设备，以适应不同块度的需要。

为了调节卸载与破碎机能力间的均衡，可设置较大容量的料仓。确定料仓容积时要考虑汽车卸载间隔的不均匀性及物料块度的波动性。一般可按 0.5h 的设计处理量计算。如按卸载汽车计算，一般不小于汽车容积的 4 ~6 倍。

表 12 –93 国产大型破碎机参数

参数名称	颚式破碎机				旋回式破碎机		
	1500 × 2100	1200 × 1500	900 × 1200	PE –90	PX900/160	PX1200/180	PX1200/250
给矿口尺寸（mm）	1500 × 2100	1200 × 1500	900 × 1200	900 × 1200	900	1200	1200
挂矿口（mm）	170 ~ 220	130 ~ 180	150 ~ 180	100 ~ 200	160	180	250
最大给矿粒度（mm）	1100	850	650	750	750	1000	1000
生产率（t/h）	460 ~ 600	170	140 ~ 180	150 ~ 300	500	1000 ~ 1100	1400 ~ 1500
电动机功率（kW）	260 ~ 280	180	110	95 ~ 110	180	310 ~ 350	310 ~ 350
偏心轴转数（r/min）	100	135	180	200 ~ 250			
破碎锥摆动次数（次/分）					125	110	110

表 12 –94 国产钢绳芯带式输送机的主要技术规格

参数名称	单位	型号			
		SPG – 1000	GDS – 1000	GOS – 1200	ZG – 800
带宽（槽距）	mm	1000	1000	1200	800
运输能力（煤）	t/h	360	280 ~ 680	400 ~ 1000	120
输送机长	m	2585	1240	2500	1000
输送机最大倾角	(°)	18	15	15	16
胶带速度	m/s	1.5	1.25 ~ 3.0	1.25 ~ 3.0	1.26
电动机型号		JRB8 – 6	ZD – 181 – IB	ZD – 181 – IB	JR126 – 8
电动机功率	kW	280	400	400	130
主机总功率	kW		2 × 400	2 × 400	
设备最大外形尺寸	m	4.8 × 4.35 × 2.7	16 × 14.5 × 2.62	16 × 14.5 × 2.62	
制造厂		淮南矿山机器厂	沈阳矿山机器厂	沈阳矿山机器厂	井陆煤矿自制

表 12－95 国外露天矿半连续开采工艺主要实例及设备匹配情况

矿山名称	规模（万吨/年）		采剥总量（万吨/年）		开采工艺		牙轮钻			挖掘机			汽车			破碎机
	设计	实际	设计	实际	矿石	剥离	型号	孔径（mm）	台数	型号	斗容（m^3）	台数	型号	载重（t）	台数	型号
西雅里塔铜钼矿（美）		3400		8000	半连续	半连续	60－R	250～310	4	PH2100BL	11.5	10		100	15	旋回（矿）
							45－R	250～310	4					120	22	旋回（岩）
														130	5	
													170－C	154	22	
													3200	220	1	
双峰铜矿（美）		1200（1973年）		剥离最高 14615（1975年）	半连续	半连续	60－R	250～310	5	191M	11.5	3	120－C	108	49	旋回（矿）
							GD－120	250～310	2	PH2100BL	11.5	3	170－C	154	2	旋回（岩）
										PH2100BG	11.5	2	MARK－36		2	旋回（岩）
										PH1900	7.6	1	R－170	154	3	
巴格达德铜矿（美）	1400	1100	3600	3300	半连续	间断工艺	M－4	225	4	PH2300	15.2	4	170－C	154	24	旋回
共和铁矿（美）	3万吨/日	800		1800			GD－120	310	3		4.5～7	9		75～80	30	旋回
							火钻		2							

续表 12－95

矿山名称	规模（万吨/年）		采剥总量（万吨/年）		开采工艺		牙轮钻			挖掘机			汽车		
	设计	实际	设计	实际	矿石	剥离	型号	孔径（mm）	台数	型号	斗容（m^3）	台数	型号	载重（t）	台数
卡纳尼亚铜矿（墨西哥）	3 万吨/日	2.4 万吨/日	19.7 万吨/日	15 万吨/日	半连续	间断工艺	40－R	228	5	PH1800	6.1	3	120－C	108	49
							60－R	250	5	280－B	11.5	3	170－C	154	6
							CP750（汽车钻）	228	2	PH2100BL	12.2	2			
										PH2800	19	1			
瑞达德铜矿（墨西哥）	2200		4400		半连续	间断工艺	60－R CP 汽车钻		3	PH2100BL	11.5	5	120－C		37
									2						
丘基卡马塔铜矿（智利）		8000		5100	半连续	间断	60－R	228 305	3	550－B	9.2	1	M－100		10
							61－R	380	2	280B	9.2	4	KW－DART70（半拖车）	70	31
										190B	6.1	2			
										190B	5	6	SD9 机车		5
										120B	3.4	2	SW－1200 机车		24
										PH1800	6.1	2			

续表 12－95

矿山名称	破碎机				带式输送机						排土机		备注
	规格	台数	生产能力（t/h）	安装位置	总长度（m）	段数	最大倾角（°）	带宽（mm）	带速（m/s）	生产能力（t/h）	型式	排料臂长（m）	
西雅里塔铜钼矿（美）	1524×2260	2	3200	采场内	5791	5	16	1520	4.15	4800			1970 年投产，矿石用半连续工艺。1977 年剥离改造用半连续工艺，但有 20%仍由汽车排土
	1524×2260	2	4000	地表	2130	3	13	1830	4.15	8000	轨道式	60	
双峰铜矿（美）	1372×2032	1	4500	采场帮上	2750	3	25%	1500	3.65	4500～6000	履带式	65	1969 年投产，1975 年后主要剥离和采矿用半连续工艺，靠近地表岩石（少量的）用汽车直接排土
	1372×2032	1	4500		2150	3	25%	1500					
	1372×2032	1	4500		2630	3		1500	3.15	6000			
巴格达德铜矿（美）	1524×2260	1		采场端部	2226	2	14	1372 1500	3.15	3700			该矿开采较早，1945 年改为露天开采，1977 年矿石半连续工艺系统投产
共和铁矿（美）	1372×2236	1		采场边帮	850	1	13.6	1200	2.3	1800			1956 年投产，1977 年矿石半连续开采工艺投产，采矿已开采 100 多米深

续表 12 - 95

矿山名称	破碎机					带式输送机						排土机		备注
	型号	规格	台数	生产能力 (t/h)	安装位置	总长度 (m)	段数	最大倾角 (°)	带宽 (mm)	带速 (m/s)	生产能力 (t/h)	型式	排料臂长 (m)	
卡纳尼亚铜矿（墨西哥）	颚式	1675 × 2130	1	1400	采场底部	1774	3		1220	3.05	4000			该矿开采较早，1966 年 9 月在卡纳尼亚采场建成矿石半连续工艺系统，溜井最初深度为 152m，断面为 6.1 × 6.1m
瑞达德铜矿（墨西哥）	旋回	1524 × 2260	2		采场内	1500 (510)	1		2400		5700			
丘基卡马塔铜矿（智利）	旋回	1372	2	5000	采场底	1483		9.5	1524	3.5	5300			该矿开采较早，建矿时用铁路运输，逐渐向汽车运输过渡，目前铁路运输只运输一部分岩石，开采 400m 深时，矿石开采工艺改为半连续工艺，胶带通过斜井运至选厂，斜井断面 4.8 × 4.2m，长 1000m

b 破碎机与带式输送机合理匹配

目前常用的破碎机有旋回破碎机和颚式破碎机两种。前者最大规格为1524mm×2260mm，后者最大为1500mm×2100mm，破碎的块度为200~300mm。表12-93为目前我国生产的大型破碎机的型号。破碎站的设备，还包括给矿机，常用的有板式给矿机。苏联还采用筛分装置以提高破碎机的生产能力，收到较好的经济效果。

带式输送机使用的胶带，多为钢绳芯胶带，带宽一般1.2~2.0m，最大为2.4m，小型矿山可小于1.2m；带速3.0~4.0m/s，最大5.0m/s；爬坡能力达18°乃至陡坡角，下坡达17°。我国生产的钢绳芯带式输送机的主要技术规格列于表12-94。

B 挖掘机（或前装机）-移动式破碎机-带式输送机工艺

移动式破碎机分为自移式和他移式（又称可移式）两种：

（1）他移式（可移式）破碎机，即近几年设计制造的由几个组合部分组成并可拆卸的破碎机，它没有行走装置，借助履带运输车进行搬运，按位置固定性又属半固定式的。用汽车或前装机将矿岩卸入给料机。

（2）自移式破碎机，它随工作面推进，尾随挖掘设备而移动。挖掘机直接将矿岩卸入给料机。

美国西雅里塔铜钼矿采用了他移式破碎机系统取代原来采用的半固定破碎机系统。该移动式破碎机组有给料、破碎和卸料装置，由给料机、移动式破碎机和带式输送机、卸料机等部分组成。把机器部件分别运至采场内组装配套使用，以构成一个完整的运输系统。

其工艺流程是：采剥工作面爆破后，矿岩用挖掘机装入汽车，运至采场移动破碎站卸入给料装置，再进入破碎机系统进行粗碎，破碎后的合格矿岩向带式输送机装载运往选厂或排土场。

采场内移动式破碎机系统的主要部分如下：

（1）移动式破碎站。包括破碎机平台、控制塔（其中有破碎机润滑室、液压设备室、开关设备室、马达控制中心室）和液力碎石机、起重机等辅助设备。

破碎站的主要设备是破碎机。根据所需生产能力及块度要求，可选择颚式破碎机或旋回式破碎机，一般大中型矿山选用旋回式破碎机。破碎机即安装在钢结构的平台上，其机座也是钢结构的。

移动式破碎站的底座为三支点，不需做混凝土基础、工作稳定、震动小，不受爆破力的影响。

破碎机平台高度应≥3m，以便安装排料带式输送机或板式给料机。

（2）给料机。给料机系统是由漏斗和给料机组成。漏斗用钢板制作，并采用抗磨蚀材料作钢板内衬。给料机采用板式的或带式输送装置，其宽度应根据破碎机能力选取，一般为1.8~3.1m。

给料机由破碎机站的电源供电。漏斗和给料机（带有电动机和驱动装置的整套设备）安装在一个钢架上，以便整体移置。

露天采场向下延深一个台阶，移动式破碎机需要向下移置一次。西雅里塔铜钼矿移置一次约需48h。移置前要做好如下的准备工作：

（1）沿移动式带式输送机的轴线向下挖掘带式输送机的斜坡道，然后铺设机架和尾部滚筒；

（2）当下部台阶已形成可供布置破碎机的空间时，应即调平三个柱脚区并进行测量；

（3）挖掘出布置板式给料机尾部的槽沟。

停机期间即行移置，需完成如下工作：

1）移走移动式胶带给料机、转载料槽、移动式转载站；

2）移置带式输送机的尾部滚筒；

3）接长移动式带式输送机、延伸到主带式输送机的位置；

4）接通外部电源后，给料输送机可从破碎机下面自行到新位置；

5）采用履带运输车将移动式破碎机组和板式给料机等拖运到新位置，然后定位，重新接上电缆和仪表控制线路。当形成板式给料机的翻卸坑后，全系统即可在新的位置上恢复正常作业。

该矿采用移动破碎机组配合延伸带式输送机新系统后，带来了明显的经济效益。如缩短了采场内汽车运距，减少了汽车数量，降低了矿石开采成本，提高了生产能力等。其主要缺点是：设备体积庞大，重心高，破碎机架的震动较大，设备费用高等。

自移式破碎机是由挖掘机直接供料，不需要通过中间的运输环节。因此它与固定或半固定式设备不同，除了对破碎机的给料方式，破碎能力、卸载方式等要求外：还需对自重，对地压力、行走方式及速度、爬坡能力、移动灵活性及装载高度等提出要求。图12－119为挖掘机直接供料的液压迈步式短头旋回移动破碎机。

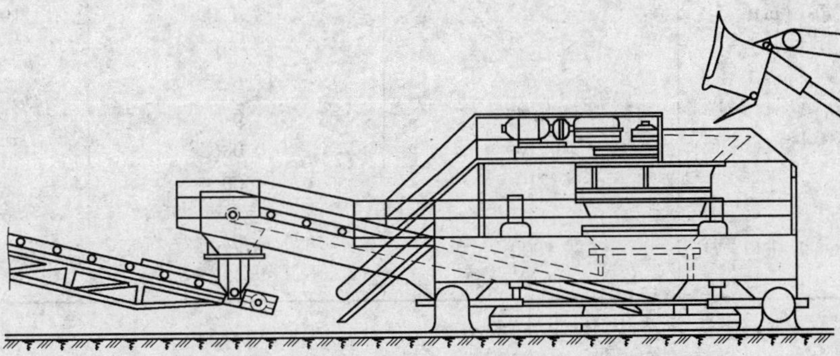

图12－119　液压迈步式短头旋回移动破碎机

设备选型应考虑如下原则：

装载矿仓的容积一般为挖掘机铲斗容积的2～3倍以上。其作用是暂存矿岩，用以解决单斗挖掘机不均匀供矿岩和破碎机连续工作之间的矛盾。

供矿机多采用板式给矿机。

破碎机的类型有锤式、反击式及短头旋回式等。由于移动式破碎机的规格，受与之配合的挖掘机装载高度的限制，所以，为了降低破碎机高度及机组重量，选型时可优先采用体积小、效率高的锤式、反击式破碎机；或采用可直接给料的短头旋回式破碎机。破碎机的功率与破碎机的生产能力、破碎比有关，可按以下经验公式估算，即：

当粗碎（破碎比大于1∶10）时：$y = 225 + 0.09x$

当中细碎（破碎比小于1∶10）时：$y = 42.3 + 1.35x$

式中　x——破碎机能力，t/h；

y——破碎机功率，kW。

国外露天矿半连续开采工艺主要实例及设备匹配情况见表12－95。

表12－96为国外制造的几种转动式破碎机的技术规格。

现将苏联主要生产过程的机械设备及匹配列于表12－97。

表12－96　几种移动式破碎机的技术规格

技术特征	类型		
生产能力（t/h）	250	450	1000
外形尺寸（长×宽×高）(m)	12.6×6.5×6.4	25.0×8.3×8.0	41.0×11.0×94
装载高度（m）	38	40	66
矿仓容积（m^3）	5	8	20
给矿机			
类型	板　式	板　式	板　式
尺寸（长×宽）(m)	6.6×1.4	9.5×1.6	106×2.0
倾角（°）	30	30	27
破碎机类型	单转子锤式 ϕ1600	双转子锤式 ϕ1600	反击式 AP－7
转载输送机			
类型	无	胶带	振动式
尺寸（长×宽）(m)	75×14	6.0×1.2	3.8×24
卸载输送机			
类型	钢　绳	胶带	胶　带
尺寸（长×宽）(m)		宽1.0	19.0×1.0
回转角度（°）		±60	±80
爬坡倾角（°）	6	6	±10
走行速度（m/min）	5.4	6	6
对地压力（MPa）	0.105	0.086	0.17
装机功率（kW）	210	500	1100
机组总重（t）	145	225	440
物料最大粒度（mm）进口	1000	1000	1200
出口	150	60	250

12.6.3.4　半连续开采工艺作业成本分析

半连续开采工艺的作业成本由这一工艺系统的各个工艺环节费用组成。其中挖掘机采装费用和破碎机破碎费用，在已选定的采掘设备和一定的矿岩爆破质量的条件下，相对变化不大，但运输费用却随着开采深度、运输距离的变化和所采用的运输方式而有很大的差异。美国巴伦露天矿在深部开采时采用了半连续开采工艺，其不同运输方式和在不同的开采深度的运输成本百分比列于表12－98。

根据表12－98，可得到如下的启示：

（1）半固定破碎站设置在采场内相应的平台上，有效地缩短了汽车的运输距离，减少了汽车的需要量，而且矿岩上坡运输大部分是由比较经济的带式输送机系统在比较短的行程内完成的。因此，在经济上较单一的汽车运输系统优越。

（2）作为挖掘机和其他运输方式之间的联络运输设备，大型半拖车较之相同载重量的汽车的成本低，故在整个系统中优点突出。

（3）半连续开采系统有矿岩破碎环节，而且建造和移设破碎站的费用大。特别对岩石也要进行破碎，需补加硬岩破碎费用。因此，只有当带式输送机的运输费用的节约额足

表 12－97　苏联主要生产过程的机械设备及配套

生产率（t/h）	运输物料	岩石坚固性系数 f	主要生产过程的机械设备				
			挖掘机	工作面破碎机	往带式输送机上卸载的转载机	带式输送机	排土机
500	矿石	4～8	ЭКГ－4.6	СДА－500Y 带转子破碎机	履带行走的胶带转载机	带宽 1000mm，БС－120 型自行式接收矿仓，ТПС－120М 型自行转载车	没有
500	矿石	9～20	ЭКГ－4.6	СДА－500Y 带颚式破碎机	履带行走的胶带转载机	带宽 1000mm，БС－120 型自行式接收矿仓，ТПС－120М 型自行转载车	没有
500	岩石	4～8	ЭКГ－4.6	СДА－500Y 带转子破碎机	СП－500 胶带转载机	带宽 1000mm，БС－120 型自行式接收矿仓，ТПС－120М 型自行转载车	ОС－500 型履带排土机，带有 ТПС－120М 型转载车的 КПЗ－500ПИА 型带式输送机
500	岩石	9～20	ЭКГ－4.6	СДА－500Y 带颚式破碎机	СП－500 胶带转载机	带宽 1000mm，БС－120 型自行式接收矿仓，ТПС－120М 型自行转载车	ОС－500 型履带排土机，带有 ТПС－120М 型转载车的 КПЗ－500ПИА 型带式输送机
1000	矿石	4～8	ЭКГ－8М	СДА－1000	履带行走的胶带转载机	胶带宽度 1200mm，带有配套设备的 КПМ 及 КПП 型带式输送机，带速 1.8m/s	没有
1000	矿石	9～20	ЭКГ－8М	СДА－3	履带行走的胶带转载机	胶带宽度 1200mm，带有配套设备的 КПМ 及 КПП 型带式输送机，带速 1.8m/s	没有
1000	岩石	4～8	ЭКГ－8М	СДА－1000	СП－1000	胶带宽度 1200mm，带有配套设备的 КПМ 及 КПП 型带式输送机，带速 1.8m/s	ОС－1000 型履带排土机，带有 ТПС－120М 型转载车的 КПО 型带式输送机
2000	岩石	9～20	ЭКГ－8М	СДА－3	СП－1000	胶带宽度 1200mm，带有配套设备的 КПМ 及 КПП 型带式输送机，带速 1.8m/s	ОС－1000 型履带排土机，带有 ТПС－120М 型转载车的 КПО 型带式输送机
2000	矿石	4～8	ЭКГ－12.5	СДА－2000 带转子破碎机	履带行走的 СП－2000 型胶带转载机	与生产率 1000t/h 的综合设备中的一样，带速为 3.6m/s	ОС－1000 型履带排土机，带有 ТПС－120М 型转载车的 КПО 型带式输送机
2000	矿石	9～20	ЭКГ－12.5	ПДУ－2500	履带行走的 СП－2000 型胶带转载机	与生产率 1000t/h 的综合设备中的一样，带速为 3.6m/s	没有
2000	岩石	4～8	ЭКГ－12.5	СДА－2000 带转子破碎机	履带行走的 СП－2000 型胶带转载机	与生产率 1000t/h 的综合设备中的一样，带速为 3.6m/s	ОС－2000 型履带排土机，带有 ТПС－120М 型转载车的 КПО 型带式输送机
2000	岩石	9～20	ЭКГ－12.5	ПДУ－2500	履带行走的 СП－2000 型胶带转载机	与生产率 1000t/h 的综合设备中的一样，带速为 3.6m/s	ОС－2000 型履带排土机，带有 ТПС－120М 型转载车的 КПО 型带式输送机

以补偿破碎费用时，方可认为半连续开采系统是有效的，即应满足如下的条件：

表12－98 巴伦露天矿不同运输方式运输成本百分比

运输方式	露天采场开采深度（m）					
	100	200	300	400	500	600
40t汽车单一汽车运输	100/100	100/100	100/100	100/100	100/100	100/100
40t汽车－采场内半固定破碎站－带式输送机	43/51	38/43	34/37	30/34	25/31	24/29
40t拖车－采场内半固定破碎站－带式输送机	38/46	34/40	30/35	27/32	25/29	22/28

注：分子—矿石运输成本；分母—岩石运输成本。

$$\frac{H}{1000}\left(\frac{q'_1}{i_1}-\frac{q'_2}{i_2}\right)+L_1q_1-L_2q_1\pm\Delta KE\geqslant C_g \tag{12-94}$$

式中 H——允许克服的高差，m；

i_1、i_2——汽车道路及带式输送机坡度，%；

q'_1、q'_2——汽车及带式输送机在坡道上的单位运输费用，元/（吨·公里）；

L_1——汽车水平路段运距，km；

L_2——采用半连续工艺系统时，转载站前汽车的水平路段运距，km；

q_1——汽车在平道上的运输费用，元/（吨·公里）；

ΔK——间断工艺和半连续工艺在投资上的差值，元/吨；若前者投资大，则ΔK取“＋”号，反之取“－”号；

E——投资效果系数；

C_g——破碎费用，元/吨。

我国大孤山铁矿深部开采采用了铁路、汽车－采场内半固定式破碎站－斜井带式输送机开采工艺系统，即上部为铁路运输至破碎站，深部改用汽车运输，如图12－120所示。矿石破碎站布置在采场的西北端帮，设置了1台1200×180型旋回式破碎机；岩石破碎站设在采场东南端帮，设置2台1400×180型旋回式破碎机。经破碎后的矿石和岩石分别通过斜井带式输送机输送到选矿厂和排土场。该矿设计规模为矿石600万吨/年，采剥总量2800万吨/年。设计配置R－60型牙轮钻机9台；WK－4型挖掘机4台、WK－8型挖掘机8台，载重60t的CA－390型汽车70台、载重32t的SH－380型汽车82台、载重20t的T－20型汽车38台，以及带宽为1400mm的带式输送机5段共4150m。

苏联的英古列茨铁矿在1974年改用了挖掘机—移动式破碎机—带式输送机开采工艺。该矿设计规模为矿石3000万吨/年，采剥总量4650万吨/年，移动式破碎机在台阶上的生产工艺如图12－121所示。

英古列茨采选公司穿孔采用СБШ－320型牙轮钻。爆破工作采用在不清理矿岩的条件下进行微差爆破。爆破后的矿岩，用ЭКГ－8挖掘机把30m的台阶划分为两个15m阶段。上部台阶的矿石倒运到下部运输水平，在这里用挖掘机把矿石装到CA型移动式破碎机的受矿槽内。在运输水平，挖掘机进行进路回采，它把矿石装到第二台移动破碎机CA－3的受矿仓内。最小平台宽度为100～120m，挡矿墙的宽度为20m，工作面带式输送机的移动

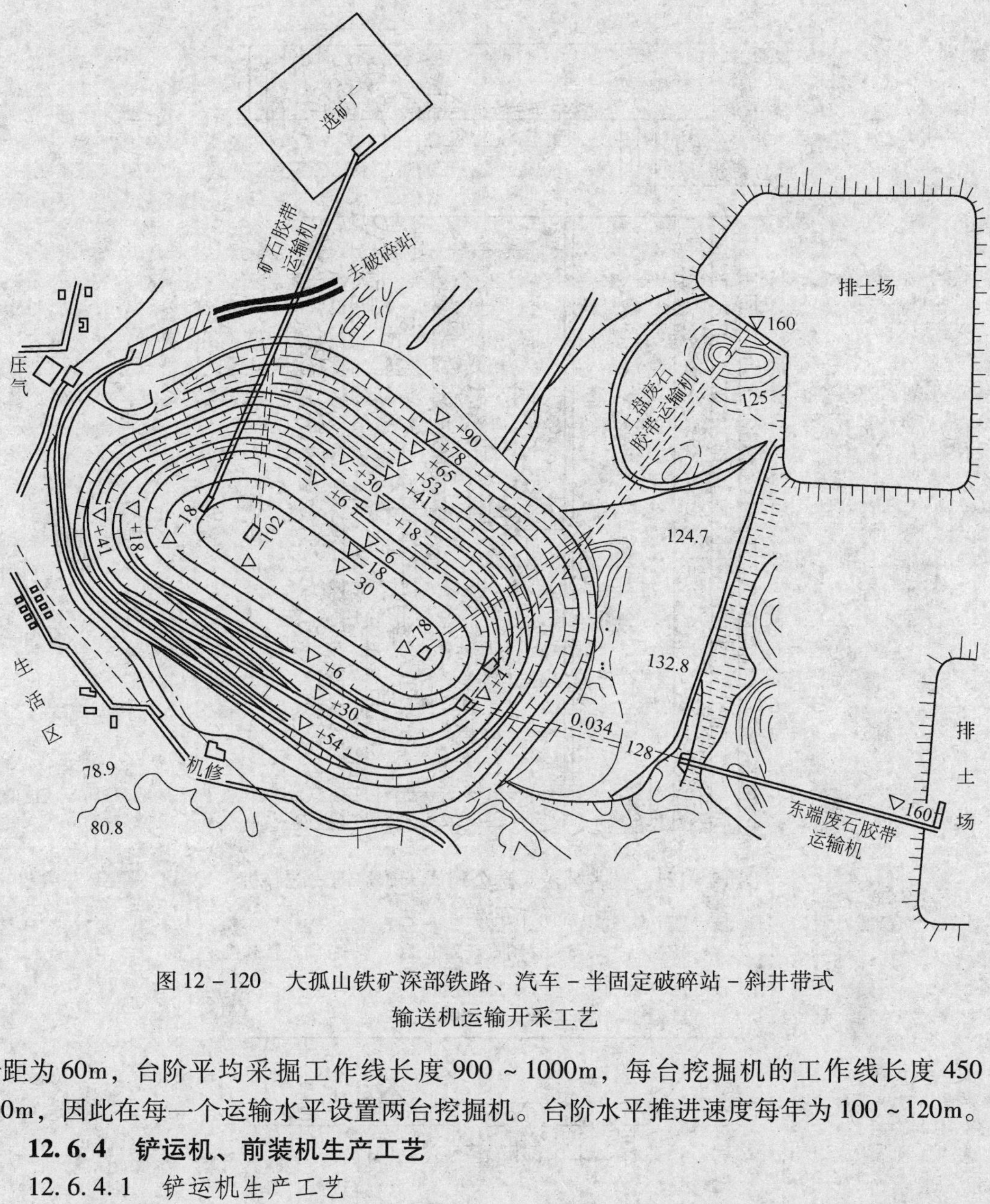

图 12-120 大孤山铁矿深部铁路、汽车-半固定破碎站-斜井带式输送机运输开采工艺

步距为 60m，台阶平均采掘工作线长度 900～1000m，每台挖掘机的工作线长度 450～500m，因此在每一个运输水平设置两台挖掘机。台阶水平推进速度每年为 100～120m。

12.6.4 铲运机、前装机生产工艺

12.6.4.1 铲运机生产工艺

A 工艺特点

铲运机是一种多功能的机械设备。露天矿山用铲运机进行作业的工艺过程包括：预松岩土、铲装、运输及卸载。在松软岩土下作业，可直接用铲运机铲装，而不需预松。

岩土预松：当岩土表层较密实不能用铲运机直接铲装，又不需进行穿孔爆破时，可用松土机预松岩土。松土机是一种用松土器预松岩土整体的设备。它是借助松土齿犁松岩土的，松土齿为 1～3 个。矿山使用的松土机功率较大，一般为 235kW 以上，我国也已生产功率为 235kW 的松土机，并正在研制 301kW 松土机。

松土机犁松岩土的行走方式，根据岩土的物理力学性质和对被犁松的采掘物的要求，可用平行式或平行交叉式的行走方式。图 12-122 为平行式预松岩土示意图。

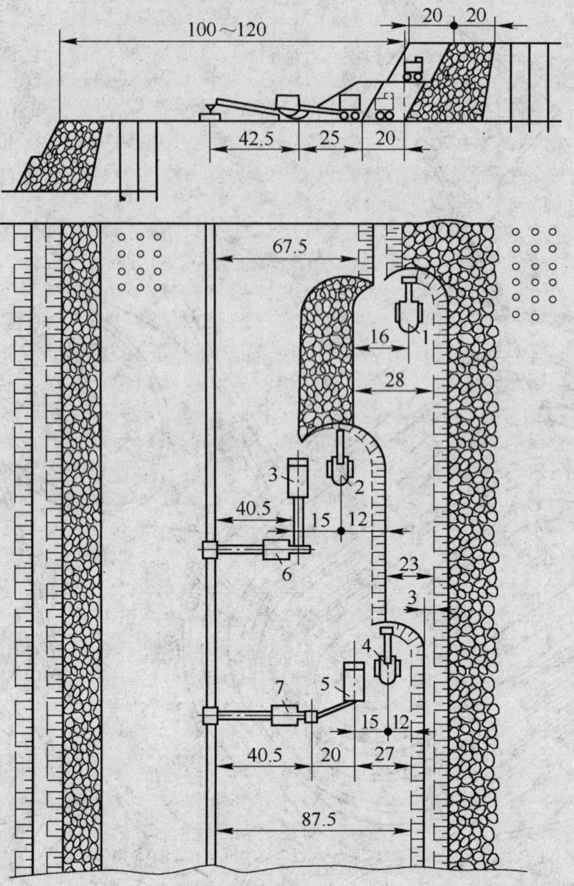

图 12-121　英古列茨采选公司露天矿移动式破碎机在台阶上的生产工艺

1、2、4—挖掘机；3、5—移动式破碎机；6、7—移动式转载机

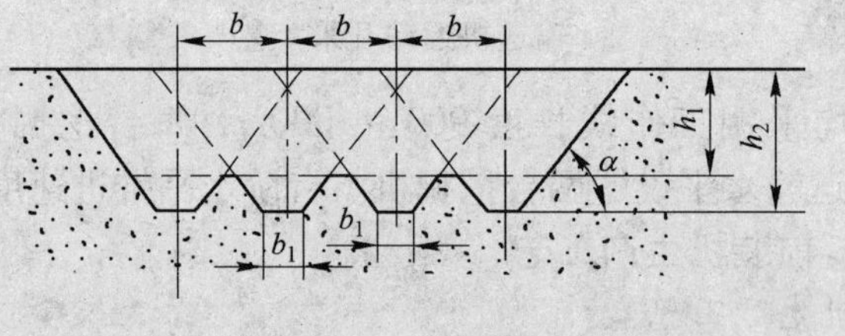

图 12-122　平行式预松岩土示意图

图中相邻行程间距为[22]：

$$b = 2h_1 \mathrm{ctg}\alpha(1/K - 1) + b_1 \tag{12-95}$$

式中　h_1 ——有效松土深度，m；

α ——齿沟侧面坡角，(°)；

K ——松土深度利用系数。

$$K = \frac{h_1}{h}$$

h——齿的切削深度，m；

b_1——齿尖厚度，m；

b——相邻行程间距，m。

由于松土机松碎岩土效率高，小时生产能力一般为500～1000m^3，故松碎岩土成本较低。与穿孔爆破破碎岩石比较，松土机松碎岩石的成本为穿孔爆破破碎岩石成本的20%～40%。

声波传播速度是衡量各种岩土用松土机犁松程度的标准，可用地震分析法确定，其实质是测量声波通过各种岩土层所需时间。声波离开声源后，在较密实的岩土层内，即使所通过的路程较长，也能首先被地震仪接收；进入密实度较小的岩土层的声波，却在较长时间内也未能被地震仪收到。当声波速度小于1000m/s时，一般不需要机械预松。当声波速度大于1000m/s，小于2600m/s时，可用松土机预松。当声波速度大于2600m/s时，需进行爆破松动。

铲装：铲运机的铲装方式主要有自行铲装式，推土机助推式和两铲运机推拉式。

自行铲装式是以铲运机自身的动力进行装载，它装载时间长，铲斗装满系数小，故很少用于装载岩石，多用于装载松土。

推土机助推式是利用推土机在铲运机后面助推，装满后推土机再助推其他铲运机，其装载时间可比自行铲装式缩短30%～50%，装满系数提高10%～12%，此铲装方式在矿山应用较广。

铲运机推拉式是用两台铲运机通过推拉装置，将两台铲运机连在一起，互为动力进行铲装。运输时两台铲运机分开进行。此铲装方式铲装时间较长，但它不需单独助推设备，故在矿山多台铲运机作业时应用较广。

工作面对水平面的倾角对切削岩土的效果有很大的影响。它分为水平分层铲装，下坡倾斜分层铲装，上坡倾斜分层铲装。

下坡分层铲装可比水平工作面形成厚度大的土层，工作面倾角加大时，装满系数因切削深度的增大而开始增加，装到一定程度后，由于土壤滚向斗门使装满系数开始减少。其最佳坡角为8%～10%。下坡铲装作业由于重力在倾斜方向上的分力作用和摩擦力的减小，所需的总铲装力将减少，铲装时间比在水平工作面上作业缩短20%～30%。

当铲装疏松的土壤不能保证铲运机在水平铲装和下坡铲装作业时装满铲斗，有时宜用上坡铲装作业，此时土壤会在重力作用下滑向铲斗后壁，但所需牵引力大大增加了，因而需减小土壤的下切深度。上坡坡度不宜超过10%。

铲运机刮刀下切岩层深度：软岩和砂质岩石为20～30cm，密实和经破碎的岩石为10～15cm。

运输：铲运机行驶时，应保证轮胎与地面接触具有良好的粘着性，因此，应采用土路。道路质量对铲运机的运行阻力和速度以及设备使用寿命均有很大的影响。若道路质量不佳，铲运机的运行速度降低，仅为该机的设计速度的1/3～1/4。必须经常检查路面情况，进行平整、压实和清扫工作，以减少铲运机运行的单位滚动阻力，提高运动速度，延长设备使用寿命。

铲运机重载下坡运行时，其最大坡度不应超过15%，以防下坡转弯行驶时发生危险。道路的转弯半径应为铲运机自身的最小转弯半径的2.5～3倍。当轮胎单位滚动阻力在

(3~5) $\times 10^2$N/t时，重载上坡时的坡度不超过10%~12%。

卸载：卸载方式主要有强制式和半强制式。强制式是利用铲斗后壁（排土板）向前推动，将岩土从铲斗中推出，现在铲运机都用这种卸载方式。半强制式是将铲斗的后壁和底部抬高60°~65°，使岩土自重卸出。这是老式铲运机的卸载方式。铲运机进入排卸场地后，低速运行，打开斗门，边运行边卸载，形成一定厚度的土层，而不用推土机平整，若在山坡排土场卸载，铲运机可沿排土场边缘排卸岩土，然后用推土机推至坡下。

B　松土机-铲运机生产的优越性

(1) 生产工艺简单，设备机动灵活，劳动生产率高。

(2) 用松土机可松碎密实度大的表土及有弱面、节理裂隙、严重风化的岩石，以取代穿孔爆破作业。从而省去了供风、电管线。

(3) 在水平和缓倾斜矿层顶板上作业时，在铲运机的铲装力不超过其牵引力的条件下，调节挖取厚度可有效地进行矿层清顶工作，以降低矿石开采的损失和贫化。

(4) 铲运机进行排土作业时，可分层铺卸，有利于复土垦植工作。

(5) 采用松土机-铲运机作业投资少，经营费低。

C　适用条件

(1) 适于铲运岩土、用松土机能松碎的岩石；

(2) 土壤湿度不超过25%，一般5%~18%为宜，若超过25%需进行疏干，否则铲运机作业困难；

(3) 根据铲运机类型、规格及运行阻力，其合理的运输距离变化为0.3~0.6km；

(4) 声波速度小于2600m/s。

D　实例

山西孝义铝矿西河底矿区为缓倾斜薄矿层，厚3.1m，覆盖层厚度平均为24m左右，其中黄土占30%，页岩占50%左右，有少量矿岩，在岩层中夹有薄层不连续的石灰岩。采用露天开采，生产规模为90万吨/年，平均剥采比为$3m^3/m^3$。由于剥采比大，剥离费用占矿石成本的70%以上。为了提高矿山经济效益，该矿对“松土机-铲运机”工艺进行了试验。

所用铲运机为631D型，功率331kW，斗容：平装$16m^3$，堆装$23m^3$（图12-123*a*）。松土机为D355A-3型履带式，功率302kW。松土机是由大型推土机与其后面安装的松土器组成（图12-123*b*）。松土器上有一个松土齿，最大犁松深度为1.4m。

铲运机运行参数，见表12-99。

松土机松碎岩土参数，见表12-100。

表12-99　铲运机运行参数

采场标高(m)	运距(m)	坡度(%)	路　面	运行条件		运行速度(km/h)	
				重载	空载	重载	空载
1138	950	8	泥碎石	上坡	下坡	17.6	24.0
1146	1620	8	泥碎石	上坡	下坡	24.5	30.4
1152	750~900	8	泥碎石	上坡	下坡	19.0	23.1

a

b

图 12－123 松土机－铲运机

表 12－100 松土机松碎岩土参数

项 目	页 岩	硬质黏土	砂 岩	矿 石	薄层石灰岩
松土深度（m）	1.3～1.5	1.2	1.1	0.8～1.0	0.5～0.8
松土间距（m）	1.5～2.5	1.5～2.0	1.3～1.8	1.0～1.5	1.0～1.5
松土长度（m）	40～50	40～50	40～50	40～50	40～50

试验中松土机松碎的岩块大多数小于0.6m。只有石灰岩、矿石、砂岩产生1m的大块，但数量极少，用铲运机可以铲装。

铲运机装载采用了松土机助推和自行装载两种方式。两者装满系数分别为：装载黄土0.98和0.71，装载页岩、砂岩0.9和0.41。故采用助推式铲运机效率高。

表12-101 松土机生产能力

岩 性	松土长度 (m)	松土间距 (m)	松土深度 (m)	松土循环时间 (min)			松土能力 (m^3/h)
				松土	回程	合计	
黏土、页岩、砂岩	51.6	1.91	1.0	1.15	0.87	1.72	2578.5
砂岩、页岩、极少石灰岩	50.0	1.40	1.0	1.08	0.74	1.82	1615.4
硬质黏土	38.0	2.12	1.0	1.33	0.92	2.25	1826.0
石灰岩少量砂岩	21.2	1.50	0.6	0.79	0.69	1.48	465.0
铝矿石（较软）	30.4	1.56	0.9	0.90	0.38	1.28	1395.3

松土机生产能力，见表12-101；铲运机生产能力，见表12-102。

表12-102 铲运机生产能力

岩 性	标 高 (m)	运 距 (m)	平均生产能力 (m^3/h)	最大生产能力 (m^3/h)
黄 土		200~290	11.89	151.4
岩 石	1138	950	90.91	107.6
岩 石	1146	1620	80.47	87.9
岩 石	1152	750~900	113.96	147.6

通过对该项试验研究初步计算，用松土机-铲运机工艺剥离，比潜孔钻-挖掘机-汽车工艺剥离，投资可节省667.7万元，仅为后者的40%；年经营费可减少352万元，仅为后者的49%；直接工人劳动生产率可提高50%以上。

12.6.4.2 前装机生产工艺

前装机也是一种多功能的机械设备，可进行铲装，运输，排卸以及其他辅助作业。在土方工程和露天矿中多用轮式前装机。目前国外露天矿中使用的前装机，其斗容已达$18m^3$，在我国为$5m^3$。

A 前装机的应用

a 用作主要采装设备

前装机可直接向汽车装载。在中小型露天矿采剥工作中，当岩石破碎程度适宜，用前装机进行采装是有前途的。

b 用作采装运设备

在运输距离不大时，可独立完成采装和运输工作。它主要用于中小型露天矿和平硐溜井开拓的各种规模露天矿。当露天矿采用带式输送机运输时，前装机可将矿岩运至采场内破碎站卸载。

当采场工作面距排土场较近且剥离量不大时，前装机可将岩石直接运至排土场排卸。

c 与挖掘机配合作业

在大型露天矿，用前装机与挖掘机配合作业，可缩短装载时间，提高装载效率，降低生产成本。

d 用于辅助作业

它可代替推土机集拢爆破后飞散的矿岩，用于填塞钻孔，修筑和养护道路，平整排土场，清理边坡崖道上的滚石，运送重型机器零件，在寒冷季节用于清扫积雪等。

B 前装机选型

进行前装机选型时，应考虑所选设备结构、类型能否满足工作性质的要求，并与矿山生产规模、运输距离相适应。表 12－103 为苏联有关文献推荐的前装机选型参考指标。

表 12－103 前装机选型参考指标

项 目	单 位	参 考 指 标			
前装机载重	t	10	15	25	40
矿山生产规模	万 t/年	30～50	50～100	100～300	300～500
运输距离	km	1～0.7	0.8～0.6	0.7～0.4	0.7～0.3

C 前装机向汽车装载时，汽车在工作面的布置

前装机作为主要采装设备作业时，汽车在工作面的布置通常是[16]：

（1）汽车与工作面成 30°～45°布置（如图 12－124*a*）前装机驶向工作面和汽车时，均需作 30°～45°的转动，以便使前装机与工作面和前装机与汽车成垂直进行铲挖和装载。此方案工作循环时间最少，可提高装载效率，得到广泛应用。

（2）汽车与工作面成垂直布置（如图 12－124*b*）前装机铲挖时与汽车相平行，装载时前装机与汽车成垂直。采用这种布置方式，汽车向工作面垂直倒车容易掌握，但前装机采装作业循环时间比前者稍长。

（3）汽车平行于工作面布置（如图 12－124*c*）前装机重载后退，汽车随之倒退，前装机向汽车装载，汽车前移，前装机空载驶向工作面，进行下一循环作业。这种布置方式，要求汽车与前装机密切配合。

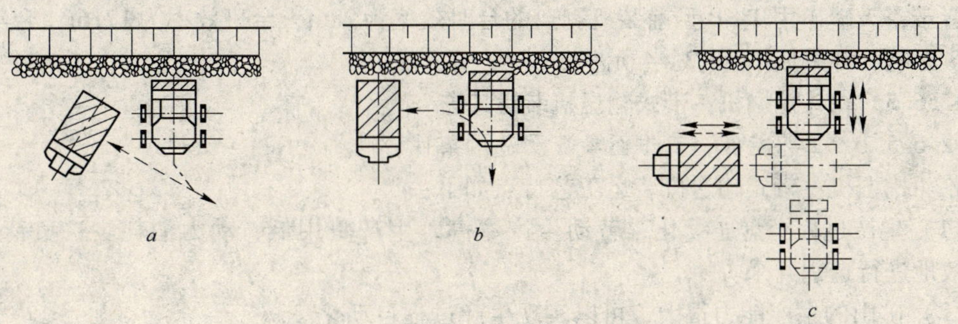

图 12－124 前装机向汽车装载的工作面布置

D 实例

实例 1 孝义铝矿属新建矿山，1976 年基建开始时，外部供电、供水和供风系统尚未

解决，在此条件下，该矿采用硐室大爆破破碎岩石，用斗容 $5m^3$ KLD－100 型前装机作为剥离主要采装设备，向 T－20 汽车装载，汽车与前装机在工作面配合作业时，采用了汽车与工作面成 30°～45°及汽车与工作面成垂直布置的方案。在设备正常，爆破质量较好的条件下，前装机完成一个作业循环的时间一般为 40～49s。其中空机移动 12～14s，铲挖 10～12s，重机移动 13～15s，卸载 5～8s。前装机移动距离一般为 12～20m。

通过生产试验，用 KLD－100 型前装机进行采装作业，自 1976 年至 1980 年上半年平均台班效率为 893.15m^3（2099t），台时效率为 162.48m^3（381.83t）。自 1980 年上半年实行经济合同制后，台班效率又提高到 1508.93m^3（3546t）。用前装机装车的剥离成本 1979 年为 2.6 元/$米^3$（1.11 元/吨）。

根据该矿的生产实践，由于前装机动臂短，为保证安全作业，台阶高度应比同斗容的挖掘机台阶高度小$\frac{1}{3}$。

实例 2　晋宁露天磷矿为浅海相沉积层状磷块矿床，呈单斜产出。倾角一般为 0°～30°，个别处可达 40°～50°，矿层自上而下分为富矿、贫矿及表外矿。矿层风化深度一般为 10～25m，最深达 50m。节理裂隙发育，风化后易形成 3～10cm 的菱形碎块。年产富矿为 30 万吨，生产剥采比为 1.5m^3/t（实际为 0.7m^3/t）。采用推土机－前装机－自卸汽车开采工艺。剥离采用带有单柱松土器的 D9L 型推土机（功率 343kW）、988B 型前装机（斗容 5.4m^3）、35D 型自卸汽车（载重 32t）。台阶高度为 10m，最小工作平盘宽度为 32m。当矿层倾角为 0°～25°时，沿着倾斜方向自上而下进行分层松土与积堆。当倾角大于 25°时，采用伪倾斜坡面自上而下进行松土与积堆。松土器靠推土机的牵引和凿尖对岩石的压力，按岩石的硬度而不断地变换切削角度和插入深度，将岩石裂开，然后用推土机将裂开的松散岩石积成堆。前装机在工作平盘上装车，汽车垂直于装载工作面布置。为保证推土机高效率作业，推土距离不超过 50m。松土方向垂直或斜交于矿体走向。松土深度根据岩石节理、裂隙，风化程度、岩层厚度以及工作需要而定。一般情况，在表土层松土时，松土深度可达 1m 左右；在坚硬和光滑的表面上松土时，要先进行浅部松土，约 0.5m 左右，使其形成松土层，以改善牵引和松土能力。

该矿采矿也用推土机－前装机－自卸汽车开采工艺，其设备规格型号均比剥离用的小。

晋宁露天磷矿用988B 型前装机剥离的台时效率为286t，台班效率为1716t，台年效率为 103 万吨，开采成本为 12.44 元/吨。

12.6.5　轮斗挖掘机－带式输送机装运工艺

12.6.5.1　工艺特点、工作面参数及适用条件

轮斗挖掘机－带式输送机装运工艺特点如下：

（1）生产过程全盘连续化，劳动生产率高，生产费用低，动力消耗少，负荷均匀，能有效地进行选别开采。

（2）矿山的生产能力很大，可以实现生产过程自动化。

（3）设备的初期投资很大。

（4）适合开采软的不含大块夹石的土岩和致密的土岩。

现代轮斗挖掘机的工作面参数取决于轮斗挖掘机的结构。轮斗挖掘机有轻型、重型和巨型之分，其特征如表 12－104。

表 12－104 轮斗挖掘机的技术特征

类型	结构特点	主要技术参数		
		生产能力（m^3/h）	工作重量（t）	R_w/R_x①（m）
轻型	标准结构系列化	1200～4200	100～900	7.5～15/20～50
重型	C 型构架式	4200～8400	1500～3000	30～40/30～40
巨型	带桥式卸载装置	10000～20000	5000～14000	45～75/80～120

①R_w—挖掘半径；R_x—卸载半径。

轮斗挖掘机通常是上挖工作面，也可以下挖，但是下挖时轮斗必须改变挖切方向，更换轮斗，轮斗架要加长，机重也要加大。现代轮斗的发展趋势是限制采掘高度而增大其生产能力，这样就可以大大减少机重。

轮斗挖掘机可以沿台阶工作线开采，亦可把台阶划分为采掘带开采，后者应用普遍。工作面参数除受结构参数的影响外，还受挖掘方向的影响。轮斗的挖掘方法有水平刨片、垂直刨片和混合刨片之分。采用垂直刨片挖掘时，工作面高度比水平刨片大约高 0.5～0.7 倍的轮斗直径，挖掘过程的能量消耗、轮斗所受的冲击和挖掘的阻力均比水平刨片低 10%～30%。用大型轮斗开采软质稳定岩石最好采用多排垂直刨片采掘法，仅在选别开采薄矿层时才采用联合采掘法。

轮斗挖掘机应用垂直刨片采掘时，工作面参数按下式（见图 12－125）确定[21]：

$$H = L_c \sin\rho_B + c + h - 0.5d_L,\ \mathrm{m} \tag{12-96}$$

$$A = (L_c \cos\rho_B + a)\sin\varphi_{1B} + (L_c \cos\rho_H + a)\sin\varphi_{2H} - (H-h)\,\mathrm{ctg}\alpha, \mathrm{m} \tag{12-97}$$

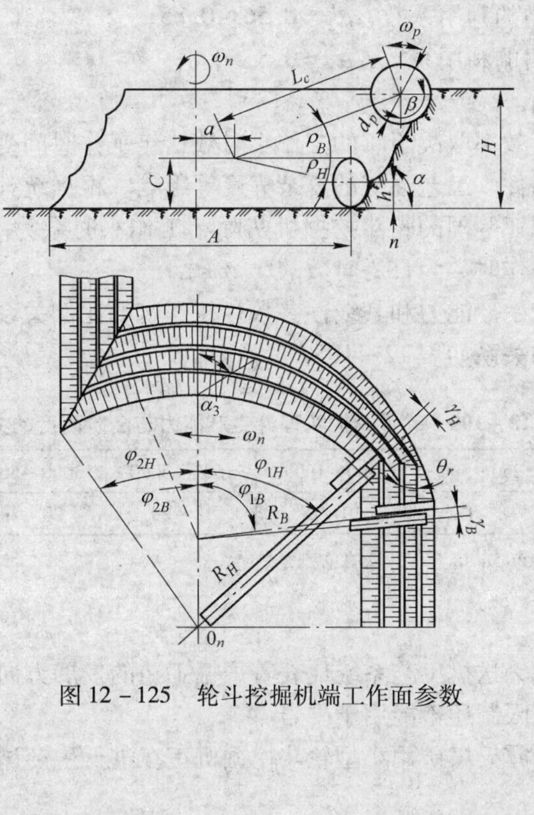

图 12－125 轮斗挖掘机端工作面参数

式中 L_c——轮斗悬臂长，m；
c——轮斗悬臂支点的高度，m；
h——刨片高度，m；
d_L——轮斗直径，m；
ρ_B、ρ_H——轮斗悬臂的上倾角和下倾角，(°)；
a——轮斗悬臂支点到挖掘机回转中心的距离，m；
φ_{1B}——轮斗悬臂向台阶坡面的回转角，$\varphi_{1B} \leqslant 80°$；
φ_{2H}——轮斗挖最下部刨片时悬臂向采空区的旋转角，$\varphi_{2H} = 30° \sim 60°$，岩石越硬$\varphi_{2H}$角越小。

12.6.5.2 轮斗挖掘机生产能力

轮斗挖掘机的生产能力有理论、技术、实际之分。理论生产能力系指理想条件下设备结构所能达到的生产能力，它是技术和实际生产能力的计算基础；技术生产能力为在制造厂家规定的挖掘条件下并考虑挖掘作业中必须的间断、停歇时间后所能达到的生产能力；实际生产能力则考虑到矿山具体作业条件、气候影响、工作组织和操作熟练程度等因素后所能达到的实际能力。实际生产能力因矿而异，通常按经验确定，如（12－98）式：

$$Q_s = \mu_2 \mu_1 Q_L \tag{12-98}$$

式中 Q_s——轮斗挖掘机实际生产能力，m^3/h（实方）；
Q_L——理论生产能力，$Q_L = 60ZnEK_m/K_s$，m^3/h；
Z——轮斗的铲斗数；
n——轮斗每分钟转数，转/分；
μ_2——技术能力的利用系数，$\mu_2 = 0.56 \sim 0.85$；
μ_1——理论能力的利用系数，$\mu_1 = 0.5 \sim 0.8$；

其余符号意义同前。

轮斗挖掘机的台年效率取决于年的工作小时数，年工作时间受设备维护状况、检修制度、气候条件、地质条件、工艺系统的复杂程度等影响。根据统计，联邦德国、英国、苏联、南斯拉夫、罗马尼亚等国的轮斗挖掘机实际年工作小时数为3000～6000小时，美国的统计资料认为实际工作时数为日历时数的50%弱。

轮斗挖掘机的理论生产能力和其线性参数存在一定的比例关系，据统计，理论生产能力与其上挖高度之间的关系如表12－105。

表12－105 轮斗挖掘机理论生产能力与台阶高度的关系

理论生产能力①（m^3/h）	250～500	500～1000	1500～3000	3000～5000	>5000
台阶高度（m）	8～12	10～18	18～28	20～40	50～75②

①理论生产能力系松方；②75m指上、下挖的总和。

12.6.5.3 实例

轮斗挖掘机－带式输送机工艺系统代表着采掘工艺的发展方向，具有巨大的技术优越性，当前受挖掘切割的限制还不能用于硬岩。

我国云南省小龙潭露天煤矿用小型轮斗挖掘机正在进行生产试验。

目前已知轮斗挖掘机–带式输送机工艺在金属露天矿应用得不多，绝大多数用于开采褐煤田。苏联的尼克波利锰矿区有四个独立的露天采场都使用轮斗挖掘机和架设在悬臂排土机（桥）上的带式输送机进行采掘–排土，库尔斯克磁力异常区的一些露天铁矿也应用了这种工艺，其轮斗挖掘机组能力如表12–106。

表12–106 库尔斯克磁力异常区的露天矿轮斗挖掘机的生产能力

矿 区	挖掘机型号	理论生产能力 (m^3/h)（松方）	实际生产能力 (m^3/h)（松方）	年工作小时数 (h)	年度生产能力 (万米^3)（松方）
尼克波利锰矿区	ЭРГ–1600	4500	2300～2400	3300～4400	830～1050
	ЭРГ–400	1300	550～600	3900～4500	240～280
	K–300	1000	500	3500	150～200
	$S_{oh}R_s$–1500	5000	1800	5000	920～1000
	SR_s–2400	6600	2100～2600	4500	900～1000
	ЭРШР–500	5000	1900～2000	4000	800～1000
柯马铁矿区	$S_{oh}R_s$–500	1850	580	2980～3000	180～200
	SR_s–2400	6600	2100	1950	450
	K–300	1000	520	4400	170
	KU–800	5500	1600	2100	320

12.6.6 索斗铲挖掘工艺

12.6.6.1 工艺特点、适用条件及工作面参数

索斗铲的工艺特点和适用条件如下：

（1）工作机构柔性联结，靠铲斗自重切入土岩，借牵引钢绳的拖拉，以装满铲斗来实现挖掘功能。

（2）索斗铲主要是挖掘它自身站立水平以下的工作面，即下挖，挖掘的深度很大，能减少挖掘物的提升工作量；也可用于上挖。

（3）索斗铲适应挖掘松软土岩和向下挖掘为主的需要，其悬臂尺寸很长，对地压力很小，不怕土岩含水，适合对挖掘物倒堆。

（4）索斗铲铲斗大于10m^{3}的时候，可用以挖掘爆破良好的致密的硬岩，但比相同的机械铲生产能力要降低20%左右。

（5）索斗铲铲斗小于10m^{3}的可用来向运输设备装载，但主要用来倒堆。

索斗铲工作面参数主要取决于设备的线性规格和挖掘方式。

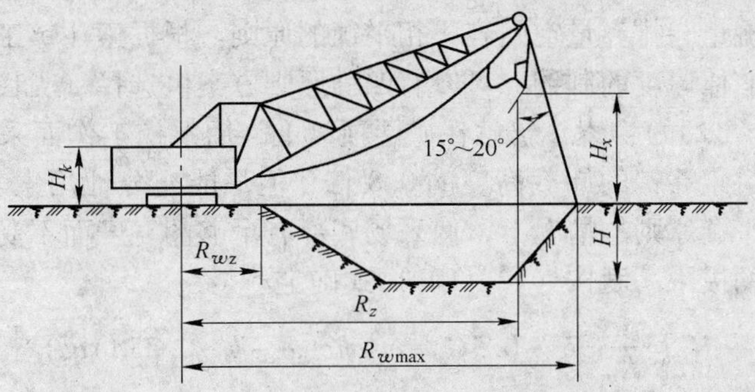

图12–126 索斗铲工作规格

索斗铲的工作规格主要有站立水平的挖掘半径 R_{wz}，抛掷索斗的最大挖掘半径 $R_{w\max}$，卸载半径和卸载高度 H_x（见图 12－126）。

索斗铲的挖掘工作面主要为端工作面，仅在挖沟时偶尔采用侧工作面。下挖端工作面的参数如下（见图 12－127*a*）：

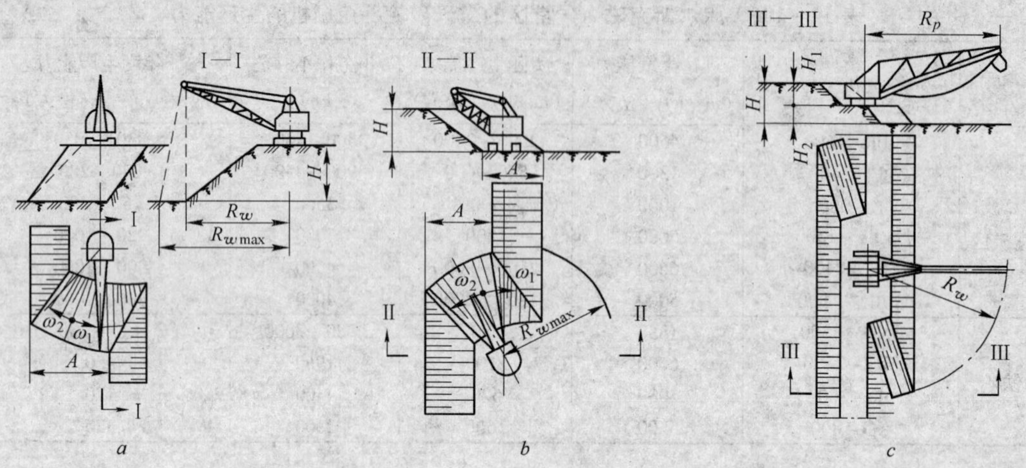

图 12－127　索斗铲挖掘工作面参数

$$A \leqslant (0.5 \sim 0.7) R_w, \text{m} \qquad (12-99)$$

$$H \leqslant H_w, \ \text{m} \qquad (12-100)$$

上挖端工作面参数如下（见图 12－127*b*）：

$$A \leqslant (0.5 \sim 0.7) R_w, \text{m} \qquad (12-101)$$

$$H \leqslant 0.8 H_x, H = (0.5 \sim 0.7) H_x, \text{m} \qquad (12-102)$$

$\alpha \leqslant 20° \sim 25°$　以防在挖掘过程中岩土沿坡面滚落而影响满斗。

式中　α——上挖时工作面坡角，(°)；

其他符号同前。

为了扩大索斗铲的开采工作面的尺寸，可以采取上挖和下挖的联合工作面，此时，其上、下两个分台阶工作面参数分别按上、下挖工作面确定（图 12－127*c*）。

应用索斗铲倒堆时，索斗铲的工作面结构参数除受上述设备的工作参数约束外，必须满足单位工作线挖掘量与排弃量空间容积相平衡的原则。根据索斗铲工作位置不同，倒堆挖掘工作面参数受矿体厚度的制约，可以有四种原则方案供选择（见图 12－128）。

A 方案（图 12－128*a*）：索斗铲站在矿层顶盘上，用上挖工作面采挖剥离岩层。此时剥离岩层厚度不超过索斗铲的卸载高度的 0.8 倍，但最能充分地用索斗铲的 R_x，可以在保证满足空间容积平衡原则的情况下，使采场底部有足够的宽度而不受内部排土场废石掩埋，此时剥离台阶的极限高度按（12－103）式确定[24]：

$$H_B = \frac{1}{K_s}(R_x - 0.5C_z - a - h\text{ctg}\alpha - b - 0.25A)\text{tg}\beta \qquad (12-103)$$

式中　H_B ——剥离台阶的极限高度，m；

C_z ——索斗铲的基底宽度，m；

a ——采矿工作面宽度，m；

b ——露天矿底盘的余留宽度，m；

h ——矿层厚度，m；

α ——矿体台阶坡面角，(°)；

β ——排土场堆积坡面角，(°)；

K_s ——岩石碎胀系数；

其余符号意义同前。

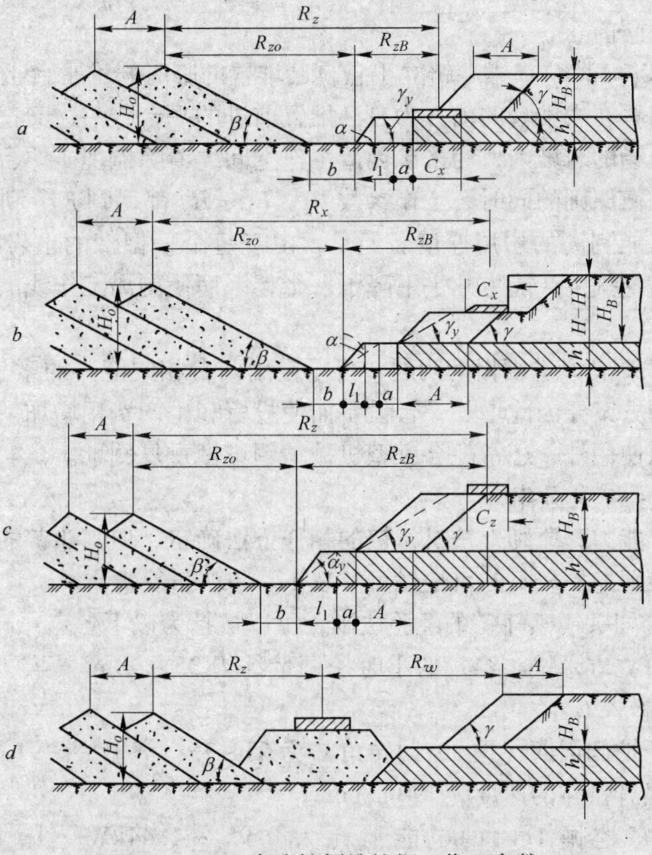

图 12－128　索斗铲倒堆挖掘工作面参数

B 方案（图 12－128b）：索斗铲站在剥离岩层中间分台阶的平台上，用联合挖掘工作面采掘。此时索斗铲的横向位置较 A 方案向远离排土场的方向移动，比 A 方案可能采掘的岩土层厚度增大，但索斗铲的卸载半径的有效利用率降低，若满足空间平衡原则，内部排土场掩埋露天矿底盘，甚至掩埋矿体的可能性增加，此时剥离台阶的可能高度按（12－104）式确定[21]：

$$H_B = \frac{R_x - 0.5C_x - 2a - h\text{ctg}\alpha - b - 0.25A + H_{B\cdot B}\text{ctg}\gamma}{K_s\text{ctg}\beta + \text{ctg}\gamma},\ \text{m} \qquad (12-104)$$

式中　γ——剥离台阶的坡面角，(°)；

$H_{B \cdot B}$——上挖高度，m；

其余符号意义同前。

C 方案（图12－128*c*）：索斗铲站立在剥离岩层的顶盘，以下挖工作面开采。由于索斗铲进一步向远离排土场的方向位移，使索斗铲的卸载半径的利用率进一步降低，内部排土场掩埋采场底盘和采矿台阶的可能性更大了。此时剥离台阶高度为[24]：

$$H_B = \frac{R_x - 0.5C_x - 2a - h\mathrm{ctg}\alpha - b - 0.25A}{K_s \mathrm{ctg}\beta + \mathrm{ctg}\gamma} \qquad (12-105)$$

$$H_B \leqslant H_x$$

式中　H_B——剥离台阶高度，m；

其他符号意义同前。

D 方案（图12－128*d*）：索斗铲立于它自己堆置的临时岩堆平台上，一边把上挖工作面上挖掘的土岩堆置在岩堆台的前方为自己堆置前进的平台，一边又把后面的临时岩堆挖掉排放到内部排土场的岩堆内，为采矿创造工作空间，清除掩埋矿体台阶的土岩。此时索斗铲在满足空间平衡原则的同时，工作参数 R_x、R_w、H_x 都得到充分利用，扩大了给定线性规格的索斗铲可能剥离的岩层厚度。但是，由于每个采掘带的土岩都要重复挖掘和倒排，索斗铲的实际挖掘生产能力几乎下降了一半，因而使剥离工作线的推进速度也几乎下降一半。

为了解决方案 *D* 剥离进度慢的问题，可以应用两台相同能力的索斗铲进行重复倒堆。但是，这个派生的方案要因此增加一台设备而使投资和生产费用增加一倍。

索斗铲除单独使用外，还常配合巨型机械铲倒堆做重复倒堆。

12.6.6.2　索斗铲的效率

索斗铲的生产能力，原则上按机械铲的相似方法确定，但索斗铲的生产能力比相同斗容的机械铲低，根据挖掘岩石的可挖性可按表12－107折算。

美国 Marion 公司关于索斗铲的经验法则，可以概括为以下各点：

（1）索斗铲每立方米铲斗容量的小时挖掘量约为35～40m³（实方）；比较保守的测算值是25～30万米³/（台·年）。

（2）索斗铲的挖卸周期（按90°回转角）为65～75s。

（3）索斗铲提升铲斗的速度为190m/min。

（4）索斗铲每挖掘1m³的电能消耗为0.95～1.44kW·h，或者相当于每吨0.425kW·h。

表12－107　索斗铲相对于机械铲生产能力的折算

铲　型	岩　石			
	软　岩　石		爆破的岩石	
	半致密	致　密	$d_p \leqslant 0.4\sqrt[3]{E}$	$d_p > 0.4\sqrt[3]{E}$
机械铲	1.0	1.0	1.0	1.0
索斗铲	0.82	0.8	0.77	0.64

（5）索斗铲每年的保养费为其初始费用的7%（初始费用包括设备购置费、税金、运费、牵引钢绳费、安装费等）。

（6）钢绳消耗是日常维持费用的主要项目，约占维持费用的30%～35%。

（7）保养良好的索斗铲作业率应达到计划时间的75%～85%。

12.6.6.3 实例

我国目前在内蒙古自治区察干诺尔碱矿用索斗铲开采。在美国、英国、苏联，开采埋藏不深的水平或近水平薄煤层的露天矿，应用甚多。

英国的柯比露天矿是应用索斗铲进行剥离岩石倒堆开采的少数金属矿之一。该矿矿体为褐铁矿，水平成层，矿体厚2.2m，应用自重1850t的W－1800型索斗铲进行剥离倒堆。W－1800索斗铲斗容30m^3，悬臂长70m，剥离台阶高度为30.6m，年产矿石60万吨。索斗铲站立在剥离台阶的中间水平上，用联合挖掘工作面采掘，并向采空区的排土场倒堆，矿石沿矿层顶盘6.1m宽的运输平台运出，其工作参数见图12－129。

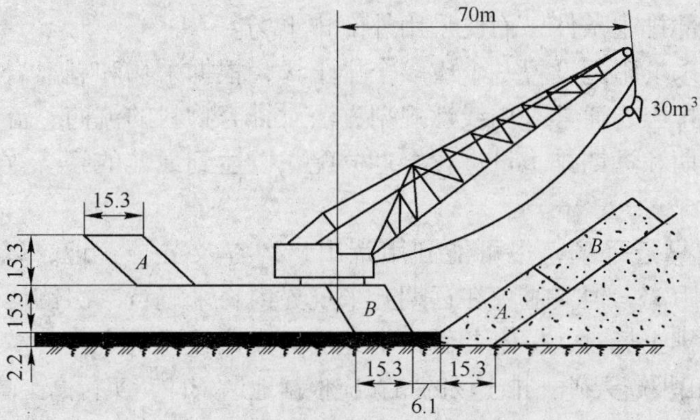

图12－129 英国柯比铁矿索斗铲倒堆工作面参数

12.7 露天矿排土工程

合理地选择排土场位置、改进排土工艺和提高排土工作效率，不仅关系着运输和排土的技术经济效果，而且还涉及占用农田和环境保护问题。

排土工程包括：选择排土场位置、排土工艺技术、排土场稳定性及其病害治理和排土场占用土地、环境污染及其复垦等主要内容。

露天矿排土技术与排土场治理方面的发展趋势表现在三个方面：（1）采用高效率的排土工艺，提高排土强度；（2）增加单位面积的排土容量，提高堆置高度，减少排土场占地；（3）排土场复垦，减少环境污染。排土运输工艺技术与采矿场的运输系统有密切联系，国外一些大型露天矿都采用大型高效率运输机械，实行科学化管理，排土运输也是面向设备大型化和排土连续化方向发展。

苏联、美国矿山、排土场占地面积分别为矿山总占地面积的50%和56%，但其复垦率较高。如美国矿山占地的复垦率为80%，其中排土场的复垦率为52%。据对我国冶金露天矿的调查，排土场占矿山总占地面积的39%～55%。黑色冶金矿山、铝土矿及建材矿山的露天开采产量比重占总产量的90%以上，化工矿山露天开采占70%左右，但排土工程仍然是露天矿生产的薄弱环节。排土场占用土地及其与环境保护的矛盾日趋突出，据统计，全国国营矿山56000个（其中归中央各工业部门统配矿山1057个），每年采矿占地约6.7万~10万公顷，按全国矿山占地200万公顷计算，已复垦的土地不超过1.3万公顷，其复垦率不到1%。

随着我国矿山事业的发展和采矿技术的进步，大型深凹露天矿将逐渐增多，排土新工艺新技术和许多大型高效率的排土设备将能得到广泛应用。排土场的技术管理，排土场与环境工程将会得到改进与完善。

12.7.1 排土场规划

12.7.1.1 排土场位置选择的原则

按排土场与采场的相对位置，可分为内部排土场与外部排土场。内部排土场是把剥离岩土直接排弃到露天采场的采空区，这是一种最经济而又不占农田的排土方案，在有条件的矿山应尽量采用。但只有开采水平或缓倾斜（小于12°）矿体和在一个采场内有两个不同标高的底平面的矿山以及分区开采的矿山才适用内部排土。在绝大多数的金属和非金属露天矿都不具备内部排土条件，而要采用外部排土场。

一个矿山可在采场附近设置一个或多个排土场，根据采场和剥离岩土的分布情况，可以实行分散或集中排土，通常采用线性规划方法对排弃物料的流向、流量进行平面规划和竖向规划。对于近期和远期排土量进行合理分配，以达到最佳的经济效益。排土场的选择应遵守下列原则：

（1）排土场应靠近采场，尽可能利用荒山、沟谷及贫脊荒地，以不占或少占农田。就近排土减少运输距离，但要避免在远期开采境界内将来进行二次倒运废石。有必要在二期境界内设置临时排土场时，一定要做技术经济方案比较后确定。

（2）有条件的山坡露天矿，排土场的布置应根据地形条件，实行高土高排，低土低排，分散货流，尽可能避免上坡运输，减少运输功的消耗。做到充分利用空间，扩大排土场容积。

（3）选择排土场应充分勘察其基底岩层的工程地质和水文地质条件，如果必须在软弱基底上（如表土厚、河滩、水塘、沼泽地、尾矿库等）设置排土场时，必须事先采取适当的工程处理措施。以保证排土场基底的稳定性。

（4）排土场不宜设在汇水面积大、沟谷纵坡陡、出口又不易拦截的山谷中，也不宜设在工业厂房和其他构筑物及交通干线的上游方向，以避免发生泥石流和滑坡，危害生命财产，以及污染环境。

（5）排土场应设在居民点的下风向地区，以防止粉尘污染居民区。应防止排土场有害物质的流失，污染江河湖泊和农田。

（6）排土场的选择应考虑排弃物料的综合利用和二次回收的方便，如对于暂不利用的有用矿物或贫矿、氧化矿、优质建筑石材，应该分别堆置保存。

（7）排土场的建设和排土规划应结合排土场结束或排土期间的复垦计划统一安排，排土场的复垦和防止环境污染是排土场选择和排土规划中一个重要内容。

12.7.1.2 排土规划

为了露天矿岩土排弃的经济合理性，必须进行排土规划。当采场的开拓运输系统已定时，排土工作要达到经济合理的运输距离和全部剥离排土的运营费的贴现值最小。排土规划还要考虑排土场的数量与容积、排土场与采场的相对位置和地形条件，及其对环境的影响等。

排土场设计时应进行排土场平面规划和竖向规划。当选择有多个排土场，分散排土时，则通过平面规划，达到运量合理分配。而在一个排土场范围内，由于它和采场有一定的高差关系，所以竖向规划特别重要，尤其是山坡露天矿和在沟谷、山坡地形设置排土场，我们经常遇到的是竖向规划问题。

A　竖向规划的原则和堆置型式

将采场内需要剥离的岩土在竖向上划分一定的台阶，同样按照排土场地形条件及排土工艺，也要在竖向上划分台阶，使之与采场剥离台阶的划分相协调。根据露天矿排土运输条件和排土场建设类型，其竖向规划可分为以下几种堆置型式（图 12－130）。

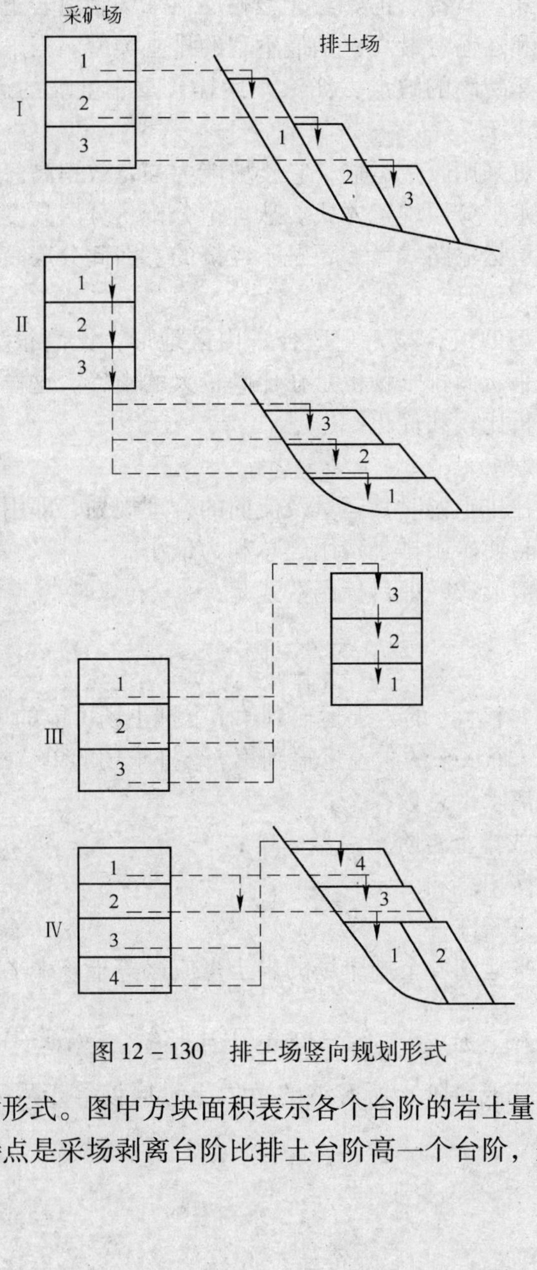

图 12－130　排土场竖向规划形式

Ⅰ型为平缓坡运输形式。图中方块面积表示各个台阶的岩土量，箭头方向表示运输线路方向。这种类型的特点是采场剥离台阶比排土台阶高一个台阶，采场由上往下剥离，排土场由上往下堆置，其运输路线是平缓坡，运输技术条件最佳，适用于公路和铁路运输排土。

Ⅱ型为下降运输形式。排土运输的特点是采场剥离台阶高于排土场两个以上的台阶高度，必须采用下降运输形式。采场由上至下剥离，而排土场由近向远或由下至上排土。如果条件允许可以按模型实行单层高台阶排土，这样下降距离小，运输线路简单，运费较低。若高台阶排土的条件不允许，则采用低分段分层堆置。

此种类型需要大幅度下降运输，对于铁路运输，因线路降坡能力低，展线长，很不经济。对于汽车运输，虽坡度可以增大，但也需要较长的展线，增加运费，同时重车下坡处于制动刹车的状况，其行车条件恶劣，一般重车下坡比缓坡运输的费用高10%左右。当剥离量大，下降运输高差很大时，可在采场内采用溜井重力下放的运输方式。

Ⅲ型为上升运输形式。其特点正好与Ⅱ型相反，采场剥离岩土都要用上升运输形式运至排土场，它的运输功和运输费最高，是最不利的排土类型。当采用汽车或铁路运输方式时，同样存在线路长，运费高的缺点，如汽车运输，重车上坡的运费比下坡运输高10%左右，比平缓坡运输高30%左右。

上升运输坡度大，可采用胶带运输，它爬坡能力强，效率高。

上升运输最好采用水平分层堆置方式。从理论分析，分层高度越小，运输功越小。但是，分层高度小，则分层运输路线增多，是不经济的。因此分层高度要经过技术经济比较后确定之。

Ⅳ型是以上三种模型的组合型，它适合于山区地形，比高很大，上部是山坡露天开采，下部为深凹露天开采，而排土场也是在比高较大的山谷。这样的竖向规划往往比较复杂，需要进行多方案分析比较和优化。

B 线性规划数学模型

露天矿剥离岩土运往排土场时其运量及流向的合理规划，即用最少的运输距离和费用开支达到排土的目的，且使矿山排土费用之总和为最小。

线性规划运输的一般形式，即目标函数式是：

$$Z = \sum_{i=1}^{m} \sum_{j=1}^{n} V_{ij} C_{ij} \to \min \qquad (12-106)$$

式中 V_{ij}——从采场第 i 个水平的岩土运输到第 j 个排土场可能的运输量，t；

C_{ij}——从采场第 i 个水平的岩土运输到第 j 个排土场的单位排土费用，元/吨；

m——采场内剥离水平总数，个；

n——排土场（或排土台阶）总数，个；

Z——矿山排土费用总和，元。

计算应满足以下约束条件：

从采场任一开采水平运到各个排土场的岩土量应该等于该水平岩土量的总和，即：

$$\sum_{j=1}^{n} V_{ij} = C_j = a_i \quad (j = 1,2,\cdots,n) \qquad (12-107)$$

同理，任一排土场（或台阶）所容纳的总岩土量应该等于从采场各水平运到该排土场的岩土量之和，即：

$$\sum_{i=1}^{m} V_{ij} = D_i = b_j \quad (i = 1,2,\cdots,m) \tag{12-108}$$

式中 a_i——采场内任一开采水平的岩土总量；

b_j——任一排土场所容纳的岩土总量；

C_j——任一个开采水平运到各排土场的岩土总量；

D_i——任一个排土场所容纳各开采水平的岩土总量。

同时应满足条件，$V_{ij} \geqslant 0$（$i=1$，2，…，m，$j=1$，2，…，n）。

12.7.1.3 排土场堆置容量

设计的排土场总容积应与露天矿的总剥离量相适应。经过排土场选择和规划，根据排弃岩土的物理力学性质及排土工艺参数，分析计算排土场堆置参数和堆置容量。

排土场的有效容量：

$$V = \frac{V_0 K_s}{K_c} \tag{12-109}$$

式中 V_0——剥离岩土的实方量，m^3；

K_s——初始剥离岩土的碎胀系数；

K_c——排土场沉降系数（1.1~1.2）；

V——排土场有效容量，m^3。

岩土的碎胀系数、沉降系数和自然安息角的参考值分别列于表 12－108、12－109、12－110。

表 12－108 岩土的碎胀系数 K_s

类 别	级 别	初始碎胀系数	终止碎胀系数
砂	Ⅰ	1.1~1.2	1.01~1.03
砂质黏土	Ⅱ	1.2~1.3	1.03~1.04
黏 土	Ⅲ	1.24~1.3	1.04~1.07
夹石与黏土	Ⅳ	1.35~1.45	1.1~1.2
块度不大岩石	Ⅴ	1.4~1.6	1.2~1.3
大块岩石	Ⅵ	1.45~1.8	1.25~1.35

表 12－109 排土场岩石沉降系数 K_c

岩石类别	沉降系数	岩石类别	沉降系数
硬 岩	1.05~1.07	砂质岩石	1.07~1.09
软 岩	1.10~1.12	砂质黏土	1.11~1.15
砂和砾石	1.09~1.13	黏土	1.13~1.19
亚黏土	1.18~1.21	黏土夹石	1.16~1.19
泥夹石	1.21~1.25	小块岩石	1.17~1.18
砂黏土	1.24~1.28	大块岩石	1.10~1.20

表12-110　岩堆自然安息角

岩石类别	安息角（°）	平均（°）
砂质片岩（角砾、碎石）与砂黏土	25~42	35
砂岩（块石、碎石、角砾）	26~40	32
砂岩（砾石、碎石）	27~39	33
片岩（角砾、碎石）与砂黏土	36~43	38
页岩（片岩）	29~43	38
石灰岩（碎石）与砂黏土	27~45	34
花岗岩		37
钙质砂岩		34.5
致密石灰岩	26.5~32	
片麻岩		34
云母片岩		30
各种块度的坚硬岩石	30~48	32~45

表12-111　排土场分类特征

分类标准	排土场分类	排土方法和堆置顺序
按排土场位置区分	内部排土场	排土场设置在已采完的采空区
	外部排土场	排土场设置在采场境界以外
按堆置顺序区分	单台阶排土	单台阶一次排土高度较大，由近向远堆置
	多台阶覆盖式	由下而上水平分层覆盖，留有安全平台
	多台阶压坡脚式	由上而下倾斜分层，逐层降低标高，反压坡脚
按排土机械运输方式区分	铁路运输排土场	按转排物料的机械类型区分： 排土犁排土、电铲排土、推土机排土；前装机排土；铲运机排土；索斗铲排土等
	汽车运输排土场	按岩土物料的排弃方式区分： 边缘式——汽车直接向排土场边缘卸载，或距边沿3~5m卸载，由推土机排弃和平场 场地式——汽车在排土平台上顺序卸载，堆置完一个分层后再用推土机平整场地
	带式输送机—排土机排土场	采用带式排土机排弃，按排土方式和排土台阶的形成可分：上排和下排；扇形排土和矩形排土
	水力运输排土场	采用水力运输、铁路运输和轮胎式车辆运输岩土到排土场，再用水力排弃
	无运输排土场	采用推土机、前装机、机械铲、索斗铲和排土桥等直接将剥离岩土排卸到采空区或排土场；工艺简单，效率高，成本低。多数适用于内部排土场

12.7.2 排土工艺

12.7.2.1 排土场分类

按运输排土方法可分为：汽车－推土机、铁路－电铲（排土犁、推土机、前装机、铲运机等），带式输送机－排土机，以及水力运输排土等。按排土场地形条件和排土堆置顺序又可分为：山坡形和平原形排土场、单台阶堆置、水平分层覆盖式堆置、倾斜分层压坡脚式堆置等类型（表12－111）。

对于缓倾斜薄矿体及一些铝土矿、砂矿，适宜于进行内排土，其技术经济效益显著。然而，按照传统采矿工艺很难采用内排土的长度大的倾斜急倾斜厚矿体或一个矿区有几个采场的矿山，通过技术经济论证和采掘计划安排，可以先强化开采部分采场或分区开采，将采空区作为内部排土场。

废石运输工艺一般取决于采场的开拓运输方式，只有在特殊情况下才采用二次倒运，改变运输排土方式。除了一些剥离量不大的露天矿采用提升机运输或索道堆置废石山之外，我国露天矿的外排土场一般采用汽车排土、铁路排土和带式输送排土等运输方式。

国外技术先进国家排土机械化的特点是类型多样化，设备系统化，因地制宜组织多种设备联合排土，能较充分发挥各种设备的特长以提高排土综合效益。

12.7.2.2 初始路堤的建设

排土场初始路堤的修筑是形成排土线的基础。根据地形条件和排土方式不同，初始路堤的形成和排土线的扩展方法也不相同，但归纳起来可分为山坡型及平地型两种修筑方法。

A 山坡型初始路堤的修筑

沿山坡等高线方向开挖一单壁路堑或半挖半填，整平后铺上线路便形成铁路运输初始排土线。若修筑汽车运输排土线初始路堤，应根据调车方法确定其路堤宽度。

当排土线需要跨越深谷时，为避免一次填方工程量大，可沿山体等高线先开辟临时排土线，通过不断扩宽直到全部贯通。因深谷和冲沟往往是汇水的通道，为了排土路线的稳定性，在深沟处应堆置透水性好的岩块。

当堆置多台阶排土场时，下水平排土场的初始路堤可以在上水平排土场的终排边坡上修筑。可以采用半挖半填方式或全部用新排弃的岩石填筑排土初始路基，应根据路堤上水平排土场达到的稳定状态而定。

B 平地初始路堤的修筑

采用的堆筑初始路堤的机械有排土犁、挖掘机、推土机、铲运机、前装机和带式输送机等。

当修筑铁路排土线初始路堤时，需要分层堆筑和逐渐涨道。

采用推土机修筑时，一般用两台推土机相对推土，此法可修筑高度达5m的初始路堤。

在平缓的山坡上可以用带式排土机修筑初始路堤，首先由排土机形成两个分层，然后把排土机移到分层上面排土，直到排土台阶达到所要求的高度时，便形成了初始排土路堤。

12.7.2.3 排土场堆置顺序

按照排土场地形条件、岩土性质以及矿山开拓运输方式等，排土场的堆置顺序可分为：单台阶排土、覆盖式多台阶排土、压坡脚式组合台阶排土（图12－131）。它们均适合于汽车运输、铁路运输和带式输送机运输等排土方式。但要经过技术经济方案比较，结合矿山具体条件而选择某种排土场堆置方式。

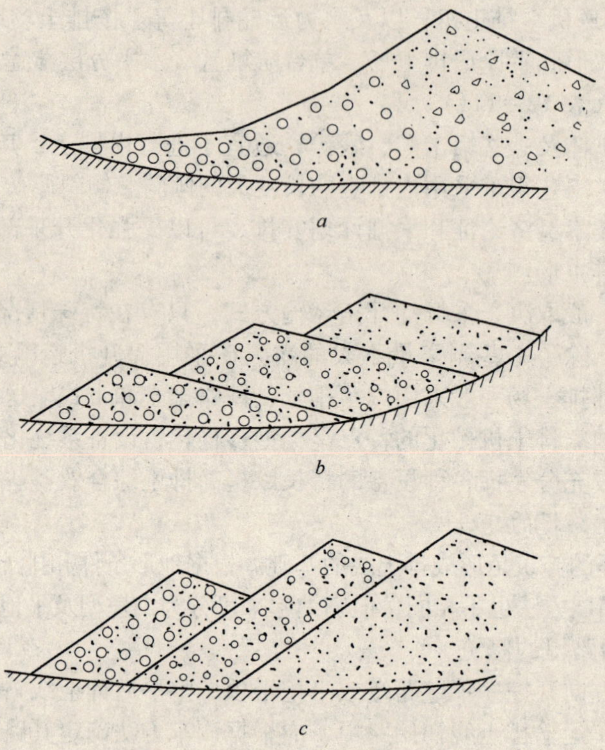

图12-131　排土场堆置顺序分类

a—单台阶排土场；*b*—压坡脚式；*c*—覆盖式

A　单台阶排土场（图12-131*a*）

采用单台阶排土场的矿山多数是汽车排土，排土场地形为坡度较陡的山坡和山谷。其特点是分散设置，每个排土场规模不大，数量较多，排土场空间利用率较高，但堆置高度大，安全条件较差，所以采用铁路运输的单台阶排土场高度受到一定限制，因为台阶高度大、沉降量大，线路维护和安全行车都比较困难。

单台阶排土线的初始路堤一般沿着等高线方向开辟半壁路堑，并向路堤一侧排土，逐渐向外扩展。初始路堤顺山脊修筑时，可根据需要向路堤的两侧排土。汽车卸车和调车的平台尺寸可根据汽车类型确定，32t以内的载重汽车的初始平台不宜小于50m×40m。为了延展初始路堤，首先沿着等高线方向排土，然后垂直等高线方向扩展，两个方向交替排土使得排土线呈扇形扩展。

单台阶排土场一般高度大，其沉降变形也大，所以它适合于堆置坚硬岩石，排土场基底要求不含软弱岩土，以防止滑坡和泥石流。但是高台阶排土场的单位排土线受土容量大，移道、修路等辅助作业量少。国内外一些山坡型单台阶排土场高度可达数百米。

B　覆盖式多台阶排土场（图12-131*b*）

它适用于平缓地形或坡度不大而开阔的山坡地形条件。其特点是按一定台阶高度的水平分层由下而上，逐层堆置，也可几个台阶同时进行覆盖式排土，而保持下一台阶超前一段安全距离。然而这种集中型多台阶排土场的缺点是：随着采场剥离台阶的下降，排土场的堆置标高逐渐上升，采场上部台阶的岩土运距较远，是重车下坡运输，而深部水平的岩土运出采场境界后往往是重车上坡运输到排土场，使得排土成本较高。根据地形条件可采用适当分散的办法，选择上、中、下若干分散的排土场，在总体上达到上土上排和下土下排的目的，但在每个排土场仍按自下而上多台阶排土顺序。

多台阶排土场的参数和基底承载能力等都要通过分析计算进行设计，往往基底岩土层的承载能力和第一台阶（即与基底接触的台阶）的稳定性，对于整个排土场的稳定和安全生产起着重要作用。原则上要控制第一台阶的高度，尤其在因地形变化而使局部高度很大的地段；作为第二、第三、……后续各台阶的基础，要求初始台阶的变形小、稳定性好，所以一般它的高度应适当小于后续台阶的高度。同时要堆置坚硬岩石，其他松软和风化层表土堆存到靠排土场较近的地方，作为以后复垦用。

第一台阶的高度以不超过 20 ~ 25m 为宜，当基底为倾斜的砂质黏土时，第一台阶的高度不应大于 15m。由于第一台阶的变形和破坏，可能引起整个排土场的松动和破坏。据苏联克里沃罗格矿区的经验，第一台阶必须堆置坚硬岩石，高度不超过 20m，经过试验研究将后续台阶高度增加到 40m，安全平台宽为 50m，使铁路移道工作量减少约 1/2，劳动生产率提高 18% ~20%[23]。

C 压坡脚式组合台阶排土场（图 12 – 131*c*）

它适用于山坡露天矿，在采场外围有比较宽阔、随着坡降延伸较长的山坡、沟谷地形，既能就近排土，又能满足上土上排、下土下排的要求。这种排土堆置的顺序是上一台阶在时间和空间上超前于下一台阶，排土过程中先上后下循序渐进，在上一台阶结束后，下一台阶逐渐盖过其终了边坡面，最后形成组合台阶。这时，下一台阶的初始路堤是由自身的岩土，边排边修筑，也可在上一台阶的边坡上半挖半堆而修筑初始路堤。如果是由近向远排土，在上一台阶结束前，为了适应多台阶同时排土的需要，下一台阶可以滞后一段距离，在上一台阶已结束的终了边坡上开始排土。

压坡脚式组合台阶排土场，先期剥离大量的表土和风化层被堆置在上水平的排土台阶，而在下部和深部剥离的坚硬岩石，则堆置在后期的排土台阶，压住上部台阶的坡脚，起到抗滑和稳定坡脚的作用。虽然在组合台阶形成后各台阶的相对高度不大，但是在每个台阶的堆置过程中所暴露的边坡高度仍然是很大的，在排土过程中也会遇到很多边坡稳定问题。加拿大霍汀露天矿利用压坡脚式堆置方法来反压和支撑上一台阶的松软岩土，防止滑坡。采用两种压坡脚形式：第一种先堆置坚硬岩石形成阻挡坝，然后再堆放软岩；第二种是后期用坚硬岩石压坡脚支撑原先堆置的软岩。

12.7.2.4 排土工艺

A 汽车 – 推土机排土工艺

采用汽车运输 – 推土机排土具有一系列的优点：机动灵活，爬坡能力大，适宜在地形复杂的排土场作业，宜实行高台阶排土，排土场内的运输距离较短，可在采场外就近排土，而且排土线路建设快投资少，又容易维护，其排土工艺和土场技术管理也比较简单，所以特别适合于矿体分散、开采年限短的中小型矿山。

我国多数露天矿采用汽车运输 – 推土机排土，对一些以铁路运输为主的矿山也部分地用汽车－推土机排土。表12－112为我国部分露天矿的汽车运输－推土机排土场参数。

表12－112　我国部分露天矿汽车运输－推土机排土场参数

矿　山	排土场岩性	基底坡度（°）	台阶数（个）	堆置高度（m）		边坡角（°）	
				台阶高	总高度	台阶坡角	总坡度
南芬铁矿	石英片岩、混合岩	22～30		80～180	106～295	31～35	20～28
兰尖铁矿	辉长岩、大理岩	34～38	1	15	180～200	35	35～36
大石河铁矿	混合片麻岩	30～60	1	30～75	30～105	36～40	
峨口铁矿	云母石英片岩	27～39	1	60～120	60～120	40	
石人沟铁矿	片麻岩	20～30	1	40～75	40～75	37.7	
潘洛铁矿	石英片岩、凝灰岩	33～45	1	200	200	32～35	32～35
大宝山铁矿	页岩、流纹斑岩	30～50	1		280～440		
云浮硫铁矿	变质粉砂岩	30～40	3	20～40	150～200	40	35
德兴铜矿	千枚岩、闪长玢岩		1	40～60	120		
永平铜矿	混合岩	28～33	3	24～36	144～160	38	33
石录铜矿	石英闪长岩、黄泥	2～28	4	10～30	45～55	25～30	
金堆城钼矿	安山玢岩		1	35～90	35～90	34～36	34～36
白银铜矿	凝灰岩、片岩	30～50		6～15	30～80	37～40	
东川汤丹铜矿	白云岩、板岩	35～40	1	300～420	300～420	38	

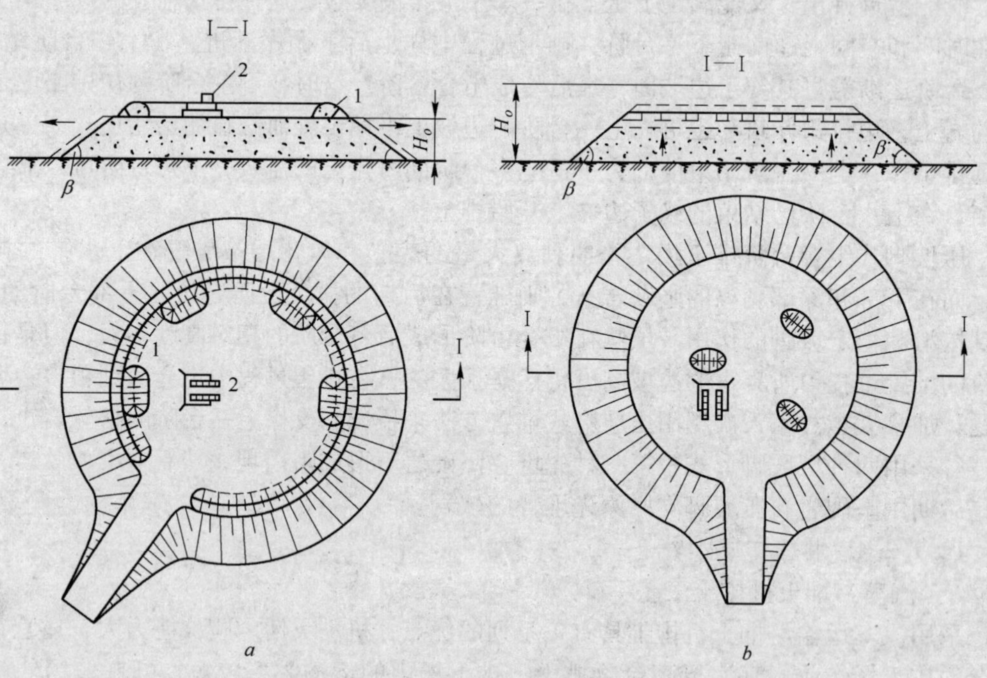

图12－132　汽车－推土机排土方式

a—边缘式；*b*—场地式

1—岩石安全车挡；2—推土机

汽车－推土机排土方式适用于任何地形条件，可堆置山坡形和平原形排土场，即单台阶和多台阶排土场。按排土堆置方式分作边缘式及场地式（图 12－132）。边缘式排土是自卸汽车沿排土台阶坡顶线直接卸载，或卸在边沿处再由推土机将岩土推到坡下，这种方式比较经济，推土机作业量小。场地式排土是汽车在排土平台上顺序卸载，排弃一个分层后由推土机压实和平整。如此循环，排土台阶逐渐加高。这种排土方式只有在堆置软岩或土场变形大、在平台边缘卸载不安全时才使用[26]。

汽车－推土机排土时，推土机用于推排岩土、平整场地，堆置安全车挡，它的工作效率主要决定于平台上的岩土残留量（表 12－113）。当汽车直接向边坡翻卸时，80% 以上的岩土借自重滑移到坡下，由推土机平场并将部分残留量堆成安全车挡；当排弃的是松软岩土，台阶高度大，或因雨水影响，排土场变形严重，汽车直接向边坡卸载不安全时，可以在距坡顶线 5～7m 处卸载，全部岩土由推土机推排至坡下，这样大大增加了推土机的工作量，增加了排土费用。

汽车－推土机排土工艺参数确定如下：

（1）排土场占地面积按（12－110）式计算：

$$S=\frac{WK}{h_1+\sum_{i=2}^{n}h_i\gamma_i} \tag{12-110}$$

式中 W——运到排土场的岩土实方量，m^3；

K——排土场岩石最终松散系数（$K=1.15\sim1.20$）；

h_1、h_i——第 1 层和第 i 层平均高度，m；

γ_i——各层排土场面积的不均匀系数（$\gamma_i=0.3\sim0.8$）；

S——排土场占地面积，m^2。

（2）排土线长度应按同时卸载的汽车数确定：

$$L=N\cdot l \tag{12-111}$$

式中 N——同时卸载汽车数，

$$N=N_o\times\frac{t_p}{60}$$

t_p——汽车卸载和调车时间，min；

N_o——排土场每小时汽车卸载数，

$$N_o=\frac{AK_n}{q}$$

A——采场剥离小时生产能力，t/h；

K_n——采场剥离工作不均衡系数（$K_n=1.25\sim1.5$）；

q——汽车载重量，t；

l——每台汽车卸载所需排土线长度，m；

L——排土线长度，m。

（3）排土场需要推土机台数：

$$N_T=\frac{V_sK_sK_r}{Q_T} \tag{12-112}$$

式中 V_s——需要推土机推移的岩土实方量，米^3/班；

K_s——岩土松散系数；

K_r——设备检修系数（$K_r = 1.2 \sim 1.25$）；

Q_T——推土机台班效率（松方），米³/（台·班）；

N_T——推土机台数，台。

（4）推土机堆置岩土时，台班生产能力：

$$Q_T = \frac{3600 V_B T_c K_B}{t_H} \tag{12-113}$$

式中 V_B——推土机一个循环堆置的岩土松方量，m^3；

T_c——班工作小时数，h；

K_B——推土机工作时间利用系数；

t_H——推土机一个循环的时间，s；

Q_T——推土机台班生产能力，米³/（台·班）。

（5）推土机在平台上平场的台班效率：

$$Q_s = \frac{3600 F T_c K_B}{m(L/v + t_o)} \tag{12-114}$$

式中 F——推土机一个行程平场的面积，m^2；

L——一个行程平场的区段长度，m；

v——推土机运行速度，m/s；

m——平整面积 F 需要的行程数；

t_o——推土机转向时间，s；

其余符号同前。

推土机在排土场的工作效率主要与推土距离及岩石块度有关，一般在15m范围内它能发挥最好的效率（表12－113），而汽车运输排土的效率也是与距离和道路条件有关的。

表12－113 推土机排土效率（米³/（台·班））

运距（m）	推土机功率（kW）			
	75	112	164	224
5	540～720			
10	400～520	1100	2100	2万～2.2万米³/昼夜
15	320～400	1750	1750	
20	270～310	1200	1200	
25		850	850	
30		650	650	

B 铁路运输排土工艺

我国冶金露天矿排土量的60%以上仍用铁路运输，而铁路运输吨·公里数则占总排土运输吨·公里的87%。

铁路运输排土主要是应用其他移动式设备进行转排工程，如排土犁、挖掘机、推土机、前装机、索斗铲等。目前在国内铁路运输的矿山，主要以挖掘机排土为主，排土犁排弃为辅（约占排土量的10%），而采用其他转排设备的矿山较少。辅助设备包括：移道机、吊车等。

根据矿山剥离量和排土场布线能力而决定排土线数量和受土能力。一般排土线的有效长度以不小于三个列车长度为宜，即500~1000m；每条排土线受土能力，国内矿山用排土犁排土为100万~150万吨/（条·年），用挖掘机排土为150万~200万吨/（条·年）；移道步距，排土犁排土为2~2.5m，挖掘机排土为22~24m，铁路运输排土场的堆置高度受到排土设备和安全条件限制，其台阶高度为15~25m，排土场总高度为50~60m，少数矿山达到80~120m，其台阶坡面角接近或小于自然安息角，为28°~38°。冶金露天矿铁路运输排土场参数见表12-114。

表12-114 我国部分露天矿铁路运输排土场参数

矿山	岩性	基底坡度（°）	台阶数（个）	堆置高度（m）		边坡角（°）	
				台阶高	总高度	台阶坡度	总坡度
眼前山铁矿	千枚岩、混合岩	15~25	3	20~25	78	34	24.5
齐大山铁矿	石英片岩、千枚岩、混合岩		3	14~30	50	38~43	25~35
大孤山铁矿	石英片岩、千枚岩、混合岩	50	3	15~25	67	35~37	32
东鞍山铁矿	千枚岩、混合岩		3	20~34	45~50	36	33
歪头山铁矿	角闪片岩、石英岩	10~15	2	15~16	64	34	
甘井子石灰石矿	石灰岩、页岩	30~55	1	12~20	20~30	38	30
大冶铁矿	闪长岩、大理岩			40	70~110	35~42	28~35
朱家包包铁矿	辉长岩、大理岩	25~45	4	15~30	168		28~37
白云鄂博铁矿	白云岩、板岩	17~20	2	35~80	35~45	43	30~36
水厂铁矿	片麻岩、花岗岩	15~30	2	30~40	115		36~40
海南铁矿	透闪石灰岩、绢云母片岩	28~43	1	90~110	40~130	36~38	36~38
南山铁矿	闪长岩、安山岩	5~10	3	15	80	31~40	

a 挖掘机排土

采用铁路运输的矿山广泛采用挖掘机排土，以满足大量排土的需要。

列车进入排土线后依次将岩土卸入受土坑，受土坑的长度不小于一辆翻斗车的长度，受土坑底标高比挖掘机作业平台低1~1.5m，受土坑容积为200~300m³。

排土台阶分上下两个分台阶，电铲站在下部分台阶平台上从受土坑铲取岩土，向前方、侧方和后方堆置，向前方和侧方堆置是挖掘机推进而形成下部分台阶，向后方堆置上部分台阶是为新排土线而修路基。如此作业直到排满规定的台阶总高度。上部分台阶的高度取决于挖掘机的最大卸载高度，而下部分台阶高度根据岩土的力学性质和基底地形条件，一般为10~30m（图12-133）。

排土场的生产能力取决于排土线的接受能力和排土线数。按挖掘机生产能力计算排土场的受土量。在矿山生产实践中，影响排土线生产能力的往往不是挖掘机的生产能力，而是排土线的通过能力。每条排土线的接受能力 Q 为：

$$Q=\frac{TK_t n_e q}{K_s(t_1+t_2+t_3)} \qquad (12-115)$$

式中 T——班工作时间，min；

K_t——排土线作业时间利用系数，取 $K_t=0.75\sim0.80$；

n_e——列车中的翻斗车数；

q——翻斗车装载松方量，m^3；

K_s——岩土松散系数；

t_1——列车从入换站至卸载点走行时间，min；

t_2——列车卸车时间，min；

t_3——列车等入、等出、等卸时间，min；

Q——排土线接受能力，米³/班（实方）。

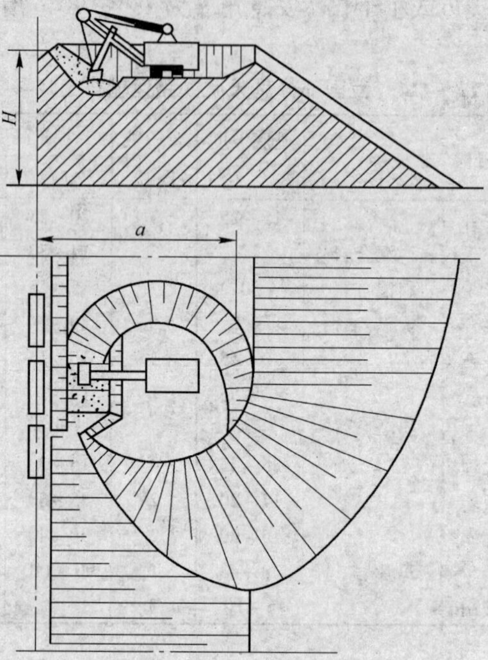

图 12－133　挖掘机排土作业示意图

排土线年平均接受能力为：

$$Q_n = Qn \tag{12-116}$$

式中　n——排土线年工作班数；

Q_n——排土线年平均接受能力，米³/（条·年）。

排土场需要的排土线条数

$$N_V = \frac{V}{Q_n} \times \eta$$

式中　V——排土场计划年平均排土能力，米³/年；

η——排土线备用系数。

b　排土犁排土

排土犁是一种行走在轨道上的排土设备，它自身设有行走动力，由机车牵引，工作时利用汽缸压气将犁板张开一定角度，并将堆置在排土线外侧的岩土向下推排，小犁板主要起挡土作用。

排土犁推刮，将一部分岩土推落到坡下，上部形成新的受土容积，然后列车再翻卸新土，直到线路外侧形成的平台宽度超过或等于排土犁板的最大允许的排土宽度，排土犁已不能进行排土作业为止。

为了保证新路基的平整和稳定，最后一列车翻卸时保证全线翻土均匀，土堆连续，同时要排弃一些坚硬、块度适中、透水性好的岩石作为新线路的路基。为补偿新路基的下沉和保证线路的良好状态，在移道前的一次卸土时，要把排土犁板提起0.3～0.5m，以保证在移道后外轨比内轨有80～100mm的超高。

一般排土线每卸2～6列车由排土犁推刮一次，而经过6～8次推排后便可移设线路。排土犁排土场台阶高度通常为10～25m。

排土犁排土线路的移设用移道机移道，一次移道距离为0.7～0.8m，移道机要沿排土线往返多次移道，才能完成一个移道步距2～2.5m。所以排土线的移道作业量大，排土效率也低，但它的排土成本和设备投资比挖掘机排土低，而且适合于排弃软岩或挖掘机作业危险的排土线上进行作业。

c 前装机排土

铁路运输时采用轮胎式前装机排土的要素包括：排土线长度、转排台阶高度及工作平台宽度。

（1）排土线长度。每台前装机控制的排土线长度与铲斗容积有关，为了充分发挥前装机的设备效率和减少线路横向移设的频率，作业线长度至少能贮备并大于列车的有效长度。一条较长的排土线可以容纳几台前装机同时排土。

（2）转排台阶高度。排土台阶的上部，即自铁路路基到前装机作业水平的高度。为保证路基稳定和铲装作业的安全，转排台阶高度一般不宜超过铲斗挖取时最大举升高度，当岩土块度较小无大块时，亦可稍高于铲斗举升高度。另外，为提高设备效率，转排台阶高度取低一些有利于铲斗切进并减少提升阻力。对于斗容5m^{3}的前装机，其转排台阶高度约为4～8m。

（3）排土平台的宽度。为保证前装机正常进行排土作业，平台的最小宽度为（图12－134）：

$$B_{\min} = b_1 + b_2 \tag{12-117}$$

式中 b_1——前装机作业的最小宽度，m；

$$b_1 = a + c + r$$

b_2——待排岩土堆的底部宽度，m；

$$b_2 = \frac{H}{\mathrm{tg}\alpha_1} - \frac{H}{\mathrm{tg}\alpha_2} + b_3$$

a——前装机齿尖至后轮轴的距离，条件困难时可取一半，m；

c——安全车挡的底宽，不小于2m；

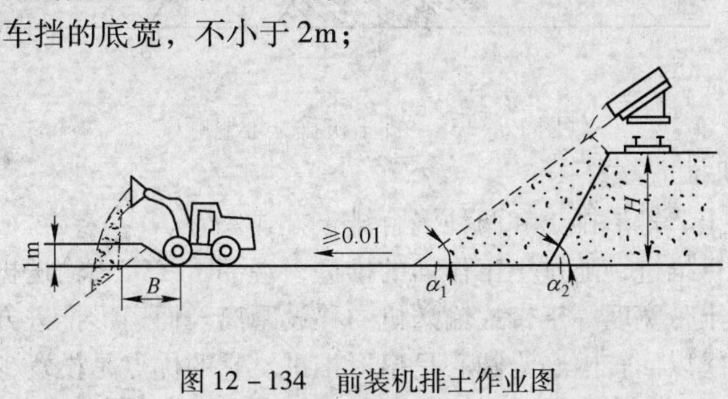

图12－134 前装机排土作业图

r ——前装机外轮最小转弯半径，m；

α_1 ——岩土自然安息角，(°)；

α_2 ——转排台阶的坡面角，(°)；

H ——转排台阶高度，m；

b_3 ——待排岩土体上部在路基水平处的宽度，一般为2m；

B_{min} ——平台最小宽度，m。

前装机工作平台不宜太宽，否则会影响工作效率，太窄时前装机转向困难，目前我国有些矿山使用$5m^3$前装机的平台宽度为30～60m左右。前装机排土台阶高度和汽车排土场一样可以达到很大的高度，如：$5m^3$前装机的排土台阶高度可达150m。排土平台宽度大于25m时，前装机可用最大速度工作。当铁路运输时，也可采用推土机转排，它的排土过程与前装机相似，还可采用前装机和推土机联合铲装和排弃。

C　排土机排土工艺

a　排土机排土工艺过程

“汽车－破碎机－带式输送机－排土机”系统，与其他运输方式比较，带式输送机的运输距离短，爬坡能力大。据统计，一般带式输送机的平均运输距离是汽车运输的1/3～1/4，是铁路运输的1/10～1/15。同时，带式输送机的运输速度可达2～7m/s，最大运输能力可达1.2万～1.6万吨/时，与汽车比较带式输送机具有成本低、能源消耗少、维修费用低、设备的利用系数高等优点。它的缺点是投资大、灵活性差。据国外矿山资料，带式输送机运输成本是汽车运输的30%～50%，维修费用是汽车运输的20%～30%，能源费用是汽车运输的70%。

大型胶带排土机全长可达225m，受料臂长60m，卸载高度65m，倾角17°～18°，理论排土效率每小时达1.25万米^3。岩石从带式输送机经过卸料机而落到排土机的受料臂一端，最后由卸料臂排入排土场。当一个台阶高度排满后用推土机平整场地，然后移置移动带式输送机和排土机，进行下排形成下部排土台阶，再将带式输送机向另一方向移置便可排弃第二台阶。在形成第二台阶期间，由推土机平整下排分台阶的表面，然后带式输送机移动一个步距，如此排土过程循环下去，便形成排土台阶（图12－135）。

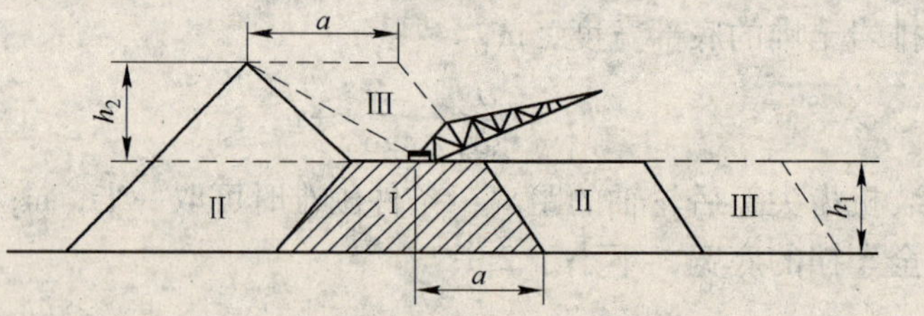

图12－135　排土机排土堆置顺序

b　带式输送机推进方式

一般分扇形排土、矩形排土和两种混合排土方式。

矩形排土或平行推进，随排土工作面的推进，端部干线带式输送机需不断接长，运输距离不断增加，排土带宽度等于带式输送机的移设距离。而扇形推进方式的每一排土线有一回转中心，排土线以回转中心为圆心呈扇形推进。它的优点是投资少，在移设过程中不需接长带式输送机，移设工作简单；其缺点是在整条排土线上排弃宽度不相等，它的排土有效宽度只相当于矩形排土的一半。

为了避免工作面带式输送机的缩短与延长，一般保持排土长度不变。因此，矩形排土适宜于长方形的排土场，而近似圆形的排土场适用扇形排土，当排土场地形变化时可因地制宜采用扇形和矩形相结合的方式（图 12－136）。

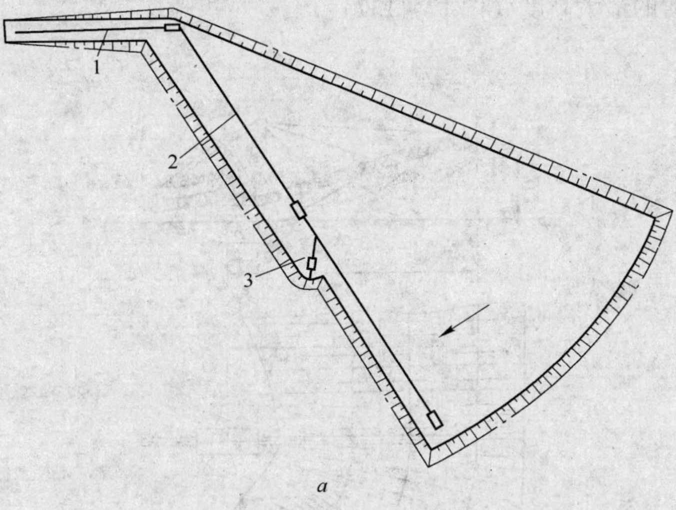

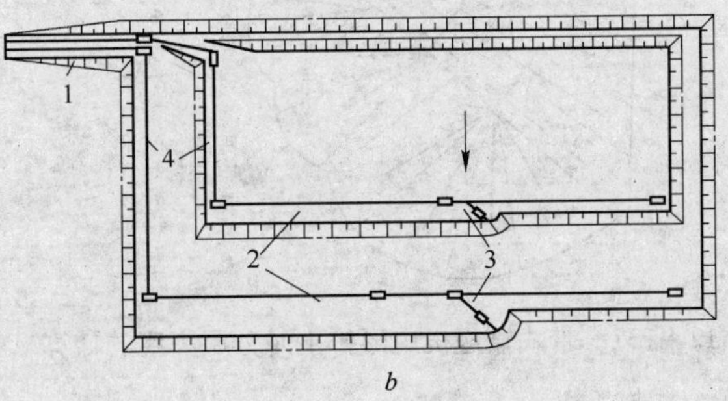

图 12－136　排土机展线方式

a—扇形排土方式；*b*—两个台阶同时进行矩形排土

1—带式输送机干线；2—移动带式输送机；3—排土机；4—联合带式输送机

c　排土机生产能力

排土机和带式输送机是相互联系的一套排土系统，排土机生产能力计算与带式输送机生产能力计算一样，都反映了整个系统的生产能力。带式输送机的年生产能力 Q 按（12－118）式计算

$$Q = qTK \tag{12-118}$$

式中 T——年计划工作时间，h；

K——运输系统的完好率，%；

q——运输可能达到的小时生产率，t/h，

$$q = K_r B^2 v\gamma$$

K_r——与胶带上物料安息角有关的系数，它还与胶带的倾角有关，当倾角为 0°～18°时，查表可得 K_r 值的范围在 225～320 之间；

B——胶带宽度，m；

v ——胶带运行速度，m/s；

γ ——物料容重，t/m³；

Q——带式输送机生产能力，t/a。

d　排土机排土台阶高度

排土机上排时的最大高度（图 12-137）：

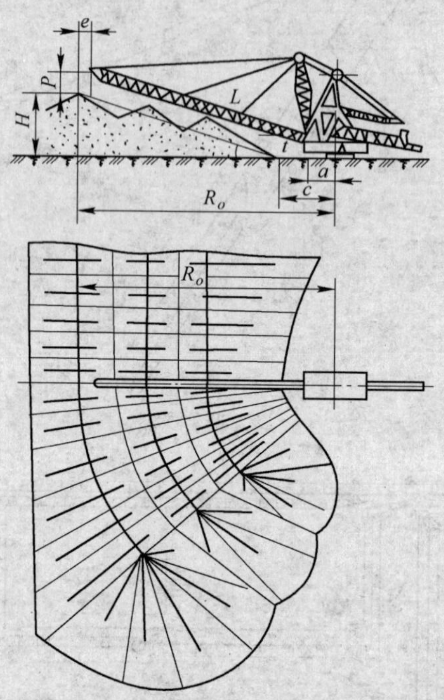

图 12-137　带式输送机扇形排土时分层高度的计算

$$H_{max} = (R_o - c)\,\mathrm{tg}\beta \qquad (12-119)$$

式中　c ——由排土机旋转中心线至排土场坡底线距离，m；

β——排土场坡面角，(°)；

R_o——排土机的排土半径，m；

$$R_o = L\cos\alpha + a + b,\ \mathrm{m}$$

L——排土机悬臂长度，m；

α——排土臂的倾角（$\alpha \leqslant 180°$）；

a——排土臂枢轴中心线和旋转中心线之间距离，m；

b ——排土料堆脊部与卸料臂终端之间的水平距离，m；

H_{max} ——排土机上排时的最大高度，m。

按上述公式计算的排土台阶高度必须根据排土机悬臂的最大倾角加以验证；

$$\alpha_{max} \geqslant \arcsin\frac{H_o + P + h}{L} \qquad (12-120)$$

式中　P ——排土臂与料堆脊线之间的安全距离，$P = 5 \sim 7$m；

H_o ——排土（堆）台阶高度，m；

h——排土臂枢轴的固定高度，m。

排土机下排时，卸料臂处于水平位置，根据排土机站立水平至基底面的距离和岩土的稳定性条件来确定排土台阶的高度。

e 排土进路宽度

$$A_o = R_o(1-\cos\theta) \tag{12-121}$$

式中 θ——排土机悬臂回转工作角，(°)；

A_o——排土进路宽度，m。

f 实例

我国一些露天矿先后建成带式输送机排土机排岩系统，以提高排土效率和堆置高度，并减少排土场占地面积及其环境污染。如东鞍山铁矿、石人沟铁矿和小龙潭煤矿等自20世纪80年代初已先后采用国产带式输送设备进行排土，其排土机型号为PS－1000型，钢芯胶带宽为1.0～1.2m，以及采用固定式破碎站等。

石人沟铁矿设计年产矿石150万吨，1980年以后矿山由三个采区的山坡露天开采，逐步转入深凹露天开采，采用载重20t单一汽车的运输效率逐年降低，根据实际资料分析，采场每下降10m，则汽车运输效率下降1.55万吨·公里/（台·年），运输成本增加0.133元/吨。而且近几年来由于排土场严重不足，原设计5个排土场的4个已经达到设计标高，只有北区的4号排土场尚未堆满，但其容积有限，严重影响了矿山生产，年产矿石已下降到100万吨，而且汽车排土运输距离最大已达3km多，使得排土费用提高。为了维持矿山正常生产，还必须征用大量土地建设新排土场（包括搬迁两个村庄），显然这一方案难以实现。

为了降低排土成本和减少占地，石人沟铁矿于1986年初建成投产了一条带式排土系统，即汽车运输－固定破碎站－带式输送机－排土机。岩石经破碎站破碎后通过1、2、3号固定带式输送机运至4号移动带式输送机，再由PS－1000型排土机把岩土排弃到4号排土场。钢芯胶带全长有2038m，其中移动带式输送机长600m，胶带宽1m，设计排土能力为1000～1500t/h。带式输送机全程提升高度为124m，最终提升高度达160m，即4号排土场标高由200m提高到240m，最终全部容纳采场剥离的岩石（图12－138）排土系统的年生产能力为300万吨。生产实践证明，带式运输系统的运输效率和排土成本比原来的汽车排土已有明显的改善。

D 采场内部排土

缓倾斜（小于12°）厚度不大的矿体适合于内部排土，另外，当有两个以上的相邻采区时，可利用提前结束的采空区实行内排土。内排土的优越性显著，可缩短运输距离（采用无运输剥离），减少排土场占地，其经营费用低，从而大大降低排土成本。所以在有条件的矿山应尽可能采用内排土工艺。

实现内排土时，根据采掘、运输设备类型以及剥离运输方向与剥离工作面推进方向之关系，可分为横向运输排土（垂直剥离工作面）和纵向运输排土（平行剥离工作面）两种类型。横向排土所采用的剥离和排土设备有：索斗铲、挖掘机、铲运机，对于软岩可采用轮斗铲配排土机或运输排土桥及链斗铲排土机等。纵向排土所采用的排土运输方式有：铁路运输、汽车运输及带式输送等。

实行内排也可以利用已经结束的露天采场作为排土场，如：白银露天矿1号露天采场已经闭坑，于是位于附近的2号露天采场便就近直接向1号采坑排弃岩土，汽车运输距离

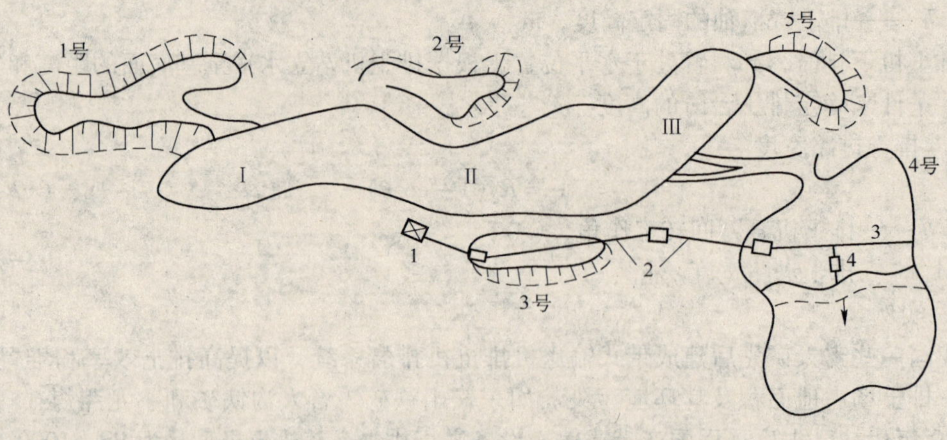

图 12-138 石人沟铁矿带式排岩系统工程布置图

Ⅰ—南采区；Ⅱ—中采区；Ⅲ—北采区；1号—1号排土场；2号—2号排土场；3号—3号排土场；4号—4号排土场；5号—5号排土场；1—固定式破碎机；2—带式输送机；3—带式输送机；4—PS-1000排土机

缩短了0.8km（单程）。三年多来共排土100多万米^3，既减少了排土场占地，又获得了经济效益300多万元。

E 排土场与尾矿库联合堆置工艺

为了减少排土场占地，在有条件的矿山可采用排土场与尾矿库联合堆置的新工艺，这样既减少了占用土地，增加了库区堆置容量，又减少了环境污染。目前有以下几种联合堆置形式：1）废石筑坝形成尾矿库；2）在尾矿库上覆盖排土场；3）废石和尾砂混合堆置。

a 废石筑坝形成尾矿库

在尾矿库建设初期就利用剥离的岩土堆置初级坝，或在尾矿库形成后，利用废石筑坝增加库容量，延长尾矿库服务年限。例如鞍钢大孤山铁矿的排土场和尾矿库形成相互依存的关系，采用废石筑坝，既获得了排土空间，又解决了筑坝材料，增加了库容量。该矿尾矿库原三面环山，只需一面排土筑坝。1961年起开始三面排土筑坝，只有一面环山，20多年来排土场坝高已超过90多米。目前尾矿库虽已到服务年限，但为了增加库容量，预计尾矿库水面标高可从115m增加到165m。

b 在尾矿库上覆盖排土场

据统计，一般露天矿每百万米^{3}剥离岩土的占地面积（排土场）为2.5公顷，每百万米^{3}尾矿库的占地面积为6.7公顷。为了减少占地，可以采用排土场与尾矿库联合堆置的方法，其中尾矿库的排放堆置工艺可分为两个方案：尾矿分区段排放（图12-139）和倾斜分层排放尾矿（图12-140），随后进行排土覆盖其上。

首先将尾矿库分作若干区段，每一区段容积以选厂3~5年的尾矿量计算，从沟谷上游向下游排放尾矿。初级坝是用岩石和土壤堆筑的，随着库容堆满，再用粗尾砂增高子坝（也可用水力旋流器排放），尾砂的堆积速度每年达到12~15m。

在第一区段排满之前就要建第二区段的初级坝，当第一区段排满结束后4~5年，便

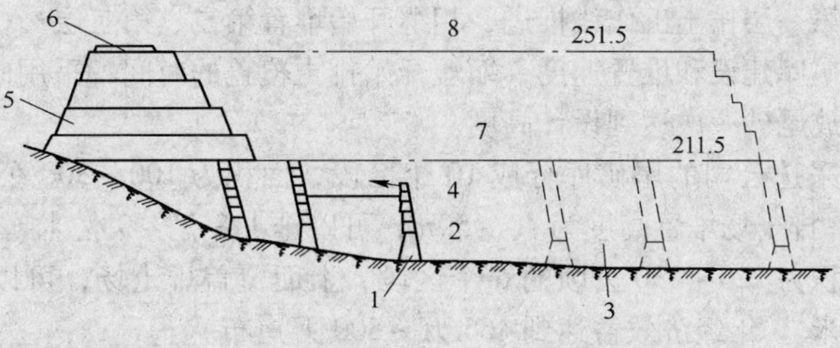

图 12 - 139 尾矿库与排土场重叠堆置工艺

（尾矿分区段排放）

1—初级坝；2—子坝；3—区段；4—尾矿管；5—排土分层；6—覆盖地段；
7—尾矿库边界；8—排土场边界

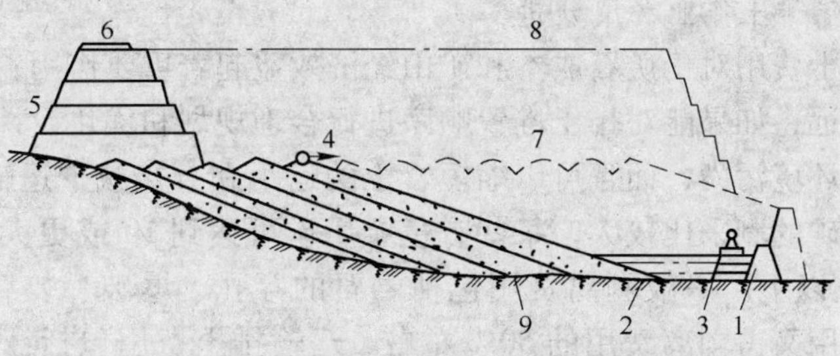

图 12 - 140 尾矿库与排土场重叠堆置工艺

（倾斜分层排放尾矿）

1—堤坝；2—沉淀池；3—循环水泵站；4—尾矿排放管；5、6、7、8—见图 12 - 139；
9—尾矿沉积后的倾斜分层

表 12 - 115 我国部分露天矿岩石运输费用

矿山名称	铁路运输			汽车运输		
	平均距离（km）	元/吨	元/(吨·公里)	平均距离（km）	元/吨	元/(吨·公里)
大孤山铁矿	12.6 ~ 15.8	0.48	0.04	1.5 ~ 2.5	1.92	0.8
东鞍山铁矿	6.7 ~ 7.3	0.29 ~ 0.34		1.0	1.27 ~ 2.54	
眼前山铁矿	11 ~ 13	0.42 ~ 0.53	0.07		1.86	1.0
南芬铁矿				1.8 ~ 2.5		0.34 ~ 0.56
白云鄂博铁矿	6 ~ 7	0.31 ~ 0.5		1.0		
水厂铁矿	4		0.05	1.56 ~ 0.7	0.57	0.45
石人沟铁矿				1.1 ~ 1.5	0.77	0.59
大冶铁矿		0.24 ~ 0.36				0.31 ~ 0.39
兰尖铁矿			0.12	1.0 ~ 1.2		0.35 ~ 0.47
朱家包包铁矿	9		0.09 ~ 0.14		0.62 ~ 0.9	
海南铁矿	6	0.48 ~ 0.66		1.1	0.68	0.54 ~ 0.56
金川镍矿			0.12			0.48 ~ 0.73
白银铜矿				3.5		0.37 ~ 0.5
大宝山铁矿				2.6 ~ 3.0		0.35 ~ 0.39

注：本表为 1986 年矿山调查资料。

开始排土，随着第一层排土工作线推进，相继开始堆置第二、第三层……。

为了提高尾矿库建设和堆置速度，缩短开始排土覆盖的时间，采用倾斜分层、沿山坡地形从最高处排放尾砂一次达到设计高度。

苏联列别金采选公司的尾矿库分成10个区段，面积为100～300公顷，容量为3000万～7000万米^3，排土场堆置高度为40～50m，可以排土8亿～9亿米^3。古布金采选公司的尾矿库分成面积为220～330公顷的6个区段，上面覆盖排土场，可以容纳露天开采的全部剥离量7亿米^3。年经济效益达到465万～500万卢布。

c 剥离废石与尾砂混合堆置

由于尾矿库选址困难，可以将尾矿砂脱水浓缩后与废石混合堆置形成排土场，而无需建设专门的尾矿库了，这对于平原地区寻找尾矿库库址困难，减少占地问题，提供了有效的途径。此技术方案在司家营铁矿设计方案可行性研究中曾提出过。

12.7.2.5 运输排土作业费用分析

露天矿运输排土费用对于矿石成本和矿山经济效益起着重要作用，尤其是大型露天矿的剥离量大，运距远，如果能对排土堆置顺序进行合理规划和优化设计，则不但可以减少排土场占用土地和环境污染，而且可以缩短岩土的运距和直接减少运输排土费用及成本。一些大型深凹露天矿的剥采比较大，某些有色金属矿可达到10或更大，所以剥离费用可占矿石成本的80%以上。一般剥离费用包括岩石的穿孔、爆破、装载、运输和排弃等，而其中运输排土费用又占剥离费用的50%左右。运输排土费用包括：排土路堤和线路的建设及维护费用、岩土自采场到排土场的运输费用、岩土的排弃作业和场地的平整费用等。国外在计算运输排土总费用时，还将排土场的土地购置费、排土场复垦费及其环境保护费等都计算在内。当这些费用之和趋于最小值时，经济合理的运输排土成本函数式为：

$$\sum_{i=1}^{n}\sum_{j=1}^{m}V_{ij}C_{ij}+\sum_{i=1}^{T}S_tC_r+\sum_{t=1}^{T}S'_tf_t\rightarrow\min \qquad (12-122)$$

式中 $\sum_{i=1}^{n}\sum_{j=1}^{m}V_{ij}C_{ij}$——运输排土费用之和；

$\sum_{i=1}^{T}S_tC_r$——排土场复垦费用；

$\sum_{t=1}^{T}S'_tf_t$——排土场占地的经济损失。

可以应用线性规划的方法编制计算程序，进行计算和优化。C_{ij}是运输排土的单位成本，可根据场地条件、物料运输路径、设备条件及经费指标等分别计算。但影响运输排土费用的主要因素是运输距离，根据实测资料可求出其回归方程[7]，如电动轮汽车运输的回归方程式：

$$C_1=x(a^x-b)^{-1}$$

带式输送机运输的回归方程式：

$$C_2=aBe^{\frac{b}{x}}$$

式中 x ——运输距离，m；

B——胶带宽度，m；

a、b ——试验常数。

表 12－115 为我国部分露天矿运输费用。

汽车运输单位经营费用：

$$S=\frac{\frac{L}{\beta}\left(S_1+\frac{S_2}{vK}\right)+\frac{S_2T_C}{K}}{LQ} \tag{12-123}$$

式中 L ——运输距离，km；

β ——行程利用系数，取 0.5；

S_1——根据汽车运距而变化的变动费用，包括燃料、轮胎、折旧、大修、维修等费用，元/公里；

S_2——与运距无关的固定费用，包括工资、车间管理费、养路费等，元/时；

v ——汽车平均运行速度，km/h；

K——班工作时间利用系数；

T_C ——除汽车运行时间以外的时间，包括装车、卸车、调车及停留等，h；

Q——汽车有效载重量，t；

S ——汽车运输单位经营费用，元/（吨·公里）。

带式输送机运输单位经营费用：

$$q=\frac{A+B+C+D+E+F}{QL} \tag{12-124}$$

式中 A ——辅助材料费，元/年；

B ——电费，元/年；

C ——工资及福利费，元/年；

D ——基本折旧费，元/年；

E ——维修费，元/年；

F ——车间管理费，元/年；

Q——年运输量，t；

L ——运输距离，km；

q ——带式输送机运输单位经营费用，元/（吨·公里）。

12.7.3 排土场的稳定性及其治理

12.7.3.1 排土场的沉降变形

新堆置排土场的变形主要是沉降压缩变形。散体物料在自重力和外载荷作用下逐渐压实和沉降，由原来的三元介质体（固体颗粒、水和空气），因空气被挤出，孔隙缩小或被充填而形成两元介质体（固体颗粒和水分）。这种沉降变形随时间和压力而变化，在排土初期的沉降速度较大，随着时间的延续和排土场的压实，其沉降速度逐渐缓慢下来。

排土场沉降系数：

$$K=1+K'=1+\frac{H_0-H_1}{H_0} \tag{12-125}$$

式中　K'——排土场沉降率；

H_0——排土场原高度，m；

H_1——排土场沉降后的高度，m。

据矿山观测资料，排土场的沉降系数变化于1.1～1.2之间，沉降过程延续数年。例如眼前山铁矿，采用铁路运输排土，排土场高度为78m，8年总沉降量为15.6m，沉降系数为1.2，前三年的下沉量达到总下沉量的80%，经过8年的沉降才趋于稳定（表12－116）。

表12－116　眼前山铁矿排土场下沉观测资料

沉降时间（年）	一	二	三	四	五	六	七	八	合　计
沉降量（m）	6.2	3.9	2.34	1.56	0.78	0.39	0.23	0.16	15.6
沉降率（%）	40	25	15	10	5	2.5	1.5	1	100

齐大山铁矿排土场的沉降系数为1.1，经过6年下沉逐渐停止，前三年的下沉量占95%以上：第一年占74%～75%，第二年占18%～20%，第三年占3%～5%。

当排土场岩土物料的细颗粒含量较高时，随着其沉降和压实，在排土场下部产生孔隙压力，随着水分的渗出和土体的固结，孔隙压力的扩散和消失，排土场沉降将逐渐减弱和稳定下来。

散体物料的沉降和压缩随着压力增加而增加，但是由于排土场不同高度的岩石块度组成不同，细颗粒（包括土壤）的压缩率大，坚硬的大块岩石堆积体不易压实，所以排土场的压缩沉降率与排土场高度、外部载荷和岩石块度组成的关系呈抛物线型的相关曲线。即松散物料的平均密度与压力之指数方程为：

$$\gamma = \gamma_0 p^a \tag{12-126}$$

式中　γ_0——压缩前的容重；

p——排土场一定高度的压力；

a——经验系数，$a<1$，由实验资料分析而得。

据上式和$p=\gamma H$便可计算排土场任一高度H（或深度）的密度和容重，也可求得压缩系数值[25]。

12.7.3.2　排土场基底承载能力及台阶极限高度

排土场稳定性首先要分析基底岩层构造、地形坡度及其承载能力。当基底坡度较陡，接近或大于排土场物料的内摩擦角时，易产生沿基底接触面的滑坡。如果基底为软弱岩层而且力学性质低于排土场物料的力学性质时，则软岩基底在排土场荷载作用下必产生底鼓或滑动，然后导致排土场滑坡。

在排土初期，基底岩土开始被压实。当堆置到一定高度时，基底进一步压实达到最大的承载能力，但尚未到极限状态，这时的排土场高度可按（12－127）式计算[26]：

$$H_1 = 10^{-4}\pi C\mathrm{ctg}\varphi\left[\gamma\left(\mathrm{ctg}\varphi+\frac{\pi\varphi}{180}-\frac{\pi}{2}\right)\right]^{-1} \tag{12-127}$$

式中　C、φ——基底岩土的黏结力（Pa）和内摩擦角（°）；

γ——排土场物料的容重，t/m^3；

H_1——排土场高度，m。

随着排土场高度增加，基底处于极限状态，然后失去承载能力，产生塑性变形和移动，基底失去承载能力。此时的排土场极限高度可按（12－128）式计算（L. Prandtl）：

$$H_2 = \frac{10^{-4} C \text{ctg}\varphi}{\gamma}\left[\text{tg}^2\left(45° + \frac{\pi}{2}\right)e^{\pi \text{tg}\varphi} - 1\right] \qquad (12-128)$$

式中 H_2——排土场极限高度，m。

当基底软弱层厚度大，潜在滑动面穿过软岩层，这时的基底承载能力和排土场稳定性可按软岩基底的稳定性进行分析。在倾斜基底上设计排土场的安全系数应高于水平基底上的安全系数。一般矿山排土场滑坡实例中，因基底不稳引起滑动的约占32%～40%。

当基底稳定时，台阶高度可作如下估算：堆置坚硬岩石时为30～60m（山坡型排土场高度不限）；堆置砂土时为15～20m；堆置松软岩土时为10～20m。

多台阶排土场的总高度可经过稳定性验算确定，在相邻台阶之间需要留设安全平台，这样排土场总体边坡角小于其自然安息角，增加了排土场的稳定性。不过基底第一台阶的极限高度一般不超过15～20m，因为它是整个排土场的基础，它的堆置速度和压力大小对于基底土层孔隙压力的消散和固结都密切相关，同时对上部各台阶的稳定性起重要作用。

在基底稳定的条件下可应用弹性理论和极限平衡原理，计算第一台阶的极限高度：

$$H = \frac{2 \times 10^{-4} C}{\gamma\lambda}\text{ctg}\varphi \qquad (12-129)$$

式中 H——第一台阶极限高度，m；

C、φ——松散物料的黏结力（Pa）和内摩擦角（°）；

γ——松散物料的容重，t/m^3；

λ——稳定性参数，无量纲，根据试验资料和经验选取，$0<\lambda<1$。

一般 λ 与 $\frac{F}{\text{tg}\varphi}$ 成函数关系（F 为边坡稳定性系数），当 $\frac{F}{\text{tg}\varphi}$ 由1增到5时，λ 则由0增到1，两者成正比关系。

12.7.3.3 排土场滑坡及泥石流的产生

A 排土场滑坡

排土场与基底滑坡类型可分为三种：排土场内部的滑坡；沿排土场与基底接触面的滑坡；沿基底软弱层的滑坡（图12－141）[25]。

a 排土场内部的滑坡（图12－141a）。

基底岩层稳固，由于岩土物料的性质、排土工艺及其他外界条件（外载荷和雨水等）所导致的排土场滑坡，其滑动面出露在边坡的不同高度。

当排弃的是大块坚硬岩石，其压缩变形较小，排土场比较稳定。若岩石破碎，含较多的砂土，并具有一定湿度时，新堆置的排土场边坡角较陡（38°～42°左右），随着排土场高度增加、继续压实和沉降，排土场内部出现孔隙压力的不平衡和应力集中区。孔隙压力降低了潜在滑动面上的摩擦阻力，因而可能导致滑坡。在边坡下部的应力集中区产生位移变形或边坡鼓出，然后牵动上部边坡开裂和滑动，最后形成抛物线形的边坡面，即上部陡、下部缓，以直线量度的边坡角通常为25°～32°。

排土场内部的滑坡多数与物料的力学性质有关，如含有较多的土壤或风化软弱岩石；

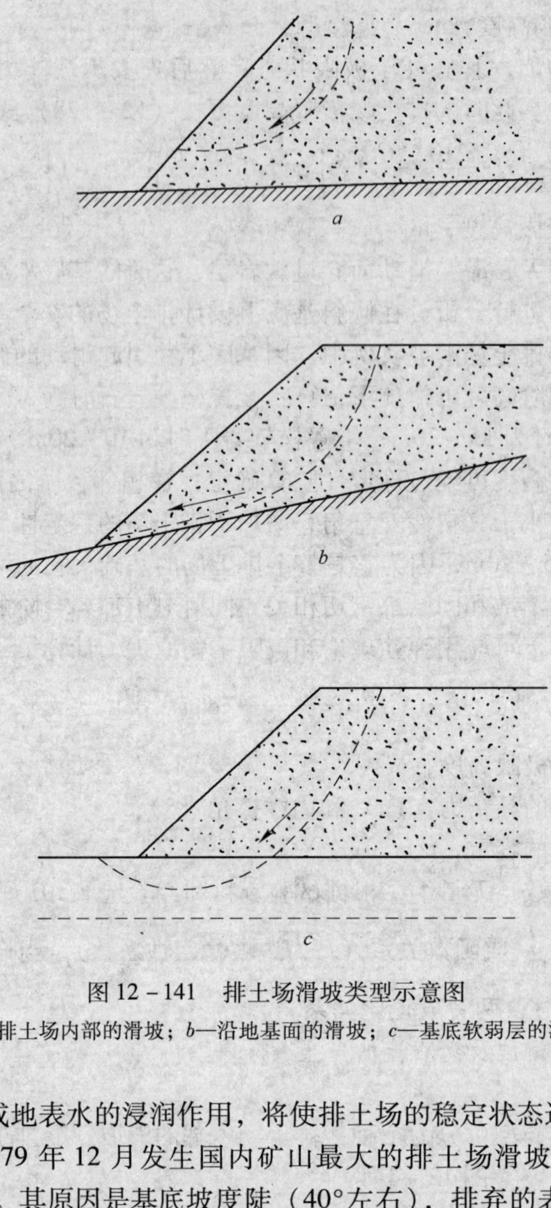

图 12－141　排土场滑坡类型示意图

a—排土场内部的滑坡；*b*—沿地基面的滑坡；*c*—基底软弱层的滑动

当排土场受大气降雨或地表水的浸润作用，将使排土场的稳定状态迅速恶化。如兰尖铁矿1510水平排土场于1979年12月发生国内矿山最大的排土场滑坡，滑坡量达200万米^3（300m×214m×30m）。其原因是基底坡度陡（40°左右），排弃的表土和风化岩石在排土场形成软弱夹层。滑坡冲垮了运输主平硐50m，开裂破坏了104m，造成停产半年。又如，海南铁矿6号排土场东部于1973年8月连续两天大雨之后产生几十万立方米的大滑坡，滑体长158m、宽48m、下沉15m，导致排土场停产80多天。同样，8号排土场于1978年9月发生了大滑坡，滑体长200m、宽40～50m、下沉25m，致使电铲、机车和矿车随滑体下滑，停产20多天。

b　沿基底接触面的滑坡（图12－141b）

当山坡形排土场的基底倾角较陡，排土场与基底接触面之间的抗剪强度小于排土场的物料本身的抗剪强度时，便易产生沿基底接触面的滑坡。如基底上有一层腐植土或在矿山剥离初期排弃的表土和风化层，堆置在排土场的底部而形成了软弱夹层。若遇到雨水和地下水的浸润，便会促进滑坡的形成。

朱家包包铁矿 1 号排土场自 1978 年 4 月至 1979 年 1 月先后三次发生滑坡，体积达 36 万米^3，其原因是剥离的表土和砂质黏土排弃在排土场底层，后期覆盖坚硬岩石，软弱的黏土成为滑动面。

c 软弱基底鼓起引起的排土场滑坡（图 12－141c）

当排土场坐落在软弱基底上时，由于基底承载能力低而产生滑移，并牵动排土场的滑坡。在冶金矿山排土场 40 多例重大滑坡事故中，这类滑坡约占 1/3。

齐大山铁矿二道沟排土场，堆置高度 52m，基底表面为 3～4m 厚的沉积土，由于沟底渗水表土饱和后，在排土场压力下发生滑动，沟底翻出了黑色泥浆，坡角滑移了 200 多米，滑体长 100 多米，滑坡量约 3.5 万米^3。

歪头山铁矿 224m 排土线电铲堆置初始路堤时，由于基底是软弱的淤泥沉积物，在路堤压力下产生 3.5m 高的底鼓，水平移位达 40m，70～80m 长的一段路堤下滑，几次填方几次滑移，使得路堤长期形成不了。

B 排土场泥石流

由于山岩风化、滑坡、崩塌或人工堆积在陡峻山坡上（30°～60°）的大量松散岩土物料充水饱和，形成一种溃决，谓之天然泥石流。含大量泥沙石块，砂石含量 15%～80% 的泥石流体（容重在 1.3～2.3t/m^3）在重力作用下沿陡坡和沟谷快速流动，形成一股能量巨大的特殊洪流。可在很短时间内排泄几十万到几百万立方米的物料，对于道路、桥梁、房屋、农田等造成严重灾害。

形成泥石流有三个基本条件：第一，泥石流区含有丰富的松散岩土；第二，山坡地形陡峻和较大的沟床纵坡；第三，泥石流区的上中游有较大的汇水面积和充足的水源。矿山

表 12－117 我国矿山泥石流分布情况

矿山	沟谷	固体物质储量（万吨）	流域面积（km^2）	沟床比降（‰）	山坡坡度（°）	年降雨量（mm）	泥石流活动情况
泸沽铁矿	盐井沟	500	13.6	144	35	1000	剥离土，1970 年以来常发生泥石流
泸沽铁矿	汉罗沟	51	2.1	188	735	1000	筑路弃土，1972 年发生泥石流
兰尖铁矿	无名沟	2824				877	1966 年和 1970 年两次泥石流、冲垮平峒口
太和铁矿	泡石头沟		52	127	30	1272	
四川石棉矿	后沟	5000	7.4	230	30～37		剥离土，多次发生小型泥石流
新康石棉矿	大洪沟		61	140	30		
四川蛇纹石矿	胥家沟		2	200	30～45		
东川汤丹矿	小菜园沟	1500	9.7			850	剥离土，1974 年发生多次泥石流
因民矿	大水沟		47	111	30		
落雪矿	因民沟	100	47	111	30	850	坑道弃碴，1973 年泥石流
烂泥坪矿	黄水青沟		91	50			
易门狮山分矿	莱园河		42	52			
易门狮山分矿	无名沟		16.2	81			
昆阳磷矿	歪头山		2.2	94	40～45		
永平铜矿	大垄沟	16	0.064	137	40	1740	1978 年冲毁农田 11.14 公顷
云浮硫铁矿	三水围	10000	0.2	145	30～40	1550	剥离土，1972 年发生泥石流
海南铁矿	七条山沟	7000		150	30～40	1536	1959 年起排土场发生多次泥石流
潘洛铁矿	大格沟	750	0.4	340	35	2000	1972、1976 和 1983 年出现泥石流
石录铜矿		1188				2369	剥离黄土形成泥石流

泥石流多数以滑坡和坡面冲刷的形式出现，即滑坡和泥石流相伴而生，迅速转化难以截然区分，所以又可分为滑坡型泥石流和冲刷型泥石流。

矿山工程中筑路开挖的土石方、坑道掘进排弃的废石以及露天矿排土场堆积的大量松散岩土物料都给泥石流的发生提供了丰富的固体物料来源。据统计，自20世纪70年代起先后有20多个矿山发生了泥石流灾害（表12－117）。例如：四川泸沽铁矿1972年泥石流把筑路排弃的土石冲走10万米^3，埋了成昆铁路新村站和一段公路。

海南铁矿排土场发生多次滑坡和泥石流，形成了两个泥石流区，山前泥石流区和山后泥石流区。1959年~1979年共堆置含80%黏土的岩石1200多万米^3，泥石流流通区长2~3km。1973年8月6日排土场发生30多万米^{3}的大滑坡，然后经过雨水或沟谷流水的冲刷导致大规模的泥石流。

云浮硫铁矿的三个排土场累计排土量2000多万米^3，先后形成了6条泥石流沟。1972年11月因台风和暴雨的影响，大台及东安坑两个排土场发生的泥石流随峰远河洪水直泻而下，淹没了水田151公顷，旱地43公顷。1975年6月发生第二次泥石流，危害更为严重。排土场汇水面积0.3km^{2}的泥石流把下游的窄轨铁路、桥梁、相邻公路都冲垮了，漫溢河水冲垮了河堤28处，长达4187m，1334公顷农田受灾，并冲毁厂房和水轮泵站一处，共赔款61万多元。

12.7.3.4　排土场稳定性分析

排土场稳定性决定于下列因素：基底承载能力、岩石物理力学性质、地表水及地下水的影响和排土工艺等。

A　排土场岩土力学性质

根据松散介质理论，当基底稳定时坚硬岩石的排土场高度，在其边坡角等于自然安息角条件下可以达到任意高度。然而往往由于排土场岩石构成的不均匀性和外部荷载的影响，使得排土场高度受到限制。

排土场堆置体的力学属性受岩土性质、块度组成、容重、湿度及垂直荷载等影响（表12－118）。理想的松散介质没有黏结力，但排土场物料经过压实或胶结而具有一定的黏结力（图12－142），它主要决定于细颗粒（3mm以下）含量的大小，细颗粒岩土充填到岩块之间的孔隙中经过压实后便改变了原来松散体的性质。一般新堆置的排土场的初始黏结力为$5\times(10^4\sim10^5)$Pa，经过沉降压实后的黏结力便达到$5\times(10^5\sim10^6)$Pa左右。内摩擦角与岩土性质及块度组成有关。根据排土场岩石块度分布规律，不同层位的块度组成不同，细颗粒多分布于上部和中部，粗颗粒分布于中、下部。粗颗粒含量高，组成骨架的刚性提高，颗粒同摩擦力占主导地位，φ值增大；反之，细颗粒含量增大，φ值便减小，但黏结力增大。在排土场下部堆集的大块岩石不含细颗粒和其他黏结性材料，故黏结力为零，但内摩擦角较大，接近或等于排土场的安息角[27]。

排土场物料的力学性质与湿度和含水量有显著的关系，当物料的湿度较小时，随着湿度增加，黏结力和内摩擦角逐渐上升，湿度继续增加则力学参数将下降，直到饱和状态时，便对排土场有破坏性的影响。据统计，我国露天矿排土场由于雨水或地表水作用而引起滑坡的例子约占50%左右。

据美国24个露天矿排土场的观测资料，排土场中黏土和易水解风化岩石的含量与内摩擦角具有线性相关，软弱岩层对于排土场的力学指标和其高度有显著的降低；当黏土和

表 12－118 排土场散体物料的力学参数

岩 石	容 重 (t/m^3)	湿 度 (%)	黏 结 力 (Pa)	内摩擦角 (°)	备 注
黏 土	1.38～1.75	13～37	1×10^4	0～10	干容重
岩石（含10%黏土）	1.44～1.91	5～15	$(2.9\sim4.8)\times10^4$	27～32	干容重
岩石黏土混合	1.31～2.07	9～19	$(1.9\sim4.8)\times10^4$	4～30	干容重
含铁石英岩(风化的)	2.4	7	5.1×10^4	32	
页 岩	2.3	4		32	
风化页岩	2.25	10	4.4×10^4	26	新排弃的块度为0.01～0.3m
细干沙	1.6			30～35	堆置容重
砂 岩	1.81～1.93	7.9～14.5	$(0.2\sim0.8)\times10^4$	33～35	堆置容重
粉砂岩	1.83～1.95	9.5～13.2	$(0.4\sim1.3)\times10^4$	30～32	堆置容重
泥质岩	1.87～1.93	7.8～12.4	$(1.1\sim2.3)\times10^4$	26～27	堆置容重
亚黏土	1.73	26.3	4.1×10^4	10	堆置容重
混合岩土	1.8～1.98	9.1～14.8	$(0.7\sim1.55)\times10^4$	32～34	堆置容重
软黏土	1.84		2.4×10^4	5～7	

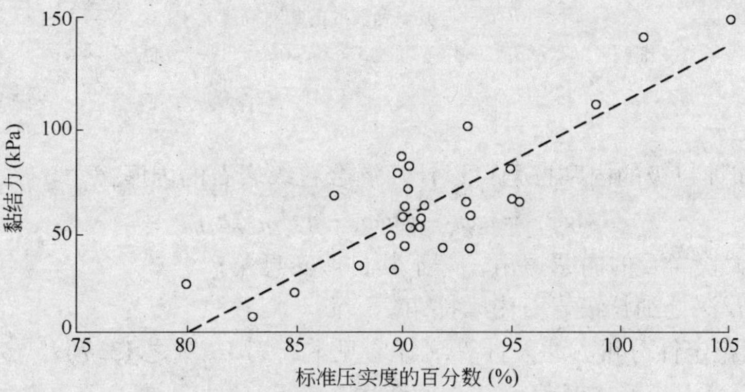

图 12－142 排土场物料黏结力与压实度之相关曲线

相关系数 $r=0.82$

易水解风化岩石含量超过40%，台阶高度超过18m时，排土场会出现频繁和严重的滑坡。若黏土含量在20%～40%之间，则滑坡不严重。

根据排土场块度分布的实测资料、湿度和外载荷的影响因素，计算出内摩擦角和黏结力随排土场不同高度的变化。即已知细颗粒岩土的剪切实验结果（C 及 φ）和细粒级在不同层位上的分布规律（图 12－143），再按颗粒组成时对 C 和 φ 的相关曲线分析计算不同级配物料（细粒级和大块各占的比例）的 C 和 φ。

根据细粒级岩石的抗剪试验的黏结力 C_M 计算某高度的混合粒级的黏结力 C_{hi}[27]：

$$C_{hi}=C_{Mhi}\times a_{Mhi} \qquad (12-130)$$

式中 C_{hi}——自坡顶至 h_i 处混合粒级岩石的黏结力；

C_{Mhi}——h_i 深处细粒级岩石的黏结力；

a_{Mhi}——h_i 深处细粒级占的比例。

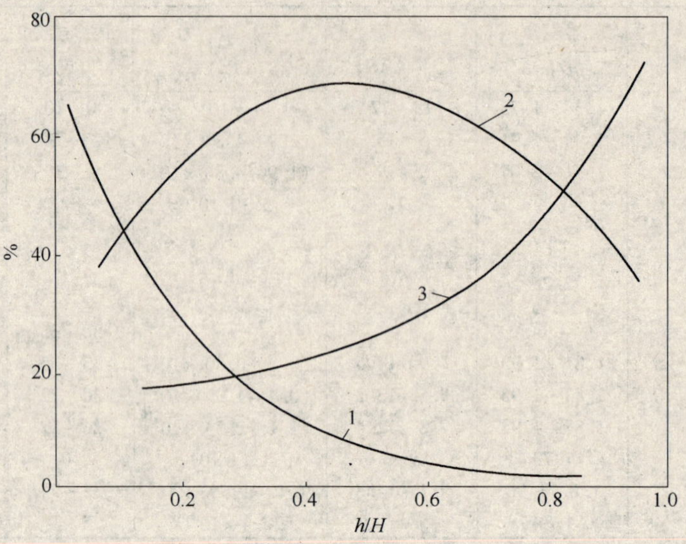

图 12－143　排土场岩石块度在不同层位上分布曲线

h/H—自坡顶到坡底的相对高度

1—细颗粒 $d<5$cm；2—中等颗粒 $5<d<40$cm；3—大颗粒 $d>40$cm

同理，已知细粒级的内摩擦角可以计算混合粒级岩石的内摩擦角 φ_{hi}：

$$\mathrm{tg}\varphi_{hi}=\mathrm{tg}\varphi_k-(\mathrm{tg}\varphi_k-\mathrm{tg}\varphi_{Mhi})a_{Mhi}\cdots \tag{12-131}$$

式中　φ_k——大块岩石的内摩擦角，等于其自然安息角；

φ_{Mhi}——h_i 深处细粒级岩石内摩擦角。

B　排土场稳定性分析方法及计算（详参见本卷第 13 章之 13.7）

12.7.3.5　排土场的监测技术与治理措施

A　排土场监测技术

为了安全生产和研究排土场的沉降压缩变形过程，以便掌握排土场的稳定性机理，并采用相应的维护及治理措施，需要进行长期细致的监测工作，监测内容包括：

（1）监测排土场的沉降压缩变形以及它与时间的相关性；

（2）监测排土场某点在三维坐标上的变形与位移量，以及它的影响因素；

（3）研究排土场产生滑坡和泥石流的边界条件；并对排土场滑坡和泥石流进行预报；

（4）监测排土场内部不同深度的变形特征和位移；

（5）对基底和排土场内部孔隙水压力和降雨量、地表径流量等进行观测。

排土场监测方法包括：

（1）应用几何测量方法进行排土场变形与位移观测；在排土场平台及边坡上埋设观测点，采用经纬仪和水准仪分别对观测点的水平位移和垂直位移进行定期观测。这种常规测量方法的精度较高，但是外业和内业工作量较复杂。

（2）应用红外线测距仪代替常规的量距和三角网测量，可以提高观测精度和工作效率。

（3）应用立体摄影经纬仪监测排土场大面积位移，当排土场位移量大时，摄影测量可能达到实用的精度。同时它的外业工作量大量减少，内业计算和成图可以自动化（应用计算机、自动绘图仪）。不过其适用条件有一定局限性，即被摄平台相对应的位置要有适合的地形条件，需要设置与排土台阶平行的摄影基线点。

（4）应用多点位移计和长距离发送信号的位移传感器（无线传送）可以高精度遥测排土场边坡内部测点的变形，做到自动监测和预报滑坡。

（5）安装水压计进行排土场及其基底孔隙水压力的观测，可以预测基底承载能力和稳定状态。

B 排土场安全生产及治理措施

排土线的稳定状态对于排土安全至关重要，因为新堆置的排土台阶，岩土松散，孔隙率高，台阶的沉降变形频繁，容易造成安全事故。铁路运输排土场随着路基下沉要经常垫道以保持路基的平整。另外挖掘机位于新排弃的平台边缘，应随时观察和监测平台岩土的稳定状态，遇到滑坡预兆，立刻将挖掘机撤离现场。

汽车排土时的安全事故较多，为避免事故，一般都在平台边缘留设安全车挡以保护汽车卸载时的安全。岩石车挡是由推土机就地堆置岩土而成；金属车挡为人工安置在平台边缘位置。

卸载平台的岩石车挡是汽车卸载的安全保障，对于国内目前通用的载重 20 ~ 30t 汽车，车挡的底宽为 1 ~ 15m，高为 0.6 ~ 0.8m。对于 M - 120 - 17 和 W120C（100 ~ 108t）车挡底宽为 2.5m，高 1m，汽车以 5km 时速倒车并卸载。对于 M - 200（180t）汽车车挡的底宽为 2.6m，即后轮轴线距车挡的外边界距离等于 4.2m，车挡高度为车轮直径的一半，即 1.7m。安全车挡的宽度是根据汽车及推土机等外荷载作用下，坡顶产生局部滑动楔形体而确定的。

高台阶排土场的单位排土线受土量很大，排土线移动速度缓慢，有利于采用移动式金属安全车挡，这种车挡有横梁式，即用钢梁结构临时锚固在卸载平台边缘，汽车后轮便卡在横梁前面卸载。还有一种平台式移动车挡，首先使用在南芬铁矿，效果良好。它是钢板焊接的 5m × 6m 长方形金属垫板，由推土机移动置于卸载位置，自卸汽车前后轮都在其上卸载，保证 100% 的岩土都排卸到坡下，如图 12 - 144。

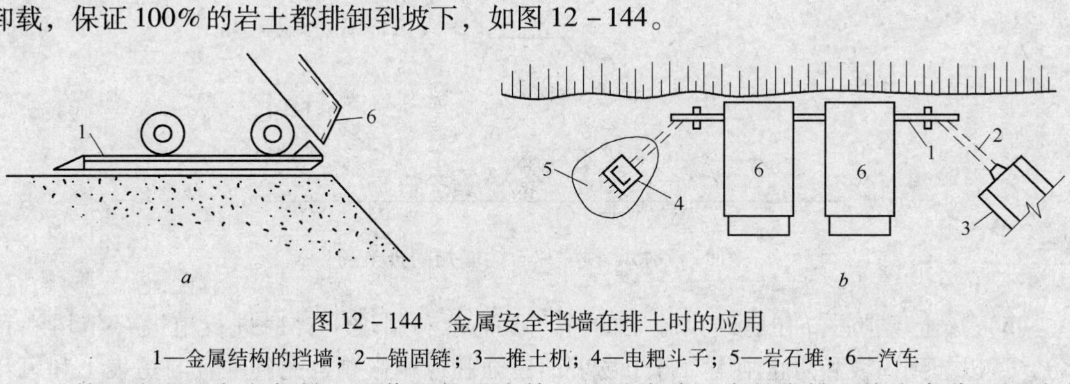

图 12 - 144 金属安全挡墙在排土时的应用

1—金属结构的挡墙；2—锚固链；3—推土机；4—电耙斗子；5—岩石堆；6—汽车

此外，为了避免局部排土工作面推进太快，边坡失稳，在整个排土线注意分区间歇式排土，以便让新排弃的岩土有充分的时间沉降和压实。

排土场变形破坏，产生滑坡和泥石流的影响因素主要是基底的软弱岩层、排弃物料中含大量表土和风化岩石，以及地表汇水和雨水的作用。其治理措施：

（1）改进排土工艺。铁路运输时采用轻便高效的排土设备（如推土机、前装机等）进行排土，可以增大移道步距，提高排土场的稳定性。合理控制排土顺序，避免形成软弱夹层（即潜在滑动面）。同时将坚硬大块岩石堆置在底层以稳固基底，或大块岩石堆置在最低一个台阶反压坡脚。对于覆盖式多台阶排土场，底层第一层高度不宜太大，以有利于基底的压实和固结，也有助于上部后续台阶的稳定。

（2）软岩基底的处理。若基底表土或软岩较薄，可在排土之前开挖掉，若在3～5m以上，挖掉是不经济的，则要控制排土强度和一次堆置高度，以使基底得到压实和逐渐分散基底的承载压力。也可用爆破法将基底软岩破碎，这不仅增大抗滑能力，还可在底层形成排水层。

基底含水将浸润排土场下部岩石而产生滑动。可在场地周围开挖排水沟，降低地下水位，在排水沟内充填透水材料，坡度不小于2%，如果基底面低洼积水，则要开挖排水涵洞。若基底内有承压水，则要事前疏干，不让静水压力造成隔水层底鼓，导致地下水穿透隔水层进入排土场。此时有效的疏干措施是打管道式降水井。

（3）疏干排水。地表水和雨水对于排土场滑坡和泥石流起着重要作用，因此需要采取一系列的工程措施进行水的治理和疏排工作。首先对排土场上方山坡汇水截流，将水疏排至外围的低洼处。其次是排土场平台本身的汇水不致侵蚀和冲刷边坡，而将平台修成3°左右的反坡，使水流向坡跟处的排水沟而排出界外。然后在排土场下游沟谷的收口部位修筑不同形式的拦挡坝（片石过水坝、竹笼坝、铁丝笼坝以及拦洪坝等），起到拦挡排土场泥石流、防止污染农田的作用。

若在排土场岩石物料中含孔隙水，则需要打适当的排水钻孔以降低水位。

（4）为了稳固坡角，防止排土场滑坡，可采用不同形式的护坡挡墙。它们是坚硬的块石堆置成的块石重力坝，透水性好，施工简单，造价便宜，能阻挡泥沙和滑坡。

将坚硬岩石预先堆置在可能产生潜在滑动面的位置上，排土场形成后便成了预先埋设的抗滑挡墙（图12－145）。同时它将改善水的排泄和排土场内部的疏干。

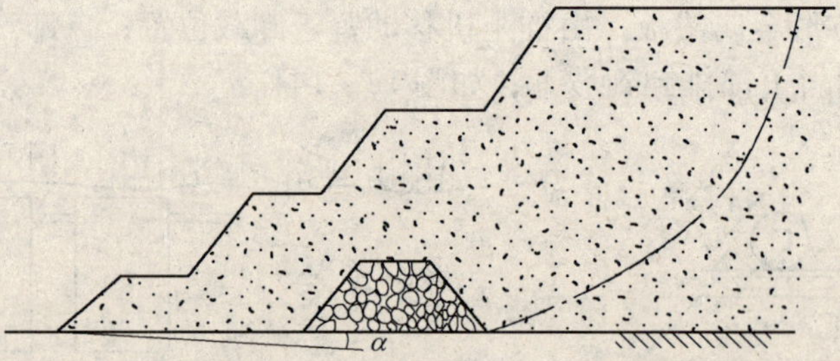

图12－145　预埋片石挡墙加固排土场

（5）排土场植被。在已结束施工的排土场平台和斜坡上普遍进行植被（植树和种草），可以起到固坡和防止雨水对排土场表面侵蚀和冲刷影响，尤其堆置的是表土和风化岩石时，这种植被的效果比较明显。植被的根系可以加固排土场表面的岩土，阻止雨水往内部渗透，植物本身也吸收大量的水分。

排土场植被要结合排土作业计划统一规划，首先因地制宜，确定适宜种植的植物种类，然后根据排土台阶的形成顺序，进行场地平整、播种或栽植，并有专人施肥、浇水和维护，以获得较高的成活率。

例如：江西永平铜矿排土场含表土及强风化岩石较多，排土场进行了综合治理，收到良好效果。三年来排土场植被面积已达 20 多公顷，普遍种植了马尾松、小斑竹和芮草等植物，其复垦率已达 60%。植被对于排土场固表护坡，防止雨水的冲蚀，以及绿化环境起到良好的作用。

12.8 露天矿生产能力及采剥进度计划

12.8.1 生产能力验证

12.8.1.1 按合理服务年限验证生产能力

露天矿境界内矿石工业储量一定时，生产能力要参考露天矿的合理服务年限来验证：

$$A = \frac{Q\eta\ (1+\rho)}{T} \tag{12-132}$$

式中 A——矿山生产能力，万吨/年；

Q——露天矿境界内工业矿量，万吨；

η——工业矿石回收率，%；

ρ——废石混入率，%；

T——矿山合理服务年限，a。

矿山企业服务年限过短，固定资产未到自身的服务年限即报废或拆迁，提高了每年折旧费额和矿石成本，是不合理的；反之，服务年限过长，将限制矿山企业的生产能力，有时服务年限过长，第一期设备损坏后，要求更新设备，需再次投资，也要增加矿石成本，应根据矿石的可采矿量，国家需要，开采建设条件及技术经济的合理等因素综合考虑确定。

金属矿山的合理服务年限可参考表 12 - 119 和表 12 - 120。

表 12 - 119 黑色冶金矿山生产能力及合理服务年限

矿山规模	特大型		大型		中型		小型	
	矿石	矿岩	矿石	矿岩	矿石	矿岩	矿石	矿岩
生产能力（万吨/年）	>1000	>3000	200 ~ 1000	1000 ~ 3000	60 ~ <200	300 ~ <1000	<60	<300
服务年限（a）	>30		>25		>15		>10 ~ 15	

表 12 - 120 有色冶金矿山生产能力及合理服务年限

矿山规模	特大型	大型	中型	小型
矿石生产能力（万吨/年）	>1000	100 ~ 1000	30 ~ <100	<30
服务年限（a）	>30	>25	>20	>10

水泥原料矿山为了保证工厂在一个相当长的时间内具有可靠的、固定的原料供给基地，矿山的服务年限应不小于下列数值：

大中型工厂，不小于30~50年；

小型工厂，不小于25年。

矿山服务年限按露天采矿场内的工业储量计算。达到设计规模的年限应超过服务年限的2/3。

化学矿山的合理服务年限可参照表12－121选取。

核工业部矿山生产规模及合理服务年限，可参照表12－122选取。

表12－121　化学矿山生产能力及合理服务年限

矿山规模	矿石生产能力（万吨/年）			
	磷　矿	硫铁矿	石灰石矿	服务年限（a）
大　型	>100	>100	>100	>30
中　型	30~100	20~100	50~100	15~20
小　型	<30	<20	<50	10左右

表12－122　核工业矿山生产能力及合理服务年限

矿石生产能力（万吨/年）	服务年限（a）
≥15	≥20
5~15	15左右
<5	视具体情况而定

具备下列条件时服务年限可适当缩短：

（1）国家急需的资源；

（2）开采条件好的富矿；

（3）附近远景储量大的露天矿；

（4）地下水量大、排水费用很高的矿山；

（5）矿区内有几个露天矿时，单个露天矿服务年限可缩短。

12.8.1.2　按矿山工程延深速度验证生产能力

$$A_p=\frac{v_o}{h}P\eta\ (1+\rho) \qquad (12-133)$$

式中　A_p——按矿山工程延深速度验证的采矿生产能力，万吨/年；

v_o——采矿工程延深速度，m/a；

h——台阶高度，m；

P——水平分层矿量，万吨；

η——矿石回收率,%；

ρ——废石混入率,%。

掘沟工程沿着矿体下盘延深时，矿山工程延深速度与采矿工程延深速度相等，如图12－146所示。

$$v_r=v_o=\frac{v_p}{\text{ctg}\varphi+\text{ctg}\gamma} \qquad (12-134)$$

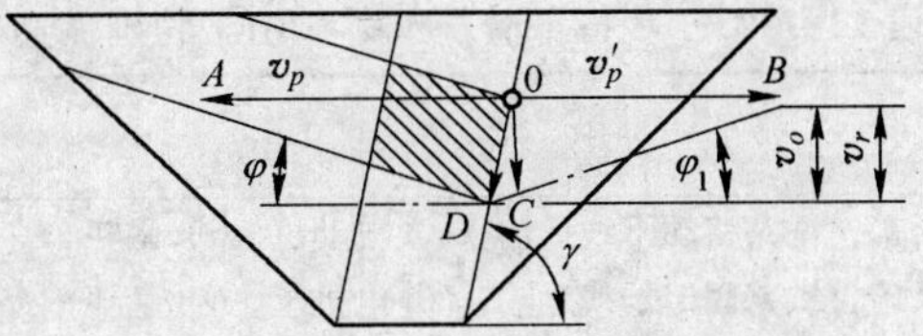

图 12－146 掘沟工程沿矿体下盘布置

式中 v_r——矿山工程延深速度，m/a；

v_o——采矿工程延深速度，m/a；

φ——工作帮坡角，(°)；

γ——矿体倾角，(°)；

v_p——工作台阶在上盘方向的水平推进速度，m/a。

掘沟工程沿底帮延深时，矿山工程延深速度小于采矿工程延深速度，如图 12－147 所示。

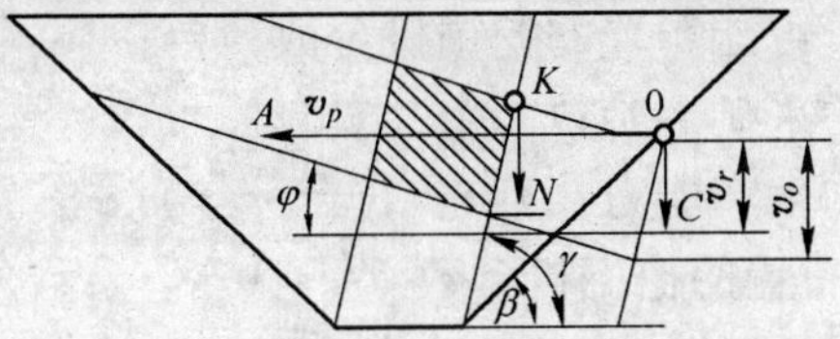

图 12－147 掘沟工程沿底帮布置

$$v_o = v_r \frac{\mathrm{ctg}\varphi + \mathrm{ctg}\beta}{\mathrm{ctg}\varphi + \mathrm{ctg}\gamma} \tag{12-135}$$

式中 β——延深方向与工作线水平推进方向的夹角，(°)；

v_o——采矿工程延深速度，m/a；

其余符号同前。

矿山工程延深速度可由新水平准备时间决定。

对于水平或近似水平的露天矿一般不存在延深的问题，露天矿的生产能力决定于工作线水平推进速度。

尖山铁矿曾研究过年产 400 万吨及 600 万吨两个方案，台阶高度为 12m，水平分层矿量 P 为 430 万吨，矿石回收率 η 为 90%，废石混入率 ρ 为 10%。

按式（12－135）计算：

当矿山规模为 400 万吨时，采矿工程延深速度为 11.2m/a；

当矿山规模为 600 万吨时，采矿工程延深速度为 16.9m/a。

按投资及国内现有的矿山装备水平综合考虑采用采矿工程延深速度为 11.2m/a 的方案。

表 12－123 为我国部分露天矿矿山工程延深速度。

12.8.1.3 按挖掘机工作面布置的数量验证生产能力

当选定挖掘机后，可能布置的挖掘机总数决定了矿岩生产能力，可能布置的采矿工作面数决定了采矿生产能力。

表12-123　我国部分露天矿矿山工程延深速度

矿山名称	开拓方式	矿山工程延深速度 (m/a)
大孤山铁矿	深凹露天矿，铁路移动干线运输，80t电动机，60t翻斗车	6~6.3
东鞍山铁矿	山坡露天矿，铁路固定干线运输，80t电机车，60t翻斗车	6~9.4
大冶铁矿东露天矿	深凹露天矿，铁路固定干线运输、80t电机车，60t翻斗车	8
南芬铁矿	山坡露天矿，平硐溜井运输开拓，25~40t汽车	10~12
杨家杖子松北矿	深凹露天矿，10t汽车运输	12~15
金岭铁矿	深凹露天矿，斜坡提升，2.5m提升机，$1.1m^3$矿车	8~9
白银露天矿	深凹露天矿，27t汽车	10~11
铜山露天矿	深凹露天矿，12~32t汽车	12.5
铀　矿	山坡露天矿，公路开拓运输	9.6~12.1

A　可能达到的采矿生产能力

$$A_k = mnQ \tag{12-136}$$

式中　A_k——可能达到的采矿生产能力，万吨/年；
m——一个采矿台阶可能布置的挖掘机台数，台；
n——可同时进行的采矿台阶数，个；
Q——挖掘机年平均生产能力，万吨/(台·年)。

B　一个采矿台阶可能布置的挖掘机台数

$$m = \frac{L_T}{L_C} \tag{12-137}$$

式中　L_T——台阶工作线长度；m；
L_C——采区长度，m；
m——挖掘机台数，台；
其余符号同前。

C　可同时进行的采矿台阶数的计算

$$M = N_o \pm N_o \mathrm{tg}\varphi \mathrm{ctg}\gamma \tag{12-138}$$

$$N_o = \frac{M}{1 \pm \mathrm{tg}\varphi \mathrm{ctg}\gamma}$$

$$n = \frac{N_o}{B + h\mathrm{ctg}\alpha} = \frac{M}{1 \pm \mathrm{tg}\varphi \cdot \mathrm{ctg}\gamma} \cdot \frac{1}{B + h\mathrm{ctg}\alpha}$$

式中　n——可同时进行的采矿台阶数，个；
N_o——工作帮坡线水平投影，m；
M——矿体水平厚度，m；
B——工作平盘宽度，m；
h——台阶高度，m；
α——工作台阶坡面角，(°)；
γ——矿体倾角，(°)；
φ——工作帮坡角，(°)，见图12-148；
“+”——表示由下盘向上盘推进；
“-”——表示由上盘向下盘推进。

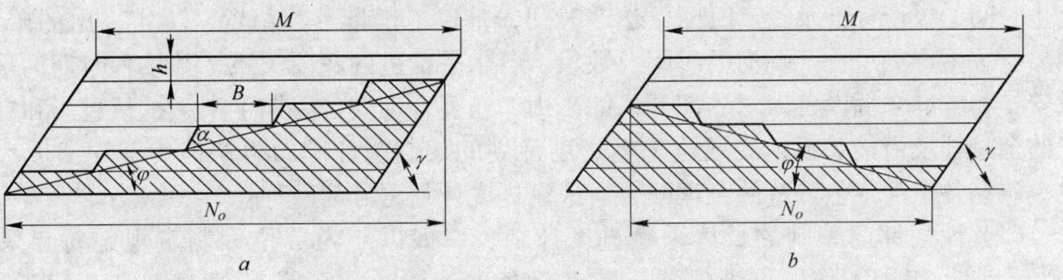

图 12-148 同时进行采矿的台阶数

a—从上盘向下盘推进；b—从下盘向上盘推进

12.8.1.4 泰勒公式计算矿山生产能力

该公式为经验公式，国外在粗略估算矿山生产能力时，常用这一公式对矿山进行规划，即：

$$T=0.2\sqrt[4]{Q} \quad (12-139)$$

$$A_k=\frac{Q}{T}$$

式中 T——矿山合理服务年限，a；

Q——开采范围内的工业矿量，t；

A_k——矿石年生产能力，t/a。

国内外部分露天矿用泰勒公式计算矿山生产能力与设计的生产能力对照，见表 12-124。

表 12-124 国内外部分露天矿用泰勒公式计算矿山生产能力与设计的生产能力对照

矿山名称	境界内矿量（万吨）	设计		泰勒公式计算	
		生产能力（万吨/年）	服务年限（a）	生产能力（万吨/年）	服务年限（a）
双峰铜矿（美国）	44700	1370		1536	30
卡罗尔铁矿（加拿大）	200000	4900		4728	42
赖特山铁矿（加拿大）	180000	4450		4369	43
纽曼山铁矿（澳大利亚）	140000	4000		3618	39
南部采选公司（苏联）	144500	3050	45	3705	39
英古列茨采选公司（苏联）	115200	3000	45	3130	37
萨尔拜依矿（苏联）	58030	1800	38	1872	31
米哈依洛夫矿（苏联）	23370	1000	26	946	25
大孤山铁矿（中国）	18000	600	30	776	24
齐大山铁矿（中国）	76000	3200	25	2340	33
大石河铁矿（中国）	1043	100	12	92	12
南芬铁矿（中国）	34000	1000	35	1250	28
白云鄂博铁矿东矿（中国）	17220	600	30	750	23

12.8.2 采剥进度计划编制[2]

12.8.2.1 编制采剥进度计划的意义和要求

露天矿采剥进度计划是将矿山工程发展的时间和空间关系确定下来，决定露天矿建设起止时间，投产标准及投产时间，达产时间，基建工程量及其位置，逐年采出的矿石量、剥离量、生产剥采比，掘沟的时间及数量、各水平推进的超前关系，并按各时期的采剥总量安排相应的采掘设备，对分期开采的矿山，还要合理安排一期生产、扩帮过渡和二期生产的全过程及衔接关系，要通过采剥进度计划的编制验证矿山生产能力，均衡生产剥采比，研究各生产工艺环节的合理配合。采剥进度计划可分为两种：

(1) 计划部门编制的长远采剥进度计划，一般以年为单位编制，规定每年采出的矿、岩量，年末工作线推进位置，采剥设备的布置，露天矿基建时间，基建工程量，投产、达产时间，设计的计算年等，它是设计和指导露天矿均衡生产综合平衡的重要文件。

(2) 生产矿山编制年、季、月的采剥技术计划，亦称生产作业计划。年度采剥技术计划是生产矿山每年的生产计划内容之一，也是年生产计划的核心。露天矿年采剥技术计划是以长远计划和国家下达的产品数量、质量等指标为依据编制的，它除安排年末的工作线推进位置外，还要详细计算穿爆、采装、运输、排土、机修等主要生产工艺和辅助车间的生产能力，找出薄弱环节，制定相应的技术措施计划，确保生产任务的完成。下面对两种计划分别加以阐述。

12.8.2.2　编制长远采剥进度计划

A　编制长远采剥进度计划所需资料及准备工作

(1) 比例尺为1∶1000或1∶2000的地质分层平面图。图上绘有地质界线，露天采场的开采境界。

(2) 露天采场内各水平分层矿岩量表，表中按重量和体积分别列出各水平分层在开采境界内的矿岩量和分层剥采比。

(3) 矿山总平面图及开拓系统布置图，对扩建和改建矿山还需开采现状图，要标出破碎筛分厂和排土场的位置。

(4) 选定开采参数，如台阶高度、采掘带宽度、采区长度、最小工作平盘宽度和正常工作平盘宽度，矿石开采损失率和废石混入率。

(5) 上级主管部门对矿山投产和达产时间的要求以及投产的标准。

(6) 露天矿延深方式，沟的几何要素。

(7) 采掘设备的生产能力，因初期操作技术不熟练，基建时期挖掘机的生产能力比正常时期低10%～30%，正常生产时的掘沟和选择开采时挖掘机能力降低20%左右。

B　编制采剥进度计划的原则

(1) 要尽可能减少基建工程量，减少基建时间，尽快投产、达产。保证规定的各级储备矿量，保持产量的均衡稳定。

(2) 最大均衡生产剥采比均衡的期限不能过短，其数值不宜过大，以减少设备数量和生产成本。

(3) 上、下水平的工作线要保持一定的超前距离，使平盘宽度不小于最小平盘宽度，台阶的水平推进与延深要配合好，保证及时开拓新水平，避免挖掘机上下频繁调动。

(4) 同时生产几种品级矿石，每种矿石的采出量均应保持均衡，水泥厂石灰石矿山各品级矿石要合理配比以满足质量中和的要求。

（5）对分期开采的矿山要安排好分期及过渡的关系。

C 长远采剥进度计划内容

（1）采剥进度计划表（表12－125）。表中阐明各年度的矿岩量，出入沟和开段沟工程量，采掘设备的配置和调动情况，从基建时开始逐年编制，编到设计计算年后3～5年为止，当采用净现值法评价矿山经济效果时，应编到露天矿全部采完。

对生产矿山亦应编制长远采剥进度计划，以便合理规划和安排各分层矿岩的开采和生产设备的使用，以及技术改造方案等。生产矿山的长远采剥进度计划可编制5～10年，一般编制5年即可。生产矿山的年度采剥技术计划应以此为基础进行编制。

（2）各水平的地质分层平面图（图12－149）。图中阐明逐年的年末工作线位置，采掘设备数目、编号、出入沟和开段沟的位置，逐年采出的矿岩量等。

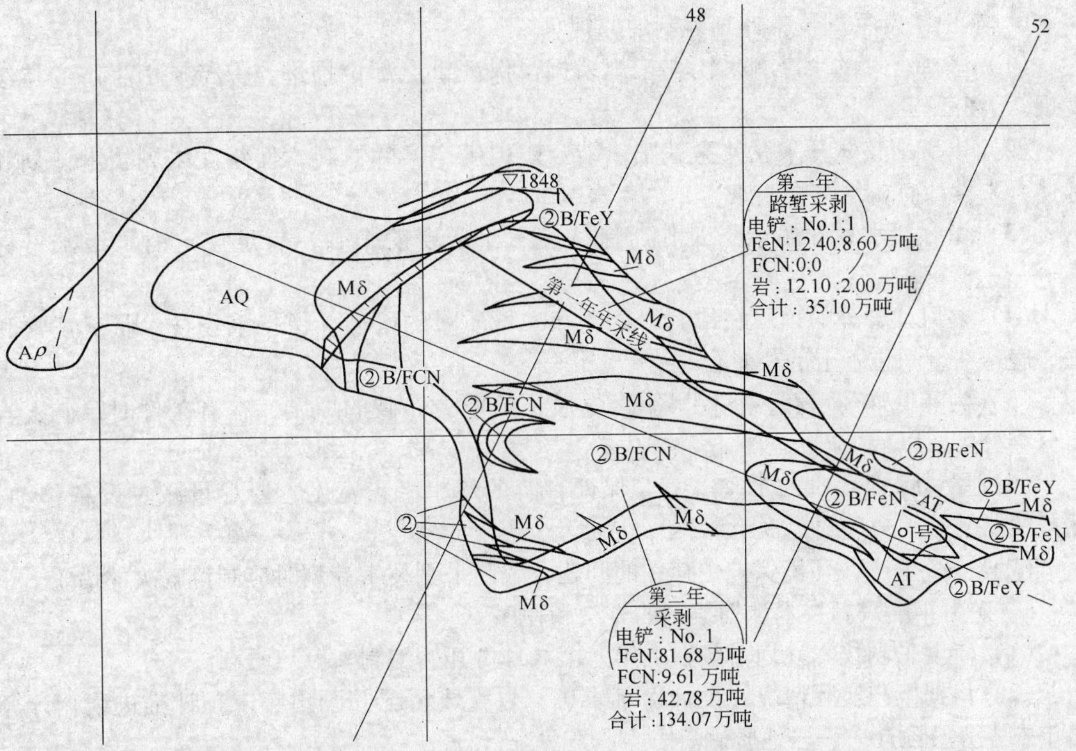

图12－149 尖山铁矿地质分层平面图

（3）露天采矿场年末综合平面图（图12－150）。图上标出各水平的工作线位置，出入沟和开段沟位置，钻机及挖掘机的配置、矿岩地质界线，开拓运输系统等。

D 逐年产量发展图表（图12－151）。用采剥进度计划表的结果，以纵坐标表示总采剥量、矿量、剥岩量，横坐标表示开采年度绘制曲线图，采剥进度计划未编制的年份、产量和设备数量可按各水平的矿岩比例推算而得。

12.8.2.3 编制矿山采剥技术计划

矿山采剥技术计划分为年度、季度和月采剥技术计划。

A 矿山年度采剥技术计划的编制

a 矿山年度采剥技术计划编制的基础资料和依据

（1）地测部门提供上年度的采场、排土场现状分层平面图、综合平面图、有代表性的剖面图和各分层矿石品位及矿量表。

（2）总结上年度1~6月份产品产量、重点工程和各项技术经济指标完成情况，并进行分析。

（3）生产、计划、地测、劳资、机电、供销等职能部门，按编制部门的需要提供有关资料。

（4）采剥技术计划编制部门调整和编制上年度下半年的采剥技术计划，得出上年度采剥技术计划预计执行情况和到年末预计采剥的采场平面图，二级矿量保有数量。

（5）根据上级主管部门下达的计划年度的控制指标，进行预安排。

（6）对计划年度内的各种重大技术措施方案、技术改造方案，预先进行论证，报上级主管部门审批后，作为编制计划的依据。

b 矿山年度采剥技术计划编制的原则

（1）坚持合理的生产剥采比和正规采掘，保证重点部位推进，保持矿山生产的持续发展。

（2）以矿山整体开采设计为基础，结合矿山生产实际情况，使年度采剥技术计划和整体开采设计有机地结合起来。

（3）做好新水平开拓准备工作，保持正常生产台阶个数，满足规定的二级矿量标准。

（4）要保证合理的顶、底帮剥岩比例和矿石质量的平衡，保持采场技术状况正常和顶、底帮在空间位置上的相对合理。

（5）为降低炸药单耗，坚持旱季多爆破，雨季少爆破的原则，在有条件时，矿、岩要分穿分爆，以减少矿石的贫化和损失。

（6）尽量保证台阶的平整齐直，保证台阶的最小平盘宽度，要尽量减少设备移动，保持线路畅通和合理的运输距离。

（7）安全生产、环境保护中存在的问题，编制采剥技术计划时应制订解决的措施。

c 矿山年度采剥技术计划编制的方法和程序

（1）年度采剥技术计划一般在上年七至八月份开始编制。

（2）根据生产实际情况，预计上年末矿、岩完成情况并画出年末预计推进线，计算出年末各分层预计矿、岩地质储量。

（3）在上年末预计完成推进线的基础上，根据编制原则在各分层平面图上画出年末及季度计划推进线，确定各阶段推进量和采出矿、岩计划。

（4）根据各分层采出矿、岩量和土场实际情况，安排好排土计划。

（5）根据运输车间的产量、电铲位置和排土场的使用，计算运矿、运岩及矿岩平均运输距离。

（6）根据年、季度推进图，采出矿石部位和储备矿量情况，地测部门计算出年、季度矿石品位计划。

（7）根据各有关职能科室提供的资料，编制出年度技术组织措施计划和各项技术经济指标表，编制年度采剥计划说明书和表格。同时要进行描图，再返回计划科审查后晒图，所有表格及措施计划均纳入综合计划统一上报和下发。

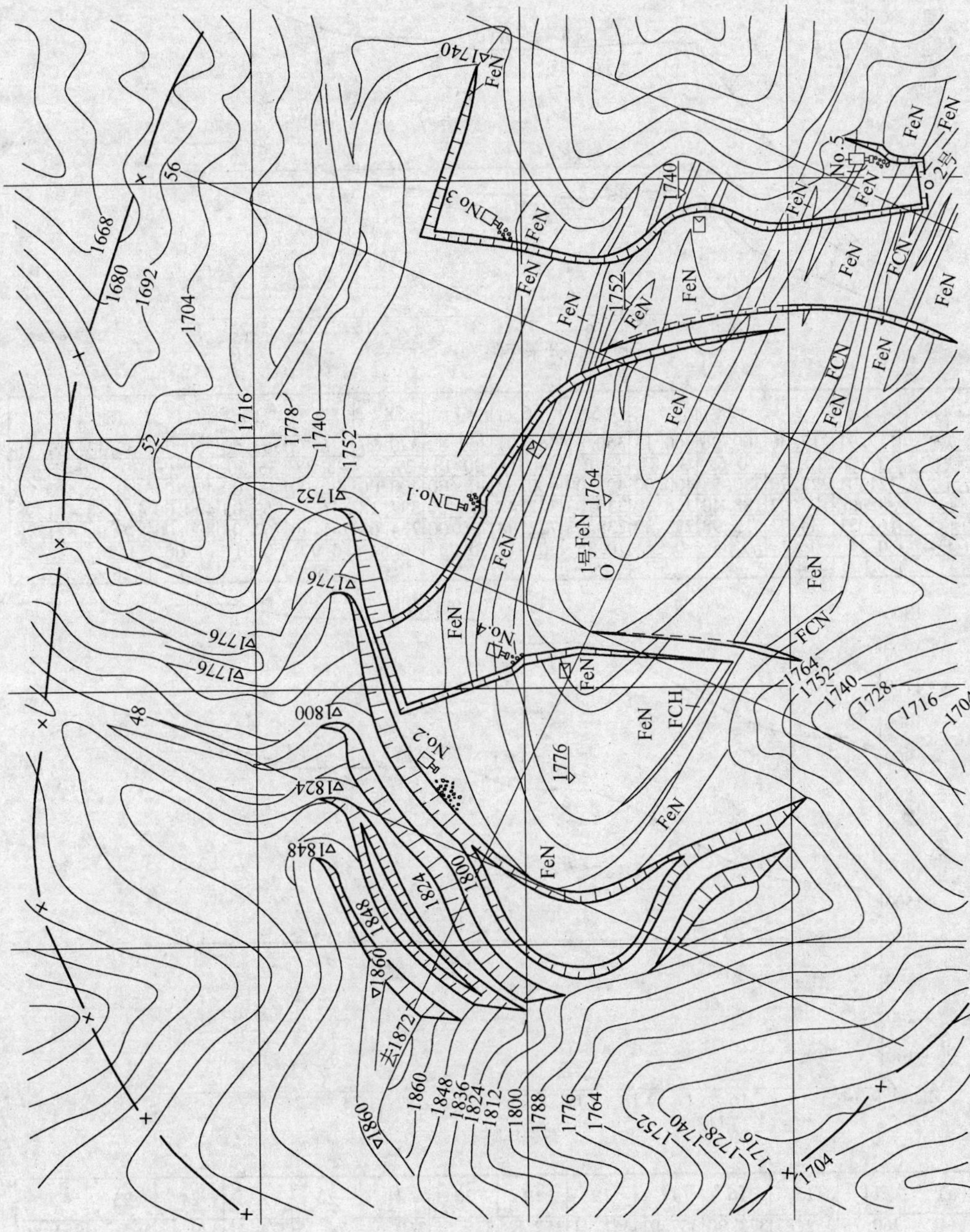

图 12-150　尖山铁矿第六年末露天采场综合平面图

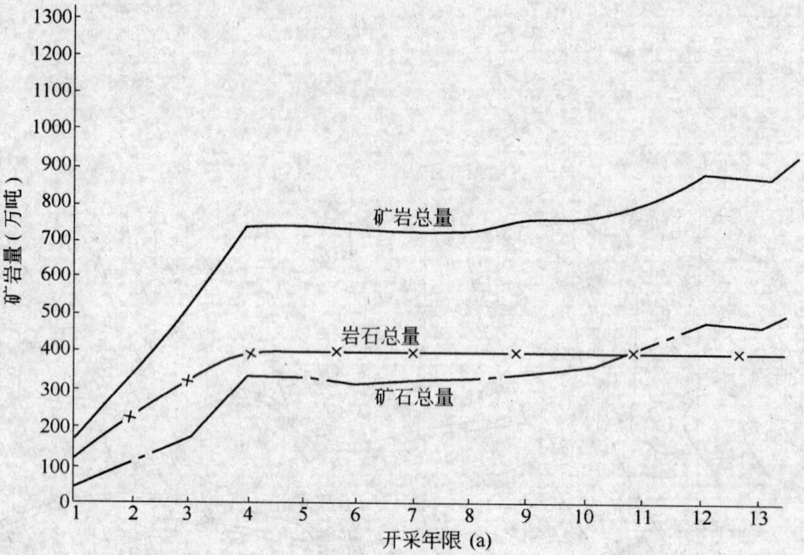

开采年限（a）		1	2	3	4	5	6	7	8	9	10	11	12	13
矿石（万吨）	磁铁矿	117.91	217.36	309.96	360.13	360.81	365.91	369.82	370.27	376.73	363.50	360.75	360.13	357.56
	赤铁矿	3.10	10.54	20.62	39.81	39.13	34.09	30.18	29.73	23.27	36.50	39.25	39.87	42.44
	合计	121.01	227.90	330.58	400.00	400.00	400.00	400.00	400.00	400.00	400.00	400.00	400.00	400.00
岩石（万吨）		40.86	107.02	183.40	338.30	338.03	322.48	330.00	334.18	351.40	362.03	400.00	479.28	471.98
矿岩计（万吨）		161.81	334.92	513.98	738.30	738.03	722.98	730.00	734.68	751.40	762.03	800.00	879.28	871.98
剥采比（t/t）		0.34	0.47	0.55	0.85	0.85	0.81	0.83	0.84	0.90	0.91	1.00	1.20	1.18
电铲（台）		2	4	4	5	5	5	5	5	5	5	6	6	6

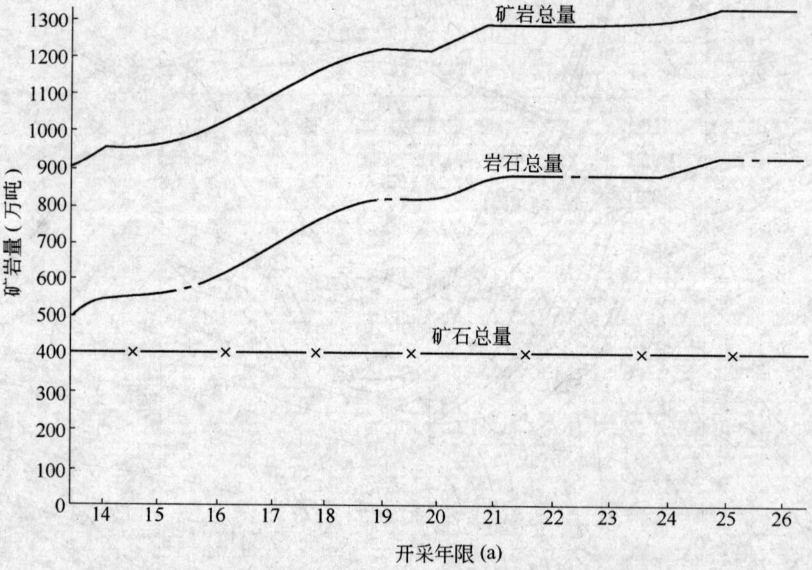

开采年限（a）		14	15	16	17	18	19	20	21	22	23	24	25	26
矿石（万吨）	磁铁矿	360.76	352.87	373.90	357.91	351.41	352.89	355.55	360.64	374.25	374.41	379.42	385.13	381.86
	赤铁矿	39.24	47.13	26.10	42.01	48.59	47.11	44.45	39.36	25.75	25.59	20.58	14.87	18.14
	合计	400.00	400.00	400.00	400.00	400.00	400.00	400.00	400.00	400.00	400.00	400.00	400.00	400.00
岩石（万吨）		554.22	554.81	599.90	680.35	760.00	800.00	800.00	858.59	860.00	860.00	860.00	900.00	900.00
矿岩计（万吨）		954.22	954.81	999.90	1080.35	1166.00	1200.00	1200.00	1258.59	1260.00	1260.00	1260.00	1300.00	1300.00
剥采比（t/t）		1.39	1.39	1.50	1.70	1.90	2.00	2.00	2.15	2.15	2.15	2.15	6.25	2.25
电铲（台）		6	6	7	7	8	8	8	8	9	9	9	9	9

图 12－151　尖山

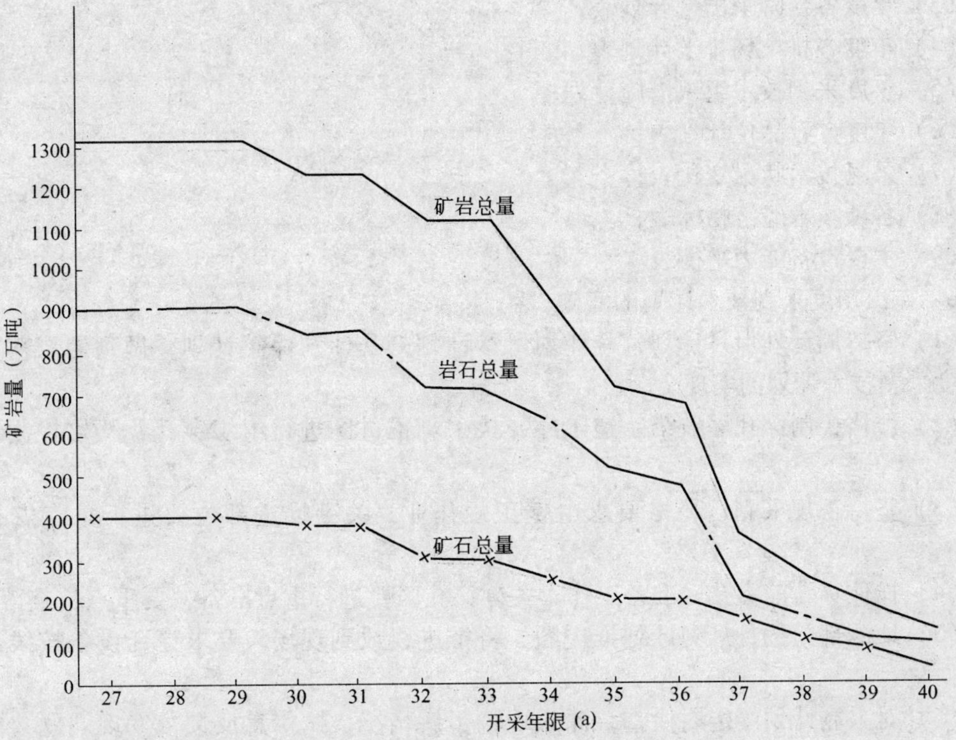

开采年限（a）		27	28	29	30	31	32	33	34	35	36	37	38	39	40
矿石（万吨）	磁铁矿	372.91	375.00	386.65	380.00	380.00	300.00	300.00	250.00	200.00	200.00	150.00	100.00	80.00	35.55
	赤铁矿	27.09	25.00	13.25											
	合计	400.00	400.00	400.00	380.00	380.00	300.00	300.00	250.00	200.00	200.00	150.00	100.00	80.00	35.55
岩石（万吨）		900.00	900.00	900.00	840.00	840.00	710.00	700.00	630.00	500.00	472.00	200.00	150.00	100.00	88.34
矿岩计（万吨）		1300.00	1300.00	1300.00	1220.00	1220.00	1100.00	1000.00	880.00	700.00	672.00	350.00	250.00	180.00	123.89
剥采比（t/t）		2.25	2.25	2.25	2.21	2.21	2.36	2.33	2.52	2.50	2.36	1.33	1.50	1.25	2.48
电铲（台）		9	9	9	8	8	7	7	6	5	5	3	2	2	2

铁矿产量逐年发展曲线

d 矿山年度采剥技术计划的主要内容

（1）1∶2000比例年度推进各分层平面图和综合平面图；

（2）年度各台阶推进量计划表；

（3）年度各台阶采出量计划表；

（4）年度各排土场排土计划表；

（5）年度采剥技术组织措施计划；

（6）年度矿石品位计划表；

（7）采场技术状况变化表；

（8）各项技术经济指标表；

（9）主要设备能力平衡表。

e 矿山年度采剥技术计划的实施

（1）坚持周计划保月计划，月计划保季计划，季计划保年计划，做到层层落实，保证年度采剥技术计划的实现。

（2）严格控制穿孔爆破第一道工序，按采剥推进图进行组织穿孔，严格控制计划外推进。

（3）坚持正规采剥，严格要求电铲正规作业，关键推进部位要进行重点安排和配车。

（4）抓住穿孔前穿孔区准备工作，关键穿孔区要进行重点准备，要重点检查落实。

（5）地测部门按月采剥计划推进图，将推进线放到现场，要求穿孔设备按线进行穿孔。

（6）对采剥计划要定期检查，深入现场了解情况，搞信息反馈，发现问题共同研究解决。

f 矿山年度采剥技术计划的检查、总结

（1）年度计划在七月份进行上半年计划完成情况检查，在十月份进行一次全面检查，对实施计划中存在的问题，制订解决措施，实现年度计划。

（2）每季度进行一次小结，年末进行全面总结。

季度采剥技术计划的编制可参考年采剥技术计划编制。

B 矿山月采剥技术计划的编制

a 月采剥技术计划编制的基础资料和依据

（1）地测部门提供1∶2000比例的上月末采场现状综合平面图及分层矿岩量。

（2）计划部门编制的季度采剥技术计划及采剥技术计划综合平面图。

（3）设备部门提供月份主要设备的大、中、小修计划。

（4）技术部门提供采场管理、单体设计、爆破管理、溜井管理等措施计划。

（5）现场实际生产情况的调查；预测采场内各分层矿岩储爆量，实测各挖掘机预计采出部位到相应卸矿口，排土场的运输距离。

b 月采剥技术计划的编制原则

（1）根据季度生产经营计划，以季度计划为基础，月计划保季计划的原则。

（2）保证矿石质量的平衡和合理的生产剥采比；坚持正规采剥。

（3）保证采场内各台阶的最小工作平盘宽度，做好新水平开拓准备工作。

(4) 合理地调动设备，尽量减少设备移动。

c 月采剥技术计划编制的方法和程序

月采剥技术计划要在上月下旬开始编制。

(1) 根据季计划的安排和当前生产实际，总结分析上月的生产情况和存在问题，制订出本月的工作重点及措施计划。

(2) 同各有关单位共同确定本月份的主要生产计划指标，设备开动台数以及各项主要技术经济指标。

(3) 根据季度采剥技术计划的安排和采场的实际情况，在采场综合平面图上画出本月份采剥计划推进线，计算出矿、岩推进量；列出台阶储爆量、爆破量和采出量计划表。

(4) 编制各单台钻机的作业计划，根据季度采剥技术计划下达的本月份的爆破量，编制出本月份钻机的矿石、岩石总进尺计划；然后结合各钻机本月计划推进部位、钻机的技术状况和钻机的大、中、小修计划，安排各台钻机的矿石、岩石进尺计划，计算出各单台钻机矿石、岩石爆破量计划。

(5) 根据挖掘机的采出量计划、运输车间的产量计划、排土场的运距，计算出本月份的运输计划。

(6) 根据实测各挖掘机与相应卸矿口、排土场的运输距离，列出本月份汽车运输距离表，用加权平均计算方法分别计算出本月份矿石、岩石的平均运输距离以及全矿平均运输距离计划。

(7) 月份采剥技术计划综合平面图经主管矿长的审查后，交地测部门计算矿石质量和采场的技术条件。

d 月采剥技术计划的内容

(1) 上月份的生产情况概括总结分析以及本月份的重点工作和技术组织措施计划。

(2) 月采剥技术计划综合平面图。

(3) 月主要采剥技术计划指标表。

(4) 各项技术经济指标表。

(5) 各台阶储爆量、爆破量、采出量计划表。

(6) 钻机进尺、爆破量计划表。

(7) 挖掘机单台采出量及运输计划表。

(8) 月汽车运输距离表。

(9) 各排土场排土计划表。

(10) 矿石质量计划表。

(11) 主要设备大、中、小修计划表。

(12) 各主要车间用电计划表。

e 月采剥技术计划的实施

月采剥技术计划是直接指导生产的作业计划，从计划的角度来说，月采剥技术计划是以周计划、日计划的形式逐级分解实施、指导生产的。

(1) 生产职能部门在生产矿长的领导下，现场调度有直接指挥生产、调动设备的权力，调度在指挥生产的过程中，要严格执行计划的安排，与生产计划员要有密切的联系，遇特殊问题要相互协商而定。

(2) 在生产过程中，遇有与季计划相抵触的问题或者计划外的推进，都要和有关职能部门共同商议确定或由主管矿长裁决。

(3) 要严格执行正规采剥、挖掘机要正规作业，挖掘机在爆区的移动要经地测部门同意，其他主要设备的移动由现场调度指挥。

(4) 每周末由调度组织有矿长参加的生产平衡会，安排下周生产计划；协调各车间、职能部门相互间的协作关系；解决生产过程中存在的问题和困难。

(5) 重点部位的推进要重点组织，重点检查，必要时要采取强化措施。

12.8.2.4 陡帮分期开采进度计划的编制及实例

陡帮分期开采进度计划编制的方法及原则与缓帮开采基本一致，陡帮开采工作的特点是矿山上部有一个高差较大、工作陡帮坡角较陡的剥离区段（若此区段含有挂帮的矿石，则是剥离采矿区段），下部为采矿区段。上部剥离区段剥岩量很大时，往往分成若干个周期进行工作。每一个周期将一定的岩石剥去，使下部矿体得以扩展、回采，每个周期的起止时间，空间位置，使用设备及采剥岩量均应在开采进度计划中反映，这是陡帮分期开采进度计划编制的一个特点。下面以南芬铁矿为例对上部剥离区的开采进度计划作一简介，下部采矿区段的开采进度计划与缓帮开采相同，故不赘述。

南芬铁矿矿石储量大，沿深度分两期开采，第一期露天采场底部标高为190m，第二期露天采场底部标高为－2m（设计方案）。

矿山从190m境界扩展到－2m境界，上盘扩帮岩量很多，设计采用陡帮开采法扩帮，分9个周期进行采剥，各周期的剥岩量如表12－126。

第一扩帮周期从1990年起至1992年止，第一组组合台阶从586m至442m，高差144m，共12个台阶，使用两台16.8m^3 挖掘机；第二组组合台阶从442m至370m，高差72m，共6个台阶，一台挖掘机作业。第二扩帮周期从1993年起至1997年止，第一组组合台阶从586m至442m，高差144m，共12个台阶，有两台挖掘机；第二组组合台阶从442m至334m，高差108m，共9个台阶，有三台挖掘机。第三扩帮周期从1998年起至2000年，第一组组合台阶从586m至382m、高差204m，共17个台阶，使用2～3台挖掘机；第二组组合台阶从442m至298m，高差144m，共12个台阶，使用四台挖掘机。1997年年末状态图如图12－152所示。1997年末第一组组合台阶扩至422m，有两台挖掘机；第二组组合台阶扩至334m，有三台挖掘机。台阶高度为12m，台阶坡面角70°，临时非工作平台宽度为15m，道路宽度24～27m，每一次扩帮宽度为60～150m，工作帮坡角15°～25°。

表12－126 陡帮作业九个扩帮周期采剥岩量统计

扩帮周期段	1	2	3	4	5	6	7	8	9
扩帮周期（a）	3	5	3	4	4	4	3	4	3
扩帮高度：最高（m）	586	586	586	514	514	466	382	298	226
最低（m）	370	334	298	226	226	178	118	94	70
高差（m）	216	252	288	252	288	288	264	204	156
总台阶数（个）	18	21	24	24	24	24	22	17	13
组合台阶数（个）	2	2	2	2	2	2	2	2	2
采剥岩量（万吨）	6335	16693	15007	13323.5	10328.4	20364.0	13226.5	11332.7	7532.5

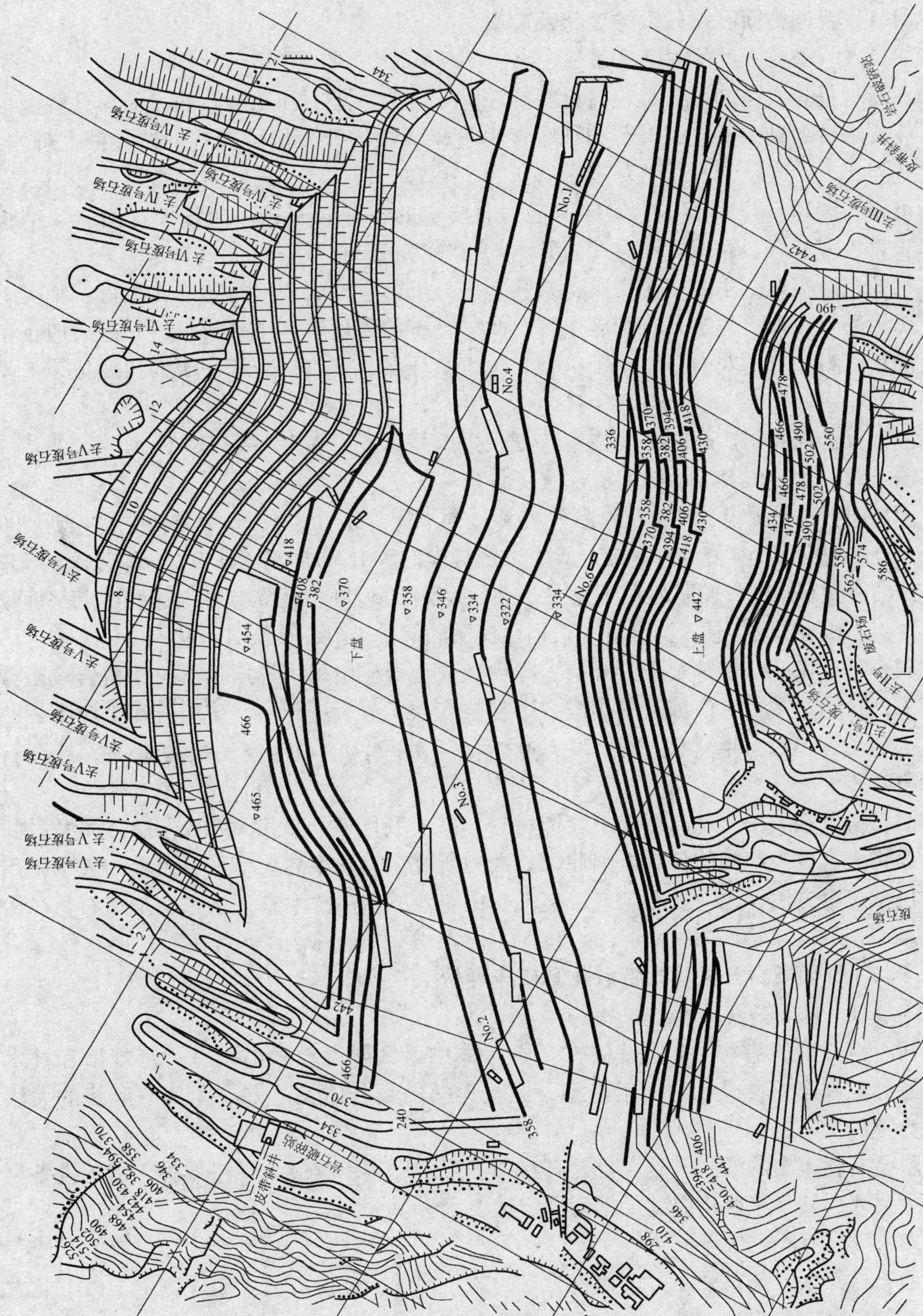

图12-152 南芬铁矿陡帮开采1997年年末示意图

12.9 饰面石材开采

12.9.1 我国饰面石材开采的现状及前景

12.9.1.1 饰面石材的种类及用途

饰面石材是建筑装饰用天然岩石材料的总称，分为大理石和花岗石两大类。凡能满足一定工业要求的各种碳酸盐类岩石和某些含少量碳酸盐的硅酸盐类岩石，如各种大理岩、大理化灰岩、火山凝灰岩、致密灰岩、石灰岩、砂岩、石英岩、蛇纹岩、石膏岩和白云岩等，均可作为大理石开采；凡能满足一定工业要求的各种岩浆岩，如各种花岗岩、钠长岩、辉长岩、闪长岩、辉绿岩和玄武岩等，均可作为花岗石开采。

石材的用途很广，主要用作高级建筑物室内外墙面、柱面和地面的饰面板材；其次用作工艺美术品、石碑、建筑条石和砌块等。此外，有的大理石可作电闸板，人造大理石和水磨石的填充料；有的花岗石可用于机械、化工、环保、测绘、造纸、印染和食品等工业部门。

我国部分饰面石材产品的主要技术特征及生产厂家，见表12－127。

12.9.1.2 我国饰面石材开采的现状及前景

我国饰面石材资源很丰富，花色品种繁多。据不完全统计，在22个省市中已有近300个品种。全国现有大小矿点500多处，具有一定规模的矿山40多座。其中，仅踏勘过的132个矿点预估，就有储量：大理石21亿多立方米，花岗石3000多亿立方米。这些矿点都埋藏浅，储量大，覆盖层薄，便于露天开采。但已探明的储量，尚不及预估储量的4%。

我国石材矿山，目前都是露天开采，除少数大理石矿山采用钢索锯石机和凿岩液压劈裂法开采外，绝大多数矿山都是采用凿岩爆裂法和人工劈裂法开采。矿山劳动生产率，一般为6～15米^3/（人·年），个别达20～30米^3/（人·年）。荒料率一般为20%，花岗石最高达40%。

饰面石材美观耐用，是高级建筑装饰材料，随着我国建筑业和对外贸易的蓬勃发展，石材工业将会有更为广阔的前景。因此，应大力研究采用新型高效率采石机具，大量采用先进的机械采石方法，改进采石工艺，提高矿山企业的生产技术管理水平，加速石材矿山现代化。

12.9.2 饰面石材开采基本特点及其矿床评价

12.9.2.1 饰面石材开采基本特点

饰面石材开采的基本特点，是从矿（岩）体中最大限度地采出具有一定规格和技术要求，能加工饰面板材或工艺美术造型，完整无缺的长方体、正方体和其他形状的大块石，称为荒料。

荒料是石材矿山的商品产品，也是石材加工厂的原料，其最大规格取决于加工设备允许的最大尺寸，其最小规格应满足锯切稳定性要求。

12.9.2.2 石材矿床评价

饰面石材开采，是以采出大块荒料为目的的。因此，评价石材矿床应侧重于以下几方面。

A 矿石质量

衡量石材矿石质量的主要指标有：

表 12－127 我国部分饰面石材产品主要物理力学性能

产品名称及代号		所属岩种	颜色	结构	容重（g/cm^3）	抗压强度（MPa）	抗折强度（MPa）	肖氏硬度（度）	磨耗量（cm^3）	生产厂家	产地
汉白玉	101	白云岩	乳白色	细粒	2.87	156.4	19.12	42.4	22.50	北京大理石厂	房山
雪花白	311	白云大理岩	乳白色	中细粒变晶	2.82	106.8	7.86	45.4	24.38	掖县大理石厂	掖县
苍白玉	074	白云岩	乳白色	细粒	2.88	136.1	12.28	50.9	24.96	大理大理石厂	大理
云花	073	大理岩	浅灰色	花岗变晶	2.72	78.0	29.08	44.6	17.94	大理大理石厂	大理
雪花	310－1	白云岩	乳白色	粗粒	2.87	116.8	22.68	58.3	16.61	青岛大理石厂	乳山
金玉	125	蛇纹石化大理岩	淡绿色	微粒隐晶	2.80	128.5	29.97	59.2	14.81	北京大理石厂	昌平
莱阳绿	320	蛇纹石化碳酸盐橄榄石化矽卡岩	淡绿色	纤维状网格变晶	2.65	93.3	16.22	44.2	18.95	掖县大理石厂	掖县
丹东绿	217	蛇纹石化镁橄榄石矽卡岩	淡绿色	片状粒状变晶	2.71	100.8	30.45	47.9	24.50	沈阳大理石厂	丹东
杭灰	056	石灰岩	灰色	隐晶	2.73	121.4	11.98	63.1	14.94	杭州大理石厂	杭州
云花	401	大理岩	深灰色	花岗变晶	2.76	109.2	26.11	57.8	15.44	云浮石料厂	
奶油	058	大理岩	乳白色	细粒变晶	2.74	123.0	18.9	59.6	16.30	丹东大理石厂	宜兴
铁岭红	219	大理岩	紫红色	细粒	2.75	82.2	23.3	53.4	20.02	沈阳大理石厂	铁岭
纹脂奶油	076	灰质白云大理岩	粉红色	粒状	2.76	99.3	18.73	65.9	7.14	沈阳大理石厂	金县
东北红	218	白云质石灰岩	肉红色	隐晶	2.77	127.9	16.09	54.9	12.55	大连大理石厂	金县
红皖螺	055	石灰岩	紫红色	隐晶	2.73	90.6	22.89	62.7	9.27	灵璧大理石厂	灵璧
白虎涧	151	黑云母花岗岩	粉红色	花岗	2.58	137.3	9.28	86.5	2.62	北京大理石厂	昌平
南口红		黑云母花岗岩	粉红色	花岗	2.50	235.3	20.37	89.7	1.32	北京大理石厂	昌平
田中石	602	花岗岩	灰白色	花岗	2.62	171.3	17.15	97.8	4.80	惠安石雕厂	惠安
古山红	607	黑云母花岗岩	暗红色	花岗	2.68	167.0	19.26	101.5	6.57	惠安石雕厂	惠安
袭石	606	黑云母花岗岩	浅红色	花岗	2.61	214.2	21.54	94.1	2.93	惠安石雕厂	惠安
峰白石	603	黑云母花岗岩	浅灰色	花岗	2.62	195.6	23.38	103.0	7.83	惠安石雕厂	惠安
笔山石	601	花岗岩	浅灰色	花岗	2.73	180.4	21.60	97.3	12.1	惠安石雕厂	惠安
花岗石	431	花岗岩	粉红色	花岗	2.58	119.2	8.90	89.5	6.88	南安石料厂	汕头
大黑白点	614	角闪花岗岩	灰白	花岗	2.62	103.6	16.26	87.4	7.53	厦门雕刻厂	同安
厦门白	605	花岗岩	灰白	花岗	2.61	169.8	17.12	91.2	0.31	厦门雕刻厂	厦门
泰安绿	305	花岗闪长岩	灰黑	粗粒花岗	2.82	217.6	28.82	98.5	3.40	济南花岗石厂	泰安
济南青	301	辉长岩	灰黑	辉长	3.07	262.2	37.48	79.8	10.87	济南花岗石厂	泰安
黄岗黑	301－1	橄榄辉长岩	灰黑	辉长	3.09	162.8	26.71	74.8	11.16	济南花岗石厂	泰安

注：饰面石材的品种是以加工抛光后所显示的花色、特征及原料产地来命名的。

a 装饰性能

装饰性能由矿石磨光面的颜色、花纹和光泽度表征。要求具有良好的装饰性能，即颜色、花纹协调、均一、稳定，光泽度在80度以上。

装饰性能，是划分石材品种和评价其价值大小的依据，见表12－128。

表12－128 饰面石材等级

等级	大理石类饰面石材	花岗石类饰面石材
等级	汉白玉、松香黄、丹东绿	芦山红
一级	雪花白、桂林黑、红奶油、水桃红、杭灰	贵妃红、石棉红、济南青（A）、塔尔红、水芙蓉
二级	芝麻白、东北红、秋景、桃红、灵寿绿、莱阳黑	崂山红、济南青（B）、平邑红
三级	灰螺纹、条灰、紫豆瓣、莱阳绿、云灰	黑花白、灰白点、粉红、砻石、五莲花

注：以上划分不是严格的，应根据市场需求确定。

b 物理技术性能

具有良好的加工性能，有一定的机械强度，在锯切、研磨、抛光和搬运及安装过程中，不易自然破损。一般要求的机械强度：抗压强度70～110MPa，抗折强度6～16MPa。

c 化学稳定性

耐风化、抗腐蚀。

d 无害性

不含有毒有害化学成分及放射性核素的含量不超过工业卫生标准。

B 荒料块度及荒料率

a 荒料块度

荒料按块度大小可分为三级：一级≥3m³；二级≥1～3m³；三级≥0.5～<1m³。

b 荒料率

荒料率是评价石材矿床是否具有开采价值和价值大小的决定性指标。具有开采价值的石材矿床，应具备以下条件：

$$\eta_z \geqslant \eta_{JH} \qquad (12-140)$$

式中 η_z——综合荒料率，%；

$$\eta_z = \frac{V}{Q} \times 100\%$$

V——一定开采范围内采出的各级荒料总量，m^3；

Q——一定开采范围内采出的矿石总量，m^3；

η_{JH}——经济合理荒料率，%。

产品为规格荒料时：

$$\eta_{JH} = \frac{C + nb}{P(1-\gamma) - KD} \times 100\% \qquad (12-141)$$

式中 C——单位原矿的开采成本，元/米³；

b——单位土岩的剥离成本，元/米³。

产品为规格荒料和部分碎石综合利用时：

$$\eta_{JH} = \frac{C_1 + C_2 n - P_1 \eta}{P(1-\gamma) - KD - P_1 \eta} \times 100\% \qquad (12-142)$$

产品为板材时：

$$\eta_{JH}=\frac{C_1+C_2n}{\eta_b[P_2(1-\gamma_1)-KD_1-C_3]}\times100\% \qquad (12-143)$$

产品为板材和部分碎石综合利用时：

$$\eta_{JH}=\frac{C_1+C_2n-P_1\eta}{\eta_b[P_2(1-\gamma_1)-KD_1-C_3]-P_1\eta}\times100\% \qquad (12-144)$$

式中　C_1——单位原矿的开采成本，元/米^3；
C_2——单位土岩的剥离成本，元/米^3；
n——最大允许剥采比，m^3/m^3；
P——规格荒料的平均售价，元/米^3；
γ——荒料产品税率，包括城建维护税和教育附加税；
K——投资利润率,%；
D——单位荒料的基建投资额，元/米^3；
P_1——综合利用1米^{3}碎石的纯收入，元/米^3；
η——碎石综合利用率,%；
η_b——板材率，米^2/米^3；
P_2——单位板材的平均售价，元/米^2；
D_1——单位板材的基建投资额，元/米^2；
C_3——单位板材的加工成本，元/米^2；
γ_1——板材产品税率，包括城建维护税和教育附加税,%。

C　经济合理剥采比

石材矿山的平均剥采比，不应超过经济合理剥采比。覆盖层和风化带厚度，直接影响剥采比和荒料成本。石材矿山的经济合理剥采比，可按式（12-145）、(12-146）计算：

综合利用时

$$n_{JH}=\frac{\eta_z[P'(1-\gamma)-D']-a+q}{b} \qquad (12-145)$$

无综合利用时

$$n_{JH}=\frac{\eta_z[P'(1-\gamma)-D']-a}{b} \qquad (12-146)$$

式中　n_{JH}——经济合理剥采比，m^3/m^3；
b——剥离成本，元/米^3；
a——开采荒料成本，元/米^3；
q——矿石综合利用最低盈利指标，元/米^3；
其余符号意义同前。

D　综合利用

饰面石材，从矿山到加工厂的整个生产过程中，产生的碎石称为废料或废石，往往占开采与加工原料的80%左右，能否综合利用这些废料，严重影响石材企业的经济效益。因此，在评价石材矿床时，应结合综合利用可行性，进行综合评价。

E　节理裂隙发育程度

矿体中节理、裂隙、层理、色斑、脉线，以及包裹体、析离体的发育程度与特点，是决定荒料块度和荒料率的地质因素，从而决定矿床是否有开采价值及价值大小的问题，在调查研究和评价石材矿床时，应予以特别重视。

F 矿石储量及矿山开采技术条件

矿石储量，应满足拟建矿山规模及服务年限的需要。

矿山开采技术条件包括：矿区地形、矿体和夹石的产状、形态、厚度、岩溶数量及分布规模，以及外部建设条件。靠近电源、水源，交通方便，是理想的外部建设条件。

12.9.3 矿山规模及生产能力

12.9.3.1 矿山规模及服务年限

石材矿山按年产荒料量及服务年限，可分为大、中、小型三类，见表12-129。

表12-129 石材矿山规模

矿山规模	矿石工业储量（万米^3）	荒料量（m^3/a）	服务年限（a）	备 注
大 型	>60	>5000	>25	矿石工业储量
中 型	30~60	2000~5000	20~25	系按荒料率
小 型	6~30	500~2000	15~20	为18%计算求得

12.9.3.2 矿山生产能力

A 荒料生产能力

（1）根据国家需要，并按矿产资源及开采技术条件，进行验证后确定。

（2）根据主管部门下达的板材需要量，按（12-147）式计算确定：

$$V=\frac{S}{\eta_b}(1+K) \tag{12-147}$$

式中 V——荒料生产能力，m^3/a；

S——主管部门下达的板材量，m^2/a；

η_b——板材率，m^2/m^3；

K——荒料吊装运输损失系数，一般为3%~5%。

B 矿山采剥生产能力

$$A=\frac{V(1+K)(1+n_p)}{\eta_z} \tag{12-148}$$

或

$$A=\frac{S(1+K)(1+n_p)}{\eta_z\eta_b} \tag{12-149}$$

式中 A——矿山采剥生产能力，m^3/a；

n_p——平均剥采比，m^3/m^3；

其余符号意义同前。

12.9.4 矿床开拓

12.9.4.1 开采程序

石材矿山的采石程序，与其他矿产露天矿类似，但有以下特点：

A 工作线布置及其推进方向

石材矿山的工作线，通常沿矿体主节理裂隙系的走向方向布置，并垂直其走向方向由上盘向下盘推进，以利提高荒料规格和荒料率。

B 工作面参数

石材矿山通常采用组合分台阶开采，其工作面参数如下（参见图12－152）。

a 台阶及分台阶高度

台阶高度，主要根据起重设备类型及规格确定，见表12－130。分台阶高度，根据荒料最大规格、采石设备类型和最优凿岩深度确定，见表12－131。若矿体水平或缓倾斜层理、节理发育，也可作为划分台阶和分台阶高度的依据。根据矿体水平和缓倾斜层理、节理的发育程度，同一采场的台阶及分台阶高度，可以不相等。

表12－130 台阶高度

起重设备类型		台阶高度（m）
W－1001 W－1002 型履带式起重机	站立水平之上	≤8～10
	站立水平之下	>10
轮胎式起重机	站立水平之上	≤4～6
	站立水平之下	>6
DD、DS型桅杆式起重机	站立水平之上	DD型<10；DS<30
	站立水平之下	40～60

表12－131 分台阶高度

采石及凿岩设备名称	分台阶高度（m）
普通钢索锯石机	2～6
金刚石钢索锯石机	5～10
圆盘式锯石机	0.3～1.0
链臂式锯石机	1～3
凿岩机	2～3

b 最终台阶及分台阶坡面角

一般均为90°，只有当最终边坡的倾向与岩层层理或节理裂隙系的倾角一致时，才予以适当调整。此外，在采用倾斜台阶和分台阶时，台阶和分台阶的坡面，要垂直于岩层层面。

c 工作面长度

工作面长度，主要决定于采石方法及其设备，见表12－132。

d 台阶及分台阶最小工作平台宽度

台阶最小工作平台宽度，根据起重、运输和采石的正常作业条件确定，一般为20～25m。

分台阶最小工作平台宽度，根据采石的正常作业条件确定，一般为5～8m。

C 工作帮组成及推进

采用大型起重机的矿山，通常采用组合分台阶作业的工作帮，如图12－153所示，将起重机站立水平上下若干个相邻开采分台阶人为划分为一组，并按长条石宽度分条自上而下依次进行采石作业。采出的荒料及废石，由起重机提升或下放到装运水平，装入运输设备运出采场。完成一个循环形成虚线状态后，再在新的位置按同样方式进行采石作业，一直循环到预定的开采位置为止。

表12－132 工作面长度

采石方法	工作面长度（m）
钢索锯石机采石	一般为5～15
圆盘式或链臂式锯石机采石	一般为100～200
爆裂法采石	大于10～20

工作帮的推进方向，如图中箭头方向所示。一组组合分台阶中的分台阶数，取决于起重机的类型、规格及分台阶工作平台宽度，一般为2～3个分台阶，也可由更多个分台阶组成。

组合分台阶完成一次扩帮循环所采出的荒料量为：

$$Q = n_f hLB\eta_h \tag{12-150}$$

式中 Q——采出荒料量，m^3；

n_f——一组组合分台阶中的分台阶数，个；

h——分台阶高度，m；

L——扩帮带长度，m；

η_h——荒料率，%；

B——工作平盘宽度，m；

其余符号意义同前。

12.9.4.2 常用的开拓方式及其选择

石材矿山常用的开拓方式，有公路运输开拓、起重机开拓、斜坡提升台车运输开拓和联合开拓等，可根据矿床赋存条件、矿区地形地质条件、荒料规格和起重及运输设备类型等因素，通过技术经济综合分析比较后选定。

开拓沟道的定线与计算方法，与其他矿产露天矿相同，但沟道位置应尽量布置在非矿夹层或节理裂隙密集区，以利提高荒料率。

A 公路运输开拓

公路运输开拓，是国内外石材矿山最常用的一种开拓方式。它最适用于覆盖层不厚，缓倾斜矿床，荒料规格较大的矿山。在地形复杂，比高大的矿山使用时，线路工程量大，运费较高。

石材矿山采场平面尺寸较小，荒料规格大，运输量小，要求中途不转载。因此，公路运输开拓的沟道，多为直进式布置的单沟或组沟。公路从采场外直接进入各开采水平，将矿山内部和外部运输线路联成一体，构成一个完整的运输系统。汽车直进工作面，荒料直接吊装，无需转载，运输方便。

例如，江苏宜兴大理石矿系山坡型露天矿，采用公路运输开拓，公路直进工作面。台

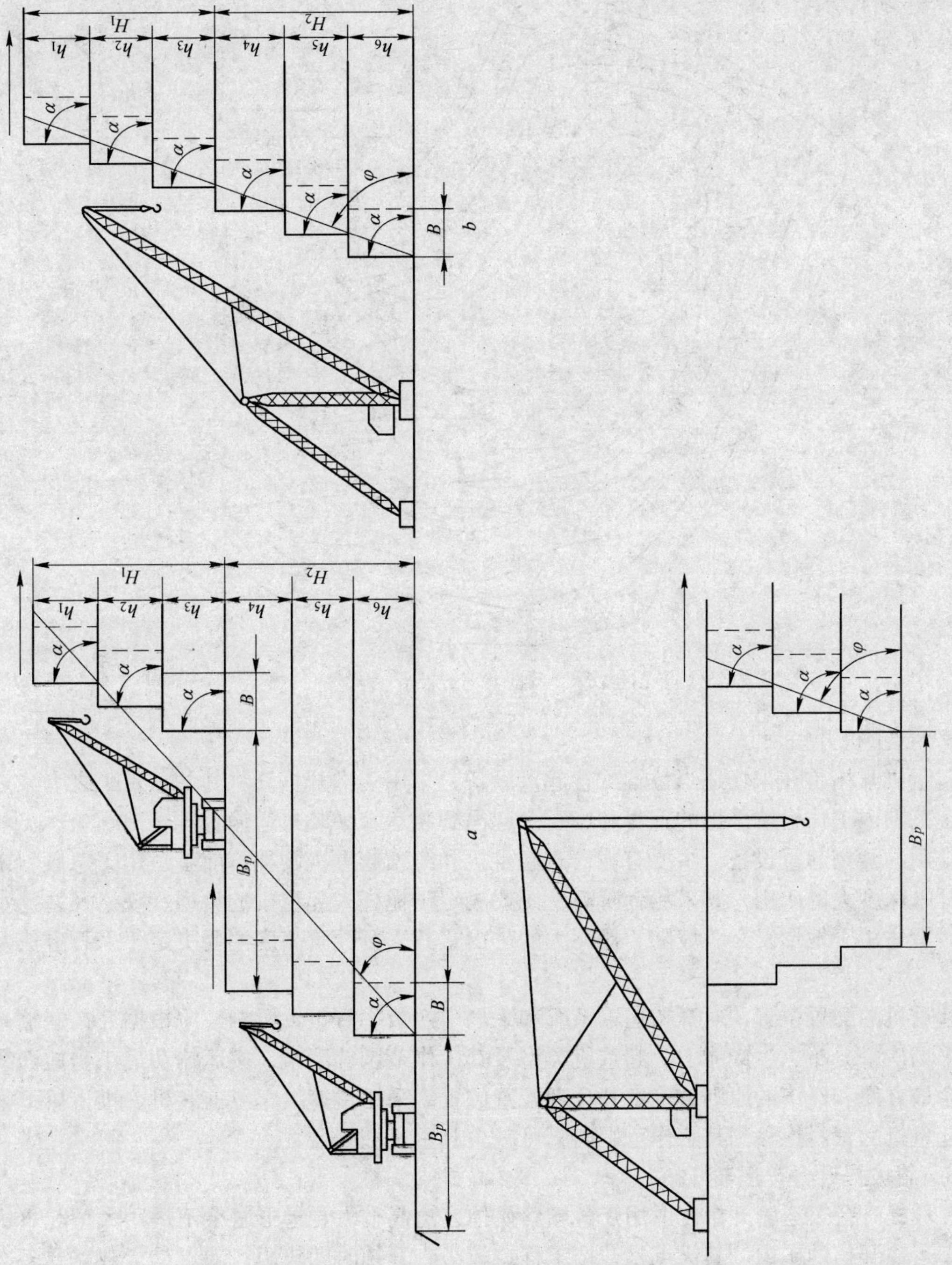

图 12-153 组合分台阶构成示意图

阶高度5m，各台阶出入沟道均为直进式布置。各台阶出入沟道合并成一组合沟，通往废石场和外运码头。其开拓系统，见图12－154。

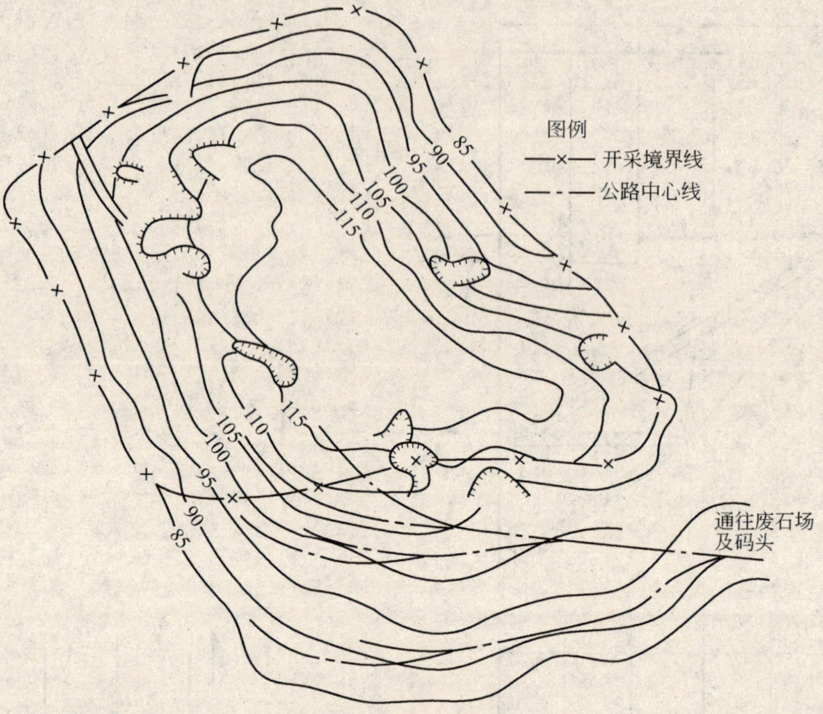

图12－154　宜兴大理石矿开拓系统

B　起重机开拓

起重机开拓是在采场适当位置配置起重设备，采用无沟开拓。将其站立水平之上或之下一定范围内工作台阶采出的荒料和废石，起吊到装运水平装入运输容器运出。

常用的开拓起重设备，主要有桅杆式起重机和缆索起重机两种。前者适用于急倾斜矿体。开采深度大的矿山，其采场台阶高度主要决定于桅杆式起重机的类型、规格及站立水平。后者适用于地形复杂、坡陡、比高大的矿山，其采场台阶高度主要决定于采石方法及设备。

起重机的配置位置，对开拓运输系统和采场生产效率有很大影响，应根据开拓运输系统、采场矿量分布、生产能力、起重机类型及其工作范围等因素，按运输功最小与地面线路配合最方便和经济的原则，确定其合理配置位置。采用慢速绞车或前装机、推土机，将远离起重机的荒料拖移到其工作范围内，可减少起重机配置台数。

C　斜坡提升台车运输开拓

斜坡提升台车运输开拓，适用于急倾斜矿体，比高较大，地形复杂不适用大型起重机和汽车运输开拓的矿山。其优点是开拓工程量较小，开拓时间较短；缺点是货载需要多次转载，增加生产环节和起重设备，生产管理复杂，荒料成本较高。

D　联合开拓

石材矿山常用的联合开拓方式，是汽车运输和桅杆式起重机联合。它适用于急倾斜矿体，覆盖层不厚，开采深度较大的矿山。

例如，山东省掖县大理石矿属山坡－凹陷型露天矿，两个采区均采用这种联合开拓方式：在第一采区 181m 水平和第二采区 193m 水平的矿体上盘境界外，分别平整一块平地安装桅杆式起重机。这两个水平的上部为上坡型采场，采用汽车运输直进单壁沟开拓，汽车直进 181m 和 193m 水平的采石、剥离工作面，荒料由桅杆式起重机吊装入载重汽车；废石用前装机直接装入自卸汽车。开采 181m 和 193m 水平以下的矿体，属凹陷型采场，采用桅杆式起重机无沟开拓，荒料由桅杆式起重机分别提升到 181m 和 193m 水平，装入载重汽车运出。废石用前装机装入底卸式料斗，再用起重机分别提升到 181m 和 193m 水平，卸入自卸汽车运出。其开拓系统见图 12－155。

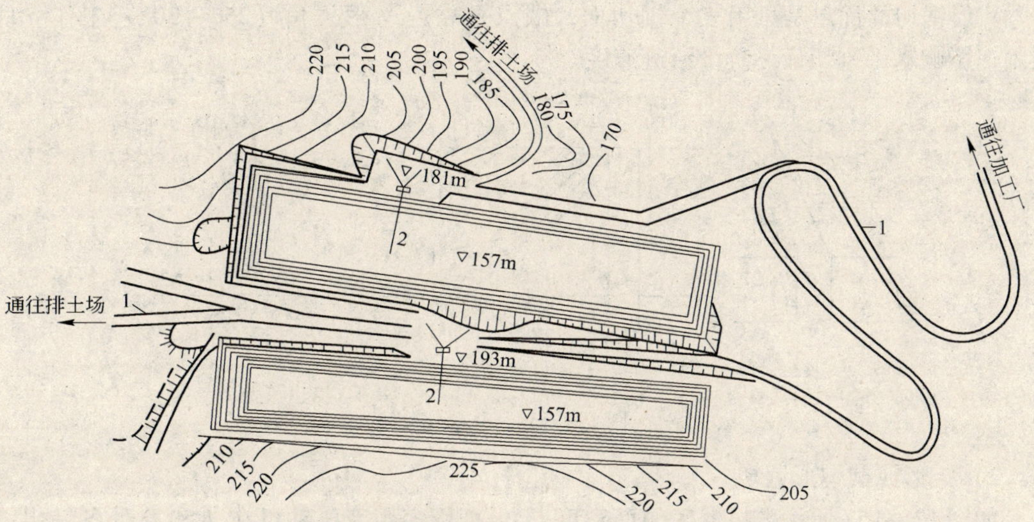

图 12－155 掖县大理石矿开拓系统

12.9.4.3 新水平准备与采准堑沟掘进

A 新水平准备

石材矿山的新水平准备主要为掘进基坑，以形成初始工作面。

基坑通常位于起重机正前方的工作范围内，并尽量选择在非矿夹层或破碎带中掘进基坑。基坑的尺寸一般为 10m×10m 正方形，其高度等于分台阶高度。

位于非矿夹层或破碎带中的基坑，一般采用小直径炮孔控制爆破法掘进。位于矿体中的基坑，采用与采石相同的方法掘进，以顺便采出荒料。

此外，对于通行汽车的水平，尚需掘进出入沟。出入沟的参数和定线同于其他露天矿，出入沟的掘进，位于境界内的同于基坑掘进法，位于境界外的可用普通的凿岩爆破法。

B 采准堑沟掘进

采准堑沟亦称切割槽，是为安装普通钢索锯石机的工作立柱，或为开创自由面而掘进的水平堑沟。在垂直工作线方向，大约每隔 10～20m 掘进一条采准堑沟，其长度视回采矿量保有期而定，宽度一般为 1.5～2m，深度应大于分台阶高度 0.3～0.5m。

采准堑沟可用以下方法掘进：

（1）利用大的裂隙或裂隙系，清除其充填物，若宽度不够，可用控制爆破加以扩宽而成；

（2）某些花岗石类矿山，可用火焰切割机切割，详见火焰切割采石法；

（3）采用普通钢索锯石机锯切，有以下两种锯切方法：

1）V形锯切。如图12－156所示，根据工作面宽度，采用多用液压钻机在V形尖端钻出*AB*孔，超深约0.3m。之后在孔内放入装有导向压绳轮的导向切割立柱，配合外部普通钢索锯石机用的工作立柱，分别锯切出*ABCD*和*ABEF*垂面。在不断改变孔内压轮方向下，锯切出*ECB*平面。最后用慢速绞车或顶离法，取出V形体块石。

钻孔直径一般为200mm，孔内压轮直径小于钻孔直径，一般为180mm，以保证压轮能在孔内自由改变方向。

V形锯切的优点是只用三个锯切面，缺点是靠近V形锥角（25°～30°）工作立柱受限制，影响水平锯切最终阶段给进速度。

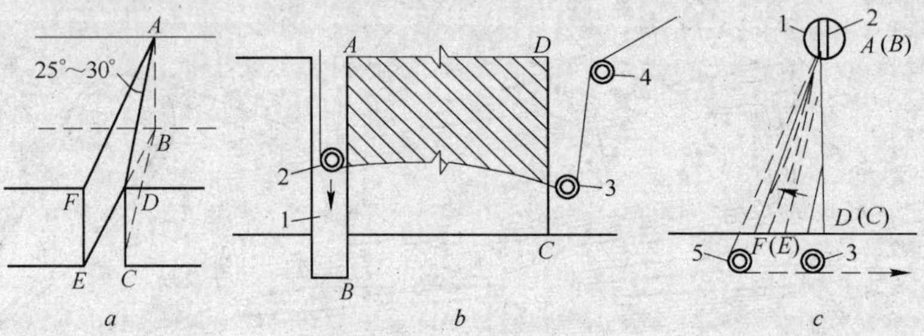

图12－156 V形锯切

2）矩形或截楔形锯切

如图12－157所示，根据工作面宽度，（*a*）用多用液压钻机在*A*和*B*处各钻出一个孔；（*b*）在分台阶坡脚处立一孔外工作立柱*C*，引入钢绳，垂直向下锯切*AB*和*BC*两个面；（*c*）将孔外工作立柱放倒，并撤去一个孔内立柱；（*d*）进行横向水平锯切；（*e*）再将立柱*C*立起，锯切最后一个垂直面。最后，顶出矩形或截楔形体块石。

矩形堑沟宽1.2～1.5m；截楔形堑沟的外口宽1.5m左右，底宽1.0～1.2m。

矩形或截楔形锯切的优点是在工作面锯切时，工作立柱水平安装不受空间限制。缺点是多一个锯切面和需要增加一台钻孔立柱。

12.9.5 吊装、运输及废石排弃

12.9.5.1 荒料的吊装及运输

荒料采用固定式或自行式起重机吊装入运输容器，运往矿山荒料堆场或用户。

在采用固定式起重机时，应按上述起重机开拓中的原则，确定其合理配置位置，以充分发挥起重机的效能。在采用自行式起重机时，则自行驶入工作面直接吊装。

荒料是集中荷载，单体体积和重量大，可达十多立方米，数十吨重，为了安全，应采用载重汽车或载重平板汽车运输。

12.9.5.2 废石的装运及排弃

A 清理方式

a 分段清理

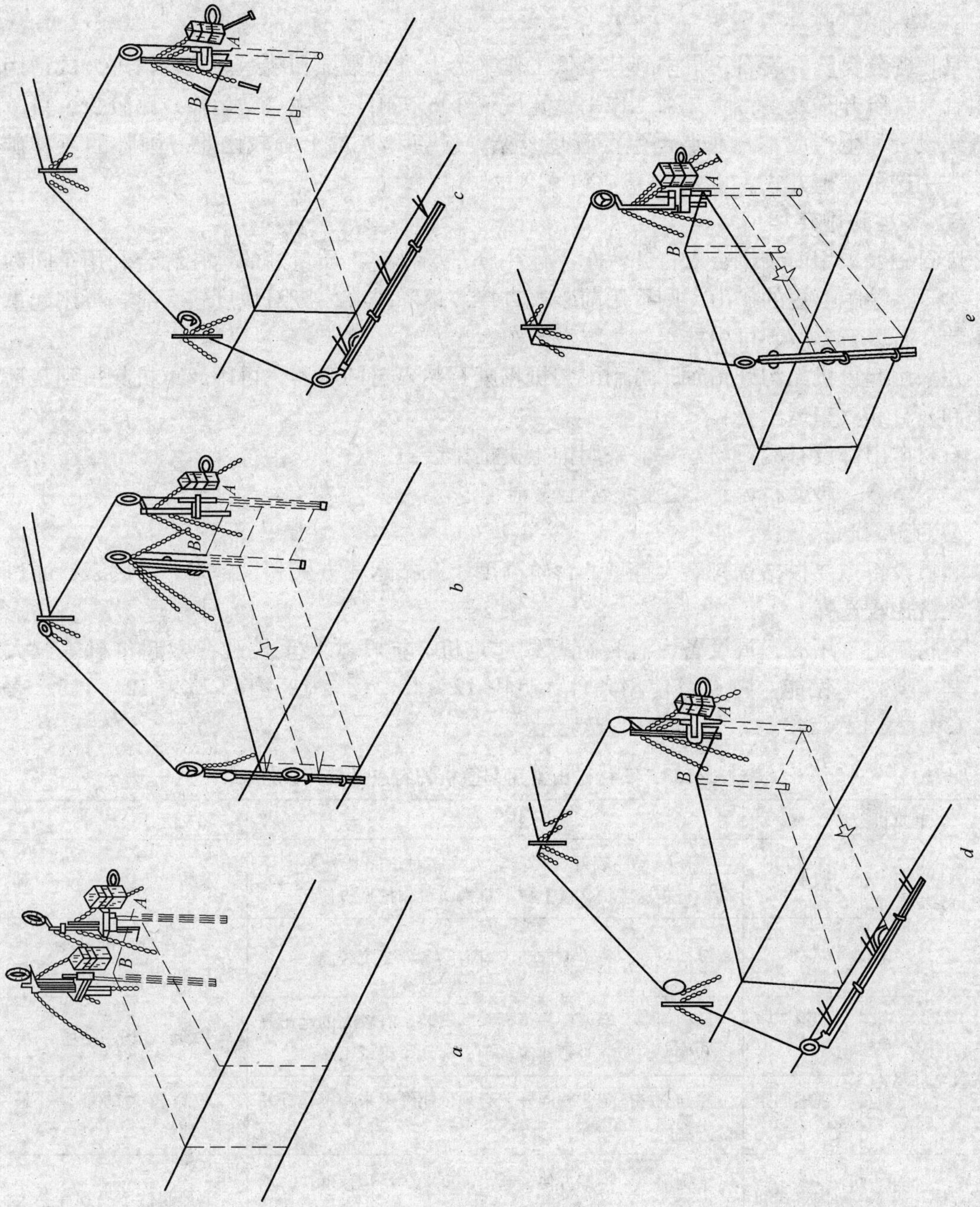

图 12-157 矩形或截楔形锯切

是将各开采水平的废石，在本水平集堆和装运。这种清理方式适用于地形较缓，采场面积较大，比高小，直进沟开拓的矿山。其优点是各生产水平自成系统，互不干扰，便于管理。缺点是各水平均需设运输线路，增加基建投资和生产成本。我国的石材矿山，目前基本上都采用这种清碴方式。

b 集中清理

是将各分台阶的废石，集中到其最低工作平台上进行集堆和装运。这种清理方式适用于组合分台阶开采或多台阶开采工作平盘宽度较小的矿山。其优点是运输线路较少，可减少基建投资和生产成本。缺点是生产管理复杂，设备和人员上下较困难。国外的石材矿山，常用这种清碴方式。

B 装运和排弃

废石一般采用前装机装入自卸汽车，运往废石场排弃，质量好的运往综合利用车间利用。对于运输距离短的矿山，则可用前装机直接装运和排弃。废石块度较大时，可用起重机吊装。若废石分散，可用推土机集堆后装车运出。

在采用起重机无沟开拓时，可用前装机将废石装入自卸容器，再用起重机起吊到装运水平卸入自卸汽车运出。

石材矿山都设有废石场，一般采用推土机推排废石。

12.9.5.3 起重和运输设备选择及台数计算

A 起重设备

起重设备主要根据荒料最大重量、台阶高度、开拓运输方式和设备来源等因素，通过技术经济比较选择。

石材矿山常用的起重设备，有自行臂式起重机、桅杆式起重机和缆索起重机等三大类，其主要技术性能、特点及使用条件，见图12－158及表12－133至表12－138、表12－139、表12－140。

表12－133 石材矿山常用起重机的特点及使用条件

起重机类型		特 点	使用条件
自行臂式起重机	履带式	工作稳定性较好，爬坡能力大，对道路条件要求不高，行走速度快，装上挖掘机构，可作挖掘机使用	采场
	汽车式和轮胎式	灵活机动，行走速度快，对道路条件要求较高	道路条件好的采场、站场
桅杆式起重机	斜撑固定式	结构简单，轻便，易于拆卸和安装，有较大的起吊高度和变幅。竖立必须建筑基础，移动位置费工费时	采场、堆场、站场
	缆索固定式	除与斜撑固定式相同外，必须依靠缆索来稳定桅杆的竖直	场地较大的堆场、采场、站场
缆索起重机	固定式和轨行式	结构简单，拆卸方便，起吊高度大，吊运速度快，承载高悬空中，不受地形限制，可作垂直和水平起吊和运输	地形起伏不平和高差大的矿山

注：缆索起重机除特殊需要外，通常采用固定式。其结构和工作条件决定于采场的开采条件和尺寸，一般是单独设计制造的。

表 12－134　国产常用部分履带式起重机主要技术性能

性能指标		起重机型号								
		W－501			W－1001			W－2001		
操纵形式		液压			液压			气压		
最大爬坡能力（°）		25			20			20		
行走速度（km/h）		1.5～3			1.5			1.43		
车身回转角度（°）		360			360			360		
起重机总重（t）		21.32			39.4			79.14		
起重臂长度（m）		10	18	18＋2①	13	23	30	15	30	40
回转半径（m）	最　大	10	17	10	12.5	17	14	15.5	22.5	30
	最　小	3.7	4.3	6	4.5	6.5	8.5	4.5	8	10
起重量（t）	最大回转半径时	2.6	1	1	3.5	1.7	1.5	8.2	4.3	1.5
	最小回转半径时	10	7.5	2	15	8	4	50	20	8
起重高度（m）	最大回转半径时	3.7	7.6	14	58	16	24	3	19	25
	最小回转半径时	9.2	17	17.2	11	19	26	12	26.5	36

①18＋2 表示在 18m 的起重臂上加上 2m 外伸距的鸟嘴。鸟嘴的起重量 2t。自重 450kg。

表 12－135　国产部分汽车式起重机主要技术性能

性能指标	起重机型号							
	Q51	Q82	Q2－7	Q2－12	Q2－6.5	Q2－8	Q2－16	Q2－32
最大起重量（t）	5.0	8.0	7.0	12.0	6.5	8.0	16.0	32
传动操纵方式	全机械式	机械传动，气压操纵	全液压	全液压	全液压	全液压	全液压	全液压
起重幅度（m）	2.5～5.5	3～9	2.5～10	3.6～10	2.5～10	3.2～10.5	3.5～18	3.5～26
最大起升高度（m）	6.5	11.4	11.3	12.8	11.3	12	20	29.5

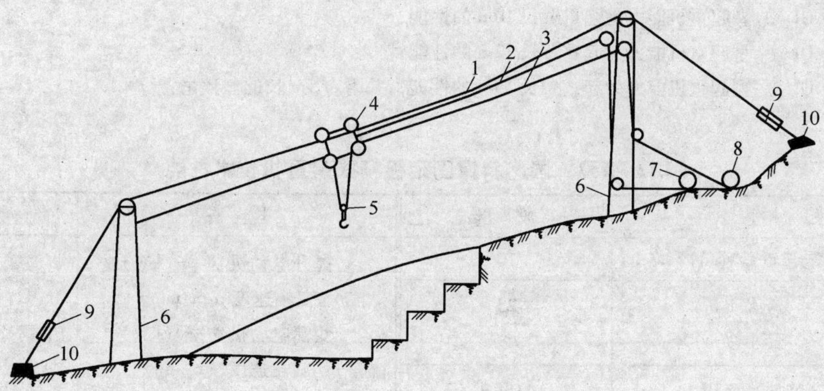

图 12－158　缆索起重机示意图

1—承载索；2—牵引索；3—起重索；4—吊运小车；5—滑轮吊具；6—支撑塔架；7—牵引驱动机；8—起重索驱动机；9—螺旋紧绳器；10—锚固基座

表 12 - 136 国产部分轮胎式起重机主要技术性能

性能指标及制造厂			起重机型号				
			QL_{2-8}	QL_{1-15}	QL_{3-16}	QL_{3-25}	QL_{3-40}
起重能力	放支腿	幅度（m）		4 ~ 4.9	4 ~ 20	4.5 ~ 11.5	5 ~ 13
		起重量（t）	8	15 ~ 2.8	16 ~ 0.8	25 ~ 4.6	40 ~ 9.2
	不放支腿	幅度（m）		3.4 ~ 9.6	3.4 ~ 1.25	4 ~ 10	5 ~ 13
		起重量（t）	3	10 ~ 1.4	10 ~ 1.3	7 ~ 2	14.8 ~ 3.2
发动机	型号			4135K - 1	4135 - C - 1		6135K - 5
	功率	（kW）	67	60	60		120
	转速	（r/min）	2400	1500	400 ~ 1500		1800
转台尾部回转半径（m）			1.10		3.03		4.37
行走速度（km/h）	低速			1.88		9	
	高速		30	8.25	18	18	15
爬坡能力（°）			12	13	7		13
外形尺寸（mm）	长		8552	6053	14650	17600	9600
	宽		2500	3410	3176		3500
	高		2865	3954	3485	3430	3900
重量（kg）			12500	28000	23000		53700
制 造 厂			北京起重机厂	北京起重机厂	上海港口机械厂	北京起重机厂	北京起重机厂

注：1. 表中 QL_{1-15} 型起重能力为起重臂长 10m 的性能。本机有曲、直两种起重臂；

2. 表中 QL_{3-16} 型起重机能力为起重臂长 10m 的性能；

3. 表中 QL_{3-25} 型起重机能力为起重臂长 12m 的性能；

4. 表中 QL_{3-40} 型起重机能力为起重臂长 15m 的性能，并附有 5m 长的鸟嘴吊臂。

表 12 - 137 国产斜撑固定桅杆式起重机技术性能

规 格		数 量	规 格	数 量
最大额定起重量（t）		10	提升电动机功率（kW）	22
幅度	最大（m）	23	变幅速度（m/min）	3.44
	最小（m）	7.5	变幅电动机功率（kW）	13.2
高度	在安装地平面以上（m）	21（幅度 7.5m）	旋转速度（r/min）	0.8
	在安装地平面以下（m）	10	旋转电动机功率（kW）	16
最大旋转角度（°）		220	立柱长度（m）	17.2
提升速度（m/min）		7.22	起重臂长度（m）	28.6
			设备总重（t）	37.10

表 12－138 国产部分缆索起重机主要技术性能

性能指标及制造厂		起重机类型		
		5t	10t	25t
跨度 L（m）		500	500	250～480
起重量（t）		5	10	30（L≤400） 25（L≤480）
搬运小车行驶有效距离（m）		460	460	200～400
塔架高度（m）		53.7	52.3	16～60
密封式承载索直径和根数（根/毫米）		2/38.5	2/50	4/60
牵引索直径和根数（根/毫米）		1/15.5	1/19.5	2/26（6×37）
起重索直径和根数（根/毫米）		1/17.5	1/24	1/19.5（6×37）
外侧风缆直径（mm）		26	26	
内侧风缆直径（mm）		26	26	
吊钩重载时升降速度（m/min）		25	20.7	10.7
搬运小车重载时移动速度（m/min）		49.8	54.5	62
承载索最大垂度（m）		25	25	24
电动机功率（kW）	行走时	22	45	100
	起吊时	22	45	80
制　造　厂		太原重型机器厂	太原重型机器厂	山海关桥梁厂

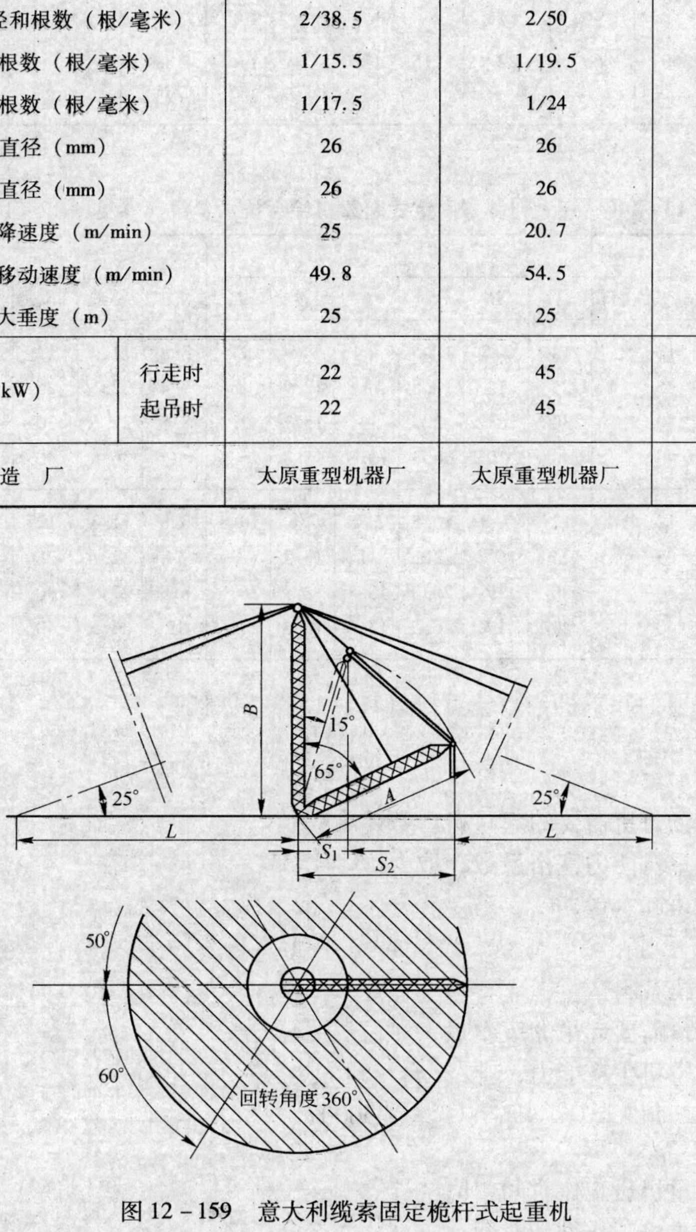

图 12－159 意大利缆索固定桅杆式起重机

表 12－139 意大利缆索固定桅杆式起重机

起重机技术性能								起重机综合技术参数（参见图 12－159）				
型号	最大起重量（t）	起重臂旋转角度（°）	向下工作深度（m）	柴油机功率（kW）	电动机功率（kW）	最大负荷提升速度（m/min）	最小负荷提升速度（m/min）	综合尺寸（m）			起重臂（m）	
								A	B	C	S_1	S_2
D20	20	360	65	15	15	1	8	7.5 11.5 15	11 15 20	38 52 65	2.5 3.5 4.5	8 12 16
D30	30	360	65	22	15	0.8	6	15 18.5 23	20 25 30	65 80 100	4.5 5.5 6.5	16 20 25

表 12－140 意大利斜撑固定式起重机综合技术参数（参见图 12－160）

项 目		综合尺寸（m）						起重臂（m）				起重量（t）	
型 号	起重臂长（m）	A	B	C	D	E	F	S_1	S_2	S_3	P_1	P_2	P_3
$D_{20}J$ $DS_{20}T$	12	12	7.8	10.5	5.4	7.6	11	3.8	11.3	12	20	20	16
	25	25	13	17.8	9	12.9	18	7.4	23	25	20	20	16
	30	30	16.2	22	11	15.7	22	8.5	27.5	30	20	20	16
	40	40	19	26.3	13.3	18.8	26.6	12	36.5	40	20	20	16
$D_{30}J$ $DS_{30}J$	12	12	7.8	10.5	5.4	7.6	10.8	3.8	11.3	12	25	25	20
	25	25	16.2	22	11	15.7	22	74	23	25	25	25	20
	30	30	19	26.3	13.3	18.8	26.6	8.5	27.5	30	25	25	20
	40	40	19	26.3	13.3	18.8	26.6	12	36.5	40	25	25	20

采场每班需要的起重机台数，可按（12－151）式计算：

$$N=\frac{KA}{Q_B} \tag{12-151}$$

式中 N——采场每班需要的起重机台数，台；

K——起重机能力富裕系数，取 1.15～1.25；

A——每班起重量，t；

$$A=A_h+A_b$$

A_h——每班荒料产量，t；

A_b——每班需要起吊的废石量，t；

Q_B——起重机生产能力，吨/（台·班）

$$Q_B=\frac{3600T}{t}\times q\eta$$

T——起重机班工作时间，h；

t——起重机工作循环时间，s；

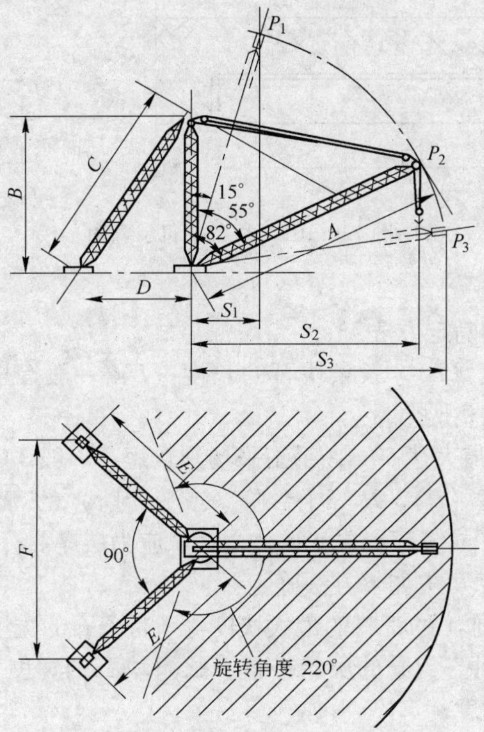

图 12－160 意大利斜撑固定桅杆式起重机

$$t = \Sigma t_1 + \Sigma t_2$$

Σt_1 ——起重机起吊过程中机器的工作时间，它与工作行程、工作速度、加速度和机构重迭程度有关，s；

Σt_2 ——货载挂钩、脱钩等辅助工作时间，s；

q ——起重机额定起重量，t；

η ——起重机班工作时间利用系数。

B 运输设备

如上所述，石材矿山采用载重汽车或载重平板汽车运输荒料，自卸汽车运输废石，其选型及台数计算同于其他矿产露天矿。

12.9.6 采石方法

饰面石材以露天开采为主，地下开采甚少。凡地下开采的矿山均选用空场采矿法，如全面法、房柱法或下向梯段法。除其开拓方式与露天开采不同外，其采石方法、采石机具等与露天开采基本相同。

12.9.6.1 采石工艺

根据饰面石材开采的特点，采石工艺分为分离、顶翻、切割、整形、拖拽和推移、吊装与运输、清碴等七个工序。

A 分离

分离是指长条块石采用适当的采石方法，使之脱离原岩体的工序。这是采石工艺中最重要的工序。见图 12－161。

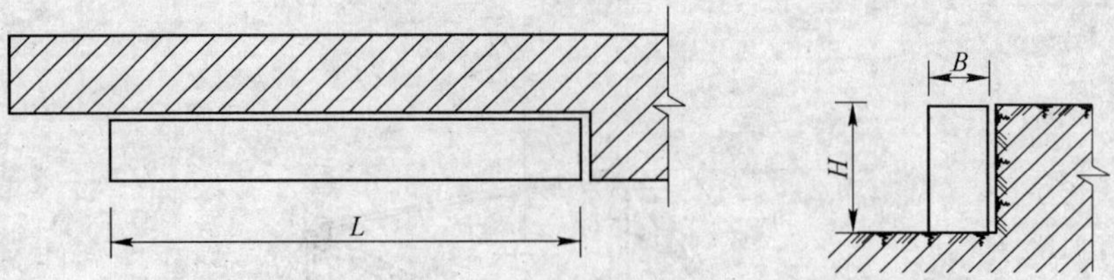

图12－161　长条块石示意图

长条块石基本尺寸的确定方法：

(1) 长条块石的长度（L）。长条块石的长度（L）一般等于所定荒料规格的最大宽度的整数倍，并适当考虑整形余量。

L一般为10～20m，最大达50m，手工采场则较短，一般3～5m。

(2) 长条块石的高度（H）。H等于台阶（或分台阶）的高度。一般等于3～6m，少数达12m或更大。在水平或缓倾斜层状矿体中，H应为层厚。

(3) 长条块石的宽度B按如下方法确定：

1）按加工设备可以加工的荒料的最大块度等于长条石的宽度（B）；

2）对于层厚等于或小于2m的层状矿体，长条块石的宽度（B）等于加工设备可以加工的荒料的长度或其宽度；

3）对于那些花纹排列、晶粒结构无方向性的石材，其长条块石的三向尺寸可作调整。

通常 B＝1～3m，少数达5～6m。

长条块石尺寸的确定和排列的方向要十分注意节理裂隙的走向、产状及其间距，充分利用天然的节理裂隙、层理。据此调整其三向尺寸的大小，这在实际生产中尤为重要。

B　顶翻

在实际生产中，由于长条块石一般高度大，宽度小，为了下一工序切割的方便，要将其翻转90°，平卧在工作平台上。若长条块石体积较小，可借助钢钎等工具人工将其撬拔、翻倒；体积大的采用液压顶石机或推移包将其顶翻；当长条块石的高宽相当时，则不必翻倒。

C　切割

又名分割、分切、解体，这是采石工艺的基本工序之一。即按所定的荒料尺寸，将长条块石分割成若干荒料坯。切割采用劈裂法和锯切法。前者适用于花岗石、大理石，后者目前仅用于大理石。切割时应切除细脉、色线、色斑等缺陷。

D　整形

整形是将荒料坯按国家对荒料的验收标准或供需双方商定的荒料验收标准，将超过标准规定的凹凸部分，采用劈裂法或专用的整形机予以切除。

E　拖拽和推移

对于采用固定式吊装设备的矿山，限于吊装设备的工作范围，必须将其吊装范围以外的荒料，采用牵引绞车拖拽或采用推土机、前装机推移至吊装范围内，以便起吊。若采用移动式吊装设备的矿山，则无需拖拽和推移。

采石工艺名称	典型方案	注解
Ⅰ分离	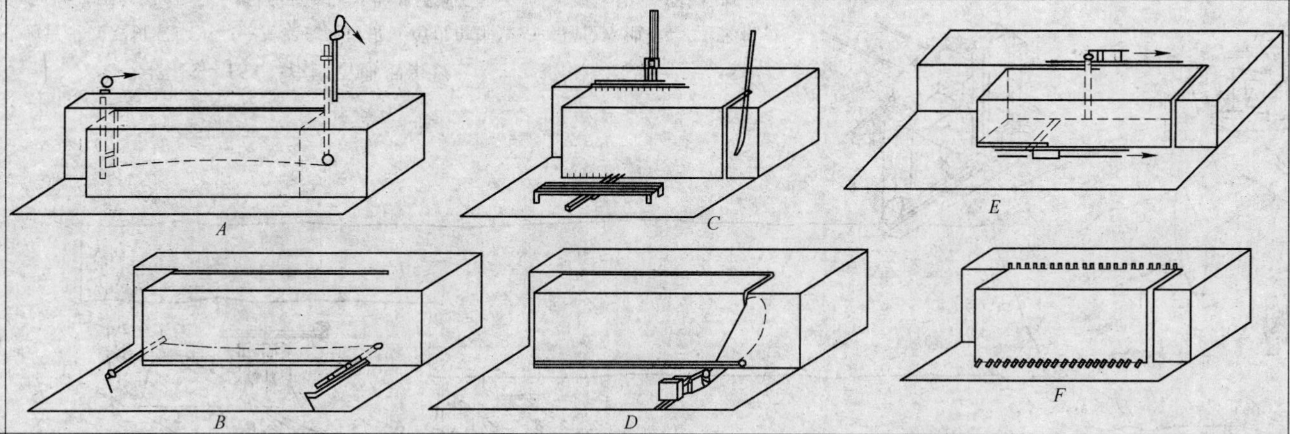	A 钢丝绳锯石机锯切垂直面 B 钢丝绳锯石机锯切水平面 C 滑架式凿岩机钻凿垂直与水平面排孔，火焰切割机切割端面 D 金刚石绳锯石机锯切端面，亦可锯切垂直与水平面 E 链臂式割岩机切割垂直面、水平面与端面 F 人工劈裂法裂开垂直通和水平面
Ⅱ顶翻	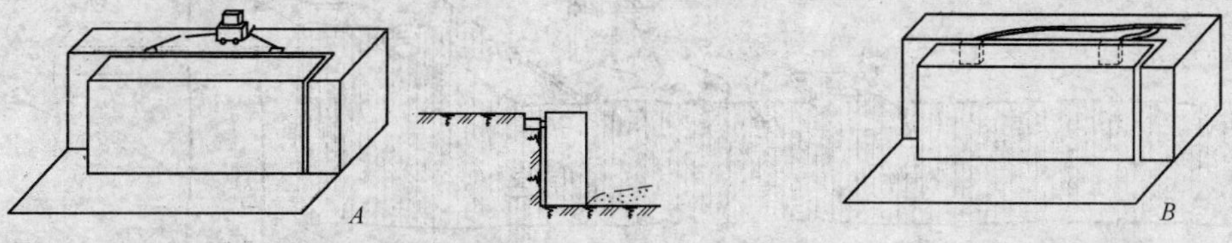	A 液压顶石机顶翻 B 推移包顶翻
Ⅲ切割	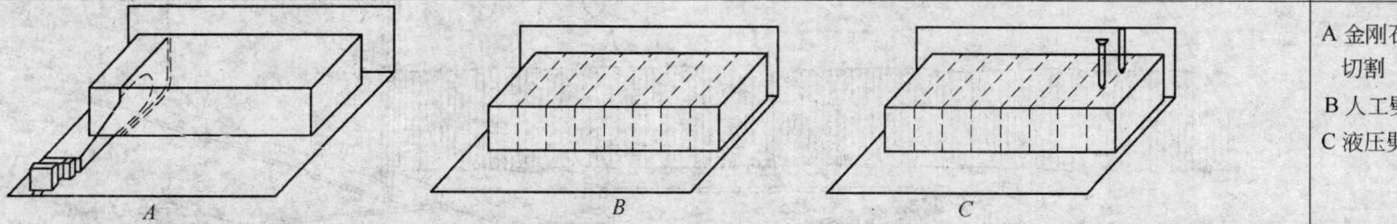	A 金刚石绳锯石机切割 B 人工劈裂切割 C 液压劈裂器切割
Ⅳ整形	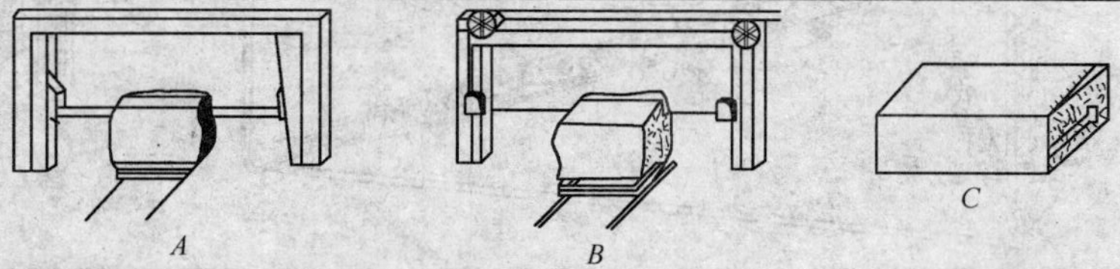	A 独锯条金刚石整形机整形 B 金刚石绳整形机整形 C 人工劈裂整形

注：采石工艺中未包括拖拽和推移、吊装和运输、清碴。

图 12－162　采石工艺

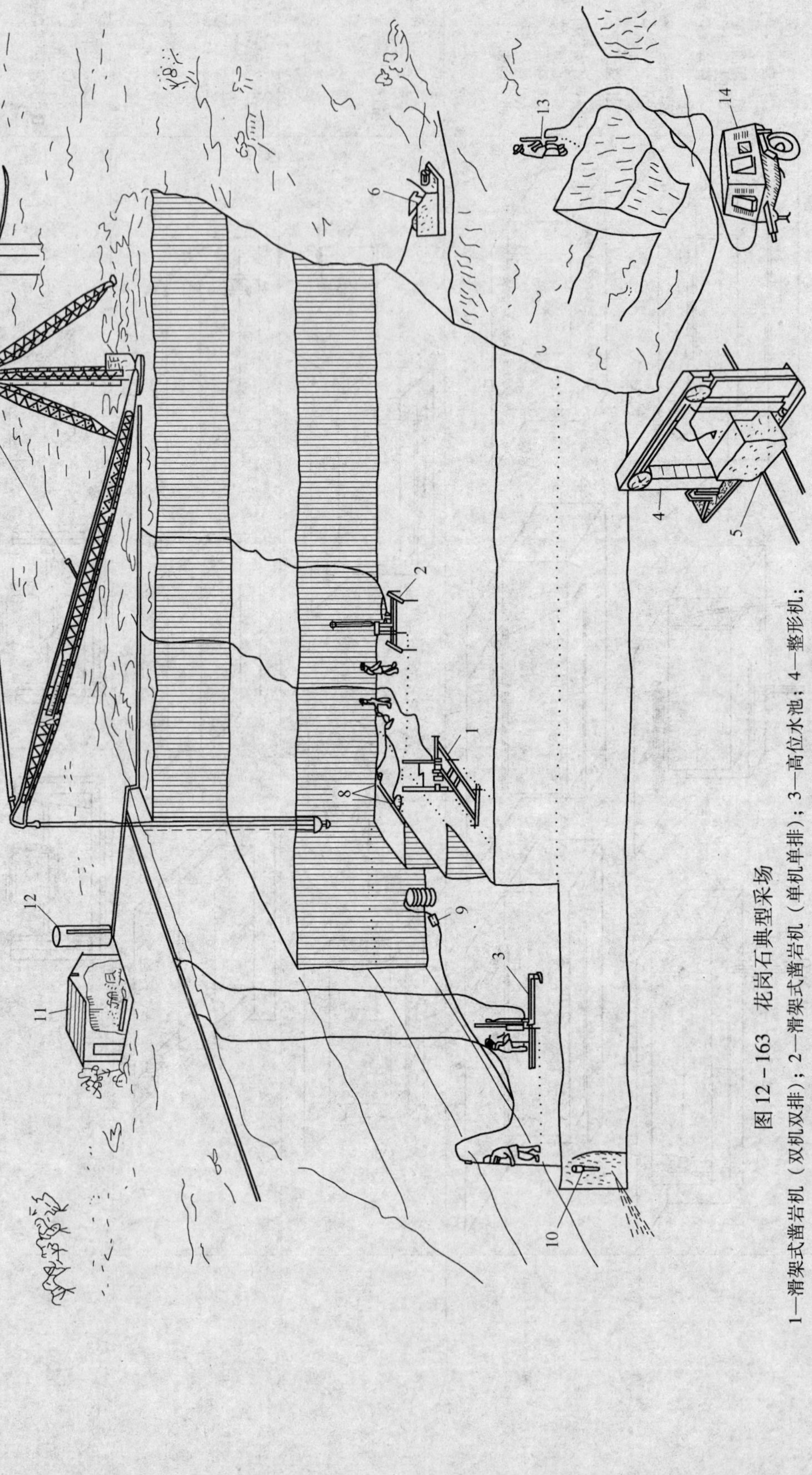

图12－163 花岗石典型采场

1—滑架式凿岩机（双机双排）；2—滑架式凿岩机（单机单排）；3—高位水池；4—整形机；
5—荒料小车；6—牵引绞车；7—桅杆起重机；8—液压顶石机；9—油泵；10—火焰切割机；
11—空压机房；12—风包；13—链给进凿岩机；14—移动式空压机；15—变电所

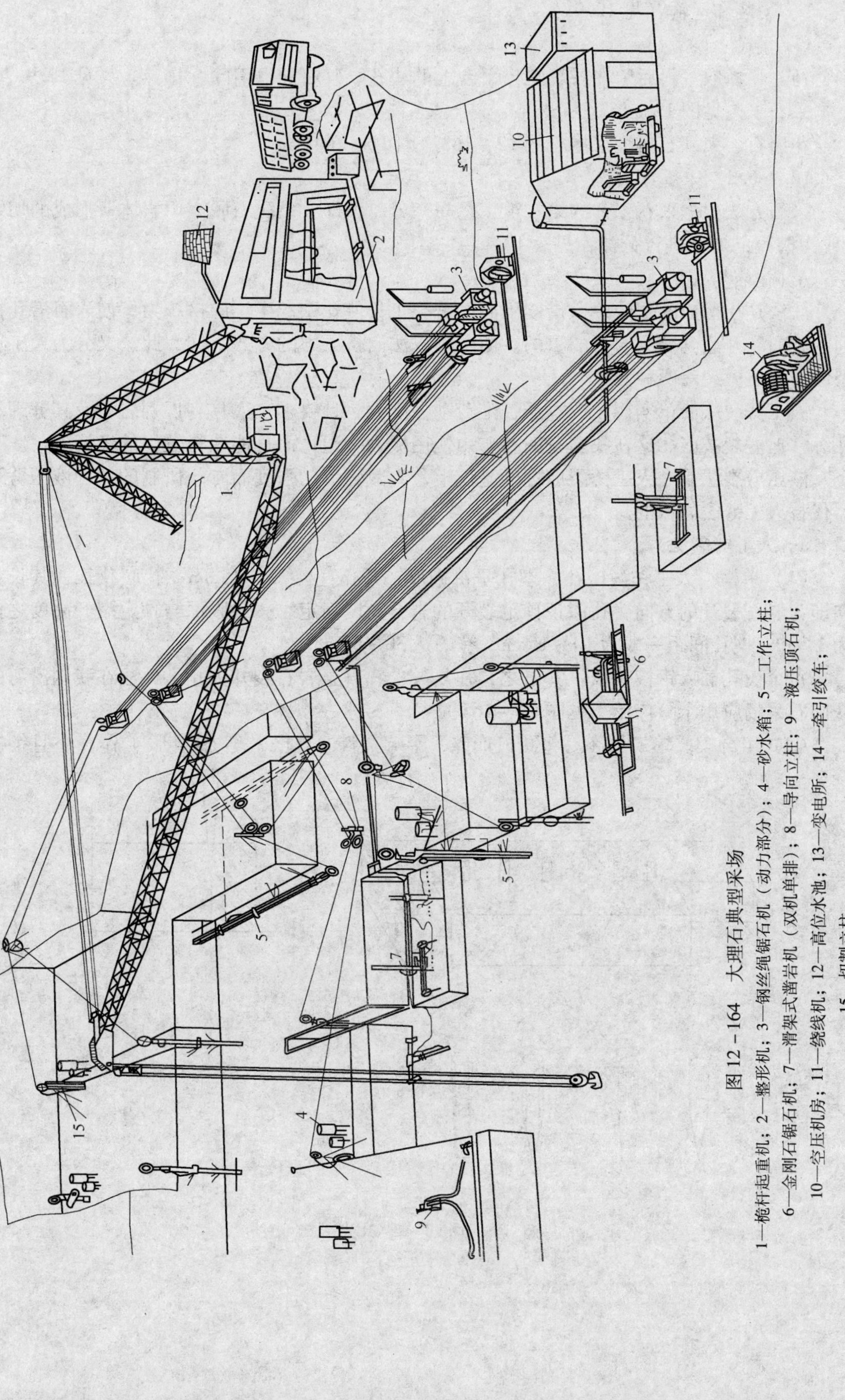

图 12-164　大理石典型采场

1—桅杆起重机；2—整形机；3—钢丝绳锯石机（动力部分）；4—砂水箱；5—工作立柱；6—金刚石锯石机；7—滑架式凿岩机（双机单排）；8—导向立柱；9—液压顶石机；10—空压机房；11—绕线机；12—高位水池；13—变电所；14—牵引绞车；15—切割立柱

F　吊装和运输（见12.9.4.2）

G　清碴

乃是将择取荒料后留在采场工作平台上的块石、碎石加以清除并排弃。详见12.9.7。

采石工艺见图12－162。

花岗石、大理石典型采场见图12－163、图12－164。

12.9.6.2　采石方法

采石方法根据采石工艺的第一道工艺——分离，即长条块石脱离原岩体所形成的切缝（或沟槽）的方法进行分类，见表12－141。

A　凿岩劈裂法

此法是在凿成的孔眼中，借助不同的劈裂工具使孔壁产生法向挤压力，使岩石沿孔排列的方向裂开达到分离岩石的目的。由于形成法向挤压力的方式不同，此法又分为人工劈裂法与液压劈裂法两种。

人工劈裂法简单实用，成本低，唯劳动强度大，且要求工人具有识别岩石及其劈理和熟练掌握劈裂技能。这在我国花岗石矿山使用极为普遍，而且能取得较好的经济效益。

液压劈裂法是在人工劈裂原理的基础上，为减轻劳动强度而专门研制的一种液压劈裂器代替人工劈裂岩石的。

a　人工劈裂法

（1）单楔。人工钻凿楔孔，楔孔呈倒锥形，开孔直径35～45mm，孔底狭长，其长方向即为岩石裂开的方向，孔深视预定裂开的岩石高度而定。一般眼深与预定裂开高度之比为1∶30。楔孔间距一般为10～15cm，有的达30～50cm。

每个楔孔插入钢楔，依次锤击之，往复数次，直至岩石裂开为止。此法在我国沿海的花岗石采场应用十分广泛。见图12－165。

（2）组合楔。单楔劈裂易将孔口崩碎，影响荒料的规格，增加整形工作量，且钢楔

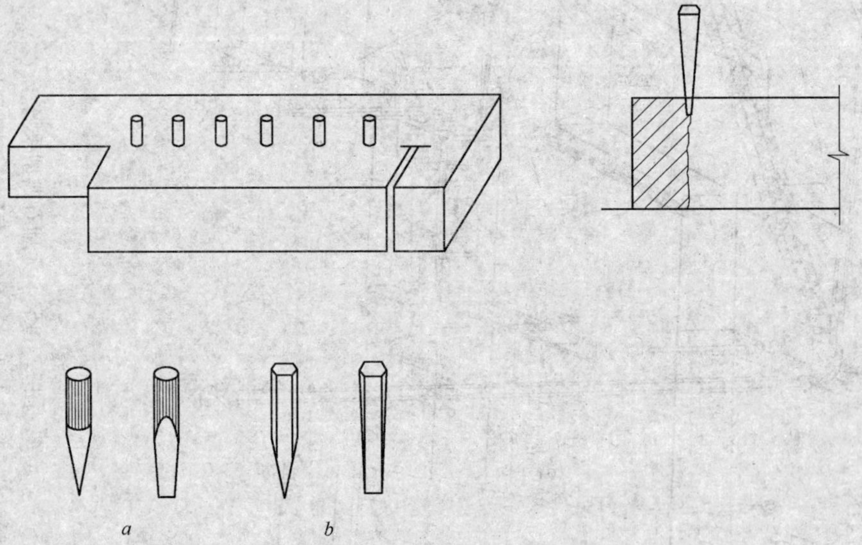

图12－165　单楔人工劈裂法

a—圆形；*b*—六角形

表 12-141 饰面石材采石方法分类

类别	类别名称	亚类	采用的机具与设备	适用条件
Ⅰ	凿岩劈裂法	1. 人工劈裂法 a 单楔 b 组合楔	各种形状的钢凿、钢楔、重量不等的锤子 凿岩设备、专用组合楔、重量不等的锤子	各种矿体产状，形态复杂，节理裂隙发育，硬度不同的任何岩石。小规模开采的花岗石、大理石矿山。花岗石矿山使用尤为广泛
		2. 液压劈裂法	凿岩设备、专用液压劈裂器	
Ⅱ	凿岩爆裂法	1. 导爆索爆裂法	凿岩设备、不同规格的专用导爆索、雷管	任何矿体产状、形态，节理裂隙比较发育。但矿体尚完整，硬度不同的岩石。任何规模的花岗石、大理石矿山
		2. 黑火药爆裂法	凿岩设备、黑火药、雷管	
		3. 近人爆破法	凿岩设备、氧化锰 + 铝粉、点火头	任何矿体产状、形态，节理裂隙比较发育。但矿体尚完整，硬度不同的岩石。任何规模的花岗石、大理石矿山。
		4. 静态爆裂法	凿岩设备、静态爆破剂	
		5. 其他爆裂法	各种特殊或改型的炸药	实际使用较少。我国在一些大理石矿做过试验或使用过，国外未见使用
Ⅲ	机械锯切法	1. 绳锯法 a 钢丝绳锯切法 b 金刚石绳锯切法	采用专用的钢丝绳锯石机、金刚石绳锯石机及配套设备	矿体产状、形态简单，矿体完整性好，节理裂隙不发育，大规模开采的大理石（包括石灰华）矿山。近年来，金刚石绳锯石机正在花岗石中作切割试验
		2. 链锯法	各种型号的链臂式割岩机	矿体产状、形态简单，巨厚层缓倾斜或急倾斜（$\alpha>80°$）矿床。岩石抗压强度 120～140MPa 以下的无硅质集合体、大规模开采的大理石矿山
		3. 圆盘锯法	直径不同的锯片的圆盘式锯石机	锯切小砌块（或小规格荒料），岩石抗压强度 100MPa 以下的无硅质大理石矿山
Ⅳ	射流切割法	1. 火焰切割法	专用的火焰切割机	适于开拓自由面或切割垂直面，石英（SiO_2）含量大于40%的花岗石矿山，$SiO_2>60\%$ 时，效率较高
		2. 高压水切割法	高压水柱	切割名贵品种的花岗石、大理石的垂直面，尚在试验中
Ⅴ	联合切割法	几种采石方法联合使用		

易跳起伤人，为克服其缺点而采用组合楔。

使用组合楔，先采用凿岩机钻凿排孔，其直径稍大于组合楔直径，孔深略大于组合楔长度，有些劈分性能差的岩石，其楔孔深等于预计的裂高。见图12-166。

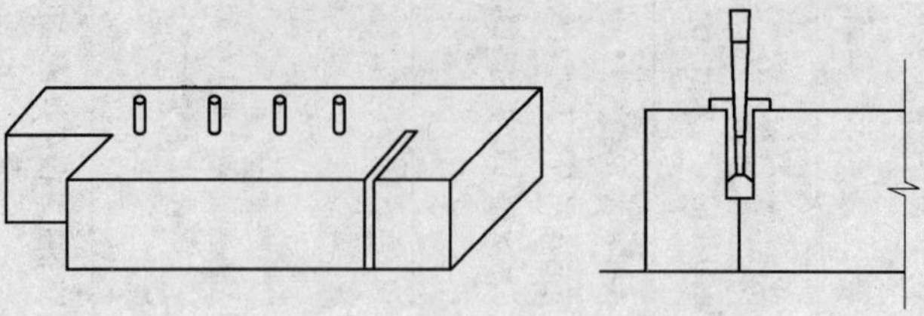

图12-166　组合楔人工劈裂法

组合楔的直径22~34mm，长130~700mm。楔孔间距10~30mm，楔孔直径应比组合楔直径大2~4mm。

b　液压劈裂法

此法与人工劈裂法的基本差别是以液压劈裂器代替人工加工（即锤击楔子）。由于若干劈裂头同时作用且胀力相同，因此其劈开面更平整。见图12-167。

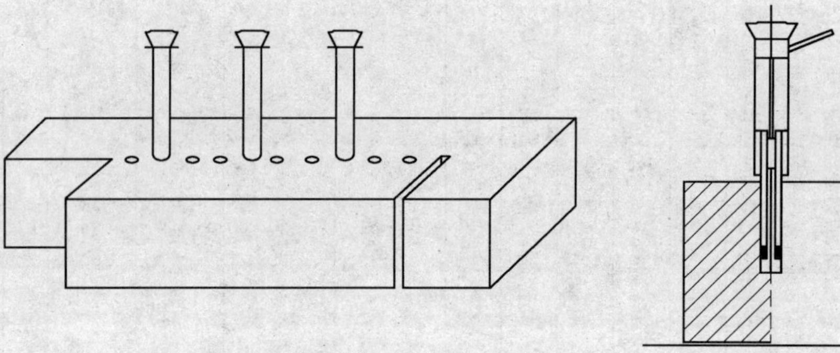

图12-167　液压劈裂工作图

液压劈裂器按劈裂头的直径来区分大小，劈裂头直径有33、38、44mm几种，长度170、210、330mm不等。钻孔的直径比劈裂头大1~3mm。孔距30~50cm，法向劈分力有1000、2250、2300kN。

预定的劈裂面所需的劈裂头的数目，计算公式如（12-152）：

$$N=\frac{K\sigma W\ (L-dn)}{F} \tag{12-152}$$

式中　σ——岩石极限抗张强度，Pa；

L——劈裂面的长度，cm；

W——劈裂面的宽度（或高度），cm；

F——每个劈裂头额定劈分力；

$$F\approx\pi R^2p$$

p——作用在活塞上的单位压力，Pa；

R——劈裂头活塞半径，cm^2；

K——超胀系数，$K=1.2\sim1.5$；

d——楔孔直径，cm；

n——楔孔个数。

上式中额定劈裂力按下式计算：

$$F\approx\pi R^2p$$

式中　F——额定劈分力，N；

R——劈裂器活塞半径，cm；

p——作用在活塞上的单位压力，Pa。

B　凿岩爆裂法

凿岩爆裂法是严格的控制爆破。此法应用广泛，花岗石矿山应用更为普遍。其特点是孔眼间距小、直径小、装药量少。装药量的多少以不破坏原岩及长条块石本身的完整性为原则。

岩石参数：见图12－168。

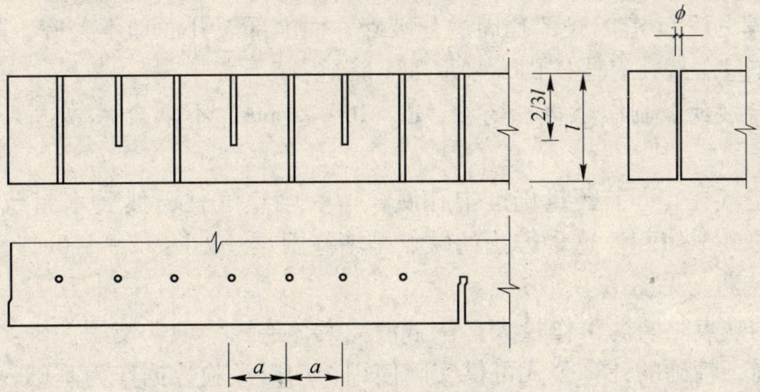

图12－168　凿岩参数示意图

由于所采用的爆破（裂）材料不同，凿岩爆裂法又分为：

a　导爆索爆裂法

此法的特点是：将规格不同的特制的导爆索按一般矿山的导爆索起爆网路连接，即每孔插入导爆索，且深入孔底，然后与母线捆扎，母线采用电雷管或火雷管引爆，如图12－169。但每个炮孔均不装药，只靠导爆索本身的威力，使岩石产生炮震裂缝并贯通每个炮孔，达到爆裂的目的。有的矿山，炮孔中充水或岩粉，碎石作为传导爆力的介质，以达到更好的效果。

导爆索爆裂法其孔距为20～50cm，孔深即为台阶高（或分台阶高）。

这种方法在意大利、联邦德国等国家应用较多。国外石材矿山使用的导爆索每米含药量有25、50、100、150、200、250g几种规格。这样，即可根据不同的岩性选用不同规格的导爆索，亦可以根据所选用的导爆索规格调整炮孔间距。

目前我国已经在石材矿山采用导爆索。宜兴大理石矿即采用了每米含药量12g的导爆索，孔距为40cm，孔深约1.1m，孔中充水，一次起爆，裂开面较平整，效果尚好。

饰面石材矿山推广使用不同规格的导爆索将是发展我国石材矿山，尤其是花岗石矿山

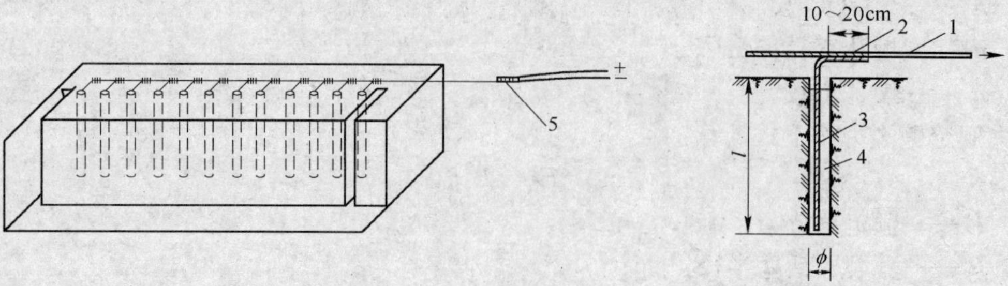

图 12-169 导爆索起爆网路图

1—母线；2—支线与母线捆扎；3—支线；4—充水；5—雷管

的方向。它可以取得省时省力、高效率、低成本的良好效果。

b 黑火药爆裂法

由于黄色炸药威力大，使岩石产生（炮震再生）裂隙而破坏其完整性，因此饰面石材矿山禁用黄色炸药而采用黑火药或其他低威力炸药。目前，国内黑火药爆裂存在药量集中孔底，见图 12-170*a* 造成底部孔周过分破碎，而上部裂开面却不整齐，降低了荒料率，增加了整形工作量。故在有些矿山，采取如下措施：

（1）不耦合装药。制作小直径药卷，$\phi=10\sim20$mm，不耦合系数达 1.5～2.5。见图 12-170*b*。

（2）预留空气柱。即装药量仍集中孔底，留一段空气柱，然后水封或填塞炮泥，堵塞长度为孔长的 1/3～1/4。这种方法的缺点是堵塞困难。见图 12-170*c*。

（3）分段装药。见图 12-170*d*。

分段装药的缺点是装药工作量大，雷管消耗大，连线繁琐、使用甚少。关于单位炸药消耗量，目前尚无精确的计算公式可供实际使用，均以经验数据作为基础，经试验后再确定符合实际的数据。

可以作为饰面石材进行开采的岩石抗压强度均大于 60MPa，其单位黑火药消耗量为 100～150g/m^3。

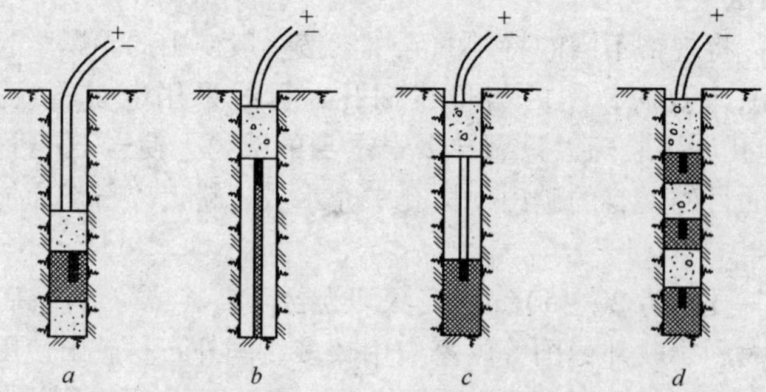

图 12-170 黑火药爆裂法装药结构

a—集中装药；*b*—不耦合装药；*c*—预留空气柱装药；*d*—分段装药

c 燃烧剂爆裂法

燃烧剂爆裂法又称近人爆破法。燃烧剂即为铝热剂。利用金属氧化剂（二氧化锰）和金属还原剂（铝粉）按一定比例混合，用点火头（即电阻丝）点燃产生化学反应

$$4Al + 3MnO_2 \longrightarrow 2Al_2O_3 + 3Mn + 9.24 \times 10^5 J$$

由反应式可知，在置换反应过程中产生大量的热和膨胀气体，对炮孔壁产生瞬时推挤力，使岩石产生裂缝，达到脱离原岩的目的。

燃烧剂是由小于200目的铝粉与小于200目的二氧化锰按重量比3∶7拌匀即制备。

点火头可用普通电阻丝截成若干段（要求电阻相等，接通电源点燃后其温度大于760℃），然后与铜脚线焊接。

燃烧剂性能：

燃速（爆速）	密封状　11.24m/s
	外密封状　0.16m/s
发热量（爆热）	$(3.96 \sim 4.42) \times 10^6$ J/kg
威力	31.2 ±4.1J/g
火焰感度	上限25mm，下限35mm
摩擦感度	0
冲击感度	0
发火温度	760℃
压力	200MPa

燃烧剂的装填、堵塞、起爆（点燃）与多孔黑火药电雷管爆破相同，其不同之处是电阻丝点火头代替电雷管。

近人爆破法有两大缺点，即金属氧化剂和铝粉价格高导致荒料成本高，且点火头制作较麻烦。此法在江苏宜兴大理石矿等矿山曾作过试验，贵阳大理石矿至今尚在使用。

d　静态（无声）爆破法

静态（无声）爆破法是将静态爆破剂或称膨胀剂或称无声爆破剂用水拌匀（即膨胀水泥和添加剂的混合物）充满炮孔。用塞子或其他材料堵塞，经12～24h内，产生膨胀力，将岩石胀裂。

尽管静态爆破剂单位售价较低，但与黑火药、导爆索、燃烧剂相比，其用量大得多，约为黑火药的40～100倍，结果荒料成本高。另外所需爆裂的时间长，运搬静态爆破剂的量大，所以不适于大规模开采的要求。如果矿山规模相同，在采用爆裂法的同样条件下，采用静态爆破剂爆裂的矿山，其工作线长度为黑火药的5倍左右。因此静态爆破剂对石材矿山来说，应用较少。

目前国内试验和使用的静态爆破剂有两种：一种为武汉工业大学研制的JC－1系列静态爆破剂；另一种为国家建筑材料工业局建筑材料科学研究院研制的SCA系列无声爆破剂。

根据不同的地区，不同季节温度的高低选用不同的静态爆破剂。一般膨胀剂的初期压力随温度增加，时间缩短，其压力增长快；而膨胀力又随水灰比增大而减小。

静态爆破剂拌水使用时，要在短时间内完成，一次搅拌量应在10min内用完为宜。

静态爆破剂的水灰比（重量比）一般为0.25～0.30，搅拌时避免与人体皮肤接触。

C　机械锯切法

锯切法广泛用于大理石矿山，凡是条件适宜的地方，应提倡采用锯切法，包括分离、切割、整形。其主要优点是：

（1）破损少，可大大提高荒料率。

（2）机械化程度高，劳动强度小，劳动生产率高。

（3）锯切面平整、光滑，减少整形工作量。

锯切法的使用条件：抗压强度小于120MPa，石英（SiO_2）含量小于3% ~4%的各类岩石。可锯切垂直、倾斜、水平面。

锯切法根据其刀具磨切岩石的方法和机械的结构不同分为三种类型：绳锯法、链锯法、圆盘锯法。

图12－171为锯切设备外形。

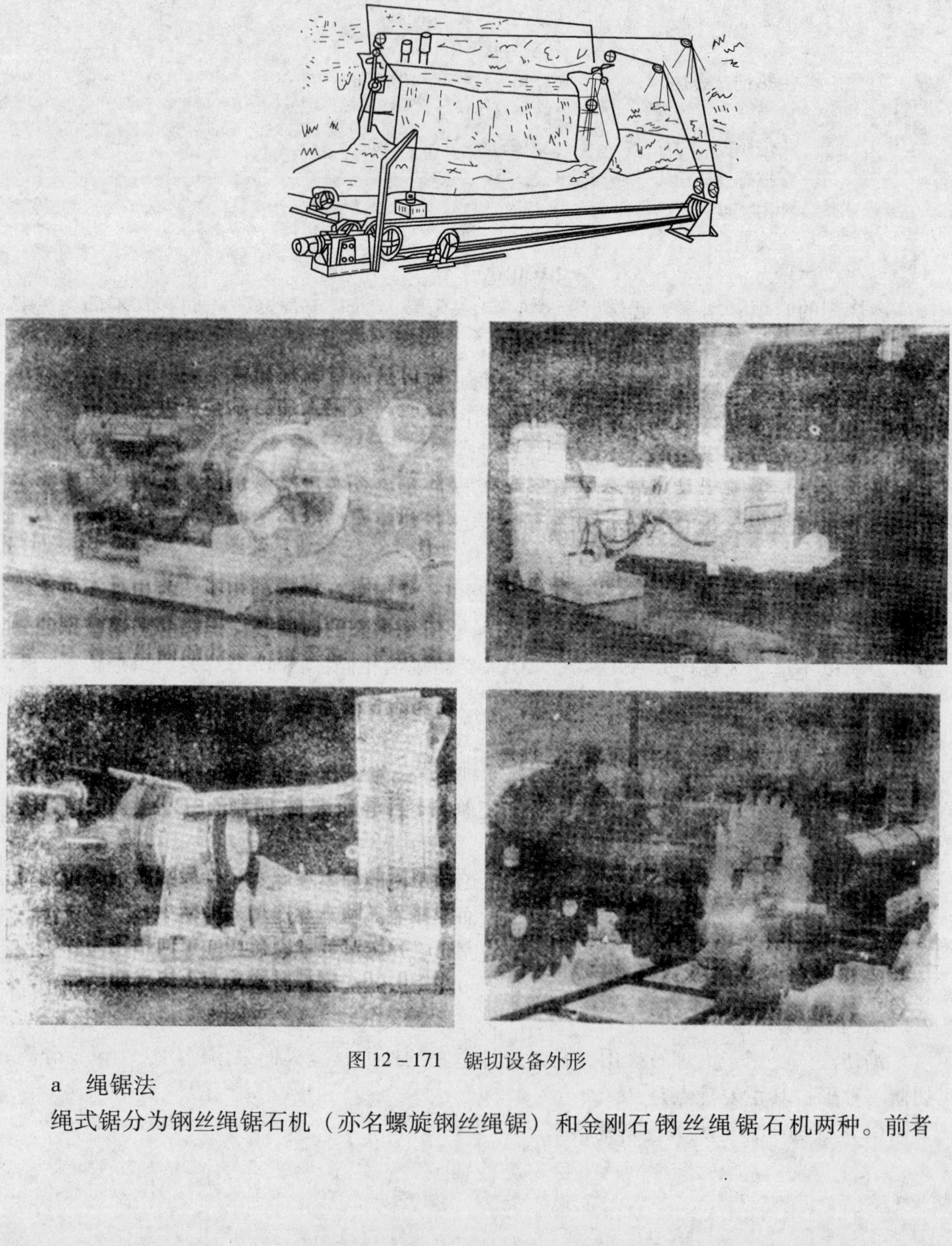

图12－171 锯切设备外形

a 绳锯法

绳式锯分为钢丝绳锯石机（亦名螺旋钢丝绳锯）和金刚石钢丝绳锯石机两种。前者

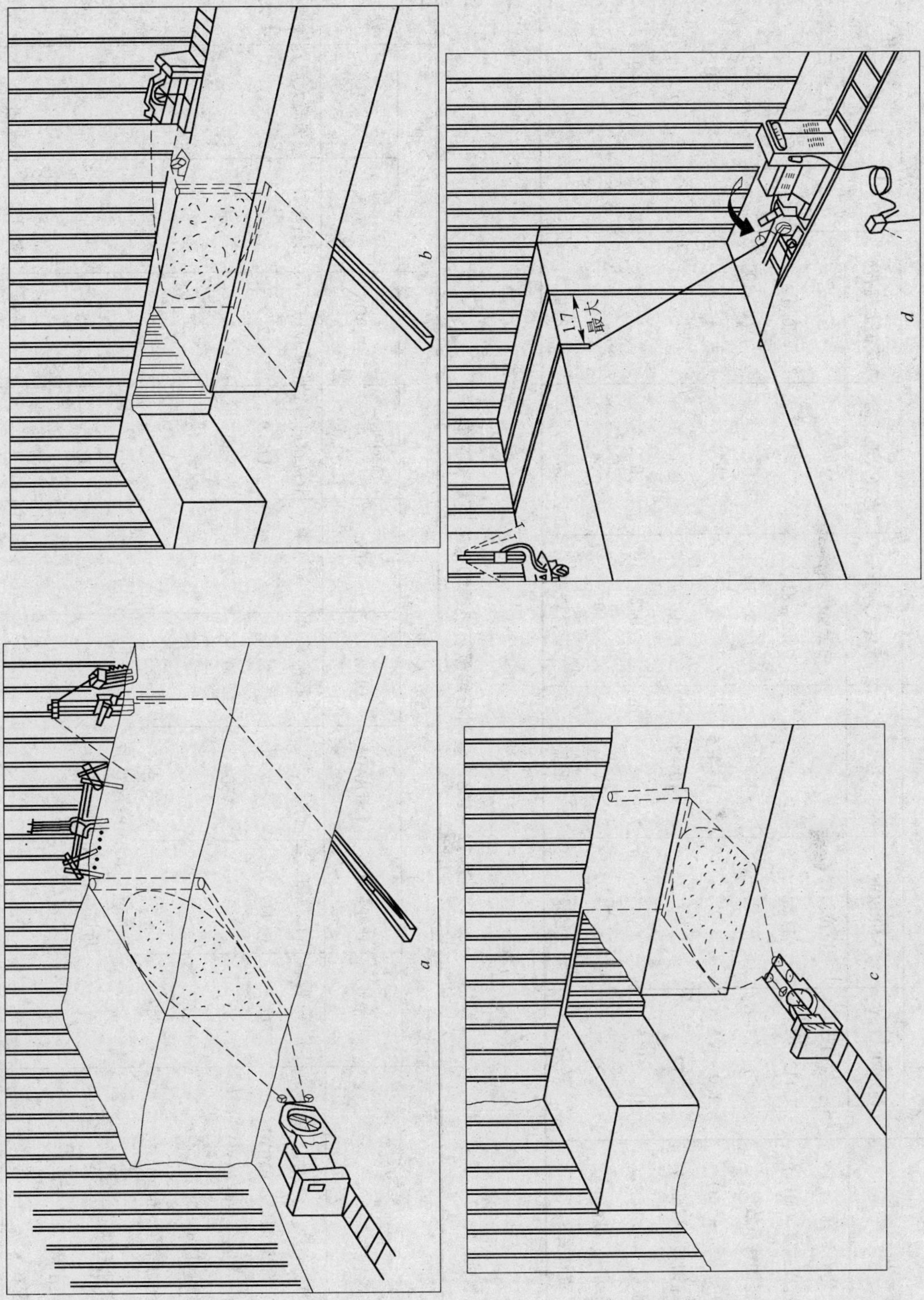

图 12－172　金刚石钢丝绳锯石机锯切方法及设备配套图

a—锯切端面；*b*—锯切大面；*c*—锯切水平面；*d*——机锯二条切缝

表 12－142 钢丝绳锯石机锯切效率及材料消耗

矿山名称	意大利			中国			推荐值
	COOPERATIA	NORBOR	一般	掖县大理石矿	宜兴大理石矿	英德大理石矿	
岩石名称	卡拉拉白云岩	卡拉拉白云岩		白云质大理石	石灰岩	石灰岩	无硅质大理石类岩石
岩石抗压强度（MPa）	112.9	112.9		78.2～81.7		80.0±	<120
坚固性系数				$f=8\sim10$		$f=8\sim10$	$f=8\sim12$
锯切效率（m^2/h）	1.0～1.5	2	1～1.5	1		1～2	1～1.5
钢丝绳消耗（m/m^2）	17	20	10～30	1.2kg/m^2	5～6		7～10
耗水量（m^3/m^2）	0.3～0.5			0.2	0.2		0.2～0.5
石英砂消耗（kg/m^2）	68			60	54		60～70
资料来源	转录	转录	收集	设计资料	转录	收集	

表 12－143 金刚石绳锯石机锯切效率及材料消耗

序号	矿山名称单位	意大利							中国		设计推荐值
		菲格亚	比亚那代依	ESTRABA	OPGG1	STK	COOPE－RATIA	NORBOR	双峰	掖县	
1	岩石名称	卡拉拉白云岩	卡拉拉白云岩	石灰华	石灰华	石灰华	卡拉拉白云岩	卡拉拉白云岩	石灰岩	白云质大理岩	大理石类岩石
2	岩石抗压强度（MPa）	112.9	112.9				112.9	112.9			<120
3	使用设备功率（kW）	25	30	30	30	22.5	30				30
4	线速度（m/s）										30
5	锯切速度（m^2/h）	4.7	4	3.4	4.3	3.3			2	3	3～6
6	金刚石绳消耗（m/m^2）		抗压强度 100MPa 时 0.07；抗压强度 100MPa 时 0.047				0.05	0.05	0.082	0.006	0.05～0.08
7	消水量（m^3/h）		5～6								4～6
8	资料来源								荒料整形	设计	调查整理

表 12－144 链臂式锯石机锯切技术经济资料

设备名称及制造厂商		Korfmann ST	HR－1300		KQY－1	Korfmann ST30VH
使用国家		意大利 卡拉拉	美国 印第安	意大利		中国
矿山名称		NORBOR 大理石矿	EILIOT 石材公司			丹东大理石矿
岩石类型与主要性能（MPa）		卡拉拉白 白云岩 抗压强度：112.9	中硬石灰岩 抗压强度 28.8～72.0	硬质石灰岩	抗压强度 60.0～80.0	10 号矿体抗压强度 100.0～120.0
锯切深度（m）		3			2	
行走速度（m/h）		2.5 平均 1.5～2.0				
锯缝宽度（mm）		40				
锯切速度	最大（m^2/h）			18（金刚石刀具）		
	平均（m^2/h）	4.5～6	8.15	4～5（硬质合金刀具）	3	2～2.5
	纯锯切（m^2/h）		12			
使用刀具			碳化钨硬质合金			
资料来源		1985 实测 抄录	1978，1979 年在该公司 试验资料抄录	（Matble in the world） 1986		实测 1986 年 5 月 试车

表 12－145 链臂式锯石机的技术性能

设备型号	ST30VH	ST50－VH	HSTKbo CARRARA	ST15－V	HR－1300	DB－100	70RA	KQY－1
链臂长度（m）						2.5～4.5		
锯切深度（m）		3.4	2.5	2	最大 2		最大 3.4	
链旋转线速度（m/s）	16～65	0.4～1.1	0.4～2	0.4～2	0～1.54	0～25	0～0.71	
空载行走速度（cm/min）	1～4	1.4～45	最大 100 2.5～35	30	0～50		0～13	3.8
行走方式	齿板行走式	齿板行走式		牵引式	自移式	自移式	自移式	牵引式
装机容量（kW）	30		56	10.5	33		49	28
主机功率（kW）	22	45	50		30	60～75	60	25
切割压力（kN）	49.5	80						
锯缝宽度（mm）	42	42	42	42		40	38	
链臂转动角度（°）							360	
工作条件						（4～6）－（7～10） 垂直、水平面	垂直、水平	可锯垂直水平面
润滑方式	自动	自动	自动	自动		自动		
要求最小空间尺寸（高×宽）（m）			3×5		1.6×2.2		1.64×2.3	
外形尺寸（宽×高）（m）		2×1.6						
机械重量（kg）	约 2400	5300	5000	1800	2400	5000	5000	
适用条件	露天	露天、硬岩	地下	软岩	软岩、硬岩	露天、大理石	露天	
生产国	联邦德国	联邦德国	联邦德国	联邦德国	法国	意大利	意大利	中国
生产厂商	KORFMANN	KORFMANN	KORFMANN	KORFMANN	PIERRE	PELLEGRINI	FANTINI	试制

以线速度5~15m/s运行的无极钢丝绳（钢丝绳直径$\phi=3.9$mm、4.5mm，钢丝绳的捻向每25~40m改变一次）带动磨料（石英砂加水）磨切石材达到锯切的目的；后者是无极钢丝绳（直径$\phi=3$mm）外套直径$\phi=10$mm，长10mm的金刚石珠（金刚石珠间用弹簧相连，分段与钢丝卡紧），以线速度为0~30m/s运行，在水冷的情况下直接锯切石材。

钢丝绳锯石机锯切工作方式见图12-156。

金刚石钢丝绳锯石机工作方式见图12-172。

钢丝绳锯石机与金刚石钢丝绳锯石机的效率和主要材料消耗见表12-142和表12-143。

b 链锯法

链锯法所采用的设备是链臂式锯石机。链臂式锯石机是从截煤机（割槽）演变成石材锯切专用设备的，故其工作原理与截煤机相同。链臂式锯石机是依据配有可旋转90°的链臂，链臂外安装旋转链，其上装有形状不同的截齿，依靠截齿直接切削岩石，达到锯切岩石的目的。它可锯切垂直面与水平面。链臂最长为4.5m，锯切深度为3.2~3.8m。工作状态时，机器在轨道上的行走方式有自移式和牵引式两种。截齿有碳化钨硬质合金和金刚石两种不同刀具，适于锯切大理石，目前亦在花岗石中锯切试验，以锯切巨厚层状矿体，倾角$\alpha<15°$或$\alpha>80°$的矿体可以取得较好的效果。

部分矿山使用链臂式锯石机的情况见表12-144。

链臂式割石机主要技术性能见表12-145。

c 圆盘锯法

圆盘锯法是用金刚石刀头或合金钢圆锯片的圆盘式锯石机进行锯切的。

圆盘式锯石机是采用圆形锯片直接锯切岩石的垂直和水平的、采出一定规格的荒料。荒料规格的大小取决于圆锯片的直径。但至目前为止，实际采用的锯片直径均小于1600mm，因此荒料的规格受到限制。加大圆锯片的直径将使荒料成本剧增，所以在要求作为饰面石材开采的大规格荒料，圆盘锯石机不能满足要求而已被其他开采方法和锯切设备所取代。目前只有少数国家，如苏联等仍有使用。

表12-146 圆盘式锯石机主要技术性能

设备型号	TT-150 SUPER	CM-428
圆锯片直径 垂直（mm）	（二片）1200	（二片）1380
水平（mm）	（一片）610	
给进速度（m/min）	0~20	0.8~1.2
空载速度（m/min）	90	
垂直锯切最大深度（mm）	400	
水平锯切最大深度（mm）	250	
动力	柴油发动机	
功率（kW）	112/135	112
轨距（m）	700	1000
外形尺寸（长×宽×高）（mm）	3500×1800×1500	2860×2230×1230
锯切块石尺寸（cm）	40(50)×25(30)×25(30)	
机重（kg）	约3500	4600
制造厂商	PELLEGRINI	
国家	意大利	苏联
资料来源	样本	

圆盘式锯石机适于锯切抗压强度为150MPa以下，特别是抗压强度为60～100MPa的中硬及软质岩石，主要用于锯切小块铺路石和砌块，其效率比钢丝绳锯石机高4～5倍，可达4～10m^2/h。

几种圆盘式锯石机见表12－146。

D　射流切割法

射流切割法，目前在世界上所采用的生产工具仅火焰切割机一种。另一种即高压水枪，在石材工业中尚处于试验阶段。现分述如下：

a　火焰切割法（图12－173）

图12－173　火焰切割机及其工作状态

1—火焰切割器与操作手柄；2—空气压缩机；3—风包；4—油泵及油箱；5—氧气瓶及点火器

火焰切割法所采用的设备叫做火焰切割机。其工作原理是：雾化的燃油（煤油或柴油）点燃后，靠压缩空气喷射出高温（800～1600℃）和高速（1300m/s）火柱，切割二氧化硅（石英）含量在40%以上的火成岩类岩石（即所谓花岗石），由于火成岩中的两种主要成分——石英和长石的热膨胀率及受热后膨胀速度不同，根据膨胀率大和膨胀速度快的组分——石英先期崩裂而脱离原岩被射流冲走的原理，达到切割的目的。

火焰切割法只适用于切割花岗石，且其切割效率随石英（SiO_2）含量的增加而提高。实践证明，石英的含量少于40%时不适于采用火焰切割法。在我国，火焰切割法仅用于开创自由面及岩石夹制作用严重而不易采用其他开采方法的地段。在国外常用于切割垂直面，如意大利撒丁岛的灰色花岗石使用最多。

火焰切割法切割面平整光滑，无论原岩或荒料均不产生内伤，且切割速度快。但其噪声大（工作时噪声大于120dB），相对成本高。故不宜在居民点附近和自然保护区使用。

火焰切割机在我国南安石料厂、白虎涧花岗石矿、饶平花岗石矿等均有使用。其技术经济指标见表12－147。

表12－147　火焰切割机切割主要技术经济指标

指标名称	饶平花岗石矿	南安石料厂	推荐值
岩石种类	黑云母二长花岗石	黑云母二长花岗石	花岗石类岩石
SiO_2 含量（%）			>40
使用机型	FA－300	HQ－55	
机器产地	意大利	中国	
切割速度（m^2/h）	1.5～2.0	1.5～1.8	1～1.5
切缝宽度（mm）	100～120	100～150	
燃油消耗量（kg/h）	50～70	50±	50～70
压气消耗量（m^3/min）	10	10	10
单位成本（元/米^3）		12	
资料来源	收集、整理	收集、整理	

b　高压水切割法

高压水切割法，目前使用的设备是高压水枪。其工作原理是高压水柱直接冲采、切割岩石，水压达80～380MPa，射流出口速度为700～3100m/s。

在试验中，切割的形式有两种：其一是在已打好的排孔中，在其设定的裂开方向的孔壁切割深为20～25mm的切缝，然后采用楔裂、胀裂或爆裂的方法形成贯通排孔的裂缝；其二为水柱直接切割岩体形成连续的切缝。

根据试验资料所载，高压水柱切割非匀质石材效果较好。试验证明，切割花岗岩、片麻状砂岩、石英斑岩，其实际切割速度为2m^2/h，切割混凝土达3.5m^2/h，而切割较匀质的大理石速度却不如传统的切割方法。

在挪威切割钠长岩和辉绿岩试验时，其切割速度约0.5m^2/h，而在意大利切割白色花岗岩时，其切割速度为2.4m^2/h。两者均采用同样方法。

高压水切割法，其切割面更平整，也不产生内伤，但要求设备制造精度高，能耗大，这成为在石材工业中使用的障碍。

E　联合开采法

此法是由上述四种采石方法进行不同的组合。所有矿山都用联合开采法，也就是说，长条块石的分离都是采用几种采石方法联合完成的。

12.9.7 废石清理与排弃

A 废石的清理

饰面石材开采过程中，在择取荒料后，有一部分小于所定的荒料最小规格的块石和在分离、分割、整形各工艺中产生的碎石以及剥离岩土和表土，统称为“废石”。

废石的清理有两种方法，即分段清理和集中清理。

分段清理：在每一个开采平台上，将生产各工序和剥离工作中产生的废石，通过集堆、铲装和运输清除掉。这种方法适于直进沟开拓的矿山。集堆采用人工、推土机、前装机或反铲进行，铲装通常采用前装机，运输均采用自卸汽车。我国目前基本上采用分段清理的方法，有些矿山全部采用人工集堆铲装。

集中清理：将多个台阶（或分段）的废石下放至最低工作平台，或者分离在每个台阶进行，而分割、整形、吊装集中在最低工作平台进行，在最低工作平台之上的各台阶（或分段）的废石采用人工全部集中在最低工作平台进行集堆、铲装和运输。这种方法适于多台阶（或分段）从上而下同时推进、分段工作平台十分狭窄的石材矿山。此方法在国外并不少见。

分段清理的优点是各生产水平各成系统互不干扰，便于管理。但各水平分别设运输线路，加大了基建投资，增加了生产成本。

集中清理的优点是各生产水平废石集中于一个水平，减少了运输线路，缩短了基建时间，减少了基建投资，相应地生产成本下降，且便于在有限采场范围内强化采矿强度。但要求管理水平高，生产进度安排精确，开采设备和人员上下较困难。

B 清碴设备

目前国内外饰面石材矿山与其他矿种相比，规模（年采剥量）甚小，废石清理与排弃比较简单。所配设备大部分不能发挥生产能力，因此设计选型时较为单一，一般都选用前装机兼作台阶清理、集堆和铲装，在运输距离较短时，由前装机直接排弃，运输距离长时装入自卸汽车运至废石场排弃。国外许多矿山考虑到前装机亦担负耙移荒料，代替吊装设备铲装荒料的任务，因而趋向于选用大功率、大斗容的前装机，可以说前装机在石材矿山具有多功能的作用。同时，选取液压反铲来清理根底，自卸汽车担负废石的运输。

国内有些凹陷露天矿选用钢丝绳网兜或吊斗将低于吊装设备基础水平的废石起吊，提升至集中运输水平，倒入自卸汽车运至废石场排弃。

C 实例

实例 1 意大利 CRODO 花岗石矿（图 12－174）

采区全部处于山坡上，其岩石为混合岩化片麻岩，采区走向长 100～150m，倾向宽约 170m 左右，层理发育，层厚 3.5～12m，倾角 35°左右。

该矿为一山坡露天采石场，工作线垂直走向，沿走向推进，分两层开采。公路运输开拓，桅杆起重机吊装。公路由山下至 ±0m 水平（假设标高），并经采场再至 10m 水平。采用从上至下分层，多台阶同时推进的方法。采石场生产量为 500 米^3/月，每周工作 5 天，每天工作 9 小时，全矿共 9 人。

采石工艺为分离→沿层面滑至 ±0m 或 +10m 水平→切割→整形→推移→吊装→运输。

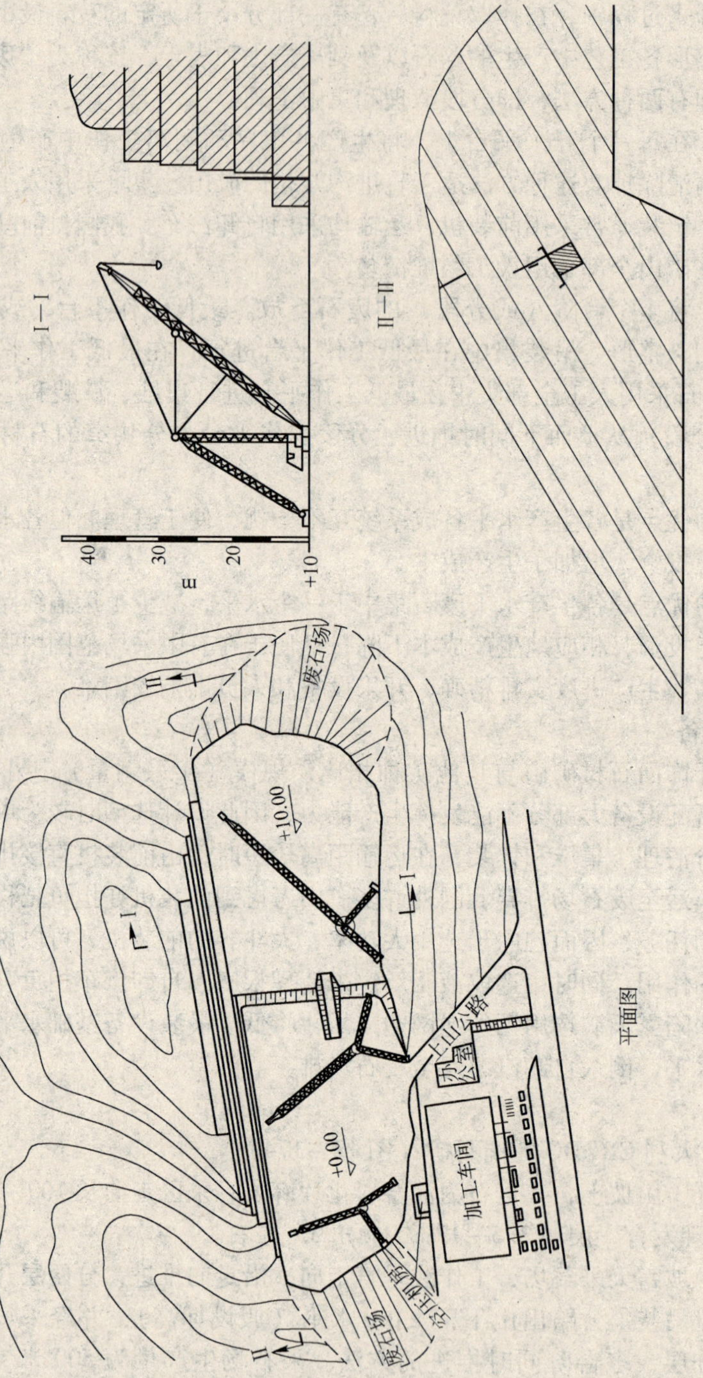

图12-174　CRODO花岗石矿开采现状图

（1）分离。采用凿岩爆裂法，用单头滑架式凿岩机钻孔，炮孔与层面垂直，炮孔直径28～32mm，孔深等于层厚，孔距10～15cm。用黑火药、电雷管爆裂。

长条块石的体积最大为长×宽×高（层厚）等于(50～60)m×(5～6)m×12m，一般(20～30)m×3m×(5～12)m。

无规则装药，一般间隔5～6个炮孔装药，有时间隔10～15个炮孔装一个孔。在靠近端面处药量适当集中，这是因为要借助微小的爆力使长条块石沿层面滑下。

（2）切割。亦采用单头滑架式凿岩机钻孔，孔距20～30cm，孔深为长条块石高度的1/3～4/5，仍采用爆裂法。荒料规格3～12m^3，最大18m^3。小于2m^3的荒料均堆置在采场内，但其数量较少。

（3）整形。由于炮孔密，片理又甚发育，因此裂开面平整。孔痕不予整平，个别凸出部分采用风铲铲平。

（4）推移。采用前装机和反铲。

（5）吊装。用桅杆起重机，最大起重能力为50t。

（6）运输。采用平板拖车或三轴荒料运输平板车。

（7）清碴。由于长条块石均滑落到±0m或+10m平台进行切割，因此废碴全部集中在上述两个平台上。采用反铲清理，前装机集堆、铲装并运至采场一侧的废石场排弃。

全矿除空压机房外，仅有一简易磨钎机房兼作材料库。

实例2 广东英德大理石矿

该矿为大理岩化灰岩。首采区矿体走向长100m左右，倾向宽80m左右，比高30～70m，上部比较破碎，下部完整致密。

采用公路运输开拓，桅杆起重机吊装。现为单台阶开采，从上至下分层开采，多台阶同时推进。

采石工艺如下所述：

（1）分离。长条块石首先采用钢丝绳锯石机锯切水平面，然后采用双头滑架式凿岩机钻凿垂直孔，孔距30cm左右，用黑火药爆裂。端面首先开凿超前沟槽。

（2）顶翻。采用液压顶石机顶翻，翻倒前在平台上垫30cm左右的碎石。

（3）切割。采用凿岩劈裂和凿岩爆破法。

（4）拖拽、牵引。采用慢动牵引绞车。

（5）吊装。采用起重能力为25t，动臂长30m的桅杆起重机。

（6）运输。普通载重汽车。

（7）清碴。碎石也集中在一个平台上，采用人工清碴、手推车运输，向采场一侧的废石场排弃。详见图12－175。

实例3 双锋大理石矿

矿体为灰黑色、黑色厚层和薄层状泥晶灰岩和生物碎屑泥晶灰岩，夹有少量泥灰岩和钙质页岩，走向长800m，宽约500m，倾角一般5°～15°，单层厚度40～60cm，层间无胶结，层面一般有几厘米风化，易剥落，新鲜矿石其抗压强度为116MPa。

设计生产规模为4000m^3/a，实际1000m^3/a。

该矿前期为山坡露天矿，后期为凹陷露天矿。采用公路（汽车）运输开拓，用桅杆超重机吊装。

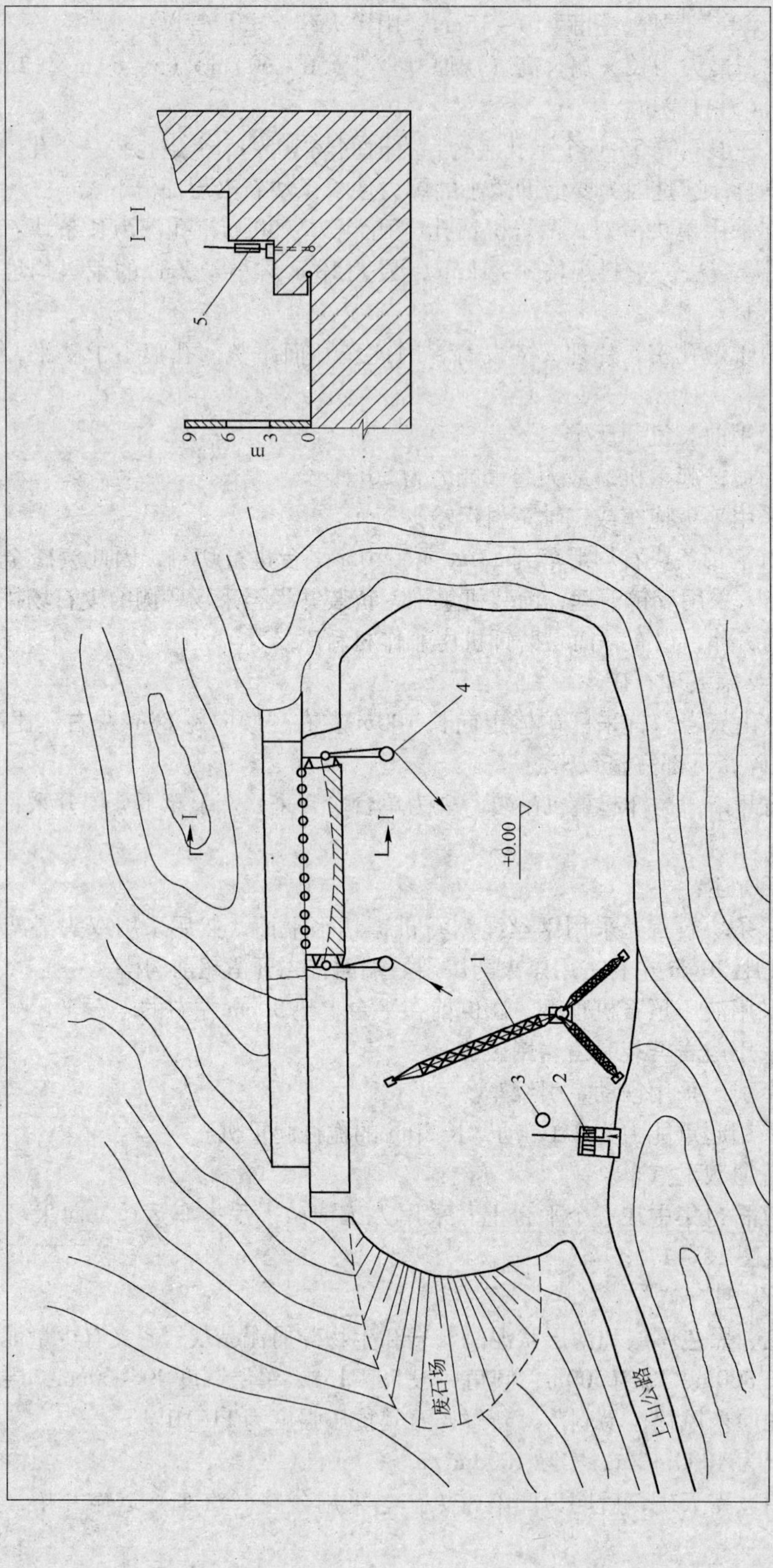

图 12-175 英德大理石矿开采现状

1—桅杆起重机；2—牵引绞车；3—导向滑轮；4—钢丝绳锯石机；5—滑架式凿岩机

采石工艺为：分离→顶移→分割→整形→牵引→吊装→清碴。

（1）分离。采用凿岩楔裂法，垂直面孔距 10～15cm，孔径 ϕ34～36mm，孔深约为层厚的0.6～0.8倍，也有的孔深为层厚。用组合楔楔裂。水平面为层面，无需凿岩。

（2）顶移。楔裂后的长条块石，位于长条块石的两端，凿可放入千斤顶的窝两个，用顶石机顶推，使长条块石脱离原岩且有约5cm左右的间隙，将牵引钢绳套入，拖拽离工作面。

（3）分割。凿岩楔裂，孔距 20～40cm 不等。

（4）整形。一般为人工整形。出口荒料采用金刚石绳锯石机整形一面。

（5）拖拽。采用牵引绞车将荒料拖拽至桅杆起重机吊装范围内。

（6）吊装。采用桅杆起重机吊装，汽车运输。

（7）清碴。采用人工与前装机集堆、铲装并运至排土场排弃。

实例4 饶平花岗石矿

矿石为黑云母二长花岗岩，有粗中粒黑云母二长花岗岩和中细粒黑云母二长花岗岩两种类型。原设计生产能力 8000m^3/a，实际 1200～1800m^3/a。设计荒料率 30%。

矿山为山坡露天矿，采用公路（汽车）—桅杆起重机联合吊运开拓方案。台阶高度12m，分台阶高度3m。

采石工艺为：

（1）分离。沿工作线每隔 20m 用火焰切割机切割 10～12cm 缝一条。垂直面和水平面均采用凿岩爆裂法，孔距 30cm，黑火药电雷管爆裂。

（2）顶翻。采用顶石机。

（3）分割。凿岩楔裂法，楔孔间距 10cm，深 5cm，单楔劈裂。

（4）整形。人工。

（5）拖拽。牵引绞车。

（6）吊装。桅杆起重机，汽车运输。

（7）清碴。人工与前装机集堆，前装机装入自卸汽车运至排土场。

12.9.8 综合利用

12.9.8.1 饰面石材开采综合利用的意义

饰面石材开采除从原矿中采出荒料外，所剩下的废料块石、碎石，其量约占开采原矿量的30%～80%。尽管采用先进设备，提高技术水平，加强管理，可以减少废石的产出量，但仍然存在如何利用这些废料，使其“变废为宝”的问题，这样不但能取消或减小其堆置场地的面积，减少对环境的污染，而且可提高企业的经济效益。因此，饰面石材矿山重视和加强综合利用具有积极的意义，也是目前国内石材矿山需要解决的重要问题之一。

12.9.8.2 综合利用的途径

国内许多饰面石材矿山在多年的生产实践中，对大理石、花岗石矿山的废料不断地开拓其新用途，经济效益日趋明显。

废料综合利用的途径，大理石和花岗石具有共同之处，也有不同之点。花岗石、大理石均可作墙体砌块、路面基层、护坡、道碴、骨料、人造花岗石、人造大理石的原料以及雕刻等工艺品。

大部分大理石除了上述共同的用途外，还可以用来生产石米、石粉（尤以白色为最好），当 CaO 的含量达到标准要求时，还可作为水泥原料、烧石灰或用于制取电石等等。随着工业的发展，必将逐步开拓其新的综合利用途径。

12.9.8.3 综合利用的方法及所需设备

由于花岗石、大理石废料的综合利用具有多种多样的途径，因此其产品生产方法的设备涉及很多行业，很难将各种方法及产品的生产工艺全部编入本节。

（1）砌块或条石的生产和应用。石材矿山由于要求采取大规格的荒料，我国标准的最小规格为 0.2～0.5m^3，小于此数者均为废石。利用这些废石，主要采用人工劈裂法生产砌块，作砌筑房屋、路面、护坡、里程碑、台阶等用途。

（2）碎石和骨料的生产和应用。主要采用破碎（人工或机械）和筛分分级，用作道碴、混凝土骨料、道路基层等。

（3）石米的生产与应用。采用大理石废料，进行分选（主要是颜色和硬度），将颜色一致和硬度相近的分别堆放，然后进行破碎（颚式破碎机和锤式破碎机）、筛分，生产各种石米，作为水刷石和水磨石的原料。

（4）石粉的生产和应用。石粉的生产近几年才开创其用途，主要指白色大理石，即白云岩经磨粉（干磨或湿磨）分级，作为填料、添加剂等。

（5）水泥和石灰的主要原料。凡符合水泥原料工业要求的大理石类岩石均可作为水泥的主要原料或烧石灰。

（6）石质工艺品是我国传统产品，主要使用汉白玉和花岗石类岩石，通过雕琢，打磨生产柱子、门框、石凳、石桌、石椅、神盒、香炉、骨灰盒、墓碑、神像、石狮等。

另外，利用加工厂的边角料也有很大潜力。把边角料再加工、生产镇纸、桌椅的镶嵌、屏风，还可生产花盒、台灯柱等。择取不同颜色的边角料铺砌地面，也会取得较满意的装饰效果。

（7）人造大理石和人造花岗石的原料。人造大理石和人造花岗石的生产已引起注意。由于其成本低，色彩艳丽且能人为掌握其基本颜色，因此在低消费的国家有其远大的前途。

人造石的生产工艺为：备料（包括粉碎的大理石、花岗岩、胶结剂→树脂与水泥）→混合→成型→养护→锯切→磨光→切边→包装。

后一段的生产工艺与天然大理石、花岗石材相同，前阶段——生产人造荒料，后阶段采用的生产设备完全是生产大理石和花岗石精磨板的整套设备，包括锯机（金刚石大锯、钢砂排锯）、连续磨机、桥式或手扶磨机、切机、磨边倒角机。

另外，国外为维修古建筑，有用冲击式切断机直接将某些花岗岩、片麻岩、页岩、片岩、板岩、千枚岩等块石切成长方形瓦片。

总之，随着石材工业的发展，综合利用的途径将随之开阔。

12.9.8.4 综合利用的经济分析

由于我国石材丰富，品种繁多，花色各异，在研究综合利用的可能性时，应进行全面分析。要考虑交通运输、地理位置、市场需求、生产成本、销售价格及废料堆置、环境保护等因素。

12.9.8.5 实例

云浮大理石厂地处大理石资源十分丰富的云浮县，荒料生产点多，量小，一般荒料率较低，所以废石量大，占地多。为了提高企业的经济效益，该厂除生产大理石板材 $15000m^2$ 外，还生产石米18000t，干磨粉15000t，水磨石粉600t，另外还生产水泥3000t，这样使废料得到充分利用。加工板材的边角料，还生产台灯座和落地灯柱等工艺品。1983年该厂仅综合利用部分创税利166万元，尚未计工艺品部分的产值。该厂为全国综合利用较好的石材企业之一。

12.9.9 荒料检测

荒料检测包括检测荒料的质量，确定荒料的等级与类别，并对荒料予以命名。

12.9.9.1 荒料质量的检测

荒料的质量包括外观、外形尺寸、物理力学性能、矿物与化学组分，装饰性能和加工性能。

A 外观

外观质量是检测荒料的重要手段，一般包括：

（1）颜色、花纹，要求颜色鲜艳、均匀、稳定，花纹调和有序，无色差，易并花。

（2）结晶颗粒及结构特征，要求颗粒均匀，结构紧密。

（3）要求无明显的自然缺陷，如色斑（或称析离体、石蛋、燧石结核、硅质集合体等），色线，细脉，气孔（洞），砂眼，裂纹，无明显可辨的易氧化杂质（如黄铁矿、白铁矿、磁铁矿等），但石灰华允许气孔（洞）的存在。

（4）外形应为规则六面体（正方形或长方形），尺寸应符合规定和要求，并符合国家颁发的验收标准。

B 物理力学性能

（1）抗压强度：一般要求花岗石大于或等于70MPa，大理石大于或等于60MPa。

（2）抗张强度：一般要求大于6MPa；

抗剪强度：一般要求大于7MPa。

（3）绝缘性能和耐酸、碱性能：此项要求只对特殊用途的石材产品而言，饰面石材不作具体规定。

（4）抗风化性能：是指石材产品在裸露的情况下，其颜色和光泽的变化、强度的减弱、颗粒剥落和裂纹产生的情况。抗风化性能的强弱用吸水率和抗冻性两个指标来衡量。一般规定，吸水率小于0.5%者，其抗风化性能良好；当吸水率大于0.5%时，需作冻融试验，对裸露的（室外）饰面石材，其试样经冻融25次后，要求其重量损失率不大于2%，抗压强度的降低不大于25%。

C 矿物组分和化学成分

矿物组分分析的目的在于进一步研究石材本身的结构构造及其对颜色、花纹、光泽度和加工性能的关系，也可作为正确选择开采设备的依据之一。化学组分分析，目的在于为石材的综合利用提供基础资料。

对石材产品来说，放射性元素及其强度应予以足够的重视，一般要求按《建筑材料放射卫生防护标准》的规定执行。

D 加工性能

主要指锯切、磨光性能，并获得各种参数。在试加工过程中获得的各种参数作为加工工艺设计的基础资料，试加工所得板材即作为该品种的标准样板。

(1) 锯切性能。锯切性能采用锯切速度来衡量。条形锯片以其落锯速度（或称进刀速度、进锯速度），即单位时间锯切荒料的深度表示，为 cm/h；圆形锯片按每小时锯切石材面积计算，即 m^2/h。

(2) 板材率。即每立方米荒料所获得的成品板材的数量。一般要求：2cm 厚的定型板，花岗石不低于 $22m^2/m^3$，大理石不低于 $15m^2/m^3$；1cm 厚的薄板，花岗石不低于 $28m^2/m^3$，大理石不低于 $20m^2/m^3$。

(3) 光泽度。花岗石、大理石经研磨、抛光后，采用 SS－75 型光电光泽计测定。一般要求：花岗石板材的光泽度不低于 80°；大理石板材的光泽度不低于 70°。

(4) 耐磨率。耐磨率用磨耗量表示，是衡量石材是否耐磨的一个指标。通常不耐磨者（其磨耗量值高）光泽度较低，耐磨者光泽度较高，而光泽度的高低主要靠调整磨料的粒度和磨头压力来实现。一般花岗石的磨耗量不高于 $12g/cm^2$；大理石的磨耗量不高于 $25g/cm^2$。

(5) 装饰性能。装饰性能无法进行定量分析，饰面石材的装饰性能需综合评价，包括颜色、花纹、拼花和光泽度，时代感与流行色，及其观赏价值。饰面石材装饰性能的优劣的评价，因地因时因人而异。

12.9.9.2 荒料的类别和等级

荒料的类别按荒料的体积大小划分，荒料的等级按荒料的外观质量划分。每一类荒料分三个不同的级别。

荒料的类别与等级的划分表 12－148。

表 12－148 荒料类别和等级划分参考表

类别	单位	体积	级别	要求
Ⅰ	m^3	≥3	甲	规则六面体（正方体或长方体），无色线、色斑、无硅质集合体，颜色均一，花纹稳定，晶体颗粒分布均匀，无气孔（洞），无裂纹，无易氧化含铁矿物
Ⅱ	m^3	≥1～3	乙	基本规则六面体（正方体或长方体），表面有一条宽小于 1.5cm 的色线或细脉，其长度不超过荒料长度的五分之一。或直径小于 2.5cm 的色斑不超过 2 个。颜色均一，花纹基本稳定，晶体颗粒分布基本均匀，无裂纹，无气孔（洞），无硅质集合体和易氧化的含铁矿物
Ⅲ	m^3	<1	丙	基本规则六面体，表面有一条宽 1.5cm 的色线或细脉，或有直径大于 2.5cm 小于 5cm 的色斑 1 个，或直径小于等于 2.5cm 的色斑不多于 3 个。颜色尚均一，花纹尚稳定，晶体颗粒分布尚均匀。无明显可见的裂纹、气孔（洞），无易氧化的含铁矿物

注：石灰华对气孔（洞）的存在和多少不作规定。

12.9.9.3 饰面石材硬度及其分级

我国饰面石材硬度用肖氏硬度计测量。按目前送样检测结果，尚找不出肖氏硬度、石英含量、磨耗量、抗压强度、莫氏硬度之间精确的换算关系。

为了有利于统一评价国内外石材的锯切性能及生产中的有关指标，结合国内外的生产实际情况及有关资料，饰面石材的硬度分级列于表 12－149，以供参考。

表 12－149 饰面石材硬度分级参考表

岩种	硬度等级	抗压强度（MPa）	SiO_2 含量（%）	磨耗量（g/cm^2）	肖氏硬度（度）	莫氏硬度（级）
花岗石	Ⅰ	<80	<40	>12	<70	<4
	Ⅱ	80～120	40～50	12～10	70～80	4～5
	Ⅲ	120～140	50～60	10～8	80～90	5～6
	Ⅳ	140～180	60～70	8～6	90～105	6～7
	Ⅴ	>180	>70	<6	>105	～7
大理石	软	<80	<1	>22	<50	<3
	中硬	80～120	1～4	22～12	50～60	3～4
	硬	>120	>4	<12	>60	>4

注：硬度分级表各项所列参考值之间不存在精确的换算关系。

12.9.9.4 品种及其命名

花岗石和大理石的品种多达数百种，命名方法有所不同，但通用的只有地名法和形象法两种。

A 地名法

即地名加基本色，此种命名法最为常见。例如，花岗石品种有济南青、石棉红、泉州白、莱芜黑、印度红、非洲黑、巴西蓝、撒丁灰等。大理石品种有丹东绿、杭灰、焦岭黄、汉白玉、卡拉拉白等。

B 形象法

即按石材的晶粒大小、结构构造、颜色分布进行形象化思维并赋雅名。形象法在我国比较流行。例如，花岗石品种有贵妃红、鸡血红、芝麻黑、雪花青、水芙蓉等。大理石品种有艾叶青、雪花白、虎皮、雪夜梅花、纹脂奶油等。

石材品种的命名尽管无统一的规定，若非名特品种，应以地名法命名为好。

附表：饰面石材矿山部分常用设备表。

附表 1　饰面石材矿山部分常用设备之一

项　目	凿岩设备													
型　号	TBC	TBCT	TBCD	QB	QBT	TBC－90	SLIM－BAR	TB－600	SPHERICAL	GB/1（2）	TB41	TB42	CPZ	SZHS 2000
配备凿岩机台数（台）	1	2	2	1	2	1	1	2	1	1	1	2	1	2
滑架有效高度（m）	2.4	2.4	2.4	1.8		1.8		2.40	2.5	2.95	1.78	1.78		
轨长（m）	4.5	4.5	4.5	4	4	4	6	4.6	3	4	4	4		
压气工作压力（Pa）	$(5\sim6)\times10^5$	$(5\sim6)\times10^5$	$(5\sim6)\times10^5$	$(5\sim6)\times10^5$	$(5\sim6)\times10^5$	$(5\sim6)\times10^5$	$(5\sim6)\times10^5$	$(5\sim6)\times10^5$	$(5\sim6)\times10^5$	$(5\sim6)\times10^5$	$(5\sim6)\times10^5$	$(5\sim6)\times10^5$	$(4\sim6)\times10^5$	$(5\sim6)\times10^5$
耗气量（m^3/min）	3.5	7	7	3.2	6.5	3.5～4.2	3.2	7	3	4.2	3.2	6.2	3	7
凿岩排数（排）	1	1	2	1	1	1	1	1	1	1	1	1	1	1
风动马达功率（kW）	1.5	1.5												
凿岩角度	垂直、水平	垂直、水平	垂直	任何角度	任何角度	0°～90°	0°～90°	垂直、水平倾斜	垂直、水平	垂直、水平			垂直	垂直、水平
一次有效凿岩长度（m）	2	2	2			2	1.10	2.05	1.7	2.4				
炮眼直径（mm）	28～44	28～44	28～44	28～44	28～44	28～44	28～44	28～44	28～44	28～44				32～45
最大凿岩深度（m）									8～15	20				
设备重量（kg）	500	550	650			250	150	609 垂直 626 水平	159	370	553	677	290	约 570
制 造 厂	PM	PM	PM	PM	PM	PM	PM	BM	Q	Q	AIA	AIA	HN	SF

注：PM—意大利 PELLEGRINI 公司；BM—意大利 BENETTI 公司；Q—意大利 QUBRIE'S 公司；AIA—意大利 AIA 公司；HN—湖南省建材机械厂；SF—沈阳风动工具厂。

附表2 饰面石材矿山部分常用设备之二

项 目	金刚石绳锯石机							
型 号	TD－45	TDD－80	DBE－35	TDV－55	Super fast	Alpba－840	094	CGJ
绳线速度（m/s）	45	0～45	45	10～45	27.5～41.5	36		24
装机容量（kW）	30～37	60	26	41	30	30		18
金刚石绳张力（N）	0～2500	自调	0～2000	自调				
长度（m）	20～80							20～60
飞轮水平行程（mm）	690		2800					
直径（mm）								
标准锯切效率（m^2/h）	8～13					6～9		3～5
工作条件	任何角度	任何角度	任何角度	任何角度		任何角度		
外形尺寸（m）		3.4×1.4×1.63	4.6×1.32	2.65×1.2×1.5				3.8×1.5×1.8
特殊性能	电动	柴油	电动、电控	电动	电动	电动、电控		电动
重量（t）	2	2.1	1	1.6	1.9			1.2
制造厂	PM	PM	PM	PM	AIA		BM	HN

附表3 饰面石材矿山部分常用设备之三

项 目	钢丝绳锯石机			
型 号	CSH－6	CSJ	TELECO－MP	HELICOIDAL
绳线速度（m/s）	1.8～11.5	7.27～15.2	6.5～12	
绳张力（N）	1500～3000	2500～3000	2500～3000	
钢丝绳直径（mm）	3.5，4.5	3.5，3.4		
绳长（m）	800～1250	1000～1250	800	
驱动轮直径（mm）	810			
装机容量（kW）	15	17	15～18	
耗水量（L/m^2）		200		
设备总量（t）	3	4.5		
制 造 厂	SS	HN	PM	AIA

附表4 饰面石材矿山部分常用设备之四

项目	液压顶石机及推移包											
型号	TITANO160/C	TITANO160/L	TITANO80/SL	TIGER	TIGER	TIGER	IS $\frac{166}{150}$	IS $\frac{166}{100}$	IS $\frac{166}{50}$	CYD	KD－1	BA－V 54/2
千斤顶直径（mm）	235	235	170	218	218	218					230	
长度（mm）	230	337	540	265	315	365						
活塞直径（mm）	120	120	100	118	118	118					120	
顶升距离（mm）	80	125	300	50	100	150	150	100	50	105	50	450
液压压力（MPa）	70	70	70	70	70	70	60	60	60	70	70	
软管长度（m）	10	10	10									
顶推力（单个）（kN）	1600	1600	1600				1280	1280	1280	1340	1600	540
电动功率（kW）		2.2			2.2			2.2		2.2	2.2	
风动（kW）		3.7			3			3				
柴油（kW）		3.7			2.6			3.7				
推移包尺寸，$L \times B \times H$（mm）												850×850×40
配千斤顶（推移包）数（个）	2	2	2	2	2	2	2	2	2	2	2	2
制造厂	PM	PM	PM	AIA	AIA	AIA	BM	BM	BM	HN	LY	PF

附表5 饰面石材矿山部分常用设备之五

项　目	牵引绞车								
型　号	AT1000	AT600	AT450	AT300	AB50	SUPER M－2	ML－3	M－3R	MJ－50－IB
卷筒直径（mm）	800	600	500	400	650				720
长度（mm）	900	950	750	600	800				720
绳直径（mm）	32/40	24/30	20/26	16/20	26	16/20	20/26	24/30	31
容绳量（m）	600/500	700/550	550/450	800/600		450/550	600/800	560/700	
牵引力（kN）	750/1050	400/600	300/450	150/200	400/500	150/200	300/450	400/600	550
电机功率（kW）	15/22.5	7.5/11	5.6/9	5.6/9	7.5/11	5.6	5.6	7.5	7.5
最小/最大牵引速度（m/min）	0.85/5.5	0.8/5	0.62/4	0.95/6	0.5/5				0.59/3.8
机械重量（t）	4	2.2	1.65	1.10	2.3	1.1	1.6	2.2	2
制造厂	PM	PM	PM	PM	PM	AIA	AIA	AIA	0.01

附表6 饰面石材矿山部分常用设备之六

项　目	液压钻孔机							
型　号	MPH－150	MPH 220/320	MPH－500	MDM025	SUPER HYDROMATIC	SUPER HYDROMATIC	CYZ	CSH－1
装机容量（kW）	9.4	8.3	16.5/20	8.5	9.5	9.5	9	11
滑动立柱行程（m）	1	1	0.8	1				1
钻杆转速（r/min）	80～180	80～130	38/76				63～113	71～125
最大钻孔深度（m）					20	15	40～60	
钻孔直径（mm）	150～160	90～320	220～460	90～205～240	90	210	90～205	90～220
钻进速度（m/h）	5～10			1.4～6	7～8	1.5～1.8	1.4～6	
耗水量（L/h）				1200	900	1200	1000	1100
设备重量（kg）			920	330	520	520	750	635
液压泵重量（kg）				70	包括泵	包括泵	包括泵	包括泵
制造厂	PM	PM	PM	BM	AIA	AIA	HN	SS

附表7 饰面石材矿山部分常用设备之七

项 目	桅杆起重机					
型 号	D20	D25 DD30	DD30/S			CWD
起吊能力（t）	20	25~30	30	15	30	20
动臂长度（m）	20~50	20~50	20~50	12~40	12~40	25
装机容量（kW）	15~19	19	19			13
起吊速度最小（m/min）	1	1	1			1.8
最大（m/min）	12	12	12			3.3
动臂转动角度（°）	220	220	220	240	240	240
动臂垂直摆动角度（°）	15~82	15~82	15~82	15~60	15~60	15~60
设备总重（t）						21
制造厂	PM	PM	PM	BM	BM	HN

注：DD为双排电机。

附表8 饰面石材矿山部分常用设备之八

项 目		液压劈裂器				
型 号		FLLOSPAK186	HS-230	FYP2S	KP-1	4/F210
劈裂头个数（个）		4			3	4
每个劈分力（kN）		2250	2300	3600	3600	5000
劈裂头直径（mm）		33			37	
工作压力（MPa）		50	70	50	70	50
劈裂头长度（mm）			900	744	960	
插入炮眼长度（mm）			300		280	
劈开宽度（mm）			70		10~16	
装机容量	电动（kW）	2.2		3	2.2	
	风动（kW）	3				
	柴油（kW）	3.7				4.5
所需炮孔直径（mm）			34~36	40	40±	42~45
所需最小孔深（mm）			430			630
劈裂头重量（kg）			33	25		
制造厂		BM	PM	SF	LY	PF

参 考 文 献

1 张键元，国外金属露天矿开采技术的现状及2000年的发展预测，国外金属矿采矿，1986年第11期

2 李宝祥等，金属矿床露天开采，冶金工业出版社，1978，第137、191、217~224页

3 中国矿业学院，露天采矿手册（第五册），煤炭工业出版社，1986，第16~33页

4 牛成俊，金属矿山，1985年第3期

5 张延忠，金属矿山，1984年第12期

6 B. 瓦西里也夫，深露天矿运输，1986

7 中国矿业学院，露天采矿手册（第三卷），煤炭工业出版社，1987，第242页

8 《采矿设计手册》编委会，采矿设计手册矿床开采卷（上），中国建筑工业出版社，1987，第27~35、119、205、228~229、270~277页

9 钟良俊，矿山机械，1985年第1期

10 西南交通大学，工程机械（上册），中国铁道出版社，1980，第236~278页

11 阎书文，机械式挖掘机设计，机械工业出版社，1982

12 倪寿璋，筑路机械，人民交通出版社，1977

13 朱嘉安，采掘机械和运输，冶金工业出版社，1980，第167~177页

14 美国采矿工程师协会，A. B. 卡明斯，I. A. 吉文，采矿工程手册，第4册，冶金工业出版社，1981，第46~98页

15 James W. M *et al.*, Surface Mining Equipment, *Martin Consultants*, *Inc.*, 1982, p353~363

16 长沙矿山研究院，露天装载机，机械工业出版社，1974

17 何正忠，化工矿山技术，1981年第1期，第33页

18 何正忠，矿山机械，1985年第8期，第1页

19 中国矿业学院，露天采矿手册（第三册），煤炭工业出版社，1986，第287~305页

20 孙盛湘，砂矿床露天开采，冶金工业出版社，1985，第38~55页

21 B. B. 里热夫斯基，露天开采工艺，煤炭工业出版社，第66、125、212页

22 B. Я. 马尹明特，A. И. 阿尔先捷夫，露天矿成套铲运机械，冶金工业出版社，1982，第26页

23 Михаилов А. М. и др, *Горный журнап*, 1984, 11, 第20页

24 苏文贤，工业安全与防尘，1986年第3期，第6页

25 Попов И. И., Окатов Р. П., Борьба с оползнями на *карьерах*, *Москова*, 1980, стр 198

26 Демин А. М., Закономерности проявлений Деформацнй откосов в карьерах, Москова, 1981, стр 81

27 Крянков О. Ю., Управление отвалами открытых горных рабаг, Недра, 1980, стр 35

第13章　露天矿边坡工程

13.1　概　　述

13.1.1　露天矿边坡工程的主要特点

露天矿边坡工程是以岩体为工程材料和工程结构、以采矿作业为施工手段而形成的大型岩体工程。它所面临的工程问题是：根据边坡岩体的工程条件和采矿工艺的约束，提供安全可靠、经济效益最大的边坡设计方案；研究边坡岩体在露天开采过程中环境应力场不断改变时产生变形和破坏的规律；预测和控制边坡稳定状态，逐步实现生产边坡的现代化管理，以求经营受益最优化。

露天矿边坡工程的主要特点是：

（1）由于矿体赋存空间的限制，构成露天矿边坡的岩体、结构、地下水条件，以及原应力状态都是具有明显的不可选择性。因而，露天矿边坡设计—生产—管理的系统优化，只能而且必须通过利用既定条件和改善可控因素来实现。

（2）露天矿边坡是历经几十年的开采过程逐步形成的，具有工程构筑与使用同步、工程实践与认识同步的特点。由于露天矿边坡工程条件和评价模型的不确定性，使其在整个服务期间都承担不同程度的风险。为了消除或减少风险，需要跟踪监测边坡的工作状态，实时提供准确的反馈信息，促使边坡工程性能在动态变化过程中不断达到完善。

（3）就形成过程而言，露天矿边坡是采矿工程的伴随工程，依附于采矿作业而存在，它的形态在很大程度上受采矿作业的制约；就运行系统而言，露天矿边坡是采矿系统的一个子系统，它的功能要服务于采矿工艺，又在很大程度上制约采矿生产。边坡与采矿工程的整体观是我们处理一切边坡工程问题的出发点。

（4）随着大型采掘设备的发展，露天开采能力的日益增加，最大限度地加大露天采场深度成为当今采矿工程的一个总趋势。20世纪末最大开采深度可达600～800m❶。工程规模越来越大，工程环境越来越复杂，工作条件越来越恶劣。边坡工程所面临的新课题迫使工程设计与工程实施要与之相适应，特别需要加强边坡工程管理，包括投产前的决策和生产过程的控制。

（5）露天矿边坡是矿山重大的安全性工程，作为工程，无论是总体设计还是局部工程处理，都必然是一个有约束的多方案对比和优化问题，必须且能够在安全的前提下，寻求经济受益最大化。这种优化具有明显的时间效应，它不同于其他结构物，必须克服由于时间的推移、工程条件的变化所造成的安全系数和可靠性的降低，进而依靠科学技术进步和认识能力的发展，不断提高优化水平。

13.1.2　露天矿边坡工程的发展状况

新中国成立以来，我国露天矿山经过几十年的开采，开采规模和能力不断扩大，延深速度不断加快，边坡工程问题逐渐暴露出来，与此相应地，边坡设计、形成和管理水平也得以全面的发展和提高。

---

❶　指边坡的垂直高度。

（1）边坡研究是从借助于连续介质力学理论开始的，把边坡岩体视作连续介质来对待。60年代初，对边坡岩体的认识和描述产生了质的飞跃，明确提出岩体是在地质过程中形成的具有大量裂隙的地质体的概念，认识到裂隙对边坡稳定性的控制作用。此后发展成岩体结构的思想，开始从本征上揭示岩体结构对应力场、渗流场、震动场、重力场及它们复合作用的效应。

（2）在岩体结构原理的发展中，自然地促进边坡岩体变形和破坏模式分析的发展。从继承土力学中的圆弧形破坏分析开始，逐步扩展到对各种结构型式控制的破坏模式的分析，包括简单平面剪切破坏、双滑面（块）平面剪切破坏、楔形体破坏、倾倒破坏、弯折或溃屈破坏、复合型破坏等，并相应地建立起力学－数学模型。

（3）随着计算机和计算技术的发展，分析方法在传统的极限平衡方法的基础上，迅速地发展为数值分析法，包括有限元法、边界元法、离散元法等，以及可靠性分析方法，包括蒙特卡洛模拟法、卢森帕路斯（Rosenblueth）法和可靠性指标法。使得稳定性定量评价的功能大大加强了。

（4）建立和健全边坡监测系统成为矿山边坡的最基本的工程措施，成为研究边坡变形、破坏机理的最基本的实验方法。监测内容包括岩体位移、地下水压和爆破震动力。量测精度、数据处理速度以及专用仪器的商品化程度都有一定提高。并逐步发展起边坡变形和破坏的计算机遥控监测技术。

（5）露天矿边坡的工程观念得以强化，促使边坡工程从静态评价转向动态分析，增强了边坡对矿山生产影响的预测能力；从单纯的安全保证转向系统优化，把边坡作为一个重大的经济因素纳入采矿设计和矿山经营计划；把边坡设计方案的经济指标和风险尺度作为边坡性能的评价参数，以求在安全可靠前提下，实现利润最大化，从而开始了边坡工程的校验设计向优化设计的转化。

（6）边坡工作管理现代化是当今世界露天矿边坡工程界奋起突进的研究课题。国内已开始把科学的管理方法和先进的计算机手段结合于边坡工程管理之中，迅速地从数据处理、数值计算职能转向管理职能，以边坡工程数据库的建立作为边坡工程现代化管理的开端，向着边坡工程管理信息系统、边坡工程决策支持系统和边坡工程专家系统迈进。

13.1.3 露天矿边坡工程的工作程序

露天矿边坡工程，无论是新建矿山边坡，还是扩建矿山边坡；无论是总体边坡设计，还是局部边坡处理，大体都要遵守这样三个工作程序，即工程勘察、工程设计和控制实施。就是说，在充分把握地质、工程地质与水文地质条件、边坡岩体特征及工程环境的基础上，进行边坡设计或单体工程设计，继后在开采过程中及相关工程在运行过程中，连续监测边坡工作状态，收集有关资料，验证设计，并将有关信息反馈到设计，控制边坡的性态，促使边坡工程设计不断达到最优状态。可以看出，边坡工作程序并非传递式的单向过程，只有表明工程的阶段性，随着技术水平的提高、采掘工业的不同要求，以及采矿工程的延深，它将是一个分时期的循环过程。

在整个矿床开发过程中，每个阶段都伴随有相应的内容不同的边坡工作。在矿床勘探阶段，在矿床储量评价的同时，应为开采条件作出初步论证，提出基本的地质构架、边坡岩体的结构模型、边坡体的组成，以及矿区水文地质形成条件，为可行性研究提供可靠的依据。

在可行性研究阶段，边坡工作的主要任务是在地质勘探报告的基础上，进行边坡工程的规划，充分估计未来开采过程中可能出现的边坡问题，以及解决这些问题的相应措施。

在矿山设计阶段，边坡工作的中心是边坡设计，要进行详细的专门边坡工程地质水文地质测绘。必要时需布置一定数量的补充勘探工程；进行边坡岩体力学性质测定，以及其它有关影响因素的测定；针对若干可行边坡设计方案，进行稳定性评价和经济分析，为采矿设计推荐最佳边坡设计方案。

开采阶段边坡工作内容最为丰富，控制边坡形成，执行边坡设计；跟踪采矿延深，收集有关边坡地质资料，修正或充实原边坡设计依据，并为未来可能的改造设计准备新依据；建立边坡体位移、地下水压和爆破震动力的监测系统，执行实时的稳定性预报；根据已形成边坡的形状和工作状态，预测近几年的边坡稳定状况，以便矿山安全组织生产；针对具体边坡工程问题，采取适当的工程技术措施。

本章结合边坡工作程序，从四个方面介绍边坡工作的基本内容：（1）边坡工程的基础资料，包括工程地质因素、水文地质因素、强度指标、地震和爆破震动力；（2）边坡工程的评价与设计；（3）边坡工程的稳固措施；（4）边坡工程的现代化管理。

13.2 工程地质因素及其调查方法

露天矿边坡是由矿体四周的岩体经过采掘逐渐形成的。因此，边坡岩体的构造条件和岩体的性质是影响边坡稳定性最基本的因素。

工程岩体系指工程影响范围内的地质体，可能由不同岩层和岩石组成。在岩体建造、形变和次生蚀变过程中，岩体内几经形成结构面，由结构面切割而形成各种形态的块体为结构体。结构面和结构体是岩体结构的互有联系的结构要素。岩体结构决定岩体的工程特性，控制着岩体的稳定程度和失稳变形的机制。边坡工程地质勘察的任务，就是查明边坡工程地质条件，描述和定量评价影响稳定性的诸工程地质因素，在明确边坡岩体组成、结构和构造特征的基础上，建立起边坡工程地质模型，分析边坡岩体内各种不同规模的不连续面的空间分布、组合关系及统计规律，进而推断未来边坡的可能破坏模式，合理地划分边坡工程地质分区，并作出综合性的工程地质分析。

13.2.1 矿区地质背景的研究和分析

矿区的地质状况是处于区域地质背景条件下的。为能较系统地认识矿山边坡的工程地质条件，应对区域地质背景加以了解。

根据区域地层综合柱状图，了解矿区出现的各类地层的成因、时代和岩性的一般特征。根据区域地理位置及有关地质构造、地质历史资料可以确定矿区所处的自然地理环境、大地构造单元、地质构造的演变过程及其构造体系的归属。

对区域构造应力场进行地质力学分析。根据构造变形的形迹，判定区域构造线方向，反推区域构造作用力的性质和方向，从而对矿区构造的形成、发展以及构造格架有一个概括性的了解。

地震是构造地应力活动的一种表现，地震力是作用于边坡岩体的一种动力。为确定地震力的量值，处在地震区的边坡工程，需根据当地的地震烈度资料确定地震地面运动参数，必要时，可按区域地震地质及历史地震资料，用概率分析方法加以确定。

13.2.2 边坡岩体的分类

13.2.2.1 工程地质岩组划分

岩石是岩体结构的基本成分，它的物理力学性质及水理性质决定着结构体的特性。为便于综合和进行工程地质分区，需在研究岩石的工程地质性质及岩石组合的基础上划分工程地质岩组。工程地质岩组由工程地质性质相似的岩层或岩石组成，是具有相似的物质组成、相同的岩体结构类型的地质单元体。

13.2.2.2 结构面的自然特性及其分级

结构面是岩体内具有一定方向、延展较大、厚度较小的二维面状地质界面，包括物质的分异面和结构的不连续面，如层面、节理、断层等。边坡岩体的稳定性取决于结构面的力学特性及结构面与坡面的产状关系。结构面的力学特性主要包括：

（1）结构面的形态可分为平直、坡状、锯齿状等不同情况。

（2）结构面的粗糙度可分为粗糙、光滑、镜面等级别。

（3）结构面的厚度可根据充填物厚度和粗糙起伏差关系进行相对厚度的分类。

（4）结构面充填物质组成，可分为无充填、岩脉充填、碎屑充填、泥质充填、薄膜充填以及混合充填。

（5）结构面的结合状态可分为张开、闭合、胶结等。

结构面的自然特性还包括两侧的岩性及其软硬差异。

结构面空间分布状况包括：

（1）结构面的产状及其变化；

（2）结构面的延展性；

（3）结构面组数、组合特征及各组密度。

表 13-1 结构面分级

级别	工 程 地 质 特 性
Ⅰ	指对区域构造起控制作用的断裂带，包括大小构造单元接壤的深大断裂带，是地壳或区域内巨型地质结构面，其规模不仅走向上延展可达数十公里以上，纵深方向延伸至少可以切穿一个构造层，而且破碎带的宽度至少在数米以上。它的存在直接关系到工程所在区域的稳定性
Ⅱ	延展性强而宽度有限的区域性地质界面，如不整合面、假整合面、原生软弱夹层，也包括延展数百至数千米、延深达数百米以上的断层、层间错动面、接触破碎带、风化夹层等，其宽度在1m上下，但不超过3~5m，一般贯穿于整个采场或切穿某一具体设计区。它的存在往往控制边坡总体的稳定性，影响工程的布局
Ⅲ	包括走向上、纵深方向上延伸有限，一般在数百米范围内的断层、挤压或接触破碎带、风化夹层，其宽度在1m左右或1m以下；亦包括宽度在数十厘米以内的走向和纵深延伸断续的原生软弱夹层、层间错动面等。它们直接影响工程具体部位岩体的稳定。Ⅱ、Ⅲ级结构面往往是岩体稳定分析的边界，控制着岩体的破坏方式和滑体的形态
Ⅳ	延展性差，无论是走向上还是纵深方向上的发展均有限。一般在数米范围内。大者不超过20~30m，无明显宽度。即岩体中断续分布的裂隙，主要是节理，亦包括层理、片理、原生冷凝节理和发育的劈理等。它们仅仅在小范围内局部地把岩体切割成岩块。它的存在不仅破坏了岩体的完整性，直接影响岩体的力学性质和应力分布状态，而且很大程度上影响着岩体的破坏方式
Ⅴ	延展性甚差、无厚度之别、分布随机、为数甚多的细小结构面，主要包括微小的节理、劈理、隐微裂隙、不发育的片理、线理、微层理等。它的存在降低了由Ⅳ级结构面所包围的岩块的强度

表13-2　边坡岩体结构类型及其变形机制

边坡结构类型		岩体结构特征	地质特征	变形类型	变形机制
分类	亚类				
块状结构类型	均质块状结构	坚硬块状体，不存在较大结构面	由坚硬厚层或巨厚层岩层及火成岩组成，岩体内仅有微型结构面发育，其密度为1~2条/米，结构体较大，块度大于0.3×0.3×0.3m，结构体之间联系性较好，结构面之间有铁质、钙质充填，岩体强度高	掉块、局部滑动	张破裂、剪破裂
	顺坡块状结构	岩层倾向与坡向一致的厚层岩体		局部顺坡滑动	剪破裂
	反坡块状结构	岩层倾向与坡向相反的厚层岩体		崩塌、局部滑动	张破裂、剪破裂
	直立块状结构	岩层直立的厚层状岩体		崩塌	张破裂
	顺坡弱面结构	弱面倾向与坡向一致的非层状岩体		顺坡滑动	剪破裂
	反坡弱面结构	弱面倾向与坡向相反的非层状岩体		崩塌、局部滑动	张破裂、剪破裂
层状结构类型	顺坡层状结构	倾向与坡向一致的层状岩体	由坚硬层状岩体组成，有软硬相间的特点，结构面发育，密度为1~5条/米，结构体大小为0.5×0.2×0.2~1×1×0.5m，岩体强度较高	顺坡滑动	剪破裂
	反坡层状结构	倾向与坡向相反的层状岩体		崩塌滑动、倾倒	张破裂、剪破裂
	直立层状结构	岩层直立的层状岩体		崩塌	张破裂
碎裂结构类型	顺坡碎裂结构	岩层倾向与边坡坡向一致	由坚硬层状和块状岩体组成，岩体内结构面发育，其密度为5~10条/米，岩体较为破碎，结构体尺寸小于0.2×0.2×0.2m，岩体强度较低	顺坡滑动	剪破裂
	反坡碎裂结构	岩层倾向与边坡坡向相反		崩塌，局部滑动	张破裂、剪破裂
	直立碎裂结构	岩层直立		崩塌	张破裂
	顺坡镶嵌结构	岩层倾向与边坡坡向一致		局部顺坡滑动	张破裂、剪破裂
	反坡镶嵌结构	岩层倾向与边坡坡向相反		崩塌坡局部滑动	张破裂
	直立镶嵌结构	岩层直立		崩塌	张破裂
散体结构类型	块状散体结构	散体内以碎块为主	由于强烈的构造作用和风化作用，边坡岩体以碎块和断层泥为主，岩体强度低	有滑动面时为滑动	剪破裂
	泥状散体结构	散体内以岩粉、岩屑等泥质为主		无滑动面时为崩塌	张破裂

表13-3　RQD分级

RQD（%）	岩体质量描述
0~25	非常不好
25~50	不好
50~75	较好
75~90	好
90~100	非常好

表 13-4 CSIR 分类

参数		数值范围				
岩石强度	点荷载	>8MPa	4~8MPa	2~4MPa	1~2MPa	
	单轴压	>200MPa	100~200MPa	50~100MPa	25~50MPa	<25MPa
分数		15	12	7	4	≤2
RQD（%）		90~100	75~90	50~75	25~50	<25
分数		20	17	13	8	3
节理间距（m）		>3	1~3	0.3~1	0.05~0.3	<0.05
分数		30	25	20	10	5
节理状态		粗糙不连续，无间隙，节理岩壁坚硬	稍粗糙、间隙<1mm，节理岩壁较硬	稍粗糙，间隙<1mm，节理岩壁软	镜面或夹泥<5mm 厚或开度1~5mm，连续	夹泥厚>5mm，或开度>5mm，连续
分数		25	20	12	6	0
地下水	导洞段长 10m 流入量（L/min）	无		<25	25~125	>125
	一般条件	完全干燥		润	潮湿	流水
分数		10		7	4	0
节理面方向条件		很好	好	中等	差	很差
分数		0	-5	-25	-50	-60

表 13-5 岩体质量分级

岩体分级	Ⅰ	Ⅱ	Ⅲ	Ⅳ	Ⅴ
岩体描述	很好	好	中等	差	很差
CSIR 总分	90~100	70~90	50~70	25~50	<25
黏结力 C（$\times 10^5$Pa）	>3	2~3	1.5~2	1~1.5	<1
摩擦角 ϕ（°）	≥45	40~45	35~40	30~35	≤30

不同规模的结构面在稳定性分析中所起的作用是不同的。因此应对结构面进行分级研究，详见表 13-1。

13.2.2.3 边坡岩体结构分类

岩体结构类型的划分是在对结构面、结构体自然特性及其组合状况研究的基础上作出的，其目的是为了确定可能的破坏模式，判别它们的力学效应和地下水渗流特性。边坡岩体结构类型划分见表 13-2。

13.2.2.4 岩体的工程分类

岩体的工程分类是根据岩体的质量进行，其目的是为边坡工程地质分区提供依据，为

表13－6　NGI分类诸系数取值

系　数	性　质	取　值	备　注
RQD			RQD值计算见RQD分类一节，在计算 Q 值时，最小的RQD取10
J_n	块状，无或很少节理	0.5～1	
	一组节理	2	
	一组节理加些任意节理	3	
	二组节理	4	
	二组节理加些任意节理	6	
	三组节理	9	
	三组节理加些任意节理	12	
	四组以上节理	15	
	碎裂岩，似土类岩石	20	
J_r	不连续的节理	4.0	如果平均的节理间距超过3m，加1.0
	粗糙、波状	3.0	
	平滑、波状	2.0	
	粗糙、平面状	1.5	
	平滑、平面状	1.0	
	镜面、平面状	0.5	
	充填的节理面	1.0	
J_a	基本上未充填的		
	愈合的	0.75	
	仅染色，未蚀变	1.0	
	节理壁面轻微蚀化	2.0	
	粉质黏土或砂质黏土膜	3.0	
	黏土膜	4.0	
	充填的		
	砂或破碎岩石充填	4.0	
	厚度小于5mm的硬黏土充填	6.0	
	厚度小于5mm的软黏土充填	8.0	
	厚度小于5mm的膨胀土充填	12.0	
	厚度大于5mm硬黏土充填	10.0	
	厚度大于5mm软黏土充填	15.0	
	厚度大于5mm膨胀土充填	20.0	
J_w	干的	1.0	
	有中等水量的水流入	0.66	
	未充填的节理，有较大水量的水流入	0.5	
	充填的节理，有较大量的水流入，充填物被冲出	0.33	
	短时间大量的水流入	0.2～0.1	
	连续的大量的水流入	0.1～0.05	
SFR	裂隙被黏土充填的疏松岩体	10.0	
	裂隙张开的疏松岩体	5.0	
	在较浅深度内（＜50m）裂隙被黏土充填的岩体	2.5	
	裂隙紧贴、未被充填并处于中等应力状态下的岩体	1.0	

确定计算参数、工程设计和施工提供参考。岩体的工程分类有很多种，现将其中最常用者介绍如下：

A　RQD 分类

RQD 是“岩石质量指标”的符号表示，定义为一个钻进回次的岩心（用金刚石钻头钻进。直径不小于 50mm）中长度等于或大于 10cm 的岩石累计长度与该回次进尺长度之比。亦可在坡面或露头良好地段，沿指定线性长度量测节理间距，以间距等于或大于 10cm 的累计长度与测线长度之比表示 RQD。RQD 指标反映了岩体的完整性，其分级见表 13－3。

B　CSIR 分类

比尼威斯基（Bieniawski）于 1973～1975 年根据南非矿山开采的经验提出一套分类方法。这一分类主要根据六种参数，详见表 13－4。根据总分对岩体质量划分 5 个等级，各级岩体的主要参数见表 13－5。

C　NGI 分类

巴顿（Barton）等人于 1974 年提出岩体质量 Q 值评价方法，主要考虑了岩体完整性、节理特性、地下水和地应力影响，其表达式为：

$$Q=\left(\frac{\mathrm{RQD}}{J_n}\right)\left(\frac{J_r}{J_a}\right)\left(\frac{J_w}{SFR}\right) \tag{13-1}$$

式中　RQD——岩石质量指标；

J_n——节理组数；

J_r——节理面粗糙度；

J_a——节理蚀变程度；

J_w——裂隙水影响诸因素的系数；

SFR——地应力影响系数。

它们的取值见表 13－6。

13.2.3　工程地质调查方法

13.2.3.1　现有资料的收集和使用

应充分收集和利用前人的现有资料，包括：

（1）1∶20 万或更大比例尺的区域性地形地质图；

（2）比例尺为 1∶300 万的中国活动性构造和强震震中分布图和中国地震烈度区划图；

（3）矿床地质储量勘探报告和历次补充地质报告；

（4）以往为边坡或其它工程所作的专门工程地质勘察报告、研究报告；

（5）采矿设计说明书；

（6）生产勘探资料；

（7）滑坡分析报告；

（8）边坡岩体位移、地下水压、爆破震动的监测数据、分析报告；

（9）生产边坡管理规程或方法等。

综合分析和研究上述资料，可以了解露天矿的区域地质背景、宏观的建造和构造轮廓；可以初步估计边坡岩体地质环境、工程地质与水文地质条件、边坡工作状态以及可能出现工程问题。

13.2.3.2　踏勘调查

踏勘调查是在详细工程地质调查之前必须的工作程序。在矿山可行性研究阶段，可以结合适当的岩体力学试验，进行边坡稳定性的初步分析，提供矿山规划使用；在矿山设计或改造设计阶段，为编制专门边坡工程地质勘察纲要提供依据。

踏勘的目的是要建立总体的地质空间模型和边坡工程概念，进一步提出可能的边坡问题，确定工程地质勘察的重点和方法。

踏勘的方法是在分析现有资料的基础上，控制性地布置若干条线路或选定若干个台阶，尽可能地利用已有矿山工程。如运输、疏干和取样平硐等，实地观察和核查过去确定的地质现象和地质界线。

踏勘的要点：

（1）拟设计边坡界线的大体位置；

（2）当地地貌形态及水系、采场边坡背后天然山坡的地势、永久性工程设施或地表水体；

（3）矿区地质构造轮廓；

（4）矿区地质的出露情况；

（5）Ⅱ、Ⅲ级结构面的分布及形态，可能的组合关系，Ⅳ级结构面的优势方位；

（6）软弱夹层的分布状态；

（7）边坡岩体结构；

（8）地下水状况；

（9）新构造运动现象；

（10）已发生滑坡历史，估计未来边坡破坏的可能模式；

（11）生产矿山当前采深，各区边坡角及边坡形态。

13.2.3.3　详勘调查

A　综合性地面测绘

综合性工程地质地面测绘的工作范围视边坡最终高度（H）而定，一般从最终开采境界外延$1/3H$至$1/2H$处。

地面测绘的主要内容是：查明各类岩石的分布，确定其在工作区的界线，研究岩石的工程性质、风化蚀变及破碎情况；确定各主要结构面如断层、密集剪节理带、不整合面、岩层界面、接触面、岩脉的位置，并查明其工程性质；调查节理、片理、层理、片麻理、劈理等，确定其统计性质；了解地表水体和地下水的出露情况；调查人工边坡和天然边坡的稳定状况。

地面测绘的基本方法：

（1）在矿山现有的最新的1/1000或1/2000地形地质图基础上，增添矿山工程的有关地质资料，以此作为边坡工程地质测绘的底图。

（2）在已开采的或露头好的矿山，可采用测线测绘方法，按地质条件复杂程度、工程条件优劣和采场大小的不同，在测绘区布置成100～300m间距的测线，其方向垂直于岩层走向或采场边坡方向。在测线上布置有明确地质意义的观测点，如岩性界面、断层和较大的结构面、岩性、产状、风化状态、构造等有典型意义的地点。测线间的地质界线用内插法编连。对边坡稳定有重要影响的地质界线，应在两测线间补插观测点。

（3）沿台阶或测线间的露头进行横向穿插测绘，在有意义的地质点作详细测量。

（4）对断层、岩脉、软弱夹层，接触带、蚀变带、剪切破碎带等进行追踪测绘，分段定点观察和描述。长度大于30m的构造形迹均应标绘在工程地质图上。

（5）准确圈定边坡岩体变形区、滑坡区以及其它不良工程地质现象的界线。

（6）测线与测量控制点均应用经纬仪定位，典型地质现象应作工程地质素描图，拍成彩色照片。

B　节理详细测线测量

在边坡的不同部位，利用台阶坡面、地下工程、路堑、天然露头等进行节理详细测线测量或取样窗测量。在生产矿山可沿台阶均匀布置测线，每条测线长20～30m，或更大些，主要根据节理发育密度和每条测线欲取得数量而定。在测线上进行节理取样的方法有二：一是沿一条拉紧的皮尺，将所有与皮尺相交的，长度大于2m的节理逐一取样，这种方法通常用于岩石出露面成平直面的场合；二是分组选择取样，常用于岩石出露面凹凸不平，形成三度空间的场合。详细记录节理面的自然特性。每条测线所取样品量不小于50个。节理测量方法见图13－1，节理测量记录见图13－2。

节理测量结果的数据整理，应视稳定性分析方法而定，比较全面的整理可包括：

（1）节理方位：节理极点图（图13－3）、等密度图（图13－4）、分组倾角或走向的直方图，倾角值的概率密度函数及其特征值（图13－5）。

（2）节理长度：分组节理长度直方图，长度值的概率密度分布及其特征值。

（3）节理间距：分组节理间距直方图（图13－6），间距值的概率密度函数及其特征值，测线上全部节理（各组节理）间距测量结果。

（4）起伏角：起伏角概率密度函数及其特征值。

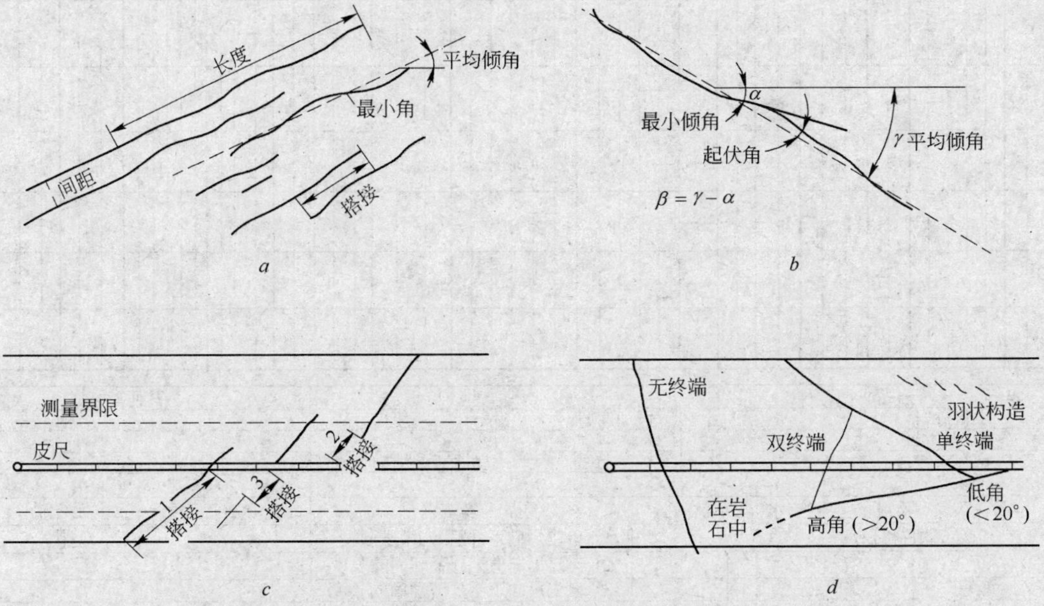

图13－1　节理测量方法

a—节理特征；*b*—节理面起伏角的确定；*c*—搭接长度测量；*d*—节理终端的类型

1 页

详细测线记录表

方位	倾向　倾角	测线号	标高	位置	记录者	日期
323 00			693	东区西沿脉		9.10 日

编号	距离 (m)	构造 类型	构造 倾向	构造 倾角	几何形态 小角	几何形态 形态	几何形态 长度	几何形态 搭接	几何形态 终端	宽度 (m)	充填物	岩石类型 A	岩石类型 B	含水
001	00.30	*SJ*	038	68	46	*R*	01.35	+00.65	*L N*	000.0	00	*S f C*		*W*
002	00.40	*SJ*	50	21	00	*P*	01.35	+00.0	*N N*	0.	00	*f*		*W*
003	01.75	*SJ*	330	21	00	*P*	00.90	−00.90	*H L N*	0.	00	*f*		*W*
004	01.30	*SJ*	350	44	00	*P*	00.40	−00.80	*L L*	0.	0	*f*		*F*
005	01.40	*SJ*	220	30	25	*R*	00.80	−00.60	*L L*	0.	0	*f*		*W*
	.						.	.		.				
	.						.	.		.				
	.						.	.		.				
	.						.	.		.				
	.						.	.		.				
	.						.	.		.				
	.						.	.		.				
	.						.	.		.				
	.						.	.		.				
	.						.	.		.				
	.						.	.		.				
	.						.	.		.				
	.						.	.		.				
	.						.	.		.				
	.						.	.		.				

岩石类型符号		构造类型				几何形态			
Sba	中粗砂岩	*SJ*	节理	*bd*	层理	*P*：平滑的		*R*：粗糙的	
Sfc	粉细砂岩	*FT*	断层	*fa*	片理				
LMc	次流纹岩	*CT*	界面	*fh*	裂隙	终　端			
ORb	矿体	*SZ*	剪切带			*H*	>20° 高角	*R*	尖灭
水　*D*：干燥　*W*：潮湿　*F*：流水　*S*：泉涌		搭　接				*L*	<20° 低角	*N*	无终端
充填物符号		1：自皮尺向下，测量的节理长度						*E*	羽状
N 无	22 方解石	2：自皮尺向上至迂节理间的长度							
20 黄铁矿	25 断层泥	3：自皮尺向下至迂节理间的长度							
21 石 英									

图 13－2　详细测线记录表

（5）RQD 指标：以测线上全部节理间距值中间距大于 10cm 者的累计长度除以测线长度来确定。

（6）节理密度：以交于测线上全部节理数量除以测线长度来确定。

节理测量受测线方向影响时，应经方位校正后再整理。节理测量结果分析，应注意考察各项指标在不同岩性和空间上的变化。

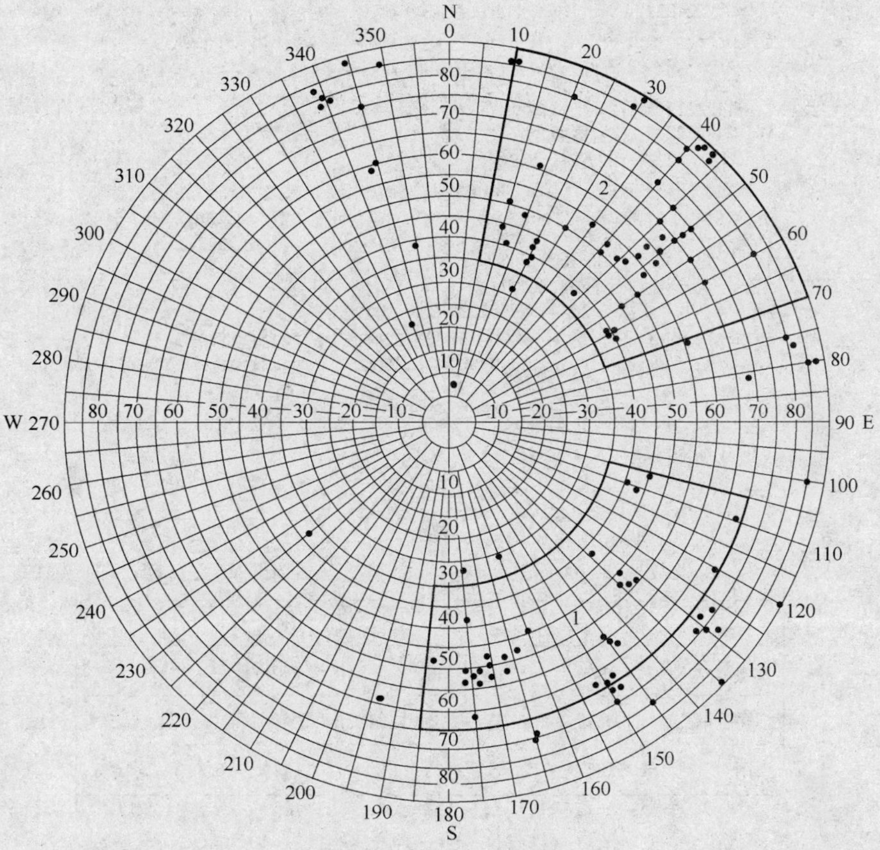

图 13－3　节理极点图

C　槽探与平硐勘探

在需要确定某些地质界线或某些构造细节而第四系覆盖层不厚的地方，可采用槽探揭露或重新清理旧有探槽进行节理测量或控制地质界线。探槽方向应按垂直于岩层。蚀变带或结构面的走向布置。在有地下平硐和斜井的矿山，应对其进行详细工程地质测绘。

D　物探

在适合的地质条件下，可采用物探方法测定覆盖层厚度，物性有显著差异的岩层界面，断层破碎带的位置和宽度、岩石破碎和风化状况、岩体的物理性质、边坡岩体变形破坏范围等。常用方法有地震法、电测井、声波测量等。

E　钻探

为查证岩体深部结构、岩石类型、各级结构面产状和性质，以及为进行水文地质参数试验、深部岩石或弱面取样，必要时进行钻探。边坡工程地质钻探须坚持以下两项原则：

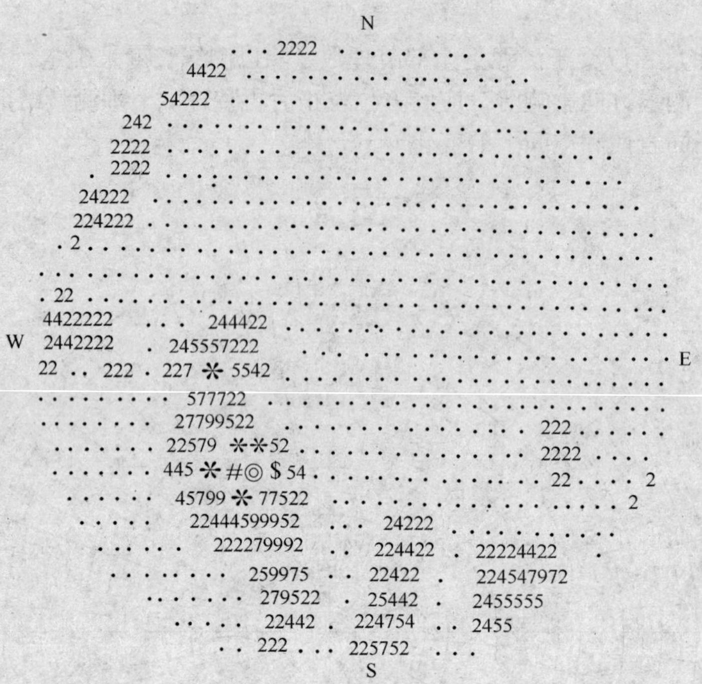

节理等密度图			
测量点	17#	位　置	北端1线272m水平
样本量	57	岩　性	斜长角闪片岩
附　注	✻：10%～12%　$：12%～14%　#：14%～16%　◎：>16%		

图13－4　等密度图

（1）在充分利用已有的钻探或其它地下工程资料的基础上，在完成边坡专门工程地质水文地质测绘之后，已对矿区建立起空间地质概念，明了可能的破坏模式和关键性影响因素，针对明确的钻探目的，布置钻探工程和进行钻孔设计。

（2）尽可能多地利用钻孔取得数据，包括岩性和构造，含水层厚度和水文地质参数，岩体力学特性和岩体质量指标，风化带深度、程度和划分等。充分考虑钻孔的综合利用，例如边坡岩体变形位移监测，地下水压监测和爆破震动监测。

钻孔应采用金刚石钻头钻进，岩心采取率不应低于90%；为进行岩心定向，岩心采取率应达100%。在生产矿山，可以结合生产勘探钻孔，不断补充、修正已有的边坡工程地质概念和资料。

F　物理力学性质试验

岩石力学试验结果用于工程地质岩组和边坡设计区的划分，用于边坡稳定性的计算和

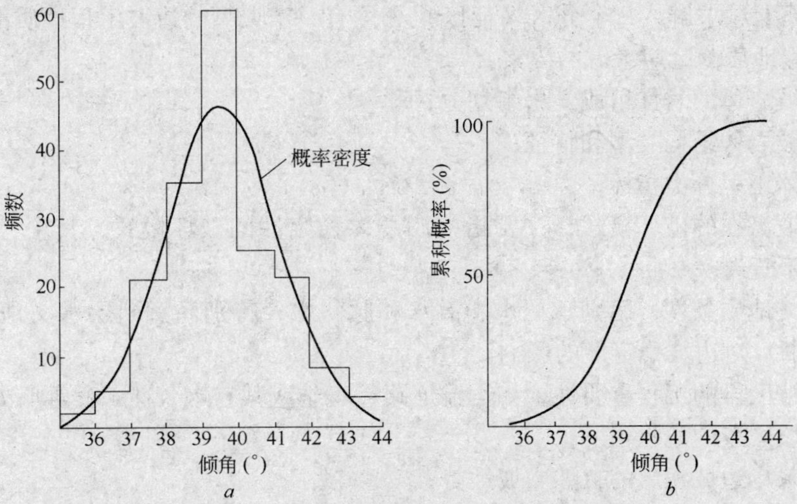

图 13－5 节理倾角概率密度和累积概率分布

a—节理倾角概率密度；*b*—累积概率分布

（样本量 $n=181$；均值 $\mu=39°32'$；标准差 $\sigma=1°33'$；$x^2=7.406$；x^2（0.05）$=9.488$）

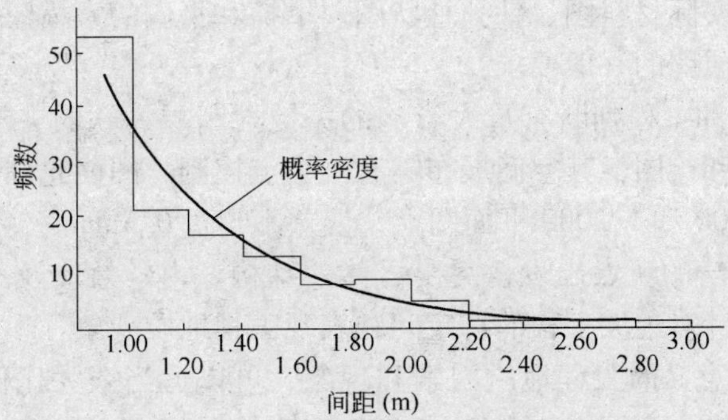

图 13－6 节理间距直方图和概率密度

（样本量 $n=132$；均值 $\mu=1.28$；衰减系数 $\lambda=0.0209$；$x^2=6.720$；x^2（0.05）$=11.070$）

评价。试验项目一般包括：

（1）物性试验：容量、吸水率。

（2）完整岩块力学试验：单轴和三轴抗压强度、抗拉强度（劈裂试验）、抗剪断强度、弹性模量、泊松比。

（3）分离面力学试验：天然不连续面和锯断面抗剪强度。

（4）岩体动态力学性质试验：纵波速度、横波速度。

（5）水理性试验：软化性、崩解性、膨胀量和膨胀压力。

具体试验项目根据岩石的性质确定。

G 工程地质分区

为边坡稳定性计算、评价和边坡设计提供综合性的基本依据，需根据工程地质条件同异程度把整个边坡划分成若干区和亚区，即所谓边坡工程地质分区，亦称设计区或扇形区。作为平面课题求解，每个分区（亚区）必须有一个典型的边坡工程地质剖面图。

边坡工程地质分区应考虑的因素：

（1）边坡岩体的岩性组成，岩组划分；

（2）边坡岩体结构类型和特征；

（3）岩体工程分类指标；

（4）边坡潜在的破坏模式，主要指控制总体稳定性的破坏模式，其次考虑浅层或台阶边坡的破坏模式；

（5）水文地质条件，区别承压水、潜水和脉状水，特别注意断层水文地质性质（例如导水或阻水）对边坡稳定性的影响；

（6）边坡区段的工程重要性，如运输道路、车站或其它永久性工程等所处地段；

（7）边坡区段的危险程度；

（8）与采场边坡相邻的自然山坡地势；

（9）边坡位置，例如端部边坡、上盘边坡、下盘边坡，稳定条件可能差异很大。

H 工程地质图件的编制

边坡工程地质图是边坡工程地质勘察结果、边坡工程地质条件评价的集中和综合表示，其包括有边坡工程地质平面图、边坡分区工程地质剖面图、矿区水文地质图、边坡岩体地质结构分析图、实际材料图、钻孔柱状图、槽探和平硐的素描图等。

编制边坡工程地质图的一般要求：

（1）对工程评价和工程判断有重大影响的关键性断层、软弱夹层等控制点的空间坐标，应予以准确测量和绘图，其空间展布需有三个点控制，图面允许误差应与图体比例尺相适应，一般在1/1000和1/2000平面图上，误差不超过0.5mm。

（2）从边坡工程学的观点出发，突出岩体的结构、力学效应及工程特性，而不拘泥于岩石的地质属性，针对边坡工程的特定问题表现工程地质现象。

（3）对于有重要意义的工程地质因素和现象，可以适当夸大比例表示，例如宽度不是1m的软弱岩脉或夹层，可以表示在1/1000比例的图面上；Ⅲ级结构面可以比Ⅱ级结构面表示明显，等等。

边坡工程地质平面图和剖面图是两份主要图件，一般应包含以下主要内容：

（1）岩层界线；（2）断层、岩脉、长度720m的节理、剪切破碎带；（3）产状标记；（4）滑坡区、变形区的界线；（5）岩体工程分类指标；（6）开采境界线与坑底界线；（7）风化带划分（剖面图）；（8）地下水位线（剖面图）；（9）岩组和工程地质分区；（10）钻孔、槽探等勘察工程；（11）矿山地下工程；（12）力学性能试验和节理测量位置；（13）分区的赤平投影图；（14）钻孔水文地质参数测定结果（剖面图）；（15）钻孔物理力学性能测定结果（剖面图）；（16）比例尺和图例。

I 边坡工程地质勘察报告

边坡工程地质勘察报告是对边坡工程地质图的详细说明，力求针对具体矿山边坡工程，明确地提出工程问题和关键所在，充分进行技术论证，为稳定性的定量评价和其它工程措施的设计提供可靠依据。

13.2.4　滑坡调查方法

在采场边坡或采场附近地质条件相似的边坡中，对已发生变形或破坏的边坡进行调查与分析，其目的在于：确定实际发生的滑坡形态、破坏模式和破坏机理；通过反分析求得岩体的强度指标，进而为边坡设计或加固工程设计提供依据。

滑坡区工程地质测绘范围应包括滑体周界外侧相当于滑体高度1至3倍的宽度。测绘比例尺视滑坡体大小而定，一般控制滑坡区在20cm×30cm左右的图幅内。等高线间距以不超过边坡高度的5%绘出。测绘内容同本章13.2.3。重点是查明滑坡区的地质构造和软弱夹层，滑动面的形态，构成滑坡体的地质边界，边坡体内地下水位高度及水压变化，滑体发生前一年内的降雨历时变化，滑动面材料的物理、水理性质及抗剪强度，滑坡体位移监测数据、变形和破坏过程，靠帮爆破方法、爆破参数与震动测量数据以及其它外加荷载。必要时可采用钻探、井探、物探方法及水压监测方法获取有关资料。

剖面图上需绘出原先边坡和地表轮廓、破坏后的实际地形、滑动面、滑体后缘及其它滑体要素，构成滑体和滑床的地层；滑动带的厚度及物质成分；地表水体、实际浸润线及坡面上出水点位置；探井、钻孔、水压计位置及其中的水位标高等。

调查资料应包括一组照片，以表示滑坡全景和各特征细节。

对调查和测绘获得的资料进行整理分析，并与以前的资料相对比，最终确定破坏模式和破坏时的条件，在此基础上对滑坡进行反分析。对每一个滑坡应沿主滑断面恢复滑动前的条件，进行二维分析，假定安全系数为1或略小于1，建立一个平衡方程。若有两个以上的滑坡可以利用，假定滑动面的抗剪强度条件相同，则可建立两个以上的联立方程，反算出滑动面的抗剪强度，将其结果与试验结果相比较。在只有一个平衡方程的情况下，可按试验结果确定摩擦角的值，利用平衡方程反求滑动面的黏结力。

对于发生变形而未完全破坏的边坡，应分别针对地下水、强度等因素进行安全系数的敏感性分析，以便对各种影响因素的作用大小有更进一步的认识，再结合位移、水压监测结果，判定其稳定程度，决定采用的稳固措施。

13.3　水文地质因素及其调查方法

13.3.1　地下水对边坡稳定性的影响

地下水是影响边坡稳定的主要因素之一。很多边坡的破坏都与地下水有关。地下水的影响主要表现在潜在破坏面抗剪强度的降低。根据有效应力原理，以库仑定理表示为：

$$\tau = (\sigma - u)\tan\phi + C \qquad (13-2)$$

式中　τ——抗剪强度；

σ——法向应力；

u——地下水压强；

ϕ——内摩擦角；

C——黏结力。

在坡顶或坡面上存在陡倾斜的张裂缝时，暴雨期间，张裂缝可能充水，从而产生一个水平推力，使边坡稳定性降低。泥岩、页岩之类软弱岩体遇水软化，它们的抗剪强度会随含水量的增加而下降。

在地下水对边坡稳定的影响因素中，主要是地下水压力，而不是水量。在边坡体内存在压力高，而岩体渗透性能又差的地下水渗流场时，采场涌水量较小，地下水面不能以适当的速度随着采场的延深而下降，对边坡稳定性极为不利。

13.3.2　边坡水文地质调查

露天矿边坡是随着采矿作业的延深不断形成的。在此过程中，地下水可能改变天然流向汇集采矿场；边坡或其它地下工程可能切割几个含水层或导水断层破碎带，改变地下水渗流边界和渗透压力；河流改道，帷幕构筑等工程设施也改变地下水的径流条件。它们都使地下水压力状态不断改变。边坡水文地质调查的目的就在于：查明水文地质条件，为边坡稳定性分析和预测提供地下水压力时空变化数据；为降低地下水压力确定有效的降压措施。

边坡水文地质调查，首先根据现有水文地质资料，确定露天矿在地下水流域中的所属部位，从而得到对水文地质背景的总体评价。然后，在地质结构分析的基础上，研究水文地质特征和地下水渗流特征。由于边坡岩体主要由坚硬的裂隙岩体组成，因此，边坡岩体中埋藏的主要是裂隙水。边坡水文地质调查时应充分注意裂隙水不均匀性和各向异性的特征。水文地质调查的主要内容，包括含水层或含水体、隔水层或隔水体的空间分布及其埋藏条件；含水介质的裂隙或岩溶发育程度，变化规律及展布的方向性、裂隙系数、渗透性能；含水层间的水力联系；导水断层和阻水断层的分布与组合，及其对水文地质结构的控制作用；地下水位的动态观测，如地下水位随采场延深的下降速度、季节性变化幅度等等。

断层的存在往往使水文地质条件复杂化。根据断层的水文地质特点，可分作五种情况：

(1) 富水断层。发生在厚含水岩层中的张性断层，未被后期物质充填胶结的破碎带，一般都富水；

(2) 导水断层。发生在砂岩、页岩、灰岩地层中的张性、张扭性断层，常常使各含

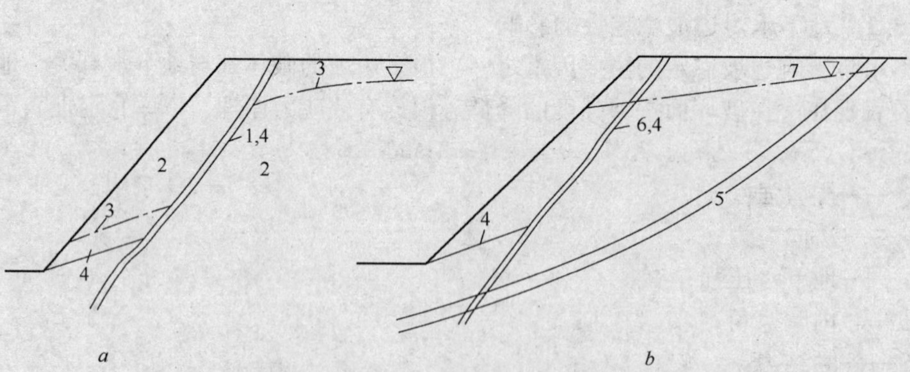

图 13-7　不利水文地质条件之一

1—压渗透性断层或黏土夹层；2—含水层；3—地下水位线；4—潜在破坏面；5—承压含水层；6—导水断层；7—承压水位

水层发生水力联系；

（3）阻水断层。其一为断盘阻水，即地层错动使含水层和隔水层接触；其二是断层本身阻水；

（4）储水断层。断层破碎带含水，但缺乏补给资源；

（5）无水断层。

由于断层的水文地质性质及其在边坡体中的位置不同，由于它与含水层、隔水层的组合关系不同，对边坡稳定性的影响也不同。图 13－7 表示阻水断层与导水断层对边坡的不利影响。图 13－8 示出地表水体与渗透性能差异对边坡的不利影响。在北方冬季，可能在露天矿边坡面泄水段冻结，形成阻水墙，致使边坡内地下水面升高。

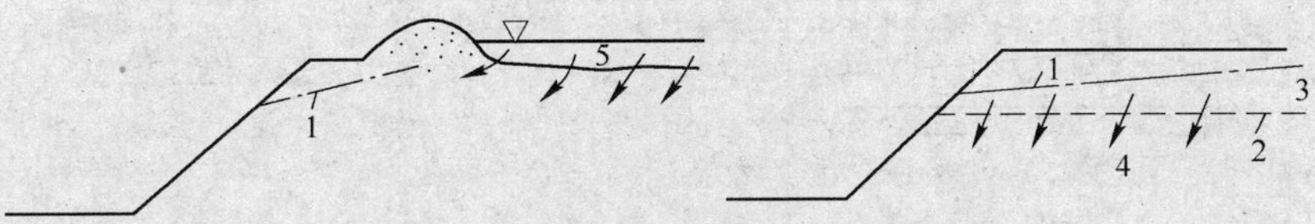

图 13－8 不利水文地质条件之二

1—地下水位线；2—渗透性不同的岩体界线，如强风化和弱风化界线；3—较高渗透性含水岩体；4—较低渗透性含水岩体；5—地表水体

13.3.3 地下水压的分布及其时空变化

地下水压力状态可用实时变化的地下水位线或流网表示。

随着采矿向下延深，在边坡岩体内形成漏斗状的水压头下降区，这个漏斗状的水面即为降落地下水位面。如果把水压头值相等的各个点连结起来，在空间构成一个面，即为等势面。水压头降落最大的方向是地下水流动方向。流面与等势面正交，构成流网。地下水面、等势面、流面在剖面上则称地下水位线、等势线和流线。

在边坡稳定性分析中，粗略的估计水压值可以只需确定边坡岩体内地下水面，把计算滑动面上任一点到水面的铅垂距离看作是这一点的水压头，然后计算该点的压强。精确的计算水压值则要把等势面作为输入数据。因为采场延深缓慢，可以把地下水运动假定为稳定流运动来求得地下水压力状态。

13.3.3.1 公式法

公式法就是用地下水动力学中的相应公式求解地下水位线。当采场附近无隔水、供水边界，地表有截水沟时，可采用表 13－7 所列公式进行计算。

13.3.3.2 流网法

流网（图 13－9）绘制方法有手绘法、模拟法和数值法。流网的制作必须满足流线与等势线处处正交，每个网格的水压头损失和流量都相等。

每个网格的流量：

$$\Delta q = K\Delta H'\Delta l/\Delta s \tag{13-3}$$

表13－7　地下水位计算方法

应用条件	图　示	计算公式
无压 底板水平	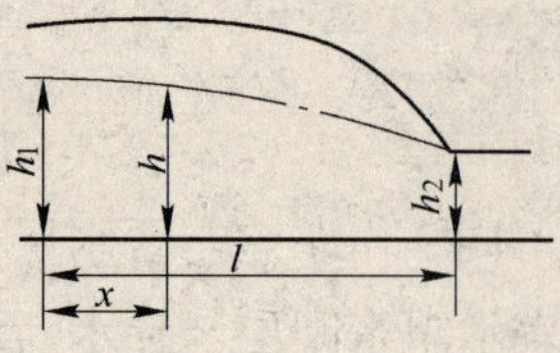	$h = \sqrt{{h_1}^2 - \frac{x(h_1^2 - h_2^2)}{l}}$ $l = \frac{(h_1^2 - h_2^2)x}{2q}$
无压 底板倾斜	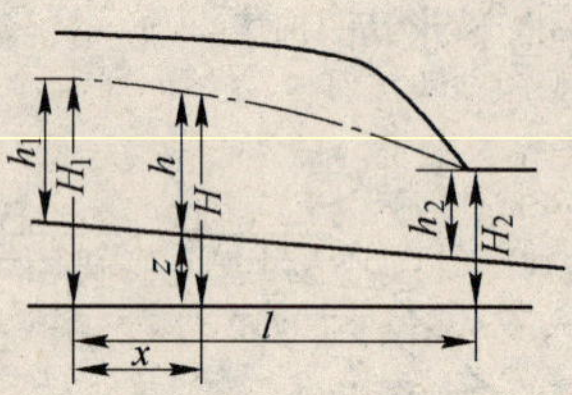	$\frac{(h_1 + h_2)(H_1 - H_2)}{l} = \frac{(h_1 + H - Z)(H_1 - H)}{x}$ $l = K\frac{h_1 + h_2}{2} \times \frac{H_1 - H_2}{q}$
承压转无压 底板水平	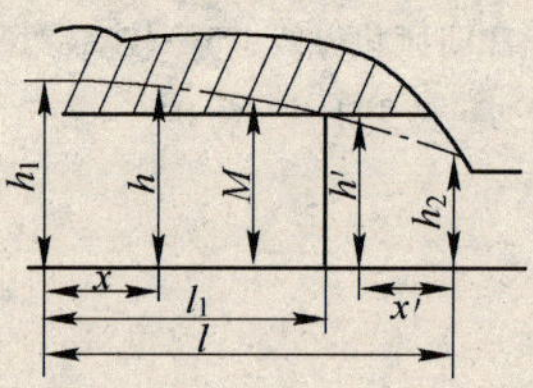	承受段 $h = h_1 - \frac{h_1 - M}{l_1}x$ 无压段 $h' = \sqrt{h_2^2 + \frac{x'}{l - l_1}(M^2 - h_2^2)}$ $l = k\frac{M(2h_1 - M) - h_2^2}{2q}$ $l_1 = \frac{2lM(h_1 - M)}{M(2h_1 - M) - h_2^2}$
无压辐射运 动底板水平	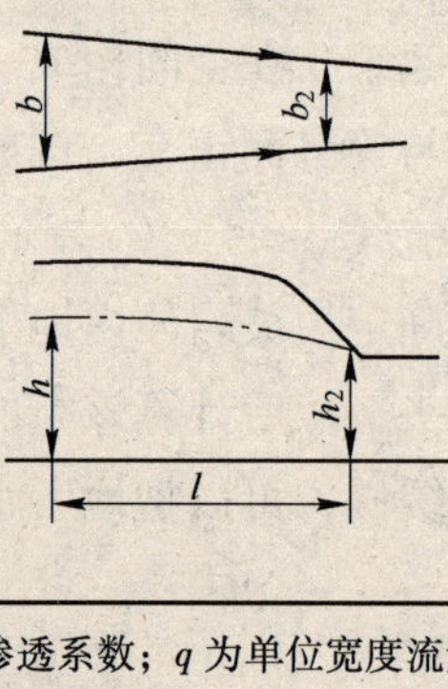	$h = \sqrt{\frac{2Ql}{K} - \frac{\ln b - \ln b_2}{b - b_2} + h_2^2}$

注：式中 K 为渗透系数；q 为单位宽度流量；Q 为辐射总汇流量；其它符号如图示。可将静止水位取作 h，利用已知的 K、q 值先求出 l，然后计算 h。

式中　K ——岩体渗透系数，对于均质、各向同性含水体，其为定值；

$\Delta H'$ ——每个网格的水压头损失，取定值；

Δl ——两相邻流线之间距；

Δs ——两相邻等势线之间距。

为使每个网格 Δq 值均相等，通常的做法是使 Δl 与 Δs 的比值为1，因此，在均质岩层中，流网为曲边正方形；在非均质岩层中，如果在流动方向，含水岩体的渗透系数由 K_1

变为 K_2，则在渗透系数为 K_2 的岩体中，正方形将被矩形所替代。如果 $K_1 < K_2$，为扁平矩形，反之为拉长形。

对于均质含水层，用渐近法手绘流网的步骤是（图 13－9）：

（1）确定渗流岩体几何形状；

（2）确定渗流边界条件，包括地下水位线、含水层底板、坡面渗出段及上游边界等；

（3）绘制流线，从上游边界开始，划分宽度为 Δl 的几条等宽流带。n 可取 3～5；

（4）绘制等水头线，从上游边界开始，在地下水位线上截 $\Delta s = \Delta l$，量出该段曲线两端点水压头差值 ΔH，在地下水位线上量出各等水头下降点，直至坡脚，以这些点为起点，绘制与各流线正交的等势线。采场底也为一等势线。

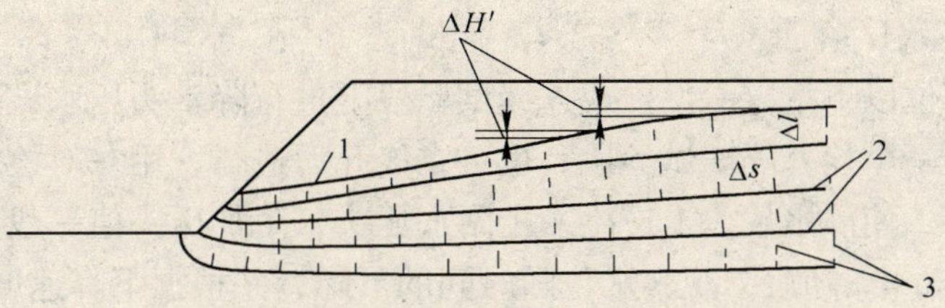

图 13－9 流网

1—地下水位线；2—流线；3—等势线

流网尚可用来估计宽流量 q 和水力梯度 J：

$$q = \sum_{i=1}^{n} \Delta q_i = K\Delta Hn/m \tag{13-4}$$

$$J = \Delta H/\Delta s \tag{13-5}$$

式中 n ——流带数目；

m——水压头带数目；

ΔH ——总水压头损失；

i ——流带编号。

模拟方法确定流网有两类。一类是根据渗流场与电场之间的运动相似。在特定模型上模拟；另一类是制作物理模型直接模拟。应用最广泛的是电模拟，模型制作简便，测量精确。多孔介质的渗流场与电场均可用拉普拉斯方程来表征。通过绘制等电位线求得等势线，通过测定电流量求得渗流量。可以采用连续电介质模拟，电阻网模拟或阻容模拟。

由于电子计算机和计算技术的发展，数值法发展很快，更多地显示出它的优越性。它能解决解析法无法求解的问题。对于二维孔隙介质，即在流量与水压头梯度成正比的场合，可用稳定达西渗流方程表征：

$$\frac{\partial}{\partial x}\left(K_x \frac{\partial \phi}{\partial x}\right) + \frac{\partial}{\partial y}\left(K_y \frac{\partial \phi}{\partial y}\right) = Q(x,y) = 0 \tag{13-6}$$

式中 ϕ ——水压头函数；

K_x、K_y ——x、y 方向的渗透系数；

Q（x，y）——流入单位体积的流量。

数值法很有发展潜力，目前仍处于试用研究中。

13.3.3.3　实测法

实测法即在边坡岩体内对地下水压进行实地测量。这是最准确的一种方法。在有条件的矿山，都应尽早地、尽可能多地利用原有钻孔，选择并安装适宜的水压计，进行地下水压的长期监测。

13.3.4　水文地质参数测定

13.3.4.1　钻孔试验

渗透系数是预测地下水压力状态的最主要的、必不可少的参数。确定岩体渗透性的主要方法是钻孔抽水试验，但由于试验费用高，数量受到一定限制，亦可采用降水头压水试验和常水头压水试验[1]。

（1）降水头压水试验

在钻孔静止水位以下指定深度上或连续试验段上进行降水头压水试验，可以随着钻进由上而下进行，用一个栓塞隔离试验段；也可在终孔后进行，用一对栓塞隔离试验段。试验时往钻孔内灌水，使静水位之上产生一个附加压头，附加压头值一般可取静水位埋深的一半，但不要小于 6m。随后，观察水位随时间的下降，并根据下降速度计算渗透系数值。图 13－10 示出钻孔内不下套管时降水头试验钻孔结构。

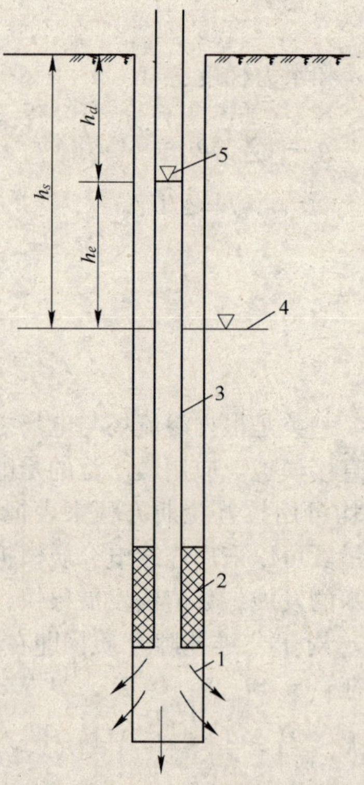

图 13－10　降水头试验孔的结构

1—试验段；2—栓塞；3—管路；4—静水位；5—灌水后孔内水位

对于垂直钻孔，渗透系数为

$$K=\frac{8.05\lg(h_1/h_2)}{t_2-t_1}\times\frac{r_c^2}{L} \tag{13-7}$$

式中　K——渗透系数，m/s；

h_1、h_2——在 t_1（s）和 t_2（s）时刻的附加压头；

$$h_1=H_J-h_{d1}$$
$$h_2=H_J-h_{d2}$$

H_J——静水位；

h_{d1}、h_{d2}——相对应 t_1 和 t_2 时的动水位；

r_c——竖管或套管半径，m；

L——试验段长度，m。

（2）常水头压水试验

与降水头试验相比，常水头试验需要的时间较长，费用较高，所求得的 K 值精度亦较高。常水头试验顺序与降水头试验相同，图 13－11 表示两种可供选择的布置。首先确定一个最大试验附加压头，确定附加压头时，一方面要考虑预期的现场压力，另一方面要不引起裂隙变形，然后按最大附加压力的 25%、50%、75%、100%、75%、50%、25% 的顺序进行试验。试验时测量在一段时间内（大于 5min）为保持高出潜水面的恒定附加压头

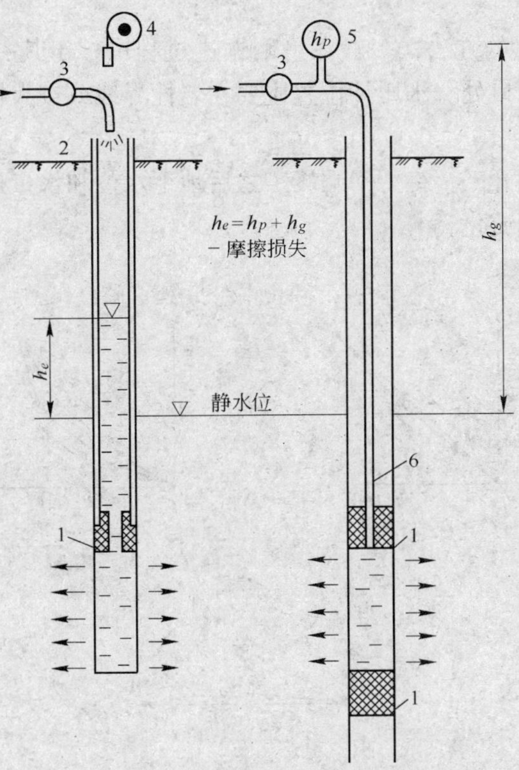

图 13－11　常水头试验两种可供选择的布置

1—栓塞；2—套管；3—流量计；4—水位测探仪；5—压力表；6—管路或钻杆

h_e 所需的流量 Q，并绘制 $Q-h_e$ 曲线图（图13-12），进而求得渗透系数值。

$$K=\frac{5.833}{\pi L}\left(\frac{60Q}{h_e}\right)_0\times 10^{-5} \tag{13-8}$$

式中　K——渗透系数，m/s；

$\left(\frac{60Q}{h_e}\right)_0$——在 $Q-h_e$ 曲线图上，原点附近曲线的梯度，Q 与 h_e 的单位分别以 m^3/s 和 m 表示；

L——试验段长度，m。

13.3.4.2　平硐试验

平硐试验能取得可靠的地下水数据，如果矿区拟建探矿、取样、运输等平硐，而且它们又位于地下水位以下时，则应同时用来进行地下水试验。

试验目的有二：(1) 根据测得的水头和流量，确定平硐所穿过的各含水岩体的渗透系数，由于试验规模大，所取得的渗透系数值最为精确；(2) 测定各含水岩体地下水达到均衡状态时的降落值及所需时间。这是最实际的资料，可为疏干方案的选择提供可靠的依据。

试验准备：

(1) 根据试验规模及水文地质条件，设计和安装水压计网，在试验开始之前取得未受扰动的地下水位资料。

(2) 设计测量流量的方法，一般在平硐掘进过程中，于其一侧构筑排水沟，设置量水堰，水堰设在平硐入口处。水压计位置主要在岩性界线或较大构造下游一侧。

(3) 安设雨量计。

试验过程始于平硐开工，终于平硐竣工之后地下水位和水量达到均衡状态，整个试验期间监测水位和流量的变化。

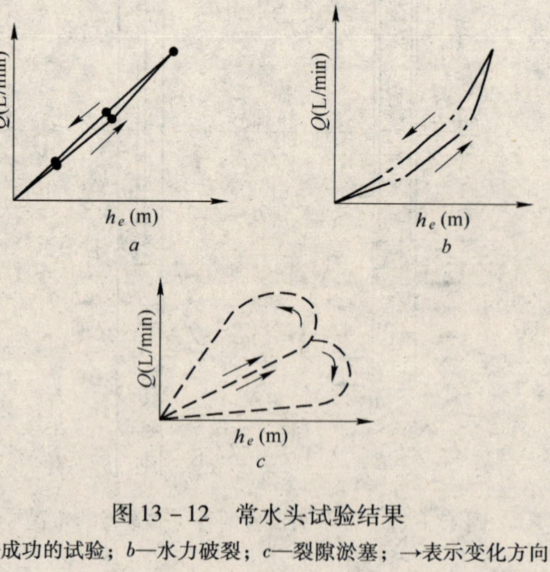

图13-12　常水头试验结果

a—成功的试验；*b*—水力破裂；*c*—裂隙淤塞；→表示变化方向

无限厚含水层中潜水不完整平硐试验时，可按式（13－9）计算渗透系数：

$$K = \frac{q}{\alpha h}(\ln x - \ln r) \tag{13-9}$$

式中 q——平硐单侧单位长度涌水量，m^3/（d·m）；

α——系数，$\alpha = \frac{\pi}{2} + \frac{h}{x}$；

K——渗透系数，m/d；

其余符号如图13－13所示，含水层厚度从平硐中心标高算起。

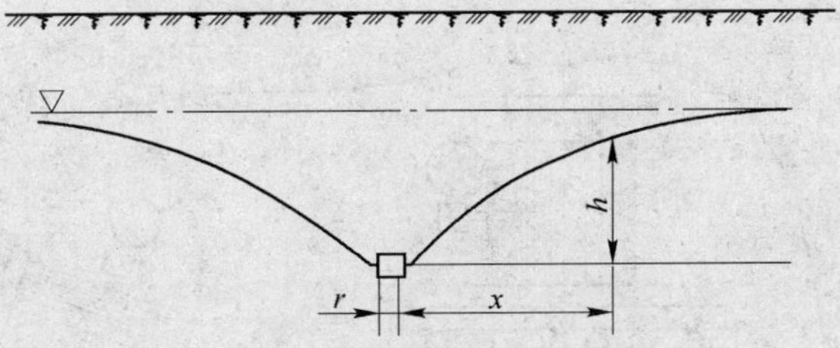

图13－13 潜水不完整平硐试验

13.4 岩体、弱面抗剪强度测定

岩体及岩体中弱面的各类强度指标，均对应于各类破坏模式，一般情况下边坡岩体多在剪切条件下破坏的，边坡岩体及弱面的抗剪强度是边坡稳定性分析计算中最重要的强度指标。

岩体及弱面抗剪试验的预期成果是：

（1）抗剪断（峰值）强度及抗剪摩擦（残余）强度曲线；

（2）正应力 σ 在各级常数下，剪应力 τ 与试体剪切位移 s 的关系曲线。

13.4.1 试验方法

13.4.1.1 原位剪切试验

此为大型岩石力学试验，在工程现场的地质体原位上，就地进行剪切试验。试样的剪切面积一般在2000～10000cm^2（大小主要视加载设备的能力及试体的地质均匀性而定），原位试验的试体较客观地包含了诸多的地质因素及自然因素，试验成果有很好的代表性。此试验由于试体开挖，制备工作量大，试验装置较复杂而费用很高，大多在大型矿山边坡的关键工程地质问题上实施之。

A 岩体抗剪试验

按图13－14所示，制备一组不少于四块的试体，按图13－15装置试验设备。试验时先用垂直加载器使预剪面上正应力 σ 达到设计值，然后用侧向加载器增加预剪面上的剪应力，因侧向加载器的出力方向与剪切面成 α 夹角，当 τ 增加时 σ 也相应增加，所以，在增加 τ 时须同步使垂直加载器退荷，使试体在 σ 保持常数条件下剪破。同时测取试体在各级剪切载荷下的剪切位移量。

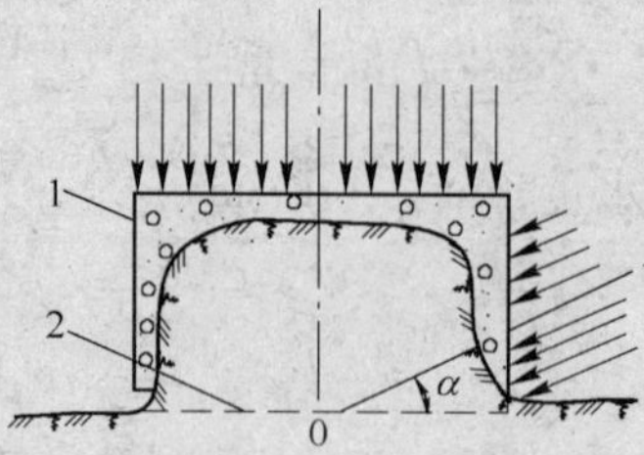

图 13-14　岩体抗剪试件

1—混凝土；2—预剪面

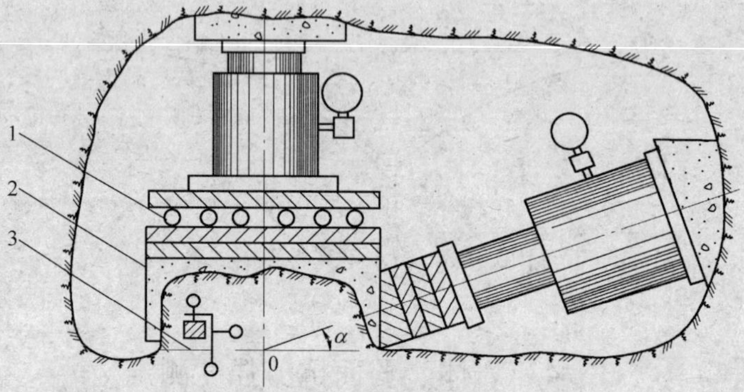

图 13-15　岩体抗剪原位试验装置

1—滚轴；2—混凝土；3—预剪面

在垂直方向不能设置反力座时，可用一个侧向加载器试验。此时预剪面上的 σ 为变量，随着 τ 的增加而增加直至剪破。α 角的设置，主要是改善试体的受力条件，便于施加剪应力和调节 σ 与 τ 的分配。α 角的取值与试体的内摩擦角 φ 有关，试验前预估试样的黏结力 C 和内摩擦角 φ，且使不等式

$$\cos\alpha > \sin\alpha \mathrm{tg}\varphi \tag{13-10}$$

成立。在侧向加载器出力范围内出力 P，使下列不等式成立：

$$P\cos\alpha > P\sin\alpha \mathrm{tg}\varphi + CF \tag{13-11}$$

$$P\cos\alpha > (P\sin\alpha + W)\mathrm{tg}\varphi + CF \tag{13-12}$$

式中　F——预剪面面积；

　　W——试体上的垂直荷载。

否则，试验将产生“剪切锁死”现象，试体不能产生剪切破坏。各级正应力 σ 的确定：先估计最大的正应力 σ_{max}：

$$\sigma_{max} = \gamma H/4 \tag{13-13}$$

式中　γ——岩石容重；

　　H——边坡高。

各级正应力均匀地分布在 $\tau-\sigma$ 曲线的横坐标上，使

$$\sigma_{max}/n=\sigma_0 \tag{13-14}$$

则 $\sigma_1=\sigma_0$，$\sigma_2=2\sigma_0$，…，$\sigma_n=n\sigma_0=\sigma_{max}$。

式中　n——一组试件的块数。

为使试验成果达到要求的精度，试验过程中施加的各级剪应力 $d\tau$ 按式（13-15）计算：

$$d\tau=d(\sigma tg\varphi+C)=\sigma\sec^2\varphi d\varphi \tag{13-15}$$

式中　$d\varphi$——试验要求内摩擦角达到的精度。

试体破坏的判断：

试体破坏的实质是预剪面两侧的岩块沿剪切面的剪切变形达到极限值。试验中主要根据加载中剪切位移量与载荷显示来判断，试验过程中出现下列现象之一，即可判断为试体已剪破：

（1）剪切载荷出现峰值之后，伴随很大的位移量（图13-16*a*）。

（2）加载中不出现峰值，加载达到某一值时，$\tau-s$ 关系曲线斜率急剧改变，转为平行于 s 轴（图13-16*b*）。

（3）沿剪切面的位移量达5mm。

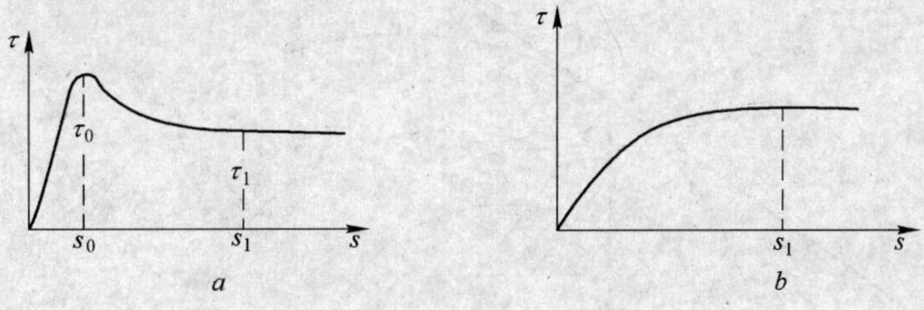

图13-16　剪切力与剪切位移关系曲线

τ_0—峰值强度；τ_1—残余强度

应力计算：

$$\tau=(P_1\cos\alpha-P_2 f)/F \tag{13-16}$$

$$\sigma=(P_2+P_1\sin\alpha+W)/F \tag{13-17}$$

式中　P_1——侧向加载器出力；

P_2——垂直加载器出力；

f——垂向传压板滚轴摩擦系数；

W——试体及垂直加载设备的重量；

F——试体的剪切面积；

α——侧向加载器出力方向与剪切面的夹角。

B　弱面抗剪试验

对要进行剪切试验的试体，按图13-17*a* 制备一组不少于四块的试体，并参照图13-17*b*安装加载及位移测量装置，试体在主动载荷 σ_1 和水平侧压 σ_2 的相互作用下，沿弱面向下剪破。

需要详细研究在固定正应力下剪应力与剪切位移的关系时，试验中应使弱面上的 σ 自始至终保持定值。试验开始，同步施加 σ_1 和 σ_2，并使 $\sigma_1=\sigma_2$，直至弱面上 σ 达到设计值，之后，逐级增加 σ_1 同步降低 σ_2，使弱面的 τ 逐级增加而 σ 保持定值，直至试体沿弱面剪破。最后，一组试体分别在各级固定的正应力下剪破（图 13－18）。

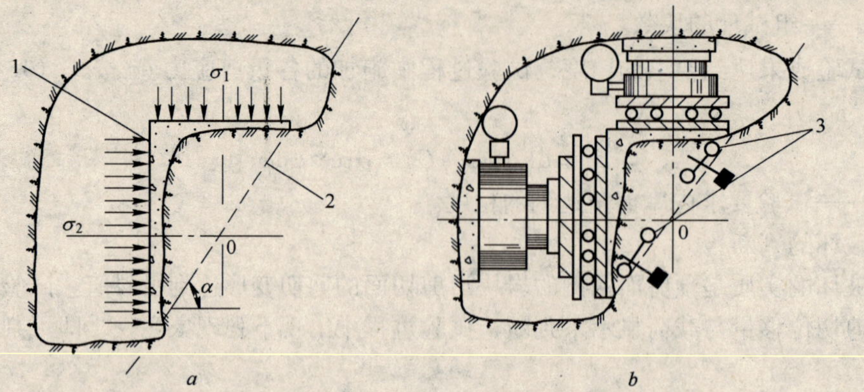

图 13－17　弱面原位抗剪试验试体受力及试验装置

1—混凝土；2—弱面；3—百分表

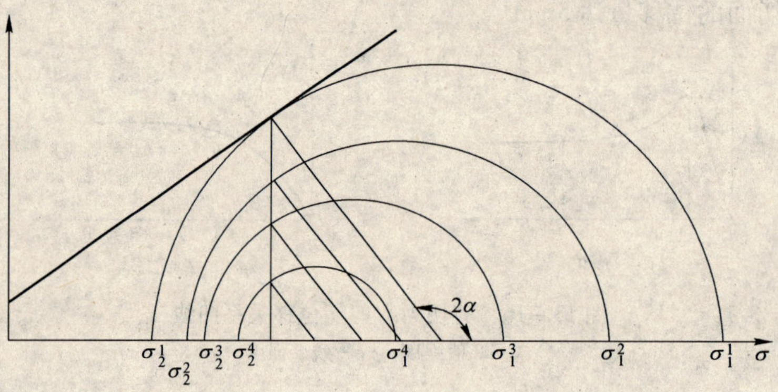

图 13－18　保持 σ 为常数应力圆扩展图

也可用试验操作较为方便的固定 σ_2 的方法进行试验，试验中保持 σ_2 不变，逐级增加 σ_1 剪破试体（图 13－19）。

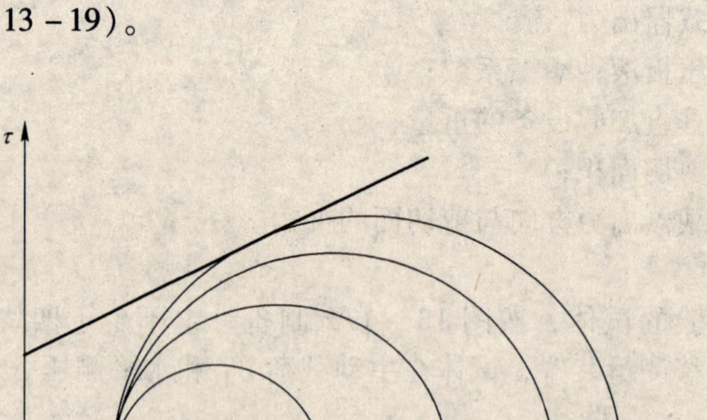

图 13－19　保持 σ_2 为常数应力圆扩展图

剪破的判别标准同岩体抗剪试验，但弱面的剪切位移量有时可达 10mm 左右。

各级 σ_2 的确定：

首先按（13-13）式或（13-18）式估算 $\sigma_{2\max}$，

$$\sigma_{2\max} = \frac{\gamma H}{2} \frac{\mu}{1-\mu} \tag{13-18}$$

式中 μ——岩石的泊松系数。

然后再按试块的数量均匀分布在 $\tau-\sigma$ 曲线的 σ 坐标轴上。

应力 σ、τ 及 σ_1 的增量 $d\sigma_1$ 计算：

$$\sigma = \sigma_1 \cos^2\alpha + \sigma_2 \sin^2\alpha \tag{13-19}$$

$$\tau = \frac{\sigma_1 - \sigma_2}{2} \sin 2\alpha \tag{13-20}$$

$$\sigma_1 = \frac{2C + \sigma_2(\sin 2\alpha + 2\sin^2\alpha \operatorname{tg}\phi)}{\sin 2\alpha - 2\cos^2\alpha \operatorname{tg}\phi} \tag{13-21}$$

$$d\sigma_1 = \frac{4(\sigma_2 \sin\alpha + C\cos\alpha)\cos\alpha \sec^2\phi}{(\sin 2\alpha + 2\cos^2\alpha \operatorname{tg}\phi)^2} d\phi \tag{13-22}$$

仍需注意，当弱面倾角较小时，为避免产生“剪切锁死”现象，应按图 13-20 所示加载方法进行试验。

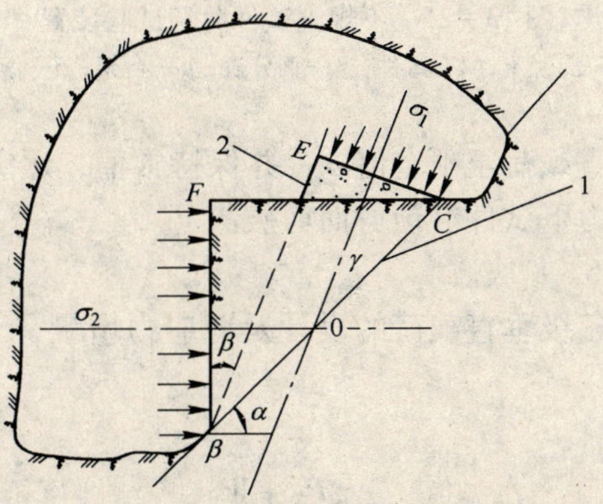

图 13-20 倾斜施加 σ_1 试验试体受力图

1—弱面；2—混凝土

弱面的应力计算：

$$\sigma = K\sigma_1 \cos(\alpha+\beta) + \sigma_2 \sin^2\alpha \tag{13-23}$$

$$\tau = K\sigma_1 \sin(\alpha+\beta) - \sigma_2 \sin\alpha\cos\alpha \tag{13-24}$$

其中 $K = CE$ 平面面积/CB 平面面积

$$\sigma_1 = \frac{\sigma_2 \sin\alpha\cos\alpha + \sigma_2 \sin^2\alpha \operatorname{tg}\phi + C}{K\sin(\alpha+\beta) - K\cos(\alpha+\beta)\operatorname{tg}\phi} \tag{13-25}$$

$$d\sigma_1 = \frac{[\sigma_2 \sin\alpha\cos\beta + C\cos(\alpha+\beta)]\sec^2\phi}{K[\sin(\alpha+\beta) - \cos(\alpha+\beta)\operatorname{tg}\phi]^2} d\phi \tag{13-26}$$

13.4.1.2　不规则试件剪切试验

此为中型规模的岩石力学试验，剪切面积一般为100～500cm^2。因取样、制备、试验操作方便、试件较大及费用较低等优点，对于中小型矿山的一般工程问题进行一定数量的试验，完全能取得有代表性的成果，因而被普遍采用。

确定外形不规则的岩石试块上的预剪面及剪切方向时，用置于模具中的高标号水泥浇注试样，浇注时在预剪面处须留出小于1mm的剪切缝，试件经养护后置于试验台架上进行试验。

试件受力及试验安装见图13－21。

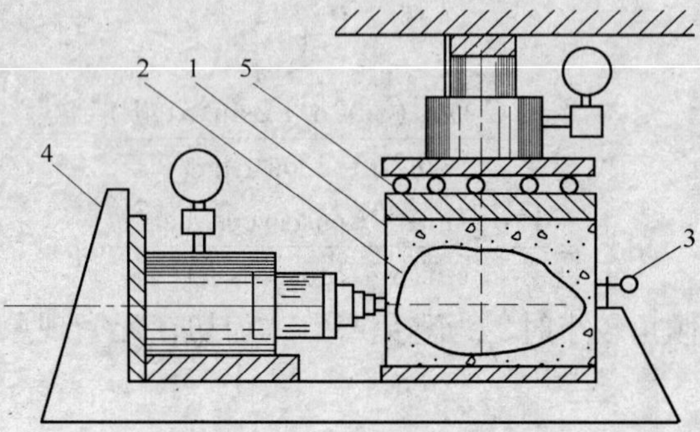

图13－21　不规则试件剪切试验装置

1—混凝土；2—试件；3—百分表；4—台架；5—滚轴

试验过程是先施加垂直载荷至预定值σ，并保持常值，逐级增加剪应力τ，相应测取位移量，直至在某一剪应力下试件沿预剪面剪破。

一组试件的数量可为6～8块。

试件破坏判断同前。各级垂直载荷的设计及剪应力增量$d\tau$按（13－14）式、（13－15）式计算。

试件的应力计算：

$$\sigma=\frac{P_1+W_1}{F} \tag{13-27}$$

$$\tau=\frac{P_2-(P_1+W_2)f}{F} \tag{13-28}$$

式中　P_1——垂直加载器出力；

P_2——水平加载器出力；

W_1——垂直加载器及传压板重量；

W_2——滚轴以上试验设备的重量；

f——滚轴的摩擦系数。

13.4.1.3　模具剪切试验

制备一组与剪切模具相适应的5×5×5～10×10×10cm^3的试件。试验时将试件用模具夹紧置于压力机试验台上，在压力机荷载及模具控制下，试件沿预定剪切面（或预定的弱面）剪破。变换一组带有不同β角的楔形传压板调节预剪面与压力机压板平面间的α

角，以完成一组试件的剪切试验（图 13 - 22a）。如试样切制不便或不易制成立方体试件，则用高标号水泥浇注成试件，使试件留有与压力机压板平面成不同 α 角的剪切缝。以调节试验时不同正应力与剪应力组合下的剪切试件（图 13 - 22b）。调节 α 时，应使：

$$\sin\alpha > \cos\alpha \mathrm{tg}\phi \tag{13-29}$$

成立。在压力机出力范围内使

$$P\sin\alpha > P\cos\alpha \mathrm{tg}\phi + CF \tag{13-30}$$

成立。

式中　ϕ——试件估算的内摩擦角；

C——试件估算的黏结力；

F——试件的剪切面积。

应力计算：

$$\tau = P\sin\alpha / F \tag{13-31}$$

$$\sigma = P\cos\alpha / F \tag{13-32}$$

应充分利用钻孔岩芯制备成各类试样，使用便携式直剪仪方便地进行试验。

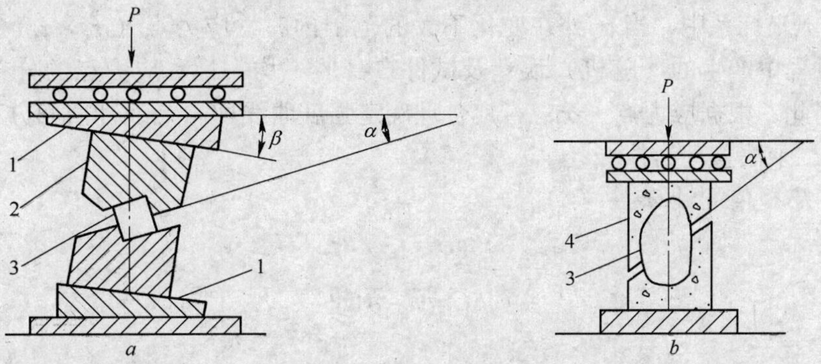

图 13 - 22　模具剪切试验装置

1—楔形传压板；2—剪切模具；3—试样；4—混凝土

13.4.1.4　三轴剪切试验

为使试验条件接近于岩石实际所处的三向应力状态和利用摩尔圆研究强度曲线的特征，使用三轴压力机进行试验。试件在压力容器中受到 $\sigma_2 = \sigma_3$ 的侧向围压和试验机活塞施加的 σ_1 的作用，在侧压保持常值，逐级增加 σ_1 的条件下使试件剪破（图 13 - 23a）。试件剪破一般符合摩尔强度理论，其破坏面与最大主平面间的夹角为 $45° + \frac{\phi}{2}$（图 13 - 23b）。

对于具有显著弱面的岩石，也可用以确定弱面的 c、ϕ 值，制备试样时，合理选定弱面与最大主平面间的一组 α 角，按上述方法试验，以（13 - 19）、（13 - 20）及（13 - 22）式计算正应力 σ、剪切力 τ 及 σ_1 的增量 $d\sigma_1$。

13.4.2　数据整理

一组试验取得的数据，是经过应力计算后的一组峰值强度及残余强度的应力点（σ_i，τ_i），分别表示预剪面在抗剪断破坏及抗剪摩擦破坏时的正应力和剪应力，利用这些应力点通过强度定律，分别以强度曲线形式表达试件的剪切强度特征，确定峰值黏结力和内摩

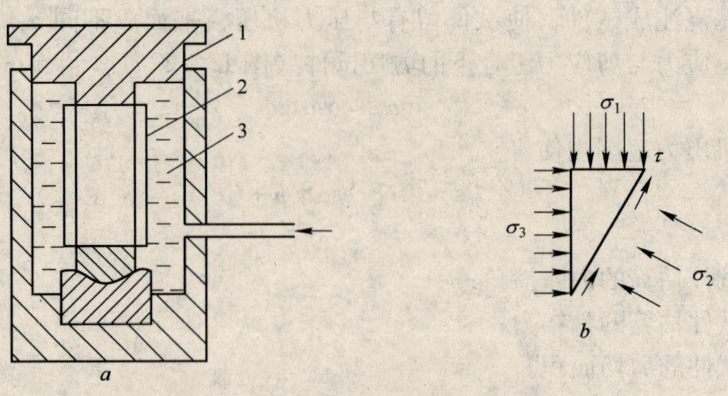

图 13-23　三轴试验装置及试件受力图

1—压力机活塞；2—试件；3—压力室

擦角 C_0、ϕ_0 残余黏结力和内摩擦角 C_1、ϕ_1。

在 $\sigma-\tau$ 坐标系中，当 σ 处在变化不大的范围内时，应力点（σ_i，τ_i）呈线性分布，由于试验过程中产生的（随机）误差及试件自身的不均一性，应力点的分布会出现一定的离散。因此，根据应力点（σ_i，τ_i）合理确定强度曲线即一元线性回归方程 $\tau=\sigma \mathrm{tg}\phi+C$，以最小二乘法整理为佳。

对 $\mathrm{tg}\phi$ 及 C 值的计算：

$$\mathrm{tg}\phi = I_{\sigma\tau}/I_{\sigma\sigma} \tag{13-33}$$

$$C=\bar{\tau}-\bar{\sigma}\mathrm{tg}\phi \tag{13-34}$$

式中　$\bar{\sigma}=\frac{1}{n}\sum_{i=1}^{n}\sigma_i$；

$\bar{\tau}=\frac{1}{n}\sum_{i=1}^{n}\tau_i$；

$I_{\sigma\sigma}=\sum_{i=1}^{n}\sigma_i^2-\frac{1}{n}(\sum_{i=1}^{n}\sigma_i)^2$；

$I_{\sigma\tau}=\sum_{i=1}^{n}\sigma_i\tau_i-\frac{1}{n}(\sum_{i=1}^{n}\sigma_i)(\sum_{i=1}^{n}\tau_i)$；

n——试验点数。

对于三轴试验或弱面的原位试验也宜用作图法，作出破坏应力圆后，对它们作公共包络线而得到强度曲线。尤其是在试验中 σ 变化范围较大时，能反映出强度曲线的非线性形态，可用以研究强度指标与正应力的关系（图 13-24）。

根据在各级 σ 条件下的剪应力与剪切位移的试验数据，整理出一组剪应力 τ 与剪切位移 s 的关系曲线（图 13-25），反映试件剪破的位移特征，是边坡监测及滑坡预测等研究工作的重要材料。

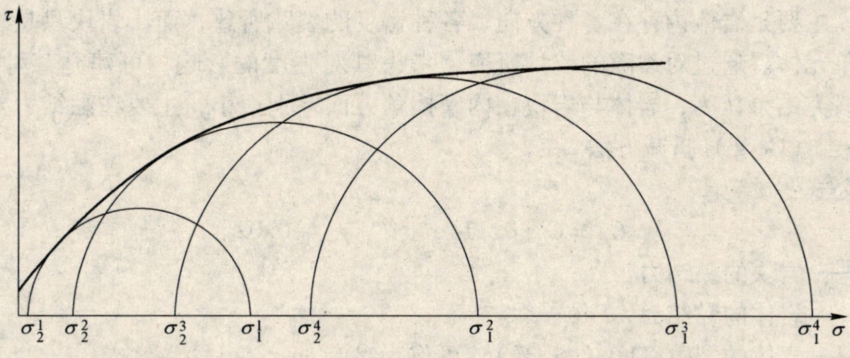

图 13-24　强度曲线的非线性状态

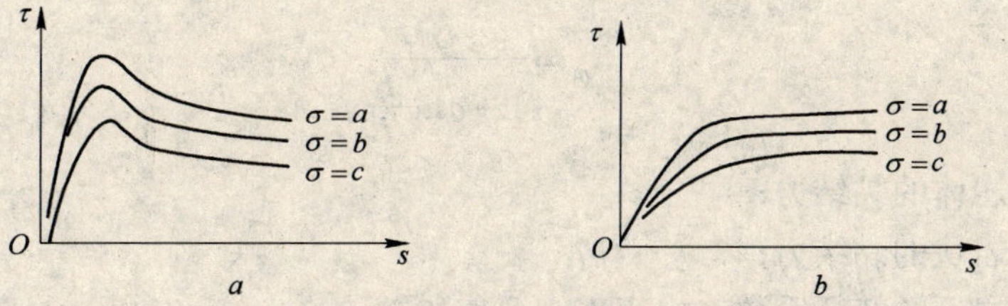

图 13-25　剪应力与剪切位移关系曲线

a—坚硬岩石；*b*—塑性岩石

13.4.3　指标选取

A　各向异性岩体的强度

岩体具有定向结构（层理、节理）时，其平行于定向方向与垂直于定向方向的强度，被认为是两个极值强度，分别取得它们的强度值后，以此二值作为椭圆的长半轴（垂直定向方向的强度）和短半轴（平行定向方向的强度），作出四分之一的“强度转换椭圆”（图 13-26*a*）。在稳定性计算中，根据滑动面与岩体中定向结构的夹角或视夹角 φ，在强度转换椭圆上截取相应值（图 13-26*b* 中 *OC*、*OD*）作为相应区段滑动面强度值。

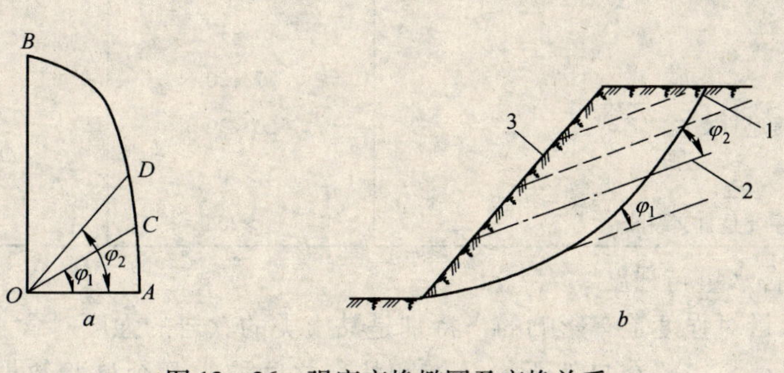

图 13-26　强度变换椭圆及变换关系

1—滑动面；2—层理；3—边坡

B　岩体与岩块强度

比较现场大型力学试验及实验室小型岩块试验的结果，显示出小岩块的强度大大高于大块岩体。主要是岩体内存在各种方向、各种密度的裂隙所致，而小岩块只是岩体中裂隙所切割的单元体。通过对裂隙的统计研究，考虑其对强度的影响，可建立某种相关关系。国内外的研究结果认为，岩体与岩块在内摩擦角方面差别很小，主要在黏结力差别上。

a　格吉（Gergi）折减方法

折减公式：

$$C_m = C\left[0.114e^{-0.48(i-a)}+0.02\right] \tag{13-35}$$

式中　C——岩块的黏结力，Pa；

C_m——岩体的黏结力，Pa；

i——岩体的裂隙密度（条/米）。可作为参考。

b　费欣科折减方法

折减公式：

$$C_m = \frac{C}{1 + a\ln\dfrac{H}{L}} \tag{13-36}$$

式中　C_m——岩体的黏结力；

C——岩块的黏结力；

a——岩石的特征系数，由表13-8查得；

H——岩体的破坏尺寸，在边坡分析中可视为边坡破坏高度，m；

L——节理密度，条/米。

表13-8　特征系数 a 取值

岩石名称和裂隙特征	岩块黏结力（MPa）	系数 a
不密实的和轻微裂隙的砂—黏土质沉积岩，强风化的完全高岭土化的岩浆岩	0.4~0.9	0.5
密实的砂—黏土质岩石，主要为直交裂隙	1.0~2.0	2
强高岭土化的岩浆岩	3.0~8.0	2
密实的砂—黏土质岩石，发育有斜交裂隙的高岭土化岩浆岩	3.0~8.0	3
中硬的层状岩石，主要为直交的裂隙	10~15	3
	15~17	4
	17~20	5
坚硬的岩石，主要是直交裂隙	20~30	6
	>30	7
坚硬的岩浆岩，主要是直交裂隙	>20	10

C　岩石的含水量与强度

岩石的含水量对强度是有影响的，特别是黏土类的软岩的强度对含水量更为敏感，强度差异也十分显著。一般在自然干燥及饱和状态之间取得几个试验数据，作出其关系曲线，再按工程条件从关系曲线上取值。如处于地下水位以上的某天然含水量岩体的强度与地下水位以下饱和状态的岩体强度，分别从关系曲线上取用相应含水量的强度。实践中也常用软化系数的处理方法，即对自然状态（或某一含水量）的强度，根据工程条件和经验乘以一个小于1的软化系数。

D 峰值强度与残余强度

这两个强度参数主要反映岩体受损松动前后的强度变化值，工程计算取值应对于不同状态下的岩体。如在爆破振动影响带、弱风化带范围内的岩体，以残余强度指标为基础取值，而深部岩体以峰值强度指标为基础取值。

E 岩体强度与载荷的时间效应

比较抗剪流变与一般剪切试验结果，显示出前者强度低于后者，在软岩及弱面试验中尤为显著。在分析由软岩组成或由弱面控制的边坡时，需要考虑这一因素，缺乏实测资料时，可通过快剪试验折减处理。

F 反算法确定岩体的 C、ϕ 的取值

在已产生滑坡的岩体中，以反算法取值是一有实际工程价值的方法。在该滑坡中，找出两个或更多的极限平衡状态断面，利用极限平衡的条块计算方法，建立两个以上的方程组，对这些方程组联立求解，可求得 C、ϕ 值。

取两个极限平衡断面的方程组为：

$$\left.\begin{aligned} F_1\psi_1 + W_1\sin\alpha_1 - W_1\cos\alpha_1\mathrm{tg}\phi - CL_1 = 0 \\ F_2\psi_2 + W_2\sin\alpha_2 - W_2\cos\alpha_2\mathrm{tg}\phi - CL_2 = 0 \end{aligned}\right\} \tag{13-37}$$

式中 F_1、F_2——第一断面和第二断面最后一块滑体上部传来的剩余下滑力；

ψ_1、ψ_2——两断面剩余下滑力的传递系数；

W_1、α_1、L_1——第一断面最后一块滑体的重量、滑面倾角和滑面长度；

W_2、α_2、L_2——第二断面最后一块滑体的重量、滑面倾角和滑面长度。

实际上，客观的强度指标是综合因素作用的结果，故在具体工程计算取值时，应根据工程条件和要求综合分析确定取值。

13.5 地震、爆破震动及其测量方法

13.5.1 地震效应

地震是脆性地壳材料断裂处应变能的突然释放过程。地震对露天矿边坡、工业设施、水源和尾矿坝的破坏，可能对矿山造成灾难性的后果。

评价地震区岩石边坡的稳定性，需考虑下列主要因素：

(1) 地震风险；

(2) 震动幅度、频率和持续时间；

(3) 节理的性质，特别是抗剪强度和粗糙度系数；

(4) 边坡几何形状。

13.5.1.1 地震触发滑坡

一般认为，地震触发滑坡与地震烈度有关。近年来，格拉斯等人[2,3]证实，在距震中相当远的地方，低水平地面震动也曾导致滑坡，边坡破坏与震级有关。表13-9列出地震触发滑坡的部分实例。

13.5.1.2 地震应力

一般，当地震烈度超过6度时，应考虑地震对边坡稳定性的影响。通常采用伪静力法，即只考虑惯性力 F

$$F = AW \tag{13-38}$$

式中　W——可能破坏体的重量；

A——地震系数，$A=a/g$；

a——地震加速度；

g——重力加速度。

表13-9　地震触发的滑坡

地震名称	时间	震级	岩石滑坡			人工开挖或填筑边坡		
			岩石崩落——雪崩	塌落和岩块滑动	塌落和浅滑坡	开挖边坡破坏	人工填筑边坡液化引起滑坡	液化没引起填筑边坡滑坡
弗里尤利（意大利）	1976	6.5			M			
奥林匹克（华盛顿州）	1949	7.1			M			
朗比奇（加利福尼亚州）	1933	6.3			S			
福尔图纳—里奥皮尔（加利福尼亚州）	1975	5.7			S			
马那瓜（尼加拉瓜）	1972	6.2			S	S		S
博雷戈山（加利福尼亚州）	1968	6.4		S	S	S		S
圣费南多（加利福尼亚州）	1971	6.4		M	M	S	S	S
因安加瓦（新西兰）	1968	7.0	S	S	M		S	
赫帕吉湖（怀俄明州）	1959	7.1	S		E	S		
圣胡安（阿根廷）	1977	7.4			M	S		
卡特马拉	1976	7.5		S	E	M		
秘　鲁	1970	7.7	S	S	E	M	S	S
霍克斯贝（新西兰）	1930	7.9		M	M	M	S	S
圣弗朗西斯利（加利福尼亚州）	1906	8.3	M	E	E	M	M	S
智　利	1960	8.4	S	M	M	M	S	S
阿拉斯加	1964	8.4	E		E	M	S	

注：表中E—大量滑坡，小型滑坡>5000个，大型滑坡>100个，滑坡区域>1000km²；M—中等数量滑坡，小型滑坡500~5000个，大型滑坡10~100个，滑坡区域100~1000km²；S—少量滑坡，小型滑坡<500个，大型滑坡<10个，滑坡区域<100km²。

并认为F为水平向静力，指向采场作用。

如果没有地震加速度a的实测区，可根据当地地震烈度，考虑下列数值确定地震系数A

地震烈度	7	8	9	10
地震系数	0.075	0.15	0.30	0.60

13.5.1.3　地震风险

在优化边坡设计中，应考虑不同级别地震的出现概率，再根据当地断裂和地震衰减规律，推断出矿区的地面震动烈度，然后，按照冈贝尔（Gumbal）极值统计方法[3]，计算矿山的最大加速度以及在指定年限内本区经历指定加速度的概率。在边坡稳定性的蒙特卡洛模拟分析中，在每个采矿时期，对地震出现概率抽样，确定该期地震加速度是否发生。如果抽样指示矿山有地震加速度，则使用纽马克（Newmark）方法进行动态稳定性分析，以计算那个时期的边坡不稳定概率。

13.5.2　爆破震动效应

在边坡稳定性计算中，常只考虑震动的惯性力，但需将动载荷折算成等效静载荷参与计算。

13.5.2.1 震动速度、加速度及震动系数的估算

垂向震动速度 v_c

$$v_c = 0.01K_1 \cdot (\sqrt[3]{Q}/R)^{\alpha_1}, \mathrm{m/s} \tag{13-39}$$

水平向震动速度 v_s

$$v_s = 0.01K_2 \cdot (\sqrt[3]{Q}/R)^{\alpha_2}, \mathrm{m/s} \tag{13-40}$$

水平向震动加速度 a_s

$$a_s = 0.01K_3 \cdot (\sqrt[3]{Q}/R)^{\alpha_3}, \mathrm{m/s^2} \tag{13-41}$$

震动系数 P

$$P = a_s/g \tag{13-42}$$

式中 Q——最大段装药量，kg；

R——爆心至条块重心的斜距，m；

g——重力加速度，$\mathrm{m/s^2}$；

K_1、α_1、K_2、α_2——垂向、水平向速度衰减系数；

K_3、α_3——水平加速度衰减系数。

13.5.2.2 动载荷系数 K_D 的估算

最简单的方法是根据垂向震动速度 v_c 按下列数字查得 K_D。

v_c	≤0.015	0.015～0.055	0.055～0.11	>0.11
K_D	2	3	5	8

也可按（13－43）式计算

$$K_D = m + \ln(4 \times 10^{-5}\sigma/BT) \tag{13-43}$$

$$r_0 = 5.8Q^{0.38}$$

$$\sigma = \rho v_p v_s$$

$$T = T_{co}\lg R \ (R > r_0)$$

$$T = T_{co} \ (R < r_0)$$

$$T_{co} = \frac{a_o r_0}{v_p \lg r_0}$$

式中 r_0——爆心震源区范围半径，m；

T_{co}——震源区爆破地震周期，s；

T——爆破震动周期，s；

v_p——纵波传播速度，m/s；

a_o——系数，取0.5～2.5；

σ——爆心距为 R 处的应力，MPa；

ρ——岩石密度，$\mathrm{kg/m^3}$；

m、B——岩石的动力特性系数，由下列数据查得，当 K_D =1～10 时，可取 m =1。

ρv_p（kg/（m²·s））	$>14\times10^6$	$14\times10^6\sim9\times10^6$	$<9\times10^6$
B	1	0.785	0.562

13.5.2.3 边坡稳定性分析中爆破震动效应的考虑

采用条块法进行边坡稳定性计算时，考虑爆破震动影响，每一条块都要增加爆破震动力 F，其方向是水平指向采场。

$$F = ma_s/K_D = \frac{Wa_s}{K_D g} = \frac{Wp}{K_D} \tag{13-44}$$

式中 m——每一条块的质量；

W——每一条块的重量；

其余符号同上。

13.5.3 爆破震动的测定

爆破震动采用非电量电测法测量，可以测量质点的位移、速度或加速度。测量装置由拾震器和记录仪组成，拾震器将地动信号转变为电信号供记录仪放大记录。每种仪器只能在一定频率范围内和幅值范围内使用。根据测量的物理量按表 13－10 选择仪器。

表 13－10 拾震器各物理量的测量范围

物 理 量	幅 值 范 围	频率范围（Hz）
位移（mm）	0.005～10	1～20
速度（mm/s）	5～50	1～50
加速度（mm/s^2）	2.5～50	1～100

对于重要工程，在测前或测后要在震动台上对整个测量系统的灵敏度进行标定，作出灵敏度曲线。对于经常使用的仪器，也要定期检查拾震器的电流常数和固定周期，并用比拟电流法或比拟电动势法检查记录仪。

13.5.3.1 65型拾震器配光线示波器测量震动速度

测量步骤如下：

（1）按所研究问题的需要，布置测点，并建立仪器墩；

（2）按图 13－27 连接测点的拾震器和记录仪；

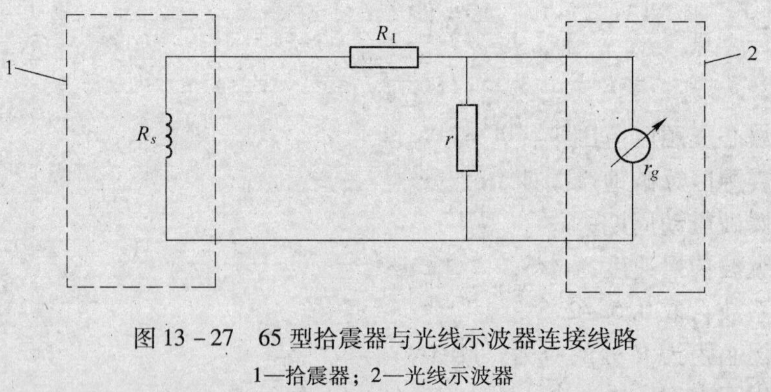

图 13－27 65型拾震器与光线示波器连接线路

1—拾震器；2—光线示波器

（3）根据爆破药量和各测点至爆心距离，估算各测点的最大震动速度，确定各点的测量系统灵敏度和信号衰减系数 β'。正确配置 R_1、r 和示波器的振子型号，使灵敏度和阻尼度都满足要求。若使用油阻尼的振子，不必配振子阻尼。信号衰减系数 β' 为

$$\beta' = \frac{\eta_o}{\eta_\beta}\gamma \tag{13-45}$$

式中 η_o、η_β——仪器的全放大灵敏度和需要的测量系统灵敏度，mm/（cm/s）。

按图 13－27 连接时，测量系统的实际信号衰减倍数。

$$\left.\begin{aligned} &\beta = \beta_1\beta_2 \\ &\beta_1 = \frac{R_s + R_1 + \dfrac{rr_g}{r + r_g}}{R_s + r_g} \\ &\beta_2 = 1 + \frac{r_g}{r} \end{aligned}\right\} \tag{13-46}$$

式中 R_s——拾震器换能线圈的电阻，Ω；

r_g——示波器振动子的内阻，Ω；

R、r——耦合电阻，Ω。

拾震器阻尼度 D_1 为：

$$D_1 = \frac{a_1}{R_s + R_1 + \dfrac{rr_g}{r + r_g}} \tag{13-47}$$

式中 a_1——拾震器换能线圈的中肯电阻，Ω。

（4）调整拾震器，使之处于正常工作状态，接通示波器电源采用遥测方式按照预定的联络讯号，准时起动拍摄装置，记录爆破震动波形。

（5）在记录纸上标明测量日期、点号、灵敏度、时标间隔、研究项目、操作人员等，作为原始资料加以保存。

13.5.3.2 使用磁带记录仪测量

使用光线示波器的测震系统，需要交流电源，还要求操作人员准确掌握起爆时间，这给野外作业带来困难。使用磁带记录仪可克服这些缺点，记录的信号可由电子计算机处理。但目前高性能多通道的磁带记录仪比较贵。利用家用收录机改装的记录仪，也能满足工程测震需要。

13.5.3.3 资料整理

资料的手工整理包括下面工作：

（1）量取各线波形的最大半波振幅 A_m 及其对应的半波周期，求震动频率 f_m。若要进行频谱分析，则要量取整个波列的全部半波震幅及其对应的周期，或将波形数字化。

（2）根据测量系统灵敏度标定时的信号衰减倍数 β_b 和由（13－45）式求得的实际衰减倍数 β，把 A_m 换算为标定时的震幅 $A = \frac{\beta}{\beta_b}A_m$。

（3）根据 A 和 f_m 在仪器标定时所得的灵敏度曲线上查出测点的振动速度。

（4）计算各测点的比例距离 $\rho = Q^{1/3}R^{-1}$，其中 Q 为爆破药量，齐发爆破时为总药量。微差爆破时取最大一段药量（kg），R 为测点至爆心的距离（m）。

（5）根据大量实测资料，用最小二乘法估计式（13－39）、（13－40）和（13－41）中的衰减系数 K、α。

（6）作频率－爆心距曲线等图件。

使用磁带记录时，资料可由计算机处理。

13.6　边坡岩体变形与破坏类型及实例分析

13.6.1　边坡岩体变形破坏机理与类型

矿山边坡岩体变形与破坏的过程是很复杂的，但又都有各自的规律。研究边坡岩体变形与破坏机理的目的，在于揭示边坡变形破坏的内在依据和基本力学过程，为边坡稳定性分析和治理提供基础。

边坡岩体变形与破坏的发展过程，是岩体内部应力应变相互作用的结果。作用于矿山边坡岩体上的力以自重力为主，其次为构造力，渗透力和爆破震动力等。边坡开挖以前，岩体内部的应力场处于相对平衡状态，随着露天采场的开挖与延深，岩体在采场一侧出现临空面，失去侧向支撑力，引起岩体内部应力状态不断调整变化。在坡脚和坡顶附近可能出现应力集中区和张应力区，岩体应力的变化促使其产生新的变形，且当岩体应力超过其强度时，导致岩体发生破坏。露天采场开挖的结果，总是使边坡岩体向临空面方向发生变形或破坏。

边坡岩体的变形和破坏受各种因素的制约和影响，其中最主要者为岩体结构特征。岩体结构控制着应力分布状态和破坏模式，应力状态又通过岩体结构的力学效应表现出来。岩体结构还控制着边坡岩体的变形过程及其与时间的相依关系。再者是地下水的作用。爆破震动和不适当的开挖。在软岩边坡中，岩性特征对边坡的变形与破坏过程也起重要作用。对于边坡岩体变形和破坏机理的研究，就是以岩体结构为基础，综合分析这些因素，客观地解释边坡变形破坏现象、形式和力学过程，认识边坡变形与破坏的规律性。

矿山边坡是由采掘开挖形成的人工边坡，其特点是边坡形成和服务（存在）时间都较短，坡高和坡角均较大，且常有爆破震动，故对边坡岩体扰动较大，从而引起岩体变形破坏的反应敏感。

矿山边坡岩体变形的基本形式有：

（1）卸荷回弹。是由于岩体开挖使坡体内积存的弹性应变能释放而产生的。表现为坡体向采场临空面回弹膨胀；另外是使岩体结构松弛，为转入后继的变形过程创造条件，矿山爆破会加深岩体结构的松弛程度。

（2）蠕滑。为剪切变形，包括沿原有结构弱面和潜在剪切面的蠕变滑移，此种变形过程比较缓慢，水的作用会加速蠕滑过程。

（3）拉裂。包括沿完整岩石的脆性拉断和沿原有陡倾结构面拉裂分离。

（4）弯曲。系指被各类结构面分割的板状岩体的弯曲变形。

实际边坡岩体变形多以上述基本变形的组合形式出现，常见者为蠕滑－拉裂，其次为弯曲－拉裂和蠕滑－弯曲等。

边坡变形的持续发展，会导致边坡的最终破坏，但不是所有的边坡变形都会发展到最后破坏，要视边坡具体条件而定。

边坡岩体破坏从受力条件看主要为拉断破坏和剪切破坏。矿山边坡破坏主要有以下几种形式：

（1）崩塌。系坡体中被陡倾张性结构面分割的岩体，因根部折断或压碎而突然脱离母体翻滚而下所形成的破坏。主要为拉断破坏。

（2）滑坡。系岩体沿一定的滑面发生的剪切破坏，是边坡破坏的主要型式，根据滑面特征又可划分为平面型、楔型和圆弧型以及平面－圆弧组合型等滑坡。

（3）倾倒和溃屈破坏。直立或陡倾的层状岩体，在重力作用下向坡体外面发生缓慢的弯曲变形称为倾倒，弯曲变形的持续发展可导致岩体深部弯折而破坏。溃屈则为软硬相间的层状岩体或板裂体而顺坡向发生滑移弯曲破坏。

我国矿山边坡破坏规模一般以几万至十几万立方米者居多，少数达百万立方米。有一例达1100万吨滑落量。从边坡变形－破坏速度看，有突发型的，即在几小时或二、三月内即完成边坡的破坏过程；有渐变型的，即从变形到破坏是一个渐进过程，时间可持续几年，这取决于边坡岩体结构和其它诸因素的作用。

13.6.2 边坡岩体变形与破坏实例分析

实例1 金川露天矿滑移－倾倒破坏

Ⅰ—1区边坡位于采场上盘西段，该区边坡高度为310m。边坡角为36°～38°。构造边坡岩体中上部以前震旦纪变质岩为主，下部以岩浆岩为主。该区地质构造形态为走向N40°～60°W。倾向SW的单斜构造。南西倾向的F_3断层群与层间错动面组合呈逆坡迭瓦

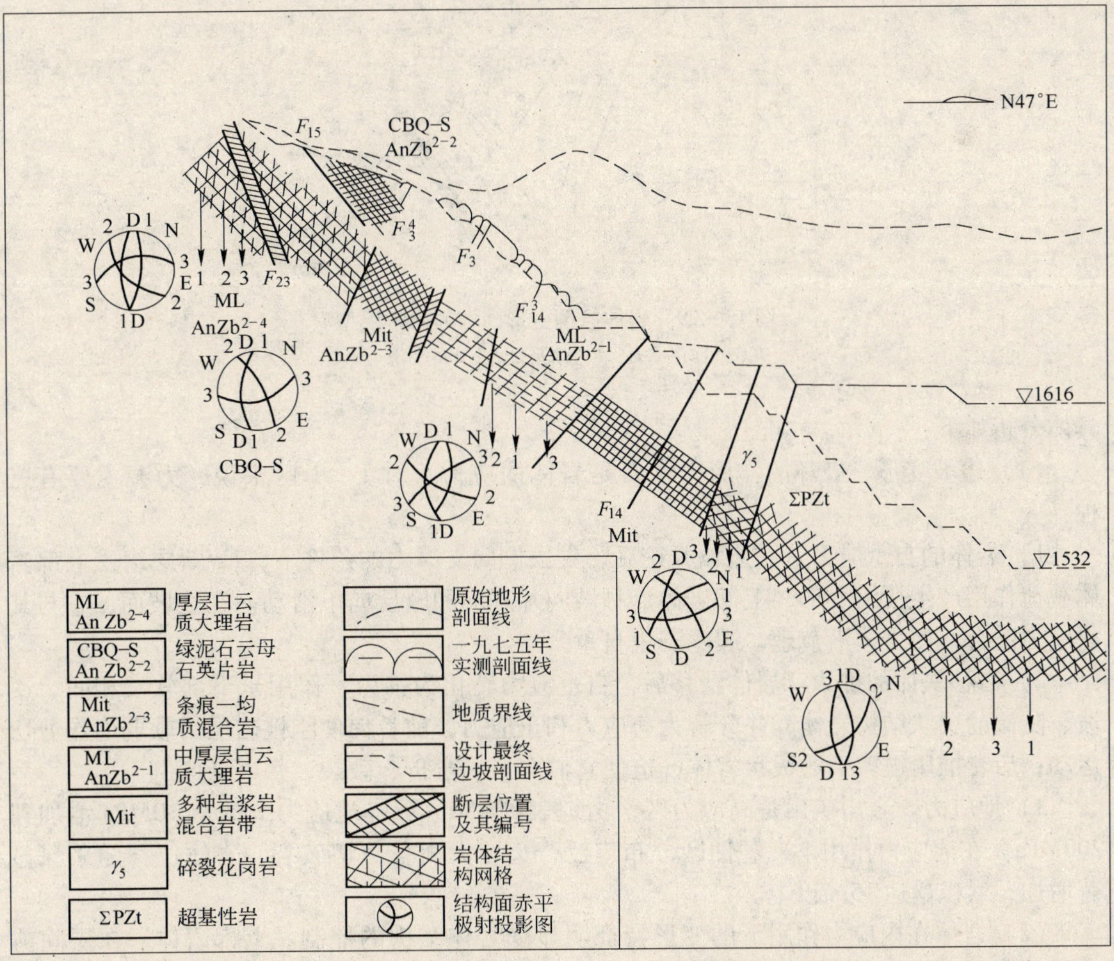

图13－28 Ⅲ—Ⅱ工程地质剖面示意图

式构造。倾贯边坡的 F_{14} 断层群、F_{14}、F_{15} 等扭性断裂，使单斜－迭瓦构造被切割得支离解体（图 13－28）。

边坡岩体结构类型很复杂。上部以层状碎裂结构为特征，迭瓦式、陡倾角。逆坡软弱结构面发育，属软硬相间、陡倾、逆坡层状结构类边坡；中部以碎裂结构为特征，存在逆坡软弱结构面，属碎裂结构型边坡；下部为菱形块状结构，属似均质块状结构边坡。

Ⅰ—1 区边坡的变形、破坏，从 1964 年孕育至 1981 年坍塌滚石，历经十七年，完成了"滑移－倾倒"的全部演化过程，即（1）滑移体的形成；（2）中部 F_3 断裂带的压缩变形；（3）F_3 断层带及其下部中厚层大理岩的倾倒变形；（4）随采场延深，坡脚持力层松动、破坏。倾倒变形在具备"软硬相间、层状结构"的地质条件范围内，自上而下地逐次向采场深部推移，应力对边坡的作用方式是以剪切为主，伴有张裂、压缩等诸方式的复合机制，其力学模型综合于图 13－29。

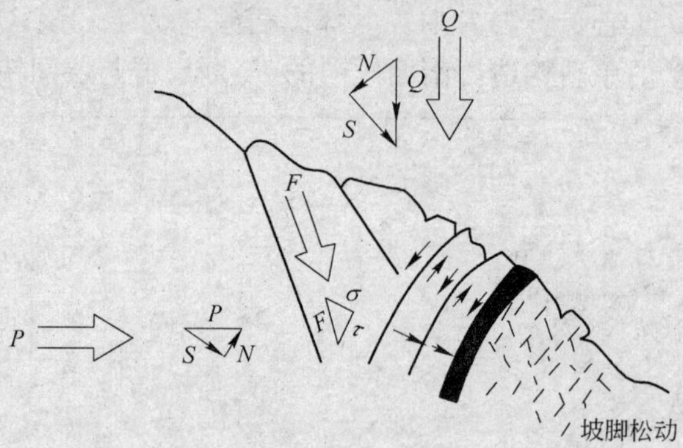

图 13－29 岩体倾倒变形破坏的力学模型

Q—垂直重力；P—水平推力；F—下滑力

具体分析如下：

（1）边坡变形、破坏的作用力主要是岩体内应力。对Ⅰ—1 区来说，力源主要有三种：

1）岩体的自重应力。在边坡开挖后，失去侧向支撑力的条件下，F_3 断层组受上部岩体载荷作用产生压缩变形，上部岩体沿顺坡向片理面和断层向下滑动。在边坡面，它与其它应力配合，使岩体沿节理，裂隙产生自重张裂。

2）滑移块体的推力。岩体滑移后，自重应力转化为推力，作用于下部软硬相间、逆坡、陡倾的层状结构岩体，并分解为剪应力和正应力，前者促使刚性岩层沿软弱面作剪切运动；后者推压被剪裂的板状岩体，迫使它们向采场弯折、破裂，并逐渐倾倒。

3）地应力。金川矿山是高应力区，由地表到 450m 深，地应力大致从 30MPa 增加到 200MPa。在地应力作用下，塑性区分布广泛，边坡大面积剪切破裂，岩体位移随采深显著增加，累积量达 15m 以上。

（2）岩体在内应力作用下的变形特征明显受岩体结构的控制。上部岩体，在层间剪切分力足以克服层间摩擦力时，便沿顺层的软弱结构面产生一定的剪切位移，伴随层间错动，受挤压岩层沿着横向、斜向节理张裂或错位，导致倾倒破坏。由于坡脚持力层岩体逐步松动、破坏，形成逐次破坏的过程。反映在位移规律上，具有典型的水平位移大于沉降，位移速度差异显著，以及蠕变特征。图 13 - 30 表示蠕变三阶段的规律，说明变形速率与时间的相关关系[4]。

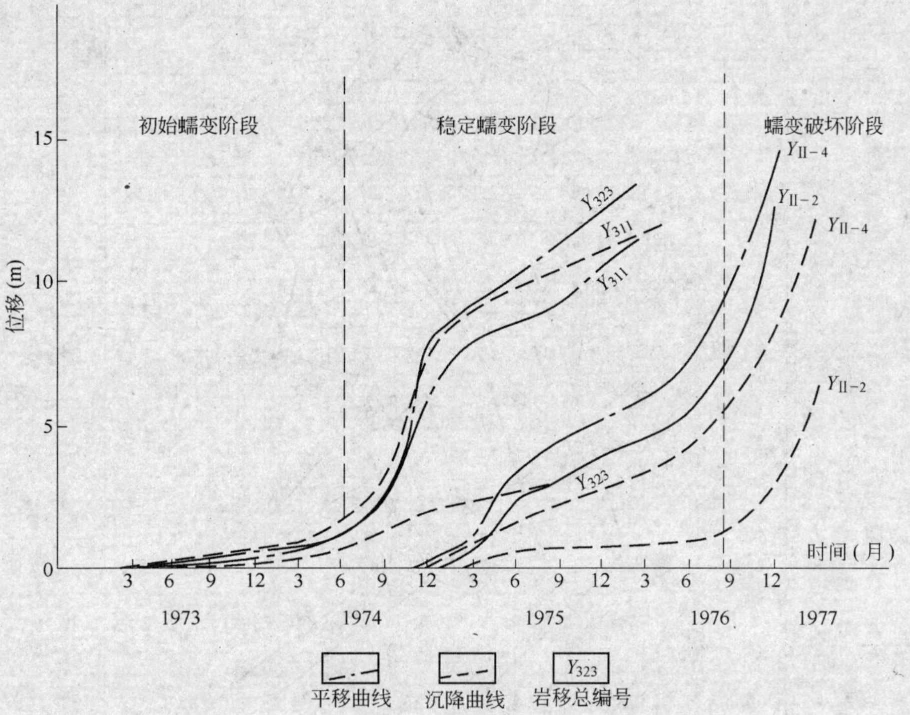

图 13 - 30　倾倒边坡蠕变曲线图

实例 2　大冶铁矿 1 号楔形破坏

1 号滑体位于大冶铁矿东露天采场狮子山北帮西口。该段边坡总体边坡角 45°，滑体发育范围由上部 156m 水平至下部 48m 水平，涉及 8 个台阶，总高程达 108m，滑体宽 80 ~ 90m，厚 22 ~ 24m，滑坡总量达 167835m^3（图 13 - 31）。

构成滑体的岩石主要为轻微蚀变的变质闪长岩（δ_5）。岩质较坚硬，滑体上部 128 ~ 156m 水平有一条闪长玢岩脉，宽 2m，走向 N40°W。倾向 SW，倾角 50° ~ 60°，成为滑体后缘界面。滑体东侧受 F_1 断层控制，其走向 N68° ~ 75°W。倾向 SW，倾角 53° ~ 70°，与闪长玢岩脉相交复合延伸，构成滑体东侧的主滑面。滑体西侧主要受 F_2 断层控制，其走向 N56° ~ 70°W，倾向 SW，倾角 50° ~ 60°，一组走向 N73°E，倾向 SW，倾角 57°的节理在构成滑体西侧滑面也起一定作用。边坡下部倾角 20° ~ 34°的顺坡节理则构成滑体下部的滑面。如此形成一个不规则的成层楔形滑坡（图 13 - 32）。

该滑坡形成从 1975 年 4 月在 156m 水平出现裂缝，至 1977 年 5 月滑体形成，历经两年。位移曲线如图 13 - 33 所示。可以看出，水在 1 号滑体形成中始终起着重要的作用。上部闪长玢岩脉经长期风化，强度较低，在这里首先形成变形体，并推动下部滑体，滑体逐渐扩展，最终形成整体的变形滑动。

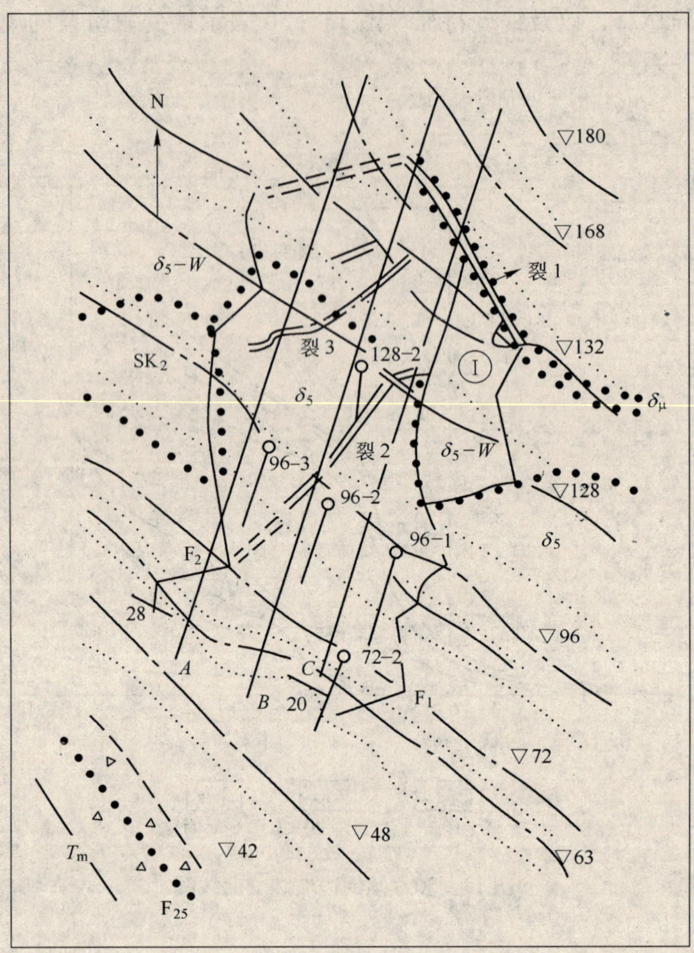

图 13–31　1 号滑体平面示意图

δ_5—变质闪长岩；δ_μ—闪长玢岩脉

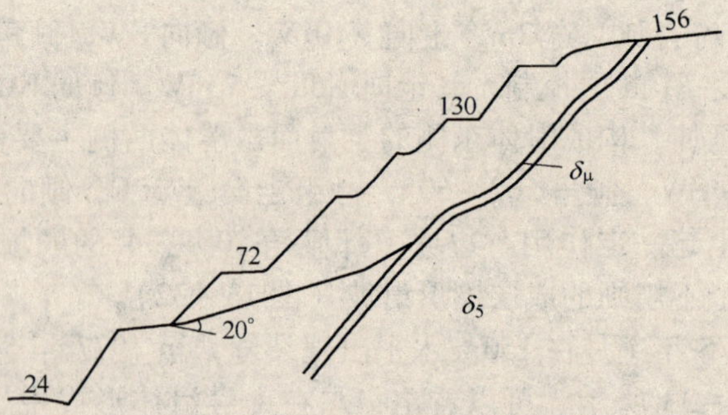

图 13–32　1 号滑体滑面形状

δ_5—变质闪长岩；δ_μ—闪长玢岩脉

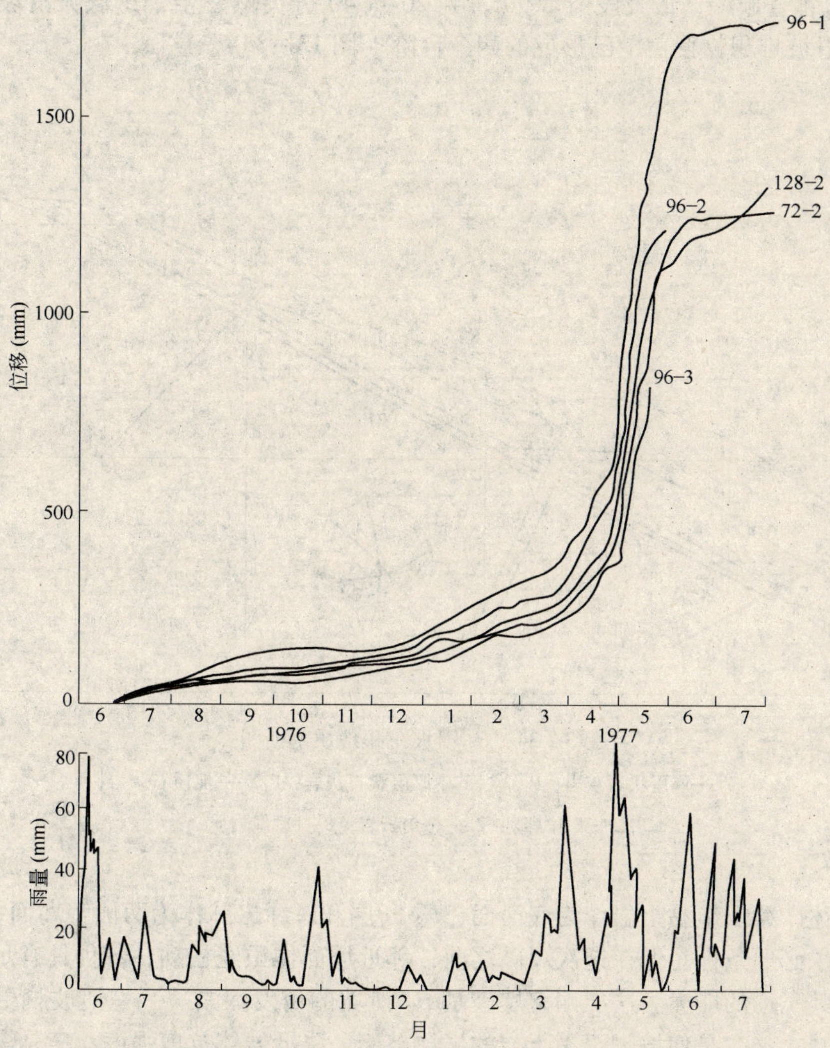

图 13-33　1 号滑体位移、雨量历时曲线

实例 3　攀钢石灰石矿 H_2 顺层滑移-剪切破坏

攀钢石灰石中西段 H_2 滑体于 1981 年 6 月 10 日 20 时 40 分滑落，滑落量 1100 万吨，是目前我国矿山最大的滑坡。

H_2 滑体的西部边界为 F_8 断层，其走向 N5°E，倾向 NW，倾角 75°；东部边界是辉绿岩脉，走向 N45°E，倾向 NW，倾角 79°；黑色钙质页岩及泥质灰岩（P_1Y^1）和梁山煤组（P_1L）黏土岩层，走向 N78°W，倾向 SW，倾角 29°，为滑体的主滑面。构成典型的顺层滑移-剪切破坏滑坡（图 13-34）。

1400m 水平以上，完全采用硐室大爆破方法形成高 90 余米，边坡角 46°的边坡，边坡面切断层面，上部留下一个三角岩体。爆破震动又使附近岩体破碎，强度下降，对边坡稳定造成巨大隐患。1981 年 6 月 10 日 15 时 50 分，1400m 水平最后一次硐室爆破，总药量 120t，秒差电雷管起爆，最大段药量 90t，到 20 点 40 分突然发生了这次大滑坡。上缘起自黏土岩，滑坡堆积物覆盖了已形成的四个台阶（图 13－34）。

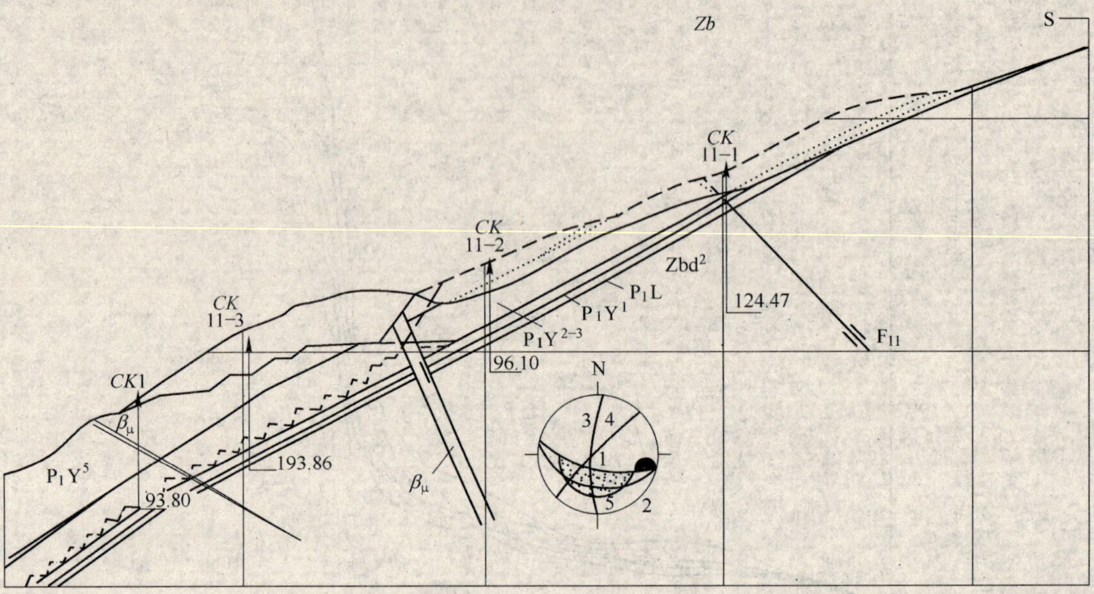

图 13－34 H_2 滑坡工程地质剖面图

P_1Y^5—厚层状石灰岩；P_1Y^{2-3}—中厚层状石灰岩；P_1Y^1—泥质石灰岩；

P_1L—梁山煤组；Zbd^2—白云岩；β_μ—辉绿岩脉

如上所述，梁山组黏土岩作为底滑面，F_8 断层和辉绿岩脉作为两侧解离面，为 H_2 滑坡产生提供了必要条件。但在这次爆破之前，邻近坡面体虽经松动，却仍具有足以支撑潜在滑体阻止其下滑的能力。这次硐室爆破是 H_2 滑坡的诱发因素。一是使坡脚更接近黏土岩，抗滑体减小；二是使坡脚至黏土岩的岩层破碎。降低岩体抗剪强度；三是爆破所形成的弹性波使底部黏土岩中产生拉应力，在动载荷作用下其黏结力大为降低，于是沿层面开始位移。由于层面、裂隙面凹凸不同以及黏土岩的黏结性，使之呈现一定的应变软化状态，随着位移的增加，导致抗剪强度由峰值强度降为残余强度。使破坏面不断向上扩展，以致在爆破后仅 5 小时即发生这次突发性大滑坡。

实例 4 阜新海州露天矿顺层滑坡

海州露天矿是我国大型煤矿之一，设计开采深度 350m。目前采深已达 200m。该矿从 1953 年至今，在非工作帮（北帮）共发生滑坡 53 次，工作帮滑坡 10 次。非工作帮滑坡最大者为第 39 次。现予以简要分析。

海州露天矿为晚朱罗系煤田，煤层底板以下 80～100m 深度内有 8 个弱层，由炭质页岩、泥质页岩和薄煤层组成，层间距为 5～15m，倾向与煤层相同，倾角 16°～22°。北帮呈单科构造（图 13－35）。

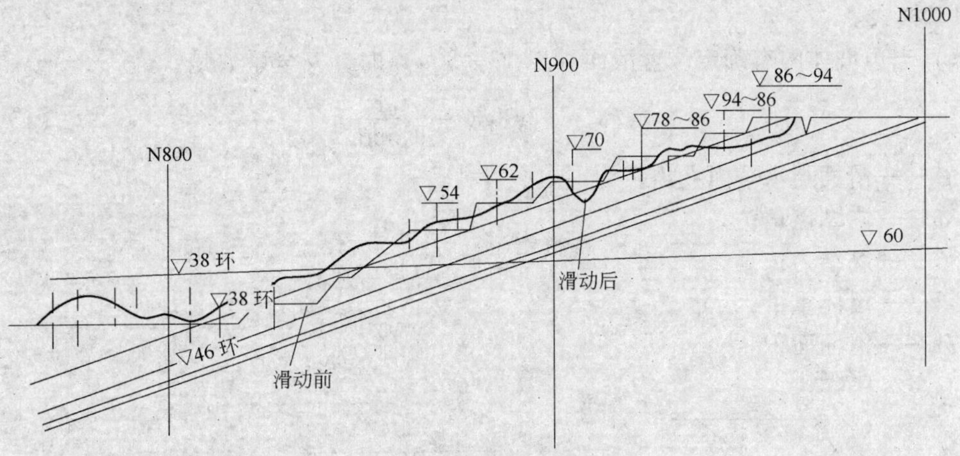

图 13－35 第 39 次滑坡剖面图

1973 年在该滑区就发现铁道变形和路基下沉，1974 年 7 月 15 日一场大雨后，从▽86 站至▽38 站间 8 条铁路干线均发生位移，同时在滑体上界及中部出现 3 条大裂缝。当即采取以钢轨抗滑桩加固为主，并辅以防排水设施和控制爆破等综合治理措施，1975 年滑体位移减小，1976 年趋于稳定。1977 年 7 月下旬，连降大雨，滑体发生剧滑。该滑体走向长约 200m，倾斜长 210m，滑坡总量为 1.73 万米^3，垂直落差 11m。水平位移达 19m。滑坡机理分析如下：

（1）该滑体系沿煤层与底板接触的软弱层面滑动，该弱面强度很低，摩擦角原来只有 17°～18°，黏结力为 24×10^3 Pa。

（2）滑体下部煤层在▽46～▽38 平台上局部被切断，削弱了下部的支撑力。

（3）水的作用是形成滑坡的重要因素，该滑体 1974 年的滑动是在一次大雨之后发生；1977 年则又是在一次特大暴雨之后发生剧滑，滑落后两天内仍有大量水从滑面流出，显然在这次滑动中有静水压力和浮托力的作用。另外水进一步降低了弱层的强度。据测定，该弱层的摩擦角已由原来的 17°～18°降为 9°～11°。

（4）该滑坡是比较典型的软弱基层中的平面滑坡，边坡属于层状块裂岩体结构类型。滑动过程比较快，并将 1974 年施工的 100 根钢轨抗滑桩全部破坏。

13.7 边坡稳定性计算

边坡稳定性计算方法可分为极限平衡法、应力应变法（有限元法及边界元法）以及可靠性分析方法（概率分析方法）。

极限平衡法在工程中应用广泛。根据地质结构面形成滑体的边界条件，对于平面滑动、曲面滑动、楔体滑动等多种滑动模式均有相应的计算公式。60 年代中期以来，应力应变法和可靠性分析方法也得以迅速发展。对于大型复杂露天矿边坡应当采用多种方法进行综合性分析评价。

13.7.1 极限平衡方法

13.7.1.1 平面滑动模式

当地质结构面的走向与边坡走向近于平行，且结构面倾角缓于边坡倾角时，可能产生平面滑动模式。

（1）当边坡体内有确定位置滑面（图13－36a）时，安全系数是：

$$Fs = \mathrm{ctg}\beta \mathrm{tg}\phi + \frac{CA}{W\sin\beta} \tag{13-48}$$

式中　β——滑面与水平面夹角；

ϕ——内摩擦角；

C——黏结力；

W——滑体重量；

A——滑面面积。

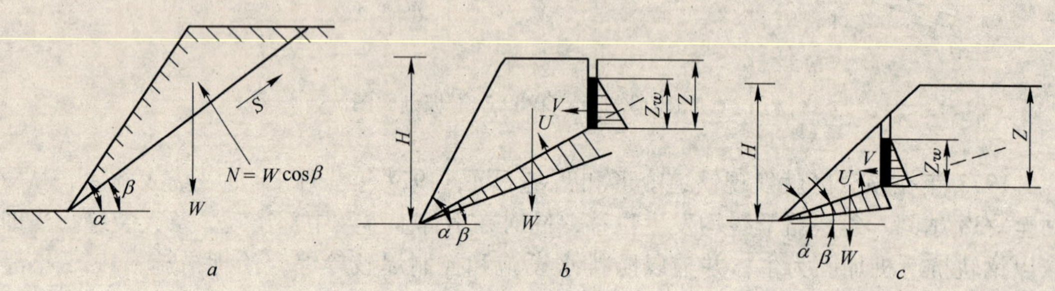

图13－36　平面破坏

（2）当边坡体内有确定的滑面及垂直张裂面时（图13－36b），安全系数：

$$Fs = \frac{(W \cdot \cos\beta - U - V\sin\beta)\mathrm{tg}\phi + CA}{W\sin\beta + V\cos\beta} \tag{13-49}$$

式中　A——滑动面单宽面积，

$$A = (H - Z)\mathrm{cosec}\beta$$

U——水的浮托力，

$$U = \frac{1}{2}\gamma_w Z_w (H - Z)\mathrm{cosec}\beta$$

V——张裂面中水的水平推力，

$$V = \frac{1}{2}\gamma_w Z_w{}^2$$

W——滑体重量，

$$W = \frac{1}{2}\gamma H^2\{[1 - (Z/H)^2]\mathrm{ctg}\beta - \mathrm{ctg}\alpha\} \quad（图13－36b）；$$

或

$$W = \frac{1}{2}\gamma H^2[(1 - Z/H)^2\mathrm{ctg}\beta(\mathrm{ctg}\beta\mathrm{tg}\alpha - 1)] \quad（图13－36c）；$$

H——边坡高度；

Z——张裂隙高度；

γ_w——水的容重；

Z_w——张裂隙充水高度。

（3）当边坡内无确定的滑面时，则最危险滑面位置可分析求得：

1）根据极限平衡条件求得滑面的临界倾角 β_c

$$\beta_c = \frac{1}{2}(\alpha + \phi) \tag{13-50}$$

式中　α——边坡角。

2）垂直边坡（$\alpha = 90°$）的极限高度 H_c

$$H_c = \frac{4C}{\gamma}\mathrm{tg}\left(45° + \frac{\phi}{2}\right) \tag{13-51}$$

式中　γ——滑体岩石容重。

（4）当边坡内无确定的张裂面时，临界张裂面的高度 Z_c 可分析求得：

$$Z_c = H\sqrt{1 - \mathrm{ctg}\alpha\mathrm{tg}\beta} \tag{13-52}$$

（5）垂直边坡的极限高度与滑面倾角的关系（疏干情况下）：

$$H_c = \frac{2C}{\gamma\cos\beta(\sin\beta - \cos\beta\mathrm{tg}\phi)} \tag{13-53}$$

$H_c - \beta$ 关系曲线如图 13－37 所示。

13.7.1.2　圆弧滑动模式

均质土体、排土场碎石散体以及高度蚀变和风化的岩体边坡，往往按圆弧形破坏。

圆弧滑动稳定性计算方法源于土力学，至今广泛沿用的是垂直条方法，又称瑞典（菲林纽斯）法。

A　菲林纽斯（Fillenius）法（图 13－38）

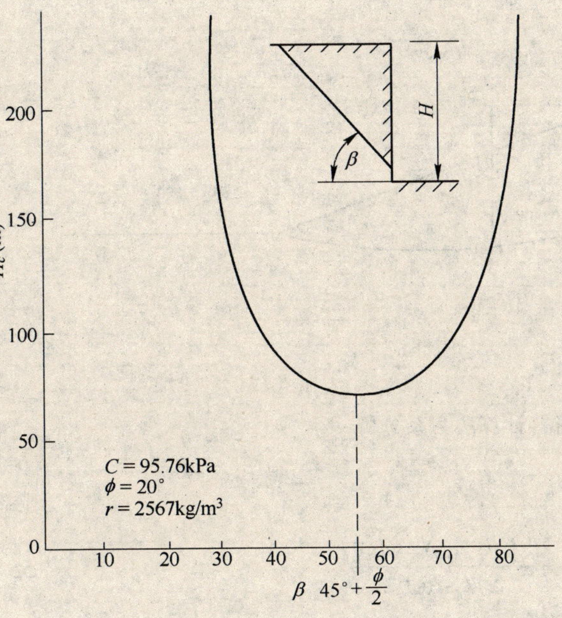

图 13－37　$H_c - \beta$ 曲线

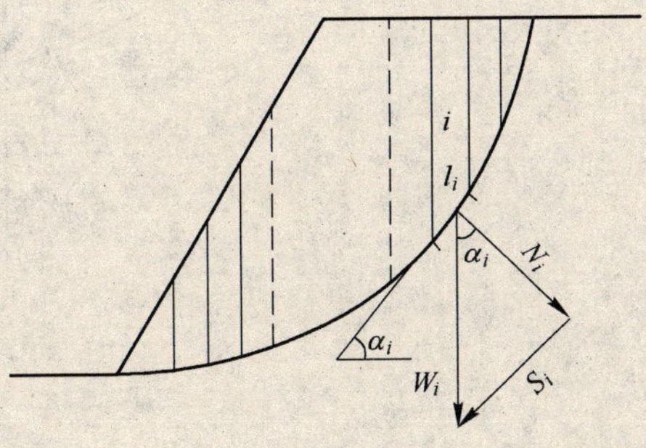

图 13－38　圆弧形破坏

边坡的安全系数 Fs 是

$$Fs = \frac{\sum W_i \cos\alpha_i \mathrm{tg}\phi + \sum Cl_i}{\sum W_i \sin\alpha_i} \tag{13-54}$$

式中　W_i——条带重力；

α_i——条带底滑面倾角；

l_i——条带底滑面长度；

C——条带底滑面黏结力；

$\mathrm{tg}\phi$——条带底滑面摩擦系数。

当圆弧滑面位置不明显时，需进行试算，求出 Fs 的极小值。

这种方法由于未考虑分条垂直界面上的反力，所得 Fs 值偏低，即偏保守。同时为求 Fs 的极小值，搜索最危险滑弧，较费工时。

B　毕肖普（Bishop）计算方法

毕肖普方法考虑了分条垂直界面上的反力，提高了计算精度（图 13－39）

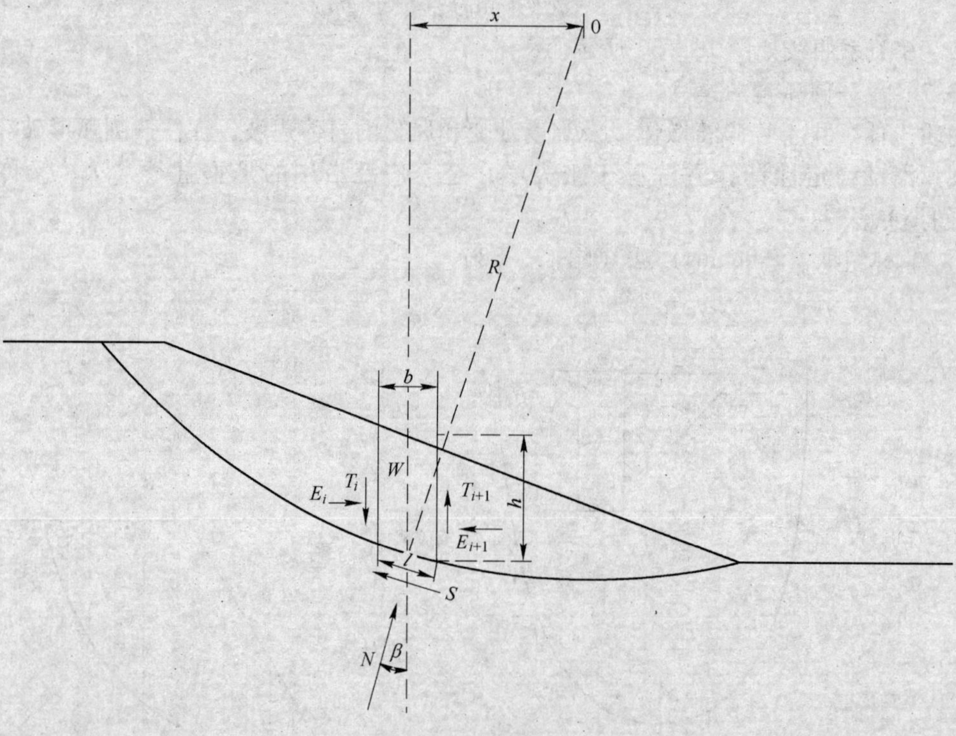

图 13－39　毕肖普计算法力系分析

边坡的安全系数为：

$$Fs = \frac{R\sum S_i}{\sum W_i X_i} = \frac{\sum(C_i l_i + N_i \mathrm{tg}\phi_i)}{\sum W_i \sin\beta_i} \tag{13-55}$$

为求未知反力 N，沿滑面取平衡条件，得

$$N_i = (W_i + T_i - T_{i+1})\cos\beta - (E_i - E_{i+1})\sin\beta_i - U_i l_i \tag{13-56}$$

从而得出：

$$Fs = \frac{1}{\Sigma W_i \sin\beta_i}\Sigma\{C_i l_i + \mathrm{tg}\phi(W_i \cos\beta_i - U_i l_i) + \mathrm{tg}\phi_i[(T_i - T_{i+1})\cos\beta_i - (E_i - E_{i+1})\sin\beta_i]\} \tag{13-57}$$

式中 U_i ——地下水浮托力，$U_i = r_w h_{iw}$；

h_{iw}——滑动面以上托挂高度。

其他符号见图 13－39。

（13－57）式有精确解法及简化解法。

（1）精确解法。设分条有 n 个，假设（$n-1$）组（$T_i - T_{i+1}$）值。求解（$n-1$）组（$E_i - E_{i+1}$）值，最后求出 Fs。所设之 T 及所求之 E 应满足以下三点：

1）每分条的力及力矩的平衡：

2）滑体内力之和为零，即

$$\Sigma(T_i - T_{i+1}) = 0$$

$$\Sigma(E_i - E_{i+1}) = 0$$

3）E 不应为拉力，否则分条先于剪断而发生拉断，即 $E>0$。为了满足上述条件，需反复进行试算及检验。

（2）简化解法。取垂直方向分条的平衡条件，并考虑到（$T_i - T_{i+1}$）甚小而忽略不计，则得简化式：

$$Fs = \frac{\Sigma[C_i b_i + (W_i - U_i b_i)\mathrm{tg}\phi]\dfrac{1}{\cos\beta_i + \dfrac{\mathrm{tg}\phi}{Fs}\sin\beta_i}}{\Sigma W_i \sin\beta_i} \tag{13-58}$$

式中 $b_i = l_i \cos\beta_i$

（13－58）式左右端均有 Fs，需经迭代求解。

C 费欣科（Фисенко）计算方法

利用此法可不需经过多次试算，而一次绘出均质边坡的临界滑面。根据松散介质力学原理，岩体内任意质点的滑移线与过该点的最大主应力 σ_1 的方向有关，即滑移线与 σ_1 方向呈（$45° - \dfrac{\phi}{2}$）夹角。这种方法将均质边坡内 σ_1 的分布分为三个区域，因此相应的临界破坏面也是由三个区段组成的以圆弧滑面为主的复合曲面（图 13－40）即：

（1）在坡顶一定深度 h_0 内，应力值不足以产生剪切位移，而是拉张破坏，张裂面 AB 呈垂直状，且有

$$h_0 = \frac{2C}{\gamma} \times \mathrm{ctg}(45° - \frac{\phi}{2}) \tag{13-59}$$

（2）在 h_0 深度以下一定区域（abc 线以右），σ_1 为原岩应力状态，呈垂直分布，故临界滑面有两组斜直线 bc 及 de，各与 σ_1（或水平面）方向成相应角度。

（3）在坡面上 σ_1 与坡面方向平行；而在自坡面至 abc 以左区域，σ_1 的方向自坡面方向连续转向垂直方向。故滑面相应为一连续曲面。该曲线的精确解应为对数螺旋曲线，可近似地视为一弧线。弧的一端通过坡脚（当坡脚处无软弱岩层时，否则将通过坡底深处）与 EF 线相切；另一端在 bc 线上与 de 方向线相切。据此，临界破坏面可如下确定：

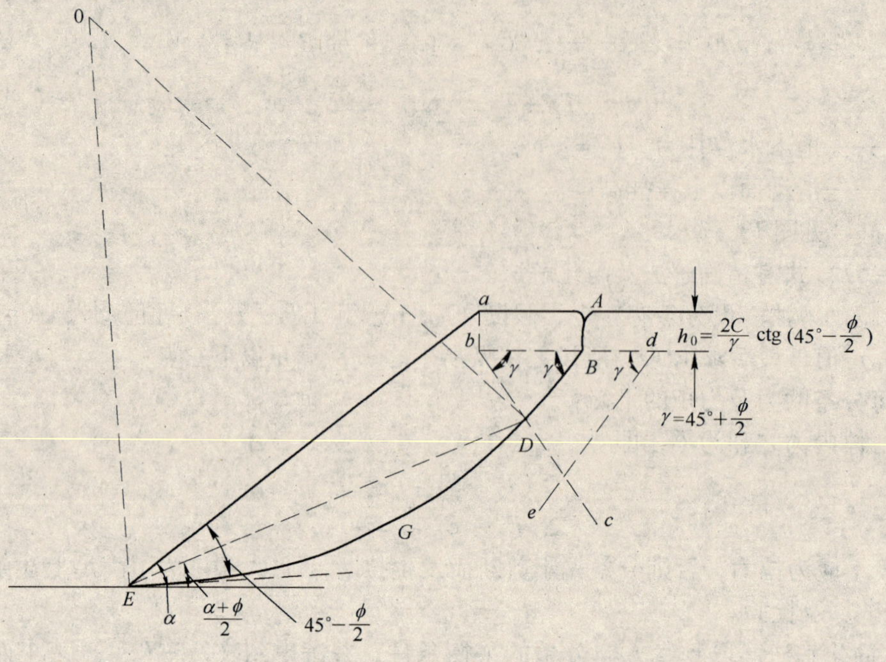

图 13－40 费欣科法确定临界滑面

1）确定 h_0；

2）自坡顶 a 绘垂线 $ab=h_0$，自 b 绘辅助斜线 bc，并绘另一辅助线 de，各与 σ_1（或水平）成 $\gamma=\left(45°+\frac{\phi}{2}\right)$ 角度；

3）自坡脚 E 绘辅助线 ED 与水平面成 $\frac{\alpha+\phi}{2}$ 角，与 bc 线交于 D，以 ED 为弦绘圆弧，便是临界滑动弧；

4）自 D 点绘 $BD /\!/ de$，BD 便是临界滑面的斜直线段部分；

5）自 B 点绘垂直张拉面 AB。

复合曲面 $ABDGE$ 便是临界破坏面，AB 段是张拉面，BD 是斜直滑移面，DGE 是圆弧滑移面。确定临界滑面后，滑体的稳定系数可用前述垂直条分菲林纽斯法计算。

此法宜用于低强度的缓坡，否则所求之 h_0 值过大，临界滑面绘图不准确。

13.7.1.3 曲线滑面滑动模式

A 双折滑面

（1）当滑面内无弱面时，作整体分析。见图 13－41[5]。设滑体 abc，其上有作用力 R，切向及垂直反力 S、N。

当上滑面较陡，外力几乎全部作用在底面上，即底滑面为主滑面时（图 13－42a）。

令 $N_1=0$，可求 Fs 之上限值：

$$aFs^2+bFs+c=0 \tag{13-60}$$

式中 $a=X\cos\alpha_2+Y\sin\alpha_2$

$b=-[(Y\cos\alpha_2-X\sin\alpha_2)\text{tg}\phi_2-C_2l_2-C_1l_1\cos(\alpha_1-\alpha_2)]$

$c=c_1l_1\text{tg}\alpha_2\sin(\alpha_1-\alpha_2)$

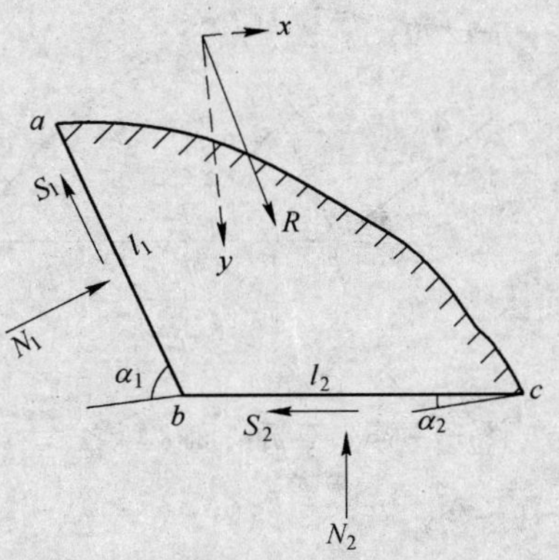

图 13－41　双折滑面破坏

当上滑面较缓且长，合力作用线通过上滑面，即上滑面为主滑面时（图 13－42*b*），$N_1 >> 0$，可试用 $N_2 = 0$，求 *Fs* 上限。

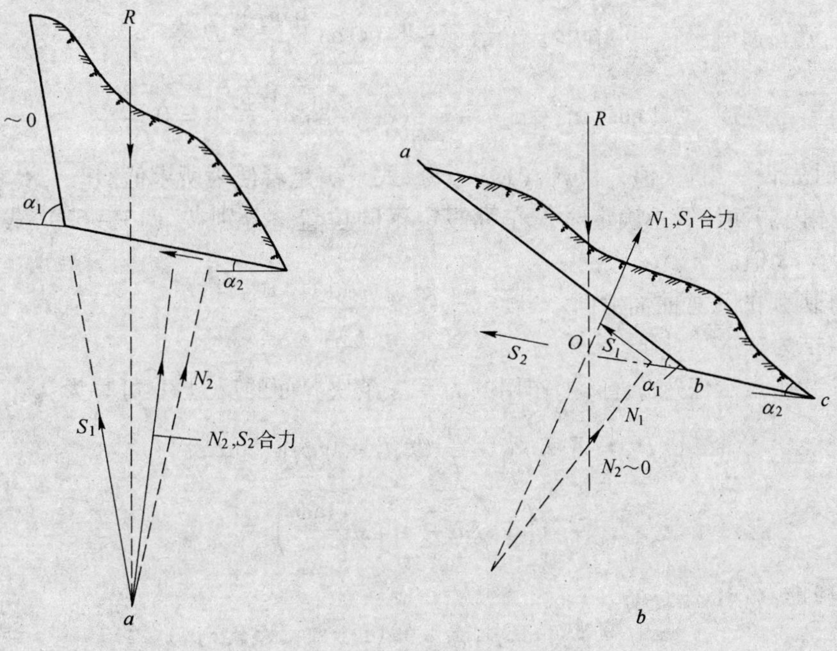

图 13－42　双折滑面破坏之一

a—底滑面为主滑面；*b*—上滑面为主滑面

（2）当滑体内有弱面时，假设弱面有确定位置，如图 13－43 所示，则沿弱面 *bd* 将滑体分为两个滑块，其中体积大滑动趋势也大的①为主滑块，而②为次滑块。

分析块体①，求界面上的反力 *D*，假设力 *D* 平行于 *ab* 作用，则

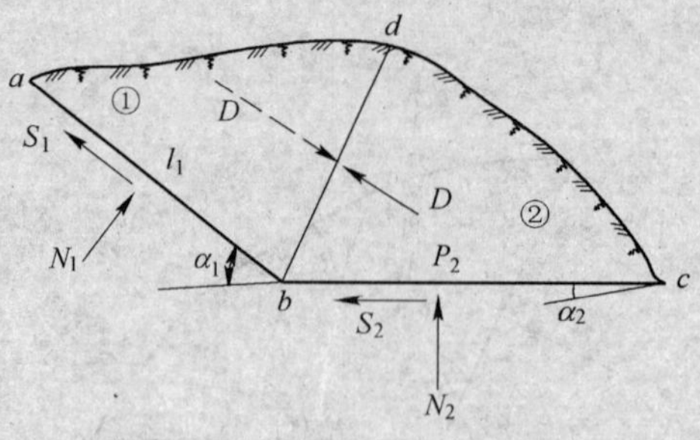

图 13－43　双折滑面破坏之二

$$S_1 = \frac{1}{Fs}(C_1 l_1 + N_1 \mathrm{tg}\phi_1)$$

$$S_2 = \frac{1}{Fs}(C_2 l_2 + N_2 \mathrm{tg}\phi_2)$$

$$D = W_1 \sin\alpha_1 - S_1 = W_1 \sin\alpha_1 - \frac{C_1 l_1}{Fs} - N_1 \frac{\mathrm{tg}\phi_1}{Fs} \quad (13-61)$$

式中　$N_1 = W_1 \cos\alpha_1$。

分析块体②的平衡条件

$$W_2 \sin\alpha_2 - \frac{C_2 l_2}{Fs} - W_2 \cos\alpha_2 \frac{\mathrm{tg}\phi_2}{Fs} + D \times$$

$$\left[\cos(\alpha_1 - \alpha_2) - \sin(\alpha_1 - \alpha_2)\frac{\mathrm{tg}\phi_2}{Fs}\right] = 0 \quad (13-62)$$

计算时先设一组 Fs 值，代入（13－62）式，满足者便为所求值。

当滑体内弱面位置不确定时，亦可假定不同位置，分别按（13－62）式计算，求满足者中最小 Fs 值。

B　非圆弧的任意曲面滑面

a　余推力法

图 13－44 表示任意分条 i 上作用的力系。条块界面的反力 D_i 可写为

$$D_i = W_i \sin\alpha_i - \frac{1}{Fs}(C_i l_i + \mathrm{tg}\phi_i W_i \cos\alpha_i) +$$

$$D_{i-1}\left(\cos\Delta\alpha - \sin\Delta\alpha \frac{\mathrm{tg}\phi_i}{Fs}\right) \quad (13-63)$$

或简写为递推方程：

$$D_i = D_i^o + D_{i-1}\psi_i \qquad (i = 1,2,3,\cdots,n) \quad (13-64)$$

式中　D_i^o ——不考虑条块界面反力时第 i 条块的净滑面，其值为

$$D_i^o = W_i \sin\alpha_i - \frac{1}{Fs}(C_i l_i + \mathrm{tg}\phi_i W_i \cos\alpha_i)$$

ψ_i ——力的传递系数，其值为

$$\psi_i = \cos(\alpha_{i-1} - \alpha_i) - \sin(\alpha_{i-1} - \alpha_i)\frac{\mathrm{tg}\phi_i}{Fs}$$

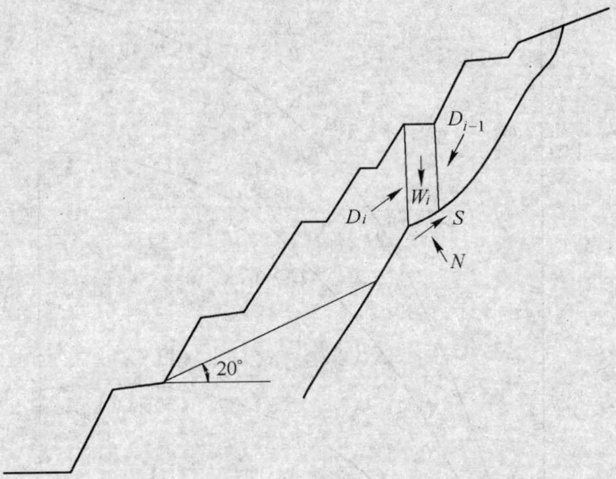

图 13－44 非圆弧的任意曲面

对最后一块分条，当坡面无外力时，应满足：

$$D_n = D_n^o + D_{n-1}\psi_n = 0 \tag{13-65}$$

计算时先设定一个 Fs 值，自上往下逐条计算 D_i，调整 Fs 值直到满足 $D_n=0$，此时之 Fs 便是所求。

应注意的是各分条界面反力 D_i 不应为拉力，只能为压力，而且其切向分力不得超过界面的抗剪强度。这些条件检验繁琐，有时难于满足，这是其缺点。

b 简布（Janbu）简化解法

该法的简化计算公式与前述毕肖普法相近，考虑到曲面的任意形态，只需加一形态修正系数 f_0，f_0 值与滑体的参数 d 及 l 有关（图 13－45）。安全系数为

$$Fs = \frac{f_0\Sigma[C_ib_i + (W_i - U_ib_i)\mathrm{tg}\phi]\dfrac{1}{\cos\beta_i + \dfrac{\mathrm{tg}\phi}{Fs}\sin\beta_i}}{\Sigma W_i\sin\beta_i} \tag{13-66}$$

式中符号同毕肖普方法式（13－58）。

13.7.1.4 萨尔玛（Sarma）计算法

萨尔玛方法[6]是考虑滑体内部任意倾斜的天然弱面，任意滑面形状的一种分析方法，如图 13－46 所示。其中 X_i、E_i 为斜界面上的切向及垂直反力；T_i，N_i 为底滑面上的切向及垂直反力；Z_i、l_i 为 E_i、N_i 的力矩。计算公式：

$$K_c = \frac{a_n + a_{n-1}e_n + a_{n-2}e_ne_{n-1} + \cdots + a_1e_ne_{n-1}\cdots e_3e_2}{P_n + P_{n-1}e_n + P_{n-2}e_ne_{n-1} + \cdots + P_1e_ne_{n-1}\cdots e_3e_2} \tag{13-67}$$

式中

$$a_i = \frac{W_i\sin(\phi_i - \alpha_i) + R_i\cos\phi_i' + S_{i+1}\sin(\phi'_i - \alpha_i - \delta_{i+1}) - S_i\sin(\phi'_i - \alpha_i - \delta_i)}{\cos(\phi'_i - \alpha_i + \phi_{i+1} - \delta_{i+1})\sec\phi_{i+1}} \tag{13-68}$$

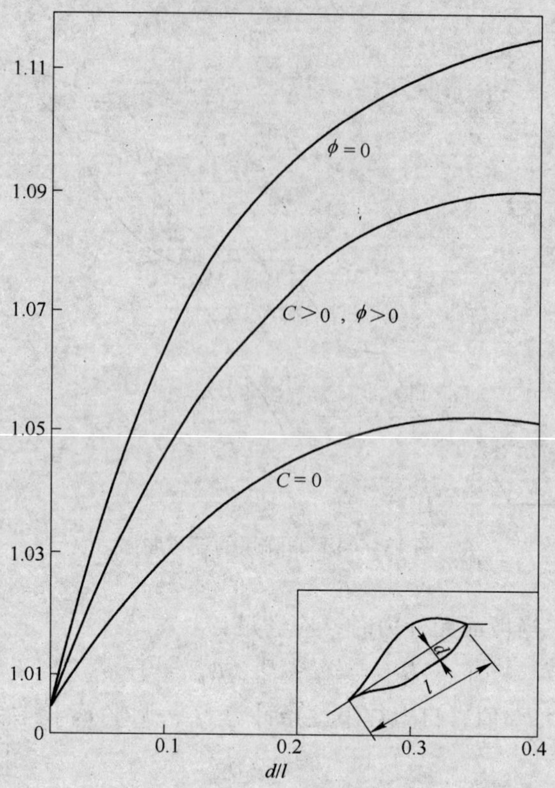

图 13－45　f_0-d/l 曲线

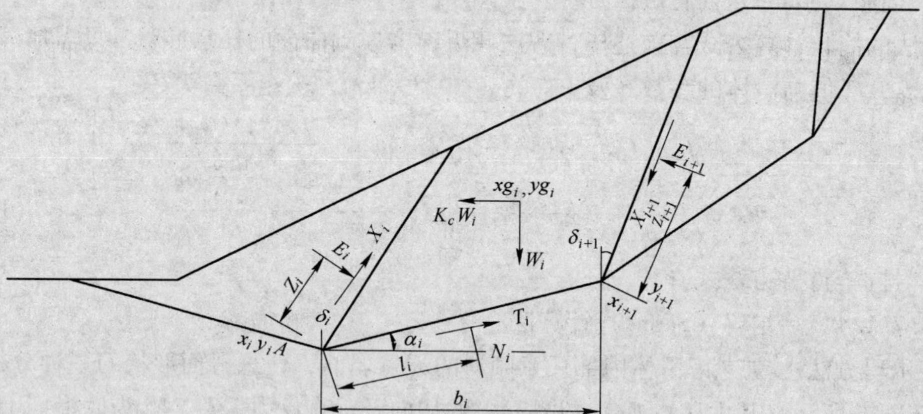

图 13－46　萨尔玛方法力系分析

$$p_i=\frac{W_i\cos(\phi'_i-\alpha_i)}{\cos(\phi'_i-\alpha_i+\bar{\phi}'_{i+1}-\delta_{i+1})\sec\bar{\phi}'_{i+1}} \tag{13-69}$$

$$e_i=\frac{\cos(\phi'_i-\alpha_i+\bar{\phi}'_i-\delta_i)\sec\bar{\phi}'_i}{\cos(\phi'_i-\alpha_i+\bar{\phi}'_{i+1}-\delta_{i+1})\sec\bar{\phi}'_{i+1}} \tag{13-70}$$

$$R_i = C'_i b_i \sec\alpha_i - U_i \mathrm{tg}\phi'_i \qquad (13-71)$$

$$S_i = \bar{C}'_i d_i - pW_i \mathrm{tg}\,\bar{\phi}'_i \qquad (13-72)$$

$$\bar{\phi}'_i = \delta_1 = \bar{\phi}'_{n+1} = \delta_{n+1} = 0 \qquad (13-73)$$

式中 W_i——第 i 条块重量；

ϕ'_i、C'_i——第 i 条块底面内摩擦角和黏结力为 ϕ_i、C_i，

$$\phi'_i = \mathrm{tg}^{-1}\frac{\mathrm{tg}\phi_i}{Fs}$$

$$C'_i = \frac{C_i}{Fs}$$

Fs——计算安全系数；

$\bar{\phi}'_i$、$\bar{C}'_i$——第 i 条块底面内摩擦角和黏结力 $\bar{\phi}_i$、$\bar{C}_i$，

$$\bar{\phi}'_i = \mathrm{tg}^{-1}\frac{\mathrm{tg}\,\bar{\phi}_i}{Fs}$$

$$\bar{C}'_i = \frac{\bar{C}_i}{Fs}$$

式中 α_i——第 i 条块底面倾角；

δ_i——第 i 界面与垂线夹角；

b_i——第 i 条块底面水平投影；

U_i——作用于第 i 条块底面的水压力；

PW_i——作用于第 i 界面的水压力；

d_i——第 i 界面长度；

n——条块数；

K_c——临界地震加速度系数。

计算时将不同的安全系数 Fs 引入，用（13-67）式可求出不同 K_c 值，然后用插值法或绘制 K_c-Fs 曲线（图 13-47）求出 $K_c=0$ 时的 Fs 值，便是所求值。

此法可以考虑滑体内任意倾斜的自然弱面，但滑体所分条块不宜过多，且滑面缓斜时应用较方便，结果较好。

萨尔玛方法可以对界面上的力的分布进行检验和调整。从而满足：

（1）各条块处极限平衡状态，即每条块上

$$\Sigma X = 0$$

$$\Sigma Y = 0$$

$$\Sigma M = 0 \qquad (13-74)$$

（2）各条块滑面上满足莫尔－库仑准则，即

$$S = \frac{Cl}{Fs} + N\frac{\mathrm{tg}\phi}{Fs}, Fs > 1 \qquad (13-75)$$

（3）满足整个滑体的内力平衡条件，即

$$\left.\begin{aligned}\Sigma(E_i - E_{i-1}) = 0\\ \Sigma(X_i - X_{i-1}) = 0\end{aligned}\right\} \qquad (13-76)$$

（4）界面上垂直反力不应为拉力，即 E_i 及 N_i 均指向界面。

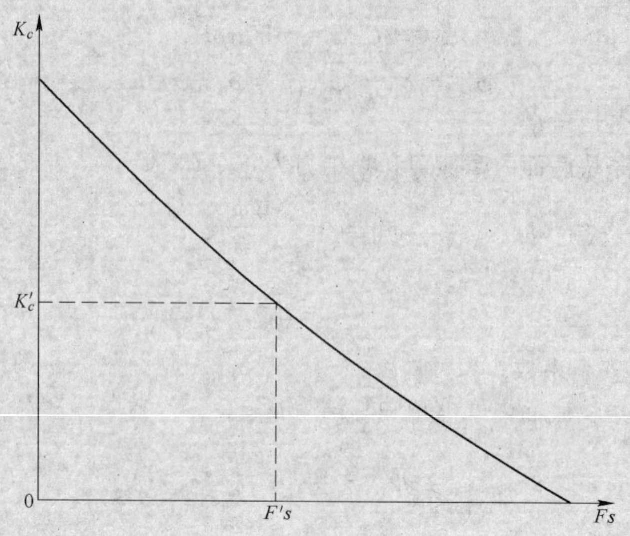

图 13-47 K_c-Fs 曲线图

（5）滑体平衡时，斜界面不应发生剪切位移，即

$$X_i \leqslant C_i + E\text{tg}\phi'_i \tag{13-77}$$

（6）满足边界条件，即当坡顶及坡面无附加载荷时，应满足

$$\left.\begin{aligned} E_o = E_n = 0 \\ X_o = X_n = 0 \end{aligned}\right\} \tag{13-78}$$

萨尔玛方法力分布的检验是自第一分条开始，逐条求算，步骤如下：

（1）将所求得之 K_c（相对应于 Fs 值）代入递推式（13-79）求 E_i

$$E_{i+1} = a_i - P_iK_c + E_ie_i \tag{13-79}$$

（2）据 E_i 按式（13-80）求 X_i

$$X_i = (E_i - PW_i)\text{tg}\,\overline{\phi}'_i + \overline{C}'_id_i \tag{13-80}$$

（3）据 X_i 按式（13-81）求 N_i

$$\begin{aligned} N_i = (&W_i + X_{i+1}\cos\delta_{i+1} - X_i\cos\delta_i - E_{i+1}\sin\delta_{i+1} + E_i\sin\delta_i + \\ &U_i\text{tg}\phi'_i\sin\alpha_i - C'_ib_i\text{tg}\alpha_i)\cos\phi'_i\sec(\phi'_i - \alpha_i) \end{aligned} \tag{13-81}$$

（4）据 N_i 按式（13-82）求 T_i

$$T_i = (N_i - U_i)\text{tg}\phi'_i + C'_ib_i\sec\alpha \tag{13-82}$$

（5）取条块左脚点为矩心，各条块应满足力矩平衡条件，即

$$\begin{aligned} &N_il_i - X_{i+1}b_i\sec\alpha_i\cos(\alpha_i + \delta_{i+1}) + \\ &E_{i+1}[Z_{i+1} + b_i\sec\alpha_i\sin(\alpha_i + \delta_{i+1})] - \\ &E_iZ_i - W_i(X_{gi} - X_i) + K_cW_i(Y_{gi} - Y_i) = 0 \end{aligned} \tag{13-83}$$

式中 X_{gi}、Y_{gi} 为条块重心之坐标。假设（$n-1$）个 Z_i（或 l_i）用（13-83）式求相应的 l_i 值（或 Z_i）。当 Z_i 及 l_i 的作用点的迹线是在作用面上的中间 1/3 段以内时，且满足 N_i、E_i 均不为拉力时，便为合理。

当斜面无明显确定位置时，应对不同 δ_i 值进行试验，求其中 K_c 最小者。

实例　首钢裴庄露天矿两个剖面（图 13－48），同时用毕肖普法及萨尔玛法进行稳定性计算。前者未考虑岩体中的反向断裂面，用垂直条分法，临界滑弧是经试算搜索而得的，后者按断裂面将滑体分为三个块段。临界滑面（*abcd*）也是经试算搜寻确定。所采用的强度指标：岩体 $C=5.0\mathrm{Pa}$，$\phi=30°$；断层面 $C=0.02\mathrm{Pa}$，$\phi=20°$；节理面 $C=0.05\mathrm{Pa}$，$\phi=25°$。结果表明萨尔玛法比毕肖普法偏高（图 13－49）。

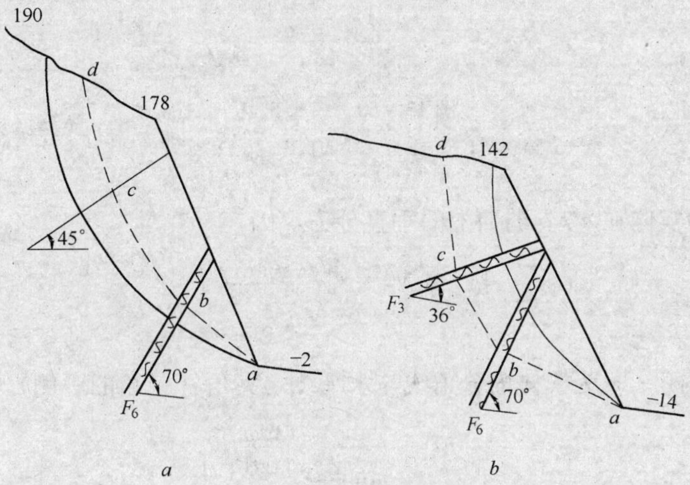

图 13－48　计算实例

a—剖面 1；*b*—剖面 2

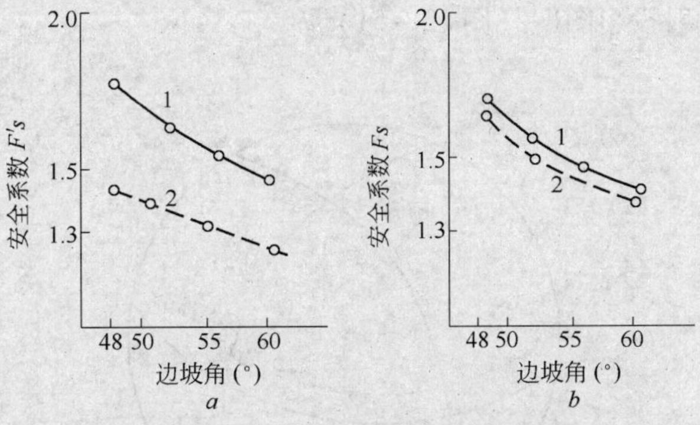

图 13－49　两种计算结果对比

a—剖面 1 计算结果；*b*—剖面 2 计算结果

1—萨尔玛方法；2—毕肖普方法

13.7.1.5　楔体分析

A　解析解法

边坡被两个弱面 *a*、*b* 切割成四面楔体，滑动方向为 *a*、*b* 两面的交线 *BD* 倾斜方向（图 13－50）。

（1）假设弱面 *a*、*b* 的黏结力 $C_a=C_b=0$，内摩擦角 $\phi_a=\phi_b=\phi$，则安全系数[8]

$$Fs=\frac{(N_a+N_b)\mathrm{tg}\phi}{W\sin\beta} \tag{13-84}$$

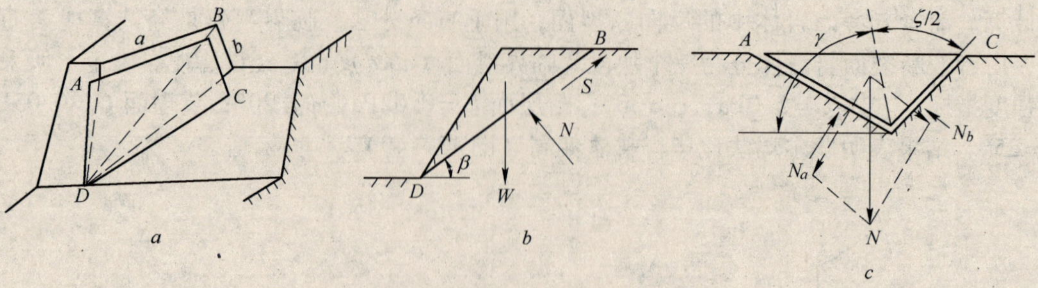

图13-50　楔型破坏
a—立体视图；b—垂直交线的视图；c—沿交线的视图

式中，N_a、N_b 为楔体在 a、b 弱面上的垂直分力。因

$$N_a + N_b = \frac{W\cos\beta\sin\gamma}{\sin\frac{1}{2}\zeta} \tag{13-85}$$

式中，ζ 力楔体内角；γ 为楔体内分角线与水平线之夹角（锐角的一侧）。则

$$Fs = \frac{\sin\gamma}{\sin\frac{\zeta}{2}} \times \frac{\mathrm{tg}\phi}{\mathrm{tg}\beta} \tag{13-86}$$

式中，$\sin\gamma/\sin\frac{\zeta}{2}$表示楔形的系数，当 $\zeta = 180°$ 时，$Fs = \mathrm{tg}\phi/\tan\beta$，则为平面滑动模式。γ 及 ζ 两角可用赤平极射投影图解（图13-51）。

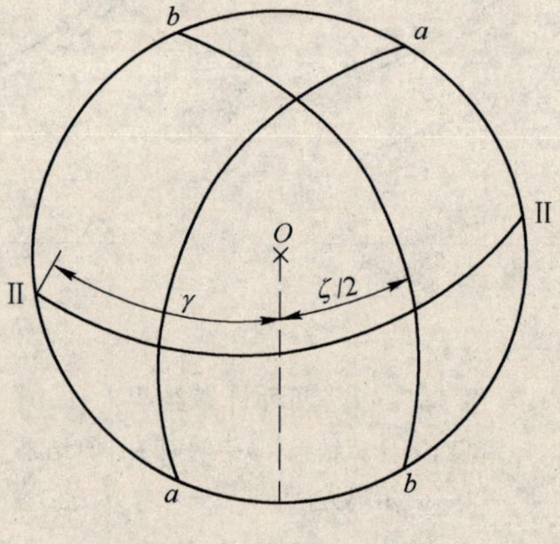

图13-51　求解 γ 和 ζ

（2）假设弱面 a、b 具有黏结力 C_a、C_b 和摩擦角 ϕ_a、ϕ_b，且充水（图13-52），则安全系数为[7]

$$Fs = \frac{3}{\gamma H}(C_a X + C_b Y) + \left(A - \frac{\gamma_w}{2\gamma}X\right)\mathrm{tg}\phi_a + \left(B - \frac{\gamma_w}{2\gamma}Y\right)\mathrm{tg}\phi_b \tag{13-87}$$

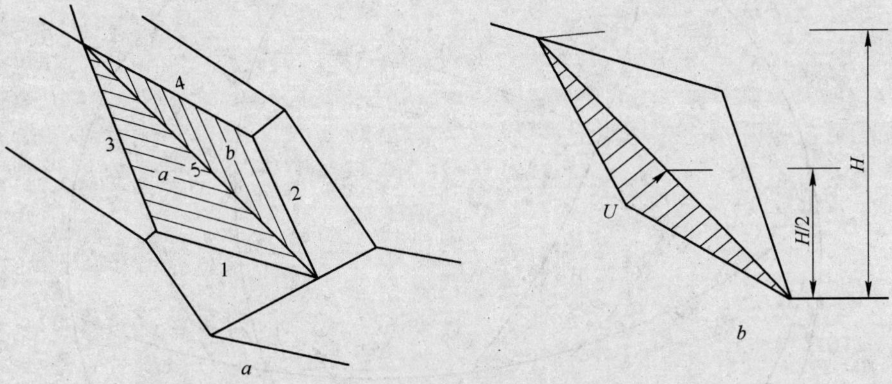

图 13－52 考虑黏结力和水压情况下楔体稳定性分析

a—立体视图；*b*—水压分布图

式中 γ——岩石的容重；

γ_w——水的容重；

H——楔体总高度。

$$X = \frac{\sin\theta_{24}}{\sin\theta_{45}\cos\theta_{z \cdot na}} \tag{13-88}$$

$$Y = \frac{\sin\theta_{13}}{\sin\theta_{35}\cos\theta_{1 \cdot nb}} \tag{13-89}$$

$$A = \frac{\cos\psi_a - \cos\psi_b\cos\theta_{na \cdot nb}}{\sin\psi_5\sin^2\theta_{na \cdot nb}} \tag{13-90}$$

$$B = \frac{\cos\psi_b - \cos\psi_a\cos\theta_{na \cdot nb}}{\sin\psi_5\sin^2\theta_{na \cdot nb}} \tag{13-91}$$

ψ_a、ψ_b——分别为面 a 和 b 的倾角；

ψ_5——交线 5 的倾角；

$\theta_{na \cdot nb}$——极点 na 与 nb 之角距。

这些角度值可用赤平极射投影图解（图 13－53）。

B 矢量分析法

矢量解法如图 13－54，已知弱面 a、b 的产状及楔体四顶点 A、B、C、D 的坐标，可用矢量法求解。

（1）弱面矢量的走向、倾向及法线向单位矢量 $\vec{U}$、$\vec{V}$ 及 $\vec{W}$ 表示：

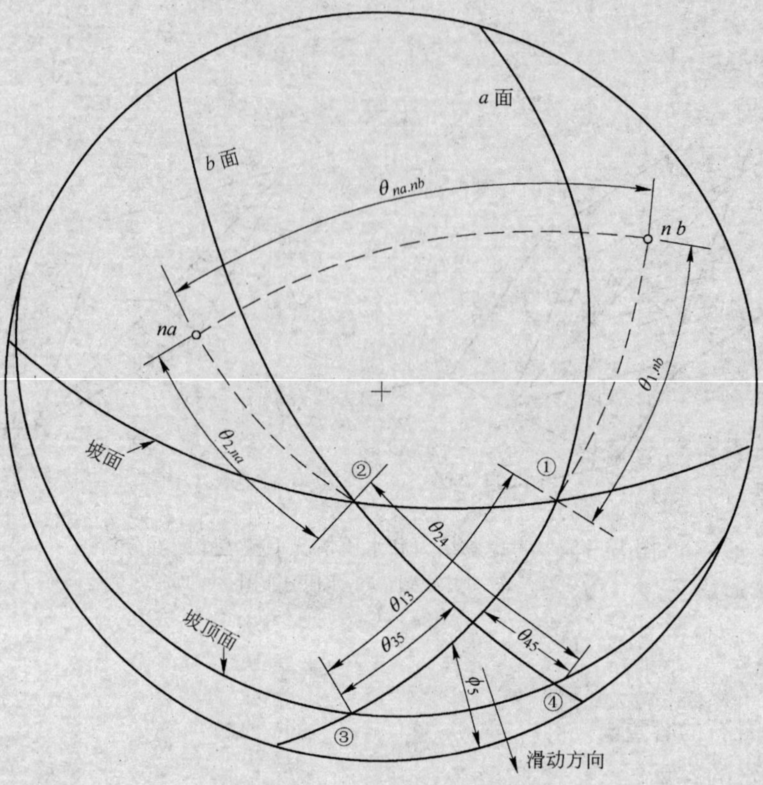

图 13－53 楔体稳定性分析所需数据的图解

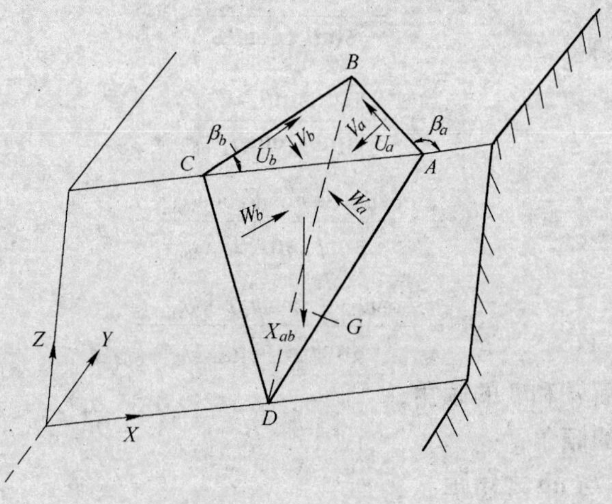

图 13－54 矢量分析

$$\left.\begin{aligned}\overrightarrow{U} &= \pm\cos\beta\,\overrightarrow{i} \pm \sin\beta\,\overrightarrow{j} + o\,\overrightarrow{k}\\ \overrightarrow{V} &= \pm\sin\overrightarrow{\beta}\cos\gamma\,\overrightarrow{i} \pm \cos\beta\cos\gamma\,\overrightarrow{j} \pm \sin n\gamma\,\overrightarrow{k}\\ \overrightarrow{W} &= \overrightarrow{U}\times\overrightarrow{V}\end{aligned}\right\} \tag{13-92}$$

式中 γ、β 为弱面的走向方位角及倾角；i、j、k 为 x、y、z 轴上单位矢量；± 号由所选择的坐标系正轴方向而定。

（2）两弱面的交线矢量 $\overrightarrow{X_{ab}}$

$$\overrightarrow{X_{ab}} = \overrightarrow{W_a} \times \overrightarrow{W_b} \tag{13-93}$$

其展开式为

$$\overrightarrow{X_{ab}} = \begin{vmatrix} \vec{i} & \vec{j} & \vec{k} \\ W_{ax} & W_{ay} & W_{az} \\ W_{bx} & W_{by} & W_{bz} \end{vmatrix} = I\vec{i} + J\vec{j} + K\vec{k} \tag{13-94}$$

$\overrightarrow{X_{ab}}$ 的倾角 ψ_{ab}

$$\psi_{ab} = \operatorname{arctg}\left(\frac{K}{\sqrt{I^2 + J^2}}\right) \tag{13-95}$$

（3）a 与 b 两面的夹角 Z_a

$$Z_a = \arccos(W_{ax}W_{bx} + W_{ay}W_{by} + W_{az}W_{bz}) \tag{13-96}$$

（4）滑面面积、滑体体积与重量

a 面面积：

$$A = \frac{1}{2}\left|\overrightarrow{AB} \times \overrightarrow{BD}\right| = \frac{1}{2}\left|L\vec{i} + M\vec{i} + K\vec{k}\right| \tag{13-97}$$

$$L = \begin{vmatrix} B_y - A_y & B_z - A_z \\ D_y - A_y & D_z - A_z \end{vmatrix} \tag{13-98}$$

$$M = \begin{vmatrix} B_z - A_z & B_x - A_x \\ D_z - A_z & D_x - A_x \end{vmatrix} \tag{13-99}$$

$$K = \begin{vmatrix} B_x - A_x & B_y - A_y \\ D_x - A_x & D_y - A_y \end{vmatrix} \tag{13-100}$$

同理可求 b 面面积。

滑体体积 V 和重量 G：

$$V = \frac{1}{6}(\overrightarrow{AB} \times \overrightarrow{AC})\overrightarrow{AD}$$

$$= \frac{1}{6}\begin{vmatrix} A_x - B_x & A_y - B_y & A_z - B_z \\ A_x - C_x & A_y - C_y & A_z - C_z \\ A_x - D_x & A_y - D_y & A_z - D_z \end{vmatrix} \tag{13-101}$$

$$\overrightarrow{G} = -G_2\overrightarrow{k} \tag{13-102}$$

$$G_2 = \gamma V \tag{13-103}$$

（5）滑体受力分析

滑　力
$$\vec{T} = (\vec{G}\ \vec{X}_{ab}) \times \frac{\vec{X}_{ab}}{|\vec{X}_{ab}|^2} \tag{13-104}$$

垂直力
$$\vec{N} = \vec{C} - \vec{T} \tag{13-105}$$

（6）安全系数：

$$Fs = \frac{\text{tg}\phi\ |\vec{N}| + C(A+B)}{|\vec{T}|} \tag{13-106}$$

滑体除沿交线 BD 滑动外，还可能沿单一弱面滑动，而另一弱面呈拉断破坏；还可能发生转动、倾倒破坏，均可用矢量法检验。

（7）弱面上垂压方向检验，如图 13－55 所示，设 a 面的法线 n_a 指向基岩，当合力矢量 $\vec{R}$ 与 a 面拉断时，则有 $\vec{R}\vec{n}_a \leqslant 0$，当压紧时，则有 $\vec{R}\vec{n}_a > 0$。

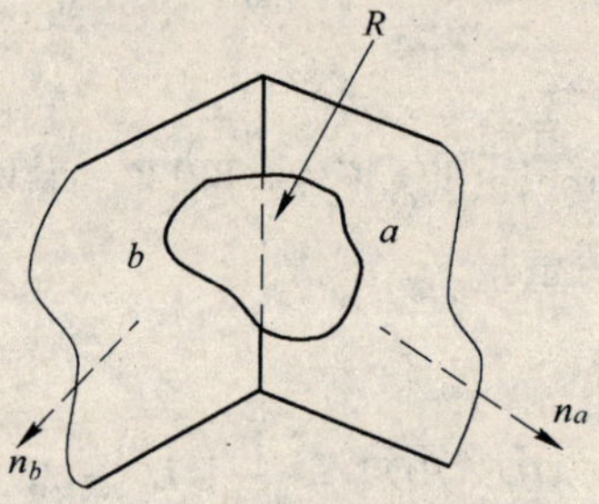

图 13－55　垂压方向检验

楔体沿单一弱面滑动的安全系数：

$$Fs = \frac{\text{tg}\phi\ |\vec{N}_b| + CB + \sigma A}{|\vec{T}_b|} \tag{13-107}$$

式中，σ 为 a 面的抗拉强度。

（8）转动检验。如图 13－56 所示，滑体围绕角点 A 在 b 面内的转动条件有二：1）楔体内角 $\zeta > 90°$；2）在 b 面内转动力矩 > 反转力矩 $M_A > M_R$，转动力矩 $M_A = \vec{AT}\ \vec{R}\ \vec{M}_b$；反转力矩 $M_R = (Rn_b)\text{tg}\phi\ |\vec{A}\ T|\ + \vec{AC}\ \vec{C}_b\ \vec{n}_b + \vec{A}_k\ \vec{K}\ \vec{n}_b$；其中 n_b 为 b 面法线；$C_b \cdot K_a$ 为 b 面的黏结力和 a 面的抗拉力；T、C、K 为合力矢 RC_bK_a 的集中作用点。

（9）倾倒检验。若合力矢 R 的作用点 T 超出 AB 线，则可能发生倾倒破坏。

C　球投影法分析楔体稳定性

用赤平极射投影方法分析楔体稳定性，简便易行，且图示明显。

设边坡上有 a、b 两弱面，切割成四面楔体见图 13－57a，外力为 R_i，通过 O 点，N_i、T_i 为 R_i 沿两弱面交线方向的切向及垂向分力，N_a、N_b 为 N_i 在两弱面上的垂直分力，T_a、T_b 为 T_i 沿交线的分力。

以 O 为顶，N_a、N_b 为轴绘摩擦锥，其半顶角为

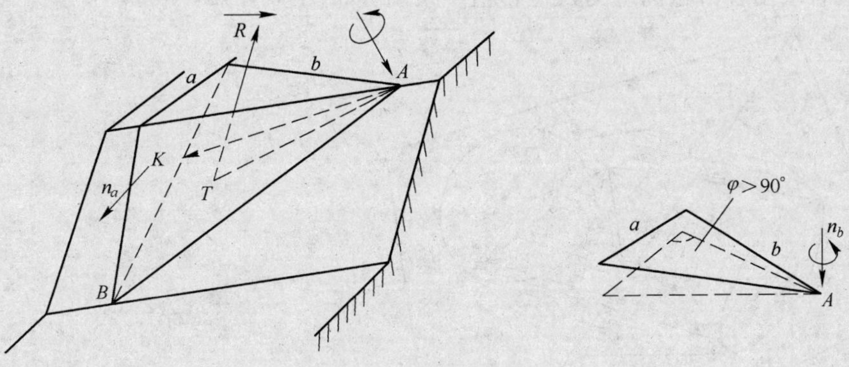

图 13－56 转动检验

$$\phi'_a = \text{arctg}\left(\text{tg}\phi_a + \frac{CA}{N_a}\right) \quad (13-108)$$

$$\phi'_b = \text{arctg}\left(\text{tg}\phi_b + \frac{CB}{N_b}\right)$$

式中 A、B——楔面 a 与 b 的面积。

则由两个正锥及其两个包络面所形成的异形锥体 $O—a$、$ibb'i'a'$便构成了稳定区。外力矢量落在体内则稳定；与锥面重合则极限平衡（图 13－57a）落在锥外，则失稳。此时视外力的方向，可能发生几种失稳情况；沿交线方向下滑、上滑，沿单一面滑动，而沿另一弱面拉断。

用赤平极射投影表示，绘图步骤如下（图 13－57b）。

（1）绘 a、b 弱面弧，得交点 $\hat{I}_{ab}$及弱面极点 $\hat{N}_a$ 及 $\hat{N}_b$。

（2）以 $\hat{N}_a$、$\hat{N}_b$ 为心绘摩擦圆，半径角距分别为 ϕ'_a 及 ϕ'_b。

（3）过 $\hat{I}_{ab}$、$\hat{N}_a$ 及 $\hat{I}_{ab}$、$\hat{N}_b$ 绘大圆弧，分别交摩擦圆于 $\hat{r}_a$、$\hat{r}_b$ 及 $\hat{r}'_a$、$\hat{r}'_b$。弧 $\widehat{I_{ab}N_a}$ 分别相当于 $N_aT_aR_a$ 平面及 $N_bT_bR_b$ 平面。

（4）绘大圆弧$\widehat{\hat{r}_a\hat{r}_b}$及$\widehat{\hat{r}'_a\hat{r}'_b}$分别表示两摩擦圆的公切面（包络面）$oaib$ 面及 $oa'i'b'$面。

如此则异形锥的投影所圈定的范围（图 13－57c）中的斜线阴影部分便是稳定区。力矢落在该区内表示稳定。例如，假若外力为重力矢，则稳定系数为

$$Fs = \frac{\text{tg}\phi_i}{\text{tg}\eta_i} \quad (13-109)$$

式中 η_i——重力矢距滑移垂线的角距。

当力点落在区外，则楔体失稳，可有几种情况，见表 13－11。

13.7.2 有限元分析方法

13.7.2.1 基本原理

有限元分析方法是一种数值模拟方法，它的要点是将岩体介质离散，分为有限数单

元，单元是由链杆与链杆的结点铰接组成。用结构力学的解题方法，先分析单元的力与位移关系矩阵，求解单元的刚度矩阵，然后根据边界条件，组集边坡整体刚度矩阵，解线性方程组，最后求出各节点的应力及位移值，绘出分布图（图 13－58）。

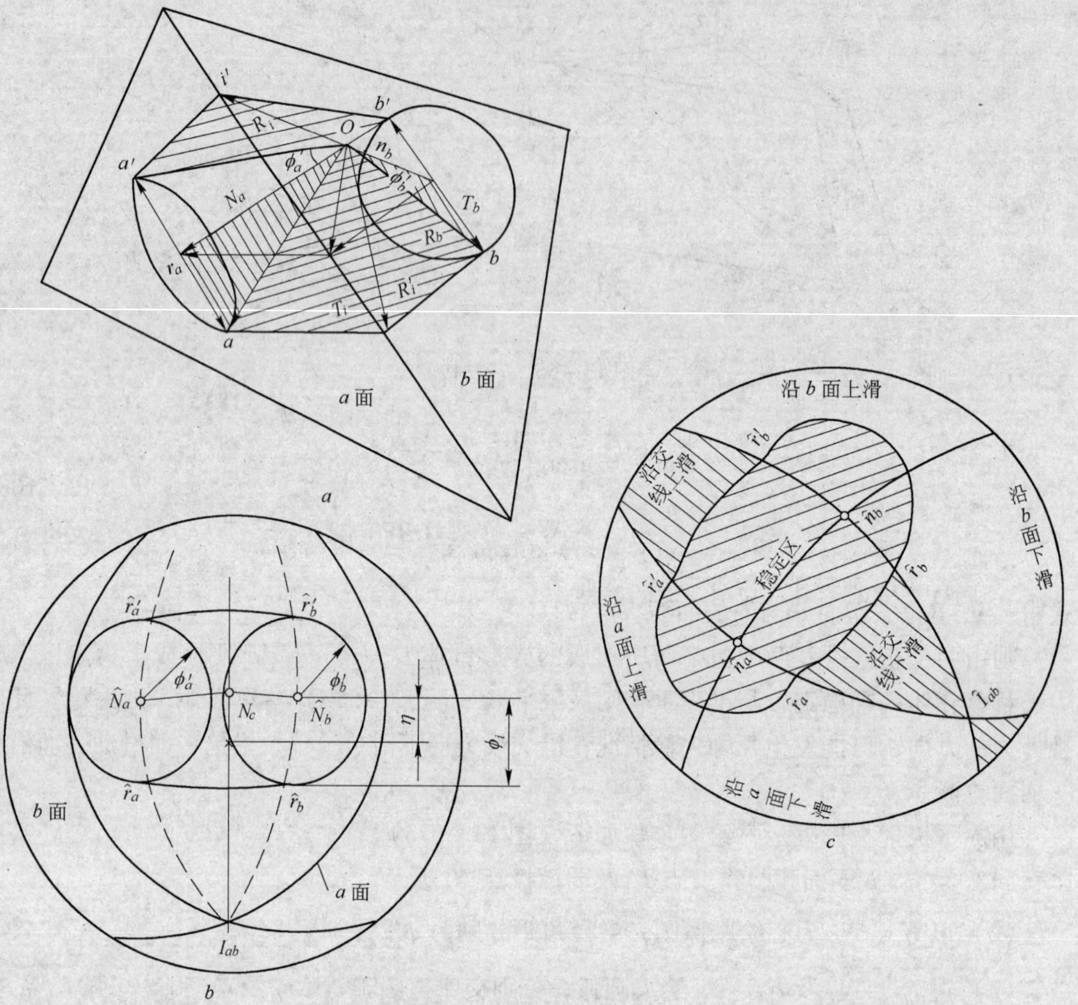

图 13－57　球投影法

表 13－11　楔体失稳情况

力矢落入区	楔体失稳情况
$I_{ab}r_ar_b$	沿交线 I_{ab} 方向下滑
$I_{ab}r'_ar'_b$	沿交线 I_{ab} 方向上滑
$I_{ab}N_a-I_{ab}$ 且 ϕ'_a 圆外	沿 a 面下滑，b 面拉断
$-I_{ab}N_aI_{ab}$ 且 ϕ'_b 圆外	沿 a 面上滑，b 面拉断
$I_{ab}N_b-I_{ab}$ 且 ϕ'_b 圆外	沿 b 面下滑，a 面拉断
$-I_{ab}N_bI_{ab}$ 且 ϕ'_b 圆外	沿 b 面上滑，b 面拉断

A　单元分析

单元分析的基本任务是根据单元的几何、弹模 E 及泊松比 μ，建立单元的刚度矩阵。

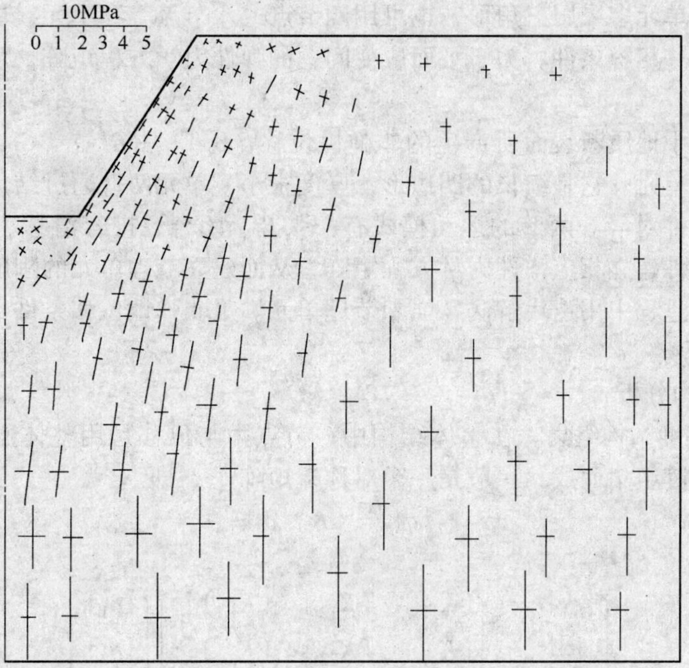

a

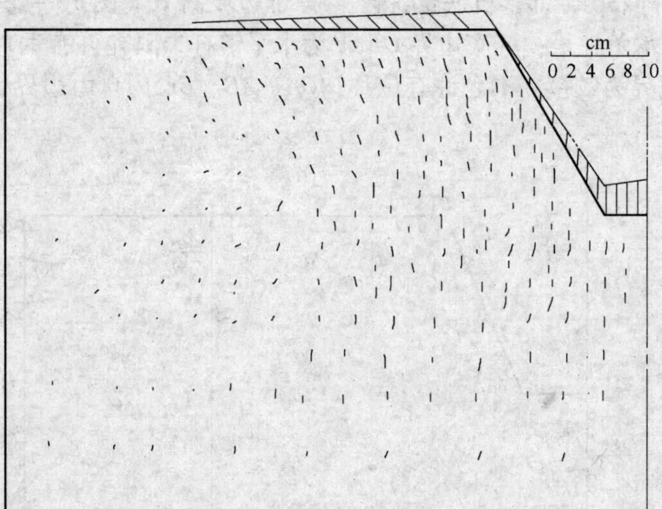

b

图 13－58 有限元分析结果

a—边坡主应力分布；*b*—边坡位移分布

连续介质的单元多采用三角形，也可用四节点或八节点等参单元。单元的节点满足力的平衡条件及位移相容条件。关于平面应变问题的弹性力学方程矩阵，可参见弹性力学书籍。

考虑到岩体中地质断裂面所产生的非弹性位移，R. E. 古德曼（Goodman）引入了特殊单元，即节理单元。它是细长的四边形，厚度很小，单元两壁通过结点传递压力，两壁的力学及运动条件对等。两壁的运动模式有：张开、闭合、扩容滑移、缩容滑移以及转动。依据运动条件建立相应弹性力学方程矩阵，从而建立节理单元的刚度矩阵。

在最后求解过程中用迭代解法，强烈节理单元满足非弹性位移条件，从而得出边坡相应的应力及位移场。

B　整体结构分析

（1）整体刚度结构组集。在整体结构中，节点力与位移是用整体刚度矩阵表示，它是由单元刚度矩阵组集而成，一般是一个对称疏矩阵[8]，即

$$\{q\} = [K]\{\delta\} \tag{13-110}$$

或展开为

$$\begin{Bmatrix} \{q_1\} \\ \{q_2\} \\ \vdots \\ \{q_n\} \end{Bmatrix} = \begin{Bmatrix} [K_{11}] & [K_{12}]\cdots[K_{1n}] \\ [K_{21}] & [K_{22}]\cdots[K_{2n}] \\ \vdots & \vdots \quad\quad \vdots \\ [K_{n1}] & [K_{n2}]\cdots\cdots[K_{nn}] \end{Bmatrix} \begin{Bmatrix} \{\delta_1\} \\ \{\delta_2\} \\ \vdots \\ \{\delta_n\} \end{Bmatrix} \tag{13-111}$$

（2）引入边界条件。露天矿走向长度一般远较深度为大，按平面应变问题分析，通常按轴对称只分析采场半部，坑底部深至少等于边坡高 H（图 13－59），而宽度取为 $5H \sim 6H$，边界的支承条件是：坑底边界 OE 上为水平链杆，只允许有垂直位移，而无水平位移，CD 及 ED 边界为铰接，不允许有位移；OA、AB、BC 为自由边界。

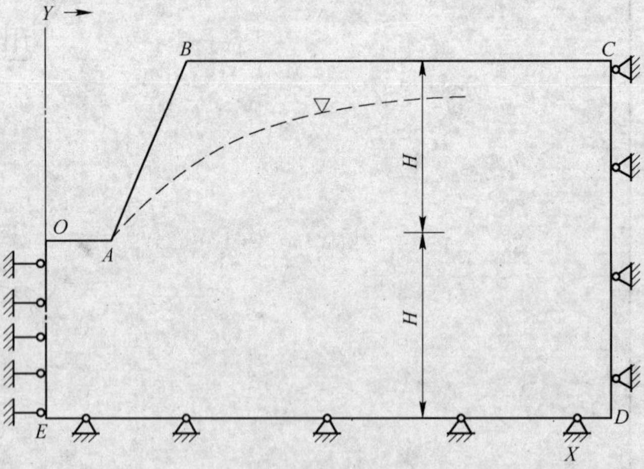

图 13－59　露天矿边坡有限元稳定分析范围和边界条件

边界上的外载荷，例如地震力、水浮力等须按等效原则移置到节点上，化为节点力。

（3）求解整体结构的位移方程组。根据边界支承的约束条件及外载荷的分布，建立

以节点位移为未知量，以总体刚度矩阵为系数的线性代数方程组，求解节点位移。即

$$\{\delta\} = [K]^{-1}\{q\} \quad (13-112)$$

（4）求出 $\{\delta\}$ 后，再用前述单元分析中的相应各式求各节点的应变及应力分量 σ_x、σ_y、τ_{xy}。求出主应力 σ_1 及 σ_2 以及主应力方向值，即

$$\left(\sigma_2^1\right) = \frac{\sigma_x + \sigma_y}{2} \pm \sqrt{\left(\frac{\sigma_x + \sigma_y}{2}\right)^2 + \tau_{xy}^2} \quad (13-113)$$

$$\mathrm{tg}2\theta = \frac{2\tau_{xy}}{\sigma_x - \sigma_y} \quad (13-114)$$

绘制应力等值线图，便可醒目了解边坡岩体中应力的分布。

13.7.2.2 基本步骤

概略地讲，这种解决平面弹性力学问题的有限元法可分为三个步骤。

第一步，将岩体工程视为连续弹性体，将它离散化为许多有限数目有限尺寸的单元，将边界约束条件及载荷等效化为节点载荷，所有关于单元的信息和节点坐标等数据，输入电子计算机。

第二步，以节点位移为基本未知量，进行单元特征分析。设选单元的位移为坐标的某种函数（线性或非线性），然后通过单元几何矩阵，以节点位移表示单元位移和单元应变 $\{\varepsilon\}=[B]^e\{\delta\}^e$，通过物理方程表示单元应力 $\{\delta\}=[D]^e\{\varepsilon\}$，再通过虚功方程表示节点力，从而得出单元的刚度系数矩阵 $[K]^e$。

第三步，是总体结构合成，通过节点平衡方程，并结合边界约束条件，建立以节点位移为未知量以总体刚度矩阵 $[K]$ 为系数的线性代数方程组，求解该方程组可得节点位移，进而可求得单元应力。

这种以节点位移为基本未知量分析单元特征，建立并求解线性代数方程组，最后由节点位移求单元应力的方法，在有限元中称为位移法，是常用的方法。

13.7.2.3 有限元法计算边坡实例

边坡断面如图 13-60 所示，岩体中有一条大断层及数条节理，岩体采用三角形单元，而断层及节理采用四边形“节理单元”，节理单元的节点编号为 A、B、C、D、…、V、W、X，边坡内的应力场与结构面（节理、断层）的平衡状态有关，结构面的平衡状态有四种：弹性状态、正滑移状态、负滑移状态和开裂状态。若以 σ_n 表示节理单元的正应力，τ_n 为剪应力，σ_o、τ_o 分别表示抗拉和抗剪强度，则

（1）$\sigma_n-\sigma_o<0$，且 $|\tau_n|-\tau_o+f\sigma_n<0$ 为弹性状态。

（2）$\sigma_n-\sigma_o<0$，且 $|\tau_n|-\tau_o+f\sigma_n\geqslant 0$ 为滑移状态

其中 $\tau_n\geqslant 0$ 为正滑移状态。

$\tau_n<0$ 为负滑移状态。

（3）$\sigma_n-\sigma_o\geqslant 0$ 为开裂状态。

计算时，开始先假定各节理单元处于弹性状态，然后计算出应力场，再计算出节理单元的状态。如此计算出的状态未必与假定的吻合，再引入此计算出的状态，这样数次迭代，直至收敛为止，此时计算的应力场便是所求。计算程序框图见图 13-61。

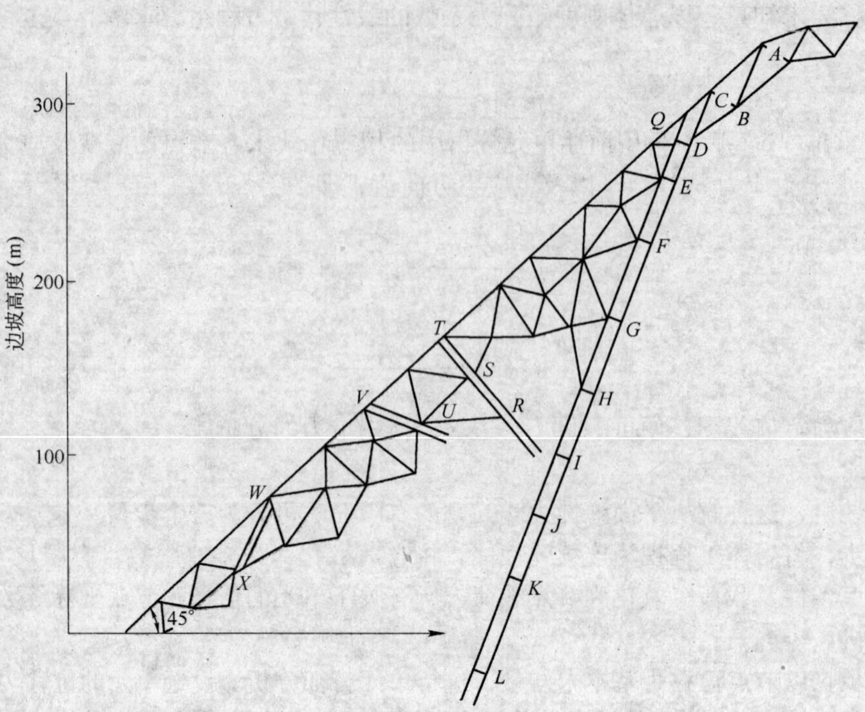

图 13-60　边坡有限元稳定分析实例

13.7.3　可靠性分析方法

13.7.3.1　基本概念

在边坡工程中，由于设计参数的变化性和边坡岩体性能的不确定性，亦由于传统设计方法还有在一定的不完备的地方，几乎所有边坡工程设计在未来都具有随机性，因此，可靠性分析方法在近十几年来得到了发展。

诚然，在预计这些不确定性小的场合，定数分析是适宜的，且广泛得以应用。然而，在露天矿边坡工程中，包含有许多不确定性因素，要求的概率统计名义上定义安全系数，并以概率形式表达边坡的未来风险。这里的概率限于对基础参数，破坏事件、物理模型及数学模型置位程度的描述和表征，而无频率之意，因为边坡破坏和形成过程是唯一的，不重复的。

边坡工程设计总是有“抗滑”和“滑动”的两个方面，而这两方面都是有不确定性，如果以随机变量 R 代表抗滑力，以随机变量 S 代表滑动力，则安全概率（可靠度）P_S 为

$$P_S = R(R > S) \tag{13-115}$$

破坏概率（风险率）P_f 为

$$P_f = P(R < S) \tag{13-116}$$

虽然，P_S 与 P_f 有互补关系

$$P_S + P_f = 1 \tag{13-117}$$

如果 R 和 S 是连续型随机变量，它们的概率密度为 $f_R(R)$ 和 $f_S(S)$（图 13-62），则可通过积分求得 P_S 和 P_f。

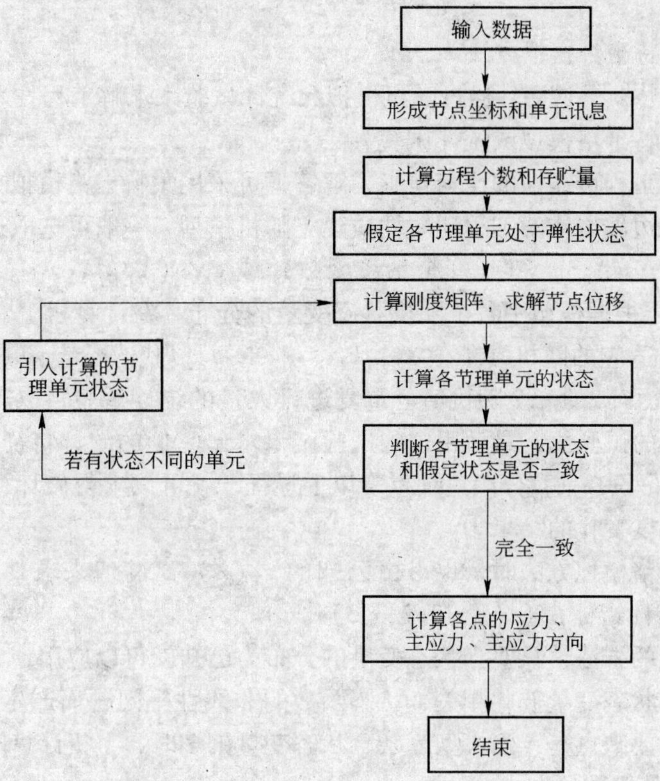

图 13-61 边坡有限元稳定分析实例程序框图

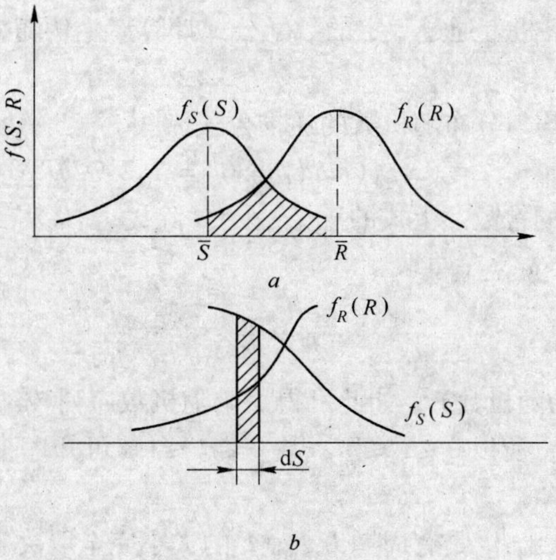

图 13-62 抗滑力与滑动力概率密度曲线
a—f_R（R）与f_S（S）重叠区；b—重叠区放大

可靠性分析的目的在于使特定边坡不确定性定量化，应在一定的经济条件下，在规定的矿山使用时间内，使具有不确定性的“抗滑力”能在一定的概率保证下满足具有不确定性的“滑动力”。

13.7.3.2 蒙特卡洛模拟方法

蒙特卡洛方法[1,9,22]是一种通过随机模拟和统计试验来求解工程技术问题近似解的数值方法，亦称为蒙特卡洛模拟或统计试验方法。

为了求得边坡工程可靠性的比较精确的解答，可采用蒙特卡洛模拟方法。本法的基本思想是，首先根据边坡岩体的工程地质性质建立随机模型，一般可选取适当的安全状态函数 g_{Fs}（X_1，X_2，…，X_n）>1（安全系数函数）或 g_{sM}（X_1，X_2，…，X_n）>0（安全储备函数），然后再根据模型中各个随机状态变量的分布，在计算机上利用蒙特卡洛方法产生与各自分布相适应的随机参数值 x_1，x_2，…，x_n，以代入状态函数 g（x_1，x_2，…，x_n），计算求得状态函数的一个随机值，重复进行大量的统计试验，取得大量的安全系数 Fs 或安全储备 SM 的试验值，最后用这些试验结果求出它们的统计特征量及其概率分布。如果模拟采场“延深”，垂直分段连续重复以上过程，就可以求得破坏概率，安全系数等评价指标随开采深度变化的结果。

在采用蒙特卡洛模拟方法时，也可由已知的 g（X）试验值来求其均质 μ_g 和标准差 σ_g，进而得到可靠性指标 β（详见13.7.3.3）。

这是一个普通的方法，只要当状态变量的分布为已知就可以应用，它不会因状态变量为不同类型分布，状态变量彼此相关，状态函数的非线性等问题而产生困难或精度降低。蒙特卡洛方法的主要缺点是：当模型复杂、状态变量繁多时，上机计算时间较长。

A 均匀分布随机数的生成

应用蒙特卡洛方法，必须根据随机变量的分布产生与之相符的随机值，其方法是，首先产生（0，1）均匀分布的随机数，然后通过适当的随机变换，即可得到所求的随机质。

现在一般都是在计算机上通过一定的数学公式计算产生伪随机数。下面介绍比较常用的乘同余方法：

用以产生（0，1）均匀分布随机数的递推公式为

$$x_i \equiv \lambda x_{i-1}(modM),(i = 1,2,\cdots) \tag{13-118}$$

式中 λ、M 和 x_0 是选定的常数。上式的意义是以 M 除 λx_{i-1} 后得到的余数记为 x_i。利用上式算出序列 x_1，x_2，…，x_i，…再取

$$r_i = \frac{x_i}{M} \tag{13-119}$$

这就是第 i 个均匀分布的随机数 r_i，如此可得一个随机数序列 r_1，r_2，…，r_i，…。x_i 是除数为 M 的除法中的余数，所以 $0 \leqslant x_i \leqslant M$，故 $0 \leqslant r_1 \leqslant 1$。可知序列 $\{r_i\}$ 是在（0，1）上均匀分布的序列。

产生的序列 $\{x_i\}$ 和 $\{r_i\}$ 是有周期 L 的，L 的大小完全取决于参数 x_0、λ、M 的选择。一般是用试选方法，即选定一组参数后，在计算机上产生序列 $\{r_i\}$，然后用统计检验方法进行参数检验、独立性检验和均匀性检验等。一些文献推荐下列参数：取 $x_0=1$ 或任意奇数，$M=2^k$，$\lambda=5^{2q+1}$，k 和 q 都是正整数，k 愈大，周期愈长，若计算机尾部字长为 n，一般取 $L \leqslant n$，q 可选满足 $5^{2q+1}<2^n$ 的最大正整数。几个已经过检验的参数列入表13-12，以供参考。

一般在计算机上都备有经过检验的产生（0，1）均匀分布随机数的程序，作为标准函

表 13－12　推荐的乘同余法参数

M	λ	x_s	周期 L
2^{32}	5^{13}	1	10^9
2^{38}	5^{13}	1	2×10^{12}
2^{42}	5^{17}	1	10^{12}

数使用。但在使用之前，应了解它是采用什么方法产生的，以便确定它是否符合要求，如不合要求，可另行自编产生（0，1）均匀分布的程序，但必须对产生的随机数进行检验。

B　常用分布随机数的生成

（1）服从均匀分布的随机变量

已知均匀分布概率密度为

$$f(x)=\begin{cases}0, & 当\ x\leqslant a\\ \dfrac{1}{b-a}, & 当\ x\in(a,b)\\ 0, & 当\ x\geqslant b\end{cases} \tag{13-120}$$

采用反函数法可有

$$r_i=\int_0^{x_i}\frac{d_x}{b-a}=\frac{x_i-a}{b-a} \tag{13-121}$$

均匀分布的随机值

$$x_i=a+(b-a)r_i \tag{13-122}$$

式中　r_i 为（0，1）均匀分布随机数的抽样值。

（2）服从指数分布的随机变量

已知指数分布概率密度为

$$f(x)=\begin{cases}\lambda \mathrm{e}^{-\lambda x}, & 当\ x>0\\ 0, & 当\ x\leqslant 0\end{cases} \tag{13-123}$$

采用反函数法可有

$$r_i=\int_0^{x_i}\lambda e^{-\lambda x}\mathrm{d}x=1-\mathrm{e}^{-\lambda x_i} \tag{13-124}$$

指数分布的随机值

$$x_i=-\frac{1}{\lambda}\ln(1-r_i) \tag{13-125}$$

因为 $1-r_i$ 与 r_i 都是（0，1）均匀分布的随机数，故上式可简化为

$$x_i=-\frac{1}{\lambda}\ln r_i \tag{13-126}$$

（3）服从三角分布的随机变量

已知三角分布概率密度函数为

$$f(x) = \begin{cases} \dfrac{2(x-a)}{(b-a)(c-a)} & a \leqslant x \leqslant b \\ \dfrac{2(c-x)}{(c-b)(c-a)} & b \leqslant x \leqslant c \\ 0 & \text{其他} \end{cases} \tag{13-127}$$

其分布函数为

$$F(x) = \begin{cases} \dfrac{(x-a)^2}{(b-a)(c-a)} & a \leqslant x \leqslant b \\ 1 - \dfrac{(c-x)^2}{(c-a)(c-b)} & b \leqslant x \leqslant c \end{cases} \tag{13-128}$$

以均匀随机数 r_i 变换的三角分布随机值为

$$x_i = \begin{cases} a + \sqrt{(b-a)(c-a)r_i}, & 0 \leqslant r_i \leqslant \dfrac{b-a}{a-a} \\ c - \sqrt{(c-b)(c-a)(1-r_i)}, & \dfrac{b-a}{c-a} \leqslant r_i \leqslant 1 \end{cases} \tag{13-129}$$

（4）服从正态分布的随机变量

正态分布的概率密度为

$$f(x) = \frac{1}{\sqrt{2\pi}\sigma}\exp\left[-\frac{(x-\mu)^2}{2\sigma^2}\right], \sigma > 0, -\infty < x < \infty \tag{13-130}$$

产生正态分布 N（μ，σ）的随机数的方法有

1）极限近似法

利用随机变量的中心极限定理近似产生随机数，已知在（0，1）均匀随机变量 R 的期望值 $E(R)=\dfrac{1}{2}$，方差 $D(R)=\dfrac{1}{12}$，故随机变量

$$x_i = \frac{\sum\limits_{i=1}^{n} r_i - \dfrac{n}{2}}{\sqrt{\dfrac{n}{12}}} \tag{13-131}$$

渐近地有标准正态分布 N（0，1）。为了保证一定的精确度，上式中 n 应取足够大，一般约取 $n=10$ 即可，当取 $n=12$ 时，上式的形式最简单。

2）随机变量函数法

可以证明有如下关系式

$$\begin{aligned} X_1 &= \sqrt{-2\ln R_1}\cos(2\pi R_2) \\ X_2 &= \sqrt{-2\ln R_2}\sin(2\pi R_2) \end{aligned} \tag{13-132}$$

式中，X_1 和 X_2 是两个相互独立的标准正态分布 N（0，1）随机变量，R_1 和 R_2 是两个相互独立的（0，1）均匀分布的随机变量。所以根据上式即可通过产生（0，1）均匀分布随机数，求出标准正态分布随机数，从而得到正态分布 N（μ，σ）的随机数

$$\left.\begin{aligned} x_1 &= \mu + \sigma\sqrt{-2\ln r_1}\cos(2\pi r_2) \\ x_2 &= \mu + \sigma\sqrt{-2\ln r_1}\sin(2\pi r_2) \end{aligned}\right\} \tag{13-133}$$

（5）服从复杂分布的随机变量

当概率分布函数的数学表达式较为复杂，可采用反变换数值计算方法[10]。如图13－63所示，数值计算方法就是输入一系列（0，1）均匀分布随机数 r_i，依次由图读取 x_i，计算机预先存放累积分布函数为输入值。如果产生的（0，1）均匀随机数值处在已知的两个相邻数据之间，则其输出可采用线性内插值求得。若每个间隔的斜率为 $\alpha_i = \dfrac{x_{i+1}-x_i}{r_{i+1}-r_i}$，（$i=0$，1，…，$N-1$），当 r 处在 r_i 和 r_{i+1} 之间时，其相应的 x 可用下式求得：

$$x = x_i + \alpha_i(r - r_i) \tag{13-134}$$

应当指出，研究参数的概率分布是非常重要的，用不同的分布假设就可得到不同的分析结果，只有当求得的概率分布比较符合实际时，所求得的结果才比较客观地反映设计所承担的风险。当然，也不能把分布函数搞得太复杂，那会使计算工作量大大增加。为了可靠起见，一定要对分布假设进行拟合度检验。

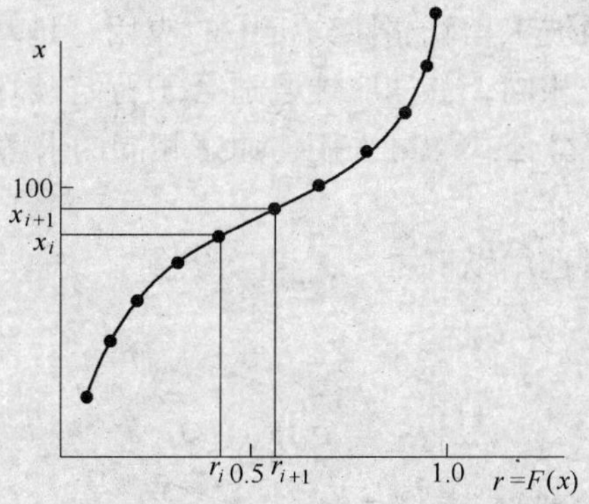

图13－63 反累积分布曲线

（6）二项分布

二项分布为离散型随机变量的分布函数，即

$$P(X = k) = \binom{n}{k}P^k(1-P)^{n-k}, i = 0,1,\cdots,n \tag{13-135}$$

设随机变量 X 取值为 x_i 的概率为 P_i（$i=1$，2，…），由（0，1）均匀分布随机变量 R 产生的随机数 r_i 如果满足

$$F(x_{i-1}) < r_i \leqslant F(x_i)$$

则可取 x_i 为离散型随机变量 X 的一个随机数，亦即

$$x_i = F_x^{-1}(r_i) \tag{13-136}$$

例13－1 当试验总数 $n=4$，事件发生的概率 $P=0.3$，试产生二项分布的随机数。

解：事件发生 k 次的概率为

$$P(X = k) = \binom{4}{k}0.3^k 0.7^{4-k}, k = 0,1,\cdots,4$$

相应的分布函数为

$$F(j) = \sum_{k=0}^{j} \binom{4}{k} 0.3^k 0.7^{4-k}, j = 0,1,\cdots,4$$

结果如下：

k	$P(k)$	$F(k)$
0	0.2401	0.2401
1	0.4116	0.6517
2	0.2646	0.9163
3	0.0756	0.9919
4	0.0081	1.0000

假设由（0，1）均匀分布产生的随机数为0.7000。因

$$F(1) < 0.7000 < F(2)$$

故事件随机发生次数为2，此即二项分布的随机数。

C　蒙特卡洛模拟的基本步骤

蒙特卡洛方法能够比较精确地提供综观边坡工程全局的全部信息，其模拟步骤如下：

步骤1：确定破坏模式并选取适当的安全系数计算公式。

蒙特卡洛模拟技术在边坡工程可靠性分析中的应用，是基于安全系数计算而引入的，因此，与传统的安全系数法相同，首先应选取适合于特定破坏模式的安全系数计算公式。而且，对任何形式的安全系数公式均可采用与原来相同的求解方法进行模拟计算，只是计算参数取随机变量。

模拟试验的样本指标可选用以下之一：

1）安全系数 $Fs = R/S$

破坏概率

$$P_f = P(Fs \leqslant 1) \tag{13-137}$$

2）安全储备 $S_M = R - S$ 或 $S_M = Fs - Fs_0$

破坏概率

$$P_f = P(S_M \leqslant 0) \tag{13-138}$$

式中　R——抗滑力（矩）；

S——滑动力（矩）；

Fs_0——指定的安全系数。

步骤2：确定输入参数的概率分布。

在传统安全系数方法中，所有计算参数都是采用平均的或合意的确定值，而在可靠性分析中，计算参数可依照其确定性程度，采用定数值和随机值。常作随机变量的有：可能构成滑动面的不连续面（分组）的倾角、长度、间距、搭接长度、起伏角、黏结力、摩擦系数、地下水压力、地震力等。这些数据是在工程地质勘察和力学性能试验中取得的。

蒙特卡洛方法的关键是已知随机变量的概率分布。首先对试验样本进行统计分析，作出参数估计，绘制直方图，根据经验或理论估计先假定一种概率分布，然后再按多种统计检验方法（拟合优良性检验）来证实上述假设。常用的检验方法有 χ^2 检验和柯莫哥洛夫－斯米尔诺夫（$K-S$）检验法（具体作法请参照专门著作）。也可将直方图直接输入计

算机，供作随机抽样使用。

步骤3：安全系数或安全储备的统计试验。

根据各个随机变量概率分布的特征值，由前述分布随机数生成方法，经随机变换产生一组随机参数值，代入安全系数（或安全储备）公式，求得一个安全系数值。重复上述过程，即可取得大量的（一般200～1000个）安全系数值。

如果滑动面确知，作为确定值，潜在滑体重量 W 也为确定值，只有强度参数为随机变量，模拟就比较简单。如果滑动面或滑动面的组合是随机变化的，潜在滑体重量 W 成为几何参数的函数，则模拟就比较复杂。这时，对于圆弧形破坏，可以首先取参数均值进行安全系数计算，求得 $Fs_{\min}$ 的滑动面，然后以此进行安全系数统计试验；对于简单平面破坏，滑动面的可能形态，根据对不连续面倾角和位置的随机模拟确定；对于双拆线滑面或阶梯状破坏，则要以坡趾为坐标原点，根据次滑面倾角和长度分布，与主滑面倾角（阶梯状破坏还包括搭接长度和间距）组合模拟确定。

对于高边坡，要对若干个设计方案（边坡角）进行评价。对于同一方案，一般把整个高度划分10～15个阶段，从上至下，分段累积高度进行模拟，从而求得每个边坡设计方案随边坡高度变化的破坏概率表。

在方案对比中，应同时考虑稳固措施对提高可靠度的影响，例如对比疏干排水与不排水方案的破坏概率变化。

步骤4：确定安全系数（或安全储备）的分布。

根据每个模拟高度上取得的众多安全系数统计样本，拟合理论分布，并进行拟合优良性检验，绘制安全系数概率密度图和累积分布概率图。同时求得安全系数均值 μ_{Fs} 和标准差 σ_{Fs}

确定破坏概率的方法有：

1）统计安全系数试验样本量 M 中 $Fs \leqslant 1$ 的样本数 m，当 M 足够大时，根据大数定律，此时的频率已近似于概率，因而可得破坏概率

$$P_f = P(g(X_1, X_2, \cdots, X_n) \leqslant 1) = \frac{m}{M} \tag{13-139}$$

2）如果安全系数随机变量服从正态分布，则可通过标准化

$$P_f = \Phi(U) = \int_{-\infty}^{U} \frac{1}{\sqrt{2\pi}} e^{-\frac{u^2}{2}} dU \tag{13-140}$$

$$U = \frac{1 - \mu_{Fs}}{\sigma_{Fs}} \tag{13-141}$$

通过查标准正态分布表求得 P_f

3）采用近似公式计算标准正态分布函数

$$\Phi(Z) = 0.5[1 - E_rf(X)] \tag{13-142}$$

式中 $E_rf(X) \approx 1 - \left(1 + \sum_{n=1}^{6} a_n X^n\right)^{-16}$

$$X = \frac{|Z|}{\sqrt{2}}$$

$a_1 = 0.0705230784$;　　$a_2 = 0.0422820123$;

$a_3 = 0.0092705272$;　　$a_4 = 0.0001520143$;

$a_5 = 0.0002765672$;　　$a_6 = 0.0000430638$;

$Z = \dfrac{Fs - \mu_{Fs}}{\sigma_{Fs}}$，符号同前。

对于确定的滑动面，由贯通的断层或层面构成的滑动面，以及通过模拟求得的滑动面，所求得的滑动概率 P'_f 即为边坡的破坏概率 P_f。如果破坏面是由长度具有一定分布的节理组成，则应考虑临界几何形状的出现概率 P_o，这时，破坏概率 P_f 应为 P_f' 与 P_o 之联合概率，即

$$P_f = P'_f P_o$$

步骤5：产生可靠性曲线

综合统计试验结果，绘制破坏概率曲线图（图13－64）。

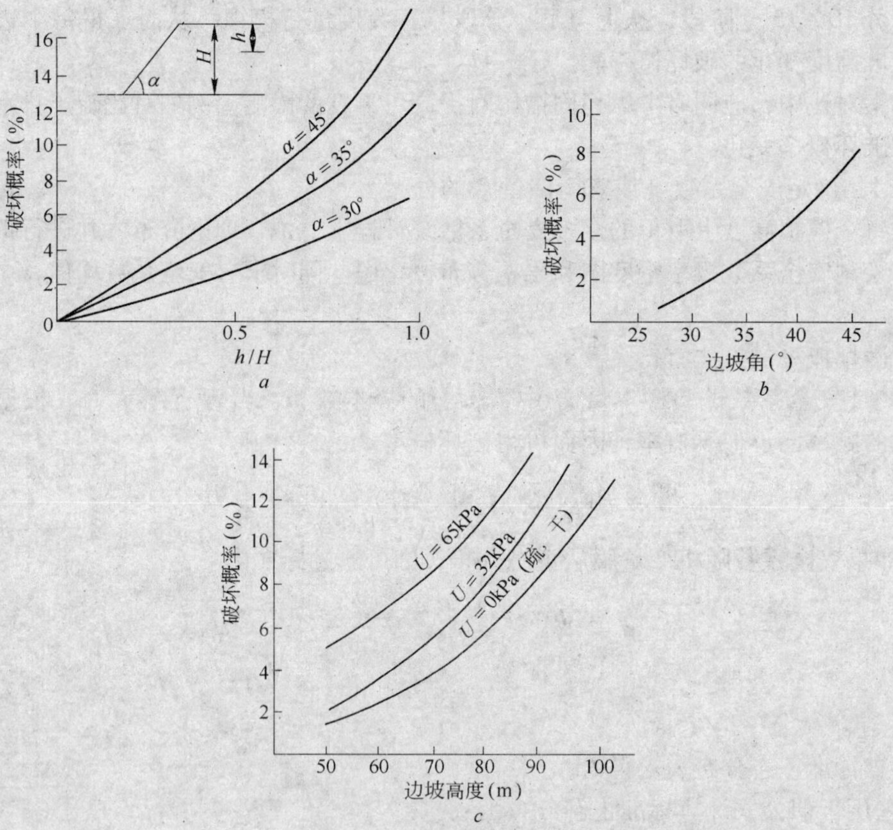

图13－64　边坡破坏概率曲线

a—*h*/*H*－破坏概率变化曲线；*b*—边坡角－破坏概率曲线；*c*—边坡高度、水压；*U*—破坏概率变化曲线

13.7.3.3　可靠性指标法

边坡安全储备 S_M 的函数形式表示为（见式13－138）：

$$S_M = g(R,S) \text{ 或 } S_M = g(Fs, Fs_o) \tag{13-144}$$

当 R 和 S 分别独立服从正态分布 $N(\mu_R, \sigma_R)$ 和 $N(\mu_S, \sigma_S)$ 时，安全储备 M 服从 $N(\mu_{S_M}, \sigma_{S_M})$，其中 $\mu_{S_M}=\mu_R-\mu_S$，$\sigma_{S_M}^2=\sigma_R^2+\sigma_S^2$。$\mu_{S_M}$ 与 σ_{S_M} 之比值定义为可靠性指标，以 β 表示，即

$$\beta = \frac{\mu_{S_M}}{\sigma_{S_M}} \tag{13-145}$$

这说明可靠性程度是 $g(R)$ 和 $g(S)$ 的相对位置（以 μ_{S_M} 为表征）和离散程度（以 σ_{S_M} 为表征）的函数：

若有 n 个相互独立的随机变量 X_i（$i=1, 2, \cdots, n$）影响边坡的可靠度，其函数表达式为

$$S_M = g(X) = g(X_1, X_2, \cdots, X_n) \tag{13-146}$$

式中，$X(X_1, X_2, \cdots, X_n)$ 是边坡基本状态变量组成的向量，称为状态变量，函数 $g(X)$ 反映边坡的状态或性能，称为状态函数 。显然，此时系统有如下三种状态：

$$\left.\begin{aligned} S_M = g(X) = 0 \quad & \text{为极限状态} \\ S_M = g(X) > 0 \quad & \text{为安全状态} \\ S_M = g(X) < 0 \quad & \text{为破坏状态} \end{aligned}\right\} \tag{13-147}$$

边坡的破坏概率 P_f 为

$$P_f = 1 - \Phi(\beta) = \Phi(-\beta) \tag{13-148}$$

式中　$\Phi(\beta)$——标准化正态分布函数。

由于可靠性指标 β 与破坏概率 P_f 存在一一对应的关系，当状态函数 $g(X)$ 的分布确定之后，β 与 P_f 的关系就确定了。如果 $g(X)$ 是正态分布时，则 β 与 P_f 的关系可由式（13－148）查标准正态分布函数表求得，其中主要数据列于表 13－13。

表 13－13　可靠性指标 β 与破坏概率 P_f 的关系

β	1.00	1.64	2.00	3.00	3.09	3.71	4.00	4.26	4.5
P_f	15.87×10^{-2}	5.05×10^{-2}	2.27×10^{-2}	1.35×10^{-3}	1.00×10^{-3}	1.04×10^{-4}	3.17×10^{-5}	1.02×10^{-5}	3.40×10^{-6}

可见，β 和 P_f 一样，可以作为衡量边坡可靠性的一个标准。

A　均值一次二阶矩计算法

在工程系统中常包含许多基本变量，这时，要根据这许多基本变量的分布来求函数 R 和 S 的分布，往往难以积分。当抗滑力 R 与滑动力 S 的概率密度未知，而只有足够的资料来确定它们的一阶矩和二阶矩（即均值、方差和协方差）时，可采用一次二阶矩方法求得可靠性指标[9,11]。

如果有 n 个基本变量，则极限状态方程 $g(X)=0$ 是一个 n 维曲面，可称为极限状态面。图 13－65 示出三变量极限状态曲面。

把极限状态函数 $g(X)$ 在均值点 $(X_0) = (X_{01}, X_{02}, \cdots, X_{0n})$ 附近用泰勒级数展开，忽略两次以上的项，并作线性化处理，于是有

$$g(X_1,X_2,\cdots,X_n)\approx g(x_{01},x_{02},\cdots,x_{0n})+\sum_{i=1}^{n}(X_i-x_{0i})\left(\frac{\partial g}{\partial X_i}\right)_{x_0} \quad (13-149)$$

对上式分别取均值和方差得

$$\mu_g\approx g(x_{01},x_{02},\cdots,x_{0n}) \quad (13-150)$$

$$\sigma_g^2\approx\sum_{i=1}^{n}\sigma_{xi}^2\left(\frac{\partial g}{\partial X_i}\right)_{x_0}^2+\sum_{i\neq j}^{n}\sum^{n}COV(X_i,X_j)\left(\frac{\partial g}{\partial X_i}\right)_{x_0}\left(\frac{\partial g}{\partial X_j}\right)_{x_0}$$

如果 X_i 和 X_j 对所有 i 和 j 都是互不相关的，则上式简化为

$$\sigma_g^2\approx\sum_{i=1}^{n}\sigma_{xi}^2\left(\frac{\partial g}{\partial X_i}\right)_{x_0}^2 \quad (13-151)$$

下标 x_0 表示式中的导数在（X_{01}，X_{02}，…，X_{0n}）点计算。可靠性指标为

$$\beta=\frac{\mu_g}{\sigma_g}$$

均值一次二阶矩方法的特点是可以直接给出可靠性指标与随机变量统计号数之间的关系，计算方便，对于 $\beta=1\sim2$ 的正常使用极限状态可靠度的分析，尤为适用。

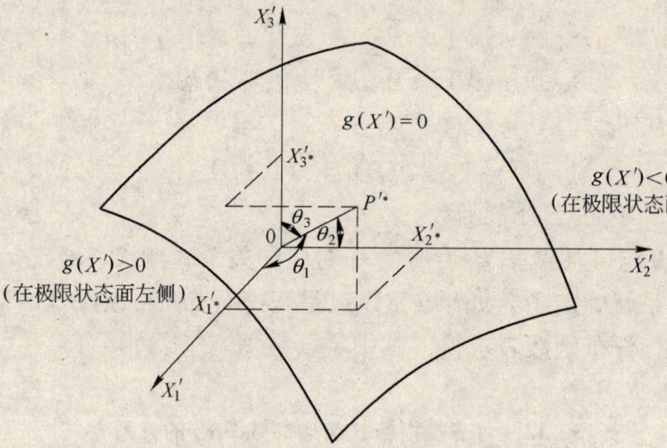

图 13-65　三变量极限状态曲面

均值一次二阶矩方法存在两方面的问题，一是由于略去泰勒级数中的二次以上的项所产生的误差，对于非线性的极限状态方程，将随着均值 x_{0i} 至随机变量点 x_i（$i=1$，2，…，n）的距离增加而增大；二是对同一问题，采用不同的极限状态方程，将得出不同的结果。

实例　有一边坡，其几何形状如图 13-66 所示。潜在滑动面倾角 $\alpha=27°$，长度 $l=10\text{m}$，滑体重量 $W=1000\text{t}$，假定潜在滑动面的抗剪强度参数黏结力 C 和摩擦系数 $f=\text{tg}\phi$ 为服从正态分布的随机变量，黏结力均值 $\mu_c=1\text{kPa}$，标准差 $\sigma_c=0.3\text{kPa}$；摩擦系数均值 $\mu_f=0.5$，标准差 $\sigma_f=0.08$，试求其中值安全系数、可靠性指标和破坏概率。

解：中值安全系数为

$$Fs=\frac{\mu_c l+W\cos\alpha\mu_f}{W\sin\alpha}$$

$$=\frac{545.5}{454.0}=1.20$$

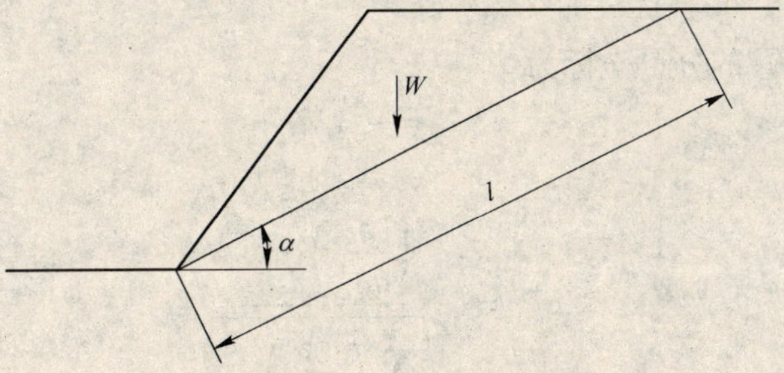

图 13-66 平面破坏可靠性指标法的应用

极限状态方程为

$$g(c,f) = cl + W\cos\alpha f - W\sin\alpha = 0$$

根据式（13-150）有安全储备均值

$$\mu_g = \mu_c l + W\cos\alpha\mu_f - W\sin\alpha$$
$$= 545.5 - 454.0 = 91.5$$

根据式（13-151）有标准差

$$\sigma_g = \sqrt{\sigma_c^2\left(\frac{\partial g}{\partial c}\right)^2 + \sigma_f\left(\frac{\partial g}{\partial f}\right)^2}$$

对极限状态方程求偏导数，可得

$$\frac{\partial g}{\partial c} = l;\frac{\partial g}{\partial f} = W\cos\alpha$$

故
$$\sigma_g = \sqrt{(\sigma_c l)^2 + (\sigma_f W\cos\alpha)^2}$$
$$= \sqrt{(3\times10)^2 + (0.08\times1000\times0.891)^2}$$
$$= 77.34$$

可靠性指标为

$$\beta = \frac{\mu_g}{\sigma_g} = \frac{91.5}{77.34} = 1.18$$

根据式（13-158）有破坏概率

$$P_f = 1 - \Phi(\beta)$$
$$= 1 - \Phi(1.18) = 0.12$$

式中，标准化正态分布函数 Φ（·）由标准正态分布表查得。

B 改进的一次二阶矩计算法

改进的一次二阶矩方法亦称“设计验算点法”[11,12]，它是把泰勒展开式的点选在位于极限状态曲面并具有最大可能破坏概率的点上，因此，可以在很大程度上克服均值一次二阶矩方法存在的问题。在已知变量的均值和方差，而缺乏任何概率分布信息情况下，就可以用改进的一次二阶矩方法求解可靠性指标 β。

可靠性指标 β 是标准正态空间坐标系 $0'-x'_1$，x'_2，…，x'_n 中原点 $0'$ 到极限状态曲面的最短距离（见图 13－65），也就是 P'^* 点沿其在极限状态曲面上切平面的法线方向至原点 $0'$ 的长度。

最可能破坏点 X'^* 的分量坐标为

$$x'^*_i = -\alpha_i^*\beta \tag{13-152}$$

其中

$$a_i^* = \frac{\left(\frac{\partial g}{\partial X'_i}\right)_*}{\sqrt{\sum_{i=1}^{n}\left(\frac{\partial g}{\partial X'_i}\right)_*^2}} \tag{13-153}$$

是关于 x'_i 轴的方向余弦，即 $\cos\theta_i = -q_i^*$（图 13－65）。

将式（13－153）换回原坐标表示：

$$a_i^* = \frac{\left(\frac{\partial g}{\partial X_i}\right)_*\sigma_{xi}}{\sqrt{\sum_{i=1}^{n}\left(\frac{\partial g}{\partial X_i}\right)_*^2\sigma_{xi}^2}} \tag{13-154}$$

也将 $P'^*(x'^*_1, x'^*_2, \cdots, x'^*_n)$ 的坐标换回原坐标，有

$$x_i^* = \mu_{xi} + \sigma_{xi}x'^*_i = \mu_{xi} - a_i^*\beta\sigma_{xi}, i = 1,2,\cdots,n \tag{13-155}$$

则 $P^*(x_1^*, x_2^*, \cdots, x_n^*)$ 即为设计验算点，该点应满足

$$g(x_1^*, x_2^*, \cdots, x_n^*) = 0 \tag{13-156}$$

当已知各状态变量的均值和标准差时，可由式（13－154）～式（13－156）用迭代法解得可靠性指标 β。迭代步骤如下：

（1）选取破坏点坐标的初值，一般取 $x_i^* = \mu_{xi}$；

（2）由式（13－154）计算 a_i^* 的值，其中包括计算 $\left(\frac{\partial g}{\partial X_i}\right)_*$；

（3）由式（13－155）得到 x_i^* 与 β 的关系式；

（4）由式（13－156）解得 β 值；

（5）以该 β 值代入第 3 步所得的 x_i^* 式内，求出 x_i^* 的新值；

（6）以这些新的 x_i^* 值重复进行第 2 步至第 4 步的计算，直至所得的 β 值与上一次的 β 值之差小于允许的误差，则计算结束，这次所求的 β 值即为所求的可靠性指标。

实例 边坡岩体由震旦纪矽质白云岩（SLS）、红色黏土岩（SC）及紫红色矽质岩（SQ）组成（图 13－67）。边坡走向 N80°E，倾向 SE，边坡角 43°，边坡高度 70m。红色黏土层走向 N80°E，倾向 SE，边坡角 59°，与边坡平行，呈顺坡层状结构。边坡岩体中发育一组缓倾角顺坡产生的节理，其平均产状为走向 N70°E，倾向 SE 边坡角 30°，截交尾面。如此可能构成双滑面剪切破坏。已知 6 个随机变量的特征值为：

参　数	摩擦系数 f_1	摩擦系数 f_2	黏结力 C_1（$\times10^4$Pa）	黏结力 C_2（$\times10^4$Pa）	层面倾角 α_1（°）	节理倾角 α_2（°）
均值 μ	0.277	0.939	4.0	25.4	59°08′	30°
标准差 σ	0.01	0.123	0.5	8.6	6°20′	7°15′

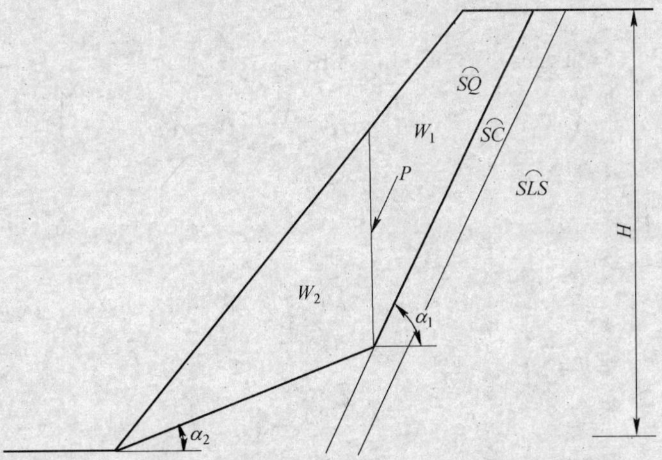

图 13－67　双折面破坏可靠性指标法的应用

SLS—矽质白云岩；*SC*—红色黏土岩；*SQ*—紫红色矽质岩

试求其中值安全系数和破坏概率。

解：安全系数为：

$$Fs = \frac{f_2[W_2\cos\alpha_2 + P\sin(\alpha_1 - \alpha_2)] + C_2 l_2}{W_2\sin\alpha_2 + P\cos(\alpha_1 - \alpha_2)}$$

$$P = W_1(\sin\alpha_1 - f_1\cos\alpha_1) - C_1 l_1$$

式中　P——主动块体施加给被动块体的推力，如果 P 为值，则取作零；

W_1、W_2——分别为主、被动块体的重量；

l_1、l_2——分别为主、被动块体滑面长度；

其余同上表。

可见，此安全储备 SM 为 f_1、f_2、C_1、C_2、α_1、α_2 6 个基本变量的非线性状态函数，其极限状态方程：

$$\begin{aligned} & g(f_1, f_2, C_1, C_2, \alpha_1, \alpha_2) \\ = & f_2 W_2\cos\alpha_2 + f_2 W_1\sin\alpha_1\sin(\alpha_1 - \alpha_2) - \\ & f_1 f_2 W_1\cos\alpha_1\sin(\alpha_1 - \alpha_2) - C_1 l_1 f_2\sin(\alpha_1 - \alpha_2) + \\ & C_2 l_2 - W_2\sin\alpha_2 - W_1\sin\alpha_1\cos(\alpha_1 - \alpha_2) + \\ & f_1 W_1\cos\alpha_1\cos(\alpha_1 - \alpha_2) + \\ & C_1 l_1\cos(\alpha_1 - \alpha_2) = 0 \end{aligned}$$

迭代步骤如下：

（1）选取 X_i^* 的初值为均值，即取

$$f_1 = 0.277 \qquad f_2 = 0.939$$

$$C_1 = 40 \qquad C_2 = 254$$

$$\alpha_1 = 59°08' \qquad \alpha_2 = 30°$$

（2）计算$\left.\frac{\partial g}{\partial x_i}\right|P^*$：

$$\left.\frac{\partial g}{\partial f_2}\right|P^* = W_2\cos\alpha_2 + W_1\sin\alpha_1\sin(\alpha_1-\alpha_2) - f_1W_1\cos\alpha_1\sin(\alpha_1-\alpha_2) - C_1l_2\sin(\alpha_1-\alpha_2) = 5151.2$$

$$\left.\frac{\partial g}{\partial C_2}\right|P^* = l_2 = 67.3$$

$$\left.\frac{\partial g}{\partial f_1}\right|P^* = -f_2W_1\cos\alpha_1\sin(\alpha_1-\alpha_2) + W_1\cos\alpha_1\cos(\alpha_1-\alpha_2) = 746.4$$

$$\left.\frac{\partial g}{\partial C_1}\right|P^* = -l_1f_2\sin(\alpha_1-\alpha_2) + l_1\cos(\alpha_1-\alpha_2) = 40.3$$

$$\left.\frac{\partial g}{\partial \alpha_2}\right|P^* = -f_2W_2\sin\alpha_2 - f_2W_1\sin\alpha_1\cos(\alpha_1-\alpha_2) + f_1f_2W_1\cos\alpha_1\cos(\alpha_1-\alpha_2) + C_1l_1f_2\cos(\alpha_1-\alpha_2) - W_2\cos\alpha_2 - W_1\sin\alpha_1\sin(\alpha_1-\alpha_2) + f_1W_1\cos\alpha_1\sin(\alpha_1-\alpha_2) + C_1l_1\sin(\alpha_1-\alpha_2) = -9122.2$$

$$\left.\frac{\partial g}{\partial \alpha_1}\right|P^* = f_2W_1[\cos\alpha_1\sin(\alpha_1-\alpha_2) + \sin\alpha_1\cos(\alpha_1-\alpha_2)] - f_1f_2W_1[\cos\alpha_1\cos(\alpha_1-\alpha_2) - \sin\alpha_1\sin(\alpha_1-\alpha_2)] - C_1l_2f_2\cos(\alpha_1-\alpha_2) - W_1[\cos\alpha_1\cos(\alpha_1-\alpha_2) - \sin\alpha_1\sin(\alpha_1-\alpha_2)] - f_1W_1[\sin\alpha_1\cos(\alpha_1-\alpha_2) + \cos\alpha_1\sin(\alpha_1-\alpha_2)] - C_1l_1\sin(\alpha_1-\alpha_2) = 1672.9$$

（3）将$\left.\frac{\partial g}{\partial x_i}\right|P^*$值代入式（13－164），即有

$$a_{f_1}^* = (746.4\times0.01)/[(746.4\times0.01)^2 + (5151.2\times0.123)^2 + (40.3\times0.5)^2 + (67.3\times8.6)^2 + (1672.9\times0.1107)^2 + (-9122.2\times0.1265)^2]^{1/2} = 0.0001$$

$$a_{f_2}^* = 0.0095$$

$$a_{C_1}^* = 0.0003$$

$$a_{C_2}^* = 0.0086$$

$$a_{\alpha_1}^* = 0.158$$

$a_{a_2}^* = -0.987$

(4) 由式(13-165)计算新的 x_i^*:

$$f_1^* = \mu_{f_1} - a_{f_1}^* \sigma_{f_1}\beta$$
$$= 0.277 - 0.0001 \times 0.01\beta = 0.277 - 0.000001\beta$$
$$f_2^* = \mu_{f_2} - a_{f_2}^* \sigma_{f_2}\beta = 0.939 - 0.00169\beta$$
$$C_1^* = \mu_{C_1} - a_{C_1}^* \sigma_{C_1}\beta = 4 - 0.00015\beta$$
$$C_2^* = \mu_{C_2} - a_{C_2}^* \sigma_{C_2}\beta = 28.4 - 0.0739\beta$$
$$\alpha_1^* = \mu_{\alpha_1} - \alpha_{\alpha_1}^* \sigma_{\alpha_1}\beta = 1.032 - 0.0175\beta$$
$$\alpha_2^* = \mu_{\alpha_2} - \alpha_{\alpha_2}^* \sigma_{\alpha_2}\beta = 0.524 - 0.1265\beta$$

(5) 将以上 x_i^* 代入极限状态方程,形成一 β 方程,解得 $\beta = 2.0123$。再将此 β 值代入第(4)步骤,从而有新的 x_i^* 值:

$$f_1^* = 0.2773 \qquad f_2^* = 0.9370$$
$$C_1^* = 3.9996 \qquad C_2^* = 25.2504$$
$$\alpha_1^* = 0.9969 \qquad \alpha_2^* = 0.7750$$

(6) 以这些新的 x_i^* 值代入式(13-164),进行第二次迭代,重复上述步骤。直至第三次迭代解得 $\beta = 1.9979$,与第二次迭代解得 $\beta = 1.9978$ 相比,误差 <0.0001,故得可靠性指标为 1.9979。

(7) 根据式(13-148),求得破坏概率 $P_f = 0.0233$。

(8) 根据各参数的均值,解得中值安全系数 CFS = 1.549。

分析结果表明,该边坡在中值安全系数为 1.549 的情况下,存在 2.33% 的破坏概率。

C *JC* 方法

一次二阶矩方法是基于正态分布或对数正态分布推导的,不能考虑随机变量为其他类型的实际分布。*JC* 方法[12]主要是一个把非正态变量用正态变量代替的近似方法,该法已被国际结构安全度联合委员会(*JCSS*)所采用,故称为 *JC* 方法。*JC* 方法的基本思路是:当已知各状态变量的分布时,针对各状态变量为互不相关且服从任意分布的情形,将非正态变量变换为正态变量,然后用改进的一次二阶矩方法求 β 值,进而用式(13-148)求得破坏概率 P_f。

等效正态化的条件是:一、在设计验算点 x_i^* 处,等效正态变量 x'_i(其平均值为 $\mu_{x'_i}^N$,标准差为 $\delta_{x'_i}^N$)的分布函数值 $F_{x'_i}(x_j^*)$ 与原变量(其平均值 μ_{x_i},标准差为 δ_{x_i})的分布函数值 $F_{x_i}(x_i^*)$ 相等;二、在设计验算点 x_i^* 处,等效正态变量概率密度函数值 $f_{x'_i}(x_i^*)$ 与原变量概率密度函数值 $f_{x_i}(x_i^*)$ 相等(见图 13-68)。

根据在 x_i^* 处分布函数值相等的条件,可得等效正态分布的均值:

$$\mu_{x_i}^N = x_i^* - \delta_{x_i}^N \Phi^{-1}[F_{x_i}(x_i^*)] \tag{13-157}$$

等效正态分布的标准差为

$$\delta_{x_i}^N = \frac{\varphi\{\Phi^{-1}[F_{x_i}(x_i^*)]\}}{f_{x_i}(x_i^*)} \tag{13-158}$$

式中 x_i^* ——转换点;

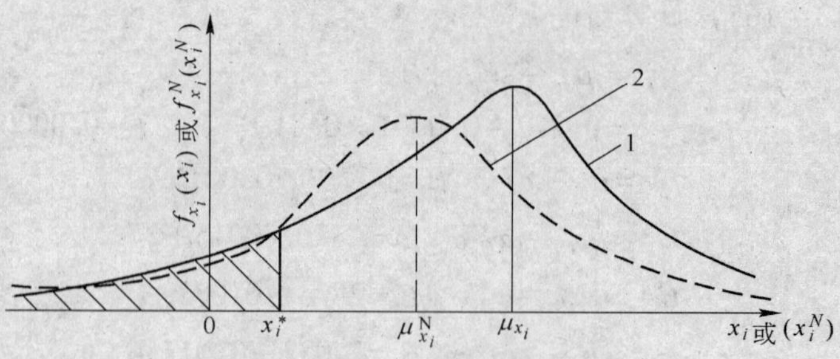

图 13 - 68　等效正态化变换

1—非正态分布；2—等效正态分布

$F(\cdot)$、$f(\cdot)$ ——x_i 的分布函数和密度函数；

$\Phi(\cdot)$、$\varphi(\cdot)$——标准正态分布函数和密度函数。

用 *JC* 方法求 β 的计算步骤与改进的一次二阶矩方法一样，只需在第 1 步与第 2 步之间插入用式（13 - 157）和（13 - 158）计算 $\mu^N_{x_i}$ 和 $\delta^N_{x_i}$ 的一步，且用 $\mu^N_{x_i}$ 和 $\delta^N_{x_i}$ 代替式（13 - 154）和式（13 - 155）中的 μ_{x_i} 和 δ_{x_i}，其余各步骤相同（图 13 - 69）。

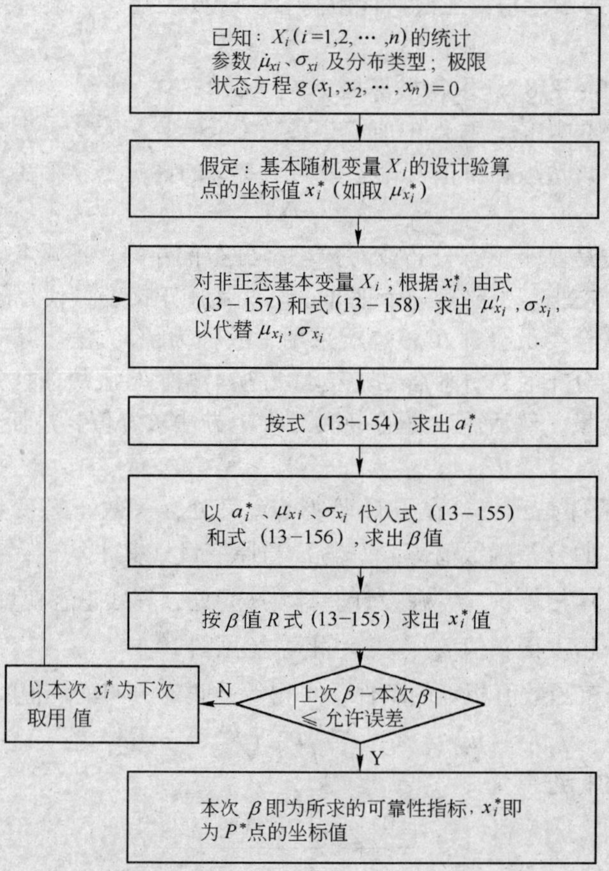

图 13 - 69　*JC* 方法计算框图

13.7.3.4 卢森帕路斯方法

卢森帕路斯方法[13]是随机变量函数的统计矩的近似方法，它的基本思想是：边坡安全系数 Fs 服从一定类型的分布，但不求出 Fs 的概率密度函数 $f\ (Fs)$，而用 n 个随机变量 x_i 的特征参数及它们之间的可能组合关系，近似地估计 Fs 的分布参数。

统计矩的点估计公式：

（1）一阶矩 M_1。随机变量 Fs 的一阶矩，也称均值，其点估计式为

$$M_1 .= \mu_{Fs} \simeq \sum_{j=1}^{2^n} P_j Fs_j \tag{13-159}$$

式中 Fs_j——随机变量之间某一种组合下计算求得的安全系数；

n——随机变量个数；

P_j——系数；

$$P_j = \frac{1}{2^n}(1 + a_1 a_2 \gamma_{1,2} + a_3 a_4 \gamma_{2,3} + \cdots + a_{-1} a_n \gamma_{n-1,n}) \tag{13-160}$$

γ_{i-1}——变量 x_{i-1} 与 x_i 之间的相关系数，如果不相关，则 $\gamma_{i-1,i}=0$；

a_i——系数，其中 $i=1，2，\cdots，n$，a_i 只取 1 和 −1：当 x_i 取 x_{i-} 时，$a_i=-1$；当 x_i 取 x_{i+} 时，$a_i=1$。

（2）二阶矩 M_2。随机变量 Fs 的二阶矩，也称方差，其点估计式为

$$M_2 = \sigma_{Fs}^2 \approx \sum_{j=1}^{2^n} P_j Fs_j^2 - \mu_{Fs}^2 \tag{13-161}$$

式中 μ_{Fs}——安全系数均值，即一阶矩 M_1。

（3）三阶矩 M_3。三阶矩的点估计式为

$$M_3 \approx \sum_{j=1}^{2^n} P_j Fs_j{}^3 - 3\mu_{Fs} \sum_{j=1}^{2^n} P_j Fs_j^2 + 2\mu_{Fs}^3 \tag{13-162}$$

（4）四阶矩 M_4。四阶矩的点估计式为

$$M_4 \approx \sum_{j=1}^{2^n} P_j Fs_j^4 - 4\mu_{Fs} M_3 - 6\mu_{Fs}^2 M_2 - \mu_{Fs}^4 \tag{13-163}$$

由以上统计矩可求得安全系数 Fs 的偏态系数 $C_1 = M_3/M_2{}^{3/2}$ 和峰态系数 $C_2 = M_4/M_2^2$。

实例 有一高度 $H=7.60\text{m}$，坡角 $\alpha=45°$ 的边坡（图 13−70）其土的性质为：容量 $\gamma=18.84\text{kN/m}^3$，黏结力均值 $\mu_c=23.94\text{kN/m}^2$，摩擦系数均值 $\mu_f=0.78$，黏结力 C 与摩擦系数 f 的相关系数 $\gamma=0.20$，变异系数 $\gamma_c=0.5$，$\gamma_f=0.5$。试求其平均安全系数和破坏概率。

解：对于两个随机变量 C 和 f 的函数 Fs，可能的变量组合有

$$Fs_{1++} = Fs(\mu_c + \sigma_c, \mu_f + \sigma_f),$$
$$Fs_{2+-} = Fs(\mu_c + \sigma_c, \mu_f - \sigma_f),$$
$$Fs_{3-+} = Fs(\mu_c - \sigma_c, \mu_f + \sigma_f),$$
$$Fs_{4--} = Fs(\mu_c - \mu_c, \mu_f - \sigma_f)$$

根据安全系数公式

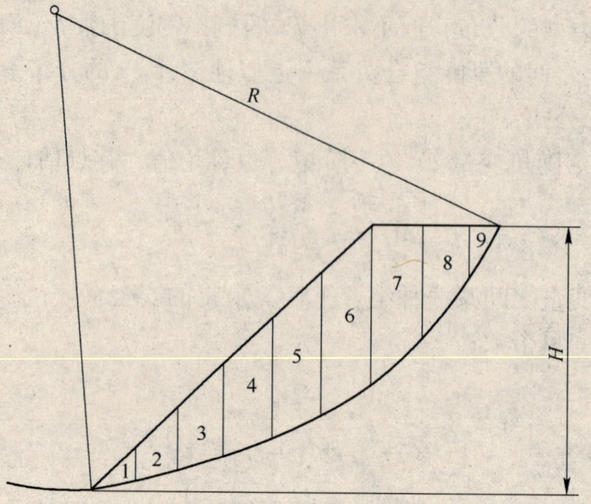

图13-70　圆弧形破坏卢森普路斯方法的应用

$$Fs = \frac{\Sigma Cl_i + \Sigma \mathrm{tg}\phi W_i \cos\alpha_i}{\Sigma W_i \sin\alpha_i}$$

分别代入上述4组变量，求得4个安全系数：

$$Fs_{1++} = 3.46; Fs_{2+-} = 2.33;$$
$$Fs_{3-+} = 2.29; Fs_{4--} = 1.15$$

根据（13-160）式确定系数 P_j，有

$$P_{1++} = P_{4--} = 0.25(1+0.2) = 0.3$$
$$P_{2+-} = P_{3-+} = 0.25(1-0.2) = 0.2$$

根据（13-159）式，求得安全系数均值

$$\begin{aligned}\mu_{Fs} &\approx P_{1++}Fs_{1++} + P_{2+-}Fs_{2+-} + P_{3-+}Fs_{3-+} + P_{4--}Fs_{4--} \\ &= 0.3\times3.46 + 0.2\times2.33 + 0.2\times2.29 + 0.3\times1.15 \\ &= 2.31\end{aligned}$$

根据（13-161）式，求得安全系数标准差

$$\begin{aligned}\sigma_{Fs} &\approx [(P_{1++}Fs_{1++}^2 + P_{2+-}Fs_{2+-}^2 + P_{3-+}Fs_{3-+}^2 + P_{4--}Fs_{4--}^2) - \mu_{Fs}^2]^{1/2} \\ &= (0.3\times3.46^2 + 0.2\times2.33^2 + 0.2\times2.29^2 + 0.3\times1.15^2 - 2.31^2)^{1/2} \\ &= 0.885\end{aligned}$$

如果变量 C 和 f 均独立服从正态分布，则有可靠性指标

$$\beta = \frac{\mu_{Fs}}{\sigma_{Fs}} = \frac{2.31}{0.885} = 2.610$$

破坏概率

$$\begin{aligned}P_f &= 1 - \Phi(2.610) \\ &= 4.53\times10^{-3}\end{aligned}$$

13.8 边坡设计

在边坡工程评价—设计—形成的全过程中，边坡设计作为工程技术决策，对未来边坡工程质量具有决定性的作用，设计过失难以在开采过程中挽回，很可能对生产边坡管理产生深远的影响，因此，应尽可能使边坡设计科学化，从而满足工程安全和企业受益的要求。设计方法按其发展层次，有类比设计方法、检验设计方法和优化设计方法。

13.8.1 类比设计方法

类比设计法是开创最早，至今仍在运用的一种经验性设计方法，它以工程类比作为判别标准和设计依据，具有简单、直观、费用省的优点，但由于缺少定量的分析和评价，往往会产生一定的盲目性。对于规模巨大的或条件复杂的边坡工程，一定要在工程类比的基础上，结合其它分析方法，进行综合评价，以提出合理的边坡设计方案。

在确定露天矿境界的过程中，要通过类比法确定边坡角及其位置，必须充分考察类似的因素，其中有：

（1）地质条件，包括构成边坡的岩性、地质构造格架、边坡岩体的结构特征、节理裂隙的发育情况以及控制总体稳定性的大型不连续面的分布情况。

（2）边坡岩体工程地质性质，包括不连续面的组合关系、岩石风化程度和蚀变状态、岩体的物理性质和水理性质、有关岩体的弱面的强度参数。

（3）地表水与地下水条件，包括当地地势和地表水系、地下水赋有条件、地下水结干降压的条件。

（4）边坡岩体可能发生的和已经发生的变形和破坏的模式。

（5）露天采场的范围大小、设计开采深度、采场形状为圆形或拉长形等。

（6）露天开采方法。

数百年的露天开采历史为类比设计法提供了丰富的资料来源，但是，世界上不可能有一对完全相同的矿山，同时也难以对上述6项因素作出完整的解答。它的基本准则是：必须满足设计参数和稳定性控制因素的相似。

类比矿山的选择有以下几种情况：

（1）分期开采设计或扩建设计时同一矿山的类比，前期形成的边坡相当于试验边坡，根据已有边坡的设计参数和工作性态进行类比设计，颇为切合实际。

（2）同一地质背景、同一层位矿体、位置毗邻的两矿山类比，条件非常相似，具有非常良好的可比性。

（3）本地区内，矿床成因类型相同，边坡工程地质条件相近的两矿山类比。

（4）其它地区，边坡工程地质条件相近的两矿山类比。

（5）同国外矿山类比，一般只作参考。

采矿类比法需注意的几个问题：

（1）切忌生搬硬套，在有条件的情况下，应对类比矿山进行适当的现场调查，详细考察拟设计矿山与类比矿山的相似因素。

（2）履行边坡的基本设计准则，例如层状沉积或变质矿床，下盘边坡角一般应缓于层面倾角；端部边坡（考虑“端部效应”）可以采用略陡于其它部位的边坡角，等等。

（3）特殊性问题专门处理。例如在境界域外1/3边坡高度范围内有较大的平行边坡的不连续面；有横穿边坡的宽大破碎带，等等。

（4）考虑边坡工程的重要性上的差异。例如坑内破碎站，出入沟或其它固定工业设施，应提高它的可靠程度。

13.8.2　校验设计方法

13.8.2.1　设计之中校验

设计之中校验是指在矿山设计过程中，基于类比法所确定的开采境界，对边坡稳定性进行校验。

校验方法是：

（1）判别可能的破坏模式，选取典型的验算剖面。

（2）选取抗剪强度指标：在积累有抗剪强度试验资料或有滑坡反算强度指标时，可以适当取用；在有岩块抗压试验和点荷载试验资料时，可以按经验公式折算抗剪强度；在没有本矿试验资料情况下，可根据其它工程的试验指标选取。

（3）采用极限平衡方法，进行稳定性验算。因为破坏边界条件确定和强度参数选取的可靠程度低，故允许安全系数一般取 $Fs=1.3\sim1.5$。

（4）根据验算结果调整设计境界。

这种校验方法的特点是把可能发生的稳定性问题处理在设计之中；验算结果直接用于边坡设计。

13.8.2.2　设计之后校验

设计之后校验是指在完成矿山设计之后，对怀疑或已发生不稳定问题的边坡进行稳定性校验。校验范围可以是全采场，可以是一个边帮，也可以是一个区段。

校验方法是：

（1）进行专门的边坡工程地质勘察，详细地划分设计区，确定可能破坏模式，对工作区进行综合性工程地质分析。

（2）进行岩体和弱面的抗剪强度测定，如果工程重要，且有试验条件，应在足够数量的中小型剪切试验基础上，作一定数量的原位剪切试验。

（3）进行水文地质试验，确定基本的水文地质参数，预测未来边坡体内地下水状态的变化。

（4）进行爆破震动力测量。

（5）计算安全系数，一般允许安全系数 $Fs=1.15\sim1.30$。同时可以采用应力应变法和可靠性分析方法，进行更详细的稳定性评价。

这种校验方法的特点是工作详尽，解决问题的针对性强，稳定性措施也比较切实，但难以调整矿山设计。

13.8.3　优化设计方法

13.8.3.1　边坡优化设计原理

边坡优化设计就是根据优化原理和优化方法，在满足系统功能要求即安全可靠的前提下，结合指令计划、技术经济和工程条件的约束，选取经济效益大、资源利用好的边坡设计方案，最终使得几项主要设计指标达到综合优化的目的。

边坡工程设计上的最优值是指在满足多种因素的约束下所获得的最令人满意的适用值，它反映了人们的设计意图和使用目的。为了衡量设计方案的好坏，必须确立一个客观标准，这个标准称为评价函数或目标函数。露天矿边坡工程设计的总目标函数是：

$$\max\left\{W_1\beta_1\sum_{j=1}^{n}\left[\sum_{i=1}^{r}\alpha(B_{ij}-C_{ij}-I_{ij}-A_{ij}-a_{ij})-\alpha IN_j\right]+W_2\beta_2\left[\sum_{j=1}^{n}\sum_{i=1}^{r}O_{ij}\right]\right\} \tag{13-164}$$

式中 B——采矿收益；

C——开采成本；

I——边坡不稳定费用；

A——为提高稳定性而采取工程措施的费用；

a——相关工程措施的经营费；

IN——建设投资；

O——回采矿量；

W_1、W_2——权系数，表明各自在总体优化中的重要程度；

β_1、β_2——变换系数；

α——贴现系数；

n——评价年数，其下标为 j；

r——边坡设计区数，其下标为 i。

显然，在多目标优化情况下，所有设计指标不能同时达到各自的取优状态，只能求得系统的总体优化。而且，在优化过程中，必须根据实际设计要求对设计变量的取值加以限制，这种限制称为设计约束。设计约束一般表示为设计变量的不等式约束函数。

约束1：保证安全可靠的约束。

可靠度 R 表征边坡安全的可靠程度，数值上为安全系数 $Fs\leqslant1$ 或安全储备 $S_M\leqslant0$ 的概率 P 的补数。

$$Ps=1-P\,[Fs\leqslant1\text{ 或 }S_M\leqslant0]\geqslant p_{sc} \tag{13-165}$$

p_{sc}为可靠度的限定值。而 Fs 和 S_M 又为随机变量黏结力 C、内摩擦角 ϕ，地下水压 u，地震加速度 a、不连续面产状 d 以及边坡角 α 和边坡高度 H 的函数，故

$$Ps=1-p\ \{S_F\ (C、\phi、u、a、d、\alpha、H)\ \leqslant1\}\ \geqslant p_{sc} \tag{13-166}$$

或

$$Ps=1-p\ \{S_M\ (C、\phi、u、a、d、\alpha、H)\ \leqslant0\}\ \geqslant p_{sc} \tag{13-167}$$

约束2：年产量和采剥总量的约束。

年产量和采剥总量是采掘生产的指标，它直接关系到边坡形成的时间、区段和水平，以及相应的可靠性预测值。年产量 OT 和采剥总量 ORT 必须满足相应计划值 OT' 和 ORT'，即

$$OT\geqslant OT'\text{ 和 }ORT\geqslant ORT' \tag{13-168}$$

约束3：矿石边界品位的约束。

边界品位 G_o 决定开采境界即边坡位置。

$$G_o\leqslant G \tag{13-169}$$

式中 G——矿石品位。

约束4：边坡角 α 的约束。

可以指定边坡角的变化范围。如果地表有其他工程设施限制境界位置，边坡角约束则要强烈。

$$\alpha_1 \leqslant \alpha \leqslant \alpha_2 \tag{13-170}$$

式中　α_1、α_2——边坡角 α 的上、下限值。

约束5：采矿工艺条件的有关约束。

主要包括开拓运输系统和开采方式的要求。

露天矿边坡工程是一个复杂系统，环境因素繁多，且多具不确定性，而系统本身与各子系统之间并无明确的参数间的内在联系，难以通过一个完整的精确的数学模型求解，只有根据整个系统的最优化目标分析，才能作出科学决策。因此，在整个设计过程中，应交替使用几种优化方法。在总体上，采用系统分析与系统仿真模拟技术，在具体步骤上，采用数值计算决策方法求得最优方案。优化的基本步骤示于图13－71。

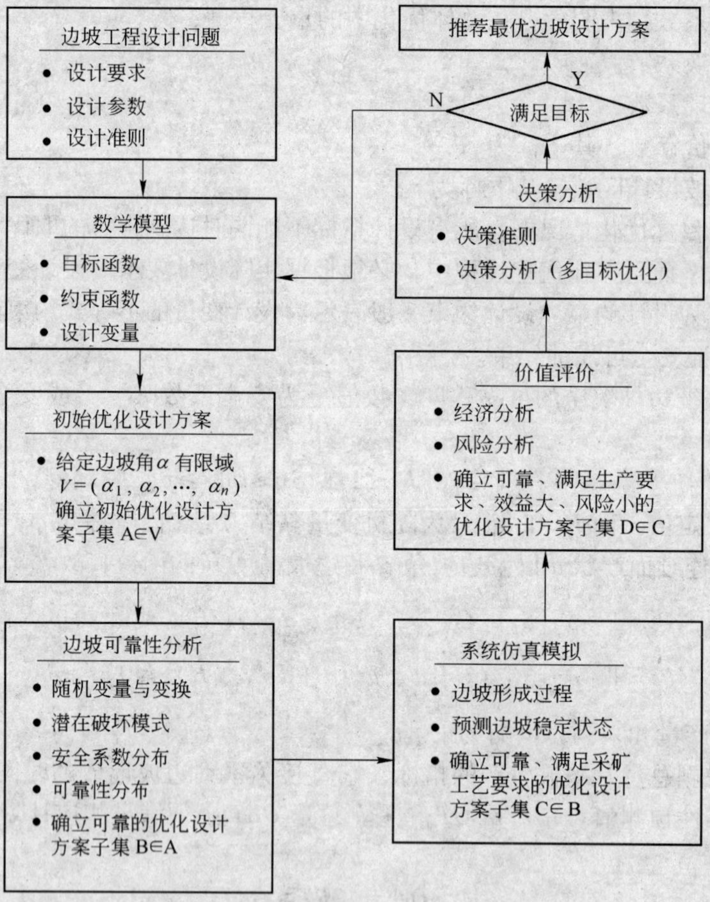

图13－71　优化过程的宏框图

优化过程所使用的参数可分三种类型：

（1）设计参数。它是设计方案中的自变量 X（x_1，x_2，…，x_k），通常是由设计者给出的。它包括：几何参数、强度参数，外载荷参数、岩体结构参数、经营参数。

（2）性能参数。是指方案性能方面的特点，主要包括安全系数、安全储备、可靠性、经济指标等特性，通常决定设计需要和采矿工艺的要求。性能参数 $y(X)$ 是设计参数 X 的函数，设计前是不知道的，经分析后才能给出。

（3）环境参数。它是设计依据的原始参数部分，包括：地震危害与风险估计，特大暴雨估计，等等。

13.8.3.2 优化过程与方法

A 初始优化边坡设计方案的确定

初始优化边坡设计方案是在边坡角 α 限值约束，即 $\alpha_1 \leqslant \alpha \leqslant \alpha_2$ 下，通过优化境界圈定提供的，是从价值理论出发，依据矿石的自然变量：对一系列边坡角（或称边坡设计方案）的全域求解各自价值量大的相应最优边坡位置。它只表明盈利最大化，而不考虑安全上的可靠性和工艺上的可行性，目的是要构造一个包容全部优化方案的子集，以保证以后的优化过程都建立在价值最大的基础之上。

确定初始优化边坡设计方案，主要依据以下诸因素：

（1）矿床的勘探深度；

（2）工业品位指标；

（3）指令性要求；

（4）采场周围地势、水系、建筑物、工业设施等场地约束；

（5）可行性研究中边坡稳定性分析的结果或基础地质、工程地质资料；

（6）改造设计矿山已有的边坡形态和工程问题；

（7）矿体赋存形态。

在边坡岩体组成单一、结构比较简单、矿体形态规则的矿山，或者扩建改造设计矿山，可选用的边坡设计方案限定比较窄。在这种情况下，可以根据上述因素，凭借设计经验确定若干可比的初始边坡设计方案。这种方法不是求解价值最大的最优方案，而是提供生产可行的满意方案。

如果所设计矿山曾做过优化境界圈定工作，积累一定资料，虽不是考虑边坡角全限变化专门为边坡设计所做，但可用作参考，并在此基础上，综合最新要求和条件，确定若干初始边坡设计方案。这种方法，虽不是精确评价，只可大体上反映价值最大。

在有条件的矿山，应进行专门的优化分析，控制边坡角的变化。求解相应的最高盈利水平，从而提供初始优化边坡设计方案子集。可采用的优化方法有浮锥法、动态规划法、图论法以及动态规划与网络流联合方法，具体解法可参考有关专门著作和本手册第七卷第39章。

B 边坡系统可靠性设计

可靠性直接反映边坡系统的质量指标，它关系整个边坡系统的成败。露天矿边坡是一个复杂的大系统，它由许多子系统（如设计区）或分量（如台阶边坡单元格、运输线路间边坡单元格）按一定的系统结构模型组合而成，其中任何一部分失稳，都会不同程度地影响整个系统功能。边坡系统可靠性设计的目的是：在初始优化边坡设计方案的基础上，估计各个子系统的可靠性，并评价它们在构成大系统的可靠性中所起的作用，从而控制薄弱环节，以提高整个系统的可靠性，且把设计所冒的风险和经济上所承担的风险限制在人们可以接受的限度以内，最终筛选出盈利性与可靠性兼优的边坡设计方案。

边坡可靠性表征边坡工程的内在属性。可靠度（P_s）是可靠性的度量指标，是指在矿山服务期间，在规定条件下，特定边坡保持稳定的概率。相应地，特定边坡发生不稳定的概率则称为破坏概率（P_f）。可靠度 $P_s=1-P_f$。

a　系统的可靠性

边坡系统的可靠性往往是由若干个不同结构的子系统或分量的可靠性决定的。

在串联系统中，任一分量的破坏都会使整个系统遭到破坏，其整个系统的可靠度 P_s 是每一分量可靠度 P_{si} 的乘积，对于 n 个分量，则

$$P_s = \prod_{i=1}^{n} P_{si} \tag{13-171}$$

$$P_f = 1 - P_s = 1 - \prod_{i=1}^{n} P_{si} = 1 - \prod_{i=1}^{n} (1 - P_f) \tag{13-172}$$

如果 n 个分量的破坏概率 P_i 近似相等，且其均值等于 $\overline{P}$，则

$$P_f = 1 - (1 - \overline{P})^n \tag{13-173}$$

在并联系统中，从输入到输出之间有 n 条联络路径，只有在全部路径被堵塞时整个系统才破坏，因此，整个系统的破坏概率 P_f 为每个分量的破坏概率之积，即

$$P_f = \prod_{i=1}^{n} P_i \tag{13-174}$$

如果 n 个分量的破坏概率 P_i 近似相等，且其均值等于 $\overline{P}$。则

$$P_f = \overline{P}^n \tag{13-175}$$

任何复杂模型都可分解为上述两种基本元件的组合，然后按以上各式求得整个系统的破坏概率。

b　可靠性计算

计算方法详见本章13.7.3。

c　可靠性设计

所谓可靠性设计，就是研究“不可靠”的规律，并在工程设计中予以考虑。可靠性设计的基本依据是可靠性预测，即通过可靠性计算，预测未来在边坡形成过程中，破坏概率 P_f 随边坡角 α 或边坡高度 H 的变化。图13－72示出美国双峰铜矿东采场上部边坡 $P_f-\alpha$ 变化曲线[14]。显然，采用疏干工程降低地下水压力是提高该边坡可靠性的有效措施。

d　可靠性的实用准则

可靠性是一个相对的概念，可靠性设计准则的选取决定于：（1）设计参数的完整程度，以及设计者对设计参数不确定性的把握程度；（2）为提高可靠性所要付出的代价与所能得到利益的权衡，（3）决策者对设计风险的态度。目前并无统一的额定标准。研究结果表明，在变异系数呈各种概率分布情况下，在有意义的范围内，中值安全系数CFS对破坏概率并不敏感，如图13－73所示。对于大多数岩土工程问题，这个范围界限是 $P_f<1\times10^{-3}$[15]。

从可靠性指标 β 与破坏概率的对应关系（表13－16）也可以看出，如 $P_f\leqslant10^{-3}$（$\beta=3.09$）时，不管 F_z（Z）的分布类型如何，P_f 大都在同一数量级，其精度已足够了。

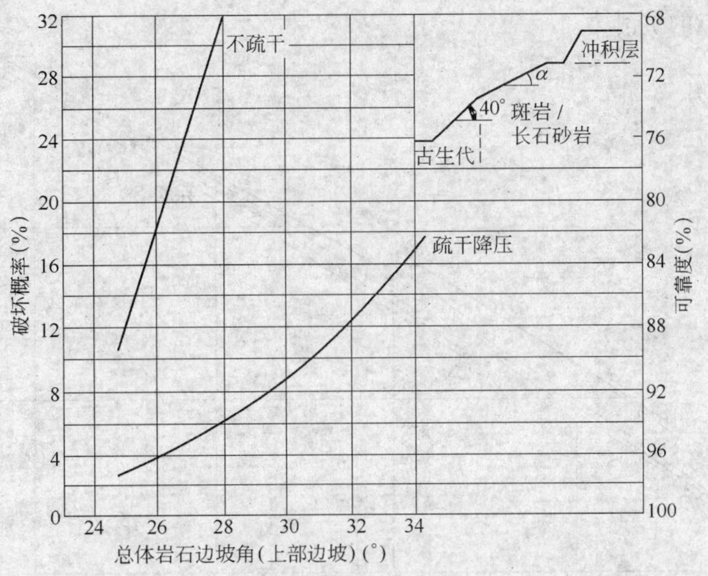

图 13-72 破坏概率-边坡角变化

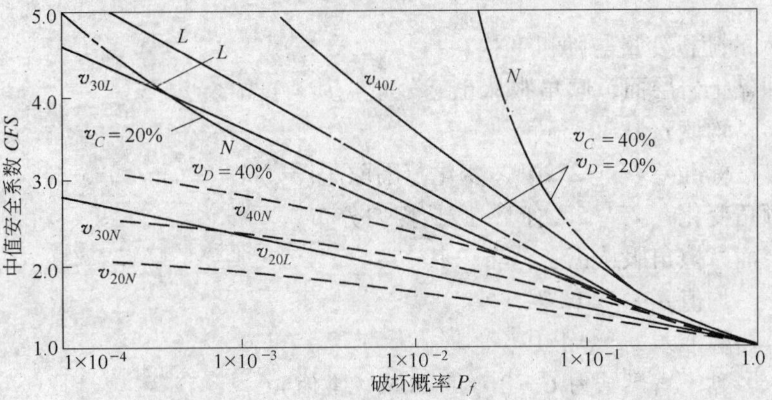

图 13-73 中值安全系数与破坏概率关系

v—变异系数；N—正态分布；L—对数正态分布

但是，如 $P_f<10^{-5}$（$\beta=4.26$）时，F_z（Z）的分布类型对 P_f 的计算结果就相当敏感，则需研究 F_z（Z）的实际分布。

据普里斯特（Priest）等人在秘鲁的研究结果[13]对于主要运输线路边坡和下部有矿山永久性设备的边坡，可接受的破坏概率 $P_f=0.3\%$（$F_s=2.0$），对于端帮边坡临时边坡（不靠近运输线路）以及台阶边坡，可接受的 $P_f=10\%$（$F_s=1.3$）。

e 工程实例

攀钢石灰石矿改建矿山设计采用可靠性分析方法对边坡稳定性进行评价。

（1）计算剖面如图 13-74 所示，为顺层滑移-剪切破坏。采用 D_n 法计算安全系数

$$F_s=\frac{1}{1+\dfrac{D_n}{N_F}}$$

式中 D_n——最后一条块的接触力；

N_F ——点的抗滑力。

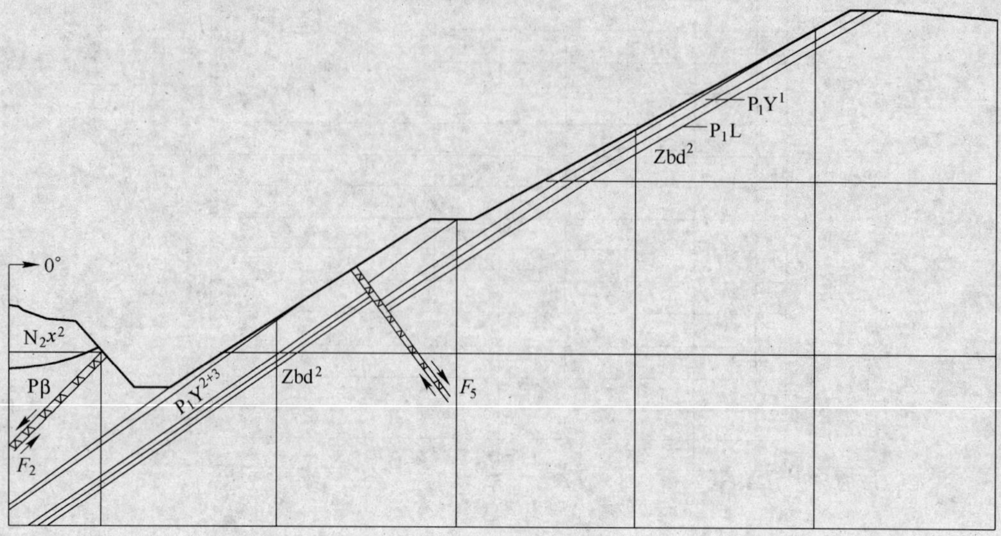

图 13-74　计算实例

（2）输入的随机变量与随机变换；

主滑面即黏土岩层面，倾角服从正态分布，其

均值 $\mu_\alpha = 30°35'$

标准差 $\sigma_\alpha = 2°20'$（变化范围取 $\pm 1\sigma_\alpha$）

剪断面倾角变化在 2°~5°之间，服从均匀分布。

黏土岩层面摩擦角服从正态分布，其

均值 $\mu_{\phi1} = 20°37'$

标准差 $\sigma_{\phi1} = 4°12'$

黏土岩黏结力 $C = 0.0059$MPa（常值）

剪断面摩擦角服从正态分布，其

均值 $\mu_{\phi2} = 35°40'$

标准差 $\sigma_{\phi2} = 3°$

黏结力 $C = 0.043$MPa（常值）

采用极限近似法进行随机变换。以层面倾角为例，据式（13-141），取 $n = 12$ 时，则

$$x_i = \sum_{i=1}^{12} r_i - \frac{n}{2}$$

作一个线性变换，有正态随机变量 η_i

$$\eta_i = \mu + \sigma x_i$$

$$= 30.6° + 2.4°\left(\sum_{i=1}^{12} r_i - 6\right)$$

取 12 个均匀随机数，为说明取二位随机数：0.47，0.91，0.62，0.88，0.81，0.74，0.24，0.95，0.51，0.49，0.28，0.31，则得 $\eta_1 = 33.50° = 33°30'$。如此可取无限多个随

机变量。

（3）安全系数统计试验：对上述四种随机变量，随机抽取200组随机参数，分别代入安全系数计算公式，即求得一定高度边坡的200个安全系数值，并绘制成直方图（图13-75）按正态分布的假设进行χ^2检验，检验结果是：$\mu_{Fs}=1.2967$，$\sigma_{Fs}=0.1267$，自由度$v=10-3=7$，$\chi^2=12.9485$，而χ^2（0.05）$=14.067$，故符合正态分布的假设。

（4）按安全系数正态分布，用近似法求得破坏概率$P_f=0.0019$。

（5）从上至下，将边坡高度划分成10段，逐次求得各段的破坏概率P_f，则可得到某一设计方案的总体边坡破坏概率随深度变化的总表，表13-14示出第Ⅱ边坡设计方案的计算结果。

最后，根据可靠性准则，决定采用可靠度限值$P_{sc}=0.99995$，效果良好。

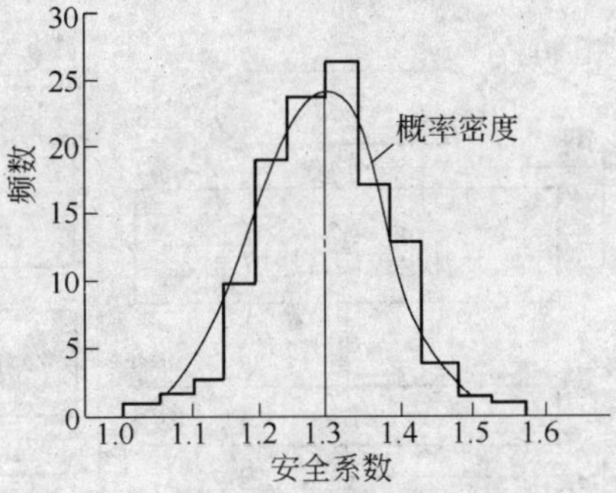

图13-75 安全系数概率密度

表13-14 边坡设计方案Ⅲ的破坏概率

h/H	边坡设计区								
	Ⅰ			Ⅱ			Ⅲ		
	深度（m）	P_f（%）	F_s	深度（m）	P_f（%）	F_s	深度（m）	P_f（%）	F_s
0.1H	31	0.0000	2.466	40.8	0.0000		24.1	0.0000	
0.2H	62	0.0001	1.610	81.6	0.0000	3.385	48.2	0.0000	
0.3H	93	0.0371	1.395	122.4	0.0000	2.096	72.3	0.0020	1.598
0.4H	124	0.4341	1.297	163.2	0.0000	1.679	96.4	0.1942	1.404
0.5H	155	1.4839	1.240	204.0	0.0063	1.473	120.5	0.0849	1.353
0.6H	186	0.0000		244.8	0.1830		144.6	0.0468	1.312
0.7H	217	0.0000		285.6	0.3596	1.262	168.7	0.0467	1.275
0.8H	248	0.0000	1.730	326.4	0.2938	1.230	192.8	0.0870	1.246
0.9H	279	0.0000	1.563	367.2	0.3151	1.205	216.9	0.1568	1.224
1.0H	310	0.0000	1.448	408.0	0.4144	1.185	241.0	0.3122	1.206

注：1. h为计算高度；H为边坡总高度；

2. F_s均为安全系数均值。

C 边坡形成过程的仿真模拟

利用数字仿真技术确定边坡设计方案，进行边坡优化设计是很有效的。它的主要功能是：

（1）边坡设计方案的实用性是系统优化的基本内涵，要在给定的可靠性满足要求的设计开采境界内，满足采矿工艺的要求，即在最佳开采方式与方法条件下求得边坡设计优化。

（2）计算机模拟可以为工作帮边坡结构要素的研究，以及对提高总体经济效益的潜力提供指导。

（3）揭示边坡形成过程及其状态的时空变化，依据边坡的“即时状态”，评价整个开采期间内边坡可靠性的状况和变化，进行可靠性预测，估计出指定时期、地点可能发生的不稳定数量及其造成的生产影响的费用额。

边坡工程是在完成开采过程中逐渐形成的，通过开采计划的实现，逐年在计算机上“采矿”形成边坡，预示边坡形状，进而分析、比较、预测各边坡设计方案处在盈利最大情况下，最终边坡和工作帮边坡的工作状态。对于新建矿山可以参照图 13－76 所示方法与程序，考虑基建进程，进行全期预测；对于改造矿山和生产矿山，可只考虑开采进度，进行滚动预测。

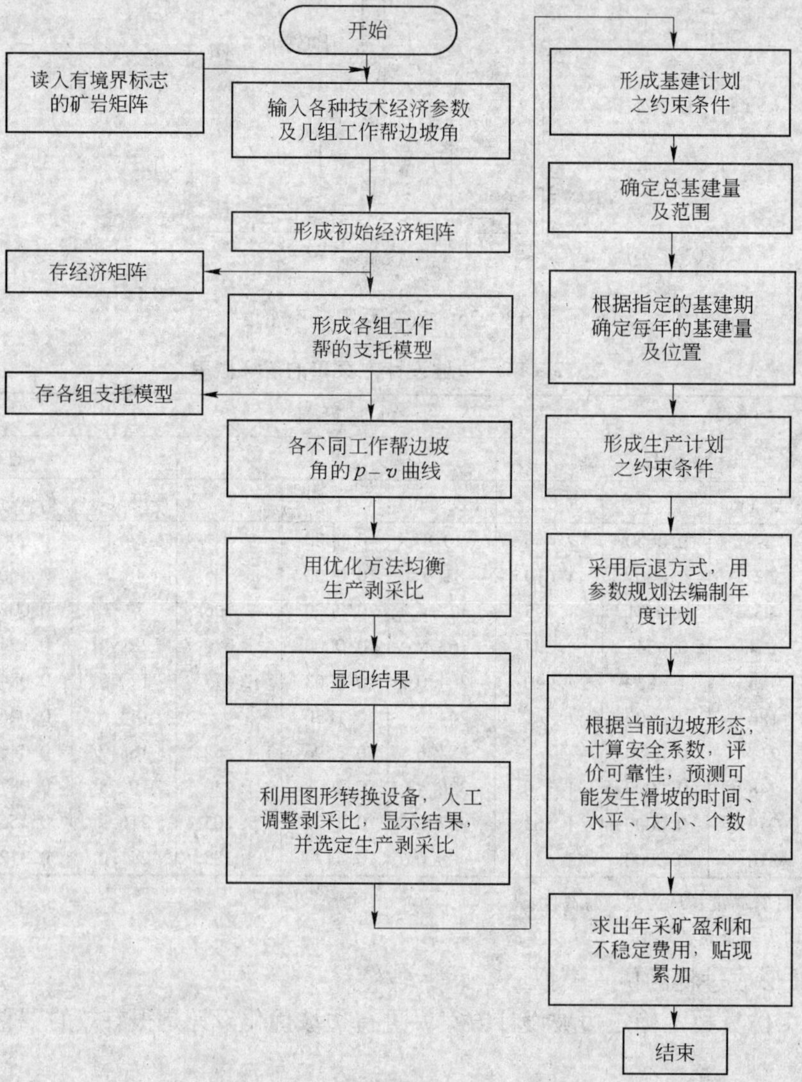

图 13－76　边坡形成过程模拟程序框图

模拟结果是根据当年末的边坡几何形状，依照总体边坡、运输线路间边坡和台阶边坡的顺序，求得各设计区的单元格数，即样本总量。已知可靠性分析提供的边坡高度 H - 破坏概率 P_f 曲线，由二项分布数学期望的表达式（$E(\xi)=np$）估计出相关边坡类型的可能不稳定个数和规模，相应采掘进度计划的年份即可能的破坏时间，相应设计区和水平即可能的破坏位置。通过这样逐年的模拟，提供了整个开采年份的边坡工作状态的预测。

D 经济分析

经济受益最大化是边坡工程设计的核心。经济分析是按照一定数学模型进行经济计算的分析过程，以求在资金分配和使用中带来最佳效果。

a 分析参数

（1）通过边坡可靠性分析，提供各分析方案的边坡高度 - 破坏概率表。

（2）通过边坡形成过程模拟，提供：

1）采矿数据：当年开采矿石量、剥岩量，运输距离。

2）边坡形态数据：当年末边坡几何参数，推进边坡和固定边坡的区段、水平当年揭露长度。

3）潜在不稳定数据：当年可能发生滑坡的区段、水平、个数和规模。

（3）开采作业成本、矿石种类、销售价格。

（4）各方案的基建投资额。

（5）由具体项目设计提供有关提高可靠性的工程设施的造价和经营费。

b 不稳定费用模型

首先结合具体矿山的稳定条件，考虑不同设计区的破坏模式和方式，矿岩类型，边坡类型，对采矿作业影响的重要程度，破坏和处理时期，处理成本等因素，构造不稳定费用模型。然后，根据所估计的可能滑坡个数，求得不稳定费用。

c 分析方法[16,17]

（1）在各分析方案中，可回采矿量和投资额不同，则选用净现值准则和投资收益率准则，对整个系统进行经济分析，以求收益最大。图 13 - 77 示出英国一煤矿边坡经济分析结果，显然，如果不考虑边坡不稳定费用，如曲线 1，边坡角为 45°方案最优；如果考虑边坡不稳定费用，但不疏干，如曲线 2，最优方案在 28°至 35°之间；如果考虑边坡不稳定费用，且疏干，如曲线 3，以 35°方案最优。

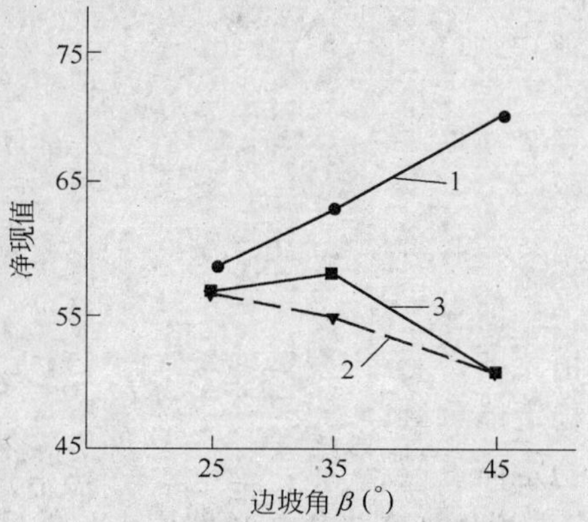

图 13 - 77 边坡经济分析结果

（2）在各分析方案中，可回采矿量和投资额相同，且只作方案比较用，而不作可能收益预测时，可采用现值准则，只求费用最低。图 13－78 示出一个费用分析实例，显示边坡角 40°方案最优。

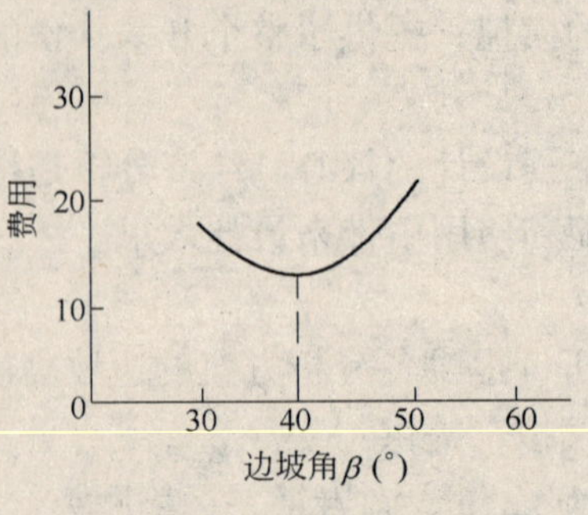

图 13－78　边坡费用分析结果

d　工程实例

攀钢石灰石矿边坡经济分析，由于各边坡设计方案的回采矿量和投资额不同，而选用了净现值准则。

（1）边坡不稳定费用模型：

对于总体边坡不稳定费用 C_F：

$$C_F = (O_b - O_c - T_c T_d) \times \frac{1}{4} W_F - (R_c + T_c T_d) \times \frac{1}{2} W_F - S_c D \qquad (13-176)$$

对于台阶边坡不稳定费用 C_B：

当滑坡材料为矿石：

$$C_B = (O_b - O_c - T_c T_d) \times W_B \qquad (13-177)$$

当滑坡材料为废石：

$$C_B = (R_c + T_c T_d) \times W_B \qquad (13-178)$$

式中 O_b ——矿石销售单价；

O_c ——采矿成本，

T_c ——运输成本；

T_d ——运输距离；

R_c ——剥岩成本；

S_c ——修筑公路成本；

D ——不稳定单元格宽度；

W_F——总体边坡不稳定体重量；

W_B——台阶边坡不稳定体重量。

计算时将模拟的不稳定费用累加在当年的总费用中，然后贴现。

（2）分析程序见图 13－79。

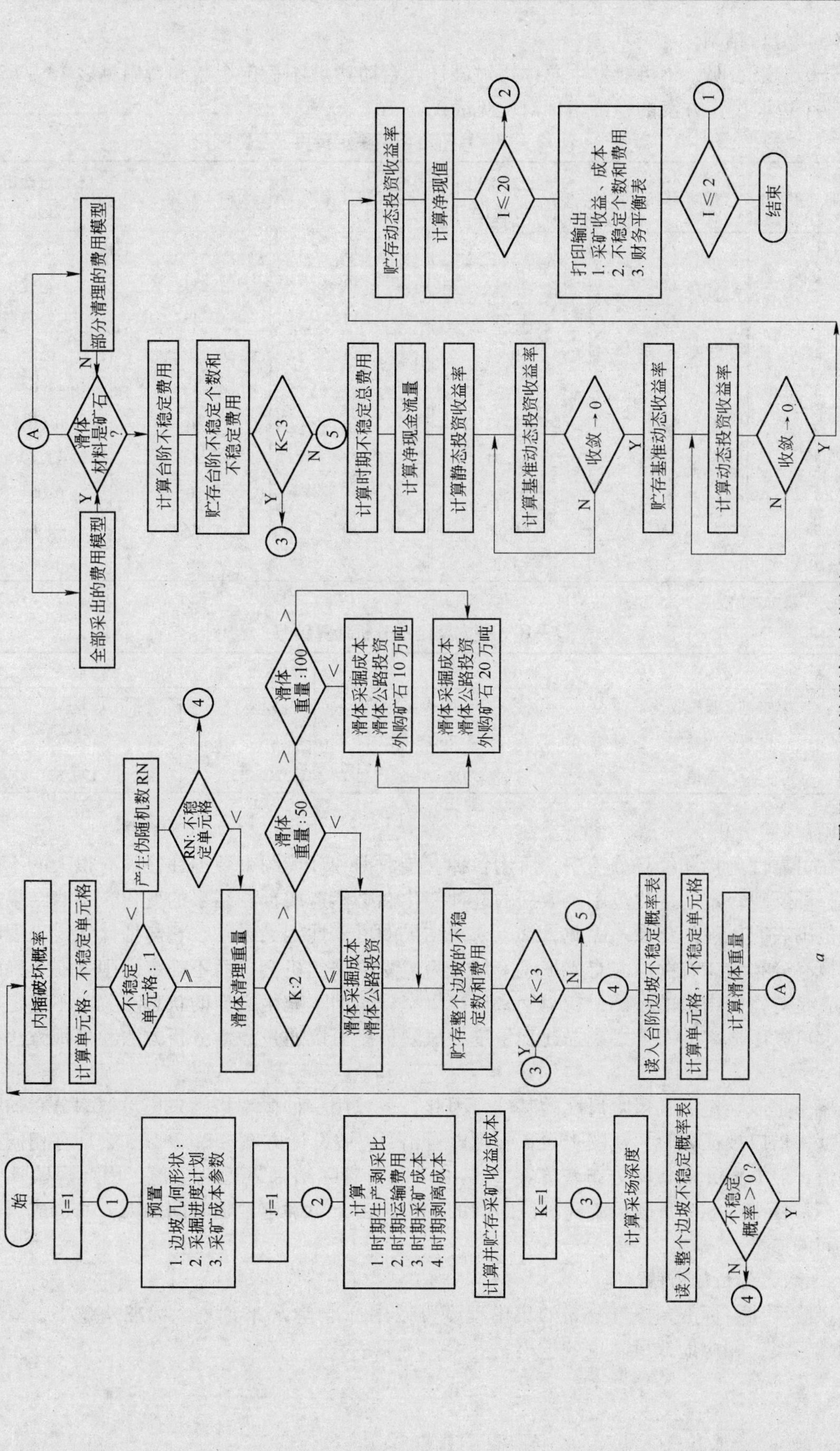

图 13-79 边坡设计经济分析框图

a—边坡设计经济分析框图（之一）；b—边坡设计经济分析框图（之二）

(3) 分析结果

分析结果表明，不可能发生总体边坡破坏。台阶边坡不稳定个数和费用见表13-15。三个边坡设计方案的经济指标对比见表13-16。

表13-15　台阶边坡不稳定费用

时期（年）	台阶不稳定个数	不稳定费用（万元）	时期（年）	台阶不稳定个数	不稳定费用（万元）
1	20	3.94	11	4	-0.88
2	11	2.04	12	11	-2.47
3	13	1.64	13	13	-2.98
4	5	-0.81	14	1	-0.23
5	13	-0.57	15	13	-3.07
6	12	-1.13	16	0	0.00
7	11	-1.71	17	14	-3.49
8	8	0.50	18	0	0.00
9	15	-0.66	19	14	-3.66
10	6	-1.32	20	0	0.00

注：不稳定费用为+，表明为矿石滑坡。

表13-16　各方案经济分析计算结果

方　案	Ⅰ	Ⅱ	Ⅲ
基准动态投资收益率	1.52%	1.52%	1.52%
投资收益率	5.76%		3.54%
净现值	702.74	-3206.33	-170.83

E　风险分析

在可靠性分析和经济分析中，所用各种直接数据和环境约束数据往往具有很大的不确定性，即反映一定的变化范围。数据的这种变化性必然造成预测结果的变化，预测结果的变化范围表明风险的存在。因此，常以未来结果的可靠性定义风险，它与估计指定工程收益的概率分布状态有关。也有人把风险定义为遭受损失的机会，而不确定性则是缺乏确定性或者是对精确结果的怀疑，它与用来估计概率分布的不充足数据的状态有关。不确定的程度，可以用概率分布形式来描述和量度，风险尺度可以通过数学分析方法和模拟方法求得。

概率是风险定义和风险尺度的基础，因此，可以用一种概率指标来衡量概率分布的密集程度，借以表征风险。从图13-80*a*可以看出，边坡设计方案*A*和*B*，虽然具有相同的期望值，但方案*A*的概率分布较方案*B*集中，表明实际结果靠近期望值，因此风险比方案*B*低。图13-80*b*反映风险随预测时间的变化，由于不确定性随时间加大，而造成风险随时间的递增。

a　数学分析的方法

风险尺寸：标准差概率分布的集中程度可以用标准差σ来刻划，标准差越小，概率分布越密集，相应地，风险也就越小。

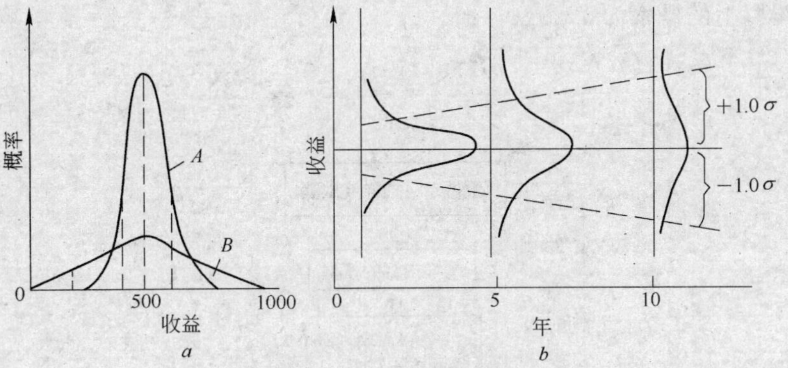

图 13－80　风险比较

a—不同方案的比较；*b*—同一方案不同时间的比较

假定独立的随机变量 A_j 代表可能收益的估计值，$j=1$，2，…，N，为估计状况数，$E〔A〕$为随机变量 A_j 的期望值，P_j 为随机变量 A_j 可能发生概率，则随机变量 A_j 的标准差：

$$\sigma=\sum_{i=1}^{N}〔A_j-E〔A〕^2P_j〕^{1/2} \tag{13－179}$$

风险尺度：变异系数在边坡工程中，有时为提高可靠性或提高边坡角而采取一些工程设施，自然会使投资增加，相应地也引起收益的变化。如果各方案的标准差相近或相同时，可使用变异系数 γ 来反映单位收益的风险。

$$\gamma=\frac{\sigma}{E〔A〕} \tag{13－180}$$

风险尺度：现值≤0 的概率。假定每个分析时期末的净现金流量在统计上是独立的随机变量，也以 A_j 表示，$j=1$，2，…，N 为时期数，则现值 $PV\leqslant 0$ 的概率为

$$P_r(PV\leqslant 0)=P_r\left(S\leqslant\frac{-E〔PV〕}{\sqrt{V〔PV〕}}\right) \tag{13－181}$$

式中　$E〔PV〕=\sum_{j=0}^{N}(1+i)^{-j}E(A_j)$，为现值的期望值；

$V〔PV〕=\sum_{j=0}^{N}(1+i)^{-2j}V(A_j)$，为现值的方差；

S 值从正态分布概率积分表中查得。

b　蒙特卡洛模拟的方法

当实际试验或其他分析方法不可行的，蒙特卡洛模拟方法是一种非常有效的风险分析方法。由于它不需要复杂的数学计算，又能提供投资收益率或净现值的预期的完整变化和决策信息，因此得以广泛接受。图 13－81 表示用于风险分析的蒙特卡洛模拟程序。

在边坡工程中包含的风险有两种：技术上的设计风险和经济上的工程风险。前者在安全系数累积概率分布图上（图 13－82），明显可以对比各方案所承担的 $Fs\leqslant 1$ 的风险大小。后者分辨受益与风险，从图 13－83*a* 可见，方案 *B* 的收益高于方案 *A*，风险也高于方

案 A；图13－83b则表明收益率达到20%的概率为50%，收益率大于零的概率为89%，收益率为50%以上的概率为3%。

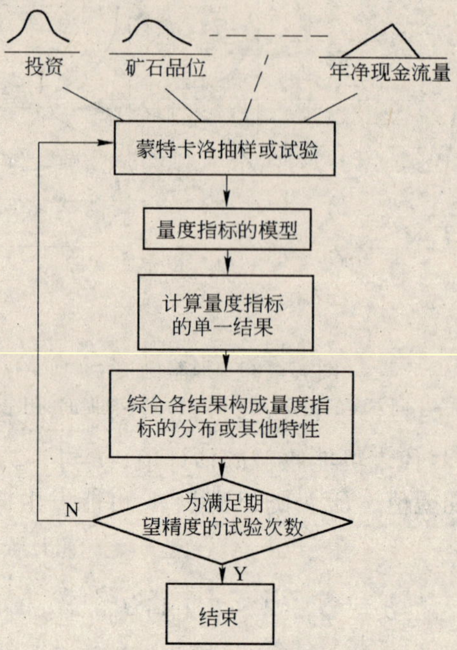

图13－81　用于风险分析的蒙特卡洛模拟程序

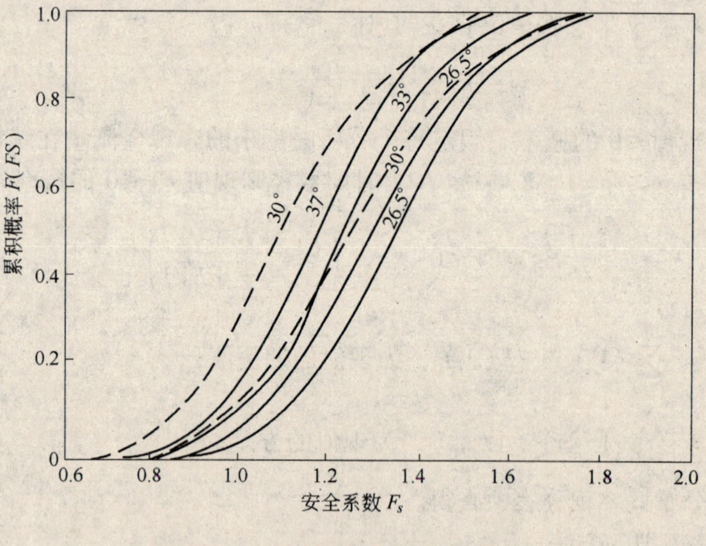

图13－82　安全系数的累积概率分布

－－－非疏干边坡；——疏干边坡

F　多目标决策

决策就是对若干个可行方案进行选择，以期优化地达到目标。在整个优化设计过程中，从设计思想、设计准则，设计程序直到设计方法一系列范畴中，都蕴涵着设计师对优化的追求。所谓优化，广义上是指功能上、经济上、技术上、使用上的多元优化，或称系

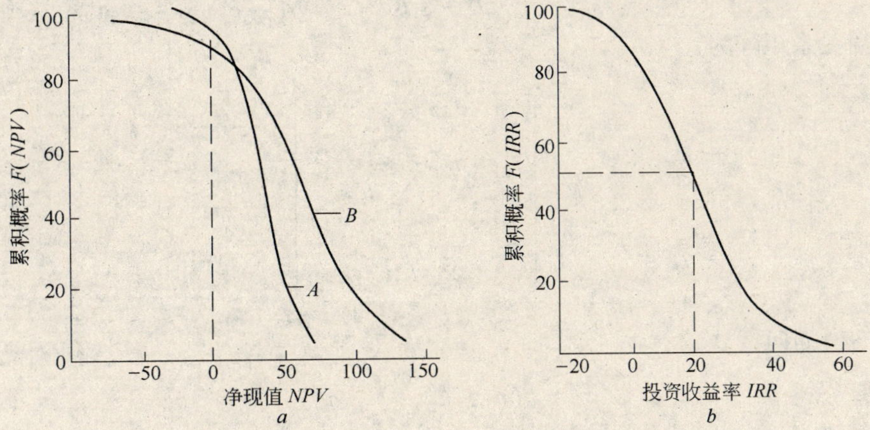

图 13-83 *NPV* 和 *IRR* 的累积概率分布

统优化或称多目标优化。

在露天矿边坡工程中，许多目标是相互制约的，往往期望投资少，回采矿量多；边坡陡，剥岩量少而不稳定费用又要低；可靠性高，工程费用低；收益高，风险小等等。实际上，它们不可能各自都达到最优状态，只能求整个系统的综合最优。因此，常用多目标决策方法。多目标决策方法很多，这里只介绍模糊决策方法[18]。

a 多目标模糊决策方法

边坡工程的不确定性可能来自两个方面，即随机性和模糊性。所谓随机性是指事件发生与否不能决定所造成的不确定性。而事件本身有着明确的含义，只是发生的条件不充分，它是以概率描述的。所谓模糊性是由于外延模糊带来的不确定性，其事物概念本身是模糊的，是指客观事物差异的中间过渡的“不分明性”，它是以隶属度来表征的。

对于 X 具有某种性质的程度差异，可用〔0，1〕闭区间的一个实数来度量，这个数便是隶属度。如果它依变量 X 的不同而改变，则称作隶属函数。隶属函数刻划因子与对象之间的模糊关系，它可以用统计的方法确定，也可以凭经验判断。

设模糊子集 $\underset{\sim}{A}$，$\underset{\sim}{A}$ 的隶属函数为 $\mu_{\underset{\sim}{A}}$，而 $\mu_{\underset{\sim}{A}}$（X）的值则为隶属度。隶属函数可用来测量在策略集合中选取不同的策略时，究竟能在多大程度上达到了目标，利用它就能使我们选出最佳方案。

模糊线性加权变换：

设给定两个有限论域

$$U=\{a_1, a_2, \cdots, a_n\} \tag{13-182}$$

$$V=\{r_1, r_2, \cdots, r_m\} \tag{13-183}$$

式中 U——综合评价的因素所组成的集合；

V——评价内容所组成的集合。

令 $\underset{\sim}{A}$ 代表 U 上的模糊子集，而评价结果 $\underset{\sim}{B}$ 代表 V 上的模糊子集，$\underset{\sim}{R}$ 代表模糊关系矩阵。

如果我们把模糊关系 $\underset{\sim}{R}$ 看作变换器，输入一个模糊向量 $\underset{\sim}{A}$，而输出的向量为：

$$\underset{\sim}{B} = \underset{\sim}{A}\,\underset{\sim}{R} \tag{13-184}$$

设模糊关系矩阵为：

$$\underset{\sim}{R} = \begin{bmatrix} r_{11} & r_{12} & \cdots & r_{1m} \\ r_{21} & r_{22} & \cdots & r_{2m} \\ \vdots & & & \\ r_{n1} & r_{n2} & \cdots & r_{nm} \end{bmatrix} \tag{13-185}$$

输入的模糊向量 $\underset{\sim}{A}$ 为：

$$\underset{\sim}{A} = (a_1,\ a_2,\ \cdots,\ a_n) \tag{13-186}$$

其中，a_1，a_2，$\cdots$，a_n 为因素的权数，要求满足归一化条件：

$$\sum_{i=1}^{n} a_i = 1, a_i \in (0,1) \tag{13-187}$$

按线性变换方法，即得：

$$\underset{\sim}{B} = \underset{\sim}{A}\underset{\sim}{R}$$

$$= (a_1,\ a_2,\ \cdots,\ a_n) \begin{bmatrix} r_{11} & r_{12} & \cdots & r_{1m} \\ r_{21} & r_{22} & \cdots & r_{2m} \\ \vdots & & & \\ r_{n1} & r_{n2} & \cdots & r_{nm} \end{bmatrix}$$

$$= (b_1,\ b_2,\ \cdots,\ b_m)$$

其中

$$b_j = \sum_{j=1}^{n} a_i r_{ij} \cdot \quad (j=1,\ 2,\ \cdots,\ m)$$

依据输出向量 $\underset{\sim}{B}$ 的值，取最大值相应方案为最优方案。

b 实例

攀钢石灰石露天矿，有5个边坡设计方案，评价因素有可采矿量和预计净现值收入表13－17，试决定各方案的优劣顺序。

表13－17 边坡设计方案的评价因素

因 素	边坡设计方案				
	Ⅰ	Ⅱ	Ⅲ	Ⅳ	Ⅴ
可采矿量（万吨）	4700	6700	5900	8800	7600
净现值（万元）	1500	700	1000	50	100

首先确定隶属函数：

（1）可采矿量的隶属函数，因为勘探的地质储量为8800万吨，故可用资源的利用系数作为隶属函数，其图形见图13－84，函数表达式

$$\mu(x) = x/8800$$

（2）净现值的隶属函数，取下限为50万元，上限为1500万元，采用线性的隶属函

数（图 13－85），即

$$\mu(x)=\frac{1}{14.5}(x-0.5)$$

根据各隶属函数计算或从各隶属函数图形上查出 5 个方案所对应的不同隶属度，列于表 13－18。

表 13－18 各设计方案的隶属度

因 素	边坡设计方案				
	Ⅰ	Ⅱ	Ⅲ	Ⅳ	Ⅴ
可采矿量	0.534	0.761	0.670	1.000	0.864
净现值	1.000	0.448	0.655	0.000	0.034

因此，模糊矩阵为：

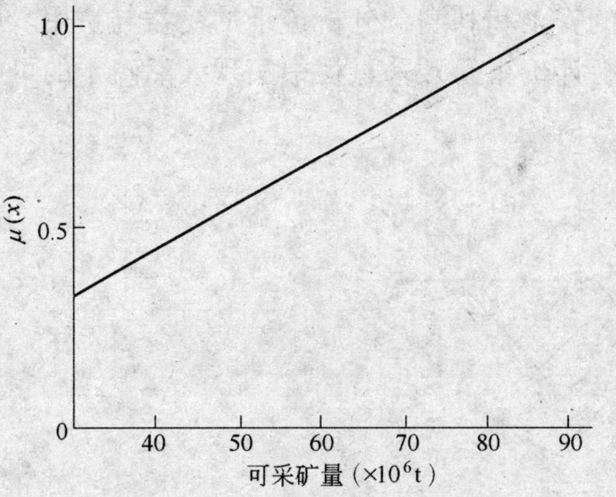

图 13－84 可采矿量的隶属函数

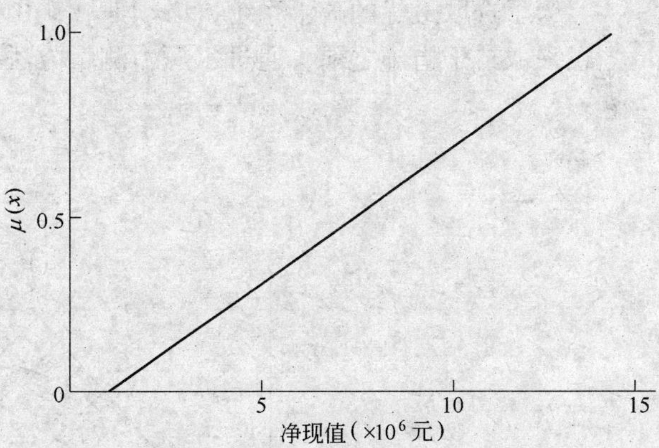

图 13－85 净现值的隶属函数

$$\underset{\sim}{R}=\begin{vmatrix}0.534 & 0.761 & 0.670 & 1.000 & 0.864\\ 1.000 & 0.448 & 0.655 & 0.000 & 0.034\end{vmatrix}$$

把这个 $\underset{\sim}{R}$ 作为模糊变换器，权数 $\underset{\sim}{A}$ 表示向量

$$\underset{\sim}{A}=(0.3,\ 0.7)$$

因而得

$$\underset{\sim}{B}=\underset{\sim}{A}\underset{\sim}{R}=(0.8602,\ 0.5419,\ 0.6595,\ 0.3000,\ 0.2830)$$

可见，第Ⅰ方案最佳，第Ⅲ方案次之，继后是第Ⅱ方案、第Ⅳ方案和第Ⅴ方案。

13.9 提高稳定性的技术措施

13.9.1 削坡减载与坡角支墩

通过改变边坡形状即降低边坡高度或放缓边坡角，削坡减载，永久性地改变边坡岩体内应力状态，通常是改善边坡稳定性的最便宜方法。但在削坡减载的同时，既降低了引起破坏的滑动力，又降低了正应力和抗滑摩擦力，因此，这种方法并不总是最有效的措施，需在实施这一措施之前，根据潜在不稳定体的实际工程条件，进行施工设计，反复验算它的稳定性，证明它的有效性。

生产矿山在开挖过程中，由于采深或其他条件限制，不能对不稳定体实现削坡减载时，可在不稳定体坡脚预留永久性或临时性的岩体支墩，以稳定边坡。

13.9.2　降压疏干

地下水引起边坡稳定性降低，主要是岩体内潜在滑动面上水压力的作用，疏干的首要目的是要把边坡地段内水压力降到允许的程度。

疏干系统的选择，主要应当根据边坡含水体的地质特征、水力性质、渗透性能，以及较大构造的位置，优势不连续面与优势渗流带的空间分布。一般，岩体渗透系数在 10^{-5}cm/s以上者，疏干很可能成功；渗透性很差的岩体，难以疏干。

疏干的范围可粗略地依照需要疏干边坡总高度与宽度决定（图13-86）。疏干设计时，要考虑疏干装置的有效泄水面积、疏干时间、给水量，以确定适宜的疏干方式。

为了选取最优的疏干系统，必须兼顾矿山的安全和利润，分析疏干的受益与费用。应当在采取疏干措施之前，通过水压力测量方法，评价露天开采过程中实现天然疏干的可能性。

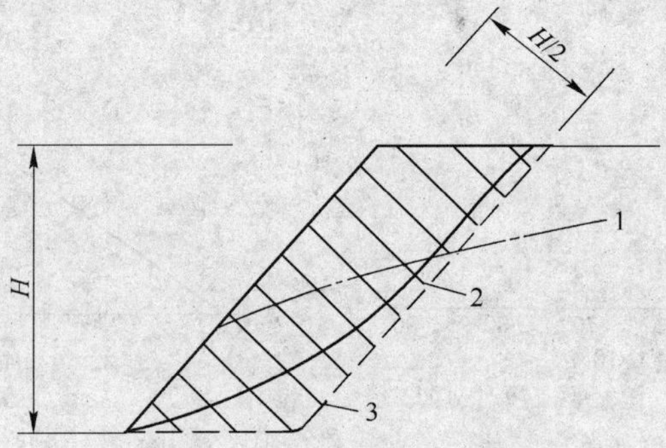

图13-86　需疏干边坡范围的确定

1—地下水面；2—潜在滑动面；3—需要疏干的范围

露天矿边坡常用的疏干方法有：

A　水平钻孔疏干方法

从坡面上打水平钻孔，重力疏干。这种方法安装简便，适应性强。钻孔长度一般60~100m，孔间距6~15m，孔径50~80mm，钻孔倾斜角度可视优势渗透方向调整。随着采场延深，可间隔台阶分段疏干，如图13-87所示，1′、2′、3′、4′，为相应开采阶段安装的疏干孔。

B　竖直井抽水方法

从坡顶面打水井并安装深井泵抽水。这种办法可以实现预先疏干，但设备投资与运营费较高。井深一般为边坡高度的1.2倍，井间距主要取决于岩体的渗透性和地质构造。高边坡（>300m）疏干可以采用分段疏干方法，如图13-88所示，B_1、B_2、B_3 分别为水井 W_1、W_2、W_3 抽水降落的水位线。应当特别注意抽水对环境用水和地表塌陷的影响。

C　巷道疏干方法

这是大型边坡有效的疏干方法。巷道方向受地质构造控制，应尽可能使之穿越较多的含水层或含水构造，一边平行边坡布置。在垂直渗透性较好的岩体中，巷道疏干效果好，能形成陡的降落曲线；如果水平渗透系数大大高于垂直渗透系数，需从巷道打辅助疏干孔，拦截主要流径，以提高疏干效果。

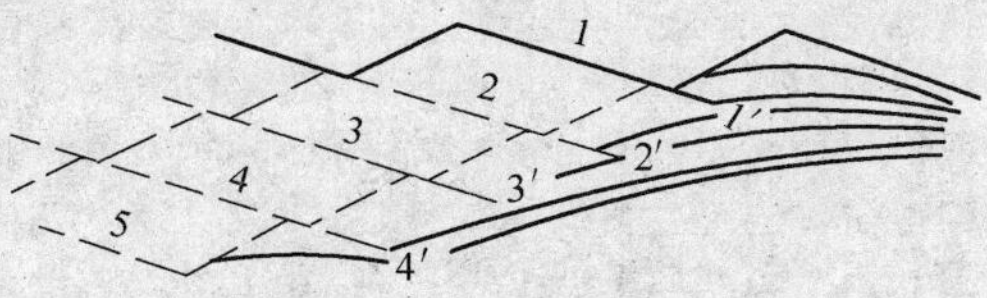

图 13－87 边坡与阶段疏干

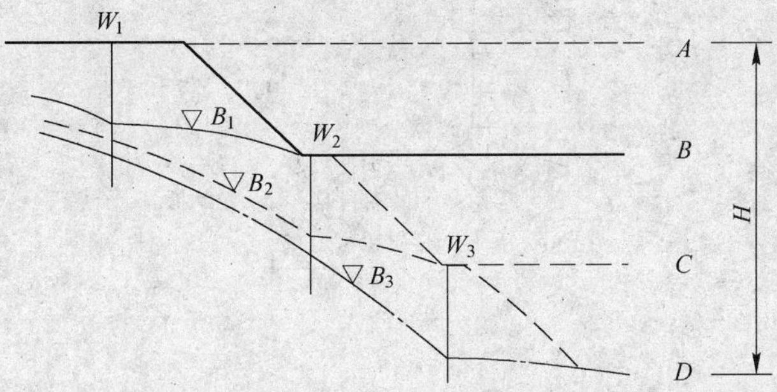

图 13－88 高边坡分段抽水

13.9.3 边坡控制爆破技术

13.9.3.1 预裂爆破

预裂爆破是目前边坡控制爆破中使用最广泛和最成功的一种，其目的是为了最大限度地减少生产主爆破对边坡的后冲破坏，降低爆破地震效应。

预裂爆破的要点是：在边坡最终境界线上钻一排较密的炮孔，它在主炮孔爆破前起爆，形成一道裂隙。如图 13－89 所示，3′为预裂孔排。起爆顺序为3′、1′、2′。沿台阶走向的分组爆破顺序为1～6。爆破结果是在边坡面上形成一道光滑的、留有半个孔壁的平整爆破面。

预裂爆破的主要参数为孔径、孔间距、线装药密度和不耦合系数等。

（1）孔径和孔距。通常用小直径钻孔，露天矿也用较大直径钻孔进行预裂爆破。孔径是决定孔距大小的主要因素，一般孔距与孔径之比为 6～15，岩石的整体性较好，比值可取大些，岩石节理裂隙较多，强度较低，比值可取小些。

（2）线装药密度。又称装药集中度或每米药量。影响线装药密度的主要因素是钻孔孔径和岩体的抗压强度，孔径大、抗压强度大时，线装药密度大些；孔径较小，抗压强度较低时，线装药密度也要小些。各种岩石抗压强度的线装药密度如表 13－19 所示，孔内有水时，线装药密度可降低 45%～60%。

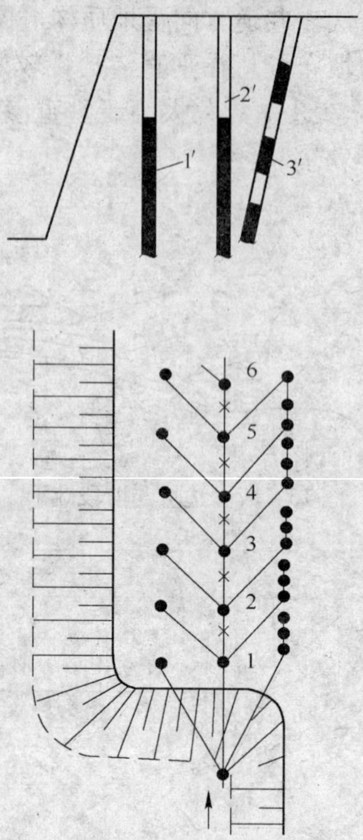

图13－89　形成边坡的预裂爆破

表13－19　各种岩石抗压强度的线装药密度　　　　(kg/m)

孔径（mm）	岩石抗压强度（kPa）				
	5.9	7.8	9.8	11.8	13.7
100	1.40	1.75	2.15	2.52	2.90
150	3.10	3.80	4.50	5.20	5.90
170	4.15	5.00	5.85	6.70	7.55
200	5.35	6.30	7.28	8.25	9.25
250	6.70	8.60	10.52	12.40	14.35

（3）不耦合系数。是指孔径与药包直径的比值，决定不耦合系数的主要因素是岩石的抗压强度、炸药品种和钻孔直径。抗压强度小，不耦合系数大些，反之则相反。

此外，钻孔时，务必使预裂线上的炮孔处在一个平面内，炮孔轴线彼此平行。孔口的填塞长度可取炮孔直径的7～10倍。超钻的长度取0.9～1.5m或药包直径的7倍。为了获取有效的预裂作用，预裂孔排超前主爆破孔的时间不少于50ms，并用齐发起爆。预裂孔太多时，须将延发时间再分段。

预裂爆破实例参数见表13－20。

表 13－20 预裂爆破实例参数[19]

单位	岩石	岩石坚固性系数	平均特征阻抗（10^8kg·s/m^3）	孔径（mm）	炸药及药包直径（mm）	不耦合系数	线装药密度（kg/m）	孔距（m）	孔距与孔深比	效果
南山铁矿	高岭土化辉闪长玢岩	2～4		150	铵油2号岩石32～45	3.3～4.7	0.9～1.2	1～1.5	0.83	掘沟，一次成帮，形成光面，坡面平整
	粗面岩	4～8		150		3.3～4.7	1～1.3	1.2～1.8	10.0	
	矽化黄铁矿化辉闪长玢岩	8～12		150		3.3～4.7	1～1.6	1.3～2.0	11.0	
大冶铁矿	原生矿	14	2.25	170	铵油2号岩石混成条药70	2.83	3.8	2.5	14.7	临近边坡爆破，形成光面，坡面平整
	氧化矿	13	2	170		2.83	3.6	2.3	13.5	
	闪长岩	8	0.81	170		2.83	2.45	1.6	9.4	临近边坡爆破,坡面较平整
	闪长岩	12	1.08	170		2.83	3.32	1.7	10.0	
	大理岩	6	1.19	170		2.83	1.95	1.63	9.6	掘沟，延伸边坡，坡面较平整
	大理岩	8	1.35	170		2.83	2.4	1.87	11.0	
葛洲坝	黏土岩	2～4	0.8	45	2号岩石32	1.4	0.13	0.5～0.6	12.2	坡面平整
	粉砂岩等	2～4	0.8	55		1.71	0.18	0.6	10.9	不平整度±20cm，形成光面
		2～4	0.8	65		2.0	0.2	0.8	12.3	
		2～4	0.8	91		2.84	0.26	1～1.2	12.0	
		2～4	0.8	170		5.3	0.34	1.2～1.5	7.8	

13.9.3.2 光面爆破

光面爆破和预裂爆破的差别在于起爆顺序的不同，如图 13－89 所示，光面爆破起爆顺序是1′、2′、3′。

在边坡控制爆破中，优先采用预裂爆破，但在岩石整体性差、节理裂隙发育、岩石风化程度不一、难于形成预裂面的情况下，才采用光面爆破。光面爆破的主要问题是主爆破对边坡的震动效应仍然很大。

参数选择与确定：

（1）孔距取钻孔孔径的15～16倍。

（2）抵抗线一般应等于或大于孔距，通常取孔距与抵抗线比值小于或等于0.8。

（3）不耦合系数取2～4，与预裂爆破的不耦合系数相同或略小。

（4）线装药密度取与预裂爆破的相同或略大些。

预裂爆破和光面爆破参数还可参考表 13－21。

13.9.3.3 缓冲爆破

缓冲爆破一般是沿设计的边坡境界线上钻一排加密的钻孔，主爆破孔起爆后，清除爆堆，然后同时起爆缓冲爆破孔。

缓冲爆破可以采用较大的孔径，孔内堵塞物的空隙有利吸收多余的爆炸能量，具有缓冲作用，减轻爆炸对边坡岩体的破坏。缓冲爆破震动强度低，又可与预裂爆破同时使用，这时缓冲爆破在临近边坡10～30m使用。

当不耦合系数一定时，孔间距取10～15倍钻孔直径，抵抗线取15～20倍钻孔直径。缓冲爆破参数见表 13－22。

表 13-21 国外光面爆破和预裂爆破参数推荐值[8]

钻孔直径（mm）	装药直径（mm）	线装药密度（kg/m）	光面爆破		预裂爆破
			孔距（m）	抵抗线（m）	孔距（m）
30	11	0.07	0.5	0.7	0.25~0.3
37	17	0.12	0.6	0.9	0.30~0.5
44	17	0.17	0.6	0.9	0.30~0.5
51	22	0.25	0.8	1.1	0.45~0.75
62	22	0.35	1.0	1.3	0.55~0.80
75	25	0.50	1.2	1.6	0.60~0.90
87	25	0.70	1.4	1.9	0.70~1.00
100	29	0.90	1.6	2.1	0.80~1.20
125	40	1.40	2.0	2.7	1.00~1.50
150	50	2.00	2.4	3.2	1.20~1.80
200	52	3.00	3.0	4.0	1.50~2.10
250	65	3.38	3.4	4.5	1.80~2.40

注：表中所列数据均以瑞典诺贝尔炸药公司的 DYNAMEX B 炸药为基准。

表 13-22 缓冲爆破参数

孔深直径（mm）	孔距（m）	最小抵抗线（m）	装药密度（kg/m）
50~65	1.0	1.3	0.12~0.35
75~90	1.3	1.5	0.18~0.70
100~115	1.5	2.0	0.35~1.00
125~146	2.0	2.3	1.00~1.40
150~165	2.3	3.0	1.40~2.10

13.9.3.4 减震爆破

临近边帮的生产爆破，采用微差爆破，斜孔爆破，减少炮孔超深，减少装药量，限制最大段药量和总药量等综合措施，达到减震的目的。通常减震爆破与预裂爆破、光面爆破、缓冲爆破技术联合使用。

13.9.4 边坡人工加固[20,21]

A 边坡人工加固的分类

边坡人工加固是一种对岩体进行人工补强的方法。它可分成两大类，即以提高岩体的黏结强度为主的注浆加固法和以增加滑动面摩擦力为主，外加支挡结构的加固法。对于后者，根据加固材料和支挡形式，可以分成以下四类：

（1）挡墙：包括钢筋混凝土挡墙和重力式挡墙两类。如图 13-90*g* 所示。

（2）锚杆（索）：可分为预应力锚杆（索）和注浆锚杆（索）两大类。如图 13-90*a* 和 *e* 所示。

（3）抗滑桩：分为刚性桩与弹性桩两大类，如图 13-90*b* 和 *c* 所示。

（4）综合支挡结构：常用的支挡有：锚杆+挡墙；锚杆+抗滑桩；锚杆+挡墙+抗滑桩，如图 13-91 所示。

挡墙只能加固一个台阶规模的滑体，由于其基脚不能有变位，它所能承受的滑坡推力是很有限的。

预应力锚杆（索）是一种常用的支挡结构，可以加固数个台阶规模的滑体，如果被加

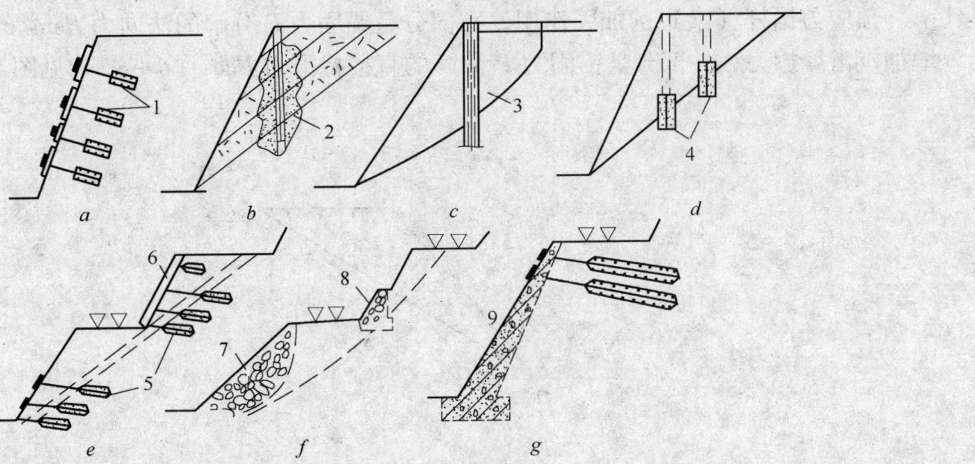

图 13－90 加固方法

1—钢筋混凝土锚杆；2—钢筋混凝土桩及水泥胶结；3—大直径管桩；4—钢筋混凝土荷桩；5—锚索；6—悬挂式钢筋混凝土墙；7—由岩石构成的扶壁；8—钢筋混凝土支撑墙；9—钢筋混凝土护墙

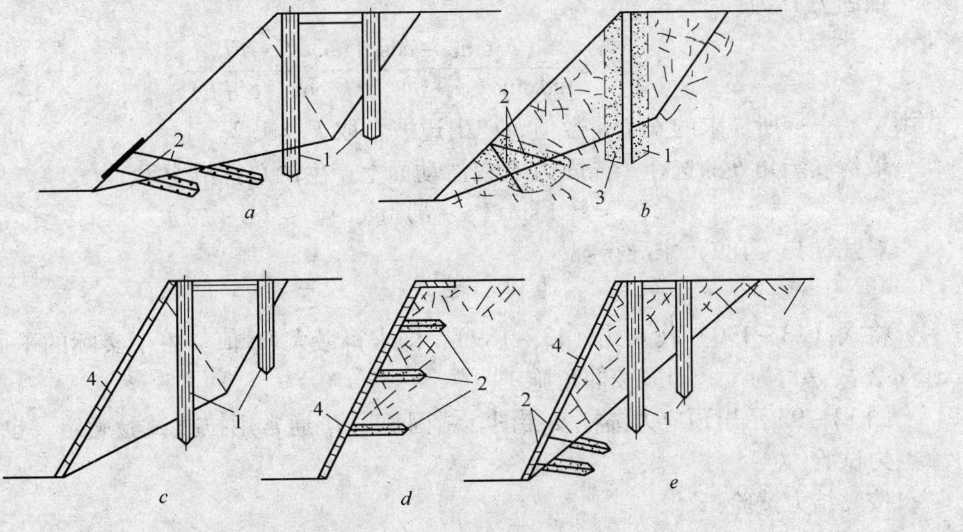

图 13－91 滑体的综合加固

1—钢筋混凝土管桩；2—锚杆；3—水泥胶结带；4—悬挂式钢筋混凝土墙

固的岩体松散，破碎，则在坡面上要设置较大的墩台。

用抗滑桩加固的滑体规模可以较锚杆加固的要大，当岩体松软破碎时，还可用挖空桩加固。

当滑体规模超过 5～6 个台阶时则往往需要考虑综合支挡结构。

B 挡墙加固

若滑面已形成，可将求出的滑坡推力作为作用在挡墙上的外载，否则，可用库仑公式计算主动土压，作挡墙设计而后进行抗滑动与抗倾覆的安全系数校核，安全系数要求在 1.35 以上。

C　预应力锚杆（索）加固

预应力锚杆（索）的加固作用，一部分是锚固力 P 分解的法向力 $P\sin(\theta+\alpha)$，进而增加抗滑摩擦力；一部分是锚固力 P 分解的直接抗滑力 $P\cos(\theta+\alpha)$，见图13－92。

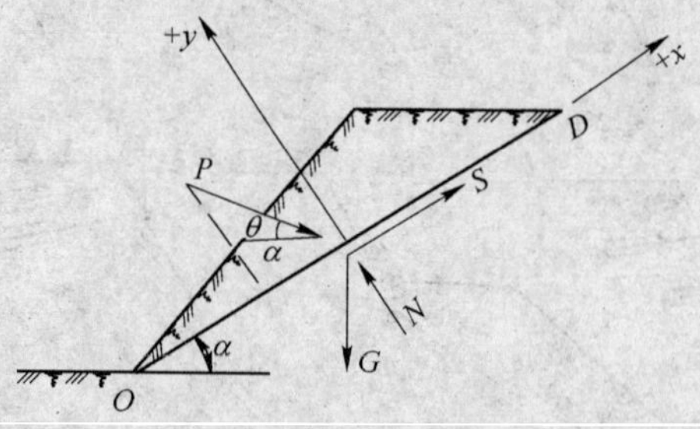

图13－92　锚固力 P 的计算

从安全系数为强度储备的意义出发，选取（x，y）坐标系（图13－92），$OD=l$ 为滑动面，倾角 α；滑体重量 G；法向力 N；切向力 S；锚固力 P；安装角为 θ。

锚固力 P 为：

$$P=\frac{(F_s\sin\alpha-\cos\alpha\mathrm{tg}\phi)\ G-Cl}{\mathrm{tg}\phi\sin(\alpha+\theta)\ +F_s\cos(\alpha+\theta)} \tag{13-188}$$

式中　F_s——所需求的安全系数值，矿山边坡常取 $F_s=1.2$。

最优安装角 θ 的选择：锚固力 P 在滑动面上产生的总抗滑力 P_s 为：

$$P_s=P\left[\sin(\alpha+\theta)\ \mathrm{tg}\phi+\cos(\alpha+\theta)\right] \tag{13-189}$$

对式（13－189）求导得：

$$\theta=\phi-\alpha \tag{13-190}$$

将式（13－190）代入式（13－189），即求得最大 P_s 值。由于实际的平面剪切破坏，$\alpha>\phi$，故 θ 角为负，即应按仰角施工。

图13－93示出预应力锚杆安装图。锚固长度 l_b 通常用拉拔试验确定，也可按黏结力摩擦力试验。

按黏结力试验：

$$l_C=\frac{P}{\pi D\tau} \tag{13-191}$$

式中　P——对锚杆施加的总预应力，kN；

D——钻孔直径，m；

τ——正应力为零的抗剪强度，即黏结力 C，kPa。

按摩擦力校验：

$$l_f=\frac{P}{N\mathrm{tg}\phi} \tag{13-192}$$

式中　N——试验数，$N=39.4\sim52.5$kN/m；

$\mathrm{tg}\phi$——水泥砂浆与孔壁间的摩擦系数。

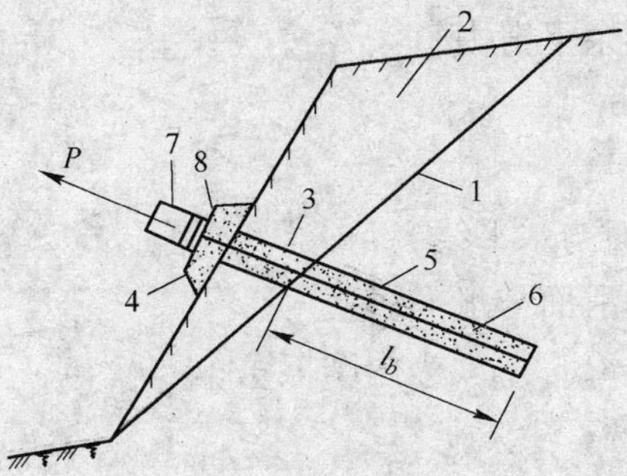

图 13-93　预应力锚杆安装

1—滑动面；2—被加固滑体；3—锚杆；4—墩台；5—钻孔；6—水泥砂浆；7—外锚头；8—垫板

锚杆伸长量计算：规定杆件只能在弹性条件下工作，其单位变形量用 $\varepsilon=\dfrac{\sigma}{E}$ 计算。作为一种近似计算，假定锚固段 l_b 各点受力均匀，其单位变形量与自由段 l_r 的相同，这样锚杆总长度 $l=l_r+l_b$，总伸长量 Δl

$$\Delta l=\int_0^l \varepsilon \mathrm{d}x \tag{13-193}$$

Δl 值决定了固定预应力所需的垫板厚度。

预应力损失包括：（1）锚杆安装损失，可达预应力的 10%～15%；（2）墩台及岩体变形引起损失；（3）锚杆、墩台及岩体蠕变引起损失。后两项预应力损失和不到 1%。

D　抗滑桩加固

对岩石边坡，多采用弹性桩加固，通常按弹性基础梁理论设计抗滑桩。用热莫契金（Жемочкин）链杆法进行设计计算，包括以下步骤。

（1）滑坡推力计算：设滑面可用折线面近似，并划分垂直分条，则第 i 条块的滑坡推力 E_i 按图 13-94 所示的力的平衡关系有公式：

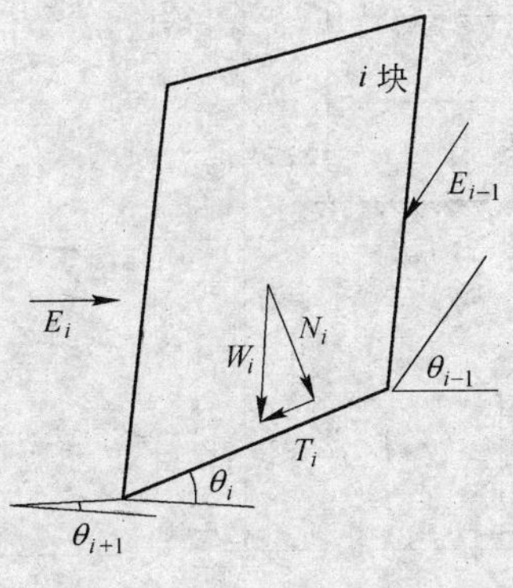

图 13-94　滑坡推力计算

$$E_i=E_{i-1}\psi+FW_i\sin\theta_i-W_i\cos\theta_i f_i-C_i l_i \tag{13-194}$$

式中　ψ——力的传递系数，

$$\psi=\cos(\theta_{i-1}-\theta_i)-\sin(\theta_{i-1}-\theta_i)f_i$$

E_{i-1}——第 $i-1$ 块的剩余下滑力；

F——安全系数；

W_i——第 i 块滑体重量；

θ_i——第 i 块滑体滑面与水平线夹角；

θ_{i-1}——第 $i-1$ 块滑体滑面与水平线夹角；

f_i——摩擦系数，$f_i=\mathrm{tg}\varphi_i$，φ_i 为内摩擦角；

l_i——第 i 块底面长度；

C_i——第 i 块滑面的黏结力。

当条块为倾斜分条时，可用萨尔玛公式计算滑坡推力 E_i。

（2）桩的内力计算：如图 13－95 所示，已知桩长 H，桩的直径为 d，桩的计算宽度为 b_p，刚度 EJ，设在 i 截面处滑坡推力为 E_f，并以分布荷载形式作用于桩身，其分布高度为 h_1，桩身埋入滑面以下的长度为 $(H-h_1)$，通常取 $(H-h_1)=\frac{1}{3}H$。

链杆法的实质是将围岩抗力离散为间距为 c 的 N 根链杆反力 X_i（$i=1$、2、…、N）取

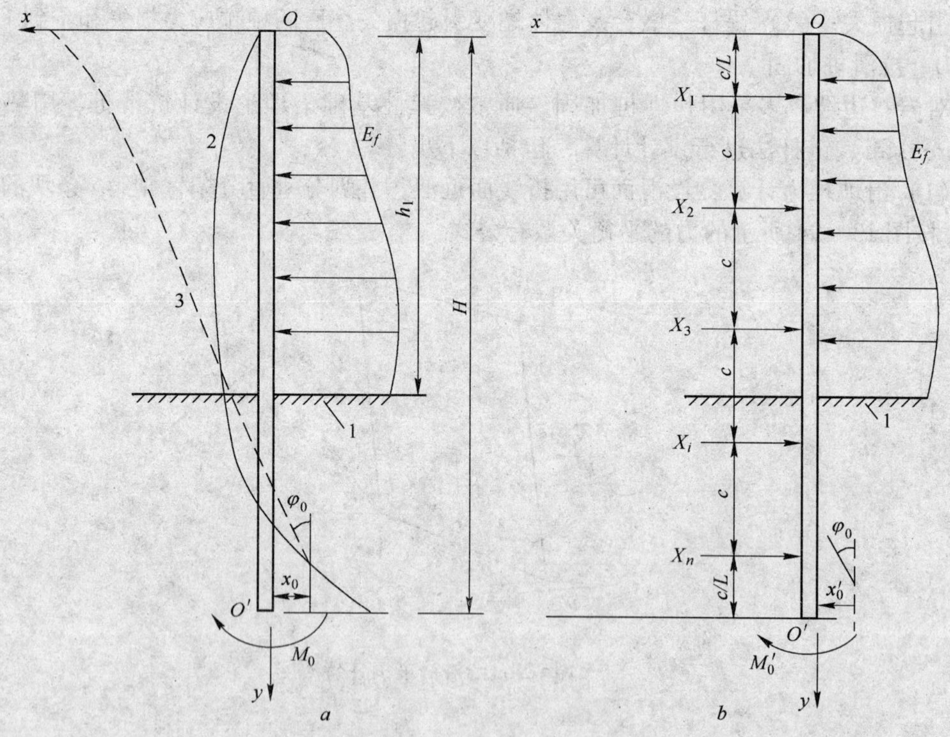

图 13－95 桩的内力计算

1—滑动面；2—弹性抗力曲线；3—挠曲曲线

代，这里有 N 个 X_i 待求量，加上桩底弯矩 M_O、桩底水平变位 x_0 和桩底处桩的撑角 φ_0 三个待求量共计 $N+3$ 个未知量，由以下列出的 $N+3$ 个方程求解。

由于桩与弹性基础间的相对变位为零，可列出 N 个平衡方程：

$$\sum_{i=1}^{N}\delta_{ki}X_i - x'_0 - a_k\varphi'_0 - \Delta_k = 0 \qquad (13-195)$$

$$k=1、2、\cdots、N$$

式中 δ_{ki}——链杆的变位，且 $\delta_{ki}=U_{ki}+\eta_k$；

U_{ki}——单位集中力作用于 i 点时对 k 点产生的挠曲；

η_k——k 点处的地基沉陷量，且

$$\eta_k=\frac{1}{Cb_p m_\gamma}$$

m_γ——链杆 k 点处的地基弹性抗力系数；

a_k——由桩底 o' 点到 k 点的距离；

Δ_k——滑坡推力引起的桩的挠曲。

由桩的静力、力矩平衡条件，可列出下列三个方程：

$$\sum_{i=1}^{N}X_i - E_f = 0 \qquad (13-196)$$

$$\sum_{k=1}^{N}a_kX_k - E_f(H-h') = -M'_o \qquad (13-197)$$

$$M'_o+\varphi'_0C_oJ=0 \qquad (13-198)$$

式中 h'——O 点至分布载荷的重心距离；

M'_o——由 φ'_o 引起的弹性抗力对 O' 点弯矩；

C_o——桩底岩体弹性抗力系数；

J——桩的截面惯性矩。

(3) 桩身的强度核算：设桩身在滑动面处所受的弯矩为 M_d，轴向力 N，桩的截面积为 F，则桩在 M_d 及 N 的联合作用下的弯曲应力 σ_d 为：

$$\sigma_d=\frac{M_d}{W_d}+\frac{N}{F} \qquad (13-199)$$

式中 W——桩的断面系数。

要求算出的 σ_d 要小于桩内钢筋的屈服应力值。

(4) 桩的稳定性校核：为了使弹性桩能将滑体的推力传递到滑床的基岩中去，围岩抗力则必须起作用，这就是求保证桩四周的围岩抗压强度要大于围岩的弹性抗力值，其次，滑面以上部分的桩上弹性抗力的总和应小于桩前部分的滑体滑面上的总抗滑阻力。

E 锚杆抗滑桩加固

这是一种综合支挡结构，它集中了锚杆和抗滑桩两者的优点。当滑体的规模较大，用单一锚杆或抗滑桩加固安全系数达不到要求值时，应考虑使用这种方法，图 13-96 表示大冶铁矿狮子山北帮西口滑体的加固实例，效果良好。

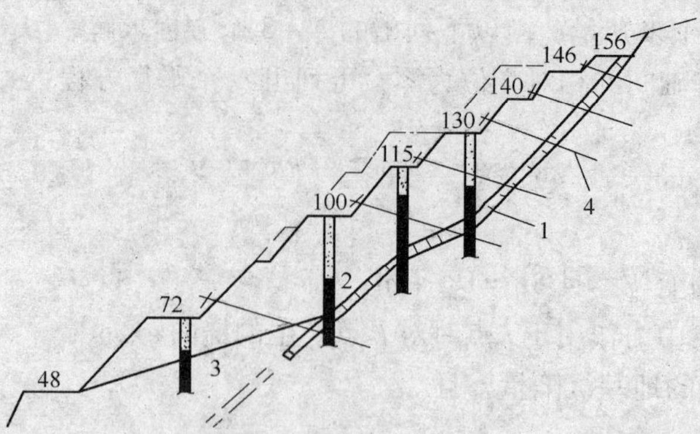

图 13－96　大冶铁矿锚杆抗滑加固
1—煌斑岩脉；2—钢轨桩；3—节理面；4—锚杆（索）

13.10　边坡稳定性监测

边坡稳定性监测是对影响边坡稳定性的因素和表征稳定性变化的边坡行为状态反复观测，以研究边坡的稳定程度及变化规律。

露天矿边坡监测分为两级：Ⅰ级监测是对总体边坡进行全面、定期检测，目的是测定边坡的初始状态，较早发现不稳定区段，以便对不稳定边坡进一步观测、研究，为修改设计和治理边坡积累资料；Ⅱ级监测是对不稳定边坡的监测，目的是确定不稳定区的范围，研究边坡破坏模式及破坏过程，制定合理的处理方案，预测边坡破坏的发展趋势，防止意外滑坡。

13.10.1　位移监测

移动状态是边坡稳定性最直观而灵敏的反映，许多观测资料表明，除局部坍塌和大爆破引起的边坡破坏外，具有一定规模的滑坡，从开始变形到最后破坏，都具有明显的移动过程，这一过程视边坡条件不同，时间有长有短，一般从 1、2 个月到几年；累计位移量从 1、2dm 到几米。通过仔细监测，可以争得足够时间，以采取各种补救措施。大冶铁矿象鼻山闪长岩边坡，从 1978 年 8 月发生明显位移（70mm）到 1979 年 7 月 11 日上午 10 时 30 分剧烈崩落，历经近 1 年的时间，滑前测点最大位移量达 3.131m（图 13－97）。由于进行了有效的监测、预报，既保证了生产计划的完成，又避免了意外损失。

13.10.1.1　表面位移观测

表面测点的位移可采用测量学的方法观测，一般用前方交会、极坐标法、视准线等方法测平面位移；水准测量或三角高程测竖直位移。也可用边角测量和摄影测量进行三维测量，同时观测水平位移和竖直位移。地面钢丝伸长计能测量测点沿钢丝方向的相对位移，也是一种常用的监测装置。

图 13－98 是用前方交会进行位移观测的示意图。G 为工作点，A 和 B 为测站，O、P、Q 为检查 A、B 有无位移的控制点。工作点 G 设在要监测的边坡上，A 和 B 选在相对稳定、与观测剖面上所有工作点都通视的地方，并尽量保持图形强度。A 和 B 可以不通视。O、P、Q 则选在长期稳定的地方。重复观测 β_1、β_2、s_1、s_2 四元素中的两个就

可以求得 G 点的位移量。只测 β_1 和 β_2，称角交会；只测 s_1 和 s_2 称边交会；四个元素都观测称边角交会。在 A（或 B）站观测 β_1、s_1（或 β_2 和 s_2）也可确定 G 的位移量，称极坐标法。

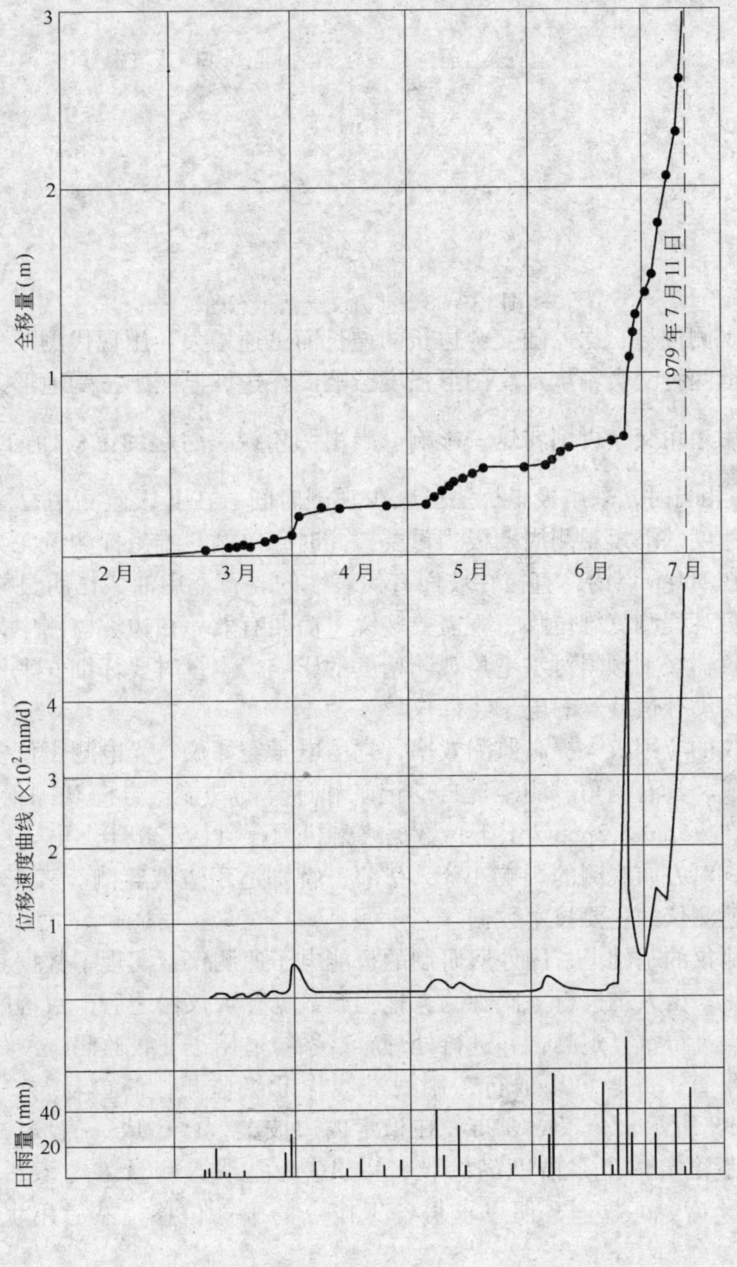

图 13－97　象鼻山测点位移－时间曲线

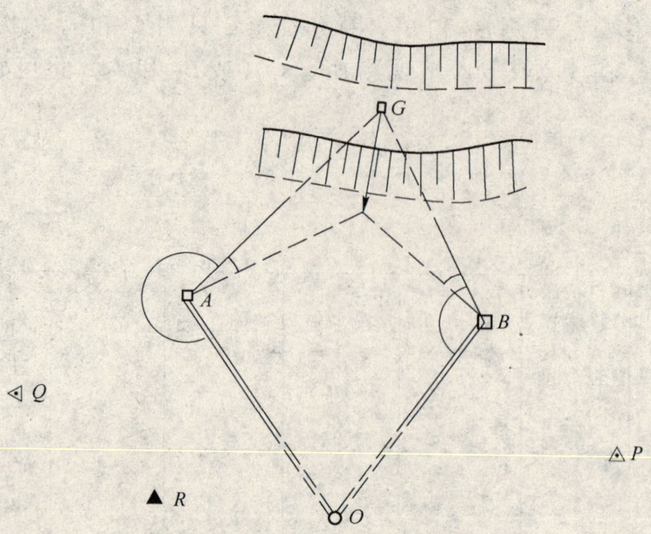

图 13-98　前方交会法示意图

角交会法观测位移，误差随交会边长的增长而迅速增大。用现代测距仪测边交会可克服这一缺点，但两种交会精度却受图形强度影响。在边坡监测中，受地形条件所限，图形可能较差，采用边角交会可削弱这一影响。当由测角误差引起的位移横向误差 $m_\alpha = \frac{D}{P} m_\beta$ 与测边误差 m_s 相当时，采用极坐标法可减少观测时间。在Ⅱ级监测中，当边坡破坏到后期，加快观测速度、缩短观测周期极为重要，此时，单站三维坐标测量尤为优越。如果测站至不稳定区在 300m 以内，直接在坡面有代表性的岩石上用油漆作明显标志当测点，采用角交会和三角高程测三维位移，不需要棱镜，简便有效。在边坡监测中，视线倾角变化很大，应注意仪器竖轴倾斜对水平角观测精度的影响，测量时要仔细安平仪器。最好选择对竖轴倾斜有自动补偿装置的电子经纬仪。

电子测速仪的应用大大提高监测效率，它由电子经纬仪、光电测距仪、数据记录器或数据终端机组成，具有测角、测距、自动记录和计算的功能。方向观测精度可达 0″.5 左右；测距精度在 ±5mm + 2ppm$d$ 上下；数据终端机内存可达 128KB。电子经纬仪中的补偿器可使竖轴倾斜对方向观测的影响小于 ±0″.3，特别适于边坡监测。表 13-23 是几个厂家生产的电子速测仪的主要技术数据。

在电子速测仪的基础上，国外所研制的智能电子速测仪，实现了数据获取、存贮、处理、传输自动化。由人工进行一次观测，把初始数据存入仪器之后，由程序控制仪器，自动、定期地逐点进行重复观测，并进行处理。该系统适用于Ⅱ级监测。

如果边坡平直，并且可以通行，用视准线作Ⅱ级监测，简单易行，不需要高级仪器，如图 13-99 所示。A、B、C 布设在稳定的边坡上，严格成一直线，G_1、G_2、…为工作点，设在不稳定体上，借助经纬仪，以 AC 为基线，测量 G_1、G_2、…的偏距 u_1、u_2、…，并丈量 d_1、d_2、…，便可求得各工作点的平面位移，然后用水准仪测量竖直位移。

用水准测量方法观测竖直位移，可得到高精度的成果，但劳动量大，观测时间长，一般在Ⅰ级监测和Ⅱ级监测的早期使用。自动安平水准仪可大大提高外业速度。适于边坡监

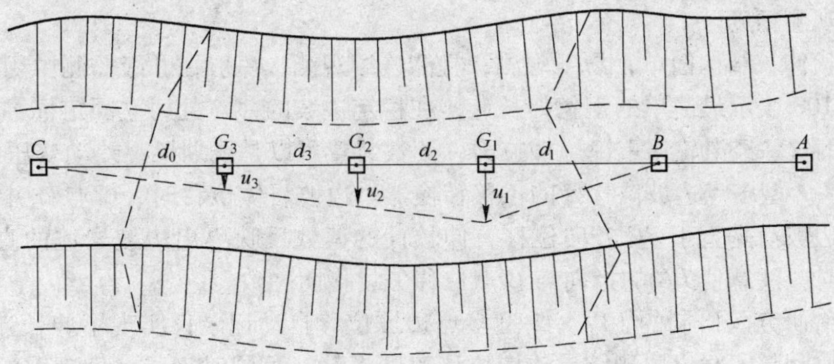

图 13－99　视准线法示意图
－－－－不稳定区界线

表 13－23　常用电子速测仪一览表

生产厂	仪器型号		种类	测程（km）	测距精度	方向观测精度
AGA	Geodimeter 140		整体式	3.6	±5mm＋3ppm	±2″
克恩	经纬仪	E_1	组合式			±2″
		E_2				±0″.5
	测距仪	DM502		2.0	±3mm＋5ppm	
		DM503		5.0	±3mm＋2ppm	
威尔特	经纬仪	T1000	组合式			±3″
		T2000				±0.5
		T2000S				±0″.5
	测距仪	DI4		2.0	±5mm＋5ppm	
		DI4C		5.0	±5mm＋5ppm	
		DIS		5.0	±5mm＋2ppm	
		DI20		14.0	±3mm＋1ppm	
		DI3000		14.0	±5mm＋1ppm	
	TC2000		整体式	5.0	±3mm＋2ppm	±0″.5
OPTON	Elta2		整体式	5.0	±5mm＋2ppm	±0″.5
	Elta3		整体式	15.0	±10mm＋2ppm	±2″
蔡司	REcota		整体式	1.5	＋10mm	±1″.7
SOKKISHA	SET3		整体式	2.2	±5mm＋3ppm	$m\beta=\pm5''$

测的自动安平水准仪有蔡司厂的 Koni 007，SOKKISHA 的 B1（B1C）、B2C 和克恩厂的 CK2－A，它们的重量轻，1km 往返观测中误差小于 ±1mm。对于范围不大的矿山，可用

国产的 S_3 级自动安平水准仪 DZS3－1 型。分水平建立水准基点，埋设固定转点，有利于提高效率和观测精度。

地表钢丝伸长结构简单，易于观测，且能连续观测，一般在Ⅱ级监测中用作安全报警器。图 13－100 表示最简单的钢丝伸长计，在稳定边坡的 *A* 点处树立固定标桩，从工作点 *G* 引出不锈钢丝，经滑轮用重锤施加拉力，读数装置可以是线划尺、差动变压器或位移计或者是 JBW－2 型多点边坡位移计的位移转换器。边坡岩体位移时，*G* 点牵引钢丝使读数变化。如果边坡沿垂直于 *BG* 方向位移，伸长计的读数反映不出边坡岩体的真正位移量，所以，安装时应注意使 *BG* 的指向与 *G* 点位移矢量指向一致。

长沙矿冶研究院研制的 JBW－2 型多点边坡位移自动记录仪实现了伸长计自动监测，能累计、存贮和打印输出监测结果；按位移速度报警；可同时记录、处理 10 个伸长计的数据。

地表位移观测资料整理的基本内容包括：测点初始坐标的计算，位移量计算，计算位移矢量的方向要素，绘制位移－时间变化曲线，绘制平面位移矢量图以及剖面上的位移矢量图。

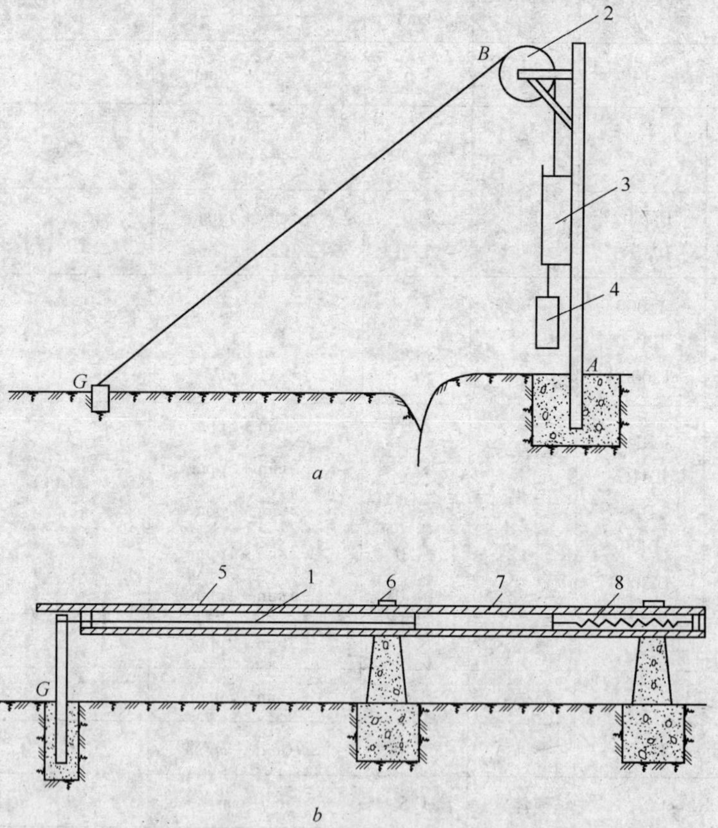

图 13－100　地面钢丝伸长计

1—不锈钢丝；2—滑轮；3—位移读出装置；4—重锤；5—钢套管；6—压盖；7—DY 型位移计；8—弹簧

前方交会法的位移计算采用通用的测量平差计算程序，在微型机上计算，也可采用下列公式用计算器直接换算位移量。

角交会配三角高程作三维位移量：

$$\left.\begin{aligned}&\delta_x = K_{xA}\Delta\beta_1 + K_{xB}\Delta\beta_2\\&\delta_y = K_{yA}\Delta\beta_1 + K_{yB}\Delta\beta_2\\&\delta_h = K_{h_1}\Delta\delta + K_{h_2}\delta_x + K_{h_3}\delta_y + \Delta K\\&\Delta\beta_1 = \beta_{1i} - \beta_{10}\\&\Delta\beta_2 = \beta_{2i} - \beta_{20}\\&\Delta\delta = \delta_i - \delta_o\\&\Delta k = k_i - k_o\end{aligned}\right\}\tag{13-200}$$

$$\left.\begin{aligned}&K_{xA} = -4.848\frac{s_1\cos\alpha_2}{\sin\gamma}\\&K_{xB} = 4.848\frac{s_2\cos\alpha_1}{\sin\gamma}\\&K_{yA} = -4.848\frac{s_1\sin\alpha_2}{\sin\gamma}\\&K_{yB} = 4.848\frac{s_2\sin\alpha_1}{\sin\gamma}\\&K_{h1} = s(\mathrm{tg}\delta)'\\&K_{h2} = \mathrm{tg}\delta\cos\alpha\\&K_{h3} = \mathrm{tg}\delta\sin\alpha\end{aligned}\right\}\tag{13-201}$$

式中 β_{1i}、β_{10}、β_{2i}、β_{20}——β_1 和 β_2 的第 i 次、第 1 次观测值；
δ_i、δ_o——倾角 δ 的第 i 次和首次观测值；
k_i、k_o——第 i 次和首次观测时的视线高；
α_1、α_2——AG 和 BG 边的坐标方位角；
δ_x、δ_y、δ_z——x、y、z 位移量；
$(\mathrm{tg}\delta)'$——δ_o 正切函数的秒差。

计算时采用单位：s_1、s_2 以 km 为单位；$\Delta\beta_1$、$\Delta\beta_2$、$\Delta\delta$ 以 s 为单位；δ_x、δ_y、δ_h、Δk 以 mm 为单位。

测边交会：

$$\left.\begin{aligned}&\delta_x = K_{x1}\Delta s_1 + K_{x2}\Delta s_2\\&\delta_y = K_{y1}\Delta s_1 + K_{y2}\Delta s_2\\&\Delta s_1 = s_{1i} - s_{10}\\&\Delta s_2 = s_{2i} - s_{20}\end{aligned}\right\}\tag{13-202}$$

$$\left.\begin{aligned} K_{x1} &= -\frac{\sin\alpha_2}{\sin\gamma} \\ K_{x2} &= \frac{\sin\alpha_1}{\sin\gamma} \\ K_{y1} &= \frac{\cos\alpha_2}{\sin\gamma} \\ K_{y2} &= -\frac{\cos\alpha_1}{\sin\gamma} \end{aligned}\right\} \tag{13-203}$$

式中，δ_x、δ_y、Δs_1、Δs_2 都以 mm 为单位。

边角交会：

$$\left.\begin{aligned} \delta_x &= K_1\Delta s_1 + K_2\Delta s_2 + K_3\Delta\beta_1 + K_4\Delta\beta_2 \\ \delta_y &= K'_1\Delta s_1 + K'_2\Delta s_2 + K'_3\Delta\beta_1 + K'_4\Delta\beta_2 \end{aligned}\right\} \tag{13-204}$$

$$\left.\begin{aligned} K_1 &= (-P\sin\alpha_2\sin\gamma + R_1^2\cos\alpha_1 + R_2^2\cos\alpha_2\cos\gamma)/N^2 \\ K_2 &= (P\sin\alpha_1\sin\gamma + R_2^2\cos\alpha_2 + R_1^2\cos\alpha_1\cos\gamma)/N^2 \\ K_3 &= \left(-R_1\sin\alpha_1 - R_1\sin\alpha_2\cos\gamma - \frac{1}{P}R_1R_2^2\cos\alpha_2\sin\gamma\right)/N^2 \\ K_4 &= \left(-R_2\sin\alpha_2 - R_2\sin\alpha_1\cos\gamma + \frac{1}{P}R_1^2R_2\cos\alpha_1\sin\gamma\right)/N^2 \\ K'_1 &= (P\cos\alpha_2\sin\gamma + R_1^2\sin\alpha_1 + R_2^2\sin\alpha_2\cos\gamma)/N^2 \\ K'_2 &= (-P\cos\alpha_1\sin\gamma + R_2^2\sin\alpha_2 + R_1^2\sin\alpha_1\cos\gamma)/N^2 \\ K'_3 &= \left(R_1\cos\alpha_1 + R_1\cos\alpha_2\cos\gamma - \frac{1}{P}R_1R_2^2\sin\alpha_2\sin\gamma\right)/N^2 \\ K'_4 &= \left(R_2\cos\alpha_2 + R_2\cos\alpha_1\cos\gamma + \frac{1}{P}R_1^2R_2\sin\alpha_1\sin\gamma\right)/N^2 \\ N^2 &= 2(R_1^2 + R_2^2) + \left(P - R_1^2 + \frac{1}{P}R_1^2R_2^2 - R_2^2\right)\sin^2\gamma \\ R_1 &= \frac{P}{s_1} \\ R_2 &= \frac{P}{s_2} \end{aligned}\right\} \tag{13-205}$$

式中　P——当测角的权为 1 时测边的权；$P=206265$。

$s_1 s_2$ 以 mm 为单位，其余同式（13－201）和式（13－203）。上面各式中的 K，当位移量小于交会边长的 1/1000 时为常数。

有了 δ_x、δ_y、δ_h，就可合成全位移量 δL 和计算位移矢量的方向要素。最后绘制测点的位移－时间曲线（图 13－97）和平面位移矢量图（图 13－101）等图纸资料。

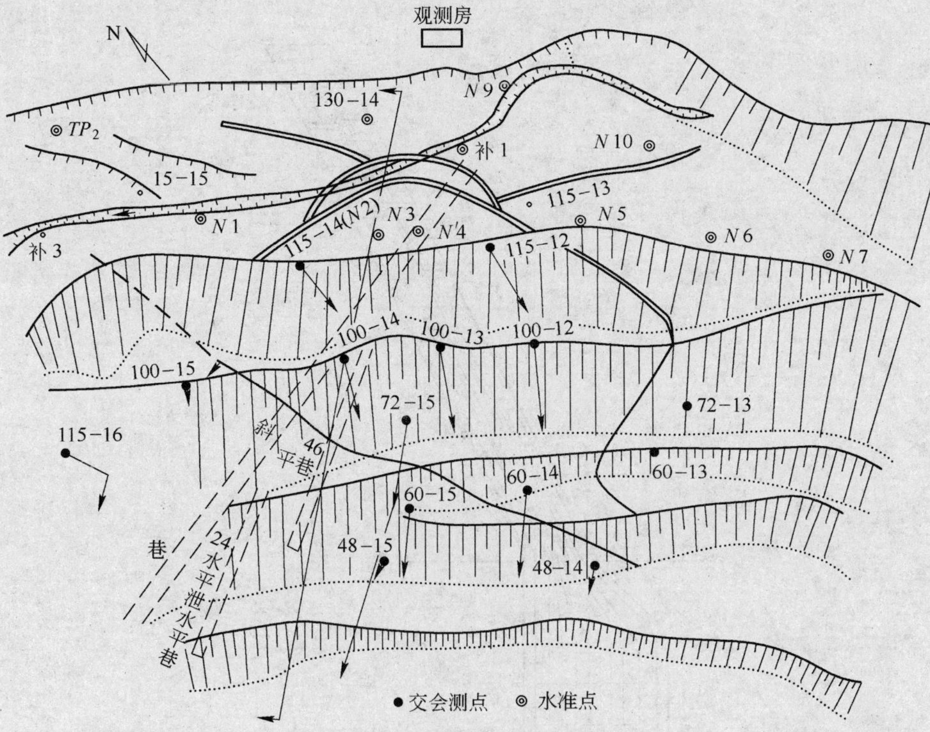

图 13－101 象鼻山北坡平面位移矢量图

13.10.1.2 岩体内部位移观测

岩体内部位移观测可以准确确定边坡岩体内破坏面（带）的位置及破坏状况。边坡岩体内部位移通过钻孔或边坡内的排水坑道观测。钻孔观测装置有水平钻孔伸长计和钻孔倾斜仪。图 13－102 表示大冶铁矿 1 号滑体监测中使用的水平钻孔钢丝伸长计示意图。

测点埋在岩体内的不同位置，由钢丝引出地面测量。钢丝保护在塑料管内，用水泥砂浆把塑料管与岩体浇灌成一体。每隔 4m 安装一分线环，将钢丝分开，保证钢丝平行引出孔口，经滑轮用重锤对钢丝施恒定的拉力。其读数装置与地面钢丝伸长计相同。

图 13－103 是孔内测点的位移分布曲线，Δl 是各测点相对于最里面的 1 号点的位移量，向外移为正。

移动式钻孔倾斜仪，利用竖直钻孔测量水平位移，以确定滑面位置。首先在孔内安装带有滑槽的套管，然后用移动式钻孔倾斜仪沿钻孔不同深度测量各处倾角，根据各处倾角的变化值推算横向位移。电阻应变测管也可用于竖直钻孔测量水平位移，但不能作长期监测。

13.10.2 水压监测

地下水动态长期监测是边坡监测的重要内容。监测目的有三：

（1）检验稳定性计算和分析时所预测的状态，如果实际地下水状态与预测结果有较大差异，则要重新评价边坡稳定性。监测水压变化，预报不稳定体的破坏状态。

（2）使用采场早期地下水压、水量的观测资料、预测采场向下延深过程中的地下水状态。

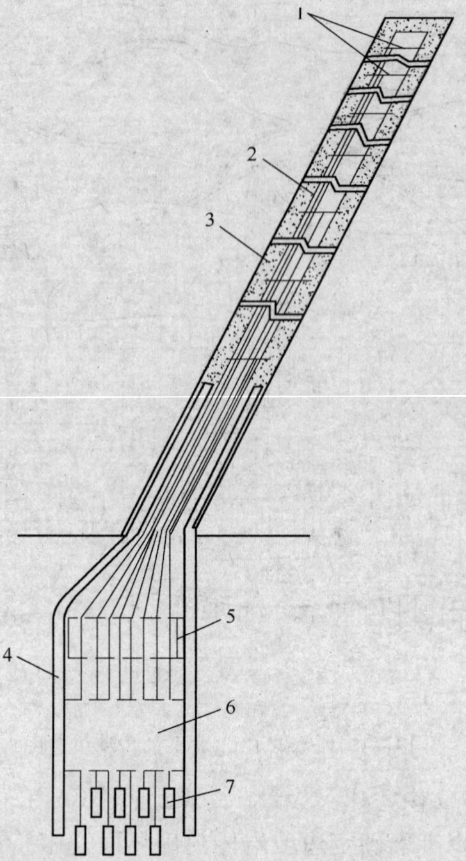

图13-102　水平钻孔钢丝伸长计示意图

1—测点；2—塑料管；3—水泥砂浆；4—支管；5—滑轮组；6—位移读出装置；7—重锤

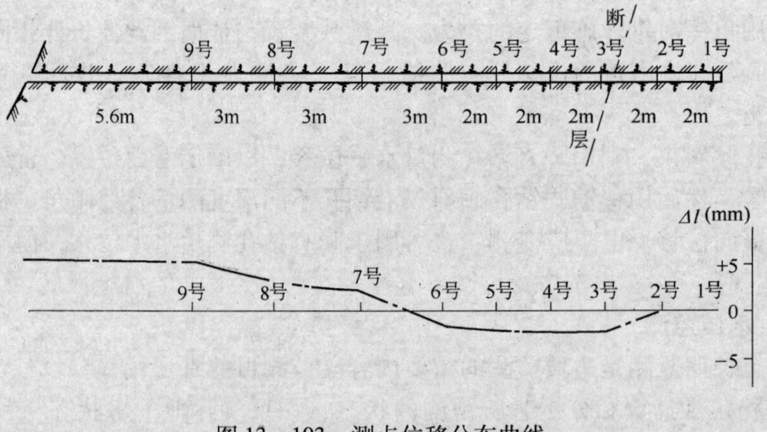

图13-103　测点位移分布曲线

（3）检验疏干效果。采用钻孔水压计监测边坡可能破坏体内及可能破坏体后面的地下水头。水压计应布置在有代表性的剖面上，特别是在稳定条件不利的区段。包括1）设计边坡最高、最陡处，2）岩性软弱或有不利方向的结构面，3）水文地质条件不利地段。

剖面线数量以及每一剖面上水压计的个数取决于地下水对边坡稳定影响的重要性；水文地质结构的复杂程度；采矿场的规模。

随着采场延深，潜水位不断下降，有些水压计可能随之报废，要根据需要增补新的水压计，以跟踪监测。

水压计有几种，要根据水压计对地下水位变化反映的时滞特性选用水压计。时滞即决定于岩体的渗透性能，又决定于水压计本身，水压计内压力变化伴随的水体积变化越小，时滞性能越好。

地下水含水段未被套管隔离的钻孔，可直接用来测量水头，所测水头值为该含水段的平均水头。因此，当含水段较长、水力梯度较大时，测量精度低，其时滞性能差，可用来测量渗透系数大于0.1m/d含水岩体中的水头。

图13－104是通常用的竖管水压计结构图，因其口径小，压力变化引起的管内水体积变化小，时滞性能较好，渗透系数大于0.001m/d时能够使用。如果钻孔孔径大，可安装几个水压计进行分段观测。

电动水压计有振动金属丝应变型、电阻应变型、电容型和半导体固态压阻型，其优点

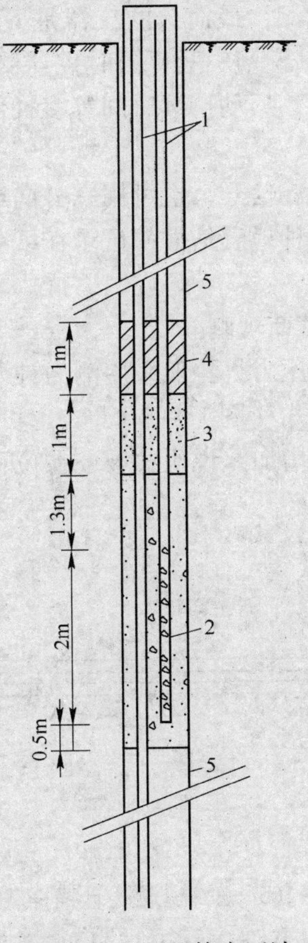

图13－104 竖管水压计

1—竖管，内径13mm；2—进水段，管壁凿眼，衬筋，包金属网，外填砂砾；
3—细砂段；4—泥段；5—水泥砂浆密封段

是安装简单，适于遥测；有的能连续测量，自动记录；无时滞，可用于渗透系数小于0.001m/d的含水岩体。缺点是价值高，有的操作也较复杂。

在国外还有机械式水压计，分气动式和液动式两种。压入空气或液体与地下水压平衡，然后测量平衡空气或液体的压力。

应当定期地对水压进行监测，并辅以采场涌水量，降水量监测，绘制采矿场地下水等水头线图。监测周期视矿山水文地质条件的类型而定，一般在雨季、出现不稳定迹象地段、疏干系统开始工作期应加密观测次数。监测资料较完整时，可分别绘制涌水量 Q、水头 H、影响半径 R 以及边坡渗出段高度 Δh 随潜水面下降值 s 的变化曲线。

13.10.3 震动监测

震动监测包括爆破震动测量和岩石噪声监测。

利用露天矿日常生产爆破，测量地震波在边坡岩体中的传播速度及其变化，以相对说明各部分岩体的完整性及其变化过程，进而推断边坡稳定性的变化，这是处于试验之中的一种监测手段。传播速度的测量方法有二：第一种方法是测量震源至各测点之间地震波传播速度，可测量不同方向的传播速度；第二种方法是测量两测点的到时差 Δt，据已知的测点间距 Δd，求得速度 $v=\Delta d/\Delta t$，往往用以测量同一方向地震波在不同区间的传播速度。

岩音监测已开始用于边坡监测，最简单的仪器是DY－2型地音仪，进一步发展的仪器有YSS岩体声发射监测仪和ZLS－18型智录时控遥测声发射机，这些仪器能记录、统计岩音事件发生频度、幅度分布、振动持续时间等多种信息，并能遥测。岩石噪音监测主要用于Ⅱ级监测。

边坡在破坏过程中产生的微震信号，也可用三分向或单分向微震仪监测，这种仪器记录几赫兹到几十赫兹的信号。各种地震信号都记录在纸上，由观测者加以区分和分析，从中找到有关稳定状态的信息。

13.10.4 加固工程结构物载荷观测

锚索、锚杆载荷及挡土墙侧压力，一般采用测力计测量。常用的测力计有电阻应变测力计和钢弦测力计，可制成压缩式（图13－105），也可制成拉伸式。测量结果及时绘制载荷－时间变化曲线，如果载荷增加，说明边坡还在位移；载荷下降，应及时对预应力锚索，锚杆加载。

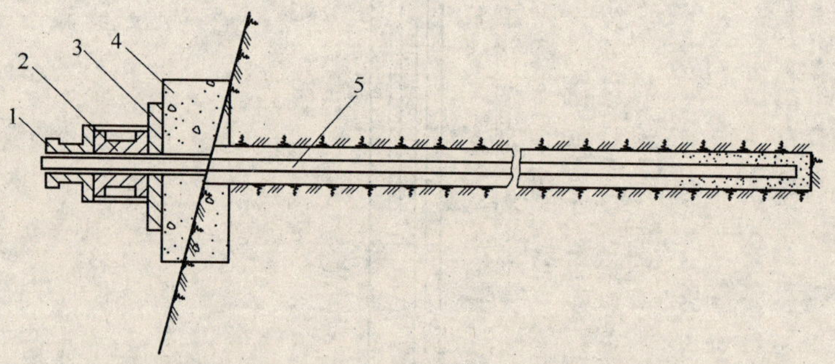

图13－105 压缩式测力计锚杆载荷装置

1—锚固头；2—测力计；3—垫板；4—钢筋混凝土承载墩座；5—锚杆

钢轨抗滑桩受力状态测量。采用直接在钢轨上分段贴电阻应变片，用电阻应变仪测量应变的方法，计算钢轨应力状态，推算边坡推力，确定滑动面位置。测点的安装质量是保

证观测效果和使用寿命的关键。测量结果绘制成应变－时间变化曲线、应力分布图或弯矩图（图 13－106）。

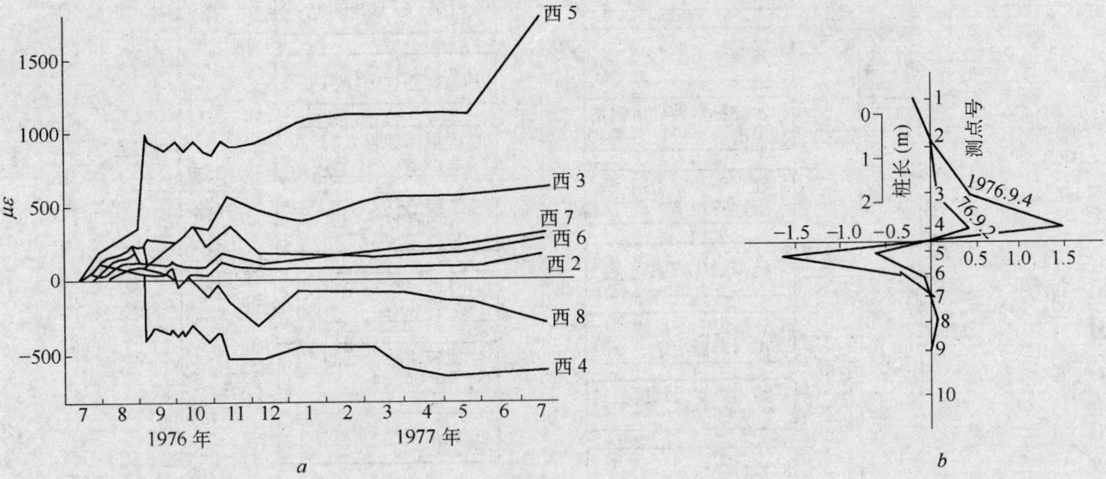

图 13－106 海州露天煤矿钢轨桩观测曲线

a—测点微应变历时曲线；*b*—弯矩图

13.11 边坡工程的计算机管理

随着计算机和计算技术的发展，露天矿边坡工程管理信息系统（SEMIS）、决策支持系统（SEDSS）、专家系统（SEES）的研制陆续从实验室走向实际应用，标志着边坡工程管理进入了计算机管理的新时代。

13.11.1 边坡工程管理过程

边坡工程的管理是从制订目标开始，直至闭坑这样一个决策与控制的全过程。具体地说，它应当包括以下几个过程：

（1）现有数据和预测数据的收集、贮存、处理的信息供馈过程；

（2）边坡工作状态的分析、判断和预测过程；

（3）技术措施和经济活动的决策过程；

（4）边坡形成过程的监测和控制过程。

按照管理阶段划分，边坡工程管理可分作事前管理与事后管理，如图 13－107 所示。事前管理的基本职能是执行投资决策，决定长期战略方向，是一个决策过程；事后管理的基本职能是执行经营决策，决定短期的战术措施，是一个控制过程。

13.11.2 边坡工程管理信息系统

在边坡工程活动的全过程中，由时间、空间和职能等有关的边坡信息合成的有机整体，叫做边坡工程的信息系统。边坡工程管理信息系统旨在采用现代的信息技术来研究边坡工程管理系统中信息活动的全过程，进而揭示各影响因素间的内在联系和边坡行为的变化规律，实现边坡工程的优化决策和实时控制。

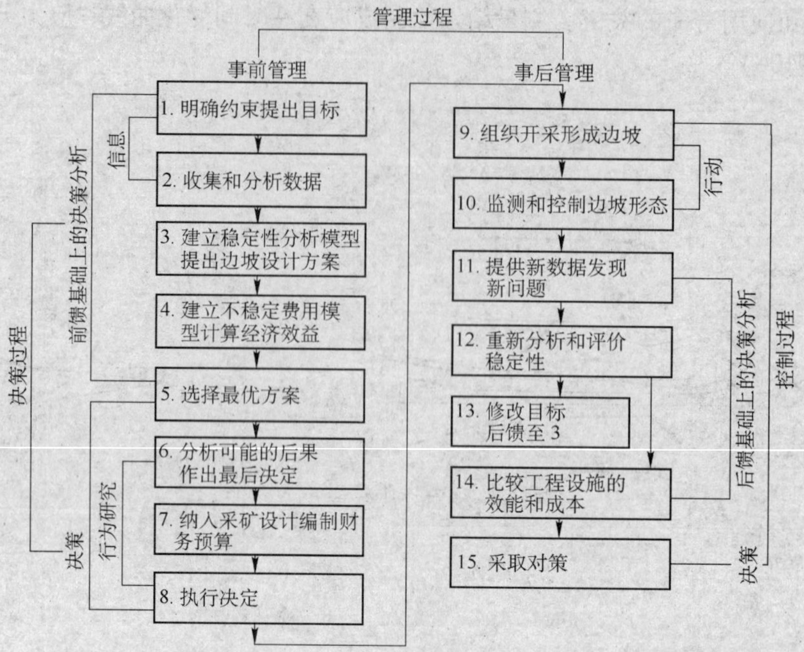

图 13－107　边坡工程的管理过程

边坡管理信息系统必须与边坡管理层次相适应。使信息与管理同步，使管理与工程活动同步，相应管理的三个层次：战略管理层的工作由决策支持系统来完成；战术管理层的工作由管理系统来完成；作业管理层的工作由数据处理系统来完成。

信息系统的四种职能：数据处理过程、决策过程、执行过程和控制过程、各自应按"输入—转换—输出"模式，逐次传递管理指令（输出信息）作为下一级的输入。各级输出又把信息反馈回来，对原决策进行必要的检验。进而形成一个连续不断的多重循环。

信息处理的基本要求是及时、准确、适用、经济。尤其是及时这一点，对于滑坡区的管理特别重要。务必及时把瞬息万变的、反映变形过程的当前信息传输到管理人员手中，以对边坡破坏过程进行实时的控制。

SEMIS 是一个使用计算机执行管理功能和控制功能的人机系统。计算机系统是整个管理信息系统的主体，图 13－108 表示管理信息系统中硬件系统与软件系统的组成。

SEMIS 是一个包容整个边坡工程活动的复杂系统，它是由各子系统联系而成。各职能子系统的功能是：

（1）数据处理，数据包括：

1）动态数据：露天矿边坡工程地质模型，反映边坡结构和采场几何形状的历时变化；岩体位移监测数据，反映边坡岩体变形和破坏的过程；边坡水压和疏干效果的监测数据，反映地下水状态；爆破震动的工程效应，反映动力场变化；人工加固效果的观测数据。

2）静态数据：边坡工程地质参数；岩体强度指标；开采技术数据；矿山经营的经济数据。

（2）辅助决策：完成边坡工程分析和评价；确定最优化的边坡设计方案；选取最合

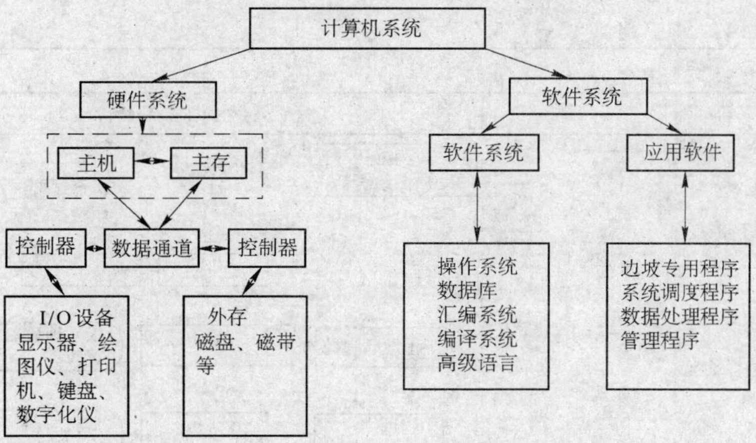

图 13-108 SEMIS 硬件系统与软件系统的组成

理的稳固工程措施。

(3) 在边坡设计、工程措施实施过程中，执行其监控功能，把实际执行情况返送到原输入点，同时进入控制阶段。其主要任务是捕捉边坡形成过程中的动态数据。有条件的矿山，可以采用由计算机控制、自动获取动态数据的系统。

(4) 控制：它主要根据边坡工程的实际状态，发出调节和控制指令，可能是局部参数控制，也可能是总体方案的控制。

建立 SEMIS 可分作三个阶段：

(1) 系统分析：目的是确定边坡管理信息系统的目标和规模。包括对边坡管理状况的调查、进行系统规划，制定信息内容、层次、时间、形态和收集方法。

(2) 系统设计：主要任务是研制详细的系统结构，以作为将来实施的根据。系统设计要求简单、灵活、完整、可靠和经济。

(3) 系统实施：即建立装置、系统调试和运行，包括设计、选定接口及通信装置；确定系统调试方案；确定系统实施后的活动。

SEMIS 必须在使用中不断维护、更新和提高，才能不断完善和扩大其功能。

成功的 SEMIS 必须满足下述要求：

(1) 必须有未来的使用者——矿山管理工程师直接参加系统的建立和开发；

(2) SEMIS 必须对边坡的工作状态提供预测和预报；

(3) SEMIS 必须具有灵活性和进化性，以适应工程变化对它的需要；

(4) SEMIS 应迅速地产生有意义的结果，提供报告和及时回答查询；

(5) SEMIS 还必须考虑计算机资源的利用。

13.11.3 应用实例

13.11.3.1 系统结构

攀钢石灰石矿边坡管理信息系统采用以边坡工程数据库为中枢、外延分支的系统结构型式（图 13-109）。目前建立了四个分支，即

(1) 边坡设计信息分支；(2) 边坡模拟、稳定性预测分支；(3) 生产过程边坡动态信息分支；(4) 位移监测、预报分支。

本系统环境是：硬件——微处理机、打印机、数字化仪和绘图仪；软件——AUTO-

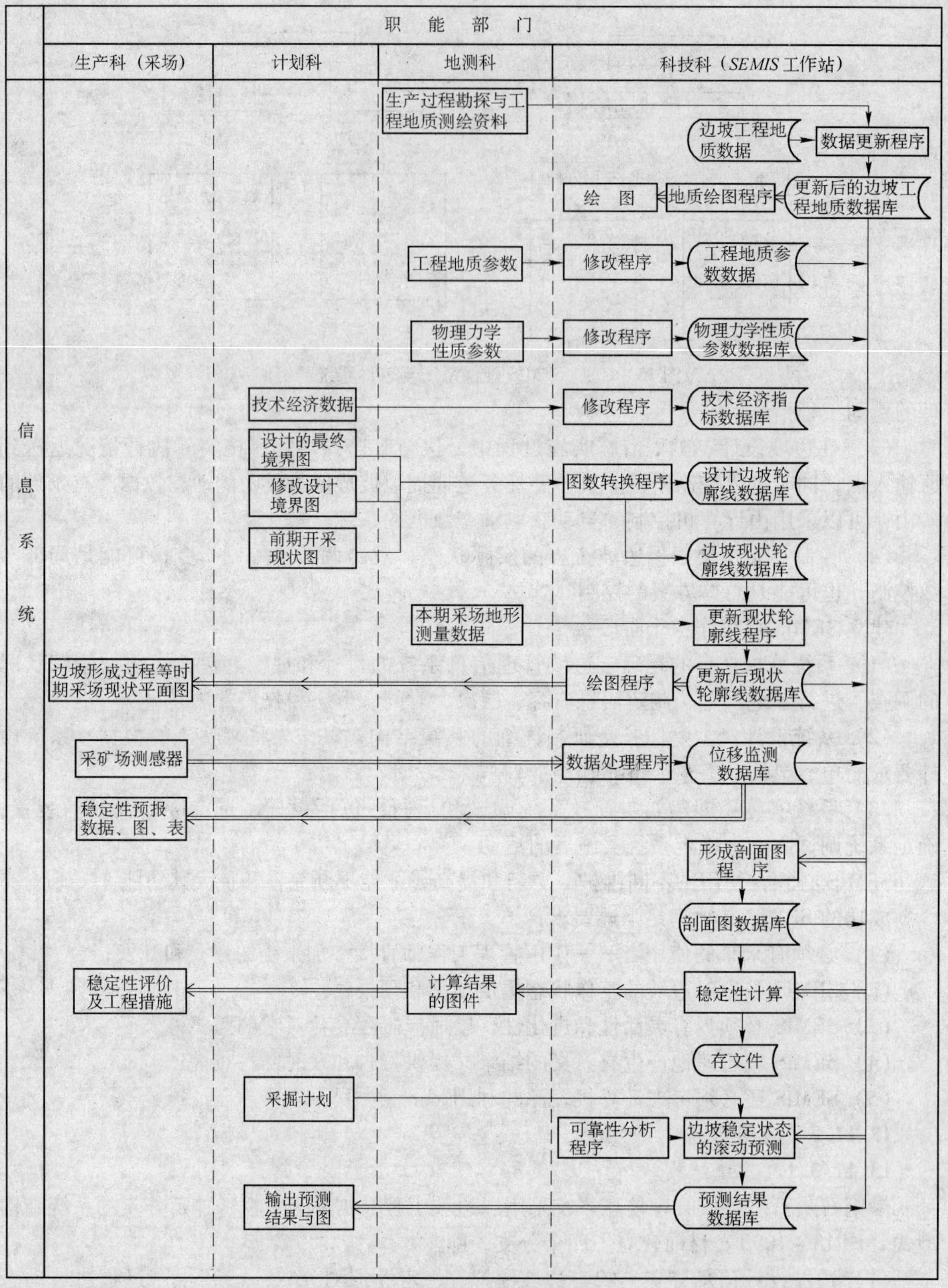

图13－109　攀钢石灰石露天矿边坡管理信息系统结构图

CAD、DBASE Ⅲ管理系统、高级语言。

13.11.3.2 边坡工程数据库

该矿边坡工程数据库由6个子库组成：

（1）工程地质数据库，包括岩性、断层、岩脉、工程地质分区等空间结构分界线。原始数据的输入是通过图数转换程序由数字化仪输入主机，存入TXT文件，经DBASE Ⅲ管理系统转换成数据库。原图输出方式有二：1）由高级语言BASICA程序或由DBASE Ⅲ程序直接与绘图仪连接绘图；2）通过高级语言BASICA转换为DXF文件，然后进入AUTOCAD系统，形成DWG文件与绘图仪连接绘图。

（2）工程地质参数数据库，包括各分区的层面和节理方位、间距、起伏角的统计参数。

（3）物理力学性质指标数据库，包括各类岩石的容重、点荷载指数、极限抗压强度、弹性模量、岩体与弱面的抗剪强度，以及有关统计参数。

（4）设计开采境界数据库，首先将设计的最终境界平面图由数字化仪输入主机，并形成数据库，然后通过程序绘制任意剖面的轮廓线图并进行相关边坡几何要素的计算，形成中间数据库。

（5）采掘现状线数据库，主要包括现状线的类型：坡顶线、坡底线、道路和其他工程界线现状线各点的x、y、z坐标；形成日期。输出水平断面图与剖面图。

（6）开采技术经济数据库。

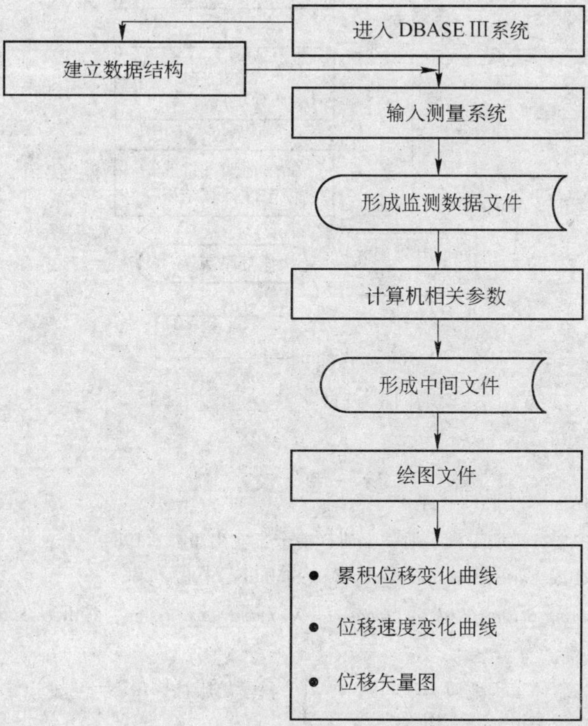

图13-110 监测数据处理过程

13.11.3.3　位移监测数据处理

该矿目前采用 T_3 经纬仪、光电测距仪及水准仪对诸测线进行系统人工测量，测量数据直接输入计算机，在DBASEⅢ管理系统下完成数据处理，可根据需要绘制累积位移－时间变化曲线、位移速度－时间变化曲线以及测点的位移矢量图。图13－110示出系统工作框图。

13.11.3.4　边坡工作状态的滚动预测

为满足采矿计划管理对边坡信息的需要，采用系统仿真方法，滚动地模拟今后5年间边坡形成过程，针对模拟所形成的边坡形态，调用稳定性计算程序和有关数据库数据，进行稳定性评价，从实现过程上，把采掘进度计划编制与边坡稳定性预测融为一体，一直调整到最满意状态，即在安全可靠的前提下实现最优化采矿。图13－111为滚动预测框图。

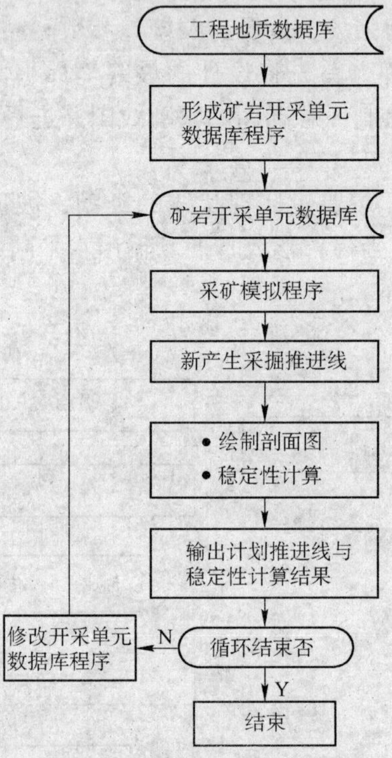

图13－111　滚动预测框图

参考文献

1　加拿大矿物和能源技术中心，边坡工程手册，上册，冶金工业出版社，1984

2　Charles E. Glass，Influence of Earthquakes on Rock Slope Stability，1982

3　D. E. Glass，*et al. Determining Seismic Risk for Economic Optimum Slope design*，19th *U. S. Symposium on Rock Mechanics*，1978

4　中国科学院地质研究所，岩体工程地质力学问题（六），科学出版社，1985

5　徐志英，岩石力学，水利电力出版社，1986

6　S. K. Sarma，*Stability Analysis of Embankments and Slopes*，Journal of the Geotechnical Engineering Division，1979

7　E. Hoek，J. W. Bray，岩石边坡工程，冶金工业出版社，1983，第142～155页

8 华东水利学院，弹性力学问题的有限单元法（修订版），水利出版社，1982

9 黄克中，毛善培，随机方法与模糊数学应用，同济大学出版社，1987，第204~224页

10 王慧炯，系统工程学导论，上海科学技术出版社，1980

11 赵国藩等，工程结构可靠度，水利电力出版社，1984，第3、4章

12 K. Ramachandran & I. A. Hosking, *Relibility Approach to Stability Analysis of Soil/Roek Slopes*, *Fifth Int. Conference on Numerical Methods in Geomechanics*, *Nagoya*, 1985

13 V. U. Nguyen, R. N. Chowdhury, *Probabilistic Study of Spoil Pile Stability in strip coal Mines – Two techniques compared Int. J. Rock Mech Min. Sci. & Geomech. Abstr.* Vol. 21. No. 6 1984

14 D. L. Pentz, *Slope Stability Analysis Techniques Incorporating Uncertainey in Critical Parameters*, 3*RD Stability in Surface Mining*, 1983

15 M. E. Harr, *Mechanics of Particulate Medioa (Aprobabilistic Appreach)*, *chapter* 11, 1977

16 Hyung – Sik Kim, G. Major, D. Ross – Brown, *Application of Monte Carlo Techniques to Slope Stability Analyses*, *Preprint – Proceeding* 19*th U. S*

17 T. A Donovan, D. K. Shuklq, M. J. Taylor, *Optimum Mine Pit Slope Design*, *Preprint – Proceeding* 19*th U. S. Symposium on Rock Mechanics*, 1978

18 贺仲雄，模糊数学及其应用，天津科学技术出版社，1983

19 中国矿业学院，露天采矿手册（第二册），煤炭工业出版社，1986

20 Г. П. Фисенко, *уклепление огкосов в каръёрых*, *изв. Недра*, 1974

21 K. Kovari, P. Frits, *Stabilitäts Berechnung Ebener und rämlicher Felsböschungen*, *Rock Mech.* 1978, Vol. 8. No2

22 加拿大矿物和能源技术中心，边坡工程手册，下册，冶金工业出版社，1986

第14章　砂矿床露天开采

14.1　概　　述

砂矿床——含有自然金属或有用矿物碎屑的松散物或胶结物的聚集体并具有工业价值的矿床。砂矿床的主要矿产有：金、锡、金刚石、铂、钛铁和稀土矿物以及石英砂等。

黄金历来是最重要的砂矿床矿产：全世界已探明的黄金总储量中砂金储量约占10%以上；我国截至1985年止，已探明的C级以上的黄金储量中，砂金储量占了45.6%。

锡石是锡的重要矿物，主要采自砂矿床。在我国已探明的锡金属总储量中，砂锡矿储量约占24%。

当今全世界金刚石总产量中，90%以上采自砂金刚石矿，我国的金刚石全部采自砂矿，例如，湖南省沅水流域的砂金刚石矿，素以优质金刚石著称于世。

世界各国建筑工业需求的砂、卵石，主要采自砂矿，并为玻璃工业及铸造提供丰富的砂料。

我国开采砂矿床的历史悠久，一千多年前，广西、湖南、云南、广东、四川及山东等省即是淘采砂锡、砂金和砂金刚石矿的兴旺之乡。19世纪60年代，在黑龙江和吉林两省发现大规模的砂金矿床，东北的淘采砂金业随之迅速发展，从而出现了我国历史上开采黄金的极盛时期（1875～1908年间）。1888年全国黄金总产量达13.5t，居世界第五位产金大国。

古代开采砂矿，是采用淘洗盘（淘金盘）、淘洗床、竹笼、木溜槽及土沟，利用溪流、河水或者连百竹为枧和掘沟引水，人工进行淘洗。我国的开采砂矿技术对世界砂矿开采技术的进步曾作出过卓越贡献。

1929年广西平桂矿区首先采用水枪－砂泵工艺开采锡矿，这是我国砂矿开采史上的一大进步。

1934年日本侵占我国东北地区后，为掠夺我国砂金资源，于1937～1942年期间，采用中小型桩柱链斗式采砂船（采金船）开采我东北地区的砂金矿，共掠走黄金约20余吨。1942年太平洋战争爆发后，日本将采砂船全部拆毁。

1949年新中国建立后，砂矿开采进入大规模发展阶段。50年代初至60年代中期，砂锡矿水力机械化开采工艺得到迅速发展，在中南及西南地区的砂锡矿开采中，其所占比重达90%以上；而且水力机械化开采工艺在开采风化的氧化锰结核砂矿以及其他矿砂中，也得到广泛的应用。50年代末期起，在东北地区大力发展采砂船开采砂金矿，至今在东北地区已拥有斗容为50～300L的链斗式采矿船100余艘。近十余年来，我国长江流域的许多省份在开采砂金矿床中也在发展采砂船开采，这对发展我国黄金生产起着很重要的作用。在内蒙、新疆、青海等地区相继发现了丰富的砂金矿床，且已建设一批机械（挖掘机、推土机和铲运机等）开采的砂矿，并保持发展的势头。

石英砂是建筑和玻璃工业以及铸造的重要原料，目前我国主要采自古河床及现代河床砂矿。据1981年对全国23个省市不完全统计，年产石英砂约2000万吨，而且需求量还在迅速增长。当前在开采现代河床石英砂时，还普遍重视了砂中微量黄金等贵重矿产的综合回收，经济效益显著；例如，湖南衡东县采用采砂船开采河道浅滩砂料，重视黄金及锡石等综合回收，其产值达到总产值的50%左右。

综上所述，我国的砂矿床资源丰富，开采技术进步很快，开采规模不断增大，开采矿种增多，从陆地到水下砂矿床的开采都得到迅速发展，展示出广阔的前景。

就世界范围来说，砂矿开采保持高速发展的趋势，几种主要砂矿开采占同类矿产开采总量的比重约为：黄金——11%；锡石——75%；金刚石——90%；铂——13%；锆英石——100%；独居石——80%；金红石——98%。有些国家的砂矿开采在其国民经济中占有特殊地位，例如，苏联是世界上第二大产金国，其中砂金矿开采量占了60%以上；巴西1984年生产黄金70t，其中81%采自砂金矿；马来西亚、泰国和印度尼西亚三个国家是世界上最主要的锡金属出口国。其锡产量的80%以上采自砂锡矿。

目前，大陆砂矿床露天开采的主要方法见表14-1，海洋砂矿床的开采方法见本卷16.4。由于砂矿床具有松散碎屑等特点，无论采用何种开采法，几乎都是立即采用湿式重选法进行粗选，然后送入精选厂进行精选。因此，砂矿床开采是采选（粗选）紧密联系的工艺系统。

表14-1 大陆砂矿床露天开采方法分类

类 别	开采方法分类	开 采 工 艺	国内应用概况
陆地砂矿床	水力机械化开采	水枪冲采-砂泵加压水力输送 水枪冲采-自流水力输送	云南锡业公司广泛应用
	机械开采	单斗挖掘机-汽车运输 单斗挖掘机-窄轨铁道 推土机-铲运机 推土机-前装机-带式输送机 推土机-带式输送机 推土机-索斗铲-汽车 推土机-索斗铲倒堆-单斗挖掘机-带式输送机 推土机-单斗挖掘机-带式输送机	金盆金矿，小金沟金矿 601金刚石矿 广泛用于表土剥离 内蒙转金召金矿
	人工开采	人工采挖-小型人工淘选设备	很广泛
	联合开采	人工采挖-小型的运输及洗选机械设备 单斗挖掘机-水力运输 推土机采掘-水力冲运	广泛 云锡公司曾用过 海南省南港矿曾用过
水下砂矿床	机械开采	陆上索斗铲采掘倒堆-陆上运输 陆上索斗铲采掘-漂浮式选矿厂	抚顺砂石矿
	采矿船开采	链斗式采砂船 抓斗式采砂船 绞吸式采砂船 轮斗吸扬式采砂船	广泛采用

由于砂矿床具有分布面大、埋藏浅、矿层厚度一般不大、品位低、采矿工程推进速度快、占地速率高等一系列特点，因此，在确定开采矿点和选择开采方法时就有其相应的要求。即

A　合理规划矿区（或矿点）开采顺序

在进行规划时，地质部门提交的最低工业品位固然是重要依据，但必须根据矿床赋存条件和技术经济条件，产品的市场价格，矿砂的可选性等，进行分析，确定出适合进行露天开采的最低工业品位值，以此作为开采矿点或开采顺序规划的依据。

采矿场或矿段的最低开采工业品位的确定：采（选）场是砂矿开采工业的基本生产单位，为保证采（选）场必要的经济效益，当剥采比一定时，采场的最低开采工业品位可按式（14－1）计算：

$$\alpha'_{\min}=\frac{C_1+nb}{(U-\beta)\ (1-\rho)\ \varepsilon_1\varepsilon_2}\times 100\% \tag{14-1}$$

式中　$\alpha'_{\min}$——采场的最低开采工业品位,％；

U——金属的销售收入减去工商税、固定资产税及流动资金占用费后的净收入，元/吨；

β——按产品的基准资金利润率计算的定额利润值，元/吨；

$$\beta=\frac{(S_1+S_2)i}{A_m}$$

i——产品的基准利润率；

S_1——固定资产价值，新企业用原值，老企业用净值，元；

S_2——企业年平均占用的流动资金，元；

A_m——达到设计指标正常期间的金属年产量，t/a；

ρ——采矿贫化率；

ε_1——选矿回收率；

ε_2——冶炼回收率；

C_1——采矿、选矿、冶炼费用分摊到每吨矿砂的费用，元/吨；

n——剥采比，t/t；

b——剥离表土的费用，元/吨或元/米^3。

由式（14－1）可知，要求的砂矿床的最低开采工业品位 $\alpha'_{\min}$ 与剥采比成函数关系；$\alpha'_{\min}$随 n 值的增大而增大。因此，当砂矿床的地质品位（α）一定时，则应控制允许的最大剥采比值，实质上是经济合理剥采比。如果实际剥采比大于允许的最大剥采比，则暂时不能进行开采。因此，可根据砂矿床的地质品位，按式（14－2）计算允许的最大剥采比。

$$n_{\max}=\frac{U\ (1-\rho)\ \varepsilon_1\varepsilon_2\alpha}{b}-C_1 \tag{14-2}$$

式中　α——砂矿床的地质品位,％；

其余符号意义同前。

从式（14－2）可明显看出，当地质品位一定时，提高选矿回收率和减少采矿贫化率，是提高开采经济效益很重要的方面。如果砂矿床含有多种金属，须将伴生金属的品位换算成主金属的等值品位，然后计算出综合品位。用式（14－3）计算。

$$\alpha=\alpha_1+\sum K_i\alpha_{i2} \tag{14-3}$$

式中　α——用主金属表示的综合品位,％；

α_1——主金属的地质品位,％；

K_i——伴生金属的等值系数；

$$K_i = \frac{P_2 \varepsilon'_2}{P_1 \varepsilon'_1}$$

P_1、P_2 ——主金属和伴生金属的价格，元/吨；

ε'_1、ε'_2——主金属和伴生金属的选、冶总回收率,%；

α_{i2}——伴生金属的地质品位,%。

在规划中还应遵守“先富后贫，先易后难，先近后远”的原则，也应注意到整体上的长远与眼前合理结合。

B　选择开采方法时应考虑的因素

(1) 开采工艺和复垦工艺要统一考虑，无论采用哪种开采方法，表土应分开剥离和堆放，或者将表土直接用于复垦。例如，采用水力机械化开采或采砂船开采，剥离表土一般应另选用工程机械（推土机、铲运机、索斗铲等）进行。

(2) 尽量减少剥离、采矿和尾矿的运输距离，所以一般应合理划分采区尺寸，以利于实现内排土、内排尾（砂），这样既有利于降低开采成本，又有利于缩短复垦周期。

(3) 要高度重视环境保护。采用水力机械化开采和采砂船开采时，往往有大量的含泥高的浑水排出，会污染临近居民及工业用水，而且还会危害农业和渔业生产。因此在任何情况，尽可能使水得到循环利用和采取必要的净化措施。凡在环境保护问题上不能解决的开采工艺，即使在技术上可行并有一定的先进性，也应放弃使用。

(4) 人工开采法，从技术观点看是落后的，但是用人工开采零星分散品位高的砂矿，确是很有效的，对充分开发利用地下资源是很有利的。因此，人工开采法在开采砂矿床中，不仅现在而且在将来也必将占有一定比重。

(5) 选用的开采方法，工艺要简单，设备的移设要方便。因此，一般应选用自行式或拆移式的设备，以适应于开采矿点分散储量小的小型砂矿床。

综上所述，应根据砂矿床的具体条件，合理地选用开采方法，而且在一个矿山要善于采用几种开采方法联合起来进行开采。

14.2　砂矿床成因类型及其土岩分类

14.2.1　砂矿床成因类型[1]

按砂矿床的成因分类，见表 14－2。

各类砂矿床的共同特点如下：

(1) 由于形成时期较晚，还来不及经历成岩作用，因此是较疏松的土岩。故通常开采砂矿床无须穿孔爆破进行松动，可直接用机械进行采掘，或利用压力水射流进行冲采和水力输送。

(2) 砂矿层离地面近或直接出露地表，矿层厚度一般不大，适合于露天开采。

(3) 砂矿床的品位一般较低，且分布不均匀。例如冲积砂矿在沉积过程中，即使受到轻微的地形环境影响，也会改变其矿粒存在的空间位置，因而在大块段中具体点位上，矿化是不连续的，样品具有强烈的“跃迁效应”。因此，生产中应特别加强生产勘探。

(4) 冲积砂矿一般地下涌水量大或直接位于地下潜水面以下，若要降低地下水位，不仅不经济，有时甚至不可能，所以只能从水下开采。

表14-2　砂矿床成因类型

成因类型	分类	赋存的基本特点
残　积	残积砂矿	由露出地面的矿体或含有有用矿物的岩石所风化的物料，聚集于原地上而逐渐形成残积覆盖层。其特征是带有黏土而未分级的棱角形物料，矿床中含石率一般较高，有用矿物分布在各层中
坡　积	坡积砂矿	残积覆盖层由于剥蚀与重力作用的原因，逐渐沿山坡移动，在稍平缓的山坡上积聚而形成坡积砂矿
洪　积	洪积砂矿	是由间歇性急流，携带大量疏松堆积物，沉积在山麓，山沟，盆地及喀斯特的溶沟、漏斗中，主要特征是沉积的分选作用差，有用矿物分布不均匀
冲　积	河床砂矿	由于水流作用，松散物料沉积在河床、浅滩、沙洲形成的砂矿床，特点是物料圆滑，重矿物富集于沉积层下部
	河谷砂矿	在谷道底部及谷道附近形成的冲积层，矿层的分布具有规律性，标准的砂矿床剖面从下到上是：底岩（基岩）、矿层、小砾石层、冲积的淤泥和砂质黏土层、表面植物层，各层厚度之和通常为8～15m。重矿物主要富集在矿层及小砾石层中
	阶地砂矿	随着河流的冲蚀，河床加深，使早期形成的砂矿床残留在高出河流水面以上，最古老的阶地砂矿床可高出现代河床数十米到一百米以上。其特点是：胶结较致密，矿体不连续，往往含黏土量高，矿床有用矿物的品位分布不均匀
海滨砂矿		参见本卷16.4

（5）砂矿疏松沉积物中，不同程度地含有水分。在严寒地区会产生永久冻结或季节性冻结现象，土岩变得很坚硬和体积增大等。因此，冻结作用对开采砂矿床工艺提出了一些特殊要求，如冻结的预防及融解等。

（6）冲积砂矿床中的有用矿物或金属，大部分富集在矿床的下部，特别是接近基岩的底部，矿层基岩接触界面通常是砂矿的最富层。而且有用矿物或金属会渗入到基岩的裂隙中，其渗入深度视基岩性质而变化。例如，在破碎的花岗岩中，金粒可渗入岩石中1.5～3m，在碎裂的石灰岩中最大渗透深度最大可达15m。因此，不同基岩的特点，是选择开采方法必须考虑的重要因素之一。

14.2.2　砂矿床土岩分类

砂矿床土岩的物理力学性质，决定于土岩的颗粒组成及其成矿年代和环境，前者决定土岩的黏结性强弱，后者往往决定土岩的胶结致密程度。砂矿床土岩的物理力学性质在不同条件下的差异很大，即使在同一矿区或同一采区其性质也有很大差异。

土岩都是大小不等的颗粒集合体，土岩颗粒的粒度分类见表14-3。

14.2.2.1　按土岩中黏土粒级含量分类

土岩的颗粒粒度组成是决定土岩各项物理力学性质的基本因素，而其中含黏土粒级（粒径小于0.005mm）量的多少又是决定性的因素。按此观点土岩的简化分类见表14-4。

14.2.2.2　按土岩的可采性分类

砂矿开采的难易程度（包括采掘和运输）即可采性，能综合反映土岩的物理力学性质特点，所以按土岩的可采性分类，得到广泛采用。按土岩的可采性分类的实质，是将生产实践的统计数据与专门的试验测定（触探试验和土岩松散系数的测定）数据相结合进行分类的方法，因此要根据陆地上砂矿和水下砂矿的开采工艺特点分别进行分类。总结我国砂

表 14-3　土岩颗粒分类

颗粒名称	粒级名称	颗粒大小（mm）
漂石（滚圆的）或块石（棱角的）	大	800
	中	800~400
	小	400~200
卵石（滚圆的）或碎石（棱角的）	大	200~100
	中	100~60
	小	60~40
细砾（滚圆的）或角砾（棱角的）	最大	40~20
	大	20~10
	中	10~4
	小	4~2
砂	大	2~1
	中	1~0.5
	小	0.5~0.25
粉砂	粗粒粉砂	0.25~0.1
	粉砂	0.1~0.05
	细粒粉砂	0.05~0.01
	淤泥质粉砂	0.01~0.005
黏土	粗粒黏土	0.005~0.001
	细粒黏土	<0.001

表 14-4　按土岩中黏土粒级含量的土岩分类

土岩名称	黏土粒级含量（%）
黏土	>30
亚黏土	10~30
亚砂土	3~10
砂质土	砂粒级含量多于粉砂粒级含量，而且黏土粒级含量<3%
粉砂质土	粉砂粒级含量多于砂粒级含量，且黏土粒级含量<3%

表 14-5　陆上砂矿土岩分类

土岩类别	土岩特点	土岩的松散系数
Ⅰ	没有植物根的表土及泥炭；细砂、粉状砂；松散的砂质土；松散的湿黄土；非黏结性的石英、长石质矿砂；选矿厂尾砂堆积物；预先松散的干燥黏土	1.1~1.2
Ⅱ	大孔隙轻砂质黏土；有植物根或含少量砾石及碎石的表土层和泥炭；正常湿度（15%~20%）含小卵石或碎石（小于10%）的砂-淤泥质土；胶结弱的砂质砾石土；软质亚黏土；一般黄土；含少量卵石或碎石的填方土；较紧密的中大粒砂	1.2~1.3
Ⅲ	油性中软黏土；重砂黏土；含有大量10~40mm的砾石土；致密黄土；含有砂和砾石的致密亚黏土；人工堆积的（含卵石、砾石或碎石20%~30%）砂黏土	1.25~1.35
Ⅳ	含卵砾石（或碎石）30%的致密黄土硬质黏土；胶质的致密亚黏土；胶结弱的砾岩；含碎石的重砂黏土；含砾石、碎石及漂石的砾黏土	1.25~1.4
Ⅴ	黏性特强的黏土；黏土胶结紧密的氧化锰结核；胶结致密的小碎石；含块石的粗粒花岗岩、斑岩的强风化壳；含卵砾石40%的致密砂质黏土；冻结的Ⅰ~Ⅱ级土岩；含石率40%的砂质砾石土；弱胶结的黏土质粉砂岩	1.3~1.55

表14-6　水下砂矿土岩分类

土岩类别	土岩性质	贯击次数 N63.5①	选用采砂船类型的次序
Ⅰ	流动性淤泥；软塑淤泥；淤泥质土；松散的砂；软黏土；松软的亚砂土	0~4	吸，绞吸，链斗
Ⅱ	中等致密的砂；夹杂有砾石（≤5%）的砂；中等致密的亚砂土；软塑的亚黏土	5~15	绞吸，轮斗吸，链斗
Ⅲ	中硬塑亚黏土；中硬黏土；中硬砂质土；含有卵石及大于50cm占1%、少于10%的杂粒砂	15~30	链斗，轮斗吸，绞吸抓斗，铲斗
Ⅳ	紧密的杂粒砂（含砾石和卵石少于20%，粒径大于50cm占1%~3%）；含卵石和砾石少于10%的亚黏土，硬质砂质土，含砾石和卵石小于10%的亚黏土	30~50	链斗，铲斗，抓斗，轮斗吸
Ⅴ	含砾石达30%~40%，粒径大于50cm占3%的砂砾石类土岩；紧密的砾石和卵石；超硬质砂质土；很硬的黏土；被黏土胶结的砾石、卵石、砂，泥质粗粒砂岩	>50	链斗、铲斗、抓斗
Ⅵ	强风化的硬岩石；软岩石；冻结土岩；残积碎石		铲斗、链斗②

①N63.5为作触探试验时，锤重为63.5kg时的贯击次数；

②在Ⅵ级土岩条件下，当采用链斗式采砂船开采时，对于硬岩石要预先用冲击法或爆破法破碎。

表14-7　采用链斗式采砂船开采砂矿的土岩分类①

土岩类别	土岩性质	松散系数
Ⅰ	无树根泥炭，松散植物层，泥炭卵石和尾砂堆；非黏结的中粒和粗粒石英和石英-长石砂，有时混有少量卵石和碎石；非黏结的砂石，很少有大卵石的淤泥质或夹有少量的亚黏土杂质；砂质-黏土（亚砂土，有时夹有卵石和碎石）；黏结性弱的砂-碎石-卵石土岩。这类土岩易于用挖斗从基岩上分离出来，易于冲洗。此时满斗系数大于1，每分钟通过的斗数最多	1.12
Ⅱ	夹有少量卵石和碎石（30%）的砂-卵石或卵石充填压实或胶结的土岩（黏土胶结） 这类土岩要用一定的力才能挖出，因而降低了挖斗速度和生产能力，冲洗性差，所以满斗系数下降	1.2
Ⅲ	夹有砾石的黏土（粒径小于50cm的占15%以上）；由黏土黏结的残积层及有棱角的底板碎块（碎石、条石、片石）；碎块黏土质、砂质-黏土质、碳质、云母质和石灰质片岩 这类土类比较致密，挖斗运动速度不小于Ⅱ级；冲洗性不好；满斗系数小；必须停船清扫溜矿口和斗架	1.25
Ⅳ	夹有砾石的黏土（粒径>50cm的石头达30%）；没有破坏黏土胶结的泥灰岩和砂岩；裂隙发育的软火成岩；胶结弱的砾岩 挖掘这类土岩时，挖斗运动速度小于Ⅲ级由于冲洗性不好，底板坚固，挖斗满斗系数小；处理大块石时必须停船	1.30
Ⅴ	特别粘的黏土（不易从挖斗中卸下），含有大块石（粒径>50cm的占50%），半破碎的大块砂岩；砂-黏土质云母片岩；裂隙发育的火成岩；黏土（胶结）质岩石，易于挖掘但冲洗性不好 挖掘该类土岩时，常常被卡斗和脱链、挖斗满斗系数急剧下降，为排除大块石头、清扫溜矿口等必须停船	1.35

续表 14－7

土岩类别	土岩性质	松散系数
Ⅵ	冻结土岩（永久冻土和季节性冻土）；节理发育的变质结晶页岩；火成岩和坚硬的沉积岩 此类岩石坚硬，挖斗满斗系数最小；但由于挖斗在土岩上打滑，故挖斗远动速度增大	1.4

①资料来源于苏联黄金总局。

矿开采的经验并参考国外数据。常用的陆上砂矿土岩的分类如表 14－5 所示。水下砂矿土岩的分类如表 14－6 所示。采用链斗式采砂船开采时的土岩分类可参考苏联黄金总局提出的分类表（表 14－7）。

14.3 砂矿床露天机械开采

14.3.1 应用概况与发展

砂矿床露天机械开采，是指采用通用的工程机械开采陆地砂矿工艺。常用的机械有单斗挖掘机（正铲或反铲）、推土机、铲运机、前装机、索斗铲以及轮斗铲等，与不同的运输方式相配合，形成不同的开采工艺系统。

本世纪 50 年代，在我国锡和金刚石砂矿床开采中开始采用单斗挖掘机－窄轨铁道和单斗挖掘机－汽车运输开采工艺以及推土机－拖拉铲运机开采工艺。70 年代以来，在砂金矿露天机械开采中。如单斗挖掘机－汽车，推土机－水冲泵移动式洗选机组，推土机－前装机－带式输送机等开采工艺有了较快的发展。

在我国建材部门砂卵石矿床开采中，露天机械开采占有重要地位。

实践证明，对于品位较高，矿床规模较小的阶地、坡积砂矿床以及高寒地区的砂矿床，机械开采是很有效的，特别是采用机械开采时有利于环境保护和缩短复垦周期等突出特点，因此，近些年来国内外都重视机械开采的发展。例如，我国西北地区的砂金矿床开采，都成功地采用了机械开采；国外如苏联、美国、尼日利亚、马来西亚等国家均很重视发展机械开采，在苏联的砂矿开采中，机械开采比重约 14%；马来西亚重视以发展机械开采取代传统的水力机械化开采。预计砂矿床露天机械开采占的比重将会逐步增大。

14.3.2 单斗挖掘机开采

在我国砂矿开采中，单斗挖掘机开采得到一定的应用。例如，湖南 601 金刚石砂矿、内蒙古察汉砂金矿、卢沟桥砂石矿等。

采用单斗挖掘机开采时，关于设备选型及其技术参数的确定原则，可参见本卷：12.5.2.1，12.6.1 及 12.6.2。但由于砂矿床赋存特点，采用该开采方法时，有以下特点：

（1）除冻土外，一般可以直接挖掘，满斗系数与作业率均较高。

（2）由于砂矿床土岩的承载强度低，并随土岩湿度的增大承载强度迅速下降，因此一般宜选用接地压力小的设备。

（3）在多雨地区，生产的均衡性差，不均衡系数高达 1.4～1.5。

采用单斗挖掘机开采的适用条件是：

(1) 采用单斗正铲开采时，砂矿床底板起伏不大；若采用单斗液压反铲开采，则不受底板起伏的限制。

(2) 干旱地区或缺水地区或土岩含石率（大块及卵砾石）超过50%的砂矿床。

(3) 古河床砂卵石矿床。

(4) 非胶结黏土质的砂矿床。

实例1　601金刚石砂矿单斗正铲－窄轨铁路开采工艺

该矿床属第四纪古河床冲积金刚石砂矿，表土为黏土和亚黏土层，下部为砂卵石含矿层，矿层厚度1～3m。含有金刚石、黄金等矿物；底板为第三系微起伏的红色砂岩。剥采比为1～2m^3/m^3。

该矿采用推土机和拖拉铲运机（斗容2.6～6m^3）剥离表土。采用斗容为1m^3的柴油铲采掘上装车，柴油机牵引的窄轨（轨距762mm）铁路运输（图14－1）。

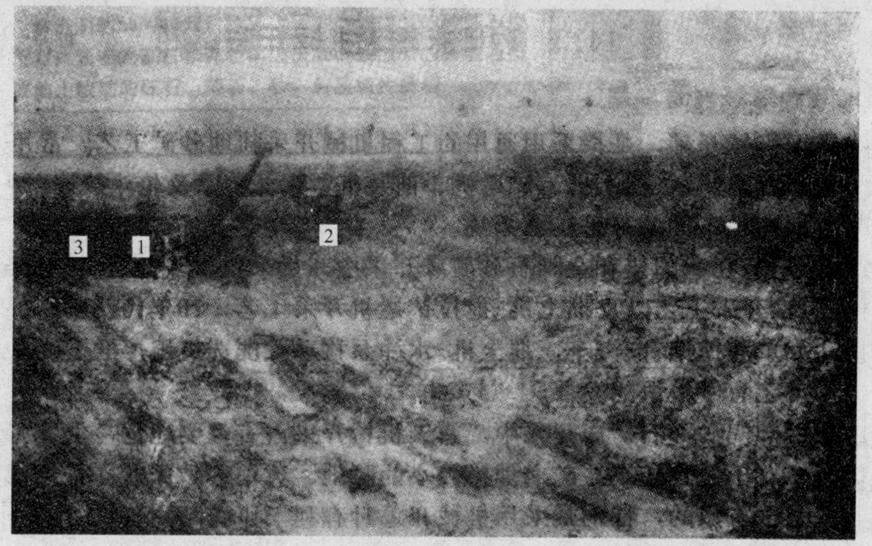

图14－1　601金刚石砂矿采矿工作面概貌

1—柴油机械正铲；2—机车；3—工作面

601矿的主要经验是：

(1) 合理地划分采区和块段，严格开采顺序（图14－2）。为了协调剥离、采矿、复垦工程，矿块尺寸控制为400×200m左右为好，严格按照Ⅰ、Ⅱ、Ⅲ、…矿块顺序进行开采（图14－3）。这不仅能保证高效率开采，而且能大大缩短复田周期（1～2年）和保证复垦质量。

(2) 采矿采取上装车适应底板不平的特点，既保证了铁路线路质量，又有利于底板残留矿砂的清理回收，1969～1977年的采矿回收率高达96%。

采矿成本指标见表14－8。

实例2　卢沟桥砂石矿单斗机械正铲—带式输送机开采工艺

卢沟桥砂石矿床属永定河干涸河床，长1550m，宽750m，砂卵石矿层厚20m以上，其中含砂量约30%，含泥约5%，确定开采厚度为10～12m。

采用斗容为4.6m^3的电铲—带式输送机开采工艺（见图14－4）。单台阶开采，电铲直接采挖，装入工作面的装载漏斗中，再转入带式输送机运往破碎筛分厂（三段颚式破碎）。

表 14－8 601 矿采矿成本指标

时间（年·月）	挖掘机效率（米³/（台·班））	成本及成本组成				
		单位成本（元/米³）	其中各项占的比例（%）			
			燃 料	工 资	折 旧	其 他
1979.11～12	500～525	2.05	19～21	20	30	28～31
1980.1～7	400～515	1.73	20～21			

注：挖掘机的效率在雨季降低，旱季增高。

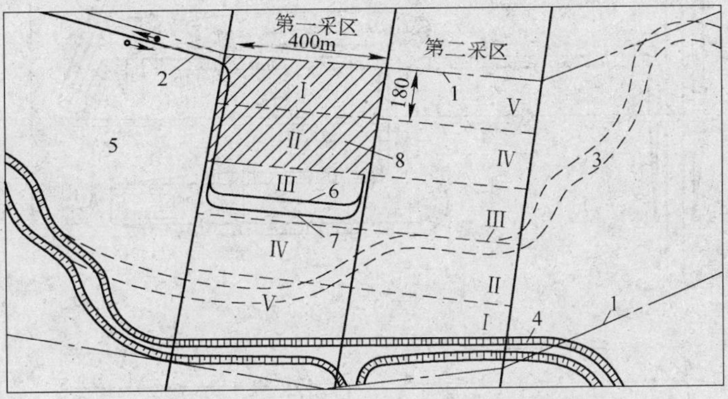

图 14－2 601 矿丁家港矿区采区平面布置示意图

Ⅰ、Ⅱ、Ⅲ、Ⅳ、Ⅴ—采区内的块段开采顺序

1—矿体边界线；2—铁路线；3—原有小河；4—改道后河流；5—稻田；6—采矿装车线；7—向采空区回填尾砂（砾）的铁道卸载线；8—已复垦块段

采场台阶高度 8～12m，同时生产的电铲 2 台，年生产能力为 227.7 万吨。1980 年总产值 544.6 万元，全员劳动生产率达到 4531 吨/（人·年），年利润为 235 万元。

14.3.3 索斗铲开采

索斗铲与单斗机械正铲比较，具有如下突出特点：在两者装机功率和设备重量相近似条件下，索斗铲的臂架长，工作尺寸大，适合向下挖掘，并可向下挖掘水下物料；特别是迈步式索斗铲对接地压强小，更适合于恶劣的工作条件。所以国外在砂矿开采中广泛采用索斗铲进行剥离以及与其他采运设备配合进行采矿，效果很好。例如，苏联的勒拿等砂矿开采区，采用索斗铲或索斗铲与推土机相配合进行剥离，约占总剥离量的 30%；美国的阿拉斯加采用索斗铲在采砂船开采的采区进行剥离；美国的加利福尼亚及加拿大的大弗腊圣尔河矿区配合漂浮式选矿船用索斗铲直接开采砂矿，效果都很好[2]。

有关索斗铲剥离倒堆的技术参数要求，参见本卷 12.6.6。

采用中小型索斗铲配合推土机分别进行剥离和采矿（图 14－5），能取得很好的效果[2]。

目前在我国索斗铲还只用于砂石矿床开采。例如，抚顺砂石矿开采第四纪河床冲积砂卵石矿床，矿层充水量大，采用了索斗铲采挖倒堆－单斗挖掘机倒装－移动式破碎筛分机－汽车外运的开采工艺系统（图 14－6）。索斗铲站立在地面向下挖掘水下砂卵石矿，取得较好效果。

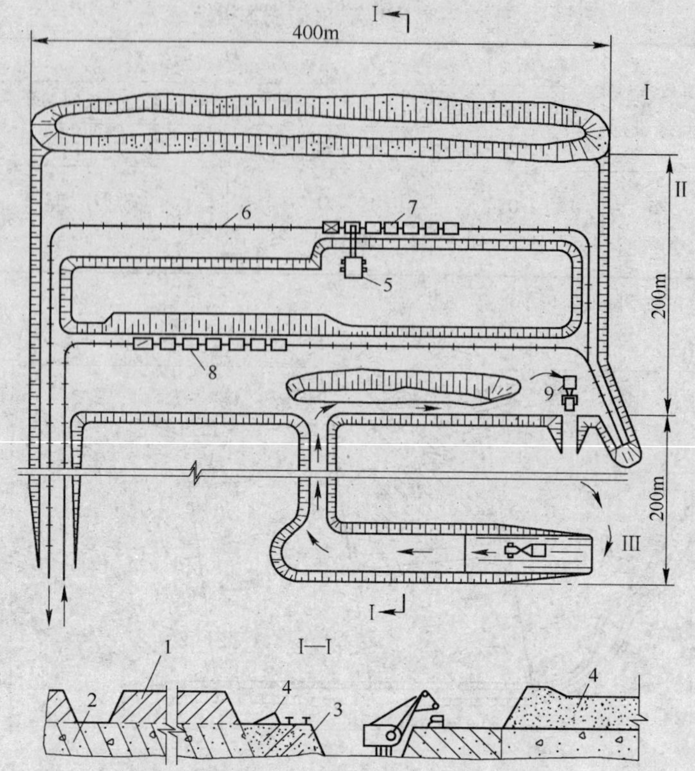

图 14-3 601矿剥离、采矿、复垦工程的配合

Ⅰ—已复田块段；Ⅱ—采矿及回填块段；Ⅲ—开始剥离块段

1—表土层；2—矿层；3—采空区回填的废石和尾砂；4—复土；5—单斗挖掘机；6—窄轨铁路；7—运矿列车；8—回填废石列车；9—拖拉铲运机

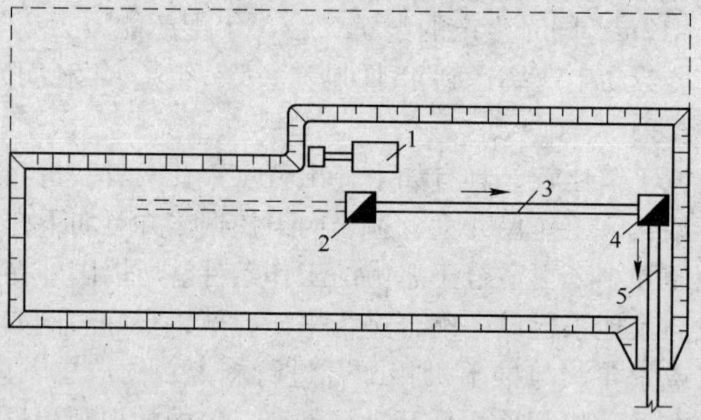

图 14-4 卢沟桥砂矿开采工艺示意图

1—电铲；2—装载漏斗；3—移动式带式输送机；4—转载漏斗；5—固定式带式输送机

14.3.4 前装机开采

前装机开采在国外的砂矿开采中得到广泛采用。近年来在我国砂矿开采中也逐渐得到应用，特别适用于黏结性较弱的砂矿床开采。前装机开采的重要优缺点见本卷第12章。

常用的前装机开采工艺有：前装机-汽车运输机、前装机-带式输送机。前装机作为中

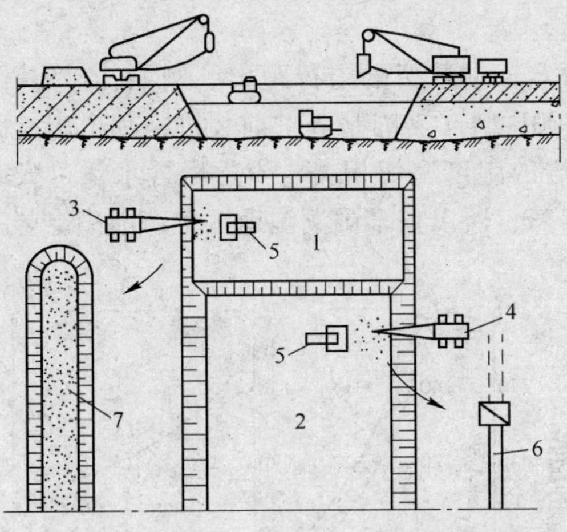

图 14－5　推土机－索斗铲－带式输送机联合开采工艺

1—剥离区；2—采矿区；3—索斗铲（剥离）；4—索斗铲（采矿）；5—推土机；6—带式输送机（运矿砂）；7—排土场

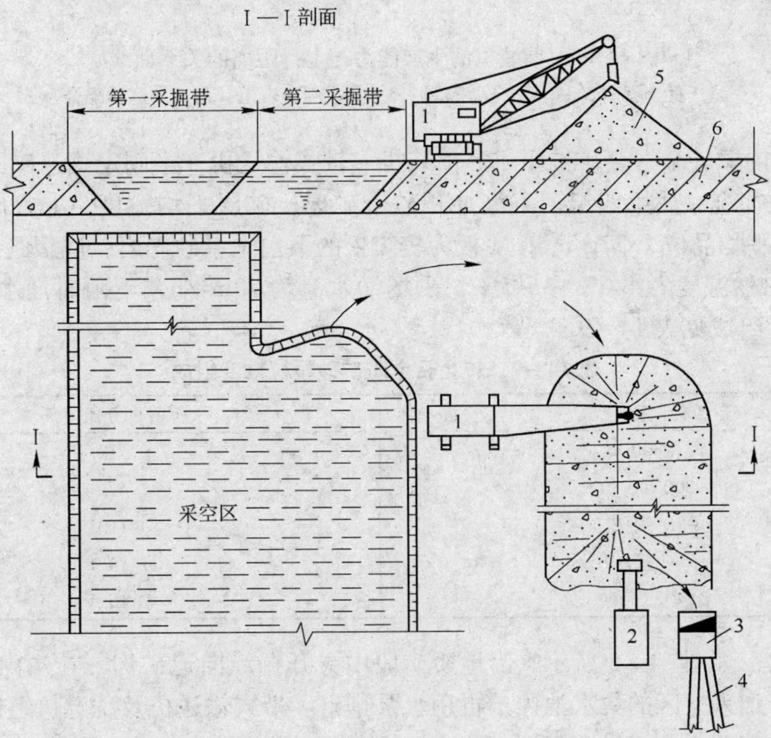

图 14－6　抚顺砂卵石矿索斗铲开采工艺示意图

1—索斗铲；2—单斗机械铲；3—移动式破碎筛分机组；4—分别输砂、卵石的带式输送机；5—索斗铲采矿捣堆；6—砂卵石矿层

间倒装环节的联合开采工艺系统，如推土机－前装机－带式输送机开采工艺系统在国内外得到广泛采用。

前装机的生产效率决定于前装机的走行距离。例如，额定斗容为 7.65～15.3m^3，装机功率为 373kW 的 H－400B 型（美国制造）前装机，其生产能力与装运距离的关系见图 14－7。其生产率还与土岩的湿度密切相关，当土岩含水量过大时（大于 20%），运行时会出现沉陷和打滑甚至停产，所以在多雨潮湿地区生产能力会显著下降。

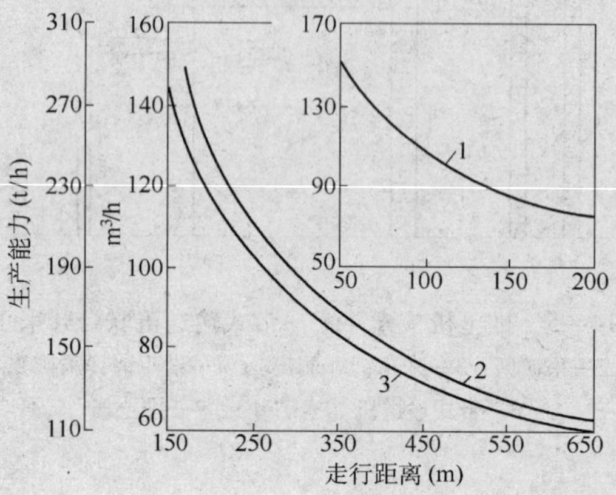

图 14－7　前装机的生产能力与走行距离的关系曲线

1—夏季剥离表土；2—采装矿砂；3—冬季剥离表土（与汽车运输配合）

实例[1]　内蒙转金召金矿推土机－前装机－带式输送机－半固定式选矿厂开采工艺

矿床地质简况：属第四纪河谷型冲积砂金矿床；矿层平均宽度 70m；矿层平均厚度 1.69m；含金平均品位 1.37g/m^3；底板为较疏松的下白垩系砂砾岩，底板距地面平均厚度 7.5m；矿砂自然湿度为 4.6%～6.5%，采场涌水量为 73m^3/h，下雨时涌水量稍有增大。矿砂颗粒粒度组成见表 14－9。

表 14－9　转金召金矿矿砂颗粒粒度组成

粒径（mm）	所占百分比（%）
+300	12
-300～+10	47.7
-10～+2	11.1
-2～+0.01	14.1
<0.01	15.1

采区参数：如图 14－8 所示，沿地质矿段中央开掘纵向运矿沟，在沟内设置有水沟，将采区涌水引到采空区的集水池内，再用水泵排出。带式输送机及洗选机组横向布置在采区中间；并使其两边的矿砂运距大致相等，待两边的矿段采完后，再移到下一个采区中间。沿纵向运矿沟两侧划分为 42m 宽的小矿块，以便采用推土机直接将表土铲推运到已采矿块内；采矿采用推土机铲推到运矿沟内，再用前装机铲运到输送机的给矿机内；剥离

[1] 该实例取自长春黄金研究所等单位 1987 年的科研成果鉴定资料。

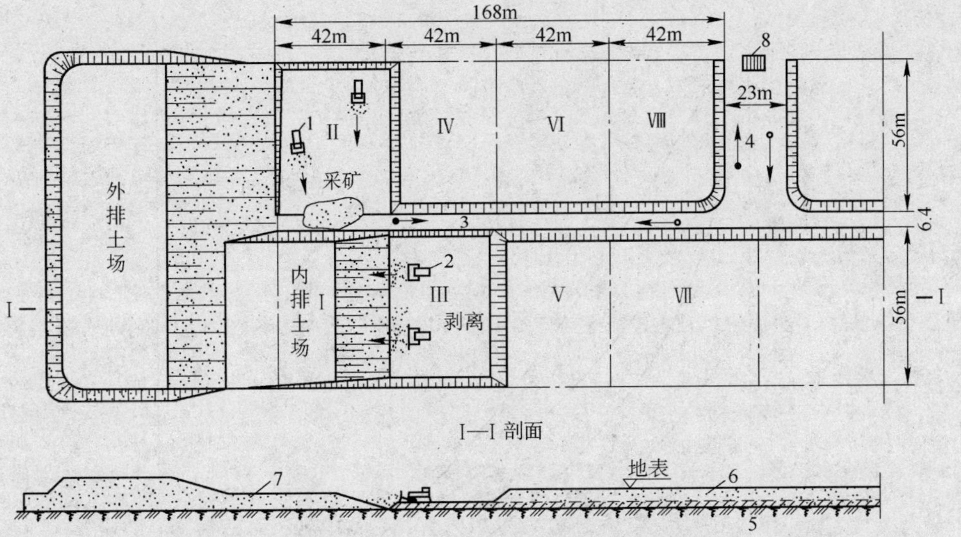

图 14－8　采区参数

1—采矿推土机；2—剥离推土机；3—前装机装运矿砂的沟道（底宽 6.4m）；4—通往带式输送机的沟道；5—砂金矿层；6—表土层；7—排土场；8—带式输送机的给矿机；Ⅰ、Ⅱ、Ⅲ、…—采区轮流剥离、采矿块段顺序编号

和采矿分别在运矿沟两侧小矿块内按Ⅰ、Ⅱ、Ⅲ、Ⅳ、…顺序交叉平行进行。

该矿的采选工艺流程如图 14－9 所示，设计生产能力为 $40m^3/h$。

推土机与前装机的工业试验生产能力见图 14－10。

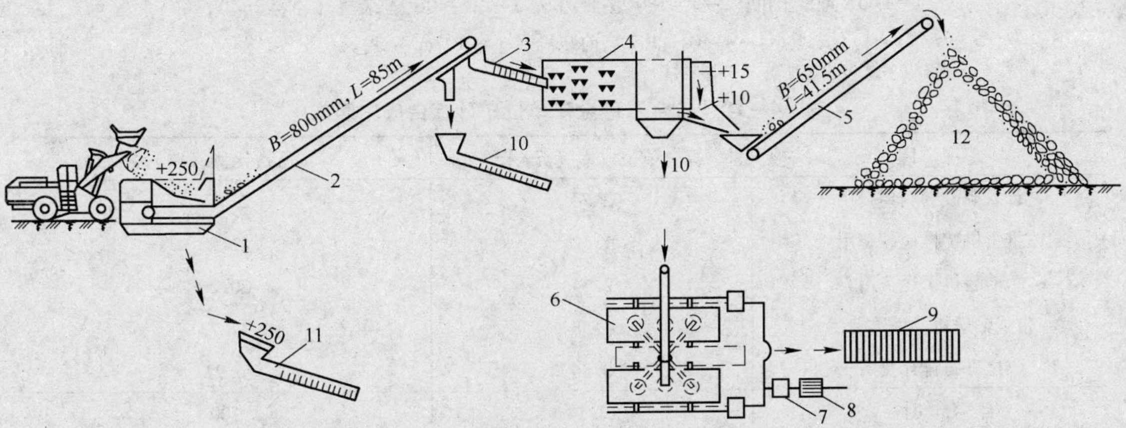

图 14－9　内蒙转金召砂金矿采选工艺流程

1—给矿机；2—运矿带式输送机；3—大粒金回收溜槽；4—圆筒擦洗机；5—排尾砾带式输送机；6—盘洗机组；7—精矿箱；8—精选摇床；9—尾矿扫选溜槽；10—冲洗胶带溜槽；11—洗巨砾溜槽；12—尾砾堆

主要技术经济指标：实践证明，在干旱地区砂金矿开采中，采用推土机－前装机－带式输送机－半固定式洗选机组工艺系统，效益比较显著。与采用电铲－汽车工艺的同等规模砂金矿相比较，设备投资约节省 25%。以矿砂计的平均劳动生产率为 5.6 米^3/（人·日）。其开采的综合成本组成见表 14－10。

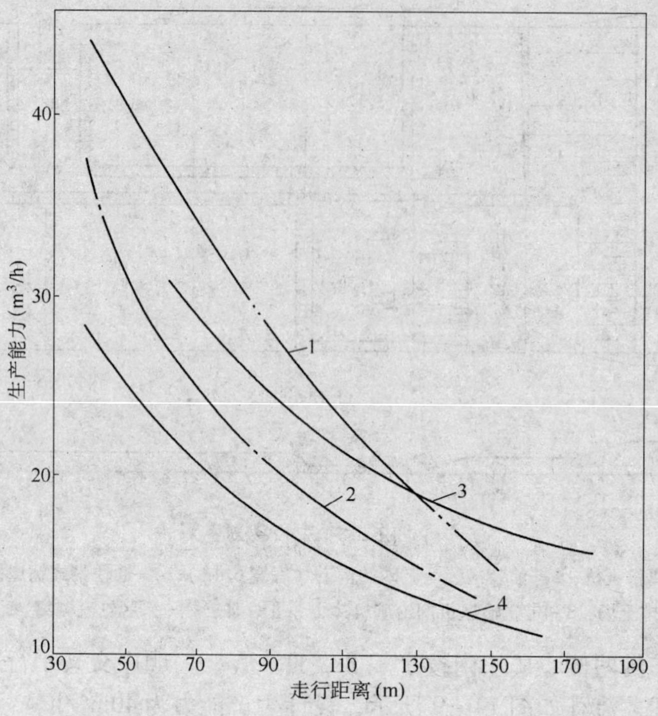

图14－10 转金召砂金矿推土机、前装机生产能力曲线

1—D60A型推土机；2—T－180型推土机；3—ZL－40型前装机（斗容$2m^3$）；4—QJ－1.7型前装机（斗容$1.7m^3$）

表14－10 转金召砂金矿单位矿砂综合成本组成

项　目	综合单位成本（元/米³）	所占比例（%）
计入矿砂的剥离费用	2.74	22.57
推土机铲推矿砂费用	1.52	12.52
前装机铲运费用	2.64	20.26
带式输送机及洗选费用	4.58	37.73
尾砾石排弃费用	0.84	6.92
合　计	12.14	100

14.3.5 铲运机开采

14.3.5.1 铲运机开采法的使用条件

铲运机开采法在国内外砂矿床开采中得到较广泛的应用，主要用于剥离工程。我国北方一些用采砂船开采的砂矿以及我国采用水力机械化开采和露天机械开采的砂矿，都比较成功地采用铲运机进行表土剥离和复垦工作。

随着铲运机机型的不断革新和规格的增大，特别是和大功率带松土器的推土机配套应用，使铲运机不仅能剥离松软表土，而且能铲运较致密土岩以及中等坚硬岩石，适用范围迅速扩大。

由于砂矿床土岩一般较松软，湿度也较大，所以普遍采用铲斗容积小于15m^3的铲运机。国内经验证明：运距小于200m时，宜选用斗容小于6m^3的铲运机，运距大于200m时，宜选用斗容大于6m^3的铲运机；对于致密的土岩（Ⅳ类以上），预先进行松动，是提高效率，降低能耗的有效措施。

采用铲运机开采的基本适用条件是：

（1）土岩中无密集的大卵石和漂石。

（2）当土岩湿度超过15%～20%时，铲运机的生产效率迅速下降，所以应预先开沟疏干。

（3）非油性黏土。

（4）选用的机型必须与土岩性质，特别是运输距离相适应。

14.3.5.2 铲运机开采方法及其主要技术参数

按土岩层厚度不同，铲运机开采方法分为有沟开采和无沟开采两大类。

A 有沟开采

土岩层厚度超过5m通常采用有沟开采法（图14－11）。在采场内相隔一定距离，开掘出车沟。铲运机在工作面下坡运行铲土；经出车沟运到排土场，并在排土场端部下坡（25°～30°）卸土，再沿地表返回工作面铲土，按此循环往复。

铲运机的平均运距，可按（14－4）式计算：

$$L = 0.6(B + D) + C + d + e \qquad (14-4)$$

式中 L——铲运机平均运距，m；

B——排土场宽度，m；

D——采场宽度，m；

C——采场至排土场的距离，m；

d——出车沟的间距，m；

e——铲运机铲土和卸土运行距离的平均值，一般为25～40m。

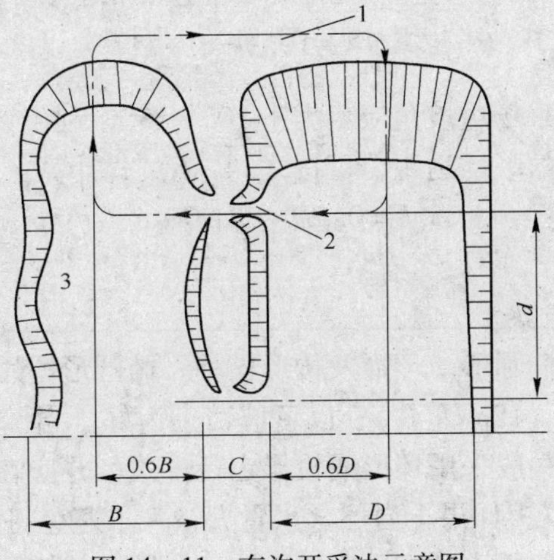

图14－11 有沟开采法示意图

1—铲运机行走路线；2—出车沟；3—排土场

出车沟的间距对开采成本有较大影响。开采成本与出车沟间距的关系可用（14－5）式表示，并可求出开采成本最小的出车沟间距d值。

$$C = \frac{A_1}{Q_B} + \frac{A_2}{Fd} \tag{14-5}$$

式中　C——铲运机的开采成本，元/米^3；

A_1——铲运机台班作业费用，元/（台·班）；

A_2——开掘出车沟的工程费用，元；

Q_B——铲运机台班生产能力，米^3/（台·班）。Q_B 值受到 d 值的影响；

F——开采土岩层的横断面积，m^2；

$$F = Dh$$

h——土岩层厚度，m；

其余符号同前。

出车沟的最大坡度根据土岩性质而定：Ⅰ～Ⅱ级土岩，$i = 16\%$；Ⅱ级土岩，$i = 25\%$；Ⅳ级以上土岩，$i = 30\%$。

B　无沟开采法

当剥离土岩层的厚度小于 5m 时，可以采用无沟开采法，图 14－12 所示为双侧排土的无沟开采法示意图，铲运机轮流在采场两边下坡时铲土，沿采场边坡上行到排土场，并在排土场端头下坡卸土，然后又返回工作面。根据需要与可能排土场可布置在采场的一侧或两侧。

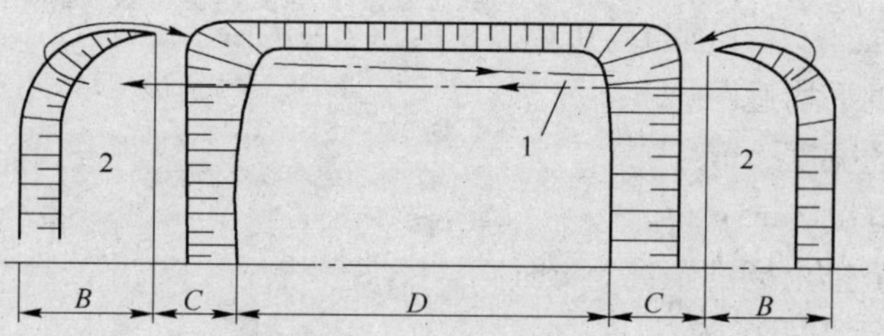

图 14－12　双侧排土的无沟开采法示意图

1—铲运机运行线路；2—排土场

由于不设置出车沟，采场边坡角应不大于 10°～15°，利于铲运机顺利地通行。

双侧排土时，铲运机的平均运距，可按（14－6）式计算：

$$L = 0.5D + B + C + e \tag{14-6}$$

式中符号意义同前。

C　铲运机开采走行方式

最常见的走行方式有椭圆形、环形及梭形三种。椭圆形适用于土岩松软且含水量少的条件，由于其铲土行程短（15m 左右），以下坡铲土为好。当铲运机在黏土、致密黄土或含铁质土层条件开采时，一般采用环形或梭形走行方式，并应在平地上铲土，铲土的原则是“干土深拉，湿土薄拉”。如果土岩层含水量大，为了避免将稀泥带到已采区内或行驶线路上，而妨碍铲运机的运行，则宜采用在土坡方向铲土的椭圆形或环形走行方式。

为了避免铲运机的走行机构单侧磨损的不平衡，应经常改变铲运机的转向运行方向。

D　铲运机作业线最小长度

水平分层铲土时（图 14－13），作业线最小长度可按（14－7）式计算：

$$L_{\min} = L_e + L_s + 2R \quad (14-7)$$

式中 $L_{\min}$——作业线最小长度，m；

L_e——铲土行程，取决于土岩性质及铲运机规格；

L_s——铲运机长度（当有辅助机推时，应包括辅机长度）；

R——铲运机转弯半径，m。

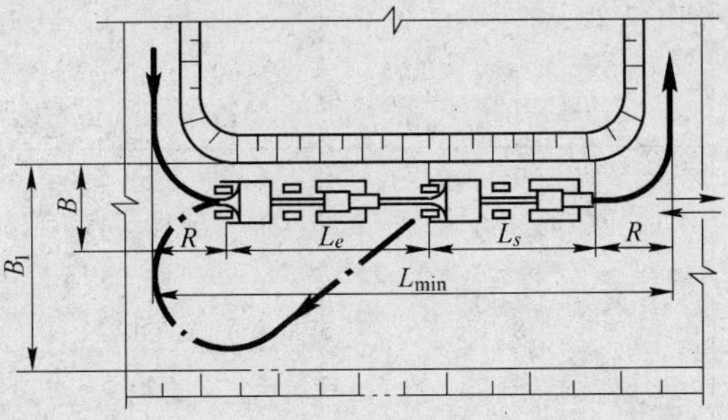

图 14－13 铲运机水平分层铲土作业线示意图

我国砂矿开采常用的拖拉铲运机开采技术参数，见表 14－11。

14.3.5.3 铲运机的生产能力

铲运机的台班生产能力，可按（14－8）式计算：

$$Q_B = \frac{3600TEK_m\eta}{tK_s} \quad (14-8)$$

式中 Q_B——铲运机的生产能力，米^3/（台·班）；

T——班工作时间，h；

E——铲斗容积，m^3；

K_m——铲斗满斗系数，一般为 0.8～1.2；

η——班工作时间利用系数，日二班制，$\eta = 0.85$；日三班制，$\eta = 0.7$；

K_s——铲斗内土岩松散系数，一般取 $K_s = 1.1 \sim 1.3$；

t——铲运机工作循环时间，s；

$$t = t_1 + t_2 + t_3 + t_4 + t_5$$

t_1，t_2，t_3，t_4——铲土、重载运行、卸土、空载运行时间，s；

t_5——每一循环中的停歇和定位时间，液压操纵，$t_5 = 30 \sim 50$s；钢绳操纵，$t_5 = 40 \sim 60$s。

铲运机台年生产能力，按（14－9）式计算：

$$Q_y = Q_B n_1 n_2 \quad (14-9)$$

式中 Q_y——铲运机生产能力，米^3/（台·年）；

n_1——铲运机年工作日数；

n_2——铲运机日工作班数，一般宜采用二班制；

Q_B——铲运机台班生产能力。

关于铲运机的年工作日数，取决于矿区所处地理位置。我国东北和西北地区，$n_1 = 120 \sim 150$d；我国南方，$n_1 = 180 \sim 210$d。

中型拖拉铲运机在不同土质及运输距离条件下的生产能力，见图 14－14。

表 14-11 我国拖拉铲运机开采砂矿技术参数

项 目	单位	铲斗容积（m^3）/拖拉机功率（kW）					
		2.5~3/40~56		6/60~75		9/60~75	
		土岩级别					
		Ⅰ—Ⅱ	Ⅱ—Ⅲ	Ⅰ—Ⅱ	Ⅲ—Ⅴ	Ⅰ—Ⅱ	Ⅲ—Ⅴ
一次铲挖实方土量	m^3	2.2	2.0	4.6	4.2	5.8	5.4
铲土行程（L_e）	m	35	30	40	35	45	40
不停车卸载行程	m	12	10	14	12	16	14
停车卸载行程	m	4		4		4	
作业线最小长度（L_{min}）	m	45~50		60~65		65~70	
铲运机转弯半径（R）	m	2.7		3.75		6	
不停车时最小回转宽度	m	8		12		16	
采掘面最小宽度（B）	m	4		4~5		5~6	
包括回转的采掘面宽度（B_1）	m	10		15		20	

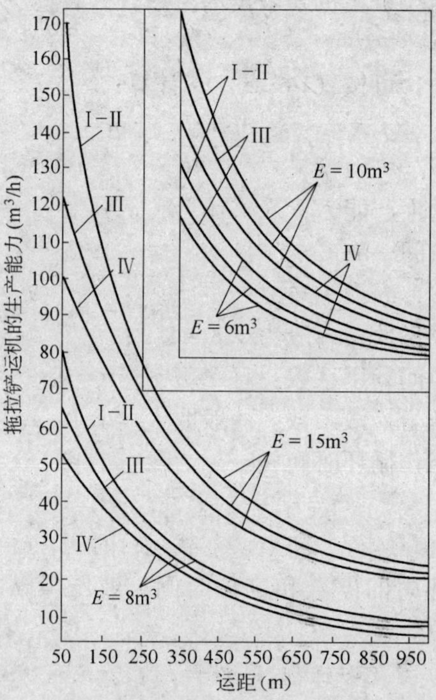

图 14-14 中型拖拉铲运机生产能力曲线

Ⅰ、Ⅱ、Ⅲ、Ⅳ—土岩级别

实例 湖南 601 金刚石砂矿铲运机剥离实例

表土层大部分为Ⅰ、Ⅱ类土，少量为Ⅲ类土，采区一般位于丰产水稻田区，要求及时复垦。

该矿主要采用 C_6-2.5 型（东方红-54 拖拉机牵引，铲斗容积 3m^3）及 C_5-6 型（红旗-100 拖拉机牵引，铲斗容积 6~8m^3）拖拉铲运机进行剥离，直接运往采空区进行复垦。

为了及时疏干表土含水量，在新的剥离块段，首先利用铲运机开挖若干条宽5m、深度等于表土层厚度的沟道（图14－15），将剥离块段分割成3～4个条块，逐块超前疏干，分条剥离，效果很好，即使雨天也不会积水，雨停后1～2天即可正常生产。

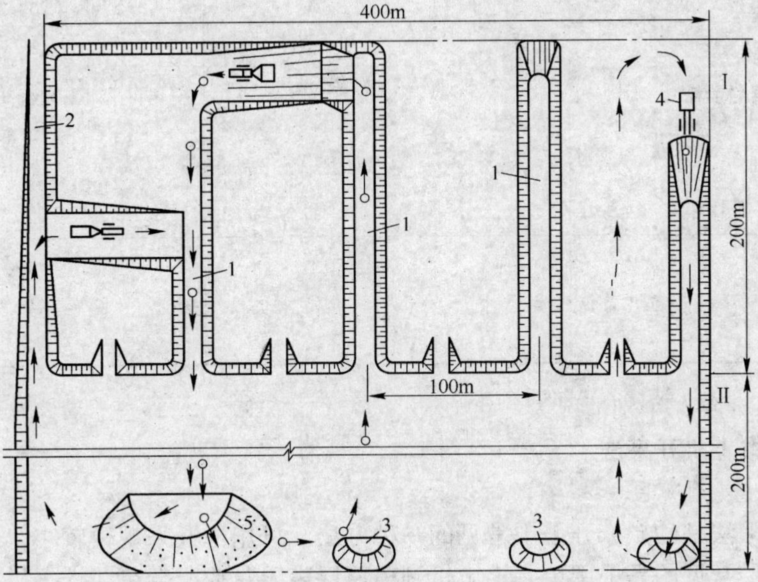

图14－15　铲运机超前开沟疏干分条块剥离示意图

Ⅰ—剥离块段；Ⅱ—已回填砂卵石的采空区；1—疏水沟；2—原窄轨道出入沟；3—开沟时的排土堆；4—拖拉铲运机；5—剥离条块时的排土堆

601矿拖拉铲运机实际平均台时生产能力见图14－16。

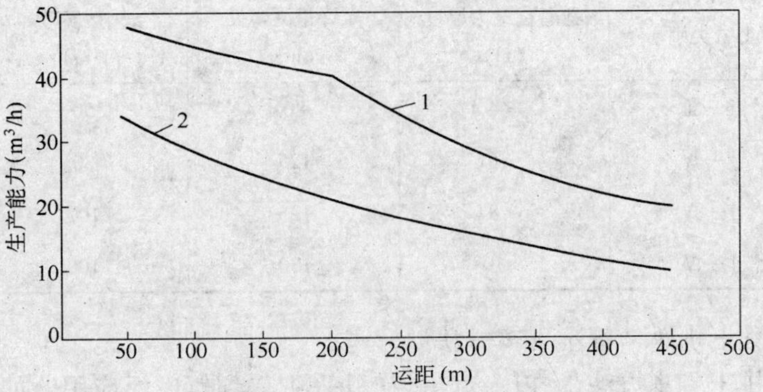

图14－16　601矿拖拉铲运机生产能力

1—C5－6型铲运机平均值；2—C6－2.5型铲运机平均值

601矿拖拉铲运机剥离平均成本结构（1980年）。见表14－12。

601矿的经验证明，该矿采用拖拉铲运机剥离并与复垦紧密结合是很成功的，使复垦

表14-12 601矿拖拉铲运机剥离平均成本结构

名称	单位	指标
1. 车间总成本	元/米^3	0.48~0.54
其中：直接成本	%	70~75
车间经费	%	25~30
2. 直接成本结构	%	100
其中：配件材料消耗	%	约30
燃料	%	约40
其他油料	%	约10
工资	%	20~23
3. 车间经费结构	%	100
其中：折旧	%	90~95
其他	%	5~10

周期缩短到2~3年，个别情况为一年。

14.3.6 推土机开采法

14.3.6.1 使用范围

推土机开采法是砂矿床开采中常见的一种方法。可用于开采规模较小，品位较高的小型砂矿床。而最常见的是采用单一推土机剥离薄层表土，或配合单斗挖掘机、索斗铲、前装机、水力机械及采砂船开采，形成联合开采法，进行剥离和采矿。我国绝大部分采砂船开采的砂金矿，用推土机进行表土的预先剥离及采区地表清理工作，如珲春及呼玛金矿等。

采用单一推土机剥离的适用条件及采区合理参数，见表14-13。

表14-13 单一推土机剥离的适用条件及合理参数

推土机功率（kW）	适用条件			采区合理参数	
	土岩类别	剥离层最大厚度（m）	允许最大运距（m）	采区宽度（m）	允许剥离层厚度（m）
75	Ⅱ—Ⅲ	<4	80	50	≤4
104	Ⅱ—Ⅳ	<6	125	80	5
224	Ⅱ—Ⅳ	<8	125	100	5
287	Ⅱ—Ⅴ	<10	150	100	8

14.3.6.2 推土机单侧排土剥离方法

推土机单侧排土剥离方法，在国内外砂矿开采中得到较广泛应用，如图14-17所示。国内通常是用推土机将表土层铲推到一侧的采空区内。为了提高回收率而又要尽量减少矿砂的贫化率，推土机剥离时，必须在矿层顶面留有表土保护层；其厚度一般取0.4m，当矿层顶面起伏不平时，要适当增大。

设置单侧排土场时，应满足以下要求：

（1）在保证排土场距采场边缘的安全距离不小于2m的原则下，排土场应尽量靠近采场。

(2) 保证排土场单位长度的容土量必须能容纳采场单位长度内的剥离土量；排土场的高度和宽度应根据推土机的最大允许爬坡坡度（10% ~15%）、土岩在排土场的最终松散系数（一般为1.1）、剥离层厚度以及地表面的坡度来确定。

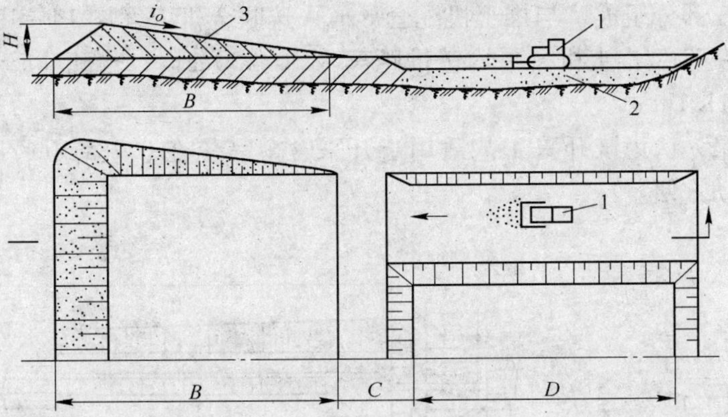

图14－17 推土机单侧排土剥离方法

1—推土机；2—砂矿层；3—单侧排土场；B—排土场宽度；
C—采场坡底线距排土场的安全距离；D—采区宽度

14.3.6.3 推土机—带式输送机开采工艺

推土机铲掘推运—带式输送机运输，是用推土机开采矿砂层较常用的一种工艺，如图14－18所示，将矿床划分为若干个采区，其面积不大于200×200m；在每个采区的中间或适当位置设置装载漏斗，推土机铲推矿砂进入装载漏斗，带式输送机运往选厂。

当采区的面积为200×200m时，推土机的平均铲推距离不大于50~60m，因而能保证推土机有效工作。

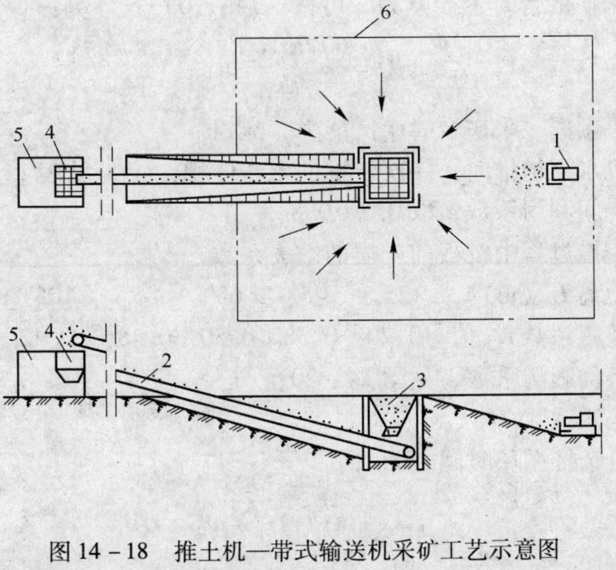

图14－18 推土机—带式输送机采矿工艺示意图

1—推土机；2—带式输送机；3—装载漏斗；4—选厂矿仓；5—选矿厂；6—采区界线

实际生产中，由于采区块段的形状以及选矿厂的相对可移性不相同，因此堑沟的位置和铲推方式也就不同。

14.3.6.4 推土机—射流泵洗选机组开采工艺

珲春金矿应用推土机—射流泵洗选机组开采阶地砂矿，洗选机组主要由水力洗矿槽、射流泵和深填槽三部分组成，与推土机配套形成采选联合机组（图14－19）[4]。

采用东方红－75型推土机，平均铲推距离为30～50m时，台班生产能力为87.4m^3，小时生产能力为11.1m^3。

根据现场试采，认为该开采工艺适用于开采含金品位在0.285g/m^3以上的小型砂矿床。设备轻便移动方便。

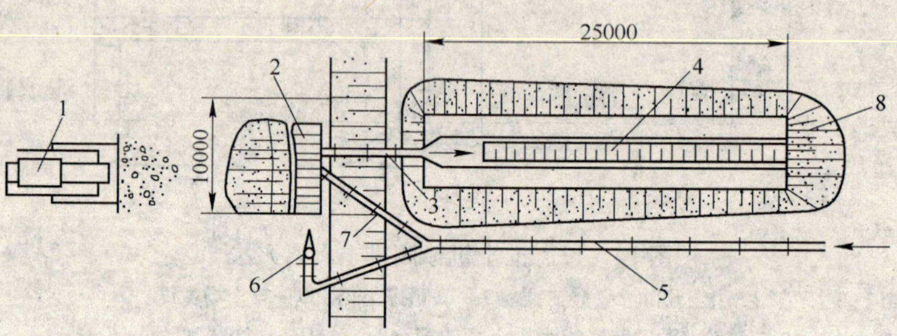

图14－19 推土机—射流泵洗选组开采工艺示意图

1—推土机铲推矿砂；2—水力洗矿槽（碎散与排砾卵石）；3—射流泵输送矿浆管道（垂高2.5m）；4—深填溜槽；5—压力供水管；6—水枪；7—通往水力洗矿槽下部射流泵的供水管；8—尾砂堆

14.3.6.5 推土机的生产能力

影响推土机生产能力的主要因素有铲推距离、土岩致密程度、工作条件（上坡或下坡铲推）、推土机的功率大小等。

推土机剥离、采矿的台时生产能力。可按（14－10）式计算：

$$Q=\frac{60VK_1K_2K_3}{tK_s} \tag{14-10}$$

式中 Q——推土机剥离、采矿台时生产能力，m^3/h；

V——推土机水平铲推时，一次铲推的土岩体积，m^3，见表14－14；

K_1——工作时间利用系数，取0.7～0.8；

K_2——水平铲推过程中铲板前土岩的散失系数

推土距离 I_1（m）	25	45	65	85	105	125	145
土岩散落系数 K_2 值	0.70	0.58	0.50	0.48	0.42	0.40	0.38

K_3——工作条件影响系数，见图14－20；

K_s——土岩松散系数；

t——推土机铲推循环时间，min；

$$t=\frac{L_p}{v_1}+\frac{L_p}{v_2}+t_1+nt_2 \tag{14-11}$$

L_p——平均铲推距离，m；

v_1、v_2——分别为重载铲推及空载回程的平均速度，m/min；

t_1——下放铲板的时间，$t_1 \approx 0.07$min；

t_2——换挡时间，$t_2 \approx 0.09$min；

n——换挡次数。

表 14－14　不同条件下推土机一次铲推的土岩量

土岩类别	土岩含水量（%）	不同功率（kW）的推土机一次铲推的土岩量 V（m^3）							
		60	80	80	97	104	134	224	287
		（钢绳）	（钢绳）	（液压）	（液压）	（钢绳）	（液压）	（液压）	（液压）
Ⅲ	<10	1.3	1.36	1.41	1.65	2.48	2.58	3.12	4.70
	10～20	1.5	1.58	1.66	1.99	2.91	3.06	3.72	5.60
	>20	0.36	0.48	0.54	0.63	1.23	1.40	1.79	2.60
Ⅳ	<10	1.12	1.22	1.36	1.41	2.32	2.44	2.93	4.42
	10～20	1.36	1.42	1.54	1.72	2.70	2.82	3.98	5.18
	>20	0.32		0.48	0.53	0.81	1.12	1.43	2.10
Ⅴ	<20	0.35	0.45	0.52	0.64	0.88	1.23	1.62	2.26
Ⅵ	爆破的冻土层	1.01	1.11	1.24	1.47	2.04	2.3	2.93	4.20

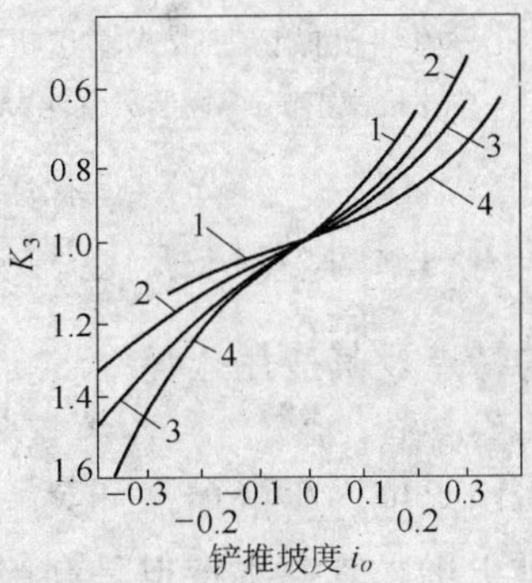

图 14－20　推土机工作条件系数

1～4—80kW（液压）、134kW（液压）、134kW（钢绳）、287kW（液压）的推土机

14.3.7　推土机－单斗机械正铲联合开采

开采矿体厚度较薄的砂矿床时，推土机－单斗机械铲联合开采法在国内外都有成功使用的经验。其特点是采用推土机作为主要的采掘集堆设备，而机械铲仅起装载作用。这样就使单斗机械铲及其后续运输设备的移设工作量减少，充分发挥设备的效率。其后续运输设备根据开采规模可以采用汽车或带式输送机。

内蒙金盆砂金矿采用推土机－单斗机械铲－汽车开采工艺系统。该矿属于河谷阶地砂矿床，矿层呈条带状分布，其厚度 1.5～2m。

选用 J－120 及 J－140 型推土机，W_1－1001 及 W_1－1002 正铲式电铲，配载重为 5.2t 及 15t 的汽车运输。推土机一次铲推的采掘带宽度为 30m，推土机的生产效率为：J－120 型推土机（89kW）的台班效率为 525m^3；J－140 型推土机（104kW）的台班效率为 840m^3。

国外在开采大型薄层砂矿床中，采用了推土机—单斗机械正铲—带式输送机开采工艺系统（图 14－21），图 14－21*a* 表示机械铲横向采掘带推进与推土机平行走向铲推采矿法，推土机短距离下坡铲推的效率高。当采完一个采掘带 *A*（*A* 值为 30m 左右）后，带式输送机即向前移设，这种方法适用于开采宽度较大的砂矿床。图 14－21*b* 表示机械铲纵向采掘推进与推土机放射状铲推的采矿法，该采矿法适合于开采宽度较窄的砂矿床，随工作面的向前推进，带式输送机向前延长，以保证推土机和机械铲高效率地生产。

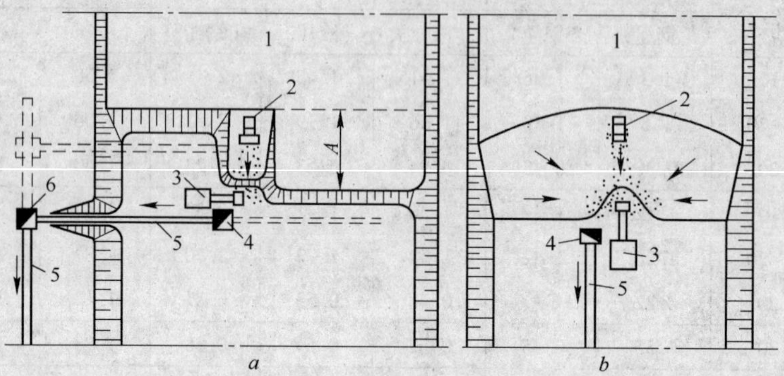

图 14－21　推土机—单斗机械铲—带式输送机联合采矿工艺系统

1—已剥离区；2—推土机；3—单斗机械正铲；4—装载漏斗；5—带式输送机；6—转载漏斗

14.4　水力机械化开采

14.4.1　水力机械化开采的特点及其应用

14.4.1.1　水力机械化开采的特点

水力机械化开采，通常是指用水枪产生的射流冲采土岩，形成浆体，再以加压或自流水力运输方法输往选厂或水力排土场。其基本特点是利用同一水流依次完成冲采、运输乃至洗选和尾矿排弃等工作，形成连续的生产工艺过程，是一种高效率的开采方法。

水力机械化开采的工艺系统，主要取决于向水枪供水的方法、采场与选矿厂（排土场）相对位置及高差、土岩是否需要预先采用辅助措施进行预先松动等因素。按照向水枪供水方法不同（图 14－22），可分为自然水头供水、机械加压供水及联合供水三种方法。若采场位置高于选矿厂或排土场，有一定的高差且地形条件允许时，则冲采后形成的浆体可自流到选矿厂或排土场，否则应采取加压输送。当土岩较松软时，通常可直接冲采；若土岩很致密难冲采，则可采用辅助措施，如爆破、水压松动以及机械（电铲、索斗铲、推土机等）进行预先松动后进行冲采。

水力机械化开采工艺系统分类见表 14－15。

14.4.1.2　水力机械化开采的适用范围和条件

A　适用范围见表 14－16

B　适用条件

（1）土岩特性适合水力机械化开采，当土岩中 100～200mm 的大块石含量超过20%

表 14－15 水力机械化开采工艺分类

<table>
<tr><th rowspan="2">土岩类别</th><th colspan="3">开采工艺</th><th rowspan="2">使用情况</th></tr>
<tr><th>供水方法</th><th>冲 采</th><th>输 送</th></tr>
<tr><td rowspan="6">Ⅰ～Ⅲ</td><td rowspan="2">自然压头供水</td><td rowspan="2">水枪直接冲采实方土岩</td><td>自流水力输送</td><td rowspan="2">云南锡业公司广泛使用，平桂矿务局部分使用</td></tr>
<tr><td>加压水力输送</td></tr>
<tr><td rowspan="2">机械加压供水</td><td rowspan="4">水枪直接冲采实方土岩</td><td>自流水力输送</td><td>平桂矿务局及云南锡业公司有一定使用</td></tr>
<tr><td>加压水力输送</td><td>广泛使用</td></tr>
<tr><td rowspan="2">自然压头与机械加压联合供水</td><td>自流水力输送</td><td>云南锡业公司广泛使用</td></tr>
<tr><td>加压水力输送</td><td>较广泛使用</td></tr>
<tr><td rowspan="6">Ⅳ类以上的土岩</td><td rowspan="2">自然压头供水</td><td rowspan="6">通常将土岩预先松动后，用水枪冲采</td><td>自流水力输送</td><td rowspan="2">云南锡业公司使用较广泛</td></tr>
<tr><td>加压水力输送</td></tr>
<tr><td rowspan="2">机械加压供水</td><td>自流水力输送</td><td>有一定的使用</td></tr>
<tr><td>加压水力输送</td><td>广泛使用</td></tr>
<tr><td rowspan="2">自然压头与机械加压联合供水</td><td>自流水力输送</td><td>云南锡业公司使用较广泛</td></tr>
<tr><td>加压水力输送</td><td>较广泛使用</td></tr>
</table>

或50～100mm的小石块含量超过30%时，不宜采用单一的水力机械化开采；

（2）有充足的经济水源；

（3）有充足的稳定电源；

（4）人口密集和农业丰产区，一般不宜采用；

（5）地区气候无冰冻或冰冻区很短；

（6）有建立水力排土场的合适场地。

14.4.1.3 水力机械化开采的优缺点

A 水力机械化开采的优点

（1）工艺流程简单，生产工艺连续、机械化程度高；

（2）设备构造简单，制造容易，价格便宜，维修量小；

（3）水力冲采及水力运输过程中，有利于泥团的碎散，有利于选矿，利于采选作业连续化；

（4）劳动生产率高（表14－17），开采成本较低（表14－18）和回采率高（90%以上）；

（5）投资少，基建时间短（一般为两年左右）；

（6）不受雨季影响，在多雨地区应用，能保证均衡生产。

B 水力机械化开采的缺点

（1）使用条件局限于能被中低压（0.5～2.0MPa）射流冲采的土岩；

（2）水、电消耗大：电耗通常为6～10kW·h/m^3，在最困难的条件下高达20kW·h/m^3；耗水量一般为5～8m^3/m^3；

（3）在严寒地区年作业期短（通常当气温在－10℃以下时生产困难）；

（4）采用水力剥离时，土层结构全遭破坏，复垦质量差和复垦周期长；

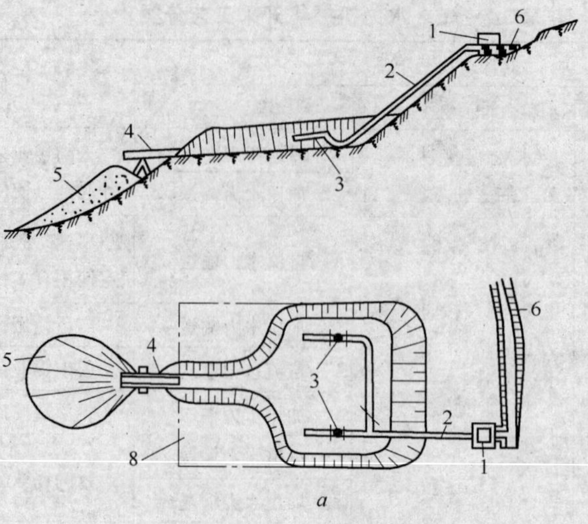

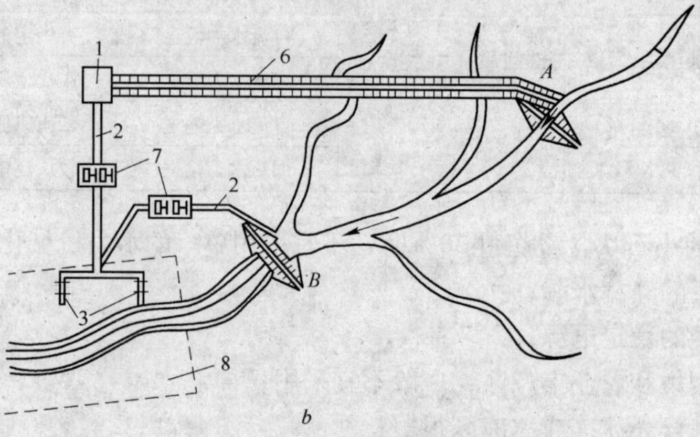

图14－22　水力机械化开采供水方法示意图

a—自然水头供水方法；*b*—机械加压及联合供水方法

1—高位水箱；2—供水管；3—水枪；4—选矿溜槽；5—尾矿堆；6—引水沟；7—升压水泵站；

8—采场；*A*—联合供水时的取水位置；*B*—机械加压供水取水位置

表14－16　水力机械化开采适用范围

适　用　范　围	开采的有用矿物
各种成因类的第四纪陆地砂矿床	锡石、钛铁矿、铌钽矿、褐钇矿、金刚石、风化锰结核、黏土、高岭土、石英砂以及含泥高微粒金砂矿等
露天矿第四纪表土剥离工作	常见的有铜矿、铝土矿、铁矿以及煤矿的露天矿表土剥离

（5）从水力排土场泄出的澄清水，一般含固量都较高，容易污染附近水系和影响农渔业生产。

14.4.2　水力机械化开采的主要设备

水力机械化开采的主要设备有水枪、水泵、砂泵和管道。

14.4.2.1　水枪

A　水枪的结构

表 14－17　黄茅山砂锡矿不同开采方法的平均劳动生产率

（1963～1978 年平均值）

项　目	机采－机运		机采－水运		水采－水运	
	吨/人年	%	吨/人年	%	吨/人年	%
全员实物劳动生产率	1260	100	2950	234	7520	597
工人实物劳动生产率	1330	100	3140	236	8480	638

表 14－18　我国几个砂矿不同开采方法的车间成本比较

矿山名称		机采－机运		机采－水运		水力机械化开采	
		元/吨	相对比例（%）	元/吨	相对比例（%）	元/吨	相对比例（%）
云锡公司	黄茅山	1.86	100	1.34	72	1.16	62
	卡　房			2.23	100	1.56	70
	老　厂	1.76	100	2.04	116	2.24	127
广西八一锰矿		4.11	100			2.66	64.7

注：1. 云南锡业公司各矿的水力机械化开采数据，系 1963～1978 年内平均值；

2. 云南锡业公司各矿的机采－机运和机采－水运，只是局部使用过，而且机采的采收率很低，故不可能推广使用。老厂锡矿位于高山地区，严重缺水，供水费用高达 0.5 元/吨；

3. 八一锰矿是开采风化的残坡积锰矿。表中水采数据为 1969～1972 年平均值。机采数据系 1969 年前的平均值。

水枪是产生高速水射流的冲采设备，其构造如图 14－23 所示。对射流质量影响较大的部件是喷嘴和枪筒。

喷嘴。多采用圆锥收敛形，其结构如图 14－24 所示，其中以 c 图的结构为最佳。因为该种喷嘴不仅在出口处设有使射流紧密、减少扩散角和增加冲击力的圆柱段 A；为保证射流质量，喷嘴的合理结构参数可参考表 14－19 及表 14－20；此外，必须保证喷嘴内表面的加工精度，特别是在出口附近的表面加工光洁度不应低于五级。

表 14－19　喷嘴结构参数与喷嘴直径的关系

水枪类型	圆柱段长度 A（mm）	喷嘴长度 L（mm）	锥角（°）	备　注
大型水枪 中小型水枪	$A=(1.8\sim2.0)\ d_0$ $A=(2\sim4)\ d_0$	$L=(4\sim5)\ d_0$ 最大：$L=(7\sim8)\ d_0$	8～12，最大不超过 13	d_0 为喷嘴出口直径

表 14－20　平桂Ⅲ－150 型水枪的喷嘴尺寸（图 14－24a）（mm）

d_0	d_1	d_2	D_0	D_1	D_2	D_3	D_4	C	L	B	L/d_0	锥角
38	44	57	81	94	106	69	88	34	248	210	6.53	8°27′
44	50	60	81	94	106	69	85	34	208	170	4.73	8°25′
50	56	62	81	94	106	69	81	54	178	140	3.56	7°46′

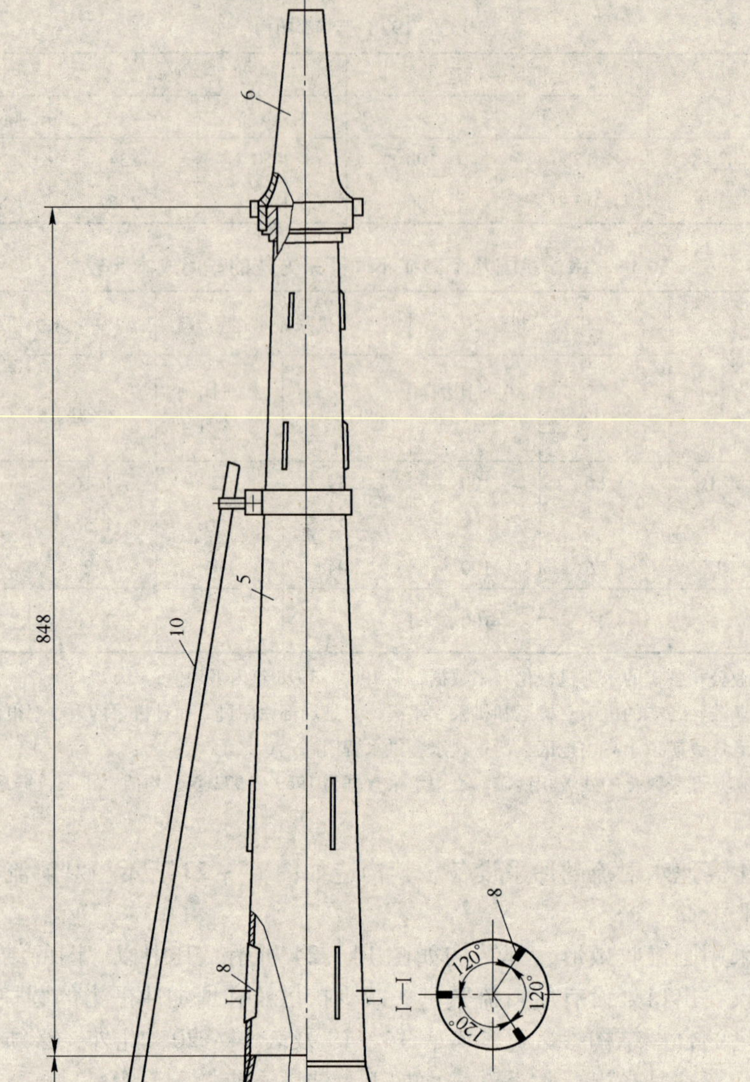

图 14－23　平柱－200 型水枪结构

1—上弯道；2—下弯道；3—水平活节；4—垂直活节；5—枪筒；6—喷嘴；7—操纵杆托架；
8—稳流叶片；9—法兰盘；10—人工操纵杆（木杆或圆竹竿）

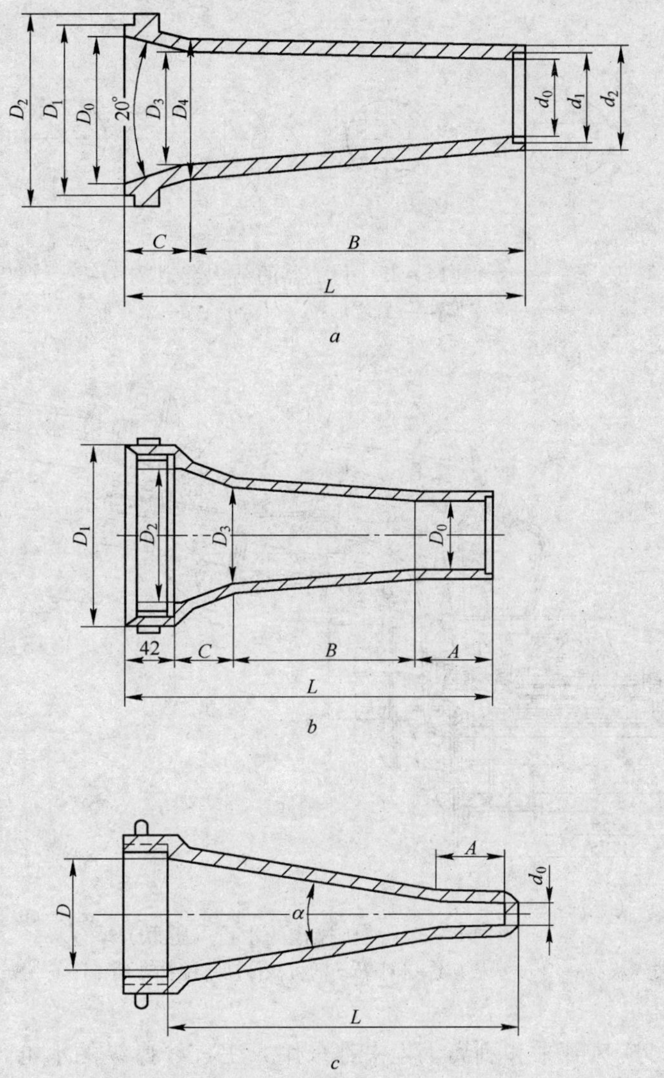

图 14－24 喷嘴结构示意图

a—平桂水枪喷嘴；b—苏联 ΓΜΗ 型水枪喷嘴；c—苏联新型喷嘴

A—圆柱段；B—圆锥收敛段

枪筒。枪筒都采用圆锥形，在其壁内装有稳流器（图 14－25）。据国外试验资料，消除水枪内涡流作用最好的是蜂窝形，这种稳流器已在苏联推广使用。

B 水枪类型

砂矿床水力机械化开采，是采用大流量低压力的水射流进行冲采，水枪喷嘴出口压强一般为 0.5～1.5MPa，个别达到 1.7～2MPa。根据水压的高低，可采用一般钢材或优质钢材制造。

按操作水枪的方式分为液压操作的水枪（图 14－26）和人工杠杆操纵的水枪。属于后者的有滚珠轴承式水枪（图 14－23）和胶管水枪（图 14－27）。

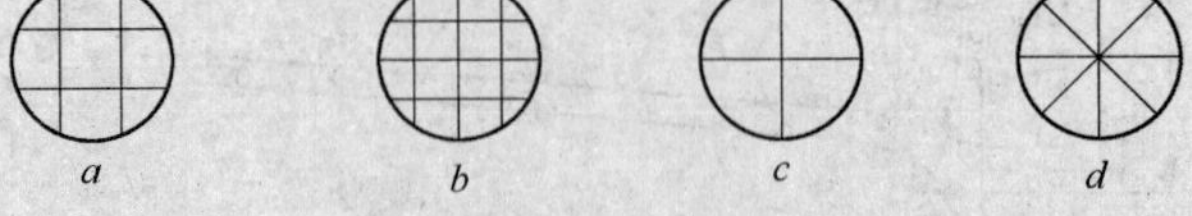

图 14－25　稳流器的结构类型

a—井字形；b—蜂窝形；c—十字形；d—米字形

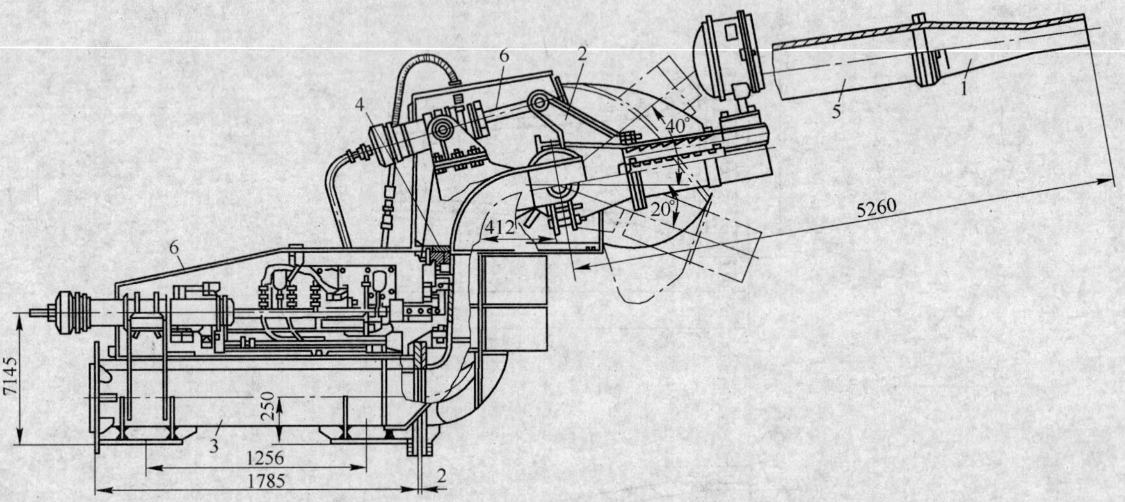

图 14－26　液压操作的水枪（苏联）

1—喷嘴；2—上支承板；3—下支承板；4—水平转动的机械传动系统；5—枪筒；6—操纵枪筒的液压活塞杆

在我国露天砂矿床开采和剥离工程中都采用人工杠杆操纵的水枪，即 SQ 型和平桂型水枪。其技术规格见表 14－21，这类水枪结构简单，但为了安全，不能靠近工作面作业，因而射流的能量利用率较低。为克服这一弱点，目前在国外着重研制与发展远距离自动控制和自行式的大型水枪。

14.4.2.2　砂泵

水力机械化开采中常用单级离心式砂泵。按其安装方式不同有卧式和立式之分。卧式砂泵重量大，需要有牢固基座，移动不便，但其流量和允许通过的固体块度随着砂泵规格的增大而增大，得到广泛的使用。立式砂泵（图 14－28）的重量轻，结构紧凑，安装简单，移动方便；吸管短，能在半淹没状态工作，启动方便，所以整个水力装置的效率高，但由于立式砂泵受到增大规格的限制，一般用于小规模砂矿开采及残矿清理中。

我国水力机械化开采矿山在 70 年代前普遍使用平桂离心式砂泵，但由于这种砂泵结构不合理，效率很低（<50%），逐渐被淘汰。由 PN 型泥泵所取代，PN 型泥泵的技术性能见表 14－22，特性曲线见图 14－29。

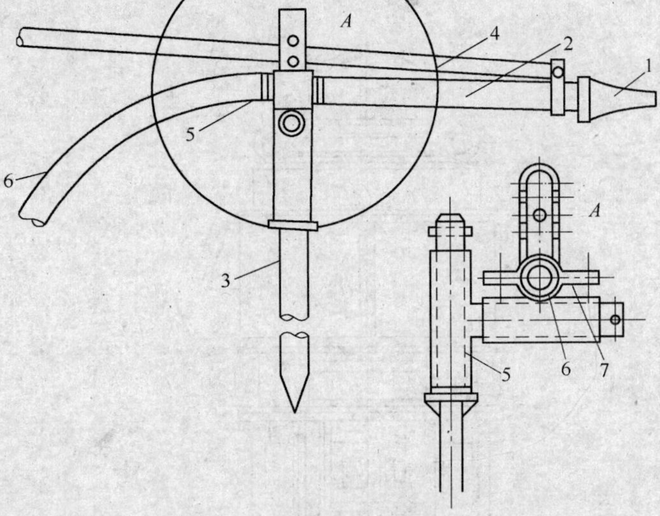

图 14－27　胶管水枪结构示意图

1—喷嘴；2—枪筒；3—支承柱；4—操作杆；5—水平面旋转三通；
6—胶管；7—卡环

表 14－21　SQ 和平桂型水枪的技术性能

技术性能		平桂－3 型	平桂－1 型	SQ－80	SQ－150	SQ－250
进水口直径（mm）		150	100	80	150	250
喷嘴出口直径（mm）		38、44、50	43	25、30、35	44.5	45、50、55、60、65、70、75、80
枪筒长度（mm）		1200	1100	1481、1458、1434	2228、2202	2290
水平转角（°）		360	360	360	360	360
上仰角度（°）		29.33	26	30	30	30
下俯角度（°）		29.33	26	30	30	30
进口压力（kPa）		686～1470	490～980	490～980	868～1470	868～1470
出口压力（kPa）		588～1372	392～833	392～882	539～1323	539～1323
外形尺寸（mm）	长	2239	1100	2081	2807	4800
	宽	350	770	360	398	500
	高	1200	1200	1088	1297	1500
总重（kg）		90	50～60	59	160	275
生产单位		平桂矿务局机修厂		云南重型机械厂		

14.4.3　水枪射流的物理机械性质

14.4.3.1　水射流的结构特征

由水枪喷射出来的水流，是属于自由非淹没射流。该射流的结构特征，主要决定于水枪出口的压力以及水枪喷嘴的结构与其内表面的加工质量。射流的特征是：当水压大于 0.49MPa 时，射流一离开喷嘴即开始扩散（图 14－30*b*）；从射流的横截面上看，按水质的紧密性可分为常速核心、水片带及水滴带（图 14－30 中Ⅰ、Ⅱ、Ⅲ所示）；在射流长

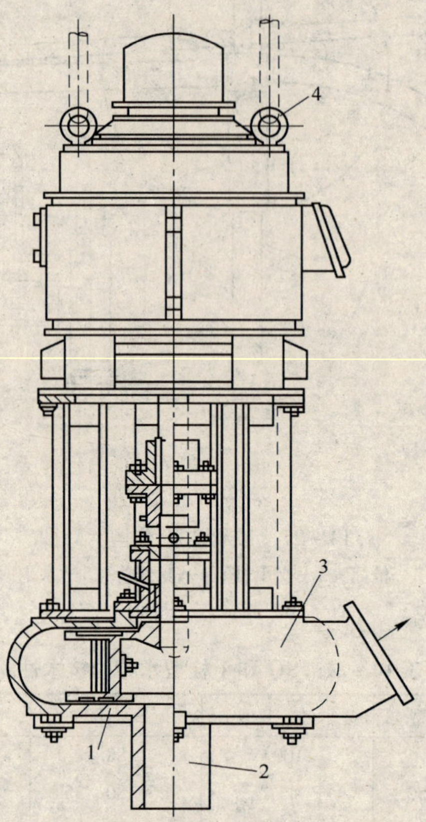

图14-28　立式砂泵

1—叶轮；2—吸浆管；3—泵壳；4—吊环

度方向，按其横截面结构组成可分起始段、基本段及射滴段（图14-30中A、B、C）。

A　起始段

从喷嘴出口到常速核心结束的区段为起始段，其结构紧密，冲击力最大。起始段的长度 L_H 可按（14-12）、（14-13）式计算：

当喷嘴直径 d_0 为0.05~0.11m和工作压力 p_0 为0.785~1.471MPa时：

$$L_H=(25.448p_0^3+55.1p_0-20.4)d_0 \tag{14-12}$$

考虑喷嘴质量时：

$$L_H=(A-BRe) \tag{14-13}$$

式中　A、B——与喷嘴结构及加工质量有关的系数，见表14-23；

Re——射流刚离喷嘴时的雷诺数；

$$Re=v_0d_0/r$$

L_H——起始段长度，m。

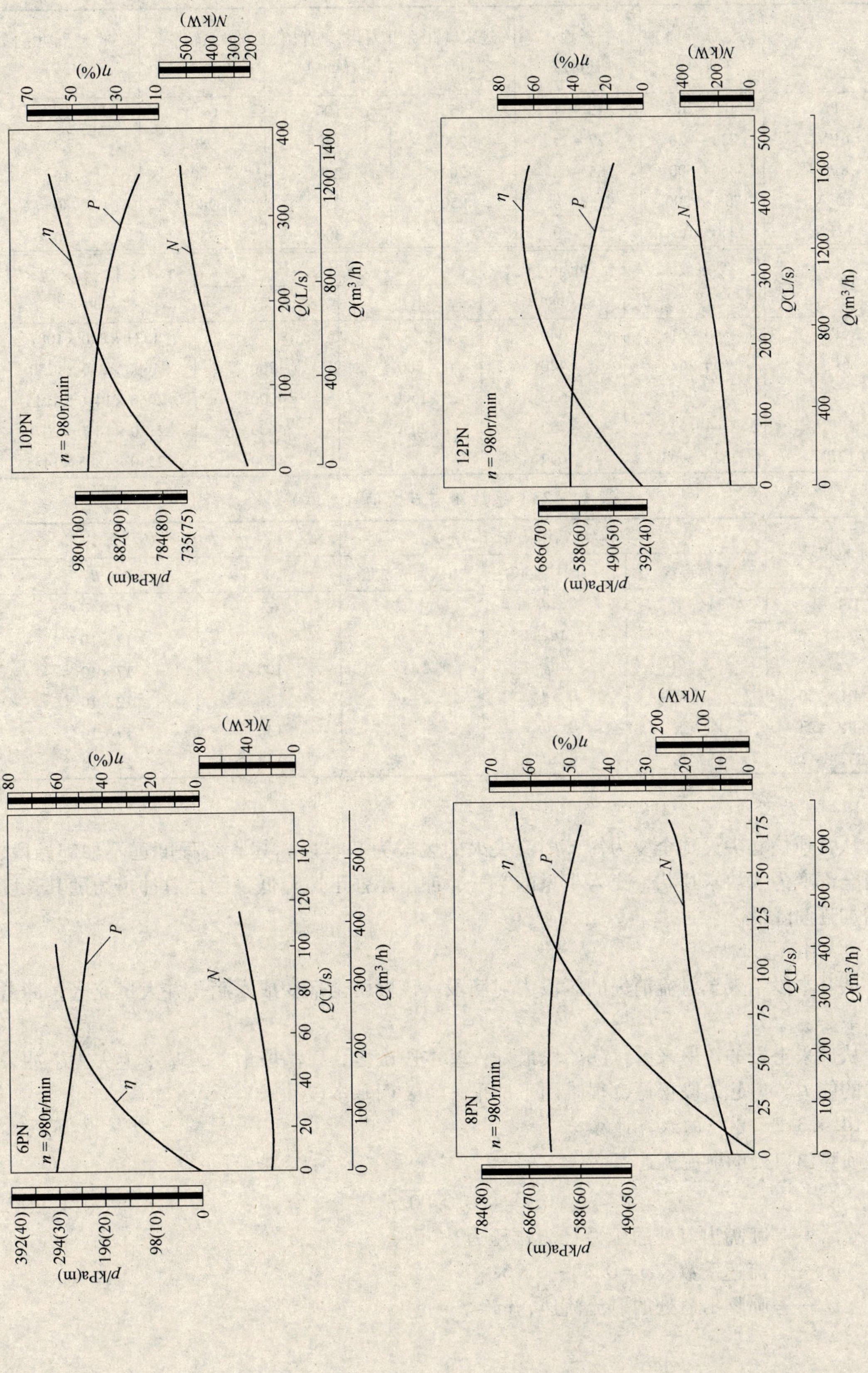

图 14-29 PN 型泥泵性能曲线

表 14-22 PN 砂泵的技术性能

型号	流量 (m^3/h)	扬程 (m)	进浆口直径 (mm)	排浆口直径 (mm)	砂泵转数 (r/min)	电动机功率 (kW)
4PN	100~200	40~31	150	100	1470	55
6PN	230~320	27~25	200	150	980	75
8PN	450~600	65~62	200	200	980	215
10PN	768~1290	91.8~85	250	250	980	780
12PN	1350~1690	53~50	300	300	980	550

型号	砂泵效率 (%)	叶轮直径 (mm)	重量 (kg)		外形尺寸，长×高×宽 (mm)
			电机	泵	
4PN	46~61	340			1531×840×1087
6PN	56~62	420	700	1200	1600×840×1250
8PN	57~63	635	1600	4000	2060×1410×1915
10PN	44~63	750	2050	4600	2120×1410×2040
12PN	62.5~65	650		4500	2240×1835×1455

表 14-23 系数 *A* 与 *B* 之值（苏联）

水枪型号	喷嘴结构特征			系数	
	喷嘴形状	出口圆柱段长度	内表面光洁度	*A*	*B*
ГМ-2	圆锥形	$0.5d_0$	3 级	62	17×10^{-6}
		$4d_0$	4 级	80	17×10^{-6}
		$4d_0$	7 级	100	17×10^{-6}
ГМН-250	圆锥形	$0.5d_0$	4 级	76	12×10^{-6}
КУРУ-350	圆锥形	$0.5d_0$	5 级	136	17×10^{-6}
ГМДУЭГ-250	圆锥形	$0.5d_0$	8 级	147	25×10^{-6}

B 基本段

从常速核心尖灭到全变为短节射流尖灭的区段为基本段。其紧密程度远不如起始段，射流全部变为大块水片状，充入少量的空气，冲击压强迅速降低，而且总冲击力随其长度的增加逐渐降低。

C 射滴段

从基本段结束至射流消失的区段为射滴段。该段已全部变成水滴，并大量充气，冲击压强最小。

从冲采土岩的效率来看，起始段最好，基本段次之，射滴段最差，基本上失去了冲采土岩的能力。但起始段很短，很难用于冲采，主要用基本段冲采。

14.4.3.2 水枪的水力计算

喷嘴出口处的射流流速：

$$v_0=\varphi\sqrt{0.002p_0} \tag{14-14}$$

式中 p_0——喷嘴出口处的压力（工作压力），Pa；

φ——流速系数，$\varphi=0.92\sim0.96$；

v_0——喷嘴出口处的射流流速，m/s。

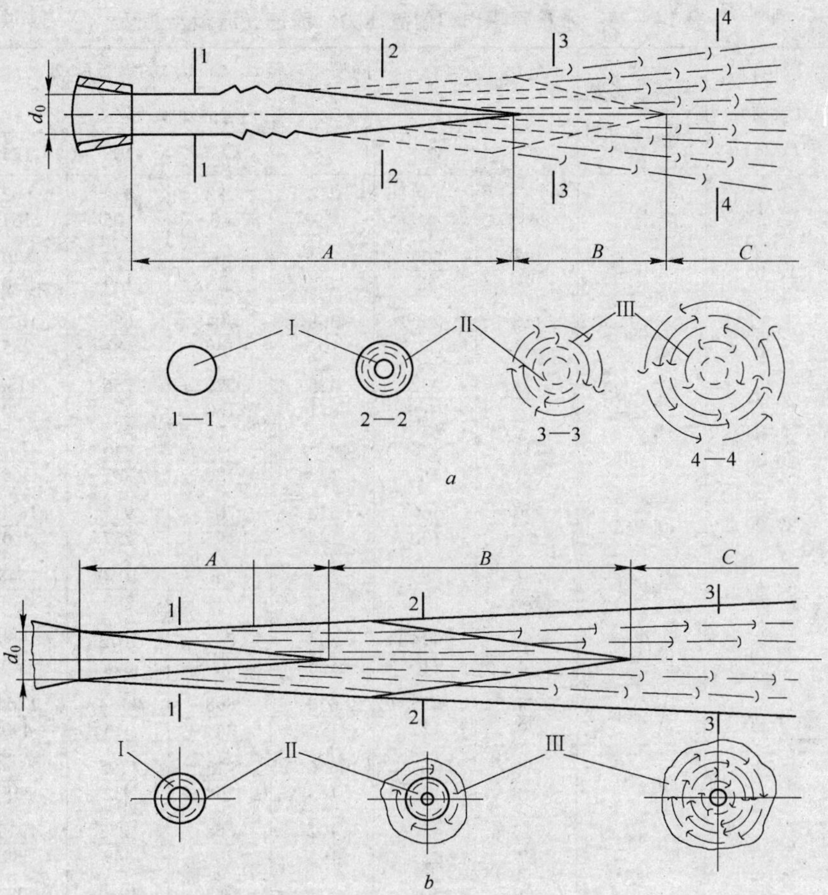

图 14-30 水枪射流结构示意

a—$p_0 < 0.49$MPa 的射流结构；b—$0.49 < p_0 < 2.94$MPa 的射流结构

A、B、C—沿射流长度划分的起始段、基本段及射滴段的长度；Ⅰ、Ⅱ、Ⅲ—在射流横断面结构的常速核、水片带及水滴带

若取 $\varphi = 0.94$，式（14-14）可简化为：

$$v_0 = 0.042\sqrt{p_0}$$

水枪流量（即喷嘴流量）：

$$Q_0 = \mu S_0 \sqrt{0.002 p_0} \tag{14-15}$$

式中 S_0——喷嘴出口断面积，m^2

$$S_0 = \frac{\pi d_0^2}{4}$$

d_0——喷嘴直径，m；

μ——流量系数，$\mu = 0.92 \sim 0.96$；

Q_0——水枪流量，m^3/s。

若取 $\mu = 0.94$，式（14-15）可简化为：

$$Q_0 = 0.042 S_0 \sqrt{p_0} \tag{14-16}$$

表 14－24　水枪喷嘴出口射流压力、流速、流量及能耗

喷嘴出口处压力 p_0（MPa）	喷嘴出口射流速度 v_0（m/s）	单位能耗 E（kW·h/m^3）	不同喷嘴直径 d_0（mm）的水流量 Q_0（分子：m^3/h；分母：L/s）						
			50	62.5	75	87.5	100	125	150
0.1	13.18	0.032	95.5/26.5	148/41	212/59	288/80	378/105	602/167	893/248
0.2	18.65	0.064	133/37	209/58	294/82	407/113	537/149	840/230	1207/553
0.3	22.84	0.096	166/46	256/71	368/102	504/140	656/182	1027/285	1477/410
0.4	26.37	0.128	191/55	292/81.1	425/811	576/160	756/210	1188/330	1703/473
0.5	29.48	0.160	212/59	328/91	475/132	648/180	846/235	1315/365	1890/525
0.6	32.29	0.192	230/64	360/100	522/145	702/195	925/257	1440/400	2070/575
0.7	34.88	0.224	248/69	389/108	558/158	760/211	1010/280	1548/430	2250/625
0.8	37.29	0.256	266/74	414/115	594/166	817/227	1073/296	1657/460	2412/670
0.9	39.55	0.288	284/79	439/122	630/175	868/241	1134/315	1764/490	2598/710
1.0	41.70	0.320	299/83	464/129	666/185	915/254	1195/332	1854/515	2685/746
1.1	43.72	0.352	313/87	486/135	702/195	658/266	1258/349	1910/539	2810/780
1.2	45.67	0.384	328/91	508/141	731/203	1000/278	1370/364	2027/563	2930/814
1.3	47.50	0.416	339/94	529/147	760/211	1044/290	1365/379	2110/586	3053/846
1.4	49.33	0.118	349/97	547/152	787/219	1080/300	1420/394	2188/608	3168/880
1.5	51.06	0.480	360/100	565/157	817/227	1116/310	1470/408	2267/630	3278/910

机械加压供水时，压力水的单位能耗，可按（14－17）式概算：

$$E=\frac{1000p_0}{3600\times102\times9800K}=2.77\times10^{-7}\frac{p_0}{K}\qquad(14-17)$$

式中　p_0——水枪喷嘴出口的射流压头，Pa；

K——供水的总效率，一般取 $K_3\approx0.85$；

E——压力水单位能耗，kW·h/m^3。

关于水枪射流的 p_0、d_0、v_0、Q_0 以及 E 值间的相互数值关系见表 14－24。

14.4.3.3　射流的冲击力及冲击压强

A　射流的冲击力

射流刚离开喷嘴口时的总冲击力（F_0）为：

$$F_0=19.6\times10^3\omega_0p_0\gamma_0\qquad(14-18)$$

式中 ω_0——水枪喷嘴出口处的断面积，mm^2；

p_0——喷嘴出口处射流的工作压头，m（水柱）；

γ_0——水的密度，$\gamma_0=1000kg/m^3$；

F_0——总冲击力，N。

射流作用于工作面土岩上的实际冲击力可按（14－19）式计算：

$$F=10^3 fF_t \tag{14-19}$$

式中 f——冲击力降低系数，可查表14－25，也可按（14－20）式计算：

$$f=\frac{100-0.12L^2+0.66L}{100} \tag{14-20}$$

ω——射流的速度，m/s；

L——由水枪喷嘴到工作面的距离，m；

g——重力加速度，$g=9.8m/s^2$；

θ——射流与工作面的夹角，(°)；

α——射流与末速 v_2 的夹角，(°)；

γ_0——水的密度，$\gamma_0=1000kg/m^3$。

F_t——射流的理论冲击力，N；

当射流与工作面垂直冲采时（图14－31a）

$$F_t=\frac{\gamma_0}{g}\omega v^2$$

当射流与工作面成 α 角冲采时（图14－31b）

$$F_t=\frac{\gamma_0}{g}\omega v_1^2\sin\theta$$

当射流冲击到凸起面上时（图14－31c）

$$F_t=\frac{\gamma_0}{g}\omega v_1^2(1-\cos\alpha)$$

当射流作用于凹面（图14－31d）

$$F_t=2\frac{\gamma_0}{g}\omega v_1^2$$

B 平均冲击压强

平均冲击压强为射流作用在土岩单位面积上的平均冲击力，按（14－21）式计算：

$$p_{yl}=\phi p_{y0}=2\phi p_0 \tag{14-21}$$

式中 p_{y0}——射流刚离开喷嘴时的冲击压强

$$p_{y0}=2p_0,\ \text{Pa}$$

ϕ——冲击压强降低系数，可查表14－26和图14－32，也可按（14－22）式计算：

$$\phi=\left[\frac{m}{\frac{L}{d_0}+30}\right]^{2} \tag{14-22}$$[1]

[1] 式（14－22）是苏联学者Г. А. 穷诺克，在 $d_0=50\sim75mm$，$p_0=0.49\sim0.784MPa$ 及 $6m<L<25m$ 下进行试验测定资料基础上而提出的。

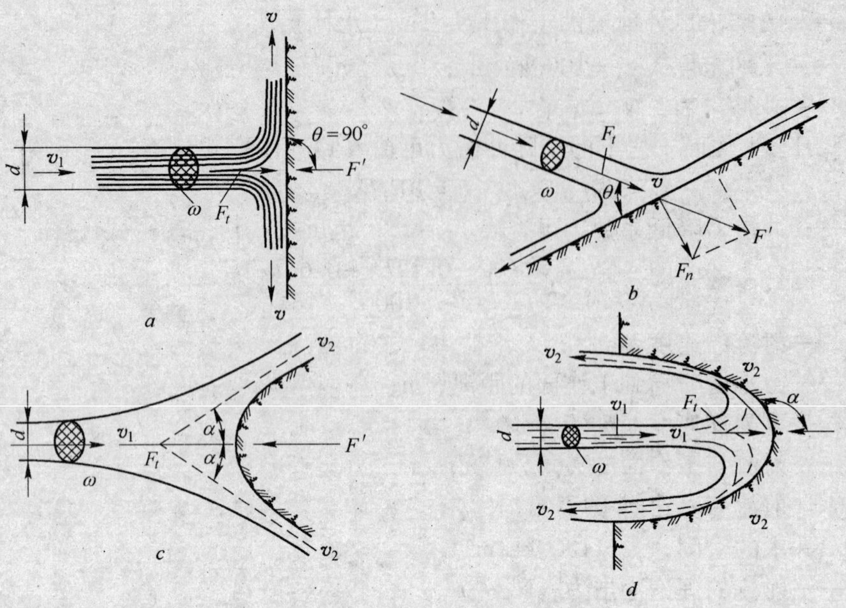

图14－31　射流冲击工作面上的作用力分析图

a—射流作用在垂直面上；*b*—射流作用在斜面上；*c*—射流作用在凸起面上；*d*—射流作用在凹陷面上

m——与喷嘴工作压力 p_0 和射距 L 有关的系数（表14－27）；

L——水枪喷嘴距冲击面的距离，亦称射距，m；

p_{yl}——平均冲击压强，Pa。

表14－25　总冲击力降低系数 *f*（前苏联）

喷嘴直径 d_0（mm）	工作压力 p_0（MPa）	离开喷嘴不同距离（m）的 *f* 值					备　注
		5	10	15	20	30	
30	1.254～1.960	0.98	0.93	0.85	0.75	0.47	苏联 В.Д. 斯米尔诺夫实验数据
36		0.98	0.92	0.84	0.75	0.52	
40		0.98	0.93	0.87	0.79	0.57	
45		0.98	0.94	0.87	0.73	0.61	
50～63	1.47～7.644	1.04	0.93	0.85	0.71		Г.А. 捷尔斯潘诺夫实验数据
100	1.372～7.84	1.13	1.04	1.01	0.98		Г.И. 罗叶尔实验数据

14.4.4　开拓

水力机械化开采时，矿床可用基坑、堑沟和平硐溜井开拓。

14.4.4.1　基坑开拓法

当地形较平坦，不能采用自流水力运输时，一般采用基坑开拓法。

表 14-26 实验的 ϕ 值（苏联）

离开喷嘴的距离（m）	$d_0=50mm$			$d_0=100mm$		
	p_0（MPa）			p_0（MPa）		
	0.294	0.53	0.784	0.137	0.235	0.294
0	1	1	1	1	1	1
4	0.161	0.125	0.103	0.403	0.267	0.263
7	0.072	0.058	0.048	0.237	0.168	0.160
10	0.035	0.032	0.029	0.161	0.114	0.109
15	0.014	0.010	0.015	0.076	0.053	0.053
20	0.007	0.009	0.008	0.019	0.028	0.028

表 14-27 系数 m 值

喷嘴直径 d_0（mm）	射距 L（m）	不同工作压力 p_0（MPa）的 m 值							
		0.392	0.441	0.490	0.539	0.588	0.637	0.686	0.735
50、57	1~10	38.2	40.0	41.7	44.8	47.8	52.8	56.8	62.5
62.5、75	11~20	34.4	36.4	38.2	41.7	44.8	47.8	52.5	56.5

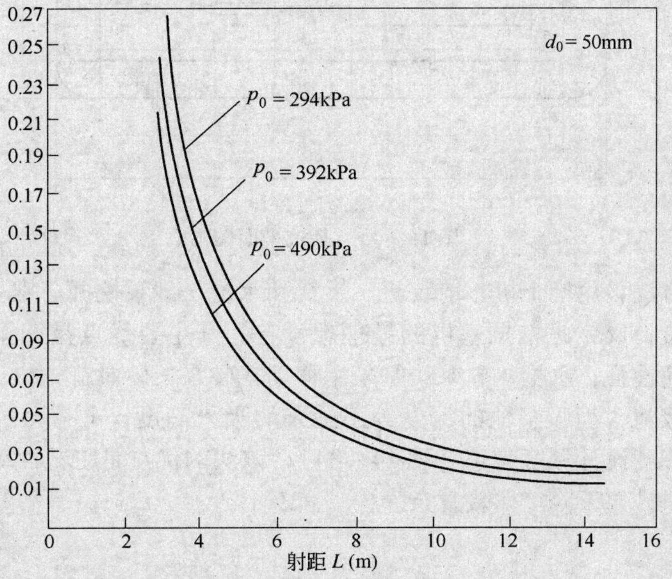

图 14-32 平桂-150 型水枪射流的 φ 值曲线

A 选择基坑位置的原则

（1）尽量利用低凹位置；

（2）基坑应布置在矿床底板最低处，以利于采场内矿浆的自流；

（3）有利于供水和水力输送管路的敷设；

（4）便于材料和设备的运输。

B 基坑的规格（图 14-33）

（1）基坑底部尺寸[11]：

$$L = L_1 + L_2 + L_3 + e,\ \text{m} \tag{14-23}$$

$$B = B_1 + 2e,\ \text{m} \tag{14-24}$$

（2）基坑的地表尺寸：

$$L_s = L + 2h\text{ctg}\alpha,\ \text{m} \tag{14-25}$$

$$B_s = B + 2h\text{ctg}\alpha,\ \text{m} \tag{14-26}$$

式中　L_1、B_1——砂泵房的长和宽，m；

L_2——吸浆池的长度（或直径），m；

L_3——水枪初始工作平盘的长度，一般 $L_3 = 8 \sim 12$m；

e——安全距离，$e = 2 \sim 3$m；

h——台阶高度，m；

α——边坡坡面角，（°）。

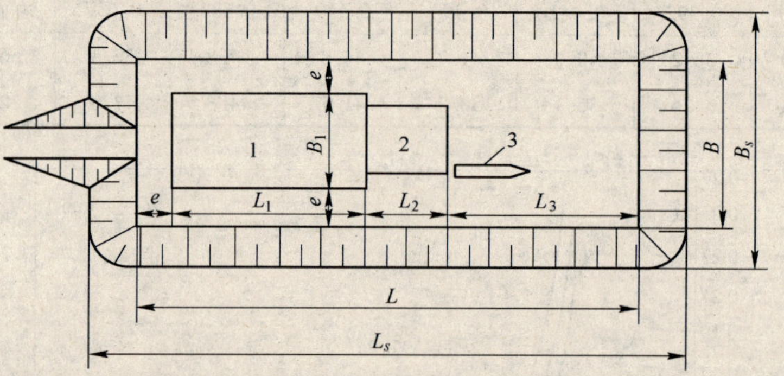

图 14－33　基坑平面图

开挖基坑的方法，用推土机、前装机、反铲和水枪—砂泵挖掘。推土机和前装机只适于挖掘较浅的基坑；反铲是挖掘基坑的最理想设备，其主要优点是挖掘效率高、工艺简单、成本低和适应性强；水枪－砂泵法是采用移动式砂泵，砂泵首先位于地表，用水枪逐渐扩大与加深吸浆池，当吸浆池的深度等于砂泵的吸入高度（4～5m）时，下降一次砂泵，直到砂泵下降到设计深度为止（图 14－34），该法的优点是工艺简单，不需另购挖掘设备；它的缺点是砂泵下降工作较复杂。

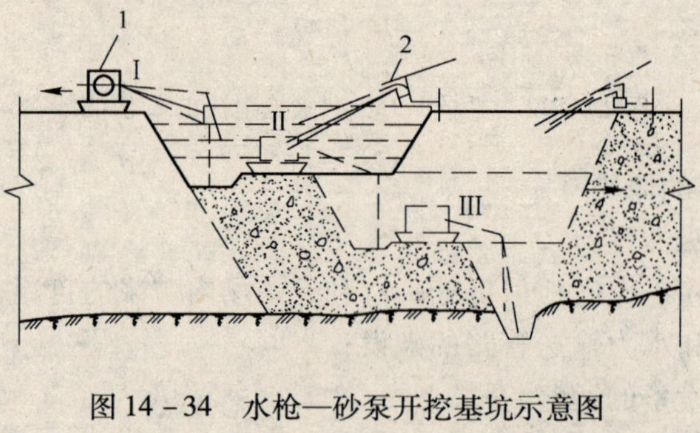

图 14－34　水枪—砂泵开挖基坑示意图

1—砂泵；2—水枪；Ⅰ、Ⅱ、Ⅲ—砂泵位置顺序

14.4.4.2　堑沟开拓法

堑沟开拓法适合开拓位于较高地形而能采用自流水力运输的砂矿床（图 14－35）。堑沟位置应根据矿区地形和矿床赋存条件而定，既要尽可能使采场内的绝大部分矿量能自流运输，又要使开沟工程量少。

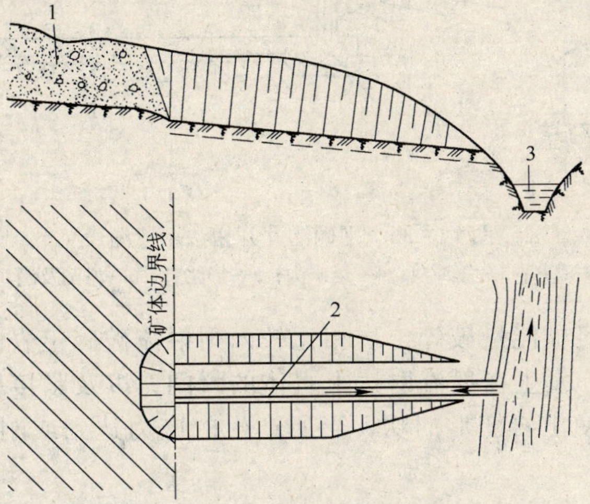

图 14－35　堑沟开拓法示意图

1—砂矿体；2—自流水力运输堑沟；3—主运矿沟

14.4.4.3　平硐溜井开拓法

对具有水力自流运输高差和储量大的封闭式或山坡砂矿床，因地形复杂，不能在地面布设运矿沟槽时，为形成自流运输系统，可用平硐溜井开拓（图 14－36），该法虽然基建工程量大，投资较高，建设时间较长，但经营费低，在合适的条件下应用，可取得较好的经济效益。如云南锡业公司就广泛采用这种开拓方法。平硐应布置在基岩中。溜井多采用竖直天井（表 14－28），其位置应在矿量集中和底板最低处。

表 14－28　云南锡业公司的竖溜矿天井规格

项　目	新　冠　矿	黄第山矿	卡　房　矿
掘进断面（m）	1.3×1.6	1.5×1.5	1.5×1.5
净断面（m）	1×1.3	1.2×1.2	1.2×1.2
矿浆管径（mm）	450（壁厚 8）	350（壁厚 6）	350（壁厚 6）
支护方法	密集木框支架		

14.4.5　冲采

14.4.5.1　水力冲采原理

水射流破碎土岩的机理，与其他机械破碎土岩的机理是有区别的，因为射流作用于土岩体，不但有法向应力，还有射流沿横向流散时产生的切向应力，以及压力水注入土岩孔隙中产生的静压力（水楔作用）而引起的张应力；此外，还有水对土岩的湿润软化和对胶结质的溶解等作用。其中最重要的是射流冲击力所产生的法向应力。所以，

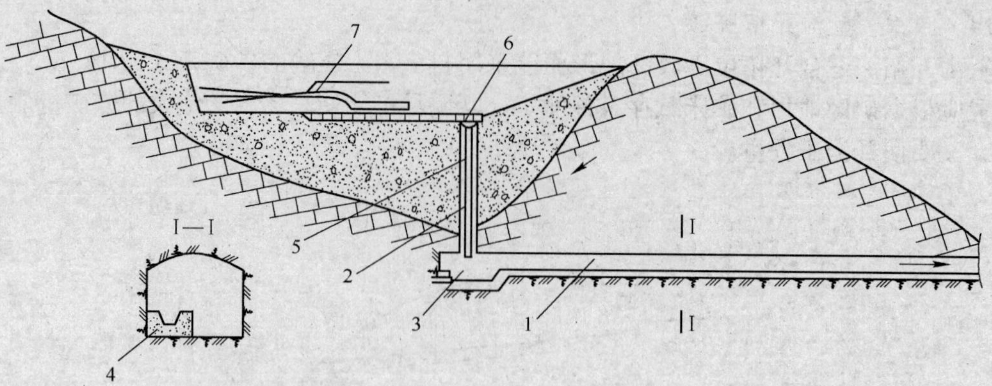

图 14－36　平硐溜井开拓法示意图

1—平硐；2—溜井；3—缓冲池；4—运矿沟；5—导浆管；6—格筛及漏斗；7—水枪

以相同的射流能量与机械能量破碎土岩相比较，则射流破碎土岩的效率要高得多。射流对土岩的冲击作用，发生在射流射达土岩体的瞬间，以及紧接着的很短时间内，此时射流的动能转变为使土岩变形的功，当所产生的应力达到或刚超过土岩的强度时，土岩即开始破坏。

射流具有的能量与作用于土体时间的乘积，即是破碎土岩过程能耗的数量指标。要使冲采能耗量达到最小，首先必须针对不同类别土岩特性，确定射流射达土岩体时的合理冲击压强值；其次在冲采过程中，必须合理控制射流冲击某一点的停留时间，即应按一定速度均匀地移动水枪；此外，合理地利用土岩体自重崩塌作用，即应在台阶下部先行冲采掏槽。

14.4.5.2　冲采参数

冲采参数主要包括工作压力 p_0、单位耗水量 q 和喷嘴直径 d_0，而 p_0 和 q 又是水力机械化的基本经济指标。

表 14－29　射流破碎土岩的最优冲击压强

土岩名称	最优冲击压强 p_{ylq}（MPa）	冲采塌落土岩时压力降低系数 K
粉粒和细砂粒	0.1～0.2	0.8
松散的黄土	0.1～0.15	
轻砂质垆坶	0.15～0.2	
中粒砂	0.1～0.2	0.7
致密黄土，黄土质垆坶	0.15～0.25	
轻质垆坶、中重砂垆坶	0.2～0.25	
粗粒砂	0.15～0.25	0.6
重砂质垆坶	0.25～0.3	
含有砂和砾石的致密垆坶	0.3～0.4	
瘦黏土	0.3～0.45	0.6
砾石、卵石、砂类土岩	0.4～0.5	0.5
半油性黏土	0.5～0.7	

工作压力 p_0 一般按（14－27）式计算：

$$p_0 = \frac{p_{ylo}}{2\phi} \tag{14-27}$$

式中 p_{ylo}——射流破碎实体土岩的最优冲击压强，冲采预先松动后的土岩时，p_{ylo} 还应乘以降低系数 K，见表 14－29；

ϕ——冲击压强降低系数；

p_0——工作压力，MPa。

单位耗水量 q，依据土岩性质、工作压力、台阶高度和流运条件等，参考表 14－30 及表 14－31 选取。

当工作压力和射距一定时，射流的冲击压强几乎随喷嘴直径的平方增加，可见用加大喷嘴直径提高冲击压强比增加工作压头要经济得多，可节约能耗，因此国内外砂矿水力机械化开采中广泛采用大喷嘴和低压头冲采。

表 14－30 射流工作压头和单位耗水量

土岩类别	土岩名称	台阶高度（m）								
		3～5			5～15			>15		
		单位耗水量 q (m^3/m^3)	射流工作压头 p_0 (MPa)	工作面[①]允许最小坡度 i (%)	单位耗水量 q (m^3/m^3)	射流工作压头 p_0 (MPa)	工作面[①]允许最小坡度 i (%)	单位耗水量 q (m^3/m^3)	射流工作压头 p_0 (MPa)	工作面[①]允许最小坡度 i (%)
Ⅰ	预松的非黏结土岩细粒砂	5	0.294	2.5	4.5	0.392	3.5	3.5	0.490	4.5
Ⅱ	粉状砂 轻砂土 松散黄土 风化泥炭	6	0.294 0.392	2.5 1.5 2.0	5.4	0.392 0.490	3.5 2.5 3.0	4	0.490 0.588	4.5 3.0 4.0
Ⅲ	中粒砂 重砂土 轻质黏土 致密黄土	7	0.294 0.392 0.490 0.588	3.0 1.5 1.5 2.0	6.3	0.392 0.490 0.588 0.686	4.0 2.5 2.5 3.0	5	0.490 0.588 0.686 0.784	5.0 3.0 3.0 4.0
Ⅳ	大粒砂 重砂土 中及重黏土 瘦黏土	9	0.490 0.686	5.0 1.4 1.5 1.5	8.1	0.588 0.784	6.0 2.5 2.5 2.5	7	0.686 0.882	7.0 3.0 3.0 3.0
Ⅴ	砂质砾石土 半油性黏土	12	0.392 0.784	5.0 2.0	10.8	0.490 0.980	6.0 3.0	9	0.588 1.18	7.0 4.0
Ⅵ	砂质砾石 半油性黏土	14	0.392 0.980	5.0 2.5	12.6	0.588 1.18	6.0 3.5	10	0.686 1.37	7.0 4.5

① 按原土岩的性质确定。

喷嘴直径 d_0 按（14－28）式计算：

$$d_0 = 5.474\sqrt{\frac{Q_0}{P_0}} \tag{14-28}$$

式中 d_0——喷嘴直径，m；

其他符号同前。

表 14-31 我国几个砂矿的射流工作压头和单位耗水量

矿山名称	土岩基本特性	工作压头 p_0（MPa）	单位耗水量 q（m^3/m^3）	台阶高度 h（m）
平桂矿务局	残坡积、冲积和风化壳砂矿，土岩为砂质黏土，厚度数米到十余米，局部有油性黏土	0.49～0.98	7～10	6～10
云南锡业公司	残坡积、冲积矿床，上部为人工堆积，中下部为棕红色、黄色及棕黑色黏土层，黏性较大，厚度为数米至数十米	0.98～1.18	1.62～3.46（t/t）	10～14
八一锰矿	坡积氧化锰矿，表土为砂质黏土，矿层为含细粒及卵石、砾锰矿石的黏性黄土	0.588～0.686	7	2～3
东湘桥锰矿	残坡积氧化锰矿，表土为亚砂土及黏土，最厚5m，矿层为黏土及亚黏土	0.588～0.686	6.3～7	3～4
坂潭锡砂矿	河床冲积砂矿，表土为砂质黏土和砂土层，矿层为砂层及砂砾层，最厚14.4m，平均厚度5m	0.392～0.588	4.7～8.7	7～11
派潭砂锡矿	冲积砂矿，砂黏土层、砂层和砂砾层	0.49～0.98	2.8～6.4	3～9

14.4.5.3 冲采方法和工作面参数

冲采方法按射流冲射方向与浆体流向的关系分为逆向、顺向和联合冲采法（图14-37）。

A 逆向冲采法（图14-37a）

首先用射流沿坡脚掏槽（高0.3～0.5m，深0.5～0.9m），使土体崩塌后，再冲碎造浆。该法不仅冲采效率高，而且碎散较完全，所以该法在生产中使用最普遍。其冲采主要参数如下。

a 台阶高度 h

对冲采效率和作业成本影响较大。冲采效率一般随 h 的增加而增加，但 h 过大，会使能耗大大增加，总的经济效益不一定好，因此应合理地确定台阶高度。国内水采矿山的台阶高度大多为8～12m。

b 水枪到工作面的最小距离

最小距离 L_{min} 是保证土岩崩塌时不危及人身和设备安全所必须的距离：

$$L_{min} = K_a h \tag{14-29}$$

式中 L_{min}——水枪到工作面的最小距离，m；

K_a——安全系数。

土岩类型	致密的黄土及黏土	泥质土	砂质黏土	砂质土
K_a	1.2	1.0	0.6～0.8	0.4～0.6

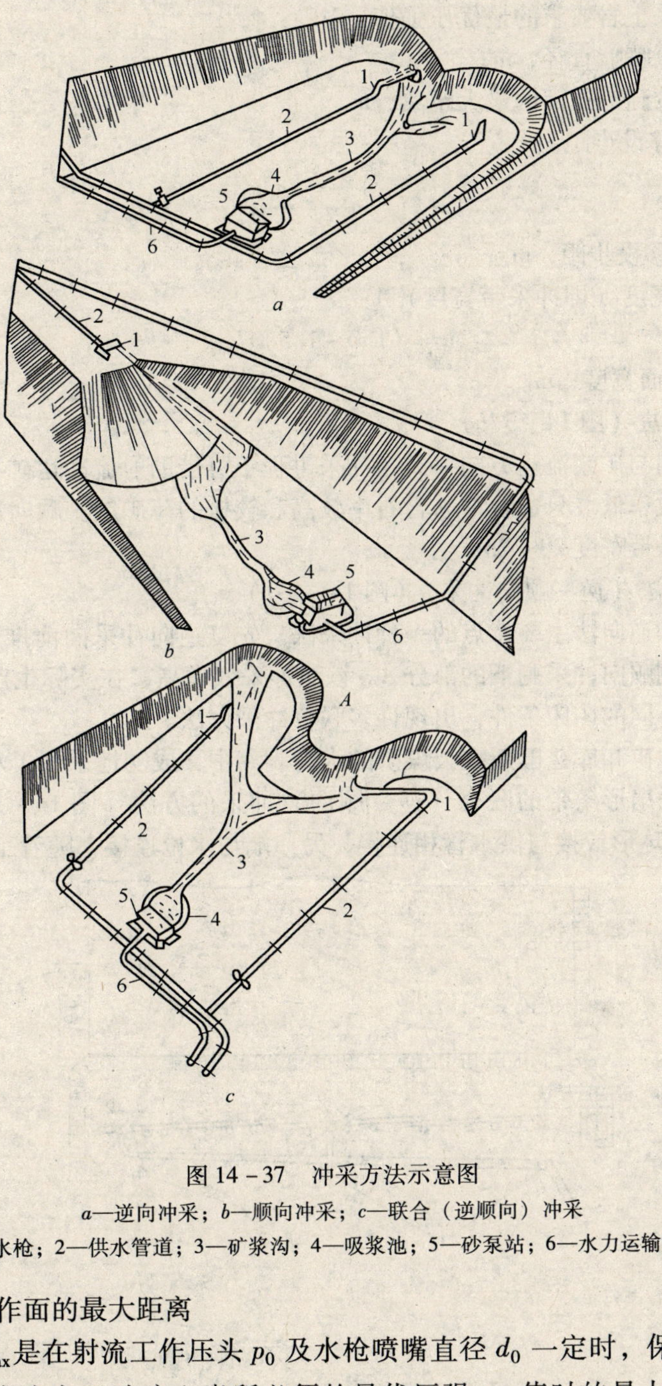

图 14－37 冲采方法示意图

a—逆向冲采；*b*—顺向冲采；*c*—联合（逆顺向）冲采

1—水枪；2—供水管道；3—矿浆沟；4—吸浆池；5—砂泵站；6—水力运输管道

c 水枪到工作面的最大距离

最大距离 L_{max}是在射流工作压头 p_0 及水枪喷嘴直径 d_0 一定时，保证射流射达工作面的压强，等于或略大于破碎土岩所必须的最优压强 p_{ylo}值时的最大射距。按（14－30）式概算：

$$L_{max} \leqslant \left(\sqrt{0.2m\sqrt{\frac{p_0}{p_{ylo}}}} - 30 \right) d_0 \tag{14-30}$$

式中 m ——随 p_0 值而变化的系数，查表 14－27；

p_0 ——射流工作压头，MPa；

p_{ylo}——冲采土岩要求的最优压强值，MPa；

d_0——水枪喷嘴直径，m；

L_{max}——水枪到工作面的最大距离，m。

（4）水枪的移设步距 s：

$$s = L_{max} - L_{min} \tag{14-31}$$

式中　s——水枪移设步距，m。

（5）工作面宽度（即冲采带宽度）A：

$$A = (1.0 \sim 1.5) L_{max} \tag{14-32}$$

式中　A——工作面宽度，m。

B　顺向冲采法（图14-37*b*）

射流冲采方向与矿浆流运方向一致，冲采过程中可借助射流冲运矿石。由于射流与工作面斜交，冲采效率低。只适合冲采含石率较高和较松的薄矿层。顺向冲采的台阶高度一般为3～5m，冲采带宽度20～25m。

C　联合冲采法（逆-顺向冲采）（图14-37*c*）

是兼有顺向和逆向法主要特点的一种冲采法。先以逆向冲采向前推进6～20m的超前工作面，然后以侧顺向冲采剩下的部分 A。该法冲采效率高，在实际生产中获得最广泛的应用，而且根据不同的矿床条件，出现许多联合冲采方法。

苏联米阿斯砂矿和库兹巴斯露天煤矿的水力剥离中，成功地采用了水枪安装在下平盘上应用旋转水管的扇形条带的联合（逆-顺向）冲采的方法（图14-38），旋转水管长20～30m，一端用球形铰接与供水管相连接，另一端与水枪连接，随着工作面的推进，用

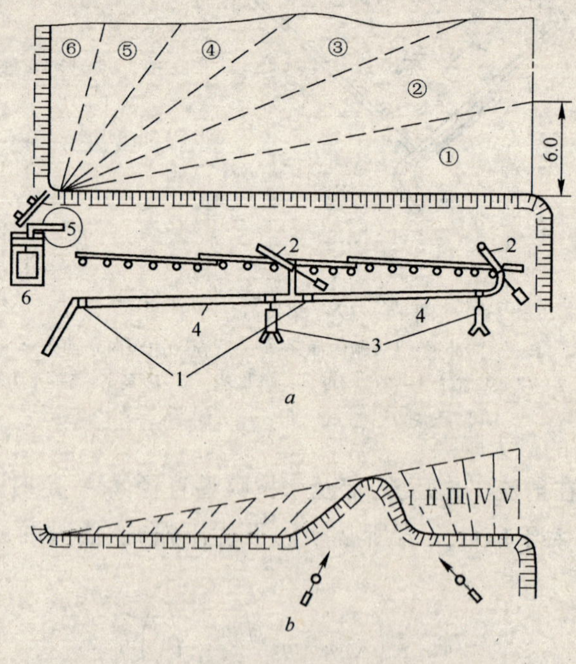

图14-38　联合冲采、扇形工作面冲采顺序

a—块段划分为扇形；*b*—每个扇形块内的冲采顺序

1—球形铰接头；2—水枪；3—水力推进器；4—可转动的供水管；5—吸浆池；6—砂泵站

推土机或液压推进器（图 14－39）推进，使水枪离工作面的距离始终保持在最小范围内，所以冲采效率高，砂泵移设次数少。

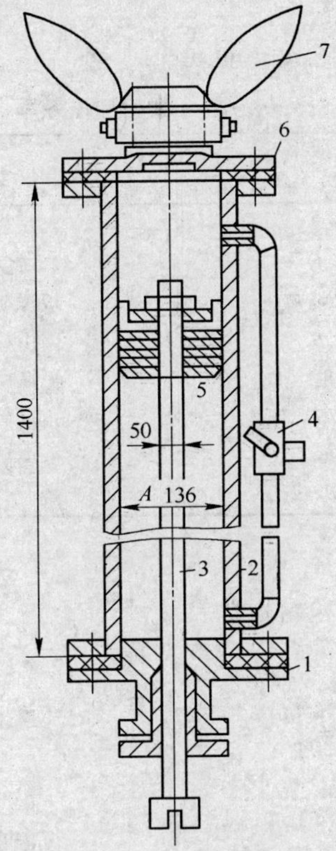

图 14－39　水力推进器结构示意图

1—上盖板及垫圈；2—液压活塞筒；3—活塞杆；4—双向阀；5—活塞；6—下盖板；7—支撑爪

14.4.5.4　水枪生产能力及水枪数量的确定

A　水枪生产能力

$$Q_T = \frac{Q_0}{q} K_1 K_2 K_3 \tag{14-33}$$

式中　Q_T——水枪生产能力，m^3/h；

q——冲采土岩的单位耗水量，m^3/m；其大小主要取决于土岩性质，可参考表 14－30及表 14－31 选取；

K_1——冲采方法影响系数，逆向冲采时，$K_1 = 1$，顺向冲采时，水枪位于下平盘，$K_1 = 1.1$；水枪位于平盘，$K_1 = 0.87$；

K_2——矿床底板特征影响系数，可按水枪清理残矿引起耗水量增加系数，K_d 选取（K_d 值是用实验方法确定）；

耗水量增加系数 K_d	1	1.1	1.2	1.3	1.4	1.5	1.6	1.7	1.8	1.9	2.0
K_2	1	0.9	0.85	0.77	0.71	0.67	0.63	0.58	0.55	0.52	0.50

K_3——台阶高度影响系数（表 14－33）

台阶高度（m）	<6	6~10	11~15	>15
系数 K_3	0.80	0.95	1.00	1.10

我国部分矿山的水枪冲采平均效率见表14-32。

表14-32　水枪冲采效率

矿山名称	水枪效率（吨/（台·时））	矿山名称	水枪效率（吨/（台·时））
新路矿	35.3	卡房矿	126
水岩坝矿	63.6	八一锰矿	47.6
其中：新桂采场	52.9	坂潭矿	54.4
新庆采场	42.9	南山矿	101.4
白面山矿	48	派潭矿	23.77
新冠矿	176	永汉矿	20.55
黄茅山矿	196	泰美矿	25.9
老厂砂矿	119		

B　水枪数量的确定

在一个采场内同时工作的水枪台数为：

$$N_1 = \frac{Vq}{Tn_1 n_2 Q_0 K} \tag{14-34}$$

式中　V——采场的年产量，m^3/a；

q——冲采土岩耗水量，m^3/m^3；

n_1——年工作天数，d；

n_2——日工作班数；

T——班工作小时数，h；

K——时间利用率，一般 $K=0.66\sim0.75$；

Q_0——一台水枪的喷射水流量，m^3/h；

N_1——同时工作的水枪台数，台。

考虑到水枪移设及清理工作面的废石和残矿时不中断冲采工作，每个采场必须设有100%~200%的备用工作面，备用工作面上都安设水枪，故采场所需水枪总数应为：

$$N_2 = (2\sim3)\ N_1 \tag{14-35}$$

式中　N_2——水枪总数，台。

14.4.6　水力运输

水力机械化开采所产生的矿浆（固水混合物）通常采用加压水力运输或自流水力运输，在特殊条件下可采用倒虹管水力运输。

14.4.6.1　加压水力运输

加压水力运输一般采用单级离心式砂泵加压，矿浆由管道输送。只有在采场狭窄、扬程小（不超过20~30m）和矿量不多的条件下，才采用射流泵提升矿浆，原因是其效率太低（仅20%以内）。

加压水力运输计算旨在寻求系统的合理参数（管径 D、临界流速 V_{kp} 及压力损失 i_j 等）和设备的选择设计。

表 14－33 有关计算水力运输管道阻力的经验公式

作　者	单位管道长度内的阻力（m/m）计算公式	适用条件	准确程度	符　号　意　义
B. M. 马卡维也夫（苏联）	$i_j=i_o\dfrac{\gamma_j}{\gamma_o}=\dfrac{\lambda_o v^2}{2gD}\times\dfrac{\gamma_j}{\gamma_o}$	$d_p<0.15$mm 含细粒多的尾砂，泥浆；体积浓度 30%～40%	一般计算值比实测值小 30% 左右	i_j—运输管道单位长度的阻力； i_o—相同条件下，输送清水的阻力损失； d_p—土岩的平均粒径； γ_T、γ_j、γ_o—土岩、浆体及清水的密度，t/m³； D—管道直径； v_{kp}—水力运输临界流速； W—固体颗粒沉降速度； C_v—浆体的体积浓度； $C_v=\dfrac{\gamma_j-\gamma_o}{\gamma_T-\gamma_o}$ λ_o—水的阻力系数； g—重力加速度； ρ_T、ρ_j、ρ_o—$\dfrac{\gamma_T}{g}$、$\dfrac{\gamma_j}{g}$、$\dfrac{\gamma_o}{g}$； d_{10}、d_{90}—土岩颗粒粒度组成曲线上 10% 和 90% 所对应的粒径； v—实际流速，m/s； δ—土岩颗粒均质系数 $\delta=\dfrac{d_{90}}{d_{10}}$；$\delta<3$ 时为均质土岩；$\delta>3$ 时为非均质土岩 $\Delta=\dfrac{1}{\delta}=\dfrac{d_{10}}{d_{90}}$
杜兰德（R. Durand 法国）	$i_j=\dfrac{\lambda_o v^2}{2gD}+\dfrac{K\cdot C_V\cdot\lambda_o\cdot\sqrt{gD}}{2K_\alpha^{3/4}}\left(\dfrac{\rho_T-\rho_o}{\rho_o}\right)\times\dfrac{1}{v_f}$ $K_d=\dfrac{4}{3}\times\dfrac{d_p(\rho_T-\rho_o)g}{\rho_o W}$ 式中 K—试验常数；为 80、120、150，一般取 $K=120$	粒径为 0.1～25.4mm，流速为 0.61～6.1m/s，$D=$19～584mm，计算水平管流的非均质浆体	计算值比实测值偏大（约 35%），流速愈低，偏差愈大	
尤芬（ЮФИН 苏联）	1. 以临界流速 v_{kp} 输送均质物料时 $i_j=i_o\cdot\gamma_j\beta_{kp}$ 式中 $\beta_{kp}=1+(3.5+2D+0.5\sqrt{d_p})\left(\dfrac{\gamma_j-\gamma_o}{\gamma_o}\right)^{0.8}$ 2. 大于临界流速输送时 $i_j=i_o\gamma_j\beta$ 式中 $\beta=1+(\beta_{kp}-1)E^{0.235}$，$E=\dfrac{v_{kp}}{v}$ 3. 以一定流速（非临界流速）输送非均质物料时 $i'_j=i_o+(i_j-i_o)\cdot\Delta^{0.22}$ 式中 $\Delta=\dfrac{d_{10}}{d_{90}}$	适用于不同粒径的砂，$\gamma_T=2.65$t/m³ 在砂矿床水力机械化开采中得到广泛的使用	误差未超过 20%	
全苏煤炭科学院（ВУГИ）	$i_j=i_o\times\dfrac{\gamma_j}{\gamma_o}\times\dfrac{\sqrt{gD}(\gamma_j-\gamma_o)}{\alpha k_d v\gamma_o}$ α—系数，对土岩 $\alpha=1.4$； $K_d=0.65\sqrt{\dfrac{0.66}{\rho_T-\rho_o}}$	适用于 $d=2$～10mm 到 50～60mm 管径 $D=150$～400mm	当 $d_p>5$mm 时，计算值接近实测值，一般情况大 20% 左右	

A　砂泵设备的选择计算

土岩性质、小时矿浆流量 Q_j、运距 L 和几何高程 H_1 是选择砂泵设备的主要依据。

a　矿浆体流量（Q_j）

矿浆体流量，可按（14-36）式计算：

$$Q_j = [Q_T(1-m+q)/TK_1] + Q_w \quad (14-36)$$

式中 Q_T——日采矿量，m^3/d；

T——日工作小时，h；

K_1——工作利用率，取0.75~0.8；

m——土岩孔隙度；

Q_w——考虑地下涌水及大气降水等的水量，m^3/h；

q——冲采土岩的单位耗水量，m^3/m^3；

Q_j——矿浆体流量，m^3/h。

b　运输系统的总扬程（H）

总扬程可按（14-37）式确定：

$$H = H_1\gamma_j + h_L + h_M + h_B + h_O \quad (14-37)$$

式中 H——总扬程，m；

H_1——吸浆池液面至输浆管排出口间高差，m；

h_L——输浆内的阻力（水压头）损失，m；

$$h_L = i_jL$$

i_j——输浆管单位长度内阻力损失，按表14-33中公式计算；

γ_j——矿浆密度，t/m^3；

h_M——输浆管路局部附加阻力损失，通常 $h_M=(0.05\sim0.15)h_L$；

h_B——吸浆管内的阻力损失，取 $h_B=2\sim2.5$ 米·水柱；

h_O——输浆管排出口剩余压头，取 $h_O=0.5\sim1$ 米·水柱。

运输管道的压力损失 i_j 值，主要决定于矿浆的浓度、流速、管径以及固体物料的颗粒大小；在一定条件下 i_j 值取决于流速，即取决于水力运输的流动状态（图14-40）。从该图可以看出，按照足以使全部固体物料呈非均匀悬浮流动的最小平均流速（即运输临界流速）进行运输时，i_j 值最小（图14-40中曲线最低点 c 对应的 i_j 值）。

为了计算 i_j 值，首先应根据土岩性质、矿浆流量 Q_j，利用表14-34中经验公式求出 v 及 D 值。具体步骤是：(1) 通过试算得出临界流速 v_{kp} 及临界管径 D_{kp} 值，查产品目录选定等于或稍小于 D_{kp} 值的标准管径 D，并求得可能的实际流速 $v=\dfrac{Q_j}{0.785D^2}$；(2) 将求得的 D 及 v 值等有关参数，代入表14-33中相应公式中。最终求得管道压头损失 i_j 值。

应该指出的是：砂矿水力冲采中所形成的矿浆都是非均质浆体，其流动机理非常复杂，迄今尚未从理论上完全解决。因此，目前在计算 v_{kp} 及 i_j 值时均采用经验公式，而且不同的公式是按一定实验条件得出的，从而决定了其特定的适用范围；表14-33及表14-34中各公式确定的有关系数和数据的辅助图表可参考有关文献[2]。除利用上述表14-33及表14-34中的公式计算外，有时为了进行初步可行性研究，还可以利用下面的近似计算公式确定 i_j 及 v_{kp} 值；每米管道内的阻力值按（14-38）式计算：

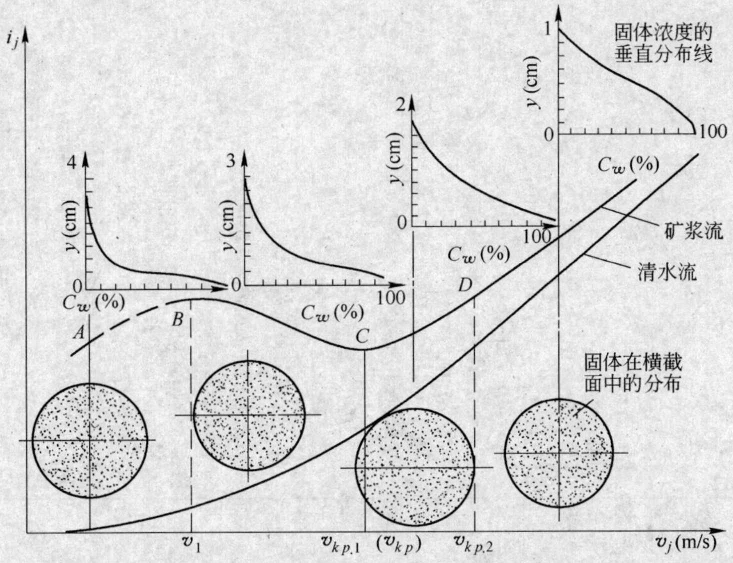

图 14－40 $i_j=f(v_j)$ 曲线及水平管道内固体浓度分布示意图

1—高速运输；2—临界流速范围内运输（$v_{kp.1}\leqslant v_j\leqslant v_{kp.2}$）；3—低速运输；4—慢速运输；y—距管底的高度

$$i_j=Ki_o \tag{14-38}$$

式中 i_j——每米管道内的阻力值，Pa/m；

K——决定于浆体液固比大小的阻力增大系数；

浆体液固比	1∶3	1∶4	1∶5	1∶6	1∶7	1∶8	1∶9	1∶10	1∶11	1∶12
K	1.6	1.55	1.5	1.47	1.43	1.4	1.35	1.3	1.25	1.2

i_o——相同条件下，清水的阻力损失，Pa/m。

v_{kp}值的确定 根据所输送的土岩性质和采用的管径 D 以及矿浆流量 Q，直接查表 14－35，得到近似的临界流速值 v_{kp}。

B 砂泵选型及台数的确定

根据总流量（Q_j）和总扬程（H），选取合适的砂泵型号。砂泵产品目录上的技术参数和特性曲线是清水性能（Q_0，H_0），输送矿浆时，砂泵技术性能会随浆体比重变化而变化，如图 14－41 所示，故必须按公式（14－39）、（14－40）换算成输送矿浆时的流量（Q_{j1}，m^3/h）及扬程（H_{j1}，m）。

$$Q_{j1}=Q_0\gamma_0/\gamma_j \tag{14-39}$$

$$H_{j1}=H_0\gamma_j\alpha/\gamma_0 \tag{14-40}$$

式中 $\alpha=1-0.005\dfrac{\gamma_j-\gamma_0}{\gamma_j}\times K_TK_C$；

K_C——砂泵结构系数，取 1.5～1.8；

K_T——物料粒径大小影响系数，查表 14－36，非均质土岩时，

$$K_T=\sum K_{Ti}R_i$$

K_{Ti}——不同粒径组的影响系数，查表 14－36；

R_i——不同粒径组的百分含量。

表14－34　水力输送临界流速计算公式

作　者	水力输送临界流速计算公式	适用条件	准确程度	符　号　意　义
克罗诺兹（苏联）	$v_{kp}=0.2\left(1+3.43\sqrt[4]{c_w D_{kp}^{0.75}}\right)\beta$，m/s $Q_{kp}=0.157\left(1+3.43\sqrt[4]{c_w D_{kp}^{0.75}}\right)D_{kp}^2\beta$，$m^3/s$	$d_p\leqslant0.07$mm	比重接近2.7的细尾砂适用。d_p小于0.3mm，误差小。不适于小流量高浓度浆体的计算	当$\gamma_T\leqslant2.7$时，$\beta=1$； $\gamma_T\geqslant2.7$时，$\beta=\frac{\gamma_T-1}{1.7}$； c_ω—矿浆的重量浓度， $c_w=\frac{\gamma_T}{\gamma_j}c_V=\frac{\gamma_T}{\gamma_j}\left(\frac{\gamma_j-\gamma_o}{\gamma_T-\gamma_o}\right)$ D_{kp}—水力输送临界管径； Q_{kp}—按临界流速输送的流量； d—土岩颗粒直径； 其余符号意义与表14－33相同
	$v_{kp}=0.255\left(1+2.48\sqrt[3]{c_w}\sqrt[4]{D_{kp}{}^3}\right)\beta$，m/s $Q_{kp}=0.2D_{kp}^2\left(1+2.48\sqrt[3]{c_w}\sqrt[4]{D_{kp}}\right)\beta$，$m^3/s$	$0.07<d_p<0.15$mm		
唐山煤炭科学分院推荐（中国）	$v_{kp}=K\ (d_p/D)^{1/6}c_w^{1/3}\sqrt{2gD\ (\gamma_T-1)}$，m/s 式中　K—与浓度相关的阻力系数，$K=\frac{3.28}{c_V^{0.09}}$	$d_p<0.2$mm的泥质均匀矿浆，浓度不大	比克罗诺兹公式更适于粒径较大的浆体	
杜兰德（法国）	$v_{kp}=\left(\frac{KC_v}{2^{2.5}\cdot K_d^{0.75}}\right)^3\sqrt{2gD\frac{\rho_T-\rho_o}{\rho_o}}$，m/s	同表14－37	同表14－33	
尤芬（前苏联）	$v_{kp}=0.2d_p^{0.65}e^{d\sqrt{\gamma_j}}D^{0.54}$，m/s 式中　a—指数系数，$a=2.86/d_p^{0.13}$	均匀粒料，$d<10$mm，$D\leqslant200$mm		
	$v_{kp}=9.8\sqrt[3]{D}\sqrt[4]{W}\left(\frac{\gamma_j}{\gamma_o}-0.4\right)$，m/s	同上条件的砂、石，$D>200$mm	同表14－33	
	$v'_{kp}=v_{kp}\Delta^{0.125}$，m/s	同上，非均匀砂、石		
全苏煤炭科学院	$v_{kp}=\sqrt{gD}\sqrt{\frac{(\gamma_j-\gamma_o)\ c}{d\cdot k_d\cdot\lambda_o\cdot\gamma_o}}$，m/s 式中　c—考虑土岩中细粒含量（$d<2$mm）百分数（R,%）的系数； 当$15\leqslant R<100\%$时，$c=0.75\frac{100-R}{100}$； 当$0\leqslant R<15\%$时，$c=1-2.4\frac{R}{100}$； 当输送粗颗粒时，即$R=0$时，$c=1$； $R>46\%\sim60\%$，则$c=0.4\sim0.3$	同表14－33	同表14－33	

表 14-35　近似临界流速（V_{kp}，m/s，Q_j，m^3/s）

管道直径 D（mm）	粉粒和泥粒级物料		含有粉泥级（占30%~70%）的砂		含少量泥粒级的砂和卵石（砂占50%）		含有大量卵石的粗粒砂	
	V_{kp}	Q_j	V_{kp}	Q_j	V_{kp}	Q_j	V_{kp}	Q_j
250	1.7	0.083	2.0	0.098	2.5	0.123	2.8	0.137
300	1.8	0.127	2.1	0.148	2.8	0.198	3.1	0.220
350	2.1	0.202	2.2	0.211	3.0	0.289	3.4	0.327
400	2.2	0.277	2.4	0.302	3.3	0.475	3.7	0.465
450	2.35	0.374	2.6	0.413	3.6	0.572	4.0	0.635
500	2.50	0.490	2.9	0.568	3.9	0.765	4.3	0.842
600	2.70	0.765	3.2	0.905	4.2	1.190	4.6	1.305

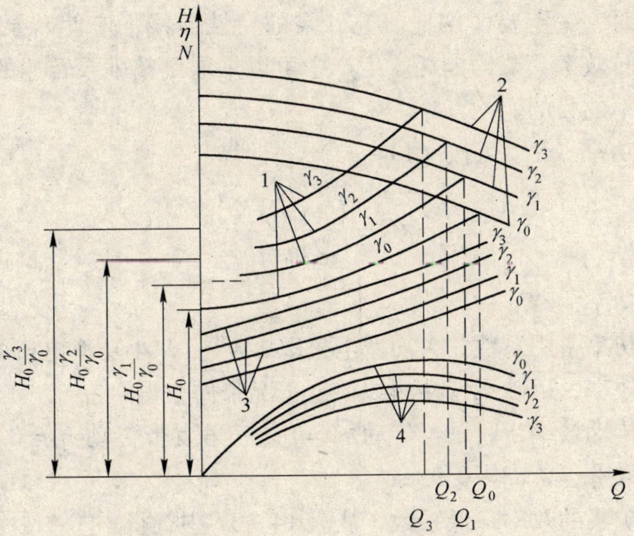

图 14-41　砂泵运行特性曲线

1—管道特性曲线；2—泵的特性曲线；3—泵的功率曲线；4—效率曲线

表 14-36　固粒粒径影响系数（K_T）

固粒直径（mm）	K_T	固粒直径（mm）	K_T
30~20	1.8	1~0.5	0.75
20~5	1.7	0.5~0.25	0.40
5~3	1.5	0.25~0.10	0.10
3~1	1.2	0.10~0.05	0.07

然后根据矿浆总流量 Q_j 和单台砂泵的矿浆流量 Q_{j1}，选择砂泵型号和确定所需要的砂泵台数（n_1）：

$$n_1 = \frac{Q_j}{Q_{j1}} \tag{14-41}$$

式中　n_1——砂泵台数，台。

按水力输送所需要的总扬程（H）和单台砂泵的扬程（H_{j1}）来确定需要串联的级数（n_2）：

$$n_2 = \frac{H}{H_{j1}} \tag{14-42}$$

式中　n_2——水泵串联级数，台。

n_1 及 n_2 值取整数。在实际生产中，当 $n_1>1$ 时，即采用多台砂泵同时工作，而且通常是采取每台砂泵以独立的管道输送系统。当 $n_2>1$ 时，即采取砂泵串联工作；串联的方法有两种，一是将下级砂泵的排浆管直接与上级砂泵的吸浆口连接，即直接串联法，此时要求上下级砂泵的性能相同，运转严格配合；另一种方法是下级砂泵将矿浆扬送到上级砂泵的吸浆池内，然后由上级砂泵输送到目的地，即分段串联法，此时，上下级砂泵相互制约性小，运转管理简单，所以在实际生产中分段串联法使用得较多。

选择砂泵型号时，一定要详细地研究砂泵的特性曲线，应使砂泵处于有利的工况条件，保证较高的运转效率，节约能耗。生产中可以采取调整砂泵转速的方法，以达到改变其扬程、流量和功率的目的。

砂泵配套电机功率（N）可按（14－43）式计算：

$$N = \frac{Q_{j1}\gamma_j H_{j1} K}{102\eta_b \eta_f K_j} \tag{14-43}$$

式中　N——电机功率，kW；

K——电机功率备用系数，大功率电机取 $K=1.1$，小功率电机取 $K=1.25$；

η_b——砂泵效率，以砂泵特性曲线根据工况条件查得；

η_f——机组传动效率，联轴器传动 $\eta_f=1$；三角皮带传动 $\eta_f=0.92\sim0.95$；平皮带传动取 $\eta_f=0.83\sim0.9$；

K_j——输送矿浆的效率降低系数，从表14－37中查得。

表14－37　输送矿浆时的砂泵效率降低系数（K_j）

矿浆密度 γ_j（t/m³）	不同土岩密度（t/m³）时的 K_j 值	
	2.5～2.8	2.9～3
1.05	0.98	0.98
1.10	0.96	0.97
1.15	0.95	0.95
1.20	0.93	0.94

C　砂泵站与管道

砂矿床开采中，有移动式和固定式两种泵站。前者是随工作面的推进或向下延深而定期搬迁的泵站。为移动方便，泵房与基础均可采用木结构或钢结构雪橇式的、履带式或迈步式大型移动式砂泵站。固定式泵站是位于采场境界以外与移动式泵站串联工作的增压站。由于吸入式泵站能调节砂浆流量与浓度，为移动泵站广泛采用。其吸入高度控制在3～4m内。

水力输送中广泛采用钢管，当输送磨蚀性很强的物料时，应采用耐磨性很强的内衬辉绿岩铸石钢管以及高强度的塑料管。固定的输送干管，也可采用铸铁管。云南锡业公司水力运输管道的实际寿命见表14－38。

表14－38 水力运输管道的寿命

管道材质	管道内径 D (mm)	管壁厚度 (mm)	通过的矿砂量 (万t)	剩余管壁厚度 (mm)	磨损系数 (万t/mm)
钢 管	250	10~12	180	4~5	25.7~30
铸铁管	250	10~11	100	3	12.5~14.3

在铺设和维修管道时，必须重视以下几点：

(1) 管线尽可能成直线而且稳固，更换容易。

(2) 紧靠砂泵出口的管道，应保证有9%~13%的上行坡度，便于停泵时保证泵内的真空度和避免管道堵塞事故。干线允许上坡最大坡度为50%；换坡的百分数不超过15%~20%为宜，尽可能避免反坡出现，万一出现反坡，应在管道最低处安装排放矿浆安全阀门和事故矿浆池。

(3) 平行铺设两条以上管道时，管道中心间距不小于管径的2.5倍，而且要求平行于运输管道，铺设一条压力水管道，每隔5~10m用细管（直径约25mm）与运输管道相通，用阀门控制，一旦发生运输管道堵塞，则自下而上逐段用压力冲洗。

14.4.6.2 倒虹管的水力运输原理[2]

当水力运输线路要跨过溪谷或洼地又具有足够的正向高差时，不需架设栈桥，可利用地形铺设倾斜向下（22°~35°为宜）、水平和倾斜向上组成的管道系统，形成倒虹管水力运输系统（图14－42）。由于各组成部分的管道所处的条件不同，从而各部分的运输参数也就不相同，这是倒虹管水力运输的基本特征。即下向段、水平段、上向段的管道直径是依次减小的，它们的运输流速是依次增大的。其原理是利用系统流向正高差形成的自然压力克服倒虹管路的沿程压力损失。它的实质属压力管道输送。必须满足以下条件：

$$H_1 - \Sigma h - \Delta h \geqslant H_2 \qquad (14-44)$$

式中 H_1——倒虹管进口液面标高，m；

H_2——倒虹管排出口的标高，m；

Σh——管路全长内的阻力损失和；

Δh——排出口余压，平桂矿经验取1.5~2m。

判断系统的可行性是分析管路纵剖面各管段的分布，逐段计算各管段的阻力损失，若满足不等式（14－61），运输就可靠。

平桂矿务局水岩坝矿于1967年首先采用了倒虹管水力运输系统，管路全长775.6m。采场标高为206.3m，选矿厂标高为167.3m。矿浆流量 $Q_j = 500\text{m}^3/\text{h}$，矿浆重量浓度 $C_w = 11\%$。下行段管道内径为331mm，水平段管道内径为279mm，上行段管道内径为250mm。运输直接成本为4元/千吨，为砂泵加压运输成本的16%。1976年在里松矿也成功地使用了倒虹管道水力运输系统。

14.4.6.3 自流水力运输

A 基本特点

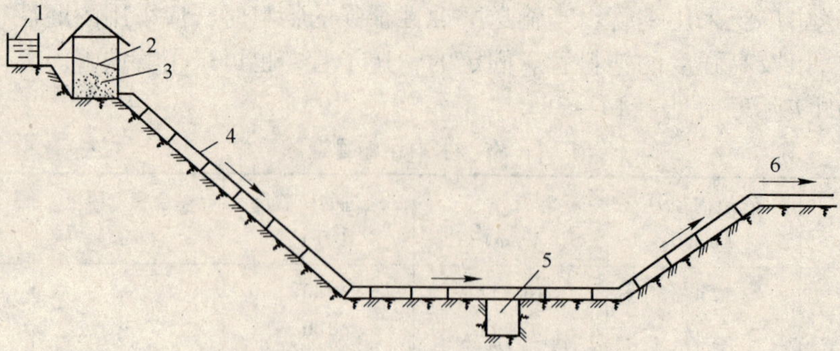

图14-42　倒虹管水力运输系统示意图
1—清水池（$V=200\sim300\mathrm{m}^3$，以备矿浆断流时用于冲洗管道和生产中调节矿浆浓度和流量用）；2—格筛（筛孔大于25mm）；3—矿浆池；4—管路；5—事故贮浆池；6—选厂

矿浆沿敞露的沟槽（或不满管）流动，是依靠沟槽底板坡度产生的重力分力实现的，其必具条件是：

$$\frac{H_1-H_2}{L}\geqslant i \tag{14-45}$$

式中　H_1、H_2——矿浆流动的起、终点标高，m；

L——矿浆流经的距离，m；

i——自流水运沟槽底板必具的坡度。

经验证明，自流水力运输是最经济而又可靠的运输方法，因此，无论是向采矿场到选矿场或排土场，或者自选矿厂到尾矿库，只要满足上述不等式（14-45）条件，均应优先使用自流水力运输。据云南锡业公司的统计资料，自流水力运输的成本为砂泵加压水力运输成本的20%~30%。

B　自流水力运输的水力计算

自流运输的沟槽过浆能力（Q_j）取决于矿浆的实际流速（v_j）和过浆断面积（ω_j）。而流速的大小与沟槽坡度（i）、过流断面的大小与形状、物料平均粒径（d_p）、浆体浓度（C_w 或 C_v）、含泥率（R）以及沟槽壁面粗糙系数（n）等密切相关。而沟槽的自流水力坡度是自流运输最关键的参数，实践证明，它随固粒直径的增大，浓度的提高及含泥量的减少而增大。

按水力学理论，各参数间的关系如下：

$$Q_j=\omega_j v_j \tag{14-46}$$

$$V_j=CR_1 \tag{14-47}$$

$$i=v_j^2/RC^2 \tag{14-48}$$

式中　C——谢才系数，$C=R^{y/n}$

当 $R>1$ 时，$y=1.3\sqrt{n}$；

当 $R<1$ 时，$y=1.5\sqrt{n}$；

n——沟槽壁面粗糙系数，见表14-39；

R ——液流的水力半径，m，$R = \frac{W_j}{X}$；

X ——过流断面的湿周长，m。

表 14－39 沟槽壁面粗糙系数（n）

沟槽或管的名称	n
木 槽	0.0125
铁 槽	0.0130
混凝土槽	0.0140
砾石槽	0.0150
木管槽、铸石面管槽（渠）	0.012～0.013
金属管槽	0.0120
水泥砂浆抹面或混凝土管槽（渠）	0.013～0.015

a 矿浆流速及沟槽坡度的确定

实践表明，以临界自流状态输送矿浆是合理的。影响临界流速和坡度的主要因素有：固体物粒的平均粒径、矿浆浓度、泥粒级含量、沟槽的结构及其内壁的粗糙情况。近似的沟槽坡度可参考表 14－40 选取。有关自流水力运输沟槽的临界流速和坡度的计算，可参考表 14－41。

表 14－40 沟槽近似的最小水力输送坡度

土 岩 性 质	不同质量的沟槽的沟槽坡度 i（%）		
	木质沟	混凝土沟	土 沟
淤泥，细黏土、松散的黄土	0.8～1.5		1.0～2.0
含细砂 15% 以下的黏土	1～2	1.5～2.5	2～3
细粒砂、含细粒黏土	1.5～2.5	2.5～3	3～4
中粒砂	2.5～3	3～3.5	4～5
粗粒砂	3～4	3.5～5	5～6
含细粒的粗砂	4～6	5～7	
砾 石	6～9	7～10	8～12

b 沟槽断面形状及其参数

按水力学原理，矿浆流断面积一定时，沟槽的水力最佳断面形状应该是半圆。但在生产中砌筑半圆形沟槽技术上较复杂，故实际生产中一般多采用梯形断面的沟槽，只有当服务年限很短或流量不大的情况下才采用矩形断面沟槽。

沟槽内矿浆流深度必须是固体物料最大块度的 1.5～2 倍。考虑到生产的不均匀性，如有时流量增大及浪头等原因，沟槽实际砌筑高度应等于矿浆流深度的 1.5～2 倍。

梯形沟槽的底宽应不小于矿浆流深度的 1.16 倍。

c 建沟材料的选择

对建沟材料的基本要求是，坚固耐磨，阻力小（粗糙系数小）和造价低。根据各种材料的性质和云南锡业公司长期使用自流水力运输所取得的经验和技术经济指标（见表 14－42），可按以下原则选取建沟材料。

表 14-41 计算自流水力运输的基本参数

公式来源	公　式	适用条件	备　注
苏联水力科学研究院通过实验提出的矩形槽的计算公式	$Q_j=0.2Kh_{kp}^2(1+3.43\sqrt[4]{P_T h_{kp}^{0.75}})\beta$，$m^3/s$ $Q_j=0.3Kh_{kp}^2(1+3.5\sqrt[3]{P_T}\sqrt[4]{h_{kp}})\beta$，$m^3/s$ $Q_j=Kh_{kp}^2(0.35+2.15\sqrt[3]{P_T h_{kp}^2})\beta$，$m^3/s$ $Q_j=Kh_{kp}^2(0.35+2.15\sqrt[3]{P_T h_{kp}^2}\sqrt{\frac{d_p}{0.4}})\beta$，$m^3/s$ $Q_j=1.9Kh_{kp}^2(0.35+2.15\sqrt[3]{P_T h_{kp}^2})\beta_1\sqrt{\frac{d_p}{1.5}}$，$m^3/s$ 当土岩密度 $\gamma_T<2.7$ 时：$d_p<1.5mm$，$\beta=\frac{\gamma_T-1}{1.7}$；$d_p>1.5mm$，$\beta_1=\sqrt{\frac{\gamma_T-1}{1.7}}$； 水力运输中，$K=3\sim4$，$K=b/h_{kp}$；$b$—沟槽宽度；$h_{kp}$—浆流临界深度；$P_T$=浆体重量固液比,%，例如固:液=1:10，则 $P_T=10\%$	$d_p<0.07mm$ $d_p=0.07\sim0.15mm$ $d_p=0.15\sim0.4mm$ $d_p=0.4\sim1.5mm$ $d_p>1.5mm$	计算步骤：按已知的 Q_j、d_p 和 K，依左边公式求 h_{kp}，按 $b=Kh_{kp}$ 得沟宽 b，临界断面 $\omega_{kp}=bh_{kp}$，则临界流速 $v_{kp}=Q_j/\omega_{kp}$；临界断面的水力半径 R 为 $R=\frac{bh_{kp}}{b+2h_{kp}}$ 最后算得临界沟槽坡度 $i=v_{kp}^2/Rc^2$
云南锡业公司总结的经验计算公式	$v_{kp}=\frac{7.94\times10^4 d_p(\gamma_T-1)}{(0.232+\sqrt{d_p})^2\{100-C_w[\gamma_T-C_w(\gamma_T-1)]^{-1}(1-m_o)\}^2\gamma_T}$，m/s $i_{kp}=v_{kp}^2/RC^2$ 沟槽实际安装坡度 $i=(1.3\sim1.6)i_{kp}$	$d_p<1mm$，含泥粒级、粉粒级达 50%～60%以上，含砾石粒径不大于 20～50mm	m_o—土岩中的微泥粒级含量 云锡公司实际使用情况： 当固液比(t:t)＝1:3～1:4 时 $i=4\%\sim6\%$
经验计算公式（苏联）	$v_{kp}=K\sqrt{d_T(\gamma_T-1)}$，m/s 沟槽实际坡度 $i=1.32v_{kp}^2/\delta^2RC^2$； K—滚圆系数，$n=0.6$ 时，滚圆度很好，$K=2.8$，中等时，$K=3.5$；差时，$K=4.7$	当砾卵石直径 50～100mm，含量很高时使用	d_T—砾卵石直径，m； γ_T—砾卵石比重，t/m^3； δ—矿浆浓度影响系数，当固液比＝1:12～1:30 时，$\delta=0.9\sim0.98$

表 14-42 应用各种建沟材料的实际技术经济指标（云南锡业公司）

指 标	辉绿岩铸石槽	铸铁板沟	花岗岩砌沟	石灰岩砌沟	混凝土沟	木 槽
耐磨强度（毫米/万吨矿砂）	0.02~0.022	0.18~0.2	0.19~0.25	1.3~2.2	2.5~3.3	40
粗糙系数（n）	0.009~0.01	0.011	0.013	0.017	0.011	0.012
沟的单位造价相对百分比						
（1）地面沟	100	93.2	69.3	66	63	34
（2）平硐内沟	74.4	71	47.2	43.8	40.1	29.5

（1）木槽和混凝土沟，由于磨损太大，技术经济上不合理，一般不宜采用。

（2）石灰岩造价最低，一般可以就地取材，而且容易加工，但其粗糙系数大，沟的坡度要求较大，磨损快，维修工程量大，故只宜用于生产年限短（1~2年）的运矿沟。

（3）花岗岩加工较困难；铸铁板要消耗大量材料，都不够理想。当矿浆流量大、运距较短、采用辉绿岩铸石板又有困难时可以采用。

（4）辉绿岩铸石板建沟的突出特点是耐磨性好，使用时间长。实践证明，目前辉绿岩铸石板是最经济的建沟优质材料，因而在自流水力运输中得到广泛使用。但在沟的弯角位置容易被冲坏，则应采用铸铁板较好。目前我国使用的辉绿岩铸石槽的主要物理机械性质如下：

指 标	密度（g/cm³）	抗压强度（MPa）	抗折强度（MPa）	硬度（莫氏）	耐磨系数	耐酸度（%）	耐碱度（%）	抗冲击强度（J/cm³）
数 值	2.5~2.7	588.4~833.6	120	7~8	0.2	99.82	99.81	588~686

14.4.7 供水

为保证水力机械化开采，必须向采场供应具有足够压头的水量，这是能否采用水力开采的先决条件之一。

14.4.7.1 水泵的选择

冲采所需的水量，按（14-49）式计算：

$$Q_o = \frac{KV_Tq}{T} \tag{14-49}$$

式中 Q_o——水泵流量或自流供水流量，m^3/h；

V_T——采场日冲采土岩量，m^3；

q——冲采土岩的单位耗水量，m^3/m^3；

K——储备系数，一般取 $K \approx 1.2$；

T——日工作小时，一般 $T = 18 \sim 21h$。

供水设备（或自然压头）应达到的扬程按（14-50）式计算：

$$H_o = \frac{p_o + \Sigma h}{K} \tag{14-50}$$

式中 H_o——水泵的扬程或自然压头，Pa；

p_o——水枪出口应用的压力，Pa；

Σh——供水系统的各种压力损失和，Pa；

K ——扬程利用系数。机械加压供水时，$K=1$；利用自然压头供水时，据云南锡业公司的经验，$K=0.75$。

加压供水时，根据所需要的供水量 Q_o 及供水扬程 H_o 在水泵产品系列中选择合适的水泵类型。当单台水泵的扬程或流量不能达到所需要的总扬程或总流量时，即应采取串联或并联来提高扬程和流量。所选用的水泵型号必须能保证水泵在稳定区域内工作；串联工作时须采用流量相同的水泵；并联工作时，最好选用相同特性曲线的水泵，若采用特性曲线不相同的水泵，只有各个水泵的扬程在相同的限度内变化才能并联，否则，并联工作难于实现或调整很困难。

14.4.7.2　供水方式

按生产用水是否重复利用可分为单向供水与循环供水两种方式。为了节约水资源和减少对邻近水系的污染，无论何时，均应尽可能采用循环供水方式。

A　单向供水

水源的水量（Q_u）必须大于生产用水 Q_o，即

$$Q_u \geqslant K_D Q_o \tag{14-51}$$

式中　K_D ——单向供水的水量损失系数（表 14-43）；

Q_u ——水源水量，m^3/h。

表 14-43　单向供水的水量损失系数

供水方法	加压供水		自然压头水供水	
供水系统距离 L（km）	$L<1$	$L>1$	$L<10$	$L>10$
水量损失系数 K_D	1.02	$1.02+0.005(L-1)$	1.15～1.25	$(1.15-1.25)+0.013(L-10)$

当采用自然压头水供水时，通常采用水沟引水进入高位水池，再用管道输入水枪。引水沟中的水流速度应按水沟种类而定（表 14-44）。

表 14-44　供水沟内允许的最大水流速度

水沟种类	水沟内不同水流深度（m）条件下的流速（m/s）			
	<0.4	0.4～1.0	1～2	≥2.0
黏质砂土	0.34	0.4	0.5	0.56
砂质黏土	0.85	1.0	1.25	1.40
黏　土	1.02	1.2	1.50	1.68
沟底与沟帮草皮护面	1.36	1.6	2.00	2.24
干砌块石	1.70	2.0	2.50	2.80
浆砌块石（或砖）	2.55	3.0	3.75	4.20
混凝土	3.40	4.0	5.00	5.60
硬岩石	3.40	4.0	5.00	5.60

B　循环供水

所需水量主要取自排土场或尾矿库的澄清水，取自水源的水量仅用于补充在循环使用过程中损失的水量，即

$$Q_u \geqslant K_x Q_o \tag{14-52}$$

式中 Q_u——循环所需供水量，m^3/h；

K_x——水的循环损失系数，通常 $K_x=0.2\sim0.25$。

水的循环损失量，包括冲采工作面、引水沟、排土场等方面的损失。雨季损失少，旱季损失大。为了减少水的损失量，必须加强技术组织管理。

14.4.7.3 供水管道的选择计算

A 供水管道直径按（14－53）式计算：

$$D=1.128\sqrt{Q_o/v} \tag{14-53}$$

式中 D——供水管道直径，m；

v——管道中水流平均速度，m/s，为了减少管道系统总的压力损失，应按其长度大小确定 v 值，$L>1$km 时，$v=1.0\sim1.5$m/s；$L<1$km 时，$v=2.0\sim2.5\sim3.0$m/s；

Q_o——供冲采的水量，m^3/s。

矿山供水管道系统，实际上是由主干管、分支干管和工作面管道组成的并联系统（图 14－43），各段管道的服务期限及生产中移设周期是不相同的。所以，各段的管径应分别按流量予以选取。

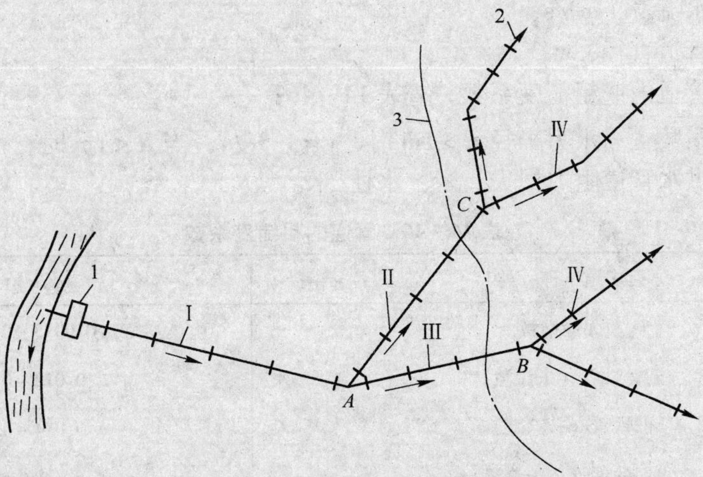

图 14－43 加压供水管道系统示意图

Ⅰ—主干管；Ⅱ、Ⅲ—分支干管；Ⅳ—工作面管道；

1—水泵站；2—水枪；3—采场境界

云南锡业公司各矿实际使用的管径见表 14－45。

B 管道壁厚度确定

供水管道的壁厚应与管内水体的压力相适应。可按（14－54）式计算：

$$\delta=\frac{pDK}{2a[\sigma]}+c \tag{14-54}$$

式中 δ——管道壁厚，m；

p——管内水体压力，一般取 $p=1.3p_o$，Pa；

p_o——水枪喷嘴出口压力，Pa；

表 14-45　云南锡业公司各矿使用的管径规格（1980年）

项　　目	新冠矿	老厂矿	黄茅山矿	大坪子矿
生产规模（t/d）	6000	2600	3000	2200
主干管管径（mm）	450	300	425	250
分支干管管径（mm）	350	250	250	150
工作面管道管径（mm）	250	250	250	150

K——安全系数，一般取 $K=2$；

〔σ〕——许用压力，Pa，无缝钢管取抗拉屈服极限的70%，焊接钢管取等于抗拉屈服强度的40%，铸铁管取〔σ〕$=7.8\times10^7$，Pa；

c——考虑管道的缺陷和锈蚀的附加厚度，$c=0.5\sim1$mm。

实际生产中，主干管很少移动，可取较厚的管壁；分支干管移动较少，一般取壁厚为6mm左右的钢管；工作面管道随冲采工作面的推进而移动，一般应取薄壁钢管。

C　供水管道的阻力损失，可按 H. H. 巴夫洛夫的公式计算：

$$i_o=9800\times1.621\times\frac{4^{2y+1}+n^2Q_o^2}{D^{5+2y}} \tag{14-55}$$

式中　Q_o——水流量，m^3/s；

D——管道直径，m；

n——管道内壁粗糙度系数，查表14-46；

y——指数，当水力半径 $R>1$m 时，$y=1.3\sqrt{n}$；当 $R<1$m 时，$y=1.5\sqrt{n}$；

i_o——供水管道阻力损失，米·水柱/米。

表 14-46　管道的粗糙度系数

管 道 种 类	n 值
新无缝钢管	0.0093～0.0114
新铸铁管（未涂漆）	0.012～0.014
旧铁管（未涂漆）	0.014～0.018
很旧的铁管（未涂漆）	0.018
使用数年的无缝钢管	0.0115
光滑混凝土管	0.012～0.014
橡胶管	0.0091～0.0114

当采用钢管供水时，（14-55）式可简化成（14-56）式：

$$i_o=9800\times0.00122\frac{Q_o^2}{D^{5.312}}，米·水柱/米 \tag{14-56}$$

按（14-55）式计算得出的每100m长管道的阻力损失值见表14-47。

14.4.8　水力排土场

水力排土场是排置水力剥离物的场所。是水力机械化开采矿山的一个重要组成部分。

14.4.8.1 水力排土场位置选择与容积确定

A 排土场位置选择

选择水力排土场位置时，应仔细研究设立排土场后对毗邻地区的农业、渔业以及水系污染等方面的影响，在选择位置时应遵循下列原则：

（1）充分利用经济价值较小的谷地、沼泽地等，应尽可能利用采空区，而且尽可能与改造和复垦农田结合起来。

（2）充分利用山谷且谷口窄的地形，没有或少有地质断层及溶洞，以使初期筑坝工程小和避免尾矿的流失。

（3）应避免在村庄、城镇、工厂、主要公路或铁道线段的上方，以免万一发生土坝崩塌事故时造成重大损失。

（4）有利于回水条件，便于组织循环供水。同时要考虑污水的处理问题。

B 排土场容积确定

所需水力排土场的容积按（14-57）式计算：

$$V = KV_1 + V_2 \tag{14-57}$$

式中 V——所需水力排土场的容积，m^3；

V_1——需要向排土场堆放的表土（实体），m^3；

K——排放物料的膨胀系数；

V_2——澄清池的容积；黏性土岩，$V_2=(5\sim6)Q_d$；砂质土岩，$V_2=(3\sim4)Q_d$；

Q_d——每天灌入排土场的泥浆量，m^3/d。

土岩名称	黏性很大的土岩	普通的塑性土	重亚黏土	中重亚黏土	轻亚黏土	中重亚砂土	亚砂土	粉砂	黏土质砂	砂
K	2~1.5	1.5	1.5~1.45	1.45~1.2	1.2	1.15	1.15~1.05	1.1	1.1~1.05	1.0

14.4.8.2 水力排土场的组成与排灌方法

A 水力排土场的组成

水力排土场由挡土坝、澄清池、溢水井和泄洪道组成（图14-44）。

建设排土场的初期，用人工或机械筑初始坝（高度较矮），以后随着排弃土岩量的增加而逐次加高。加高坝的方法有干式筑坝与排灌筑坝两种；前者从外面用人工或机械取土来筑坝加高；后者则直接将排浆管沿坝轴线铺设，再从排浆管接出许多短管向内坡面排灌，利用排灌泥浆沉积的粗粒物自然的加高坝，而坝顶轴线逐渐向内移动。溢水井大多采用钢筋混凝土圆形井，并四周相距一定高度布有许多进水水孔，根据控制溢水层厚度要求关闭或启开进水孔；在服务期限短及排土场深度小于10m时，可采用木质溢水井，泄水管从溢水井底部将水引出坝外。溢水井距挡土坝的距离不小于10m。

B 水力排灌方法

根据排浆管在排土场的布置特点，可分为端部排灌与环状排灌方法。图14-44所示为较典型的端部排灌法——即排浆管布置在某一位置排放泥浆，排灌是从管端部逐层进行，每层排灌完毕后，再向前加接管道。端部排灌法的主要优点是管路短，架设管道栈桥的工程量少，日常生产管理工作简单；其突出缺点是，不能利用排灌的土岩来加筑挡土坝。

表 14－47　不同流量 Q、管径 D，每 100m

Q_o		$D=200$ (mm) $\omega=0.0314$ (m^2)		$D=250$ (mm) $\omega=0.049$ (m^2)		$D=300$ (mm) $\omega=0.0707$ (m^2)		$D=350$ (mm) $\omega=0.0962$ (m^2)	
(m^3/h)	(L/s)	100i	v	100i	v	100i	v	100i	v
270	75	4.450	2.38	1.35	1.53	0.505	1.06	0.277	0.78
288	80	5.060	2.54	1.54	1.63	0.574	1.13	0.288	0.83
324	90	6.410	2.86	1.93	1.88	0.728	1.27	0.328	0.94
360	100			2.41	2.04	0.900	1.42	0.404	1.04
400	110			2.91	2.24	1.090	1.56	0.488	1.14
432	120			3.46	2.45	1.290	1.70	0.582	1.25
450	125			3.76	2.55	1.400	1.77	0.625	1.30
468	130			4.06	2.65	1.510	1.84	0.682	1.35
504	140			4.72	2.89	1.770	1.98	0.791	1.46
540	150			5.42	3.05	2.030	2.12	0.912	1.56
576	160			6.16	3.27	2.310	2.26	1.030	1.66
612	170					2.610	2.41	1.170	1.77
648	180					2.910	2.55	1.330	1.87
684	190					3.260	2.69	1.460	1.97
720	200					3.600	2.83	1.620	2.08
756	210					4.018	2.97	1.766	2.18
800	220					4.410	3.11	1.963	2.29
828	230					4.820	3.26	2.144	2.39
882	246					5.469	3.46	2.42	2.55
936	260					6.160	3.67	2.73	2.7
990	275							3.05	2.86
1014	290							3.4	3.02
1098	305							3.725	3.17
1152	320							4.101	3.32
1224	340							4.62	3.53
1295	360							5.19	3.74
1368	380							5.783	3.95
1440	400							6.408	4.16
1530	425								
1620	450								
1710	475								
1800	500								

清水管道的阻力损失（米·水柱）

D=400（mm） ω=0.1275（m²）		D=450（mm） ω=0.159（m²）		D=500（mm） ω=0.1963（m²）		D=600（mm） ω=0.2827（m²）		D=700（mm） ω=0.3848（m²）	
$100i_0$	v	$100i_0$	v	$100i_0$	v	$100i_0$	v	$100i_0$	v
0.110	0.60	0.0588	0.47	0.0336	0.38				
0.126	0.64	0.0669	0.50	0.0383	0.41				
0.159	0.72	0.0846	0.56	0.0484	0.46	0.0183	0.32		
0.196	0.80	0.104	0.63	0.0598	0.51	0.0266	0.35		
0.237	0.88	0.127	0.69	0.0721	0.56	0.0274	0.39		
0.283	0.96	0.151	0.75	0.0858	0.61	0.0326	0.43		
0.307	1.00	0.164	0.78	0.0933	0.64	0.0254	0.45		
0.332	1.04	0.177	0.82	0.101	0.66	0.0302	0.46		
0.388	1.12	0.205	0.88	0.117	0.77	0.0442	0.50		
0.442	1.20	0.234	0.94	0.135	0.76	0.0509	0.53		
0.502	1.28	0.249	1.01	0.153	0.82	0.0579	0.57		
0.567	1.36	0.303	1.07	0.178	0.87	0.0654	0.61		
0.636	1.44	0.340	1.13	0.194	0.92	0.0732	0.64		
0.709	1.52	0.378	1.19	0.216	0.97	0.0816	0.68		
0.789	1.60	0.420	1.26	0.239	1.02	0.0904	0.71		
0.866	1.67	0.462	1.32	0.263	1.07	0.100	0.75		
0.951	1.75	0.507	1.39	0.289	1.12	0.109	0.78		
1.04	1.83	0.555	1.45	0.316	1.17	0.122	0.82	0.0525	0.8
1.18	1.95	0.633	1.54	0.356	1.25	0.136	0.87	0.059	0.64
1.33	2.07	0.709	1.63	0.404	1.33	0.153	0.93	0.0671	0.88
1.48	2.19	0.794	1.73	0.452	1.40	0.171	0.98	0.0751	0.72
1.64	2.31	0.883	1.82	0.502	1.48	0.19	1.03	0.0835	0.76
1.83	2.43	0.972	1.92	0.556	1.56	0.21	1.08	0.0924	0.79
2.01	2.57	1.07	2.01	0.612	1.63	0.232	1.13	0.102	0.83
2.26	2.71	1.21	2.14	0.691	1.73	0.262	1.2	0.115	0.88
2.55	2.87	1.36	2.26	0.771	1.84	0.294	1.27	0.129	0.94
2.84	3.02	1.51	2.39	0.865	1.94	0.326	1.34	0.143	0.99
3.144	3.18	1.68	2.12	0.959	2.04	0.362	1.42	0.159	1.04
3.548	3.38	1.89	2.67	1.08	2.17	0.408	1.50	0.17	1.1
3.979	3.58	2.12	2.83	1.21	2.30	0.458	1.54	0.201	1.17
4.433	3.78	2.36	2.98	1.35	2.42	0.510	1.58	0.224	1.23
4.912	3.92	2.62	3.15	1.49	2.55	0.565	1.77	0.248	1.30

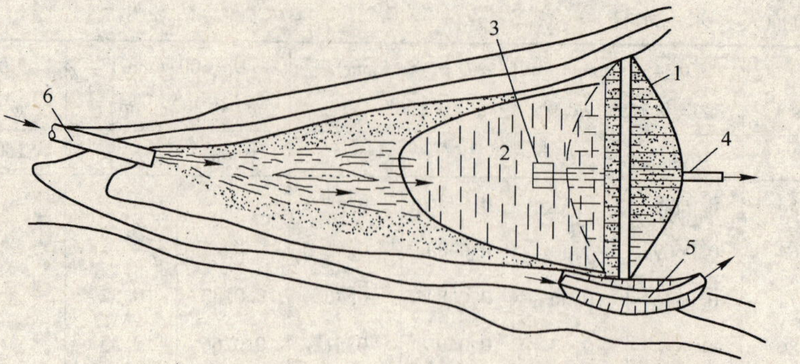

图 14-44　水力排土场组成示意图（端部排灌式）

1—挡土坝；2—澄清池；3—溢水井；4—泄水管；5—泄洪道；6—排浆管

环状（周边）排灌法　泥浆管沿排土场土坝周边铺设，并用支托栈桥将泥浆管支托一定高度，自输浆管向水一侧接出泄浆短管，短管间距离为 8～10m，每个短管的截面积约为输浆管截面积的 20%，而同时泄浆短管数约为 7～8 个，以保证流向输浆管末端浆体小于每个短管泄放的量。环形排灌法的突出优点是能利用排放的土岩加高土坝，同时也因为泥浆分散排灌有利于固体物料的迅速沉降；但因环状排灌时布设管路长，生产管理较复杂，所以实际生产中常采用端部排灌与环状排灌联合的排灌方法（图 14-45）。

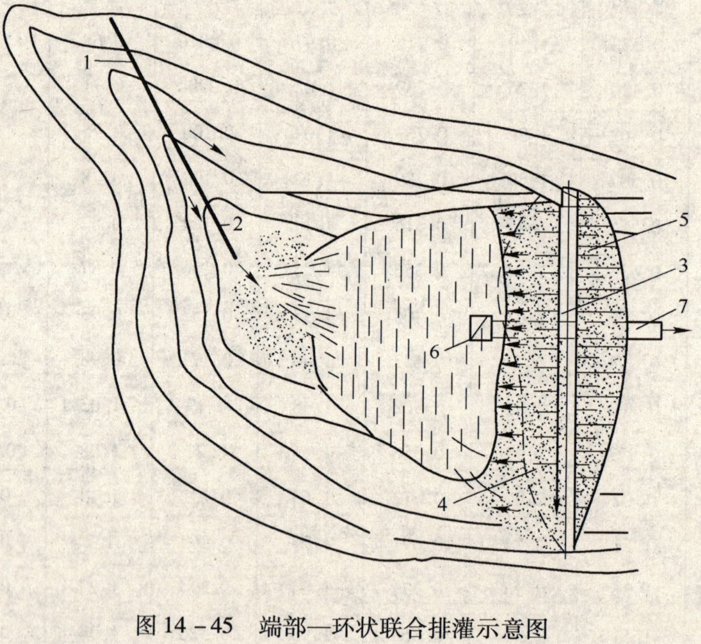

图 14-45　端部—环状联合排灌示意图

1—输送泥浆主管道；2—端部排灌管道；3—环状排灌输浆管道；4—泄浆短管；5—挡土坝；6—溢水井；7—泄水管

14.4.8.3　水力排土场澄清池水面长度及溢水井流量的计算

砂矿床水力机械开采中，都是采用连续作业的排土场。为了保证泄出的水中的含固量在 300～500mg/L 以下，保有必要的澄清池水面长度和控制溢水井流量是最重要的两个参数。

A　澄清池水面长度（图 14－46）

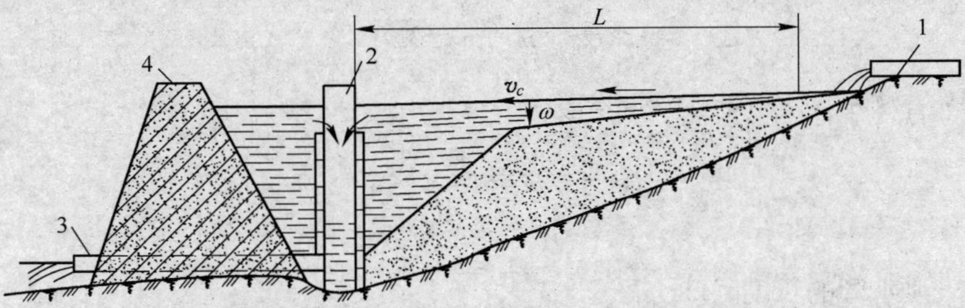

图 14－46　澄清池水面长度示意图

1—排浆管；2—溢水井；3—泄水管；4—挡土坝

合理的水面长度可按式（14－58）计算：

$$L = K\frac{v_o}{\omega}\times h \tag{14-58}$$

式中　ω——要求沉降在排土场的最小固粒的沉降速度，m/s；

h——控制的溢水层厚度（一般为 10～12cm），m；

v_o——澄清池中泥浆流速，

$$v = \frac{Q_j}{Bh};$$

Q_j——排灌的泥浆流量，m^3/s；

B——澄清池水面起点与溢水中之间流动宽度，通常 $B=30\sim50$m；

K——备用系数，$K=1.2\sim1.5$；

L——水面长度，m。

实际生产中，L 值变动在 150～350m 之间。溢水井距挡土坝距离不小于 10m。

B　溢水井与泄水管道的流量计算

a　溢水井流量计算

采用木质溢水井时，其流量按（14－59）式计算：

$$Q_m = \mu bh\sqrt{2gh} \tag{14-59}$$

式中　b——溢水井的进入宽度，m；

h——溢水层厚度，一般 $h=0.12\sim0.15$m；

μ——流量系数，$\mu=0.3\sim0.55$；

Q_m——木质溢水井流量，m^3/h。

当采用钢筋混凝土溢水井时，其流量按（14－60）式计算：

$$Q_m = \mu S\sqrt{2gh} \tag{14-60}$$

式中　μ——孔口流量系数，$\mu=0.64$；

S——孔口断面积，m^2；

h——溢水井外水面与孔口中心间的高差，m；

Q_m——钢筋混凝土溢水井流量，m^3/s。

b　泄水管道的流量计算

$$Q_g = \mu \frac{\pi d^2}{4} \sqrt{2gH} \tag{14-61}$$

式中　μ——直接排入大气时的流量系数，

$$\mu = \frac{1}{\sqrt{1 + \lambda_o \frac{L}{d} + \Sigma\zeta}} \tag{14-62}$$

L——泄水管的长度，m；

d——泄水管的直径，m；

H——泄水管中心的水位，m；

λ_o——泄水管的阻力系数（表 14－48）；

$\Sigma\zeta$——泄水管的局部阻力系数之和；

Q_g——泄水管流量，m^3/s。

表 14－48　泄水管的阻力系数（λ_o）

管道种类	管径（mm）				
	200	250	300	400	500
新　钢　管	0.0258	0.0239	0.0225	0.0205	0.019
磨损和污垢严重的钢管	0.0333	0.0309	0.0291	0.0264	0.024

14.5　采砂船开采

14.5.1　采砂船及其分类

用于开采内陆砂矿床的采砂船，是一种飘浮式的从事水下砂矿床开采的采选联合设备。其整个开采过程包括采掘、从水底将矿砂提升到选矿设备，集中洗选回收重矿物以供进一步精选，以及将尾砂排弃到船后的采空区。采砂船主要由安装在平底船上的采掘设备、洗选设备、调船设备、尾矿排弃设备、以及相应的供电、供水、通讯与仪表等辅助设备组成，形成连续生产工艺系统，其优点是高效率地直接从水下采矿、连续回收矿物、连续排弃尾砂等等。自从 1870 年在新西兰开始利用船采砂金矿以来，采砂船开采在世界上得到广泛的应用和发展。不仅数量上迅速增加，而且采砂船的工业技术装备有了很大进步。特别是用于开采海洋砂矿的采砂船进步更快（参见本卷第 16 章），出现了开采水下深度达 100m 以上的不同类型的新型采砂船。采砂船开采法在当今砂矿床开采中已占据了主导地位，并继续保持迅速发展的趋势。

用于开采内陆砂矿床的采砂船，主要是根据采砂船的采掘设备系统的特点和调船方式，以及采掘深度与其生产能力大小来进行分类的。

（1）按采掘设备系统的不同分为：链斗式、吸扬式、铲斗式和抓斗式四大类。

（2）除铲斗式采砂船外，按采砂船生产过程中调船设备可分为桩柱式、钢绳式、混合式三种。

（3）按采掘水下深度大小可分为：浅挖型（深度在 6m 以内）、中等挖深型（深度 6～18m）、深挖型（深度在 35m 以内）、超深挖型（深度大于 35m）。

（4）对于链斗式砂船，按其斗容大小可分为：小型（斗容在 100L 以内）、中型（斗容 150～250L）、大型（斗容大于 250～600L）、特大型（斗容大于 600L）。

目前最小型的链斗式采砂船的斗容为 25L、世界上最大的链斗式采砂船的斗容为 800L。内陆砂矿床开采中，应用最多的是中型采砂船、大型较少、大型及特大型的采砂船主要用于海洋砂矿开采。

（5）对于吸扬式采砂船，按其吸管前面是否安装松散土岩的设备以及设备类型可分为直吸式采砂船（无土岩松散设备）、绞刀切割吸扬式采砂船、轮斗切割吸扬式采砂船、水力松动吸扬式采砂船。

14.5.2　采砂船开采的使用条件

14.5.2.1　使用概况

由于采砂船开采具有连续化、能耗省、劳动生产率高、产量大以及成本低等优点，与其他开采方法相比较，经济效益显著（见表 14－49），使得大规模的低品位的砂矿床能被开发，因此，采砂船开采法在国内外获得广泛应用。

根据砂矿床的土岩性质不同，不同类型采砂船的应用范围见表 14－50。

目前世界上使用最多的是链斗式采砂船。我国全部是采用中小型链斗式采砂船。主要原因是：

表 14－49　砂金矿床不同开采方法的技术经济指标比较（苏联资料）

指标名称	开采方法			
	采砂船开采	机械开采	水力开采	地下开采
平均品位	1.00	7.16	1.02	20.53
劳动生产率（%）	100	67.2	30.4	2.6
采选成本：				
矿砂（m^3）	1.0	7.4	1.3	29.8
金属（g）	1.00	1.04	1.24	1.45

表 14－50　不同类型采砂船的适用范围

土质 分类	土质 状态	相适应的采砂船类型	贯击次数①（G50.20cm）
砂土	软质	↑ ↑抓 ↑吸	10 以下
	中质	链 斗	10～20
	硬质	↓式 扬	20～30
	最硬质	斗 ↕铲斗式	30 以上
砂质黏土	软质	↕抓斗式 ↓式	30 以下
	硬质	式 ↑铲	60 以上
岩石	软质	↓ 斗 式↓	
	硬质		

① 采用锤重 50kg 打击试锥，使试锥贯入土岩 20cm 的打击次数。

(1) 链斗式采砂船具有较大的挖掘力，可以挖掘各类土层和部分软岩石。只要土岩中含有的石块小于挖斗容积，对生产的影响就较小，但当石块比挖斗大时将影响挖掘工作。

(2) 用挖斗挖掘和提升，能开采各种矿物的砂矿床，不致造成重矿物或金属的损失。

(3) 与其他类型采砂船比较生产费用最低，能耗小。

(4) 生产可靠性高，受气候条件的影响小。

链斗式采砂船的主要缺点是：

(1) 初期投资较大，维修费用高，与相同能力的绞吸式采砂船相比投资大50%，但动力比绞吸式小。

(2) 随着斗容和挖深的增大，船体及其相应的设备随之增大，采砂船的灵活性也就会变差。

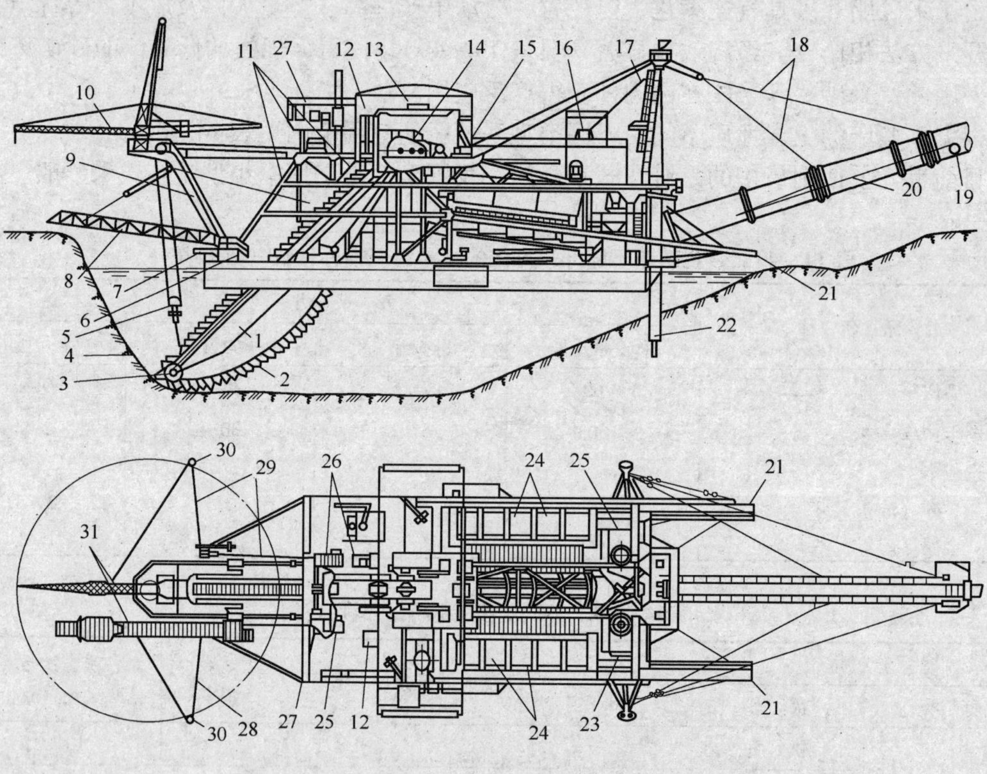

图14-47　桩柱链斗式采砂船整体结构示意图

1—斗桥（斗架）；2—斗链；3—下滚筒；4—工作面；5—提升斗桥滑轮组；6—平底船；7—水枪；8—上岸桥；9—前桅杆；10—艏起重机；11—主桁架；12—电梯；13—桥式起重机；14—主驱动；15—桩柱绞车；16—带式输送机绞车；17—后桅杆；18—砾石带式输送机固定钢绳；19—带式输送机传运装置；20—砾石带式输送机；21—尾砂溜槽；22—桩柱；23—精选跳汰机；24—粗选跳汰机；25—左横移绞车；26—右横移绞车；27—斗桥提升绞车；28—左横移钢绳；29—右横移钢绳；30—岸上滑轮；31—横移钢绳固定点

表 14－51 我国链斗式采砂船技术性能

指标		挖斗斗容（L）								
名称	单位	50	100	150	150	200	250	300	300	300
最大水下挖深	m	6.6	7.5	9.6	12.0	15.0	12.0	16.0	21.0	11.0
最大水上挖高	m	1.0	1.5	1.0	1.0	2.0	3.5	3.5	1.5	2.0
最大总挖深	m	7.6	9.0	10.6	13.0	17.0	15.5	19.5	22.5	13.0
斗链斗数	个	84	72～73	82	86（82）	95	82～84	89	115	74
卸斗速度	个/分	39	30	32	32	0～32	0～35	0～32	0～32	0～40
斗链速度	m/s	0.325	0.308	0.384	0.384	0～0.435	0～0.555	0～0.48	0～0.48	0～0.6
横移速度	m/s	0.067	0.163	0.125	0.125	0～0.31	0.14～0.15	0.15	0～0.3	首0.183 尾0.167～0.2
最大（最小）斗架倾角	(°)	45（15）	45（15）	45（15）	45（8）	45（16）	45（15）	47（15）	45（15.5）	50
斗架长	m	18.3	19.85	27.5	32（29）	35.0	31.2	36	47.1	27.4
斗架宽	m					1.6			20	
下滚筒挖掘半径	m	1.19	1.19	1.54	1.54	1.60	1.7	1.9	1.9	1.8
斗边缘到下滚筒轴承端盖之距离	m	0.36	0.4	0.65	0.65	0.8	0.6	0.85	0.7	
斗宽	m	0.676	0.90	1.03	1.03	1.1	1.2	1.3	1.34	
斗高	m									
斗节距	m	0.5	0.615	0.72	0.74	0.815	0.952	0.90	0.90	0.90
上滚筒中心至甲板之距离	m	6.00	7.30	8.00	8.00	10.8	10.8	11.5	13.3	13.5
上滚筒中心至船艏之水平距离	m	11.80	12.47	17.6	17.6	18.5	19.2	19.5	24	17.2
平底船长	m	22.30	27.00	35.2	37.2（35.2）	39	42.8	44.4	47	39
平底船宽	m	10.7	13.4	15.4	15.4	16.5	20.0	20.0	21	18
干舷高	m	0.7	0.5	0.6	0.6	0.86	0.7	0.9	0.9	0.9
吃水深	m	1.1	1.3	1.8	1.8	2.04	2.0	2.3	2.50	2.5
船艏宽	m	4.9	6.76	7.4	7.4	9.0	9.0	10	14	10.8
切口长度	m	10.7	11.0	17.6	17.6	15.95	16.8	19.2	22.0	

续表 14－51

指标		挖斗斗容（L）								
名　称	单位	50	100	150	150	200	250	300	300	300
切口宽度	m	1.2	1.16	1.4	1.6	2.0	2.0	2.0	2.6	2.0
斜面沿船长方向的长度	m	5.85	5.8	8.8	8.5	8.0	9.4	10.8	6.95	3.6
艏斜面沿船宽方向的长度	m	2.9	3.32	4.0	4.0	3.75	5.5	3.6	3.5	3.6
船艏至艏绳滑轮中心之水平距离	m								9.0	8.2
艏滑轮半径	m	0.15	0.15	0.21	0.21	0.30	0.34	0.3	0.25	
艏滑轮中心至艏弦之距离	m	1.5	2.8	0.28	0.28	0.50	0.41	0.7	1	
前横移钢绳出绳点至艏之距离	m	1.65	2.95	0.49	0.49	0.80	0.47	1.0	1.25	
船尾到桩柱中心连线之距离	m	0.60	0.77	0.90	0.90	1.05	1.01	1.11	1.25	
桩柱中心距离	m	1.8	3.2	4.2	4.2	5.2	5.2	5.2	6	
桩柱长	m					19		19.5	21.5	
桩尖长	m					1.9			2	
桩柱最大水下长度	m					10.5		10.0	13.7	
船艉底斜面沿船长方向的长度	m	1.0	0	0	0	2.75	0	2.5	3.0	2.0
下滚筒中心到固定横移绳耳环之距离	m	1.75	1.37	1.5	1.5	2.0	1.9	2.2	1.6	
船艉到尾砂溜槽末端距离	m	12	12	19	20	12 (9)	14	5.0	12	尾9.00 砾10.00
尾砂溜槽倾角	(°)	5	5	4	4		5		5	尾3.6 砾18.4
尾砂溜槽端部至水面高度	m	0.4	0.5	0.6	1.0		1.0			
尾砂溜槽间距	m	7.30	12.86	11.60	10.80	15.0	10.80	13.0	18	
砾石胶带首尾轮中心距离	m	20.0	24.7	30.0	35.6	33.8	36.6	42.2	40	22.00①
砾石胶带最大倾角	(°)	18	18	18	18	18	18	18	18	

续表 14－51

指　标		挖斗斗容（L）								
名　称	单位	50	100	150	150	200	250	300	300	300
胶带机首轮中心至机架下缘之距离	m	0.50	0.50	0.58	0.58		1.0	1.0	1.0	
胶带机尾轮中心至甲板之距离	m	1.23	0.25	0.8	0.8	0.3	0.3	0.3	2.0	
胶带机尾轮中心至船艉之距离	m	1.62	4.3	2.95	3.5	3.3	4.4		1.3	
圆筒筛直径	m					2.2	2.7	2.8	2.8	2.8
圆筒筛有孔段长度	m					11	11.45	12.5	12.5	12
选矿设备②		Ⅰ	Ⅰ	Ⅰ	Ⅰ	Ⅱ	Ⅲ	Ⅳ	Ⅳ	Ⅳ
排尾设备或形式③		(1)	(1)	(1)	(1)	(1)	(1)	(2)	(1)	(3)
移步方式		桩柱	桩柱	桩柱	桩柱	混合	混合	混合	混合	艏绳
设计生产能力	m^3/h	50	90	180	180	220	320	350	318	405
装机容量	kW	120	400	620	620	1373	1080	1761	2285	
同时工作容量	kW		280	354	354	670	700	846	1461	
安装吨位	t	138	420	615	615	1029	1450	1560	1760	
工作状态排水量	t	158	470	765	765	1152	1790	1782	2215	
外型长	m					93		94	115	
外型宽	m					21.5		26	24	
外型高（水面以上）	m					20.7		21.6	22.4	
设计单位或使用单位名称		桦南金矿局	黑河金矿局	黑河金矿局	桦南金矿局	长春黄金设计研究院设计				从国外购进

① 尾矿管伸出船艉长度；

② Ⅰ—固定溜槽；Ⅱ—自卸胶带溜槽、跳汰机；Ⅲ—固定溜槽，跳汰机；Ⅳ—三段跳汰；

③ （1）尾砂溜槽，砾石胶带；（2）混合排尾；（3）砾石溜槽，尾矿泵。

吸扬式采砂船在澳大利亚、泰国、英国和美国获得较广泛的应用，主要用于开采近岸浅海的砂矿床及建筑用的石英砂等。

比较典型的桩柱链斗式采砂船的整体结构见图 14－47。

我国现有链斗式采砂船的型号及其技术性能见表 14－51。

14.5.2.2　采砂船开采的使用条件

采砂船是大型的采选联合装置，不适于经常搬迁。为了充分发挥其效能和经济效益，必须特别研究其使用条件。例如，砂矿床的地质储量大小，土岩的物理力学性质及其含有大块情况，补充采区水量的可能性，基岩情况，矿砂的可选性等各方面都应适合于采砂船开采的工艺特点。

链斗式采砂船合理地进行开采的矿床地质条件，可参考表 14－52。

表 14－52　采砂船合理开采的矿床地质条件（苏联）[2]

挖斗斗容（L）	砂矿层厚度(不包括表土),(m)					河谷坡度 i	流入采池的最小水量（L/s）	巨砾最大尺寸（mm）	采场最小宽度（m）	采池水面以上最大干帮高度（m）	砂矿储量（万米³）	服务年限（a）
	全厚	水上	水下									
			最大	最小								
				夏季	冬季							
中等挖深的采砂船												
50	7	1	6	1.7	2	0.025	50	300	15～40	0.5	50～80	<5
150	11	1.7	9.3	2.5	2.7	0.02	100	400	50	0.5～2.5	300～500	8～10
210	13	2	11	3.1	3.3	0.015	150	550	50	1.5～4	1200～1500	10～12
250	14.5	2.5	12	3.7	4.0	0.015	150	600	60～70	3	1200～1500	12～15
380	18.4	3	15.4	4.5	5.2	0.010	200	700	70～75	2.5～5	1800～2300	12～15
深挖采砂船												
380	30	4	30	4.8	5.6	0.010	200	700	90	5～6	1800～2200	12～15
600	60	10	50	5.2	6.0	0.010	250	800	110～120	<10	3000	12～15

按我国实践经验，采用采砂船开采时，还必须注意以下几点：

（1）矿床底板有坑洼或喀斯特发育时，不宜采用采砂船开采；

（2）砂矿土岩中含微泥粒级量大于15%，且属难选砂矿，一般不宜采用采砂船开采。若欲用船采，应进行选矿工艺流程工业性试验后，进行技术经济比较，才能确定；

（3）确保采砂船能自由漂浮状态和补充采池中流失的水量以及保持采池中的水的合理浑浊度。为提高选矿回收率，必须向采池补充新水，其补充水量见表14－53，供水困难时取小值，含泥粒级量超过10%时取大值；

（4）我国有些砂矿床曾用地下开采，未经处理的采空区面积较大，且残留有大量的木材、钢材等障碍物时，一般不宜用采砂船开采其残留下来的低品位矿砂。

表 14－53　不同斗容链斗式采砂船开采时应补充的清水量

斗容（L）	应补充的清水量（L/s）		
	最　大	最　小	一　般
50	100	50	50
100	200	70	100
150	250	100	150
200	400	120	200
250	500	150	250
300	600	150	300

14.5.3　矿区开采顺序

14.5.3.1　确定开采顺序应考虑的主要因素[10]

采砂船是具有相对独立开采系统的生产单位。划归一艘采砂船开采的矿体或区段叫做采区。一般一个矿或管理局有数艘采砂船，共同开采一个或数个矿体叫做矿区。砂矿床开采中，矿区和采区的大小往往取决于矿体的自然赋存条件和矿区内农林及交通运输设施等外部条件。

当一个矿区内有几个采区，而且是非同时投入生产时，在不影响矿床合理开发的前提下，应注意优先开采品位高，矿砂可选性好，基建工程量小以及供水和供电条件好的矿段。

在同一采区内有几个矿体时，往往贫富不均，大小不一以及开采条件难易程度不同，这种现象，甚至在同一矿体内也经常出现。因此，在开采时，不但要注意生产的安全，而且必须注意贫富兼采、厚薄兼采、难易兼采和综合回收的原则。

表 14－54 采砂船开采推进方向分类及其主要优缺点

开采推进方向分类		特　点	主要优点	主要缺点	使用条件
上行式开采		自矿体下游端部逆河流上行开采	供水条件好，有利于选矿回收率提高 易清底板，损失贫化小 洪水期容易保证安全 管理简单，生产安全可靠 有利于尾砂排弃	不能先选择富矿段开采 当需要采用筑坝开拓时，损失贫化大 若矿体下游端发现延伸，可能增加基建投资	矿体下游端部封闭 矿体品位均匀，无需选择首矿段 多艘船时，矿体宽度应大于两倍最小采幅
下行式开采		自矿体上游端部，顺河流下行开采	筑坝开拓时，矿砂损失贫化小 补充水源小时，易于保持采池水位	不能先选富矿段开采 若矿体的上游端发现延伸，可能增加基建投资 与上行开采的优点相反	矿体下游部封闭 矿体品位均匀，无需选择首矿段 多艘船时，矿体宽度应大于两倍最小采幅 严禁水直冲水池 有洪水威胁的矿体，船应设在待避区，不得停止挖掘
联合式开采	向心开采	采砂船分别自矿体的两端向储量中心开采	矿山开采末期，仍可保持高产量 可根据矿床地质特点合理组织减少损失贫化	不能先选择富矿地段开采 建船的工程随采砂船数量而变化	一个矿区内有两艘以上采砂船同时开采 矿体上下游端封闭 选择基坑位置时，不受征租农林和移民以及产地所属权的限制
	向心返航开采	与向心开采基本相同，但开采中须留下单采幅或多采幅矿段为返航时开采	与向心开采基本相同	比向心开采经营费用高；矿砂损失贫化较大	一个矿区内有两艘以上采砂船同时开采 矿体宽度不得小于最小采幅的两倍 矿体上下游端封闭
	相背开采	多艘船同时位于储量中心，以相反方向开采	易于利用富矿区作为首采区 对于矿体两端延伸矿量易于开采	划归每艘船开采的储量不易平衡，故矿山末期产量可能不稳定 采掘计划复杂	采用数艘采砂船同时开采的矿床 矿体两端没有封闭 B级储量位于矿量中心附近 在征租土地、移民等方面无困难 勘探可靠，储量无大变化时

此外，在确定开采顺序时还应考虑以下因素：

（1）地形条件：采砂船开采内陆砂矿时，一般是在现场组建采砂船，建船地点的地形坡度一般应在0%～3%左右，占地面积一般不得小于10000m²。所以，确定开采顺序应与选择建船地点紧密结合起来，有时候建船地点会起决定因素；

（2）通过矿区内的铁路、公路、水利设施等重要建筑以及河流，是在确定开采顺序时必须考虑的重要因素。例如，湖南省汨罗砂金矿床上部有京广铁路及公路通过，又无法改道，因此必须按三个小采区进行开采，并确定其开采的先后顺序。又如四川白水砂金矿，首采矿段达600m，河流横穿矿体，为防止堵塞河道而采用了先东后西的开采顺序。

14.5.3.2 开采推进方向分类

当划定矿区及采区后，采砂船开采的起始位置及其推进方向，通常是按采砂船开采推进方向和顺序与河流方向或矿床底板倾斜方向的相对关系进行分类，可分为上行（逆河流或逆矿床底板倾斜方向）、下行（顺河流或顺矿床底板倾斜方向）及上行与下行联合推进开采三大类。

采砂船开采推进方向分类及其优缺点见表 14－54。

在一般情况下，上行开采用的比较多，其主要原因是：可防止工作面被细泥尾砂污染，可以利用尾矿筑坝以提高水位，有利于尾矿场的布置等，因而可以提高采砂船的生产能力。如果矿区内有废弃的矿坑和空洞时，上行开采可避免采池突然漏水而发生拖船事故。

当补给水的流量小和采用筑坝开拓时，则宜采用下行开采。

14.5.4 开拓及采区供水

14.5.4.1 开拓

A 基本原则

采砂船开采的开拓系指形成供采砂船工作的基坑（或水池），并为开辟开采工作面准备出必要的空间，即保证船能自由调动，达到使采砂船能顺利地接近砂矿体并进行开采。为此，必须保证采砂船处于安全水位状态下。据安全规程要求，不同斗容采砂船的安全水位不得小于表 14－55 中的数据。

表 14－55 不同斗容的链斗式采砂船的安全水位值

斗容（L）	夏季（m）	冬季（m）
50	1.7	2.0
100	2.0	2.4
150	2.5	2.7
250	3.7	4.0
300	4.0	4.3

B 开拓方法分类

根据砂矿床的赋存条件，即矿层厚度、表土层厚度、地形条件、矿层底板倾斜度和所选用的采砂船的规格尺寸，来确定开拓方法。采砂船开采的开拓方法有三大类：

基坑开拓：首先在矿体附近开掘一个具有一定尺寸的基坑，采砂船在基坑内组建，然后充水，扩大基坑，并挖掘一条通向矿体的通道，然后进行开采。通道的最大坡度可达6°～8°。

筑坝开拓：当砂矿层的水下埋深小于根据采砂船吃水条件所规定的最小水下埋深，就不能采用基坑开采法。为此，需要在河谷适当位置修筑拦水坝，以提高采区水位。

表 14-56 开拓方法分类及各种开拓方法的主要优缺点

大类	开拓方法方案	基本特点	优点	缺点
基坑开拓法	码头式基坑开拓（见图 14-48）	建船于码头中，然后开挖通道通达矿体进行开采	基建工程量小，投产快	易受洪水威胁
	码头式超挖基坑开拓（见图 14-49）	通往矿体的通道需要超挖	基建工程量小，投产快	容易受洪水威胁 设备磨损大、电耗大、成本高
	河漫滩式基坑开拓（见图 14-50）	基坑设于河漫滩上	地面开阔，建船速度快 一般供水方式简单 基坑易用机械化施工，工期短	岩体松散，需护帮 易受洪水威胁 建船期间需供水或排水
	河漫滩式超挖基坑开拓	与码头式超挖基坑及河漫滩式基坑开拓相同	地面开阔，建船速度快 一般供水方式简单 基坑易用机械化施工，工期短	岩体松散，需护帮 易受洪水威胁 建船期间需供水或排水 设备磨损大、电耗大、成本高
	阶地式基坑开拓（见图 14-51）	基坑位于 I 级阶地以上，且一般用水泵供水	不需筑坝，成本低	损失率大 供水系统工程量大，管理复杂渗透系数大时，需设备用电源，投资大
筑坝开拓法	普通坝开拓（见图 14-52）	用明渠引水，筑墙式坝	可充分利用资源	成本高
	拦河坝开拓（见图 14-53）	用拦河坝形式、提高水位	可充分利用资源	损失率大
	围堰开拓（见图 14-54）	船采中用尾矿堆自然围堤，形成基坑开拓	基建投资低	出坑复杂
联合开拓法	阶梯围堰开拓（见图 14-55）	用横向开采路线，靠尾矿堆自然筑成横向坝来提高水位	经营费用低	管理复杂
	阶段开拓（见图 14-56）	表土用工程机械剥离，水下用船采	企业生产能力大 船纯采矿时间长 经济效益好	一次性投资大 剥离要求严格 损失贫化大
	预留矿柱筑坝开拓（见图 14-57）	减少采池水的渗漏损失，在矿体上筑坝	容易保持采池内水位	损失贫化大；成本高
	转运筑坝开拓（见图 14-58）	与围堰开拓相似。只是采池溢流段。用调船方式用尾矿堆加高筑坝（还需要人工修补），来达到设计水位高度	减少基建投资	调船频繁，容易发生触堆，生产能力低
	超挖筑坝开拓	与筑坝开拓相似。只是通往矿体中，局部底板采取超挖方式	减少筑坝费用	生产能力低 设备磨损大、电耗大、成本高

联合开拓：即根据矿床赋存条件，取基坑开拓与筑坝开拓两者的特点进行联合开拓。

以上三类开拓方法，又可细分为不同的开拓方案，见表14－56。

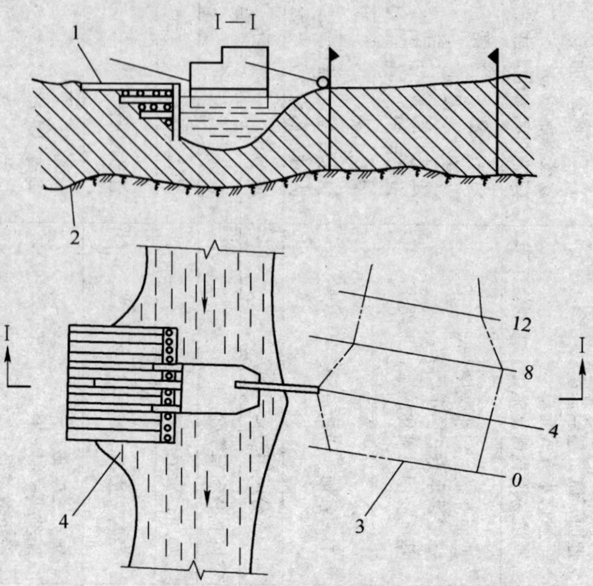

图14－48　码头式基坑开拓

1—简易码头；2—底板界线；3—勘探线；4—河流

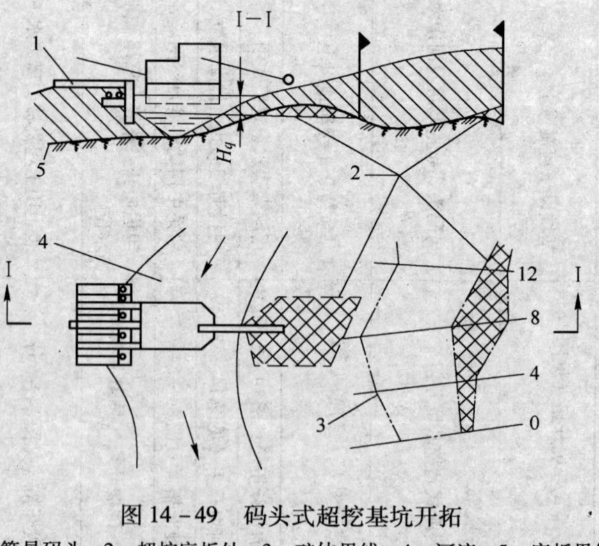

图14－49　码头式超挖基坑开拓

1—简易码头；2—超挖底板处；3—矿体界线；4—河流；5—底板界线

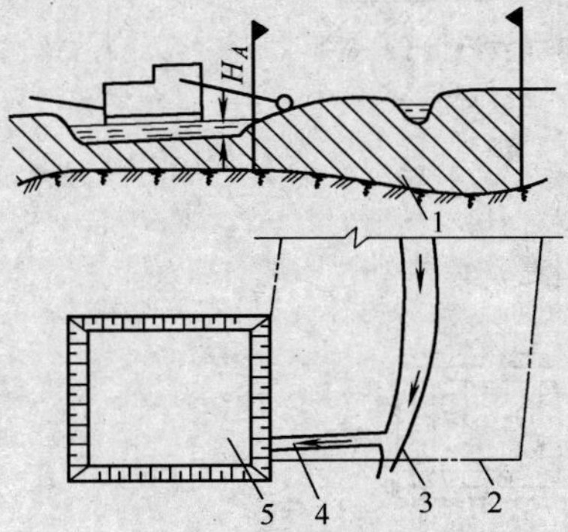

图 14－50　河漫滩式基坑开拓

1—底板界线；2—矿体界线；3—河流；4—引水沟；5—基坑

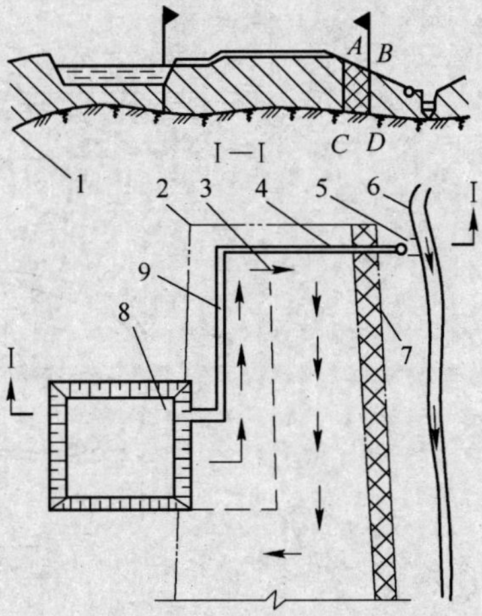

图 14－51　阶地式基坑开拓

1—底板界线；2—矿体界线；3—回采路线；4—引水管线；5—水泵站；6—河流；7—保安矿柱；8—基坑；9—引水渠

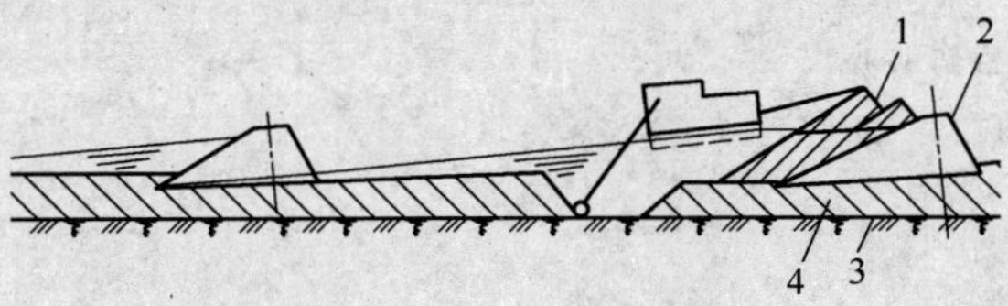

图 14－52　普通坝开拓

1—尾砂（砾石）堆；2—坝；3—底板界线；4—矿层

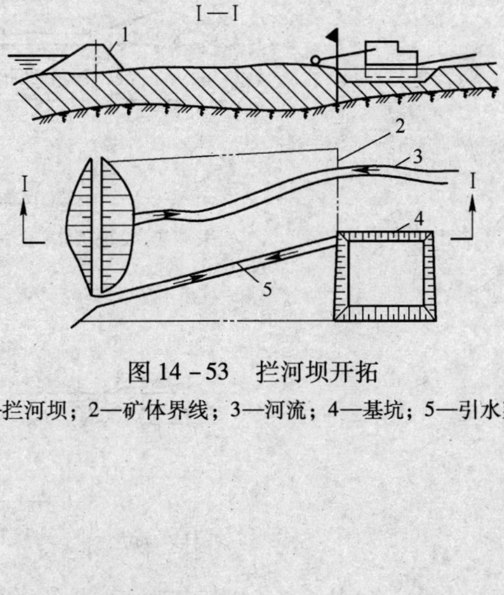

图 14－53　拦河坝开拓

1—拦河坝；2—矿体界线；3—河流；4—基坑；5—引水渠；

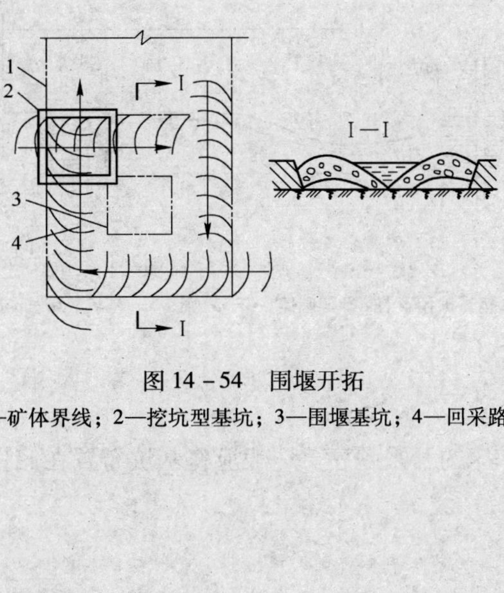

图 14－54　围堰开拓

1—矿体界线；2—挖坑型基坑；3—围堰基坑；4—回采路线

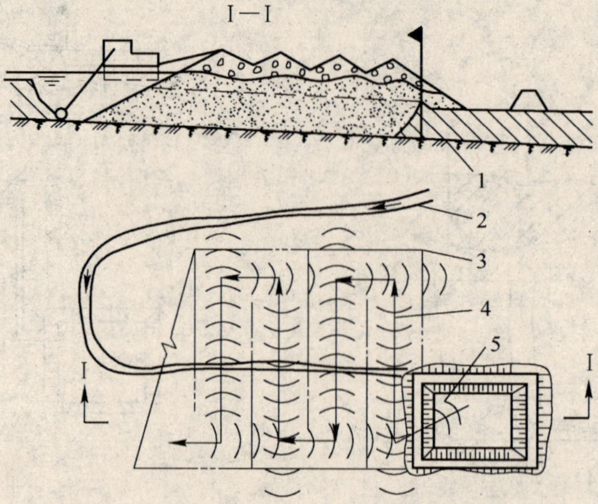

图 14－55　阶梯围堰开拓

1—底板界线；2—引水渠；3—矿体界线；4—回采路线；5—基坑

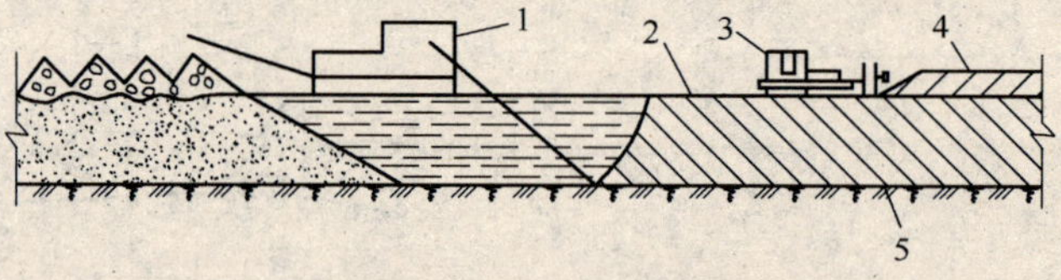

图 14－56　阶段开拓

1—采砂船；2—矿体；3—推土机；4—表土层；5—底板界线

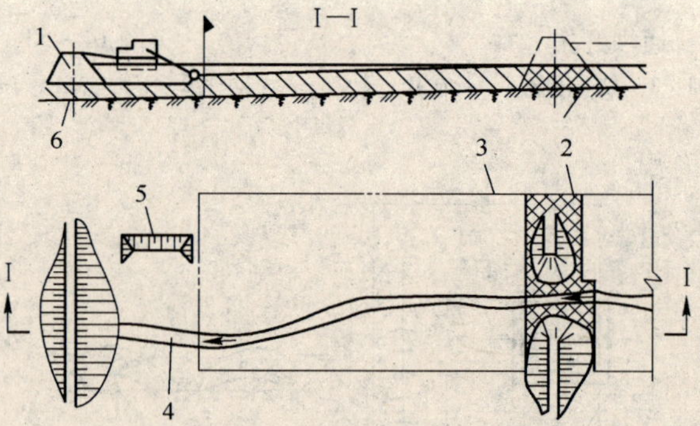

图 14－57　预留矿柱筑坝开拓

1—坝；2—预留矿柱；3—矿体；4—河流；5—基坑；6—底板界线

C　基坑开拓法

a　基坑的位置和型式

基坑的位置将影响矿床的开采顺序。一般应将基坑布置在储量级别高、品位较高、剥

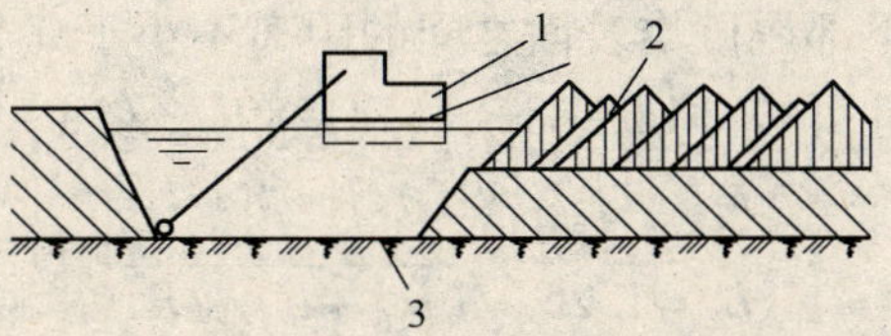

图 14-58　转运筑坝开拓

1—采砂船；2—转运式坝；3—底板界线

离量少、供水供电条件好、少占农田以及不被洪水淹没的位置，以利于减少投资和提高矿山前期的经济效益。

基坑的型式有平地船坞、基坑和主副基坑船坞三种。第一种是把船在平地上组装后下水的方法，可应用于小型采砂船，因工艺复杂、占地面积大、现很少应用；第二种是把船在已挖好的基坑中组装后灌水漂浮的方法，此法在我国最常用；第三种是把平底船组成在副基坑内，待完工后用浮力移到主基坑的方法，因占地面积大，工艺较复杂，在没有特殊情况下尽可能不采用。

b　确定开拓基坑尺寸的基本原则[10]

当采砂船的平底船底与采池底板之间的距离，砾石带式输送机架末端与砾石堆顶峰之间的距离以及平底船尾平面与采池尾砂堆表面之间的距离大于许可的安全值时，采砂船才能在采池中自由移动，为了保持这些安全距离有下列三种方法：（1）用采砂船超挖矿床底板，增大采池中的水深；（2）修筑拦水坝，提高采池水位；（3）为了减少开采中排弃在采池中的砾石和尾砂量，应预先用其他机械剥离表土的方法，使采砂船能挖到最深处。

保持采砂船漂浮和移动的最小安全水位条件应满足（14-63）式要求：

$$h + H_1 + Z = h_{ch} + e_1 + \varepsilon(L_{ch} + R_x + W)\,\mathrm{tg}\alpha \tag{14-63}$$

式中　h——采池中水面升高的高度，m；

H_1——砂矿水下深度，m；

Z——超挖底板深度，m；

$$Z = Z_n + Z_g$$

Z_n——为清理底板矿砂而超挖深度，m；

Z_g——为开拓而超挖的深度，m；

h_{ch}——采砂船吃水深度，m；

e_1——船底与采池底之间最小安全距离，m；

ε——底板升高系数。该值与船对河谷轴线的相对位置有关，船沿河谷轴线布置时，$\varepsilon = 1.0$；横切轴线时，$\varepsilon = 0.8 \sim 0.9$；

L_{ch}——平底船长度，m；

R_x——砾石卸载半径，m；

W——船尾至定位桩中心距离，m。

根据采砂船的不同规格，工作时船的倾斜度，砂矿层中巨砾石大小，含石率高低和细粒砂多少等情况，e_1 值为 0.5～1.5m。砾石带式输送机架末端在生产中，由于船倾斜而产生高度变化，故机架末端与砾石堆顶峰间的间隙高度取为0.5～1.5m。当采砂船的转角最大时，平底船船尾斜面与下部尾砂堆表面之间的距离不小于0.2～0.7m。

基坑开拓时，基坑尺寸可按（14－88）、（14－89）、（14－90）公式计算：

基坑的长度 L_k（m）：

$$L_k = 1.25\sqrt{(L_{ch}+l)^2+B^2} \tag{14-64}$$

基坑的宽度 B_k（m）：

$$B_k = \sqrt{L_{ch}^2+B^2}+2e \tag{14-65}$$

基坑水面以下深度 H_k（m）：

$$H_k = 0.8h_{ch}+M+e_B \tag{14-66}$$

式中　l——尾砂溜槽长度，m；

e——安全间隙，一般 $e=3\sim5$m；

M——建船时垫木高度，一般 $M=1\sim1.2$m；

e_B——备用高度，一般 $e_B=0.8\sim1$m；

B——平底船宽度，m；

L_{ch}——平底船长度，m；

h_{ch}——平底船吃水深度，m。

不同类型采砂船开采时，所需基坑最小尺寸，可参考表14－57。

c　采砂船出基坑方法

常用三种方法：（1）直接靠近矿体的直通式出坑法；（2）为出基坑中靠近矿体后准备

表14－57　不同类型的链斗式采砂船所需要的最小基坑尺寸

挖斗斗容（L）	水下最大挖深（m）	平底船规格（长×宽×高）（m）	工作时吃水深度（m）	船底与基坑底最小间距 e_1（m）	基坑尺寸（m）		
					长	宽	水下深
中　国							
50	6.6	22.3×10.7×1.8	1.1	0.8	36	31	1.9
100	7.5	27×13.4×1.8	1.3	0.9	41	36	2.3
150 Ⅰ	9.6	35.2×15.4×2.4	1.8	1.0	56	44	2.8
150 Ⅱ	12	35.2×15.4×2.4	1.8	1.0	57	44	2.8
150 Ⅲ	12	37.2×15.4×2.4	1.8	1.0	60	46	2.8
250	12	42.8×20×2.7	2.0	1.2	60	53	3.2
300	16	44.4×20×3.2	2.3	1.3	55	52	3.6
300（引进）	11	39.0×18×3.4	2.5	1.3	49	43	3.8
苏　联							
150	9.3	32.5×15.4×2.4	1.7	0.9	50	40	2.6
210	11	40.4×18.2×3.0	2.0	1.2	55	45	3.2
250	12	42.8×18.2×3.0	2.0	1.3	60	50	3.3
380	12	45.5×22.6×3.3	2.6	1.4	70	60	4.0
380	30	62×24×3.5	2.7	1.3	95	75	4.5
600	50	168×32.6×4.5	3.3	2.7	145	120	6.0

调船的调船出坑法；（3）通道式，基坑离矿体较远时采用通道式，即先以通道形式出基坑，行至距矿体一定距离时加大挖深，靠近矿体的方法。直通式出坑法是出坑中必须满足最小采幅，逐步加大挖深，加深角一般在5°～14°，正常所需加深角6°～8°（图14－59）；若增大加深角必须匹配处理砾石和尾砂堆的工程机械，否则船尾发生触堆事故。当开采路线需要采砂船出基坑后调船进行开采时，就采用调船式出坑法，此时必须满足调船90°所需要的最小采幅（图14－60）。

出基坑中为了确保船体安全，通常用引水渠或筑坝的形式向采池供水；但是当采池内水与外部水系形成通路时，水位差不得大于0.5m。

采砂船出基坑后，对原来组建采砂船时占用的场地，应用推土机整平。

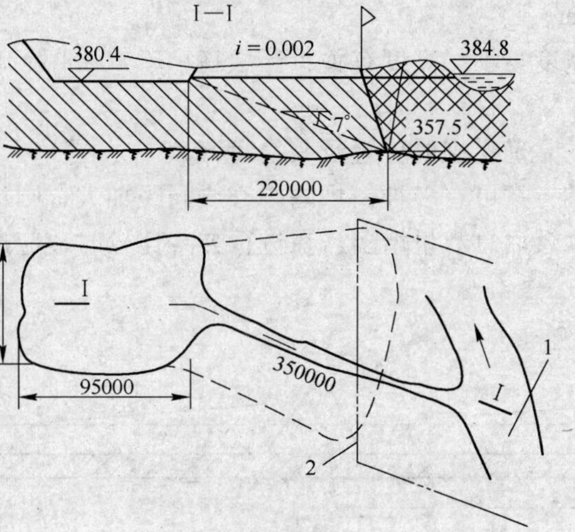

图14－59　采砂船直通式出坑法

1—河流；2—矿体界线

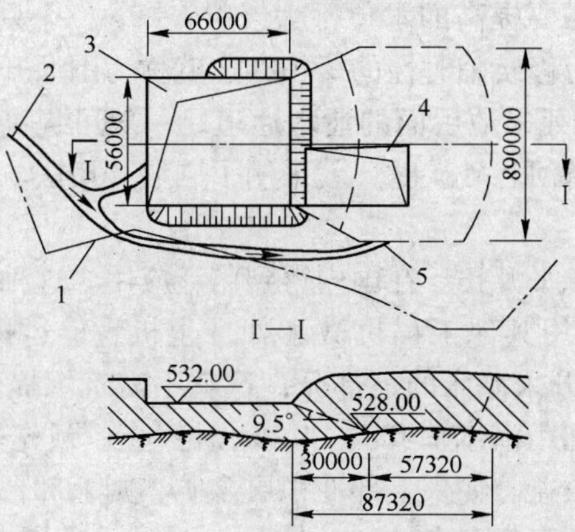

图14－60　采砂船调船式出坑法

1—矿体界线；2—引水渠；3—主基坑；4—副基坑；5—出坑界线

D　筑坝开拓

在砂矿床开采中，通常用表土筑坝；也有土石混合坝或堆石坝。坝的主要参数可按下列原则来确定。

（1）坝的高度。坝体高度决定于地形、坝体间距、采砂船类型以及矿层厚度（图14-61），坝的高度（h_b）一般由几米到10余米。

坝的高度按（14-67）式计算：

$$h_b = H_a - H + L_b \sin\alpha + h_\gamma \tag{14-67}$$

式中 H_a——采砂船的安全水位高度，m；

H——矿层厚度，m；

L_b——两坝中心线间斜距，m；

h_γ——考虑到采池内波浪爬高及安全超高的备用高度，m。当水面面积大于20000m^2时取h_γ=1.2~1.5m；反之取h_γ=0.8~1.0m；

h_b——坝高，m。

坝顶宽度。坝顶宽度与坝的高度有关，当坝高小于10m时，顶宽取2.5m；坝高10~20m时，顶宽取3m。

筑坝开拓最重要的是确定坝的位置及其合理高度。从图14-61可以看出，为了能开采整个砂矿床，布坝的方案可有多种，坝的中心线间距加大，则坝高增大，坝的总数量相应地减少，反之，则坝矮而总数量增多。在进行方案比较时，应选用开拓单位矿量总费用最低的方案。

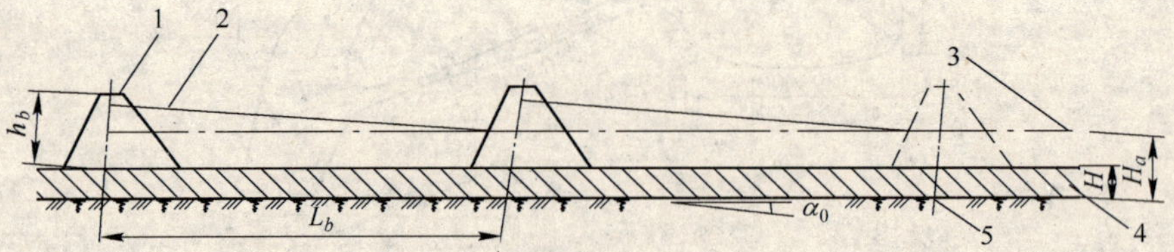

图14-61　坝与水位关系

1—坝；2—水位线；3—采砂船的安全水位线；4—矿层；5—底板界线

国内外经验表明，当需要提高的水位不大（0.7~2m，个别情况下可达4m）时，就不需修筑稳固性的高坝，可修筑临时性的矮坝，这就称为围堰开拓。有时，利用采砂船开采中排弃的尾砂（砾），堵死采池后面的泄水通道，一般可提高1m左右的水位。我国桦南金矿局开采石头河子上游河谷砂矿时，就采用了围堰开拓法。

E　联合开拓

阶段开拓法亦称独立水平开拓。在国内得到广泛应用。这种开拓方法的实质是：砂矿床上部（含矿或不含矿）用其他工程机械（如推土机、铲运机、索斗铲等）进行开采（图14-56），而采砂船只开采矿床的下部分，这就不需筑坝提高水位。如果上部是不含矿的表土，可用机械剥离到距潜水面0.5~1.0m时停止。预先剥离表土，可以提高采砂船的生产效率和总的经济效益。如果上部冲积层含矿，则上部台阶下部平盘的标高，可以根据采砂船允许的最大干帮高度确定。

此外，我国桦南金矿局，采用50L链斗采砂船开采无水河谷砂矿时，成功地采用阶梯围堰开拓（图14-55）。

实例　吉林省珲春金矿采砂船开采[2]

（1）矿山地质及开采技术条件。该矿床属第四纪河谷冲积砂矿，位于河谷中游区段。矿体呈带状顺河谷延伸，全长12.5km，矿体两端没有封闭；宽度受河漫滩控制，最宽达

1500多米，最窄处为150m，一般不超过800m（图14－62），在矿区内有两个连续矿体，平均厚度5.3m，潜水面距地表面1.7～2.5m。局部地段有阶地砂金矿。

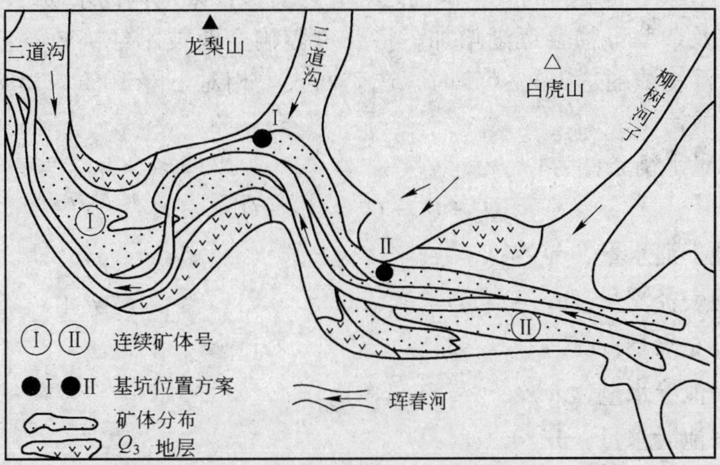

图14－62 珲春砂金矿矿床地质及采砂船基坑开拓位置

混合砂层岩性，自下而上为：残积碎石层，砾石层（砂砾石层），砂层，亚砂土层，其特点见表14－58。

表14－58 珲春砂金矿混合砂层特征

名　称	残积碎石层	砂砾石层	砂　层	亚黏土层
厚度（m）	0.1～0.5	1～4.5 平均3.5	1～3 平均1.5	0.5～1
分布	全区	全区	高漫滩	高漫滩表部
含金特点	品位高，含金量占混合砂层含金量的30%～44%	主要含金层，品位不均	含金极微	不含金

主要开采技术条件：含金层平均厚度0.95m，上部与覆盖层无明显界限；底板比较平坦，其纵向最大坡度为10‰，一般为1‰～5‰，底板横向最大坡度25‰，一般为5‰～20‰；基岩表层裂隙含金深度为0.15～0.3m。

（2）开拓及开采顺序

设计中采用两艘中型链斗式采砂船开采，采用推土机、拖拉铲运机进行剥离，该矿采用基坑开拓法。根据矿区地形、交通和矿床赋存特点，可能选择的基坑位置有Ⅰ和Ⅱ两种方案（图14－62所示）。经过比较，方案Ⅰ的主要优点是生产安全，生产费用低和矿砂损失贫化小，因而选定了方案Ⅰ，基坑尺寸是56m×75m×3.6m。采取单艘采砂船相背开采顺序，即1号船顺河流下行开采，2号船逆河流上行开采。但由于两艘船各自负担开采的工业储量不平衡，服务年限约相差5年，加之老龙口区段的品位低，因而从1980年开始被迫将1号船改变为逆河流上行开采，向上游推进。如果将基坑位置选取第Ⅱ号方案，则可避免上述弊病。

14.5.4.2　供水

A　采池中水量的平衡

采砂船生产中除了满足船的安全水位之外，还要保证采池内的水质，生产过程中，采池水中的含泥量及杂草等物会逐渐增加，将严重影响企业技术经济效益，据现场测定表明，采池水中悬浮物浓度达2%～6%时，选矿回收率相对下降10%～35%，因此必须及时补充清水和泄放污水。

采池中的水量平衡条件为：

$$Q_b + Q_c + Q_k = Q_{sh} + Q_p \tag{14-68}$$

式中　Q_c——地下涌水量，m^3/s；

Q_k——地表径流量，m^3/s；

Q_b——补充水量，m^3/s；

Q_{sh}——采池渗水量，m^3/s；

Q_p——采池泄水量，m^3/s。

由于涌水量和渗水量，在生产实践中难以预测，无法确定补充水量。所以生产中一般应用补给新水量概念，其量的大小见表14－53。

B　供水方法

（1）引水渠供水。它是从位于较高的水源地开掘引水渠道，向采池供水的方法，此法在我国被广泛应用。

（2）筑坝供水。在河的上游修筑拦河坝，以此提高水位来向采池供水的方法。由于投资和经营费高，需做经济比较后方可应用。

（3）水泵供水。由于采池与外部水系的高差较大，无法采用上述两种方法时应用此法。如我国桦南金矿局小型采砂船（50L）开采砂金矿时曾应用过，其效果尚可。

（4）联合供水。同时采用两种以上方法向采池供水称为联合供水法。我国常用的是拦河坝—引水渠联合供水法。

无论采取何种供水方法，开采中一定要考虑对周围水系的影响。由于船采中洗选矿砂而引起水中悬浮物（特别是含泥）含量急剧增加。如不加处理直接排放，不仅仅影响下游居民的饮水水源，甚至发生河道堵塞，污水泛滥，严重影响周围居民的正常生活和农业生产。

C　供水系统

采砂船开采的供水系统，有直流供水系统、循环供水系统及封闭式供水系统三大类。

a　直流供水系统

由于直流供水系统工程量少，节约投资，工艺简单，因此船采中广泛应用。它适用于污水有足够的沉降距离，对外部水系无影响，或者砂矿床的含泥量小于5%的条件下。如果含泥量大，则必须采取设有沉淀池的直流供水系统。

沉淀池—直流供水系统（图14－63）可减少下游河流的污染。应当指出，自然澄清的污水处理方法并不是非常有效的。

沉淀池—絮凝站—直流供水（图14－64）为了达到排放工业污水的环保要求，增设絮凝站。国外曾用过高分子阳离子絮凝剂，如苏联采用树脂和电解质（Al_2O_3、$AlCl_3$、$Al_2(SO_4)_3$）作絮凝剂，在半小时内即可收到良好效果，但费用高。

b 循环供水系统

为了减少污染、节约用水（或供水量不足的区域），污水进入沉淀池，经适当澄清后，再用水泵供给采池，而少量剩余水则由水沟排出（图 14－65）。此法需建较大的清水池和供水站，成本高，管理复杂。

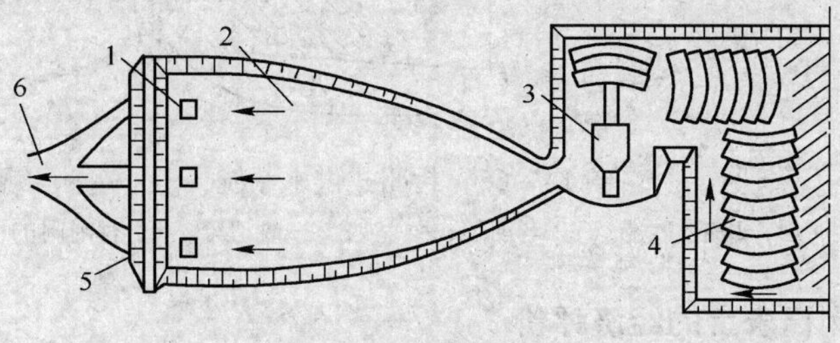

图 14－63 带沉淀池的直流供水系统

—泄水井；2—沉淀池；3—采砂船；4—尾砂堆；5—坝；6—河流

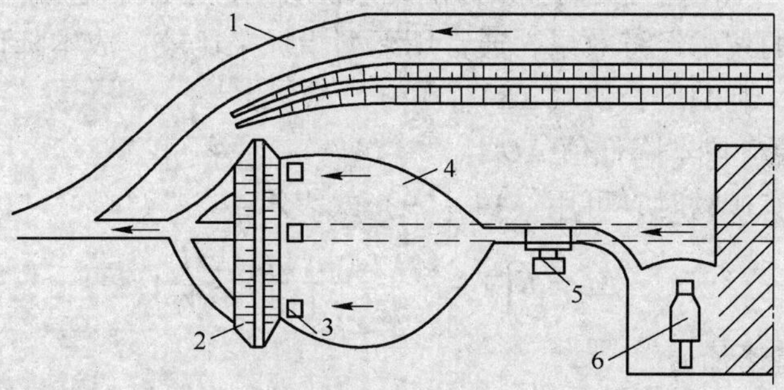

图 14－64 带絮凝站和沉淀池的直流供水系统

1—河流；2—坝；3—泄水井；4—沉淀池；5—絮凝站；6—采砂船

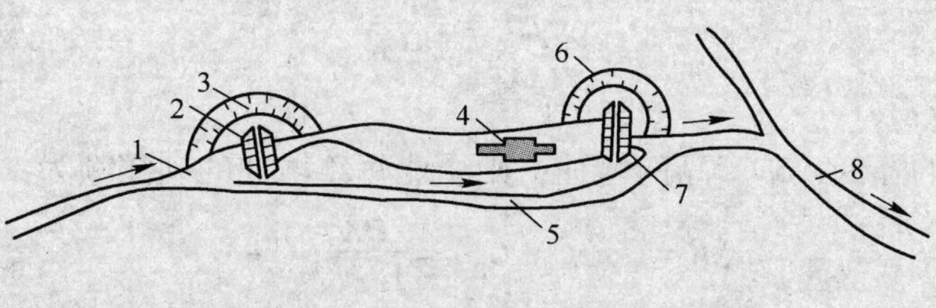

图 14－65 循环供水系统

1—小溪河；2—拦河坝；3—水渠；4—采砂船；5—改河渠；6—污水沟；7—坝；8—河流

c 封闭式供水系统

其特点是采池之内污水不用排出而反复使用，而外部少量的水只补充渗漏损失的水量（图 14－66）。

该系统适用于砂矿的洗选性好，有用金属（或矿物）的颗粒较粗，以及砂矿床含泥量很少，即采池中水的含泥量不会超过 50～200g/L。实践表明，当水中的含泥量小于 50g/L 时，实际上对选矿效果无影响。该系统对于不含 0.001～0.0015mm 以下细泥，但含有钠离子（Na^+）并且有胶溶作用的砂矿床特别有效。

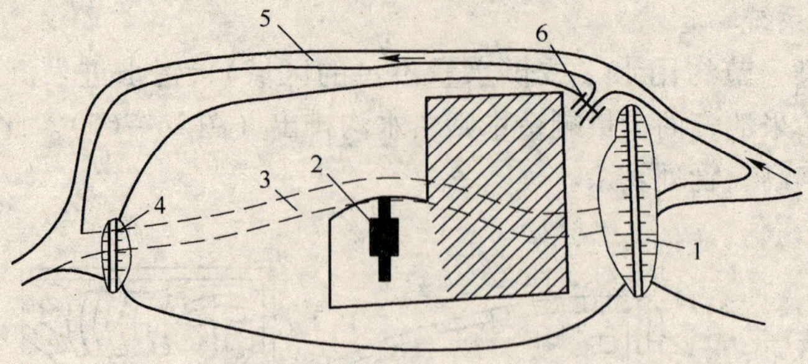

图 14－66　封闭式供水系统

1—拦河坝；2—采砂船；3—老河道；4—坝；5—改河渠；6—有闸门的引水沟

14.5.5　预先剥离表土的经济评价

采用其他工程机械超前剥离表土，而后用采砂船开采砂矿层，是改善船采条件，提高采砂船生产能力和获得较好技术经济指标的最好途径。在我国，预先用推土机剥离表土的成本比船剥下降 30%～75%，且提高了采砂船纯采矿时间，增加了金属产量和企业年盈利。

为了评价预剥的技术经济效果，通常用下列指标来比较：成本降低值（ΔC）；矿产品产量增加值（ΔP）；利润增长值（ΔR）。

A　开采单位原矿成本降低值 ΔC

当表土内不含有矿物时，可用（14－69）式表示：

$$\Delta C = K\left(1 - \frac{C_p}{C}\right) = \frac{n}{1+n}\left(1 - \frac{C_p}{C}\right) \tag{14-69}$$

B　矿产品产量增加值

当地质资料提供的是混合砂层的品位，预先剥离可使矿砂品位提高，其增长按（14－70）式计算：

$$\Delta P = \frac{K}{1-K} \tag{14-70}$$

C　利润增长值

因机剥成本的降低，矿产品的增加，则企业每年增加的利润额为：

$$\Delta R = Qn(C - C_p) = \frac{QK}{1-K}(C - C_p) \tag{14-71}$$

式中　C_p ——机剥成本，元/米^3；

C ——船的采剥成本，元/米^3；

K ——剥离量在整个剥、采工程中所占的比重；

n ——剥采比，m^3/m^3；

Q ——船的年采剥量，m^3/a。

关于表土剥离方法可参见本章 14.3。

14.5.6　防冻和解冻

在寒冷地区，表土和矿砂层会出现季节性或永久性冻结。采砂船挖掘冻土时，效率降低 40%～70%，电耗增加 1.8～2.5 倍，成本提高 2～5 倍，零部件磨损量增加 2～3 倍，选矿回收率降低和金属损失量增加。因此，要对早春开采区进行防冻或对永久和季节冻土进行解冻，以提高采砂船在严寒地区应用的经济效益。

14.5.6.1 防冻

防止矿层季节性冻结或减少冻深的方法称为防冻。其主要方法有积雪法、灌水法和联合防冻法。

A 积雪防冻法

该法的实质是，翌年准备开采的区段上积贮一层较厚的雪，以减少土岩的冻结深度。

通常是利用挡雪栅或草捆、树枝等把降雪阻拦在防冻区内。为使积雪法有较好的防冻效果，除了使积雪层厚度大于0.5m之外，最好将防冻区的表层犁松。在罕达气金矿1号船采区曾用直径为30cm的洋草捆，按顺序成75°角排列，一冬积雪厚度达0.5m左右，防冻区土岩冻结深度为0.5m，没有积雪的冻深为1.5~1.7m。可见积雪法有较好的防冻效果，但因洋草较贵，铺设较复杂，这一方法未获推广应用。

B 灌水（冰封）防冻法

如图14－67所示，在防冻区下游或四周用推土机筑挡水坝，其高度一般为3~5m，在冬季来临之前灌入1.5~2.0m深的水，采用定期放水和冻冰的方法形成有多层空气间层的覆冰层，防冻，效果好。但一般只能形成1~3个间层的覆冰层，为防止覆冰层下沉，可在灌水之前均匀布设木桩，其直径5~15cm，间距2~4m，或隔一定距离堆筑0.8~1.0m高的土埂。由于挡水坝就地取土修筑，质量低劣；加之矿层渗透性大，水易渗漏，很难保证防冻所需要的水深。据苏联资料，即使修筑5~7m高的坝，并对坝体预注浆，也难免水的流失。所以灌水法的防冻效果一般较差，只有当水量特别充足和矿层渗透性小时，该法防冻可取得较好的效果。

C 联合防冻法

是利用灌水法形成的冰层和在其上敷设的冰泡层一起防冻。如图14－68所示，先筑2.5~3.0m高的土坝，然后灌入1.5~2.0m深的水，当冰层厚度大于40cm和气温在－15℃以下时，在冰层上开始敷设冰泡层，其厚度一般为30~50cm。冰泡层由含发泡剂0.2%~0.3%的发泡液产生的泡沫冻结而成。为防止强风和蒸发破坏冰泡层，应在其表面用喷雾状水的方法形成3~5mm厚的冰壳。泡沫由专门的设备产生和敷设。表14－59为苏联发泡所用设备及有关参数。

表14－59 苏联的发泡设备及参数

名称	单位	指标	名称	单位	指标
泡沫的生产能力	m^3/h	250	空气压缩机能力	m^3/min	6
耗水量	m^3/h	25	水泵流量	m^3/h	20
系统的液体压力	kPa	539	小水泵流量	m^3/h	4
空气耗量	m^3/min	4.6	设备总功率	kW	77~80
系统的空气压力	kPa	294~343	工作软管长度	m	140
发泡剂耗量（纯的）	kg/m^3	0.1	工作软管直径	mm	50
泡沫的飞逸距离	m	15	工作软管根数	根	

表14-60　苏联防止砂矿层季节冻结方法的比较

名　称	单　位	灌水法	联合法	名　称	单　位	灌水法	联合法
坝　数	个	2	3	筑坝总费用	千卢布	26.6	3.7
坝　高	m	7	3	坝的注浆费	千卢布	8.0	
坝的断面积	m^2	154	36	冰泡层单位费用	卢布/米^2		0.17
坝的体积	m^3			冰泡层总费用	千卢布		17.0
坝的造价	卢布/米^3	0.72	0.34	防冻成本	卢布/米	0.12	0.07
				可靠性	%	50	100

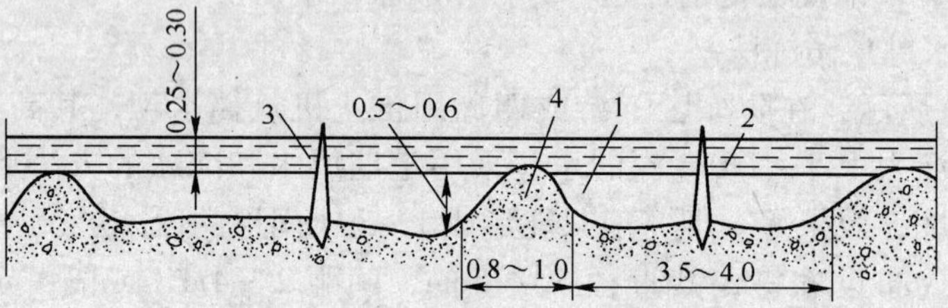

图14-67　灌水法防冻示意图

1—空气层；2—灌水层；3—木桩；4—土埂

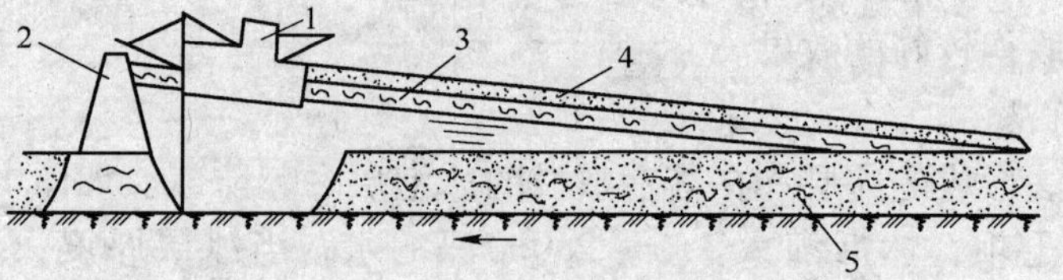

图14-68　联合防冻法示意图

1—采金船；2—坝；3—冰层；4—冰泡层；5—矿层

联合防冻法比灌水法的筑坝工程量少30%～50%，不需要筑抗渗性的高坝；防冻效果好；可靠性高；成本低（表14-60）。但敷泡工艺及设备较复杂，敷泡作业艰苦。

14.5.6.2　解冻

对永久或季节性冻结矿层预先融化称为解冻。其主要方法有以下几种。

A　水力（水针）解冻法

是用水针（图14-69）引入的水融化冻结矿层的方法（图14-70）。水针插入深度一般等于冻层厚度；只有当冰层厚度大于15m时，才分两次插入，第一次把水针插到最深处，注水融化下部冻层；第二次是将水针提到全深的60%处，再注水融上部冻层。水针间距和供水量分别参考表14-61及表14-62。水针按棋盘形布置，借助钻机插入冻层。冰深小于7m的砂质土岩，可用人工冲击插入。一个水针的生产能力为（R_E）按（14-72）式计算：

$$R_E = \frac{K_t W T_H C}{Q} \qquad (14-72)$$

式中　Q——被解冻土岩的动力热容量，J/m^3；

K_t——渗流的散热系数；

W——水针的耗水量（供水量），m^3/h；

C——水的比热，$J/m^3 \cdot ℃$；

T_H——水的初始温度，℃；

R_E——一个水针的生产能力，m^3/h。

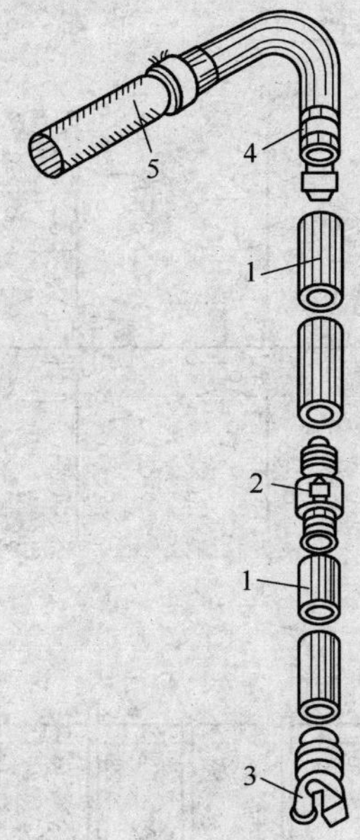

图 14－69　水针

1—针杆；2—接头；3—针头；4—针尾；5—胶管

表 14－61　水针间距（单位：m）

水针深度（m）	黏土质土岩			砾石、卵石、砂质土岩		
	最　小	最　优	最　大	最　小	最　优	最　大
2.5～4.0	1.5	2.5	3.0	2.0	3.0	4.0
4.5～7.0	2.0	3.0	4.0	2.5	4.0	5.0
8～11	2.5	4.0	5.3	3.5	4.5	6.4
12～17	3.5	5.3	6.4	5.3	6.4	9.0
18～29	5.3	7.0	9.0	6.4	9.0	13.0
30～40	6.4	10.0	15.0	9.0	12.0	16.0

水力解冻法在短期内融化的深度较大，不受土岩透水性的限制并节省费用。但解冻工作受季节限制，只有当水的昼夜平均温度超过10℃时，才能开始工作；秋季水温降到2℃以下时，应停止工作。含巨砾多的矿层插针困难。

表 14－62　水针的供水量

土岩类别	渗透系数（m/d）	水针插入深度（m）			
		4	8	12	20
		最大允许流量（m^3/h）			
泥、均质砂土、含砾石和卵石的砂	<3	0.8	1.1	1.5	2.0
砂、粉状或含有砾石和卵石的黏土	3～8	1.6	2.1	2.5	3.0

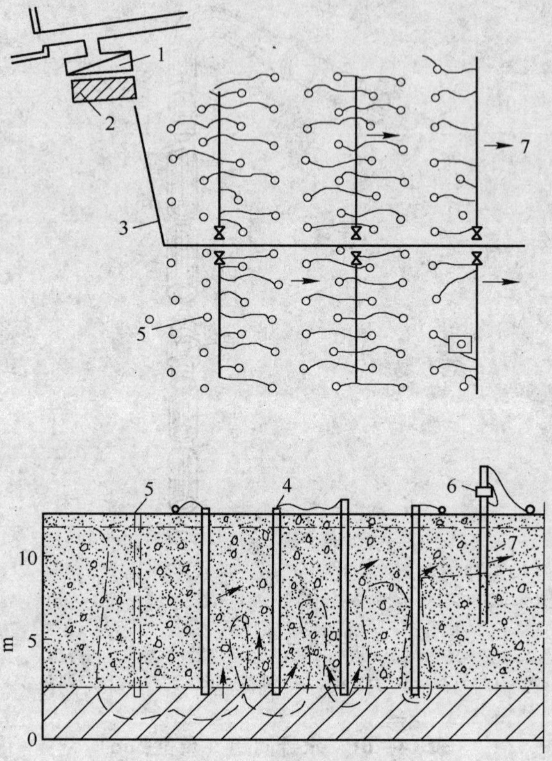

图 14－70　水力解冻法示意图

1—澄清池；2—水泵站；3—水管；4—工作水针；5—取出水针后的孔位；6—钻孔；7—水的渗流方向

实例　我国罕达气金矿曾在 500m^2 的范围内进行过水力解冻试验。水针 18 根，其直径为 32mm，长度为 5m，针头成圆锥形，并有两个直径为 6mm 的水孔，水针间距 3～4m，用锤击法插入，其深度等于冻层厚度。用 BBA－9 型水泵供水，进水压力为 225.4～245.0kPa，平均水流量为 1.66 米^3/（根·小时），试验时的气温为－2～2.6℃，水温为 4～26℃，连续注水 3～4 日，即可把水针间的冻土全融化。虽当年永久冻结层化透了，但成本高达 0.8 元/米^3。

B　渗排解冻法

如图 14－71 所示，从蓄水池（河流或湖泊）引入供水沟的水，经冻层上部融层向排水沟渗流，同时将其部分热量传给冻层，从而达到解冻的目的。为形成渗流，渗排工程可采用以下参数：

供水沟的深度　0.5～1.0m；

供排水沟间的高差　2～2.5m；

供排水沟间的距离　20～30m

为形成渗流冻土表土层必须的融解层最小厚度　>1.0m

渗排解冻的适用条件：

（1）土岩的透水性好；当地面坡度小于10%时，土岩的渗透系数K应大于50m/d，地面坡度大于10%时，土岩的渗透系数K应大于20m/d。

（2）在夏季有足够的水源，供水沟内的水流量不小于$1m^3/h$。

（3）水源的平均水温在100天内不低于5℃。

C　人工降雨－渗排解冻法

在夏季，地表和空气层的温度高于水的温度；用人工的办法将水喷向空气中，使之吸收热量，增高水温，然后降落在冻土层上面，形成渗透水流并传递热量来融化充填于土岩颗粒间的冰，加速土岩的解冻。其作用原理见图14－72。

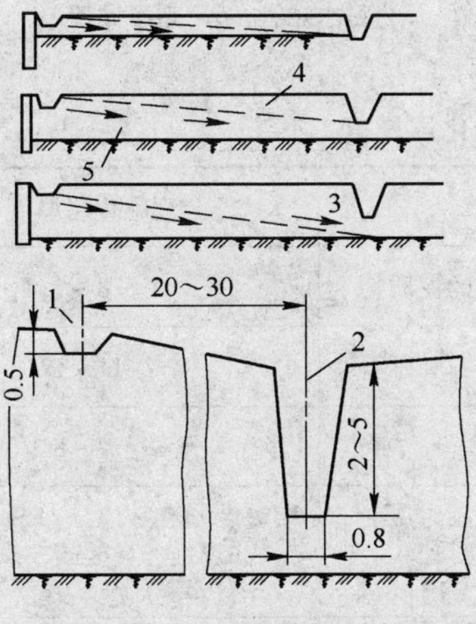

图14－71　渗排解冻法示意图

1—供水沟；2—排水沟；3—渗流方向；4—融化层；5—冻层

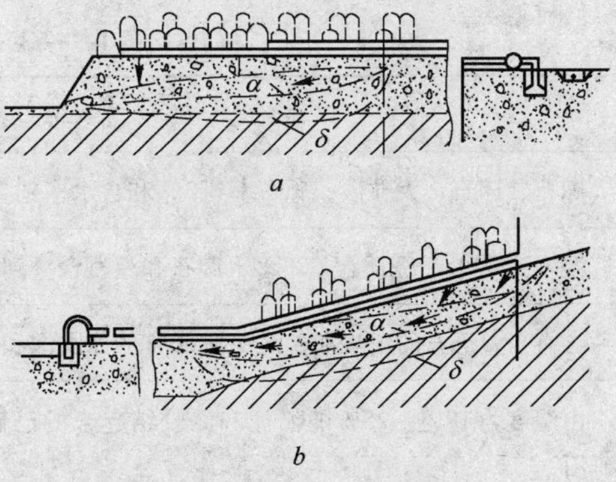

图14－72　人工降雨－渗排解冻法示意图

a—水平地形；*b*—缓坡地形

这种解冻法的效果取决于冻土的孔隙度大小，若在冻土内存在明显的孔隙，并未完全被冰充满，渗透水流进入冰与土岩之间，放出全部热量，水温下降并接近0℃，在此情况下解冻速度快；否则，解冻速度就很慢。

人们还提出采用大塑料棚的人工降雨－渗排解冻法（图14－73）。

D　分层自然解冻法

该法是利用太阳辐射热融化一层（厚5～15cm）及时剥除一层的解冻法。一个工作季节的融化总厚度可达8～10m或更大；若不分层解冻，则只能融解2～2.5m深。融化层常用推土机剥离。当采场宽度及融化层厚度较大时，才采用推土机配合索斗铲进行剥离。

为了使推土机的效率增高，和增大总的融化厚度，必须合理确定每次融化层厚度（即每次剥离厚度）和解冻面积。合理的融化层厚度根据土岩性质而定，可参考表14－63。

合理解冻面积可按（14－73）式计算：

$$S = \frac{Q_T}{v} \tag{14-73}$$

式中 Q_T——推土机的效率，米^3/台·昼夜；

v——冻土的融化速度，m/d；可参考表14－64。

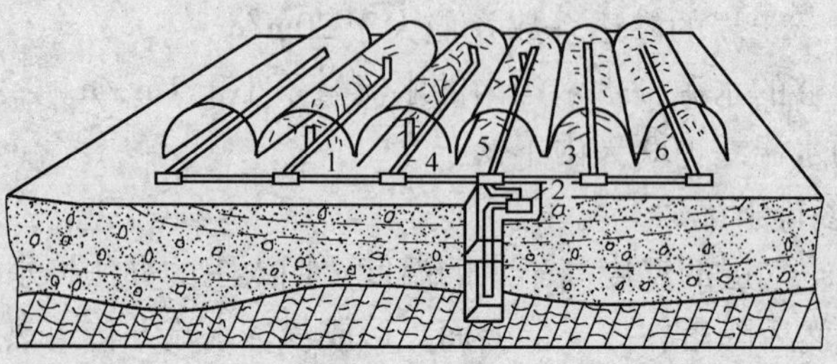

图14－73 塑料棚下的人工降雨－渗排解冻法示意图

1—抽水井；2—水泵站；3—供水干管；4—供水支管；5—喷水短管；6—塑料棚架

表14－63 土岩的合理融化层厚度

土岩名称	合理融化层厚（cm）
砾石、碎石、大粒砂、砾石率到3%和含水率到2.5%的胶结性弱的泥质物	6.8～7.4
湿度到30%、泥质含量不多，圆石和漂石含量到30%的粗砂、碎石和砾石	11～12
含有少量砾石的泥炭和含泥率到60%的冰水饱和的泥质物	7～8
由湿度为18%～25%的淤泥和泥胶结起来的已破碎的砂泥质页岩、碎石和砾石	8～9
块度到200mm，总量占15%～20%的大块砂岩、泥质页岩、含有冰水饱和和湿度为20%～40%的亚黏土淤泥	10～11
湿度为18%～20%的砾石、碎石和块度为300～700mm的大块夹石含量到25%～30%的油性黏土，重砂及堆石的沉积物	14～16

表14－64 冻土融化速度

剥离间隔时间（d）		0	1	2	3	4	5	12
融化速度（cm/d）	黑河金矿局		6.1		5	4～4.2	3.7～3.8	2～2.5
	国外资料	10		6		4		

14.5.7 采矿方法及开采基本参数

采砂船的采矿方法包括回采路线、回采方法和采场构成要素等三个方面。

14.5.7.1 回采路线分类和使用条件

一般船采中，回采路线分为纵采（沿走向）、横向（垂直走向）和混合式三大类（图14－74所示）。

选择回采路线时一般考虑下列因素：

（1）矿体边界的准确性和矿体宽度变化程度。勘探程度低，矿体较宽（大于180m），矿体界线不清时，一般采用横向回采路线。

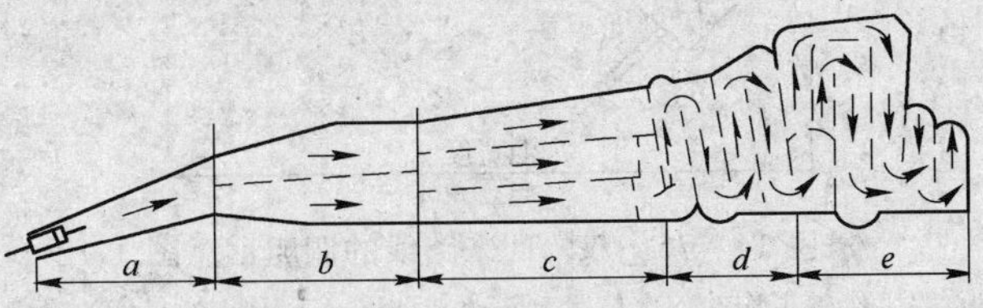

图14－74 回采路线示意图

a—单幅纵向；*b*—双幅纵向；*c*—三幅纵向；*d*—单幅横向；*e*—双幅横向

（2）机剥后地形高差变化程度。当机剥后地形高差超过采砂船允许的水上最大干帮高度时，为了提高矿砂回收率，应调整回采路线。

（3）矿砂损失贫化率。中层以上且较宽的矿体，当采用桩柱式采砂船单幅回采路线时，尾矿堆一般压矿，增加矿砂损失贫化率，因此常用多幅回采路线。

（4）输电线路、供水和绳窝等施工难易性及其工程量大小往往影响回采路线的选择。

（5）机剥排土场的位置和设备效率。如图14－75，是采用混合回采路线，若用横向回采路线，表土运到矿体界线之外，推土机平均运距达200m，效率降低60%；若用双幅纵向和单幅横向混合回采路线，其运距缩短到100m，可见采用混合回采路线是较佳方案。

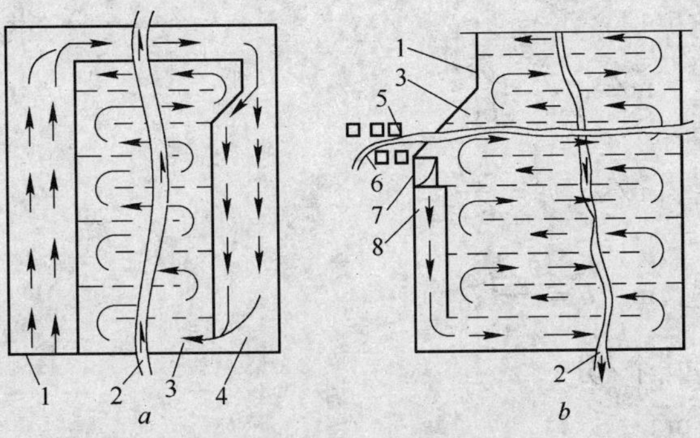

图14－75 混合回采路线

a—双幅纵向单幅横向混合回采路线；*b*—单幅纵向和横向混合回采路线

（6）尽可能利用已有的交通运输等有利条件。如图14－75*b*所示，为了充分利用公路附近的现有设施，加快基建速度，将基坑设于公路一侧并靠近居民区的矿体上部。

（7）停船时间。采砂船正常回采中需停船的因素有：移步；调船；电缆换向或采幅间移船等。在同一矿段里采用不同回采路线，其停船时间差别较大。如窄矿体采用横向回采路线，比纵向法停船时间大1.5～2.0倍。又如，由于增加了幅间移船（图14－76）而引起多采幅比单采幅的停船时间长。可见确定回采路线中停船因素是较重要参数之一。

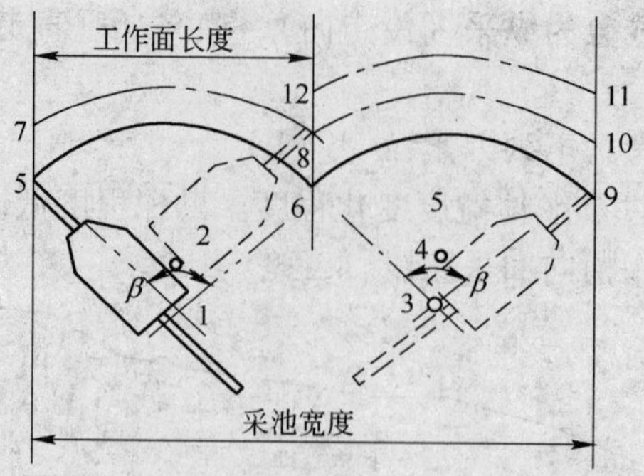

图 14-76 双幅回采路线的调船示意图

1，2，3，4，5—采砂船工作桩工作的依次位置，5—6，7—8—工作桩在1，2位置工作时的工作面位置；6—9，8—10，11—12—为工作桩在3，4，5位置工作时的工作面位置

（8）采幅与生产能力。对于桩柱链斗式采砂船，随采幅的增宽，生产能力下降。因此，确定采幅时需考虑采砂船生产能力对企业技术经济效果的影响因素。

（9）环境保护。确定回采路线时，须考虑有利于复垦、河道的自然疏通以及生态平衡。

14.5.7.2 回采方法分类及使用条件

当采砂船横移挖掘时，挖泥斗的移动轨迹与复合运动的合成速度相一致。如果斗桥的横移速度为 v_p，并垂直于船的中心线。斗链的速度为 v_s，则链斗在着底距内每一个挖斗的运动轨迹的方向与船中心线的夹角为 φ 角（图 14-77），此角称为挖切位移角，其值为：

$$\mathrm{tg}\varphi = \frac{v_p}{v_s} \tag{14-74}$$

式中 φ——挖切位移角；

v_p——横移速度，m/s，$v_p = \dfrac{bn}{60}$； (14-75)

v_s——斗链速度，m/s，$v_s = \dfrac{d_j n}{60}$； (14-76)

b——刨片宽度，m；$b = \dfrac{v_p d_j}{v_s}$； (14-77)

n——卸斗速度，个/分；

d_j——斗节距，m。

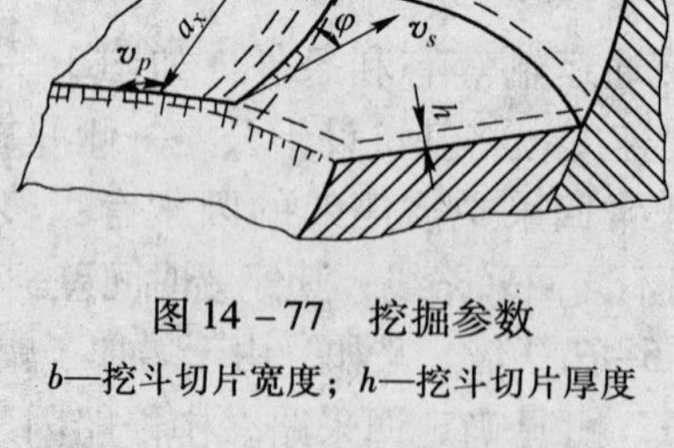

图 14-77 挖掘参数

b—挖斗切片宽度；h—挖斗切片厚度

当挖切位移角不超过挖斗侧面的倾斜角时，切削阻力最小。若考虑矿岩的松散性，当满斗系数大于或等于1.06～1.1时，则视为采砂船处于有效工作状态。因此，分层法回采中要注意调整前移步距与斗桥下放值（或刨片厚度）之间关系，力求采砂船采掘能处于有效工作状态下。

为了使挖斗在通过上导轮时容易卸载，关键是选择合适的挖斗形状与参数，要按各种土岩特点选择挖斗。例如，挖掘黏性土岩时，挖斗应有很大的倾斜度，即深度小，开口面大；反之，对砂和淤泥砂，挖斗的深度要大，开口面要小。

回采方法分类　对于链斗式采砂船按挖斗在工作面上运动轨迹、船的移动方式以及船与采场纵轴线相对位置三个主要因素进行回采方法的分类（见表14－65）。各类回采方法的技术比较和运用条件见表14－66。

表14－65　链斗式采砂船回采方法分类

采砂船移动方式	主　类	亚　类	次亚类	子　类
桩柱式	掏槽法	单掏槽法		
		双掏槽法	正工作面法	整步法，半步法
			斜工作面法	
		半工作面法		
	分层法	正工作面法	整步法	
			半步法	
		斜工作面法		
		半工作面法	常规法	
			换桩法	
			调船法	
			调艉法	
	混合法	掏槽与分层混合法		
		正工作面－半工作面混合法		
钢绳式	掏槽法与分层法	平行横移法 斜向横移法 扇形横移法 十字形横移法 三进一退法		

主要回采方法的工艺特点如下：

（1）掏槽回采法（图14－78）。采砂船的斗桥放至底板，用掏槽方式回采靠近底板一层的矿砂。上部土岩靠自重崩落到底板后继续回采的工艺，为单掏槽回采法。

双掏槽回采法是根据矿砂自崩性把矿体分上下两个分层，先浅后深依次进行掏槽开采。

（2）分层回采法（图14－79）。分层回采法的实质是将砂矿床全厚分成很多分层（刨片厚度或斗桥下放值），由浅到深逐层挖掘的回采方法。每个分层厚度视矿砂的易挖性取0.05～0.6m。由于此法对矿砂性质要求不严，在国内外广泛应用。

表14-66　主要回采方法技术比较

回采方法	优　点	缺　点	适用条件
掏底法 双层掏底法	操作简单 生产能力高	对矿砂开采技术条件要求严格 改变回采方法和回采路线较困难	矿砂松散、无黏结性 粒度均匀，没有巨砾石 水下无障碍物或采空区
分层法	开采技术条件要求不严 易处理水下障碍物，易保船安全改变回采方法比较灵活	停船时间长 比掏底法操作复杂	具备船采的砂矿床均可应用
正工作面回采法	污水易排，选别条件好 比斜工作面生产能力高 比斜工作面操作简单，调船方便	中厚以上矿体，单幅回采时易压矿 损失贫化大 废石堆高，复垦不利 不易控制水位	中厚以下矿体不压矿 辅助工程量小，不需要复垦 地形或横移绞车容绳量等条件受限制时 操作不熟练时试用 水量充足 不触艉
斜工作面回采法	与正工作面回采法的缺点相反	与正工作面的优点相反	经验证明不压矿 缺水地区 边开采边复垦 地形和船的技术条件允许 有触艉可能 操作技术水平高
阶梯工作面回采法	满斗系数均匀，生产能力高	操作复杂 企业管理复杂	横移速度恒定 检测仪表齐全 操作工具有一定水平 企业管理水平高
平行横移回采法	生产能力比十字横移法高	挖掘阻力大，生产能力低 占地面积大、操作复杂、复垦费高	水流速大时，为确保船的安全而采取的临时性措施
斜向横移回采法	生产能力比平行横移法高 能准确地控制矿体界线	比桩柱法生产能力低 比桩柱法地面占地面积大，复垦费高 比桩柱法操作复杂	疏浚船道工程上广泛利用 江河流量大、水深、保证安全水位 底板硬度小于Ⅳ~Ⅵ级土岩
十字形横移回采法		调船频繁 生产能力低 占地面积大，复垦费用高	适宜采池扩帮工程
扇形横移回采法	操作简便 比十字横移法生产能力高 易控制矿体界线	占地面积大 调船频繁。生产能力低	窄矿体 采池扩帮工程
三进一退回采法		工艺复杂、操作不便 生产能力低 占地面积大、复垦费高	水量充足 不受洪水威胁 地面平坦，有足够场地
桩柱—钢绳式采砂船混合回采法	克服桩柱式船和艏绳式船的各自缺点	操作极为复杂 占地面积大，复垦费高	水量充足 不受洪水威胁 地面平坦，有足够场地

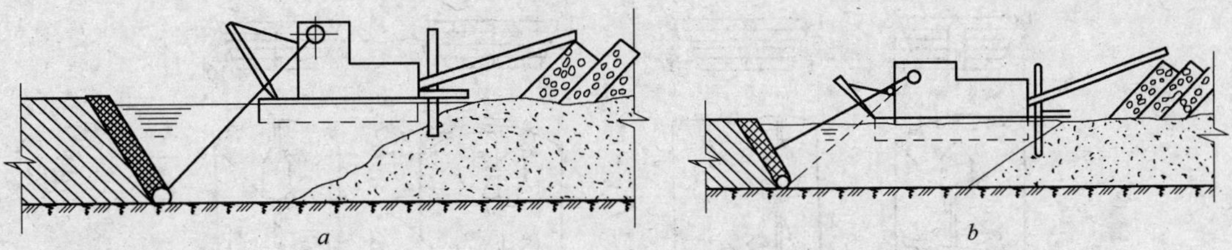

图 14-78 掏槽回采法

a—单掏槽回采法；*b*—双掏槽回采法

若采砂船位于采场的正中央，即船的纵轴线与采场纵向中心线近似重合的回采法，称为正工作面分层回采法（图 14-79*b*）。特点是开采中所形成的尾矿堆在采场中心线两边近似对称，适用于浅成砂矿床。

当采砂船的纵轴线与采场纵向中心线始终保持一定距离进行分层回采时，叫做斜工作面分层回采法（图 14-79*c*），多用于中厚砂矿床开采中。

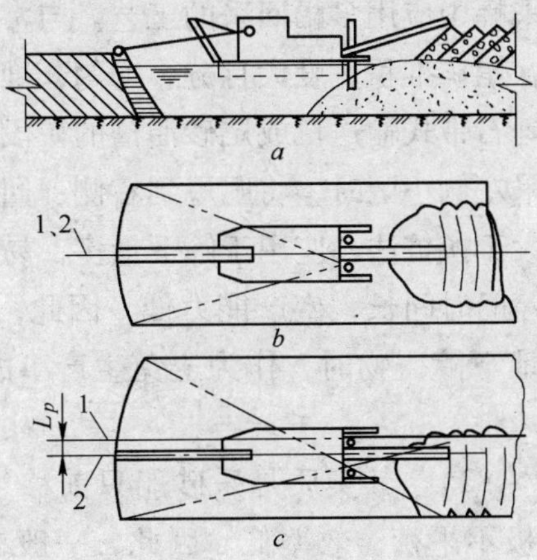

图 14-79 分层回采法

a—分层回采工艺；*b*—正工作面分层回采法；*c*—斜工作面分层回采法

（3）阶梯工作面回采法（图 14-80）。鉴于桩柱式采砂船回采工作平台宽度随回转角的增大而变窄的特点，为了保持最佳满斗系数，提高采砂船生产能力，采用不同分层厚度，进行回采的方法。一般角隅处的分层厚度为中部分层厚度的 1.5 倍。

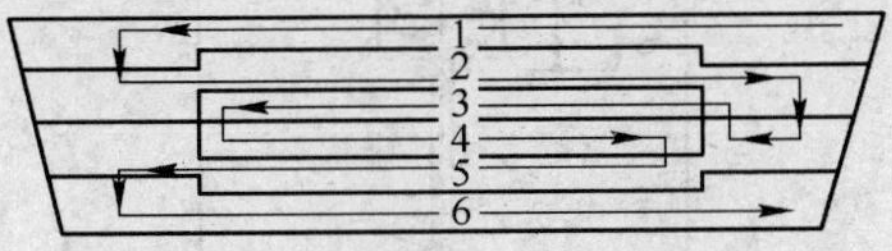

图 14-80 阶梯工作面回采法

（4）半工作面回采法（图 14-81）。半工作面回采法是将正常采幅分为两个（有时三个）小采幅，分别回采的工艺。根据开采技术条件，分为常规法、换桩法、调船法和调艉法等四种。

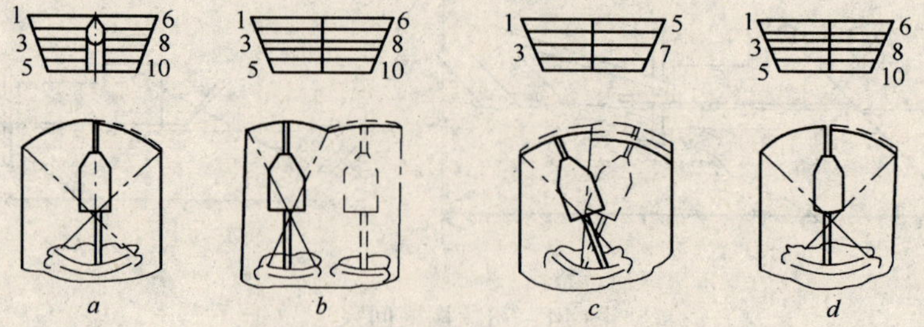

图 14－81　半工作面回采方法

a—常规法；*b*—调船法；*c*—调艉法；*d*—换桩法

常规法是指利用正常的工作桩，分别回采小采区的方法。其废石堆形成规律与正工作面回采方法相同。主要应用于巨砾石分布不均匀或寒冷地区早春尚未完全解冻矿段。

换桩法是将左右两个小采区，分别用相应桩柱进行回采的工艺。其尾矿堆的抛散宽度大于常规法。因此尾矿堆堆积高度低。应用于易触艉的矿段。

调船法的实质是在一个采幅中应用多幅回采的工艺。与常规和换桩法比较，采砂船回转角小，生产能力相应较高，尾矿堆积宽度大且分布均匀，堆积高度低。应用于矿体干帮较高或筛下量较多，易于触砾石带式输送机或尾砂溜槽的矿段。

调艉法是指采砂船在回采左侧小区时，将艉甩到右侧；回采右侧时，把艉调到左侧的工艺。其尾矿堆抛散宽度略大于换桩法。应用于筛下量多，易触艉溜槽的矿段。

由于半工作面回采法，停船时间长，生产能力低，因此，只有在矿砂粒度变化较大，干帮较高，有可能触艉或有地下障碍物时，作为避免生产事故的一种应急措施，通常不用。

（5）半步回采法（图 14－82）。其实质是采砂船只前移半步进行回采，工作平台呈"半月牙形"。小时生产能力极不平衡，效率低。因此，一般在地下障碍物较多，且无法预测具体位置时采用。

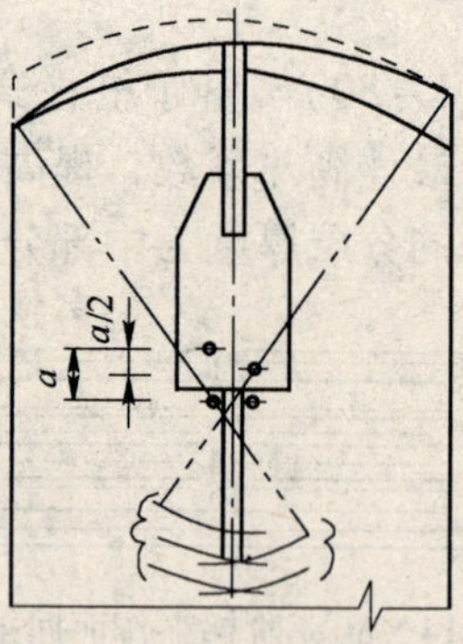

图 14－82　半步回采法

（6）混合回采法。当开采矿段的矿砂性质变化较大时，为了提高采砂船生产能力和安全，采用两种以上的回采工艺，即混合回采。常见混合回采法有：

1）掏槽－分层混合法。当矿体浅部为松散土岩，深部为砂砾层时，则上部用掏槽法下部采用分层法。

2）正工作面－半工作面混合法。当局部矿段有地下障碍物时常用此法。

3）水枪－采砂船混合法。若遇干帮较高矿段，采砂船开采不安全时，在船上安装水枪，冲采干帮，矿浆流入采池后再用船回采的工艺。但应注意，生产前必须验证尾矿堆积的高度，以防触艉。如珲春金矿曾用此法回采，其效果尚好。

（7）平行横移回采法（图 14－83）。钢绳式采砂船横移中，船纵轴线和采场纵向中心线保持平行的回采工艺。由于它的缺点较多，国内很少应用。

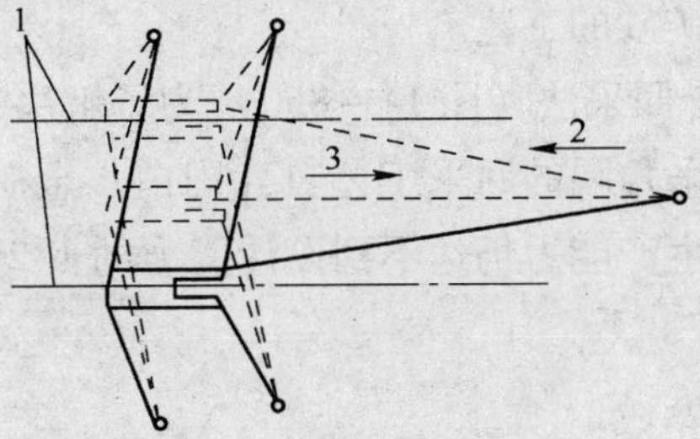

图 14－83　平行横移回采法

1—矿体界线；2—流向；3—前进方向

（8）斜向横移回采法（图 14－84*a*）。采砂船回采中船纵轴线与采场纵向线成一定角

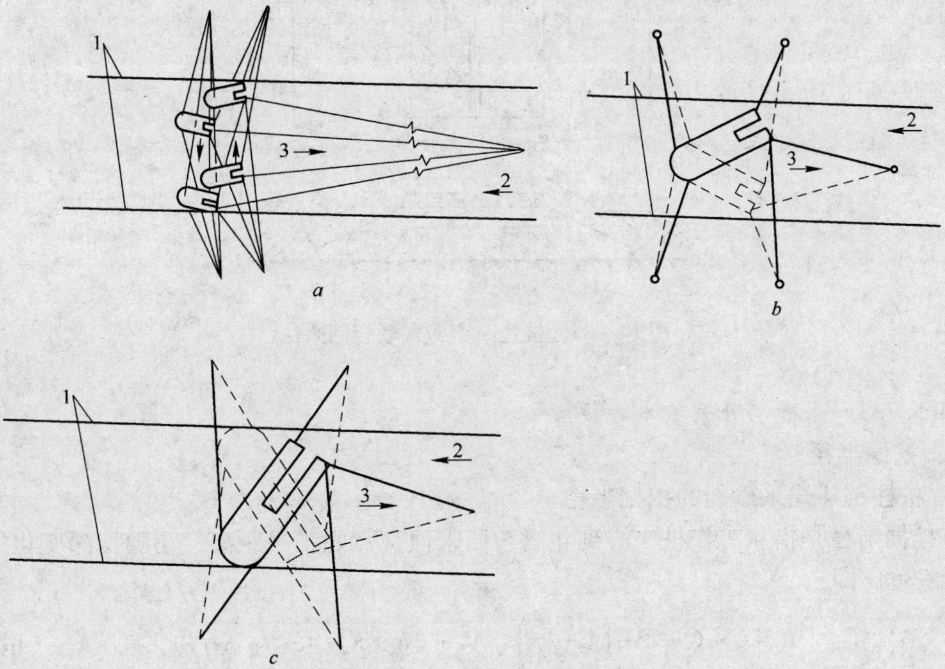

图 14－84　钢绳式采砂船回采方法

a—斜向横移回采法；*b*—扇形横移回采法；*c*—十字形横移回采法

1—矿体界线；2—流向；3—前进方向

度（一般小于10°）的工艺。由于生产能力高于平行横移法，且挖掘阻力小，不易脱链和能控制矿体界线，所以被广泛地应用。

（9）扇形横移回采法（图14-84*b*）。船艉基本不动，近似于桩柱式采砂船的回采方法。

（10）“十”字形横移回采法（图14-84*c*）。采砂船中心位置近似保持不变的回采工艺。因为此法调船频繁，效率很低，开采窄矿体中应用。

（11）三进一退回采法。艏绳式采砂船在回采角隅时生产效率很低，一般为中部区域的1/3~1/4；为提高效率，有时采用采场中间区域采完三帮（即进船三次），再把采砂船退到原位，集中回采角隅处矿砂的工艺。

（12）桩柱-钢绳式联合回采法（图14-85）。为了解决钢绳式采砂船回采角隅生产效率低的矛盾，用桩柱式回采角隅的回采工艺。我国白水金矿的3001链斗式采砂船用此法近一年多生产实践表明，生产能力仍达不到设计能力的1/2。因而此法有待研讨它的适用性和经济性。

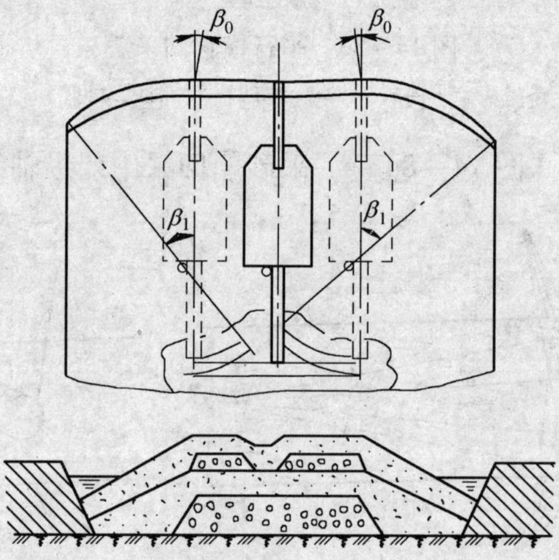

图14-85　桩柱-钢绳式联合回采法

14.5.7.3　采砂船开采基本参数

A　挖掘半径

a　桩柱链斗式采砂船的挖掘半径

其挖掘半径是指从工作桩中心到斗唇与回采面交点之水平距离，是随挖深变化的函数（图14-86）即：

$$R = C + G - E + \left(1 + \frac{r}{A}\right)\sqrt{A^2 - (F + K - r - H_Z + H_X)^2} \qquad (14-78)$$

$$R_p = C + G - E + \left(1 + \frac{r}{A}\right)\sqrt{A^2 - (F + K - r - H_Z + 0.5H_X)^2} \qquad (14-79)$$

$$R' = \frac{R}{\cos\delta} \qquad (14-80)$$

式中　R——伪挖掘半径，m；

R_p——平均伪挖掘半径，m；

R'——挖掘半径，m；

C——平底船长，m；

G——艉到桩柱中心距离，m；

r——下滚筒挖掘半径，m；

A——斗桥长，m；

F——甲板到上滚筒中心距离，m；

K——干弦高，m；

E——艏到上滚筒中心的水平距离，m；

H_Z——干帮高，m；

H_X——不同水平总挖深，当斗桥位于水平面时 $H_x=0$，m；

δ——船纵轴线与斗缘到工作桩连线之夹角。

由于 δ 角一般小于3°，由此产生误差不超过0.15%，因而设计和生产中常用伪挖掘半径。

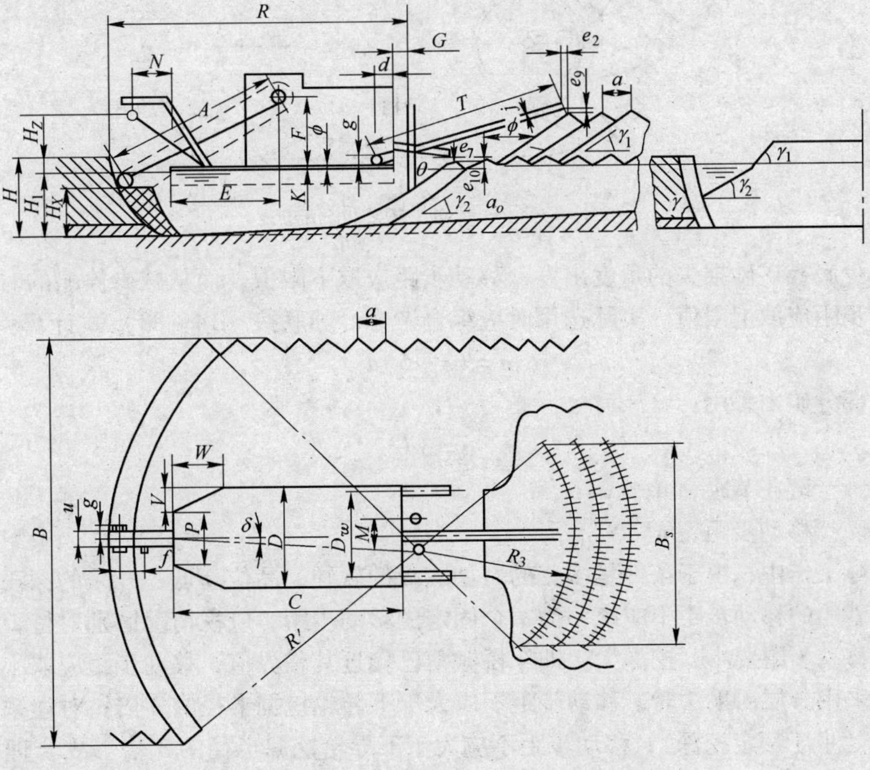

图 14－86　链斗式采砂船开采技术参数

b　钢绳链斗式采砂船的挖掘半径

钢绳式采砂船挖掘半径分内外两种：外挖掘半径指以艏绳绳窝为中心的挖掘半径，内挖掘半径指以上滚筒为中心的挖掘半径。由于内外挖掘半径计算较复杂。可按（14－

81)、(14－82) 式近似计算:

$$R_y = L_s - N \tag{14-81}$$

$$R_n = \left(1 + \frac{r}{A}\right)\sqrt{A^2 - (F + K - r - H_2 + H_x)^2} \tag{14-82}$$

式中　R_y ——外挖掘半径，m;

R_n ——内挖掘半径，m;

L_s ——艏到艏绳窝中心之水平距离，m;

N ——艏到艏绳滑轮中心之水平距离，m;

其余符号同前。

B　采砂船移动步距

采砂船开采中，移动步距是很重要的参数。移动步距过大，将增加砂矿底板上矿石的损失，而砂矿底层一般都是含矿品位较高，特别是砂金矿；移动步距过小，则会增加船的非生产时间，降低采砂船的效率。

a　桩柱链斗式采砂船的移动步距 (a) (图 14－87)

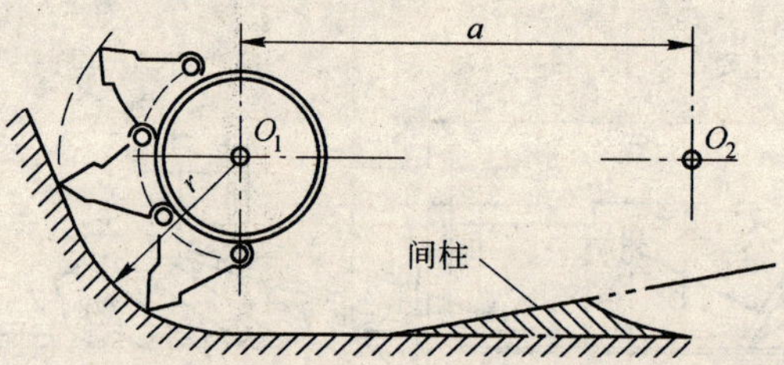

图 14－87　移动步距之间的间柱

从减少底板矿砂损失的角度出发，移动步距应取下限值，而从减少停船的时间损失出发，移动步距应取上限值。实际选用时应综合考虑。苏联按 (14－83) 式计算:

$$a = (3 \sim 5)d_j \tag{14-83}$$

我国部分矿山采用:

$$a = 3d_j \tag{14-84}$$

式中　d_j ——链斗节距，m;

a ——移动步距，m。

在实际工作中，由于条件是多变的，如底板的软硬、品位高低、开采的深浅等；对同一类型采砂船的移动步距不应统一为一个固定的移动步距，应视情况区别对待，底板上的品位高，移动步距要小；挖深大，即斗桥倾角已接近其临界值，移动步距应取小值，反之取大值；采用分层回采法时，移动步距不应大于下导轮挖掘半径的 2 倍；对埋藏浅和品位低的砂矿（小于额定挖深），移动步距不应大于下导轮挖掘半径的 3 倍。故合理的移动步距为:

$$a = (1.8 \sim 2.8)r \tag{14-85}$$

式中　r ——下导轮挖掘半径，m。

b　钢绳链斗式采砂船的移动步距

其确定原则与桩柱式船相同，差别在于回采工作平台宽度保持不变，常比桩柱式采砂船的移动步距小。

我国和苏联的桩柱链斗式采砂船的常用移动步距见表 14－67；我国钢绳链斗式采砂船的移动步距见表 14－68。

表 14－67 桩柱链斗式采砂船的移动步距

国别	型号或厂家	斗容或船型（L）	水下最大挖深（m）	允许移步距（m）		设计取用值（m）
				船结构允许最大值	回采中常用值	
中国	桦南金矿局	50	6.6	3.0	1.5～3.3	2.0
	黑河金矿局	100	7.5	5.5	1.5～3.3	2.5
	150－Ⅰ	150	9.6	7.0	2.2～4.3	3.0
	150－Ⅰ（Ⅲ）	150	12	7.0	2.2～4.3	3.0
	长春黄金设计院设计	200	15	8.5	2.8～4.6	3.2
	长春黄金设计院设计	250	12	8.5	3.0～4.8	3.5
	长春黄金设计院设计	300A	16	8.5	3.4～5.3	4.0
	长春黄金设计院设计	300B	21	9.5	3.4～5.3	4.0
苏联	ИЗТМ	150	9.3	5	2.6～4.2	3.0
	ИЗТМ	210	11.0	6	2.3～4.6	3.0
	ИЗТМ	250	12.0	6.5	3.0～4.8	3.5
	ММЗ	380	15	7.0	3.8～5.8	4.5
	ОМ－431	380	30	8.5	3.8～5.8	4.5
	ИЗТМ	600	50	10	4.4～6.9	5.5

表 14－68 钢绳链斗式采砂船的移动步距

土岩类别	土岩性质	移动步距（m）
Ⅰ	极软	1.8～2.0
Ⅱ	软	1.5～1.8
Ⅲ	较软	1.0～1.5
Ⅳ	较硬	0.5～1.0
Ⅴ～Ⅵ	硬	0.3～0.5

C 工作平台宽度

由于钢绳式采砂船的工作平台是同心圆形成的，其宽度恒等于移动步距。生产效率不受采砂船回转角的影响。可是桩柱式采砂船的工作平台是两个具有相同半径的非同心圆所形成，其宽度随回转角增大而变窄（图 14－88），采场角隅处的生产能力比采场中心附近低 10%～80%。工作平台宽度按（14－86）、（14－87）式计算：

$$b = R + a\cos\beta - \sqrt{R^2 - a^2\sin^2\beta} \qquad (14-86)$$

$$b_p = a \times \frac{\sin\beta_1}{\beta_1} \qquad (14-87)$$

式中 β——采砂船的回转角，（°）；

b——工作平台宽度，m；

b_p——工作平台平均宽度，m；

β_1——回转半角，（°）；

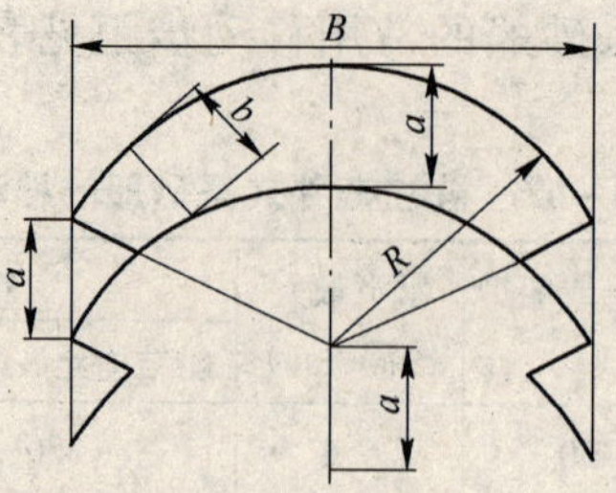

图 14－88 桩柱链斗式采砂船工作平台宽度变化示意图

其余符号同前。

D 斗桥一次下放值（或切片厚度）

用分层回采法时，一般要考虑砂矿损失、生产能力和耗电等因素。其斗桥一次下放值可按（14－88）式计算：

$$h = \frac{qn\eta}{60v_pKa} \tag{14-88}$$

我国广泛采用经验公式（14－89）计算 h 值：

$$h = 0.1\frac{\sqrt{41q}}{Ka} \tag{14-89}$$

式中 h——斗桥一次下放值，m；

q——挖斗的斗容，m^3；

n——卸斗速度，个/分；

η——满斗系数；

K——土岩的松散系数；

a——移动步距，m；

v_p——船的横移速度，m/s。

开采不同土岩时的斗桥下放值，见表 14－69。

表 14－69 开采不同土岩的斗桥下放值（切片厚度）

土岩类别	可挖性	斗桥一次下放值 h（m）
Ⅰ～Ⅱ	易挖	0.3～0.6
Ⅲ～Ⅳ	一般	0.3～0.2
Ⅴ～Ⅵ	难挖	0.2～0.1

E 采场角隅齿高

在回采中，采场两侧帮形成锯齿形状（图 14－89）。其齿高取决于船的前移步距和回转角。齿高可按（14－90）式计算：

$$h_o = fa \tag{14-90}$$

式中　f——齿高系数，$f=\sin\beta_1\cos\beta_1$；

h_o——齿高，m；

其余符号同前。

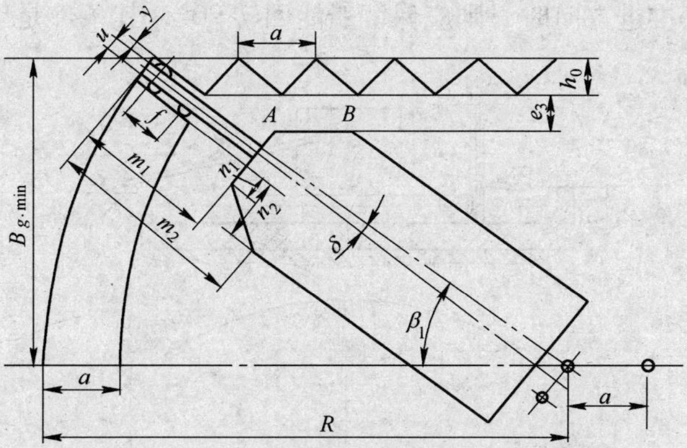

图 14－89　采砂船在角隅处位置图

不同类型采砂船齿高系数见表 14－70。

表 14－70　采场角隅齿高系数

国　家	斗容或船型	切角（°）	齿高系数	设计单位
中　国	300A	24.84	0.381	长春黄金设计院
	300B	30.26	0.435	长春黄金设计院
	250	30.33	0.436	长春黄金设计院
	150Ⅲ	25.20	0.385	桦南金矿局
	150Ⅱ	25.20	0.385	桦南金矿局
	150Ⅰ	24.44	0.414	黑河黄金设计院
	100	29.79	0.431	黑河黄金设计院
	50	26.37	0.398	黑河黄金设计院
苏　联	150	29.20	0.49	
	210		0.47	
	250	27.05	0.40	
	380		0.42	
	380	27.77	0.39	
	600	24.64	0.38	

F　采幅宽度

船采中采幅宽度有：最小采幅工作宽度（正常工作所需最小宽度）、最小调转宽度（调船 90°所需最小宽度）、最大宽度（船允许的最大回转时宽度）、最优宽度（最佳生产能力时宽度）。

a　最小采幅宽度

最小采幅宽度是指始终不会把采砂船夹住的最小工作面宽度。采砂船回转到艏斜面与采池侧帮平行时，其回转角为最小回转角。此最小回转角所对应的采幅宽度即为最小采幅宽度 B_{min}。单工作面开采时，B_{min} 按（14－91）式计算：

$$B_{min}=2R\sin\beta_{1min} \tag{14－91}$$

式中 B_{min}——最小采幅宽度，m；

β_{1min}——最小回转半角，(°)。

b 最小调转（90°）采幅宽度

当采砂船改变其推进方向时，则应保证船能回转90°，其条件是（图14－90）。

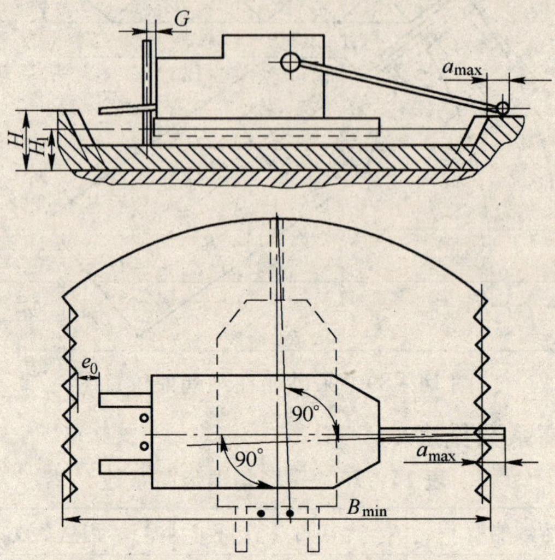

图14－90 回转90°时采砂船的位置

$$B'_{min} = R_{ch} + l + e_p - (a_{max} + G) \tag{14-92}$$

式中 B'_{min}——保证调动90°的最小采幅，m；

l——尾砂溜槽长度，m；

e_p——尾砂溜槽与采池边帮之间的安全距离，根据干帮高度，e_p 取2～6m；

R_{ch}——平底船底部水平的挖掘半径，m；

a_{max}——采砂船最大可能的移动步距，m；

G——船尾距定位桩中心线距离，m。

我国不同类型桩柱链斗式采砂船的最小采幅（水面上的）见表14－71。

表14－71 各类采砂船的最小采幅宽度

挖斗的斗容或船型（L）	工作状态	
	正常工作①B_{min}（m）	回转90°状态②B'_{min}（m）
50	30.5	40
100	40.4	45.6
150 Ⅰ	43.0	63.5
150 Ⅱ	42.5	65.9
150 Ⅲ	39.9	71.1
250	55.7	66.6
300	49.1	56.2
引进300	80.0	80.0

① 计算时取船艏斜面与采池边帮凸出部分的间隙为1m；

② 计算时，取 e_p 为2m。

c 单工作面最大采幅宽度

随着采幅宽度的增加，采砂船在角隅处的满斗系数将减小，船的生产能力随之下降。理论上最大回转角为180°。但当回转角为174°～176°时，满斗系数为零。此外，当船在角隅处工作时，绞车电机的有效利用率下降，船艏横移钢绳与船舷容易产生摩擦。因此，又有在特殊情况下，才允许采砂船以较大的调动角持续工作。

桩柱式采砂船最大采幅宽度，考虑在机械设备和设施许可范围内，使采砂船的生产效率不应比合理采幅的低10%～15%。

我国桩柱链斗式采砂船实际生产中，船的最大回转角波动在110°～120°之间。即保证挖斗的挖掘满斗系数最低在0.5以上。最大采幅宽度为：

$$B_{\max} = 2R\sin\beta_{1\max} \tag{14-93}$$

式中 R——采砂船的挖掘半径，m；

$\beta_{1\max}$——最大回转半角，(°)。

d 最优采幅宽度（B_u）

保证采砂船昼夜生产能力最高的采幅宽度称为最优采幅宽度。最优回转半角β_{1u}可按（14－94）、（14－95）式计算：

$$\beta_{1u} = 47.8\sqrt[3]{1000\frac{v_p h}{RH_c}\left(t_i + \frac{H_c}{h}\times t_2\right)} \tag{14-94}$$

或 $$\beta_{1u} = 12.2\sqrt[3]{1000\frac{v_p d_j nh}{v_s H_c R}\left(t_1 + \frac{H_c}{h}\times t_2\right)} \tag{14-95}$$

式中 H_c——采空区高度，即实际采挖厚度，m；

t_1——一次移步时间，min，$t_1 = 6 \sim 18$；

t_2——分层回采时，船在角隅处一次的停船时间，min；

β_{1u}——最优回转半角，(°)。

其余符号同前。

已知最优回转半角β_{1u}，即可按（14－96）式计算最优采幅宽度B_u：

$$B_u = 2R\sin\frac{\beta_{1u}}{2} \tag{14-96}$$

表14－72 我国桩柱链斗式采砂船采幅宽度

船型及斗容（L）	最大采幅		最小工作采幅		最优采幅		备注
	回转角（°）	采幅（m）	回转角（°）	采幅（m）	回转角（°）	采幅（m）	
桦南50	115.533	50.22	64.142	31.52	43.213	21.86	取采砂船设计挖深 移动步距取设计推荐值 以水面为基准
黑河100	123.819	62.00	75.058	43.30	58.071	34.11	
桦南150Ⅰ	119.373	80.40	53.742	42.10	50.620	39.82	
桦南150Ⅱ	113.313	80.40	47.747	38.95	47.096	38.45	
桦南150Ⅲ	111.555	88.00	41.028	37.30	45.483	41.14	
长黄院200	113.358	94.60	41.834	40.42	46.360	44.56	
珲春250	110.195	91.60	58.931	54.94	40.699	38.84	
长黄院300A	115.304	105.20	45.185	47.84	39.154	41.73	
长黄院300B	109.416	116.80	43.241	52.73	39.394	48.22	

式中　B_u——最优采幅宽度，m；

其他符号意义同前。

我国桩柱链斗式采砂船的采幅宽度见表14－72。

14.5.8　尾砂（砾）排弃方法

采砂船开采的矿砂，经过洗选后的尾砂及砾石等杂物，需要及时排弃到船尾后的采空区内。目前，采砂船开采排弃尾砂（砾）的方式有：单层排弃、双层排弃及多层排弃三大类（图14－91）；其中以双层排弃方法使用最广泛。

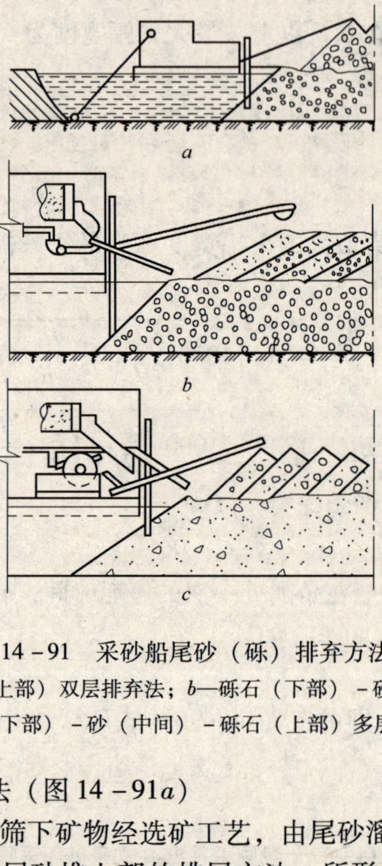

图14－91　采砂船尾砂（砾）排弃方法

a—砂（下部）－砾石（上部）双层排弃法；*b*—砾石（下部）－砂（上部）双层排弃法；*c*—砾石（下部）－砂（中间）－砾石（上部）多层排弃法

a　尾砂－砾石双层排弃法（图14－91*a*）

矿砂经圆筒筛筛分之后，筛下矿物经选矿工艺，由尾砂溜槽将尾砂排至艉部附近，筛上砾石经砾石带式输送机排于尾砂堆上部的排尾方法。所形成的废石堆层次是下部（通常叫水下排土场）为砂和细砾（常叫尾砂），上部（也叫水上排土场）为粗砾（指大于或等于筛孔直径的砾石，通常叫砾石），该排尾工艺简单，不易压矿，损失贫化小，在我国应用较广，但所形成的废石堆积较高且砾石在上，不利于复田或生态平衡。

b　砾石－尾砂双层排弃法（图14－91*b*）

筛上砾石经砾石溜槽排于艉部附近，筛下矿砂经选矿，尾砂用砂泵输送到水力旋流器（有时不用），经脱水排至砾石堆上部。该排弃方法虽然工艺复杂，易压矿，矿砂损失贫化大，但是形成的废石堆积高度比砂砾法低且平坦，有利于复垦和生态平衡。

c　砾石－尾砂－砾石多层排弃法（图14－91*c*）

这种方法是筛下矿砂经选矿，除一小部分尾砂排到船尾附近以外，绝大部分尾砂流入船上尾砂池，沉降的砂由斗轮提升机转载到砾石带式输送机上，与筛上砾石混合一并抛至采空区工艺。

该法工艺复杂，所需设备多，可是不易压矿，采收率高，贫化小，废石堆积高度接近原地面标高，利田利民，利于生态平衡，因此，这是一种有发展前途的排弃方法。

在排弃过程中，土岩颗粒是按自然安息角堆置的，各类土岩的松散系数及排弃时的自然安息角见表 14－73。

表 14－73　土岩松散系数和自然安息角

土岩性质	自然安息角（°）		松散系数	
	水上	水下	水上	水下
腐植土	36～42	18～25	1.2～1.3	1.05～1.10
亚砂土	32～38	25～32	1.1～1.2	1.08～1.15
黏土（亚黏土）	30～45	25～35	1.24～1.35	1.15～1.25
细　砂	28～31	20～26	1.10～1.20	1.01～1.08
粗　砂	28～33	21～27		
含砾砂	20～25	19～24	1.10～1.25	1.02～1.15
砂砾砂	33～37	31～36	1.10～1.25	1.02～1.15
砾　石	36～42	34～40	1.25～1.30	1.20～1.25
基　石			1.35～1.60	1.30～1.55

桩柱链斗式采砂船，采用尾砂－砾石双层排弃方法时，其尾砂（砾石）堆的形成规律见图 14－92。

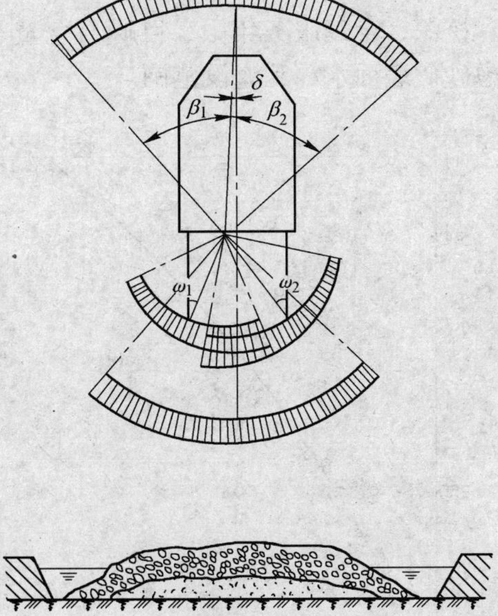

图 14－92　尾砂－砾石双层排弃法堆积形成规律

从回采方法考虑尾矿堆积形式，大体上可分为不压矿型、单侧压矿型及双侧压矿型三种，见图 14－93。实践表明：挖深小于 6m 时不压矿；6～15m 并采用斜工作面回采时出现单侧压矿；15 ~20m 时出现双侧压矿。

综上所述，在选择排弃尾砂（砾石）的方法以及确定其堆积参数时，应与采矿方法及回采工艺紧密结合研究确定，以达到提高采矿率、减少矿砂损失率以及有利于复垦工作。

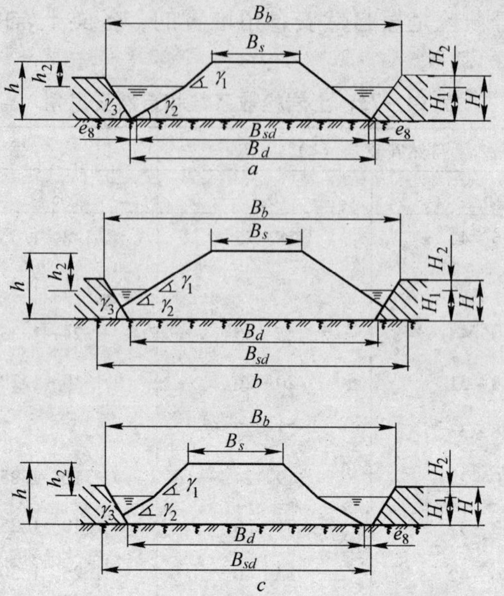

图 14 – 93 桩柱链斗式采砂船排尾堆积类型示意图

a—不压矿；b—双侧压矿；c—单侧压矿

14.5.9 链斗式采砂船的生产能力与技术经济指标

14.5.9.1 采砂船选型

影响采砂船选型的因素很多，其中主要是矿体赋存条件和开采技术条件。在具体选型中考虑的因素是矿体宽度、挖深、合理服务年限、巨砾石含量、基岩硬度和供水条件等。但对钢绳式采砂船又要考虑砂矿表面水深和淹没范围。

A 挖深与斗容

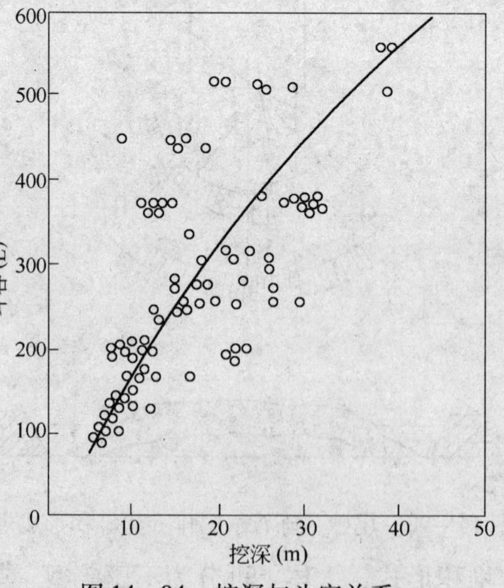

图 14 – 94 挖深与斗容关系

据国内外150艘链斗式采砂船的统计资料表明，斗容与挖深之间近似呈直线关系(图14－94)。

B 矿体宽度与斗容

对于较窄矿体应考虑小斗容。这是因为斗容越大，船体外形尺寸和最小工作采幅也随之增大，如果窄矿体用大斗容时不可避免地增加废石混入率，贫化率或损失率大，会严重影响企业技术经济效益。

C 服务年限与斗容

采砂船斗容大小直接影响企业规模和矿山服务年限。所以，选择的斗容应使采砂船处于经济合理年限之内。鉴于采砂船不易搬迁的特点，一般按表14－52初定斗容的基础上经比较后确定。

D 巨砾石与斗容

砂矿床含的巨砾石大小影响斗容和船型的选择。斗容越大，圆筒筛所承受的载荷也大，允许通过巨砾石尺寸也大。巨砾石标准是以船上操纵工既能发现又不损坏设备为原则。一般按净斗容的1/2～2/3来确定，凡是等于或大于该尺寸的巨砾石，应停船处理。

处理巨砾石的方法有起吊法、爆破法和深挖法等三种方式：起吊法是把挖到斗中的巨砾石用船头起吊设备吊至甲板上，等交接班时再抛到采空区的方法，其停船时间为1～5分/个；爆破法是把挖到斗中的巨砾石，用裸露爆破法来处理的方法，苏联曾用过此法，结果平均爆破100次损坏了一个挖斗，停船时间为1～2分/个；深挖法是因大于巨砾石尺寸的超巨砾石无法挖掘，在底板附近挖一个深坑将超砾石滚入深坑的方法，停船时间视超巨砾的形状和尺寸，差异较大，一般1～8分/个；可见，巨砾石较多的砂矿床，不仅影响斗容的选择，甚至于影响开采方式的选择。

实例 我国河南高都川砂金矿床，地表无巨砾石，但经勘探发现，遇巨砾石而引起钻孔报废率很高，且很多钻杆、钻头埋在矿床之中成为船采障碍物。在基建中与设计单位协作进一步查定结果，每100m^3土岩含巨砾石达42个，仅此一项用200L的桩柱链斗式采砂船开采时，处理巨砾石而每天停船时就要13小时，日采矿量只有1023m^3/d，比正常生产能力降低近78%，因而否定了船采方案。

E 基岩硬度与采砂船行走方式

砂矿床的金属富集规律，一般为上贫下富，70%～90%以上金属富集于靠近底板附近，能否彻底清底将直接影响企业技术经济效果。桩柱式能承受较大的挖掘时所产生的反作用力，船不会退，超挖清底效果好，所以一般应采用桩柱式采砂船。

钢绳式采砂船，由于艏绳弹性伸缩，当挖掘较硬的土岩特别是超挖清底时，船产生后退，不能很好地清底。因此，只有当矿体完全被淹没、基岩硬度小，或不需超挖基岩，以及非金属的砂矿床，才采用钢绳式采砂船。

F 供水与斗容

随斗容的增大，采池面积及采池渗水量增大，要求的清水补给量大。

在选型中，应针对具体条件综合研究以上各项因素，合理地选择采砂船的类型，以达到高效率的开采。

14.5.9.2 链斗式采砂船生产能力与技术经济指标

采砂船的生产能力是一项主要的技术经济指标。决定于土岩性质、挖斗容积、船的类型及其调船设备、气候条件、生产组织与技术管理等因素。

采砂船的小时生产能力 Q_h 用式（14－97）计算：

$$Q_h = \frac{60nq}{K_p} \times K_w \tag{14-97}$$

采砂船的日生产能力 Q_d 为：

$$Q_d = 24Q_h\eta_s = \frac{1440nq}{K_p} \times K_w\eta_s \tag{14-98}$$

采砂船的年生产能力 Q_a 为：

$$Q_a = TQ_d \tag{14-99}$$

式中 Q_h——采砂船小时生产能力，m^3/h；

Q_d——采砂船日生产能力，m^3/d；

Q_a——采砂船年生产能力，m^3/a；

q——挖斗容积，m^3；

n——卸斗速度，个/分。n 值是与土岩级别（表 14－74）和船上主驱动电机类型（表 14－75）密切相关。我国 $n=15\sim35$ 个/分；苏联 $n=14\sim32$ 个/分；

K_p——土岩的平均松散系数；

K_w——平均满斗系数（表 14－76 及表 14－77）；

η_s——时间利用系数，是日纯挖掘小时数与日小时数之比。该值与开采技术条件、气候、船型、回采方法及技术管理水平有关。生产中停船时间见表 14－78。我国采砂船开采实际时间利用系数见表 14－79。生产和设计中常取 $\eta_s=0.6\sim0.75$；

T——年工作天数，与开采条件、气象、维修水平、防冻与解冻方法和区域等有关（表 14－80），设计和生产中常取 200～300 天。

表 14－74 土岩硬度与卸斗速度

土 岩 类 别	卸斗速度（个/分）
Ⅰ～Ⅱ	30～39
Ⅲ	28～32
Ⅳ～Ⅴ	22～28
Ⅵ	10～22

表 14－75 主驱动为交流电机的采砂船卸斗速度

斗容（L）	卸斗速度（个/分）
50	31
50	20
50	20
50	29
100	30
150	32

表 14－76 采砂船回转角与满斗系数

满斗系数	回转半角（°）								备 注
	20	30	40	50	60	70	80	90	
平均	0.98	0.95	0.92	0.88	0.81	0.77	0.70	0.63	Ⅰ级土岩
角隅处	0.94	0.87	0.77	0.64	0.50	0.34	0.16	0	以采池正中处为基准

表 14－77 正工作面回采时最有利平均满斗系数（K_w）

土岩类别	斗容（L）			
	50	100～150	210～250	300～400
Ⅰ	0.95	0.95	0.95	0.95
Ⅱ	0.85	0.95	0.95	0.95
Ⅲ	0.60	0.70	0.75	0.80
Ⅳ	0.10	0.30	0.40	0.50
Ⅴ		0.10	0.20	0.30
Ⅵ			0.10	0.15

表 14－78 我国链斗式采砂船生产中停产原因与时间

停船原因	单 位	桩 柱 式				钢绳式
		斗 容 （L）				
		50	100	150	250	300
移 步	分/次	5～10	7～15	15～30	10～15	2～4
幅间移船	分/次	10～20	10～25	20～30	20～30	
调 船①	分/次	60～90	60～90	60～120	60～120	120～240
横移钢绳	分/次	10～30	10～30	20～60	30～60	60～120
电缆换向	分/次	60～120	60～120	60～180	60～240	60～240
交接班	分/班	20	20	20	30	30
清 溜	分/次	10～20	20～30	30～40	0～40	
清 冰	分/次	120～240	120～240	120～240	240～480	240～480
巨砾石	分/个	2～4	2～4	3～5	3～5	9～20
中 修	日/年	2～4	2～4	2～4	6～8	6～8
小 修	日/月	1	1	1	1	1

① 调船 90°。

14.5.9.3 链斗式采砂船开采的主要技术经济指标

（1）我国东北地区采砂船开采的综合技术经济指标[2]见表 14－81。

（2）我国不同斗容的采砂船投资指标见表 14－82。

（3）我国东北地区采砂船开采砂金矿的主要技术经济指标见表 14－83。

（4）苏联不同斗容的采砂船成本构成如下：

项　目	工资及附加	材　料	电　费	修理及附加	维修材料	其　他
占总成本（%）	21.2	0.8	19.0	10.0	39.0	10

表14-79　历年时间利用系数

省份	矿山名称	斗容（L）	年　代	时间利用系数 η_s	
				一般指标	平均先进
黑龙江	罕达汽	50	1981~1983	0.73~0.88	0.85
	桦　南	50	1980~1983	0.58~0.80	0.75
	林　口	50	1983	0.77~0.85	
	穆　棱	50	1983	0.80	
	罕达汽	100	1981~1983	0.64~0.86	0.83
	罕达汽	150	1981~1983	0.72~0.83	0.80
	兴　隆	150	1981~1983	0.61~0.79	0.74
	韩家园子	150	1980~1983	0.32~0.70	0.70
	桦　南	150	1980~1983	0.46~0.72	0.70
	韩家园子	300	1981~1983	0.43~0.46	0.6~0.62
	兴　隆	300	1983	0.60	
吉林	珲　春	250	1971~1983	0.61~0.81	0.66~0.70

表14-80　我国东北地区采砂船实际年工作天数统计

省份	地　区	斗容（L）	开停船时间（月、日）		年工作天数（日）	
			开	停	一　般	平均先进
黑龙江	罕达汽	50	4.19~5.1	10.29~11.10	160~240	190~195
	兴　隆	50	4.21~5.10	10.28~11.10	166~203	190~200
	桦　南	50	4.2~4.23	11.14~11.30	180~240	200~220
	林　口	50	4.11~4.21	11.8~11.17		
	穆　棱	50	4.15~4.17	11.3~11.25		
	罕达汽	100	4.20~5.5	10.29~11.10	160~205	190~195
	罕达汽	150	4.16~5.5	11.4~11.9	188~215	195~200
	五道沟	150	4.25~5.5	11.6~11.10	177~205	195~200
	骚达沟	150	4.29	11.10~11.11	130~186	200
	五道沟	150	4.25	11.10~11.13	131~200	195~200
	兴　隆	150	5.1~5.6	11.5~11.11	170~192	180~195
	韩家园子	150	4.26~5.20	10.31~11.15	170~199	185~195
	桦　南	150	4.16~4.26	11.10~11.21	180~207	200~205
	韩家园子	300	5.4~5.26	10.19~11.9	144~170	175~185
吉林	珲　春	250	2.27~3.6	11.20~12.13	190~267	230~250

表 14-81 我国东北地区采砂船开采的综合技术经济指标（1979 年平均值）

指标	不同挖斗容积（L）的指标				
	50	100	150	250	300
采矿损失率①（%）	5	5	5	5	5
采矿贫化率②（%）	5	5	5	5	5
选矿回收率（%）	75	75	80	80	90
小时生产能力（m^3/h）	45	90	165	230~260	285
日生产小时数（h）	18	18	18	18	18
年工作天数（d）	180~200	180	180~210	220	300
年开采总量（万米^3）	13.5	26	54	99	151
单位成本（元/米^3）	1.3	1.3	1.35	1.28	1.32

①采矿损失率均系各矿估计值，可靠性较差；
②采矿贫化率均系各矿估计值，可靠性较差。

表 14-82 我国不同斗容的采砂船投资指标

省份	地区	斗容（L）	行走方式	造船日期（年）	实际投资（万元）	制造厂
黑龙江	林口-穆林	50	桩柱	1976~1979	63~76	牡丹江矿山修造厂
黑龙江	北沟、汤源	100	桩柱	1981~1983	150~154	齐齐哈尔第一机械厂
吉林	延边	100	桩柱	1981	144	延边通用机械厂
吉林	吉林	100	桩柱	1982	110	沈阳冶金矿山机械修造厂
黑龙江	黑河局	150	桩柱	1975~1982	266~330	沈阳冶金矿山机械修造厂
黑龙江	呼玛局	150	桩柱	1975~1976	260~286	哈尔滨重型机械厂
黑龙江	桦南局	150	桩柱	1975~1982	243~325	哈尔滨重型机械厂
吉林	延边	150	桩柱	1981	235~259	延边通用机械厂
吉林	珲春	250	桩柱-钢绳	1967~1968	531~533	大连红旗造船厂
四川	白水	300	钢绳	1983	800~850	重庆造船厂

表 14-83 我国东北地区采砂船开采砂金矿的主要技术经济指标

斗容（L）	省份	矿山	年工作天（d）	日工作小时①（h）	生产能力		全矿劳动生产率（米^3/工班）	电耗（$kW\cdot h/m^3$）	成本（元/米^3）
					（m^3/h）	（万米^3/年）			
50	黑龙江	罕达汽	180~190	17~20	30~53	12~20	35~50	1.8~2.8	2.00~2.30
		桦南	200~230	15~17	50~63	16~22	27~50	1.4~2.4	1.40~2.10
		林口		18~20	66~73	28~30			
		穆林		19~20	60~75	25~32			
100	黑龙江	罕达汽	180~190	17~20	75~93	20~32	50~90	1.4~2.0	1.50~1.80
		林口			100~112				
		汤源			105~114				
		桦南			100~104				
150	黑龙江	黑河	190~200	18~19	130~160	47~55	70~150	1.6~2.9	2.00~2.20
		呼玛	180~190	17~18	90~113	30~40	80~120	2.0~2.8	2.20~2.80
		桦南	190~200	15~17	130~160	35~50	50~80	1.6~2.5	1.10~1.50
		杜家河			120~165			2.1~2.6	
250	吉林	珲春	230~250	15~17	250~290	100~126	80~110	2.0~2.4	0.95~1.10

① 珲春和桦南金矿局是纯采挖时间；其他各矿包括前移船、清理溜槽及临时性停船时间。

其单位成本比较见表14-84。

表14-84 苏联不同斗容的采砂船单位成本比较和成本构成

驱动动力	不同斗容单位成本比较（%）			
	380L	210L	150L	100L
电动	100	140~250	190~300	
蒸汽			220~400	300~700

表14-85 苏联链斗式采砂船主要指标

地区	斗容（L）	动力	工作天（d/a）	日工作小时（h）	生产能力（矿砂）		劳动生产率（米³/(工·班)）	电耗（kW·h/m³）
					（m³/h）	（万米³/年）		
南乌拉尔	210~250	电	320~350	18~18.5	200~235	120~150	140~160	1.7~1.9
中乌拉尔	150~170	电	235~255	17~18.5	160~180	70~80	110~130	1.8~2.3
	210~250	电	220~245	18.5~19	220~250	90~120	130~160	1.7~2.0
	380	电	240~330	18.5~19.5	420~470	210~270	230~290	1.5~1.7
叶尼塞河	140	蒸汽	230~250	17.5~18.5	65~85	25~33	30~55	0.02~0.03
	200	蒸汽	180~250	17~19	70~100	30~40	30~80	0.025~0.03
	150	电	215~235	18~19.5	130~160	55~66	70~85	1.8~1.9
	250	电	220~250	18~19	220~255	90~115	110~155	2.0~2.4
西伯利亚	150	电	300~320	17.5~18	100~130	55~73	80~110	2.4~4.0
	250	电	300~330	17~18	21~240	100~125	160~220	1.8~2.1
贝加尔湖	210~250	电	215~260	18.5~20	190~240	80~120	60~80	2.1~2.4
勒拿河	210~250	电	190~230	17.5~19	110~170	25~72	120~160	2.9~3.7
	380	电	215~235	17.5~19.5	340~390	220~270	110~130	2.5~2.9
	150	电	200~250	19~20	140~190	55~95	110~130	1.8~2.1
阿尔泰	250	电	200~250	18~20	200~250	80~115	120~160	1.9~2.4
	380	电	240~250	17~18	320~340	130~140	130~150	2.0~2.1
阿穆尔	150	电	175~205	19~20	180~200	65~80	140~185	1.6~2.0
	210~250	电	200~235	18.5~20	210~230	110~145	150~240	1.6~2.3
	380	电	180~200	18.5~19.5	260~300	95~110	180~200	1.2~1.8
海滨	150	电	230~240	18.5~19.5	160~180	70~85	110~135	1.7~2.2
	210~250	电	210~250	18~19.5	180~220	85~110	110~150	2.1~2.3
	380	电	195~205	18.5~19	370~390	135~145	235~240	2.2~2.3
	150	电	160~170	19~20.5	90~110	25~35	80~95	3.1~3.4
雅库吉亚	210~250	电	160~200	19~21	135~190	50~70	110~150	2.7~3.5
科雷玛	210~250	电	140~170	20.5~22.5	190~240	55~82	180~250	2.4~3.7
邱考特卡	250	电	115~135	16.5~20.5	130~185	31~47	100~140	2.0~3.6

(5) 苏联链斗式采砂船主要指标见表 14-85。

14.5.10 链斗式采砂船选矿工艺简介

目前，我国采砂船上的粗选工艺主要有溜槽、跳汰及溜槽-跳汰三类工艺流程。

使用单一型溜槽选矿工艺流程，因选矿回收率低，已被溜槽-跳汰机流程所代替。

圆型跳汰工艺流程在国外开采锡和钛铁砂矿床广泛应用。它适合于矿砂易挖、粒度均匀，以及底板较软的浅海或海滨砂矿床，其回收率可达 90% 以上。近年我国引进荷兰圆型跳汰选矿工艺，应用结果表明，在陆地砂金矿床上应用有如下缺点：一般砂金矿床，土岩粒度随挖深而增大，矿床底板附近矿砂粒度变粗，且常遇大砾石和巨砾石，筛下量不大，一般筛下量的波动范围为 10～20 倍（靠近地表矿砂的筛下量为 100% 时）。这一客观规律，使跳汰机工作条件极不稳定，选矿回收率受到严重影响，理论上跳汰机工作参数随矿浆浓度而调整，但客观上观察，砂矿进入跳汰机首到末端之径流时间不到一分钟，无法调整其参数。由此，针对砂金矿床的开采技术条件，推广圆跳式选矿工艺，在技术经济上是否合理，有待进一步研讨。

溜槽跳汰式工艺，在我国和苏联砂金矿床上广泛应用，经十几年生产实践证明，是行之有效的成熟工艺，它的特点是溜槽粗选，跳汰机扫选的工艺。为了提高溜槽回收率，最近几年开始试验并应用胶带移动溜槽，经试验和生产实践，回收率可达 70%～95%，一般 80%～85%，个别 90% 以上。

链斗式采砂船较典型的选矿工艺流程见图 14-95、图 14-96，图 14-97。

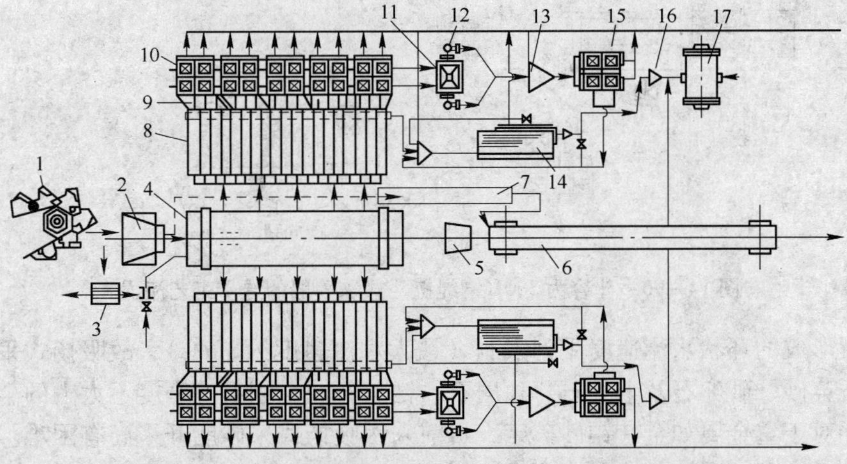

图 14-95 250L 桩柱链斗式采砂船选矿工艺流程示意图

1—挖斗；2—送料口；3—斗下捕收器；4—圆筒筛；5—砾石溜槽；6—砾石带式输送机；7—排土带式输送机；8—横向溜槽；9—分配器；10—跳汰机（尤巴式）；11—吸浆池；12—砂泵；13—脱水斗；14—摇床；15—精跳；16—脱水器；17—内混汞筒

14.5.11 吸扬式采砂船开采简介

吸扬式采砂船是利用吸头附近水流的能量将土岩与整体分离并随之被吸扬上来（图 14-98）。为了能在吸头周围形成具有一定速度的水流，通常是利用安装在平底船中的离心式砂泵，在吸管中造成负压而形成的。

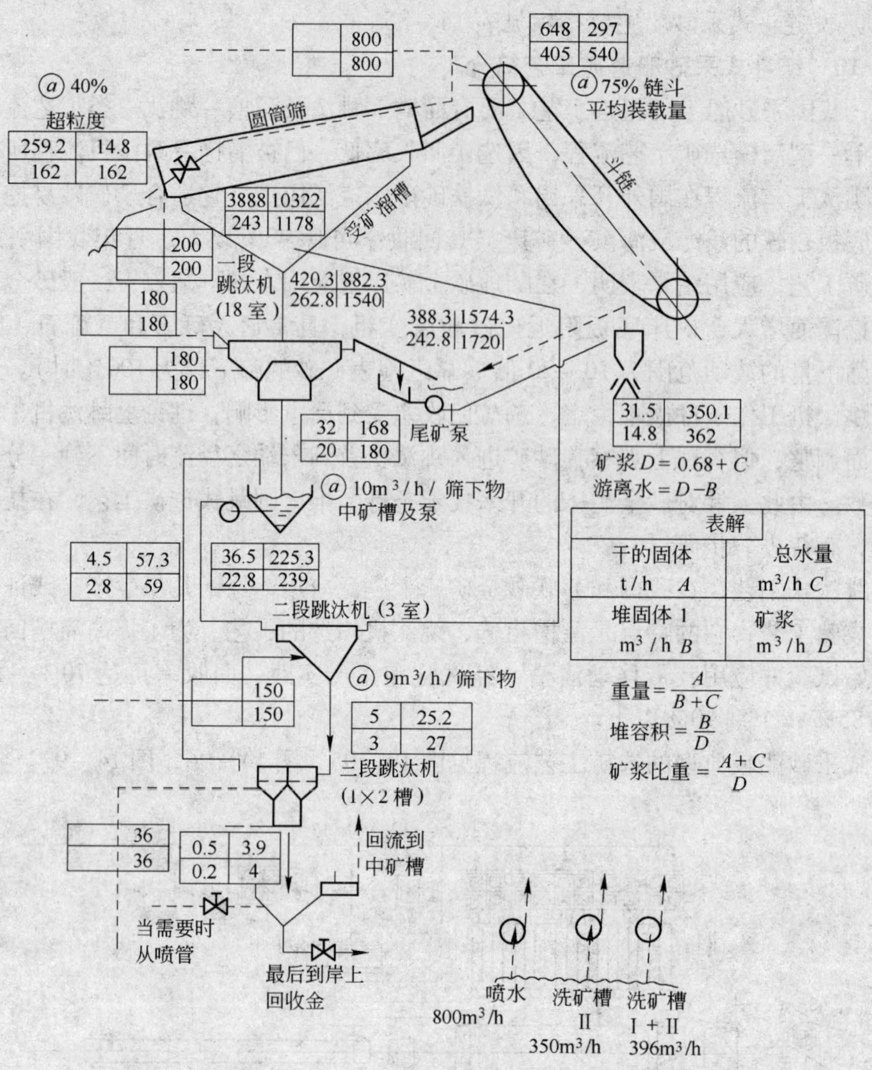

图 14－96　斗容为 300L 钢绳链斗式采砂船的选矿工艺流程

由于所形成的环状水流速度受到限制（最大水流速度约 8m/s），故吸扬式采砂船通常用于开采石英砂、砂卵石及金红石、独居石、锆英石、金刚石等密度不太大的金属和非金属砂矿床。对于重金属如金、铂砂矿床，目前采用吸扬式采砂船开采尚有困难。

吸扬式采砂船适合于开采较松散的土岩，而且要求卵石及砾石含量少。对于致密土岩，为提高吸扬式采砂船的开采效率，须对土岩采取预先松动，边松动边吸扬。土岩进行预先松动的方法有绞刀切削式（图 14－99）、轮斗挖掘式（图 14－100）、水力冲碎式（14－101）三种。目前广泛应用的是绞刀切削式，即绞吸式采砂船；近 20 多年来，轮斗挖掘式即轮斗吸扬式采砂船在国外得到迅速发展，扩大了吸扬式采砂船的使用范围，经济效益也显著提高。

吸扬式采砂船与链斗式采砂船相比较，具有结构简单、船体轻、基本投资省等优点。

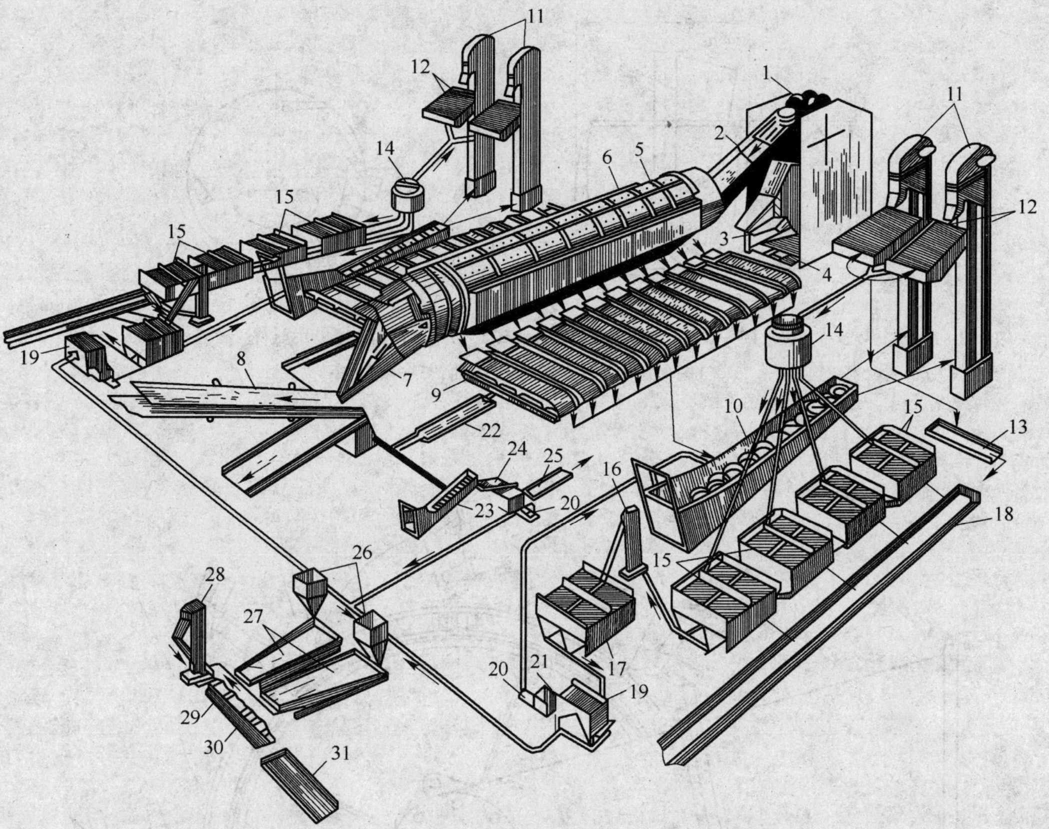

图 14－97 前苏联 OM－417 型（1971 年）400L 桩柱链斗式采砂船的选矿工艺流程示意图（带分级机和提升机）

1—送料口；2—条筛；3，5—圆筒筛；4—斗下捕收溜槽；6—分配器；7—砾石溜槽；8—砾石带式输送机；9—胶带移动溜槽；10—单螺旋分级器；11—矿砂提升机；12—振动筛；13—深溜槽；14—矿浆分配器；15—跳汰机；16—提升机；17—精选跳汰；18—尾砂溜槽；19—跳汰机；20—砂泵；21—泵池；22—捕收大块金溜槽；23—单螺旋分级机；24—振动筛；25—检查溜槽；26—精摇床料仓；27—精选摇床；28—提升机；29—球磨机；30—混汞机；31—混汞溜槽

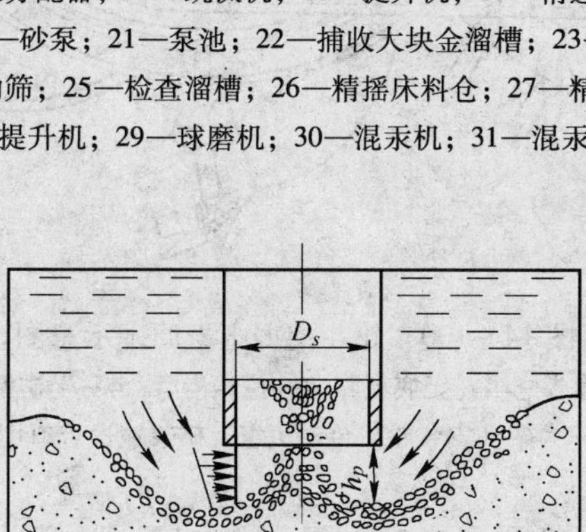

图 14－98 吸管吸取土岩原理示意图

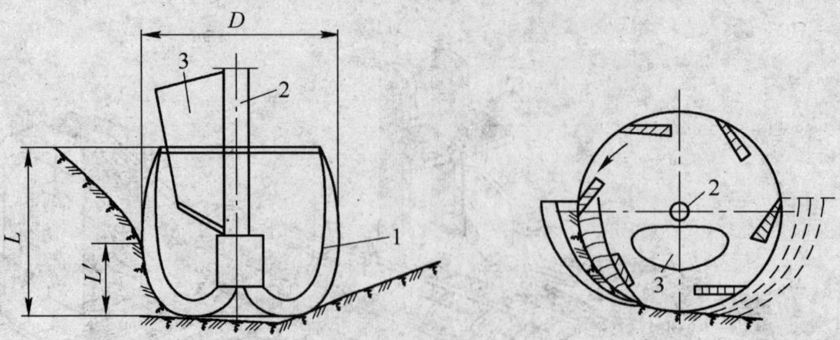

图 14-99 绞刀头（封闭式）切削土岩原理示意图

1—绞刀片；2—绞刀传动轴；3—吸浆管

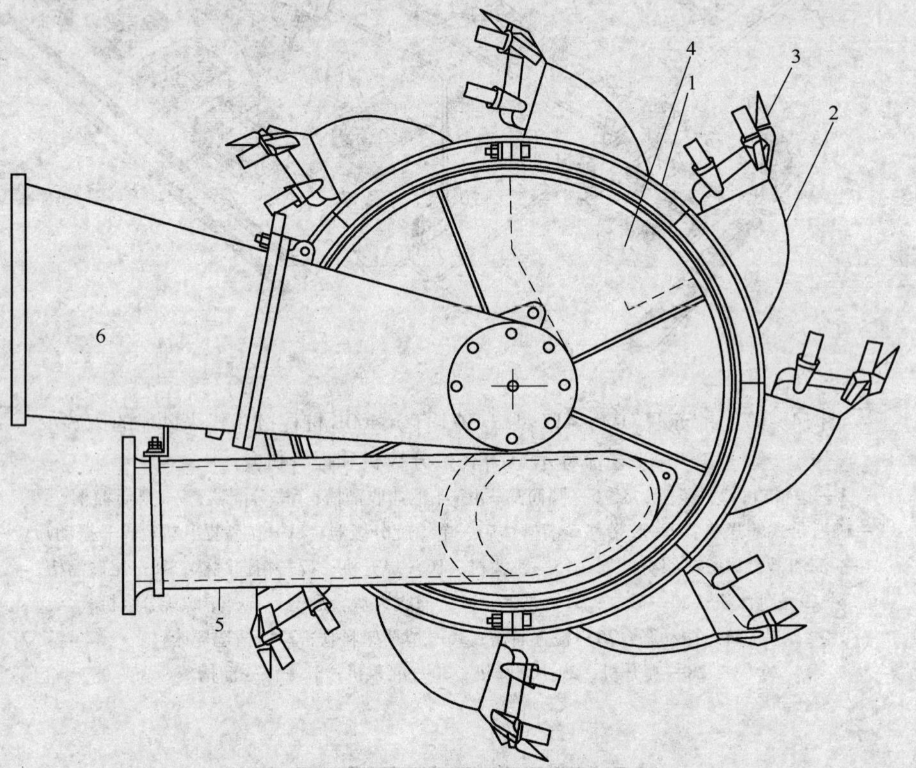

图 14-100 轮斗挖掘土岩原理示意图

1—轮斗组；2—铸造挖斗（无底板）；3—挖斗齿唇；4—受矿漏斗；5—吸浆管；
6—大架（安装轮斗传动机组及矿浆输送管道用）

14.5.11.1 绞吸式采砂船开采法

绞吸式采砂船得到较广泛的应用，我国云南锡业公司在开采尾矿库中老尾砂时，即采用绞吸式采砂船。

A 绞刀头的基本参数

绞刀的作用是切削土岩，并将其导入吸管。绞刀由绞刀轴、前端轴壳、刀架和刀片以

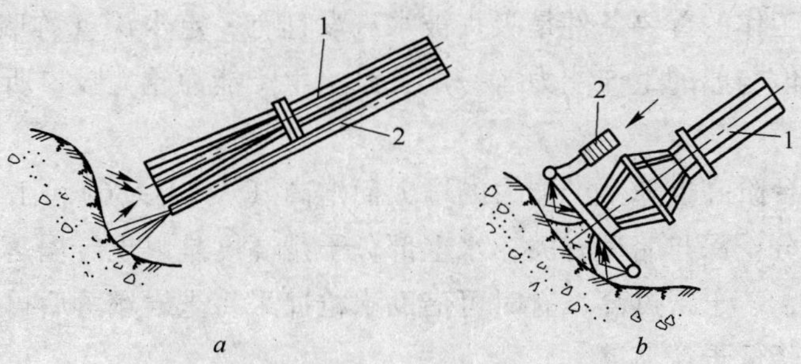

图 14－101　水力松散器工作原理图

a—水枪喷射式吸泥头；*b*—带导流环的水射流喷射头

1—吸浆管；2—压力水管；

及后端支承环组成。刀片用锰钢铸造，其他部分用铸钢制造。

绞刀有开式和闭式两大类。开式绞刀的挖掘力较大，挖黏土时不易糊住绞刀，更换刀片较容易，但碰到砾石时容易变形，对切削下来的土岩没有导向吸管的作用，故一般多用于砂质或无黏结性的土岩。

封闭式绞刀，由于其绞刀坚固，不易变形，对切削下来的土岩有导向吸管的作用，残留的土岩很少，故目前得到广泛应用。封闭式绞刀多用于挖泥，要求切片厚度小，矿浆浓度可达到25%～30%（一般为10%～15%）。

绞刀直径与绞刀长度之比一般为1.2～1.3。

绞刀的直径 D 为：

$$D = KD_s \tag{14-100}$$

绞刀的长度为：

$$L = 0.75D \tag{14-101}$$

绞刀的轴功率为：

$$N = 1.67 \times 10^{-5} nFDuL'\eta \tag{14-102}$$

式中　D——绞刀直径，m；

K——系数，$K = 3 \sim 4$；

D_s——吸管直径，m；

L——绞刀长度，m；

N——绞刀功率，kW；

F——切割力，N/m；

$u = \pi D n_o / 60$，m/s；

n_o——绞刀转速，10～30r/min；

L'——切割长度，m；

η——传动功率（%）。

B　采区主要参数

吸扬式采砂船正常工作的主要参数有：吸口深度；台阶高度；采区宽度。

吸扬式采砂船工作的首要条件是吸头被水淹没且有一定水深（称吸口深度），避免空气进入吸管。淹深值与船的生产能力有一定关系。生产能力越大吸口所需深度越大，其值不得低于1.5m。

正常工作所需台阶高也随生产能力的增大而增高（表14-86），工作台阶分水上和水下两部分：水下部分挖深与船型有关；水上部分干帮高度是以土岩塌落过程中不损坏设备和设施的原则而定，若干帮过高，有时可借助水枪冲采将土岩塌落后再进行回采，有时也用推土机铲推方法降低干帮高度。

表14-86 吸扬式采砂船台阶高度

船的清水生产能力（m^3/h）	最小台阶高度（m）	台阶水下部分最小高度（m）
<1200	2.4	1.5
1200~2000	3.2	2.5
2200~4000	4.8	3.5
>4000	6.4	5

吸扬式采砂船回采方法有扇形、平行和扇形-平行式等三种（图14-102）。选择回采方法和采幅时，应考虑管路长度和阻力最佳。即合理的挖宽按式（14-103）计算：

$$B = \sqrt{\frac{C_m}{2K_d C_o h}} \tag{14-103}$$

式中 B——采场合理挖宽，m；

C_m——管道安装费，元/米；

C_o——沿岸固定干管，单位土岩（$1m^3$）的单位运输距离（1m）的费用，元；

K_d——浮管长度与挖宽比，$K_d=1.5$；

h——台阶高度，m。

吸扬式采砂船合理挖宽见表14-87。此外，工作中应满足最小水面操作宽度（表14-88）。

表14-87 水面上工作面合理宽度

生产能力（m^3/h）	合理挖宽（m）	生产能力（m^3/h）	合理挖宽（m）
<1200	20	2200~4000	35
1200~2000	26	>4000	40

表14-88 水面上最小操作宽度

船 型	水面上最小操作宽度
绞 刀 式	绞刀架升至水面时采砂船外形长度
耙吸式（不带艏横移绞车）	采砂船长度
耙吸式（有艏横移绞车）	采砂船长度的1.5倍

14.5.11.2 轮斗吸扬式采砂船开采

绞吸式采砂船开采的主要缺点是矿浆浓度一般很难超过20%；因此其能耗较高。

为了扩大吸扬式采砂船的适用范围和提高其经济效益，目前国外已较为普遍地应用了轮斗吸扬式采砂船。这也是近代采砂船开采方面的一大成就。用轮斗挖掘（工作原理与链斗相同）的土岩直接送入吸管，达到强制送料作用（图14－100）。这种船也可以挖掘较硬的砂矿床，生产能力高，矿浆浓度可提高到20%～40%，且节能。对于有巨砾石的砂矿床，国外曾在吸管口内安装一台破碎机，以防大块进入砂泵。

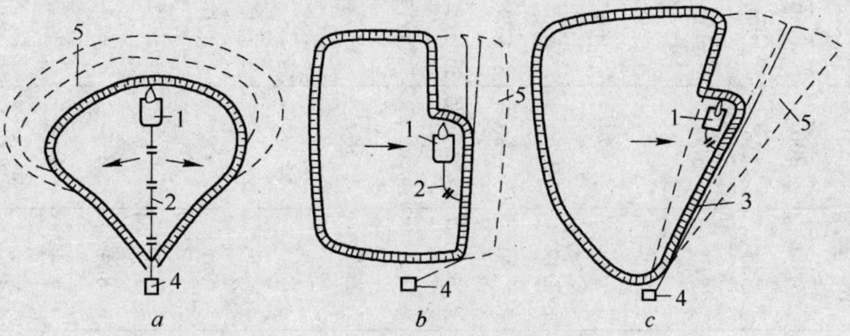

图14－102 吸扬式采砂船回采方法

a—扇形回采法；*b*—平行回采法；*c*—扇形－平行回采法

1—吸扬式采砂船；2—浮管；3—岸上干管；4—砂泵站；5—采掘带

轮斗吸扬式采砂船开采与绞吸式和链斗式采砂船开采技术经济指标的对比见表14－89。

表14－89 不同类型采砂船开采技术性能对比

项　目	链斗式采砂船	绞吸式采砂船	轮斗吸扬式采砂船
初期投资	大	小	小
生产成本	低	略高	低
砂矿粒度	不怕砾、卵石	怕大块	不怕大块
矿物比重	不限	较轻	不限
最大开采深度（m）	50	30	30
生产能力（m^3/h）	100～500	78～2523（矿浆）	76～3060（矿浆）
与粗选厂关系	采选合一	采选分体	采选分体
机动性	欠	好	好
风浪影响	大	小	小
零件磨损	大	小	小

目前国外制造轮斗挖掘吸扬式采砂船的公司有澳大利亚诺曼公司和美国的埃利柯特公司。诺曼公司出产的轮斗吸扬式采砂船的主要技术性能见表14－90。

表 14-90 澳大利亚诺曼公司生产的轮斗吸扬式采砂船的技术性能

性能指标	型号												
	200-8LE	250-10LE	250-12L	250-12LE	350-10LD	350-12LE	350-12LD	350-14LE	350-14LE	350-14LD	350-16LDE	350-18LE	500-28L
生产能力（t/h）	175	300	550	600	320	680	275	400	750	600	476	2000	975
矿浆重量浓度（%）	40	30	35	35	26.1	31	28	16~23	33	35	18.6	40	18
输浆管长度（m）	700	150	750	250	3180	650	1500	1200	300	1150	2100	600	160
输浆管直径（mm）	203	250	305	336	254	336	305	384	356	350	450	500	500
流量（L/s）	120	190	340	372	265	440	280	540	500	400	630	1020	1300
最大挖深（m）	7.6	10	10	10	10	23	15	10	15	15	15	15	20
总扬程（m）	45	19	70	25	78	72	90	64	57	60	110	52	27
物料容重（t/m^3）	2.6	2.1	2.6	2.6	2.112	2.65	1.46	2.14	2.65	2.65	2.6	2.65	2.8
浆液比重（t/m^3）	1.37	1.51	1.28	1.28	1.286	1.24	1.24	1.30	1.26	1.28	1.26	1.34	1.134
潜水砂泵规格(进/出,cm)	20.3/15.2	25.4/20.3	30.5/25.4	30.5/25.4	25.4/20.3	30.5/25.4	30.5/25.4	35.6/30.5	35.6/30.5	35.6/30.5	40.6/35.6	45.7/40.6	68.6/61
平台砂泵规格(进/出,cm)					10/8		12/10			14/12	16/14		
电力安装功率（kW）	180	350		600	1050	1050		1520	1380		1850	1800	
柴油机功率（kW）			850		109	109	1135	109		687	109	109	1275
轮斗直径（m）	1.5	1.82	2.4	2.4	2.4	2.4	2.4	2.4	3.0	2.4	2.4	3.8	3.4
轮斗功率（kW）	100	100	100	100	180	100	180	370	370	110	100	370	180
船体长度（m）	20.1	25.75	25.75	25.75	39.5	39.5	39.5	39.5	39.5	39.5	39.5	39.5	
船体宽度（m）	3.8	7.4	7.4	7.4	8.4	8.4	8.4	8.4	8.4	8.4	8.4	8.4	
船体高度（m）	1.2	1.6	1.6	1.6	1.4	1.4	1.4	1.4	1.4	1.4	1.4	1.4	
总重量（t）	24.6	90.3	90.3	90.3	141	141	141	141	141	141	141	141	
售价（到中国的价）（万澳元）（1987年资料）	64	92	182.5						235				

参 考 文 献

1 徐克勤等编著，矿床学，高等教育出版社，1965

2 孙盛湘等编著，砂矿床露天开采，冶金工业出版社，1985

3 水泥矿山设计手册编写组，水泥矿山设计手册，中国建筑工业出版社，1984

4 葛鹏图，砂矿床露天机械开采述评，沈阳黄金专科学校学报，1983，№2

5 何正忠，我国轮胎式装载机制造与使用情况，化工矿山技术，1981，№1

6 В. П. Березии，справочник по разработке россыпей，москва，1973

7 Г. А. Нурок，Продесс и технология гидро мсханизация открытых горных работ，недра，1979

8 Г. А. Сулин，Техника и технология разработки россыпмсй открытыи способом，Москва. 1974

9 С. С. Шавловский，Основы динамика струй при разрушения горного массива，москва，1979

10 王孟尝，陈志强主编，采金船及采选工艺，未公开出版著作

11 胡秉俊，采金船基坑位置的选择及其尺寸的确定，黄金，1981，№1

12 孙祥久，东西伯利亚砂金矿永冻层的水针解冻法，黄金，1980，№4

第15章 溶浸、水溶、热熔采矿及盐湖矿床开采

15.1 概 述

当今，矿产的年开采量已十分巨大，人们对矿产的品种和数量的需求还在不断增多，对那些大型的、地质条件复杂、埋藏深、品位低、成分复杂的和交通不便的矿床，进行开采和处理已势在必行，易采易选的矿产资源在不断减少，矿山基建费用和生产成本在逐渐上涨，以及采矿、加工过程的环境污染问题日益引起人们的关注。如果一律沿用常规方法开采这些特定条件下的矿床，在技术上有很大难度，安全生产和环境保护将受到威胁、经济上很难合理，资源会造成极大的损失。严峻的形势，促使人们研究开采的新途径，创造开采的新方法。于是各种特殊采矿方法应运而生，并得到应用和迅速发展。

溶浸、水溶、热熔采矿及盐湖矿床开采是根据某些矿物的物理化学特性，将工作剂注入矿层（堆），通过化学浸出、质量传递、热力和水动力等作用，将地下矿床或地表矿石中某些矿物，从固态转化为流动状态——溶液、熔融液、气体或悬浮流体，然后回收，以达到开采目的的采矿方法。这些采矿法具有以下技术特征：

（1）通常以钻孔开拓，通过专用装备进行开采。

（2）直接作用于矿体的回采“工具”是工作剂——流体（溶剂或载热体等）。

（3）回采过程是通过改变注入工作剂的温度、压力、流量、流速和浓度等参数，在地表进行控制，以及改变注采点来实现回采过程特性，决定着开采区大小的形状。

（4）不论是选择性回采还是非选择性回采，矿床既是开采对象，也是工艺过程中物理化学作用的场地，原地加工，将矿石中有用成分提取，其他物质原地留下。

（5）采出的产品不是矿石而是溶浸液等流体，用气举、水力提升或自流输送至地表。

本章溶浸、水溶、热熔采矿方法有：堆浸法、原地浸出法、微生物在采矿中的应用，钻孔水溶法、钻孔热熔法、钻孔水力法。

我国盐湖多，矿产资源丰富，盐湖矿床以其地质特点和盐湖盐类矿物具有良好的可溶性，多有利于溶解法开采，故将盐湖矿床开采纳入本章。

以上采矿方法的优越性表现为：

（1）可增大开采深度，回采常规方法难以回采的矿产资源，故能扩大矿产工业储量。

（2）开拓工程量小，建设周期短，随开采深度的增加，其优越性更为突出。

（3）基建费用少，生产成本低，还可使有用矿物从抽出液中以商品形态回收。

（4）劳动条件好，环境影响较小，矿工可从地下和繁重的劳动中解脱出来。对地表的破坏及对水和空气的污染少，有利于卫生防护和环境保护。

溶浸、水溶、热熔采矿方法受矿石性质、地层渗透性和其他难以控制的自然地质条件所局限，只能应用于特定的地质、水文地质条件的矿山，在赋存条件复杂的矿床中，还难以获得满意的回采率；加之缺少必需的理论基础指导，因此目前在某些矿种的应用上还受一定限制。

这些方法的采矿技术涉及范围很广，还继续需要多学科的技术综合运用；某些工艺方法只是在有限范围内起步，还有需要继续开拓新的领域；已应用于工业生产的开采工艺还具有不断改善采矿效果的巨大潜力。今后研究与改进的内容是：

用化学热力学原理及宏观动力学方法，研究复杂的多相浸出过程速度及反应机理；研究在伴有三种传递（热能、物质和动量）现象的反应动力学，探索强化和控制反应速度的途径；运用新的采矿法观点，评价矿产资源；研究人工改善矿床渗透性的有效方法；培养对矿物有较大分解能力而又较稳定的新型菌种；解决原地测定矿床的物理和水文特性的方法和仪表；保证碎矿质量的爆破材料和方法；注液和回收系统的最佳化；一孔开采多层矿的可能性；模型模拟及从实验室和现场试验数据的按比例扩大；监测、控制和生产自动化的研究等工作。溶浸、水溶、热熔采矿有待进一步扩大应用范围：除岩盐、钾盐、铜、铀、自然硫、天然碱、金、银以外，还应扩大到锰、镍、钴、铝、磷灰石等矿的浸出；汞的钻孔回采原地焙烧；在矿化带中进行核爆炸。然后注入氧和工作剂原地浸出的联合开采；建设人工地下热炉和利用天然热水矿床以开发地热能源；硫化氢、二氧化碳等气矿的开采；研究利用盐腔储存压力液体和气体以及处理工业废料和放射性废料的可能性等。

从产品溶液中提炼回收产品的加工工序较简单。对有色、稀有、贵重金属矿行之有效的方法有置换沉淀、化学沉淀、有机溶剂萃取、离子交换树脂吸附和电解还原法等。对岩盐和钾盐卤液常采用多效真空蒸发法。天然碱的碱卤加工有蒸发浓缩、碳化和苛化法等。液硫脱碳方法有蒸馏、过滤和浓硫酸处理法等。水力法开采的矿浆进行浮选处理，水砂混合采出物在工地直接冲洗选别。

总之，许多矿产的供需矛盾已越来越突出，迫使我们研究和运用以上方法合理开采较贫的深埋的含多种矿物的和偏远地区的矿产。电能和微生物催化反应的应用，为这些采矿方法的大规模运用，提供了广阔前景，时代的需要和科学技术的发展、溶浸、水溶、热熔、采矿法及盐湖矿床开采必将迅速充实和完善，其有效性、灵活性和适用性必将更大提高，更多的矿产资源必将得到合理开发和利用。

15.2 堆 浸 法

堆浸法是指将溶浸液喷淋在矿石或废石（边界品位以下的含矿岩石）堆上，在其渗滤的过程中，有选择地溶解和浸出矿石或废石堆中的有用成分，使之转入产品溶液中，以便进一步提取或回收的一种方法。

按浸出地点和方式的不同，堆浸可分为露天堆浸和地下堆浸两类，前者用于处理已采至地面的低品位矿石、废石和其他废料；后者用于处理地面以下、地下水位以上的残留矿石或矿体。

露天的废石堆浸多未经破碎而按其产出时的形状大小和成分直接浸出。浸堆溶量大（多达数十万至数亿吨），底板多未经预先修整，浸出条件简陋，浸出效率不高，浸出周期较长（以年计）。露天的矿石堆浸通常经过初碎和分级；经济价值高的矿石还可进行细碎或制粒等预处理；矿石块度与品位比较均匀，可浸性较好；堆浸场底板预先经过清理或平整，并采取了防止溶液渗漏和防洪防溢等措施；筑堆方法与布液方式比较合理，浸出效率较高，浸出周期较短（以周或月计），总的经济效益与环保条件比较好。

地面以下，地下水位以上的矿体或矿石，如矿石具有可浸性，底、顶板围岩不渗漏，也可进行喷淋堆浸。已破碎的矿石可直接浸出，未采动过的矿体或矿柱，需预先松动爆破待破碎后再行浸出。

为了处理含硫化铜和氧化铜的混合富矿，还可将矿石破碎筛分后的矿砂装进人工浸出槽中，再将加热溶浸液逆流通过矿石浸出槽，获得的浸出液用电积法回收铜，此法称槽浸。

15.2.1　堆浸的适用范围及其优缺点

堆浸的适用范围如下：

（1）处于工业边界品位以下，但其所含金属量仍有回收价值的贫矿与废石。按现有技术水平，国外堆浸法可经济处理的最低品位，铜矿石含铜 0.12%，金矿石含金 0.7g/t，铀矿石含铀 0.05%。

（2）品位虽在边界品位以上，但氧化程度较深的难处理矿石。

（3）化学成分复杂，并含有有害的伴生矿物的低品位金属矿与非金属矿。

（4）被遗弃在地下、暂时无法采出的采空区矿柱、充填区或崩落区的残矿、露天矿坑底或边坡下的分枝矿段及其他孤立的小矿体。

（5）其中金属含有量仍有利用价值的选厂尾矿、冶炼加工过程中残渣与其他废料。

堆浸法已有多年的生产实践，现在正作为一种技术上较成熟的工艺广泛应用于从相应的低品位矿石或废石中提取铜、铀、金、银。

堆浸法有如下优点：

（1）无需庞大的基础工程和复杂昂贵的生产设备，故基建周期短而投资省。

（2）生产费用和能源消耗较常规的选冶流程低。

（3）能经济地处理用常规的选冶方法不经济或难处理的贫矿、废石或其他原料。

（4）直接从贫矿石中获得产品溶液或产品，其价值一般均高于矿山传统产品——矿石与精矿的价值，故可提高矿山的经济效益，改善矿山产品结构。

（5）可回收矿山表外贫矿，扩大工业储量，充分利用矿山闲置资源，提高金属总回收率和矿产资源综合利用效率。

堆浸法的主要缺点是浸出速度慢、浸出效率低、生产周期长，且其应用受以下条件制约：

（1）矿石中的有用矿物成分具有可浸性；

（2）矿石本身有孔隙，可渗透；

（3）地下堆浸的矿体，其底板与围岩不透水；

（4）有适用、价廉且能再生以供循环使用的溶浸剂可供利用；

（5）有技术上的成熟，经济上合理而又为环境保护法规所许可的提取回收金属的工艺流程适于应用。

以上条件中，尤以有用矿物的可浸性和矿石的渗透性是堆浸法获得实际应用的基础。

15.2.2　堆浸工艺流程

堆浸工艺流程是根据矿石类型及其中有用矿物成分的物理化学性质所决定的。

迄今，在工业上已普遍应用的堆浸工艺流程有：低品位铜矿石或废石的露天堆浸、地下铜矿崩落区或采空区残矿的地下堆浸、低品位铀矿石的露天堆浸和地下铀矿采空区残矿的地下堆浸以及低品位金、银矿石的露天堆浸。

15.2.2.1 铜矿堆浸工艺流程

自然界中主要的含铜矿物有：辉铜矿（Cu_2S）、铜蓝（CuS）、黄铜矿（$CuFeS_2$）、斑铜矿（Cu_5FeS_4）、硫砷铜矿（Cu_3AsS_4）、黝铜矿（$Cu_8Sb_2S_7$）、砷黝铜矿（Cu_3AsS_3 或 Cu_8AsS_7）、方黄铜矿（$CuFe_2S_3$）等硫化矿；还有石青（$Cu_3[OH]_2[CO_3]_2$）、孔雀石（$Cu_2[OH]_2CO_3$）、硅孔雀石（$CuSiO_3 \cdot 2H_2O$）、黑铜矿（CuO）、赤铜矿（Cu_2O）、透视石（$CuSiO_3 \cdot H_2O$）水胆矾（$CuSO_4 \cdot 3Cu[OH]_2$）等氧化矿及自然铜。

铜的氧化矿物及硅酸盐矿物均易溶于稀硫酸中，成为硫酸铜水溶液：

$$2CuCO_3Cu(OH)_2 + 3H_2SO_4 \longrightarrow 3CuSO_4 + 4H_2O + 2CO_2$$

$$CuO + H_2SO_4 \longrightarrow CuSO_4 + H_2O$$

$$CuSiO \cdot 2H_2O + H_2SO_4 \longrightarrow CuSO_4 + SiO_2 + 3H_2O$$

氧化亚铜矿物（赤铜矿）溶解较慢，但如有氧或 Fe^{3+} 离子存在，在常温下亦可迅速溶解于硫酸：

$$Cu_2O + 2H_2SO_4 + \frac{1}{2}O_2 \longrightarrow 2CuSO_4 + 2H_2O$$

自然铜也需先行氧化，然后始能溶解于硫酸：

$$Cu + H_2SO_4 + \frac{1}{2}O_2 \longrightarrow CuSO_4 + H_2O$$

铜的硫化矿物难溶于硫酸。其中铜蓝与黄铜矿本身含有足够的硫，需加入氧化剂使之氧化生成可溶性硫酸盐。辉铜矿与斑铜矿等矿物含硫较少，除氧化剂外还需加入硫酸使之生成可溶性硫酸盐：

$$CuS + 2O_2 \longrightarrow CuSO_4$$

$$CuFeS_2 + 4O_2 \longrightarrow CuSO_4 + FeSO_4$$

$$2Cu_2S + 5O_2 + 2H_2O \longrightarrow 2CuSO_4 + 2Cu(OH)_2$$

$$4Cu_2S + O_2 \longrightarrow 4CuS + 2Cu_2O$$

$$Cu_2S + 2O_2 \longrightarrow CuSO_4 + Cu$$

上述反应活化能值很高，常温下反应速度很慢，不能满足工业生产要求。但铜的硫化矿物易溶于酸性硫酸铁溶液中：

$$CuS + Fe_2(SO_4)_3 \longrightarrow CuSO_4 + 2FeSO_4 + S$$

$$CuFeS_2 + 2Fe_2(SO_4)_3 + 3O_2 + 2H_2O \longrightarrow CuSO_4 + 5FeSO_4 + 2H_2SO_4$$

$$Cu_2S + Fe_2(SO_4)_3 \longrightarrow CuS + CuSO_4 + 2FeSO_4$$

$$Cu_5FeS_4 + 6Fe_2(SO_4)_3 \longrightarrow 5CuSO_4 + 13FeSO_4 + 4S$$

上述反应中生成的 $FeSO_4$ 和元素硫借助空气中氧和矿坑水中的细菌的作用氧化为 $Fe_2(SO_4)_3$和硫酸，继续溶解硫化铜矿物，同时矿石中伴生的黄铁矿在空气中的氧和细菌的作用下也生成硫酸和硫酸铁，参与硫化铜矿物的溶解反应：

$$FeS_2 + 3\frac{1}{2}O_2 + H_2O \longrightarrow FeSO_4 + H_2SO_4$$

$$FeS_2 + Fe_2(SO_4)_3 \rightleftharpoons 3FeSO_4 + 2S$$

因此，基于铜矿石及含铜矿物的上述化学性质，对于含氧化铜和硅酸铜的矿石，堆浸时应采用以稀硫酸为溶浸液，以化学浸出为主的工艺流程；对于含硫化铜的矿石，堆浸时应采用以酸性硫酸铁为溶浸液，以化学浸出与细菌浸出并重的工艺流程。

铜的氧化矿石与硅酸盐矿石堆浸工艺（从原矿到铜的产品）流程示意图见图 15－1。

铜的硫化矿石或废石堆浸工艺（从原矿或废石到铜的产品）流程示意图见图 15－2。

地下堆浸时，除对未采动的矿体或矿柱需选择适当方式先行松动破碎外，其余均与图示流程相同。

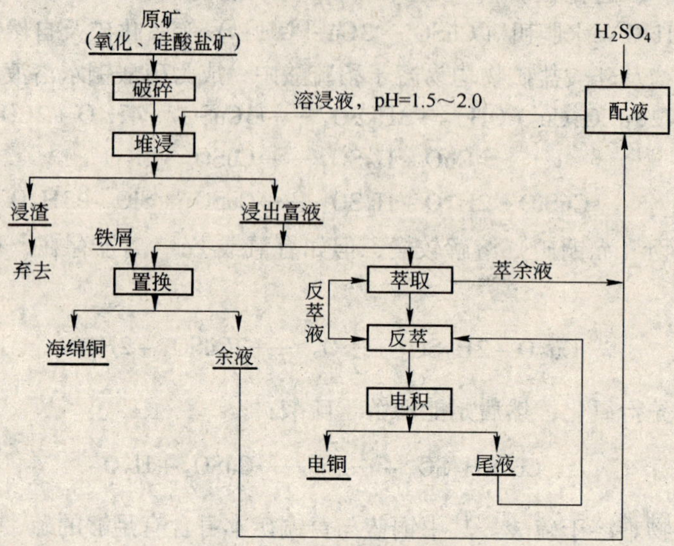

图 15－1 铜的氧化矿与硅酸盐矿石堆浸工艺流程

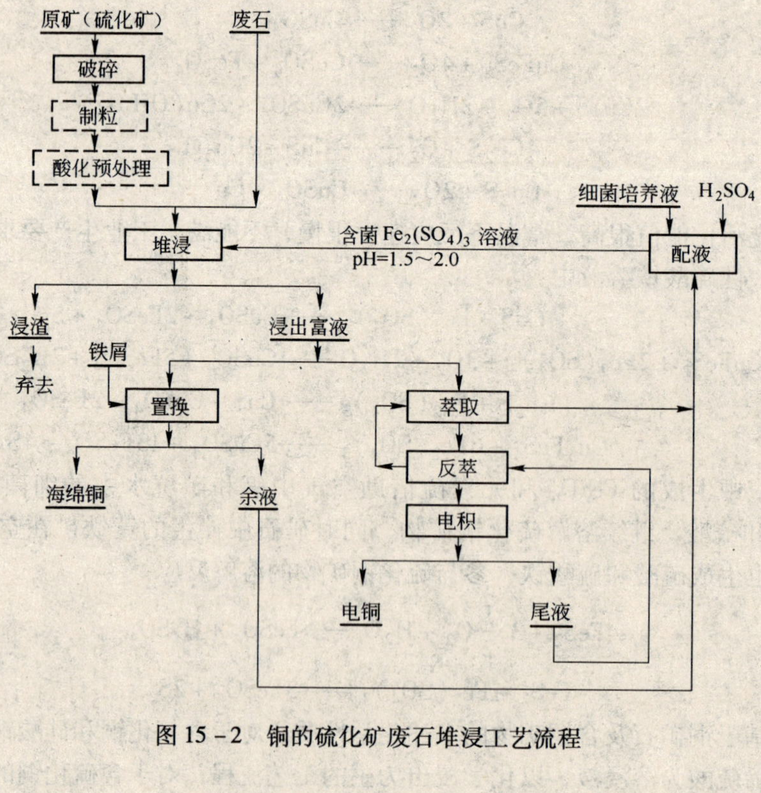

图 15－2 铜的硫化矿废石堆浸工艺流程

15.2.2.2 铀矿堆浸工艺流程

主要铀矿物有：钛铀矿〔$(U,Th)Ti_2O_6$〕、晶质铀矿〔$(U,Th)O_2$〕、沥青铀矿〔$UO_2-UO_{2.5}$〕铀石〔$U(SO_4)_{1-x}(OH)_x$〕、钙钛铀矿〔$U_2(TiCa)_2O_6(OH)$〕、硅钙铀矿〔$Ca(UO_2)Si_2O_7 \cdot 6H_2O$〕钙铀云母〔$Ca(UO_2)_2(PO_4)_2 \cdot 10H_2O$〕铜铀云母〔$Cu(UO_2)_2(PO_4)_4 \cdot 10H_2O$〕、铝铀云母〔$HAl(UO_2)_2(PO_4)_4 \cdot 16H_2O$〕钾钒铀矿〔$K_2(UO_2)_2(VO_4)_2 \cdot 3H_2O$〕、钒钙铀矿〔$Ca(UO_2)_2(VO_4)_2 \cdot 8H_2O$〕等。可分为次生六价铀氧化矿物和原生四价铀化合物两大类。前者易溶于酸性或碱性介质中，而后者需先氧化成六价始能溶解于酸或碱中。常用的氧化剂有氧、过氧化氢、氯酸钠、软锰矿、高锰酸钾、硝酸及 Fe^{3+} 离子等。

铀矿的浸出可选择酸浸或碱浸，视矿石的矿物组成和脉石性质而定。酸浸流程简便，成本较低，故应用较广，但如脉石中含有较多的碳酸盐或其他碱性成分致使酸耗过高时，则只能采用碱浸法。

酸浸时四价铀被氧化为六价铀后与硫酸反应生成可溶性硫酸铀酰并进入浸出液：

$$UO_3 + H_2SO_4 \longrightarrow UO_2SO_4 + H_2O$$

$$U_3O_8 + \frac{1}{2}O_2 + 3H_2SO_4 \longrightarrow 3UO_2SO_4 + 3H_2O$$

碱浸的反应式则为：

$$UO_3 + 3Na_2CO_3 + H_2O \rightleftharpoons Na_4UO_2(CO_3)_3 + 2NaOH$$

为了使反应继续向右顺利进行，必须加入碳酸氢钠以中和氢氧离子，并用氧作氧化剂。

酸浸或碱浸所得的浸出液，经离子交换或溶剂萃取法净化和浓缩之后可用氨水或氢氧化钠沉淀，所得黄饼（含 U_3O_8 80% 以上）送冶炼厂处理以制得最终产品；纯净浸出液也可直接送水冶厂处理。

铀矿石堆浸工艺流程（从原矿到产品溶液）示意图见图 15－3。

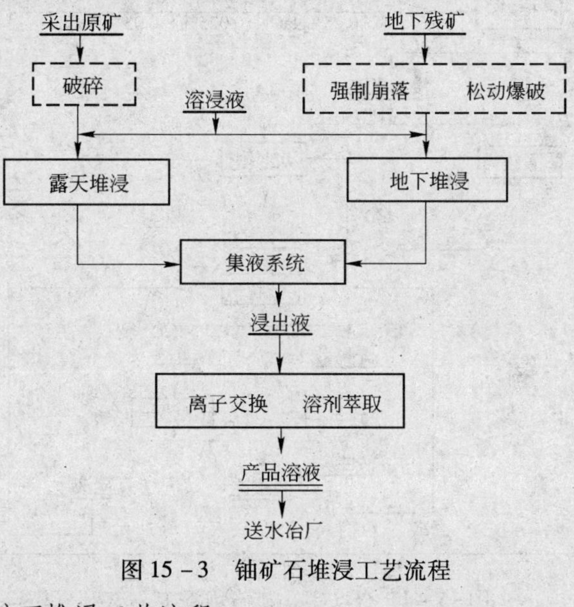

图 15－3 铀矿石堆浸工艺流程

15.2.2.3 金银矿石堆浸工艺流程

金在矿石中多呈自然金和金银矿共生并以微粒或片状嵌布在矿石裂隙与层理面上，易溶解于稀氰化物溶液中，当溶液中氰化钠浓度达到0.05%时溶解反应即迅速进行。为了溶解完全，氧的作用是必不可少的。有时金与黄铁矿及其他金属共生，含有砷与碲的金矿石不宜直接浸出；其他重金属如铜、铁、铅、锌、锑等均消耗氰化物，且不利于金银的溶解；黏土及含碳物质既易造成矿堆堵塞并消耗氰化物，且会吸附部分金银。导致贵金属损失。故应尽量避免其不良影响。

银除自然银外，还呈硫化银及氯化银存在于矿石中，这些均易溶于氰化溶液中，且无需氧的参与。但速度较慢，只及金的一半。

金与银在氰化浸出过程中的反应式如下：

$$2Au + 4NaCN + \frac{1}{2}O_2 + H_2O \longrightarrow 2Au(CN)_2^- + 2Na^+ + 2NaOH$$

$$Ag_2S + 4NaCN \longrightarrow 2Ag(CN)_2^- + 2Na^+ + Na_2S$$

$$AgCl + 2NaCN \longrightarrow Ag(CN)_2^- + Na^+ + NaCl$$

鉴于氰化物具有毒性，近年来关于硫脲、硫代硫酸盐、溴化盐、（包括新近问世的BIO－D溶浸剂）和酸性氯、碘等无氰、无毒溶浸剂的研究工作颇引人注目；但这些非氰溶浸剂均价格高昂，且浸出效果并不如氰化物浸出效果好，至今未能在工业生产中广泛应用；而氰化物由于其经济实惠，浸出率高且具有生物可降解的特性，目前仍是适于金银矿堆浸的最佳溶解剂。

金银矿石堆浸工艺流程（从原矿到金银锭）示意图见图15－4。

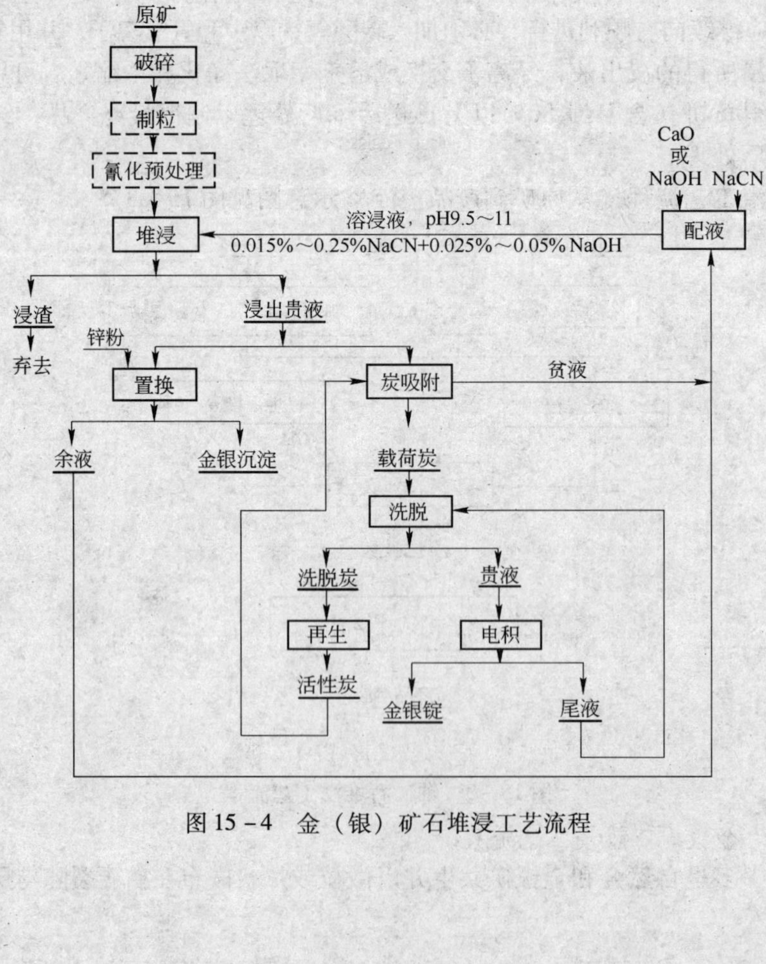

图15－4　金（银）矿石堆浸工艺流程

15.2.3 浸出过程机理简述

浸出过程不仅是化学热力学过程，也是多相反应动力学过程。按照系统工程的观点，整个矿堆实际上是一个大的非稳态系统。其中的相关因素在不断变化。此大系统又可分为五个子系统：

（1）外扩散区。溶浸液中的化学液剂通过在此区内对流扩散与分子扩散，从主液流扩散并吸附在矿石颗粒表面上。

（2）内扩散区。溶剂在此区内从矿石颗粒表面通过分子扩散经由孔隙和毛细裂隙渗透至矿物内部并排挤出孔隙液。

（3）化学反应区。溶剂与矿物中的有用成分发生化学反应，使矿物由固相转入液相，生成含可溶性金属盐的新孔隙液，其浓度逐步达到饱和浓度。

（4）内扩散区。新孔隙液从矿物颗粒内部扩散到其外表面。

（5）外扩散区。金属溶液离开矿物颗粒表面向外扩散进入主液流，形成浸出富液。

由此可见浸出过程与溶解化学反应过程及扩散过程都有关。就溶解化学反应过程而言，氢离子与可溶性阴离子的结合反应是溶解反应的基础。其速度快且不可逆。故一般说浸出并非化学反应速度控制过程。

就扩散过程而言，根据菲克（Fick）定律，外扩散区的扩散速度与反应剂的扩散系数、沿扩散方向的反应剂浓度梯度及液－固相界面面积有关。内扩散区扩散速度与矿物颗粒大小及其中孔隙与毛细裂隙的数量、几何形状及弯曲程度有关。在溶剂作用下，矿物颗粒可分为外部已部分浸出的多孔区、中间反应区和核心未反应区三部分。随着浸出反应的进行，多孔区逐步向纵深发展且厚度不断增大，同时扩散阻力也随之增大，使质量传递受阻，浸出速度明显减慢。

由上可知，液－固相界面上的化学反应速度远较扩散过程速度快，故浸出过程实质上是为扩散过程速度所控制的多相反应动力过程。总之，提高溶浸液中反应剂的质量浓度，改善矿石本身和矿堆内部的渗透性，增加溶液流速，扩大并不断更新液－固相界面面积、减少界面层厚度与阻力以加速矿堆中内、外扩散区的扩散过程，是堆浸得以成功的关键。

15.2.4 堆浸作业步骤与基本设施

堆浸作业一般分五个步骤进行：（1）矿石的准备；（2）堆浸场底板的铺垫；（3）筑堆；（4）布液与集液；（5）金属产品的提取、回收与熔炼。

15.2.4.1 *矿石的准备*

废石按其产出时的原形大小直接在露天堆浸。矿石则视其品位结构和经济价值的不同以决定其堆浸前的加工程度。露天堆浸的矿石准备有四种基本方式：

（1）不经任何破碎以原矿形式直接堆浸；

（2）一般粗碎至300～400mm以下然后堆浸；

（3）两段破碎至6～25mm以下并制粒然后堆浸；

（4）在制粒时加入溶浸液进行预处理然后堆浸。

品位较低因而经济价值不高，或裂隙与层理发育，不破碎也易浸出的贱金属矿石多采用（1）、（2）两种方式。品位价值较高的贵金属矿，或含泥与粉矿较多、性脆易碎以致影响矿堆渗透性的矿石，或不破碎不足以有效解离有用成分的难处理矿石，一般多采用（3）、（4）两种方式。在此情况下，加工与预处理后所取得的经济效益，应能补偿由此而增加的生产成本。

高铁酸化预处理适用于性脆易碎或含泥较多的氧化硫化混合铜矿石。原矿经破碎至6mm以下，然后在搅拌机中与硫酸或硫酸高铁溶液（每吨矿石约加25kg）及水（每吨矿石约加40kg）混合并制粒。粒矿在堆矿场上进行酸化处理24小时后再行堆浸。筑堆时分层堆放，每分层一般不超过3m，此即高铁酸化制粒处理——薄层堆浸法。

制粒氰化预处理适用于含泥及碳制物料过多、破碎时生成大量粉矿的金银矿石或金银呈微粒嵌布、部分与硫化矿物（如黄铁矿）形成固溶体或包裹体的低品位金银矿石。原矿破碎至10~25mm以下，然后与石灰或水泥（2~4kg/t矿石）及水或浓氰化钠溶液（8~16kg/t矿石）混合、制粒，控制其最终水分约12%。筑堆时将粒矿置于堆浸场上预处理至少8小时。一方面使水泥养护，以达到必要的强度；另一方面让氰化物与贵金属充分接触和先行反应，此后即可按常规浸出。

矿石准备的基本设施有：破碎设备如颚式破碎机、标准圆锥破碎机、短头圆锥破碎机和反击式破碎机等；制粒设备如带式制粒机、圆筒制粒机和圆盘制粒机等，其中圆盘制粒机因结构简单、操作方便、生产率高，成本低、粒度均匀等优点而得到广泛应用。上述设备均为选冶厂常规设备，在此不必赘述。

实践证明：堆浸之前适当破碎、筛分或制粒、预处理可提高矿石本身的可浸性及浸堆的渗透性，避免发生液流不匀、堵塞、沟流等不良现象，从而加速浸出过程，缩短堆浸周期，提高金属回收率，降低溶剂消耗和产品成本。

地下堆浸时，对于崩落的采空区或充填区内的残矿，可按原状大小原地浸出。对尚未崩裂的矿柱或未采动的矿体，应强制其崩落或以适当方法爆破，以达到浸出所要求的块度与渗透性。主要爆破方法有：

（1）凿岩爆破：即用常规方法与设备使矿柱崩落，并在井下形成块度合适、易于渗透的矿堆；

（2）药室（坑道）爆破：即在原有或补充巷道与硐室内装入常规炸药进行松动爆破，使矿体破碎成平均块度为200~300mm、孔隙度13%~17%的矿堆。如表土较薄，可用微差爆破将表土与矿体一起揭露，然后适当平整形成台阶或垄沟，以备布液浸出。

（3）钻孔爆破：即按设计好的布孔方案，从地面向矿体钻进垂直与倾斜钻孔。装入炸药进行松动爆破，以形成块度合适的地下碎矿堆。炮孔直径为146~250mm不等，小径

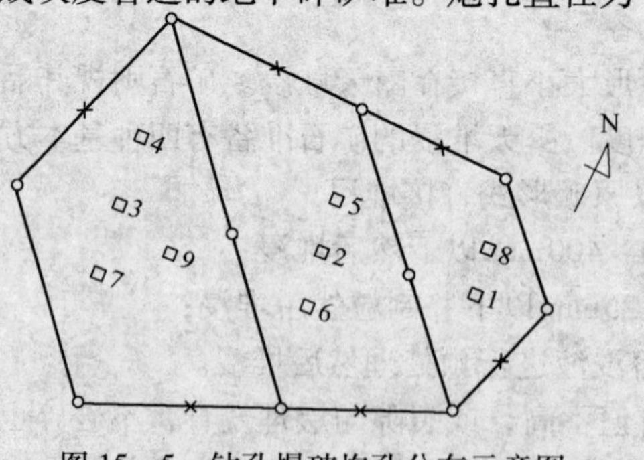

图15-5　钻孔爆破炮孔分布示意图

○—爆破炮孔；×—9毫秒延发；□—金刚石岩心钻孔

1、2、3—爆破之前；4、5、6、7、8、9—爆破之后

炮孔网度一般为3×3m，大径炮孔网度一般为6×7m。爆破后最大块度不超过230mm，平均块度为50～70mm，可以满足浸出的要求。钻孔爆破炮孔布置示意图见图15－5。

15.2.4.2 铺垫堆浸底板

露天废石堆浸场多选择山谷坡地略加修整，其底板一般未经铺垫但要求不渗不漏，以免溶液流入地下，污染水源。

露天矿石堆浸场应预先进行修整，地面平坦并略带坡度（沿两个互相垂直的方向均倾斜2%～10%）。为了防止溶液渗入地下，铜矿堆浸场在平整之后一般先铺一层厚300～400mm的黏土、膨润土或细尾矿，并夯实压紧；继之铺一层厚约100mm沥青或黏土夹心沥青，再于沥青之上铺一层黏土或细砂，然后用大块矿石铺砌纵向与横向排液沟，最后在全部底板上铺一层厚0.5m的大块矿石，以保护底垫。

贵金属矿石堆浸场底板的铺垫，视底板使用次数的多少而有所不同。一次性堆浸场的底板可在第一层黏土、膨润土或细尾矿层夯实压紧之后，铺一层厚10～20密耳（1密耳＝0.0254mm）塑料薄膜或橡胶板，再加铺黏土或细砂压实，然后铺盖一层大块矿石作保护层。永久性堆浸场因需长时间多次使用。一般均以钢筋混凝土或沥青铺垫底板。底板上铺砌排液沟后，再铺以大块矿石，以资保护。

所有堆浸场的底板铺垫面积均应略大于矿堆的实际底面积。堆浸场四周也均应修筑围堰和挖掘排水沟渠。既可免溶液外泄，也可防洪水冲入。

矿石地下堆浸场同样要求底板不渗漏。如条件许可，在强制崩落或松动爆破前可铺设一层塑料薄膜或橡胶板。如为已崩落的采空区，在进行堆浸之前对可能渗漏的底板采取注浆堵水的防漏措施。

15.2.4.3 筑堆

筑堆的目的是，使堆放在底板上面的矿石堆具有良好且均匀的渗透性和结构上的稳定性，保证其在浸出时溶浸液能以要求的布溶强度均匀渗滤而不会在浸堆表面形成池洼，同时也不会发生边坡坍塌或局部冲垮现象。中、小型矿堆一般用拖拉机、铲运机、后卸式汽车运入矿石，由人工或推土机耙平后，再用带松土钩的推土机犁松。大型矿堆则多用重型自卸式汽车、大铲运机、门式布料机或带式运输机筑堆。门式布料机机械化程度高，效率高，但投资大，成本高，仅适用于大型永久性堆浸矿山。一般大中型矿山用自卸式汽车和铲运机即可满足要求，且机动灵活，操作方便，用途更广。其工作程序是：

（1）在堆浸场底板的一端修建一段斜坡道，其端部等于底板设计标高。

（2）用自卸式汽车或铲运机运入矿石，并按底板整个宽度卸下，堆完一横排矿石后用推土机扒平，再由汽车或铲运机运入并卸下第二横排矿石，然后再用推土机耙平，如此自前至后依次进行，直到底板全部铺满并耙平为止，即形成第一分层，分层高约2～3m。

（3）浸完第一分层，再用相同方式铺放第二分层的矿石。在铺放第二分层矿石之前，最好用带松土钩的推土机将第一分层矿石犁松。

采取这种自前至后的分层堆放、逐层浸出的筑堆方法，新堆的矿石不致被往返运矿的车辆压实，既可避免降低矿堆渗透性，又有利于空气进入堆中及控制堆内温度，浸出效果大有提高，从未发现矿堆表面积水成洼或四周有冲垮坍陷现象。在矿石制粒的情况下，堆浸浸出周期由60～90天缩短为30～40天。

筑堆时矿堆尺寸上限一般取：宽30m、高15m（废石堆不超过30m），薄层堆浸时取

3m。

15.2.4.4　布液与集液

布液前，应在配液池配制特定的溶浸液。氧化铜及硅酸铜矿石的溶浸液为 pH = 1.5 ~ 2.2 的稀硫酸溶液；硫化铜矿石的溶浸液为 pH = 1.6 ~ 2.5 的酸性含菌硫酸高铁溶液，其中细菌（主要为氧化铁硫杆菌和氧化硫杆菌）含量不少于 10^4 ~ 10^5 个/毫升。铀矿石的溶浸液，酸浸时为含 H_2SO_4 5 ~ 20g/L（外加氧化剂 O_2 0.3 ~ 0.5g/L 或 30% H_2O_2 0.5 ~ 1.0g/L 或 Fe^{3+} 0.3g/L）的溶液。碱浸时为含 Na_2CO_3 + $NaHCO_3$ 5 ~ 15g/L（外加氧化剂 O_2 0.2 ~ 0.5g/L 或 H_2O_2 0.5 ~ 1.0g/L）溶液。金银矿石的溶浸液为含 NaCN 0.015% ~ 0.25% + NaOH 0.025% ~ 0.05% 的碱性氰化溶液（pH = 9.5 ~ 11）。

用泵将溶浸液通过一条输液总管送到堆浸场，然后经一套分支管道系统向各矿堆布液。布液可采取灌溉式或喷淋式。前者将溶浸液灌注在浸堆表面浅池或沟内任其慢慢渗漏；后者通过均匀分布在支管上的小孔或喷嘴，将溶浸液喷洒在矿堆表面。地下矿石堆浸则多通过从地面钻凿钻孔将溶浸液直接淋洒在矿堆上。布液强度视矿石类型及所含成分与品位而有所不同。一般情况下其合理范围为：铜矿石堆浸 0.1 ~ 0.3L/(min · m^2)，铜废石堆浸为 0.1 ~ 0.2L/(min · m^2)，铀矿石堆浸为 0.1 ~ 0.4L/(min · m^2)，金银矿石堆浸为 0.1 ~ 0.2L/(min · m^2)。为了有利于空气进入矿堆以促进氧化反应，堆浸时应实行定期休闲制度。布液时间占浸出循环 $\frac{1}{3} \sim \frac{1}{2}$，休闲时间占 $\frac{1}{2} \sim \frac{2}{3}$。

集液系统由堆底排液沟、集液沟、集液总渠和富液池组成。浸出液自堆底排液沟流入各矿堆下方的集液沟，汇入集液总渠后进入富液池。经澄清、净化，转入配液池配制为合格溶浸液；然后用泵送往堆浸场，供反复渗滤浸出之用，直到其金属含量达到规定浓度，可转往提取回收车间进一步处理时为止。地下堆浸有两种集液方式，一为利用堆浸场下面水平的坑道作为集液渠道；并在该水平掘一富液池，使浸出液都汇入此池，然后用泵送出地面；二为通过抽液井集液。抽液井位于井场中心并深于注液井，以便浸出液借重力汇入此井。井内装有厚壁不锈钢套管和深井涡轮泵。套管自井底以上一小段高度内钻有很多小孔，便于浸出液通过并进入井底。然后由抽液泵送出地面。

堆浸作业从布液到集液为一闭路循环系统；为了补充蒸发损失和其他损耗，只偶尔加入少量补给水和溶浸剂。此系统内所有管道、泵、阀门、喷嘴等配件均应由耐酸碱、抗腐蚀的材料（如不锈钢和聚乙烯、聚氯乙烯等工程塑料）制造。

15.2.4.5　金属的提取与回收

近十余年来湿法冶金技术，特别是提取冶金学的迅速发展在很大程度上推动了溶浸采矿在工业生产中的广泛应用。主要是由于离子交换、溶剂萃取和碳吸附等新工艺的问世，使处理浓度低、容量大、杂质多、成分复杂的浸出液方面，在技术上有了重大突破，采用溶浸法的矿山有可能方便地移植和运用这些成熟的技术，进一步完善其溶浸采矿工艺过程，使之发展成为一门独立不倚、自成体系的新兴采矿科学。堆浸法的发展也不例外，其浸出液的处理方式正是采纳和融合了提取冶金的技术成果。目前，从堆浸的浸出液中提取与回收金属或金属产品按溶液成分不同主要有四种方法。

A　置换沉淀法（或称 Merrill Crowe 法）

此法出现最早且简便易行。主要利用化学置换原理，从浸出富液中用铁置换铜，用锌置换金和银，分别获得海绵铜、金银泥等沉淀物，然后过滤、净化、熔炼和铸锭。

在用铁置换铜的过程中，应尽可能提高富液中铜的浓度，事先除去杂质，控制富液中游离酸含量在 5 ~ 7g/L 范围内，选用干净的沉淀剂（如经过灼烧、去锡、切碎、压扁的旧罐头盒），并使富液以均衡速度通过沉淀剂，如能使之保持流态则更佳。置换设备主要有置换溜槽和锥形置换槽，后者首先由美国肯尼柯特铜公司研制成功，由于其体积小、占地少、处理能力大、单位耗铁量低，海绵铜产品质量较优及便于连续作业而获得广泛应用。锥形置换槽结构示意图见图 15 - 6。

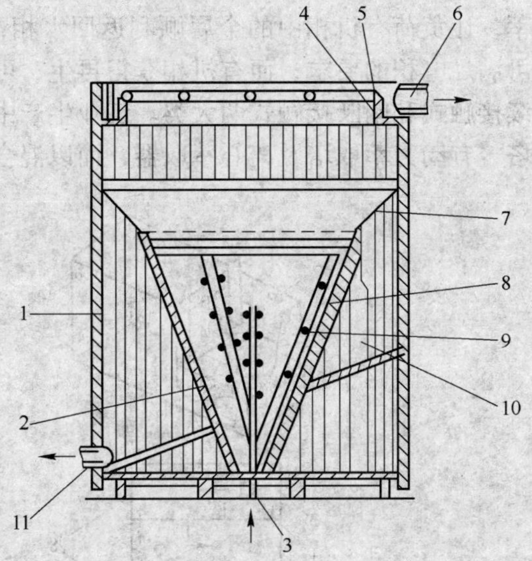

图 15 - 6 锥形置换槽结构示意图

1—圆柱部分；2—圆锥部分；3—浸出富液入口；4—溢流槽；5—溢流槽上沿；6—出口；7—不锈钢筛网；8—进水管；9—喷嘴；10—斜底；11—海绵铜出口

在用锌粉置换金银的过程中，首先应过滤除去贵液中悬浮的固体物，以免其覆盖在锌粉上而阻止置换反应的进行；其次应排除贵液中的空气，以免金银在氧作用下重新溶解；再次可加入适当活化剂（如加入相当于锌粉重量约 10% 的醋酸铅或硝酸铅），以加快置换反应。

B 离子交换法

某些有机合成树脂能够选别吸附浸出液中的金属离子，使之形成络合复盐或螯合物，从而达到分离与回收金属的目的。吸附金属已达到饱和后的树脂，可用洗脱液将被吸附的金属解吸出来，解吸后富液既清除了杂质，又提高了浓度，可通过电积回收或送水冶厂处理。

从铀矿石堆浸的浸出液中回收铀，主要采用离子交换法，其基本工序有吸附、洗脱、沉淀、压滤、干燥，最终获得的产品为黄饼——一种重铀酸盐、碱性氧化物、水合氧化物及碱性硫酸盐的混合物，其中含 U_3O_8 约 80% ~ 85%，包装后按 U_3O_8 含量作价出售。

离子交换法提取铀的主要设备有：吸附塔、淋洗塔、沉淀槽及板框压滤机等。

C 溶剂萃取 - 电积法

近年来，已日益普遍采用溶剂萃取－电积法取代置换沉淀法，从浸出富液中回收铜。常用萃取剂有：LIX系列肟类萃取剂（包括LIX62、LIX64、LIX64N、LIX622等）和Kelex系列萃取剂，其优点是萃取能力和饱和性能好，对铜选择性强，对铁萃取作用小，可在低pH值时使用；国产N510萃取剂也是一种螯合型肟类萃取剂，其性能与LIX系列相同。常用的与萃取剂共同构成有机相的稀释剂有：煤油、重溶剂油、苯、二乙苯等，以煤油为主。有机相中萃取剂只占5%～10%的体积。为了避免生成第三相和减少乳化损失，还应加入少量添加剂。

萃取时应使水相与有机相充分接触，以使金属完全转入有机相；继之使有机相与水相完全分离；然后通过反萃，让负荷有机相中的金属顺利返回水相，此时杂质已基本除去，金属浓度已大大提高，可满足电积的要求；而有机相获得再生，可循环使用。

萃取设备可分为连续接触式和间断接触式两大类。工业生产中常用的萃取设备有：混合澄清器、无动力萃取塔、有动力萃取塔及离心萃取器，而以混合澄清器应用最广。铜浸

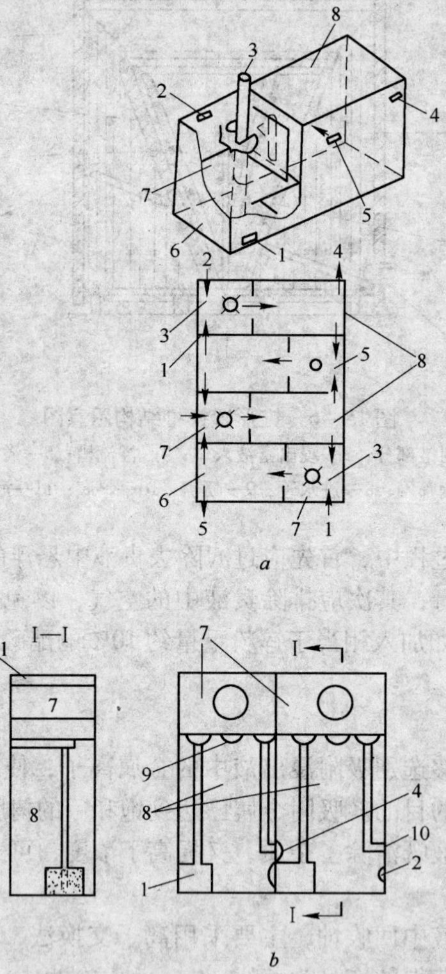

图15－7　水平箱式混合澄清器结构示意图

a—混合室与澄清室交错布置；*b*—混合室与澄清室在同一侧的混合澄清萃取槽

1—水相进口；2—有机相进口；3—搅拌器；4—有机相出口；5—水相出口；6—潜室；7—混合室；8—澄清室；9—溢流口；10—水相出口；11—假底

出液的萃取一般需 2～3 级始能完成，因此需一系列混合澄清器串联形成萃取段。为了节省用地、便于管理，目前多采用标准设计的水平箱式混合澄清器（见图 15－7）[40] 其特点是二相的流动借助于同一侧混合室的机械搅动或空气脉冲。各级位于同一水平，故结构紧凑，管理方便。

负荷有机相进入反萃段，用电积尾液作反萃液使金属从有机相再转入水相，成为杂质极少而金属浓度更高（Cu^{2+} >30g/L）的富液，即可直接电积得电铜，萃余液经过配液仍可返回浸出。

电积在电积槽内进行。槽体由钢筋混凝土制成，内衬铅皮、聚氯乙烯或环氧树脂玻璃钢。采用铅银合金、铅锑合金作不溶阳极，紫铜板作始极板。进口富液含铜 30～60g/L，硫酸 100～170g/L；出口尾液含铜 25～30g/L，硫酸 90～180g/L；输入电压 50～100V 直流电流，槽电压 1.8～2.4V，电流密度 80～200A/m^2，溶液循环流速 5～10L/min，电流效率 65%～85%，电能单耗 2000～2500kW·h/t 铜，硫酸单耗 20～25g/t 铜。

D 碳吸附－电积法

从低品位金银矿石堆浸的浸出液中回收金银，现多采用活性炭吸附－解吸－电积法。用此法时，贵液不必澄清过滤和真空脱气，其浓度低至 0.0016g/L 金亦可吸附。

炭吸附在多段逆流连续吸附塔内进行，至少五塔串联。贵液以 1～1.7L/s 的流速自下而上进入塔内；使粒径为 6×12 目或 16×30 目的活性炭粒保持流化状态，贵液与活性炭相向逆流运动。饱和载金炭含金为 3500～7000g/t，含金量过高，贫液中金损失会增大。

解吸载金炭上的金有三种方法：第一种为传统法（即 Zadra 法）解吸液为 1.0% NaOH＋0.1% NaCN 的热溶液，温度 93℃，需时 24～48h；第二种方法是在解吸液中加入 20% 甲醇或乙醇，解吸时间可缩短 5～6h；第三种是高温加压法，用 0.4% NaOH 溶液在 150～200℃ 温度和 0.35～0.63MPa 压力下解吸，时间可缩短至数十分钟。

解吸后炭先经酸洗，然后在间接加热的回转窑内在 700～750℃ 温度下用蒸汽处理，再生活性炭筛去细粉后可重复利用。

电积金用不锈钢作不溶阳极，以不锈钢丝绵作阴极，钢丝绵装填密度为 16kg/m^3；电积槽电压为 2.5～3.5V，电流 20～30A，电流密度 30～40A/m^2，电积时间 15～30min，进口贵液含金浓度为 50～2000g/t。电积尾液含金浓度低于 1g/t。

沉积在钢丝绵上的贵金属，通过坩埚熔融、盐酸溶解或再电积回收并熔铸成金银合质锭。

此外，用草酸可从含稀土元素产品溶液中沉淀出混合稀土氧化物。

15.2.5 环境的监控与保护

堆浸对环境可能产生的影响，一是溶液的流失；二是对地下水源的污染；三是废液废渣处置不当，破坏地貌与生态平衡。故在堆浸的全过程都应进行监控，以避免这些影响，防止人身与环境受到危害。

露天堆浸首先应搞好底板铺垫工程和防洪措施，确保溶液不渗漏、不外泄，全流程实现完全闭路循环。其次所有废渣、废水均须妥善处理，使之达到环境保护法规标准始能排放。酸性浸渣与废水可用石灰中和、澄清，然后弃去。氰化浸出后的矿渣应用漂白粉或次氯酸钙处理。加拿大国际镍公司（INCO）研究用二氧化硫/空气作氧化剂，以硫酸铜作催化剂处理氰化浸出渣，反应式如下：

$$CN^- + O_2 + SO_2 + H_2O \longrightarrow CNO^- + H_2SO_4$$

反应生成的硫酸再用石灰中和。经处理过的浸出渣中氰化物含量可由 100 ~ 180mg/L 降至 1mg/L 以下。

地下堆浸时，应完全掌握地下水文条件和底板与围岩的情况，确保溶浸区封闭良好，溶液不会外泄；其次，应在地下堆浸场附近或井田周围，特别是地下水下游方向，有目的有计划地布置若干监测井，井内安装测量仪器（如自动取样化验仪、γ 射线探测仪、电子探针等），以便及时发现溶液漏失与地下水可能受到的污染等情况，有针对性地采取补救措施。

15.2.6　技术经济评述

从技术经济指标来看，堆浸法的回收率是不高的（如铜矿堆浸回收率为 30% ~ 70%，金矿堆浸回收率为 50% ~ 80%），但所用原料为废石、表外矿或品位偏低的矿石，本身价值不高，有的甚至可以不计采矿费用。堆浸法工艺简单，设备较少，基建费用与生产成本均较常规的采、选、冶流程低。对于成分复杂的难处理矿石，堆浸法更具有常规选、冶流程所不具备的优越性。

根据国外资料，就基建投资而言，美国宾汉姆峪谷（Bingham Canyon）铜矿建一座年产 6 万吨铜的堆浸－置换工厂的投资为 2000 万美元；一座年产铜 5400t 电铜的堆浸－萃取－电积工厂的投资约 350 万美元；而建一座同样规模的常规选、冶工厂的基建投资为上述数值的 8 ~ 10 倍。

金矿堆浸工厂的基建投资，按年产黄金 2260kg 计算。包括矿石准备、筑堆、吸附、解吸和电积在内的总基建费用约 1500 ~ 2000 万美元，比常规的选厂和冶厂流程低$\frac{1}{3}$ ~ $\frac{1}{2}$。

就生产费用而言[39]，生产 1kg 铜的直接费用，堆浸－置换法为 1.4 ~ 1.8 美元；堆浸－萃取－电积法为 0.75 ~ 1.2 美元；制粒预处理－薄层堆浸－萃取－电积法更低，仅 0.6 ~ 0.74 美元。如用原地爆破－地下堆浸－萃取－电积法，每公斤铜的生产成本也只有 1 ~ 1.2 美元。无论采取何种堆浸方式和提取工艺流程，均比目前火法或湿法炼铜的生产成本低，有的仅及后者的 3/5 或 2/3。

据美国矿业局盐湖城研究中心的分析，如同样按日处理矿石 2500t 的规模核算，堆浸法、碳浆法与全泥氰化法的基建投资和生产费用对比如下（以全泥氰化法为对比基础）：

	基建投资	生产费用
全泥氰化法	1.00	1.00
全泥氰化－碳浆法	0.68	0.77
堆浸－碳吸附－电积法	0.23	0.30 ~ 0.44

注：采矿费用与投资利润贴现率均未计算在内。

显然，堆浸－碳吸附－电积法的经济效益优越于全泥氰化逆流倾析浸出－置换沉淀法及全泥氰化碳浆法。据最近报道，1985 年美国四座大型堆浸法金矿每盎司金以现金计算的成本，分别为：圆山矿 213 美元。萨米特维尔矿 165 美元，阿利盖特岭矿 145 美元，皮卡佐矿 125 美元，而同年每盎司金价持续保持在平均 300 美元以上。

国内的情况大致相似。就铜矿堆浸而论，目前虽缺乏正规工业化生产的有关资料，但据江西德兴铜矿低品位矿石堆浸扩大规模（1000t 级）试验报告，处理含铜平均品位

0.12%的矿石，每吨电铜的生产总成本为4770元，可盈利1830元。其成本比常规选冶法的生产总成本低，转入工业规模生产，铜的生产成本还会下降。

就金矿堆浸而言，辽宁省宽甸县采用堆浸－吸附－电积流程，矿石含金约4g/t，金回收率65%，每吨矿石生产费用11.98元，折合每两黄金的生产成本约150元。石山金矿矿石含金约2g/t，每吨矿石生产费用14.34元，折合每两黄金的生产成本约300元。河南灵湖金矿采用同样流程处理含金3g/t的氧化－半氧化矿石，浸出率62%～66%，炭吸附率99%，解吸率98.13%，电积与冶炼回收率为98.06%，金总回收率约60%～63%，每两黄金的生产成本为268.57元。对回收处理低品位金矿，浸堆法是很有吸引力的。

堆浸法除经济效益外，其社会效益也不容忽视。由于堆浸法可以经济有效地处理边界品位以下的矿石、废石和尾矿，因而进一步扩大了可采矿石储量，为充分利用为数可观的潜在矿产资源开拓了广阔的前景。堆浸法全部液流为闭路循环。废渣可作无害化处理，故对环境的影响比常规的选冶流程小。近年来各国环境立法日益完备，要求严、标准高，常规的选厂与冶炼厂穷于应付，必须投入巨额资金改进生产流程以满足环保要求，求得继续生存的权力，或处于停产关闭的困境。事实上，最近几年在铜价下降和环境保护立法的双重压力下，许多炼铜厂停工、铜矿减产，而采用堆浸法生产的矿山则因其成本低且对环境影响轻微，仍能继续生产。这说明堆浸法具有明显的社会效益和应付市场变化的能力。对于矿山储量枯竭，已经或行将闭坑的矿山，通过堆浸处理其积存的废石和表外矿及部分地下残矿，还具有二次开采的意义。

15.2.7 堆浸法应用实例

实例1 美国兰彻斯特（Ranchester）勘探与开发公司兰鸟（Blue Bird）铜矿矿石堆浸

该矿矿石为氧化矿，含铜矿物以硅孔雀石为主，脉石为花岗岩与片岩，储量为1800万吨矿石，品位0.52%，日产矿石1.2～1.4万吨，废石产量为矿石的1.5倍。1968年以前采用堆浸－置换流程，后改堆浸－萃取－电积流程，年产铜7500t；堆浸场为经过修整、压实的自然地面，可容22个矿堆，经常保持11～12堆作业。铲运机将矿石运来后分层堆放筑堆，层高6.1m，逐层浸出，浸完再堆，共堆10层，总高61m，宽183m，每堆矿量约12万吨，占地8360m^2，浸出周期120～180天。溶浸液成分：Cu^{2+} 0.2g/L，Fe^{2+} 0.03g/L，Fe^{3+} 0.63g/L，H_2SO_4 6g/L。总流量9505L/min。浸出富液成分：Cu^{2+} 1.8g/L，Fe^{2+} 0.03g/L，Fe^{3+} 0.63g/L，H_2SO_4 3g/L。布液管道为聚氯乙烯管，总管直径100mm；支管直径50mm，按中心距2.4m排列；布液强度为0.134L/(m^2·min)。

富液经澄清、过滤并加热至24℃，送入萃取车间，萃取段由三级萃取，两级反萃组成。澄清器为混凝土制，内衬玻璃纤维聚酯板，共分五格，一格即为一澄清器，其平面尺寸为44×5m。每一澄清器连接一外部混合器，其尺寸用于萃取时为ϕ4×4m，用于反萃时为ϕ3.4×4m，有机相组成为LIX64N12%＋煤油88%。有机相与水相之相比，萃取为1∶1、反萃为2∶1。进入萃取段的料液含Cu^{2+} 1.9～2.1g/L，H_2SO_4 3～4g/L。萃余液含Cu^{2+} 0.4～0.8g/L（实际只有0.2g/L），pH＝1.0，反萃后富液含Cu^{2+} 46～48g/L，H_2SO_4 140～150g/L。用四系列共48个电积槽。每槽有41片铅锑阳极，40片阴极；电流强度为12500A。电压95～100V，槽电压2V。电流密度180A/m^2，电流效率80%～85%，阴极周期8天，阴极铜品级为99.9%。电积尾液返回供反萃用。兰鸟矿堆浸－萃取－电积流程见图15－8。

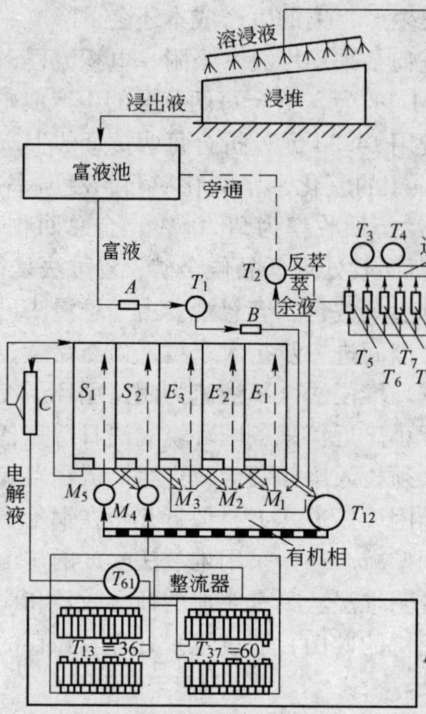

图15－8　兰鸟矿堆浸－萃取－电积工艺流程

A—预挂滤层压滤机；T_1—379m^3 贮槽；B—热交换器；M_1 ~ M_5—混合器；
T_{12}—190m^3 贮槽；E_1 ~ E_3—萃取用澄清器；S_2、S_1—反萃用澄清器；
T_2—缓冲贮槽；T_5 ~ T_{11}—泵槽；T_3、T_4—硫酸贮槽；D—电积车间；
C—浮选槽；T_{61}—高位槽；T_{13} ~ T_{60}—电积槽

实例2　美国兰彻斯特勘探与开发公司老雷来伯（Old Reliable）铜矿原地爆破－地下堆浸

该矿为一柱状急倾斜矿体，赋存在安山岩中，围岩为花岗岩浆侵入，破碎严重。矿体自上而下依次为露头，氧化带，次生富集带和深部硫化矿带，主要含铜矿物为辉铜矿、黄铜矿、孔雀石、胆矾和硅孔雀石。矿体自距地表33m处向下延深至150余米，主矿体直径约130m。矿石品位：近地表处含Cu0.4%，以下随深度而升高，至富集带为2.0%左右，局部高达9%～10%。含铜0.8%左右的矿石共计有400万吨，多为氧化矿和次生富集硫化矿。裂隙发育，适于浸出。矿体下面有一不透水的底板。

经室内试验及可行性研究，决定采用原地松动爆破－地下堆浸的方案。利用原有两条巷道（分别位于60.6m和30.3m水平）稍作延伸，并在50m水平新掘一条补充巷道进行药室爆破。共计装入8万包铵油炸药（每包重23kg，总重181.44万公斤），采用微差迟发起爆（即上水平用瞬时起爆，中水平用100ms迟发，下水平用150ms迟发），爆破效果良好，共爆破矿石450万吨，平均块度216mm，矿石渗透性较爆破前更好。单位炸药消耗量约为0.4kg/t。

松动爆破后露头被揭开，破碎矿石出露地表，用推土机将此矿石推成若干层高7m、宽5m的台阶，随后在各级台阶上铺设布液系统管道。总管直径151mm，支管直径51mm，在支管上每隔12m安一旋转式喷嘴，喷淋半径为18m。稀硫酸溶浸液布液强度按0.2L/(m^2·min)计，总流量为3785L/min，扣除蒸发损失后，可得浸出富液3028L/min。用铁屑置换法回收富液中的铜，共有6个宽2.44m、长7.32m的置换槽。日产铜9072kg，海绵铜品位约80%，置换回收率为98%。该项堆浸工程设计服务年限为5年。第一年回收率已达10%，第二年增加至15%，此时因富液品位不稳定和铜价下跌而停产。五年后重又开工，钻了6个注液孔，向地下矿堆注入1135～1325L/min的稀硫酸溶浸液，同时仍通过布液系统布液，二者流量相等，如此运行半年后，浸出液浓度已降至0.4g/L以下，故再次停工。整个服务年限内共回收铜5896.7t铜，总回收率达19%。实际上如达到收支平衡，回收率6%即可，这在开工后头半年即已实现。

老雷来伯原地爆破－地下堆浸工艺流程见图15－9。

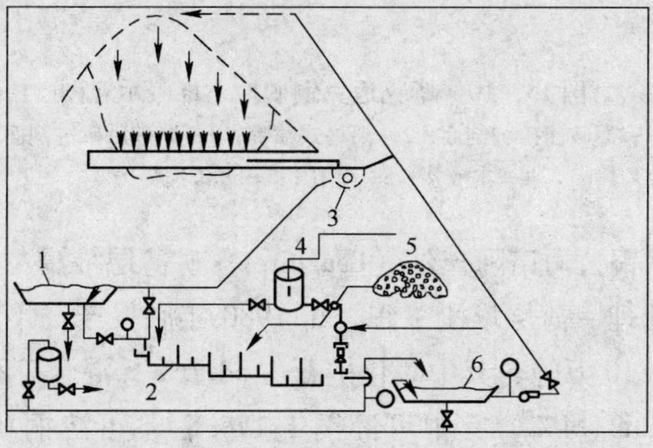

图15－9 老雷来伯矿地下堆浸工艺流程

1—富液池；2—置换沉淀槽；3—集液沟；4—贮酸罐；5—废铁堆；6—配液池

实例3 美国兰彻斯特勘探与开发公司毕克迈克（Big Mike）铜矿钻孔爆破－地下堆浸

该矿为一扁豆状矿体，倾角50°，长约200m，厚100m，从地面往下延伸100m。储量为10万吨含Cu10.0%的块状硫化矿和70万吨含Cu2.0%的混合矿，前者已由露天矿采完，后者还有47.5万吨留在坑底与边坡帮下，不宜露采，但可浸性良好，故决定先用钻孔爆破，使之松动后产生必要的渗透性，然后进行地下堆浸。钻孔总长约7000m，孔径有146.229及251mm三种；其中在坑沿钻约ϕ146mm和ϕ229mm斜孔175个（孔斜3°～35°），占70%；钻孔网度因孔径而异，ϕ229mm以上的钻孔为7m×7.7m，以下为3.3m×3.3m，孔深13.3～92m；地下水位以上的炮孔装硝铵炸药，以下炮孔装高密度水胶炸药；用瞬发电雷管从孔底起爆，用两套起爆线路和并联导爆索起爆以防瞎炮。总装药量181t，爆破矿岩约58万吨。爆后在地下形成平均块度为230mm的矿堆，平均含Cu1.18%。将其划分为四个大小不等的台阶，平整并开出沟垄，即可布液。溶浸液为置换尾液，pH＝1.6～2.0，用ϕ150mm总管输液，支管为ϕ50mm聚氯乙烯管，上装喷嘴。布液流量662～757L/min。富液汇入在坑底，通过矿堆钻凿的ϕ406mm、深54m的集液井，井内衬有壁厚6.35mm、ϕ330mm的不锈钢套管，其下面17m长的管壁有筛孔，可让溶液通过。井内装有一台

29.8kW、660L排量10级不锈钢泵，以抽取富液。富液含Cu1～2g/L。该工程原设计日产铜2270kg，服务年限5年。前后开工两次共回收海绵铜3175t，总回收率25%。投资在6个月内已全部收回。

毕克迈克铜矿地下堆浸示意图见图15－10。

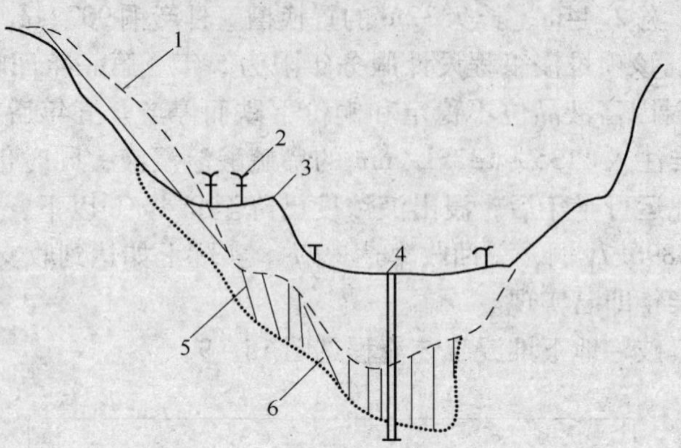

图15－10 毕克迈克铜矿地下堆浸示意图
1—爆破前矿坑剖面；2—雨鸟式喷嘴；3—爆破后矿坑剖面；
4—集液井；5—炮孔；6—爆破边界线

实例4 智利SMP铜公司诺阿奎尔（Loaguirre）矿薄层堆浸

该矿新建酸化预处理－薄层堆浸工程，于1980年底投产，年产阴极铜约16000t。该矿拥有矿石储量共110.10万吨，其中氧化矿石占34.6%，混合矿石占44.0%，硫化矿占21.4%，平均品位含Cu2.14%，其中可溶铜1.17%，不可溶铜0.97%。原矿经破碎至4.76mm以下，然后与硫酸（25kg/t矿）和水（40kg/t矿）混合。酸化预处理24h之后，送到一次堆浸场筑堆，层高为2～3m。在此先用二次堆浸的浸出液（含铜2.5g/L，酸5g/L）淋浸，所得富液含铜6g/L，酸1～2g/L，继而再用萃余液（含铜1g/L、酸10g/L、铁20g/L）淋浸。共21个矿堆，每堆20×20m，日处理矿石2500t。一次浸出液经三级萃取、两级反萃，得含铜50g/L、酸130g/L的富液，即可送去电积。萃余液含铜1g/L、酸9～10g/L、铁20g/L（其中Fe^{3+}7g/L），先通空气或二氧化硫氧化使Fe^{3+}达到10g/L，然后返回浸出。据报道，此法也适于处理脉石为方解石和白云石的铜矿石，含金1～2g/t的氧化铜和次生硫化铜矿的投资不到3000美元；浸出周期短而回收率高，浸出18天氧化矿的铜回收率可达90%，次生硫化矿可达40%～50%；酸耗只有其他方法的60%；每公斤阴极铜仅耗电2.75度，成本0.74美元。流程闭路循环，尾矿容易处理，对环保更有利。智利诺阿奎尔铜矿薄层堆浸工艺流程见图15－11。

实例5 江西德兴铜矿废石堆浸

该矿为我国特大型斑岩铜矿，露天开采。在采矿的同时产出大量的废石，平均含铜0.121%，其中原生硫化铜0.083%，占72.9%。为了回收废石中的铜，已进行了数年小型和柱浸试验，并于最近完成了1000t级扩大堆浸试验。废石不经破碎，按原形大小堆放，先将酸性矿坑水淋洗数周，使硫化矿石氧化产酸，再适量移植菌种，使溶浸液中有

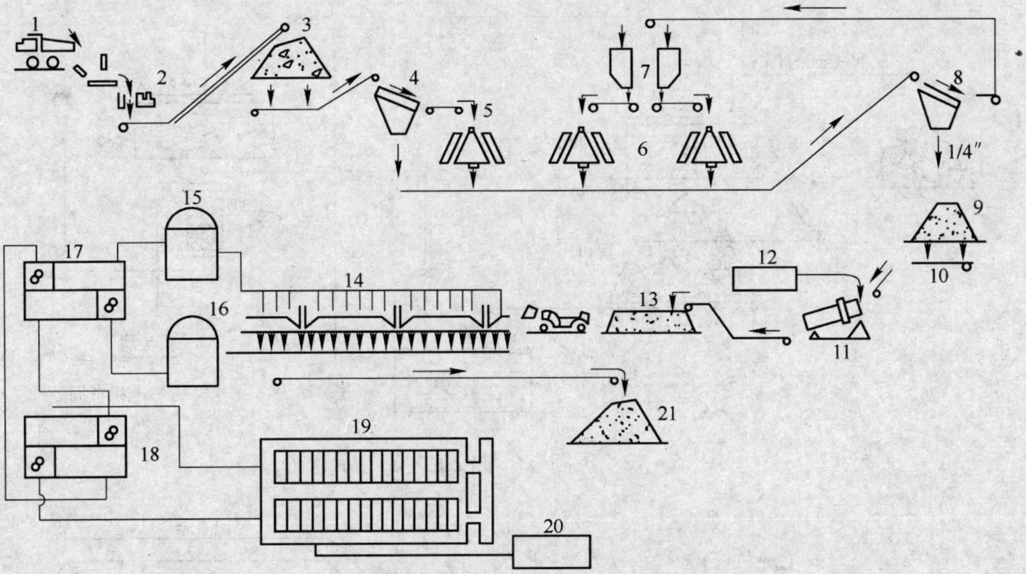

图 15-11 智利 SMP 公司诺阿奎尔铜矿矿石酸化预处理-薄层堆浸-萃取-电积工艺流程图

1—运矿自卸汽车；2—颚式粗碎机（1200×1524mm）；3—矿石堆（<230mm）；4—6mm 格筛；5—二级破碎机（1295mm 圆锥破碎机）；6—三级破碎机（1295mm 圆锥细碎机）；7—矿仓；8—三级破碎格筛（6mm）；9—碎矿石堆；10—带式给料机（110t/h）；11—混合筒；12—储酸槽；13—酸化处理矿堆（24h）；14—薄层堆浸场（2500t/d，12d）；15—溶浸液（返回萃余液）高位槽；16—浸出富液储槽；17—两级萃取（混合澄清器用 LIX64N 作萃取剂）；18—两段反萃（反萃分相槽）；19—电积车间（电铜 45t/d）；20—阴极电铜；21—渣场

$10^4 \sim 10^6$ 个/毫升活性细菌。以后即控制其 pH 值在 3 以下，使细菌实现化能自养。采用循环喷淋、渗滤浸出、淋浸一周、休闲一周，布液强度约 $8L/m^2$ 时，浸出液含铜大于 1g/L，铁铜比≤11，通过萃取-电积回收铜。经过一年浸出率已达 16.59%，共浸出铜 200.79kg。此次扩大试验取得成功，为我国同类铜矿应用堆浸法处理其低品位矿石与废石开创了一个先例。

实例 6 河南省灵宝县灵湖金矿低品位矿石堆浸

该矿为典型的氧化-半氧化矿，氧化率高，以浸染状为主，蜂窝及空洞较发育，脉石主要为石英，金呈细粒自然金嵌布在空洞边缘及裂隙中。1984 年建成氰化堆浸-碳吸附-解吸-电积流程（图 15-12）。

堆浸场地先经修整压实，坡度 5%（中低而边高便于集液），然后铺两层聚乙烯塑料薄膜，再铺一层油毡纸。底板铺垫完毕，即可筑堆，堆型见图 15-13，容量分别为 670、1500 及 2640t。矿堆先用石灰水碱化处理 5～10 天再行布液浸出。溶浸液含 NaCN0.03%～0.05%，pH=10～11，CaO 加入量 3～4kg/t。布液强度 10～$20L/m^2$ 时，富液流速 1.16～3L/min，浸出率 62%～66%，吸附率 97%～98%。载金炭在解吸塔中，用含 NaCN5%、NaOH2% 的洗脱液密闭加热（95℃）处理 4～6 小时。洗涤 10 小时，即可将金洗涤并全部

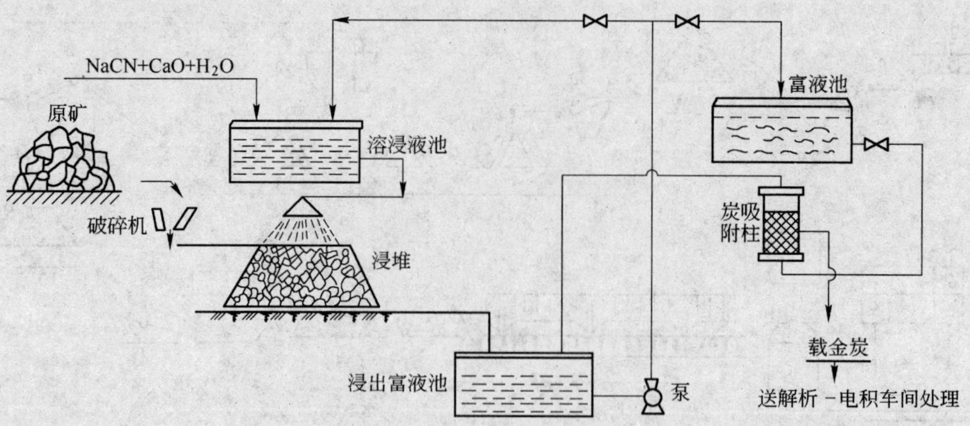

图15－12　灵湖金矿堆浸工艺流程示意图

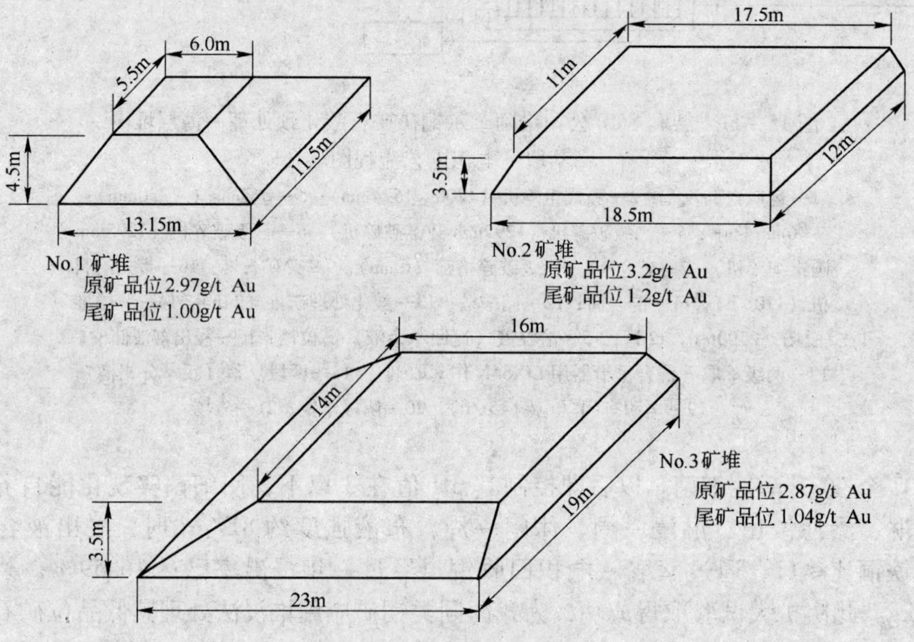

图15－13　灵湖金矿矿石堆浸三种堆型

转入溶液，其含金高达300g/m^{3}以上，可送电积处理。当原矿品位为3g/t金时，全流程总回收率为60%～63%，每两黄金生产成本为268.57元。

15.3　原地浸出采矿

15.3.1　基本概念

用溶浸液从天然埋藏条件下的非均质矿石中有选择地浸出有用成分并抽取反应生成化合物的采矿方法称为原地浸出采矿，简称地浸。

这里所指的“原地”和“天然埋藏”是指矿石未经过任何位移。

通过注液工程注入矿层，用于浸出矿石中有用成分的溶液，称为溶浸液。

溶浸液与矿石中的有用成分接触，进行化学反应。而反应所生成的可溶性化合物则在扩散和对流作用下进入沿矿层渗透的溶液液流。含有用成分的溶液，在人工造成的液压驱动下向一定方向运动，并通过集液工程被抽至地表。被抽至地表的含有用成分的溶液，称为抽出液或浸出液。抽出液中的有用成分，达到一定含量的，是原地浸出工艺的产品，称为产品溶液（贵液或富液）。

将溶浸液浸入矿层的注液工程和把含有用成分的溶液从矿层抽至地表的集液工程，既可是钻孔、井巷或地表沟槽，也可是注液钻孔与集液井巷相配合的联合工程，如图 15－14*a*、*b*、*c*、*d* 所示。

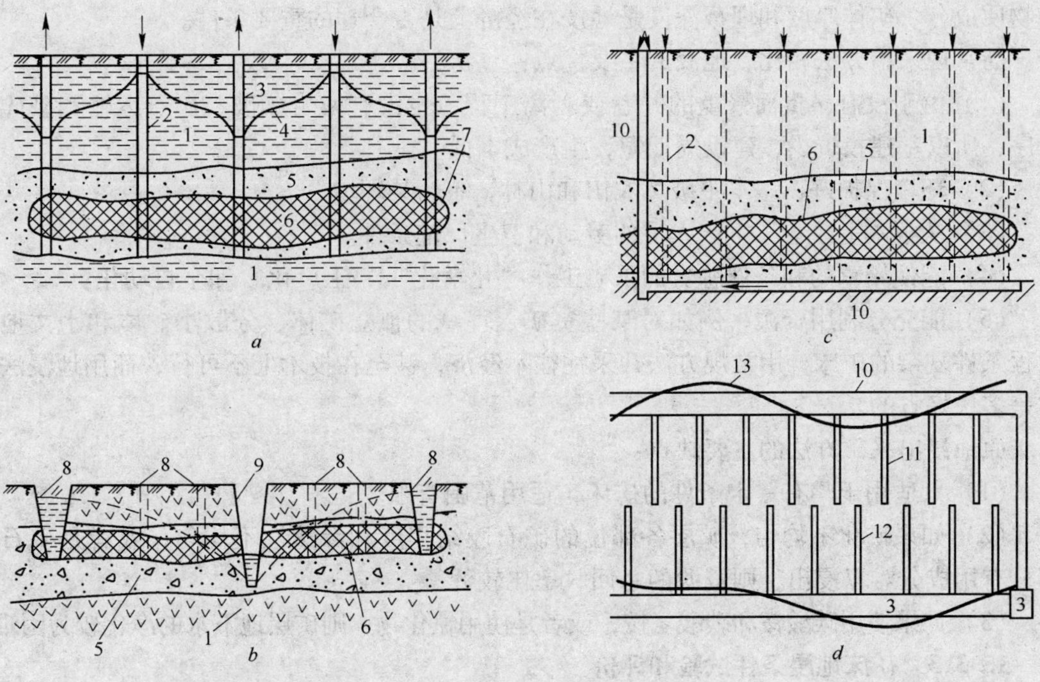

图 15－14　集液工程剖面图

a—注液孔和抽液孔剖面；*b*—注液孔、注液沟和集液沟剖面；*c*—注液孔和集液巷道剖面；*d*—注液和集液工程剖面

1—隔水层；2—注液孔；3—抽液孔；4—液压线；5—含水层；6—矿体；7—过滤管；8—注液孔和注液沟；9—集液沟；10—集液巷道和抽液井筒；11、12—可互换使用的水平注液孔和集液孔；13—矿体边界

15.3.2　适用范围和优缺点

原地浸出技术，目前已应用于开采铀矿和铜矿，并正大力研究，试图应用于开采金、锰、镍、硒、钼、稀土、鲕状褐铁矿和磷灰石等矿产。

原地浸出技术，并不是任何矿床都适用，只适用于矿石疏松、破碎、裂隙或孔隙发育，并具有一定渗透性能的矿床。

与原地浸出过程及其结果有关的矿床地质和水文地质条件主要有以下几方面：

（1）矿层中矿石和围岩的渗透系数、有效孔隙度和裂隙率、矿石渗透系数与围岩渗透系数之比值。

（2）矿层及其顶底板岩层的渗透系数和它们的比值。

（3）矿层地下水的水位埋深和水头值，矿层地下水的化学成分、矿化度和水温等。

（4）矿层和矿体的厚度，矿体厚度与矿层厚度的比值。

（5）矿石品位。

（6）矿体埋藏深度、大小、产状和形态，矿床储量。

（7）矿层中矿石和围岩，以及矿层顶底板岩石的物质成分、化学成分和粒度成分。

（8）与钻孔施工有关的岩石物理机械性质。

上述条件中，通常认为矿石渗透性是地浸在技术上是否可行的决定性条件，矿石品位和物质成分、矿体厚度和埋藏深度是地浸在经济上是否合理的重要条件。

与常规采冶方法相比，地浸的主要优点：

（1）由于没有昂贵而繁重的井巷或剥离工程，也没有凿岩爆破、矿石运输和破碎等工序，所以基建投资少，建设周期短，生产成本低。

（2）环境保护好，基本不破坏农田和山林，不污染环境。

（3）从根本上改善了生产人员的劳动和卫生保健条件。

（4）能使繁重的和条件恶劣的采矿工作“化学化”、“工厂化”和全自动化。

（5）能充分利用资源，例如对某些贫矿、埋藏的孤立矿体、分散小矿体和水文地质工程条件复杂的矿床，用常规方法开采往往不经济，甚至在技术上不可行，而用地浸法常常是多快好省的。

原地浸出采矿方法的主要缺点：

（1）只适用于具有一定条件的矿床，适用范围有限。

（2）如果矿化不均匀，矿层各部位的矿石胶结程度和渗透性不均匀；或者是矿石中部分有用成分难以浸出，则资源的总回收率比较低。

（3）如果使用碳酸铵和碳酸氢铵，或者是使用氰化物，则矿层地下水的净化较为困难。

15.3.3　矿床地浸条件试验和评价

地质勘探部门按常规开采方法的要求所提供的矿床勘探资料，不能满足地浸条件评价、可行性研究和生产设计的要求。

一个矿床，在初勘阶段无法事先确定其类型，更无法预料用何种方法开采最有效，因此初勘还是应按现有的勘探规范进行。但是，通过初勘，如初步确定了用地浸法开采的可能性和合理性，矿床的补充勘探，则应以满足地浸要求为目的，并由承担地浸研究或生产的单位主持进行。

15.3.3.1　矿床地浸条件试验

矿床地浸条件试验包括矿床地质和水文地质条件补充勘探、矿样浸出参数测试和矿层（矿体）地浸参数测试三方面的内容。

A　矿床地质和水文地质条件补充勘探

a　补充勘探目的

前面列举的矿床地质和水文地质条件，初勘之后凡是缺少资料数据的，通过补充勘探都必须获得，而矿床资源的储量级别和数量也应随之提高和落实。

b　补充勘探重点

补勘的重点是：分别测试矿层中的矿石和围岩、矿层及其顶底板岩层的渗透系数；分别测试不同渗透性能和不同物质成分的矿石的可浸性；按不同岩性或含矿岩石的不同渗透性分别计算矿床资源储量。

c　补充勘探特点

初期的补充勘探孔与地浸试验孔相结合，大部分补充勘探孔与地浸生产孔相结合，这是地浸矿床补勘的一大特点，这既可节约费用，又可缩短地浸基建时间。钻孔，既起勘探作用，又可作地浸试验和生产孔使用，其结构相同。

但要注意，一个矿床应划分成若干矿块，首先选 1 ~ 2 个矿块进行补充勘探和地浸试验；另外，补充勘探钻孔结构，特别是初期的补充勘探钻孔结构，是否全按地浸钻孔结构设计，这要视具体条件和要求慎重考虑，因补充勘探初期尚难确定矿床条件是否适于地浸，更难确定地浸工艺技术方法。

B　矿样浸出参数测试

a　基本作法

矿样试验的基本作法是：使溶液通过矿样，测试溶液流量和化验渗出溶液的成分。第一步是用天然水溶液，目的是测试和按达西公式计算矿样的渗透系数；第二步是用根据烧杯矿样试验结果配制的溶浸液，主要目的是测试表示矿石可浸性的有关资料数据。

b　矿样试验装置

常用的矿样室内试验装置有四种，如图 15 - 15*a*、*b*，图 15 - 16*a*、*b* 所示。

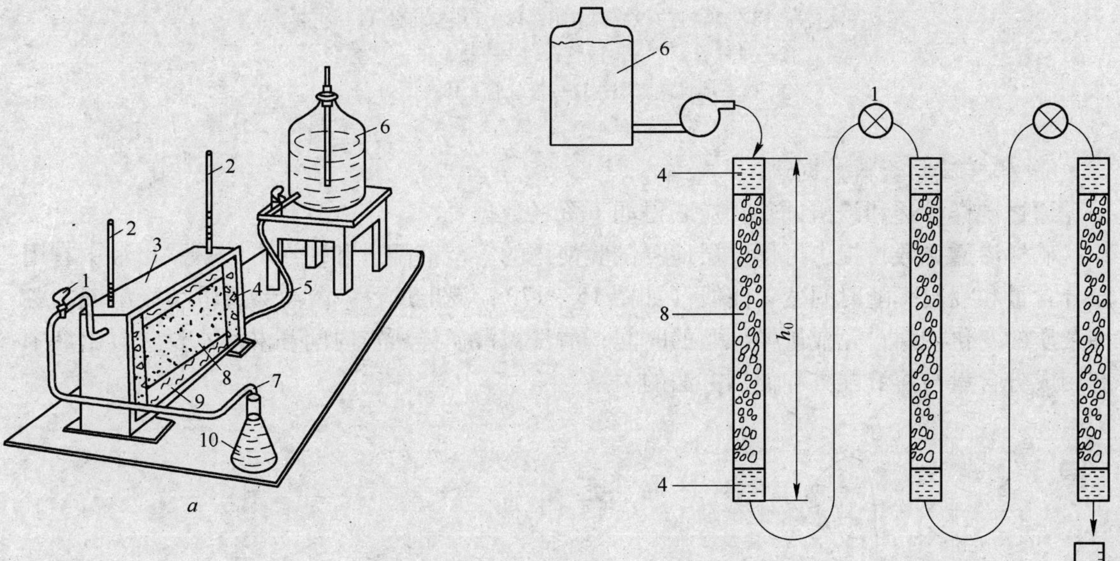

图 15 - 15　矿石散样试验装置

1—调节阀；2—液位管；3—有机玻璃箱；4—细砾石；5—软管；6—盛液瓶；7—导液管；8—矿石散样；9—不透水填料；10—集液瓶；11—集液筒

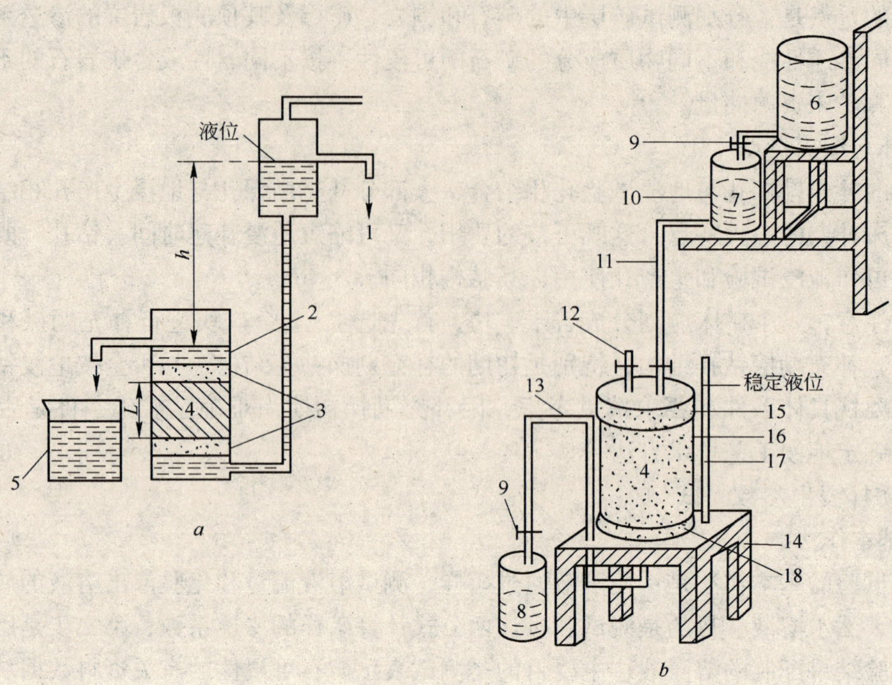

图15－16　结构未受破坏的矿样试验装置

1—溢流管；2—液层；3—细砾石；4—结构未受破坏的矿样；5—盛液瓶；6—供热瓶；7—液位瓶；8—集液瓶；9—调节阀；10—稳定液面；11—注液管；12—排气管；13—出液管；14—支架；15—上盖；16—环氧树脂层；17—液位管；18—下盖

c　矿样试验资料数据

通过矿样渗透和浸出试验，应获得如下资料数据：

矿样渗透系数；提出可供矿层地浸试验使用的溶浸液配方和使用方法；浸出液中有用成分含量和浸出率随时间变化曲线（如图15－17）；浸出过程中溶液渗透量和浸出液的各种杂质的变化规律；完成矿样试验的时间；清洗被浸矿样所需时间和淋洗水量；浸出液中有用成分含量与溶液配方和使用方法的关系。

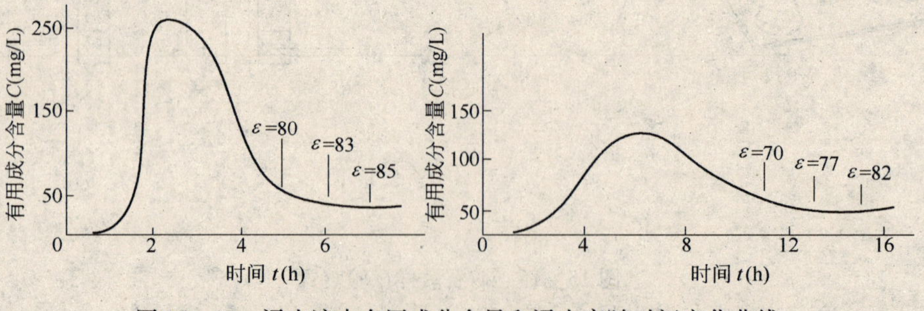

图15－17　浸出液中有用成分含量和浸出率随时间变化曲线

（ε为有用成分浸出率，%）

C 矿层地浸参数测试

a 基本作法

打一组或几组试验钻孔，进行抽注液浸出试验。测试数据的基本作法与地浸生产相似。

每一组试验钻孔，一般是由若干个抽液钻孔和几个观测孔组成，但有时可由一个抽液孔、一个注液孔和两个观测孔组成。

b 矿层试验资料数据

通过矿层地浸试验，应获得如下资料数据：

表15-1 地浸铀矿床的主要地质和水文地质条件

条件名称	适于地浸的条件
矿床成因	淋积，后生
含矿岩石及其特征	含矿岩石为疏松砂岩和砂砾岩；在岩层垂向剖面上常为砂岩与泥岩互层，或砂岩与煤互层，矿石中常含有机质、泥质和黄铁矿
铀矿物及其共生和伴生矿物	铀矿物为沥青铀矿、铀黑、铀石、钙铀云母和钙钒铀矿，共生和伴生矿物有黄铁矿、白铁矿、白硒铁矿、硫胶钼矿、方解石
矿石中碳酸盐含量	小于2%用酸法，大于2%用碱法
铀的存在形式和赋存条件	铀在矿石中主要以铀的矿物和吸附形式存在，铀矿物分布于砂砾间隙、砂粒表面和胶结物中，呈云雾状或星点状
矿石品位	大于0.05%
矿石（矿体）渗透系数，矿石孔隙度	渗透系数为0.1~10m/d，孔隙度为30%左右
矿层顶底板岩石和夹石的渗透系数	比矿石渗透系数小1~3个数量级
矿体埋藏深度	几十米到二、三百米
含矿层地下水位深度	一般在50m以内
矿体形态和产状	透镜状、卷状和层状，产状平缓
矿体大小	厚几十厘米到十几米，一般为二三米；宽几米到几百米；长几十米到一二千米
矿体厚度与含矿含水层厚度之比值	0.2~1.0
矿体含水性	矿体充水，在注液孔的注液压力为0.5~4MPa条件下，钻孔抽液和注液能力为0.5~10m^3/h
矿层地下水类型	孔隙水，具承压性；水的矿化度小于5g/L

钻孔抽液和注液能力：注液压力，抽液孔和观测孔内的液位；溶浸液在矿层中的渗透速度；可供地浸生产使用的溶浸液配方和使用方法；抽出液中有用成分和其他杂质的含量及其随时间变化的规律；产品溶液的平均含量；抽出液的剩余酸（碱）度和氧化还原电位；抽出液的固体悬浮物含量；液固比；抽出一公斤或一吨产品的酸（碱或其他溶剂）和氧化剂的消耗量；矿层酸（碱或其他溶剂）和氧化剂的总消耗量；吸附材料（如离子交换树脂等）的吸附效果，淋洗剂用量和效果，沉淀剂用量和效果；抽出率和回收率；结束一个矿块的浸出工作所需的时间；清洗矿层所需时间；电能单位消耗量，即回收一公斤或一吨产品所消耗的电量；试产品的经济成本分析。

15.3.3.2　矿床地浸条件评价

世界各国先后有数十个铀矿床或矿段地浸法生产。这些铀矿床的主要地质和水文地质条件，归纳整理列入表15－1，以供初步评价其他矿床是否适于地浸条件的参考。

通过矿床地浸条件试验，在获得各方面的资料数据之后，便可对矿床是否适于地浸作出最终评价。如果地浸可行性研究得出了肯定的正向结论，或者是矿床条件和地浸试验参数与现行地浸生产矿山的相似，则可以肯定矿床适于地浸。

15.3.4　工艺流程和工程设施

15.3.4.1　地浸工艺流程

地浸企业生产的工艺流程，虽因矿种和溶浸液等的不同而有所差异，但总的来讲都相似，且较为简单，如图15－18所示。

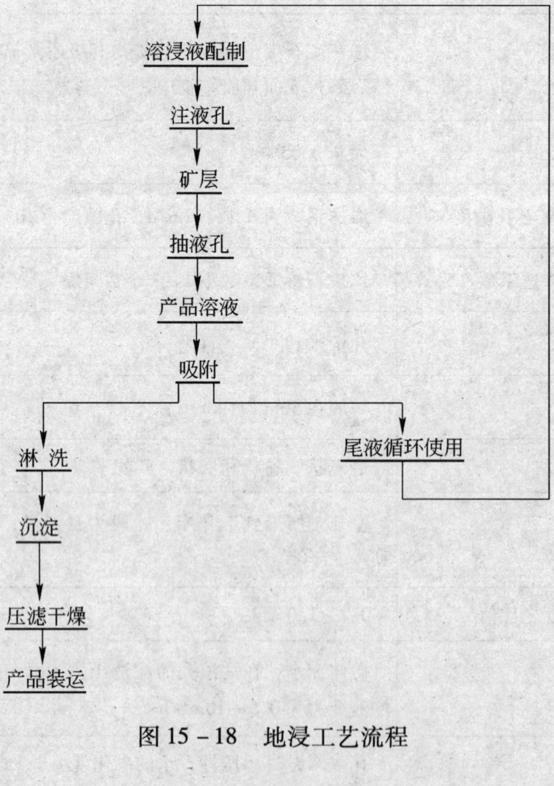

图15－18　地浸工艺流程

15.3.4.2　地浸工程设施

地浸企业的工程设施，由开采（原地浸出）系统、产品溶液水冶加工处理车间和辅助设施三大部分组成（表15－2）。

表15－2　地浸企业的工程设施

开采（原地浸出）系统	注液和抽液工程（此处系指钻孔工程）	抽液孔、注液孔、观测孔、检查孔和孔口装置
	溶浸液配制设施	配液设备，酸（碱）贮罐，氧化剂贮罐
	注液和抽液设备	不锈钢潜水泵或气升泵，耐腐蚀定比例泵
	输送管道	溶浸液输送管，抽出液输送管，压缩空气输送管（如使用气升泵），供水供热管
	各种用途贮池（槽）	配液池和注液池，抽出液沉淀池和贮存池
	自控装置	电脑控制室，溶浸液配制自动装置，抽液和注液自控装置，向水冶车间自动输送产品溶液装置
水冶车间	矿种、溶浸液和产品溶液类型不同，水冶设施也不同。处理含铀产品溶液的常用水冶设施有：产品溶液贮池，离子交换树脂吸附塔和淋洗塔，酸（碱）和其他原材料贮槽，淋洗液配制和贮存槽，沉淀池，压滤干燥设备，化验分析室，以及产品库等。此外，还有三废处理设施	
辅助设备	运输道路，车辆和车库，输电线路和供电所，供水设备，加工修理间，备用材料设备库，洗澡卫生间，以及各项生活设施（只供生产人员使用的设施）	

一个矿场的工程设施布置，如图15－19所示。

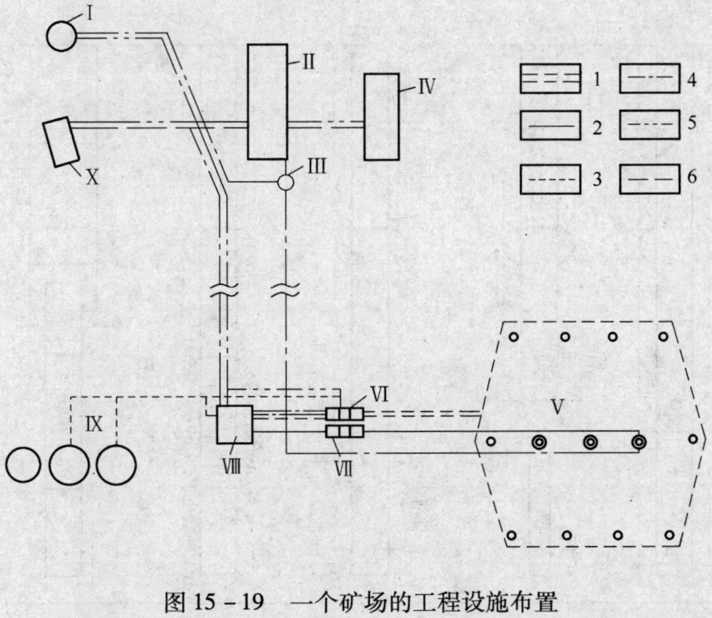

图15－19　一个矿场的工程设施布置

Ⅰ—供水井；Ⅱ—空压机房，柴油机，机械修理间和仓库；Ⅲ—贮气罐；Ⅳ—化学分析室和卫生洗澡间；Ⅴ—矿场；Ⅵ—溶浸液配制室；Ⅶ—产品溶液贮池；Ⅷ—水冶车间；Ⅸ—酸（碱）贮存库；Ⅹ—锅炉房；1—溶浸液输送管；2—产品溶液输送管；3—酸（碱）输送管；4—压缩空气输送管；5—工业供水管；6—供热管

15.3.5　主要工艺技术

在地浸企业建设和生产中，有钻孔工程、溶浸液配制和使用方法、溶浸范围控制、产品溶液水冶加工处理和三废等项技术。其中前三项是保证原地浸出能够顺利进行，并达到上述要求的主要工艺技术。

15.3.5.1　钻孔工程技术

钻孔不但起着开拓、采准和采矿通道的作用，而且还担负着圈定采区、控制溶浸液运动，以及监控产品溶液数量和质量等工作的部分任务。要求地浸钻孔能承受一定的压力、有较大的抽注液能力、能向不同品位矿石和不同渗透性的矿段分布不同数量的溶浸液、并能长期保持稳定的生产能力。

钻孔工程技术包括钻孔结构和施工技术、钻孔布置。

A　钻孔结构和施工技术

抽液孔、注液孔和观测孔，统称为地浸钻孔。抽注液钻孔以及其他可能作为抽注液使用的钻孔，目前国内外大都采用相同的结构，使之既可作为抽液，又可作为注液用。

a　钻孔结构

地浸钻孔结构，系指钻孔深度和直径、套管直径和下入深度、孔壁和管壁之间的固井填料、过滤器类型等，一般分为两大类（图15－20）。

用同一直径的钻头钻穿矿层，然后下套管固井，在矿体部位扩孔或射孔。

用某种直径的钻头钻进至距矿层2～5m处，下套管和注水泥浆固井，之后用小一级直径的钻头钻穿矿层。

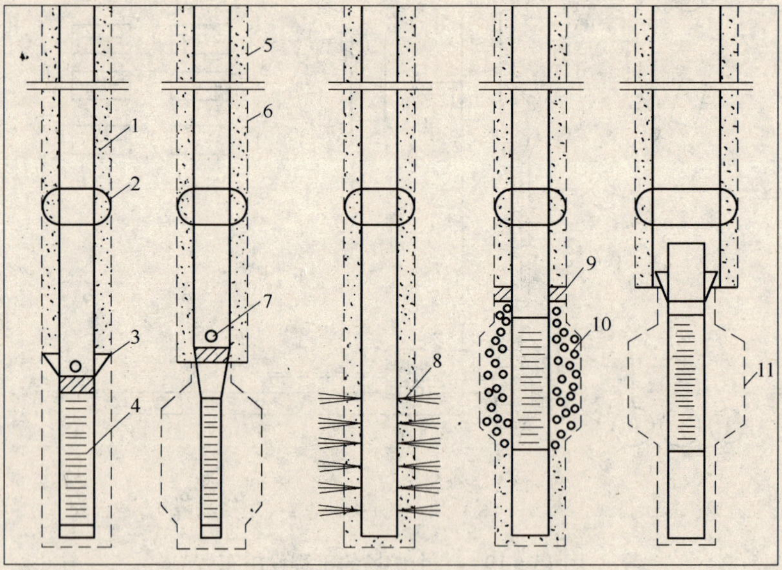

图15－20　抽注液钻孔结构

1—孔壁；2—扶正器；3—封隔器；4—过滤管；5—水泥环；6—塑料套管；
7—排水泥浆孔眼；8—高压水射孔；9—隔塞；10—砾石；11—扩孔

钻孔深度，取决于矿层埋深，直接影响钻孔的开孔直径、钻头换径次数和套管材料的选择。地浸钻孔按不同的深度分为三类：

0～200m 为浅孔，用聚氯乙烯塑料硬管作套管和过滤管；

200～400m 为中深孔，用不锈钢管或衬有钢丝的塑料管作套管和过滤管；

大于 400m 为深孔，用不锈钢管作套管和过滤管。

钻孔直径，取决于矿体埋深、矿石渗透性和抽液设备等条件。对于数十米深的浅孔，常设计大直径的钻孔，开孔直径 350～400mm，终孔直径 200～250mm。目前，大都采用小直径钻孔，下入孔内套管的直径为 100～150mm，但在矿体部位的孔径通常都扩大到 400mm 左右。

地浸钻孔的过滤器、固井和固井材料等，与供水钻孔的基本相似，要针对地浸特点合理选择和正确施工。

b 施工技术

地浸钻孔的施工技术，有扩孔、过滤器加工和安装、溶浸液在孔内不同部位的定量分配、固井、人工隔塞、高压射孔和快速洗孔等技术。

B 钻孔布置

钻孔间距布置形式与矿体埋深、形态和渗透性等条件有关。

确定技术经济上最佳钻孔间距，是根据与其有关的各种条件和试验参数，列出多种方案，进行分析比较和选择，通常采取的钻孔间距为 15～25m。

对于渗透性较好的大矿体，钻孔常呈行列式分布；对于小矿体或渗透性较差的矿体。钻孔常呈网格分布（图 15－21）。

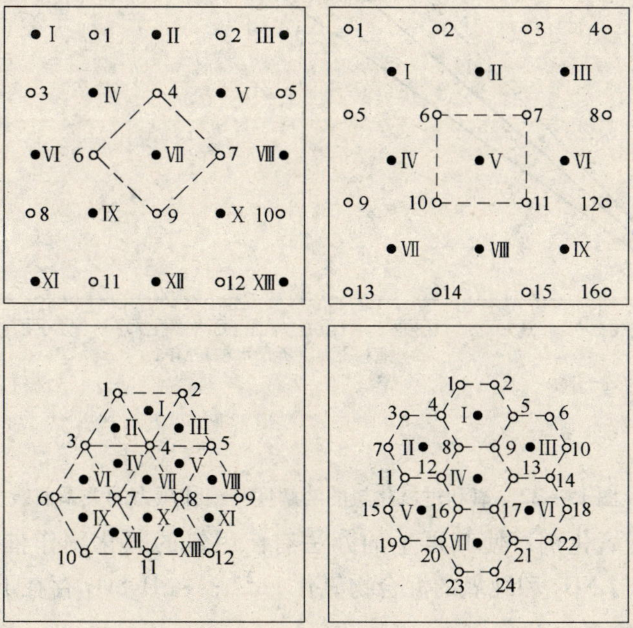

图 15－21 钻孔布置形式

○，●—可互换用的抽液钻孔和注液钻孔

15.3.5.2 溶浸液配制和使用

溶浸液，是由天然水（最好是地下水）、矿井水或水冶厂尾液与溶浸剂和氧化剂按一定比例配制而成。用于地浸的溶浸液，其配方和使用方法与堆浸和常规水冶厂的配方和使用方法不完全相同。

（1）基本要求。对溶浸液的基本要求是：保证矿石中有用成分能够较完全进入溶液；有选择性的浸出；不导致矿层堵塞而恶化其渗透性；对材料设备无严重腐蚀性；价格便宜。

（2）溶浸剂和氧化剂的选择，主要取决于矿种、矿石物质成分和化学成分等条件。

用于地浸的溶浸剂，有 H_2SO_4、HNO_3、HCl、Na_2CO_3 和 $NaHCO_3$、（NH_4）$_2CO_3$ 和 NH_4HCO_3、Fe_2（SO_4）$_3$、NaCN、KCN 以及（NH_4）$_2SO_4$ 等。

用于地浸的氧化剂，有氧、高锰酸盐、含氮氧化物、三价铁盐、过氧化氢和氯酸盐等。

用氧作氧化剂的方法有两种：把含氧剂（包括空气）压入矿层，排挤地下水，待矿石氧化后，再注入溶浸液；把地表氧化罐中的液态氧气化后，压入注液孔底部，使之溶于溶液中，并达到氧化矿石所需浓度。

氧和过氧化氢在不同温度和压力条件下的溶解度见图 15－22。

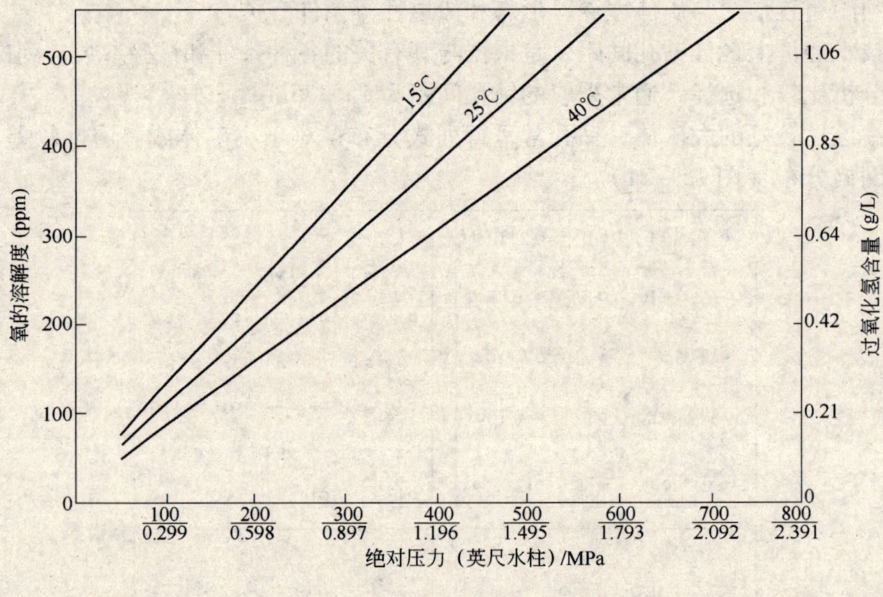

图 15－22　氧和过氧化氢的溶解度与液柱压力的关系曲线

用三价铁盐作氧化剂，使其再生的办法有：用氮的氧化物作催化剂，用氧来氧化 Fe^{2+}；用酸性废液与 NO_2 和纯氧的混合物氧化 Fe^{2+}；在 H_2SO_4 存在下，用含氧气体（如空气）和氮的氧化物氧化 Fe^{2+}。

使用活性炭，借助氧来氧化 Fe^{2+}；还有用软锰矿或细菌使 Fe^{3+} 再生的办法。

（3）溶浸液配方。对铀、铜、金和稀土矿，可供参考的浸液配方分别列入表 15－3、表15－4、表 15－5 和表 15－6。

（4）溶浸液的使用。当使用 H_2SO_4 溶液浸出含有碳酸钙的矿石时，初期只能用低浓度的 H_2SO_4 溶液（0.1%左右）将矿层酸化，浸出矿石中的钙离子。当抽出液的 pH 值降到

表 15-3 对铀矿的溶浸液配方

序号	试剂	溶浸液中的含量（g/L）
1	H_2SO_4 O_2	5~20 0.3~0.5
2	H_2SO_4 H_2O_2（30%浓度）	5~20 0.5~1.0
3	H_2SO_4 Fe^{3+}	5~20 0.3
4	$Na_2CO_3+NaHCO_3$ O_2	5~15 0.2~0.5
5	$Na_2CO_3+NaHCO_3$ H_2O_2	5~15 0.5~1.0
6	$(NH_4)_2CO_3+NH_4HCO_3$ O_2	5~15 0.2~0.5
7	$(NH_4)_2CO_3+NH_4HCO_3$ H_2O_2	5~15 0.5~1.0

表 15-4 对铜矿的溶浸液配方

序号	试剂	溶浸液浓度（%）
1	H_2SO_4	0.1~0.2
2	H_2SO_4 $Fe_2(SO_4)_3$	0.1~0.2 0.03~0.5
3	酸性矿井水	

表 15-5 对金矿的溶浸液配方

序号	试剂	溶浸液浓度（%）
1	KCN 或 NaCN O_2	0.02~0.3
2	$CS(NH_2)_2$ H_2SO_4	0.5~2 1~3
3	$Fe_2(SO_4)_3$	0.3~0.4

表 15-6 对稀土矿物的溶浸液配方

试剂	溶浸液中的含量（g/L）
$(NH_4)_2SO_4$	10~50

3～4 时，才能使溶液中的 H_2SO_4 含量提高到正常浸出的浓度。如此小心地使用 H_2SO_4 溶液，是为了避免有大量的 H_2SO_4 与碳酸钙作用，产生过量的石膏和 $CO_2\uparrow$。溶液中石膏含量超过饱和度，会沉淀而堵塞矿层；过多 $CO_2\uparrow$ 会充填孔隙，造成临时性气堵。

初期使用高浓度 H_2SO_4 溶液，在注液孔附近的矿层中，溶浸液中会含有大量铁和铝等杂质；溶浸液向抽液孔运动的过程中，酸度要降低，这些杂质可能沉淀而堵塞矿层。

使用氧作氧化剂，如注入量过少，不能满足氧化矿物的需要；如注入量超过一定压力下的溶解度，会造成气堵。因此，使用氧作氧化剂时，应保持适当的注氧量和注液压力。

总之，只有溶浸液的正确配方而无合理的使用方法，原地浸出也是不能顺利进行的。

15.3.5.3　溶浸范围控制

注入矿层的溶浸液，一要不漏失和稀释；二要能控制在一定的范围内；三要使控制范围内的所有矿石都能与溶浸液接触而不出现“溶浸死角”，这些技术统称溶浸范围控制。

溶浸范围与钻孔分布、注液压力和抽液孔内的液位降深值等条件有关。用地下水动力学公式可计算出抽液孔影响范围内任意点的液位降深值 S_M（当抽量大于注量），因而就可以绘出等液位线、液流线和圈出溶浸范围。

在同一含矿含水层中有若干个抽液孔同时工作时，在这些钻孔工作影响范围任意点 M 处的液位降深值 S_M，按液位叠加原理应等于各孔单独工作时该点处形成的液位降深值和上升值的代数和，可表示为：

$$S_M = \sum_{i=1}^{n} S_{i-M} - \sum_{i=1}^{m} S_{i'-M} \tag{15-1}$$

任一钻孔单独抽液时于 M 点形成的液位降深值可仿裘布依公式写为：

$$S_{i-M} = \frac{Q_i}{2\pi K_\phi M}\ln\frac{R_i}{r_{i-M}} \tag{15-2}$$

全部抽液孔同时工作时于 M 点处形成的液位总降深值为

$$\sum_{i=1}^{n} S_{i-M} = \frac{1}{2\pi K_\phi M}\sum_{i=1}^{n}\left(Q_i\ln\frac{R_i}{r_{i-M}}\right) \tag{15-3}$$

全部注液孔同时工作时于 M 点处形成的液位总上升值为

$$\sum_{i'=1}^{m} S_{i'-M} = \frac{1}{2\pi K_\phi M}\sum_{i'=1}^{m}\left(Q_{i'}\ln\frac{R_{i'}}{r_{i'-M}}\right) \tag{15-4}$$

因此，当一群抽注液孔同时工作时，于 M 点处形成的液位降深值为：

$$S_M = \frac{1}{2\pi K_\phi M}\left(Q_1\ln\frac{R_1}{r_{1-M}} + Q_2\ln\frac{R_2}{r_{2-M}} + \cdots + Q_n\ln\frac{R_n}{r_{n-M}}\right) - \frac{1}{2\pi K_\phi M}\left(Q_{1'}\ln\frac{R_{1'}}{r_{i'-M}} + Q_{2'}\ln\frac{R_{2'}}{r_{2'-M}} + \cdots + Q_m\ln\frac{R_m}{r_{m-M}}\right) \tag{15-5}$$

式中　n、m——抽液孔和注液孔的数量；

i、i'——抽液孔和注液孔的编号；

Q_1、Q_2、…、Q_n 和 R_1、R_2、…、R_n——1、2、…、n 号抽液孔的抽液量和影响半径；

$Q_{1'}$、$Q_{2'}\cdots Q_m$ 和 $R_{1'}R_{2'}\cdots R_m$ ——1′、2′…m 号注液孔的注液量和影响半径；

Q_i、R_i ——任一钻孔单独抽液时的抽液量和影响半径；

$Q_{i'}$、$R_{i'}$——任一钻孔单独注液时的注液量和影响半径；

K_ϕ ——矿层渗透系数；

M ——矿层厚度；

r_{1-M}、$r_{2-M}\cdots r_{n-M}$ 和 $r_{1'-M}$、$r_{2'-M}\cdots r_{m-M}$——各个抽液孔和注液孔到 M 点处的距离。

图 15－23 和图 15－24 是根据公式计算数据和观测孔测试资料绘制的等液位线和等 pH 值线。

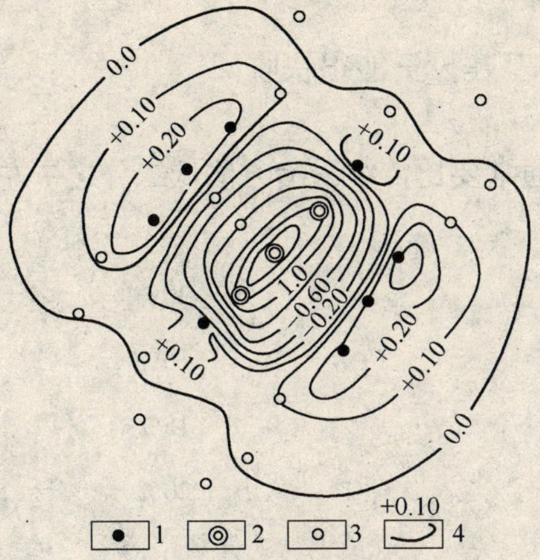

图 15－23　等液位线

1—注液孔；2—抽液孔；3—观测孔；
4—液位降低或升高值

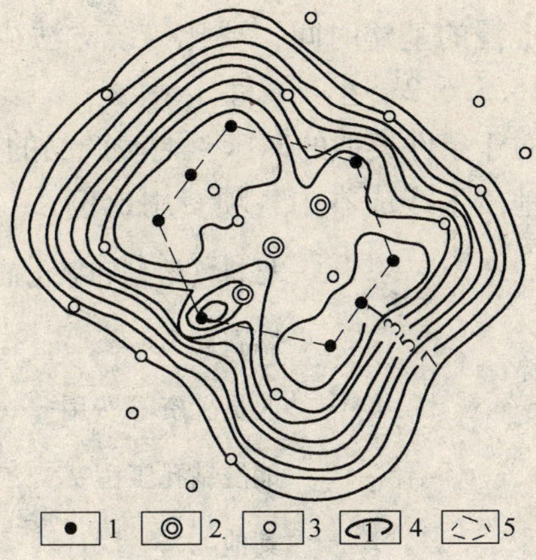

图 15－24　等 pH 值线

1—注液孔；2—抽液孔；3—观测孔；
4—等 pH 值线；5—矿块几何边界

15.3.5.4　环境保护

原地浸出采矿，对操作人员的良好安全防护条件是其他采冶方法所无法比拟的。但原地浸出采矿过程中的污染问题，需做处理。

A　矿层水质恢复

如果用 H_2SO_4 溶液作溶浸液，一般只需抽洗几个月即可使矿层水质复原。如用 $(NH_4)_2CO_3$ 和 NH_4HCO_3 作溶浸液，由于 NH_4^+ 被黏土吸附难以清除，所以恢复矿层水质较困难。美国使用碳酸铵和碳酸氢铵溶液作溶浸液，清洗矿层的费用很高，占产品成本的 10% 左右。

B　废液

对于原地浸出，废液量不多，但其各种有害物质含量较高。废液主要来源过滤机、沉淀池的贫液、溢流液和各种洗涤水。处理废液的常用办法有三种：蒸发；通过深孔注入深部地层；化学沉淀和吸附处理。

C　固体废料

固体废料主要来源于蒸发废液、矿层酸化、化学试剂残渣、废树脂、废材料和污染了的泥沙等。处理办法是掘坑掩埋，废料坑应作防漏防渗处理。

D　废气

有害废气主要来自敞开的贮液池、产品干燥和包装等。处理办法有：密闭，外引并与大气稀释，吸附过滤，化学处理。

15.3.6　技术经济评选

下面就原地浸出法和传统采冶法的基建投资、生产成本和劳动生产率作一比较和评述。

15.3.6.1　基建投资

传统采冶方法的工序和工程项目甚多，而地浸只有地浸钻孔、抽注液设施和处理产品溶液的水冶车间。经试验和生产实践证明，在类似的矿床条件下，原地浸出采矿的基建投资要比传统采冶方法少二分之一到四分之三。

地浸的基建时间，要比传统方法少一半以上。基建投资能很快收回。

15.3.6.2　生产成本

对于条件类似的矿床，地浸产品的生产成本，通常要比传统采冶方法低二分之一左右。

地浸生产成本中各项费用比例：

材料（溶剂和氧化剂等）	30%
燃料动力	15%
人员工资等费用	15%
地浸钻孔工程费	20%
其他	20%

15.3.6.3　劳动生产率

由于地浸的工序少和自动化程度高，其劳动生产率比传统方法高 1 ~2 倍。

15.3.7　原地浸出采矿实例

实例 1　克莱韦斯特铀矿（clay west）

该矿是美国第一个大规模商业性生产的原地浸出采铀矿山，1975 年 4 月投产。现由美国钢铁公司（U.S. Steel）和尼亚加拉公司（Niagara）共同经营。其年产 U_3O_8 的能力，初期为 112.5t，后增加到 450t。

（1）地理位置。克莱韦斯铀矿，位于得克萨斯州的乔治韦斯特镇（George West）西南 16km 处。

（2）地质和水文地质条件。铀矿体呈舌状赋存于中新世的阿克维利（oakville）砂岩中。含矿层平均埋深 116 ~150m，平均厚度为 10m。含矿砂岩，结构疏松，渗透率为 2000 毫达西。矿石平均品位为 0.1%，主要铀矿物是沥青铀矿和水硅铀矿，共生矿物有硒和钼。

（3）钻孔布置。钻孔总数达 2000 多个，共有四个采区。每个采区都平均有 550 个钻孔，其中 250 个为注液孔，150 个为抽液孔，150 个为监测孔。每组钻孔一般布置成 5 点式。方形边长为 16.67m，抽液孔在中心，四角为注液孔，抽液孔和注液孔的距离为 11.78m。钻孔也有按边长为 22.33 ~33.33m 的方形布置。

（4）钻孔结构。抽液、注液和监测孔的结构基本相同。钻孔深略超过矿体底板。在注液和监测孔内安装有内径为100mm的聚氯乙烯塑料套管。在抽液孔内的则是内径为150mm聚氯乙烯塑料套管；矿层部位安过滤管。在孔壁和套管壁间固井，为防止固井时水泥浆进入过滤管和矿层，在过滤管之上装有一个带石膏塞的接头；水泥浆通过石膏塞上方的排浆孔进入套管外的空隙，排浆孔下面的垫圈可防止水泥浆下漏。为了保护过滤管，套管上带有3~4个扶正器以扶正套管和过滤管在孔内的位置。

（5）溶浸液配制。配制溶浸液，初期使用碳酸铵、碳酸氢铵和过氧化氢，之后换成碳酸钠、碳酸氢钠和氧气。溶浸液中氧的含量为300~400mg/L。溶浸液的pH值为9左右。

（6）抽注液设备和抽出液

用耐腐蚀的卧泵注入溶浸液，注入压力为1.5MPa左右；从抽液孔中抽出溶液，用2.24~5.6kW的不锈钢潜水泵，与泵连接的不锈钢管或玻璃纤维管的直径为50~60mm。由于矿层渗透率高和钻孔抽液量大，抽出液中U_3O_8的含量仅为20~30mg/L。

（7）产品溶液的水冶加工处理。用离子交换树脂吸附产品溶液中的铀，用NaCl（加Na_2CO_2）作淋洗液，把铀从树脂上淋洗下来，用NH_3，从被淋洗出的高浓度含铀溶液中沉淀铀（重铀酸铵），最终产品是粉状黄饼。废液通过钻孔注入深部地层。

实例2 陈家山铀矿床

陈家山矿是我国第一个原地浸出采矿场地。

（1）地质和水文地质条件。主要工业铀矿层为含砾砂岩和砂砾岩层，基底为花岗岩。矿石物质成分以石英和长石为主，其次是黑云母、水云母和绿泥石，还有黄铁矿、泥质、炭质和有机质等。铀元素以沥青铀矿和铀黑形式以及吸附状态存在于炭质、有机质和泥质等胶结物中。

矿石渗透系数大于0.72m/d，矿体埋深从几十米到一、二百米。

（2）钻孔布置。钻孔按三角形和长方形布置，抽液孔与注液孔的间距为15m左右。

（3）钻孔结构。抽液孔和注液孔的结构基本相同，孔深数十米，孔径为130mm，在矿体部位的孔径为300~400mm。

（4）溶浸液配制。溶浸液是用地下水、硫酸和过氧化氢配制而成。

（5）抽注液设备和抽出液。注液用不锈钢卧泵，抽液用气升泵和不锈钢潜水泵。抽出液中的铀含量为50~150mg/L。

（6）产品溶液的水冶加工处理。用离子交换树脂吸附产品溶液中的铀，用NaCl（加添H_2SO_4）作淋洗液，用NaOH作沉淀液。最终产品是浆状黄饼。

15.3.8 原地破碎浸出采矿

原地破碎浸出采矿，是指坚硬致密矿体用爆破手段原地破碎后，有选择地浸出破碎矿石中有用成分，然后提出地表的开采方法。此法，就其原理和浸出工艺技术而言，与原地浸出采矿和堆浸相似，也有差别。

原地破碎浸出采矿，包括爆破、浸出和产品溶液水冶加工处理三个工序。矿石原地破碎是成功运用此法的关键。

15.3.8.1 适用范围

从技术可行性讲，大部分坚硬易碎的有色和稀有金属矿，以及适于地下堆浸和泡浸的矿体，都可用原地破碎浸出采矿方法开采；但经济是否合理，则主要取决于矿床具体条件。

利于原地破碎浸出的矿床条件有：矿石坚硬易碎；矿石有效孔隙度（包括由于爆破产生的有效裂隙率）大于20%；原矿体，团块状矿体，急倾斜矿体；矿石有用成分可浸性好，矿石的其他物质成分不妨碍浸出，消耗的溶浸剂不多；易于获得破碎矿石所需要的补偿空间。

15.3.8.2 原地爆破破碎方式

矿床埋藏条件不同，爆破破碎方式也不同，现列举试验和生产中运用过的几种方式以供参考。

A 近地表层状矿体的钻孔爆破破碎

如美国矿业局在亚利桑那州 sierrita 露天矿附近开展过原地爆破破碎矿石浸出试验。布置10个钻孔，孔径228.60mm，孔深33.55m。钻孔是按8.3、6.6和5.0m三个等边三角形的间距布置的。每个钻孔装置浆状炸药771.12kg。爆破后地表凸起，平均增高1.52m，爆破前后的金刚石钻孔的矿芯对比表明，矿石已破碎到适于原地浸出的程度（破碎了的矿石块度大都为50.8~76.2mm）。

B 地表露头的团块状矿体的硐室爆破破碎

C 露天采场边坡残留矿体的大直径钻孔爆破破碎

D 井下开采时矿体的常规爆破破碎

E 核爆破

很有发展前途的一种破碎矿石手段是核爆破。用核爆破方法可开采铜、银、铅、镍、锡、铀、金和油页岩等许多矿床，此法特别适于开采某些埋藏深、品位低而厚大的矿体，且对地表地貌不产生影响。

0.45kg（1磅）铀完全裂变可产生约与9000t TNT炸药相等的能量，一磅氘（重氢）反应时可释放大约等于26000t TNT的能量。当一个核弹在矿体中爆炸时，在爆炸中心产生数百万度高温和高能量的冲击波，热能把爆炸点附近的地层气化，形成充满高热气体的空腔。空腔扩张时地层产生裂隙，腔顶塌满，类似在矿房内崩落矿石；充填着破碎矿石的矿硐很像水冶工厂中的溶浸大罐；经钻孔将溶浸液注入矿硐溶浸矿石，即相当于在水冶工厂中的溶浸大罐内溶浸矿石。

百分之九十以上的放射性污染物都被熔融岩吸收而沉到矿硐底部。

用核爆破手段破碎矿石，约有70%的破碎矿石块度在30mm以下。

矿硐大小与核弹能量的关系，破碎矿石量和费用与核弹能量（相当于TNT的能量）的关系，分别列于表15-7和表15-8。

表15-7 矿硐大小与核弹能量的关系

爆破序号	岩石名称	核弹能量（kt）	核弹距地表深度（m）	距爆破中心的距离（m）		
				矿硐半径	细碎矿岩的半径	裂隙岩体半径
1	凝灰岩	1.8	274.0	19.8	35.0	40
2	花岗岩	5.0	286.0	19.0	24.0	55
3	花岗岩	13.4	376.4	25.6	33.2	
4	花岗岩	61.0		40.2	50~55	91
5	白云岩	12.0	402.3	21.0	27.0	46

表 15-8 破碎矿石量和费用与核弹能量的关系

核弹能量（kt）	10	20	50	70	100
核弹费用（千美元）	350	390	425	450	470
破碎矿石量（kt）	400	1200	2500	3800	5600
破碎-吨矿石的费用（美元）	1.38	0.51	0.27	0.19	0.14

15.3.8.3 矿石块度

原地破碎而后浸出的技术经济效益，在很大程度上取决于破碎矿石块度的大小和小块度矿石量的多少。

在浸出矿料中 -200+100mm 的矿石块度，实际上难以避免。为了保证浸出效果，矿料中此等级块度矿石量最好不超过20%，而块度大于50mm的矿石量应达到50%~60%。矿石块度为 -50+25mm 和 -25mm，浸出效果最佳。

浸出效果不仅取决于矿石块度的大小，还与矿石有效孔隙度直接有关。如矿石是多孔隙或裂隙的，即使矿石块度较大，浸出效果也可能好。适于浸出的矿石块度与矿石孔隙度（包括由于破碎所产生的裂隙）的关系列入表15-9。

表 15-9 适于浸出的矿石块度与有效孔隙度的关系

矿石有效孔隙度（%）	适于浸出的矿石块度（mm）
>2	约100
1~2	约50
<1	<30

15.4 微生物在采矿中的应用

某些微生物或其代谢产物能对金属或金属矿物产生氧化、还原、溶解、吸附或吸收等作用，使矿石中的不溶性金属变为可溶性盐类转入水溶液中或直接为微生物所吸收或吸附以便进一步提取和回收。基于这种作用，在采矿中可利用某些微生物提取难采矿体中的金属，或处理用常规方法选冶困难的低品位矿石。

15.4.1 与采矿有关的微生物及其生理特性[11~15]

迄今为止，已知至少有二、三十种微生物具有上述功能，但可用于采矿的微生物主要是氧化铁硫杆菌、氧化硫杆菌、嗜热嗜酸微生物如铁裂片菌属、硫化叶菌属、硫酸盐还原菌、黑曲霉菌等，其中以氧化铁硫杆菌在生产中应用最广，其次为氧化硫杆菌。

氧化铁硫杆菌是一种能氧化低价铁、硫化物和元素硫并从中获得能源而自营生长的化能自养菌，可生存于强酸性坑水中，其最适宜生长的pH值为2~2.5。这种细菌以空气中的二氧化碳为碳源，以无机氮化物为氮源，性嗜氧嗜酸，能将硫酸亚铁和硫化铁中的铁氧化成高价铁，将硫化矿物中的硫和元素硫氧化成硫酸。

氧化硫杆菌在形态上与氧化铁硫杆菌相似，并都能生存于酸性矿坑水和潮湿的岩芯与矿泥中，但只能氧化元素硫和硫代硫酸盐而不能氧化低价铁，且更嗜酸，在pH值低至0.6时仍能积极发育。

15.4.2 微生物培养方法

培养氧化铁硫杆菌时用莱顿（leaten）无机盐培养基，其成分为：$(NH_4)_2SO_4$ 0.15g，KCl 0.05g，K_2HPO_4 0.05g，$MgSO_4 \cdot 7H_2O$ 0.50g，$Ca(NO_3)_2$ 0.01g，蒸馏水1000mL，10%(W/V)$FeSO_4 \cdot 7H_2O$ 10mL。培养氧化硫杆菌用瓦克斯曼（Wakesman）元素硫培养基，其成分为：$(NH_4)_2SO_4$ 0.2g，KH_2PO_4 3~4g，$MgSO_4 \cdot 7H_2O$ 0.5g，$CaCl_2 \cdot 2H_2O$ 0.25g，蒸馏水1000mL，硫粉1.0g，$FeSO_4 \cdot 7H_2O$ 0.01g。

培养方法是：将调整好pH值的培养基分装在已消毒的洁净三角瓶中作浅层培养，取1~10mL矿坑水或数段岩芯或矿泥放入瓶内并测定和调整好pH值，然后置于28~30℃恒温箱内进行培养。以元素硫作能源时只限于静止培养，培养1~2天后即可检查是否有氧化铁硫杆菌和氧化硫杆菌生长，其判据是：(1) 培养液的颜色由浅蓝绿色转为朱红色；(2) 液相由清澈转为浑浊；(3) 测定Fe^{2+}氧化率；(4) pH值增大；(5) 通过显微镜观察细菌形态并计数以证实培养成功。

15.4.3 微生物溶浸金属的应用

15.4.3.1 低品位铜、铀矿石的微生物溶浸

氧化铁硫杆菌特有两种酶，即铁氧化酶和硫氧化酶，能直接氧化金属硫化物中的铁和硫，使之变为金属硫酸盐。例如黄铜矿（$CuFeS_2$）等重金属硫化矿物本不易溶于酸性溶液，但在细菌直接作用下，可离解成为硫酸铜，反应式如下：

$$2CuFeS_2 + 8\frac{1}{2}O_2 + H_2SO_4 \xrightarrow{\text{细菌}} 2CuSO_4 + Fe_2(SO_4)_3 + H_2O$$

对于金属氧化矿物（如铜和铀的氧化矿），微生物的作用是间接的，即氧化铁硫杆菌先氧化硫化物、硫酸亚铁或元素硫形成硫酸高铁和硫酸，以浸出矿石中的铜和铀，反应式如下：

$$2S + 3O_2 + 2H_2O \xrightarrow{\text{细菌}} 2H_2SO_4$$

$$4FeSO_4 + O_2 + 2H_2SO_4 \xrightarrow{\text{细菌}} 2Fe_2(SO_4)_3 + 2H_2O$$

$$CuO + H_2SO_4 \longrightarrow CuSO_4 + H_2O$$

$$Cu_2O + H_2SO_4 \longrightarrow CuSO_4 + Cu + H_2O$$

$$Cu + Fe_2(SO_4)_3 \longrightarrow CuSO_4 + 2FeSO_4$$

$$UO_2 + Fe_2(SO_4)_3 \longrightarrow UO_2SO_4 + 2FeSO_4$$

$$UO_3 + H_2SO_4 \longrightarrow UO_2SO_4 + H_2O$$

用微生物-化学浸出法回收贫矿与废石中的铜已有数十年生产实践历史，美国、加拿大、前苏联、西班牙、智利、保加利亚、澳大利亚、墨西哥等十余国约为40多个矿山一直在用此法处理其贫铜矿石，其中美国应用尤广，约有19个矿山用此法进行堆浸和原地浸出，所产铜量占全国总产铜量11%以上。国外多年生产实践证明，微生物浸出法回收低品位矿石或难处理矿石中的铜是切实可行和经济的，其生产费用低，环保条件好，尤适用于缺乏选厂的边远矿山。

铀矿的微生物浸出早在20世纪60年代即已试验成功，其对象是低品位铀矿石及地下不能再采出的富铀矿。目前美国、加拿大、法国、西班牙、葡萄牙与前苏联均在进行细菌浸出铀的工业试验，重点是地下浸出。

15.4.3.2 低品位金银矿石的微生物溶浸[17,18]

目前从脉金矿中提取金银，几乎全都采用氰化浸出，此法效果好，成本低，但氰化物剧毒，严重危害环境与安全。而某些能产生氨基酸的异养细菌在有氧化剂存在的条件下溶浸金的效果也很好。近年来研究中发现黑曲霉的代谢产物即蛋白质的水解可溶浸金。石英－碳酸盐矿样和砂－黏土矿样用细菌堆浸法处理，经三周后金的浸出率可达70%以上，与氰化浸出相差不多，但无环境污染之患。

另一无氰无毒的生物浸出剂已于1985年11月在美国问世并获得专利。这种商品名为"BIO－D"的浸出剂实际是一种微生物降解产物。一年来已与一种溴氧化剂一道出售，据用户反映：应用该浸出剂浸出金矿石药剂费用可降低20%～32%；浸出尾矿，金浸出率可由60%提高到90%。因其在－4℃时仍有效，故可用于寒冷地区堆浸、BIO－D不仅可浸出金与银，还可溶浸铂族金属，总之，这种微生物浸出剂是一种很有发展前途的可取代氰化物的无毒无害的有效浸出剂。

15.4.4 微生物浸出矿石工艺流程[11～16]

15.4.4.1 低品位铜矿石微生物堆浸工艺流程

低品位铜矿石及废矿石的微生物堆浸工艺，除细菌的培养与含菌溶浸液的配制外，其他均与常规的堆浸工艺相同。氧化铁硫杆菌和氧化硫杆菌的培养方法如前述。配制含菌溶浸液时应注意的因素是：

（1）pH值的最适宜范围为2～2.5；

（2）温度的最适宜范围为25～30℃；

（3）必要的营养分如氮、磷、硫、镁等；

（4）溶浸液中的氧的浓度不应低于0.05mg/L；

（5）溶浸液中细菌数目不应少于10^3个/毫升，最适宜范围为10^8～10^9个/毫升；

（6）应避免日光和紫外线直接照射，以防杀死细菌。

低品位铜矿石的堆浸工艺流程见图15－25。

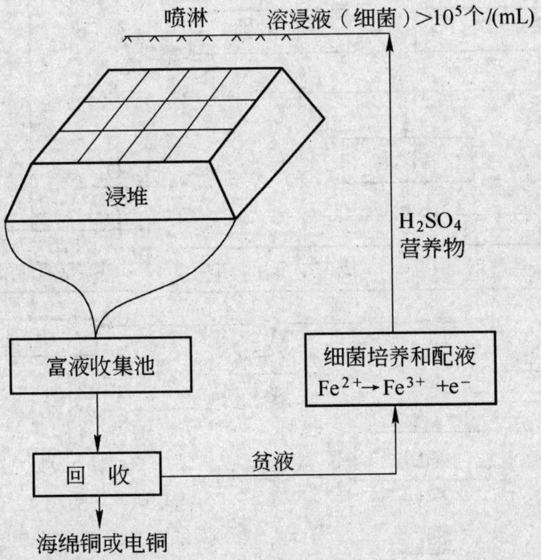

图15－25 低品位铜矿石堆浸工艺流程示意图

15.4.4.2　低品位金银矿石微生物堆浸工艺流程

低品位金银矿石的微生物堆浸工艺，除溶浸液为含氨基酸和蛋白质培养物的碱性(pH =9 ~10)溶浸液外，其他均与氰化法堆浸金银矿石的工艺相同，其典型的工艺流程示于图15 -26。

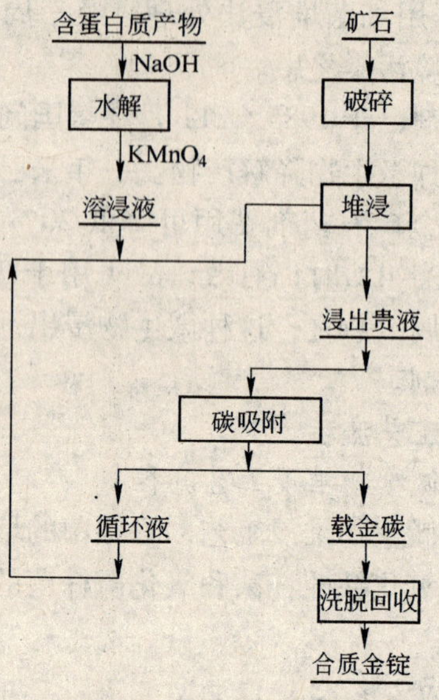

图15 -26　低品位金银矿石微生物堆浸工艺流程示意图

15.4.4.3　低品位铀矿石微生物堆浸与地浸工艺流程

低品位铀矿石可利用微生物堆浸和地浸的方法回收其中的铀。堆浸用于处理地面表外

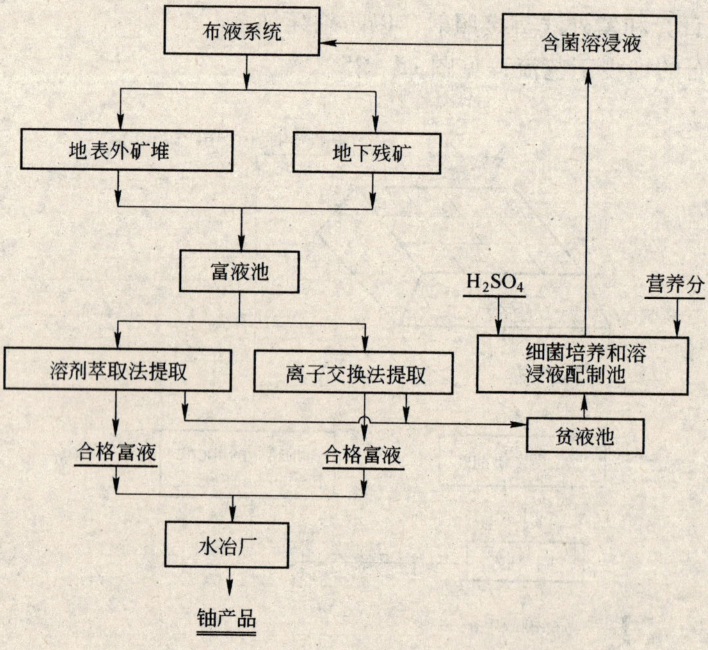

图15 -27　低品位铀矿细菌堆浸与地浸工艺流程

矿，地浸用于回收地下采空区或崩落区残矿，均采用含氧化铁硫杆菌和氧化硫杆菌的酸性溶浸液。工艺流程如图 15－27 所示。

15.4.5 微生物在采矿中的应用实例

实例 1 湖南水口矿务局柏坊铜矿铜铀混合尾矿细菌池浸生产

该矿积存重选和浮选尾矿 2 万余吨，品位为铜 0.5%～1.5%、铀 0.02%～0.03%，均为氧化矿。为回收铜、铀，决定采用细菌池浸。浸出前为避免溶浸液与碱性脉石产生水解，需先用硫酸中和，使矿石呈酸性（pH＝2 左右），然后用含菌的硫酸高铁溶浸液在涂有沥青的池内进行浸出。浮选尾矿的铜、铀浸出率分别为 92% 和 90%，重选尾矿则分别为 82% 和 90%。浸出的富液先加活性炭净化，再用离子交换树脂（上海产 717 型强碱性阴离子树脂）吸附铀，获得达到国家一级品质量标准的铀浓缩物；铀吸附后的含铜富液用废铁置换以回收铜，置换率为 96%～98%，所得海绵铜品位为 60%～70%。经连续七年多的生产，共产出海绵铜 110 多吨，铀浓缩物 2 吨多。

柏坊铜矿铜铀混合尾矿细菌浸出工艺流程如图 15－28 所示。

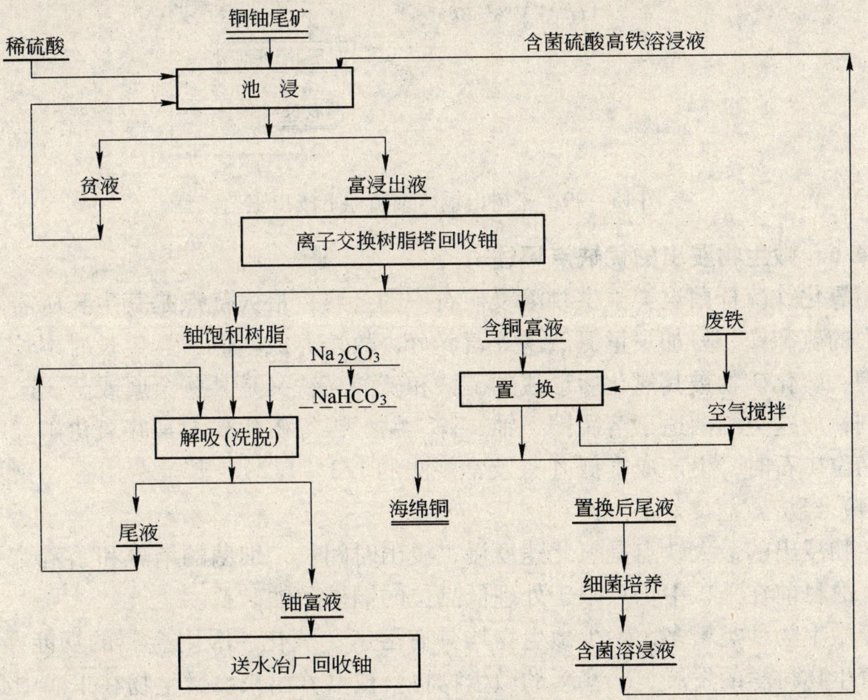

图 15－28 柏坊铜矿铜铀混合尾矿池浸工艺流程

实例 2 安徽铜陵有色金属公司松树山铜矿细菌地下浸出生产实例

该矿老崩落区地表覆盖层厚 14～15m，有露头、红土层和黏土层，铁帽含铜 0.2%～0.5%，黏土层含铜 0.2%～0.25%，地面已陷落形成漏斗，岩石疏松，渗透性好，往下渗透最深可达 70m，覆盖层以下至 5m 阶段存有残矿 172 万吨，品位 1.2% Cu，含金属铜量约 2000t。其中原生硫化铜占 34.2%，氧化铜占 35.1%，露头中含铜占 30.7%。

该矿决定采用细菌地浸法回收残矿中的铜。从细菌培养池来的含菌溶浸液（pH＝1.9～2.2，Fe^{3+} 3～5g/L，Fe^{2+} 1～3g/L）被喷洒在面积约 4000m^2 的地表淋浸场上，通过覆盖层渗漏至地下浸出残矿，浸出液则经由老坑道汇集至富液仓，由泵提升至地面后，进入置换柱用废铁置换得海绵铜。置换后的贫液经细菌培养池加入硫酸和硫铵以调节pH值和植入细菌后仍返回浸出。溶浸液平均日液流量为675m^3；浸出液平均日流量为365m^3，含铜0.41g/L，月浸出铜平均4610kg，最高日产铜323kg，置换后贫液含铜0.067g/L，置换回收率93%产品海绵铜品位约60%。

松树山铜矿细菌地下浸出工艺流程如图15－29所示。

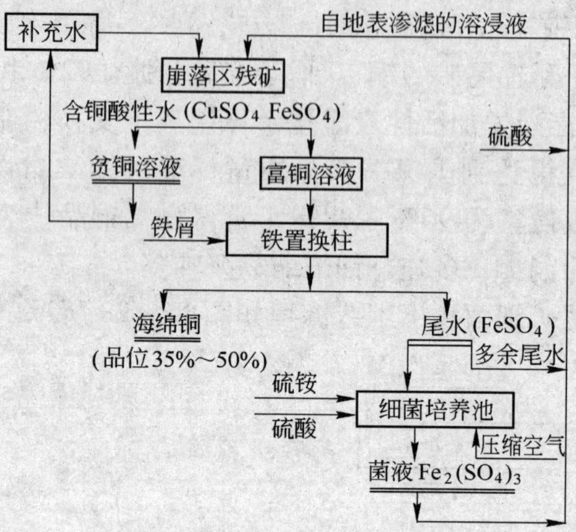

图15－29 松树山铜矿细菌地下浸出工艺流程

15.4.6 微生物浸出的优缺点评述

利用氧化铁硫杆菌这类微生物溶浸矿石中的金属，最大优点是其生长所需能源取自硫化矿物中的硫和铁，另加少量氮、磷等营养分，故培养成本低，且生长时不长杂菌，无需灭菌处理；硫化矿物被其氧化后形成的硫酸和硫酸高铁又是某些金属或金属矿物的强氧化剂和溶剂，故这类细菌适于溶浸铜、铀、锌、钴、镍等硫化矿与某些氧化矿。用细菌浸出这些低品位矿石时，生产成本低（只及常规法的1/3～1/2）、基建费用省（只及常规法的1/5～1/4）经济效益良好。

微生物浸出的最大缺点是氧化速度慢，浸出时间长，细菌的培养和繁殖受一些客观条件制约，故目前在采矿中仍只限于处理低品位的铜矿和铀矿石。

鉴于微生物种类繁多，不少微生物均具有溶解、氧化、吸附金属的功能，可以预料，今后随着生物科学的发展，一些新的微生物将会被培养出来，微生物在采矿中必将取得新的发展和更加广泛的应用。

15.5 钻孔水溶法

钻孔水溶法是通过专门装备的钻孔，将水或其他溶剂，以一定的压力和温度注入盐类矿床中。使有用矿物原地溶解，转化为溶液状态后提出地表的开采方法。

我国凿井开发地下天然卤水，已有两千多年历史。20世纪初，我国四川自贡首创钻孔注水采汲卤水。当今，世界90%以上的岩盐矿床采用钻孔水溶法开采。50年代开始，运用该法开采钾盐、天然碱等盐类矿床。根据国内外生产实践。钻孔水溶法按生产工艺可分为单井对流法、油（气）垫对流法和水力压裂法等。

15.5.1 溶解原理

盐类矿床的溶解开采是以盐类矿物溶解的物理－化学原理和流体动力学原理为基础。

15.5.1.1 盐类矿物溶解的物理化学原理

溶解的机理取决于被溶物质的结构和成分，及其晶格中的化学键和溶剂的物理化学特性。盐类矿物的溶解过程[19]包括溶剂与被溶矿物表面接触，溶剂和被溶矿物相互作用，反应产物从相界面移开。当溶剂作用于被溶矿物表面时，由于粒子自身的运动和溶剂分子对它的吸引，逐渐地离开固体表面，通过扩散作用分散到溶剂中去。与此同时，即溶于溶剂中的溶质分子或离子，在其运动过程中遇到尚未溶解的溶质，又可能被吸引住，重新结晶回到固体表面上来。

通常，溶解开始时，溶液中的溶质粒子很少，溶解速度远远大于结晶速度，表现为溶质以溶解为主。随着过程的继续进行，单位体积内溶质的粒子数逐渐增多，溶液的浓度逐渐增大，结晶的速度也随之增大。当溶液中溶质的量增加到一定程度时，结晶速度和溶解速度达到相等，这时单位时间内从固态溶质进入溶剂的粒子数和从溶液中返回到固体表面的粒子数相等，建立如下动态平衡：

$$\text{未溶解的溶质} \underset{\text{结晶}}{\overset{\text{溶解}}{\rightleftharpoons}} \text{溶液中的溶质}$$

溶解过程中常伴随着热动力现象，即有热量的吸收和放出。盐类矿物的离子转入溶液，需要破坏晶格，消耗相当于晶格能的能量，因此，盐类矿物的溶解过程是一个在地下一定恒温和压力条件下进行的吸热过程[20]，是一物理过程。此外，溶质分子与分子结合可生成水化物，要放出热量，是一化学过程，可见，盐类固体矿物的溶解过程是一种物理化学过程。

15.5.1.2 溶解开采的动力学原理

水对盐体的溶解过程，除物理－化学原理外，还应遵守液体在孔隙介质中运动（渗流）规律以及物质的扩散和质量传递规律[21]。盐类矿物溶解过程的动力，是溶剂的浓度差[19]。由于靠近矿物表面的饱和溶液边界层与溶剂接触处存在浓度差异，溶液之间产生一种扩散运动，促使矿物继续溶解。溶解作用属于多相反应。即发生在液相和固相界面上的反应。溶解过程，归纳为三种类型：纯扩散溶解、动力溶解和扩散－动力溶解过程[26]。大多数盐的溶解是通过扩散作用在溶剂中进行质量传递的，它不取决于在相交界处发生的化学反应速度，而取决于扩散速度。但某些盐类则不同，如 $CaSO_4$、$MgSO_4 \cdot 2H_2O$ 和 $K_2SO_4 \cdot 2MgSO_4$ 等，在扩散溶解时，在盐体表面形成一层不稳定浓度的水膜。穿过该膜扩散的速度决定了溶解速度。

进入溶腔中的溶剂形成一速度场[26]，由于此速度场的存在及溶腔壁的可溶性，产生了溶质从溶液内的一点向另一点传递的运动。在重力作用下溶液内各点液相密度不同而产生溶液的自由对流运动。由于浮力作用，进入溶腔的水往顶部上升，在静止的盐水中以高速运动，所产生的剪力在入口处及沿套管又产生另一种运动——强制对流运动，这种强制对流运动导致卤水中所有各点都流动。

当盐类矿物溶解时，在溶腔中的溶剂与盐体的接触面上的不稳定饱和卤水层密度增大。由于自由对流作用而发生溶液的重力分异作用，卤水有十分清晰的水平分层现象，即在边界层以外，主体卤水中浓度的分布沿径向方向是相同的，而在溶液内的垂直方向上存在一定浓度梯度，上部浓度低，下部浓度高，致使盐体上部和下部的溶解速度不一，上部溶解速度最大，下部溶解速度最小，侧溶居中。

15.5.1.3　影响盐类矿物溶解度和溶解速度的主要因素

A　影响溶解度的主要因素

溶解度是在一定温度、压力条件下，单位容积的溶剂所溶解的饱和盐量。不同盐类矿物的溶解度各不相同。温度和压力的变化对溶解度的影响也不相同。部分盐类矿物在水中的溶解度随温度的变化关系见图15-30和表15-10。岩盐的溶解度受温度和压力变化的影响较小，压力变化的影响见表15-11。

表15-10　部分盐类矿物在不同温度下的溶解度[41]

盐类矿物	100g水中最多能溶盐的克数								
	温度（℃）								
	0	10	20	30	40	50	60	80	100
NaCl（A）	35.70	35.80	36.00	36.30	36.60	37.00	37.30	38.40	39.80
K_2SO_4	7.30	9.20	11.10	13.00	14.80	16.50	18.20	21.40	24.10
Na_2SO_4（$Na_2SO_4\cdot10H_2O$）	4.60	9.10	19.00	40.80	48.36	46.60			42.45
$CaSO_4$	0.205		0.211	0.249	0.252	0.251	0.248	0.239	0.217
Na_2CO_3	7.00	12.50	21.50	40.90	49.70		46.40	45.80	45.50
$Na_2CO_3\cdot10H_2O$	21.40	42.80	91.40	361.30	858.80		589.70	555.30	539.80
NaOH	42.00	52.00	109.00	119.00	129.00		174.00	313.00	340.50

钾盐的溶解度随温度的增加而增加（见图15-30）。

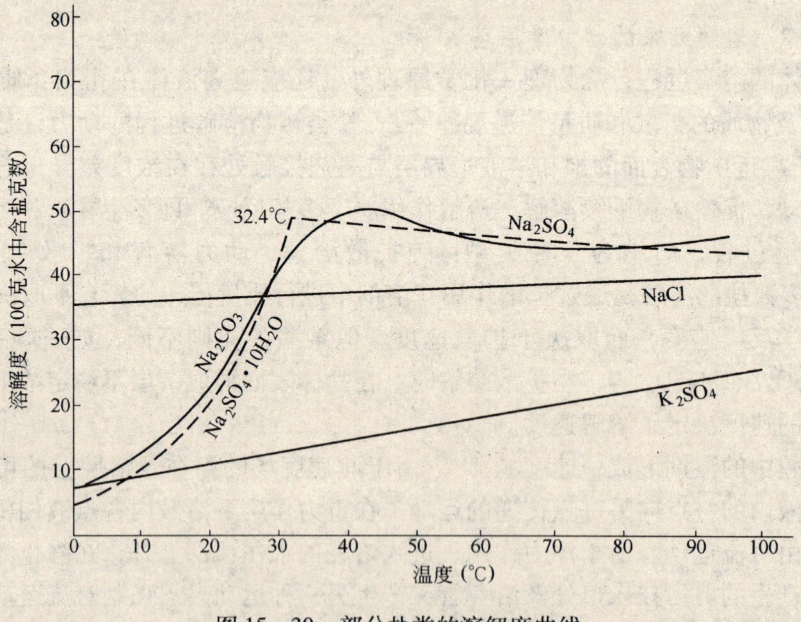

图15-30　部分盐类的溶解度曲线

天然碱中的碳酸钠比碳酸氢钠溶解度大，当它们同时溶解并达到一定浓度时，碳酸钠还将继续溶解而碳酸氢钠则饱和重结晶。随着温度增高它们的溶解度增大。但是，当温度超过40℃时，碳酸钠的溶解度随温度增高反而下降，而碳酸氢钠则随之上升。因此，30～40℃是碳酸钠溶解的最佳温度。

表 15－11　岩盐在不同压力下的溶解度[24]

压力（MPa）	溶解度（g/100mL）	压力（MPa）	溶解度（g/100mL）
0	35.91	100.0	36.90
25.0	36.22	125.0	37.18
50.0	36.50	150.0	37.37
75.0	36.70		

大多数单盐矿物组成的盐类，在水中的溶解度随温度和压力的增加而增大。但也有反常现象（见图15－30）。对于复盐或两种以上盐类矿物组成的混合盐。其溶解度取决于溶剂、温度、压力三个基本因素。此外还受同离子效应的约束。即当出现与其含有共同离子的另一种盐时，盐的溶解度降低；当出现与其未含共同离子的另一种盐时，盐的溶解度增大。

B　影响溶解速度的主要因素[21]

溶解速度是在单位时间内从单位面积上溶解的盐量（溶解量速度），或是溶解扩散的距离（溶解线速度）。其主要影响因素如下：

a　矿石品级

盐类矿物的矿石品级越高，溶解速度越快、反之，溶解速度就慢。

b　溶剂浓度

溶剂浓度的大小对盐类矿物的溶解速度影响较大。当使用清水作溶剂时，初始的溶解速度最大。随着盐类物质的溶解，溶液中含盐浓度增加，溶解速度逐渐变小。对于含盐度在22°Be′以下的岩盐卤水，溶解速度的变化与溶液中含盐浓度成反比关系（图15—31）。当溶液含盐度在23°Be′以上，溶解速度成倍数减小。当浓度达饱和时，溶解速度为零（表15－12）。

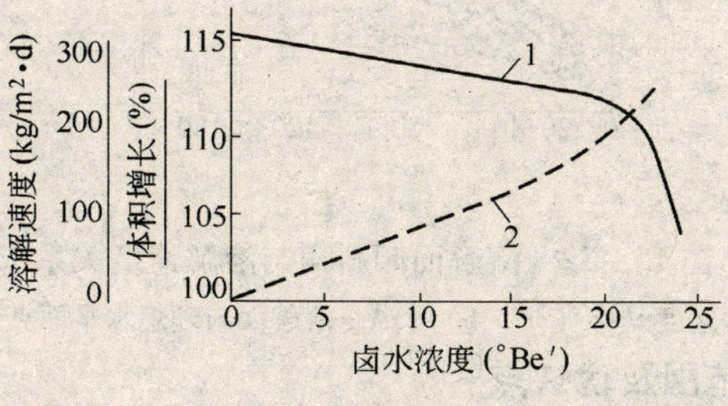

图 15－31　卤水浓度和溶解速度关系曲线图

1—溶解速度与卤水浓度关系曲线；2—体积增长与卤水浓度关系曲线

c　注水流速

注水流速对溶解速度及硐室形状均有影响。当水注入井内静溶，盐的溶解速度相当小；

当在相同条件下，使注入井内的淡水不断循环或沿着溶解面流动，其溶解度明显增大。

表 15－12　卤水浓度和溶解速度对比表[24]

卤水浓度（°Be′）	溶解速度（kg/(m² · h)）	卤水浓度（°Be′）	溶解速度（kg/(m² · h)）	卤水浓度（°Be′）	溶解速度（kg/(m² · h)）	卤水浓度（°Be′）	溶解速度（kg/(m² · h)）
0.5		6	276.0	16	241.0	23.5	82.0
1	296.0	8	268.0	18	234.0	34.0	76.0
2	292.0	10	262.0	20	226.0	24.0	68.0
3	288.0	12	255.0	22	212.0	24.2	59.0
4	284.0	14	248.0	23	172.0	24.3	50.0

d　温度和压力的影响

在不同的注水温度和压力条件下，盐类物质的溶解速度不同，一般是随温度和压力增高而加快，反之则减慢见以下数字[24]：

温度（℃）	20	25	30	35	40	45	50
溶解速度（kg/(m² · h)）	11.1	12.5	13.8	15.0	16.2	17.8	19.0

e　溶解面的空间位置

在一定的温度条件下，溶解面在空间所处的位置（用溶解面与理想水平面间所成夹角表示）不同，溶解速度也不同，如图 15－32 所示。从曲线看出，当溶解面与理想水平面的夹角为零度时（即溶腔底脚处），溶解速度最小；当夹角为 90°时（即溶腔侧壁表面垂直部分），溶解速度开始明显上升；当与水平面成 180°角时（溶腔顶部盐体表面）溶解速度最大。

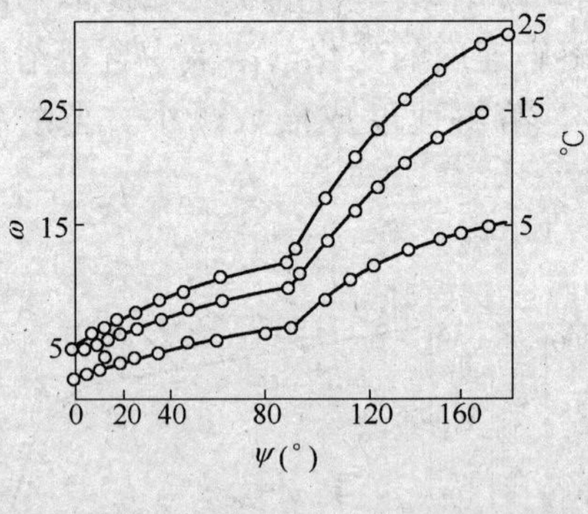

图 15－32　溶解面倾斜角与溶解速度关系

ω—溶解速度（kg/(m² · h)）；ψ—溶解面与理想水平面夹角

15.5.2　适用条件、范围及优缺点[23]

钻孔水溶法适宜开采矿体埋藏深度为 60～1500m、各种厚度、品位高、裂隙较发育的可溶性盐类矿床。矿层顶底板较稳固，难溶于水，裂隙不发育的隔水层。矿区地质构造和水文地质条件简单，无大的断裂破坏，也是需要具备的条件。现在该法已有效地应用于开采岩盐、钾盐、天然碱和芒硝等矿床。

该法的主要优点是：生产工序简单，有利于开采工艺自动化；能直接获得加工所需浓度的卤水；无井巷工程，基建时间短，投资少，成本低，劳动生产率高，工人劳动强度低；无矿渣污染，开采深度越大，其优越性越突出。主要缺点是采收率低。

15.5.3　工艺流程及开采

钻孔水溶法开采的基本工艺流程见图15-33。

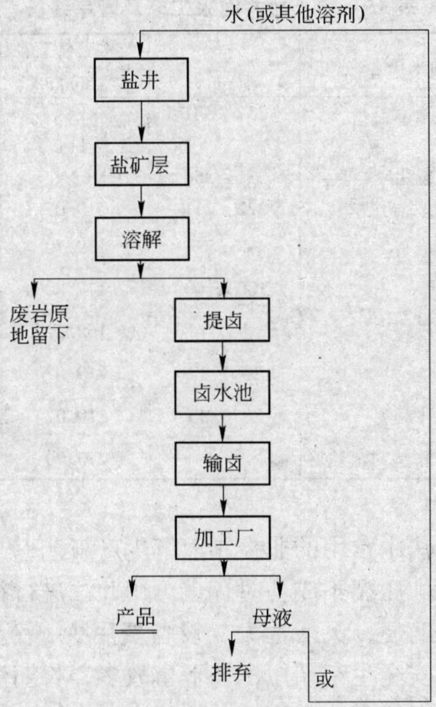

图15-33　钻孔水溶法工艺流程图

开采设备按用途不同有以下六种：钻孔设备、钻孔地表辅助设备、开采设备、工作剂制备设备、监测控制设备、地表输送及产品粗加工设备等。

15.5.4　盐井结构及装备

钻孔结构包括钻孔总深度、各段孔径、管径、固井方法等。钻孔中导向管直径、套管直径和中心管直径，应根据矿层深度、厚度、回采工艺、钻孔内回采设备直径等来确定。

盐井的合理结构应当保证在整个回采过程中安全无事故地提取尽可能多的有用矿物。对于盐井回采装备参数的选择，应考虑回采管串及井口装备结构即应保证工作剂能顺利通达矿层，产品溶液抽出井口技术上无困难。盐井中的管串合理直径，应保证注、抽流量的前提下，其压力损失最小。

盐井底部结构根据回采工艺不同而异。每个盐井的底部结构都要单独设计，主要取决于矿层厚度及其底板标高。接近矿层底板水平面甚至低于底板的孔底抽卤，可以大量减少矿损。用气升泵抽卤，中心管直径为20~25mm，混合器结构应能使液体气化均匀，并有利于抽卤过程的控制。

井口装置包括连接井口设施及工作管串，应根据管道直径、工艺参数、工作剂物理化学性质来选择，要求各管间环隙既能密封，又能伸缩自如，还可使所有工作流体能按工艺需要，在相应的管间环隙中流动。

套管层数、各层直径、下入深度和位置，由矿床水文地质条件、盐层顶板特征及不同回采工艺等因素确定。国内井矿盐生产中采用的回采工艺及相应的盐井管串装备见表 15 - 13。

表 15 - 13 盐井回采工艺及管串装备

矿　井	回采工艺	井深 (m)	技术套管直径 (mm)	注水管直径 (mm)	中心管直径 (mm)
湖南湘浬盐矿 1 号	单井对流	237 ~ 331	139.7 (或 114.3)		60.5
湖南湘浬盐矿 2 号	水力压裂法	231 ~ 350	108.0		73.0
云南磨黑盐矿 1 号，3 号	1 号油垫 2 号气垫	222，211	219.07	139.70	88.90
四川长山盐矿 120 号	单井油垫	925，67	139.70	75.90	48.30
四川长山盐矿 201 号	对井油垫	1003，09	177.80	127.00	73.00
四川南充盐矿	两管油垫		168.27		88.90
四川五通桥盐矿 22 号	三管油垫	1091.32	219.07	139.70	73.00
四川蓬莱盐矿 4 号	油垫单井对流	2870.00	219.07	139.70	73.00
云南乔后盐矿	油（气）垫对流法		273.00	150.00	108.00

15.5.5 单井对流法[20]

单井对流法是钻井水溶法中常用的非控制溶解生产工艺，其工艺特征是注水和采卤在同一口井中进行。当采用水力压裂不成功时，也可用此法进行补充开采。该法具有开拓时间短，盐井结构简单、流程简便，灵活性大，设备费用少，劳动强度低，易操作等优点。其缺点是单井产卤能力低，安全生产期短，井下事故多，长期生产过程中如顶板欠稳固易产生顶板垮塌，可能发生中心管弯曲变形，井管堵塞，套管破裂等事故，影响盐井寿命和矿盐采收率。

A　单井对流法生产过程

单井对流生产过程可分为三个时期。

a　建槽期

以正循环为主向井内注入淡水，清除井底碎屑物，溶解井壁四周及充分裸露盐体，形成一定规模的溶腔，直到生产饱和卤水。对于岩盐矿床，建槽期的溶蚀深度一般大于 10 ~ 15cm/d。卤水浓度的提高取决于注入水量和溶腔扩展速度，卤水浓度达饱和所需时间约 30 ~ 40 天，一般在含盐量达 250g/L，产卤能力可达 100t/d。

b　生产期

当溶槽建成后，注入的溶剂（水）能最大限度地溶解盐类物质，连续不断地生产饱和卤水，持续多年稳产高产。采用反循环操作为主，以增加可溶蚀的面积，加快侧溶速度，使溶腔增大。

c　衰老期

溶腔扩大，顶板充分暴露，卤水浓度逐步降低，产量大幅度下降，不能维持正常生产，当顶部溶蚀角减小到一定程度，溶腔中充满过饱和卤水，溶蚀作用停止，卤水生产随即停止。衰老期一般占井服务年限的 15% ~20% 。

B 单井对流法生产的主要参数计算[24]

该法主要生产参数的计算公式列入表 15 – 14。

表 15 – 14 主要生产参数计算公式

参数名称	计算公式	符号说明	
井底压力（MPa）	$P_j=H\gamma_0/10+P_m+P_v$	P_j—井底压力；	P_m—摩擦阻力损失；
正循环时（MPa）	$P_j=H\gamma_0/10+P_f+P_v$	P_v—出卤管井口回压力；	P_f—环隙压力损失；
反循环时（MPa）	$P_j=H\gamma_0/10+P_z+P_v$	P_z—中心管的压力损失；	H—井深，m；
液体流动速度（m/s）	$v_l=Q/F$	γ_0—卤水容重，g/cm^3；	γ—矿盐容重，t/m^3；
在中心管中流速（m/s）	$v_z=Q_z/F_z$	v_l、v_z、v_f—管子、中心管、	Q、Q_z、Q_f—管中、中心管、
在环隙中的流速（m/s）	$v_f=Q_f/F_f$	环隙中的流动速度，m/s；	环隙中的流量，m^3/s；
	$=Q_f/0.7854\ (d_t^2-d_z^2)$	F、F_z、F_f—管子、中心管、环	d_t、d_z—套管内径和中心管
采注比（%）	$K=q_l/q_w$	隙的截面积，m^2；	外径（m）；
日产盐量（t/d）	$Q_s=wF_e/41.67$	q_l—日出卤量，m^3/d；	q_w—日注水量，m^3/d；
盐井产卤能力：		Q_s—日产盐量，t/d；	Q_g—年生产能力，t/a；
年采盐能力（t/a）	$Q_g=q_lct$	$\sum Q_s$—某段时间累积产盐量，t；	Q_d—单井总产盐量，t；
采盐速度（%）	$v_{zh}=Q_g/N_d\times100\%$	F_e—有效溶蚀面积，m^2；	F_s—控制盐层面积，m^2；
采出程度（%）	$f=\sum Q_s/N_d\times100\%$	w—溶解速度，kg/（m^2·h）；	c—卤水平均含盐量，t/m^3；
井的采收率（%）	$n=Q_d/N_d\times100\%$	t—有效生产时间，300d；	η—采收率,%；
单井控制地质储量（t）	$N_d=F_sMa\gamma$	M—矿层厚度，m；	a—矿盐品位,%
单井服务年限（a）	$T=N_d/Q_g\eta$		

C 采卤设备选择

泵是盐井生产的主要设备，泵的选择取决于井径、井深和产量，其计算公式列入表 15 – 15。

表 15 – 15 水泵参数计算公式

参数	计算公式	符号说明
泵功率（kW）	$N=\dfrac{Qp}{10\eta_p}=\dfrac{Qh\gamma}{100\eta_p}$	Q—泵排量，kg/s； p—泵压力，MPa； h—总水头损失，m； γ—液体容重，g/cm^3； η_p—泵效率，一般取 0.7
泵压力（MPa）	$p=(p_c+p_z+p_f+p_{zh}+p_w)\times0.1$	p_z—中心管的压力损失；
其中：		λ—阻力系数；
管线压力损失（包括中心管及地面管汇）（MPa）	$p_{c+z}=82.6\lambda\dfrac{Q^2\gamma}{d^3}\times L_c\times0.1$	ζ—局部阻力系数（实验确定）； d—地面管线内径，cm； d_z—中心管外径，cm；
环隙压力损失（MPa）	$p_f=82.6\lambda\dfrac{Q^2}{d_t-d_z}+\dfrac{\gamma}{(d_t^2-d_z^2)^2}\times L_f\times0.1$	d_t—套管内径，cm； d_j—接头内径，cm； L_c—地面管线长度，m；
局部阻力损失（MPa）	$p_{zh}=0.833\gamma\zeta\dfrac{Q^2}{d_j^{\ 2}}\times0.1$	L_f—环隙空间管子长度，m；
水压头损失（MPa）	$p=0.1h_w\gamma_c\times0.1$	h_w—水头高度，m； γ_c—卤水容重，g/cm^3

D 生产动态分析

通过生产动态分析，掌握淡水和卤水运行、岩盐的溶解、盐井的变化规律，以保证盐井达到高产、稳产，合理开发地下资源，提高矿盐采收率。首先应收集大量技术资料如地质资料、完井及施工作业资料、生产资料，根据压力、流量、浓度资料，绘制各参数关系曲线，掌握三者的变化规律。还应根据卤水成分分析结果，绘制主要元素含量变化图，掌握主要组分变化规律，根据这些分析结果，鉴定工作制度是否合理，确定和调节卤井正常生产能力，分析卤井技术状况，判断井下事故，以便及时采取措施排除故障，维持正常生产。

15.5.6 油（气）垫对流法

油（气）垫对流法是在钻孔中装置适当的生产管串，在注水的同时注入油或气。在盐槽或溶腔中形成一油（气）垫层，以控制和保护溶腔顶板，延长矿井寿命，提高卤水浓度和采收率的可控制性溶解采卤工艺。该法是利用油不溶解盐、油比水轻且互不混溶的特性，在溶腔顶部形成一个很薄的隔离层。防止盐层顶部过早溶蚀，以控制溶腔高度，使溶腔沿水平方向扩展成一个直径大、高度小的圆盘状盐槽，形成最有利的溶解面。然后在油垫层保护下自下而上进行溶解开采。油垫法垫层稳定，但带砂能力弱，适用于开采品位高的矿床。气垫法垫层稳定性差，难以用调节压入气体量以溶蚀出一定形状的盐槽，易腐蚀管道。由于气垫工艺带砂能力强，适用于开采品位低的矿床。与单井对流法相比，油垫法工艺先进，生产能力大，卤水浓度高，回采率高，井下事故少，溶蚀范围可以控制，能防止地表塌陷，采后溶腔可利用作为贮存压力液体的容器；此工艺的缺点是建槽期长，有大量淡卤需处理，油料费用需增加。

油（气）垫对流法开采划分为建槽和生产两个阶段：

15.5.6.1 建槽阶段

本阶段是通过油（气）垫对盐层顶部的保护作用。在盐矿层底部先造成一个以钻孔为中心的扁平盐槽，以保证能生产出标准卤水。盐槽直径与高度之比值，根据岩盐品位与盐层厚度而定。根据生产经验，对盐层厚度不大、品位高的矿区，径高比宜大于67∶1（即盐槽直径为100m，建槽高度为1.5m，槽底倾角为1°30′）；对盐层厚、品位低的矿区，径高比至少应大于10∶1（即盐槽直径为100m，建槽高度为10m，槽底倾角为11°29′）。一般建成直径为100m的盐槽约需360～440天，常用的建槽方法有：

A 油（气）垫对流建槽法

油垫建槽初期，要求严格控制水量，或控制井内油、水界面位置，防止过早溶蚀顶部盐层。随着盐槽直径增大，逐步增加溶剂或不溶剂的进量。在操作上先以正循环为主，待溶腔直径达到10m左右时，改为反循环为主或正反循环交替进行。

B 水力喷射建槽法

水力喷射建槽法主要适应于气垫建槽后期阶段；当盐槽容积达30m^{3}左右，在注水管下端安装喷嘴，适当加大两口距，反循环注水，进行喷射建槽，在喷嘴有效射程内，能加快侧溶速度。

15.5.6.2 上溶生产阶段

当建槽直径达到预定要求后，卤井即转入上溶生产阶段，以反循环操作，排除部分油（气），露出盐槽顶面，进行自下而上分段上溶开采。采用梯段法连续上溶的采卤工艺、定期地将井内管柱提升到一个梯段的高度，加大两口距，在每一梯段开采过程中向溶腔中不断注入油（气），使溶腔顶部保持一定的油（气）垫层，以便能在每个梯段抽取计划卤水量，又能控制溶解过程，控制溶腔的形成。开采一个梯段后，再将注水管提升到第二梯段高度，中心管则提升到能保证获得纯卤水的高度。分梯段逐次开采全部盐层，最后形成一个近似圆筒形溶腔。连续提管，每天提升少许，约12～15mm，阶段提管数月提升一次，每次提升几米。

15.5.6.3 油垫对流法生产的主要技术参数[22]

A 注油压力

由于各矿区盐井的深度和管径不同，注油压力也不同。建槽时，注油压力随注水压力增大而相应变化，略高于注水压力1.0MPa左右，在选择注油设备时，可按表15－15的公式计算泵压。

B 注油量

注油量根据溶腔形状、大小和油垫层厚度计算，分为三部分：一是盐槽顶部喇叭状溶洞储油量，用倒圆台体积公式计算，也可根据声纳测井，微分体积计算。二是油垫层的体积，应考虑油垫层厚度，国外经验值为2～3cm，我国四川某盐矿模拟试验验证，小于1cm厚的薄膜状油层仍可有效控制上溶高度。三是技术套管内储油量，均按圆柱体公式计算，公式列入表15－16。

表15－16 油垫对流法主要参数计算

序号	参 数	计 算 公 式	符 号 说 明
1	单井总储油量（m^3） 其中：喇叭状溶洞	$Q_O = Q_1 + Q_2 + Q_3$ $Q_1 = \frac{\pi h}{3}(R_1^2 + R_2^2 + R_1 R_2)$	h—倒圆台高，m； R_1、R_2—倒圆台顶、底半径，m； D—溶腔顶面直径，m；
	油垫层体积	$Q_2 = \frac{\pi}{4} D^2 \Delta m$	Δm—油垫层厚度，m； h_d—技术套管内存油高度，m；
	技术套管储油体积	$Q_3 = \frac{\pi}{4} h_d (d_d^2 - d_w^2)$	d_d—技术套管内径，m；
2	可采盐量（t）	$N_k = \bar{V} a \gamma \eta$	d_w—注水管外径，m； $\bar{V}$—供上溶开采的体积，m^3；
3	日采盐量（t/d）	$Q_s = K(c_b - c_l) F_s$	K—溶解系数，m/h； c_b—饱和含盐量，t/m^3； c_l—溶剂含盐量，t/m^3；
4	溶腔容积（m^3）	$V = \frac{\sum Q_s}{\gamma - c}$	F_s—盐槽顶面积$= \frac{\pi D^2}{4}$，m^2； a，γ，η，c，Q_s——见表15－15

15.5.7 水力压裂法

水力压裂法是在多井系统中进行溶解采盐的方法，单井是不压裂的[26]。该法利用水传递压力和溶解盐类矿物的能力，将淡水以高压从一口井注入矿层，迫使钻孔周围矿层造成开放式裂缝，并延伸到井外的目标井，形成必要的溶剂流动通道，溶解岩盐后返出卤水，达到开采的目的。矿床顶底板为致密岩层，密封条件好，具有良好隔水性的薄层状多层岩盐或巨厚型（＞50m）盐类矿床，是采用水力压裂法的前提，埋藏深度应不小于300m。美国和加拿大的压裂技术水平居世界领先地位，使用了物探测井，建立数学模型通过岩体应力状态研究确定压裂部位，运用定向斜井、喷射、爆破及下封隔器确定压裂方向等特殊井下作业技术。压裂井宜沿矿区最佳压裂连通方向布置，其布井方式很多，有梅花式、三角形式、成排式、对井分段开采式等。在新矿区，为了摸索本区压裂连通方向的规律性，可沿走向和倾向按等边直角三角形布置三口井进行压裂试验。压裂工艺对注水井和出卤井的结构合理性及固井质量要求十分严格，以免压裂失败，导致影响生产，污染地下水，甚至影响其他盐井正常生产等后果。决定水力压裂成败的关键不仅在于矿床地质条件、盐井结构和固井质量，而且与压裂部位和设备选择以及严格操作规程等因素有关，压裂面选择在矿层中的薄弱部位，如矿层底部与底板岩层交界面或底部夹层位置等。压裂液不易窜层，压裂容易成功，对于缺失岩芯的裸眼井段，可采用温度测量，放射性测量方法来确定压裂点。

水力压裂法从压裂到连通通常分为压裂、扩展、生产三个阶段，各阶段都有各自特点并相互连续，典型压裂过程的压力变化曲线如图15－34所示。水力压裂法在盐矿中运用已有三十多年历史，但关于压裂发生的力学特征、裂隙传播、裂隙发展方向等的认识还不统一，尚待进一步研究。

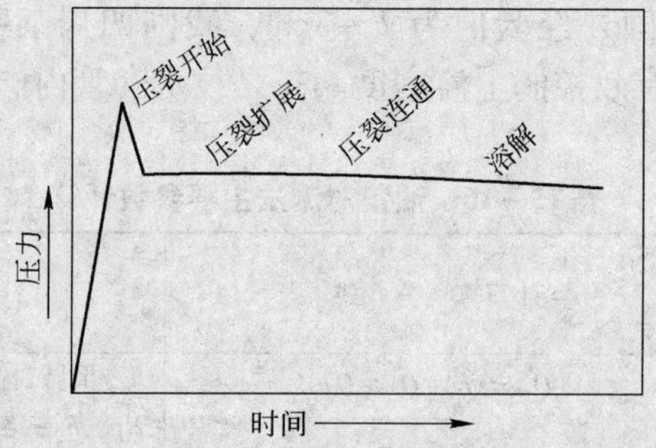

图15－34　典型压裂过程中压力与时间的关系曲线

15.5.8　技术经济评述

钻孔水溶法开采可溶性盐类矿床的基建费用少、卤水成本低、劳动生产率高、工作条件和环境保护好等，有其独特的优越性，矿床埋藏深，优越性尤为显著。列举我国云南、四川等省盐矿生产实践资料综合对比如下：

（1）钻孔水溶法与其他开采方法技术经济指标对比如表15－17所示。

（2）四川某盐矿不同采卤工艺技术经济指标如表15－18所示。

15.5.9　钻孔水溶法实例

实例1　湘澧盐矿单井对流法开采

该矿属硫酸盐－氯化物型陆相岩盐矿床，埋深230～540m，倾角4°～7°。矿体呈层状产出，层数多，盐层薄，单层厚度一般1.5～2.5m，最大4.96m，划分为六层工业盐层。氯化钠品位76.10%～90.06%，杂质有少量钙芒硝、泥质及有机质。主要采用单井对流法与两井连通法采卤，年产卤水138.6万米^3，卤水含NaCl 260g/L，$Na_2SO_4 \leqslant 36$g/L，采收率20%。开采顺序由下而上，由边缘向中心开采。生产井按井组布置，有两井一组、三井一组或四井一组，井组按直线形式布置，井位落在走向线上，不同井组交错摆开。严格区分井距与组距，以小井距大组距布置，井距60～80m、组距大于240m，开采工艺为“一井多层、分层开采”。其技术措施为下入管径大小不同的技术套管封隔上、中部一、二工业盐层，裸露第三工业盐层，该层采完后即揭开第二工业盐层，用小径技术套管进行开采。

表 15－17 部分岩盐矿床技术经济指标对比

指标	房柱法		硐室水溶法	气垫对流法	
	磨黑	乔后	磨黑	磨黑	乔后
建井期（月）			7～8	8～9	
建井投资（万元）			2	12	
劳动生产率（米³/（工·日））	4～5	7.5	50	50～60	40
成本（元/（米³·卤水））	3.2	2.2	0.79	0.89（地面） 0.5（井下）	0.8
矿石采收率（%）	25～30		30～35	35～45	
服务年限（a）			3～4	>10	

表 15－18 不同采卤工艺技术经济指标[23]

项目	单位	单井对流法		油垫法				压裂连通井组
				单井油垫		油垫连通		
		最高	一般	120号	124号	128号～129号	卤井实际能力	
产卤量	标方/月	24546	14749	15863	27079	73762	93960	85078
析盐	t/d	74.6	44.7	48.06	82.06	223.43	300	257.8
咸量	g/L	260	240	208.82	272.91	309.01	300	279.57
成本	元/标方	0.404	0.404	0.402	0.40	0.289	0.242	0.402
年产盐	t	26994	16236	15860	27080	73732	99000	8507.4
产值	万元/年	72.38	43.49	46.75	79.83	217.4	291.9	250.8
服务年限	a	3.4	1.6	2～8	2～6	10		10
井组开采率	%		3.5	5～10	5～10	56		37
建井数和费用	万元		60/1号	60	60	120/2号		180/3号
投产施工费用	万元		1.2	4.39	4.39	28.30		14.1
油耗	m³				30	159		

说明：

1. 析盐按 11 标方卤水析 1t 盐计算；
2. 年产量（析盐）＝330d×日产量（t）；
3. “单井对流”以 11 口单井资料统计；
4. “井组开采率”以外推 100m 计算地质储量与已开采量之比值；单井开采率以半径 100m 计算。

最后用割管或射孔的办法打开第一工业盐层。井身结构为直径 219mm 套管表层固井，技术套管分直径为 139.7mm 和 114.3mm 两套，内接箍，中心管径 50.8mm。第三工业盐层裸眼直径为 168～197mm。对流法生产按产卤浓淡差别划分为建槽期和生产期。

建槽期：用正循环操作将淡水连续注入井内溶解盐层，建造一定容积的盐槽。开始 3～5天注水量控制在 7～10m³/h 或更大，并控制出卤浓度 5～7°Be′，这样能增强溶腔内水的流动作用与溶解能力，实现快速建槽。所排出的淡卤回注到 I 采区井下采卤。当溶腔直径达 48m 时，单井即可生产 10m³/h 以上的合格原卤，建槽期约为 3.5～5 个月。

生产期的注水方式以反循环为主，辅以正循环，使产量稳定在 10～12m³/h。随着溶采时间的增长，溶蚀距离增大，卤水浓度增高，不溶残碴加厚，此时容易出现沉碴堵管，顶板垮塌，生产管串变形等事故。如是采取“单井小流量、稳压稳注”来实现稳产，待两井连通后，单井回采期即告结束，改为一井注水，另一井排卤，实行大排量强采。

实例 2 五通桥盐矿油垫法开采

矿区位于威远背斜构造西侧，矿体为单一盐层，厚 20～26m，含 NaCl 95% 以上，埋深1050～1100m。矿层顶板为1～2m厚的硬石膏层和含黑卤、H_2S、天然气的灰岩，垂直张裂裂隙发育；底板为硬石膏、含砂灰岩，沿层理破碎。该矿创造了尾管封隔器油垫水溶开采工艺。其钻孔结构如图15－35所示。表层套管径325mm×291.77m（钻头直径400mm）、技术套管径219mm×1075.08m（钻头280mm），矿层段裸眼，井径188mm。该工艺含三管油垫建槽和尾管封隔器梯段上溶回采两个阶段。

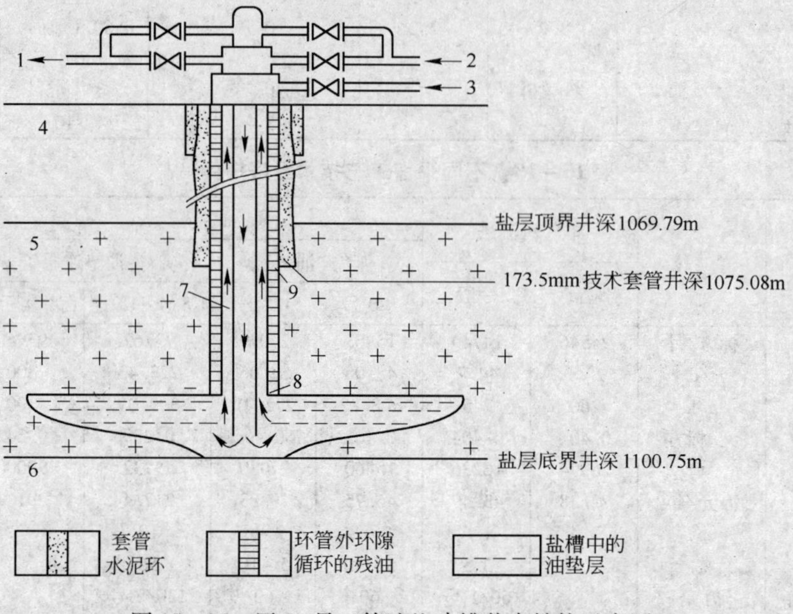

图15－35 罗22号三管油垫建槽井身结构示意图

1—卤水；2—水；3—油；4—上覆岩层；5—下覆岩层；6—下覆岩层；
7—63.5mm中心管；8—136.5mm环管；9—173.5mm技术套管

（1）三管油垫建槽阶段：本阶段主要操作技术是解决注水、注油方式，稳定油垫层的厚度和梯段高度，防止上溶、发展侧溶。

注水操作：建槽初期，采用正循环使淡水经中心管末端筛孔水平注入，也可采用反循环使水经水管下端安装的"导向装置"水平注入。初期以小排量（8～12m^3/h）注水，随盐槽扩大，适当增大注水量（达20m^3/h），为了适应建低槽的需要，在一定时期内，注水量保持相对稳定，避免大排量对井下油垫层的波动。

注油操作：油从外环隙注入，在水管出口外侧形成油垫层。以盐槽侧溶速度和所需油垫层厚度计算井下需油量，再根据盐槽发展情况，随时推算补充注油，保持井下有足够的油量，确保有一定厚度的油垫层。为了防止在建槽阶段提升水管放油时造成上溶，在提管前用饱和盐水替油，下管后先注油使之大量返出后才开始注水，罗22号经372天建槽。盐槽直径达78.6m，槽高4m，容积5740.4m^3，采出卤水79597m^3。

（2）尾管封隔器梯段上溶回采阶段：建槽完毕，拔出水管，下入带封隔器的尾管和中心管，组成三管结构。利用封隔器在预定井深封闭技术套管和尾管之间的环隙注油，在封隔器以上为两管结构。采用两管油垫法的注油方式，即油水并行，以水驱油的方式进行注油，待油水分离之后，在封隔器密封圈以下至尾管出口的裸眼井段形成油垫层，起到控制上溶的作用。

上溶生产方式与传统油垫法相似，可以用上下调节尾管口高度来控制油垫层高度，划分梯段和排油。每一梯段开始生产时，必须与油垫建槽一样，以小排量进行生产，同时加足油量，直到尾管出口侧有较大的溶腔后，才能逐渐增大注水量。梯段上溶开始用反循环作业，初期控制注水量在20~30m^3/h，要勤加油，然后逐渐加大排量至40~45m^3/h，初期采取“过量加油”，中期采取“超前加油”等措施，以求严格控制梯段开采高度。

油垫水溶开采工艺在建槽过程中提升注水管时，每次提升高度不宜过大，而且应当适当减小第一梯段上溶高度，以便在第一梯段上溶生产时能将溶腔直径扩大至100m。上溶生产过程中，平均日采盐277.63t，卤水平均含盐量316.43g/L。溶腔直径达101.4m，梯段高1.4m，油垫层平均厚1.91cm，每吨盐平均耗油0.196kg。

实例3 吴城天然碱矿水力压裂法开采

该矿为古代固相天然碱，矿层产状平缓，埋深665~850m，矿体共有36层，自下而上分为两个矿段七个矿组，Ⅰ~Ⅲ矿组15层为下矿段，Na_2CO_3平均品位54.9%，NaCl含量小于0.3%，厚度平均为5.73m，是主要开采矿段。其余为上矿段，为盐碱混合矿，暂时不予开采。矿区采用钻孔水溶法开采，以分层压裂、多层组合溶解工艺为主。井组沿矿层走向呈直线展开，位于中间的井作主压井，在逆倾斜上方90m处钻一口井作被压井，井管组合为表层管直径219mm，技术套管直径139.7mm，全井段固井，矿层段裸眼，井径150mm。井内安装中心管，直径73mm，开采顺序由下而上。压裂时高峰压力为12.5~15MPa，扩展压力为4.0~5.0MPa，压裂连通为1.5~2.5MPa，注水量为20~25m^3/h。注水泵压2.5~5.0MPa注入量25m^3/h，采卤浓度10%~19%。采完下部矿层，实行封隔，射孔打开上部组合层，为提高溶解速度和卤水浓度，对助溶剂及其最佳浓度的选择，正在探索中并已取得一定成绩。

15.6 钻孔热熔法

自然硫矿床用露天法开采常受矿床埋藏深度的条件限制，用地下法开采常因遇到的安全等问题而被迫停采。1891年费拉施（Frasch）提出钻孔热熔法并在试采墨西哥湾沿岸的盐丘型自然硫矿床取得成功，称费拉施法，在美国得到了实际应用，1945年推广至墨西哥，以后经过改进成为流体动力工艺，20世纪60年代推广运用于波兰、伊拉克和前苏联的蒸发岩型自然硫矿床的开采。80年代，提出了热流体法新工艺[27]的最新研究，现在世界范围内钻孔热熔法主要在这五个国家中应用，生产的硫年逾1300万吨。

钻孔热熔法开采自然硫矿，是通过采硫钻孔内一套管径不同的同心管串，将加压过热水注入地下硫矿层，经过热交换使硫熔融并汇集于硫井底部，然后升举到地面以获得硫磺的采硫方法。

15.6.1 适用范围、条件及优缺点

钻孔热熔法适用于盐丘型、蒸发岩型等自然硫矿床的开采，根据不同矿床类型，采用不同回采工艺方法，其适用条件如下：

（1）弗拉施法——适用于不渗透盐丘中的封闭型硫矿床，矿层厚20~100m，渗透性良好而且均匀，$K=15m/d$，孔隙度为10%~15%，上覆岩层少孔，矿体含硫28%~32%以上，埋藏深度在100m以上，平均300~400m的盐丘型自然硫矿床。

（2）流体动力法——适用于矿层薄而平坦，渗透性较差，硫层厚度15~30m的敞开型硫矿床，以及矿层致密、倾斜、矿床渗透性不均匀，有的不渗透、有的高渗透或有岩溶

洞穴，局部$K=0\sim150\sim200$m/d变化，含硫品位22%～28%或每平方米矿层平均含硫量不少于10t，埋藏深度60m以上，平均100～250m的沉积型层状自然硫矿床。

（3）热硫体法——适用于开采后已废弃的盐丘型硫矿床二次开采，还可对开采困难的和不规则的层状自然硫矿床进行开采。

除以上条件外，矿区内还应有较丰富的开采储量，开采地段内矿床的硫矿石最低限量为100～300万吨；矿区应有大量而可靠的优质水源，一般情况下，水矿比为（10～20）：1；廉价燃料来源和方便的电力供应是必要的，还应寻求经济合理的处理和排放矿化水的方法。

钻孔热熔法的优缺点：

该法能直接在矿床中进行物理化学加工，使硫产品一次从无益组分中提出，成为对外贸易中一种重要的成品原料；没有井巷工程与提升、运输、破碎加工等繁重工序；全部在地表控制生产，易使开采过程全部自动化；可以开采露天和地下采矿法难以开采的矿床，是一种工艺简单、高效、安全的采矿方法；建设周期短，基建投资少；可在降低产品成本和提高劳动生产率的同时，无需很大投资就能很快地扩大开采范围，增加硫产品；该法开采具有的应变性和灵活性，可对市场状况作出敏感反应；该法还有减轻环境污染等优点。但只有在特定的矿床开采技术条件下，才能采用此法，地下热效率低，硫回采率低是该法待改进的问题。

15.6.2　熔硫原理

钻孔热熔采硫是以硫的物理化学特性及矿层中的热力化学作用作为基础，将加压过热水注入矿层，使动能和热能转换成层间水挤开矿层所作的功和改变硫磺状态所作的功。为了防止层间压力的增高阻碍正常采硫工艺过程的进行，设专门钻孔排水来保持和调节层间压力。矿层受热范围和温度不断由井筒向四周扩展和提高，熔硫量随着增多，在自重作用下向井底汇集。按热量转移现象的全景，可将熔硫过程划分为：加热熔硫，稳定熔硫和熔硫递减阶段。见图15－36。

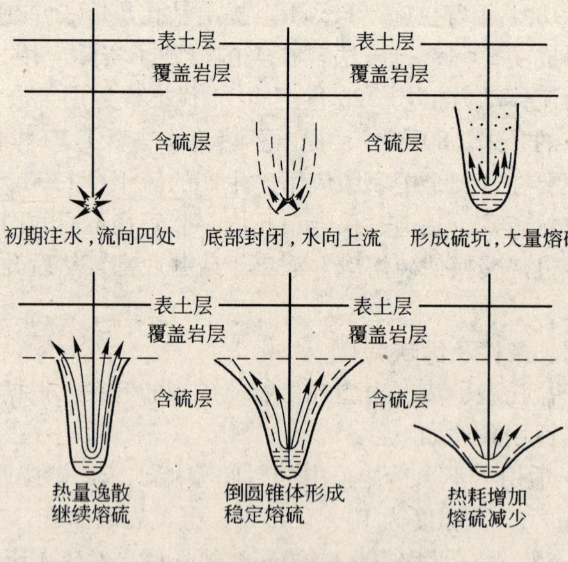

图15－36　熔硫发展过程

（1）加热熔硫阶段。载热体沿着互相连通的空隙系统运动时，挤出层间水，部分地和它混合，当载热体在过滤通道中的温度达到119℃时，周围的硫开始熔融，这些熔融点就是矿层适合渗透的突破口。由于熔化起点不是相互连通的，液硫难以流向井底，注热继续，熔融点段相互贯通扩展，形成熔融带，在此阶段末期可进行试提硫。此阶段平均吸水量为10～15m^3/h，从加热到提硫开始的时间约需10～25昼夜，大多数硫井，在第一次提硫前，耗热水量为10000m^3。

（2）稳定熔硫阶段。在形成熔融过程中，过热水和硫产生重新分配运动。由于水比硫易于“浸湿”石灰岩，而液硫运动空间大于水，当提硫以后，硫在矿层中留下的空间，使过热水易向顶部渗透，熔融区在矿层上部向外扩展，不溶于水的硫，在重力作用下径流速度高，易向下渗透，如是熔融带下部形成液硫最大饱和空间，随硫的熔融并径流井底，熔融带形成倒圆锥体形状，此阶段按作业制度，压入过热水和定期提硫，使熔硫与提硫速度之间取得平衡，稳定熔硫提硫延续时间，一般为5～15个月。

（3）熔硫递减阶段。注热熔硫提硫的继续，一部分硫井的熔融带，在矿层顶部扩展，而在底部则于钻孔间留下未采出的残留矿柱，随熔融界面与硫井距离的增大和钻孔间矿柱高度的降低，液硫向硫井运动的距离也增大，由于液硫运动轨迹与水平面之间的夹角减小，制约工作面运动的重力分力也随之减小。同时，由于重新分配渗滤途径的结果，沿着顶板水平线移动的过热水，熔融了液硫难向钻孔流动的地带。以上因素，导致硫的采出量减少，过热水的消耗量增加。采硫进入减产阶段，直至采硫完毕。

15.6.3 生产工艺流程及地面设施

钻孔热熔采硫包括三个基本生产工艺：（1）水处理及过热水的大量制备；（2）通过钻孔将过热水压入矿层熔硫；（3）将液硫提升到地面，生产工艺流程如图15－37所示。根据工艺要求，按地表地形特征和矿床赋存条件，进行合理的地面布置，用输送管线连接，以形成一个矿山有机整体。

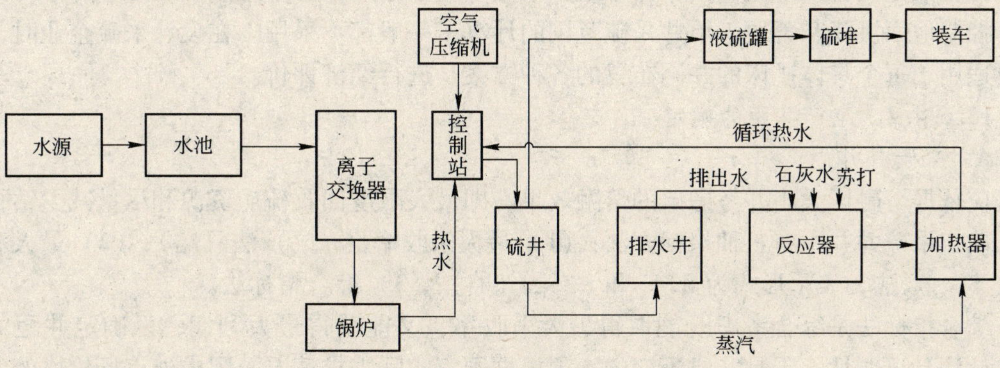

图15－37 钻孔热熔采硫工艺流程图

多数矿山的地面设施如下：

（1）钻孔和固井设备；

（2）水泵、管道和贮水池；

（3）能源工厂，为工艺水的制备和加热，提供蒸汽、过热水和压缩空气的软水器、锅炉、泵、空气压缩机、发电设备以及废水加热器等；

（4）孔内装置及供热水、供气、供蒸汽、输送液硫的管道系统；

（5）控制站及控制测量仪表；

（6）硫的收集、提纯、贮存和装运设备；

（7）废水处理系统；

（8）维修设备等。

15.6.4 生产井设计

生产井是矿山设计的重要部分，按功能的不同，钻孔可分为：地质井、水文－地质井和生产井。生产井又分为采硫井、备采井、补采井、排水井和观测井。

15.6.4.1 开采系统的选择及井网布置

矿山开采系统的确定原则是，在整个服务年限内年产量均衡并能获得稳定持久的经济效益。选择开采系统应依据硫矿床的几何形态、地下水力学特点和渗透系数 K 值变化状况等赋存地质特征，来确定是井群式、分区开采式还是单线推进式等均匀布置或非均匀布置的开采系统。

井网的布置设计主要考虑井距和井形。生产井网的布置要保证硫的回采率最大时一吨硫的生产费用最少，井网的基本单元形式有正方形、矩形、等腰三角形和等边三角形。如图15－38所示，若干基本单元井形组成一定的井网形式，井网的布置形式主要依据矿床

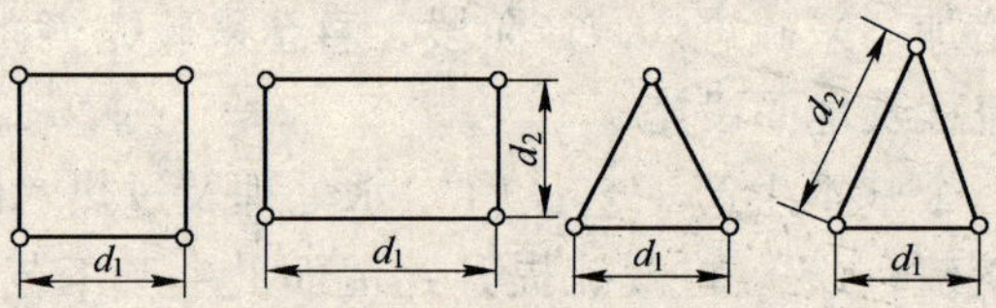

图15－38 井网的基本单元井形

渗透性和地下水的流动方向。当注入水沿地下水流动方向流动时，常采用等腰三角形井网；对于大范围钻井采硫矿山，井形通常采用等边三角形；对于矩形和正方形井形，因不利于控制地面沉降和不便于单井采硫范围的计算，一般都不采用。在设计采硫企业时，必须对适用于每个具体矿床的井网布置的各种方案，进行经济评价。

15.6.4.2 生产井距的确定

A 采硫井井距

应依据熔融区大小并考虑硫的熔融效果，即最大限度回收硫矿资源和尽量减少钻孔费用。确定采硫井井距有三种指标方法：（1）最大采收率（η_{max}）法（略）；（2）最大利润值（$\$_{max}$）法，表示形式为 $\$/S_t$ 和 $\$/S_{m^2}$（略）；（3）综合指标法。

综合指标法是综合考虑既能取得最大采收率，又能获得最大利润，以确定井距的方法。此法具可调性，不是一成不变的，须根据国家实际需求情况及国内外市场价格的变化而变化，按不同的单位面积含硫量 Z 值，绘制开采利润 \$ 与井距 d 的关系曲线。如图15－39规定需要回收的利润值，并在图中确定两点 C、D，在曲线范围内调整 d 值，将 C、D 移展到图15－40 $\eta-d$ 关系曲线上，得 $CDD'C'$ 区限范围，为获得利润，则在井距 d 值范围内朝缩小井距 e 方向调整，在曲线上得到井距范围，在此范围内考虑采收率 η 值，选定合适的井距。

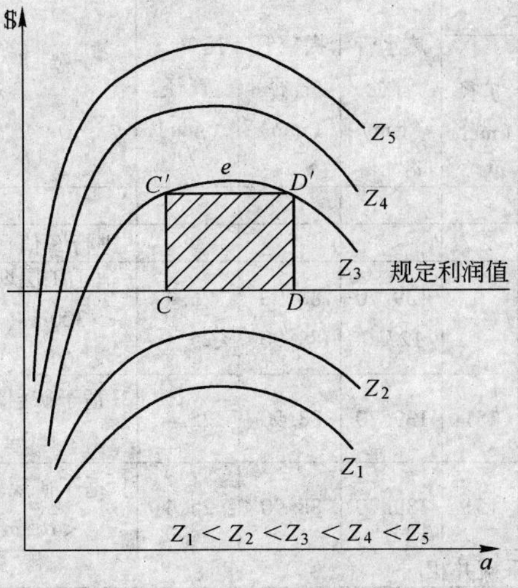

图 15－39 开采利润与井距关系曲线

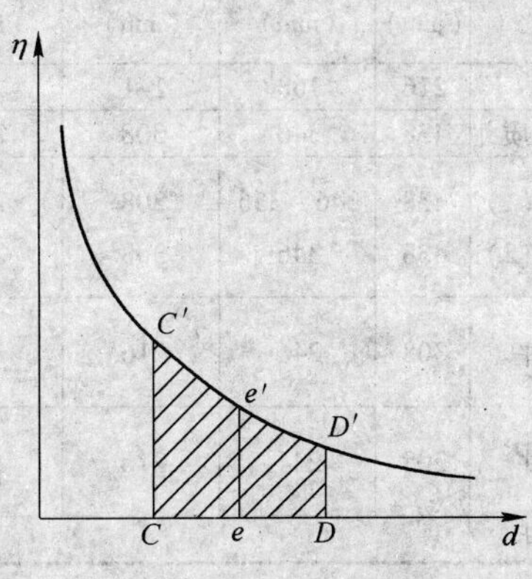

图 15－40 采收率与井距关系曲线

B 排水井与采硫井间的井距

两个井间的距离主要依据矿层的渗透性大小、注热水强度以及对矿层的加热要求来确定。对近距离排水，井距不小于采硫井距的两倍，远距离排水井距一般为 300～500m，有的达 1000～1200m，还需经过生产实践来进一步验证。大规模硫矿山普遍采用近距离排水。

C 观测井与采硫井间的井距

观测井是观测熔融范围以外温度场变化，了解热水流动方向及热量在井下的交换速度，废水的矿化度与距离的关系等。观测井的位置、深度和距离，以实现上述功能为准，通常用已采完的采硫井作观测井。

15.6.4.3 硫井装备

采硫井井身结构的选择，取决于开采工艺、矿层厚度、矿床埋藏深度和含水层分布等地质的技术的多种因素，常用的井身结构如表 15－19 所示。

硫井井口装置（常称采硫树），是个既能使井口密封，又能使各种工作剂（热水、液硫和压缩空气等）在管串中分流或调配流向，并连接各种管柱的装置。它应保证全部工艺流程的顺利进行，还应保证补偿管道的垂直热膨胀和保证管道产生水平位移时不致损坏连接处的密封性，井口装置应根据管道直径、回采工艺参数及输送的工作剂的物理化学性质来选择。

硫井井底装置由水筛管、硫筛管和封隔器组成，其位置和长度要进行每个钻孔的单独设计，筛管长度根据钻孔吸水能力和矿层厚度来决定；筛孔段内孔眼面积应考虑热水、液硫在通过筛孔段的流量与流速等因素，还应考虑矿层残渣或井壁岩屑进入裸眼环隙，以及管柱腐蚀而造成筛孔堵塞影响等因素。一般要求筛孔段内孔眼面积总和应不大于该段管柱表面积的百分之二十，水筛孔段的孔眼总面积应大于热水管与硫管间的环隙面积。在一般情况下，典型的结构尺寸为：水筛孔段长度为 1～1.5m，硫筛孔段长度为 1m，两筛孔段间距应大于 1m。硫筛管最下一排筛孔高度应与矿层底板标高相一致，以保障熔硫全部集

表 15－19　井身结构

类型	钻井井段						井筒装备			说明
	表层套管段		技术套管段		矿层段					
	钻头直径（mm）	固井管径（mm）	钻头直径（mm）	固井管径（mm）	钻头直径（mm）	扩径（mm）	热水管管径（mm）	提硫管管径（mm）	压气管管径（mm）	
地质井	216	168	141		93					
水文－地质井	438	346	308	244	Ⅰ、Ⅱ、Ⅲ					进行 K 值计算
采硫井（1）	438	346～356	308	244	190		139.70	88.90	25.4	适于矿层埋深＞300m（1）
（2）	438	346	308	244	190		127.0	88.90	25.4	＜200m（2）
备采井	308	244	216	168	93～131	151	139.70	88.90	25.4	只适于矿层埋深＜160m
补采井	308	244	216	168	93～131	151	139.70	88.90	25.4	只适于矿层埋深＜160m
排水井	井身结构与采硫井相同									

中于硫管内。硫管下入井中深度应尽量靠近矿层底板部位，以降低非采硫高度，使熔融漏斗内的液硫能最大量流入硫管，一般下到矿层底板以下0.3m。以上是在一般情况下典型的范例，每个硫井都应根据矿层厚度、含硫品位、矿层和夹层岩性差异、力学性质和渗透性等综合分析研究，来设计筛管段尺寸和下入深度位置。

15.6.5　硫井生产

15.6.5.1　硫井生产程序

A　热水洗井

为了清除井管和井下沉积物，注热水前，应按一定顺序完成注热水清洗工作。

B　矿层预热

为了加速矿层升温，需要预热矿层。从热水管和硫管同时注入热水，可使较多的热进入矿层，还可使矿层受热均匀，预热水温为70～110～165℃。分若干压力段加压，水量分配为从硫管注入总水量的75%，从热水管注入25%。

矿层预热时的井下温度随注热时间的延长，注水量的增加而提高。波兰生产矿山在注

表 15－20　波兰硫矿山层温度与注水时间、注水量关系

注水时间（h）	注水量（m^3/h）			
	5	6	15	20
	矿层温度（℃）			
0			77.5	98.5
1	97.0	128.6	139.2	144.5
6	112.3	136.2	144.1	148.0
30	121.1	140.6	147.0	150.3
90	126.1	143.2	148.7	151.6
150	128.2	144.2	149.2	152.3
∞	130.6	145.4	150.2	152.7

入水温为160℃条件下的三者关系如表15－20所示。矿层预热期长短随矿层渗透性而异，渗透性差，注入热量少，预热周期长，可达数月；渗透性好则预热周期短，一般只需数天或半月。

矿层预热后，按一定压力升温直到165℃左右，硫被熔融汇集井底，当熔硫液面高度超过硫筛管位置，停止从硫管注热水，当矿层熔硫量大于向孔底汇硫量，则进行试抽，当硫管内的液硫柱压力与热水管内热水柱压加泵压达到平衡时，则时机成熟，可以提硫。

C 注热采硫

注热采硫是注入的热水与矿层之间的热交换以及流体动力学过程。熔硫源源汇集井底，升举地面，为了保持连续生产，对给定的井，必须在熔硫速率和泵送速率之间建立某种平衡，如前者超过后者，则硫井生产能力未能充分发挥，可通过调节注入热水量以控制熔硫速率，采出硫量则通过调节压缩空气注入量来控制，调节控制的关键是对液硫面升降的了解，可从空气注入压力的微增减反映出来，有经验的操作者，通过这一显示来保持平衡的熔硫与泵送比例。硫井采硫生产过程如图15－41所示。

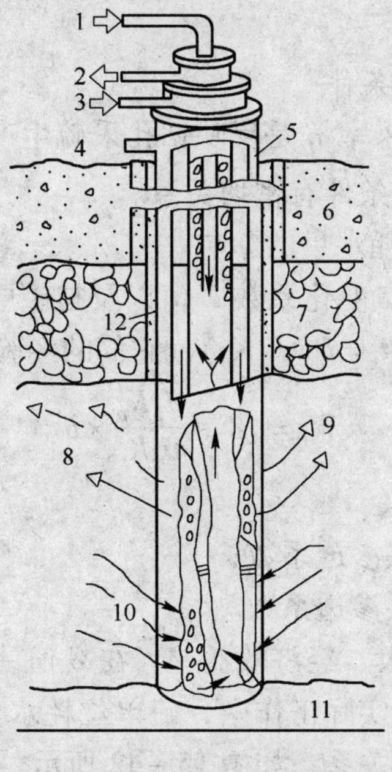

图15－41 采硫井生产

1—压缩空气；2—液硫；3—过热水；4—地表；5—套管；6—表土层；7—覆盖岩层；8—热水熔硫；9—硫矿层；10—汇集井底的液硫；11—底板；12—圆井水泥圈

15.6.5.2 硫井服务年限

每口硫井都具有各自的采硫特征，各井服务年限不尽一致，难准确预测，但生产1～2个月后，就能掌握其生产循环规律，当出现注入热水压力和注入热水量不变，而产硫量锐减，则预示服务年限将结束。实际上，有的硫井服务年限长达几年，单井产硫累计达数万吨，但有的硫井生产硫的时间极短，某些情况下，硫井还可反复采硫多次。

15.6.5.3 排出水的处理

从排水井中排出的水，在各开采时期的成分有所不同，通常含硫酸盐650～1000mg/L、氯化物550～700mg/L、硫化氢100～600mg/L，矿化度2～5g/L，造成多向区域性影响，需要进行处理，一般处理方法有：

（1）喷射氧化－蓄水池法；

（2）烟道气处理法。

排出水有腐蚀性，不能直接循环使用。前苏联雅佐夫硫矿采用的闭路循环处理工艺，是将排出水经三聚磷酸钠稳定添加剂处理后，使 pH 值降到6，用锅炉蒸汽与喷射的污水直接混合加热后，再回注入硫井，此法改善了生产过热水的技术经济指标，可降低水耗40%，可减少矿化污水排放量30%。波兰采取在排出水加热前，在加热装置水流线速较大处，加入细粒物质，如细砂、泥、石膏等，使其在排出的硬水中形成溶解盐结晶核心，而成为这些盐类在水流中的载体。

15.6.5.4　液硫质量

从钻孔热熔法采出的液硫，含硫量可达99.50%～99.9%。当液硫含杂时，一般在硫井附近安装分离器，使液硫与水和空气中的杂质分离。液硫脱碳的方法有蒸馏法、浓硫酸法和过滤法等，可使精硫含碳量在0.01%～0.04%以下。

15.6.6　技术经济评述

15.6.6.1　地质、水文地质条件

硫单位耗热水量 W_s 和硫回采率 η 是反映钻孔采硫生产经济效益的两项主要指标，这两项指标与矿床地质、水文地质条件有密切关系。

A　地质、水文地质条件对耗水量的影响

吨硫耗热水量 W_s 与矿床储量变化系数 Z 值以及与矿层和夹层的渗透系数之间存在一定的函数关系：$W_s=f(Z)$ 和 $W_s=f(K_zK_p)$，它们的经验关系式为：

$$W_s = aZ + \frac{M_pK_p}{M_zK_z} \times b \tag{15-6}$$

式中　a、b——经验系数；

M_p、K_p——夹层厚度和夹层渗透系数；

M_z、K_z——矿层厚度和矿层渗透系数。

当 $K_p>K_z$ 时，因热能损失大，经济效益差，在 Z 值一定条件下，W_s 值随夹层厚度与渗透系数的积值增大而提高，在实际工作中，硫单位耗水量 W_s 与硫矿层储量变化系数 Z 之间，存在直线函数和曲线函数关系，如图15－42所示。

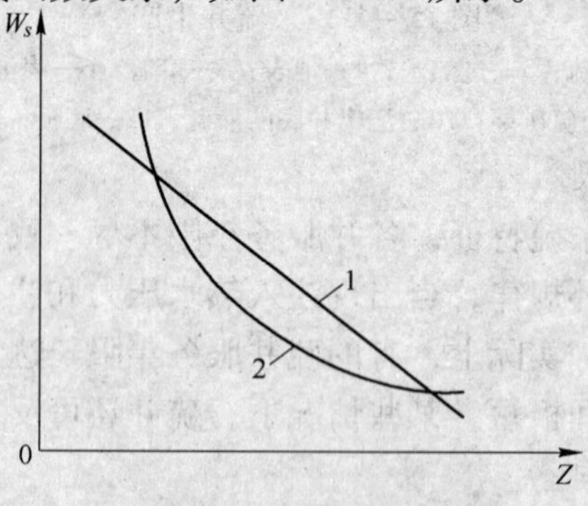

图15－42　W_s-Z 关系曲线

1—$W_s=aZ+b$；2—$W_s=\frac{a}{Z}+b$

B 地质条件对回采率的影响

硫的回采率高低与矿床含硫贫富、硫储量变化系数大小以及硫的熔融系数大小有关，硫的熔融系数（即硫的熔融量与矿床含硫量的百分比值）受硫的熔融特征、矿石结构类型和硫的质量等因素影响。

a 含硫量对熔融系数的影响

硫矿层含硫量 $S\%$ 高低与熔融系数 β 大小的关系如图 15－43 所示。

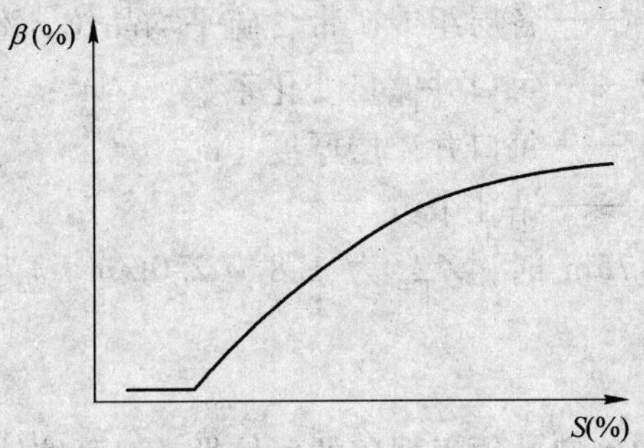

图 15－43 $\beta-S$ 关系曲线

b 硫矿石结构类型对熔融系数的影响

不同结构类型硫矿石的熔融系数，有很大差异，如表 15－21 所示。

表 15－21 硫矿石结构类型与熔融系数关系

类 型	Ⅰ	Ⅱ	Ⅲ	说 明
矿石结构	浸染型	球窝状（巢状）	条带状或串珠状	指硫在矿石中的赋存形态
硫的结构	非晶质显微状	非晶质纤维状	结晶块状	
熔融系数	10%～15%	30%～60%	50%～95%	

c 岩性对硫的可熔性影响

由于岩性不同，在致密度、孔隙度和矿层结构构造上会有差异，因此可熔性也不相同，例如自然硫产于石灰岩中较产于泥灰岩中的可熔性好。

d 硫矿层厚度与含硫量对回采率的影响

硫的回采率 η 值大小，受矿层熔融范围大小制约，而熔腔大小又受矿层厚度和硫熔融流动角大小制约，厚度大，熔融范围大，回采硫量则多，经济效益好，反之则差。因此，可将矿层含硫量 $S\%$ 与矿层厚度 m 统一成储量变化系数 Z 值，来表示与硫的回采率 η 关系：$\eta=f(Z)$，采硫设计时，主要用此基本参数。

15.6.6.2 按硫的矿床地质条件评价其可采性

A 矿床储量变化系数 Z 值

$$Z=Sm\gamma \tag{15-7}$$

式中 S——含硫品位，%（大于含硫最低可采品位 8%）；

m——矿层厚度，m；

γ——硫容重，t/m^3（根据矿石孔隙及含杂情况而异，一般为 $\gamma=1.9\sim2.4$）；

Z ——矿床储量变化系数，t/m^2。

各层组或矿带含硫平均品位 S_{svp}

$$S_{svp}=\frac{Z_1+Z_2+Z_3+\cdots+Z_n}{(m_1+m_2+m_3+\cdots+m_n)}\times 100 \tag{15-8}$$

或

$$S_{svp}=\frac{\sum_{i=1}^{n}Z_i}{(\sum_{i=1}^{n}m)\gamma}\times 100 \tag{15-9}$$

式中　S_{svp}——各层组或矿带含硫平均品位，%；

Z_1、Z_2、Z_3、…、Z_n——每口井储量变化系数，t/m^2；

m_1、m_2、m_3、…、m_n——每口井矿层厚度，m。

n ——钻孔个数。

当矿床埋深为 25 ~ 175m 时，Z_{min} 为 1.8 ~ 2.0t/m^2，为 175 ~ 400m 时，Z_{min} 为 2.4 ~ 3.1t/m^2。

B　含硫最低可采品位

硫矿层最低可采品位的确定，须根据硫的可熔性，而可熔性大小，决定于含硫品位的高低，如图 15 - 43 所示。通过试验确定，一般取 8% 作为矿层最低可采品位。

C　含硫最低平均品位

当矿层含硫品位每层均不小于最低可采品位 8%，但全层平均品位却低于 12%，有可能硫不熔出，因此，硫矿层最低平均品位应大于 12%。

D　最小可采厚度

主要根据硫的熔融流动角大小来考虑。在波兰，经济上合理的最佳厚度为 15 ~ 30m，最小可采厚度确定为 5m，该值是设计筛管的重要参数。

E　最小覆盖层厚度

主要从矿层压力和岩层导热性以及建井费用来考虑，开采深度也受国际硫磺市场价格的变化所影响。波兰规定覆盖层厚度应大于 75m。

15.6.6.3　对硫矿石质量及开采技术条件的评价

适于钻孔热熔法开采的硫矿床，对硫矿石质量的综合评价例如表 15 - 22[28]，开采技术条件评价见表 15 - 23[28]。对于开采条件不完全具备的硫矿床，会经常遇到，通过强化工艺，往往可以取得良好的经济效果。

表 15 - 22　对硫矿石质量的要求

指　标	开采条件评价		
	好　的	尚可的	要具体实验的
矿石中硫的回收率（%）	>70	40 ~ 70	<40
含硫矿层的岩石组分	多孔细粒石灰岩	微孔细粒石灰岩	致密非多孔石灰岩
矿石结构（主要的）	条带状、细脉、细脉 - 巢状构造	巢状 - 浸染、浸染 - 细脉构造	分散的
矿石中硫的结构（主要的）	显晶质	隐晶质	
矿石中含硫平均品位（%）	20 和大于 20	10 ~ 20	5 ~ 10
矿体有效厚度（m）	20 和大于 20	10 ~ 20	5 ~ 10

表 15－23 矿山开采技术条件

指 标	开 采 技 术 条 件 评 价		
	好 的	尚可的	要作具体实验的
矿块赋存的水文地质条件	水文地质上封闭的矿体	减压困难和离矿体很远	水文地质上敞开的矿体
在10个大气压下1m厚矿体的钻孔吸水量（m^3/m）	0.5～1	0.1～0.5 1～3	大于3或小于0.1
覆盖岩石	不透水	弱透水	透水
底板岩石	不透水或透水性不大的岩石	岩石透水性低于矿体透水性	裂隙、多孔的透水性比矿体大的岩石
矿体厚度（m）	10和大于10	3～10	小于3
埋藏深度（m）	120～500	400～600	小于50大于800

15.6.7 钻孔热熔法实例

实例1 前苏联雅佐夫硫矿采硫成本

该矿生产1吨硫成本为29～39卢布。

费用项目	占全部成本（%）
（1）载热体	38.13
（2）开采区	32.70
	1.42
其中：1）电耗	2.51
2）社会保险	0.20
3）设备折旧	7.90
4）车间经费	12.12
5）辅助车间设备	8.55
（3）采矿准备作业费用摊销	12.87
Σ_1 车间成本	83.70
（4）总厂经费	3.44
Σ_2 总厂成本	87.14
（5）生产外开支	12.86
Σ_3 全部成本	100.00

实例2 波兰叶尤尔卡矿钻孔热熔采硫

叶尤尔卡是波兰第一个钻孔热熔法采硫矿区，该矿已钻井3000多口，年产规模为320万吨，是世界上最大的钻孔热熔法采硫矿山之一。

叶尤尔卡硫矿位于塔尔诺布勒格东南，矿区长5.5km，矿体埋藏深170～300m，矿层厚11m，倾角20°，顶板为泥岩，底板为砂质泥岩，含硫品位30%。

矿山分动力和采矿两个部分，三个热电站提供锅炉热水，过热水温度165℃，注入井下。采矿包括钻孔、采硫、储运、加工和销售，水和气注入量和注入压力，由井场控制站调控，每个站控制12口井。

年产320万吨硫需生产井200口，单井日产量为20～100t，每井平均小时注水量20～21m^3，注入压力1.4MPa。硫井上下热水温度变化，经温度计测量，注热初期，在注水量为20m^3/h，井下温度降10～12℃，正常注热时期，温度降1～2℃，排出水温度一般为90℃。

预热阶段是从硫管和热水管同时注热水，预热期长短依矿床条件而定，如注水时间很长，尚无熔硫，视为矿床对热水无反应，则应停注水；如喷汽持续 1 小时，蒸汽不停，硫尚未熔出，还须预热。放喷时间 3 天一次，直至出硫为止。然后，气举提硫。有的硫井反复试验多次，持续达两个多月，然后出硫，如仍不出硫，则须经计算与比较，确定是否另打一井更为有利。

层间水从前方的排水井排出，泵往西部玛霍夫矿集中处理站净化，硫化氢制取硫酸，废水加石灰水中和排放。

该矿有职工 2200 人，采矿连续作业。

实例 3　泰安自然硫矿钻孔热熔法试采

试采是从 1980 ~1985 年期间进行的，由化工部长沙化学矿山设计研究院技术负责，泰安地区筹建施工，波兰专家咨询服务，钻孔热熔法是我国第一次开发引进的采硫新技术。

泰安自然硫矿赋存于第三系湖相沉积的薄层泥灰岩及含钙质白云质膏质页状泥灰岩中，矿层与夹层互层，埋藏深 126 ~ 464m，单矿层厚 0.17 ~ 4.27m，平均含硫品位 9.93%，以层状、似层状为主，稳定性较差，矿石以晶质硫为主，含稠油、沥青等物质，呈带状或浸染状产出，矿层含泥质高，深部地下水矿化度高，硫化氢含量达 208.8mg/L。

顶板为微承压裂隙含水层，矿带为微承压含水层，平均孔隙度 10.7%，渗透系数 $K=0.00025$m/d，底板为隔水层。

试采区地面建设有供电、软化和供水、加热和增压、供气、输送管线、控制站和净化站等较完整的试采系统。

生产井组呈等腰三角形布置，由采硫井、排水井、观察井等九口井组成，井距 30m，生产井井身结构如图 15 -44 所示。

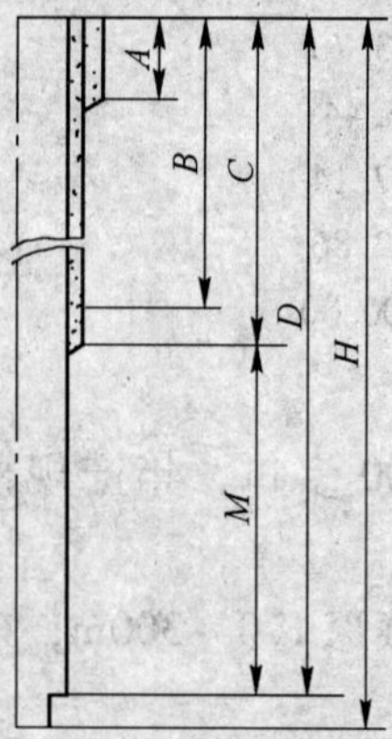

井段	81	1	2	3	4	套管(mm)	钻头(mm)
A(m)	20.23	25.20	25.20	24.65	25.70	273	325
B(m)	347.93	345.46	343.25	346.49	328.17	178	240
C(m)	348.00	349.00	343.80	347.17	329.21	178	240
D(m)	382.17	381.23	374.47	372.65	359.60		156
H(m)	384.60	383.30	376.80	375.35	361.00		156
M(m)	34.77	32.23	30.67	28.18	30.39		156

图 15 -44　采硫井井身结构

室内熔硫模拟试验：在 130℃条件下，两次提取共 12 小时，含硫品位 13% ~15.9%，提取率为 49.38%。腊模试验表明，熔融区呈倒锥形，在一定压力下，熔区大小和注入水温、流量、时间、孔隙度有关。

补充水文地质调查：第一次在 81、1、2 号三口井进行，压力梯段为 0.7、1.4、2.1、2.8、3.5MPa。第二次压水试验在相隔 56 天后进行，在 2.1MPa 压力下吸水量为 22.4 ~43m^3/h；通过对矿层段用自然伽玛、密度和声波时差测井，判明了进水最佳部位。

第三次压水试验的特点是注水起始压力高，历时19天注水4853m^3。试验表明：矿层吸水量随时间延长而减少，注水压力须随时间延长而增高，水在矿层中的延伸方向，以沿矿体走向连通流动较好，由于矿层中气体的存在，流通方向有时产生变化。

2号井采硫试验：基本工艺为洗井、预热、注加压过热水熔硫、自喷提硫。注水温度为（165±5）℃，压力为4MPa，当注水量稳定在10m^3/h以上，压力相应下降情况下提硫。2号井于1984年5月28日预热开始，至8月18日第一次提硫成功，共注水10461m^3，至11月14日共提取粗硫345.4t（含干基硫品位28.2%~94.3%），排注比为56.5%。泰安自然硫矿属多元多组合的薄层、低品位、致密、低渗透矿床，开采条件复杂，有气、水、硫、油多种流动介质，在热力条件下易产生阻塞，采取了多项强化措施，在工艺操作上进行了闭井汇硫、注气增压、高压喷射等一系列改进，取得了试采宝贵经验。泰安自然硫矿储量丰富，地理位置适中，交通方便，开采技术成熟，具备开发条件，有发展前景。

15.7 钻孔水力开采法

钻孔水力法是一种用于回采矿石又无需剥离覆盖岩层的采矿方法，它是借助水力射流，将钻孔周围的矿石原地切割破碎转变成矿浆，然后经气升泵提升到地表，如图15-45所示。为了强化破碎作用，还可辅以爆破、振动、超声波作用，也可使用表面活性剂以降低岩体强度，利用细菌、化学药剂使胶结的矿岩分解。切割矿体常用的工具是高压水枪，提升矿浆用的是气升泵、水力提升器或潜水泵等设备。

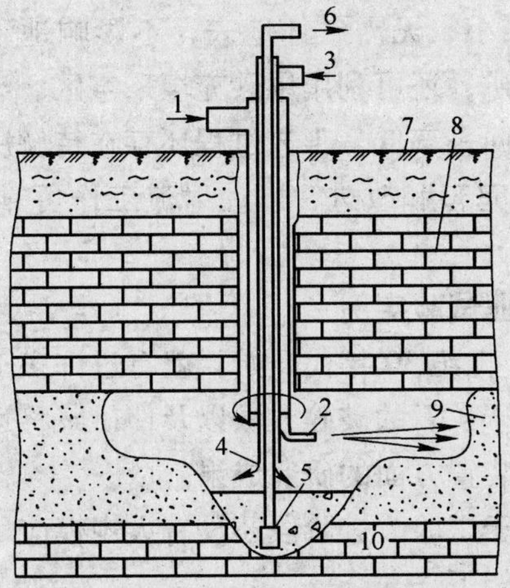

图15-45 钻孔水力法示意图

1—工艺用水；2—喷嘴及喷射管；3—压缩空气；4—阀门；5—吸入口；6—矿浆；7—第四纪岩石；8—上覆岩层；9—有用矿物；10—下覆岩层

15.7.1 适用范围及条件

钻孔水力法拥有广阔的矿物原料基地，可应用于不同的工业部门开采疏松多孔的、胶结性弱的矿床，已得到有效应用的有泥炭、煤、磷灰石、疏松锰矿、软铝土矿、沥青砂岩、金钛砂矿床和沉积的铀矿床等，此法还可开采埋藏很深的建筑材料矿，对永久性冻土层下部的砂、砾石和砂金矿，是非常可取的开采方法，也可用于开采埋藏浅、厚度小的有色金属和稀有金属砂矿，以及勘探过程中工艺矿样的采集。

矿床地质和水文地质条件是选择钻孔水力法的主要依据，它决定着采掘设备和工艺过程的选择，可供开采的矿床还应具备以下条件：

（1）矿石在流体动力作用下，易于破碎。

（2）覆盖岩层稳定，允许顶板大面积暴露或其有均匀沉降性质。

（3）开采的矿石量能够保证经济效益。

（4）开采砂矿时，矿层厚度变化在 5～8m 至 15～20m 之间。

15.7.2　优缺点

钻孔水力法是一种有发展前途的采矿方法，与传统的露天和井下采矿方法相比，具有以下优缺点：

（1）采准工作量小，投资少，投产快。

（2）可开采贫矿，可对小型或成矿无规律的矿床选别开采，从而扩大可采储量。

（3）可以合理开采由于技术经济方面的困难而未能开采的矿床，采矿机具水力性能不会随开采深度的增加受到影响而使开采费用大增；矿床充水也不致使开采操作复杂化。

（4）可在水体下，在围岩不允许破坏情况下采矿，能使废石夹层原地留下，避免了矿石贫化，使选矿负担减轻。

（5）矿石的开采与运输全部由水介质实现，工艺过程单一；矿浆举出地表适于管道运输。

（6）除采矿机具置于井下外，所有辅助设备均在地表设置和操作，整个生产过程可全部自动化，避免了地下作业中有损人体健康和不安全问题的出现。

（7）对环境污染影响很小、无需破坏地表，不影响地下水位，也不破坏水的成分，还能避免地表沉降；就地选矿，还可利用尾砂充填采空区。

此法缺点是选择性差，回采率低，工艺过程还存在待解决的问题，特别是钻孔中和高压水的机械装置需待进一步完善和改进，以使射流工作可靠。目前此法还未得到普遍应用。

15.7.3　工艺方案及工业试验实例

钻孔水力开采法，从 20 世纪 30 年代开始，就有过许多工艺方案的设想和多次技术革新，各方案的主要区别，在于矿石的破碎方法以及使矿浆移运至出矿钻孔底部的方式。在专利文献中还有一系列开采装置方面的研究成果。

目前，钻孔水力法正处于试验改进阶段还没有大规模应用的经验，故难作出详尽的经济评价，国外工业试验实例如下。

实例 1　钻孔水力法开采美国圣约翰磷矿[33]

美国矿业局与 Agrico 采矿公司联合，于 1980 年在佛罗里达州圣约翰县较大的磷矿用钻孔水力法试采。该矿床距地表 71～76m，磷矿由细粒磷、砂及黏土组成，组分比例大致相等。已采出矿石约 1500t，出矿速度平均 23.6t/h。

（1）试采工艺。使用一台装有射流器和井底泥浆泵的采矿机具（图 15－46）钻孔从地表穿过矿层，磷矿被高压射流水冲碎成为矿浆，然后由泥浆泵提升到地表，再经管道输送到选矿厂。

（2）采矿试验。连续进行了三次：

1 号孔采用潜水射流，以测试研究钻孔水力法基本原理。试验表明：必须利用流体静压力来支撑硐室顶板。

2 号孔是为测定开采速度，当采腔水位控制在切割射流以下时，求得射流在硐室中的最大切割半径，试验表明：射流直接冲刷矿体，虽可增大其有效切割半径，但也增大了顶板垮塌的可能性。

3 号孔是试验水射流在硐室中进行远距离切割的效果，同时将有效的顶板支撑与潜水射流切割综合考虑，给切割射流配备压气套管，造成射流空气防护罩，以改善射流在充水硐室中的穿透能力。提高有效切割距离，试验结果如表15－24 所示，试采期间，采腔顶板良好，见图 15－47。

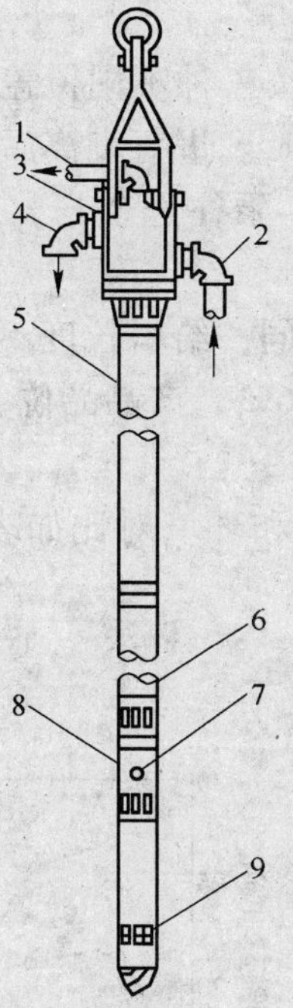

图 15－46 钻孔采矿机具简图

1—射流切割器进水口；2—射流泵入水口；3—三通道水接头；4—矿浆出口；5—转动钻杆部分；6—标准段；7—切割喷嘴；8—采矿段；9—矿浆吸入口

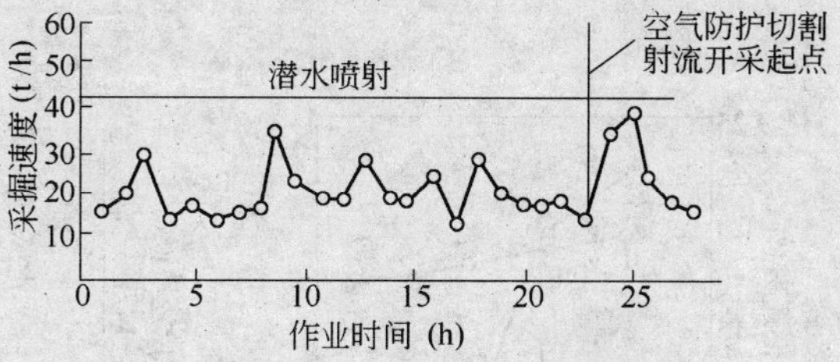

图 15－47 3 号采磷钻孔开采进度图

表 15－24 水射流在硐室中的切割效果

项 目	采出矿石（t）	硐室半径（m）	矿浆中固体物料含量（%）
无空气防护罩射流	390	4.6	3～5
有空气防护罩射流	550	5.5	15～20

（3）可行性研究[34]。Agrico 化学公司在该矿区进行了开采可行性研究。假定矿床指标：矿石容重 1.416kg/m^3，矿石品位 $P_2O_3$16.5%，黏土含量 25%，矿层厚 6m，覆盖层厚 15、30、46 和 70m，直接顶板以上 15m 为坚固碳酸盐岩，再上是松散砂、碎屑岩和黏土。拟用洗选和二级浮选生产商品磷酸产品，选定三种规模即年产量 150、300、450 万 t，服务年限 20 年，进行钻孔水力开采和露天开采两种方案对比：钻孔水力采矿按交错网格形布井，井距 21m，矿柱 3m，终孔孔径 300mm，主要设备有：钻井车、固井车和叉式升

降机车（用以升降套管），采矿设备安装在履带式台架上，由采矿机具、井架、泵和遥控装置组成，还配备有液压绞车（用以升降机具）；台架上装有泵和空压机。机具长6m、管径200mm，由三部分组成：采矿——喷嘴和射流泵、管串——水、气和矿浆输送管道、凯利——三通旋转接头，引导水、气和矿浆沿管串流动。设备生产能力：喷嘴为378.5L/min，射流泵为1993L/min，空压机5678L/min，泥浆泵6057L/min，采用单喷嘴和空气护罩工艺，在8.273MPa压力下，硐室半径9m，设备生产能力为45t/h，采选用水循环使用。

采矿机具以3.43～34.3MPa的高压射流水切割矿石，采下矿石与射流水混合成矿浆，由水力提升器提升到地表，以流量为3.6～5.6L/min排入矿浆沉淀池或直接送往选矿厂，钻孔分别为10个、20个和30个，20年开采总面积为11.6km^2、23.2km^2和34.8km^2，回采率为66.6%。

（4）露天开采。采矿系统取决于覆盖层厚度和性质，按三种不同覆盖层厚度，采用索斗铲或斗轮挖掘机。生产能力分别为24～27m^3、27～31m^3。进行剥离后，再用索斗铲采矿并将矿石运至矿坑，用射流水破碎矿石，制成矿浆，泵往选矿厂，采矿回采率为85%，采完后将覆盖层和选矿尾砂充填采空场。

（5）选矿。洗选和浮选是主要工序，两法选矿流程相同，给料粒度不变，95.9%的矿石粒径为74～420μm，总回收率预计为85.7%，选矿比46%，产品品位P_2O_5 31.14%，泥土遇水膨胀，脱水后可获得许多水。

（6）经济和环境比较。露天和钻孔水力法开采的经济和环境对比如表15－25及图15－48所示。

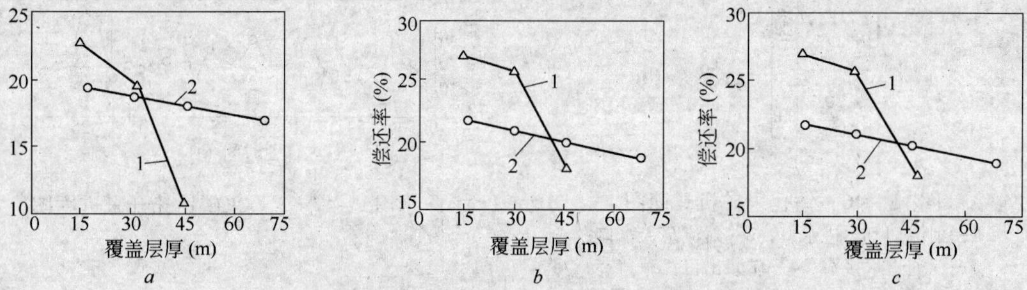

图15－48　露天法和钻孔水力法开采的经济和环境对比

a—年产150万吨时；*b*—年产300万吨时；*c*—年产450万吨时

1—露天法；2—钻孔法

研究结果表明，在一定地质条件下，无论从经济和环境上看，钻孔水力法开采磷酸盐矿都是一种合理的方法，随开采深度的增加和钻孔技术的发展，此法将能满足相当一部分需求量。

实例2　钻孔水力法开采前苏联金吉谢普磷灰石矿床[25]

工业试验目的是通过开采工艺操作，确定主要工艺参数，寻求合理的开采工艺流程和设备的合理结构，以改善技术经济指标。

（1）矿床地质及水文地质。磷灰石矿层为均质、中细粒石英砂岩，石英砂岩中包裹

表 15－25 开采磷酸盐矿床的经济和环境比较

比较项目	单位	露天采矿	钻孔水力采矿
生产规模	万吨/年	（1）150，（2）300，（3）450	（1）150，（2）300，（3）450
开采设备		索斗铲或斗轮挖掘机	钻孔及开采设备
回采率	%	85	66.6
服务年限	年	20	20
20 年开采面积	km^2	（1）9.0，（2）18.2，（3）29.2	（1）11.6，（2）23.2，（3）34.8
上覆岩 15～30m		生产率高	生产率低
上覆岩 46m 以上		生产率低	生产率高
偿还率	%	见图 15－48	见图 15－48
环境影响		对地表的破坏较大	不破坏矿床上覆岩层
复田		复杂	简单

说明：偿还率系指以每吨磷酸盐产品 33 美元计算的贴现流动偿还率。

“园货贝”（Obolus）磷钙石碎屑，矿层厚 0.8～5m（平均 3m），P_2O_5 含量为 3%～14.5%（平均 6.1%），有害杂质有 MgO 和黏土微粒，矿体被第四纪沉积层白云岩和白云石化石灰岩覆盖，总厚 25m，裂隙和岩溶发育，矿石强度为 0.15～0.20MPa，局部强度为 2～3MPa，顶盘岩石强度为 80MPa，底板为 20MPa，矿层接触界限明显，矿段存在第四纪含水层、塔林、沃尔科维斯克水层组和寒武－奥陶纪含水层，平均渗透系数分别为 21m/d、46m/d 和 5m/d。

（2）开采设备有 UHC－150/230 型水泵两台，PCK－50/7 空压机一台和管道系统，水利开采机组（包括水枪和气升泵），8ГРТ－8T 型泥浆泵，矿浆管道和洗矿系统。水枪装置分管内和管外钢绳控制两种方案；气升泵是提升矿浆装置，上端有空气分离器，分离器端部与伸缩导管连接，将矿浆引入矿浆池，还应有提升运输设备。

（3）开采工艺。将气升泵下放到钻孔内，然后将水枪下放到相邻钻孔，到达矿层就送水冲击，下放直到矿层底板为止。水枪借助控制钢绳而伸出并固定在水平位置，伸缩管向前伸出，水枪随工作面推进，直到管筒全部伸出为止，此后，通过水枪的前后运动冲采工作面矿石和将矿石运移到气升泵，伸缩杆转动 5°～10°，开始一次切割工序。冲刷2～3次，上部矿石一层层剥离在矿层底板，与此同时将破碎的矿石运往气升泵，待底板矿石全部运送后便开始下一切采循环，直至矿房矿石采完为止。采完后，提取水枪和气升泵，将水采机组搬移到另一钻孔。试验表明：冲采矿岩和将矿浆输送到气升泵的水压，分别保持在 2.2MPa 和0.5～0.7MPa气压是适当的，切槽和矿房的平均开采时间，分别为 0.5 和 16～30 小时。

（4）工艺系统。金吉谢普磷矿的工业试验从 1974 年开始，试采区第一阶段生产能力为年产磷矿 20 万吨，以后再扩大到 100 万吨，试采区工艺系统如图 15－49 所示。

矿床采用双井开拓，井距为 0.8～1.0m，井径 320mm，矿床按采区划分，井组间距 20～25m，后退式回采，沿采区中心线敷设管道，已采区进行拆卸收尾和钻孔报废处理；开采区进行开采作业；采准区进行钻孔和装备以及管道敷设。

试采初期，用单个硐室开采，硐室间留有矿柱。采用循环供水系统，消耗的水量由两口自喷水井补充。气升泵由活塞式压风机供气，矿浆由砂泵打入冲洗系统，然后将矿石输送到选矿厂受矿槽，水采机组设计生产能力为 50t/h，采区同时工作的有四台，其中两台采矿，另两台用作安装和拆卸。

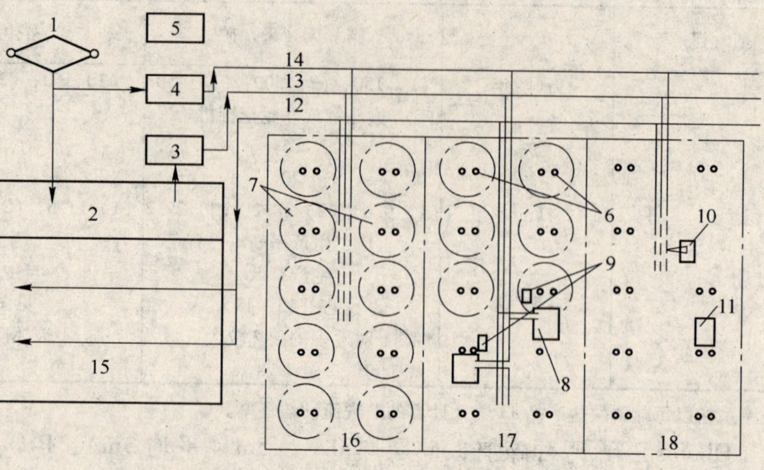

图15-49　金吉谢普磷矿试采区工艺系统图

1—取水钻孔；2—水池；3—水泵站；4—压缩机站；5—变电站；6—开采钻孔；7—采完钻孔；8—开采机组；9—砂泵站；10—铺管设备；11—钻机；12—矿浆管道；13—供水管道；14—压风管道；15—矿浆池；16、17、18—采完区、开采区和采准区

试采表明：水采机组（气升泵和水枪）能满足破碎和运矿设计能力的要求，但水采机组必须双井开采（井距0.8~1m），设备笨重（重达30t），安装和拆卸不便，需要改进。

（5）地下硐室观测。研制了两种微型轻便钻孔水声测位器，一种是对矿房和矿柱形状进行测量的ОБЭОР-Г型，一种是测量采空硐室容量的ОБЭОР-М型，所测定的矿房范围和矿柱形状，其误差在2%以内。

通过长期试验研究，设备可开采厚度1m的磷矿层，确定了潜水射流和水枪喷嘴参数、水枪的水力特性，还确定了气升泵的合理结构。

（6）对磷灰石矿的水力破碎研究[35]

1）充水矿房中，抗压强度$\sigma=0.20$MPa的矿石，在使用不同直径喷嘴时，其水力破碎距离d和生产率n_p与水压p的关系如图15-50所示。

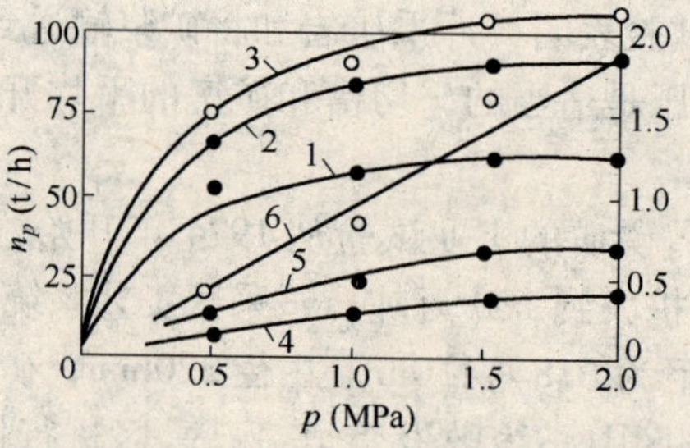

图15-50　不同直径（d_H）喷嘴的平均生产率n_P（曲线1~3）和破碎距离d_p（曲线4~6）与水压的关系

1、4—d_H=11mm；2、5—d_H=15mm；3、6—d_H=23mm

2）破碎矿石水力搬运到矿浆吸料口，搬运生产率n_γ与不同直径喷嘴和水压p的关系

曲线如图 15－51 所示。

3）压气提举矿浆，当提举不同浓度矿浆，其提举高度为 20m 时，气举生产率 n_t、n_k 与压气耗量 Q_n 的关系如图 15－52 所示。

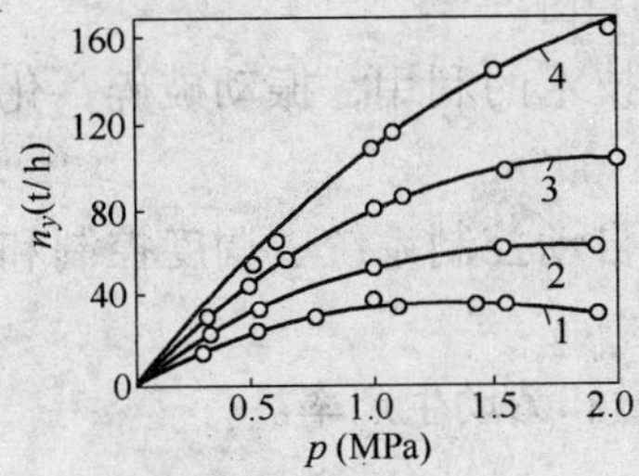

图 15－51　搬运生产率 n_y 与不同直径喷嘴 d_H 和水压 p 关系曲线

1—喷嘴直径 11mm；2—喷嘴直径 15mm；3—喷嘴直径 19mm；4—喷嘴直径 23mm

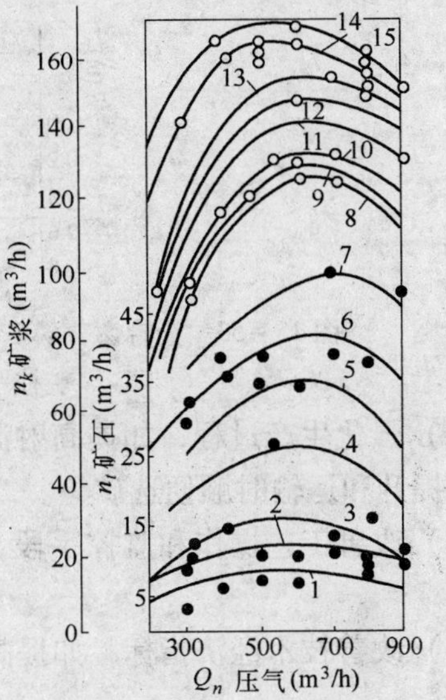

图 15－52　气举矿石和矿浆时生产率 n_t、n_k 与压气消耗量 Q_n 关系

1～7—矿石浓度，依次为 1.02、1.04、1.06、1.10、1.15、1.20、1.25t/m^3；8～15—矿浆浓度，依次为 1.02，1.04，1.06，1.10，1.15，1.18，1.20，1.25t/m^3

综上分析表明，破碎和搬运生产能力均高于气举提矿生产能力，所以钻孔水力开采的基本指标，要按气举生产能力计算。

4）矿柱和矿房参数诺模图。金吉谢普磷灰石矿床水力开采系统计算矿柱和矿房参数的诺模图（矿石强度 $\sigma=0.3$MPa，埋深 $H=20$m，层厚 $h=3$m），如图 15－53 所示。

15.7.4　今后研究的主要内容

钻孔水力开采法的主要发展趋势是寻找水枪和液体输送机构的完善和改进。使水枪喷嘴接近工作面，使射流在介质中工作可靠。工艺过程仍存在以下待研究的问题：

（1）硐室开采工艺的研究，如工艺方法和矿石破碎、输送和提升参数以及与邻近钻孔相互作用参数等。

（2）合理开拓方法研究，如井田开拓方式、钻孔合理网度、地压控制和采空区充填等。

（3）开采设备结构的完善和改进，如水力开采的单孔样机。提高设备运转的可靠性等。

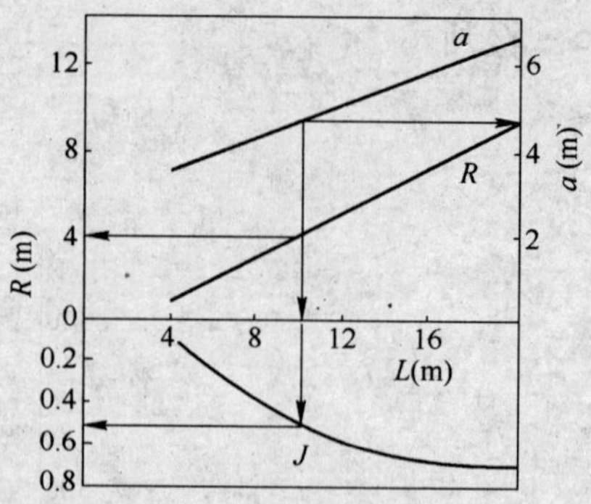

图15-53 金吉谢普磷矿床在不同钻孔网度 L 条件下，计算矿房半径 R，矿柱厚度 a 和回采率 J 的诺模图

（4）强化生产过程，如提高射流压力，脉冲射流技术的利用，振动破碎，化学软化及水力提升和运输时顺便选矿等。

（5）改善工艺操作和监控手段，包括监控系统、自动控制系统、调度控制和计算技术等。

（6）改善技术经济指标，如提高回采率、矿石质量和劳动生产率。

15.8 盐湖矿床开采

我国盐湖矿床主要分布在青海、西藏、内蒙古等地，盐湖固体矿床的主要盐类资源有石盐、芒硝、天然碱、石膏、光卤石、钾石盐、水氯镁石、柱硼镁石、钠硼解石、水方硼石等。液体矿床中含有钾、钠、钙、镁、硼、锂、溴、碘、铷、铯、锶、铀等元素。盐湖矿产资源的开发利用在国民经济中占有重要地位。

15.8.1 盐湖矿床特点及其开采方法

15.8.1.1 盐湖矿床特点

现代盐湖矿床，是第四纪以来通过可溶盐分的聚集，矿化水的浓缩和盐类矿物的沉积而形成的矿床，依矿体的产出状态分为固体矿床和液体（卤水）矿床两大类。固体矿床，根据生成的地质和水文地质条件，有湖泊化学沉积，湖沼沉积、矿化水再沉积和次生裂隙充填等类型。液体矿床，按卤水的赋存条件，有地表卤水矿、晶间卤水矿和孔隙卤水矿。

与其他矿床比较，盐湖矿床地质有以下主要特点：

（1）大多数盐湖固体矿和液体矿共处在一个统一的地质体中，受水文、气候等因素的影响，两者可互相转化。例如青海达布逊湖东北岸，夏季湖水浓缩有新的光卤石矿析出。可供开采利用；冬季湖水淡化，光卤石矿溶解。澳大利亚阿得雷德北部的盐湖和加拿大萨斯喀彻温西南部的盐湖，都曾利用这一特点进行季节性开采。

（2）矿床具有可变性、补偿再生性、成矿作用至今仍在继续进行。矿区水文地质条件对矿床有特殊意义。低矿化水既是矿床的充水因素；又是有益组分的补给来源，具有利、害双重性。

（3）固体矿床时代新，构造变动少，未经硬结成岩作用，具有浅埋、松软、产状近似水平、厚度和品位相对稳定的特点。

（4）矿床一般系多种矿物共生或伴生，有综合开发利用价值。

（5）液体矿床的水质、水量、因受气象和水文条件的影响。具有动态变化特征，且水质有水平和垂直分异现象。例如察尔汗盐湖，达尔逊湖东北岸晶间卤水的潜水位年变幅达0.41～0.45m。整个盐湖晶间卤水在水平方向上，由边缘向中心浓缩，呈环带状依次分布着石盐水、高钾光卤石水、低钾光卤石水（图15－54～图15－56）；卤水类型也有明显分带性，盐湖北部和东部，晶间卤水层上下为均一的氯化物型水；南部上部为硫酸盐、氯

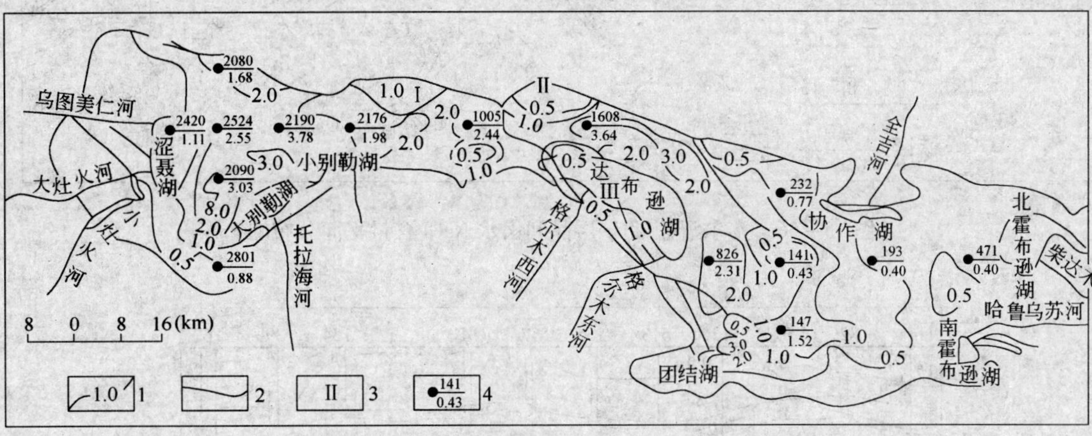

图15－54　察尔汗盐湖 I_a 层晶间卤水KCl含量平面分布图

1—KCl含量等值线；2—卤水垂直分异区；3—卤水平面浓缩区；

4—分子为钻孔编号，分母为KCl含量，（%）

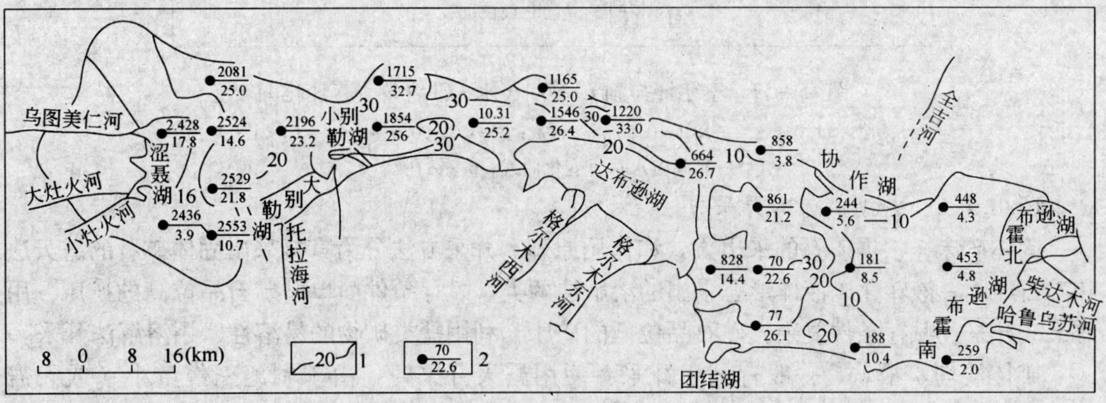

图15－55　察尔汗盐湖 I_a 层晶间卤水 $MgCl_2$ 含量平面分布图

1—$MgCl_2$ 含量等值线；2—分子为钻孔编号，分母为 $MgCl_2$ 含量（%）

化物过渡型卤水，中、下部为氯化物型卤水；西部上部为硫酸镁亚型卤水，往下变质程度加深。如图15－57所示，晶间卤水在垂直方向的水质，不仅不同层位有分异现象，即便同一层位也有分异现象。如826孔，KCl含量上下相差18.5倍。从图15－58可看出，Na^+ 含量随深度加大递减，Mg^+、Cl^- 含量随深度加大递增。

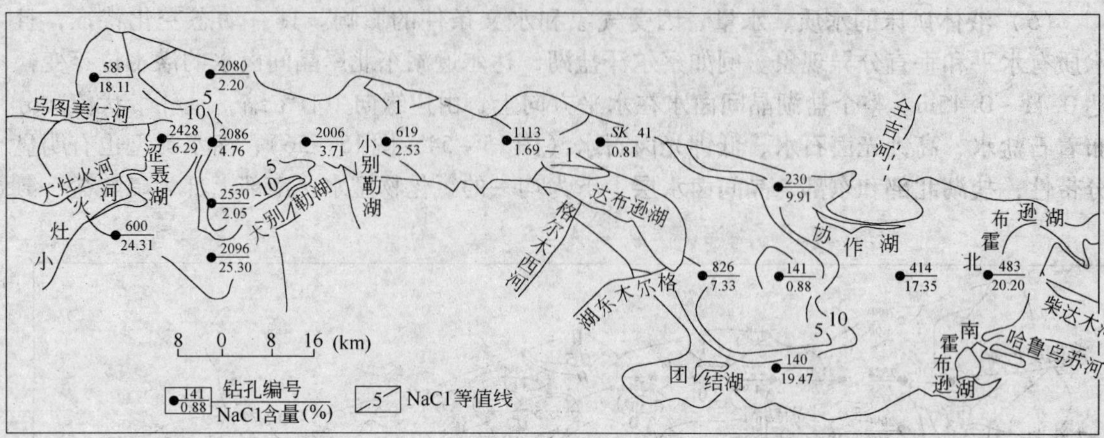

图 15－56　察尔汗盐湖 I_a 层晶间卤水 NaCl 含量平面分布图

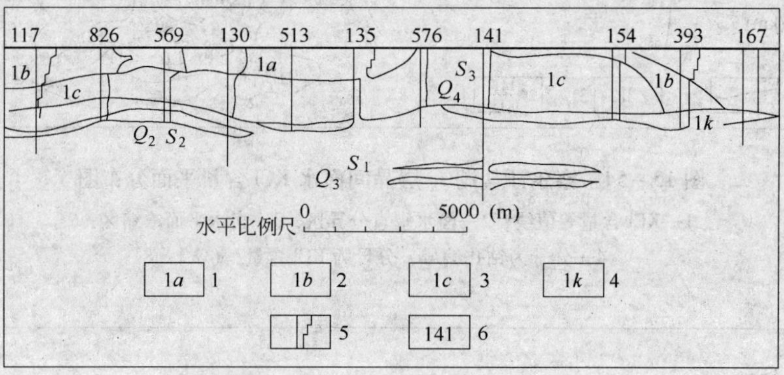

图 15－57　察尔汗盐湖 I_a 晶间卤水 KCl 含量垂直变化图

1—KCl > 1.0% ；2—KCl = 0.5% ~ 1.0% ；3—KCl < 0.5% ；4—KCl < 1.0% ；

5—晶间卤水垂直变化曲线；6—钻孔编号

15.8.1.2　盐湖矿床的开采方法

固体矿床，根据矿石的采出方式和作用原理，开采方法分为直接采出固体矿石的露天法和矿石经固－液转化以液体形态采出的溶解法两类。赋存条件简单，矿石品位高的矿床，用露天法开采；赋存条件复杂，矿石品位低的矿床，利用盐类矿物的易溶性，用溶解法开采。

矿体浅埋、松软、一般有利于开采。使用露天开采时，由于剥离工作量小（或无需剥离），开拓系统简单，回采矿层无需穿孔爆破。因此，采、装、运工具起着最关键的作用。矿床充水、开采工具的问题，又突出地反映在对水的处理上。根据对矿床充水的处理方式，分为预先疏干开采法和不预先疏干开采法，如表 15－26 所示。

液体矿床开采方法，分管井式、渠道式和井渠结合式三种。渠道式开采法只适用于开采水位埋深接近地表，含水层厚度小于 10m 的潜水型含水层；水位埋深大和含水层厚度大的液体矿采用管井或井渠结合式开采法。液体矿床水质的水平分带和垂直分异现象，在开拓系统、采区布置、开采顺序的确定时，必须予以考虑。大规模开采条件下，必须打破

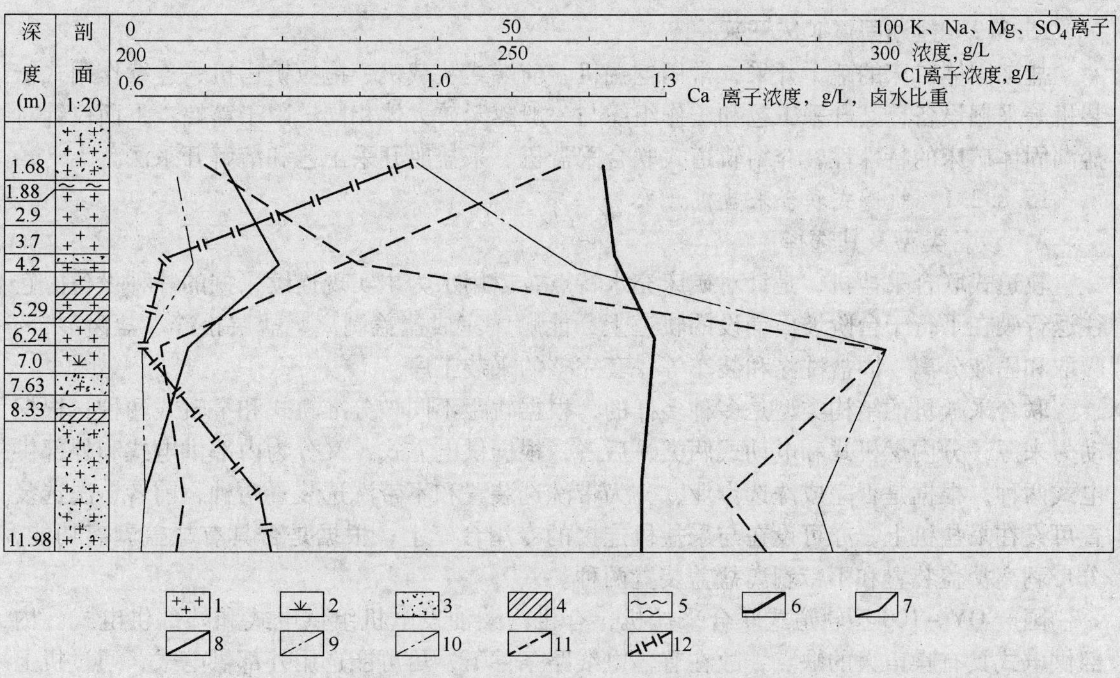

图 15－58 察尔汗盐湖 CK829 孔晶间卤水成分垂直变化

1—石盐；2—光卤石；3—砂；4—黏土；5—淤泥；6—比重曲线；7—K 离子浓度曲线；8—Na 离子浓度曲线；9—Mg 离子浓度曲线；10—SO_4^{2-} 浓度曲线；11—Cl^- 浓度曲线；12—Ca^{2+} 浓度曲线

原始状态下卤水的动态平衡和水化学平衡，由于卤水具有流动性和补偿性，加剧不同性卤水的兑卤析盐。造成地层、采卤构筑物和设备结盐，给卤水的采、输带来困难。因此，水质、水量必须随时监测和预报；固体液－析转化有利有弊，应加以利用和防治。

表 15－26 盐湖固体矿床开采方法

开采方法			开采方法的主要特征	开采方法的适用条件
作用原理及矿石采出方式	对矿床充水的处理	采运机械化方式		
用机械设备直接采出固体矿石的露天开采法	预先疏干	非水力机械化采掘、运输	以防水为主，用适当方法疏干矿床	赋存条件简单，矿石品位高，干湖或水湖，不同水深和厚度的矿床
	不预先疏干	非水力机械化采掘	以防水为主，采掘过程中矿石在机械上进行脱水处理	矿石品位高的浅水薄矿床或干湖矿层表面具有承载能力
		水力机械化采掘	采、运过程以用水为主，水力管道运输时，矿石在管道出口进行脱水处理	中厚以上矿床，干湖或水湖，表面湖水或晶间卤水足够采掘、运输工艺用水
用水或其他溶剂将矿石经固－液转化的溶解开采法	用矿床周边水或湖底承压水作为介质，溶解盐类矿物	用适当类型的泵抽取溶液，渠式或管道运输	就地溶矿，有用元素随溶液抽取，泥、砂等水不溶物就地堆积	赋存条件复杂，矿石品位低，直接开采不能满足加工技术要求，以及常规法无法直接开采的矿床

15.8.2　盐湖固体矿床开采

盐湖固体矿床的疏干开采，常用挖掘机、前端式装载机、拖拉铲运机、连续作用式铲装机等采掘设备，其开采工艺和工作组织与一般露天矿大体相同。限于篇幅，下面仅针对盐湖固体矿床的特殊性，介绍轨道式联合采盐机、采盐船开采工艺和溶解开采法。

15.8.2.1　轨道式联合采盐机开采

A　设备类型及其选择

轨道式联合采盐机，是针对矿床充水特点，以用水为主实现连续采掘的一种设备。它往返行驶在平行于台阶坡面铺设的轨道上，能顺序完成盐盖剥离、盐层松碎、盐卤混合、吸取和固液分离、固盐洗涤和装车等一套完整的采装工序。

联合采盐机的结构类型是多种多样的，根据轨距不同，分准轨式和窄轨式两种；根据动力来源，分内燃机式和电动式两类，后者，根据供电方式，又分为内部供电式和外部供电式两种；根据是否完成洗选作业，分为带洗选装置和不带洗选装置两种，前者，洗选装置可设在采盐机上，亦可设在与采盐机连接的专用台车上；根据是否具有盐盖剥离功能，分带剥离盐盖装置和不带剥离盐盖装置两种。

国产 QY－100 型轨道式联合采盐机，有机内柴油发电机组供电式和外部供电式。内部供电式具有噪声大的缺点，故在有输电线路条件下，尽可能选用外部供电式，通过机上电缆卷筒装置与外部电源接通。图 15－59 所示，是 QY－100－4 型外部供电式采盐机结构图。盐类矿物沉积中受风砂污染，一般含有泥砂，为了保证采出矿物质量，尽可能选用带洗选装置的采盐机。

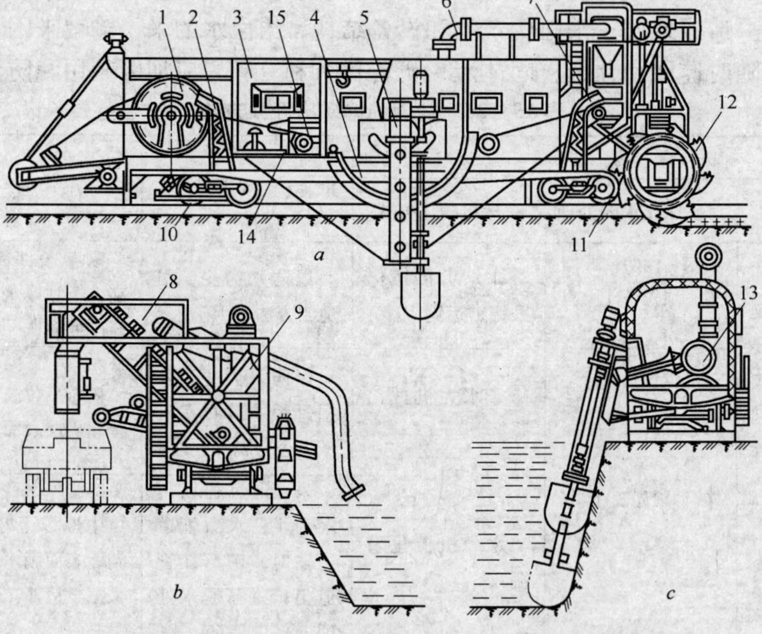

图 15－59　QY－100－4 型联合采盐机

a—侧视图；*b*—后视图；*c*—剖面图

1—电缆卷筒装置；2、7—左右滑轮装置；3—操纵室；4—主车架；5—切盐传动装置；6—管道系统；8—斗式提升机；9—弧形筛；10—行走机构；11—集中润滑装置；12—剥离盐盖装置；13—盐浆泵；14—电气设备；15—提升机

B 联合采盐机开采工艺

开采工艺流程如图15－60所示，包括铺、移轨道，剥离盐盖，盐层采掘，矿石装运等工序。

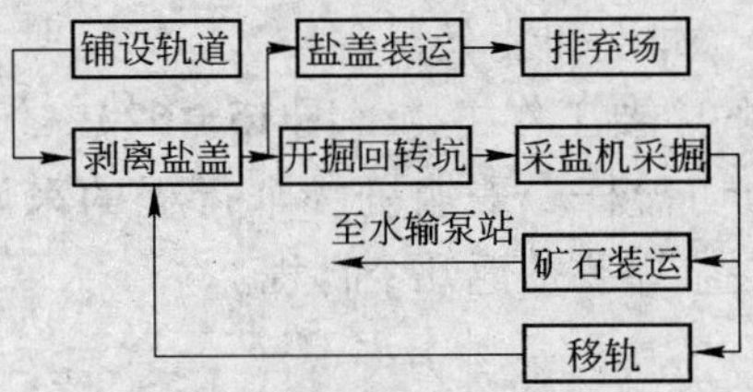

图15－60 开采工艺流程

a 铺、移轨道

采区或开采单元采掘盐层前，先沿其边缘铺设轨道，供采盐机和铁路运输车辆行驶。若与采盐机配合的运输车辆是汽车，只铺一条线路；若是铁路车辆，则要铺两条以上线路，一条作采盐机作业线，其他作车辆装载运输线。

采盐机每采完一个条带（或堑沟），作业线路要相应平移。每次移动距离，视采掘方式而异。条带式采掘时，移距等于切盐器直径（约1m）；堑沟式采掘时，移距等于1.1～1.2m。移轨采用移轨机或拖拉机整体牵引，辅以人工拨直。移轨人员应经常检查道钉，鱼尾板的连接情况和轨距，以保证采盐机安全运行。移轨是当采盐机运行到作业线中部时开始，边移轨，边采掘。

b 剥离盐盖

剥离盐盖的方法有两种：一是推土机聚堆，前端式装载机装车外运；二是直接采用采盐机的剥离盐盖装置（图15－61）剥离。盐盖剥离装置实质上是轮斗式挖掘机；八个铲斗以每分10转挖掘盐盖，倒入收料口，并通过皮带机升运装车外运。工作停止时开动提升机1，把斗轮提离地面。

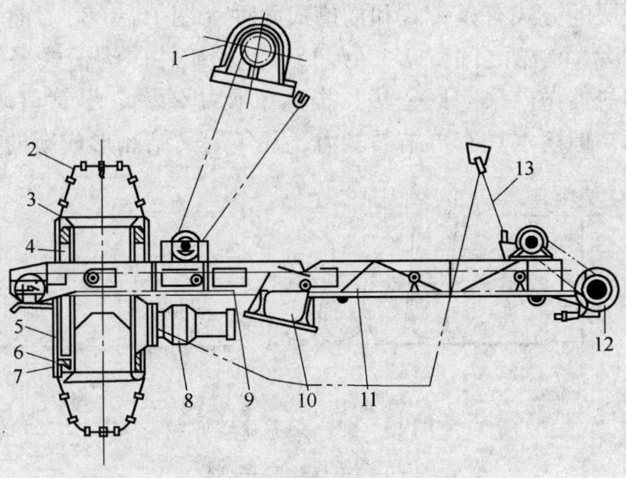

图15－61 剥离盐盖装置

1—提升机；2—斗轮；3—外壳；4—内壳；5—支承板；6—内齿圈；7—尼龙滑块；8—减速器；9—悬臂梁；10—支座；11—托架；12—皮带运输机；13—拉杆

c 采掘盐层

采盐机在轨道上往返行驶采掘盐层的工序包括：（1）切盐器切割松碎盐层，并把固体盐与卤水混合成矿浆；（2）盐浆泵通过吸盐管吸取矿浆；（3）旋流器和弧形筛进行固液分离；（4）固体盐的提升、冲洗和装车。

切盐传动装置是采盐机的主要工作机构（图15－62）。切盐杆有几种长度规格，根据矿层厚度，选用相应长度的切盐杆。采盐机一个行程的采厚等于切盐器长度，一般为0.8～1m。采完一个条带矿层全厚要往返几个行程。

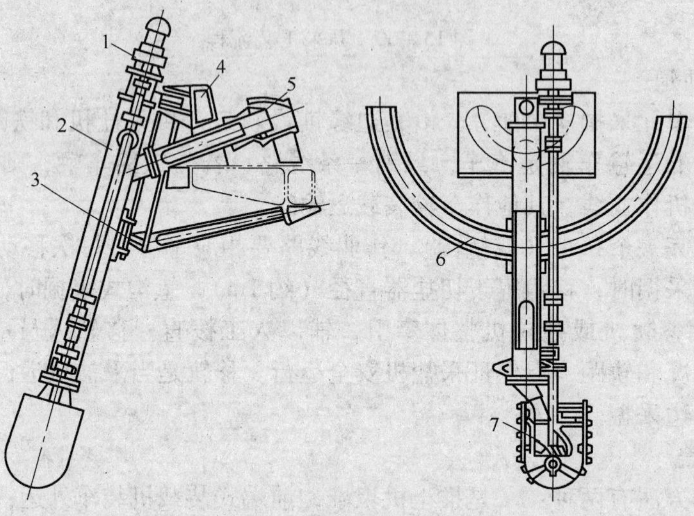

图15－62 切盐传动装置

1—摆线针轮减速器；2—切盐杆；3—卡爪；4—支座；5—球接头；6—半圆挡；7—切盐器（绞刀）

切盐器切割盐层的方式有条带式和沟槽式两种（图15－63）。前者，无间隔矿柱，分条带连续推进；后者，沟槽之间留0.1～0.15m宽的矿柱。沟槽式采掘的优点是松碎固体矿不会被旋转的切盐器抛向采空区一边，提高了吸盐效率。尽管留矿柱使10%～15%的固盐暂时采不出来，但卤水具有再结晶能力，几年后又结晶形成新的盐层供二次开采。

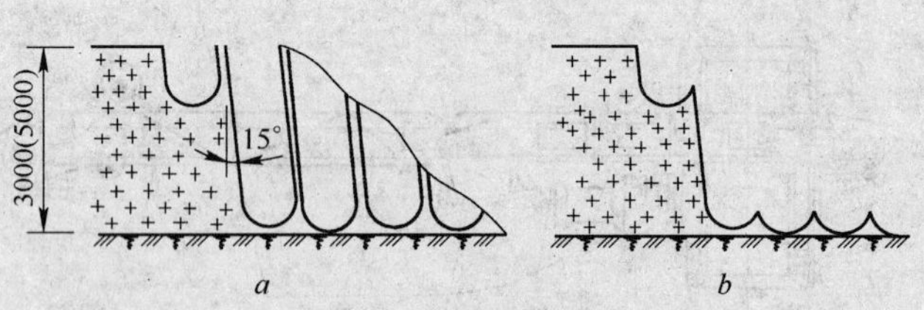

图15－63 采掘盐层方式

a—沟槽式；*b*—条带式

C 采盐机的生产能力

采盐机的技术生产能力，与切盐传动装置参数、盐泵工作状态、采掘宽度、单行程采厚、工作行驶速度有关，用式（15－10）或式（15－11）计算：

$$Q_t = b\delta v_m \gamma_s k_t \qquad (15-10)$$

或

$$Q_t = 3.6b\delta sn\gamma_s k_t \tag{15-11}$$

式中 Q_t ——采盐机技术生产能力，t/h；

b ——采掘带宽度，m；

δ ——单行程采厚，m；

v_m ——工作行驶速度，m/h；

s ——切盐器回转一圈进刀量，mm；

n ——切盐器转速，s^{-1}；

γ_s ——矿石容量，t/m^3；

k_t ——考虑切割、汲取、脱水、冲洗等的损失系数。

采盐机的实际生产能力 Q_p 为：

$$Q_p = Q_t K_p \tag{15-12}$$

式中 K_p ——时间利用系数，$K_p = 0.85 \sim 0.95$；

Q_p ——采盐机实际生产能力，t/h。

提高采盐机的生产能力，应着重从两方面入手：一是切盐器、盐浆泵的正确操作和合理工作状态；二是进行合理的工作组织，加强设备维修保养，提高时间利用系数。

切盐器、盐浆泵参数和工作状态，直接影响采盐机的生产能力。切盐器转速过小，进刀量 s 加大，切下盐的块度大，影响盐浆泵的吸入量：转速过大，会把刀下的盐粒抛向已采区，尤其是反向切割时更甚。因此，设计时应正确地选择采盐机工作行驶速度、切盐器的转速、刀条数和齿数，使切割下来的盐粒均匀，给盐浆泵的正常吸入创造条件。

为了正确选择切盐器的结构参数和工作状态，提出进刀量系数 K_s 的概念：它是切盐器圆周速度 v_r 与采盐机工作行驶速度 v_m 之比。因 v_r 可用切盐器直径 D_r 表征，v_m 可用进刀量 s 表征，故

$$K_s = \frac{1000\pi D_r}{s} \tag{15-13}$$

可见，K_s 实质上是切盐器每转一圈的进刀量。K_s 变动在 52 ~ 105 范围。

D 适用范围

轨道式联合采盐机开采的最大优点是机械化程度高，工人的劳动条件好；同时，采盐过程以卤水为介质进行盐的洗涤，质量得以提高。

轨道铺设在盐矿层表面，要求表面平坦并具有相应的承载能力。卤水水位最好与盐矿层表面一致；水位高出层面，给铺、移轨道造成困难，甚至产生轨道漂浮；电缆在卤水中浸泡，既不安全又易加快老化。水位低于层面太多，第一次采掘卤水量不足，盐浆泵无法正常工作。

盐浆泵设在操纵室，受吸入高度的限制。只能开采大于 1m、小于 6 ~ 8m 的盐矿层。

E 开采实例

我国吉兰太盐湖是一近似椭圆形的层状石盐矿体，面积 37.19km^2。盐层直出露地表，表面近于水平，从中央到边缘高差仅 0.5m。矿层连续，未经受构造变动。盐层内充有大量晶间卤水，水位在层面以下 0.1 ~ 0.2m。盐层表面有厚 0.15 ~ 0.2m 的盐盖，以氯化钠为主，含泥砂较多。盐层厚 2 ~ 5m，平均厚度 2.76m。从实质上看，深 2m 以下含泥砂、

石膏、芒硝及复盐较多。盐层表面承载能力大于0.5MPa，选用轨道式联合采盐机开采。

该湖原生盐采区布置开湖区的中、南和西北部；根据盐层厚度不同，划分成四个采区，32个开采单元。采区与采区间留100m间隔，作为汽车运输道路、铺设管道、建立泵站、架设输电线路、挖回卤沟之用。采区长度约3000m，采区宽度等于开采单元长度，根据电缆卷筒容缆量和汽车有效运距定为1100~1300m。开采单元宽度根据服务年限和管道延伸距离确定。计划四台采盐机分布在两个相邻采区四个开采单元内同时开采（图15-64）。每四个开采单元可供开采两年。

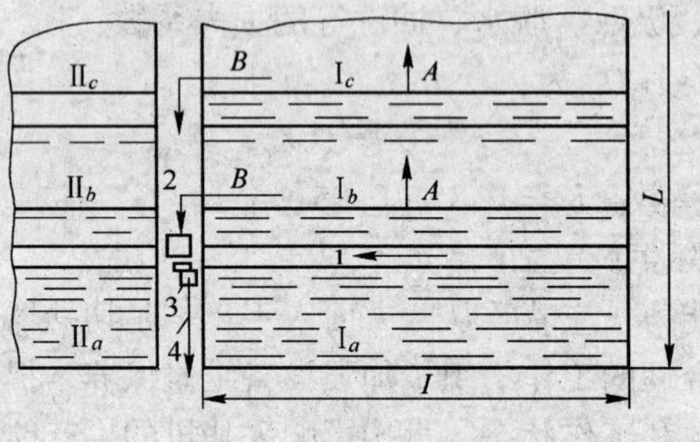

图15-64　采区和开采单元划分

Ⅰ、Ⅱ—采区；Ⅰa~c、Ⅱa~c—开采单元；A—采掘推进方向；B—汽车运输方向；
1—采盐机退车道；2—喂（吸）矿坑；3—泵房；4—至脱水站管线

采掘盐层选用QY-100-4型联合采盐机，主要技术经济指标列于表15-27。运盐选用解放牌3.5t自卸汽车，它把盐运出采区卸入矿浆池，用射流加料喂矿，通过压力管道输运到脱水站，经振动筛脱水处理后，粗粒盐用带式输送机运往堆场用堆坨机堆。筛下物送到粉盐回收池，卤水经管道返回到矿浆池。

15.8.2.2　采盐船开采

A　采盐船类型及其选择

根据采掘机构工作原理，采盐船有吸扬式、链斗式、铲扬式和抓斗式等类型（图15-65）。盐湖固体矿床或为地表卤水覆盖，或其晶间充以卤水，一般能满足采掘工艺用水要求，故多选用吸扬式采盐船，以水为介质实现盐类矿石的采掘和输送。根据矿层的软硬，吸扬式采盐船选用不同类型的松矿装置，如绞刀式、螺旋聚矿式、链齿式、轮斗式和水力冲采式等。

采盐船的工作迁移方式有桩式（迈步式）、锚式（牵引式）。近年来，在盐湖采矿中又研制成浮动与履带行走相结合的采盐船。

当矿层底板下无承压水，或虽有承压水但隔水层较厚，开采时不会因承压水顶托破坏矿床，可选用桩式迁移采盐船；当矿层下部有承压水，不允许矿层底板有破坏时，采用锚式迁移或履带行走式采盐船。

吸扬式采盐船是开采充水盐湖矿床最有发展前途的采掘设备。中国、苏联、以色列、约旦等国家，用采盐船开采盐湖固体矿床，都积累了宝贵的经验。

B　开采工艺

a　工艺方式及其适用条件

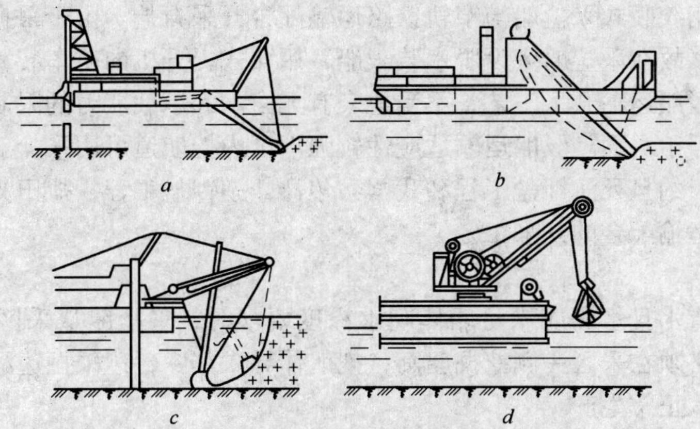

图 15－65　不同采掘机构采盐船示意图

a—吸扬式；*b*—链斗式；*c*—铲扬式；*d*—抓斗式

表 15－27　QY－100－4 型联合采盐机技术性能

指　标　名　称	技术规格	指　标　名　称	技术规格
生产能力（t/h）	100	斗式提升机：	
最大采掘深度（m）	3～5	提升能力（t/h）	120
采掘行驶速度（m/h）	60、120	倾角（°）	45
切盐传动装置：		电机功率（kW）	10
切盐器直径（mm）	1000	清水泵：	
切盐器转速（s^{-1}）	0.50	流量（m^3/s）	0.54
电机功率（kW）	22	扬程（水柱）（m）	33.9
盐浆泵：		提升机：	
流量（m^3/h）	670	提升机台数	2
扬程（水柱）（m）	11	额定拉力（kg）	50
最大吸入高度（水柱）（m）	5.5	提升速度（m/min）	1.5
转速（s^{-1}）	7	电机功率（kW）	2.1
效率（%）	50～60	剥离盐盖装置：	
电机功率（kW）	55	轮斗直径（mm）	2800
电缆卷筒装置：		轮斗转速（r/min）	10
电缆规格（CHR）（mm^2）	3×9.5	剥离行驶速度（m/h）	120
卷缆层数	2	剥离能力（t/h）	80
卷缆速度（m/min）	1、2	电机功率（kW）	2.2
电机功率（kW）	1	真空泵（5ZB－4）：	
行走装置：		排气量（l/s）	41
轨距（mm）	1435	电机功率（kW）	1.7
车轮直径（mm）	840	水箱容积（m^3）	1
电机功率（kW）	9	机器自重（t）	70

根据与采盐船配合的运输设备类型及配合关系，有四种工艺方案可供选择：

（1）采盐船采掘—汽车运输开采工艺；

（2）采盐船采掘—铁路运输开采工艺；

（3）采盐船采掘—管道运输开采工艺；

（4）采盐船采掘—驳船运输开采工艺。

汽车或铁路运输开采工艺，适用于干涸盐湖，矿层表面无卤水，平坦且能承载运输车辆。如茶卡盐湖用绞吸式采盐船与窄轨铁路运输配合开采石盐。由于采掘是连续作业，运输是间断式设备，故在采盐船旁设脱水装载船，用斗式提升机向矿车装载。

水力管道或驳船运输开采工艺，不受地表有无卤水和承载能力的限制。管道可敷设于矿层表面，亦可浮于水面。驳船运输适应性较强湖区内挖航道可用采盐船。开拓过程本身也是个采矿过程。约旦死海钾盐工程和我国察尔汗盐湖钾盐工程，盐田光卤石矿开采均采用采盐船与管道运输配合的开采工艺。

b　船采工艺

当矿层表面有水且水深能满足船体吃水深度要求时，采盐船从采区一侧直接开始采掘。干涸盐湖，必须在采区一侧挖掘船窝，把船体导入其中，边采掘边移动，直到挖至设计开采深度后投入正常生产。

采盐船采掘盐层的方式有直挖法和横挖法两种。前者适于开采松软薄矿层，直线推进，一次采全厚。横挖法适于开采中厚以上矿体，沿采区长度方向分为许多条带，以桩或主（尾）锚为摆动中心，实现船体的工作迁移。

横挖法的作业方式有中间切入分双层和边线切入分单层两种。图 15－66 所示，是中间切入分双层采掘作业方式。当矿层厚度大，绞刀左右摆动几个往返才能采到底板时，为减少开采损失和超深采掘，应减小最下部一个分层的采厚，使底部残留矿柱尽可能少些。

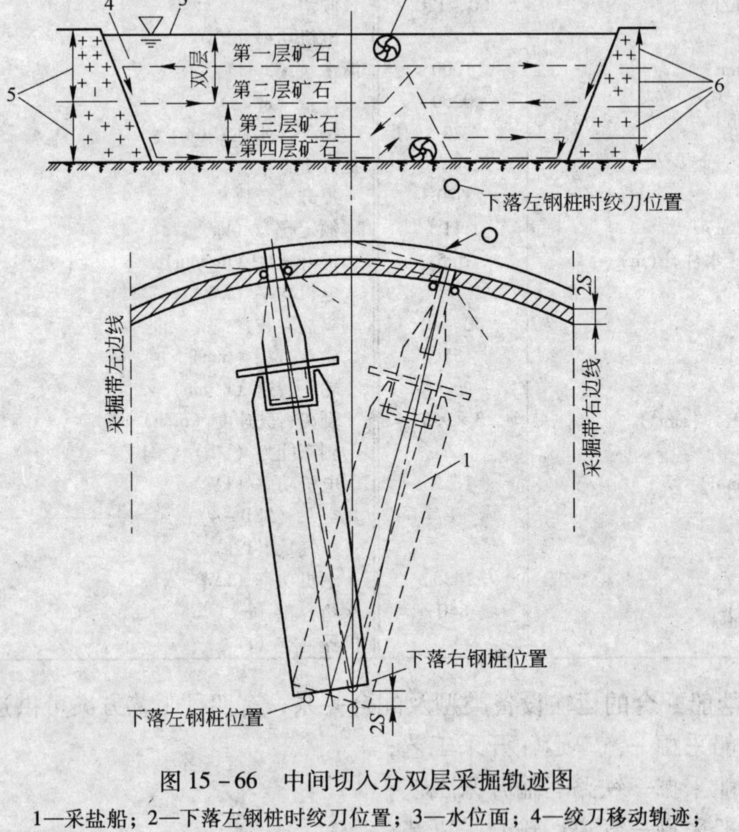

图 15－66　中间切入分双层采掘轨迹图

1—采盐船；2—下落左钢桩时绞刀位置；3—水位面；4—绞刀移动轨迹；

5——次往返摆动采厚；6—分层采厚

图 15－67 所示为边线切入分单层采掘作业方式。它的优点是操作方便，不易混乱。主要缺点是始、末有重复挖掘现象。

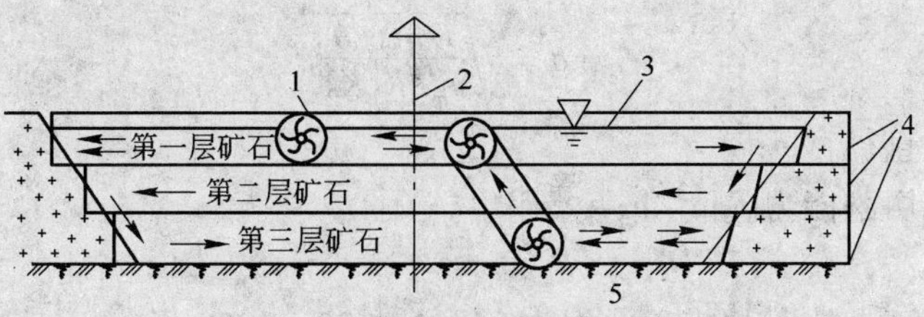

图 15－67 边线切入分单层采掘轨迹图

1—下主桩时绞刀位置；2—采掘带中心线；3—水位面；4—分层厚度；5—下副桩时绞刀位置

C 主要技术参数

a 桩式迁移采盐船的移动步距

桩式迁移采盐船是迈步式前移，如图 15－68 所示，移动步距 s 由式（15－14）求得：

$$s = 2b\frac{B}{L_1} \tag{15-14}$$

式中 s——移动步距，m。

移动步距的最佳值，与矿层力学性质及绞刀结构有关，若绞刀架与水平成 45°角，绞刀长度与直径相等，则，

$$s = \sqrt{2}d \tag{15-15}$$

这样求得的 s 值，对松软和密实矿层的采掘都适用。但有高度为 h 的残留矿柱采不出来，成为回采损失。

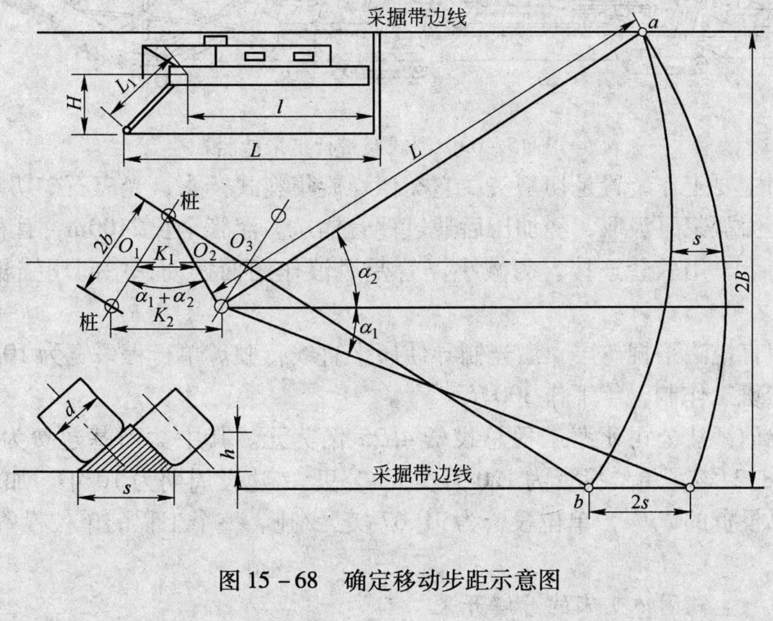

图 15－68 确定移动步距示意图

b　绞刀的主要尺度

绞刀的主要尺度是指直径和长度。长度 L 可通过直径 d 表示，$L=\xi d$。一般开式绞刀 $\xi\approx1.0\sim1.3$；闭式绞刀 $\xi=0.7\sim1.0$。绞刀直径由式（15－16）确定：

$$d=\sqrt{\frac{Q\eta\cos\theta}{v_m\xi K_1K_2}} \tag{15-16}$$

式中　d——绞刀直径，m；

Q——绞刀切割能力，m^3/h；

η——效率；

θ——绞刀摆动轨距与横移缆绳夹角，$\theta=30°\sim40°$；

v_m——绞刀横移速度，m/h；

K_1——前移步距影响系数，$K_1=0.3\sim1.0$；

K_2——系数，取 $K_2=0.4\sim1.0$。

D　开采实例

阿拉伯钾盐有限股份公司，在死海东南岸建设120万吨氯化钾厂。抽取死海卤水经盐田日晒光卤石矿，用以生产氯化钾。盐田灌卤深度1m，采收光卤石层厚0.3～0.5m。

光卤石采收用美国汉森公司制浮式履带行走采盐船（图15－69）。该机机体是一个箱形驳船，承载着机上绝大部分设备重量。行走装置由四条履带组成，履带架的升降由液压油缸控制，并可调节其接地压力小于0.05MPa。工作行驶速度0～222m/h，根据输送矿浆流量计和密度计的读数指示，经控制阀调节行驶速度，以满足对矿浆流量和浓度要求。

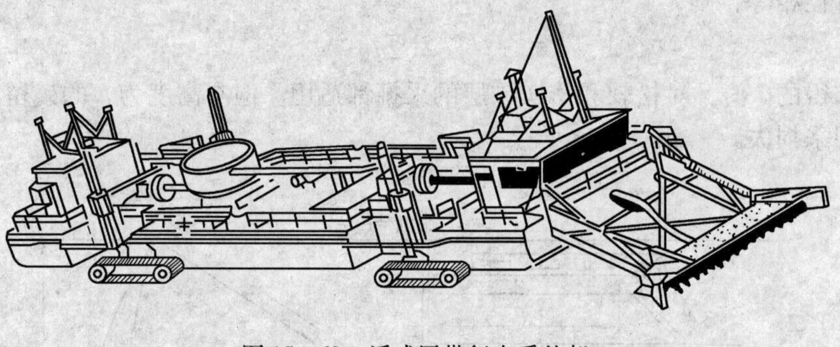

图15－69　浮式履带行走采盐船

采盐船的主要工作装置是切割头。它类似螺旋集料式铲头，光卤石矿切割松散后聚集到铲头中部，由盐浆泵汲取，经加压后通过浮管输送。浮管全长2100m，管径300mm，浮管支持在浮筒上，用软管连接。为减小浮管受风浪作用而摆动，中间用锚稳定浮管的位置。

采盐船用直挖法采掘矿层，激光制导使履带直线行驶。单行程采宽为10m，生产能力为310t/h。三班工作制，年工作300天。

约旦阿拉伯钾盐公司死海工程总投资4.25亿美元。其中盐田基建费为1.2亿美元，占总投资的28.24%，单位投资为120万美元/公里²，建设周期为10年。加工厂投资1.1亿美元，占总投资的26%，单位投资为91.67美元/吨。整个工程的单位投资为354美元/吨。

15.8.2.3　盐湖固体矿床的溶解开采

盐湖固体矿床天然沉积旋回中受风积泥砂污染。采出矿石一般要经溶解、净化、物理分选和化学加工。利用盐类矿物易溶于水的特点，对赋存条件复杂、品位低的矿床，采用溶解法开采，把采矿和加工结合起来，显然在经济上是合理的。有关溶解开采原理及工艺技术本节前部已有专门论述，这里仅结合盐湖矿床特点，简要介绍开采实例和发展前景。

A 溶解开采实践

盐湖固体矿床出露地表或浅埋，根据布液、集液方式及手段，有漫流溶采、集液沟溶采、钻孔和射流穿孔注液溶采几种方式。

a 地表漫流布液溶采实例

地表布液溶采，溶剂可用大气降水，盐湖周边或湖底低矿化水。

实例 1 内蒙额吉淖尔盐湖天然沉积一层石盐矿，因受风砂污染含大量泥砂，直接开采，盐质差不能食用。每年雨季利用大气直接降水和草原水汇入盐湖，漫流溶解表层石盐，经日晒蒸发再结晶，析出一层厚约 10cm 的洁白石盐。先用齿式松矿机松碎，归垅机归垅[36]，然后用连续式铲装机铲装，拖拉机牵引拖车把盐运出湖外堆坨。

实例 2 墨西哥卡门岛中间有一干涸盐湖，面积约 $3km^2$，盐层厚 3m，含不溶物达 8% ~10%。该地区年蒸发量大于 25000mm，蒸发条件好。利用明渠把海水引入盐湖溶解盐层，溶液达饱和后渗入盐井，用泵汲取，通过管道输送到盐田日晒，获得高纯度的石盐产品，年采收石盐 8 万 ~15 万吨。

b 沟槽集液溶采实例

新疆七角井盐湖，上部石盐层出露地表，厚约 1 ~2m。盐层除含泥砂等不溶物外，还发育有泥垄、泥柱（图 15 –70）。泥垄长度一般 2 ~10m，最长达几十米，宽一般小于 1m，厚度一般 0.1 ~0.3m，垄间距 3 ~5m。泥柱呈透镜状或不规则状。

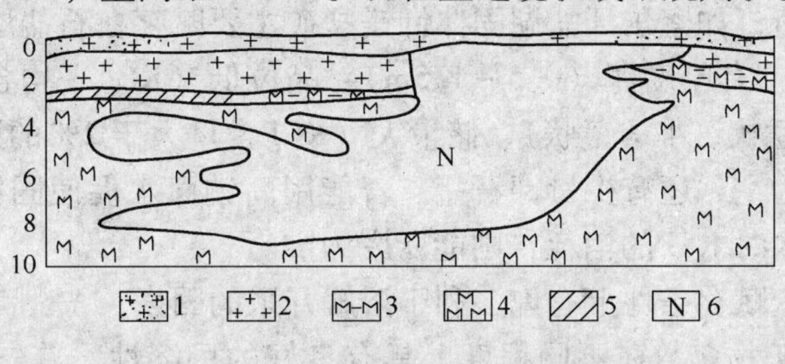

图 15 –70 不规则状泥柱示意图

1—盐壳；2—石盐层；3—无水芒硝层；4—芒硝层；5—黏土层；6—泥柱

盐层最初用沟槽采挖。沟内卤水洗盐。由于大量挖掘沟槽，天然蒸发，卤水位下至底板，无法直接采固体盐，故改用沟槽溶解开采。打井把湖区外地下承压淡水通过沟渠引流入湖，灌入沟中，灌水深度 0.2 ~0.3m，溶解沟底和两侧盐层，卤水达饱和后就地蒸发结晶，析出洁白石盐，然后用人工开采，就地装袋堆存外销。

c 热液射流穿孔溶采实例

加拿大麦地斯科湖面积 $1.64km^2$，芒硝矿层厚最大达 9 ~17m，硫酸钠储量 350 万 t。矿体含 15% ~50% 以上有机质、黏土和砂的混合物，与芒硝矿互为夹层[37]。

该湖芒硝矿原为季节性表层溶采，冷冻析出芒硝。因溶液浓度低。卤量及冷冻析出芒硝量不能满足生产用矿，矿体含不溶物，芒硝溶解后，残留泥砂覆盖被溶面，妨碍继续溶解，故改为热液射流穿孔溶解开采。

热溶开采工艺如图15－71所示。湖内抽出卤水配以加工厂返回母液。经加热器加热到37.8℃，输送到湖区汇水槽，槽上根据需要均匀布置出口，接上带喷嘴的软管，借射流冲刷和溶解作用很快插入矿层底部，形成溶孔。然后从底部逐渐溶解扩大。在矿层含矿高的地段，每小时能冲、溶5m深。由于溶解是自下而上进行，泥砂沉积到底板，克服了表面布液溶采的缺点。洁净卤水自上部抽取。

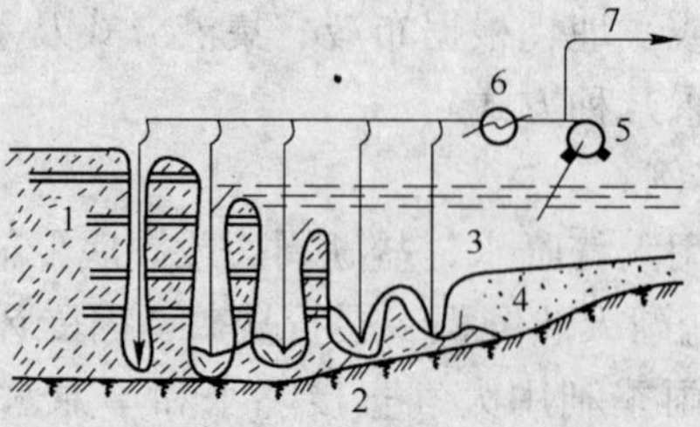

图15－71　芒硝热液射孔溶采工艺

1—芒硝、泥砂互层；2—黏土、砂底板；3—卤水；4—残留泥砂；5—泵；6—加热器；7—至加工厂管道

B　盐湖矿床溶解开采评价

首先，从技术的难易程度和经济的合理性看，矿体厚度大、埋藏深的充水矿床，用常规的或疏干开采不仅工程量大，而且很难直接采掘，显然，溶解开采在技术和经济上是合理的。

泥垄、泥柱充填的矿层，与泥砂成互层的薄矿层，一般机械无法选别开采，只能用溶解法开采。

矿体呈鸡窝状、扁豆状零星分布，且矿石品位低；或与其他矿物伴生，品位低、储量大，无直接开采价值，如察尔汗盐湖固体钾镁盐矿主要赋存在石盐层中，自下而上划分为$K_1 \sim K_7$七个层次，且有厚度薄（0.5～1.5m）、品位低（KCl平均含量2.47%）、形态复杂（呈似层状、扁豆状、小透镜状）、储量大（KCl含量大于2%的达一亿多吨）的特点，含钾矿物以光卤石为主，还有少量钾石盐。若能用高钠卤水促使固体光卤石向液相转化，以补充开采晶间卤水时KCl的消耗，则能变废为宝。

其次，盐湖矿床赋存条件上有许多利于溶解开采的因素：

（1）盐湖盐类矿物多数在不同程度上具有良好的可溶性。首先是水的易溶盐，常温下饱和溶液的浓度约大于17%，如石盐、钾石盐、光卤石、水氯镁石、芒硝、天然碱等；其次是热水易溶盐，热水中溶解度显著提高，如天然碱、芒硝、硼砂等；还有些是酸、碱液可溶盐，如石膏、钠硼解石、柱硼镁石、水方硼石等。

（2）水是溶解开采的基本“工具”。盐湖所处闭流盆地的汇水面积常比盐湖本身面积大几十至几百倍，周围高山积雪融水为盐湖盆地提供充足水源。一般盐湖周边和底部赋存低矿化度水，为溶解开采提供了必要条件。

（3）盐湖地处干旱地区，具有良好的蒸发和冷冻条件，通过盐田充分利用太阳能，实现液－固转化和产品加工是比较经济的。

15.8.3　盐湖液体矿床开采

15.8.3.1　采区划分

采区划分主要取决于工业储量分布、矿床赋存条件、水化学类型和水质分布特征，并与开采规模、对水质要求、工程地质和水文地质条件有关。

矿床赋存条件和工业储量是采区划分的基础。它决定采区大小、开采规模和服务年限。首采区应选择在勘探程度高、工业储量大、品位高、赋存条件好、水量充足的丰水地段。

矿床水化学类型及其水质空间分布对采区划分起支配作用。同一盐湖，不同地段水化学类型和水质不同时，应分别规划采区，若矿体为有害水体分隔，则必须分区开采。开采设计中，对有害水体的迁移速度和迁移量，应进行预测计算，并采取防治措施。

同一水化学类型卤水，化学成分相对稳定，开采中水质指标波动不大，根据开采规模，应尽量划归一个采区，以保证盐田工艺或加工工艺控制条件的稳定性。

水位埋深和含水层厚度，也是采区划分的重要条件；含水层厚度和埋深相同的地段，应尽量划归一个采区，以便采用同类采卤构筑物和设备，方便管理。

15.8.3.2 采卤构筑物及其选择

采卤方法，包括合理地布置开采系统和有效地实现开采工艺。开采系统，决定于开采工作的进行顺序；开采工艺、由一系列工序组成；其中，基本工序是采卤和输卤。不同的采卤方法，采用不同的采卤、输卤构筑物及相应设施（表 15－28），根据矿床地质条件，水文地质条件和开采规模选择。

地下水位浅但含水层厚度大于 10m，或含水层水位埋深在 10m 以下时，多选用管井开采，用深井泵抽卤。水位埋藏浅，含水层水量丰富，透水性良好，厚度大于 3m 时，可选用大口井开采。含水层透水性差时，可考虑选用辐射井。

地下卤水水位埋深接近地表，含水层厚度小于 10m 时采用渠道开采。含水层厚度小于 5m 宜采用完整渠，大于 5m 可采用非完整渠、井渠结合开采，一般以渠作为集卤构筑物，井作为取卤构筑物。图 15－72 所示为几种典型的开采地下卤水的采卤布置系统。

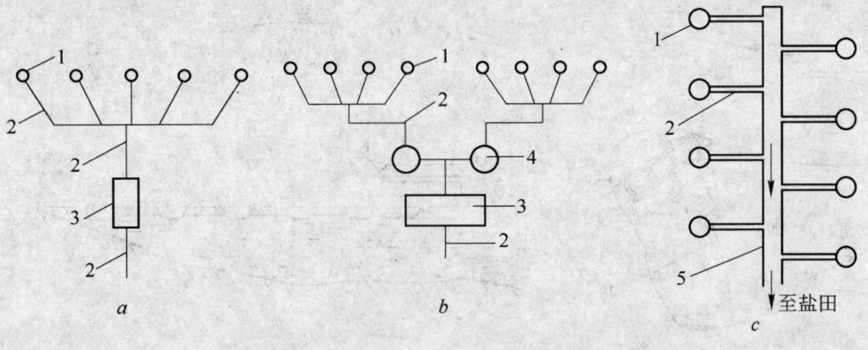

图 15－72 开采地下卤水的几种采卤布置系统

a—排式井群布置系统；*b*—排式井群组布置系统；*c*—井渠结合采卤布罩系统

1—采卤井；2—压力管道；3—泵站；4—集卤池；5—渠道

地表卤水开采，一般采用固定式或囤船式（浮式）取卤构筑物。图 15－73 所示，是开采地表卤水的几种典型采卤布置系统。斜槽式采卤布置系统 *a*，适用于湖水浅，用修筑斜槽来加深湖底，建固定式泵站抽卤，吉林省大布苏碱湖湖水的开采就是用这种布置系统。引水渠采卤布置系统 *b*，适用于卤水不饱和，通过渠道蒸发浓缩达饱和后再供入盐田。拦坝式采卤布置系统 *c*，适用于湖底有淤泥，能筑坝分隔湖湾建造盐田。囤船式采卤

系统 d，适用于湖底不能建造泵站，湖水水位变幅大的条件。用囤船使泵的吸入高度恒定，不受湖水涨落影响。

表 15－28　开采方法及采、输卤构筑物

矿床类型	开采方法	集、取卤构筑物		泵站形式	输卤构筑物	防结盐设施
地下卤水	井式开采法	管井	完整管井 非完整管井	固定式泵站	各种材质管道；各种材质高低位渠道；渠道和管道混合输卤	抽、输饱和卤水用加淡水防结盐
		大口井	完整大口井 非完整大口井 辐射井	固定式泵站		
	渠式开采法	沟渠	完整渠非完整渠	固定式或囤船式		抽取饱和卤水在吸入口加淡水，渠壁结盐机械清理
	井－渠混合开采法	大口井和沟渠	完整井＋非完整渠（集卤） 非完整井＋非完整渠	固定式或囤船式		
地表卤水	固定式取卤构筑物开采			固定式泵站		抽取饱和卤水在吸入口加淡水，渠壁结盐机械清理
	囤船式取卤构筑物开采			囤船式泵站		

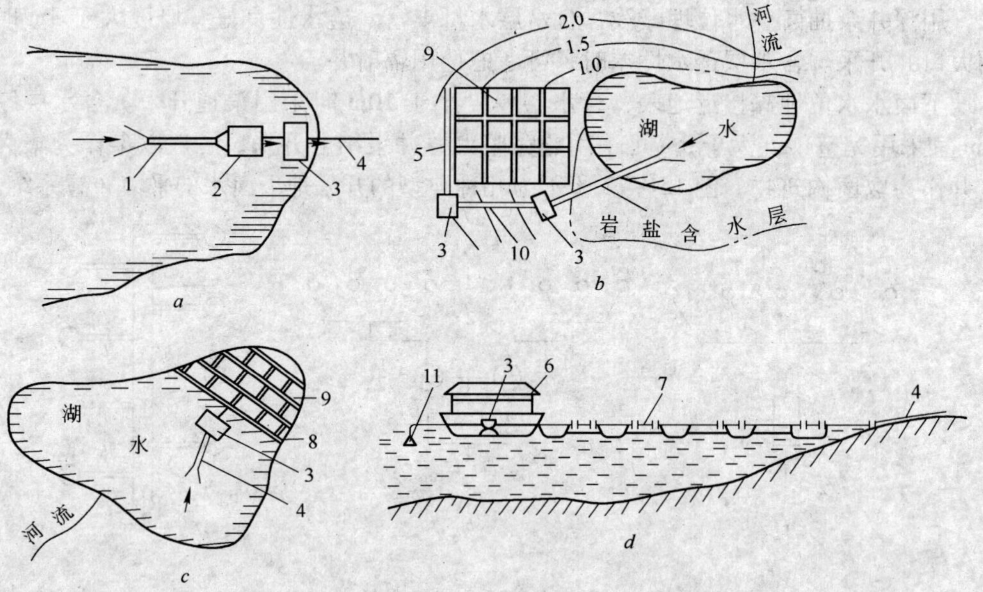

图 15－73　开采地表卤水的几种采卤布置系统

a—斜槽式采卤布置系统；b—引水渠采卤布置系统；c—拦坝式采卤布置系统；d—囤船式采卤布置系统

1—引水斜槽；2—集卤井；3—泵站；4—输卤管；5—贮卤渠；6—囤船；7—浮管；8—隔坝；9—盐田；10—渠道；11—吸卤管

15.8.3.3　基本工艺参数的确定

A　涌水量计算

不同采卤构筑物涌水量如表 15－29 所列。

B 管井结构参数的确定

a 过滤器长度

过滤器长度根据含卤层厚度、涌水量大小及卤水化学组分垂直分布特征确定。当含卤层厚度不大，垂直方向卤水水质变化均匀时，过滤器长度等于含卤层厚度；当卤水化学组分有垂直分异时，以满足水质要求为前提，根据兑卤计算确定其长度[36]。但是应该注意，井内不同部位涌水的兑卤混合随时间变化，加之兑卤产生液－固转化，水质变化就更为复杂。因此，除兑卤计算确定过滤器长度外，还应做到现场试验。

b 过滤器有效孔隙率

过滤器的类型很多，盐湖卤水开采多采用缠丝和包网过滤器。

它们的有效孔隙率按式（15－17）计算：

$$P=\rho\cdot\mu \tag{15-17}$$

式中 μ——含水层给水度；

ρ——过滤器骨架孔隙率。

$$包网骨架：\rho=\left(1-\frac{d_1}{m_1}\right)\times n$$

$$丝骨架：\rho=\left(1-\frac{d_1}{m_1}\right)\left(1-\frac{d_2}{m_2}\right)$$

式中 d_1、d_2——垫筋宽度和缠丝直径；

m_1、m_2——垫筋中心距和相邻缠丝中心距；

n——包网孔隙率。

15.8.3.4 液－固转化的利用和防治

开采条件下，地下卤水渗流场、水化学场、热力学条件均发生变化，液、固体间的平衡关系受到破坏，要建立新的平衡，就产生溶盐和析盐的液－固转化。

液－固转化在液体矿开采中有十分重要的意义。因为每个盐湖卤水都有特定的水化学类型和水盐体系特征。通过相图分析，可掌握一定条件下卤水的蒸发析盐规律，从而可按卤水的析盐阶段确定矿床的水化学和水质分区；确定矿床储量和水质指标，达到合理开发利用目的。对开采中的设备和地层结盐也可预先加以防治。

A 晶间卤水水质指标的确定

以察尔汗盐湖察尔汗区段的卤水为例分析如下：统计察尔汗区段晶间卤水的水化学分析资料，绘于 K^+、Na^+、Mg^{2+}/Cl^-—H_2O 四元体系 25℃相图上，所有点都位于 NaCl 相区（图 15－74）。由图可知，任何一点做等温蒸发，在达到 NaCl 与 KCl、KCl、$MgCl_2\cdot6H_2O$、$MgCl_2\cdot6H_2O$ 共饱和线之前，$\frac{MgCl_2}{KCl}$的比值是恒定的，因此它对衡量卤水水质具有重要意义。根据统计分析，卤水比重增大，$\frac{MgCl_2}{KCl}$值增大，在相图上位置升高。按含水层给水度、含水体积把卤水成分进行不同浓度界限的兑卤混合，新的组成点标在图上，如 P_1 是全区段卤水兑卤后的组成点；P_2 是比重大于 1.2 卤水兑卤后的组成点；根据计算，$\frac{MgCl_2}{KCl}<30$ 的卤水占总量的 66% 以上。从采矿角度确定矿床的储量

表 15-29 不同采卤构筑物用水量计算[36]

采卤构筑物		含水层类型	计算公式	适用条件	图形	备注
管井	完整井	非承压含水层	$Q=\frac{\pi K(2H-s)s}{\ln R-\ln r_0}$ $Q=\frac{1.366K(2H-s)s}{\lg R-\lg r_0}$	开采中不稳定流动过程缓慢，有限时段内水流运动要素变幅微小，认为处于相对稳定流状态	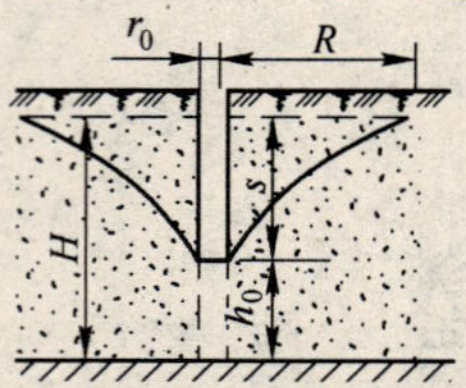	K—渗透系数 $\alpha=\frac{l}{M}$ $A=f(\alpha)$ α / A：0.05 / 3.52；0.1 / 2.8；0.2 / 2.2；0.3 / 1.8；0.4 / 1.6；0.5 / 1.3；0.6 / 1.1；0.7 / 0.8；0.8 / 0.6；0.9 / 0.4；1.0 / 0.0 引用半径计算： $\frac{L}{B}<3$ 时，$R_i=\sqrt{\frac{LB}{\pi}}$ $\frac{L}{B}>2$ 时，$R_i=\frac{P}{2\pi}$ P—渠的周长渠近似椭圆时
		承压含水层	$Q=\frac{2\pi KMs}{\ln R-\ln r_0}$ $Q=\frac{2.73KMs}{\lg R-\lg r_0}$		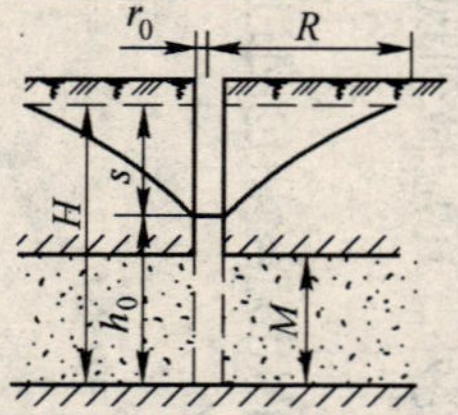	
大口井	井底进水非完整井	非承压含水层	$Q=4Ksr_0$ $Q=\frac{2\pi Ksr_0}{\frac{\pi}{2}+\frac{r_0}{h}\left(1+1.185\lg\frac{R}{4H}\right)}$ $Q=\frac{2\pi Ksr_0}{\frac{\pi}{2}+2\arcsin\frac{r}{m+\sqrt{m^2+r_0^2}}+1.85\frac{r}{h}\lg\frac{R}{4H}}$	$h\geqslant(8\sim10)r_0$ $h>2r_0$ $r_0<h<2r_0$	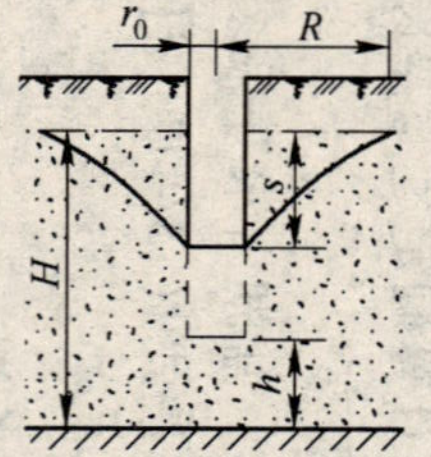	
	井底进水非完整井	承压含水层	$Q=4\pi Ksr_0$ $Q=\frac{2\pi Ksr_0}{\frac{\pi}{2}+\frac{r}{M}\left(1+1.185\lg\frac{R}{4M}\right)}$ $Q=\frac{2\pi Ksr_0}{\frac{\pi}{2}+2\arcsin\frac{r_0}{M+\sqrt{M^2+r_0^2}}+1.185\frac{r_0}{M}\lg\frac{R}{4M}}$	$M\geqslant(8\sim10)r_0$ $8r_0>M\geqslant2r_0$ $M<2r_0$	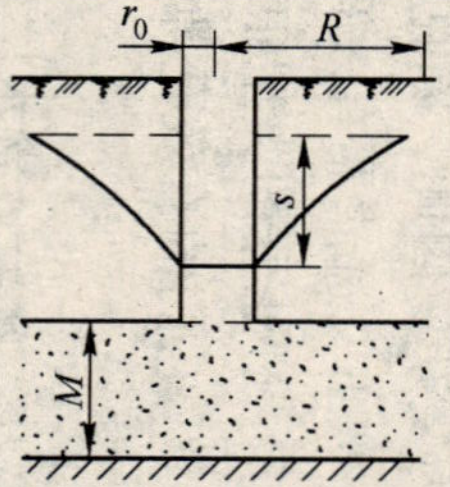	

续表 15－29

采卤构筑物		含水层类型	计算公式	适用条件	图形	备注
大口井	井壁进水完整井	非承压含水层	$Q=1.366K\frac{(2H-s)\ s}{\lg R-\lg r_0}$	开采中不稳定流动过程缓慢，有限时段内水流运动要素变幅微小，认为处于相对稳定流状态	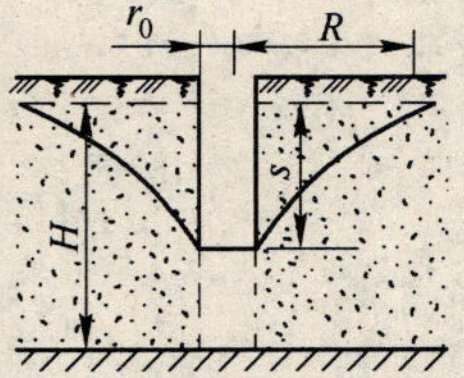	$R_i=\frac{D_1+D_2}{4}$ D_1、D_2—椭圆的长、短轴 渠为矩形时， $R_i=a\frac{L+B}{4}$ B/L：0.1，a：1.0 B/L：0.2，a：1.12 B/L：0.4，a：1.14 B/L：0.6，a：1.16 B/L：0.8，a：1.18 B/L：1.0，a：1.18
		承压含水层	$Q=2.73\frac{KMs}{\lg R-\lg r_0}$ $Q=1.366K\frac{2MH-M^2-h_0}{\lg R-\lg r_0}$	$h_0>M$ $h_0<M$	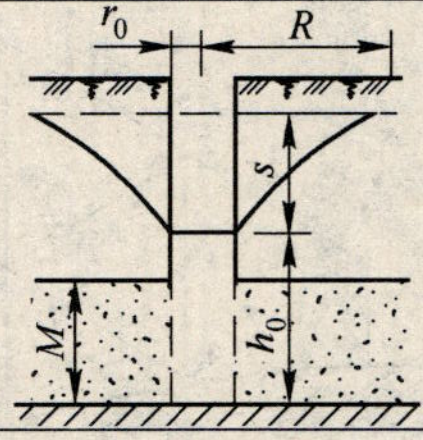	
	井壁井底同时进水非完整井	非承压含水层	$Q=1.366K\frac{(2h''-s)\ s}{\lg R-\lg r_0}+4Ksr_0$ $Q=\pi Ks\left[\frac{2h''-s}{2.3\lg\frac{R}{r_0}}+\frac{2r_0}{\frac{\pi}{2}+\frac{r_0}{h'}\left(1+1.185\lg\frac{R}{4h'}\right)}\right]$	含水层较厚 h' 较大时 含水层较薄 h' 较小时	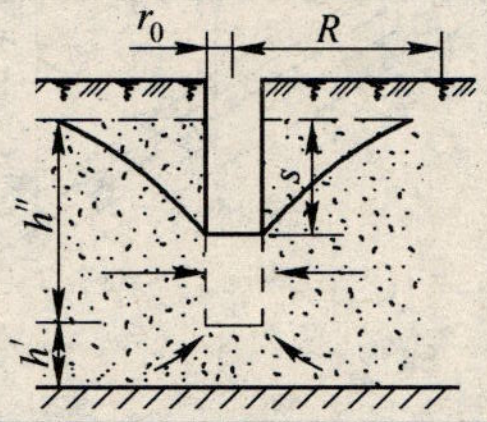	
		承压含水层	$Q=\frac{2.73KLs}{\lg 1.6L-\lg r_0}+4Ksr_0$ $Q=\frac{2.73KMs}{\frac{1}{2d}\left(2\lg\frac{4M}{r_0}-A\right)-\lg\frac{4M}{R}}+\frac{4\pi KMs}{\pi\left(\frac{M}{r_0}-1\right)+2\lg\sqrt{\frac{1.6R}{r_0}}}$	$L<0.3M$ $L>0.3M$	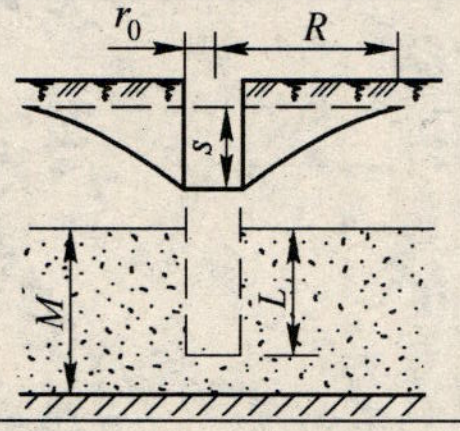	
渠道			采用大口井计算公式 $Q=LK\frac{H^2-h_0^{\ 2}}{R}$	$L/B<10$ $L/B>10$	引用半径计算见备注 $R=2s\sqrt{HK}$	

指标，卤水比重 1.21 ~ 1.30，$\frac{MgCl_2}{KCl}=30$。矿床开采指标定为比重 1.255 ~ 1.28，$\frac{MgCl_2}{KCl}=17$ 是适宜的。当然，水质指标的最终确定，要进行技术经济的综合比较。

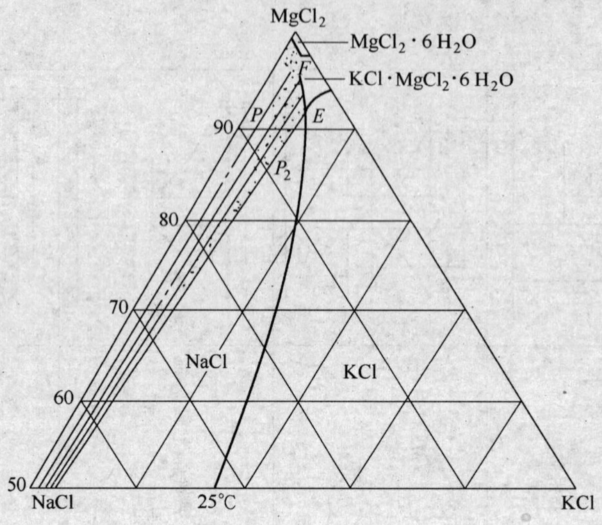

图 15 - 74　卤水组成分布图

B　矿床的水质分区

根据钻孔水样分析资料，做晶间卤水比重等值线图（图 15 - 75）和$\frac{MgCl_2}{KCl}$值平、剖面等值线图（图 15 - 76）。根据相图分析确定水质分区：比重 1.21 ~ 1.245，$\frac{MgCl_2}{KCl}<7.75$（图 15 - 74 中E 点）为石盐 - 钾石盐析出段卤水；比重 1.243 ~ 1.292，$\frac{MgCl_2}{KCl}=7.7 \sim 30$ 为石盐 - 光卤石析出段卤水；比重 > 1.275，$\frac{MgCl_2}{KCl}>30$ 为石盐 - 光卤石 - 水氯镁石析出段卤水。根据水质要求圈定出采区。在采区内根据卤水含水层厚度、埋藏深度、水质分异规律确定采卤构筑物类型，布置采卤工程。

C　结盐及其防治

晶间卤水开采中，不同水质卤水在一定条件下混合，由于同离子效应产生兑卤析盐，使地层和采、输卤设备结盐，影响正常生产。

防治设备结盐的途径很多，归纳起来分化学药剂法、物理法、机械除盐法和加淡水法等四类。其中，机械除盐属于治。目前国外资料报道只用于管道，泵的叶轮、叶片很难实现。加化学药剂防结盐，国外是添加一种分子式为：

$$\begin{array}{l} R—CO—N—CH_2CH_2SO_4M \\ \qquad\qquad\quad | \\ \qquad\qquad\quad R_1 \end{array}$$

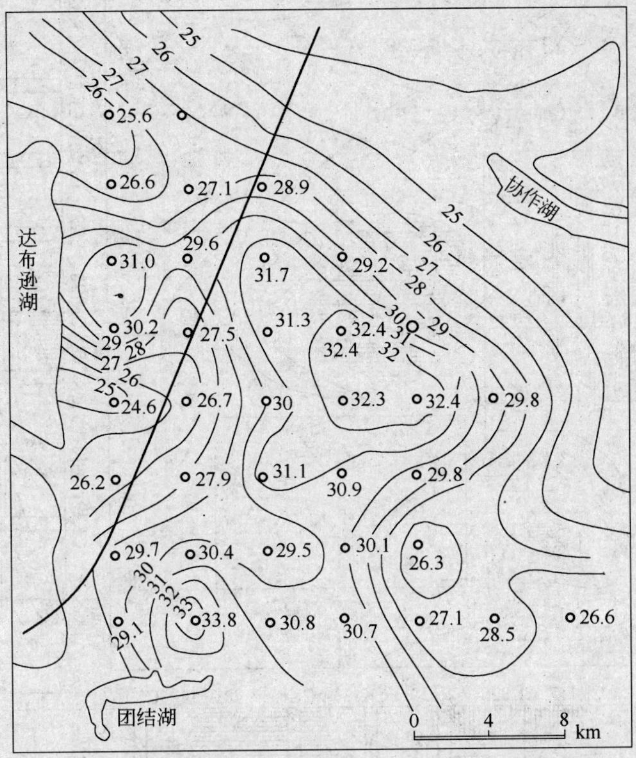

图 15－75 察尔汗区段卤水比重（°Be）等值图

的牛磺酸和碱金属磷酸的混合物[36]，防止油井卤水析盐。亚铁氰化钾抑制析盐的效果曾在抽取察尔汗盐湖晶间卤水时做过试验，效果良好，但价格昂贵，经济上不合理。实验证明，超声波、电、磁场及各种憎水性涂料[36]，都具有防结盐能力，但因设备复杂、耗电量大，工程上应用受到限制。目前，美国及我国盐湖采矿中均采用加淡水防结盐。

在开采晶间卤水时加入一定量淡水防止抽、输卤工艺设备结盐的方法，是在井或渠内平行吸管引入淡水管，并在吸口下设置喷水环。图 15－77 所示为渠式开采时加淡水装置。加淡水防结盐，具有工艺设施简单、成本低、无毒性、效果好的优点。

加淡水率与卤水浓度、化学组成及水质分异情况有关，可以根据液体开采过程中兑卤吸盐率计算，或用试验决定。

用蒸发试验求最小加淡水率的方法，是在抽卤时加过量淡水使设备不结盐，在管道出口取样蒸发，测有微晶出现时的失水量，该失水量实际是多加的淡水量。依此可求出防止设备结盐的最低加淡水率。察尔汗盐湖 CK829 钻孔不同降深抽卤试验中用蒸发试验的方法，求得加淡水率为 0.4% ~1.0% 。

15.8.3.5 采卤构筑物的防腐蚀

卤水和卤水蒸汽、盐层和盐渍土对金属有很强的化学和电化学腐蚀作用，因此，对抽、输卤及供水设备、管道防腐问题应引起足够重视。

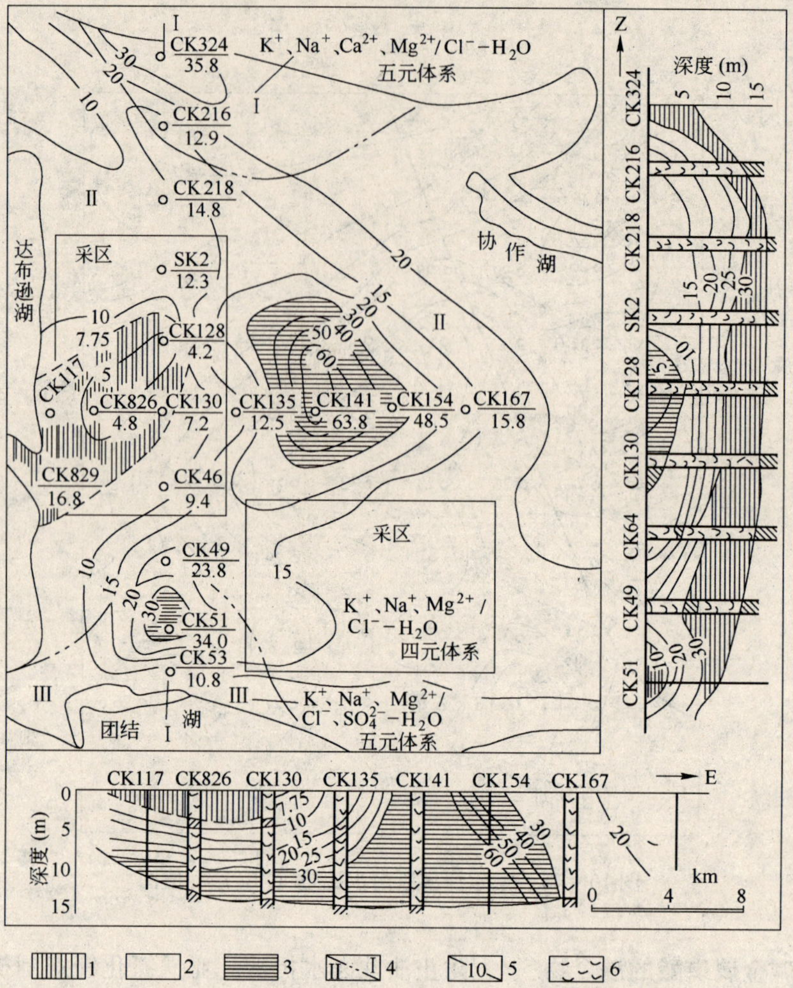

图15-76　察尔汗区段卤水水质分布规律

1—石盐-钾石盐阶段卤水；2—石盐-光卤石阶段卤水；3—石盐-光卤石-水氯镁石阶段卤水；

4—盐湖界限；5—卤水水化学体系界限；6—$\frac{MgCl_2}{KCl}$比值等值线

防腐蚀方法归纳起来有三类：即选择抗腐蚀材料、采用防腐涂料和阴极保护；有时可几种方法同时采用。

管井的腐蚀与建井材料、卤水的化学成分有密切关系。普通砖及水泥砂浆在盐湖地区不宜用作井壁砌筑材料，因为卤水浸入混凝土表面或孔眼之中，由于蒸发或温度变化析出盐晶，产生体积膨胀，内应力作用使之破坏。因此，根据水质类型可分别选用矾土水泥、抗硫酸盐水泥、火山灰水泥及镁水泥等。

在选取井管和滤水管材料时，根据卤水化学成分和pH值，分别选用高硅铸铁管、普通铸铁管、耐腐蚀低碳合金钢管以及耐腐蚀非金属材料管，如玻璃钢管、硬聚氯乙烯管等；滤管缠丝材料不宜选用铅丝，应优先选用尼龙丝、玻璃纤维增强塑料丝和不锈钢丝等。

防腐涂料很多，对保护井管、输卤和输水管有显著效果，可根据卤水组成、pH值选

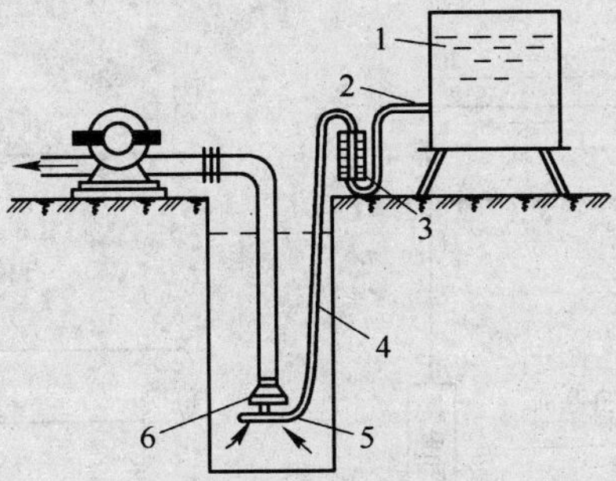

图 15-77 加淡水装置

1—淡水贮槽；2—阀门；3—流量计；4—加淡水管；5—喷水环；6—吸头

用，如酚醛树脂耐化学腐蚀；环氧树脂耐碱性不耐酸性；呋喃树脂耐酸、碱性能良好；沥青类耐水、防湿、耐酸、碱；环氧沥青漆对铸铁管防腐好。

阴极是防止电化学腐蚀、是延长管道寿命最经济而有效的可靠方法。阴极保护可用外加电流法或牺牲阳极法（图 15-78）。前者，利用外加直流电源通过接电阳极，给被保护的金属管道通以恒定电流。使之阴极极化以减轻或防止腐蚀。后者，在被保护的金属管道上连接一种电位更负的金属作为阳极，它与被保护金属在电解质溶液中组成大电池，电位较负的金属不断失去电子，产生电流流入被保护体，使被保护体极化成阴极，从而达到保护目的。

例如青海钾肥厂一期工程，从格尔木向湖区供水，管道沿线 60 多公里的土壤地质结构和水文地质条件比较复杂，有卵石地带、芦苇丛地带、沼泽地带、轻盐渍地带、重盐渍地带，并两次穿越河道，经实测沿线土壤电阻率，卵石地带为 1000～2000Ω/m，芦苇沼泽地带为20～50Ω/m，盐渍土地带为 0.5～20Ω/m，从土壤电阻率看，盐渍土为特强腐蚀地带、芦苇沼泽段为强腐蚀地带，卵石段为轻腐蚀地带。

在管道材料上，自水源地泵房外仪表井以后起至湖区，分别选用了普通给水铸铁管、螺旋电焊钢管和硬聚氯乙烯管（图 15-79）。

螺旋焊接钢管外防腐采用环氧煤沥青与氯磺化聚乙烯联合防腐层。钢管外表面严格除锈，达到我国船体除锈标准 b_1 级。环氧煤沥青防腐涂层选用结构加强级，其结构为底漆一道，面漆四道，涂层间缠绕玻璃布三层，总厚度不得小于 0.7mm。氯磺化聚乙烯防护层结构为底漆两道，面漆六道，总厚度约 130mm。管道内防腐采用喷涂水泥砂浆，涂层厚 6mm。喷涂前管道内表面也应严格防锈（达到 b_1 级）。

钢管道采用环氧煤沥青、氯磺化聚乙烯联合外防腐及水泥砂浆内防腐的同时，还辅以阴极保护措施，控制地下管道电腐蚀。根据管理简单、运营费低的原则，该工程选用锌铝镉合金牺牲阳极法进行保护。被保护管线长 42.18km，全线共布置 115 组牺牲阳极，每组 1～6 支。每组呈不等距分组，保护管道长度 100～400m。

15.8.3.6 水质水量预报和监测

A 监测

监测，是卤水矿开采中对采区内外部卤水水质、水量变化状况及矿区外围有害水体、污染源进行定期测定，用以掌握水质变化程度，以便采取措施防止水质变差。监测方法是

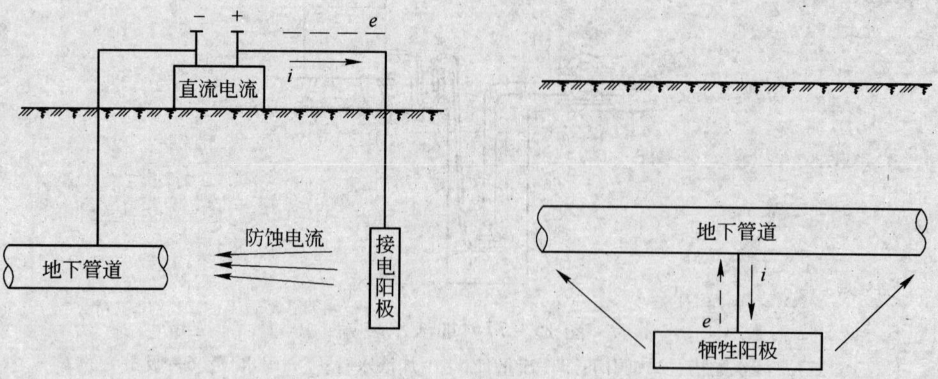

图 15－78　阴极保护防腐蚀原理

a—外加电源法；*b* —牺牲阳极法

e—电子流动方向；*i*—电流流动方向

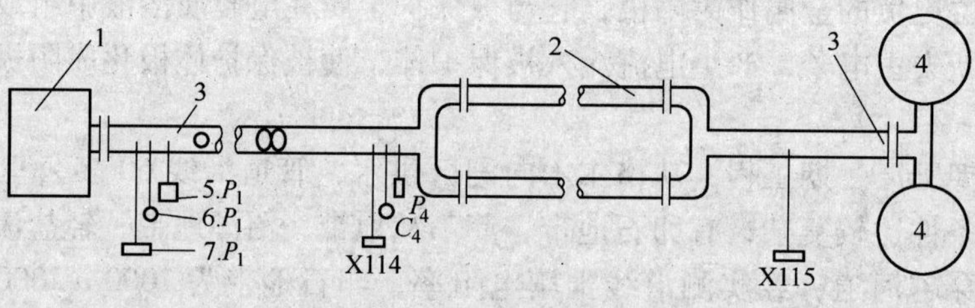

图 15－79　输水管线平面图

1—西水源泵房；2—PVC 管 2－ϕ355mm×16.9mm；3—钢管 ϕ529mm×8mm；

4—贮水池；5—检查片；6—测试柱；7—牺牲阳极组

建立监测站。

监测站有固定的和流动的，设专人管理。监测站的数量和布点应以能控制水质、水量变化为准。

监测项目根据卤水矿床类型和对水质、水量要求而定。一般应包括：水文、气象，如流量、流速、流向、水位、气温；水的物理性质，如比重、水温、色度、浑浊度、气味、pH 值等；水化学成分和有害杂质含量等。

监测方法有采样分析和直接测量，前者是现场采样后进行室内分析；后者是通过各种传感器现场直接监测，并用计算机处理采集的数据。

及时整理监测资料，是为了掌握水质、水量变化情况，找出变化规律，预报未来变化趋势，指导生产，监测资料整理主要包括：

（1）绘制如图 15－80 所示的水质、水位随时间变化图。

（2）绘制水质分布图，即特定离子或化合物在平、剖面上的浓度分布。可用浓度等值线表示。

（3）绘制如图 15－81 所示的水质相关图。

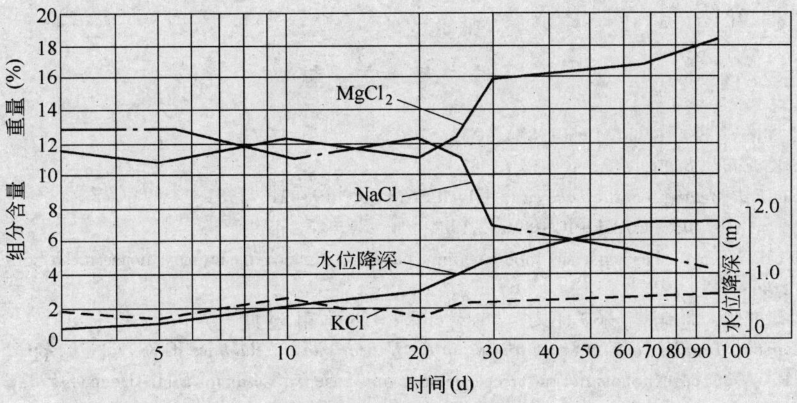

图 15－80 察尔汗盐湖渠道采卤测得的水质、水位变化图

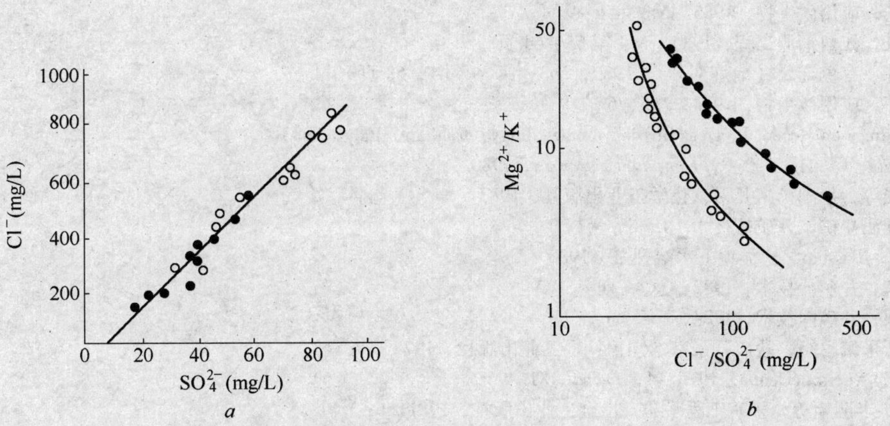

图 15－81 卤水水质相关图

绘制卤水水质组成图，其表示方法很多：

（1）用水盐体系等温相图表示；

（2）用综合柱状图表示，即把阳离子按 K^+、Na^+、Mg^{2+}、Ca^{2+} 顺序列于 Cl^-、SO_4^{2-}、HCO_3^- 柱状图的左侧组成综合柱状图；

（3）水质分区图；

（4）水化学浓度图；

（5）水化学分类图。

B 预报

预报，是利用已获得的水文地质资料、水化学分布规律及卤水动态变化监测资料等，建立数学模型，求解未来采卤时刻卤水水位、水量、水质和液－固转化趋势，指导采卤。

地下卤水开采中，水位、水量的预测方法主要是通过求解地下水均衡方程，计算未来开采年限的变化值。求解地下水均衡方程的方法有水均衡计算法、数值模拟法和电网络模拟法等。限于篇幅，不能对每种方法作介绍，读者可参考有关文献。地下卤水开采中的水质动态预测，主要是基于质量守恒定律，由于数学模型比较复杂，且国内尚处于研究阶段，这里也不予介绍。

参 考 文 献

1 Murr, I. E., Miner. Sci. Engg. 12 (1980), №3, 7
2 *Proc. 2nd Sme/Spe Int. Solut*, *Min. Symp.*, 1982
3 *Proc.* 1983 *Sme Fall Metting*, *Salt. Lake city*, UT. USA. Oct, 19~21, 1983
4 Chamberlain, P. G. *et al.*, USBM-IC-8969, 1984
5 щумилин, М. В. *и др.*, Разбедка месторождений уранадля отработки методом подземнсго вбщелацивания, М., недра, 1985 С. 46~148
6 核工业部第六研究所，原地溶浸采矿译文集，铀矿开采；1986，第86页
7 Willam, C. Larson, *Uranium in Situ Leach Mining in the United. States*, *BuMines* IC 8777 1978, pp. 54~66
8 Грабовников В. А., Геотехнологицеские исследования при разедка мегаллов, М. Недра, 1983с. 13~14
9 Мамилов. В. А., и др. Добьща, урана методом подземного выщелацивания. М., Атомиздаг, 1980, С. 38~195
10 Макоимов, В. М. и др., Справоиное руководство гидрогеопогия, з-е изл. п., нёдра, 1979, Т1~2
11 Murr, L. E., Miner Sci Engng., 12 (1980), 1980, №3, 121
12 冶金部北京矿冶研究院、中国科学院微生物研究所、冶金工业部情报标准研究所译，细菌浸出在采矿工业中的应用，冶金工业出版社，1972，第1~17页
13 裘荣庆，应用微生物，1985，№3 第1~9页
14 裘荣庆，江西铜业工程，1985，№4 第55~64页
15 李雅芹、有色金属（冶炼部分），1980，№3，第39~41，58页
16 李雅芹，应用微生物，1974，№5，6
17 Proceedings on Recent Progress in Biohydrometallurgy, Cagliari, Italy, 1983
18 Полькчн, С. И. *и др.*, *Гидрометаллургия*, 1980
19 王方强等，盐湖矿床开采，化学工业出版社，1983
20 湖南湘浬盐矿，井矿盐技术．1976，№1
21 П. М. Дудыко，盐类地下水溶开采，1980
22 陈杨辉，井矿盐技术，1982，总45期
23 沈玉根，井矿盐技术，1984，№4
24 盐矿开采编写组，盐矿开采基本知识，轻工业出版社，1978
25 В, Ж. Аренс, Недра, 1975, 4, *Глава*, XI
26 А, В. 卡明斯等，采矿工程手册，冶金工业出版社，1981，6
27 *Bohdan Zakiewicz*, *Sulphur* №184, *May-June*, 1986
28 М. А. Менковский *природная сера*, 1972, 136~159
29 张志泗，化工进展，1987，第4期，14~15
30 王鸿喜等，自然硫，地质出版社，1983
31 В. Ж. Аренс，矿产保护与利用，1986，6
32 Д. Н. 什伯克，安全与劳动，1984，12
33 G. A. Savanich, *Mining Engineering Feb.* 1985, №2
34 J. A. Hrabik, *Mining Engineering*, 1986, №1
35 В. Ж. Аренс, Чемагилов, Б. В. Химическая промышленносмь 1987, №1, 21~24
36 Воротицикий, М. К., *Механизмы. для добчи и погрузки соли*, *Пищепромиздат*, 1945.
37 中国盐业考查组，墨西哥海盐生产考查报告，海盐与化工，№3 1974
38 W. A. Mac Williams, R. G. Raynolds, *Solution Mining of sodium Sulphate*, *Canadian mining & Met*, *Bulletin*, Vol. 66, No 734, 1973
39 Interqacing Technology in Solution Mining, 1981, 11, SME-SPE 国际溶浸采矿第二次会议论文集，9~11
40 马崇骏，溶浸萃取在温法冶金中的应用，冶金工业出版社，1979，145
41 马耀华，日用化工理化数据手册，轻工业出版社．1981

第16章 海洋采矿

16.1 概 述

海洋采矿是从海水、海底表层沉积物和海底基岩下获取有用矿物的过程[1]。

有史以来人类就在开发利用海洋，早在公元前2200年以前，我国就有从海水中提取食盐的记载。1620年英国人在苏格兰岸外浅水中打竖井开采海底煤矿。1896年美国在加利福尼亚曾利用栈桥连接的木质平台，开采近岸海底石油。1898年美国在西阿拉斯加诺顿湾诺姆一带海滨开采金砂矿。1906年泰国在普吉岛和大陆之间的海域开采锡砂矿，1926年美国通过处理日晒盐的盐卤，第一次从海水中提取镁。1931年澳大利亚在新南威尔士州和昆士兰州开采海滨锆石和金红石矿。1947年美国在墨西哥湾首次用离岸的钢导管架平台开采海洋石油，使油气开发有了新的发展。但总的来说，20世纪60年代以前，海洋采矿规模小，范围窄、离岸近。60年代以后，它才更多地受到人们的重视，并进行了更详细的勘探和更大规模的开发。目前，世界上已有100多个国家和地区在海上进行开发活动。在所有商业性开发中，海洋石油和天然气发展最快，其产值在整个海洋采矿中占首位，达90%以上，其次是海底煤矿，占3%～5%，海盐占2%左右，近海砂、砾石和重砂矿占1%左右[1]。

海洋采矿一般分为以下三个方面：

海水化学元素中含有大量的有用金属和非金属元素，如钠、镁、铜、金、铀和重水等。目前，中国、美国、日本、英国等可以从海水中提取食盐、镁、溴、钾、碘和重水等多种有用元素[1,2]。

海底表层矿床开采即海底基岩以上的沉积矿层或砂矿床（见表16-1）。目前已经进行开采的有海滨砂矿、砂、砾石和贝壳等。世界上开采海滨砂矿的国家已有30多个，某些国家已在水深100m处进行采矿。澳大利亚是世界上最大的海滨锆石和金红石开采国，80%的锆石，90%的金红石来自海滨砂矿。泰国是世界上最大的产锡国，90%的锡石来自海滨砂矿。中国开采的海滨砂矿有钛铁矿、锆石、独居石、磷钇矿和石英砂等，到1985年底为止，已开采海滨砂矿500多万吨。世界上正在开采海洋矿床和砾石的国家有日本、英国、美国、丹麦、荷兰、中国和瑞典等。海底锰结核和热液矿床，目前虽未正式开采，但有广阔的发展前景，正在受到越来越多的国家的重视。

海底基岩矿开采指那些存在于海底岩层中和基岩中的矿产。目前已经开采的有海洋石油和天然气、海底煤、铁、硫、岩盐和钾盐等。加拿大在纽芬兰外用建在贝尔岛上的竖井开采海底铁矿。美国用加热熔融采矿法在格兰德岛矿和卡曼拉达矿开采海底硫磺（见表16-10）[1,2,3]。

16.2 海洋矿产资源

16.2.1 海洋地质地貌

地球最表层的地壳主要分为两大类型，即大陆区性质的“陆壳”和太平洋区性质的“洋壳”；陆地上和海底下两个区域的物质组成是不同的，差别很大。陆壳和洋壳在平面上的分布界线，并不和海岸线一致；围绕着各个大陆的边缘海区，也就是包括大陆架和大陆坡的范围，其地壳的物质组成都属于陆壳的性质。图 16－1 为大陆－海洋地壳结构图。

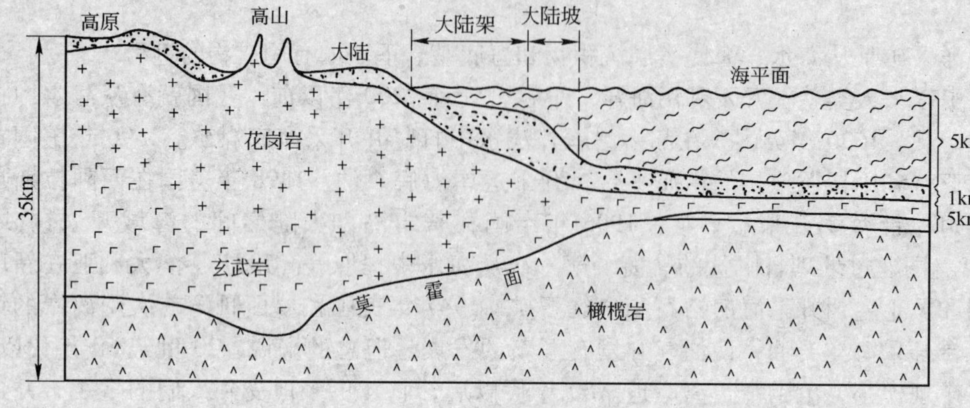

图 16－1 大陆－海洋地壳结构

陆壳主要是由上部的花岗岩层和下部的玄武岩层所组成。在花岗岩层之上，广泛地分布着一薄层沉积岩、火山岩或一些变质岩；在玄武岩层的下面是橄榄岩。陆壳的厚度在各地区各不相同，一般说来，大陆的地形越高，地壳的厚度就越大，而且它的底部也越深入地幔。

洋壳的特征（图 16－1）与陆壳显然不同，洋壳的主要特点是没有花岗岩层，而直接由玄武岩组成。此外，洋壳表面的海洋沉积层和玄武岩层的厚度，比陆壳表面的沉积层和玄武岩层薄得多，玄武岩层在海底的厚度只有 5～7km，在陆地的厚度却有 15km。在化学成分上，两者也有明显的差别，陆壳的二氧化硅（SiO_2）含量高达 60%，而洋壳的含量为 48%；铁、镁、钙、锰的含量，洋壳又比陆壳高得多。例如，我国的青藏高原及中亚一带的地壳厚度都在 65km 以上。由于各种地质现象，如岩浆活动、构造运动、变质作用等都在玄武岩层发生和进行，从而使一些矿产资源也都蕴藏在此层。

在海底，地壳的最表层是由一层厚度大约 1～2km 的沉积物覆盖着，这是一层未固结或半固结的沉积层。对这一层沉积物的研究非常重要，因为它不仅可以提供沉积物形成时的环境和条件，由此获知海洋的形成和发展历史；更重要的是在海洋沉积物层中，常常蕴藏着丰富的石油和其他矿产资源。

根据海洋深度和海底地形的特点，一般将整个海底划分为几个区域，这几个区域在形态特征上是各不相同的，分别叫做：大陆架（或叫大陆棚、大陆浅滩）、大陆坡、大洋底（或叫大洋盆地、海床）和深海沟（或叫海渊），如图 16－2 所示。海洋地貌直接关系到海洋采矿的工艺、方法和成效。如果以海洋所占的面积为 100% 时，那么每一个地貌区所占的面积如表 16－1 所示。

大陆架的范围一般就是从低潮线起，向海延伸到发生明显转折的地方为止。大陆架分布很广，从两极地区（南极和北极）到赤道的各个大陆及岛屿的周围，都绵延分布着浅而平的大陆架（表 16－2）。

大陆架的面积，占海底总面积的 8%，相当于陆地总面积的 1/5 以上。大陆架的地面

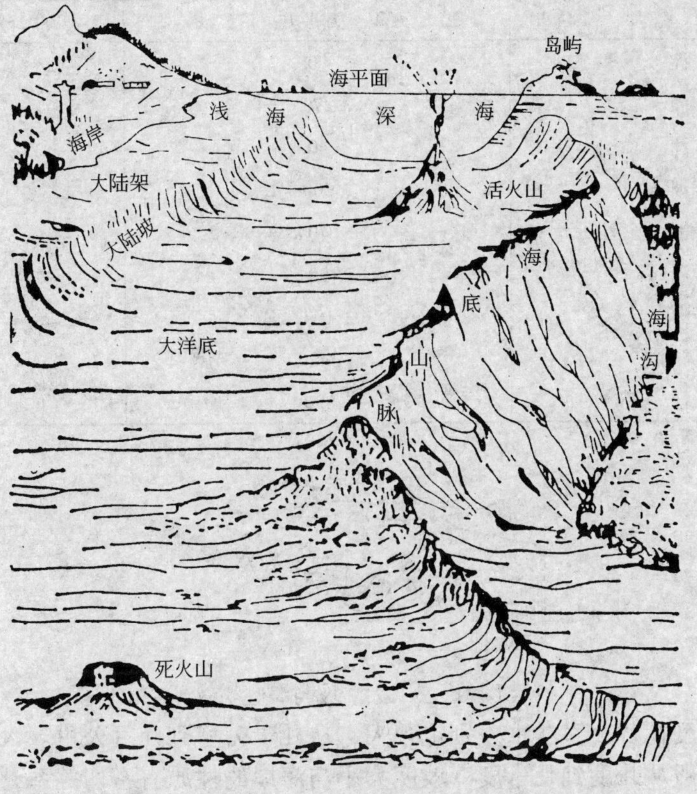

图 16－2　海底地形

表 16－1　海底各地貌区的深度和面积[1,2]

名　　称	海水深度范围（m）	各地貌区占海洋总面积（%）
大陆架	0～200	8
大陆坡	200～2500	12
大洋底	2500～6000	77
深海沟	>6000	3

倾斜一般小于0.2%，平均每公里下降2m。它的平均坡度仅有0°27′，个别坡度陡的，也仅有1°～2°。因为大陆架的地形相当平缓，所以有时被称为浅海平原。事实上，有许多大陆架的本身，就是沿海平原在水下的延续部分。因此，它的地形特征、宽度和坡度的大小、底部的地质构造等，都同毗邻陆地的地质地貌，有非常密切的关系，而且具有继承陆地地形的特点。我国的大陆架宽度大，面积约100多万平方公里。大陆架区是陆地上河流携带泥沙物质到海中进行沉积的地带，也是有利于蕴藏石油、天然气和富集铁锰结核的矿产海区。

大陆坡一般就是从大陆架向大洋底过渡的区段，它标志着大陆的构造边缘，也是由较厚的陆壳向较薄的洋壳过渡的地带，如图16－3所示。

表16－2 世界各地大陆架的面积分布[2]

洲 名	面积（万平方公里）	百 分 比 （%）
欧 洲	90	10.1
亚 洲	270	30.7
非 洲	40	4.4
北美洲	200	22.5
南美洲	70	7.5
大洋洲	90	8.9
南极洲	100	11.3
岛屿周围	40	4.4
总 计	890	100

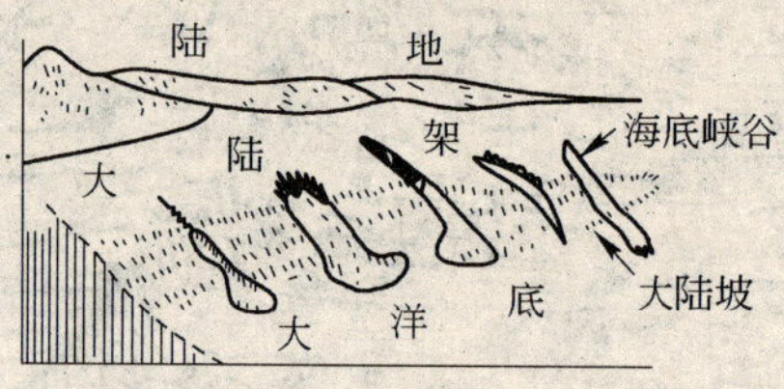

图16－3 大陆坡与海底峡谷

大陆坡的宽度在各个大洋中差别也很大，从几十公里到几百公里。大陆坡的表面坡度是比较大的，一般从几度到几十度，坡度大小与海岸的性质有密切关系，如在多山的海岸区，大陆坡的坡度大，而在平原海岸区，坡度较小，特别是在大河河口外的大陆坡上，坡度更小。大陆坡表面的地形，也是起伏不平的，有深度和坡度都很大的海底峡谷，如图16－4所示。

大陆坡是地壳中最不稳定的区域，火山和地震较多，即使没有深海沟的大陆坡区，也有地震。

大洋底是组成海洋的主要部分，它的底部地形基本上是由海底山脉和海盆所构成；此外，还有宽阔而平坦的海底高原和孤立的海峰，以及貌似圆锥而顶部平整的平顶山（它们一般都是死火山）和很深的海沟等。大洋底的地壳，才是真正的洋壳，它的地壳较薄，厚度一般不到8km，由密度较大的玄武岩所组成，只有在大西洋、印度洋西部等区域，在玄武岩层的上面还覆盖着一层厚度不大的花岗岩层。在大洋底部覆盖有红色黏土或红褐色的沉积软泥，它一般由海底火山的喷发物，经过氧化、分解以后形成的，所以其中除铁、锰以外，还含有镁、镍、铜、钴等大量金属元素。

深海沟是海洋中最深的地区，它的长度可达几千公里，宽度可达几十公里到数百公里，深度也比相邻海底大数千米。根据目前资料，世界大洋中的深海沟共有29条，其中太平洋中最多，几乎以一个完整的环形，分布在太平洋的四周边缘（图16－5）。表16－3为世界海洋中主要深海沟的名称和分布情况。

这些深海沟常和海脊相伴生，有的海脊一部分露出海面而形成岛屿，并且常呈弧形，人们称为岛弧。最典型的地区就是太平洋的西部，岛弧和海沟最为发育，有时分支，有时复合，有时相互穿插，地壳变动最剧烈，火山和地震最多，也是最不稳定的区域。

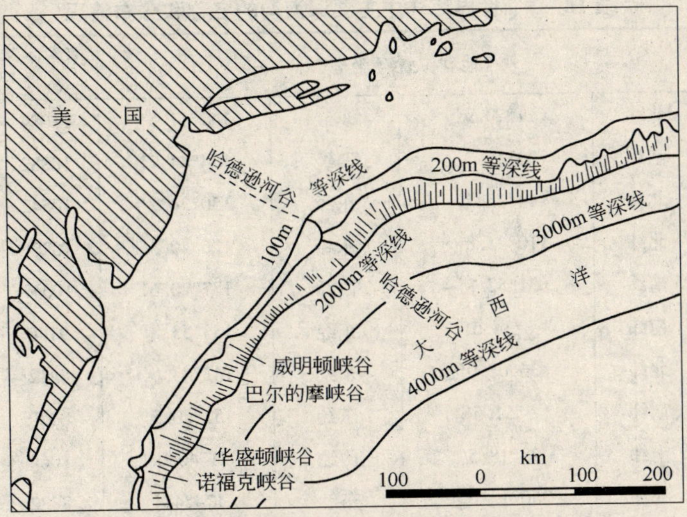

图 16－4　北美大陆坡上的海底峡谷

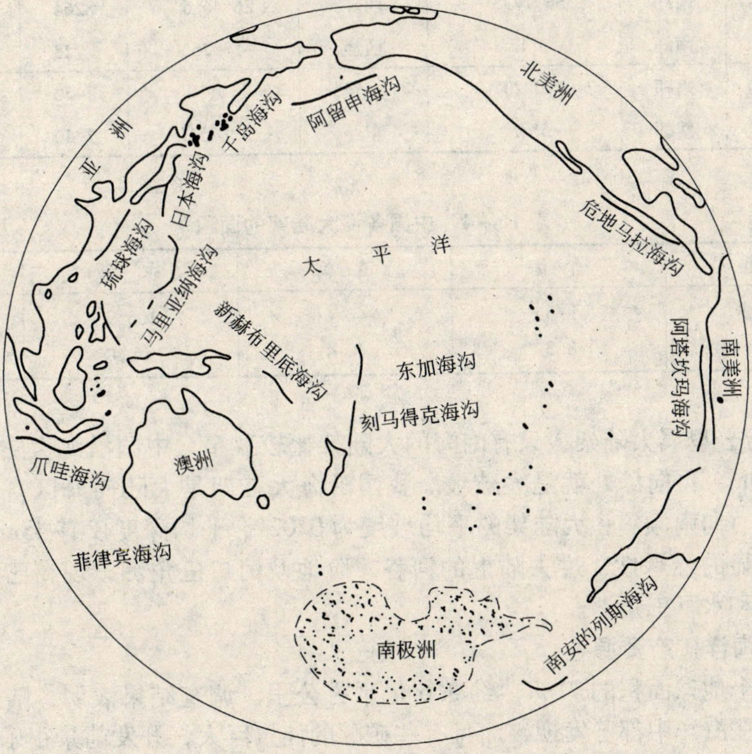

图 16－5　太平洋海沟分布

我国大陆海岸线总长 18000 多公里，海域面积约有 300 万平方公里[2]。

从海底地貌上看，在我国四个海区中，不仅有大陆架区，而且也有大陆坡和大洋底区，地貌类型齐全，但是绝大部分海域是在大陆架范围内，所以，我国大陆架是世界上面积最大、最宽的地区之一。渤海和黄海两海区都属于大陆架（表 16－4）；东海的大部分海

表 16-3 世界海洋中主要深海沟的名称和分布情况

大洋和深海沟名称		地理位置（坐标）				最大深度（m）	海沟长度（km）	平均宽度（km）
太平洋	马里亚纳	北纬	11°20.9′	东经	142°11.5′	11034	2500	70
	东 加	南纬	23°15.3′	西经	174°44.7′	10882	1400	55
	千 岛	北纬	44°15.2′	东经	150°34.2′	10542	2200	120
	菲律宾	北纬	10°23.8′	东经	126°40.5′	10265	1400	60
	克马德克	南纬	31°52.8′	西经	177°20.6′	10047	1500	60
	布干维尔	南纬	6°34.5′	东经	153°53.8′	9140	500	50
	日 本	北纬	36°08.0′	东经	142°43.0′	8412	800	100
	新不列颠	南纬	5°51.5′	东经	152°20.5′	8320	750	40
	秘鲁、智利	南纬	23°18.5′	西经	71°40.0′	8064	3400	100
	阿留申	北纬	50°13.0′	东经	174°48′	7822	3700	100
	琉 球	北纬	25°15′	东经	128°32′	7507	1350	60
大西洋	波多黎各	北纬	19°38′	西经	68°30′	8385	1500	120
	南桑得维奇	南纬	55°17.5′	西经	26°46.5′	8264	1450	70
	罗曼奇	南纬	0°13′	西经	18°26′	7728	350	20
印度洋	爪 哇	南纬	10°20′	东经	110°10′	7450	4500	80
	班 达	南纬	5°35′	东经	130°51′	7440	650	80

表 16-4 中国各海大陆架的面积 （万平方公里）

估算标准	渤 海	黄 海	东 海	南 海
200m 等深线	8.3	40.4	105.9	72.8
大陆架坡折（140m 等深线）	8.3	40.4	44.4	32.5

区有44万平方公里属大陆架，只有南海的大陆架比较狭窄。中国沿海大陆架的外缘深度约为140~160m，再向深处就是大陆坡。我国沿海大陆架是大陆向海区自然延伸的一部分，大致向东、向南倾斜；大陆架的平均坡度为0°02′，平均深度仅有45m。大陆架的地形具有非常明显的继承性，过去陆上的河谷、阶地及河口三角洲，现在已分别变成了溺谷，水下阶地和水下三角洲。

16.2.2 海洋矿产资源

海洋占整个地球面积的71%，约3.6亿平方公里。调查结果表明，陆地上的许多金属和非金属矿在海洋中都已发现，而且有些矿藏的储量巨大，开发前景很乐观。随着人们对矿物需求量的不断增加，陆上矿床的大量开发，势必出现陆上矿产资源储量逐渐减少，矿石品位日趋下降，开发海洋中的矿产资源就变得越来越重要了。所以，世界各国科学家都认为，海洋将是今后世界工业原料的新基地。

海底矿产资源主要分为海水中溶解的矿物、海底表层矿床和海底基岩矿床（见表16-5）。

16.2.2.1 海水中溶解的矿物

世界海洋中约有13.7亿立方公里海水，其中含有80多种元素，目前人们较为熟悉的约

表 16－5 海洋矿产资源分类

溶解的矿物	海 洋 矿 床			
	非固结的矿床			固结的矿床
	大陆架 0～200m	大陆斜坡 200～3500m	深海 3500～6000m	
海水：	非金属：	自生的：	自生的：	浸染、块状、脉状、
淡水	砂 砾	磷钙土	铁锰结核及其共生物	板状或层状矿床：
下列金属及其盐类：	灰质砂和贝壳	铁锰氧化物及共生矿物	钴	煤
锰	硅质砂	含下列金属的	镍	氧化铁
钠	次等宝石	金属泥	铜	石灰石
钙	工业用砂	锌	沉积物：	硫
溴	磷钙土	铜	红黏土	锡
钾	霞石	铅	钙质软泥	金
硫	海绿石	银	硅质软泥	金属硫化物
锶	重矿物：			金属盐类
硼	磁铁矿			碳水化合物
铀	钛铁矿			
其他元素	金红石			
含金属浓盐水：	独居石			
富集有	铬铁矿			
锌	锆石			
铜	锡石			
铅	稀有和贵重矿物：			
银	金刚石			
	铂			
	金			
	自然铜			

有 60 种。提取这些物质具有重要的现实意义。介于目前的技术水平和经济条件，工业上能够提取的仅有几种，但只要今后出现适当的新工艺，海水中其他储量很大的元素也将会被利用。

16.2.2.2 海底表层矿床

海底表层矿床大都呈散粒状或结核状存在于海底各类松散沉积层中。它们可以用采矿船进行开采。这种矿床根据所处的位置又分为大陆架上的、大陆坡上的和深海的三种。

在大陆架上的海底表层矿床中（见表 16－5），非金属矿物如贝壳或砂砾的比重低（一般小于 4），单位价值也低，但数量却占矿床总体积的 50% 以上。重矿物，如钛铁矿和锡石的比重高（一般是 4～8），单位价值也较高，而数量仅占矿床总体积的 10% 以下。稀有和贵重矿物，如金刚石或金的比重很大，单位价值很高，但是只占矿床体积的百万分之几。

在深度范围为 200～3500m 的大陆斜坡上，有两种重要的自生矿物资源：呈砂粒状、结壳状或结核状的磷钙土以及呈软泥状或块状的热液矿床。

在 3500～6000m 的深海，最重要的矿物资源是遍布各处的锰结核。它们在洋底呈不连续分布，有的密集，有的稀疏，北太平洋被认为是富集区。其他深海的泥和软泥中含有不同数量的二氧化硅、碳酸钙、铜和锌。

16.2.2.3　海底基岩矿床[3]

海底基岩矿包括非固态的石油和天然气和固态的硫磺、岩盐、钾盐、煤、铁、铜、镍、锡和重晶石等。海底石油和天然气分布的范围最广，海底有5000万平方公里（约占海洋总面积的14%）为潜在的含油气沉积盆地，其中石油的可采储量估计为1350亿吨。近期勘探表明，水深大于200m的大陆坡、大陆隆和小洋盆很可能是未来油气生产的远景区。目前，全世界已发现600多个海洋油气田，其中油田320个。海底煤矿储量也很丰富，分布也广。日本海底煤矿的储量约6亿吨，占本国煤矿可采储量的60%。太平洋的金属矿带可分为内带（靠近大洋）和外带。太平洋内带形成于新生代，以产铜为主，也产金、银等贵重金属，特别是在太平洋沿岸，从加拿大、美国、墨西哥到秘鲁、智利的大型铜钼矿床及黄铁矿型铜矿床几乎成连续矿带。铜矿在太平洋西部，主要分布在从库页岛、日本到菲律宾的岛弧内；我国东部的铜矿带也属此成矿带范围[2,3]。

中国海洋矿产资源也很丰富，海洋石油和天然气经过初步勘探，已在近海大陆架上发现七个大型含油气深积盆地，面积约100万平方公里、已探明各种类型的储油构造400多个，石油地质储量在90亿～140亿吨之间。海滨砂矿总探明储量达数亿吨，矿种达60多种，具有工业开采价值的金属矿有钛铁矿、锆石、金红石、独居石、磷钇矿、铌铁矿、钽铁矿及非金属矿石英砂等。此外，海洋砂和砾石，海底煤矿、铁矿、铜矿等也有一定的储量。所以，中国海洋采矿业的发展很有前景。

我国对锰结核的调查开始于20世纪70年代中期；1976～1978年在赤道太平洋进行综合调查时，“向阳红”5号船曾在3000～5000m深的海底进行锰结核的调查研究工作。1983年5～7月，“向阳红”16号船曾在中太平洋北纬7°～13°、西经167°～178°、对面积约80万平方公里海域，做过锰结核的系统调查工作，并在测区水深4500～6000m之间，进行了18个站位的调查。调查站位中，有6个站锰结核的丰度为10～26kg/m^2，有6个站位为1～10kg/m^2；在分析的16个样品中，有2个样品的铜和镍金属的总品位大于1.8%，有6个样品的铜和镍金属的总品位在1%～1.79%之间。此后，中国又多次派遣“向阳红”16号和“海洋”4号船对锰结核和锰结壳进行了调查；1985年和1986年航次调查区域，从中太平洋扩大到东太平洋，并采用了国际上先进的声波探测技术和海底照相，使调查研究的程度有了更大的提高，进而圈定出数万平方公里的富矿区[32]。

16.3　海洋采矿中有关技术问题

16.3.1　采矿船只导航与定位

在海底勘探和采矿中，船只的准确定位非常重要。

定位方法的选择，主要根据作业的范围、要求的精确度、装置的移动性、离岸的距离以及费用等是否满足任务的需要来确定。

位置的确定方法一般可分为以下几类：航位推算法、天文定位法、海底声波定位法、无线电定位法，卫星导航定位法和综合卫星导航定位法[56]。航位推算是老方法，只能定出近似的船位。用先进的仪器定位，如卫星无线电遥测仪、声学多普勒、惯性制导和跟踪系统，需要很大的初期投资。采用经纬仪和六分仪，通过三角测量和对岸上标志的三点定位，以计算距离的目测定位法，是比较适用的，不过它易受直视和岸上标志清晰度的限制。天文定位法一直用以确定岸上测站，是一种较为可靠的导航方法。随着实验性的电子系统更为实用而且廉价，无线电定位法已成为海上研究及测量工作的主要手段。现在至少有60多种无线电定位系统，从利用低频信号的全球性系统到雷达频率和微波系统；并有远程、中程及短程的无线电导航和定位系统。对于在赤道太平洋和印度洋从事海洋调查工作来说，过去是利用天文定位法，现在已使用卫星导航定位法、综合卫星导航定位法和海底声波定位法，使世界上任何海区的船只和浮标可以连续地测定自己的方位，在精度上，从几海里误差的一般定位到几米误差的精确定位[7,56]。

16.3.2 海底测绘

海洋采矿需要各类底图，主要取决于作业的性质及其所在地，以及使用于探矿作业还是采矿作业。不论面积多大和海水多深，在海洋探矿中，原始底图是一次海洋测深图。在二次世界大战以前，没有无线电定位技术时，绘制的海图对制图控制来说，一般都不够精确，在大多数情况下，采矿者需要重新测量这个区域，以按照更密集的网格绘制出采矿需要的更精确的海图。矿点一旦确定，为了对开采矿点进行测量控制，就需要采取一种新的途径来进行，穆拉德（1970年）[7]在太平洋曾试验过一种方法，如图16-6所示。

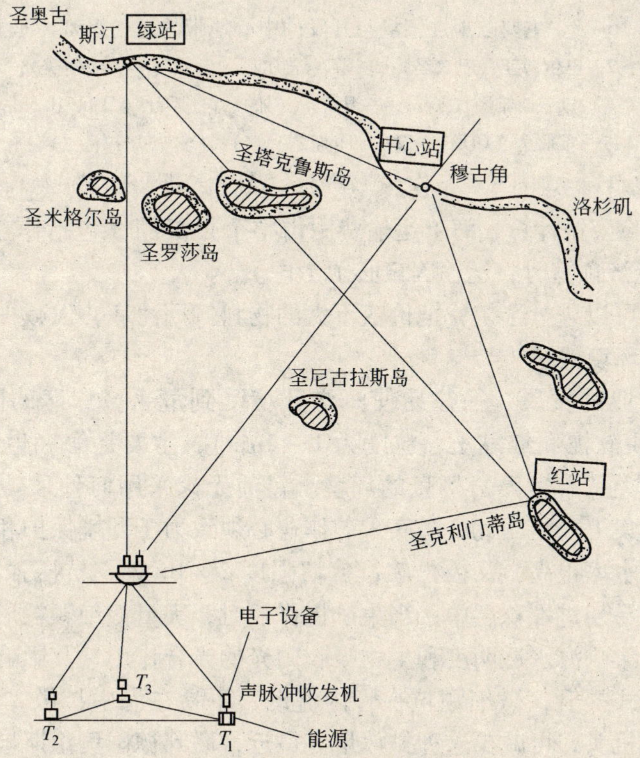

图16-6 太平洋大地测量控制点

各个声波脉冲收发机是用不同频率工作，采用蓄电池和核能供给能量。利用海底站构成一个等边三角形的几何关系，以此确定控制点的坐标，获得陆上大地测量基准。建立一个海洋控制点，作为水下测绘作业的基准[7]。

16.3.3 海洋运输

在陆地矿床开采中，运输费用往往是决定开采的经济效果的重要因素，而海洋采矿虽然可以在海上运销到世界各地进行加工处理，但是运输费用仍取决于采矿区至陆地冶炼厂的距离。也就是说，从采矿地点到海岸加工厂的矿石运输和从陆地到采矿船上的人员、材料补给的运输问题，占有重要地位[14]如图16－7所示。

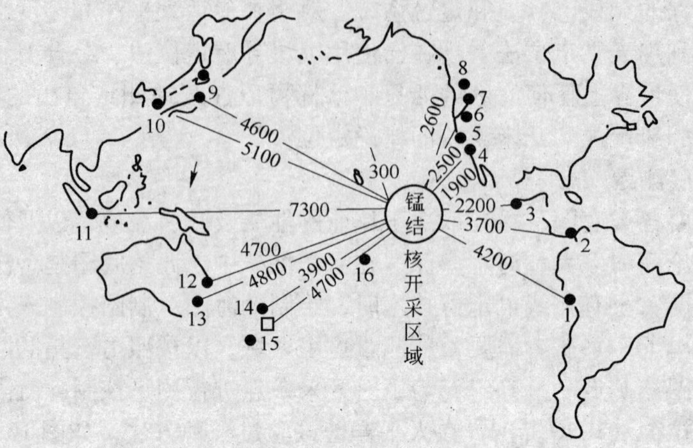

图16－7 主要陆地加工场与开发的中心地带的直线距离（海里）

1—圣胡安（秘）；2—巴尔博亚（巴拿马）；3—阿卡普尔科（墨）；4—大滩（美）；5—旧金山（美）；6—波特兰（美）；7—西雅图（美）；8—温哥华（加）；9—千叶（日）；10—北九洲（日）；11—雅加达（印尼）；12—纽卡斯尔（澳）；13—堪培拉港（澳）；14—璜加雷（新）；15—利特尔顿（新）；16—塔西提（大洋洲）

据DV深海探险公司计算，海上运输费用占整个投资额（包括作业船及锰结核处理）的11%，因此作经济预算时，运输因素必须考虑。

当然，在海上可以进行选矿，把价值不大的物料倾回海底，以减少运矿量。

16.3.4 海洋环境保护

随着海洋采矿业的发展，往往易使海洋环境受到危害。深海的微细粒度的堆积层（包括硅质或石灰质软泥和红黏土，粒度为1～2μm），主要是海底生物（海胆类、海星类、海葵类、海参类、蛤类等）栖息的环境。目前无论采用何种采矿方法，在集矿时都会将堆积层同时采集上来。因此，海底采矿作业必须致力于环境保护和防止污染的研究。

海底堆积层含水率很高，又极松软，剪切强度2×10^3Pa，抗压强度3×10^3Pa，挖掘阻力小，集矿机容易切进堆积层中；当集矿机作业时，大量微细颗粒形成雾状浮起，并在海底流动和扩散，影响海水透明度和生物吸收阳光的光合作用，其影响程度与采矿方法有关。如果采用吸扬式提升，微细颗粒在管内流动，不易在海中扩散，但在海面上排方量大；如果改进集矿机头，可减少这种排放量。最近，联邦德国奥伦斯坦、科佩尔公司试验一种振动空吸筛分装置（VSS），不使矿泥层上面的盐水层吸上去。此外，采矿规模也是影响海洋生态的重要因素，按锰结核年产量130万吨（湿重）计，锰结核丰度以10kg/m^2，采集率以100%计算，采集面积一年就达130km^2，作业时间一年以250天计算，则平均一天的采集面积就达52万平方米，如采集厚度以10cm计算，则采集堆积层的量每天就达5.2万立方米，这个数量是相当大的[19,21,22,23]。因此，制订和严格执行海洋环境保护法律，具有重大意义。

16.3.5　安全作业

在海上作业期间，风、浪和潮往往可能产生预料不到的突变，从而造成生产事故或隐患。为此，商用船只和海上构筑物要符合国际条约，各国要有法律、条例和海洋保险公司等制定的某些建筑、船员配备、航行、卫生和安全的标准。

16.3.6　防腐技术

海洋采矿船只是在盐水和含盐分的空气中作业，腐蚀问题比其他因素（如震动、生物作用对船体材料的影响）更为严重。由于电解作用，使水下的金属表面腐蚀成斑痕，以及水泵外壳和叶轮受到腐蚀。目前，金属防腐一般都是采用去锈涂漆的传统方法。

电气设备应安放在干燥地方，在潮湿地方安装电动机和开关，都要全封闭型的。几小时不用的电动机和交流发电机，应用外部加热器加热，以保持绝缘的干燥。

在水下船板的若干点上，固定防腐锌阳极，以减缓船壳钢板的电解腐蚀，而且每1～2年要更新一次。在水线以上的船体可用涂漆保护。

泵的叶轮和外壳易受严重腐蚀，尤其是海水摩擦在粗糙表面的旋转叶轮上而加速腐蚀。在铸铁水泵壳内部的表面，涂上环氧树脂化合物，也有一定的保护作用。

16.4　海滨砂矿开采

海滨一般分为三个带（图16－8）：(1) 后滨带，指从海岸至高潮滨线的区域。它一般伴随1～2个后滨阶地。(2) 前滨带，指从高潮滨线至低潮滨线的区域，该带亦称潮间带。(3) 滨外带，指从低潮滨线向外延伸的大陆架浅水区域。本节所称的海底砂矿床即滨外带砂矿床。

海滨砂矿床是由水流和海浪作用于原砂矿床或含矿基岩而形成的，一般来说，前滨带沙堤、沙咀、连岛沙洲以及后滨带古海滩堆积区重矿物特别集中。按海滨砂矿床形成的地

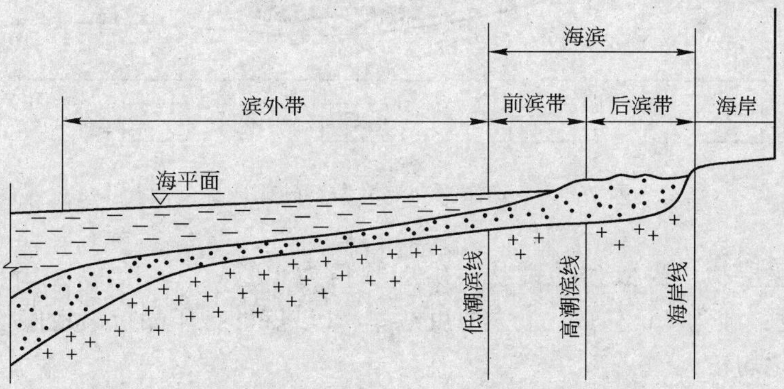

图16－8　海滨及海滨地貌的划分（美国J·J·巴特）

质年代，可分为现代海滨砂矿床及古海滨砂矿床。

海滨砂矿中富集有20多种以上具有重要经济意义和开采价值的矿物。因此，海滨砂矿在当前的海洋矿产资源开发中，占有重要的地位。据统计，世界上96%的锆石、96%以上的金红石、80%的独居石、75%的锡石和30%的钛铁矿，都是采自海滨砂矿床，而且作为战略矿物的来源方面，海滨砂矿的潜力也很大。

16.4.1 我国海滨砂矿床资源与开采

16.4.1.1 *海滨砂矿资源*

我国大陆及海洋岛屿的海岸线总长约32000多公里，海岸线迂回曲折，形成各种类型的堆积地貌，为砂矿的富集提供了极为有利的条件。我国是世界上海滨砂矿种类较多的国家之一，但是，我国海滨砂矿床的勘探，至今主要局限于后滨带和前滨带，对滨外带的砂矿床勘探工作做得很少。

勘探表明，我国海滨砂矿的矿物种类达60余种，其中具有工业价值的主要矿产有：钛铁矿、磁铁矿、锆石、金红石、独居石、磷钇矿、铌（钽）铁矿以及非金属矿产石英砂。

我国海滨砂矿主要分布于下列区域：

（1）辽东半岛沿岸的含金、锆、钛铁海滨砂矿矿层位于海、河交替沉积及近代海滨沉积的砂砾层和粗砂砾层中，矿层一般有1～2层，层厚为0.5～4m。矿物组分主要有：自然金、锆石、钛铁矿、金红石、独居石、磁铁矿以及长石和石英砂等。由于海岸上升，而形成三个海滨堆积陆地，其中第一阶地（海拔高度0～10m）为海滨砂矿的主要富集区，长约11km，宽0.5～1.5km。一般在海岸带内的海湾或阶地和海河交界处，形成的沙咀或沙堤，砂矿物最为富集。

（2）山东半岛南部海滨锆石砂矿，以现代海滨砂矿类型为主，其次为古代海滨砂矿。砂矿一般分布在沙咀、连岛沙洲、滨海平原和海湾堆积以及海成堆积阶地中，而在高潮滨线附近及后滨带沙堤中矿物最为富集（图16-9）。

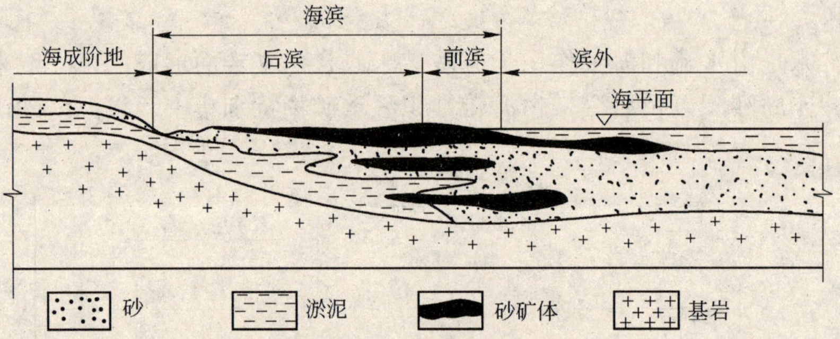

图16-9 山东半岛海滨锆石砂矿床横剖面

矿体主要呈层状，少数为透镜状；矿层倾角为10°～5°；长度为100～200m；宽度20～320m；厚度一般为2m左右，最大厚度达5m；砂层的含矿品位沿走向较稳定，沿倾斜厚度与品位变化均较大。

（3）广东海滨锆英石—独居石砂矿，一般可分为三类，即现代海滨相砂矿、现代海滨相沙堤砂矿以及现代海滨相沙滩砂矿，其中以沙堤砂矿为主，有的长达10多公里，宽4～5km。

（4）海南省海滨砂矿，该地区东海岸的近代沙堤砂矿床的工业意义最大，一般平行海岸而呈条带状分布，与潮汐线一致，出露海平面10m左右，规模大，品位较高；储量居全国之首。其中砂矿物以钛铁为主，伴生有锆石及独居石等。

（5）福建省海滨砂矿，主要的矿产有磁铁矿以及非金属矿产石英砂。

（6）台湾省海滨砂矿，主要有北部海滨的磁铁矿及西部海滨的独居石－锆石－钛铁－金红石砂矿床。

从已探明的各类海滨砂矿的储量比例（表16－6）可以看出，我国海滨砂矿的分布很不平衡，广东和海南省的储量约占总储量的80%以上。

表16－6 我国探明的各类海滨砂矿的储量（矿砂）比例

砂矿种类	金属砂矿			非金属砂矿（石英砂）				
	总的	其中		总的	其中			
		钛铁及锆石	其他		玻璃砂	占全国玻璃砂原料	型 砂	占全国型砂原料
（%）	5.5	99	1	94.5	97	32.9	3	5.8

16.4.1.2 *海滨砂矿开采方法*

我国海滨砂矿的开采，始于古代的人工开采。而勘探和开采活动的高涨，却是在20世纪60年代初。可是，在70年代末期，开采活动渐趋缓慢，主要原因是：（1）我国海滨砂矿床富矿较少，矿物成分复杂，选矿难度大；（2）勘探技术发展缓慢；（3）多数是采用人工开采和水力机械化开采，经济效益低。

到1982年底为止，我国海滨砂矿开采发展概况见表16－7。

表16－7 我国海滨砂矿开采概况

有开采价值的矿床（个）			开采矿点（个）		总产值比例（%）		占全国同类矿产量的比例（%）			
总数	其中		金属矿	非金属矿	金属矿	非金属矿	锆 石	钛铁矿	独居石	磷钇矿
	金属	非金属								
124	105	19	58	9	95.13	4.87	95	66	60	16

我国海滨砂矿开采中，人工开采一直占有很大比重。人工开采时，一般配以小型溜槽洗选。人工开采存在的主要问题，是洗选回收率很低，不能充分综合利用国家矿产资源。

自20世纪50年代末期以来，在广东、海南及山东省，曾先后建设机械化开采的矿山，以开采后滨带的大中型砂矿床。80年代以前，除山东荣成楮岛锆矿采用干采干运开采工艺（见图16－10）外，其余均为水力机械化开采工艺（见表16－8）。

实践表明：水力机械化开采，具有投资省和建矿快等优点。但是，由于海滨砂矿一般含泥量少，透水性强，而且矿层底板为砂质假底，水利冲采时，水量渗漏快，不能形成砂浆，并使部分重砂矿物富集于底板而造成损失，因而水力冲采的效率低，成本高，致使矿山生产处于困境。

自20世纪80年代初以来，先后对原有水力机械化开采的矿山，几乎都已改为干式机械开采，并采用了移动式粗选厂，从而大大提高了矿山的经济效益。近几年来，海南省正积极研究

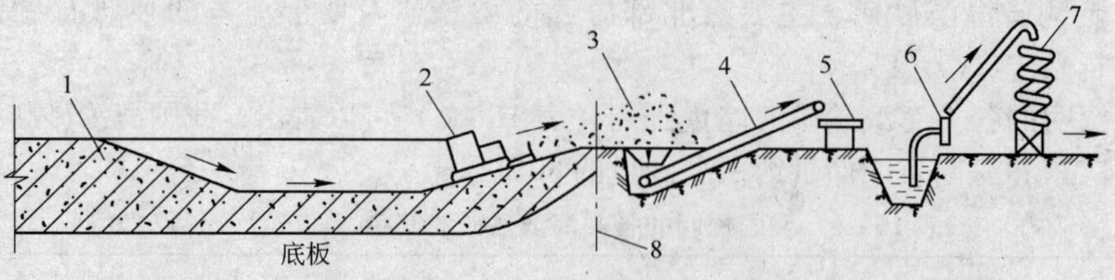

图16－10　山东楮岛锆矿开采工艺

1—砂矿层；2—推土机；3—装载漏斗；4—小型带式输送机；5—筛分设备；6—砂泵；7—移动式螺旋选矿机；8—矿层界线

表16－8　我国海滨砂矿床机械化开采的几个主要矿山概况

矿　山　名　称		矿床及开采简况	开　采　工　艺
山东荣成楮岛锆矿		以锆石为主的大型矿床，平行海岸分布，1966年起开采，1978年停采	推土机－带式输送机移动粗选厂 链斗采砂船试采
海南省	乌场钛矿	以钛铁－锆英石为主的大型矿床，沿海岸似层状分布。1967年投产，准备扩建到日采矿砂4000t规模	1980年前水力机械化开采 1982年起用轮斗铲－带式输送机－移动式粗选厂
	沙老钛矿	以钛铁－独居石为主的大中型矿床，设计年产精矿20000t	水力机械化开采
	南港钛矿	以钛铁为主的中型矿床	人工开采 推土机－水力冲采
广东省	南山海稀土矿	以独居石－磷钇矿为主的大型矿床，日产量4000t	1958～1972年人工开采 1973年起水力机械化开采
	甲子锆矿	以锆石为主的近代沙堤砂矿。1959年投产，1962～1965年停产，1966年恢复生产	水力机械化开采

海平面以下的海滨砂矿床的开采方法，并准备向采砂船开采的方向发展。

目前，我国开采海滨砂矿的主要工艺如下。

A　轮斗铲－带式输送机－移动式粗选厂开采工艺

该开采工艺的基本特点，就是生产连续化，效率高，能耗省，成本低，并在国外砂矿开采中已有应用，而且有进一步发展的趋势。例如，加拿大阿萨巴斯卡砂矿（Athabascu），埋深15m，曾采用轮斗铲－带式输送机开采工艺，其输送机的带宽为1524～1778mm，带速5.2m/s，生产效率为10800～14400t/h。非洲开采金刚石砂矿也曾采用这种开采工艺。

我国海南乌场钛砂矿，曾于1981年试验轮斗铲－带式输送机－移动式粗选厂开采工艺，获得成功，从1982年起已正式投入生产，其开采工艺系统如图16－11所示。

实例　乌场钛砂矿

（1）地质简况。该矿床平行海岸呈条带状分布，长1800m，平均宽230m，矿体最厚达40余米，直接露出地表，海平面以上平均厚度9.5m。矿砂层松散，几乎不含泥，干容重1.65t/m^3。

图 16－11 海南乌场钛砂矿开采工艺系统概貌

1—轮斗挖掘机；2—轮斗；3—轮斗挖掘机的出砂带式输送机；4—龙门悬吊式自行带式输送机；5—悬吊自行带式输送机的龙门架；6—移动式倾斗带式转载机；7—移动式矿仓；8—移动式选厂；9—开采工作面

（2）开采设备。主要的开采设备有：轮斗挖掘机、龙门悬吊式自行带式输送机、小型转载带式输送机。开采设备的主要技术性能见表 16－9。

表 16－9 乌场钛矿开采设备的主要技术性能

设备名称	主要技术性能
轮斗挖掘机	
设计生产能力	$100m^3/h$
轮 斗	轮径 1.6m，铲斗 9 个，斗容 11L，转速 26.4r/min
进砂带式输送机	机长 7m，带宽 500mm、带速 2m/s，回转角 180°
出砂带式输送机	机长 8m，带宽 500mm，带速 2m/s，回转角 180°，卸载高度 3m
行走机构	履带长 3m，宽 0.46m，走行速度 7m/min，接地压力 4.73×10^4Pa
装机总功率	33kW
总 重	13t
龙门悬吊式自行带式输送机（水平输送主机）	
输送机带	单机长 45m，带宽 500mm，带速 2m/s，输送能力 $100m^3/h$
行走机构	履带式，行走速度 15m/min，接地压力 5.8kPa
总 重	12.4t
T45－20 小型移动式带式输送机（向矿仓转载矿砂用）	带宽 500mm，带速 2.6m/s，输送能力大于 $100m^3/h$，最大输送坡度≤18°，装机功率 7.5kW，机重 2.6t

（3）开采技术参数。轮斗挖掘采用端工作面开采，沿矿体走向推进。采掘带宽度 16m，向上采挖高度为 4.2m，台阶高度超过 10m，矿砂又不能自行滑落时，需采用推土机从上部铲推，也可采用松动爆破方法降低其高度。龙门悬吊式自行带式输送机是平行工作线布置，每采完一个采掘带，自行带式输送机随之向前平移 16m。当采矿工作线推进到

一定距离时，暂停生产，向前移设转载矿仓和选矿厂。

（4）主要优缺点及技术经济指标。

1）优点。生产连续化，设备效率高，能耗低，一般比水力机械化开采低10倍左右；设备作业率以年日历小时计，可达到68%左右，比水力机械化开采提高12%左右，劳动生产率约比水力机械化开采高2倍，采用移动式粗选厂，可大大缩短原矿及尾矿的运输距离，从而降低采选总成本。

2）缺点。现有自行设计制造的小型轮斗挖掘机，只能上挖，而且挖掘高度只有4.2m，从而不仅难于开采海平面以下的砂矿，而且上挖高度受到严格限制。采掘与运输设备的生产相互制约性强，移设的灵活性较差，限制了采矿工作面及工作线的灵活性推进，要求矿层底板比较平坦。

由于存在上述缺点，该开采工艺系统的广泛实用性受到限制，从而限制了它在开采海滨砂矿床中的广泛发展前景。

主要的技术经济指标（1981年工业试验数据）：小时生产能力为120～130t，工人劳动生产率（矿砂）为3.78万～4万吨/（人·年），开采单位能耗0.25kW·h/t，开采单位成本为0.15元/吨。

B　前装机-移动式带式输送机-移动式选厂开采工艺

该开采工艺的主要特点，就是采用灵活性好的前装机采矿，矿石可直接送入移动式带式输送机的受矿漏斗中，大大提高采矿与运输相互间的配合灵活性，使采矿工作面及工作线能灵活的推进。这是一种半连续开采工艺系统，曾在澳大利亚的海滨砂矿开采中，得到广泛应用。我国海南省南港钛砂矿，也成功地采用了这种开采工艺，取代了原有的推土机-水力冲采开采工艺。

图16-12　南港钛砂矿前装机采装工作面概貌

1—前装机（EL-40）；2—带式输送机的受矿漏斗；3—小型移动式带式输送机

南港钛砂矿采矿工作情况见图 16－12。采场内采选工艺系统见图 16－13。

图 16－13　南港钛砂矿采场内采、选工艺系统概貌

1—移动式带式输送机；2—矿仓；3—移动式粗选厂；4—台阶工作面

实践表明：由于该开采工艺灵活，对开采条件的适应性较强，因此对开采海平面后滨带以上的砂矿床来说，它是一种很有发展前途的开采工艺。该开采工艺的效率高低，主要取决于设备选型与配套，以及合理控制前装机的装载行走距离（参见本卷 12.5.2.3 及 12.6.4.2）。

综上所述，我国海滨砂矿床的开采，已具有一定规模，但是至今主要局限于开采后滨带海平面以上的砂矿床，对开采前滨带砂矿床的经验还很少，对于滨外带的砂矿床的开采尚未起步，这都是亟待研究解决的课题。

16.4.2　海底砂矿床开采

世界海底砂矿床的开采，始于 19 世纪末期，最早的国家是美国、泰国和印尼。1898 年美国在阿拉斯加诺姆萨蒙河口开采金、铂[8]；1906 年泰国在普吉岛近岸开采砂锡矿；1910 年印度尼西亚在新及岛附近开采砂锡矿，一直延续到现在；1937 年印度尼西亚开始在邦加和勿里洞岛附近开采砂锡矿，也一直延续到现在[7]；1931 年澳大利亚开始在新南威尔士和昆士兰州开采锆石和金红石。总的来说，20 世纪 30 年代以前，开采规模都不大，属于探索性开采阶段。第二次世界大战期间，有较快的发展，特别是美国和澳大利亚。战后，各国相继有了新的发展。1945 年苏联开始开采海底磁铁矿，日本于 1959 年起开采本州岛的磁铁砂矿；1962～1966 年西南非洲开始开采金刚石。70 年代以后，进入了大规模开采海底砂矿的阶段，30 多个沿海国家进行开采。目前，澳大利亚在其东海岸大量开采金红石和锆石，成为当前世界上最大的金红石和锆石出口国。泰国、印度尼西亚和马来西亚的海底锡砂矿开采规模有了新的发展，产量不断上升，1979 年和 1980 年，三国的产锡量约占世界供应量的15%[36]。日本海底磁铁矿开采遍及日本三大主岛。全世界海底金刚石开采量约占海滨开采总量的3%左右。海底非金属砂矿的开采（砂砾石）也有很大发展。

我国于20世纪70年代在山东建造了一艘小型链斗采砂船（采矿船），进行海岸边砂矿试采，后又改为绞吸式采砂船，由于各方面的原因而未见成效。目前我国海底砂矿实际上未进行开采。因此，下面仅简要地介绍国外海底砂矿开采经验，而且只能论述有关海底砂矿开采的一些特点，关于水下砂矿的常规开采参见本卷第14章。

16.4.2.1　海底砂矿开采方法

国外至今，卓有成效地开采海底砂矿，是朝着采用不同类型的采砂船方向发展的（表16－10）：（1）索斗铲和蛤壳状抓斗式；（2）链斗式，（3）吸扬式；（4）压气或水射流升液式。所有这些方法都是采用了大陆上采砂船开采的经验，并考虑到海洋环境所带来的限制条件。例如，海洋条件决定着现有的采砂船，只能是头缆型的，用5点锚或6点锚泊位，以适应潮汐或风浪，使船体随缆索而起伏，作垂直方向的运动。

近些年来，美国、法国和意大利研制出小型的人控海底挖掘机，进行试验，尚处于发展中的早期阶段。然而它确向人们展示了未来海底砂矿开采系统的新概念。

位于前滨带或海平面以下的砂矿床，若基岩很硬而坎坷不平时，并能建筑临时防护堤

表16－10　海底砂矿开采标准型采砂船资料[7]

采矿船类型	索斗铲	蛤壳状抓斗	链斗式	吸扬式	压气升液式	水力射流升液式
方法分类	机械的重复	机械的重复	机械的连续式	水力连续式	水力连续式	水力连续式
一些操作限制						
环　境	载荷的冲洗		在使用刚性斗架的地方的斗架运动		挠性主管的横向运动	
矿床特点	中硬到松软颗粒		硬到中硬土岩		松散粒状物料	
水的深度（m）	未明确	90⁺	49	30	未明确	90⁺
机械的	提升速度，钢绳的重量		斗架的重量和大小		管中的摩擦，其他未知的水利作用	
操作的参数范围						
深度（m）	0～30	9～76	9～46	9～46	18～61	9～76
正常额定能力	0.76～3.8m³	3.8～7.65m³	57～509L	250～750mm	150～600mm	250～600mm
装机功率（kW）	52～373	1864～3729	373～2685	298～5966 56～1864	52～3729	224～4474.
生产率，软物料	变化很大	183～382m³/h	3058～267500米³/月	190～3440m³/h 38～1530m³/h 8.3～15m³/h	变化很大	近似于带切割头的吸扬式
投　资	低	低	高	300～373美元/千瓦	中　等	中　等

(墙)、防止海水浸袭，可以采用小型通用工程机械开采或水力机械开采，这样有利于回收高品位的矿物。

16.4.2.2　索斗铲和蛤壳状抓斗采砂船开采[7]

索斗铲采砂船：结构简单，最适于开采小而浅的海滨砂矿，亦可用于900m水深的海底取样。其最大缺点是难以控制，开采成本高，故在海底砂矿开采中很少采用。

蛤壳状抓斗采砂船：结构简单，在海底砂矿开采中应用较广，主要原因是：(1) 在中软地层条件下，能在较深的水下作业；(2) 重量比链斗采砂船轻，稳定性较好；(3) 维护费用低；(4) 能在基岩坎坷不平的条件下作业，且在不同土岩情况下容易变换斗型。其主要缺点是：由于潮汐流的变化，控制挖掘位置较困难，遇到强塑性黏土时，挖掘困难，开采成本高等。

当前应用的抓斗铲主要特点是：(1) 挖掘机构安装有抗风浪影响的补偿器；从而在不平的底面上，使抓斗在闭合前，保持直立的位量，并在抓斗正闭合时，避免突然脱离底面。(2) 在卷绳限度内不管深度如何，在整个抓取过程中，保证动作的完全自动化。

例1：东南亚开采海底锡砂矿的“丁诺索尔号”抓斗采砂船，有一对0.17m^3的抓斗，在水深41m条件下采矿，月挖掘矿砂235474m^3，成本为2.1美分/米^3。

例2：1964年起日本成功地采用抓斗采砂船开采海底铁砂矿，斗容为8m^3，船长40m，宽度14m，吃水深度2.7m（图16－14）。采用分层开采砂矿时，船上装有重选及磁选系统，月采掘矿砂量30000t。

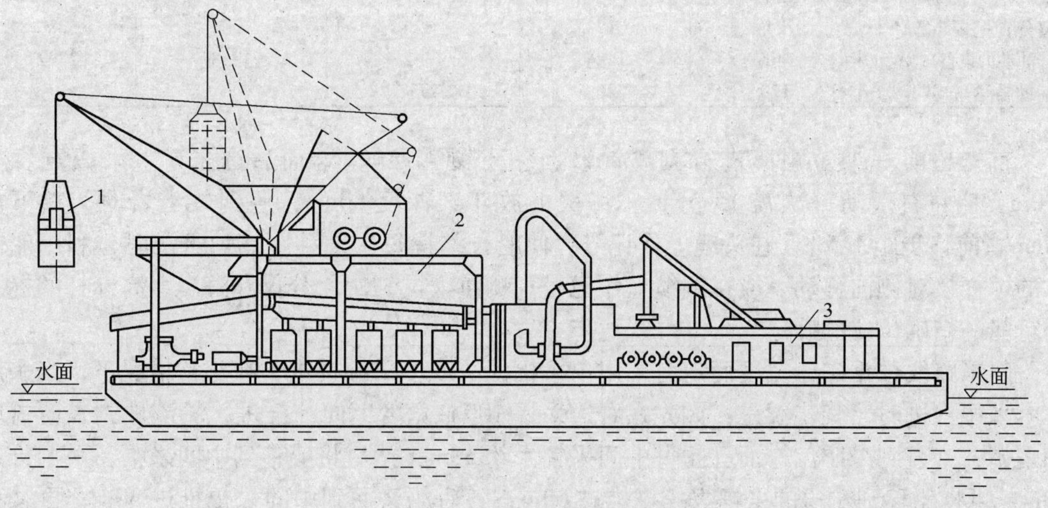

图16－14　日本开采含铁砂矿的抓斗采砂船[8]

1—抓斗；2—重选装置；3—磁选装置

16.4.2.3　链斗采砂船开采

自从1906年泰国在普吉岛海域和1910年印度尼西亚在新及岛附近海域开始使用链斗采砂船开采锡砂矿以来，链斗采砂船一直是开采海底金属砂矿最有效，而生产成本最低的设备。链斗采砂船的主要优点是由于坚固耐用，尤其是在适宜条件下，具有高效率和良好的挖掘能力，尽管它的基本投资较高，人们仍愿采用。其主要缺点是挖深有限，而且在恶劣气候条件下极易受到损伤。

一般来说，采砂船越大，开采成本就越低，故链斗采砂船正向大型化发展。1970 年马来西亚建造了斗容为 680L 的大型采砂船。1978 年印尼建造斗容为 625L 的采砂船，有利于开采大型低品位的砂矿床。

为了适应开采海底砂矿的特点，近 20 年来链斗采砂船设计取得以下主要进展：（1）船壳和斗架设计强度大为牢固结实；（2）上滚筒支承点降低，有利于增大挖掘深度；（3）船体和斗架间采用活性连接，即斗架的上端由一根悬臂与船体相连，由一对与气缸相连的液压臂支承；斗架的下端由常规的提升铲所悬吊，吊绳下端是用液压弹簧与斗架连接，以此保证船体在起伏摆动中，使斗架的下端始终与采掘面接触。

实例[7]　印度尼西亚邦加和勿里洞岛附近海域的链斗采砂船开采。砂床属冲积和残积，位于分水岭处，谷的台地和谷中。全部采用头缆型链斗采砂船（表 16－11），并有一支庞大的辅助船队。

表 16－11　印尼邦加和勿里洞岛使用链斗采砂船技术指标

技术数据	船号				
	卡里马塔号	达荣格号	战后荷兰的 6 艘船	战后美国的两艘船	邦加 1 号
长度（m）	75	69.6	66	75	92
宽度（m）	23	22.86	20	23.2	24.5
高度（m）	4	3	4.2	3.8	4.2
最大挖深（m）	30	26	30	30	40
每分钟挖掘斗数	24	17	22	30	28
柴油动力设备（kW）	1409	1484	1342	1958	2792
辅助马达（kW）	179	26	179	179	

首先超前一个短距离进行剥离（砂、黏土覆盖层），继而后退采矿。采幅宽度为 100m，船左右摆动一次需 15 分钟。每次下放斗架深度 80cm，遇到硬土岩时，只下放 50cm。前移步距 1.5m，在头缆上作记号，使船长掌握每次前移距离。水浅时，利用船前方的标杆核对侧向移动，或在侧缆上作记号。测量人员利用六分仪和海岸上高标杆的标志进行船的精确位置的确定。

船采路线根据矿床宽度而定，采用单采幅回采或多采幅推进。在正常情况下，当采用三个采幅推进时，其步骤是：如先在右边采幅 100m 宽度上向前推进，轮流地剥采覆盖层和采矿，一直到采矿工作面已超过中间采幅大约 30m；然后将船移到中间采幅，采掘推进 30m；再将船移到左边的采幅去挖掘推进 60m；随后船又回到中间采幅推进 30m；再又移向右采幅，在此推进 60m；如此反复循环。

假期除外，全年总的工作时间利用率为 80%。开采成本组成：工资占 34%，材料及燃料占 30%，运输占 11%，修理费用占 7%，其他费用占 18%。

16.4.2.4　吸扬式采砂船开采

在海底砂矿开采中，吸扬式采砂船远不如链斗采砂船那样使用广泛。主要原因是：只有当开采淤泥或细砂粒砂矿时，其生产率高于链斗采砂船，生产成本低，但是在开采砂砾或含砾石的致密砂质黏土质砂矿时，其生产成本迅速增高，生产率远低于链斗采砂船，能耗大。当前采用吸扬式采砂船开采重砂矿物和砂石建筑材料的国家，主要有澳大利亚、日本、英国、美国和西南非洲等。吸扬式采砂船的主要优点是船的上部建筑物轻，稳定性较好。

吸扬式采砂船作业中的根本问题，是研究切泥头的合理结构及参数，使其易于将固体物料导入吸浆管中，增大砂浆浓度。海底砂矿开采中，除采用常规的绞刀式、轮斗式切泥头之外，还有耙头式、簸箕式的切泥头，也有用高压水射流松泥与吸砂头相结合的。因此，就有向前推进和拖曳式的采掘作业方法。吸扬式采砂船一般只能在 9～27m 水深作业，若借助于射流的帮助，开采深度可增大到 69m。吸管内的压头损失，随着垂深增大而增大，苏联和日本为了增大开采深度，在吸管中安装潜没砂泵，防止气蚀现象，取得了良好效果[8]。

实例　图 16－15 是日本东邦金属公司山川铁砂矿采用的吸扬式采砂船（东邦丸 6 号）。其特点是装有吸砂罩、吸砂软管、砂泵和输送管道。吸砂罩直径为 60cm，高 50cm，重 750kg，形状似锥形铁钟；在其侧壁上开有 4 个直径为 5cm 的孔，以保持砂浆浓度在 20%～25% 以内。吸砂软管的内径为 20cm，砂泵动力为 45kW，采掘能力为 120t/h。

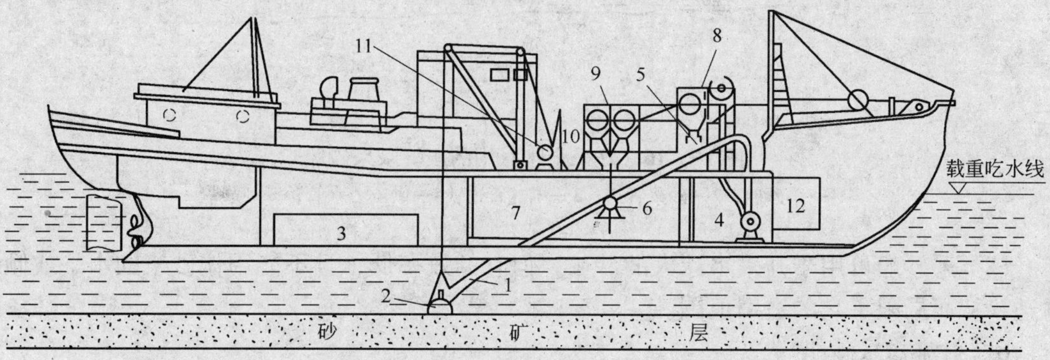

图 16－15　东邦丸 6 号的采矿设备[7]

1—吸砂软管（ϕ203mm）；2—吸砂罩；3—6 缸 209kW 柴油发动机；4—ϕ203mm 砂泵，功率 25kW；5—1 号尾砂；6—2 号尾砂；7—精矿货轮，容积约 60t；8—分选机和圆筒筛；9—磁选机；10—精矿斗仓；11—11kW 绞车；12—配电舱

16.4.2.5　压气升液式和射流式采砂船开采[7]

A　压气升液式采砂船

压气升液式采砂船的基本原理是将空气注入潜没在水中的管道底部，在管中产生密度差，管中的空气与水的混合物，在静水压头作用下向上流动，于是，在管底产生吸力而吸取粒状物料。对于较致密黏结的土层，则需在吸头前带有水射流装置进行预松。

西南非洲已采用小型压气升液式采砂船开采海底金刚石砂矿（图 16－16）；采区水深 30～100m，船上装有选矿系统。砂浆提升软管分内外管，内管直径为 50mm，用以输送压气，外管直径为 250mm，用以输送砂浆。船上安装有水泵，经直径较小的管道向下部供水，用于预松土层，水压为 1.5MPa，流量为 80L/s。

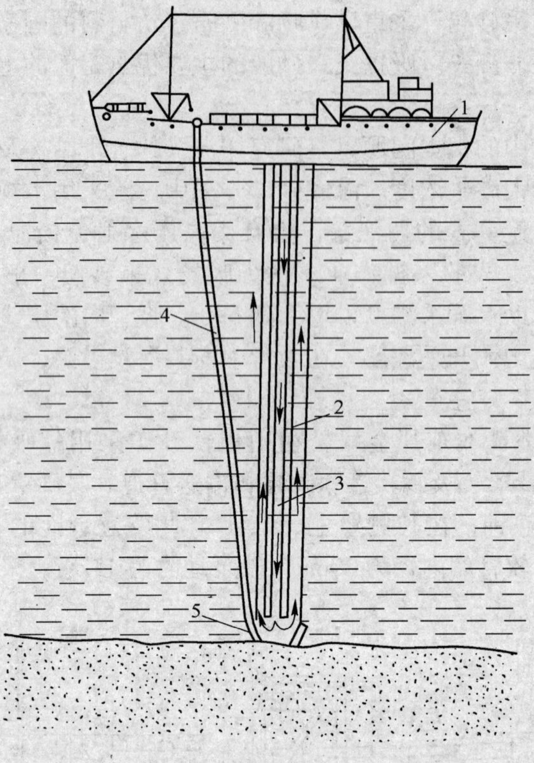

图16－16　开采金刚石用的压气泵采砂船
1—采砂船；2—砂浆管道；3—压气管道；4—供压力水管；5—喷嘴

该类采砂船可用于开采水深大的砂矿，但它的效率低，且不能用作砂浆的水平或倾斜输送，从而局限了它的适用范围。

B　射流式采砂船[7]

它是应用文氏管原理，即以高压水射流在接近抽吸头的上面，射入吸管中而引起水流，从而在吸头附近造成低压区，将矿砂和水吸上来。当砂浆进入混合室后，就借助高压射流而进入排浆管。

由于射流泵位于挖掘的底部，故能在任何深度下操作，当水深超过吸扬式采砂船的有效作业界限时，可用射流式采砂船替代。射流式采砂船已经用于海底金刚石砂矿的开采。

16.5　海底锰结核开采

16.5.1　海底锰结核矿物

16.5.1.1　锰结核的物理特性

海底锰结核一般呈黑色、多孔、质轻和形状不一的硬壳体，通常直径为0.5～25cm，极少数达60cm至1m，平均容重为2.4t/m^3。结核中若含高价铁，一般呈棕红色，若含高价锰，则呈蓝黑色。大部分结核的外表暗淡无光，莫氏硬度在1～4之间，平均为3左右。结核中碳酸钙含量大于5%时，碳酸钙有凝结剂作用，使结核相对硬化，难以压碎。碳酸钙含量低于2% ~3%，结核就易压碎[18]。

从太平洋采集的锰结核形状如图16－17所示。

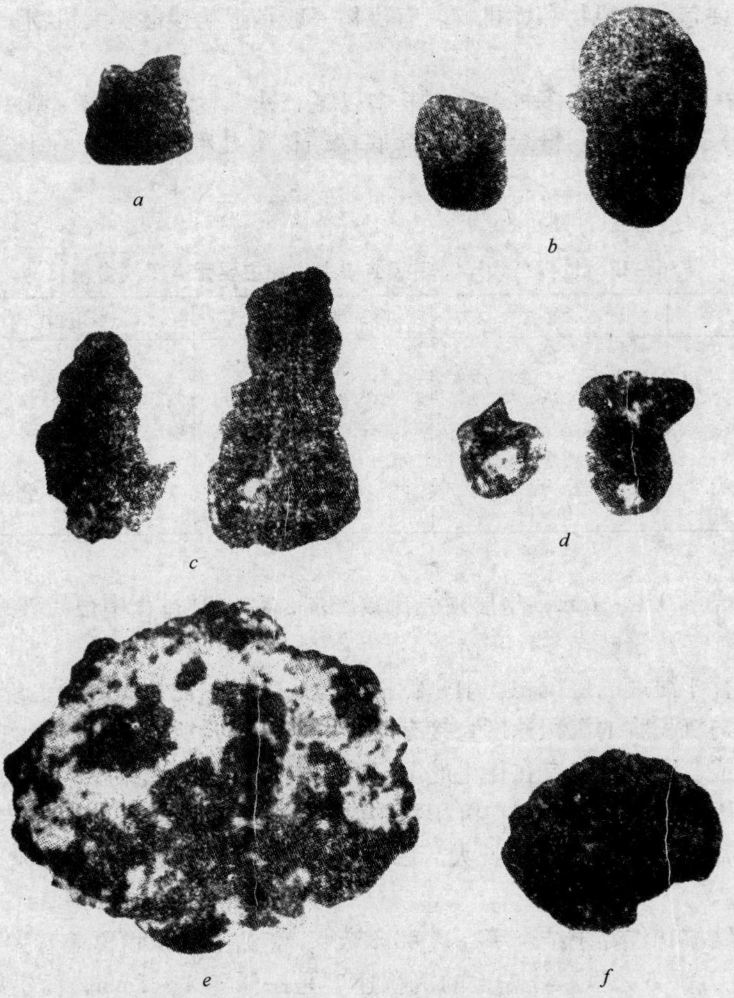

图16－17　太平洋的锰结核

a、*b*、*c*、*d*、*e*、*f* 表示采集的位置、方位及水深。*a* 是采自北纬29°58′，西经125°55′，水深4325m；*b* 是采自北纬23°27′，西经138°15′，水深4890m；*c* 是采自北纬22°30′，西经113°08′，水深3600m；*d* 是采自北纬14°11′，西经161°08′，水深5652m；*e* 是采自北纬9°57′，西经137°47′，水深4930m；*f* 是采自北纬21°27′，西经126°43′，水深4300m。

锰结核形状大小，在大西洋及印度洋各处采集的有所不同，主要取决于伴生沉积物的沉积速度。

16.5.1.2　锰结核结构

锰结核结构由核心、杂质和有用矿物三部分组成。

核心：一般包含有碳酸钙、磷酸盐、黏土、生物贝壳、鱼类骨骸以及其他硬物，其中浮石和火山碎屑是最常见的核心，核心的化学性质、对锰结核的成分没有影响，也无经济价值，但有理论上的意义。借此，可以知道锰结核生长过程中的变化，以提供结核生长年龄和生长速度方面的资料。核心在相互靠近时，便合并形成不规则的自然形态的锰结核。

杂质：主要包含有机物和无机物。有机物一般是生物残骸、无机物一般为碎屑矿物和黏土矿物。

有用矿物一般含有三十多种金属，其中以锰、铁含量最高，铜、钴、镍含量次之，但是它的经济开采价值最大。世界各大洋海底锰结核中几种主要元素平均含量如表16－12所示[19,54,55]。

表16－12　世界各大洋海底锰结核中几种主要元素平均含量（%）

元　素	太平洋	大西洋	西印度洋	东印度洋
锰	24.2	16.3	13.56	15.83
铁	14	17.5	15.75	11.31
铜	0.53	0.20	0.102	0.33
钴	0.35	0.31	0.358	0.153
镍	0.99	0.42	0.322	0.512

锰结核外壳厚0.8～1cm，这层硬壳比较脆弱，在提升过程中很易破碎。

16.5.1.3　锰结核赋存条件及储量

锰结核赋存于海底表层沉积物中，特别在海底表面的泥－水界面上最富集，主要由于锰结核的形成与沉积物的沉积速度直接有关。也就是说，所有海底表层的锰结核，都是在氧化条件下形成。因此，只有在伴生的沉积物形成速度小于锰结核的形成速度的区域，或者由于某种外因，使结核能停留在沉积物的表面，才易形成大颗粒的锰结核；当结核一旦被沉积物所覆盖，锰结核便停止长大。因而，锰结核在各海洋底的形成速度也就有新差异[15,54,55]。

太平洋锰结核和红黏土结合率高达80%[25]，红黏土沉积物覆盖着太平洋底约一半面积，达到7000万平方公里。红黏土的沉积速度是一千年1～5mm，而锰结核形成速度一千年几厘米。因而，太平洋有利于锰结核的生长，使这一海域成为锰结核最富集地带。特别是在北太平洋北纬8°30′～10°，西经131°30′～150°的一条东西向地带；锰结核几乎覆盖海底100%面积[26]；这个海域的锰结核丰度达到9.3～22kg/m^2，赋存深度为3600～5400m。当前各国确认，可以作为商业开采的区域，是太平洋北纬6°～20°，西经110°～180°之间，面积约1080万平方公里，锰结核平均丰度在10kg/m^2以上，覆盖率为75%；此海域很可能成为世界上先期开发的中心，各国已集中力量在此区域进行详细勘探。

大洋底锰结核的储量尚未得出精确的结果。据加利福尼亚大学梅罗（J. L. Mero）教授估计，覆盖在大洋底锰结核储量大约2～3万亿吨，仅太平洋中就有17000亿吨[13,15,34,27,29,31]，如表16－13所示。

日本地质调查所实施太平洋锰结核勘探计划（1975、1982、1983年），使用“白岭丸”调查船对太平洋锰结核富集区进行了调查。如图16－18所示[30]，A区——今后有希望研究的区域，数字表示区内测点的镍＋铜平均品位；B区——c－c两断裂带间的富矿区域；

表 16-13 太平洋中锰结核主要金属含量

金属品位与含量	主要金属			
	锰	镍	铜	钴
锰结核平均品位（%）	24.2	0.99	0.53	0.35
锰结核金属含量（亿吨）	4000	164	88	58

C 区——地质调查所的研究区域（1974～1978 年，1979～1983 年）。

由上述可见，海底锰结核储量极为丰富，可供人类利用几百年，甚至上万年。而且世界海底每年还在不断生长 1 千万吨锰结核，真可谓人类取之不尽，用之不竭的资源新基地[54,55]。

我国对锰结核的调查，开始于 20 世纪 70 年代中期。1976～1978 年，在赤道太平洋进行综合调查时，"向阳红" 5 号船曾在 3000～5000m 深的海底，做过锰结核的调查研究工作。1983 年 5～7 月，"向阳红" 16 号船在中太平洋北纬 7°～13°，西经 167°～178°，曾对面积约 80 万平方公里的海域，又做了锰结核的系统调查工作，并在测区水深 4500～6000m 之间，做了 18 个站位的调查。在调查站位中，有 6 个站锰结核的丰度为 10～26kg/m²，有 6 个站位为 1～10kg/m²。在分析的 16 个样品中，有 2 个样品的铜、镍金属总品位大于 1.8%，有 6 个样品的铜，镍金属总品位在 1.0%～1.79% 之间。近几年来，我国又多次派遣"向阳红" 16 号和"海洋" 4 号船，对锰结核和锰结壳进行了调查。1985 年和 1986 年航次调查区域，

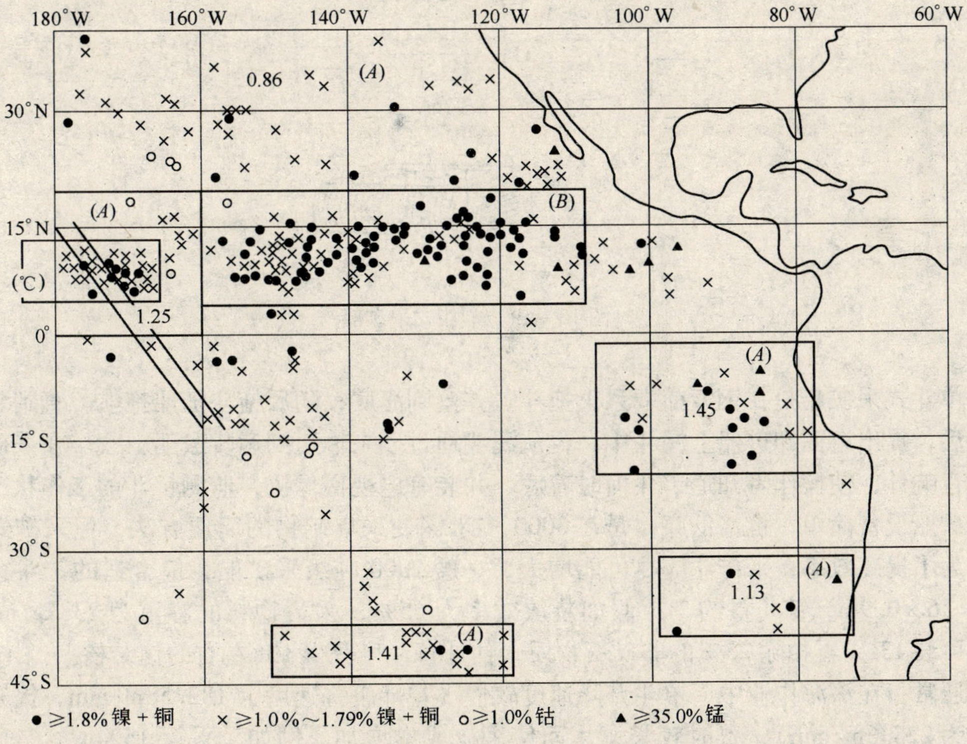

图 16-18 太平洋锰结核的富集区

从中太平洋扩大到东太平洋，并采用了国际上先进的声波探测技术和海底照相，使调查研究的程度有了进一步提高，从而圈定出数万平方公里的富矿区[32]。

16.5.2　海底锰结核的开采技术

在海底采矿中，应根据海底矿物被海水及沉积物覆盖的特点，同时又要考虑采矿过程对海洋生物资源的影响，需要设计一种经济有效的海底采矿系统[54]。

海底锰结核采矿系统，一般划分为三个组成部分：即海底集矿装置、矿石垂直提升设备和海上作业台三部分。也有人划分为四个部分：即集矿装置，提升装置、采矿船及测量和控制装置。无论怎样划分，它们的集矿部分和扬矿部分，是决定采矿成效的关键，其中集矿部分又起最重要的作用[54]。

16.5.2.1　拖斗采矿船

A　单斗式采矿船

单斗式采矿船是开采深海底锰结核的最简单方法。如图16－19所示。

图16－19　单斗式采矿船

1—采矿船；2—单斗

单斗式采矿船是在钢索前端系上拖斗，并落到海底；随后拖斗随船拖航，直到装满锰结核后，提出海面卸进船上漏斗中，再从漏斗通过砂泵输送到运货驳船上去。在采矿斗上装有音响计，使操作者知道铲斗何时着底，并装有电视摄像机，监测铲斗的工作状况。这种采矿船设备简单，价格低廉，是在3000多米深处采集矿物的简便方法，但采矿效率很低。为了提高效率，采矿斗应尽可能增大，一艘2000吨级采矿船，最合适的铲斗容积为$6.0\times36\times0.9$m，铲斗重约3t；假如装取效率为65%，采集物料的容重为738kg/m^3，则一斗可装13t，再扣除25%的非矿石物质，估计每斗可获得10t左右的锰结核。

通常，在深海作业中，单斗升降速度较慢（单斗下降速度为182.58m/min，提升速度一般为228.6m/min)，费时较长，从而使采矿成本增加。例如，采深1524m，提升速度457.2m/min时，所需功率2893kW，生产成本为18.4美元/吨。在开采3000m深，提升速度一般为228.6m/min，生产成本则达到30.6～41.2美元/吨。因此这种方法难以获得较好的经济效益[14,15,19]。

B　双斗式采矿船

双斗式采矿船就是采用两根钢索系上拖斗，一个斗上，一个斗下，采取Z形路线航行，防止两斗互相缠绕，采矿效率可获得单斗式的两倍，如图16－20所示。双斗式采矿船还可利用拖斗的自重，以降低绞车的动力消耗，但这种方法仍然不能大幅度提高采矿效率[18]。

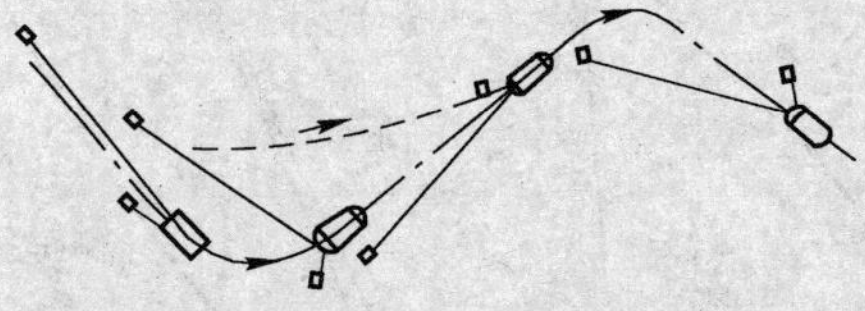

图16－20　双斗式采矿船

C　连续绳斗式采矿船

为了实现连续采矿，1967年，日本人孟田善雄曾经发明了一种连续绳斗采矿船，简称CLB法（Continuous line bucket system）。由日本住友商事公司、住友重机械工业公司为主，于1968年首先在水深1410m的相模湾海，使用东海大学丸二号船（载重714t）做过小型试验。1970年在南太平洋塔希提岛，水深3760m，使用极洋公司第2千代田丸号船（载重1422t）；按1/10规模进行试验，获得成功。1972年孟田和梅罗联合组成CLB国际开发财团，又在夏威夷海域，水深3700～5000m，使用第2极洋丸（载重16.692t），按1/2比例进行试验，并试验了深海底照相与声纳探测装置[18,22]，证明CLB法是有一定发展前途的。

CLB法实质上是链斗式采砂船的发展，如图16－21所示。其特点是用高强度（抗拉强度为7500MPa）尼龙材料（聚丙烯）制成缆索，在缆索上每隔一定间隔（25～50m），挂

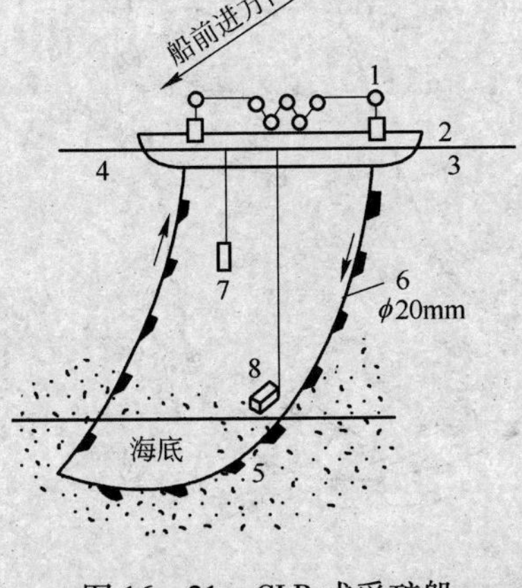

图16－21　CLB式采矿船

1—绳索驱动装置；2—天轮；3—船首；4—船尾；5—铲斗；6—聚丙烯缆索；7—声纳探测器；8—摄影机

上铲斗，缆索绕过船上的摩擦驱动装置，形成无极绳式循环运转；缆索铲斗随船拖航，以铲取海底锰结核，从而基本上实现了连续采矿作业。

CLB 法有单船作业和双船作业两种方式。如图 16－22 及图 16－23 所示。

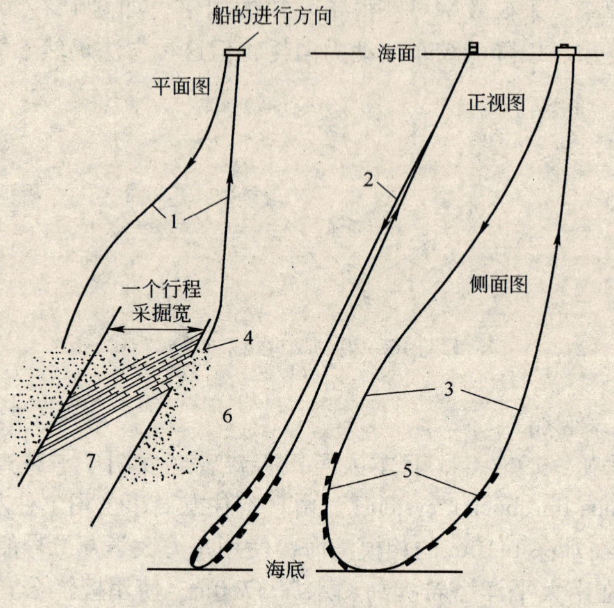

图 16－22　单船作业

1、2、3—挖泥机斗链；4—每个铲斗的轨迹；5—在海底的链斗；
6—未采掘区域；7—采掘轨迹

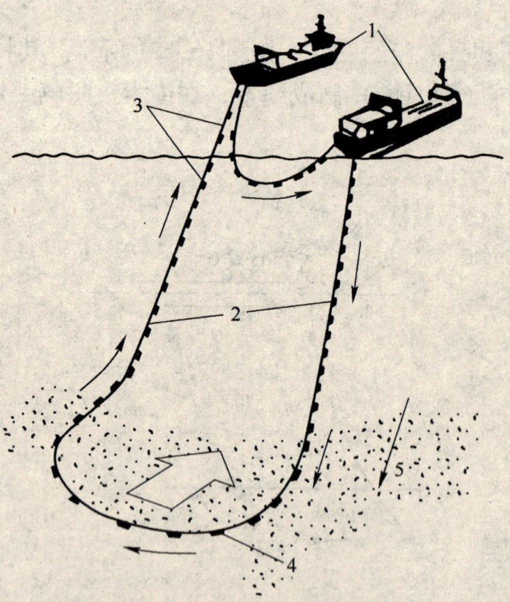

图 16－23　双船作业

1—双采矿船；2—连续环形缆索；3—链斗；4—海底链斗；5—锰结核沉积层

在单船作业时，链斗容易产生相互缠绕，后又改进为双船作业，使绳索间隔加大，从而使缠绕问题基本得到解决。

CLB 采矿船的主要特点是：能适应水深和海底地形的变化，保持正常作业，绳索又能稳定船的摇摆，减轻波浪对作业的影响。据报道，1980 年有 10 艘 CLB 采矿船投产试验[14,19,27]。

针对 CLB 法中以下几个重大技术问题正在进行研究：（1）防止绳索相互缠绕；（2）提高每个链斗的采装效率；（3）尽可能扩大绳索幅度，增大采集面积覆盖率；（4）易于控制采集轨迹。

日本海洋科学技术中心孟田善雄又研究成功流体动力分离器，能使绳索在作业中间隔扩大，避免绳索发生缠绕，以使 CLB 式单船作业更为适用。

16.5.2.2 管道提升采矿船

管道提升可以完全实现连续采矿的目的，如图 16－24 所示。从采矿船下吊运输管道到海底，集矿机在海底采集锰结核，供给管道进行连续提升。

按照动力不同，可分为水力提升、压气提升和轻介质提升三种方式（统称为流体提升采矿方法）。

DV（深海探险公司，美国）、AMR（海洋矿物资源开发公司，联邦德国）、INCO（国际镍公司，加拿大）、DOMCD（开发深海底锰结核企业，日本）等公司曾经进行管道提升采矿方法试验。1970 年，美国 DV 公司在大西洋布莱克海台，水深 800m 处，曾经试验压气提升采矿方法，船重 7500t，管径 24.1cm，风压 10.6MPa，一小时采集锰结核 10～60t[32]。日本公害资源研究所于 1974 年也开始研究压气提升系统，并已取得成效。1975 年，肯尼柯

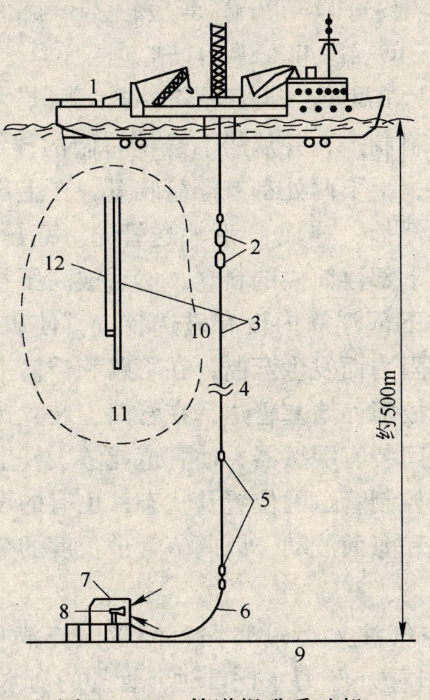

图 16－24 管道提升采矿船

1—采矿船；2—泵；3—钢管；4—水泵方式；5—测数据接头；6—柔性管道；7—收集器（集矿机）；8—海底电源；9—锰结核；10—注入压气孔；11—压气提升方式；12—压气管

特（Kennecott）财团，1978 年美国海洋矿业公司，以及 1980 年 6 月和 1981 年洛克希德集团，都进行过水力提升采矿系统试验，均获得成功。

A 水力提升采矿船（又称为吸扬式采矿船）

深海采矿水力提升不同于陆地管道水力运输的概念。

莫斯科矿业学院设计的吸扬式采矿船，如图 16－25 所示。

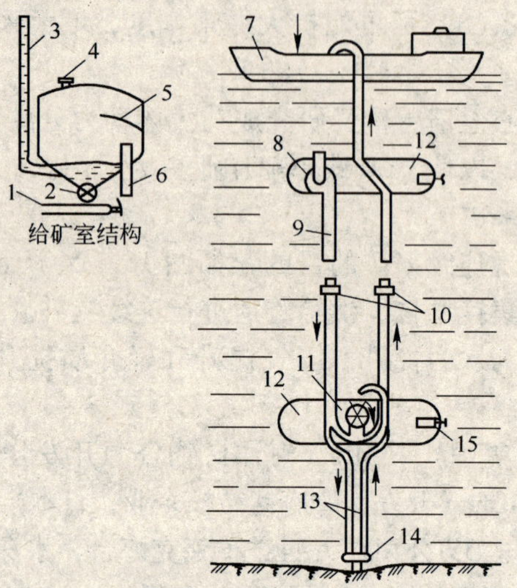

图 16－25 莫斯科矿业学院吸扬式采矿船

1—输送带；2—滚筒；3—排水管；4—压气阀；5—反射板；6—阀门；7—采矿船；8—高压泵；9—压气管；10—前进用螺旋桨；11—贮矿装置；12—浮筒机械室；13—管道；14—吸入端喷射器；15—前进用马达

管道一般采用铝合金材料制造，并从船上悬挂特制的浮筒，以承受管道大部分重量。莫斯科矿业学院设计的管路，上下两处都有浮筒装置，在上部浮筒中，装有高压水泵，并由此按高压水管，通向下部浮筒，连成 U 形输送管路。高压水管在下部浮筒分岔，连接喷射器，借此将锰结核导向下部浮筒内的料仓，然后被高压水再导入输送管内而提升到海面。为了提高输送效率，在下部浮筒内设有磁选装置，使矿物和砂分开。在采矿船移动时，为了避免管道对水流的阻力而发生弯曲，在管路和浮筒上设计有推进装置。

为了防止泵和马达产生故障而堵塞管道，在管路上装置卸料阀的安全措施。

除此，有的曾在管路中间装有缓振器，使管道能够缓慢上下振动，以适应集矿机头的作业；有的安设稳定器，以控制管道的位置及状态；也有的设计天秤式弦杆，既能支持管道，又能适应海底地形变化和海面波动，以调节管道长度的变化。

B 压气提升采矿船

压气提升是利用高压空气注入运输管路，使管内充满压缩空气，直至管内三相流（锰结核、海水和压气）的比重小于海水比重时，管外的海水压力使管内三相流克服管壁摩擦阻力而升到海面。压气注入口的位置，一般是在沉没管路总长度的 60% 处。

DV 公司的压气提升采矿船，如图 16－26 所示。在船上装有空压机和管路处理装置以及水、锰结核和压缩空气的分离装置等设备，并利用万向接头连接垂直输送管及压气管一起下放到距海底30m处，在垂直输送管下端，装有重锤，以保持管道垂直。管道下端用桁架支撑，在桁架前端利用铰链连接螺旋状耙式集矿机头，以适应海底地形的变化进行作业。在集矿的同时，能选别合格块度的锰结核送入运输管道。

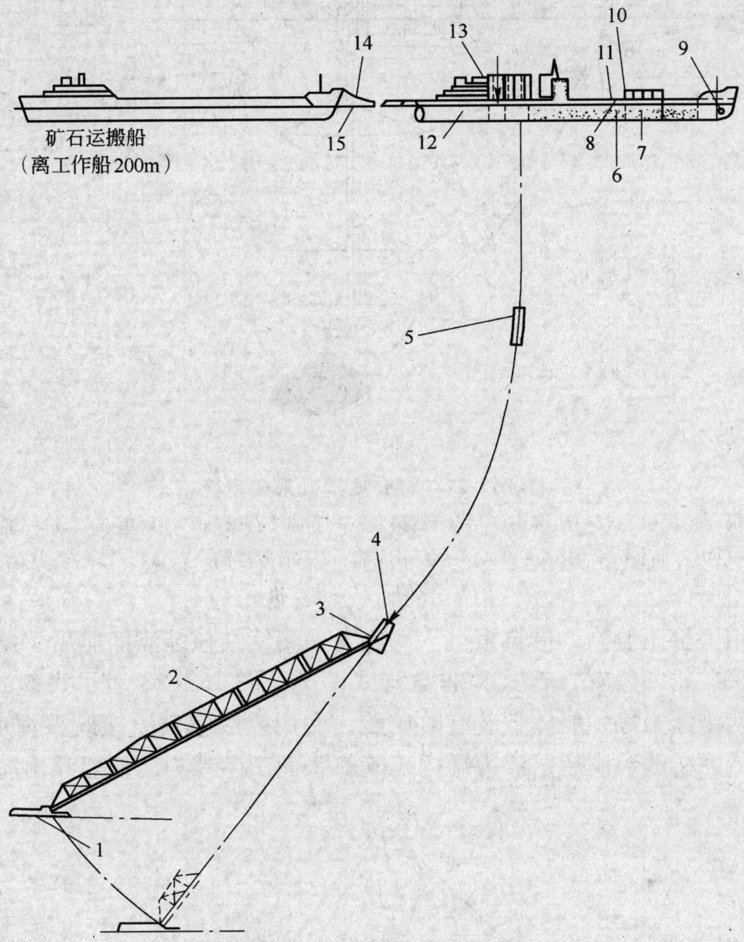

图16-26　压气提升采矿船

1—挖泥机头；2—桁架；3—桁架连接件和重锤；4—卸载阀；5—输送管；6—泵室；7—贮矿室；8—船体位移横向平衡箱；9—船首推进器；10—水陆两用直升船；11—传送带；12—动力房；13—存放输送管处；14—拖航索；15—传送管

C　轻介质提升采矿船

轻介质提升采矿系统如图16-27所示。其提升原理和压气提升完全相同。J. B. 赫比奇（J. B. Herbich）等人设计的轻介质提升系统，是利用煤油作媒介，在船上装有煤油、海水及锰结核的分离装置，船下有煤油压送管道及垂直运输管道，以及注入煤油的混合室，海底集矿机头利用铰链接头与管道相连，能随海底起伏进行作业[20,24]。这种方式成本昂贵，煤油必须回收再用。

16.5.2.3　潜水式采矿船

潜水式采矿船的采矿与提升是独立进行。采矿船可载人或无人驾驶。

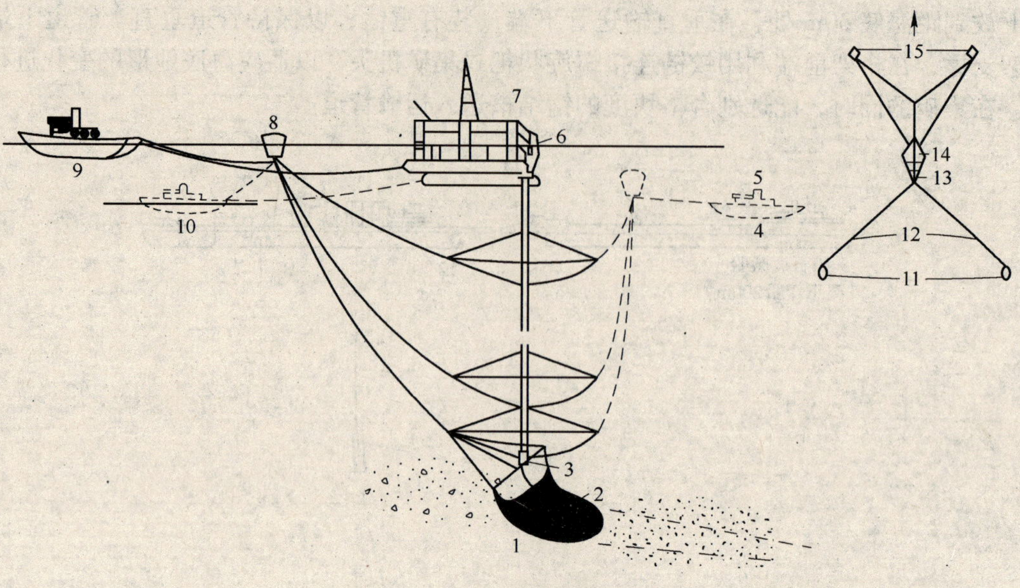

图 16－27 轻介质提升采矿系统

1—集矿机（挖泥机）；2—活接头（活动套管）；3—煤油（石蜡油）喷射室；4、11—船尾拖船；5—后方浮筒；6—活接头；7、14—大平底船；8—前方浮筒；9、10、15—船头拖船；12—浮筒；13—集矿机

采矿船利用廉价压舱物，借自重沉入海底，采集锰结核装满船舱后，抛弃压舱物而浮出海面。这种采矿船一般有自行式和非自行式两类；图 16－28 表示飞艇式潜水采矿船。船体两侧附有两个浮力罐，船体下装有贮矿舱，利用操纵室窗直接观察海底锰结核情况，并进行采挖，待贮矿舱装满后，浮力罐内压气膨胀而产生浮力，使船浮出海面。

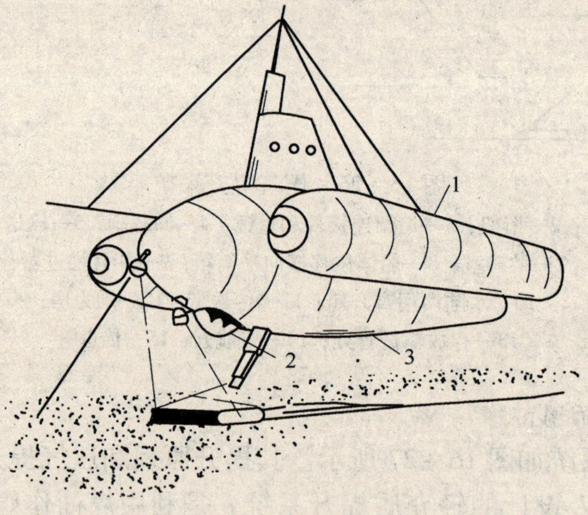

图 16－28 飞艇式潜水采矿船

1—浮力罐；2—操纵室窗；3—贮矿舱

图 16－29 表示梭车形潜水采矿船。

法国 CEA（自动化研究中心）公司曾研究了这种采矿船（图 16－31），后来 CFD（敦刻尔克造船公司）及 CNEXO（国家海洋开发中心）两家公司参加试验，而且此项研究

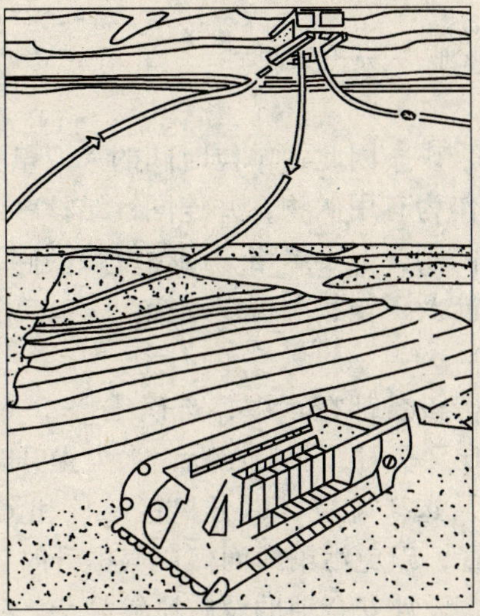

图 16－29 梭车形潜水采矿船

已列入 AFERNOD（法国锰结核研究开发协会）预算。这种采矿船可设计潜到6000m 深海海底，并可从海上平台，遥控几台梭车在海底往返采集。但是根据 CEA 公司 1978 年的研究结果，每次只能采集 100kg 锰结核。这种方式正在继续研究改进中[24,27]。

16.5.3 采矿方法的实用性比较[54]

上述三种海底采矿方法，虽然目前尚处在试验阶段，但其中的实践经验和资料，有助于今后进一步研究改进和提高，现评价如下。

16.5.3.1 拖斗式采矿方法的实用性

优点：

（1）机械设备装配在船上，维修方便，准备工作及搬迁时间短。

（2）开采锰结核时，拖斗容易漏掉淤泥等杂物，因此船上不必设置洗矿及选矿装置。

（3）对锰结核的开采粒度不受限制。

（4）当作业区的水深及矿物分布密度等条件有变化时，可相应调节绳索长度、速度和拖斗间距。

（5）在作业中，若拖斗及绳索有破损，可在船上及时发现和修复。

（6）海底出现事故时，只需切断一条绳索，并回收出故障的绳斗进行处理。

（7）拖斗式完全是一种自采自提的采矿方法，不需要在海底另配一套很复杂的集矿装置。

缺点：

（1）绳斗运行速度不高，采矿作业又不连续，因而单位时间的采取量受限制。

（2）防止绳索相互缠绕，改用双船作业，但并不完善，有待研究绳索分离器（如流体动力分离器），使单船作业更为实用。

（3）拖斗的运行轨迹及采集工作状况，难以控制，从而影响采装效率。

（4）如果将海底红黏土作为有用矿物，并连同锰结核一起采集，则不宜采用拖斗式。

（5）拖斗在提升过程中，漏下的沉积物被扩散在海水，对海洋生物的生存环境极为不利。

16.5.3.2 管道提升式采矿方法的实用性

优点：

（1）可以完全实现连续采矿，因此，单位时间的采取量大。

（2）如果把海底红黏土作为有用矿物，并连同锰结核一起采集，此法较为有利。

（3）对锰结核的粒度有限制，但不严格，因锰结核易碎，有利于水力提升。

（4）海底作业的机械性能及工作状况可以遥控。

缺点：

（1）管道、泵、集矿机等设备都在水中，难以维修；一旦发生事故时，需要停止作业进行更换，更换工作既困难又费时；而且在高速水力提升时，将会出现气蚀问题。

（2）船上需要设置洗矿及选矿装置，以分离锰结核和沉积物。煤油提升时，需要设置油水分离及回收煤油的装置，以免污染海面。压气提升时，需要设置减压装置，以免压缩空气冲损船上设备。因此，设计安全辅助设施比较复杂。

（3）设备安装及搬迁工作时间较长。

（4）采集地区的水深及锰结核分布密度有变化时，采收率不稳定。

（5）采集和提升大量海底沉积物，将严重破坏海底生物栖息环境。

16.5.3.3 潜水式采矿方法的实用性

潜水式采矿船的主要特点，就是在遥控或载人中，都能监视与操纵集矿作业，因而采集面积的覆盖率较大，采收率较高。但是采矿作业间断，生产能力受限制，而且要求设备性能具有高度安全可靠性，因此，在当前缺乏实用性。

在实际开发中，美国DVI压气提升法和日本孟田善雄CLB法具有较好的实用性，并受到世界各国的重视。其中，水力提升方式的主要问题，就是动力部分都在水中，给维修保养工作，带来较大困难，但它比压气提升所耗动力少，所以仍在试验中。

16.5.4 深海底CLB式和压气提升式采矿方法的设计与计算

16.5.4.1 CLB式采矿方法的设计计算[14]

A 采矿能力计算

拖斗平均单位时间铲取重W为：

$$W = V \times \alpha \times \beta \times \gamma \times v_r / L \tag{16-1}$$

式中 V——拖斗容积，m^3；

α——拖斗铲取率，%；

β——锰结核松散率，%；

γ——锰结核的真容重，kg/m^3；

v_r——绳索速度，m/s；

L——拖斗间隔，m；

W——拖斗平均单位时间铲取重量，kg/s。

为了提高铲取量，就需加大拖斗单位容积，或缩小拖斗间隔而增添拖斗数；或者加快绳索提升速度，以提高铲取率。但是当绳索速度提高时，则水力阻力和铲取阻力以及加速阻力等都将相应增加，所需动力也相应增大，结果使成本增加。

另外，使用承受很大荷载的绳索时，不仅在制造和保管上带来困难，而且使天轮直径也相应增大（一般天轮直径应为绳索直径的10倍左右），从而使得整个装备更显得庞大。

从以上相互关系的要素来看，要获得经济高效的工作条件，已成为CLB法的关键问题，有待进一步研究。例如，在水深6000m，日产1000t的采矿量，绳索直径必须在160mm以上，动力需要1500kW。

B 绳索间距

CLB式单船作业时，上行绳索和下行绳索必须有一定的间距，才能防止相互缠绕，并尽可能展开绳索幅度，以便增大采集面积，达到提高采收率的目的。

根据试验资料报道[14]，对于水深3760m，使用全长约10000m的绳索，船上的绳索间距约70m，约为绳索单行长度的1/70；为了确保安全，继而又提出绳索间距100m为宜。日本海洋科学技术中心孟田善雄又成功研究了流体动力分离器，能使绳索间距在作业时扩大，可以避免绳索发生缠绕。

C 绳索特性要求

对绳索特性有以下基本要求：（1）重量轻，强度大；（2）不随荷重而产生弯曲变形；（3）不易发生扭结；（4）性柔软、能很好地吸收冲击载荷；（5）回弹性要缓慢；（6）吸水率小，不因浸水而降低强度；（7）不随温度及水压变化而引起材质的变化；（8）容易拆开接头，而又使接头处的强度降低很少。

按照以上特性要求，选择绳索材料是很重要的。采用钢索，其强度虽然高，但自身重量很大，按自身断裂强度 $s=[16t\times 重量(kg/m)]\times 10kN$ 计算，那么16000m长度的钢索，就会被自重拉断[14]。

合成纤维绳索的拉伸强度虽然低于钢索，但由于比重小及防腐等优点；宜作为CLB式采矿用的绳索。制作这种绳索的材料有聚丙烯、尼龙聚酯、聚乙烯、维尼纶及这些合成之类的材料，其特性如表16-14所示。

表16-14 合成纤维绳索材料比较

项目	名称			
	聚丙烯（8股绞绳）	聚酯（8股绞绳）	尼龙（8股绞绳）	聚丙烯-尼龙混合（8股绞绳）
浸水强度（干状为100）	100	100	90	95
每米重量拉断力（kN）	210	150	290	220
能量吸收（J/m）	130000	100000	210000	150000
比重	0.91	1.38	1.14	0.98
相对断裂荷重的伸长率（%）	40	40	55	50
吸水率（%）	0	1	9	3

注：东京制网纤维尼龙公司提供。

从上表来看，聚酯材料浸水后，重量强度有所降低。尼龙强度虽高，但没有浮力，而且在断裂时，回弹性大有危险。聚丙烯尼龙混合材料，虽具有以上材料优点，但使用后，再生的处理费用高。目前，聚丙烯材料是较理想的，因其已经过多年深海采矿试验，证明可靠。

D 绳索的结构

合成纤维绳索按加工方法不同，可分为三种结构：（1）扭成三根或几根为一股的扭绞绳索；（2）编成8根或12根以上为一股的编织绳索；（3）包有核心的编织绳索。

以上三种结构中，第（1）种扭绞绳索，由于荷重而产生弯曲，不适用；第（2）种编织的绳索不产生变形，其耐磨性能比第（1）种差些，但比第（3）种绳索强，吸收能量也比第（3）种好，所以最适用于CLB式采矿。

E 绳索接头

绳索在制造长度上受限制，在使用上还要考虑损坏时易于更换，因此，绳索的连接方法是很重要的。钢索一般采用钩环和套圈方法接头，虽然方法简单，承受荷重较大，但是接头大，通过驱动装置和导滑轮不够理想。

合成纤维绳索，采用相交铰接的方法接头，虽然费时，但绳索强度只降低10%左右。

F 绳索安全率

CLB式悬挂在绳索上的全部荷重，应小于绳索的允许荷重，这是绝对的安全条件。挂在绳索上的荷重是由两部分组成：一是上升部分的绳索在水中的重量、拖斗在水中的重量、铲取物在水中的重量、绳索的水流阻力、铲取物进入拖斗的水流阻力以及拖斗挖掘阻力；二是下降部分的绳索与上述相同的各项荷重、船的摇摆以及其他加速阻力等。绳索强度取决于材料质量、断面积、扭绞及连接方法等。

绳索的安全系数，对于静载荷（如吊车）一般取6倍以下，对于斜井一般取3倍以上，对于深海采矿作业，尚无充分试验资料足以确定，但至少应是常用荷重的3倍以上，绳索的寿命应在5年以上。

16.5.4.2 压气提升方法的设计计算

A 压气提升的原理设计

低扬程的压气提升，一般是从管道的下端注入空气，而深海使用的压气提升，应从远离海底以上的管道中部注入空气，如图16-30所示。

在海面 T 至海底水深 H 的垂直上升管中，从水深 X 的液面 M 处注入空气（A 是空气管道）。锰结核随着水流在管内呈上升状态，从 M 面以上开始形成固体、液体、气体三相流，M 面以下是固体、液体两相流。

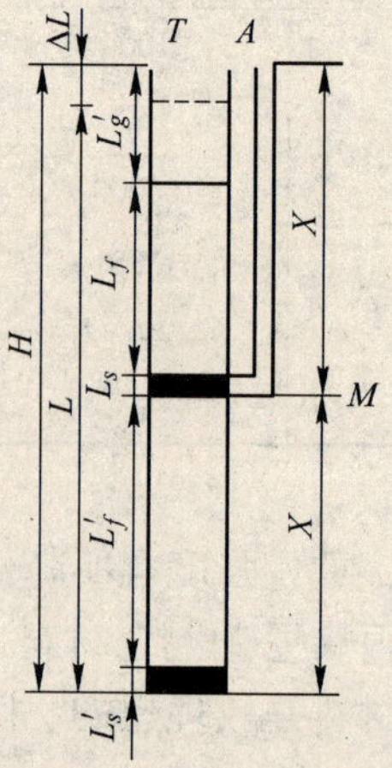

图16-30 压气提升原理设计

设管道上下段的固体长度分别为L_s、L_s'，液体长度为L_f、L_f'，上部管道的气体长度为L_g，固体、液体、气体的密度分别设为d_s、d_f、d_g。

则在下部管道的管内静压为$d_s(L_s+L_s')+d_f(L_f+L_f')+d_gL_g$

将多相流近似地作为单相流均匀地模拟流体来看，设管内三相流的平均密度为d，长度为L，则下部管道的管内静压为：

$$d_s(L_s+L_s')+d_f(L_f+L_f')+d_gL_g=Ld \tag{16-2}$$

下部管道的管外静压是d_fH，由此得知$Ld<d_fH$，模拟流体用$H-L=\Delta L$的压头，可以压送上去。

这个ΔL是消耗在模拟流体的速度能量，并克服固体、液体和管壁摩擦的压头损失。但是，固体和液体之间还有滑动，液体的速度还需根据运送的固体形状、大小和比重来决定。因而，ΔL应包括负担必要的输送固体的压头损失。当然实际现象还要复杂。

B　管内气泡状态

在气、液两相流中，当空气量比较少时，空气产生的小气泡上升到液体中，即将聚集成大气泡，最终将充满管道全断面，使液体只沿管道内壁形成一圈环状薄膜，从而使管内气体和液体形成断续状态，这种状态称为活塞流。固体在三相流中，就是借助活塞流提升上去的。当空气量不断增加，液体将会先变成薄膜状，沿管壁上升，并逐渐成为水滴浮在空气中，最后使液体雾化沿管内上升。由于空气量过多，从而产生不连续提升固体的状态。为此，空气注入深度和空气量的选择非常重要。同时，还必须考虑在上升管道途中，设置水气分离装置，或在船上设立减压罐，以控制空气膨胀。

C　固体颗粒的沉降速度计算

通过上升水流，垂直运送比液体重的固体颗粒，液体流速必须大于颗粒沉降速度。

单位颗粒的沉降速度，在管道直径一定的情况下，沉降速度v可按（16-3）式求得：

$$v=\left(1-\frac{d^2}{D^2}\right)\sqrt{\frac{4}{3}\times\frac{gd(\gamma_s/\gamma_f-1)}{C_D}} \tag{16-3}$$

式中　D——管径，m；

γ_s——固体容重，kg/m^3；

γ_f——液体容重，kg/m^3；

C_D——阻力系数；

d——固体颗粒直径，cm；

g——重力加速度，m/s^2；

v——单位颗粒沉降速度，m/s。

当固体颗粒周围是层流情况（$Re<2\times10^5$），阻力系数$C_D\approx0.47$；当紊流时（$Re>2\times10^5$），$C_D\approx0.1$以下。固体颗粒的形状、大小不同时，即使在直径相同的管道中，颗粒也产生不同的沉降速度。实际上，这是颗粒群在管壁、颗粒、液体三者之间相互作用下运行，所以沉降速度在理论上很难确定，只宜在实验中找出。

图16-31表示单体颗粒直径d、沉降速度v和管径D的关系。

从图看出，当管径为0.25m时，颗粒尺寸可以达到管径尺寸，此时沉降速度并不增高，用小的流速可以输送固体物料；但是，大颗粒有堵塞管道的危害，所以管径一般为最大颗粒直径的两倍为宜。

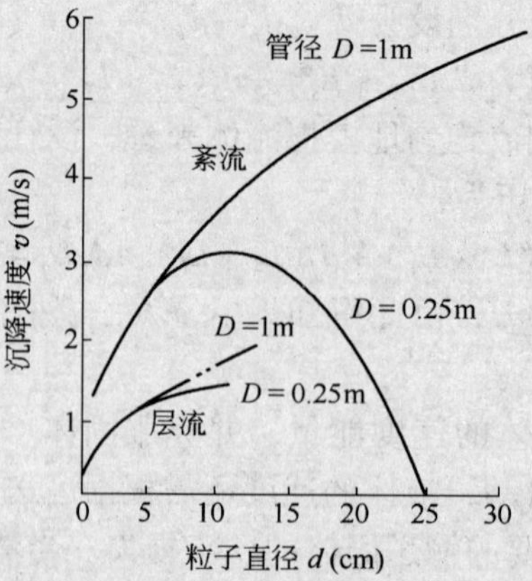

图 16－31　颗粒直径、沉降速度、管径的关系［C. Boes（C. 贝斯），R. Düring（R. 丢林），E. WaBerroth（E. 瓦贝尔罗西）］

D　两相流的压力损失

在固、液两相流中，固体颗粒、液体与管壁之间相互碰撞的压力损失，是使颗粒浮游必须克服的压力损失。但是，主要应对以下损失值加以考虑：（1）液流中包含有容重大于水的固体颗粒，所以水的视在容重增加（P_s）；（2）两相流中固体体积的百分率小时（10%以下），近似液体单相的摩擦损失（P_r）。

关于（1）项压力损失值，当 $F_s \ll 1$ 时，

$$\omega_{fo} - \frac{\omega_{so}}{F_s} \approx v \tag{16-4}$$

式中　F_s——固体的体积百分率，%；

ω_{fo}——单一水在管内流动时的流速，m/s；

ω_{so}——单一固体在管内流动时的流速，m/s；

v——固体颗粒和水的相对速度，m/s。

如 ω_{fo} 和 ω_{so} 已知，可以定出 F_s，求出水的视在容重的增加值（P_s）。

关于第（2）项的摩擦损失值，仍然是 $F_s \ll 1$ 时，假如先把它当成只是水的压头损失 h_1，即可按赫尔曼（Hermann）公式求得；

$$h_1 = \frac{\Delta P}{\gamma} = \lambda \times \frac{L}{D} \times \frac{\omega_{f_o}^2}{2g} \tag{16-5}$$

式中　$\lambda = 0.0054 + 0.396Re^{-0.3}$；

L——管道长度，m；

D——管道直径，m；

ΔP——压力损失；

γ——锰结核真容重，kg/m³。

例如：

上升管道直径　$D = 0.25$m；

固体颗粒：直径 $d = 0.05$m，容重 $\gamma_s = 2660$kg/m³ 的球体（假设 $C_D = 1.2$）；

压气流量 = 水流量的 2 ~ 10 倍；

水流速（海水）$\omega_{fo}=2$，3，4m/s；

水的容重（海水）$\gamma_f=1025\text{kg/m}^3$；

固体流速 $\omega_{so}=0.02$，0.04，0.06m/s；

固体运搬量 $G_s=2.61$，5.22，7.83kg/s。

采用以上这些条件计算压力损失 P_s+P_r 和水流量 ω_{fo} 的关系，如图 16－32 所示。从图看出，取 $\omega_{fo}\approx 3\text{m/s}$，其压力损失最小。

E　压气注入口以上的三相流压力计算

水、固体体积百分率（F_f+F_s）和空气的三相流的摩擦损失水头 $h_{\text{Ⅲ}}$，可根据赤川的实验公式计算：

$$\frac{1-(F_f-F_s)}{F_f+F_s}=A\times\frac{\omega_{go}^{n}}{\omega_{f_o}^{m}} \tag{16-6}$$

式中　ω_{go}——假定只是气体在管内流动时的流速，m/s；

$$\omega_{fo}<0.5\text{m/s}\quad A=0.82,\ n=0.96,\ m=0.69$$

$$\omega_{fo}>0.5\text{m/s}\quad A=0.67,\ n=0.78,\ m=0.69$$

$$h_{\text{Ⅲ}}=\zeta h_1$$

$$\zeta=(F_f+F_s)^{-1.51} \tag{16-7}$$

采用与 D 条目同样条件，ω_{so}，ω_{fo} 保持一定而改变 $\omega_{go\alpha}$（1 个大气压状态下，只是空气流动时的流速）时，在空气注入口的压力和那样深度的静水压力比较，如图 16－33 所示；图中虚线表示压气注入口下方的垂直管的长度。由图上 $\omega_{fo}=3\text{m/s}$ 和 $x=4000\text{m}$ 的交点，可以得到证实；从深 6000m 的海底、提升的固体颗粒容重 $\gamma_s=2660\text{kg/m}^3$，固体颗粒提升量 $G_s=2.61\text{kg/s}$，空气注入口设在海面下 2000m 处，用 $\omega_{go\alpha}=15.8\text{m/s}$ 速度注入空气，这时水流速度 ω_{fo} 也是 3m/s。

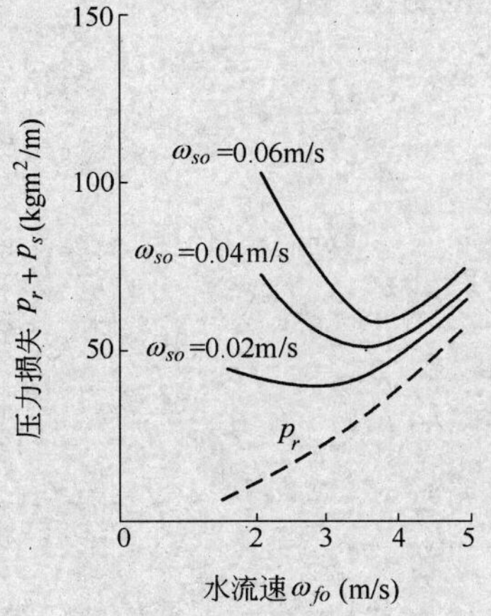

图 16－32　两相流压力损失和水流速的关系（东京大学加藤）

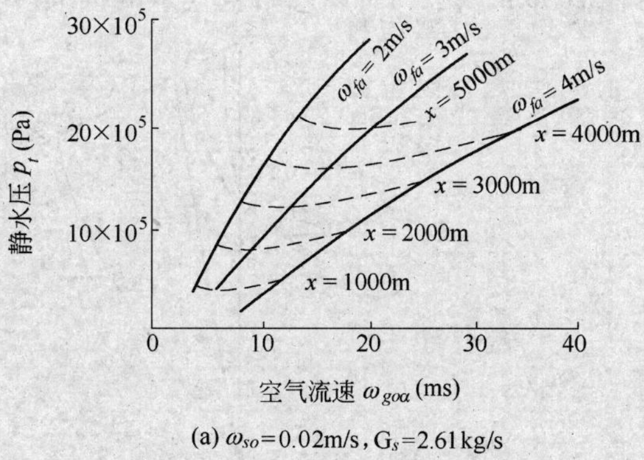

图 16－33　固体流量、空气流速、空气注入口压力（静水压力）的关系（东京大学加藤）

$$x=2000\text{m};\ D=0.25\text{m};\ d=0.05\text{m};\ \gamma_s=2560\text{kg/m}$$

$$\omega_{so}=0.02\text{m/s}\quad G_s=2.61\text{kg/s}$$

F 高压水中空气压缩率及溶解度

在深海高压下的压气提升中，不仅要重视海面下温度的影响和气柱量的影响，而且要考虑空气的压缩率和对于水的溶解度。

在高压下气体的压缩率，反映出与理想气体有不同的状态和偏差。

压气提升时，空气注入口是在海面以下2000m深处，水中的空气饱和浓度 K_∞ 是 $1kg/cm^3$（20℃左右）。

$$K_\infty = 1.8 \times 10^{-2} m^3（空气）/m^3（水）$$

根据亨利（Henrry）—多尔托（Dalton）法则，在温度一定时，其饱和浓度与压力成正比例。因而，在水深2000m处，$3.6m^3$ 的空气溶解于 $1m^3$ 水中。

气、液两相流上升时，有一个高压区，但时间比较短，其溶解速度可用下面微分方程表示。

$$\frac{dK}{dt} = \alpha (K_\infty - K_t) \tag{16-8}$$

式中 K——空气的溶解量，m^3(空气)/m^3(水)；
K_∞——空气的饱和溶解量，m^3(空气)/m^3(水)；
t——时间，s；
K_t——某时间的空气溶解量，m^3(空气)/m^3(水)；
α——常数。

蒙哥马利（Montgomerry）、汤姆（Thom）、库克鲁（Cookuru）给出 $\alpha = 0.2978h^{-1}$。

用 K_t 表示的空气溶解量，即空气的损失量，因此仅仅需要增加运输 K_t 值所必需的空气量。

图16-34表示压力、流速、溶解空气量的关系。从图看出，在缓慢的流速（1m/s）情况下，注入口水深2000多米，漏失的空气量相当大。与此相反，速度快（5m/s），注入口在1000m以下，可以忽略空气量的损失。

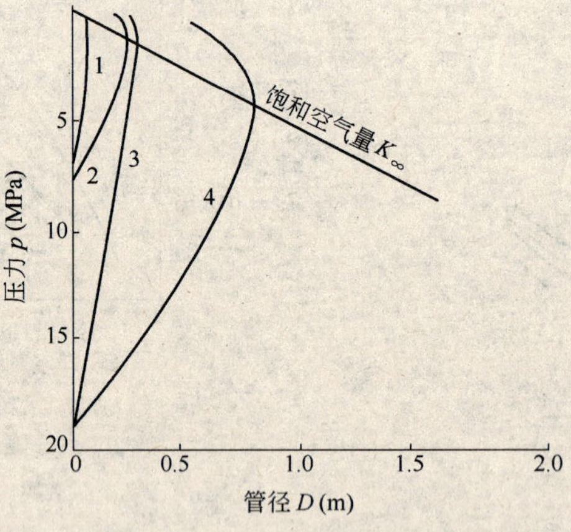

图16-34 压力、流速，溶解空气量的关系（C. Boes, R. Düring, E. WaBerroth）

G 效率

效率 η 是固体颗粒上升所需要的功 E_{out} 和压缩空气所作的功 E_{in} 之比，在理想状态下可用（16-9）式表示：

序　号	r	ω_f	F_s
1	1.0	5	0.02
2	0.25	5	0.02
3	1.0	1	0.02
4	0.25	1	0.02

$$\eta = \frac{E_{out}}{E_{in}} \times \frac{\omega_{so}}{\omega_{goa}} \times \frac{(\gamma_s - \gamma_f)\ L}{P_a \ln\ (P/P_a)} \tag{16-9}$$

式中　ω_{so}——单一水在管内的流速，m/s；

ω_{goa}——1个大气压状态下，单一空气在管内的流速，m/s；

γ_s——固体颗粒容重，kg/m³；

γ_f——液体容重，kg/m³；

L——管道长度，m；

P_a——大气压；

P——可以用 $\gamma_f L$ 考虑。

图16-35表示在管道下部各流速 ω_f 和各固体百分率 F_s 时，空气注入口深度 X 和效率 η 的关系。当空气注入口深度浅时，效率成陡坡线增加，随着深度加大而变平缓。另外，随着速度提高，摩擦增大，效率也下降。可以看出，固体百分率增加的同时，效率总是提高的。

图16-36表示空气注入口深度在2000m情况下，管道下部各流速 ω_f 和各固体百分率 F_s 时的管道直径 D 和效率 η 的关系。从图看出，管径增大，效率也随之增加。

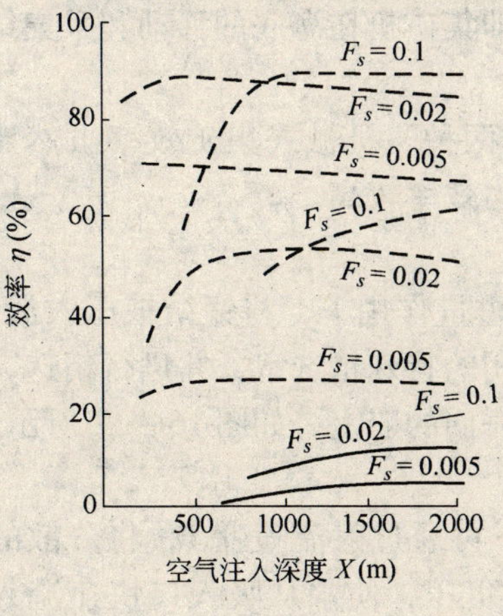

图16-35　下部管道流速，固体百分率空气注入深度和效率的关系（C. Boes，R. Düring，E. WaBerroth）

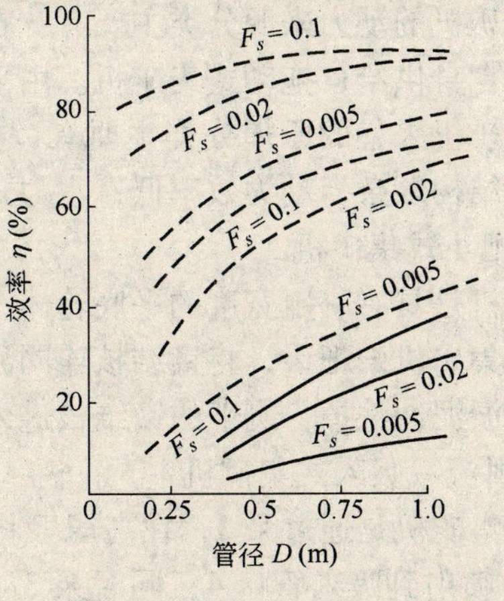

图16-36　下部管道流速、固体百分率、管径和效率的关系（C. Boes，R. Düring，E. WaBerroth）

---ω_f=1m/s；———ω_f=2.5m/s；

——ω_f=5.0m/s；空气注入口深度2000m

16.5.5　集矿装置类型及其基本要求[22,54]

利用集矿机将一定范围内的锰结核集中到一起，以便管道吸取或送进管道提升。集矿机的能力，不仅决定着采矿能力，而且要求集矿机和采挖环境以及辅助系统必须协调，否则，一旦发生故障，不仅修理时间久，而且使整个作业停止。因此，对集矿机应有若干基本要求。

16.5.5.1　集矿机械的设计要求

A　适应采挖环境

如前所述，锰结核伴生在硅质软泥和红黏土中，这种沉积物松软，黏性很强，集矿机着落在这种底层上进行作业，将会受到妨碍。因此，需要研制出一种能测定集矿机着落在沉积物上的作业情况的装置，以利高效率回收锰结核。

B　可靠性和简单性

集矿机是在深海底作业，一般难以维修和管理。因此，集矿机必须是故障少、集矿效率高、性能可靠的设备，同时，要求结构简单。一般说，集矿系统的部件越多，整个系统的可靠性就越下降。

C　灵活性

即使在同一采矿区内，地形、底质、锰结核的分布等采掘环境都有显著的变化，因此，集矿机必须具有灵活使用和克服障碍的能力。

D　结构牢固

从开始作业起，必须至少在一年以上，不必提出海面维修。

E　具有采挖剔取能力

集矿机送进运输管道的最大块度，应为提升管径的三分之一以下，以防止堵塞管道。另外，不允许大量的沉积物被提起而污染海面。

16.5.5.2　集矿机的类型

按集矿机的动力来源分类主要有：自行式集矿机，即集矿机在海底的移动和采集结核的动力由自身供给；拖动式集矿机。由采矿船只拖动。

按集矿机采集的原理分类主要有：机械式和水力式两种。机械式集矿效率虽然比较高，但是结构复杂，动力效率低；水力式集矿效率及动力效率较高。

A　耙斗式集矿机

集矿机是具有一定宽度的平底轮体，在集矿机自身重量作用下，将锰结核压入泥中，然后利用集矿机的耙齿，将锰结核连同淤泥一起送入封闭的特殊精选室，并进行精选，即用水流将淤泥冲洗掉，剩下的锰结核进入管道而输送到海面的船上，如图16－37所示。

B　射流－吸入式集矿机

这种集矿机是通过泵3，在高压下将水供入管道2；再通过射流喷嘴1，将分散的锰结核17，喷射到吸入管口4；同时泵3在管道5中产生负压，使水从吸入口快速流入管道，带动锰结核进入泵室3；再通过提升管16，提升到海面上的船仓，如图16－38所示。

C　机械式和水力式联合型集矿机[28]

这是由日本资源研究所研制成功的联合型集矿机，已申请专利，如图16－39所示。它由外侧框架和内侧框架两部分构成。在外侧框架装有马达、泵、过滤网、浓集器。内侧框架装有捞取器、喷嘴、输送管等装置。两部分框架各自独立搭载在撬板上，以便能在松软

图 16－37 耙斗式集矿机［美国专利 3802740］

1—格筛；2—筛网，1、2 之间装有水轮机，以产生水流，冲洗矿石，而淤泥从 1 和 2 的筛孔排出；
3—进水口；4—导管；5、6—牵引绳缆；7—矿物提升管；
8—泵；9—锰结核；10—采矿船

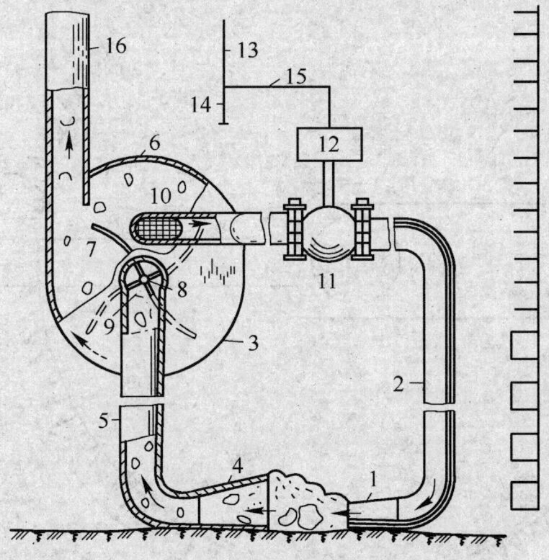

图 16－38 射流吸入式集矿机［美国专利］

1—射流喷嘴；2—高压管；3—泵；4—吸入口；5—吸入管；6—泵壳；7—叶轮；8—轴；
9—进入泵室的口；10—筛网，以防止锰结核回流；11—阀；12—计时器；
13、14—运动线；15—控制计时器线；16—提升管

沉积物上进行作业。

集矿机在曳航的同时，通过捞取器捞取的锰结核和沉积物，利用喷嘴的水射流，送进浓集装置，以使锰结核和沉积物分离。沉积物通过筛网被抛出集矿机，筛上锰结核再由螺

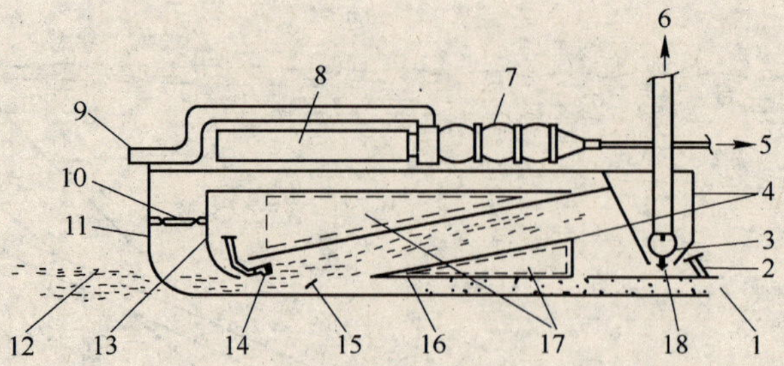

图16－39 机械式和水力式联合型集矿机

1—堆积层；2—螺旋输送机；3—浓集部分；4—过滤网；5—喷嘴口；6—通向扬矿系统；7—泵；8—马达；
9—吸入口；10—万向联轴节；11—外侧框架；12—锰结核；13—内侧框架；
14—喷嘴；15—捞取器；16—输送管；17—浮力体；18—喷嘴

旋输送机，连续向运矿管供矿。

D 磁力集矿机

这种集矿机的设计原理，是利用磁铁将带磁性的锰结核从海底吸起，并通过管道提升到海面。这种集矿机的特点，就是兼有磁选作用，从而避免非锰结核矿的提升，如图16－40所示。

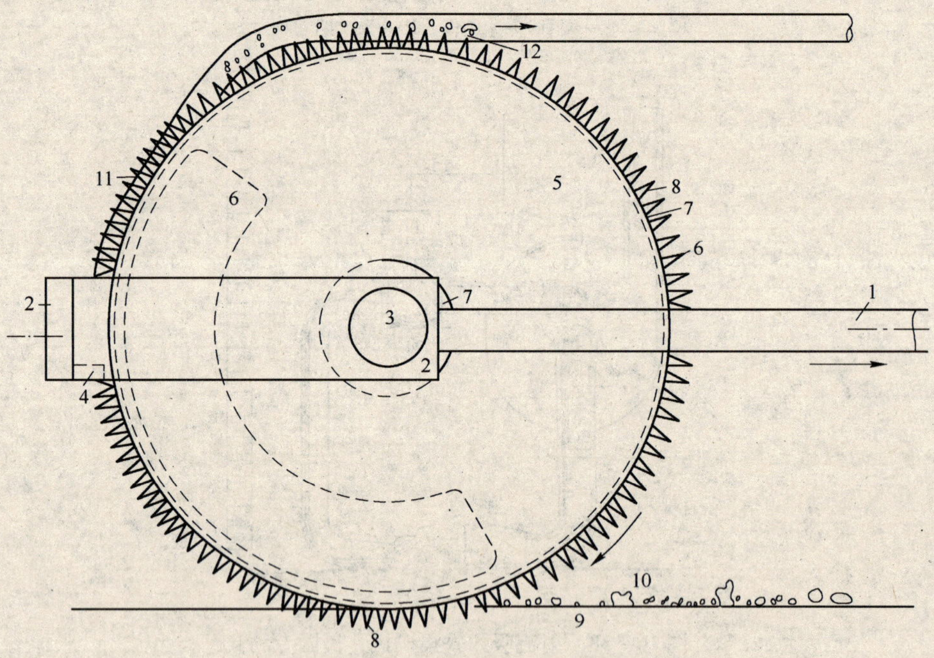

图16－40 磁力集矿机

1—拉杆；2—框架；3—凸出的塞子（圆鼓5围绕着它旋转）；4—永久磁铁；5—圆鼓；
6—圆鼓；7—圆鼓上的凸缘；8—齿；9—海床；10—锰结核；
11—吸入口；12—提升管

磁力集矿机在牵引力的作用下，拉杆1作水平运动，使圆鼓6围绕轴转动。鼓上的齿将锰结核10掘起，并在永久磁铁4的作用下，被吸附在鼓的表面齿中。因为磁铁布置成90°，当鼓筒转到最高点时，磁力减弱或消失，而锰结核10就被管道12的负压吸入管内，提升到海面。

集矿装置基本上可归纳为三类：第一类是通过扫除器（刮板、拉耙等）将锰结核捞进铲斗或推入提升管道。第二类是利用负压的水力吸取锰结核，这种集矿机比其他机械式集矿机简单，不需在海底消耗机械设备动力，并可以跟随采矿船一边曳航一边作业。当然，对于压气提升系统，应选用机械式集矿机。第三类是磁力集矿机，这种集矿机的优点，是铲挖时，能剔取锰结核，少提起沉积物，以减少海洋环境的污染。

16.5.6 技术经济评价

开发海底锰结核的经济性及投资费用的评价，需要考虑的因素比陆地采矿更为复杂。

1978年，美国麻省理工学院；根据海洋法会议的要求，提出了一份研究报告《海洋采矿费用模式和有关规章的问题》。假定一个矿址，年产300万吨干矿石，以开采25年计，所需发展费用为5.59亿美元，年度作业费用一亿美元，每年收益毛额为2.58亿美元。根据这一模式，在按《联合国海洋法公约》，向管理局缴付费用以后，内部利润率为18%~25%。

1982年，美国伍兹霍尔海洋研究所海洋政策和海洋管理研究员库斯特·舒斯特里奇（Kust Shusterich）对海底采矿技术经济作了评价，并引用了1981年查里斯·里弗·阿什勃查特斯（Chares River Assoociates）的报告中，有关海底锰结核开采和金属加工提取所需投资的计算，其数额大大超过麻省理工学院的估算。该报告假定一个年产300万吨干锰结核的作业项目，从矿石中提取锰、铜、钴、镍四种金属，发展费用由于采用不同的加工提取流程而不相同，从13.596亿美元至15.62亿美元，而年度作业费用从3.313亿美元至4.303亿美元。根据他的观点，海底采矿作业应按计划投资和金属价格的利润因素计算，投资利润率仅为8%~10%。因此，他认为海底采矿具有很大风险[32]。

关于海底采矿作业成本问题，在1973年东京海洋开发会议上，联邦德国柏林大学库拉乌苏博士论文中的压气提升资料，同孟田善雄提交的CLB法设计资料（1972年CLB法在塔西提岛、夏威夷海域进行过试验），它们当年计算的基准价格是相同的，可作一比较[54,17]。

压气提升法按日产5000t计算，主要设备构件包括：23万吨（3~5艘）驳船、六千多米管道、空压机、起重吊杆和25m宽的集矿机等采矿设备，总重达1万吨。空压机需7457kW，采矿用动力需713kW，管道移设需11484kW，集矿机需373kW，船体定位移动需10887kW。对机械设备寿命要求：运输船15年，采矿机械5年，管道两年，集矿机1年[54,17]。

采矿费用中，从海底到船上的提升费用为6.45美元/吨，船内贮藏及运输费用为8.33美元/吨，总采矿成本为14.78美元/吨[24]。

CLB采矿法按日产量4000t计算，主要设备构件包括：采矿设备总重1700t，其中驱动机械重量900t、绳索重量400t，铲斗重量400t。

船体投资及采矿设备费按15年偿还计算，每年支出费用约为587.84万美元，人员费年支出121.24万美元，燃料费年支出73.48万美元，绳索、铲斗等年消耗约257.18万美元，其他支出约110.2万美元，合计采矿成本为14.7美元/吨[31]。

图16-41表示压气提升法及CLB法的产量与采矿费用。

从图看出，压气提升法的采矿费用受产量规模的影响较大，因此，许多国家的海底采矿计划，日产量均定为5000t指标，否则，显示不出该法的经济优越性。而CLB采矿费用

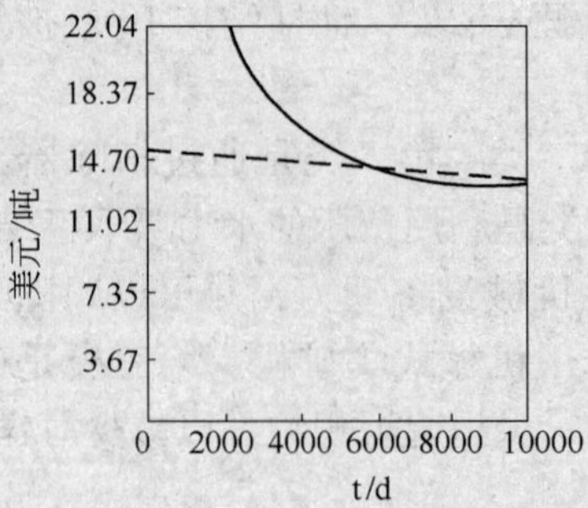

图 16-41 压气提升法和 CLB 法采矿成本比较

——压气提升法采矿费用；－－－－CLB 法采矿费用

受产量规模影响较小，因此，在深海中，采用 CLB 法进行小规模试验，所需研究、开发费用都比较低。

16.6 海底热液矿床开采

海底热液矿床，就是由海底热液作用而形成的硫化和氧化物矿床。按其形态可分为两种，一种是岩化的固结状矿床，主要分布在东太平洋海隆；另一种是软泥状矿床，主要分布在红海。由于它含有铜、铅、锌、锡、锰、钼、钴、金、银等金属，特别是金、银等贵金属，正在受到世界各国海洋学家、深海采矿企业家的重视[32]。

16.6.1 分布与储量

海底热液矿床一般分布在水深 1500～3000m 的海底裂谷处，它常与高温、高盐度的卤水相伴生，主要产于深海区的构造活动带。目前已在太平洋、大西洋和印度洋海底发现 33 处热液矿床（图 16-42），矿床总体积为 3932 万立方米（表 16-15）[33,34,35]。

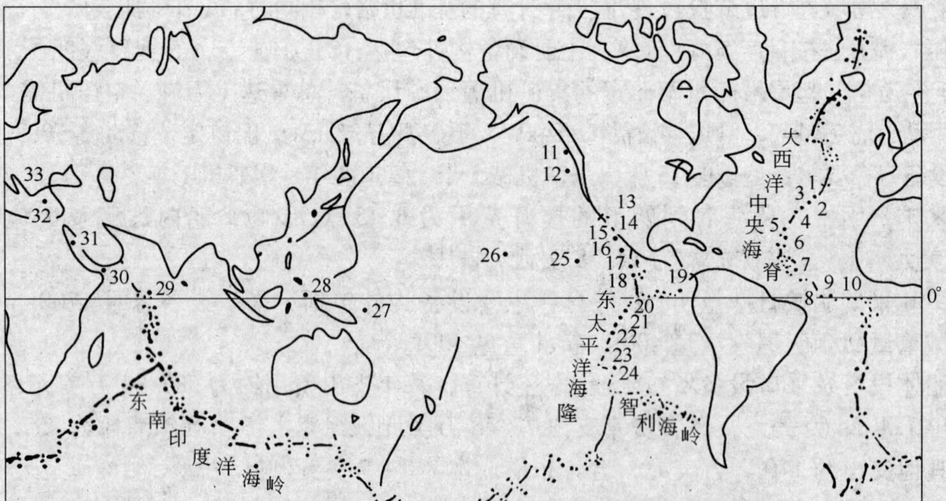

图 16-42 海底热液矿床分布图

表 16－15 海底热液矿床的金属含量和体积

矿床名称	发现年代	发现国	金属含量					矿床体积总量（万立方米）
			锌（%）	铜（%）	铅（%）	银（ppm）	金（ppm）	
胡安德富卡海岭	1981	美	55	0.35	0.32	300		10
戈达海脊	1981	美						
瓜伊马斯海盆	1980	美、墨西哥	30	1.0	0.1	300		120
东太平洋海隆（21°N）	1978	美、法、墨西哥	50	0.75	0.35	400	有价值	1.62
东太平洋海隆（13°N）	1981	法						
加拉帕戈斯裂谷	1981	美	0.1	10.0	0.1	300		800
东太平洋海隆（20°S）	1981	美、法						
大西洋中脊（37°N）	1974	美、法		铁、锰氧化物有价值				
红海阿特兰蒂斯Ⅱ	1948～1963	瑞典、美、英	5	1	有价值			2000

海底热液矿床主要分布在三个地区：红海中央裂谷带、大洋中脊（特别是东太平洋海隆）和火山岛弧区。目前发现的大型矿床主要集中在前两个区域。

红海多金属软泥，早在1948年就被发现，主要分布在含有卤水的盆地，呈黑、白、黄、蓝、红等各种颜色，由未固结的泥、黏土质粉砂和砂质粉砂等沉积物组成[10]。目前，在红海水深1900～2000m的中央裂谷带，发现了18个这种盆地（图16－43）[37]；其中，仅“阿特兰蒂斯Ⅱ”、“发现”和“链”等三个盆地的面积就达85万平方公里[10]。“阿特兰蒂斯Ⅱ”号海渊是不规则的长形盆地，如以2000m等深线来圈定，其长轴为14km，短轴为5km，

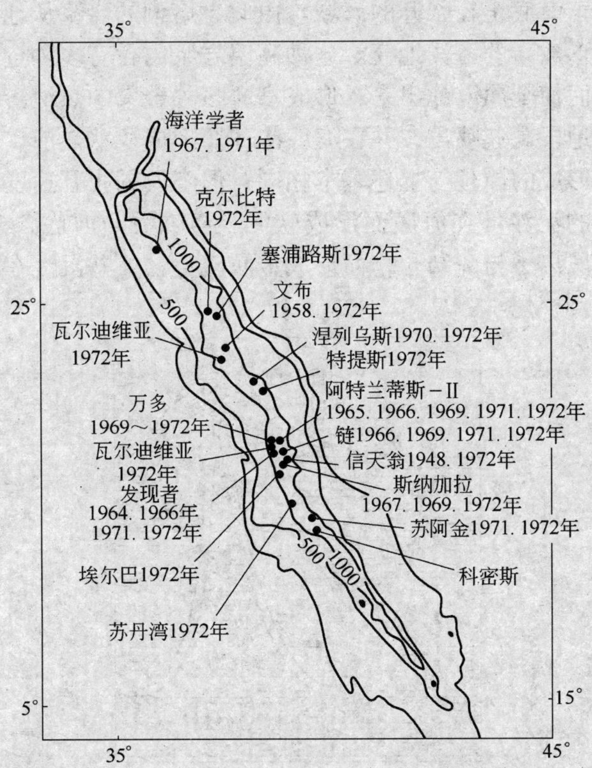

图 16－43 红海多金属软泥盆地

最大深度2170m。海底软泥上部有5立方公里的热卤水层，其含盐度比正常海水高10倍。软泥中含铁29%、锌3.4%、铜1.3%、铅0.1%、银54ppm、金0.5ppm[3,10]。整个盆地金属总重量约8000万吨（2000万立方米）[34]。

近十年来，海底热液矿床才受到重视[38]，因为在东太平洋海隆，曾发现多处固结的块状硫化矿床，如：（1）北纬21°矿床（表16－15），矿脉长7000m，宽100m，矿石品位：锌50%、铜0.75%、铅0.35%、银400ppm，整个矿床总体积达16200m^3[39]。（2）瓜伊马斯（Guaymas）海盆矿床，总体积120万立方米；矿石由黄铜矿、闪锌矿、磁硫铁矿、重晶石、硬石膏等组成[39]。矿石平均品位：锌30%、铜1%、铅0.1%、银300ppm。（3）加拉帕戈斯（Galapagos）断裂谷矿床，矿体长1000m，宽200m，高35m，主要由黄铁矿、黄铜矿和闪锌矿组成，矿石平均品位：铁35%、铜10%、锌0.1%、铅0.1%、银300ppm、钴400ppm，总储量约2500万吨（800万$米^3$）。如按每吨155美元计算，总价值达39亿美元[32,34,39]。（4）胡安德富卡海脊矿床，锌含量高达55%，铜0.35%、铅0.32%、银300ppm，矿床总体积10万立方米，储量约25万吨[35]。

16.6.2 形成过程

海底热液矿床的成因，是许多海洋学家普遍关心的课题，因其不仅有科学研究价值，而且对今后指导找矿也有重大的实用价值。因此，许多国家都广泛利用最先进的仪器、设备进行调查，如用潜艇潜入海底；对裂谷进行实地观察、摄影、录像、测温、提取岩石，矿石和水样进行分析，并采用各种探测仪、磁力仪、重力仪、海底地震仪、热流量测定仪、遥控照相机和录像机等进行海洋地质、地球物理和地球化学调查。通过调查得知，海底热液矿床主要形成于海底正在张开的海域。由此，熔融的岩浆从地球内部向海底地壳最薄处缓慢冒出，从而形成新的海洋地壳。这种高温岩浆内含有多种金属，当其与海水接触时，发生化学反应，而使金属淋滤出来，形成富含多种金属的热液溶液（图16－44），然后由海底孔隙或断裂地段高速喷出，并在海底冷却而形成块状热液矿床[32,34,40]。

红海多金属软泥形成的原理与上述基本相同，但红海的张开速度很慢，周围又被大陆包围，河流带来大量的泥沙堆在海底而形成软泥。当软泥与海底含矿热液发生化学反应时，使卤水中的重金属离子与硫结合，而形成金属硫化物，并沉淀在软泥中，从而形成含有多种金属的软泥[33,34,35]。

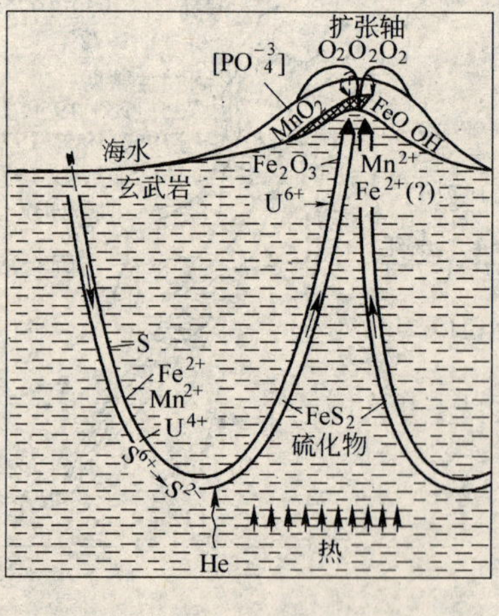

图16－44 海底热液矿床形成模式

16.6.3 开采价值

近年来，由于海底大型热液矿床的不断发现，引起世界不少国家的海洋学家、矿业学家、经济学家和法律学家的关注，他们正在把开发深海锰结核资源的注意力，转移到开采海底热液矿床上来，主要原因是：

（1）海底热液矿床分布的平均水深为2500m左右，仅是锰结核水深的一半，因而开采技术难度小，方法简单，成本也较低[34,41]。

（2）海底热液矿床分布比较集中，易于形成大型矿区，便于集中开采，锰结核的总量虽然可观，但分布比较分散，而且只覆盖于海底表面一薄层。因此，热液矿床分布密度比锰结核大1000倍[34,38]。

（3）根据所得数据证实，形成海底热液矿床的过程快，一般只需一百年或更少的时间。锰结核的生长速度很慢，一般一百万年才生长几毫米。因而，海底热液矿床的生长速度比锰结核快100万倍[32,34]。

（4）根据海底热液矿床的形成理论，在长达8万公里，宽几十至数百公里的海脊上，都有可能发现这种矿床。目前经过不同程度调查的海脊还很有限，就发现30多处热液矿床，说明今后发现更多海底热液矿床的潜力很大。锰结核虽在大洋底分布面积很广，但目前具有商业开采价值的仅有1000多万平方公里[34,38]。

（5）海底热液矿床中，含有锰结核所没有的金、银等贵金属，铜的平均品位比锰结核高10倍，锌、铅的品位比锰结核高10倍以上[34,38]。

（6）海底热液矿床由于成矿很快，因而矿物呈结晶状态，易于使用常规的选矿和冶炼方法。锰结核矿物颗粒很细，需要采用更复杂的选冶方法[32,34]。

（7）有些海底热液矿床分布在某些国家的200海里经济区内，因而这些国家的采矿活动不受《联合国海洋法公约》的限制，只要经济、技术条件许可，便可进行商业规模开采。锰结核一般分布在沿海国家的专属经济区外，开采必须执行《联合国海洋公约》的规定[38,41]。

总之，海底热液矿床是一种很有开采价值和开发前景的深海矿产资源。

16.6.4 开采设备和方法

海底热液矿床有固结状和软泥状两种不同类型，开采设备和方法也不相同。

16.6.4.1 软泥状矿床的开采

软泥状热液矿床的开采方法研究最早，技术也较成熟。1975年沙特阿拉伯和苏丹成立了“红海委员会”，制订了提炼金属价值为1.7亿美元的第一期开采计划，并与联邦德国的普罗伊萨克（Preussag）公司，签订了一个2000万美元的开发软泥的可行性研究合同。现在，研究工作已顺利完成，并开始了船上采矿试验[34,42]。

在红海的18个金属软泥盆地中，阿特兰蒂斯Ⅱ号海渊最具有商业开采价值，也是目前开采试验的主要场所。在盆地上部仅10m厚的金属软泥，就含有铁2430万吨、锌290万吨、铜106万吨、银4500t、金45t，价值约67亿美元。从规模和品位看，远远超过陆上硫化矿床[33,34,10,41]。

为了开采这种软泥，普罗伊萨克公司已研制一种新型采矿方法，主要由采矿船、吸矿管、抽吸装置和浮选设备等构成。吸矿管由软泥泵、高压泵和钢管柱等组成，通过高压泵使钢管柱内形成很强的抽吸力，以使软泥从海底提升到采矿船上。抽吸装置呈圆锥状，是钻采软泥的主要部件，它由钻采头、振动筛、水喷射管和振动马达等组成。浮选设备安装在采矿船上，由浮选槽、电动机、搅拌器和进气装置等组成（图16－45）[42,47]。采矿作业时，采矿船首先进行定位，然后从船上下放一根2000多米长的钢管柱，柱的末端安有抽吸装置。抽吸装置内的电控振动筛通过震动，使稠的软泥变稀，并使钻采头进一步穿透软泥层。同时，抽吸装置内安装的喷射水管口喷出高压海水，进一步使稠的软泥变稀，然后通过软泥吸入口进入钢管柱，由此提升到采矿船上。这种金属稀泥通过浮选设备处理后，就能富集成含锌32%、铜5%、银0.074%的金属浓缩物。浓缩物运往冶炼厂，并经过金属氯化物浸滤，就能将主要金属成分析出[34,42,47]。

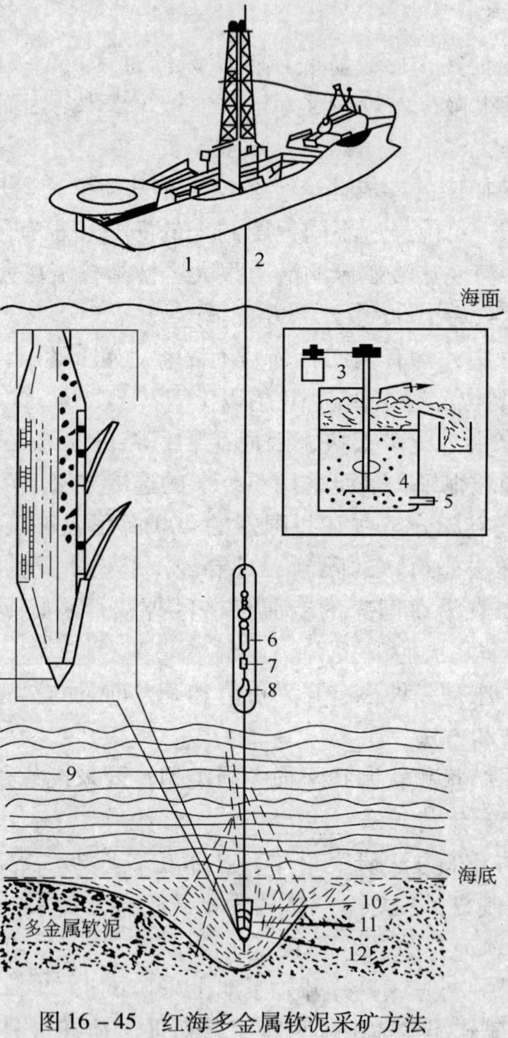

图16－45　红海多金属软泥采矿方法

1—采矿船；2—钢管柱；3—发电机；4—搅拌器；5—空气；6—泵的马达；7—软泥泵；8—压水泵；9—热卤水；10—振动马达；11—水喷射管口；12—振动筛；13—钻采头

这种开采系统的小型采矿试验已获成功。1979年普罗伊萨克公司已从2200m深的海底，采出15000m^3的矿泥[43]，1985年又将采矿规模扩大10倍，并进入中间试验阶段，继而建立相应的处理工厂。如果能研究解决商业开采中海洋环境恶化的问题，预计1988年红海的多金属软泥将可投入商业生产[32,34,42]。

16.6.4.2 固结状矿床的开采

固结状矿床的开采设备和方法与软泥完全不同，其主要有钻探爆破采矿方法和钻探挖掘采矿方法两种。

A 钻探爆破采矿方法

钻探爆破采矿方法主要由采矿船、运输船、钻探供应船、自动爆破钻探装置、矿石破碎机和吸矿管等组成（图 16－46）[44]。采矿的程序如下：（1）钻探和爆破。钻探船在预定的采矿区首先利用动力定位设备进行定位，然后把钻探装置放到矿体的预定布孔位置，操作人员在船上通过声相装置和控制系统，监视和操纵海底钻探。待钻进数孔后，即装入爆炸材料，并利用遥控装置进行控制爆破，使矿体破碎。（2）集矿、破碎后，矿石块度不等，为了吸矿管能顺利扬矿，遇有大块时，利用在船上遥控的破碎机进行破碎。（3）扬矿。利用抽吸装置，将合格块度的矿石通过 3000 多米长的吸矿管，扬入采矿船，扬矿能力一般为 5000t/d。（4）运输。利用运输船将矿石运往冶炼厂。

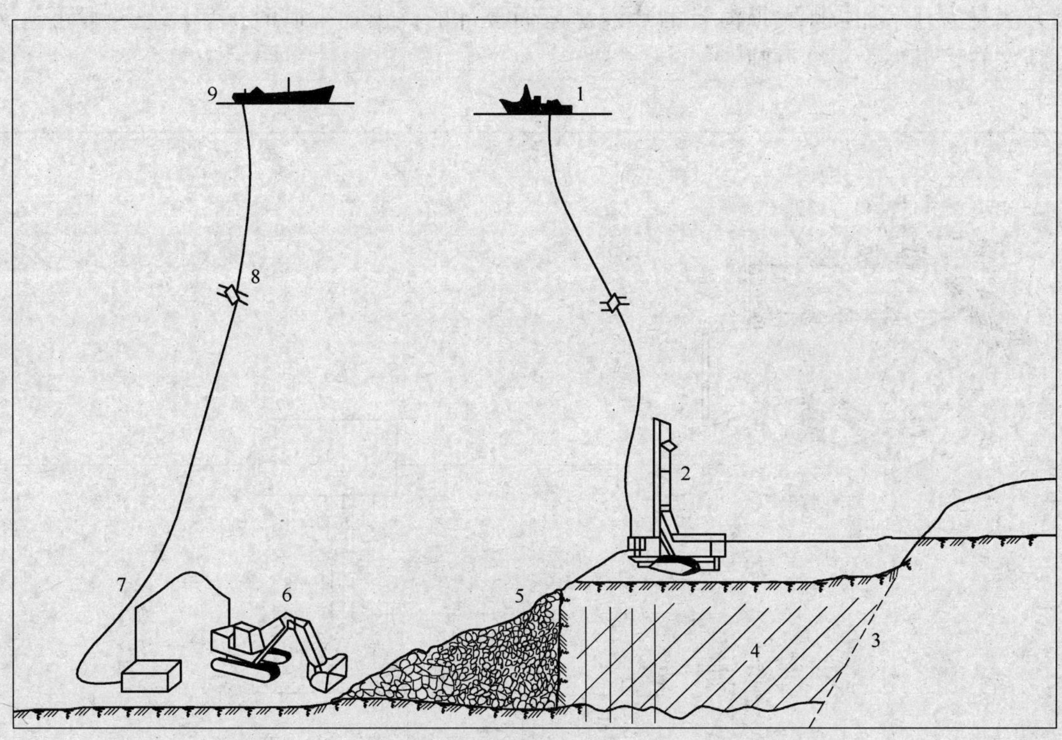

图 16－46 钻探爆破采矿系统

1—钻探供应船；2—自动爆破孔钻探；3—断层；4—矿体；5—破碎矿石；6—自动控制铲；7—破碎机和矿石贮存器；8—吸矿管；9—采矿船和运输船

主要装备有：半潜式平台船一艘，钻探供应船一艘，可装载 2000t，运矿驳船三艘，总吨位 25000t，拖船三艘。

用这种方法开采戈达海脊（Goda Ridge）热液矿床的方案已经确定。整个戈达海脊目前发现的矿床面积约 18 万平方公里，水深 2000～3000m，已划出 10 块出租区。在这些区域中，已确定先开采3块面积各12km^2的矿区，每块矿区的生产期限为20年，每年最少生产150万吨矿石，三块矿区共可生产9000万吨矿石。矿石中含锌0.1%～55%、铜0.3%～10%、铅0.1%～0.4%、银400ppm，还有少量的金。开发的步骤如下：第一，1984年评价、批准出租区勘探计划；第二，1984～1988年为勘探阶段，共分四步；第三，1989～1990年评价、批准开发计划；第四，1990～1999年为开发阶段，共分四步；第五，1999～2000年批准采矿计划；第六，2000～2020年为采矿和生产阶段[44]。

B 钻探挖掘采矿方法

钻探挖掘采矿方法是由采矿船、吸矿管、中继车、钻探车和斗轮等组成。钻探车与中继车由挠性软管、电缆和信号缆相连，中继车与采矿船之间是2000多米长的吸矿管（管的上部有抽吸泵，下部是挠性软管）和操纵作业用的电缆。钻探车长14m、宽9m、高9m、重180t，下部有8个脚轮，能前后左右移动，行速为每小时100m。钻探车以中继车为中心，在适当的范围内移动并进行钻探。经过钻探的矿体，再由直径为2m的斗轮（又称翻转式铲）不断转动破碎矿体。破碎后的矿石利用吸矿管，扬入排水量为55000t的采矿船上（图16－47）。整个钻探、挖掘、集矿和扬矿过程均在采矿船上进行遥控。这种采矿方法是为开采加拉帕戈斯海脊的热液矿床而设计的，正式采矿时，年产量一般可达75万吨左右，最大为100万吨[45]。

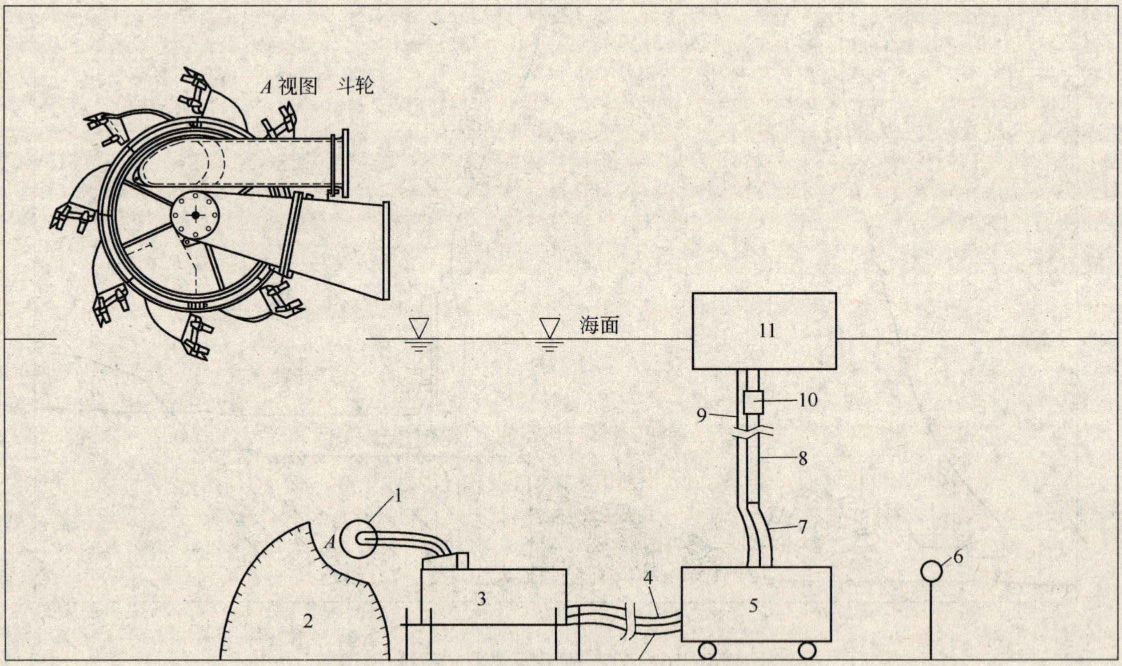

图16－47 钻探挖掘采矿方法

1—斗轮；2—矿体；3—钻探车；4—电缆；5—中继车；6—海底定位坐标；7—挠性软管；8—吸矿管；9—电信号缆；10—泵；11—采矿船

16.7 海水化学元素提取

海水是一种很复杂的溶液，经测定，它含有80多种元素。这些元素可分为金属和非金属两大类。金属元素如钠（Na）、镁（Mg）、钙（Ca）、钾（K）、铷（Rb）、钡（Ba）等；非金属元素如氯（Cl）、溴（Br）、碘（I）、氧（O）、硫（S）等[36]。

世界海洋中有13.7亿立方公里的海水，其中蕴藏着巨量的盐类，如氯化钠（食盐）、氯化镁、碳酸镁和硫酸钙等，总重量约5亿亿吨，其中氯化钠占80%左右，此外还含有镁1800万亿吨、溴95万亿吨、钾500万亿吨、碘930亿吨、铀45亿吨、重水200万亿吨、银5亿吨和金500万吨。据计算，从2.5km^3海水中可生产32种产品，总产值达30多亿元[34,10,48]。

从工艺技术上说，海水中的元素，都可提取出来，但主要取决于提取成本。目前从海水中进行商业生产的仅有食盐、淡水、镁和溴，其他元素的生产规模还较小[48,7,50,6]。据统计，每年由海水中生产的化学物质总价值约6亿多美元[10]。这里只介绍几种工业规模提取的固体物质。

16.7.1　海水制盐

海水中蕴藏量最大的盐类是食盐（NaCl），总量约4亿亿吨。它是人类最早从海水中提取的化学物质。全世界约有60个国家以工业规模从海水中生产食盐（海盐），另有30个国家也在少量生产[10,6]。

16.7.1.1　制盐的方法

从海水中生产食盐主要有以下三种方法。

A　盐田法

盐田法是最古老而目前又普遍使用的制盐方法。世界上每年生产的食盐大部分由盐田法生产，它的制盐过程主要包括纳潮、制卤、结晶、采盐和贮运等步骤[6]（图16-48）。纳潮就是将高盐分的海水（3.5%），积存在盐田的蒸发池内，当海水受到太阳能的作用，水分逐渐蒸发，盐浓度逐渐提高，比重增大。在盐业生产上，一般采用波美比重（*Be′*，单位是度）来表示卤水的含盐量，波美比重1°即表示卤水含盐量为1%。纳入蒸发池的海水，波美比重一般为3.5°（表16-16），当海水蒸发90%的水分，*Be′*接近26°。（比重1.22）时，便成为卤水，然后将卤水从蒸发池转入卤水池进一步蒸发，这就是制卤。当*Be′*为26.25°，食盐开始析出时，再将卤水转移到结晶池进行结晶；当28.50°*Be′*时，食盐约析出70%左右；当超过30°*Be′*时，镁盐就会结晶，势必要影响食盐的纯度。所以，为了防止镁盐沉淀，29°*Be′*的卤水（即苦卤）就必须换去。如此蒸发循环反复进行，一直待结晶池底部，沉积足够深度的食盐时为止。嗣后，苦卤经过处理，可以回收镁盐、钾盐、芒硝和溴。待池中的水排干后，再采用各种收盐机进行采收，并运送到储盐堆，最后经过冲洗、干燥和包装或散装出售。此外，也可用重结晶的办法进一步加工处理，以达到更纯的品级[10,39]。

盐田应建在宽阔平坦、无河流流经的沙泥质海岸。蒸发池和结晶池面积之比，一般为15:1，池底一般成水平或略有倾斜[10,7]。

B　电渗析法

电渗析法，就是利用电力浓缩氯化钠制取食盐的方法。在制盐容器中，交替地排列阴、阳两种膜，以构成*A*、*B*相间的多个室（图16-49）。阴离子交换膜表面带正电荷，能让海水中的阴离子通过；阳离子交换膜表面带负电荷，只能让海水中的阳离子通过。当电渗析池的两端输以直流电压时，海水中的Na^+便通过阳膜进入阴极附近的A室，Cl^-通过阴膜进入阳极附近的*A*室，从而*A*室内就聚积了大量的钠和氯离子，结合而成浓度很高的盐

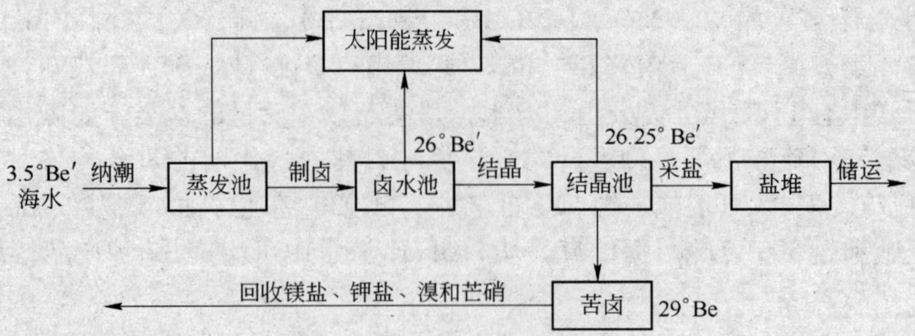

图 16-48　海水制盐流程图

表 16-16　海水浓缩过程的沉积顺序

波美比重 Be′（°）	体积（L）	沉积盐类（g）								
		Fe_2O_3	$CaCO_3$	$CaSO_4 \cdot 2H_2O$	NaCl	$MgSO_4$	$MgCl_2$	NaBr	KCl①	合计
3.50	1.000									
7.10	0.533	0.0030	0.0642							0.0672
11.50	0.316		微							微
14.00	0.245		微							微
16.75	0.190		0.0530	0.5600						0.6130
20.60	0.1445			0.5620						0.5260
22.00	0.131			0.1840						0.1840
25.00	0.112			0.1600						0.1600
26.25	0.095			0.0508	3.2614	0.0046	0.0078			3.3240
27.00	0.064			0.1476	9.6500	0.0130	0.0356			9.8462
28.50	0.034			0.0700	7.8940	0.0262	0.0134	0.0728		8.1084
30.20	0.0302			0.0144	2.6240	0.0174	0.0150	0.0358		2.7066
32.40	0.023				2.2720	0.0264	0.0240	0.0518		2.3732
35.00	0.0162				1.4040	0.5382	0.0274	0.0620		2.0316
	总计	0.0030	0.1172	1.7488	27.1074	0.6242	0.1532	0.2224		29.9762

①KCl一直存在于卤水中。

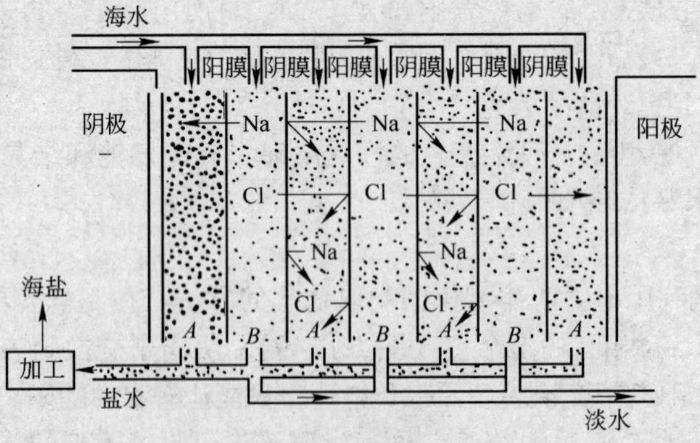

图 16-49　电渗析法生产海盐

水，最后除去水分，便可获得海盐。这种方法不受自然条件限制，一年四季均可生产，占地面积小，节省劳动力，基建投资少，卤水的纯度和浓度都很高，并可实现自动化操作。目前日本主要用此法生产海盐[10,6,51]。

C　冷冻法

海水的冰点为 -1.8℃，当它结冰后，冰里很少有盐。若除去冰，就等于盐田法中的水分蒸发，最后剩下的溶液，就成了盐度很高的卤水，这就是冷冻法制卤的基本原理。

用冷冻法生产食盐时，应合理控制温度和冷却速度，以获得符合要求的卤水。根据实验，当海水温度为 -7.3℃时，芒硝开始与冰同时结晶而析出；当 -15℃时，硫酸钙开始以固相析出；当 -22.4℃时氯化钠也会结晶析出。如果在 -22.4℃之前，将液相与固相分开，所得液体就是浓度很高的氯化钠卤水，经过进一步处理，就可获得海盐[10]。

16.7.1.2　我国的海盐生产

我国早在4000多年前，就开始生产海盐，不仅是世界上海盐生产最早的国家，而且也是世界上生产海盐最多的国家，产量占世界总产量（5000多万吨）的五分之一[34,10,6]。

我国海盐生产主要是盐田法，近几年来发展很快。1949年的产量为259.1万吨，1984年已达到1203万吨。海盐生产是我国盐业的重点，产量占我国原盐总产量的81%左右（表16-17）。我国海盐质量也不断提高，解放前，海盐中氯化钠含量仅为70%~80%，目前已达93%，尤其是北方盐区的优级和一级品率为99.9%以上。解放以来，我国累计扩建盐田面积约12万多公顷，新增年生产能力800多万吨，到1983年沿海盐田面积已达34.1万公顷，其中生产面积为30万公顷[32,34,53]。

表16-17　我国海盐生产量

年　份	海盐产量（万吨）	原盐总产量（万吨）	海盐所占的比重（%）
1949	259.1	299	86.6
1952	426.6	494.5	86
1957	703	827.7	85
1958	900	1040	86.5
1974	1201	1456	82
1978	1538	1953	78.7
1980	1354	1728	78
1982	1251	1638	76
1983	1194	1613	74
1984	1203	1642	73

我国海盐业的大发展与改进生产工艺有直接关系。在生产过程中，海盐结晶工序逐渐淘汰了“老、浅、短”的落后传统工艺，采用了“新、深、长”的先进工艺。“新”就是废除氯化钠已基本析出的老卤，使用新的饱和卤水晒盐。由于新卤的氯化钠含量高，因而能增加产量，减少杂质。“深”就是适当地增加结晶池的卤水深度，深卤吸收太阳辐射热量多，能增加产量，同时深卤在一天内温度变化小，蒸发速度均衡，有利于结晶生长。“长”就是减少收盐次数，适当延长结晶时间，有利于海盐的晶体完整、坚实、颗粒大、夹带母液少，以提高质量。这种新工艺不仅能增加产量和提高质量，而且还有利于实现海盐生产机械化，有利于改进生产管理。自从塑料薄膜苫盖结晶池为核心的滩晒制盐新工艺

的出现，便成为海盐史上的一次重大改革。1982 年，淮北盐区全部实现了塑苫结晶，盐质含纯达 96%，最高达 97.3%，较平晒提高 2.7% ~4.1%，不仅在国内受到好评，而且在日本也赢得较高的信誉。到 1984 年，全国推广塑苫池面积已达 4670 多公顷约占结晶池总面积的 20%。据北方 4 个海盐产区统计，塑苫池一般比平晒池增产 20%，多雨年则增产约 30%[32,53]。

16.7.2 海水提镁

大规模从海水中提取镁，已具有 40 多年的历史。世界生产镁的国家主要有：美国、英国、日本、意大利、苏联等十几个国家。到目前为止，世界上海水镁砂的生产能力已达 270 万吨/年，约占世界镁砂总产量的 36%。海水提取的镁砂质量高，氧化镁的含量可达 97% ~98%，甚至高达 99.7%，这种高纯度镁砂是炼钢必须材料。

海水提镁的方法比较成熟。首先将海水进行过滤和处理后，再注入沉淀槽，以防止钙污染氢氧化镁产品。然后将石灰岩、牡蛎壳或白云石烧成石灰，并研成粉末，使它与海水快速反应，生成氢氧化镁沉淀，如下式：

$$Mg^{2+} + Ca(OH)_2 = Mg(OH)_2 \downarrow + Ca^{2+}$$

浓缩的氢氧化镁采用逆流水洗涤，并经过滤而成氢氧化镁滤块，再经煅烧，就可获得氧化镁，再加入盐酸，以生成氯化镁的浓溶液，如下式：

$$Mg(OH)_2 + 2HCl = MgCl_2 + 2H_2O$$

然后将氯化镁溶液净化和过滤，并在烘干器中干燥而成粒状固体，最后将其放入电解槽进行电解，就可获得金属镁和氯气。浮在溶盐上面的镁可以铸成镁锭（图 16－50）；生成的氯气可用作制取盐酸，在反应中循环使用[10,7]。

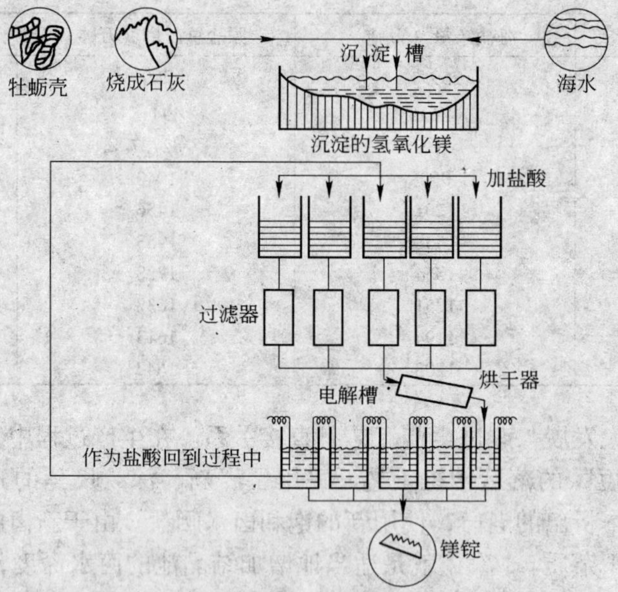

图 16－50 海水提镁过程

16.7.3 海水提溴

海水中溴的总含量为 95 万亿吨，占整个地球上溴储量的 99% 以上，故有“海洋元素”

之称。

自1934年海水提溴获得成功以来，海水提溴工业发展很快，产量不断增加。目前年产量已达30多万吨，美国占50%，苏联占19%，以色列占12%，英国占7%，法国占5%，其余国家占7%。我国溴年生产能力为5000多吨，1983年产溴4348t[32,34,6]。

海水提溴的基本原理，就是将海水（卤水）酸化和氧化，使溴离子变成元素溴，再进行提取。目前提溴的方法主要有五种：（1）空气吹出法；（2）水蒸气蒸馏法；（3）溶剂萃取法；（4）生成难溶化合物的沉淀法；（5）吸附法。最常用的是前两种方法[32]。

A 空气吹出法

是目前世界各国海水提溴中使用最广、技术最成熟的方法。它一般由酸化、氧化、吹出、吸收和蒸馏五个步骤组成，其工艺流程见图16－51。首先将海水过滤，并用酸处理，使pH值降到3.5；然后注入混合室，再加入氯气，使溴化物氧化成溴，随后，在大型吹出塔中，利用反向压气，将海水中的溴由塔底吹出，接着，将含溴蒸汽导入吸收塔，并加入二氧化硫（也可加铁或氨、氢氧化钠和碳酸钠），反应式如下：

$$Br_2 + SO_2 + 2H_2O \longrightarrow 2HBr + H_2SO_4$$

在吸收溶液中，溴化氢的浓度可达20%。再用氯气氧化，使溴游离出来。在蒸馏塔中，溶液用水蒸气加热到几乎沸腾，即变成溴蒸汽，再经冷凝，分离或与乙烯反应而生成二溴化乙烯。此法的吸收液中含溴浓度高，可达200～300g/L；原材料消耗低；工艺流程简单；便于操作维修；并可实现机械化和自动化生产[36,10,7]。

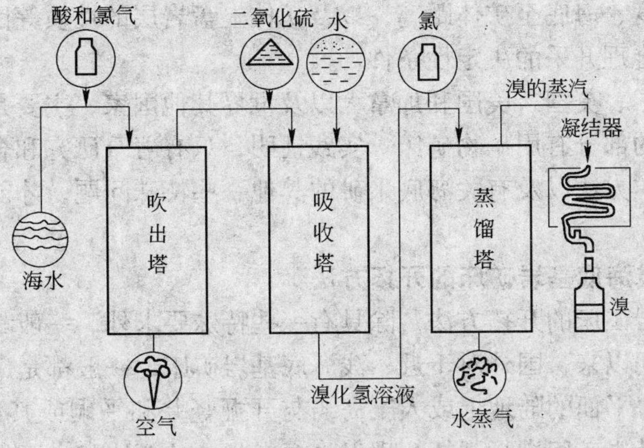

图16－51 海水提溴吹出法流程图

B 水蒸气蒸馏法

首先将海盐苦卤在填料塔中氯化，然后在反应塔中，用蒸汽加热达约90℃，苦卤中的溴便随水蒸气从溶液中分离出来。带有溴元素的蒸汽经过冷凝，并在两相重力分离器中分离，而获得90%～95%的溴（图16－52）。我国一般应用此法生产溴。

此外，海水提钾技术发展也较快，其中蒸发结晶法技术较成熟，如美国、意大利、日本和印度等国已用此法从海水中提钾。目前，从海盐苦卤中生产的钾只占世界钾盐总产量的0.5%。我国主要从制盐苦卤中生产钾，1983年产氯化钾4.2万吨、氧化钾2.6万吨。

海水提铀目前仍处于试验阶段，如日、美、英、苏等十几个国家都在进行这项研究工作。其中，日本进展较快，已处于中试阶段，并提出建立工业规模海水提铀工厂的计划[32,6]。

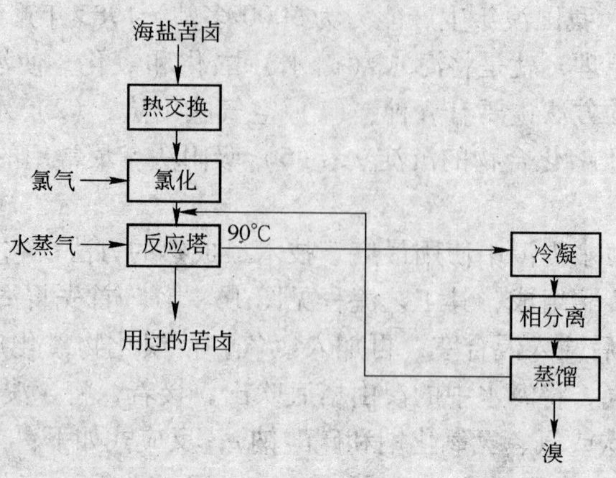

图 16－52 海盐苦卤提溴工艺流程

16.8 海底基岩矿床开采

海底基岩中与大陆地下一样，赋存着各类矿产资源。然而，由于海底基岩矿床的开采技术条件与陆地地下矿床有所差异，如海底矿床的开采环境、开采深度、从井口至井下工作面距离、海水深度、海底至矿体距离，以及矿体上盘岩层的性质等因素，有时是影响和限制海底基岩矿床合理开采的决定性条件。

多年以来，日本、英国、美国和加拿大以及世界其他国家，主要是开采从海岸延伸至近海、浅海基岩中的部分有用矿物矿床。实践证明，只有着重研究和合理解决海底基岩矿床的开拓方法、采矿方法以及有关海底采矿的其他一些特殊问题，才能真正获得预期的效益。

16.8.1 近、浅海底基岩矿床的开拓方法

近、浅海底基岩矿床的开拓方法，除具有一些特殊要求外，一般都与陆地地下矿床开拓方法相近似。长期以来，国外对于近、浅海底基岩矿床，一般都是广泛采用各种井巷开拓方法，即从超出海平面的陆地上或人工岛屿与开掘竖井和平硐或其他形式的开拓巷道，通向近浅海、海底基岩矿床进行开拓。现仅将海岸竖井开拓法和人工岛竖井开拓法，简述于下。

海岸竖井开拓法[4]。此法特点，就是从大陆上或附近岛屿上开掘竖井，以通向近海海底基岩矿床（图16－53）。这样，井口距井下工作面的距离（即开拓巷道长度）就必然增大；例如日本高岛的二子坑的开拓巷道长度达到8800m以上，宇部煤矿的巷道长度竟达12000m以上。地下开拓巷道太长时，不仅巷道掘进和维护费用高，通风条件恶劣，而且严重影响矿井的矿岩运输能力。

从国外海底基岩矿床开采的实践来看，根据当前的采矿技术条件，一般只能开采距海岸20～24km以内的矿床；如何开拓距海岸更远的海底基岩矿床，尚有待于今后进一步研究。为此，国外有些国家正在投入巨额经费，着重研究解决以下课题：（1）大力提高海

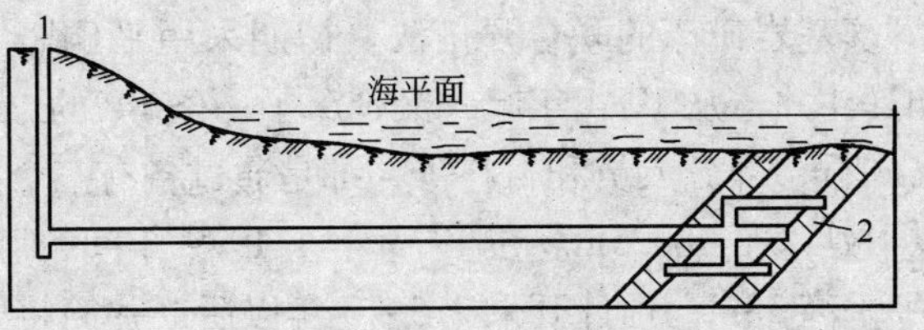

图 16-53 竖井开拓

1—竖井；2—矿体

底基岩中井巷掘进的速度，力争在现有基础上，提高掘进速度三倍以上。（2）力争掘进费用在现有基础上降低30%。如果能够达到上述的预期要求和目的，预计今后近海、浅海底基岩矿床的开采距离，将可达到远距海岸35~50km。

人工岛竖井开拓法[4]。此法特点，就是在浅海区域的适当位置，首先建造具有胶结性的人工岛，然后在其上建造竖井，并将其向下继续延深到海底基岩矿床。为了输送矿石、材料设备和人员，从人工岛又修造堤道通向大陆或岛屿（图16-54）。

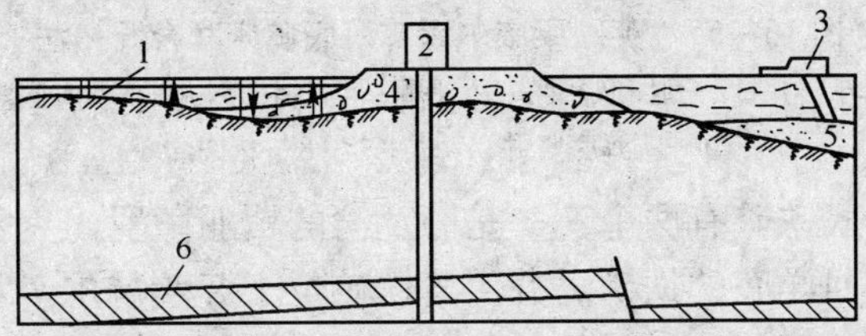

图 16-54 人工岛竖井开拓

1—堤道；2—竖井；3—挖泥船；4—人工岛；5—沉积层；6—矿体

当前国外海底基岩矿床开采中，大都仍属于近、浅海开拓。例如，日本九州地区的煤矿，海水深度一般为50~80m；也有的煤层距海岸7000m，而水深仅有15m。为了大力减少海底基岩矿床的开拓工程量，遇有陆地上的地下矿床，向海底区域延伸长度较大，或者海底基岩矿床距陆地较远时，就应根据不同具体条件，尽可能从临近的大小岛屿中，向海底基岩矿床开掘井筒或坑口，或者在浅海区域修造人工岛，由此向海底基岩矿床开掘井筒或坑口。

海水深度大小，不仅影响着海底基岩矿床的开拓方法，而且对于地质矿床勘探、井巷掘进以及井下安全等等方面，都具有很大影响。因此，确定某一个矿床，能否有效开采，必须根据海水深度、海洋地质及其构造、海象和气象等各种条件及其因素，进行综合研究和论证。

一般来说，海洋深度越大，其开采就越难。国外在海底基岩矿床开采中，一般是在海水面以下200~500m进行开采，只有日本大岛煤矿已开采深达800m以下，池岛煤矿已设计开采到1200m。

实例 目前英国康威尔有三个公司进行地下锡矿的开采，其中吉沃尔锡矿（Greeror's Tin mines）濒临海滨，并有部分矿脉延深至海底[5]。

吉沃尔锡矿区的基岩主要为花岗岩，当矿脉延向海底后，已由花岗岩转为片岩和变质岩体。该矿区为一组30余条矿脉的海滨基岩矿床，矿脉厚度一般小于1.0m，平均厚度为

0.35m，属于急倾斜薄矿脉，所以一般都是采用留矿采矿法。

图16－55为该矿海滨基岩矿床的联合开拓法。初期采用平硐竖井开拓，继而濒临海滨又分别开掘胜利竖井和箕斗井，从1984年起，又延深了一条14°的二级胜利斜井以及两条二级海底盲井。所有采出矿石、部分人员和材料等，都是通过备有三个间隔的胜利竖井进行提升，该竖井已向地表以下延深了480.5m。在1975年至1979年间，胜利二级斜井已从15水平掘至19水平，各水平垂高38m；预计开采2.5～3年以后，井筒将要延深至23水平。

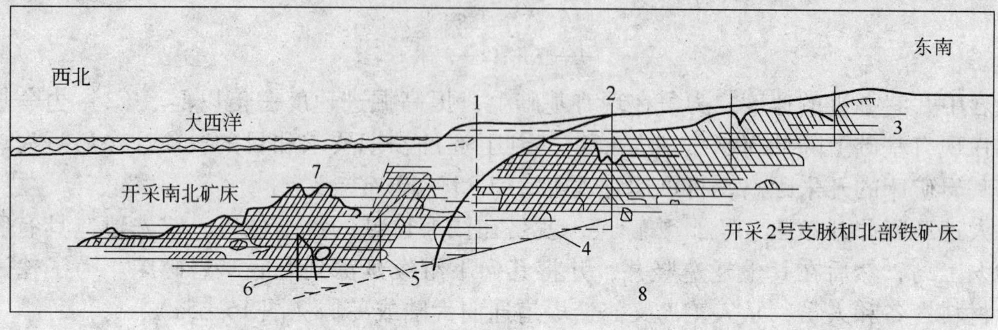

图16－55　英国康威尔锡矿海底矿床联合开拓法

1—箕斗竖井；2—胜利竖井；3—平硐；4—辅助斜井；5—海底竖井；6—新海底竖井；7—片岩；8—花岗岩

世界上已开采的海底铁矿有两个：一是芬兰湾的贾亚萨罗·克鲁瓦矿，另一个是加拿大纽芬兰附近延伸到大西洋底的铁矿。芬兰湾铁矿位于芬兰赫尔辛基西南约80多公里处，靠近朱萨罗岛。该矿床的开拓，一处是从邻近岛上开掘竖井和石门，另一矿区是从朱萨罗岛开掘竖井和2.5km的石门。

英国纽克群钾盐矿床离海岸8km，矿脉在海底下1067m，采用海岸竖井开拓，使用房柱采矿法回采。

加拿大戈德里奇岩盐矿床，离海岸760m，矿脉在海底下356.7m，矿层厚度为22.87m，采用海岸竖井，应用房柱采矿法回采。

其他国家海底矿床的开拓方法，见表16－18。

表16－18　世界近海海底基岩矿床的开拓和采矿方法一览表

矿　名	位　置	开发公司	矿　种	离岸距离	海底下深度	开拓方式	采矿方法
贾亚萨罗·克鲁瓦矿	芬　兰	沃克森尼、卡矿业公司	磁铁石英条带状矿脉，层厚30m，陡倾斜	1km		岸上竖井，一个天然岛井口	留矿采矿法
加拿大纽芬兰外莱文特矿	英国康沃尔	格里沃尔锡矿公司	磁铁矿储量几十亿吨，直立锡矿脉			贝尔岛井口岸上竖井	下向梯段采矿法
纽克郡钾矿	英　国	里奥延托钾公司	钾　盐	8km	1067m	岸上竖井	房柱采矿法
戈德里奇矿	加拿大	席邦托盐公司	岩盐，层厚22.87m，倾角0.2°	760m	356.7m	岸上竖井	房柱采矿法

16.8.2 近、浅海底基岩下矿床的采矿方法

在海底基岩矿床的采矿方法科研、设计和应用中，最关键的一条，就是在矿床开采过程中，务必保证采后空区的上部岩层（即矿床与海底间岩层）不受到损坏、移动或形成裂隙，以严防大量海水突然涌入井下，造成淹井灾害。为了达到上述要求，从当前采矿技术水平来看，一般只能沿用陆地上矿床开采中，所广泛应用的某些地下采矿方法，如房柱采矿法、充填采矿法（包括胶结充填采矿法）以及留矿采矿法或分段凿岩的阶段空场法等的嗣后充填，以确保已采空区上部岩层的稳定。为此，务必根据海底基岩矿床的特点，因地制宜地选用地下最佳采矿方法，以期获得如下基本要求：（1）保证作业安全性和必要的生产劳动条件，特别要严防井下水患发生。（2）最低的开采成本，以获得最佳经济效益。（3）满足预期的矿石年产量，特别要实现强化开采。（4）最低的矿石损失贫化，特别是对于某些贵重金属或高品位矿床使损失贫化最少。除此，海底基岩矿床的开采中，还必须着重研究解决以下特殊的课题。

16.8.2.1 地质矿床勘探

海底基岩矿床的地质矿床勘探与陆地有所不同。对于近海海底矿床，一般应采取海上物理探矿和海上钻探等技术。从勘探精度上看，海底矿床要求比陆地上矿床更高，而且勘探费用都较昂贵。为此，为了满足地下采矿方法设计和施工的基本要求，应该密切结合地下采矿方法，合理布置必要的生探工程；对于预定的开采区域以及其周围海域，务必首先进行周密的探测；利用钻探，对海底表层至矿床之间的岩层性质、厚度和构造等等地质条件，进行详细勘查；嗣后钻孔须用水泥予以充填，以防漏水。

16.8.2.2 地下采矿方法及其工艺的合理选定

海底基岩矿床的地下采矿方法选取原则和方法，与陆地上地下矿床的采矿方法选择，有其共同性，同时又有其特殊性。所谓特殊性，就是在海底水体下基岩中进行开采，必须确保采后空区的上部岩层，不得产生任何破坏、移动和裂隙，以严防海水渗入井下或发生淹井灾害。为此，根据当前陆地上地下采矿方法的技术水平来看，根据海底基岩矿床的不同具体条件，一般可以相应地选定以下两类地下采矿方法：

A 空场采矿法

根据海底基岩矿床的不同开采技术条件，可以相应地研究选用全面采矿法、房柱采矿法、留矿采矿法、分段凿岩阶段空场采矿法等。采后空区一般需要进行充填，但是，遇有岩矿比较稳固，而不需要嗣后回采矿柱等特殊条件时，采后空区可以不予充填，如有条件时，应尽快加以封闭。如果矿体品位较高时，也可先回采矿柱后进行胶结充填，嗣后再采用空场采矿法回采矿房。

B 充填采矿法

根据海底基岩矿床的岩矿稳固性和矿体品位，以及其他开采技术条件，可以相应地研究选用单层充填采矿法、上向分层充填采矿法、上向进路充填采矿法、混凝土壁上向分层充填采矿法、下向分层充填采矿法、方框支柱充填采矿法、分采充填采矿法以及沿走向垂直分条胶结充填采矿法等等。

目前一些国家在海底矿床开采中所采用的采矿方法，见表16-18。

在海底基岩矿床开采中，根据地质矿床条件，合理选用上述相应的地下采矿方法的同时，还应根据海底矿床的开采特点，进一步研究解决以下若干课题。

（1）合理确定开采顺序，并尽可能先采富后采贫、先采厚后采薄以及先采易后采难，以最大限度地回收海底矿产资源，以及提高海底采矿的最大可靠性和安全性。

（2）合理选定采场结构尺寸，有效控制采后空区上部覆盖岩层，严防采后空区的破坏或冒落，以及覆盖岩层的下沉。

（3）降低采准切割工程量，加速掘进速度，以缩短采场的回采周期。

（4）因地制宜地选取崩矿方式，以减小爆破地震对海底基岩的影响和破坏。

（5）提高海底井下作业机械化、自动化水平，特别是采、装、运和通风排水等的自动化水平。

（6）在任何地下采矿方法应用中，务必合理布设各类矿柱及其规格，特别是根据具体条件的需要，研究提高充填强度和接顶质量。

（7）采取有效措施，实现强掘、强采、强出和强充，并采取集中强采，以大力缩短海底矿井开采的服务年限。

16.8.2.3 海底基岩矿床开采的特殊安全技术措施

在海底基岩矿床开采中，应着重加强井下防水措施，因为有时由于井下巷道或采场和海底之间产生透水孔隙，从而有使海水渗入井下的可能性，特别是海水突然大量涌入井下的危险性，是应予特别重视。例如，日本宇部煤矿在开采第四纪岩层中的煤层，经常发生海底矿井的涌水灾害。据称，至今已先后发生过100多次水害事故，主要由于地质构造和采掘方法不当，归纳起来主要有以下几种原因：（1）断层漏水；（2）由于采掘方法不当，使顶板岩层崩落、下沉而产生龟裂；（3）特殊的地质构造带所造成；（4）采空区出水。据统计，其中由于断层漏水而造成的水害约占75%，由于采掘不当而使顶板岩层崩落引起的约占15%，其余包括由于违反安全规程，在距海底表层很近的地点，进行采掘而引起的。为此，为了严防井下发生水害，务必采取以下若干保安措施和规程：

（1）制定测定海深的方法。

（2）建立足够的排水设施。

（3）建立必要的防水闸门，并加强防水闸门的管理，以及利用防水门和防水堤坝进行防水等。

（4）加强水质与水量的分析调查。

（5）遇有地质断层时，应采取必要措施，并在井巷掘进和采矿过程中，遇有地质构造不清时，应预先钻凿10m以上的超前钻孔，掘进巷道要超前于采矿工作面50m以上，必要时，对于巷道前进以外的方向，也要钻凿适当的超前钻孔，以便预先探测有无出水的可能性。

（6）根据海底基岩矿床的不同开采技术条件，正确选用地下采矿方法及其采场结构尺寸，以及采后空区的顶板控制方法。为了确保井下安全生产，遇有以下情况时，必须立即停止采掘，或者采取全部充填或房柱采矿法开采：（1）根据不同地层的安全距离确定；（2）从海底到矿体距离一般在100m以上；（3）距水淹采空区距离一般在100m以内。

（7）制定接近采空区的措施，并制定涌水时的紧急措施。

（8）建立和加强通信联系，并加强警报的措施。

（9）采取必要的紧急退避的方法和措施，一般可以设置紧急情况下的退避斜井，坡度为25°左右。

16.8.2.4　加强井下通风安全设施

在海底基岩矿床开采中，随着井下开拓巷道的加长和采场内采切巷道的增多，通风阻力必将急剧增大，尤其是在高温、高湿环境下进行采掘作业，生产效率必将随之急剧下降。为此，为了改善井下作业的通风安全条件，必须相应地加宽井下巷道断面，并增大主要扇风机的能力等措施。

16.8.2.5　提高海底井下作业机械化自动化水平

国内外陆地的地下矿床开采的发展方向，是提高井下作业的全盘机械化、自动化水平，对海底基岩矿床开采来说，更具有特殊的重大意义，其中特别是运输和通风方面的机械化、自动化经验值得借鉴。

随着海底基岩矿床开采中井下作业机械化、自动化水平的提高，必将出现海水腐蚀井下机电设备和设施的特殊问题。在海底基岩进行开采，一般都有不同程度的海水浸入井下，从而使井下采、装、运机械和其它设备以及各种机电设施等，必将受到海水腐蚀而引起事故。为此，在海底井下作业中，务必采取必要的防腐措施。

16.8.2.6　其他特殊问题

在海底基岩矿床开采中，一般都是远离陆地，它将带来许多特殊问题。例如坑外设施的布置、水的供应、材料的输送、井下供电、井下通信，以及海象与气象的影响和职工的居住等，务必预先加以研究解决。

16.8.3　海底基岩矿床开采方法的科研动向

由于海洋环境复杂，海洋开采技术条件困难，特别是远海、深海基岩矿床开采技术条件更复杂，难度更大。因此，目前世界各国一般都是在近、浅海底基岩矿床中进行开采，并积累了不少行之有效的开采经验。但对于远海、深海基岩矿床的开采方法，至今尚无更多的生产实践经验。

加强海洋地质矿床的勘探，是海洋采矿的基础。为此，世界各国都给予了高度重视，从而逐步由近海至远海、由浅海至深海领域，积极开展海洋矿产资源的调查和勘探。从理论上曾经作了不少深海基岩矿床开采技术的研究试验工作，其中主要有以下三种[4]：海底隧道、竖井开采法和海底管道、竖井核爆破、原地溶浸法以及海底钻孔原地溶浸法等，现简述于下。

16.8.3.1　海底隧道、竖井开采法

如图16－56所示，其特点是在海底冲积层上面，铺设预制件隧道，使大陆或岛屿能通向海底竖井硐室。海底竖井硐室是建造在海底胶结柱上的一种水下特殊建筑，并由此向海底基岩下钻凿竖井，以通向海底基岩矿床，作为主要开拓工程进行海底采矿。

16.8.3.2　海底管道、竖井核爆破原地溶浸法

如图16－57所示。其特点是在海底水下，首先从海底硐室向下部基岩矿床开掘竖井，并从竖井井口建造管道、通向大陆和岛屿，然后通过竖井，向矿体的核爆破破碎区，输送化学溶剂（称为溶浸液），溶剂溶解矿石中有用金属（称为浸出液）后，再通过竖井中管道，输送到大陆或岛屿。在此法中，尚待进一步研究解决以下两个问题：核爆破和原地溶浸。

A　核爆破

核爆破真正应用于采矿工业上，迄今还是一种理论研究，特别是应用于海底基岩矿床

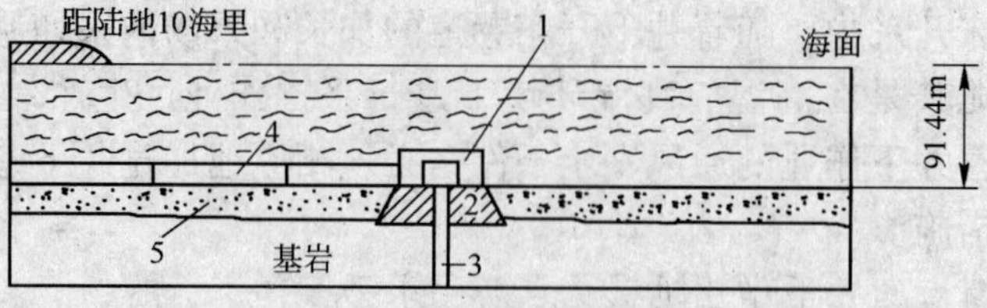

图16－56　海底隧道、竖井开采方法

1—海底竖井硐室；2—胶结柱；3—钻凿竖井；4—预制件隧道；5—冲积层

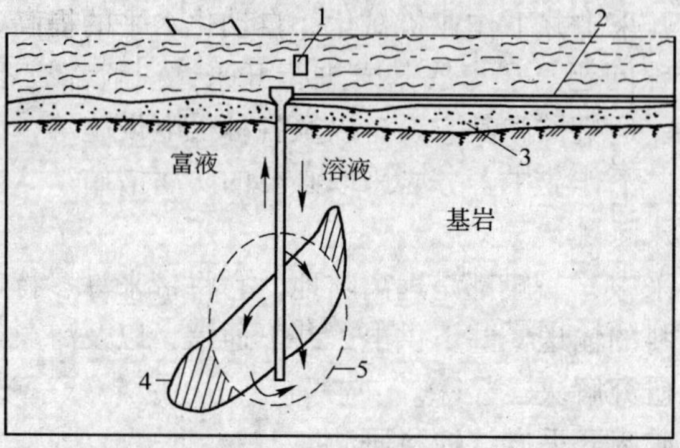

图16－57　海底管道、竖井核子爆破原地溶浸法

1—竖井；2—管道；3—冲积层；4—矿体；5—核爆破破碎区

的开采，更是一种设想。但是在国外，为了其他目的而设计的核爆破试验，已有一定的实际资料，在技术上是可行的，在经费上是低廉的。因此，核爆破在矿山的应用，已成为当前国外研究的课题。

核爆破时，能量的产生，是由于反应核中质子和中子的重新分布，而形成不同的原子核。在质量相同的条件下，核爆破的能量比普通化学炸药的爆破能量要大得多。在核裂变中，0.45kg铀完全裂变时，可以产生相当于9000t黄色炸药（TNT）的爆破能量，而在核聚变中，0.45kg重氢的反应，在理论上可放出相当于26000t黄色炸药的爆破能量。图中核爆破破碎区就是利用核裂变或核聚变的核爆破，在海底基岩矿床中所形成的破碎岩体（即破碎矿石），以提供原地溶浸的必要条件。

B　原地溶浸[49]。

原地溶浸是将酸、碱或盐等溶剂（见本卷15.3），通过竖井中管道注入矿体的核爆破破碎区，以溶浸金属矿物，使其中有用金属转入溶液（又称富液），然后浸出液（富液）汇集到井底集液池，并排至井口，再经过管道输送到大陆或岛屿，从中提取有用金属。

16.8.3.3　*海底钻孔原地溶浸法*

此法特点，就是在海面上架设工作平台，再从平台上向基岩中矿床钻凿钻孔，然后由一个或一组钻孔，将溶剂注入矿体，溶浸其中有用金属后，又从另一个或另一组钻孔，将浸出液（富液）抽上平台，以提取金属，如图16－58所示。

目前，钻孔原地溶浸法尚处于研究试验阶段，但是，国外已应用弗拉施法进行海底采

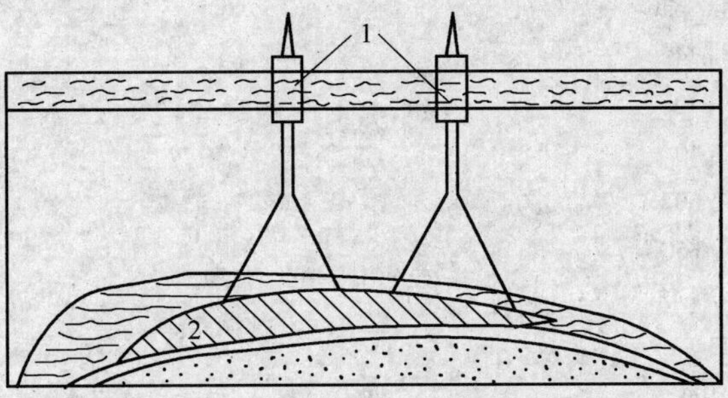

图 16－58　海底钻孔原地溶浸法

1—工作平台；2—矿体

硫。此法就是从工作平台上，向下钻进直径为 250～300cm 的钻孔，钻穿矿床而进入底板，作为采硫井。井内套装一组同心钢管（气管、升硫管、热水管和外套管），用以注压气、升硫、注过热水和保护井壁。将 160℃的过热水沿热水注入矿床，并熔融自然硫，熔融的液态硫积聚在井底的溶腔中，然后自压气管，压入压缩空气和液态硫混合，以利用空气液原理，将液态硫从升硫管中，举升到海上工作平台。

参 考 文 献

1 杨金森编著，海洋——具有战略意义的开发领域，科学出版社，1984 年

2 张利丰编著，海洋地质，山东科学技术出版社，1980 年

3 朱而勤编著，海底矿产，山东科学技术出版社，1980 年，第 111～115 页，第 136 页

4 SME，Mining Engineering Handbook，Vol. 2，1973，p20～151～154

5 E/MJ，*Engineering And Mining Journal*，*May* 1984，p40～44

6 国家海洋局情报研究所编，海洋技术年鉴，海洋出版社，1983 年，第 635 页，第 641 页，第 669～674 页

7 美国采矿工程师协会，A. B. 卡明斯，I. A. 吉文，采矿工程手册（第五分册），冶金工业出版社，1981 年 6 月，第 91 页，第 153 页，第 173 页，第 184～188 页，第 133～149 页

8 孙盛湘等，砂矿床露天开采，冶金工业出版社，1985 年 5 月

9 艾万铸，隋绍生，海洋矿产资源开发，中国大百科全书世界经济，中国大百科全书出版社，1987 年 6 月，第 338～340 页

10 崔清晨等，海洋资源，商务印书馆，1981 年 4 月，第 128 页，第 53～102 页，第 171～175 页

11 艾万铸，海洋开发，海底采矿技术，中国大百科全书大气科学海洋科学水文科学，中国大百科全书出版社，1987 年 5 月，第 221～223 页，第 353～355 页

12 *Alluvial Mining*，1983，*Eoin H. Macdonald printed in Great Britain at the University press*，*Cambridge*

13 （日）佐佐木忠义编，海洋开发事典，1971 年 5 月

14 海洋开发技术ハンドブツク，1975 年 1 月，p951

15 （美）J. L. Mero 著，海洋矿物资源，1965 年

16 （M）特，海底の直接探查技术，1981 年，p1

17 黄立民，国外采矿，1981 年 11—12 期，第 106～109 页，第 118 页

18 採鉱と保安，1973 年 7 月，p358

19 採鉱と保安，1976 年 1 月，p20

20 採鉱と保安，1976 年 2 月，p15

21 採鉱と保安，1977 年 12 月，p30

22 採鉱と保安，1982 年 4 月，p22
23 採鉱と保安，1982 年 5 月，p36
24 鉱業会誌，1978 年 7 月，p24
25 鉱業会誌，1978 年 8 月，p40
26 鉱業会誌，1980 年 8 月，p40
27 鉱業会誌，1980 年 9 月，p60
28 鉱業会誌，1980 年 12 月，p50
29 鉱山，1980 年 2 月，3 月，p48
30 石灰石，1986 年 3 月，p11
31 *OCEAN AGE*，1974，5，p104
32 国家海洋局情报研究所编，中国海洋年鉴，海洋出版社，1988 年，第 82 ~ 147 页，第 164 ~ 189 页
33 久留岛，守広，未来の金属资源，*MARINE*，1984 年，第 3 期，p17 ~ 21
34 艾万铸，海洋开发，人民教育出版社，1987 年，第 15 ~ 44 页，第 71 ~ 102 页
35 水野笃行，热水鉱床の分布と产状について，*OCEAN AGE*，1982 年，Vol. 14，№ 7，p15 ~ 22
36 （法）L. 加莱蒂尔等，海底砂矿，国外采矿快报，1985 年 10 月 20 日，Vol. 1，№ 20，第 12 页
37 E. A. 维利奇科等著，王长恭译，世界大洋的地质和矿产，海洋出版社，1983 年，p172
38 *Welling C. G.*，*polymetallic Sulfides*: *An industry vicwpoint*，*Sea Technology*，Vol. 16，№ 3，1982 年，p5 ~ 7
39 水野笃行，海底の热水性鉱床，海洋科学，1983 年，Vol. 15，№10，p566 ~ 582
40 马玉芳译，海底热液矿床，海洋译丛，1984 年，第 2 期，海洋出版社，p81 ~ 88
41 艾万铸，阎福林，海底金银库——热液矿床，现代化，中国科学技术协会，1985 年，第 2 期，p14 ~ 15
42 *Georghiou L.*，*Arab Silver from the Red Sea Mud*，*New Scientist* 1981 年，Vol. 89，№ 1241，p470 ~ 472
43 李兆龙译，开采红海，海洋译丛，1983 年，第 4 期，海洋出版社，p163 ~ 164
44 *Cruickshank*，*M. J.*，*The Outbook for Mining in Gorda Ridge area*，*Ocean Industry*，1984 年，Vol. 19，№ 7，p99 ~ 101
45 长谷川淳，海底热水性鉱床を開発する，海洋科学，1983 年，Vol. 15，№ 10，p623 ~ 631
46 *Earney F. C. F.*，*Petroleum and Hard minerals from the sea*，1980 年，p167 ~ 172
47 *Amann H.*，*Pevelopment of ocean mining in the Red Sea*，*Marine mining*，*Crane Russak*，New York，1985 年，Vol. 5，№ 2，p103 ~ 116
48 *ШНЯКОВ E. Φ*，海水中的矿物资源，海洋译丛，1981 年，第 4 期，海洋出版社，p106 ~ 108
49 *Velu Annamalai*，铀矿开采，原地溶浸采矿译文集，核工业部，第 6 研究所，1986 年
50 *Cruickshank M. J. Marine Mining*，*McGraw-Hill encydopdia of ocean and atmospheric sciences*，1980 年，p243 ~ 250
51 海青，富饶的海洋，天津人民出版社，1974 年，p55
52 国家统计局编，中国统计年鉴，中国统计出版社，1985 年
53 当代中国海洋事业编委会，当代中国的海洋事业，中国社会科学出版社，1985 年，p274 ~ 294
54 黄立民，国外采矿，1980 年 7 期，第 55 ~ 60 页
55 葛瑞卿，艾万铸译，大陆架开发地质学，海洋出版社，1983 年，第 5 ~ 18 页

索　引

责任编辑：杨春燕　杨璐
封面设计：陈立明

中等职业教育规划教材英语系列

- □ 基础英语系列————————基础英语1
- □ 基础英语系列————————基础英语1练习册
- ■ 基础英语系列————————基础英语2
- □ 基础英语系列————————基础英语2练习册
- □ 基础英语系列————————基础英语3
- □ 基础英语系列————————基础英语3练习册

- □ 专业英语系列————————计算机英语
- □ 专业英语系列————————饭店管理实用英语
- □ 专业英语系列————————旅游服务实用英语
- □ 专业英语系列————————商贸英语
- □ 专业英语系列————————实用交际英语
- □ 专业英语系列————————秘书英语

ISBN 978-7-119-04644-0
ISBN 978-7-119-04644-0
定价：12.80元

责任编辑：杨春燕　杨璐
封面设计：陈立明

中等职业教育规划教材英语系列

- □ 基础英语系列————————基础英语1
- □ 基础英语系列————————基础英语1练习册
- ■ 基础英语系列————————基础英语2
- □ 基础英语系列————————基础英语2练习册
- □ 基础英语系列————————基础英语3
- □ 基础英语系列————————基础英语3练习册

- □ 专业英语系列————————计算机英语
- □ 专业英语系列————————饭店管理实用英语
- □ 专业英语系列————————旅游服务实用英语
- □ 专业英语系列————————商贸英语
- □ 专业英语系列————————实用交际英语
- □ 专业英语系列————————秘书英语

ISBN 978-7-119-04644-0

ISBN 978-7-119-04644-0

定价：12.80元